Kraftfahrzeug-Mechatronik
Lernfelder

Das Autorenteam:

Dipl.-Ing. Thomas Blumhagen, StD in Schwalmstadt

Dipl.-Ing. Ferdinand Eckert, Bamberg

Harald Ehrhardt, StR in Groß-Gerau

Anton Herner, BMW AG München

Friedrich Kneip, StD in Gerolstein

Egbert H. Stein, StD in Gelsenkirchen

Helmut Strater, StD in Duisburg

Verlag Handwerk und Technik Hamburg

Holland + Josenhans Verlag Stuttgart

Dieses Werk basiert auf der „Kraftfahrzeug-Technologie" (Bestellnummer 3800)
von H.-D. Döringer, H. Ehrhardt, M. Erhardt, A. Herner, F. Kneip, E. Stein, R. Stolze, H. Strater, R. Tomala
aus den gleichen Verlagen.

Dieses Werk folgt der reformierten Rechtschreibung und Zeichensetzung.

Der Kraftfahrzeug-Mechatronik wurden die bei Manuskriptabschluss vorliegenden neuesten Ausgaben der DIN-Normen und der gesetzlichen Vorschriften zugrunde gelegt. Die Auswahl ist auf die Erfordernisse in Schule und Praxis zugeschnitten. Verbindlich sind jedoch nur die DIN-Blätter und die gesetzlichen Vorschriften selbst. Die DIN-Blätter können vom Beuth Verlag GmbH, 10772 Berlin, bezogen werden.

1. Auflage 2011

Dieses Buch ist auf Papier gedruckt, das aus 100 % chlorfrei gebleichten Faserstoffen hergestellt wurde.

Projektleitung und Redaktion: Medienwerk Hanne Lier, Stuttgart
Zeichnungen: Grafische Produktionen Neumann, Rimpar
Layout und Satz: BUERO CAÏRO, Stuttgart
Umschlagabbildungen:
obere Reihe, 2. Bild: Bratscher/Quelle:PHOTOCASE; mittlere Reihe, 4. Bild sowie untere Reihe, 1. Bild und 3. Bild: BMW AG München; untere Reihe, 2. Bild: Suze/Quelle: PHOTOCASE; Rest: www.fotolia.com
Druck und Bindung: Stürtz GmbH, Würzburg
ISBN: 978-3-7782-3820-2 (Holland + Josenhans); 978-3-582-03820-3 (Handwerk und Technik)

Vorwort

Das Fachbuch „Kraftfahrzeug-Mechatronik" ist konsequent nach den Lernfeldern des Rahmenlehrplanes gegliedert. Es berücksichtigt aktuelle Technologien und enthält bewährte Funktionen:

- Ein klares, modernes Layout mit Farbleitsystem und einer engen Zuordnung von Text und Bild führt durch die Lernfelder. Die zahlreichen Abbildungen wurden bis auf wenige Ausnahmen extra für dieses Werk gezeichnet.
- Einstiegsseiten in die Lernfelder erklären Inhalte und Nutzen des jeweiligen Lernfeldes.
- Struktogramme und die tabellarische Darstellung von Inhalten sind optisch leicht erfassbar und bilden Zusammenhänge übersichtlich ab.
- Die Randspalte enthält gelb markierte Querverweise, die den Nutzer direkt auf die Seite leiten, auf der ein Sachverhalt näher erläutert wird. Definitionen, Übersetzungen, Formeln oder weiterreichende kurze Erklärungen (eingerahmt) bieten zusätzliche Informationen.
- Der Bezug zur Werkstattpraxis ist überall dort hergestellt, wo konkrete Hinweise oder Vorschriften sinnvoll eingebunden werden können. Diese „Praxistipps" sind durch eine farbige Hinterlegung gekennzeichnet. Symbole warnen vor besonderen Gefahren in der Werkstattpraxis.
- Die umfangreichen Aufgabenteile wurden untergliedert in die Bereiche „Zur Wiederholung" und „Zur Vertiefung". Hier stehen Fragestellungen, deren Inhalte über die im Buch dargestellten hinausreichen. Die Aufgabenseiten schließen mit einem „Fallbeispiel", das bei Bedarf auch als Lernsituation für den Einstieg in den Unterricht dienen kann.

Zugunsten der Lesbarkeit wird in diesem Buch nur von Kfz-Mechatronikern und Kunden gesprochen; selbstverständlich sind damit immer weibliche und männliche Personen gemeint.
Wir bitten für dieses Vorgehen um Ihr Verständnis.

Viel Freude und Erfolg beim Arbeiten mit diesem Buch wünschen das Autorenteam und der Verlag.
Wir sind für Hinweise und Verbesserungsvorschläge jederzeit dankbar.

1 Warten und Pflegen von Fahrzeugen oder Systemen S. 13

2 Demontieren, Instandsetzen und Montieren von fahrzeugtechnischen Baugruppen oder Systemen

3 Prüfen und Instandsetzen elektrischer und elektronischer Systeme S. 113

4 Prüfen und Instandsetzen von Steuerungs- und Regelungssystemen S. 181

5 Prüfen und Instandsetzen der Energieversorgungs- und Startsysteme S. 209

6 Prüfen und Instandsetzen der Motormechanik S. 231

7 Diagnostizieren und Instandsetzen von Motormanagementsystemen S. 281

10P Instandhalten von Fahrwerks- und Bremssystemen S. 461

11P Nachrüsten und Inbetriebnehmen von Zusatzsystemen S. 565

12P Prüfen und Instandsetzen von vernetzten Systemen S. 587

13P Diagnostizieren und Instandsetzen von Karosserie-, Komfort- und Sicherheitssystemen S. 619

14P Durchführen von Service- und Instandsetzungsarbeiten für eine gesetzliche Untersuchung

Anhang S. 668

1 Warten und Pflegen von Fahrzeugen oder Systemen

Sie erhalten einen Überblick über Strukturen und Tätigkeitsfelder in Ihrer Ausbildung in fahrzeugtechnischen Berufen.

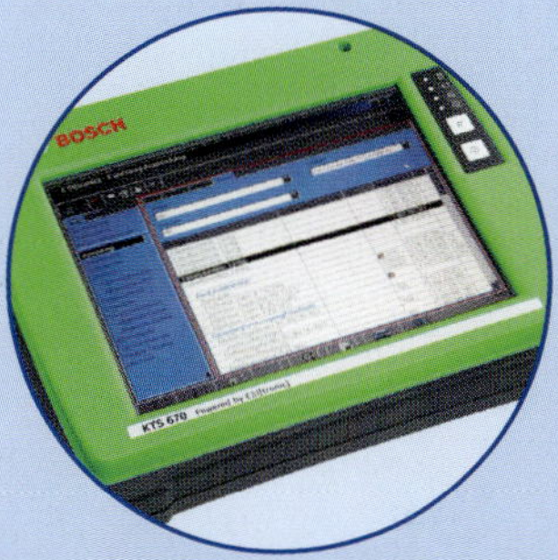

Sie lernen Grundlegendes über Werkzeuge, Umweltschutz und Sicherheit am Arbeitsplatz.

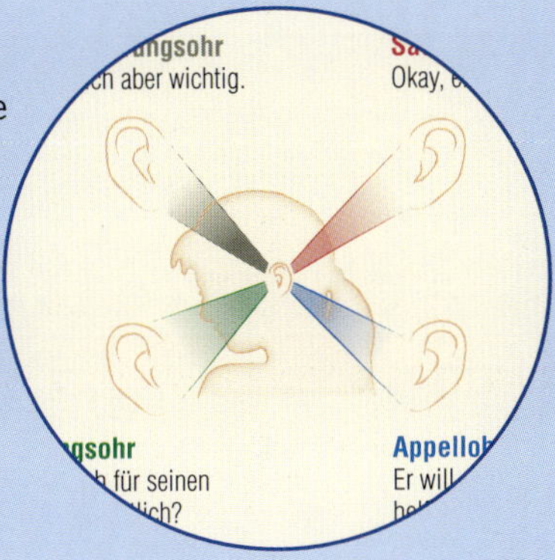

Wichtig für eine erfolgreiche Werkstatt sind Mitarbeiter, die die wichtigsten Kommunikationsregeln beherrschen. Der Umgang mit Kunden und Kollegen wird angenehmer durch diese Kenntnisse.

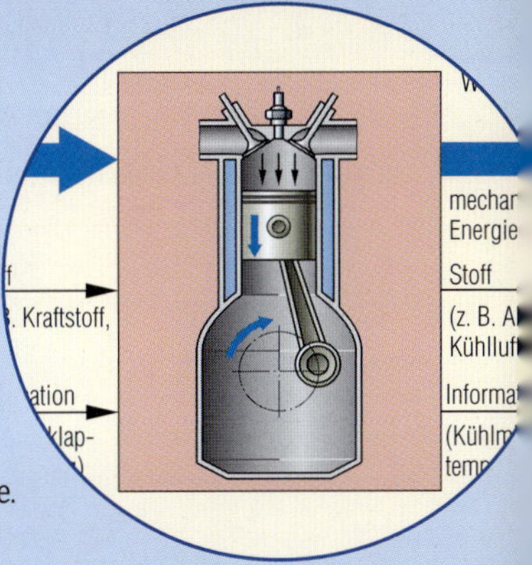

Nach dem Durcharbeiten können Sie nachvollziehen, aus welchen Teilsystemen (Baugruppen) sich das Gesamtsystem „Kraftfahrzeug" zusammensetzt und erkennen die wichtigsten Funktionszusammenhänge.

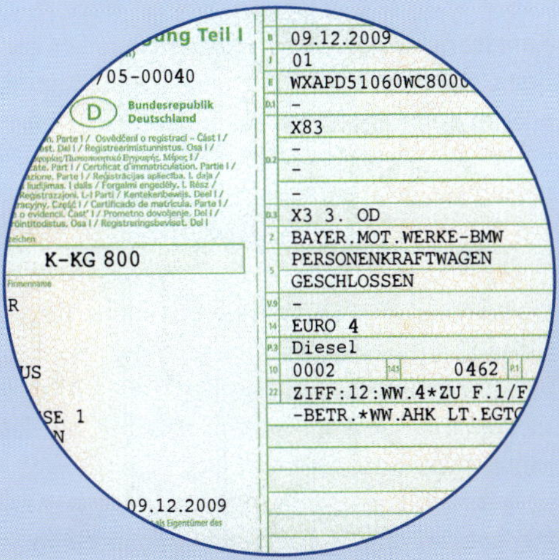

Hier erfahren Sie mehr über Fahrzeugdaten und Fahrzeugidentifikation.

Sie erhalten einen konkreten Eindruck von den wesentlichen Wartungs- und Pflegearbeiten zu Beginn der Ausbildung im Kraftfahrzeugbetrieb.

1.1 Der Auszubildende in seinem neuen Umfeld

1.1.1 Berufsausbildung in fahrzeugtechnischen Berufen

Seit dem 1. August 2003 erfolgt die Ausbildung in sechs neuen fahrzeugtechnischen Berufen (Bild 14.1).

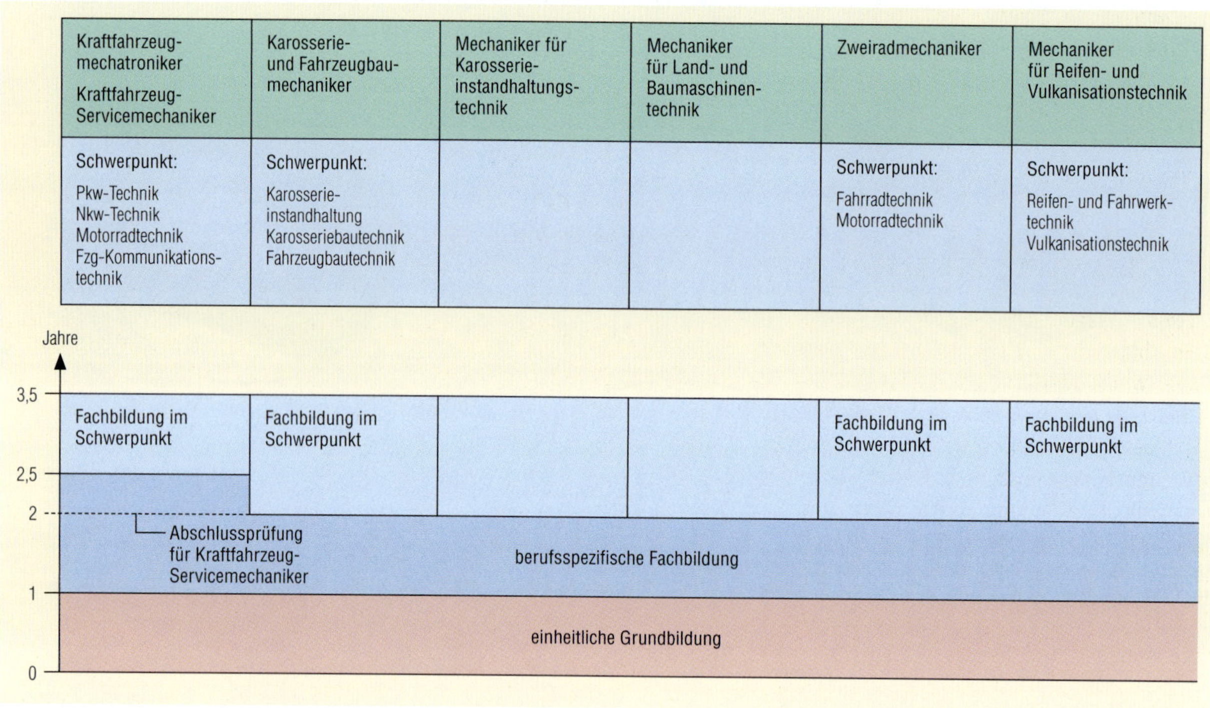

Bild 14.1 Kfz-Ausbildungsberufe im Überblick.

Kraftfahrzeugmechatroniker. Ihr Aufgabengebiet umfasst Wartungs- und Instandhaltungsarbeiten in den Schwerpunktbereichen Personenkraftwagen-, Nutzfahrzeug-, Zweirad- und Fahrzeugkommunikationstechnik. Neben dem Messen, Prüfen und Diagnostizieren von Bauteilen oder Systemen führen sie häufig Instandsetzungs- und Umrüstarbeiten an Fahrzeugen durch. Ausgebildet wird bei Fahrzeugherstellern sowie in Dienstleistungs- und Servicebetrieben.

Kfz-Servicemechaniker. Diese auf zwei Jahre verkürzte Berufsausbildung orientiert sich an der Ausbildung zum Kraftfahrzeugmechatroniker. Anrechnung des Abschlusses und weiterführende Ausbildung zum Kfz-Mechatroniker ist möglich.

Karosserie- und Fahrzeugbaumechaniker fertigen Karosserieteile und Fahrzeugaufbauten, oder führen Reparaturarbeiten an diesen Teilen durch. Die Ausbildung erfolgt bei Nutzfahrzeugherstellern, in Reparaturbetrieben und in spezialisierten Karosseriebauwerkstätten.

Mechaniker für Karosserieinstandhaltungstechnik findet man häufig in Kfz-Reparaturbetrieben des Handwerks. Hier sind sie zuständig für Instandsetzungsarbeiten an der Fahrzeugkarosse.

Mechaniker für Land- und Baumaschinentechnik führen Wartungs-, Pflege- und Instandsetzungsarbeiten an Land- und Baumaschinen durch. Vielfältige und individuelle Arbeitsaufträge mit engem Kundenkontakt sind typisch.

Zweiradmechaniker arbeiten meist in Werkstätten des Zweiradhandels an Fahrrädern und Motorrädern. Neben vielfältigen Aufgaben an mechanischen Zweiradkomponenten unterstützen sie die Kundenbetreuung in den Verkaufsräumen.

Mechaniker für Reifen- und Vulkanisationstechnik sind in der Planung, Wartung, Prüfung und Instandsetzung von Baugruppen am Fahrzeug tätig. Sie führen insbesondere an Schläuchen, Reifen und Rädern Umrüstungs-, Optimierungs- und Änderungsarbeiten durch.

1.1.2 Berufsausbildung und Prüfungen

Duales System. Die Ausbildung erfolgt in Deutschland im dualen System. Der Auszubildende wird vom betrieblichen Partner (Ausbildender), mit dem er den Ausbildungsvertrag geschlossen hat, praktisch ausgebildet. Parallel dazu muss der Auszubildende entweder ein bis zweimal wöchentlich oder in Blockform die Berufsschule (staatliche Institution) besuchen.

Betrieb und Berufsschule sind eigenständige Lernorte und arbeiten bei der Berufsausbildung als Bildungspartner zusammen.

Betriebliche Ausbildung. In den großen Industrieunternehmen der Fahrzeughersteller erfolgt die betriebliche Ausbildung in eigenen Ausbildungswerkstätten und organisatorisch und zeitlich klar gegliederten Ausbildungsstationen.

Dagegen sind die Arbeitsaufgaben im Kfz-Handwerk sehr stark vom Tagesgeschäft abhängig und ergeben sich aufgrund von Kundenanfragen meist kurzfristig. So kann die betriebliche Ausbildung in vielen Handwerksbetrieben nicht strukturiert und einheitlich erfolgen. Überbetriebliche Unterweisungen (Schulungen) ergänzen die Ausbildung.

Die Gliederung und Spezialisierung der Ausbildung in den fahrzeugtechnischen Berufen veranschaulicht Bild 14.1. Die zu vermittelnden Ausbildungsinhalte sind für die Betriebe in Ausbildungsordnungen und für die Schule in Lehrplänen festgelegt. Die Umsetzung der Ausbildungsordnungen wird von den Industrie- und Handelskammern sowie den Handwerkskammern kontrolliert.

dual (lat.) = zwei (Teile) enthaltend

Die Berufsschule fördert und ergänzt die betriebliche Ausbildung fachtheoretisch und fachpraktisch durch berufsbezogenen Unterricht. Sie erweitert die Allgemeinbildung, stärkt die Teamfähigkeit und vermittelt soziale Umgangsformen.

Gestreckte Gesellenprüfung. Anhand von zwei Teilprüfungen werden die Leistungen der Auszubildenden beurteilt (Bild 15.1). Teil 1 der Gesel-

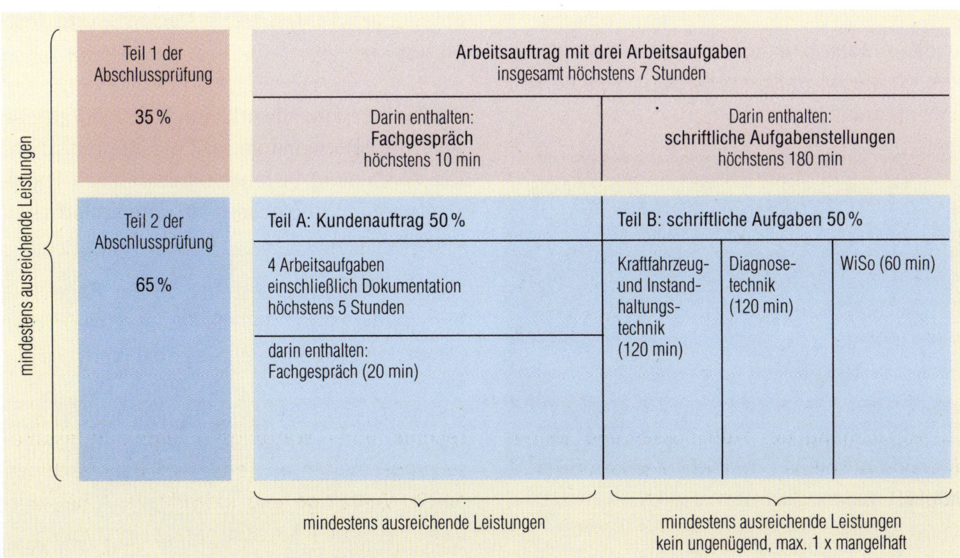

Bild 15.1 „Gestreckte Gesellenprüfung" zum Kraftfahrzeugmechatroniker.

lenprüfung erfolgt bereits vor dem Ende des zweiten Ausbildungsjahres und legt 35 % des Gesamtergebnisses fest. Teil 2 der Prüfung folgt zum Ende der Ausbildung. Über die Gewichtung des situativen Fachgespräches entscheidet der jeweilige Prüfungsausschuss. Es bezieht sich auf die konkreten Arbeitsaufgaben und findet während der Aufgabenstellung statt.

Organisation. Die Anmeldung zur Gesellenprüfung erfolgt durch den Auszubildenden bei der zuständigen Stelle. Zuständige Stellen sind die jeweiligen Kammern (Handwerkskammer bzw. Industrie- und Handelskammer).

Die Handwerkskammer (HWK) ist eine Pflichtgemeinschaft, der alle handwerklichen Betriebe auf Bezirksebene angehören müssen. Für industrielle Betriebe sind die Industrie- und Handelskammern (IHK) zuständig. Unter anderem regeln und überwachen sie die Berufsausbildung und bestimmen die Prüfungsordnung für Meister- und Gesellenprüfungen.

Kreishandwerkerschaften (KHW) bestehen aus Organen der Innungen des Kreises (Vorstand, Mitgliederversammlung). Sie vertreten deren Interessen, erledigen Verwaltungsarbeiten, führen erlassene Vorschriften durch und organisieren ausbildungsbegleitende Hilfen.

Innungen setzen sich aus regionalen, freiwillig organisierten Handwerksbetrieben zusammen. Im System der Ausbildungsberatung kommt dem Lehrlingswart der Innung bei der Qualitätssicherung der betrieblichen Ausbildung im Handwerk eine besondere Rolle zu. Seine Aufgabe ist es, Innungsmitglieder und Auszubildende kompetent zu beraten und in Konfliktsituationen zu vermitteln. Häufige Themenfelder sind: Überstunden, ausbleibende Vergütung, unentschuldigtes Fehlen, Abmahnung und Kündigung sowie Prüfungen.

1.1.3 Arbeitsumfeld des Kfz-Mechatronikers

just in time (engl.) = genau zum (benötigten) Zeitpunkt; Produktionsvorgehen, das Lagerhaltung minimiert und Vorprodukte so bestellt, dass sie sofort verarbeitet werden.

DIN: Deutsches Institut für Normung,

EN: Normen der Europäischen Union,

ISO: International Organisation for standardisation (Internationale Gesellschaft für Normung).

Kraftfahrzeugindustrie. Die Automobilindustrie fertigt und montiert meist „just in time" große Stückzahlen vom Rohprodukt zum Fertigteil.

Der Arbeitsalltag in der Produktion ist gekennzeichnet durch standardisierte Arbeitsprozesse, feste Zeit- oder Taktvorgaben und Akkordarbeit (Bild 16.1).

In der Automobilindustrie sind Auszubildende zum Kfz-Mechatroniker zeitweilig in die Produktion integriert.

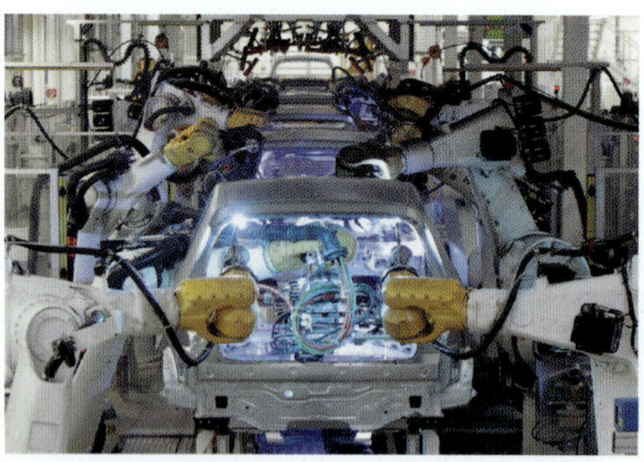

Bild 16.1 Fahrzeugkarosse wird im LASER-Punktschweißverfahren mithilfe von Schweißrobotern zusammengefügt.

Weitere Aufgabenfelder des Kfz-Mechatronikers sind das Nacharbeiten und die Mängelbeseitigung an Neufahrzeugen bei Funktionsproblemen oder Produktionsschäden. Er führt in der Kleinserienfertigung Umbauten an Sonderfahrzeugen (z. B. Polizei-, Rettungsfahrzeuge) durch oder bereitet in Forschungs- und Entwicklungsabteilungen Fahrzeuge für Versuchs- und Testfahrten vor.

Kraftfahrzeughandwerk. Rund 40 000 Betriebe sind in Deutschland im Kfz-Gewerbe registriert. Die Ausbildung in fahrzeugtechnischen Handwerksberufen erfolgt in ganz unterschiedlichen Betrieben (Bild 17.1).

Große Autohäuser bestehen in der Regel aus Vertragswerkstatt, Teiledienst und Neu- bzw. Gebrauchtwagenhandel. Sie haben Verträge mit einer, zwei oder mehr Automarken. Das technische Personal ist vorwiegend auf die Fahrzeugpalette dieser Hersteller geschult. Die Autohäuser und deren Personal müssen festgelegte Qualitätsmerkmale bezüglich Kundenorientierung, Ausstattung, Arbeitssicherheit und Umweltschutz erfüllen, um sich als qualitätszertifiziert nach DIN EN ISO 9000 ff ausweisen zu können.

Bild 17.1 Arbeitsumfeld im Kfz-Handwerk.

Freie Werkstätten sind eher kleine bis mittelgroße Betriebe. Sie bieten ihren Service ohne Vertragsbindung für Fahrzeuge aller Fabrikate an.

1.1.4 Organisationsstruktur von Kfz-Handwerksbetrieben

Mittlere bis große Autohäuser sind in verschiedene Abteilungen gegliedert. Jede Abteilung übernimmt Teilaufgaben im Betrieb (Bild 17.2).

Das Organigramm verdeutlicht
- die verschiedenen betrieblichen Abteilungen,
- die einzelnen Stellen in der Betriebshierarchie,
- Anordnungs- bzw. Informationsstrukturen von der Geschäftsführung bis zum Auszubildenden.

Die Geschäftsführung trägt die Verantwortung für den Geschäftserfolg und vertritt die Firma nach außen. Der Firmeninhaber (Chef) prägt das Erscheinungsbild des Betriebes maßgeblich, insbesondere, wenn der Firmenname durch seinen Familiennamen repräsentiert wird. Die Geschäftsführung entscheidet nach innen über die Personalsituation und die Betriebsorganisation.

Die Personalabteilung verwaltet die Mitarbeiterdaten, regelt die Urlaubsplanungen und führt Eingestellungen sowie Entlassungen durch. Die Buchhaltung ist u.a. für Lohn- und Gehaltsabrechnungen verantwortlich.

Werkstatt. Werkstätten sind räumlich oft unterteilt in Mechatronik- und Karosseriebereich.

Hier arbeiten Serviceleiter, Werkstattmeister, Gesellen und Auszubildende der Fachrichtung Kraftfahrzeugmechatronik bzw. Karosserieinstandhaltung Hand in Hand. Leitende Werkstattmeister arbeiten äußerst selten an Fahrzeugen, dafür organisieren und dokumentieren sie den gesamten Arbeitsablauf in der Werkstatt. In manchen großen Vertragswerkstätten gibt es neben dem leitenden Werkstattmeister den Serviceleiter. Dieser ist technisch und betriebswirtschaftlich sehr fachkundig; bei ihm laufen alle Fäden im Kfz-Werkstattbetrieb zusammen.

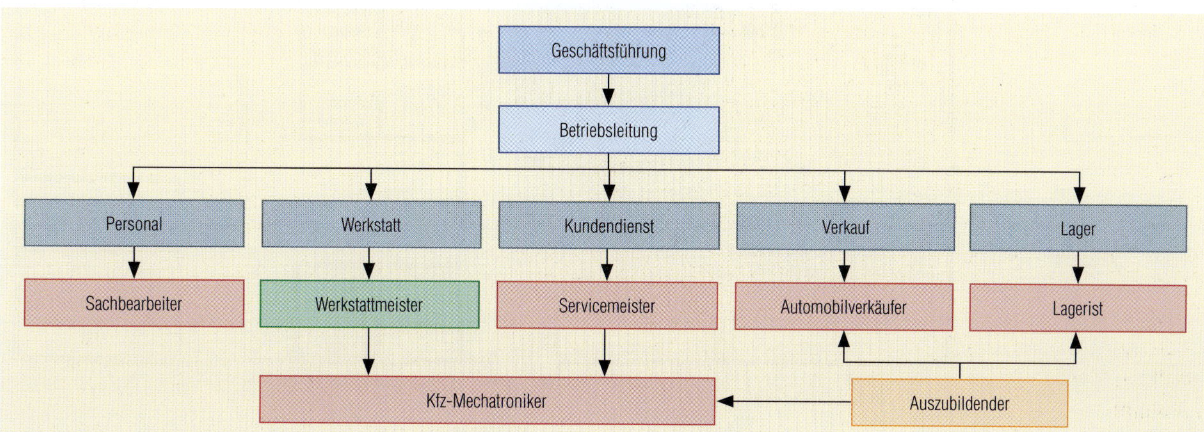

Bild 17.2 Organigramm eines Kfz-Betriebes.

Ein angestellter Meister übernimmt in einem Fachbetrieb eine Art Vorarbeiterfunktion.

Die Kundenaufträge werden in der Werkstatt von qualifizierten Facharbeitern (Kfz-Mechatronikern) durchgeführt. Der hohe technische Standard der Fahrzeuge und die Modellvielfalt machen eine Spezialisierung der Mitarbeiter nötig. Bild 18.1 zeigt den typischen Grundriss eines Autohauses.

In kleineren Werkstätten sind die Betriebsstrukturen überschaubarer; Arbeitsaufgaben, Kompetenzen und Funktionen verschmelzen.

KD: Kundendienst (häufig benutzte Abkürzung im Werkstattalltag)

NORA: **N**icht **o**rganisationsgebundene, **r**abattbegünstigte **A**bnehmer; z. B. Fremdwerkstätten.

Kundendienst. In der Kundendienstabteilung sind die Mitarbeiter beratend tätig. Man titelt sie auch Annahmemeister oder Servicemeister.

Ihre Aufgabe ist es,
- die Wünsche und Anliegen der Kunden entgegenzunehmen,
- den Auftrag weiterzuleiten,
- die durchgeführten Arbeiten zu erläutern,
- die Rechnung zu erläutern und
- die Fahrzeugübergabe vorzunehmen.

Meistens besitzen die KD-Berater eine fahrzeugtechnische Vorbildung, sodass sie oft schon eine Fehlereingrenzung vornehmen können oder den Auftrag an den „richtigen" Fachmann weiterleiten.

Verkauf. Die Verkaufsabteilung sorgt für den Absatz der Produkte. Dies können in einem Autohaus Gebraucht- und Neuwagen sowie Ersatz- und Zubehörteile sein. Leasinggeschäfte und Fahrzeugvermietungen werden ebenfalls in der Verkaufsabteilung bearbeitet.

Lager. Der Teiledienst ist verantwortlich für die Ersatzteile. Kunden sind die Kfz-Mechatroniker der eigenen Werkstatt, aber auch NORA-Kunden und Privatpersonen. Fachlageristen sind in der Regel kaufmännisch ausgebildet, z. B. als Automobilkaufmann.

Ihre Aufgabengebiete umfassen:
- Bestellen der Ersatzteile beim Lieferanten oder Hersteller,
- sauberes und ordentliches Führen der Lagerhaltung,
- Aufbau und Pflege von Kontakten zu Lagerabteilungen anderer Werkstätten, um ein nicht am Lager befindliches Teil schnell ordern zu können.

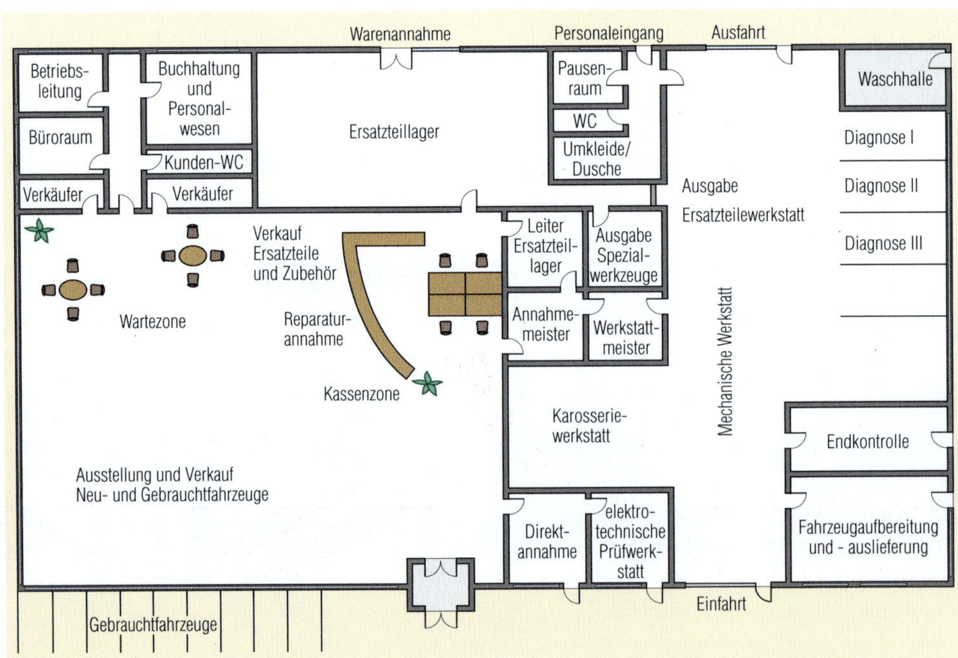

Bild 18.1 Grundriss eines Kraftfahrzeugbetriebs.

1.2 Werkzeuge und Arbeitssicherheit

Werkzeuge lassen sich einteilen in:

- Handwerkzeuge sowie
- Maschinen und Geräte, die zur festen Ausstattung eines Kfz-Fachbetriebes gehören.

1.2.1 Handwerkzeuge

Zur Grundausstattung für fachgerechte Instandsetzungsarbeiten gehören Handwerkzeuge (Montagewerkzeuge, Bild 19.1). Sie werden meist in Werkstatt-Rollwagen aufbewahrt, die durch Fächer und Schübe ein Ordnungssystem ermöglichen.

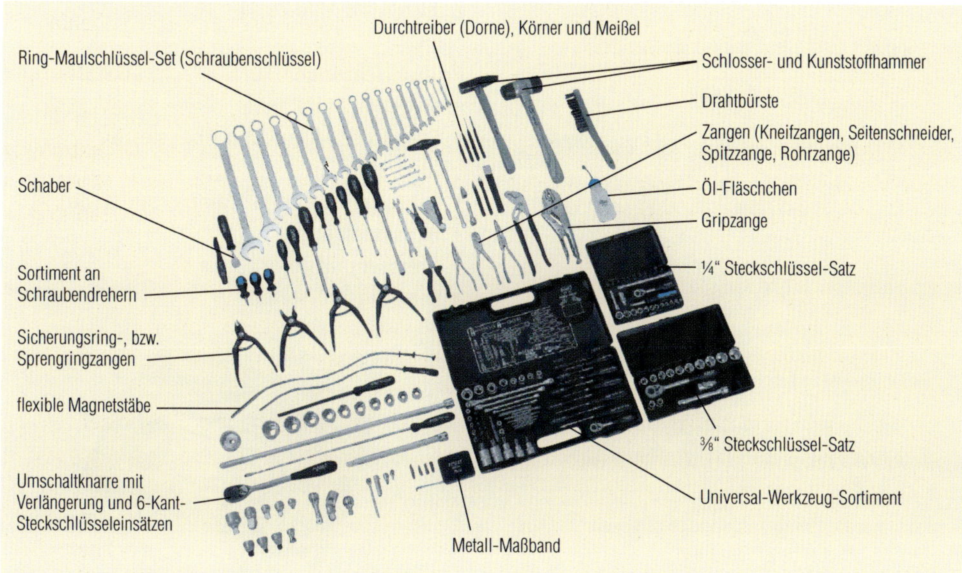

Bild 19.1 Wichtige Handwerkzeuge.

1.2.2 Maschinen, Geräte und Anlagen in der Kfz-Werkstatt

Neben den Handwerkzeugen gehören die meist ortsfesten Maschinen und Geräte zur Ausstattung eines Kfz-Fachbetriebes. Sie werden entweder durch Elektromotoren oder durch hydraulische bzw. pneumatische Druckübertragung angetrieben.

Hebeeinrichtungen. Hebebühnen dienen der Aufnahme und dem Anheben von Fahrzeugen auf Arbeitshöhe, z. B. bei Arbeiten am Fahrzeugunterbau (Bild 19.2). Sie werden entweder elektromechanisch oder elektrohydraulisch angetrieben. Es gibt unterschiedliche Ausführungen:

- Fahrzeugaufnahme am Fahrzeugunterboden oder
- Fahrzeugaufnahme an den Reifen.

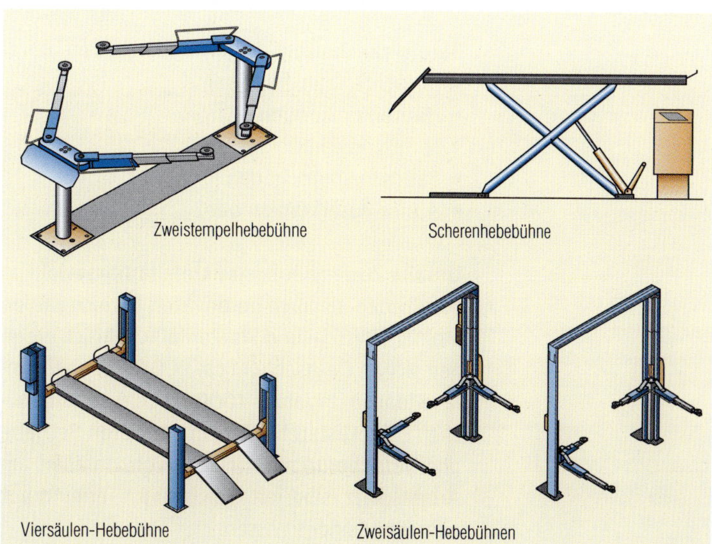

Bild 19.2 Hebebühnen.

Ein- und Zweisäulenhebebühnen bzw. Ein- und Zweistempelhebebühnen nehmen Fahrzeuge am Fahrgestell auf. Sie besitzen schwenk- und einstellbare Tragarme bzw. eine Trägerplatte. Diese Typen eignen sich speziell für Arbeiten an Rädern, Radaufhängungen oder Bremsen, da die Räder entlastet sind.

- In angehobener Position ist die Hebebühne mit Absteckbolzen zu sichern.
- Bedienung der Hebebühne nur durch geschultes Personal, welches das 18. Lebensjahr vollendet hat.
- Nach dem Befahren der Hebebühne die Feststellbremse des Fahrzeugs anziehen.
- Während des Hebens und Senkens dürfen sich keine Personen im Gefahrenbereich der Hebebühne aufhalten.
- Die aufgenommene Last und die Hebebühne sind während des Hebens und Senkens zu beobachten.
- Die zulässige Traglast der Hebebühne ist zu beachten.
- Das Hochklettern am angehobenen Fahrzeug oder der Hebebühne ist verboten.
- Hebebühne nur langsam und in voll abgesenktem Zustand befahren, um unnötige Belastungen am Fahrzeug und der Hebebühne zu vermeiden.

Bild 20.1 Bedienhinweise zu Hebebühnen.

Viersäulen- und Vierstempelhebebühnen eignen sich besonders für schnelle und routinemäßige Servicearbeiten sowie zur Achsvermessung. Diese Hebebühnen sind „befahrbar". Beim Liften bleibt das Fahrzeug auf den Reifen stehen, was Zeit spart und die Effizienz erhöht.

Die Betriebsanweisung für das Arbeiten mit Hebebühnen, die Unfallverhütungsvorschriften (UVV) sowie die Bedienhinweise sind unbedingt zu beachten (Bild 20.1).

Prüfeinrichtungen. Für Kfz-Fachwerkstätten gibt es folgende Prüfstände:
- Diagnose-, Motor- und Abgastester (Bild 20.2),
- Fahrwerktester (Stoßdämpferprüfstand),
- Achsmessgerät,
- Bremsenprüfstand,
- Leistungsprüfstand.

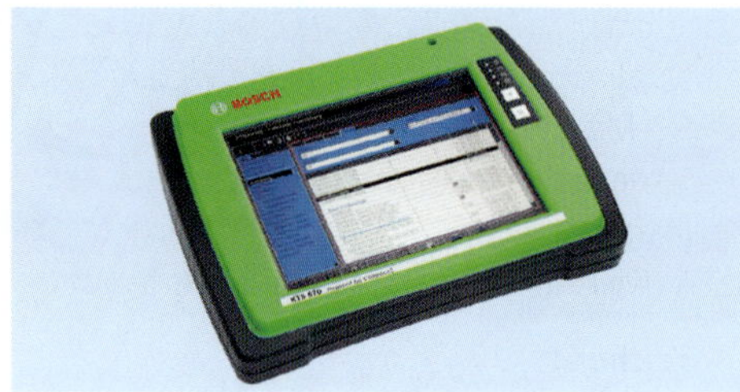

Bild 20.2 Diagnosetester zur Steuergerätediagnose.

1.2.3 Arbeitssicherheit und Unfallverhütung in der Werkstatt

Berufskrankheiten. Häufige, durch den Beruf verursachte Krankheiten sind:
- Hauterkrankungen,
- Lärmschwerhörigkeit,
- Bandscheibenschäden,
- Atemwegserkrankungen.

Unfälle. Zu den häufigsten Unfallarten sowohl im beruflichen als auch im privaten Bereich zählen Stolper-, Rutsch- und Sturzunfälle. Jährlich ereignen sich in Deutschland ca. 900 000 Arbeitsunfälle (davon ungefähr 4000 tödlich) mit erheblichen Folgekosten für Betroffene, deren Betriebe und Versicherungen. Ursache von Unfällen am Arbeitsplatz sind oft Leichtsinn, Termindruck oder mangelndes Wissen.

Technischer Arbeitsschutz. Berufsgenossenschaften (BG), Gesetzgeber, Arbeitgeber und Mitarbeiter haben ein gemeinsames Interesse an sicheren Arbeitsplätzen und Gesundheitsschutz. Deshalb ist in der Gewerbeordnung festgelegt, welche Maßnahmen und Anforderungen der Betrieb befolgen muss, damit Arbeitsschutz und Betriebssicherheit gewährleistet sind (Bild 21.1).

Entsprechende Hinweisschilder in der Werkstatt sollen helfen, die Sicherheit am Arbeitsplatz zu erhöhen (Bild 22.1).

Arbeitsstätten und Betriebshygiene

- Arbeitsräume und -bereiche müssen ausreichend Platz, Licht und Frischluft bieten.
- Sanitär-, Umkleide- und Pausenräume sind bereit zu stellen.
- Arbeitnehmer sind vor Lärm, Dämpfen und Staub zu schützen.

Maschinen, Werkzeuge und Fahrzeuge

- Maschinen und Anlagen müssen den sicherheitstechnischen Regeln entsprechen.
- Sie müssen regelmäßig gewartet und überprüft werden.
- Regeln und Vorschriften beim Arbeiten mit Hebebühnen sind zu beachten.

Technischer Arbeitsschutz

Gefahrenstoffe

- Gefährliche Stoffe (Betriebsstoffe) müssen gekennzeichnet sein, z. B. explosionsgefährliche, giftige, ätzende oder Krebs erregende Stoffe (Bild 22.1)

Manuelles Heben und Tragen von Lasten

- Um schwere Teile zu heben, muss der Arbeitgeber geeignete Arbeitsmittel (Hebezeuge) zur Verfügung stellen.

Bild 21.1 Technischer Arbeitsschutz.

Brandschutz. Konzepte, um Gefahren durch Brände in der Werkstatt zu minimieren, konzentrieren sich auf zwei Bereiche:

1. **Verhütung:**
- Feuer, offenes Licht und Rauchen sind verboten.
- Installation moderner Brandmeldetechniken (CO-Messgeräte und -melder).
- Betrieb von Rauch- und Wärmeabzugsanlagen.
- Entwicklung geeigneter Fluchtweglösungen.

2. **Löschung:**
- Sind die Flammen so groß und gefährlich, dass Sicherheit und Menschenleben gefährdet sind, so ist der Brandbereich unverzüglich zu verlassen und Hilfe zu holen (Evakuierung).
- Löschmaßnahmen sind nur dann zu ergreifen, wenn der Brand ohne Risiko eingedämmt werden kann (Bild 21.2).
- Diese Maßnahmen können gegebenenfalls durch Abschalten der Kraftstoffzufuhr oder Spannungsfreischaltung elektrischer Stromkreise unterstützt werden.

An leicht erreichbaren und gut sichtbaren Stellen müssen geeignete Feuerlöscher gebrauchsfähig installiert sein. Die Anzahl hängt von der Betriebsgröße ab. Zum Löschen brennender Kleidung sind Löschdecken, Löschbrausen u. ä. bereitzuhalten.

Informieren Sie sich in Ihrem Betrieb über Örtlichkeiten und Handhabungen der Löscheinrichtungen!

Tragbare Feuerlöscher gibt es mit den verschiedenen Löschmitteln Wasser, Schaum, Pulver oder Gas (CO_2). Für Kfz-Werkstätten eignen sich die Pulverlöscher am besten.

Bild 21.2 Richtig löschen.

Bild 22.1 Sicherheitszeichen.

Persönliche Schutzausrüstungen (PSA). Der technische Arbeitsschutz wird durch die PSA ergänzt, um die Mitarbeiter vor Gefahren im Umgang mit Maschinen oder Stoffen zu schützen (Bild 23.1). Unter PSA versteht man:

- Schutzhandschuhe,
- Schutzbrille,
- Gehörschutz,
- Atemschutzmasken,
- Sicherheitsschuhe.

Tragen Sie besonders beim Umgang mit aggressiven Betriebsflüssigkeiten immer Schutzhandschuhe, um Hautkrankheiten (wie Ekzeme) zu verhindern!

Schutzhandschuhe bestehen je nach Anwendungsbereich aus unterschiedlichen Materialien (Tabelle 23.1).

Gefährdete Körperteile	Schutzausrüstung	Einsatzbeispiele
Kopf		
• Schädel	Arbeitshelm, Haarschutz	spanende Bearbeitung, Montage
• Gehör	Gehörschutz	Stanzerei, Gießerei
• Augen	Schutzbrille	E-Schweißen, Schleifen
• Atemwege	Atemschutz, Absaugvorrichtung	Schweißen, Löten, Kunststoffverarbeitung
• Gesicht	Schutzschild	spanende Verarbeitung
Obere und untere Gliedmaße		
• Hand	Handschuhe	Blechbearbeitung, Schweißen
• Arm	lange Handschuhe	Schweißen
• Bein	Knieschoner	knieende Tätigkeit
• Fuß	Sicherheitsschuhe	Montage
Verschiedenes		
• Haut	Schutzcremes, Salben	auf Kühlschmiermittel achten
• Rumpf	Sicherheitsgurte	Leitern sichern, Schutz gegen Absturz
• ganzer Körper	Schutzkleidung gegen aggressive Substanzen, Hitze, Staub usw.	Strahlungseinwirkung beim E-Schweißen abwenden

Bild 23.1 Persönliche Schutzausrüstung.

Handschuhtyp	Eigenschaften	Einsatzbereich
Leder	Hitzebeständigkeit 150 °C – 300 °C	für Arbeiten an erwärmten Bauteilen geeignet (Bremsscheiben, Katalysator)
natürliches Gummi (Latex)	sehr elastisch, guter Widerstand gegen Abrieb, reißfest allgemein gute Beständigkeit gegen Säuren, aber nicht geeignet für Öle und Fette	für Arbeiten mit Reinigungsmitteln, Chemikalien und verschiedenen Betriebsflüssigkeiten
Nitril (synthetisches Gummi)	sehr guter mechanischer Widerstand, durchstichfest, guter Schutz gegen Öle und Fette	zum Schutz gegen Reinigungsmittel, Chemikalien, Öle, Lösungsmittel und Akohol
PVC	sehr flexibel, hoher Schutz gegen Abrieb, gute Säure- und Basenbeständigkeit	Umgang mit Wasch- und Reinigungsmitteln
natürliche Fasern (Strickfutterhandschuhe) mit Nitrilbeschichtung	gut bei der Montage an trockenen Teilen zum Schutz vor mechanischen Verletzungen	Abgasanlage und Karosserieteile
Hautschutzmittel – der „unsichtbare" Handschuh	Verhindert ein Austrocknen der Haut durch Wasser- und Fettentzug und pflegt. Erleichtert den Reinigungsprozess der Hände.	Hautschutzmittel wie auch Schutzhandschuhe sind Spezialprodukte. Universell wirkende Cremes gibt es nicht.

Tabelle 23.1 Schutzhandschuhe.

Emission: Aussenden von umweltschädigenden Substanzen

Immission: Wirken dieser Substanzen auf die Umwelt

irreparabel = nicht wiederherstellbar, unheilbar

Beim Schleifen, Meißeln oder Bohren ist das Tragen einer Schutzbrille erforderlich, da Schleifkörner oder Späne das Auge verletzen können. Diese Schutzmaßnahme gilt auch für Arbeiten an der Abgasanlage, hier rieseln bei der Demontage häufig Rostpartikel in die Augen.

Beim Schweißen oder Löten ist immer ein Augenschutz zu tragen, da hier Verblitzungsgefahr besteht.

Um sich vor ätzender Batteriesäure zu schützen, ist spezielle säurefeste Schutzkleidung vorgeschrieben, zu der Gummihandschuhe, Korbbrille und Schürze gehören.

Verwenden Sie Gehörschutzstöpsel oder Kapselgehörschützer, um sich vor übermäßigem Lärm zu schützen.
Eine Lärmschädigung des Ohres ist irreparabel.

Gehörschutzstöpsel empfehlen sich, wenn man gleichzeitig eine Schutzbrille tragen muss. Vorzugsweise trägt man sie bei länger andauernder Lärmeinwirkung.

In den Betrieben müssen einfache Atemschutzmasken verfügbar sein. Bei Schleifarbeiten an der Karosserie, aber auch bei Arbeiten an der Trommelbremse, ist der Atemschutz absolut notwendig. Auch wenn krebserregender Asbest in Kupplungen und Bremsbelägen nicht mehr verbaut wird, so sind die Ersatzstoffe ebenfalls sehr ungesund.

Pusten Sie Trommelbremsen nie mit Druckluft aus!
Denn durch das „Reinigen" von Trommelbremsen mit der Druckluftpistole wird ein Staubnebel erzeugt, der gefährlichen lungengängigen Feinstaub enthält!
Fachgerecht erfolgt die Reinigung mit speziellen Spülsystemen.

Sicherheitsschuhe besitzen im Bereich der Zehen eine Schutzkappe. Diese schützt vor Verletzungen durch herunterfallende Gegenstände und vor möglichen Quetschungen.

Potenzielle Gefahrenquellen sind Hebebühnen und die Räder von Fahrzeugen.

Sicherheitsschuhe sind energieaufnehmend (dämpfend), rutschhemmend, antistatisch, öl-, benzin- und säurebeständig und sind deshalb in der Werkstatt immer zu tragen.

1.2.4 Umweltschutz in der Werkstatt

Technische Geräte und Anlagen verursachen im Betrieb Emissionen. Dies können Lärm, Abgase, Staubpartikel und chemische Substanzen sein, die in der Folge auf Menschen, Tiere und Pflanzen als Immissionen einwirken (Bild 24.1).

Der Mensch reagiert mit gesundheitlichen Schäden, die Umwelt mit Schäden oder dem Verlust von Ressourcen (Vorräten), die oft nicht erneuerbar sind.

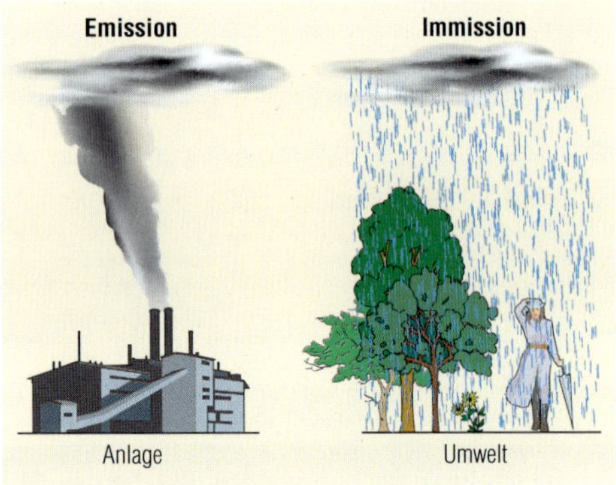

Bild 24.1 Gefährdungen durch schädliche oder gefährliche Stoffe.

In der Kfz-Werkstatt müssen Mitarbeiter oft mit Stoffen umgehen, die eine beträchtliche Gefahr für Mensch und Umwelt darstellen. Die Firmenleitung bzw. ein Umweltschutzbeauftragter müssen das Werkstattpersonal über Gefahrstoffe informieren und im Betrieb die Einhaltung gesetzlicher Vorgaben überwachen.

Bereiche des Umweltschutzes betreffen (Bild 25.1):
- Verbrauchsstoffe,
- Abfälle,
- Gefahrstoffe,
- Wasser, Abwasser,
- Energie,
- Luft, Lärm,
- Altlasten.

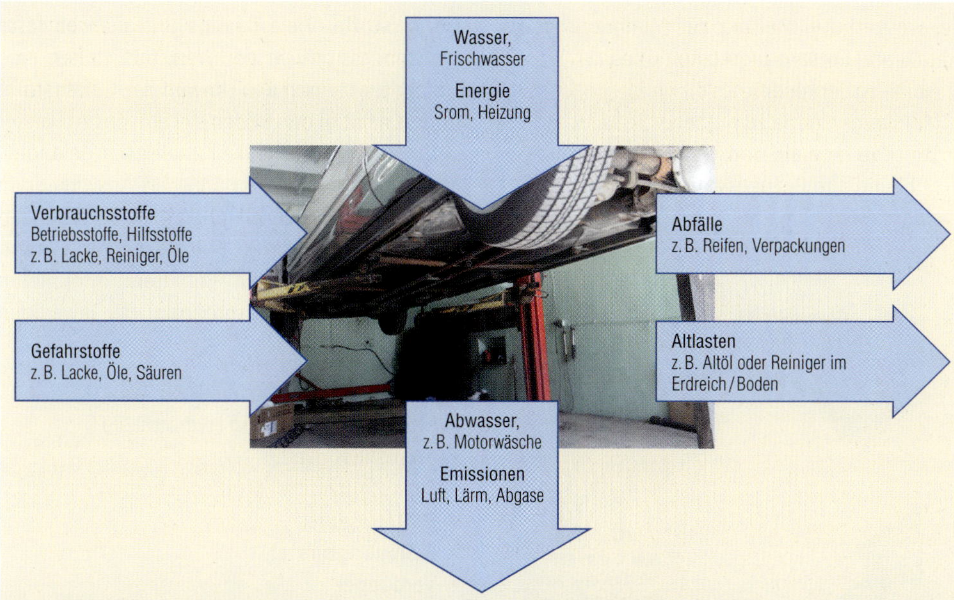

Bild 25.1 Umweltschutzaspekte in der Kfz-Werkstatt (betrieblicher Umweltschutz).

Für Arbeiten mit erhöhtem Gefährdungspotenzial sind in speziellen Lehrgängen Sachkundenachweise zu erwerben, z. B. für Arbeiten an Airbags oder für Servicearbeiten an Klimaanlagen.

Betriebsanweisungen sind Hinweisschilder an Maschinen und Betriebsstoffen, um das Werkstattpersonal über den Umgang, Gebrauch und Transport sachkundig zu machen.

Verbrauchsstoffe sind:

- Gebrauchsgüter, technische Produkte, Fahrzeugteile (Ersatzteile, z. B. Lacke, Airbags),
- Betriebsstoffe (Bremsflüssigkeit, Kühlerfrostschutz, Motor- und Getriebeöle, Scheibenreiniger, Kältemittel),
- Hilfsstoffe (Putzlappen, Schmierfette, Reiniger).

Sie dürfen weder verschüttet werden noch unkontrolliert in die Umwelt gelangen.

Bereits beim Einkauf sollten schadstoffarme Produkte bevorzugt werden, um die späteren Entsorgungskosten zu minimieren.

Abfälle. Während der Service- und Instandsetzungsarbeiten entstehen durch die verbrauchten Stoffe Abfälle, die sich nicht einfach über den Hausmüll entsorgen lassen. Die Art und Weise, wie Abfälle gesammelt, gelagert und entsorgt werden müssen, ist in Verordnungen festgelegt (z. B. in der Abfallverzeichnis-Verordnung AVV).

Abfälle werden je nach ökologischem oder gesundheitlichem Gefährdungspotenzial in Abfallgruppen eingeteilt. Gefährlicher Abfall ist überwachungsbedürftig und nachweispflichtig, d. h. es erfolgen Betriebskontrollen, in denen der Entsorgungs- bzw. Verwertungsweg des Abfalls nachvollziehbar dokumentiert sein muss.

Die Höhe der anfallenden Entsorgungskosten richtet sich nach Art und Aufkommen der Abfälle. Die Kosten können je nach Kfz-Betrieb mehrere tausend Euro pro Jahr betragen.

Achten Sie darauf, dass flüssige Betriebsstoffe sortenrein gesammelt werden.

Es ist verboten Altölen, die aufgearbeitet werden können, Fremdstoffe wie Lösungsmittel, Brems- oder Kühlflüssigkeit beizumischen.

Entsorgungskosten steigen immens, wenn Abfälle, insbesondere Betriebsflüssigkeiten unterschiedlicher Art, in Sammelbehältern miteinander gemischt werden.

Ein wesentlicher Beitrag zur Minimierung von Abfall- und Entsorgungskosten ist es,

- Abfall zu vermeiden,
- Mehrwegsysteme zu nutzen,
- Stoffe zu recyceln und, wenn nicht möglich,
- Müll und alte Betriebsstoffe getrennt zu sammeln bzw. zu entsorgen (Bild 26.1).

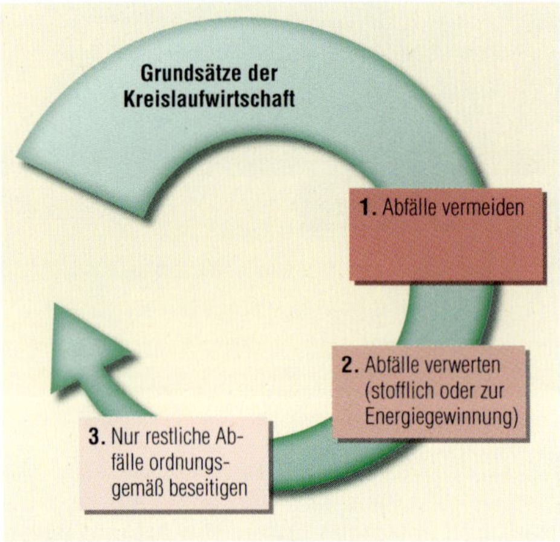

Bild 26.1 Umgang mit Abfällen.

Die rechtlichen Grundlagen enthält das Kreislaufwirtschafts- und Abfallgesetz (KrW-/AbfG).

Dieses Gesetz zur Förderung der Kreislaufwirtschaft und Sicherung der umweltverträglichen Beseitigung von Abfällen beinhaltet dazu folgende Verordnungen:

- Verordnung über das Europäische Abfallverzeichnis (AVV)
- Verordnung zur Bestimmung von überwachungsbedürftigen Abfällen zur Verwertung (BestüVAbfV)
- Verordnung über Verwertungs- und Beseitigungsnachweis (NachwV)
- Gesetz über das Inverkehrbringen, die Rücknahme und die umweltverträgliche Entsorgung von Elektro- und Elektronikgeräten (ElektroG)
- Altölverordnung (AltölV)
- Verordnung über die Vermeidung und Verwertung von Verpackungsabfällen (VerpackV)
- Verordnung über Rücknahme und Entsorgung gebrauchter Batterien und Akkumulatoren (BattV)
- Verordnung über die Überlassung, Rücknahme und umweltverträgliche Entsorgung von Altfahrzeugen (AltfahrzeugV)

Gefahrstoffe. Viele flüssige und manche feste Verbrauchsstoffe in der Werkstatt stellen eine Gefahr für Mensch und Umwelt dar. Gefahrstoffe dürfen nicht in den Boden sickern, das Abwasser verunreinigen oder in die Kanalisation gelangen. Mitarbeiter sind vor schädlichen Auswirkungen durch Kontakt mit Gefahrstoffen zu schützen (Schutzkleidung etc.). Entsprechende Gefahrstoffhinweise auf den Behältern informieren über das Gefährdungspotenzial der jeweiligen Verbrauchsstoffe.

Typische Gefahrstoffe in der Kfz-Werkstatt:

- Motor-, Getriebe- und Hydrauliköle,
- Bremsflüssigkeit,
- Frostschutzmittel (Kühler, Scheibenreiniger),
- Batteriesäure,
- Reinigungsmittel,
- Verdünner,
- Lacke,
- gefahrstoffhaltige Lappen,
- Ölbindemittel,
- Kältemittel,
- Abscheiderinhalte.

Abwasser aus der Werkstatt kann durch die Vermischung mit Benzin, Öl oder Schwermetallen (wie Blei, Cadmium, Kupfer, Zinn oder Zink) belastet sein. Um Gewässerverunreinigungen zu vermeiden, sind entsprechende Maßnahmen zur Abwasserbehandlung rechtlich vorgeschrieben.

In abflussfreien Werkstätten wird der Boden trocken gereinigt und gegebenenfalls mit dem Hochdruckreiniger nachbehandelt. Geringe Abwassermengen werden in der Entwässerungsrinne gesammelt und verdunsten dort. Die verbleibenden Rückstände werden später trocken entfernt. Alternativ verwendet man bei Bodenverunreinigungen Reinigungsgeräte, die die Verunreinigung aufnehmen (Waschwasser und Reinigung im inneren Kreislauf der Maschine).

In Werkstätten, die Abwasser in die Kanalisation leiten (z. B. Waschanlage), erfolgt der Gewässerschutz durch Schlammfang und Leichtflüssigkeitsabscheider.

Energie. Energieeinsparungen in der Werkstatt sind möglich bei Beleuchtung, Abgasabsaugung und Heizung.

- Vermeiden Sie zu hohe Beleuchtungsstärken. Schalten Sie die Beleuchtung in den Pausen ab.
- Beseitigen Sie Leckagen in Druckluft- und Absauganlagen.
- Halten Sie Werkstatttore bei Heizungsbetrieb möglichst geschlossen.
- Öffnen Sie beim Ein- und Ausfahren die Werkstatttore nur so kurz wie möglich.

Luft und Lärm. Die anfallenden Arbeiten in der Werkstatt sind häufig sehr geräuschintensiv, wirbeln Staub auf und setzen Gase bzw. Rauch frei. Bild 27.1 zeigt intensive Lärmquellen in der Kfz-Werkstatt.

Als Beitrag zum Umweltschutz lassen sich die Lärmbelastungen für Kunden und Anwohner durch das Schließen der Hallentore um ca. 15 bis 20 dB(A) reduzieren.

Die Arbeitsstättenverordnung legt den Lärmschutzgrenzwert für Regelarbeiten im Innenbereich von Werkstätten bei 80 dB(A) fest.

Belastungen der Luft durch verunreinigende Stoffe (z. B. Lösungsmittel) lassen sich durch lösungsmittelfreie und gefahrstoffreduzierte Produkte verringern.

Absauganlagen mit entsprechenden Filtereinrichtungen und Atemschutzmasken verhindern, dass giftige Gase und lungengängiger Feinstaub zur Gefährdung von Mensch und Umwelt werden.

Beispiele von Arbeiten mit gesundheitsgefährdender Gas- und Staubbelastung:
- Arbeiten an der Bremse → Belagstaub
- Arbeiten an der Kupplung → Belagstaub
- Karosseriearbeiten → Schleifstaub/Lack
- Schweißarbeiten → Schweißrauch
- Abgasuntersuchung → Abgase
- Reinigen → lösungsmittelhaltige Dämpfe

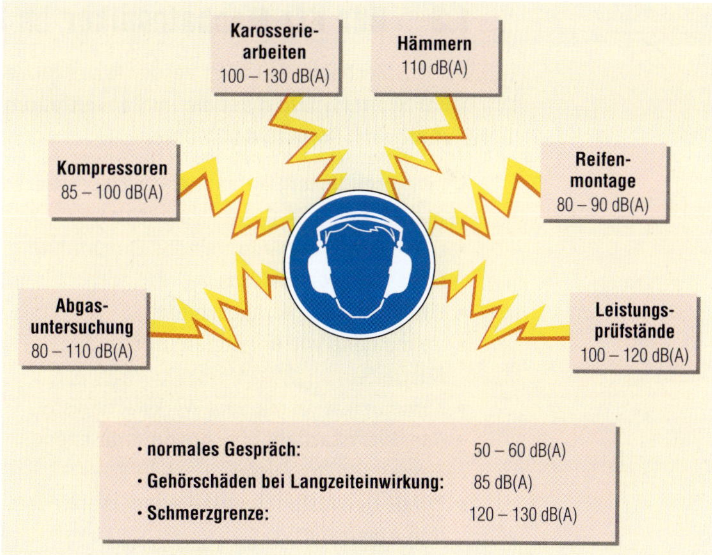

Bild 27.1 Ursachen für Lärm im Werkstattbereich.

Altlasten. Von Altlasten ist immer dann die Rede, wenn an alten Betriebsstandorten der Boden oder die Umwelt mit schädlichen oder gefährlichen Stoffen verseucht ist.

Jeder Betrieb ist verpflichtet, Bodenverunreinigungen durch z. B. Öl oder Benzin und eine dadurch entstehende Grundwasserverunreinigung zu verhindern. Neben der Vorsorgepflicht besteht – bei einer trotzdem festgestellten Bodenverunreinigung – eine Informationspflicht der zuständigen Behörden.

Mögliche Ursachen für Altlasten in einer Kfz-Werkstatt:
- Nicht sachgemäße Lagerung und Verwendung von Gefahrstoffen (z. B. Lacke, Altöl, Kraftstoffe),
- Schäden an Abwasserkanälen,
- Korrosion an Leitungssystemen,
- Schäden an betrieblichen Anlagen (z. B. Tankstellen, Unterflurgruben, Ölabscheideanlagen),
- betriebsstoffverunreinigte Bodenflächen (z. B. nicht befestigter Waschplatz für Motor- und Unterbodenwäsche).

1.3 Der Kfz-Mechatroniker im Geschäftsprozess

Der Kfz-Mechatroniker trägt bei der Arbeit große Verantwortung und muss die ihm anvertrauten Aufträge mit Sorgfalt durchführen.

Sein wesentlicher Aufgabenbereich erstreckt sich auf die

- schnelle und ordnungsgemäße Durchführung seines Arbeitsauftrages,
- Einhaltung der Vorgabezeiten,
- Vermeidung von unnötigen Leer- und Rüstzeiten,
- Kommunikation mit dem Werkstattmeister oder Werkstattleiter bei unvorhergesehenen Reparaturhindernissen,
- Pflege und Instandhaltung seiner Werkzeuge und Arbeitsmittel,
- Sauberhaltung der Kundenfahrzeuge; Lenkrad, Radio, Sitze nach beendeter Arbeit in die Ausgangsstellung zurücksetzen,
- ständige Fortbildung und Information durch Fachbücher und Herstellerinformationen,
- selbsttätige Überprüfung und Qualitätssicherung seiner durchgeführten Arbeiten.

1.3.1 Anforderungen an den Mitarbeiter

Im Umgang mit Kunden, Kollegen und Vorgesetzten müssen die Mitarbeiter einer Werkstatt bestimmte Verhaltensregeln beherrschen.

Gute Umgangsformen sind eine gute Grundlage für die Kommunikation. Jeder Mitarbeiter sollte sich fachlich weiterbilden, damit er beim Kundenkontakt eine angemessene Konversation führen kann.

Jeder Mitarbeiter sollte auf ein positives Erscheinungsbild achten, dazu gehören:

- saubere Arbeitskleidung,
- Körperpflege (Haarschnitt, Rasur),
- keinen Schmuck bei der Arbeit tragen (Unfallgefahr),
- positives und selbstbewusstes Auftreten.

Der Betrieb verlangt von seinen Mitarbeitern eine positive Einstellung zu

- Beruf und Tätigkeit,
- Betrieb und Kollegen,
- Kraftfahrzeugen und Dienstleistungen am Fahrzeug,
- Kunden,
- fachlicher und allgemeiner Weiterbildung,

um die ständig steigenden Anforderungen eines kundenorientierten Services zu gewährleisten und damit den Erhalt der Werkstatt und von Arbeitsplätzen zu sichern.

1.3.2 Erscheinungsbild des Betriebs

Bereits mit dem ersten Kontakt erhält der Kunde einen bleibenden Eindruck vom Betrieb. Bewusst oder unbewusst prägt sich sofort ein äußeres Erscheinungsbild ein.

Wichtig sind

- das Erscheinen und Auftreten der Firmenleitung (Inhaber, Geschäftsführer),
- der optische Zustand der Firmengebäude (Ausstellungsräume, Büros, Werkstätten),
- das Erscheinen und Auftreten der Mitarbeiter (Meister, Gesellen, Auszubildende),
- der Eindruck von Arbeitsmitteln (Fahrzeuge, Werkzeuge, Maschinen etc.).

Um das Erscheinungsbild eines Betriebes zu verbessern, haben manche Betriebe Leitlinien erstellt. Dies können beispielsweise sein:

- Die Mitarbeiter tragen Arbeitsschuhe und saubere Kleidung.
- Das Personal bietet ein einheitliches Erscheinungsbild, man präsentiert sich als Team.
- Betriebsname und Name des Mitarbeiters stehen gut lesbar auf der Kleidung jedes Mitarbeiters.
- Die Firma bietet optisch ein sauberes und gut organisiertes Erscheinungsbild.
- Die Werkstattangehörigen sind motiviert und in Teams integriert.
- Es wird ein einheitlicher Führungsstil entwickelt.
- Den Mitarbeitern werden die Unternehmensziele verdeutlicht.
- Die Mitarbeiter tragen zur Innovation in der Werkstatt bei, z. B. über ein betriebliches Vorschlagswesen.
- Jeder Mitarbeiter wird entsprechend seinem Potenzial eingesetzt und gefördert.
- Aus- und Weiterbildung des Werkstattpersonals werden gezielt geplant und durchgeführt.

1.3.3 Kommunikation und Kundenorientierung

Ein gutes Verhältnis zum Kunden aufzubauen, ist der Schlüssel zum erfolgreichen Geschäft.

Oberstes Ziel der Mitarbeiter in der Werkstatt muss die Zufriedenheit des Kunden sein. Diese hängt auch mit der Arbeitsatmosphäre im Betrieb zusammen.

Kommunikation beginnt mit der ersten Begegnung. Sie ist der Austausch von Botschaften zwischen einem Sender und dem/n Empfänger/n.

Kommunikation erfolgt bewusst oder unbewusst: „Man kann nicht nicht kommunizieren" hat der Autor Paul Watzlawick gesagt.

Die zwischenmenschliche Verständigung geschieht dabei
- verbal (sprachlich) oder
- non-verbal (nicht-sprachlich).

Jede Kommunikation vollzieht sich nach dem Kommunikationsforscher Schulz von Thun auf vier unterschiedlichen Ebenen (Bild 29.1):
- Sachinhalt,
- Appell,
- Beziehungsinhalt,
- Selbstoffenbarung.

Sachinhalt ist, worüber der Sender den Empfänger informiert. In der Werkstatt sollte der Sachinhalt, z. B. von einem Serviceberater bei einem Kundengespräch nach folgenden Regeln der Gesprächsführung übermittelt werden:
- angemessene Wortwahl, nur benötigte Fachausdrücke verwenden, diese ggf. erklären,
- klare Aussprache und angemessene Lautstärke,
- kundenangepasste Sprechgeschwindigkeit,
- monotone Sprechweise vermeiden,
- Wiederholungen vermeiden,
- nicht verstandene Kundenfragen durch höfliches Nachfragen klären,
- Meinungen und Aussagen des Kunden sachlich auf mögliche Auswirkungen hin korrigieren.

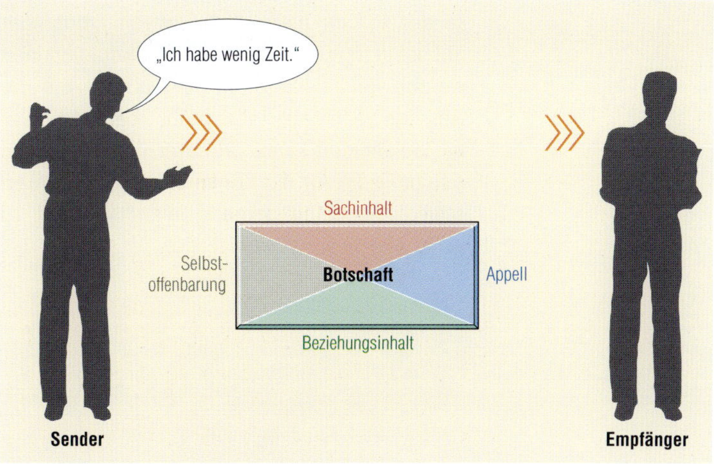

Bild 29.1 Die vier Seiten einer Nachricht.

Appell. Was will der Sender beim Empfänger erreichen? Offene Appelle drücken den Wunsch des Senders aus, werden aber oft unterdrückt, aus Angst zurückgewiesen zu werden (Erziehung zur Zurückhaltung).

Verdeckte Appelle sollten vermieden werden, denn die können als Manipulation aufgefasst werden. Die Aussage „In Kürze werden schärfere Abgasbestimmungen verabschiedet!" kann ein Kunde – situationsbezogen – auch so auffassen, dass er zu einer Nachrüstung oder einem Fahrzeugneukauf veranlasst werden soll. Bei Kundengesprächen sollte der Werkstattmitarbeiter nur mit offenen Appellen ohne unterschwellige Bemerkungen argumentieren.

Beziehungsinhalt. Was hält der Sender vom Empfänger? Der Werkstattmitarbeiter sollte ein positives Verhalten gegenüber dem Kunden zeigen, indem er dem Kunden seine Wertschätzung zeigt und ihm genügend Freiräume bei seiner Entscheidung einräumt.

Selbstoffenbarung. Was gibt der Sender von sich selbst preis? Bei der Selbstoffenbarung werden Gefühle und Absichten vermittelt. Ein solches Verhalten wird als authentisch und meistens positiv registriert. Wenn der Werkstattmitarbeiter sich in die Situation des Kunden versetzen kann, dann wird er auch Angebote im Kundeninteresse unterbreiten, die dieser akzeptieren kann.

Die Ohren des Empfängers. So wie der Sender einer Nachricht auf unterschiedlichen Ebenen sendet, so kann diese Nachricht vom Empfänger auf völlig unterschiedliche Weise aufgenommen werden. Bild 30.1 zeigt beispielhaft, wie die Aussage „Ich habe wenig Zeit" beim Empfänger ankommen kann. Grundsätzlich sollte man sich bei jeder Art der Kommunikation der unterschiedlichen Möglichkeiten, eine Botschaft zu verstehen, bewusst sein.

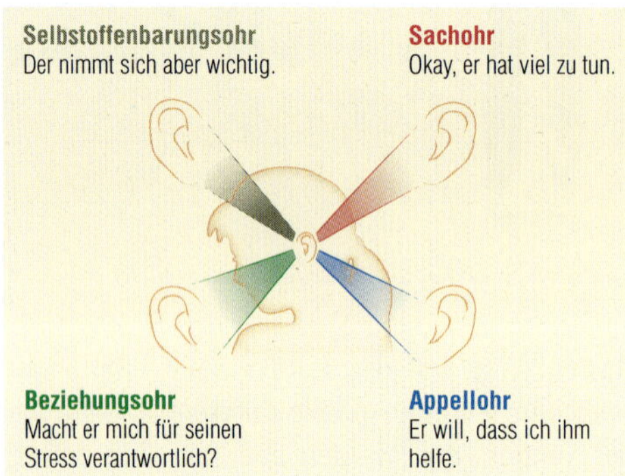

Bild 30.1 Botschaften mit verschiedenen Ohren hören.

Die non-verbale Kommunikation drückt sich über

- Mimik (Ausdruck des Gesichtes),
- Gestik (Ausdruck des Körpers) und
- Körperhaltung aus.

Bild 30.2 Gestik-Regeln.

Blickkontakt. Blicke können vielsagend sein. Bei Gesprächen sollte man seinem Gesprächspartner in die Augen blicken, aber nicht so starr, dass dies als unangenehm empfunden wird. Bei Kundenkontakten sieht der Mitarbeiter dem Kunden freundlich und offen ins Gesicht. Bei fehlendem Augenkontakt zum Kunden kann man dessen Aufmerksamkeit durch einen anderen Gesprächsinhalt oder durch neue Argumente gewinnen.

Vor dem Gespräch signalisiert der Blickkontakt vom Mitarbeiter zum Kunden, dass dieser wahrgenommen wurde und jederzeit den Mitarbeiter ansprechen kann. Der Blickkontakt darf nicht zu einer Fixierung des Kunden „von oben nach unten" ausarten.

Mimik. Die Ausdrucksbewegungen des Gesichts werden als Mimik bezeichnet. Sie entsteht durch die Bewegung von 36 Gesichtsmuskeln. Die obere Gesichtshälfte lässt sich schwerer steuern als die untere. Mimik vermittelt Freude, Ärger, Trauer, Unlust, Ekel, Angst, Überraschung oder auch Unschlüssigkeit.

Gestik ist der Ausdruck, der durch Köperbewegungen entsteht. Bewegungen des Kopfes, der Hände, der Füße und die Körperhaltung können beim Gespräch die Wortinformationen verstärken. Viele Gesten können unbeabsichtigte Gefühlsregungen entlarven:

- Begeisterung durch Hochwerfen der Arme,
- Interesse durch leichtes Kopfnicken,
- Aggression durch Ballen einer Faust,
- Unsicherheit durch Hin- und Herbewegen des Kopfes,
- Nervosität durch Spielen mit oder an Gegenständen (Kugelschreiber),
- Ablehnung durch die Unterbrechung des Blickkontaktes oder eine gerümpfte Nase,
- Erstaunen durch geöffneten Mund,
- Abschottung durch zusammengekniffene Lippen,
- Ratlosigkeit durch Kratzen am Kopf.

In Gesprächen – insbesondere in Kundengesprächen – sollten bestimmte Regeln und Verhaltensweisen beachtet werden (Bild 30.2).

Körperhaltung. Durch die gesamte Haltung des Körpers und die Bewegung einzelner Körperteile werden dem Gesprächspartner unbewusst Signale übermittelt, die Interesse oder Desinteresse, Sympathie oder Ablehnung vermitteln (Tabelle 31.1).

Kundenorientierung bedeutet unter anderem, den jeweiligen Kundentyp zu erkennen und angemessen zu reagieren. Der Kunde steht immer im Mittelpunkt der Betrachtung, denn Ziel aller betrieblichen Maßnahmen ist es, eine hohe Kundenzufriedenheit zu erreichen.

Aus Untersuchungen weiß man:
- Nur 5 % aller unzufriedenen Kunden beschweren sich in der Werkstatt direkt.
- Jeder unzufriedene Kunde trägt seine Unzufriedenheit an ca. 15 andere Personen weiter.
- Ein negatives Erlebnis macht den Eindruck von sieben positiven Erlebnissen kaputt.
- Einen Neukunden zu gewinnen kostet 6-mal so viel Energie, wie einen Stammkunden zu halten.

Hinweise zur Kommunikation und Kundenorientierung für den Kfz-Mechatroniker

- Kümmern Sie sich umgehend um den Kunden; lassen Sie ihn nicht lange warten.
- Sind kurze Wartezeiten unvermeidbar, bieten Sie dem Kunden einen Sitzplatz und ein Getränk an.
- Hören Sie dem Kunden im Gespräch aktiv und aufmerksam zu.
- Nehmen Sie den Kunden mit seinem Anliegen ernst, versuchen Sie ihn zu verstehen.
- Vermitteln Sie ihm das Gefühl in guten Händen zu sein.
- Führen Sie das Kundengespräch in einer für Laien verständlichen Form und vermeiden Sie Belehrungen.
- Vertreten Sie Ihr Autohaus und die angebotenen Produkte stets positiv.
- Führen Sie jeden Auftrag gewissenhaft durch. Halten Sie Zusagen und Versprechen unbedingt ein.

positive Signale	negative Signale
Zuwendung zum Gesprächspartner.	Abwendung des Körpers vom Gesprächspartner.
Aufgerichteter Kopf als Zeichen der Informationsbereitschaft.	Kopf und Oberkörper sinken in sich zusammen.
Vorwärtsbewegung von Kopf und Oberkörper als Signal der Übereinstimmung.	Kopf und Oberkörper weichen hinter die Körpermitte zurück.

Tabelle 31.1 Körperhaltungssignale.

1.3.4 Arbeits- und Problemlösungstechniken

Im Berufsalltag kommt es zuweilen zu Ausnahme- und Konfliktsituationen, für deren Bewältigung oder Lösung verschiedene Arbeitstechniken zur Verfügung stehen. Nichtalltägliche Situationen sind etwa Konflikte mit Kunden oder Vorgesetzten, das Vorstellen von Arbeitsergebnissen usw. Für die situationsangemessene Lösung von Aufgaben ist es hilfreich, unterschiedliche Arbeitstechniken zu kennen und einsetzen zu können (Tabelle 32.1).

Problemlösungsphasen. Aufgaben oder Probleme lassen sich mit den unterschiedlichsten Methoden lösen. In jedem Fall empfiehlt es sich, eine bestimmte Reihenfolge beim Herangehen an die Problemlösung einzuhalten (Bild 33.1). Während der sechs einzelnen Phasen können die unterschiedlichsten Problemlösungs- und Gruppentechniken angewendet werden.

Arbeitstechnik	Zweck/Einsatz	Merkmale
Brainstorming	Problemlösungsmethode für Gruppenarbeit	Sammeln (durch Zuruf) und Aufschreiben von spontanen Ideen in der Gruppe; die Bewertung erfolgt erst in einer anschließenden Phase.
Mind Map (Bild 32.1)	Problemlösungsmethode für Einzelarbeit	Bildliche Darstellungen von Gedankengängen; der zentrale Begriff steht in der Mitte eines Blattes, von dort ausgehend werden an immer feineren Verästelungen Stichworte festgehalten.
Metaplan/ Kärtchenabfrage	Problemlösungsmethode/Präsentationsmethode	Teilnehmer schreiben Beiträge stichpunktartig auf Kärtchen; dadurch ist ein Sammeln, Gewichten und Präsentieren der Ideen vieler Personen möglich.
Flip-Chart	Problemlösungsmethode/Präsentationsmethode	Die Inhalte werden häufig erst während einer Sitzung erarbeitet; funktioniert wie ein riesengroßes Heft.
Overhead-Projektor oder Beamer	Präsentationsmethode	Über einzelne Folien (OH-Projektor) oder Diashows (Software; Projektion über Beamer) werden die Inhalte vermittelt.

Tabelle 32.1 Arbeitstechniken.

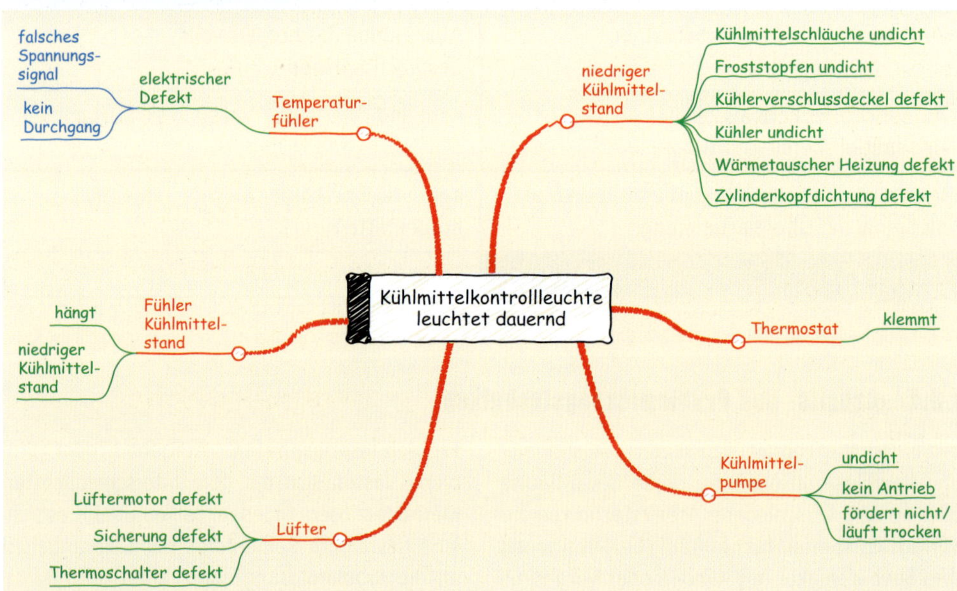

Bild 32.1 Mind Map.

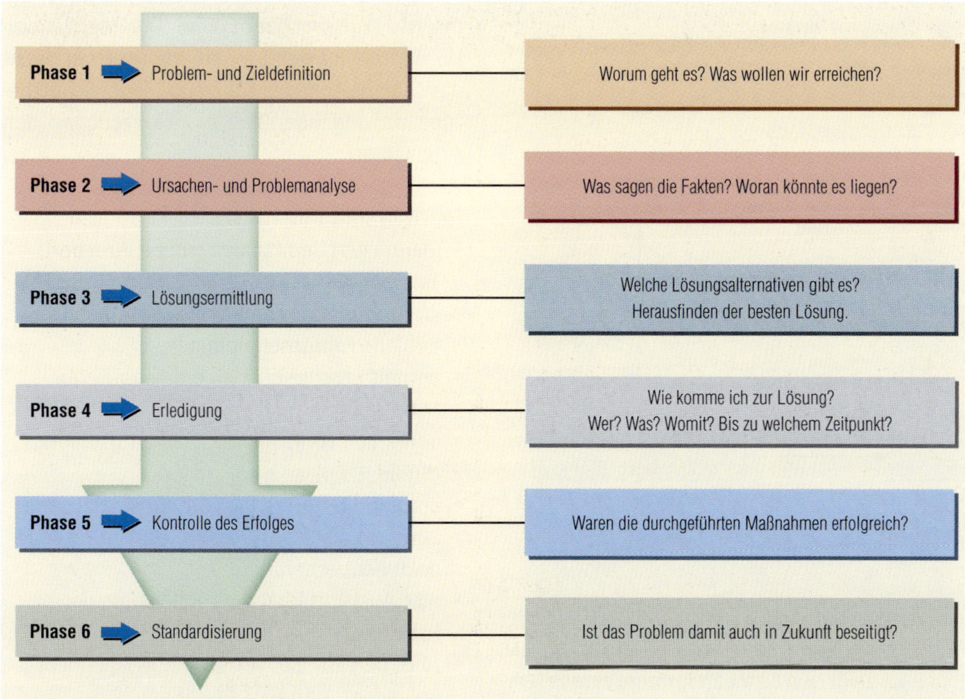

Bild 33.1 Phasen eines Problemlösungsprozesses.

	offene Fragen	geschlossene Fragen
Merkmale	• Häufig „W"-Fragen; • der Befragte kann seine Antwort frei formulieren.	Sie sind nur mit „ja" oder „nein" zu beantworten.
Beispiele	Welche Eigenschaften müsste Ihr neues Auto unbedingt haben? „W"-Fragen mit wo, wie, wodurch, welche, ...	Haben Sie schon mal daran gedacht, sich ein neues Auto zu kaufen?

Tabelle 33.1 Fragetechniken.

Kundengespräche. Der Kunde muss schon bei der Begrüßung durch den Serviceberater spüren, dass er wichtig ist und die Beratungszeit nur ihm gehört.

Für eine kundenorientierte Beratung muss der Serviceberater die richtige Fragetechnik (Tabelle 33.1) oder Präsentationstechnik einsetzen. Er muss herausfinden ob der Kunde mehr auf auditive oder visuelle Reize anspricht. Bei der Erfüllung des Kundenwunsches ist es wichtig, dass der Kunde nicht überredet, sondern überzeugt wird.

1.3.5 Auftragsdurchführung

Das Kerngeschäft in Kfz-Werkstätten sind Instandhaltungsarbeiten an Kraftfahrzeugen.

Instandhaltung umfasst die Bereiche:
- Wartung: Alle Maßnahmen zur Bewahrung des Soll-Zustandes am Fahrzeug.
- Inspektion: Alle Maßnahmen zur Feststellung oder Beurteilung des Ist-Zustandes am Fahrzeug.
- Instandsetzung: Maßnahmen zur Wiederherstellung des Soll-Zustandes am Fahrzeug.

auditiv = über die Ohren; hörend

visuell = über die Augen; sehend

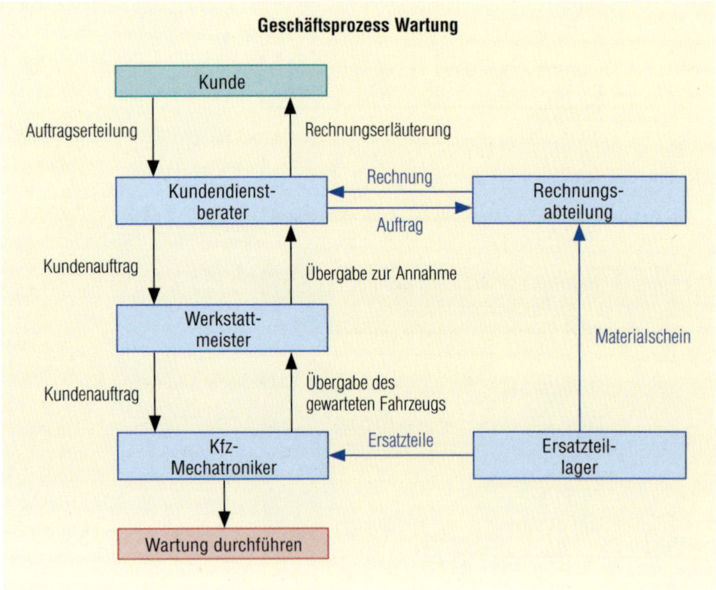

Bild 34.1 Geschäftsprozess eines Werkstattauftrags.

> **Geschäftsprozess:** logische Abfolge von Arbeitsschritten einer Auftragsabwicklung.

Bild 34.1 zeigt den Geschäftsprozess eines Werkstattauftrags, häufig auch Kundenauftrag oder Instandhaltungsauftrag genannt.

Mit der Erteilung des Werkstattauftrags beginnt die Arbeit des Kfz-Mechatronikers. Das Modell einer vollständigen Handlung (Bild 34.2) beschreibt, wie ein Kfz-Mechatroniker bei der Abwicklung seiner Aufträge vorgeht.

Interne Auftragsübernahme. Der Mechatroniker übernimmt den ausgefüllten Auftrag, sucht das entsprechende Fahrzeug, legt Schutzbezüge an und überführt das Fahrzeug an den Arbeitsplatz.

Der Werkstattauftrag (Bild 35.1)
- identifiziert den Kunden (Name, Anschrift, Telefonnummer).
- identifiziert das Fahrzeug (Marke, Modell, Baujahr, Fahrgestellnummer).
- enthält Beschreibungen des vermuteten Fehlers.
- nennt den voraussichtlichen Fertigstellungstermin.
- enthält die Unterschrift des Kunden, die die Zustimmung zum Auftrag (Rechtsgeschäft) dokumentiert.
- gibt Auskunft über die Laufleistung des Fahrzeugs.
- zeigt den Stundenverrechnungssatz (nicht auf jedem Auftrag vorgesehen).
- liefert u. U. Angaben zu voraussichtlichen Kosten.
- kann Vermerke oder Wünsche des Kunden beinhalten. Diese unterstützen den Mechatroniker bei der Fehlersuche und Diagnose.

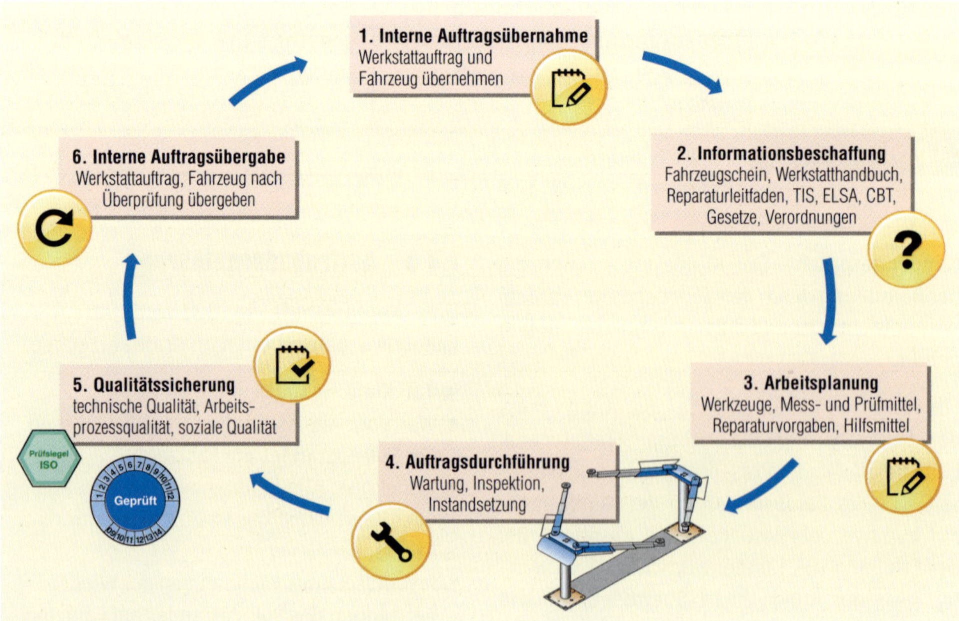

Bild 34.2 Durchführung eines Werkstattauftrags.

Autohaus Solide

Neuwagen · Gebrauchtwagen · Leasing · Finanzierung · Versicherung · Mietwagen

Autohaus Solide KG
Teststrecke 8–10
12345 Porschestadt
Telefon: 0987/654-0

Kundenauftrag

Auftrags-Nr.: ____________

Herrn/Frau/Firma

Name: ______________________________

Straße: ______________________________

PLZ: ______________________________

Telefon: ______________________________

Annahme-Datum	unverb. Abholtermin
KD-Meister	Kunden-Nr.
Monteur	Gewährleistung ☐ Kulanzantrag ☐

amtl. Kennzeichen	Fahrzeugtyp/Modell	Fahrzeug-Ident.-Nr.	Schlüssel-Nr. zu 2	Schlüssel-Nr. zu 3
Zul. Datum	km-Stand	Motor KB	fällig: HU	fällig: AU

Pos.	Arbeiten (Reparaturhinweise, Kundenhinweise, Verrechnungssatz)	AW/ZE	Kosten
1			
2			
3			
Pos.	**Material** (Benennung/Typ)	**Menge**	**Kosten**
1			
2			
3			
	Nettosumme		
	in der Rechnung enthaltene Mehrwertsteuer	19 %	
	Rechnungsbetrag inkl. gesetzlicher MwSt.		

Ort/Datum	Die Auftragsbestätigung ist Ausweis für die Rückgabe Ihres Fahrzeugs. Bitte gut verwahren!	Unterschrift des Auftraggebers
	Der Auftrag wird unter Anerkennung geltender Geschäftsbedingungen für die Ausführung von Arbeiten an Kraftfahrzeugen und deren Teilen sowie für Kostenvoranschläge erteilt.	

Bild 35.1 Werkstattauftrag.

Fahrzeugdaten → S. 40 ff.

Informationsbeschaffung. Zur Durchführung des Werkstattauftrags müssen die nötigen Informationen beschafft werden. Das können sein:

- Technische Vorschriften (Reparaturvorschriften, Anzugsmomente, Betriebsstoffmengen etc.),
- Gesetzliche Vorschriften (StVZO, StVO, u. v. m.),
- Unfallverhütungsvorschriften (UVV),
- Richtlinien zu Umweltschutz sowie Entsorgungs- und Verwaltungsvorschriften (z. B. Einleitung von Abwässern).

Durch die zahlreichen Sicherheits- und Komfortbauteile und die Ausweitung der Modellpaletten (Bild 36.1) stieg auch die Menge an Service-Informationen. Werkstatthandbücher und elektronische Informationsmedien dienen der Informationsbeschaffung.

Werkstatthandbücher (Reparaturleitfäden) beschreiben das Vorgehen bei der Reparatur. Bildliche Darstellungen unterstützen die Erklärungen.

Reparaturanleitungen sind für den Fachmann geschrieben, sie setzen voraus, dass die beschriebenen Arbeitsanweisungen verstanden und befolgt werden.

Die computergestützte Informationsbeschaffung erfolgt oft online über Datenbankportale, von denen registrierte Werkstätten die neuesten Informationen abrufen können.

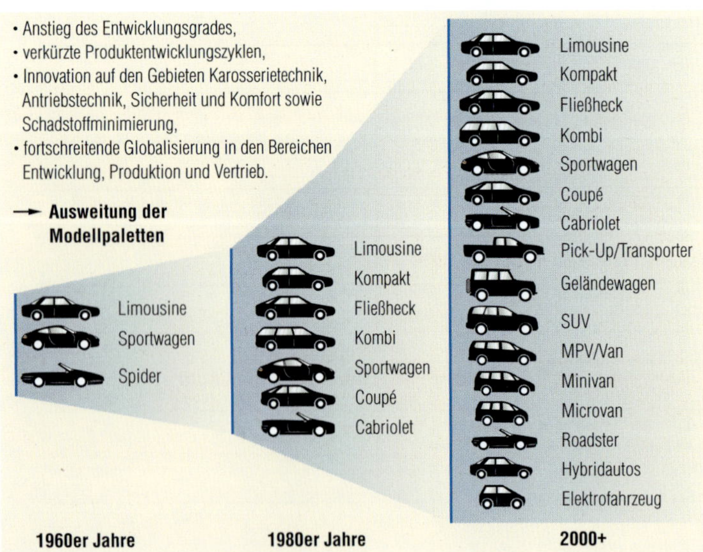

Bild 36.1 Zunahme der Modellvielfalt.

Voraussetzung einer erfolgreichen Informationsbeschaffung ist die eindeutige Identifikation des Fahrzeugs.

Arbeitsplanung und Auftragsdurchführung. Eine gute Arbeitsplanung ist die beste Grundlage für effektives verantwortungsvolles Arbeiten. Zur Planung der Arbeitsschritte gehört aber auch die Festlegung:

- Welche Werkzeuge werden für die Auftragsdurchführung benötigt?
- Sind Mess- oder Prüfmittel nötig?
- Welche Hilfsstoffe oder Hilfsmittel werden gebraucht?
- Müssen Einstell-, Richt- oder Grenzwerte beachtet werden?

Bild 37.1 zeigt, welchen Aufbau ein Arbeitsplan haben kann.

Qualitätssicherung. Die Qualität der geleisteten Arbeit ergibt sich aus drei Faktoren, die mitentscheidend für Wirtschaftlichkeit und Kundenzufriedenheit sind:

- technische Qualität,
- Arbeitsprozessqualität,
- soziale Qualität.

Unter technischer Qualität versteht man den Zustand der technischen Einrichtungen und die Ausstattung der Werkstatt. Je moderner z. B. Diagnose- und Prüfgeräte, desto schneller und besser können Aufträge ausgeführt werden.

Die Arbeitsprozessqualität spiegelt sich durch fachkompetente Mitarbeiter und gute Organisation der Arbeitsabläufe im Betrieb wider. Es gilt:

- Arbeiten sorgfältig und kompetent durchführen,
- eine ständige Verbesserung der Arbeitsabläufe anstreben,
- Alternativen für die Lösung von Arbeitsaufgaben entwickeln,
- Teamarbeit fördern,
- Umweltbewusstsein entfalten und
- durch permanente Weiterbildung die Arbeitsqualität auf hohem Niveau halten (fortlaufende Anpassung an technische Innovationen).

Arbeitsplanung (Beispiel)			Datum: 03.04.2011
Auftrags Nr.: 26557		Benennung/Art der Arbeit Sicherung auswechseln	Mitarbeiter: Hans Müller
Arbeitsschritt Nr.	Benennung/Tätigkeit	Betriebsmittel, Maschinen, Werkzeuge, Hilfsmittel	Bemerkungen, Prüfmittel, Einstellwerte, Schutzmaßnahmen
1	Abdeckung entriegeln, dazu Knopf um 90° (¼ Umdrehung) nach links oder rechts verdrehen und Abdeckung aufklappen.	(andere Kfz benötigen einen Schraubendreher mit Flachkopf, um den Deckel zu lösen)	Vor dem Auswechseln einer Sicherung immer zuerst den betroffenen Verbraucher ausschalten.
2	Den zu untersuchenden Strompfad mit der Sicherungs- und Relaisbelegung im Sicherungskasten abgleichen.		In der Betriebsanweisung oder der Innenseite des Sicherungskastens befindet sich der Belegungsplan der Sicherungen.
3	Defekte Sicherung herausziehen.	spezielle Kunststoffklammer für Flachsicherungen	Eine durchgebrannte Sicherung erkennt man am durchgeschmolzenen Metallstreifen.
4	Neue Sicherung gleichen Nennstroms (Sicherungsstärke) einsetzen.	Flachsicherung	Schmilzt die neu eingesetzte Sicherung nach kurzer Zeit wieder durch, so muss der entsprechende Stromkreis überprüft werden. Auf keinen Fall Sicherung durch Draht oder ähnliche Hilfsmittel ersetzen; Gefahr ernster Schäden der elektrischen Anlage!
5	Abdeckung hochklappen und arretieren.		

Bild 37.1 Arbeitsplan (Beispiel).

Die soziale Qualität beschreibt, wie gut das Betriebsklima ist. Der Umgang der Kollegen untereinander, aber auch der Umgang der Kollegen mit den Kunden, fließt hier mit ein. Qualitätskriterien sind u. a. die Art (Güte) der Kommunikation und Zusammenarbeit.

Allgemeine Möglichkeiten der Qualitätssicherung für den Mitarbeiter:
- Nutzen Sie regelmäßig das Angebot von Fortbildungen und bleiben Sie auf dem aktuellen Stand der Technik.
- Versuchen Sie Fehler bei der Arbeit zu vermeiden, überprüfen Sie Ihre Arbeit und die ordnungsgemäße Funktion der Bauteile.
- Optimieren Sie Arbeitsprozesse, wenn Sie Defizite erkennen.
- Nehmen Sie das Kriterium Kundenzufriedenheit ernst.

Interne Auftragsübergabe. Werkstattauftrag und Fahrzeug werden nach beendeter Arbeit und Funktionsprüfung intern übergeben.

Folgende Prüfungen müssen zur Übergabe abgearbeitet sein:
- Sind alle Punkte des Kundenauftrags ordnungsgemäß und vollständig erledigt worden?
- Welche Arbeitsschritte müssen durch Sichtprüfung, Messen oder Lehren kontrolliert werden?
- Sind alle Daten dokumentiert worden (im PC oder auf dem Auftrag)?
- Ist das Fahrzeug in einem sauberen Zustand (Putzlappen, Einwegschoner etc. entfernt)?
- Wurden Hilfs- und Reststoffe ordnungsgemäß entsorgt?
- Soll der Kunde Hinweise zur geleisteten Arbeit oder zum Zustand seines Fahrzeugs erhalten?

1.4 Das System Kraftfahrzeug

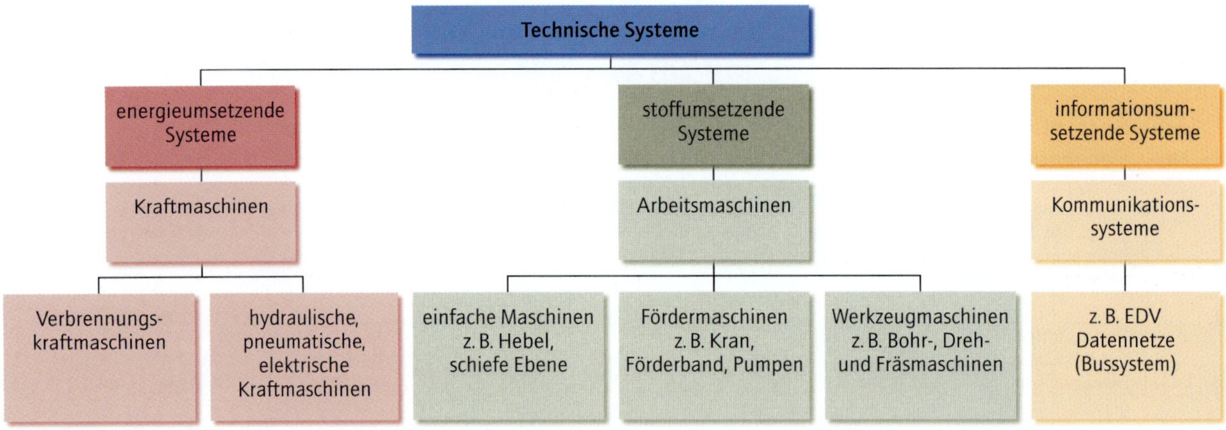

1.4.1 Maschinen und Geräte als technische Systeme

Technische Systeme sind von Menschen geschaffene Anlagen, Maschinen, Geräte und technische Einrichtungen. Um ein komplexes Gesamtsystem (z. B. eine Werkzeugmaschine oder das Kraftfahrzeug) besser zu verstehen, unterteilt man es in Teilsysteme und Funktionseinheiten.

Erst diese systematische Betrachtung vom Aufbau und der Wirkungsweise eines technischen Systems ermöglicht das Begreifen von komplizierten Zusammenhängen. Die Systemanalyse entwickelt für alle technischen Systeme vergleichbare Merkmale und Elemente. So werden die Funktionsabläufe z. B. für Wartung, Diagnose und Reparatur leichter nachvollziehbar und verständlich.

Systemaufbau. Sowohl das Gesamtsystem als auch die Teilsysteme haben Systemgrenzen, die sie von ihrer jeweiligen Umgebung trennen (Bild 38.1). Kennzeichen eines Systems sind die Eingabe (Input) außerhalb der Systemgrenze, die Verarbeitung innerhalb des Systems und die Ausgabe (Output) über die Systemgrenze hinaus. Beim System Kraftfahrzeug sind Eingabegrößen Kraftstoff und Luft, die Ausgabegrößen sind Abgas, Wärme und – der eigentliche Zweck des Systems – die Fahrbewegung.

Der Unterschied zwischen den Eingabe- und Ausgabegrößen macht die Funktion eines Systems aus. Die Änderung der Größen bezeichnet man als Umsetzung.

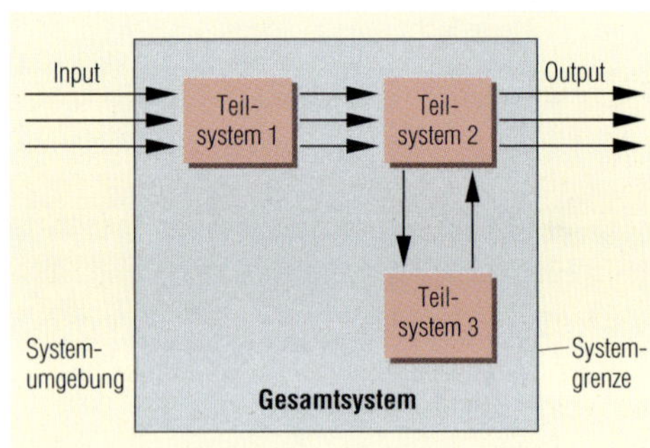

Bild 38.1 Systemaufbau.

Die Unterteilung technischer Systeme (Bild 38.1) erfolgt in

- energieumsetzende (z. B. Heizung, Motor, hydraulische Bremsanlage),
- stoffumsetzende (z. B. Pumpe, Verdichter) und
- informationsumsetzende Systeme (z. B. Steuergerät, Navigationsgerät, Audiosystem, Freisprechanlage).

Bei der genaueren Betrachtung technischer Systeme werden häufig die Begriffe Baugruppe, Bauteil, Komponente oder System verwendet.

Baugruppe. Eine Baugruppe (auch Montagegruppe, kurz Gruppe) wird häufig verstanden als ein in sich geschlossener, aus mehreren Bauteilen bestehender Gegenstand. Eine Baugruppe kann aus Unterbaugruppen und Bauteilen bestehen.

Ein Bauteil ist ein Einzelteil eines technischen Komplexes (Maschine, Gerät, Apparat, etc.). Der Begriff wird für Teile gebraucht, die einen Beitrag zur Funktion des Gesamtkomplexes leisten.

Die Komponente ist ein Einzelteil (Bauteil) eines technischen Komplexes.

Ein System ist eine Gesamtheit von Elementen, die eine Wechselwirkung haben, sodass sie als Einheit angesehen werden können.

1.4.2 Das System Kraftfahrzeug in Teilfunktionen

Bild 39.1 zeigt das Kraftfahrzeug als Gesamtsystem. Es lässt sich in Funktionseinheiten einteilen.

Antriebseinheit ist der Motor. In ihm wird – bei Verbrennungsmotoren – die im Kraftstoff gespeicherte chemische Energie in Wärmeenergie und mechanische Energie umgewandelt (Bild 39.2).

Die Energieübertragungseinheit besteht aus Kupplung, Getriebe, Gelenkwelle, Achsgetriebe und Antriebswelle der Räder. Sie überträgt die mechanische Energie des Motors an die Wirkstelle (Berührungsfläche von Reifen und Straßenbelag, Bild 39.3).

Die Trag- und Stützeinheit wird vom Rahmen oder der selbsttragenden Karosserie gebildet.

Arbeitseinheit. In der Arbeitseinheit wird die Hauptfunktion des Gesamtsystems (Personen und/oder Güter befördern) erfüllt. Beim Kraftfahrzeug besteht sie im Teilsystem Rad/Straße und der Umsetzung der drehenden in eine geradlinige Bewegung.

Steuerungs- und Regelungseinheiten im Kraftfahrzeug beziehen sich u. a. auf Lenk-, Brems-, Einspritz- und Navigationssysteme. Durch Informationsverarbeitung werden die Prozesse der Stoff- und Energieumsetzung beeinflusst.

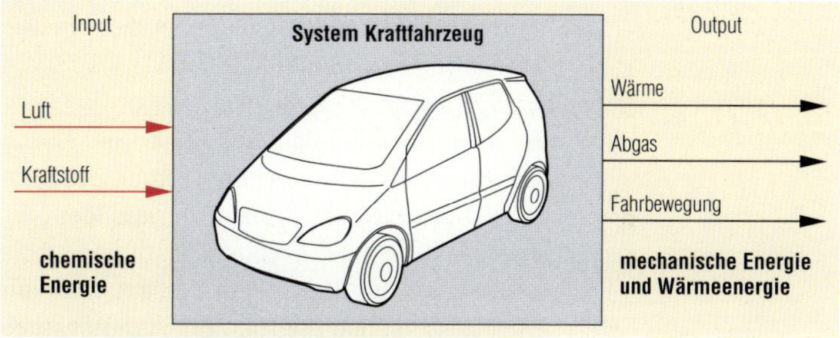

Bild 39.1 System Kraftfahrzeug.

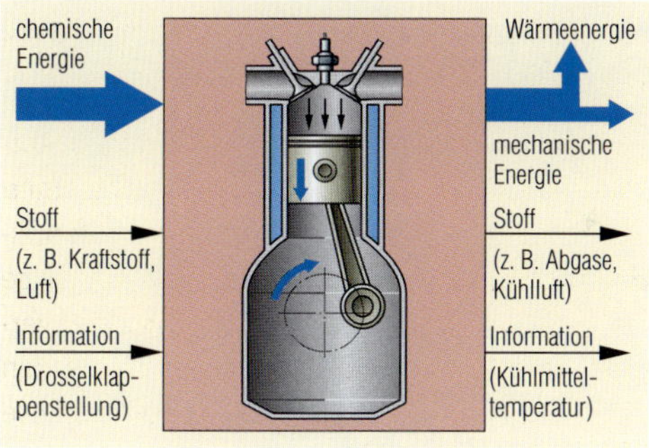

Bild 39.2 Energieumsatz am Beispiel Verbrennungsmotor.

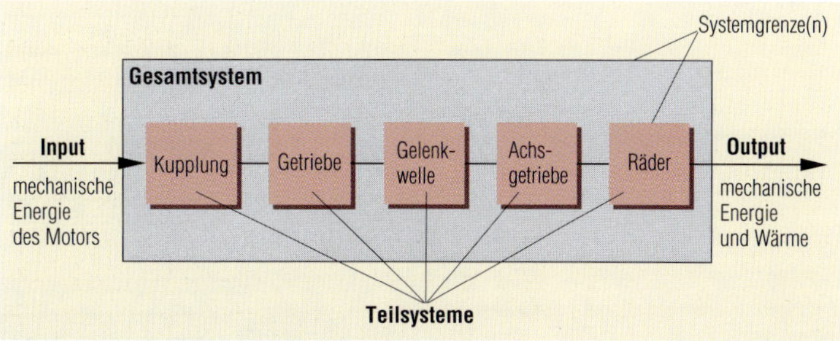

Bild 39.3 Energieübertragungseinheit.

1.5 Fahrzeugdaten

Im Rahmen der EU-Zusammenführung werden seit dem 01.10.2005 in sämtlichen Mitgliedsstaaten einheitliche Zulassungspapiere ausgestellt.

Zulassungsbescheinigung Teil 1. Sie ersetzt den Fahrzeugschein und enthält neben den Angaben zum Fahrzeughalter die wichtigsten Technik- sowie Fahrzeugidentifizierungsdaten (Bild 40.1). Wesentliche Änderung ist die Kürzung des Umfangs technischer Beschreibungen (z. B. nur noch eine Rad-Reifen-Kombination; freiwillige Eintragungen entfallen).

Zulassungsbescheinigung Teil 2. Sie ersetzt den Fahrzeugbrief und enthält Daten des Fahrzeughalters. Neben der Fahrzeug-Ident.-Nr. umschließt sie die EU-Typgenehmigung und die Bestätigung des Herstellers. Sie gilt nicht als Eigentumsurkunde. Bei der Zulassungsbescheinigung Teil 2 sind nur noch zwei Haltereinträge möglich. Darüber hinaus wird die Anzahl der Vorhalter eingetragen.

KBA = Kraftfahrt-Bundesamt

Certification of Conformity (CoC). Die CoC-Papiere beinhalten alle für die Zulassung erforderlichen technischen Angaben des Fahrzeugs. Das CoC (oder EG-Übereinstimmungsbescheinigung) dient als Grundlage für die Erstellung der Zulassungsbescheinigungen Teil 1 und Teil 2. Sie muss jedem Fahrzeug beiliegen.

Neben bisher üblichen Eintragungen werden hier

- Arbeitsverfahren des Motors,
- Getriebeart und Übersetzungsverhältnisse,
- alle zulässigen Reifengrößen,
- Abgaswerte nach EU-Prüfrichtlinie und
- Anmerkungen zu Zusatzausrüstungen

aufgeführt.

Die Kennzeichnung der Daten im CoC ist mit der Zulassungsbescheinigung nicht identisch; sie besteht nur aus Ziffern.

Mit den KBA-Schlüsselnummern (Bild 40.1, Feld 2.1 und 2.2) oder der Fahrzeugidentifizierungs-Nr. (Bild 40.1, Feld E) aus der Zulassungsbescheinigung Teil 1 lässt sich ein Fahrzeug eindeutig bestimmen.

Eine Übersicht und Erklärung der in den Dokumenten enthaltenen Daten zeigt ebenfalls Bild 41.1.

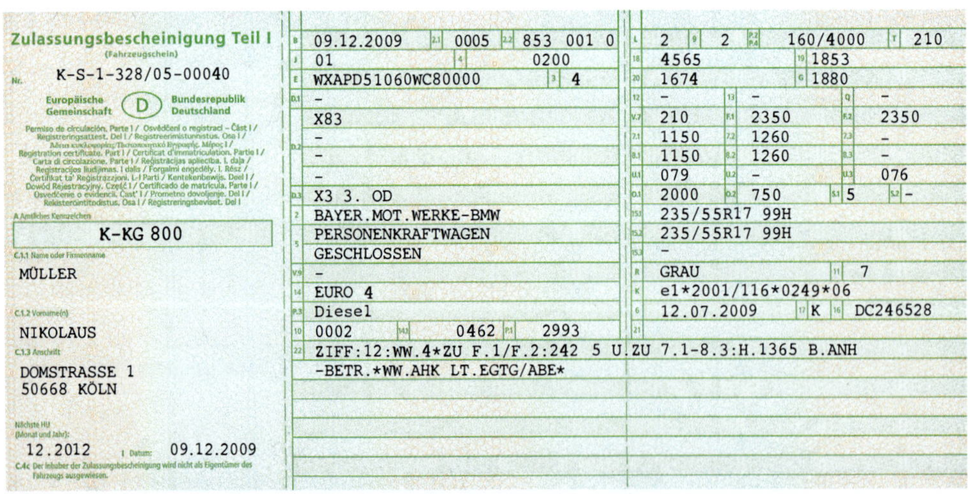
Zulassungsbescheinigung Teil I
(Fahrzeugschein)
Nr. K-S-1-328/05-00040
Europäische Gemeinschaft (D) Bundesrepublik Deutschland
Permiso de circulación. Parte I / Osvědčení o registraci – Část I / Registreringsattest. Del I / Registreerimistunnistus. Osa I / Άδεια κυκλοφορίας/Πιστοποιητικό Εγγραφής. Μέρος I / Registration certificate. Part I / Certificat d'immatriculation. Partie I / Carta di circolazione. Parte I / Reģistrācijas apliecība. I. daļa / Registracijos liudijimas. I dalis / Forgalmi engedély. I. Rész / Čertifikat ta' Reġistrazzjoni. L-I Parti / Kentekenbewijs. Deel I / Dowód Rejestracyjny. Część I / Certificado de matrícula. Parte I / Osvedčenie o evidencii. Časť I / Prometno dovoljenje. Del I / Rekisteröintitodistus. Osa I / Registreringsbeviset. Del I
A Amtliches Kennzeichen: K-KG 800
C.1.1 Name oder Firmenname: MÜLLER
C.1.2 Vorname(n): NIKOLAUS
C.1.3 Anschrift: DOMSTRASSE 1, 50668 KÖLN
Nächste HU (Monat und Jahr): 12.2012
I Datum: 09.12.2009
C.4c Der Inhaber der Zulassungsbescheinigung wird nicht als Eigentümer des Fahrzeugs ausgewiesen.

B	09.12.2009	2.1	0005	2.2	853 001 0		
J	01	4	0200				
E	WXAPD51060WC80000	3	4				
D.1	-						
D.2	X83						
	-						
	-						
	-						
D.3	X3 3. OD						
2	BAYER.MOT.WERKE-BMW						
5	PERSONENKRAFTWAGEN						
	GESCHLOSSEN						
V.9	-						
14	EURO 4						
P.3	Diesel						
10	0002	14.1	0462	P.1	2993		
22	ZIFF:12:WW.4*ZU F.1/F.2:242 5 U.ZU 7.1-8.3:H.1365 B.ANH -BETR.*WW.AHK LT.EGTG/ABE*						

L	2	9	2	P.2 P.4	160/4000	T	210
18	4565	19	1853				
20	1674	G	1880				
12	-	13	-	Q	-		
V.7	210	F.1	2350	F.2	2350		
7.1	1150	7.2	1260	7.3	-		
8.1	1150	8.2	1260	8.3	-		
U.1	079	U.2	-	U.3	076		
O.1	2000	O.2	750	S.1	5	S.2	-
15.1	235/55R17 99H						
15.2	235/55R17 99H						
15.3	-						
R	GRAU	11	7				
K	e1*2001/116*0249*06						
6	12.07.2009	17	K	16	DC246528		
21							

Bild 40.1 Zulassungsbescheinigung Teil 1 mit Schlüsselnummern.

Feld der Zul.-besch.	enthalten in Teil I	Teil II	Nr. in CoC	Bezeichnung und Beschreibung
				Die Zulassungsbescheinigung Teil 1 enthält einen Auszug aus den halter- und fahrzeugbezogenen Daten, Teil 2 ist die Fahrzeugidentifizierungsurkunde. Die CoC enthält **alle** fahrzeugbezogenen technischen Daten ohne persönliche Daten.
o.N.	X		—	Nr. der Zulassungsbescheinigung Teil 1
o.N.		X	—	Nr. der Zulassungsbescheinigung Teil 2
A	X	X	—	Amtliches Kennzeichen
B	X	X	—	Datum der Erstzulassung
(1)		X	—	Anzahl der Vorhalter; es werden maximal 2 Vorbesitzer eingetragen
C.1.1	X	—	—	Name oder Firmenname
C.1.2	X		—	Vorname
C.1.3	X		—	Anschrift
C.3.1 C.6.1		X	—	Name oder Firmenname
C.3.2 C.6.2		X	—	Vorname
C.3.3 C.6.3		X	—	Anschrift zum Zeitpunkt der Ausstellung
C.4c	X	X	—	„Der Inhaber der Zulassungsbescheinigung wird nicht als Eigentümer ausgewiesen". Dieser Standardtext ist fest vorgegeben.
D.1	X	X	0.1	Marke, allgemein bekannte Herstellerbezeichnung
D.2	X	X	0.2	Typbezeichnung des Herstellers, bezogen auf das Fahrzeug; Wert wird aus der CoC übernommen.
D.3	X	X	0.2.1	Handelsbezeichnung, Bezeichnung auf Verkaufsprospekten; Wert wird aus der CoC übernommen.
E	X	X	0.6	Fz.-Ident.-Nr., Fabriknummer des Fahrgestells: 17-stellige Kombination aus Buchstaben und Zahlen, mit deren Hilfe jedes Fahrzeug 30 Jahre lang eindeutig identifiziert werden kann.
F.1	X	—	14.1	Technisch zugelassene Gesamtmasse in kg
F.2	X	—	—	Im Zulassungsmitgliedstaat zugelassene Gesamtmasse; kann je nach EU-Staat vom technisch zulässigen Wert abweichen.
G	X	—	12.1	Leermasse des fahrbereiten Fahrzeuges; Wert wird aus der CoC übernommen.
H	X	—	—	Gültigkeitsdauer bei Saisonkennzeichen/Datum der Stilllegung
I	X	X	—	Datum der Erstzulassung, sagt nichts über das Alter des Fz. aus.
J	X	X	0.4	Fahrzeugklasse nach ECE-Regelung. Unterscheidung erfolgt nach Buchstaben L,M,N,O und Ziffer, die die maximale Personenzahl oder die Gesamtmasse bezeichnen. Pkw mit max. 9 Sitzplätzen: M1
K	X	X	0.6	Nummer der EG-Typgenehmigung oder ABE; Wert wird aus der CoC übernommen.
L	X	—	1.	Anzahl der Achsen; Wert wird aus der CoC übernommen.
O	X		28	Technisch zulässige Anhängelast gebremst; Wert wird aus der CoC übernommen.
			29	Technisch zulässige Anhängelast ungebremst; Wert wird aus der CoC übernommen.
P.1	X	X	24	Hubraum in cm^3, wichtig für die Berechnung der Kfz-Steuer. Je angefangene 100 cm^3 wird der jeweilige Faktor (Pos 14.1) entsprechend der Schadstoffklasse berechnet.
P.2 P.4	X	X	26	Nennleistung in kW Nenndrehzahl in min^{-1}; die Einheit wird nicht mehr dargestellt.
P.3	X	X	25	Kraftstoffart (als Wort); zusätzlich wird eine Schlüssel-Nr. für die Kraftstoffart in Feld 10 eingetragen (Benzin hat die Ziffer 0001).
R	X	X	38.	Farbe des Fahrzeugs in Klartext; Wert wird aus der CoC übernommen.
S.1	X	—	42.1	Anzahl der Sitze zusätzlich zum Fahrersitz; die Angabe erfolgt insgesamt und aufgeteilt nach vorne und hinten; Wert wird aus der CoC übernommen.
S.2	X	—	42.3	Anzahl der Stehplätze, nur für Kraftomnibusse
T	X	—	44.	Höchstgeschwindigkeit in km/h; Wert wird aus der CoC übernommen. Information ist wichtig für den richtigen Geschwindigkeitsindex bei Winterreifen.
U.1	X		45.	Standgeräusch in dB (A); Wert wird aus der CoC übernommen.
U.2	X		45.	Drehzahl in min^{-1} zu U.1; Wert wird aus der CoC übernommen.
U.3	X		45.	Fahrgeräusch in dB (A); Wert wird aus der CoC übernommen.
V.7	X		46.2	CO_2 (in g/km); Wert wird aus der CoC übernommen.
V.9	X		46.1	Für die EG-Typgenehmigung maßgebliche Richtlinie; Wert wird nicht eintragen, Daten stehen in CoC.
(2)	X	X	—	Hersteller-Kurzbezeichnung lt. Herstellerverzeichnis des KBA
(2.1)	X	X	—	Code zu 2 (Herstellerkennung, bisher zu 2)
(2.2)	X	X	—	Code zu D2 (Typkennung, bisher zu 3)
(3)	X	X	—	Prüfziffer zur Fz.-Ident.-Nr.; wird vom KBA ermittelt.
(4)	X	X	37.	Art des Aufbaus
(6)	X	X	0.6	Datum der Typgenehmigung, in Verbindung mit Feld K

Bild 41.1 Einheitliche Daten in Fahrzeugdokumenten nach EU-Richtlinien. ▶

Feld der Zul.-besch.	enthalten in			Bezeichnung und Beschreibung
	Teil I	Teil II	Nr. in CoC	
(7.2)	X	—	14.3	zulässige maximale Achslast hinten
(8.1)	X	—	—	Im Zulassungsmitgliedstaat zulässige maximale Achslast vorne
(8.2)	X	—	—	Im Zulassungsmitgliedstaat zulässige maximale Achslast hinten
(9)	X	--	2.	Anzahl der Antriebsachsen; Wert wird aus der CoC übernommen.
(10)	X	X	—	Code zu P3 (Kraftstoffart)
(11)	X	X	—	Code zu R (Farbe des Fahrzeugs)
(12)	X	—	39.	Tankinhalt des Tanks bei Tankfahrzeugen in m^3
(13)	X	—	14.6	Stützlast in kg (Anhängerkupplung); Wert wird aus der CoC übernommen.
(14.1)	X	—	47	Bezeichnung der nationalen Emissionsklasse; bestimmt den Steuersatz pro 100 cm^3.
(15.1)	X	—	32.	Bereifung Achse 1, Größenbezeichnung einschl. Load- und Speedindex
(15.2	X	—	32.	Bereifung Achse 2
(16)	X	—	—	Nr. der Zulassungsbescheinigung Teil II
(17)	X	X	—	Merkmal zur Betriebserlaubnis. K = EG-Typgenehmigung, Daten sind konform; E = Fahrzeug ist aufgrund eines Gutachtens des amtlich anerkannten Sachverständigen zugelassen.
(18)	X	—	6.1	Fahrzeuglänge in mm; Wert wird aus der CoC übernommen.
(19)	X	—	7.1	Fahrzeugbreite in mm; Wert wird aus der CoC übernommen.
(20)	X	—	8	Fahrzeughöhe in mm; Wert wird aus der CoC übernommen.
(21)	X	—	—	Sonstige Vermerke. Die Zulassungsstelle ergänzt die Nutzungsangaben, z. B. Selbstfahrermietfahrzeug.
(22)	X	—	50. 51.	Anmerkungen. Zusätzliche Freigaben, z. B. Anhängerbetrieb oder Rad-Reifen-Kombinationen. Wert wird aus der CoC übernommen.
o.N.	—	X		Barcode der Fz.-Ident.-Nr.; Wert wird aus der CoC übernommen.
(23)	—	X		Raum für interne Vermerke des Herstellers (hinter Nr. 51 der CoC)
(24)	—	X	—	Zeichen und Unterschriften des Herstellers für die Richtigkeit der CoC
(25)		X		Zusätzliche Vermerke der Zulassungsbehörde über den Verbleib einer Zulassungsbescheinigung Teil II, die eingezogen oder verloren wurde.
Anlage		X		bei Bedarf als Beiblatt zu Teil I
V.9	X	—	46.1	Für die EG-Typgenehmigung maßgebliche Schadstoffklasse.

Bild 41.1 Einheitliche Daten in Fahrzeugdokumenten nach EU-Richtlinien.

Fahrzeugidentifizierungsnummer (FIN) (bzw. VIN = Vehicle Identification Number). Die FIN ist eine international genormte, 17-stellige Nummer, mit der ein Kraftfahrzeug eindeutig identifizierbar ist. Sie ersetzt die frühere, von jedem Fahrzeughersteller individuell vergebene Fahrgestellnummer. Die FIN ist ebenfalls im Motor- bzw. Fahrgastraum des Fahrzeugs zu finden.

Hersteller aus Ländern der EU nutzen vorwiegend die ISO 3779 als Norm für die FIN (Tabellen 42.1 und 43.1). Für nordamerikanische Hersteller gilt ein ähnliches, leicht abgewandeltes System mit strengeren Abgrenzungen in der Deutung einzelner numerischer Stellen. In diesem Buch wird meist die Abkürzung Fz.-Ident.-Nr. benutzt.

Stelle	1	2	3	4	5	6	7	8	9	10	11	12	13	14	15	16	17
Beispiel	W	V	W	Z	Z	Z	3	B	Z	W	E	0	0	0	2	3	4
ISO 3779	Welt-Hersteller-Code			Baureihe und Motortyp						Fortlaufende Nummer							

Tabelle 42.1 Aufbau der FIN.

Stelle	Bedeutung
1 bis 3	Welt-Hersteller-Code, 1. Stelle: W = Deutschland, 2. u. 3. Stelle: VW = Volkswagen
4 bis 9	Baureihe: Festlegung durch Hersteller. Nicht benutzte Zeichen sind mit Buchstaben oder Ziffern zu besetzen (Füllzeichen), z. B. AUDI/VW füllt die 4.–6. Stelle i. d. R. mit ZZZ, OPEL wählt für 4.–7. Stelle 0000.
10	Modelljahrescode. Modelljahr ist nicht immer identisch mit Herstellungsjahr. Der Code ist durch ISO-Norm festgelegt.
11	Produktionsstätte. Das Werk, in dem das Fahrzug gefertigt wurde, bei VW z. B. W = Wolfsburg, E = Emden, bei OPEL z. B. 1 = Rüsselsheim, 2 = Bochum.
12 bis 17	fortlaufend aufsteigende Nummerierung

Tabelle 43.1 Aufschlüsselung der FIN.

1.6 Wartungs- und Pflegearbeiten an Fahrzeugen

Die gestiegene Zuverlässigkeit und Haltbarkeit von Kraftfahrzeugen hat zu Wartungsintervallverlängerungen geführt.

Technische Mängel nehmen mit zunehmendem Alter des Fahrzeugs aufgrund von Alterung und Verschleiß jedoch erheblich zu (Tabelle 43.2).

Ein Inspektionsplan hilft bei der systematischen Abarbeitung der Kontrollen (Bild 44.1).

Allgemeine Arbeitshinweise:

- Arbeiten Sie sorgfältig, gewissenhaft und sauber.
- Vergewissern Sie sich, dass Ihre Hände, Schuhe und Kleidung sauber sind, bevor Sie in ein Kundenfahrzeug steigen.
- Verwenden Sie zum Schutz des Fahrzeuginnenraums Papiermattenauflagen und Sitzschoner.
- Verwenden Sie bei Arbeiten im Motorraum Kotflügelschoner.

Wartungsplan: Checkliste mit Maßnahmen zur Bewahrung des Soll-Zustandes am Fahrzeug

Inspektionsplan: Checkliste mit Maßnahmen zur Feststellung oder Beurteilung des Ist-Zustandes am Fahrzeug

erhebliche Mängel in % nach Jahren	häufigster Mängelbereich
bis zu 3 Jahren = 6,6 %	• Beleuchtung
bis zu 4 Jahren = 11,2 %	• Fahrwerk
bis zu 7 Jahren = 17,0 %	• Ölverlust
ab 8 Jahren = über 20,0 %	• Bremsen • Reifen

Tabelle 43.2 Technische Mängelquote an Kraftfahrzeugen.

Inspektionsplan

Auftrags-Nr.:	Fahrzeug/Typ:	Erstzulassung:
km-Stand:	Amtliches Kennzeichen:	Fzg-Halter:

Service-Positionen	i. O.	n. i. O.	behoben
Fahrzeug von außen			
Türfeststeller und Befestigungsbolzen: Schmieren			
Scheibenwisch-/Waschanlage und Scheinwerferreinigungsanlage: Funktion und Spritzdüsen-Einstellung prüfen			
Scheibenwischerblätter: Auf Beschädigung prüfen, Ruhestellung prüfen; bei rubbelnden Wischerblättern: Anstellwinkel prüfen			
Bereifung			
Bereifung: Zustand, Alter, Reifenlaufbild, Fülldruck prüfen, Profiltiefe eintragen			
VL .... mm VR .... mm HR .... mm HL .... mm			
Motorraum			
Motoröl: Ölstand prüfen			
Motor und Bauteile im Motorraum (von oben): Sichtprüfung auf Undichtigkeiten und Beschädigungen durchführen			
Scheibenwisch-/Waschanlage: Flüssigkeit auffüllen			
Kühlsystem: Kühlmittelstand und Frostschutz prüfen; Sollwert: −25 °C			
Istwert (gemessener Wert): .... °C			
Staub- und Pollenfilter: Filtereinsatz ersetzen (alle 12 Monate oder alle 15.000 km)			
Zahnriemen für Nockenwellenantrieb: Zustand und Spannung prüfen			
Luftfilter: Gehäuse reinigen und Filtereinsatz ersetzen			
Kraftstofffilter: Ersetzen			
Servolenkung: Ölstand prüfen			
Bremsflüssigkeitsstand (abhängig vom Belagverschleiß): Prüfen			
Batterie: Prüfen			
Leerlaufdrehzahl: Prüfen			
Fahrzeug von unten			
Motoröl: Ablassen oder absaugen, Ölfilter ersetzen			
Motor und Bauteile im Motorraum: Sichtprüfung auf Undichtigkeiten und Beschädigungen durchführen			
Keilriemen, Keilrippenriemen: Zustand und Spannung prüfen			
Getriebe, Achsgetriebe und Gelenkschutzhüllen: Sichtprüfung auf Undichtigkeiten und Beschädigungen durchführen			
Schaltgetriebe/Achsantrieb: Ölstand prüfen			
Bremsanlage: Sichtprüfung auf Undichtigkeiten und Beschädigungen durchführen			
Bremsbeläge vorn und hinten: Dicke prüfen			
Unterbodenschutz: Sichtprüfung auf Beschädigungen durchführen			
Abgasanlage: Sichtprüfung auf Undichtigkeiten und Beschädigungen durchführen			
Spurstangenköpfe: Spiel, Befestigung und Dichtungsbälge prüfen; Achsgelenke: Sichtprüfung der Dichtungsbälge auf Undichtigkeiten und Beschädigungen durchführen			
Elektrik			
Frontbeleuchtung. Funktion prüfen: Stand-, Abblend-; Fernlicht, Nebelscheinwerfer; Blink- und Warnblinkanlage			
Heckbeleuchtung. Funktion prüfen: Bremslicht, Rücklicht, Rückfahrscheinwerfer, Nebelschlussleuchte, Kennzeichenbeleuchtung, Kofferraumbeleuchtung, Standlicht, Blink- und Warnblinkanlage			
Innenraum- und Handschuhfachbeleuchtung, Zigarettenanzünder, Signalhorn und Kontrolllampen: Funktion prüfen			
Eigendiagnose: Fehlerspeicher aller Systeme abfragen (Ausdruck hinten in Bordbuchtasche stecken)			
Scheinwerfereinstellung/Dokumentation/Endkontrolle			
Scheinwerfereinstellung: Prüfen			
Service-Aufkleber: Termin für den nächsten Service (auch Bremsflüssigkeitswechsel) in Aufkleber eintragen und Aufkleber am Türholm (B-Säule) anbringen			
Probefahrt durchführen			
Datum/Unterschrift (Monteur)			
Datum/Unterschrift (Endkontrolle)			

Bild 44.1 Inspektionsplan.

1.6.1 Wartungs- und Pflegearbeiten am Fahrzeug außen

Türfeststeller und Scharniere schmieren

Schmierfette werden eingesetzt, um Reibung, Geräusch- und Korrosionsbildung an beweglichen Bauteilen des Fahrzeugs zu mindern. Im Rahmen der Inspektion werden Türfeststeller, Scharniere der Türen, Gelenke und gegebenenfalls die Türschlösser geschmiert. Häufig sind die zu fettenden Gleitstellen verschmutzt.

Säubern Sie Schmierstellen von Rost oder anhaftendem Schmutz, bevor Sie das neue Schmierfett auftragen.

Multifunktionale Haftfette eignen sich für stark belastete Bauteile, wie Ketten und Kettenräder, Tür- und Fenstermechanismen, Scharniere, Gleitschienen, Drahtseile, Lagerbuchsen, offen laufende Zahnräder. Sie verhindern Verschleiß, Verhaken, Knarren sowie Quietschen und schützen vor Korrosion.

Schmierfette für Karosserie und Fahrwerk bestehen aus flüssigem Petroleumöl, das durch Zugabe von Metallseifen (Aluminium, Calcium oder Lithium) verdickt wurde. Durch diese Verdickung haftet der Schmierfilm dauerhafter an den Gleitstellen, fließt nicht heraus bzw. wird nicht so schnell herausgewaschen. Grundöl und Verdicker sind entscheidend für die Eigenschaften des Schmierfettes (Bild 45.1).

Schmierfette auf Calciumbasis werden häufig zum Abschmieren in Kartuschen für Fettpressen eingesetzt. Natriumseifen findet man in Wälzlagerfetten und Lithium wird als Mehrzweckfett eingesetzt (Tabelle 45.1).

Grundöle	+	Verdicker	+	Additive	=	Schmierfette
• Mineralöl • synthetische Öle		• Metallseifen – Lithium-seifen – Calcium-seifen – Natrium-seifen – Aluminium-seifen • andere Verdicker		• Zusätze für: – Korrosions-schutz – Verschleiß-schutz – Haftver-besserung, Reibwert-verbesse-rung – Alterungs-schutz		• Handels-klassen: – Mehrzweck-fett – Hochtem-peraturfett – Abschmier-fett – Fließfett etc.

Bild 45.1 Aufbau von Schmierfetten.

Lithiumfette werden am häufigsten eingesetzt, da sie die allgemeinen Anforderungen zur Schmierung von Scharnieren etc. am besten erfüllen. Das Auftragen erfolgt am einfachsten durch Aufsprühen aus einer Sprayflasche. Manche Fette beinhalten auch feste Schmierstoffzusätze, wie z. B. Molybdän, Silikon, Graphit oder Teflon.

Die Kennzeichnung von Schmierfetten hinsichtlich Einsatzbereich, Temperatur- und Wasserverträglichkeit erfolgt nach DIN 51502.

Kriechöl. So bezeichnet man dünnflüssige Öle mit hoher Fließfähigkeit und wasserverdrängender Eigenschaft. Diese ermöglicht es, in feinste Ritzen auch entgegen der Schwerkraft einzudringen und Verschmutzungen, Oxide sowie Feuchtigkeit zu unterwandern.

Seifentyp	Calcium	Natrium	Lithium
Struktur	glatt	faserig	glatt
Tropfpunkt °C	+200	+180	< +200
Einsatztemperatur bis °C	−40 ... +60	< +100	−20 ... +130
Wasserfestigkeit	gut	mäßig	gut
Rostschutz	gut	gut	gut
Haftvermögen	gut	gut	gut

Tabelle 45.1 Vergleich von Schmierfetten auf Seifenbasis.

Tropfpunkt: Temperatur, bei der der erste Tropfen einer auf Schmelzbarkeit geprüften Masse abfällt/abtropft

Gleitlager → S. 88

MoS_2. Produkte mit der Zusatzbezeichnung „MoS_2" enthalten Molybdändisulfid, das durch seine Eigenschaften einen Zwischenfilm aufbaut und die Kontaktkorrosion chemisch zersetzt. Sie werden bei Wartungsarbeiten eingesetzt, wenn die Gangbarkeit von korrodierten beweglichen Teilen wiederhergestellt werden soll.

Scheibenreinigungsanlage auf Funktion prüfen und warten

Scheibenreinigungsanlagen bestehen aus den Systemen:
- Scheibenwischeranlage,
- Scheibenwaschanlage und
- Scheinwerferreinigungsanlage (Xenon).

Scheibenwischeranlage. Sie soll
- für ein ausreichend großes Sichtfeld sorgen,
- die Wischbereiche von Wasser, Schnee und Schmutz befreien,
- in einem Temperaturbereich von – 30 °C bis + 80 °C uneingeschränkt betriebsfähig sein.

Die Wischeranlage besteht aus
- Antrieb incl. Getriebe,
- Wischerarmwellen mit Lagerung,
- Wischerarm,
- Wischerblatt.

Angetrieben wird die Wischeranlage über einen Gleichstrommotor.

Kurbeln, Koppelstangen und Schwingen bilden das Gelenkgetriebe zwischen Elektromotor und Wischerarmwellen (Bild 46.1).

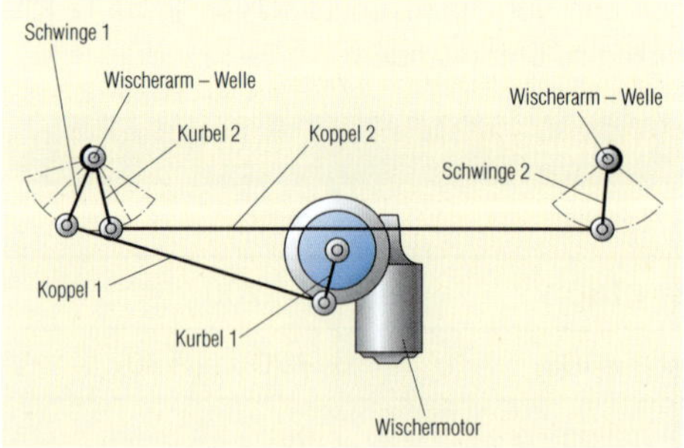

Bild 46.1 Gelenkgetriebe von Wischeranlagen.

Zur Lagerung der Wischerarmwellen werden wartungsfreie Gleitlager verwendet. Der Fuß des Wischerarms wird von dem Wellenende der Wischerarmwelle aufgenommen. Der Wischerarm ist klappbar und wird durch eine Zugfeder an die Scheibe gepresst. Der Wischerarmkopf dient der Aufnahme des Wischerblattes.

Wischerblätter können als Universalwischerblätter oder als Federschienenwischer (Bild 46.2) ausgeführt und mit diversen sogenannten Systemaufnahmen an den Wischerarmen montiert sein. Beim Federschienenwischer ist das Wischergummi fest auf der Federschiene verklebt.

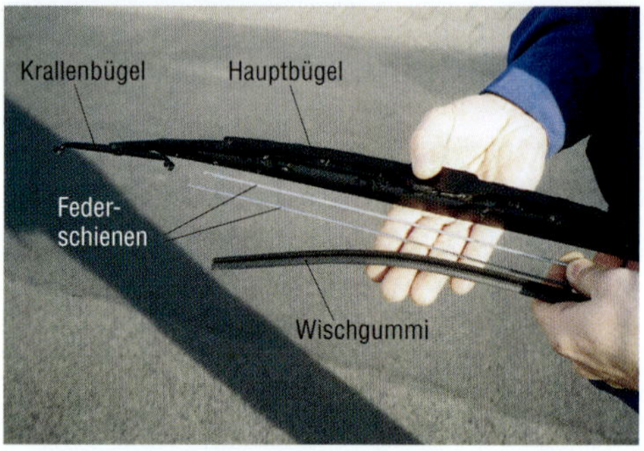

Bild 46.2 Federschienenwischerblatt.

Zur Erhöhung der Anpresskraft bei hohen Fahrgeschwindigkeiten sind manche Wischerblattsysteme mit Spoilern ausgestattet. In Fahrzeugen der Oberklasse finden sich Wischersysteme mit variabler Anpresskraft.

Wischgummis bestehen aus (Bild 46.3):
- Rücken,
- Umlegsteg und
- Wischkeil mit Wischlippe.

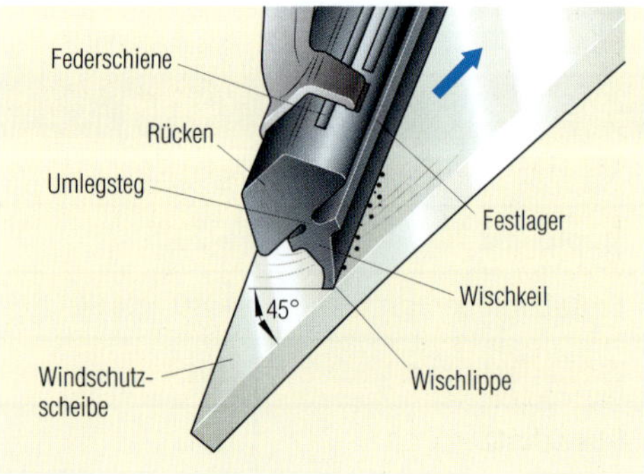

Bild 46.3 Wischgummi.

Wischgummis werden durch Umwelteinflüsse (Witterung, Temperaturen, UV-Strahlung), Reinigungsmittel und den mechanischen Abrieb stark beansprucht. Sie sind im Rahmen der Inspektion auf Zustand und Funktion zu prüfen und in regelmäßigen Intervallen auszutauschen.

Scheibenwaschanlage. Sie spritzt aus mehreren Düsen eine Reinigungsflüssigkeit auf die Scheibe. Anhaftende Verunreinigungen werden so aufgeweicht und chemisch angelöst, was die mechanische Reinigung der Wischerblätter unterstützt. Einige Hersteller geben die Einstellung der Spritzdüsen anhand von Positionsmarkierungen in den Wartungsplänen an (Bild 47.1).

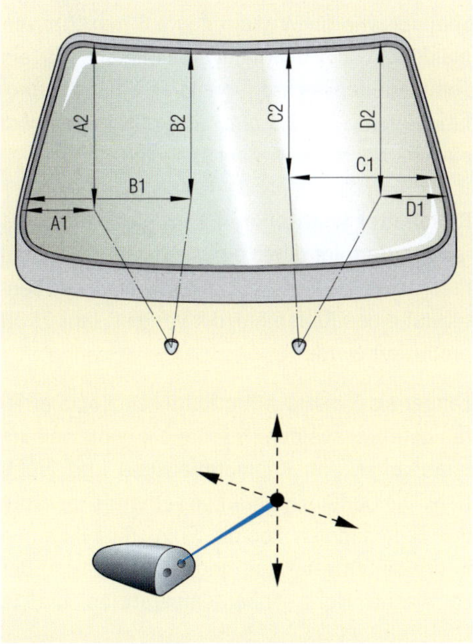

Bild 47.1 Einstellen der Spritzdüsen.

Die komplette Scheibenwaschanlage besteht aus
- Vorratsbehälter mit Reinigungsmittel und optionaler Waschbehältervorwärmung,
- Flügelzellen- bzw. Hydropumpe,
- Saugleitung,
- Bodensieb,
- Rückschlagventil,
- Druckleitung und
- Spritzdüsen (evtl. beheizbar).

Die Scheinwerferreinigungsanlage (Vorschrift bei Fahrzeugen mit Gasentladungslampen) sorgt durch das Strahlwasserprinzip für die Reinigung der Abschlussscheibe der Frontbeleuchtung. Es gibt fest installierte Düsenhalter und Teleskopanlagen, aus denen der Hochdruckstrahl gesprüht wird.

Im Rahmen der Servicearbeiten werden
- Wischgummis geprüft (Risse, Versprödungen und das Wischbild auf der Scheibe),
- Wischerarme kontrolliert (Ruhestellung, parallele Stellung zur Scheibe, Geräusche, Beschädigungen) und die
- Scheibenwaschanlage geprüft (Flüssigkeitsstand, Pumpenfunktion, Leitungsdichtigkeit, Düsenfunktion)

1.6.2 Sichtprüfung der Bereifung

Reifen müssen den Anforderungen für Fahrsicherheit, Komfort, Umweltverträglichkeit und Wirtschaftlichkeit standhalten.

Folgende Kontrollen sind regelmäßig durchzuführen:
- Reifenfülldruck prüfen,
- Profiltiefe ermitteln, Reifenalter und Reifengröße kontrollieren,
- Reifen auf Beschädigungen kontrollieren und
- Zustand des Laufbildes (Reifenverschleiß) kontrollieren.

Reifenalter → S. 49

Reifenfülldruck prüfen. Der Luftdruck eines Reifens hat direkten Einfluss auf:
- Reifenverschleiß, Haltbarkeit und Lebensdauer,
- Kraftstoffverbrauch sowie
- Fahrstabilität.

Den richtigen Fülldruck eines Reifens ermittelt man in der Werkstatt anhand der Reifenkennung.

Ist die Serienbereifung am Fahrzeug montiert, so findet man die Reifenfülldrucktabelle auch als Aufkleber innen an der B-Säule, auf der Innenseite des Tankdeckels oder in den Serviceunterlagen des Fahrzeugs.

$p_e = p_{abs} - p_{amb}$

1 bar = 10 N/cm² = 100 000 Pa

Tread Wear Indicator (engl.):
tread = Profil
wear = Verschleiß
indicator = Anzeiger

Die Fülldruckempfehlungen der Hersteller verändern sich je nach Reifendimension. Die Angaben des Reifenfülldrucks entsprechen dem Überdruck p_e und werden in der Einheit bar angegeben.

Der Überdruck p_e ist die Differenz von absolutem Druck p_{abs} und dem Atmosphärendruck p_{amb}.

Die gesetzliche Einheit für den Druck ist 1 Pascal (Pa) = 1 N/m². Sie wird in der Technik kaum gebraucht. Dort benutzt man die Einheit Bar (Einheitenzeichen: bar).

Beim Prüfen des Reifendrucks gilt:

- Den Reifendruck am kalten Reifen ermitteln.
- Unterliegen Winterreifen einer Geschwindigkeitsbeschränkung, die unter der Höchstgeschwindigkeit des Fahrzeugs liegt, so muss ein Hinweis über die zulässige Höchstgeschwindigkeit im Blickfeld des Fahrers angebracht werden (§ 36, Absatz 1 StVZO).
- Bei der Reifen-Fülldruckkontrolle ist auch das Reserverad zu überprüfen. Sollte das Fahrzeug mit einem Reserve-Notrad bestückt sein, so gelten dafür andere Fülldrücke (ca. 4 bar).
- Fehlende Staubschutzkappen am Reifenventil sind zu ersetzen, da Staub- und Dreckablagerungen am Ventilsitz zu vorzeitigem und raschem Druckverlust führen können.

Der Reifenfülldruck hat wesentlichen Einfluss auf die Bodendruckverteilung eines Reifens und damit auf die Größe der auf die Straße übertragbaren Kräfte (Bild 48.1).

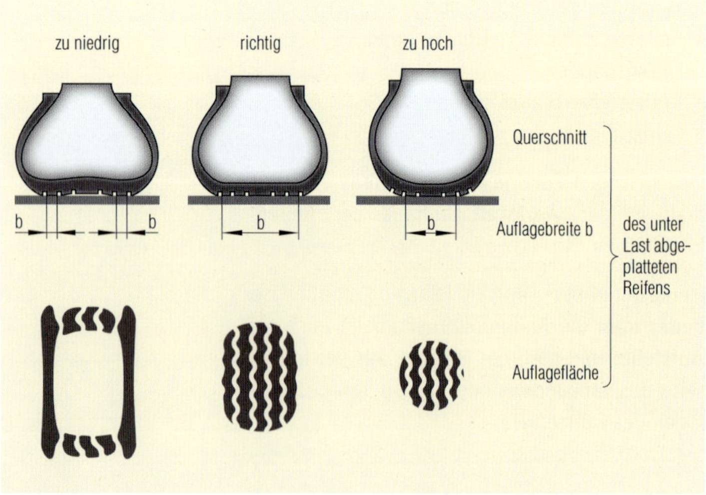

Bild 48.1 Zusammenhang zwischen Reifendruck und Auflagefläche.

Bereits 0,3 bar unter Herstellerangaben führen zu übermäßiger Erhitzung des Reifens, erhöhtem Reifenverschleiß und steigendem Kraftstoffverbrauch. Bei mehr als 0,6 bar Minderdruck steigt die Reifentemperatur schnell über einen kritischen Wert.

Ein zu hoher Fülldruck mindert den Federungskomfort und die Bodenhaftung.

Profiltiefe ermitteln. In den Profilrillen der Lauffläche befinden sich Verschleißanzeiger. Sie werden als **T**read **W**ear **I**ndicator (**TWI**) bezeichnet. Bei Erreichen der Mindestprofiltiefe schließt der TWI an der Profiloberfläche eben ab (Bild 48.2).

Die gesetzliche Mindestprofiltiefe beträgt für Sommer- wie für Winterreifen 1,6 mm. Zur Vermeidung von Aquaplaning empfiehlt sich ein Sommerreifenwechsel bereits ab einer Restprofiltiefe von 2 bis 2,5 mm. Für Winterreifen wird ein Grenzwert von 4 mm nahegelegt.

Reifenalter kontrollieren. Die Angabe des Reifenalters erfolgt durch eine 4-stellige DOT-Nummer (Bild 49.1). Ein dreistelliger Zahlencode deutet auf einen Reifen hin, der vor dem Jahr 2000 produziert wurde.

Länger als 8 bis 10 Jahre sollte kein Sommerreifen gefahren werden (5 Jahre bei Winterreifen), unabhängig von Kilometerleistung und Profiltiefe. Die Gummimischungen verhärten im Laufe der Zeit, dadurch kommt es zu Rissbildungen in der Seitenwand und geringerer Haftung der Lauffläche. Hohe Außentemperaturen, direkte

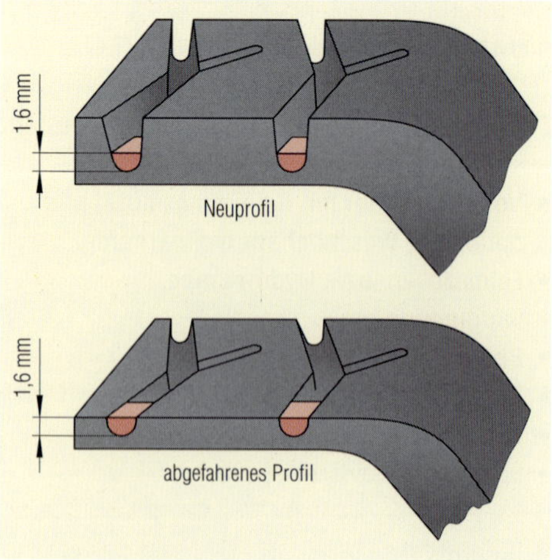

Bild 48.2 Verschleißanzeiger (TWI) in der Reifenlauffläche.

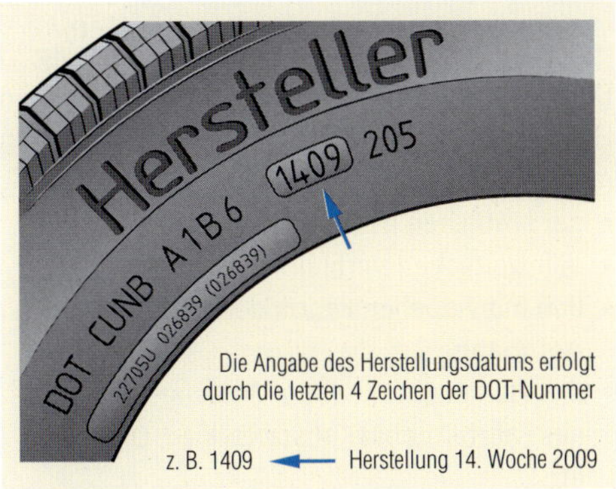

Bild 49.1 Angabe des Reifenalters.

Sonneneinstrahlung und zu geringer Reifenfülldruck beschleunigen diesen Alterungsprozess.

Gleiches gilt für das Reserverad. Dies betrifft im Besonderen die Reifen von Wohnwagen und selten bewegten Anhängern, da die Unfallfolgen bedingt durch die größeren Massen besonders schwerwiegend sind.

Reifen auf Beschädigungen kontrollieren. Reifenschäden sind häufig die Hauptursache für technisch bedingte Unfälle.

Zur Vermeidung von Defekten und Unfällen sind bei regelmäßigen Wartungsarbeiten nachstehende Kontrollen am Reifen durchzuführen.

Sichtprüfung auf
- Rissbildung,
- Beulen,
- Schnittverletzungen,
- eingedrungene Fremdkörper,
- ungleichmäßigen Verschleiß,
- Porosität des Reifengummis.

Neben der Prüfung des Reifens ist auch der Zustand der Felge und des Ventils zu beurteilen.

Spitzwinkliges Überfahren von Bordsteinen, Schienen oder Schlaglöchern kann zu Stoßbrüchen führen. Häufig findet man auch Nagelstiche, Schnittverletzungen durch Scherben oder scharfkantige Steine.

Reifenverschleiß. Je nach Front- oder Heckantrieb entstehen im normalen Fahrbetrieb unterschiedliche Verschleißbilder. Fahrzeuge mit Heckantrieb zeigen überwiegend an den Reifenschultern der Vorderreifen erhöhten Verschleiß.

Die Hinterräder hingegen weisen einen Mittenverschleiß auf. Fahrzeuge mit Frontantrieb neigen zu leichtem Mittenverschleiß an den Vorderrädern und gleichmäßigem Abrieb an den Rädern der Hinterachse. Bemerkenswert ist der unterschiedliche Verschleiß der Achsen. Die nicht angetriebenen Reifen können eine bis zu viermal längere Laufleistung erzielen.

Abriebbilder von Reifen mit falschen Reifenfülldrücken oder Missständen am Fahrwerk zeigt Bild 49.2.

Bild 49.2 Ursachen für ungleichmäßigen Reifenabrieb.

Beim sägezahnförmigen Verschleiß (Bild 49.3) erkennt man einen ungleichmäßigen Abrieb einzelner Profilblöcke. Beim Fahren kommt es an den Profilstollenblöcken zu Schlupfbewegungen, die unter Umständen zu diesem Verschleißbild führen können. Kunden bemängeln ein erhebliches Abrollgeräusch des Reifens, es nehmen aber auch Reifenverschleiß und Kraftstoffverbrauch zu. Streicht man mit der Hand über die Lauffläche des Reifens, so kann man den schrägen Abrieb der einzelnen Profilblöcke fühlen.

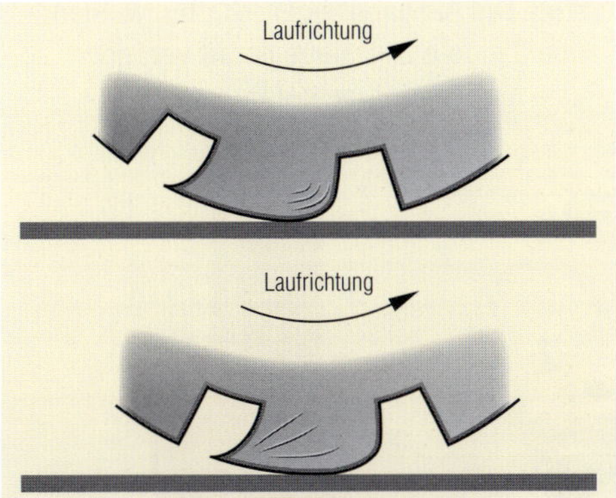

Bild 49.3 Sägezahnförmiger Verschleiß.

1.6.3 Wartungsarbeiten im Motorraum

Der Motorraum dient im wesentlichen als Bauraum für folgende wartungsbedürftige Systeme:
- Antriebs- und Energieversorgungsaggregate,
- Kühl- bzw. Klimasystem,
- diverse Vorratsbehälter mit Betriebsflüssigkeiten,
- Filtersysteme.

Motorölwechsel

Alle Verbrennungsmotoren verwenden zur Schmierung Öl. Im Laufe der Zeit verschlechtert sich dessen Qualität durch die hohe thermische und mechanische Belastung der Motorbauteile. Verrußung, Kraftstoffvermischung, Staub und Motorabrieb sorgen dafür, dass ein Wechsel des Motoröls notwendig wird. Zu der Verschmutzung durch Fremdstoffe kommt noch die Alterung des Öles. Dabei unterscheidet man:
- **Ölverdünnung** wird hervorgerufen durch Kondensate des Kraftstoffs beim Kaltstart. Die unverbrannten Benzinanteile führen zur Motorölverdünnung, die den natürlichen Ölverbrauch überdecken können.
- **Ölverdickung** entsteht durch Rußanteile im Dieselmotor während der Verbrennung im Zylinder.
- **Ölverschlammung** tritt ein, wenn sich aus Öl und Verunreinigungen (Ruß, Metallabrieb, Staub) ein Gemisch bildet. Dies entsteht bei ungünstiger Betriebsweise, minderwertiger Ölqualität und bei Vernachlässigung der vorgeschriebenen Ölwechselintervalle.
- **Ölalterung** ist die chemische oder physikalische Reaktion des Öls mit dem Luftsauerstoff. Die Ausgangseigenschaften werden über längere Zeiträume derart verändert, dass die Schmierung gefährdet ist.

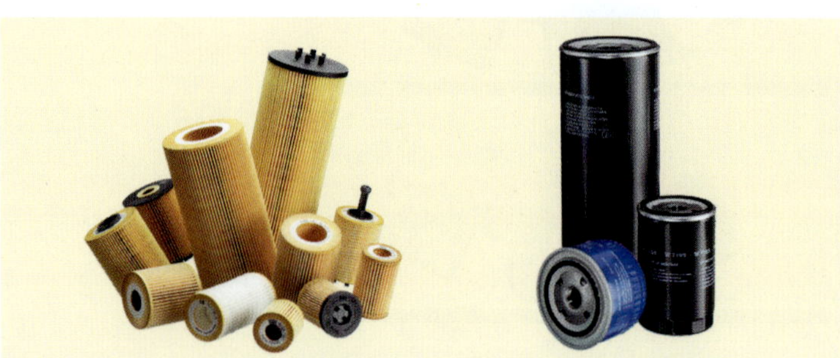

Bild 50.1 Filtereinsätze für Ölfiltermodul (links) und Wechsel-Ölfilter (Filterpatronen, rechts).

Die Wechselintervalle sind durch die jeweiligen Herstellervorgaben festgelegt und richten sich nach
- der jährlichen Laufleistung des Fahrzeugs,
- dem zeitlichen Verbleib im Fahrzeug,
- den individuellen Fahrzyklen (Stadt, Autobahn),
- diversen elektronischen Messungen während des Fahrbetriebs (Kaltstartzyklen, Ölzustand etc.),
- dem verwendeten Motoröltyp.

Durch moderne vollsynthetische Öle und Motorölfilter sind Wechselintervalle von bis zu 60 000 km möglich.

Vorbereitungen. Die Entnahme des verbrauchten Motoröls erfolgt entweder über
- Absaugen durch den Kanal des Ölmessstabs (hierbei braucht die Ölablassschraube nicht entfernt zu werden), oder durch
- Ablassen des Öls über die Ablassschraube am tiefsten Punkt der Ölwanne.

Einen Ölwechsel führt man möglichst am betriebswarmen Motor durch – das Öl ist dann dünnflüssiger.

Beim Ölwechsel inklusive Filterwechsel ist zu berücksichtigen, dass es prinzipiell zwei Filtersysteme gibt (Bild 50.1):
- Das Ölfiltermodul, bei dem nur der Filtereinsatz getauscht wird und
- der Wechsel-Ölfilter, bei dem der komplette Filter mit Gehäuse getauscht und entsorgt werden muss.

Für den Öl-Service werden folgende Werkzeuge und Hilfsmittel benötigt:
- Ölfilterband, Schlaufe, Teller, Glocke oder Kralle, um den Ölfiltereinsatz oder Ölfilter abzuschrauben (Bild 51.1),
- eventuell fahrzeugspezifische Werkzeuge,
- gekröpfter Ringschlüssel für die Ablassschraube,
- Drehmomentschlüssel,
- Schraubendreher, Ratsche o. ä., um die Unterbodenverkleidung zu entfernen sowie
- Ölauffangbehälter und Putzlappen.

Bild 51.1 Ölfilterband, Ölfilterteller und Ölfilterkette.

Entnahme des Altöls. Die wichtigsten Schritte sind:

- Bei Fahrzeugen, die ein Ölfilterelement haben, wird dieses zuerst herausgeschraubt,
- Ölmessstab herausziehen oder den Verschlussdeckel am Einfüllstutzen des Zylinderkopfdeckels öffnen, damit das Öl später besser abfließt,
- Auto anheben,
- Unterbodenverkleidung entfernen,
- Ölauffangbehälter bereithalten,
- Ablassschraube herausschrauben,
- Ölfilter abschrauben; darauf achten, dass die alte Gummidichtung komplett vom Motor entfernt ist.

Sobald das Öl vollständig herausgelaufen ist, werden die Teile in umgekehrter Reihenfolge wieder montiert. Die Ablassschraube und der Ölfilter bzw. Ölfiltereinsatz werden mit einem Drehmomentschlüssel nach Herstellerangaben angezogen.

Einfüllen des neuen Öls. Zwei Dinge sind wichtig, die

- richtige Ölsorte bzw. Ölqualität und die
- richtige Menge.

Beide Angaben findet man in den elektronischen Werkstattinformationssystemen, Reparaturleitfäden oder im Bordbuch des entsprechenden Fahrzeugs.

Grundsätzlich ist anzumerken, dass Motoröle nach standardisierten Prüfmethoden in verschiedene

- Viskositätsklassen, z. B. SAE 10W-40,
- Leistungsnormen nach ACEA/API-Spezifikationen und
- Firmenspezifikationen (z. B. VW-Normen)

eingestuft werden, die es immer einzuhalten gilt.

Nähere Informationen zu Motorölen, Ölsorten, Ölqualität und Spezifikationen → S. 271 ff.

Prüfen des Ölstandes. Nach dem Auffüllen des neuen Öls wird der Öldeckel aufgeschraubt und der Motor kurz laufen gelassen. Dadurch wird der Ölfilter wieder mit Öl gefüllt. Nach 1 bis 2 Minuten ist der Motorölstand nochmals zu überprüfen und gegebenenfalls zu korrigieren. Eine Ölstandskontrolle ist nur auf ebenem und waagerechtem Fahrzeuguntergrund wirklich aussagekräftig. Der Füllstand wird am zuvor gesäuberten Ölmessstab überprüft.

Es gibt auch Fahrzeughersteller, die keine Ölmessstäbe mehr verwenden, sondern durch elektronische Messungen den Füllstand beurteilen.

Ölmessstäbe unterscheiden sich leicht im Aufbau (Bild 51.2).

Der Füllstand des Motoröls sollte immer innerhalb des Toleranzfeldes liegen, also zwischen den Füllpunkten a und c, bzw. min und max. Dieses Toleranzfeld bemisst sich auf etwa einen Liter Füllmenge. Ein Ölstand über max. birgt die Gefahr von Katalysator- und Motorschäden.

Bei zu wenig Öl im Motor ist eine ausreichende Schmierung nicht gewährleistet.

- Beachten Sie, dass Motoröl nach dem Kreislaufwirtschafts- und Abfallgesetz zu den besonders überwachungsbedürftigen Abfällen gehört. Es ist eine wassergefährdende Flüssigkeit.
- Streuen Sie verschüttetes Motoröl auf dem Werkstattboden sofort mit speziellem Ölbindemittel ab, da eine Verletzungsgefahr durch Ausrutschen besteht.
- Wechseln Sie stark ölbeschmutzte Kleidung.
- Reinigen Sie ihre ölverschmierte Haut zum Ende der handwerklichen Servicetätigkeit gründlich mit Wasser und Seife.

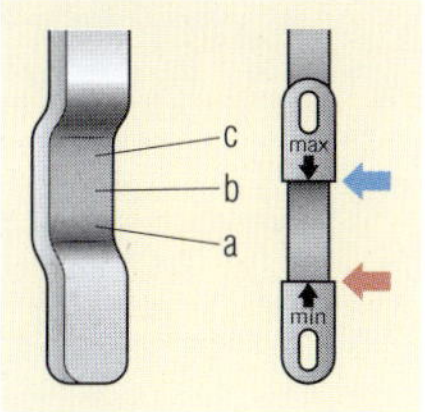

Bild 51.2
Ölmessstäbe.
Links: Bei Ölstand unter -a- muss nachgefüllt werden. Nachfüllen bis max. -c-.
Rechts: Ölstand muss zwischen min. und max. liegen.

Kühlsystem prüfen

Der Service am Kühlsystem umfasst das Prüfen des Kühlmittelstandes und des Frostschutzes (Bild 52.1):

- Der Kühlmittelstand sollte bei kaltem Motor zwischen der MAX- und der MIN-Markierung liegen (bei warmem Motor etwas höher).
- Das Kühlmittel sollte handwarm sein.
- Verschlussdeckel am Ausgleichsbehälter öffnen.
- Schlauchspitze des Frostschutzprüfers leicht in die Kühlflüssigkeit tauchen.
- Nur so viel Flüssigkeit heraussaugen, wie der Schwimmer benötigt, um frei zu schwimmen.
- Nun lässt sich der Temperaturbereich des Frostschutzmittels auf der Skala ablesen.

Das Kühlmittel im Auto besteht aus Wasser und Frostschutzmittel. Am besten geeignet ist destilliertes Wasser.

Frostschutzmittel. Die Einstellung der Frostsicherheit (durch das Mischungsverhältnis des Kühlwassers) erfolgt nach Herstellerangaben; sie liegt in unseren Breitengraden zwischen – 25 °C und – 30 °C.

Motorenhersteller schreiben bestimmte Frostschutzmittel vor bzw. geben bestimmte Produkte für ihre Motoren frei. Diese müssen speziell für die Bedingungen der Kühlsysteme und der Motoren aus Leichtmetall-Legierungen abgestimmt sein. Die Verträglichkeit mit Lacken, Schlauch- und Dichtungsmaterialien muss gewährleistet sein. Außerdem dürfen keine Ablagerungen auftreten, die zu Kühlerverstopfungen führen könnten.

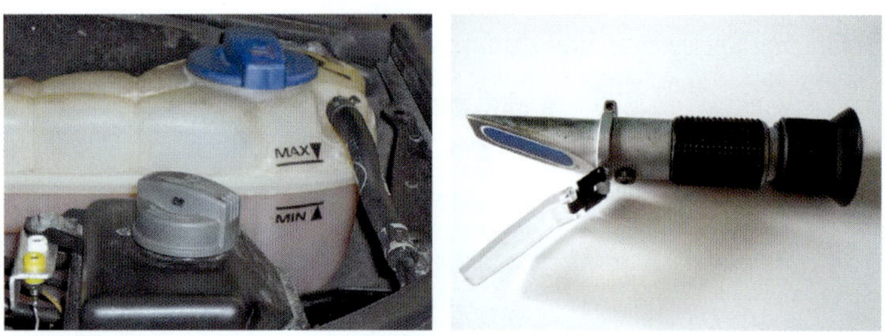

Bild 52.1 Vorratsbehälter mit Markierungen (links), Prüfen des Frostschutzes (Refraktometer, rechts).

Typ	Farbe	Einsatz
silicathaltig	grün	Gusseisen mit Lamellengraphit
silicatfrei	pink/rot	Voll-Aluminium-Motoren

Tabelle 52.1 Kennzeichen von Kühlerfrostschutzmitteln.

Es gibt silicathaltige und silicatfreie Kühlerfrostschutzmittel, die sich durch unterschiedliche Einfärbungen unterscheiden (Tabelle 52.1).

Eine Vermischung beider Stoffe sollte grundsätzlich vermieden werden, da die Korrosionsschutzeigenschaften verloren gehen können.

- Öffnen Sie niemals den Kühlerdeckel bei heißem Motor, weil der Druckabfall zu einer explosionsartigen Verdampfung des Kühlwassers führt. Extreme Unfallgefahr.
- Entsorgen Sie Kühlflüssigkeit keinesfalls in die Kanalisation, da sie zu den wassergefährdenden Stoffen gehört und als besonders überwachungsbedürftiger Abfall eingestuft ist.

Bremsflüssigkeit prüfen

Bremsflüssigkeiten. An die Bremsflüssigkeit werden hohe Anforderungen gestellt. Sie wird als Übertragungsmedium in der hydraulischen Kupplung und der hydraulischen Bremsanlage eingesetzt.

Bremsflüssigkeiten auf Alkoholbasis, vornehmlich aus Glykolether, sind auf dem europäischen Markt am weitesten verbreitet. Dieser Bremsflüssigkeitstyp ist klar und bernsteinfarben. Synthetische Bremsflüssigkeiten auf Siliconbasis sind bläulich gefärbt und vornehmlich auf dem amerikanischen Markt etabliert. Beide Bremsflüssigkeitstypen dürfen nie miteinander vermischt werden.

Die Society of Automotive Engineers (SAE) hat zusammen mit dem Department of Transportation (DOT) verschiedene Bremsflüssigkeitsspezifikationen auf dem internationalen Markt als Standards festgelegt. Diese Spezifikationen bilden die Mindestanforderungen eines jeden Bremsflüssigkeitstyps. Sie werden von den Herstellern z. T. deutlich übertroffen.

Eigenschaften. Unabhängig vom Typ werden folgende Eigenschaften erwartet:

- Inkompressibilität,
- hoher Siedepunkt (205 °C bis ca. 280 °C je nach Ausführung),
- tiefer Gefrierpunkt (bis ca. – 65 °C),
- über den gesamten Temperaturbereich (– 40 °C bis + 100 °C) nur gering veränderte Fließeigenschaften (Viskosität),
- chemisch neutrales Verhalten gegenüber Metall,
- kontrollierte Quellung der Gummidichtungen und somit Abdichtung,
- Korrosionsschutz,
- Schmierung der beweglichen Teile.

Nachteil der Bremsflüssigkeiten auf Glykolbasis ist, dass sie stark hygroskopisch wirken.

So gelangt Wasser über die Bremsschläuche, die Dichtungen und den Bremsflüssigkeitsbehälter in die Flüssigkeit. Pro Jahr sammeln sich auf diesem Weg bis zu 2 % Wasser in der Flüssigkeit an. Hierdurch sinkt der Siedepunkt der Bremsflüssigkeit erheblich.

Bei einem Volumenanteil von 3 % Wasser ist der kritische Nass-Siedepunkt erreicht (Bild 53.1). Nun führt die beim Bremsen entstehende Wärme (etwa 150 °C) zur Dampfblasenbildung im Leitungssystem. Der Bremsdruck wird nicht vollständig weitergeleitet, da beim Druckaufbau die Dampfblasen komprimiert werden. Dadurch verschlechtert sich die Bremswirkung bis hin zum Ausfall der Bremsanlage. Für den angegebenen Trockensiedepunkt wird eine Dampfblasenbildung durch die beim Bremsen erzeugte Wärme ausgeschlossen.

Mithilfe von Bremsflüssigkeitstestgeräten lässt sich der Wasseranteil in der Bremsflüssigkeit abschätzen beziehungsweise die Nasssiedetemperatur bestimmen.

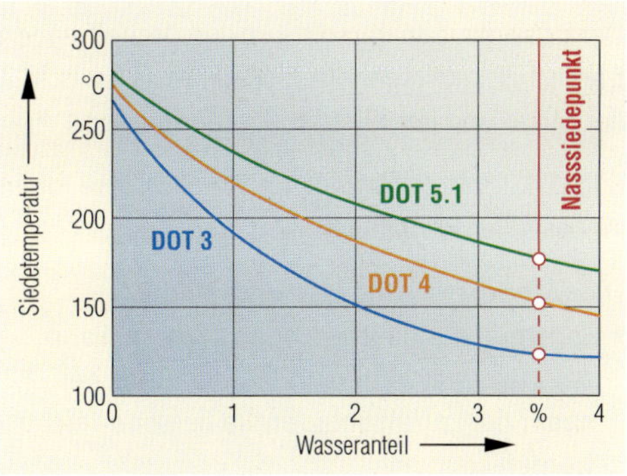

Bild 53.1 Siedetemperaturen verschiedener Bremsflüssigkeiten in Abhängigkeit des Wasseranteils.

Bremsflüssigkeiten werden mit steigenden DOT-Ziffern hochwertiger: die Siedepunkte erhöhen sich (Tabelle 53.1). Dies wird durch Additive erreicht, die jedoch sehr aggressiv sind und alte Bremsanlagen angreifen können. DOT 4 und höherwertige Bremsflüssigkeiten können die Dichtungen und Gummiteile der Bremsanlage aufweichen, wenn diese nicht für DOT 4 ausgelegt ist. Dadurch würde die gesamte Bremsanlage verunreinigt und eine umfangreiche Reparatur wäre die Folge.

Bremsflüssigkeitsverluste. Durch Abnutzung und automatische Nachstellung der Bremsbeläge sinkt der Pegel leicht. Sinkt der Flüssigkeitsstand innerhalb kurzer Zeit stark oder fällt der Flüssigkeitsspiegel unter MIN, so ist das ein Hinweis auf eine Undichtigkeit, dem sofort nachgegangen werden muss.

Bremsflüssigkeit wechseln. Damit die Bremsflüssigkeit unter allen Betriebsbedingungen ihre Aufgabe erfüllen kann, muss sie in regelmäßigen Abständen kontrolliert und alle 12 bis 36 Monate gewechselt werden. Die Intervalllänge ist vom Fahrzeugtyp und von der eingesetzten Bremsflüssigkeit abhängig.

inkompressibel (lat.): nicht zusammenpressbar

Viskosität: Zähflüssigkeit, Dickflüssigkeit. Sie ist eine Kenngröße für die innere Reibung einer Flüssigkeit.

hygroskopisch: Flüssigkeit zieht Wasser an und bindet es.

Trockensiedepunkt: Bei Temperaturen über diesem Wert beginnt neuwertige Bremsflüssigkeit zu sieden.

Nasssiedepunkt: Bei Temperaturen über diesem Wert beginnt Bremsflüssigkeit zu sieden, die ca. 3,5 % Wasser aufgenommen hat.

Anforderungen	DOT 3	DOT 4	DOT 5.1	DOT 5
Trockensiedepunkt mind.	205 °C	230 °C	260 °C	260 °C
Nasssiedepunkt mind.	140 °C	155 °C	180 °C	180 °C
Kennfarbe	bernstein-gelb	bernstein-gelb	bernstein-gelb	blau

Tabelle 53.1 Vergleich der Siedepunkte von verschiedenen Bremsflüssigkeiten.

DOT: Department of Transportation, amerikanisches Verkehrsministerium.

Der Flüssigkeitsstand sollte im durchscheinenden Bremsflüssigkeitsbehälter (Bild 54.1) zwischen der MAX- und der MIN-Markierung liegen.

Bild 54.2 zeigt Aufbau und Anschlüsse beim Wechsel der Bremsflüssigkeit.

Die wichtigsten Arbeitsschritte sind:

- Fahrzeug auf die Hebebühne fahren, Fahrzeug leicht anheben und Räder entfernen, damit die Entlüftungsventile besser erreicht werden können.
- Deckel vom Bremsflüssigkeitsbehälter abschrauben.
- Das mit frischer Bremsflüssigkeit gefüllte Bremsenfüll- und Entlüftungsgerät auf den Deckel des Bremsflüssigkeitsbehälters schrauben.

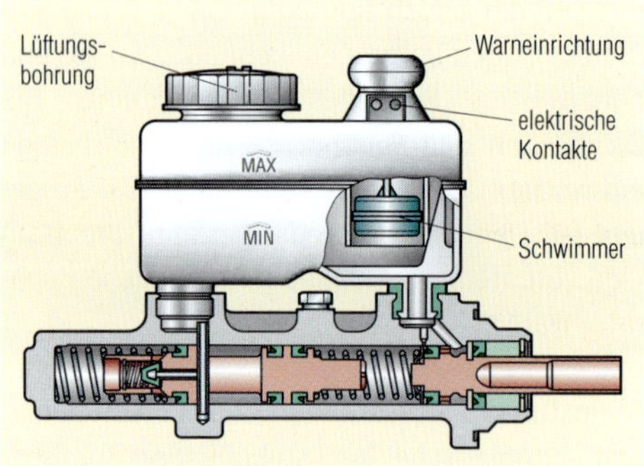

Bild 54.1 Vorratsbehälter für Bremsflüssigkeit.

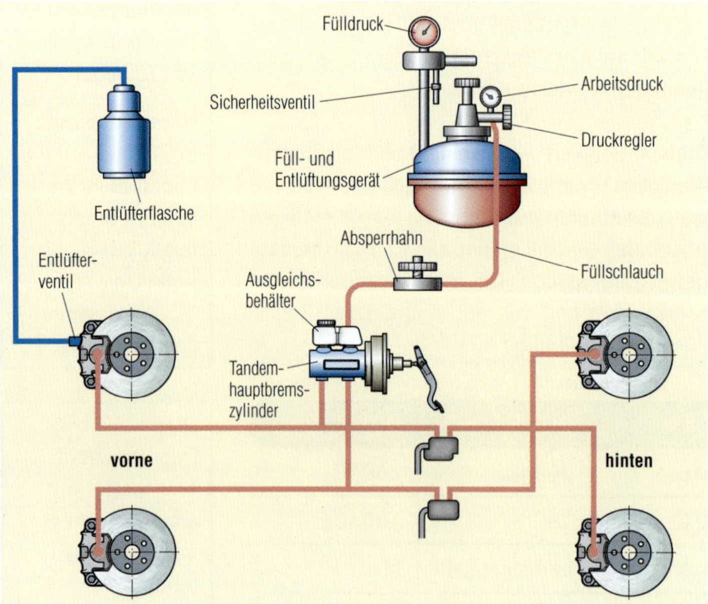

Bild 54.2 Schema beim Befüllen mit neuer Bremsflüssigkeit.

- Am rechten hinteren Bremssattel sauberen, durchsichtigen Schlauch auf das Entlüftungsventil aufstecken und geeignetes Gefäß unterstellen.
- Absperrhahn am Füllschlauch öffnen.
- Entlüftungsventile vorsichtig durch Drehen mit einem Gabelschlüssel gegen den Uhrzeigersinn öffnen.

Reihenfolge der Entlüftung immer nach Herstellervorgaben! Allgemein gilt bei linksgelenkten Fahrzeugen:
1. Bremssattel hinten rechts, 2. Bremssattel hinten links, 3. Bremssattel vorne rechts, 4. Bremssattel vorne links

- Während des Entlüftens den Bremsflüssigkeitsbehälter beobachten. Der Flüssigkeitsspiegel darf nicht zu weit sinken, da sonst über den Bremsflüssigkeitsbehälter Luft in die Leitungen gelangen kann.
- Entlüftungsschraube schließen, wenn (je nach Fahrzeug) ca. 200 bis 400 ml (cm^3) herausgepumpt sind. Dabei muss in jedem Fall die abfließende Bremsflüssigkeit klar und blasenfrei sein.
- Entlüftungsschlauch abziehen und Gummischutzkappen aufstecken.
- Füllschlauch mit Entlüfterstutzen abbauen.
- Bremsflüssigkeit in Bremsflüssigkeitsbehälter bis MAX-Markierung absaugen.
- Deckel von Bremsflüssigkeitsbehälter schließen.
- Bremse auf Funktion und Dichtigkeit überprüfen.

Diagnosesystem. Die Arbeit am hydromechanischen System der Bremsanlage erfordert bei Fahrzeugen mit ABS ein Steuergeräte-Diagnosesystem.

Es muss nicht nur der Primärkreislauf (Hauptbremszylinder – Magnetventil/Hydraulikeinheit – Radbremszylinder) gespült, sondern auch der Bremsflüssigkeitsanteil im Sekundärkreislauf (Hydraulikeinheit – Druckspeicher – Rückförderpumpe) erneuert werden.

Um zu verhindern, dass beim Flüssigkeitswechsel Luft oder alte Bremsflüssigkeit im System zurückbleibt, müssen Hochdruckpumpe und ABS-Magnetventile in der korrekten Reihenfolge angesteuert werden. Der Diagnosetester spricht dazu die entsprechenden Komponenten über das Steuergerät an.

Bei Bremsen mit ESP wird die Komplettspülung empfohlen, bei der elektrohydraulischen Bremsanlage ist sie zwingend erforderlich, da sich über die Zeit Luft in den Aggregaten ansammelt.

elektrohydraulische Bremsanlage → S. 537

Für den Bremsflüssigkeitswechsel wird das Diagnosegerät mit dem Diagnosestecker des Fahrzeugs verbunden und das entsprechende Serviceprogramm aufgerufen. Das Bremsflüssigkeitswechselgerät wird wie gewohnt an den Bremsflüssigkeitsbehälter angeschlossen. Die Diagnosesoftware gibt nun genau vor, in welcher Reihenfolge die Entlüftungsventile zu öffnen sind. Das Diagnosegerät steuert dabei auch die inneren Ventile und die Rückförderpumpe, um einen optimalen Spülvorgang und die Entlüftung der kompletten Bremsanlage sicherzustellen.

- Sammeln Sie alte Bremsflüssigkeit in gesonderten Behältern, sie darf nicht ins Grundwasser oder in die Kanalisation gelangen.
- Nehmen Sie verschüttete Bremsflüssigkeit mit Bindemittel auf.
- Suchen Sie bei versehentlichem Verschlucken sofort einen Arzt auf. Bremsflüssigkeit ist hoch giftig.
- Waschen Sie nach Hautkontakt die Körperstellen mit Wasser und Seife ab.
- Spülen Sie bei Augenkontakt mehrere Minuten unter fließendem Wasser das Auge aus. Dabei halten Sie die Lider geöffnet.
- Sammeln Sie Bremsflüssigkeit immer in geschlossenen Behältern.
- Beachten Sie, dass Bremsflüssigkeit Lacke angreift und die Kleidung verfärbt.

Scheibenreiniger prüfen

Der Füllstand des Scheibenreinigungsmittels sollte kontrolliert und Scheibenreiniger bei Bedarf nachgefüllt werden. Werkstätten verwenden handelsübliche, für Scheibenwaschanlagen geeignete Flüssigkeiten, die die Vorgaben der Fahrzeughersteller erfüllen. Sie bestehen aus einer Mischung aus Wasser und Methanol. Dieser Alkoholzusatz verhindert das Einfrieren des Gemisches und hat reinigende Wirkung. Anhaftende Insektenrückstände werden gelöst und eine mögliche Schlierenbildung verringert.

Scheibenfrostschutzmittel sind unterschiedlich konzentriert. In den Werkstätten ist der Frostschutz meist fertig gemischt und kann direkt zur Befüllung verwendet werden. Andernfalls wird das Wasser bis zum Erreichen der gewünschten Frostschutztemperatur mit dem Konzentrat gemischt.

Für unser gemäßigtes europäisches Klima ist ein Frostschutzmittel mit Frostsicherheit bis –30 °C ausreichend.

- Leicht entzündlich, da Alkoholbestandteile vorhanden.
- Darf nicht in die Hände von Kindern gelangen.
- Behälter verschlossen halten.
- Von Zündquellen fernhalten; nicht rauchen!
- Bei Verschlucken sofort ärztlichen Rat einholen (Etikett vorzeigen!).

Bild 55.1 Gefahrenhinweise auf Frostschutzmitteln.

Einige Scheibenreiniger sind lediglich für den Gebrauch im Sommer geeignet. Sie sind speziell für das Entfernen von Insekten und ähnlichem Schmutz entwickelt worden und besitzen keinerlei Frostschutzfunktion. Häufig werden sie als starkes Konzentrat in den Handel gebracht und müssen unbedingt mit Wasser verdünnt bzw. aufbereitet werden.

- Wird in Ihrem Betrieb Scheibenreinigerkonzentrat verwendet, so darf es nie pur verwendet werden. Die Additive können den Lack im Bereich Motorhaube, Dach und Kofferraum bzw. Heck angreifen.
- Waschen Sie nach dem Umgang mit Scheibenreiniger die Hände mit Seife und Wasser oder tragen Sie während des Arbeitens Schutzgummihandschuhe.

Filter prüfen und wechseln

Baugruppen, die von flüssigen oder gasförmigen Medien wie Kraftstoff, Schmieröl oder Umgebungsluft durchströmt werden, müssen vor Verunreinigungen und Verstopfungen geschützt werden (vgl. Bild 56.1). Deshalb müssen die Medien (Flüssigkeiten, Atemluft) gefiltert werden.

Wechselintervalle bzw. Prüfzyklen von Filtersystemen sind in den Serviceunterlagen der Fahrzeughersteller festgelegt. Verschmutzungen der Filtersysteme können je nach Einsatz der Fahrzeuge sehr variieren. Ein Zusetzen bzw. Verstopfen der Filter ist in jedem Fall zu vermeiden, da dies zu Funktionsstörungen im jeweiligen System führen kann.

Im Zuge von Wartungsarbeiten gemäß Serviceplan sind folgende Filter regelmäßig zu prüfen:
- Schmierölfilter bzw. Filtereinsatz (Motoröl),
- Kraftstofffilter,
- Luft- und Abgasfilter bzw. Filtereinsatz,
- Innenraumfilter,
- Hydraulikfilter.

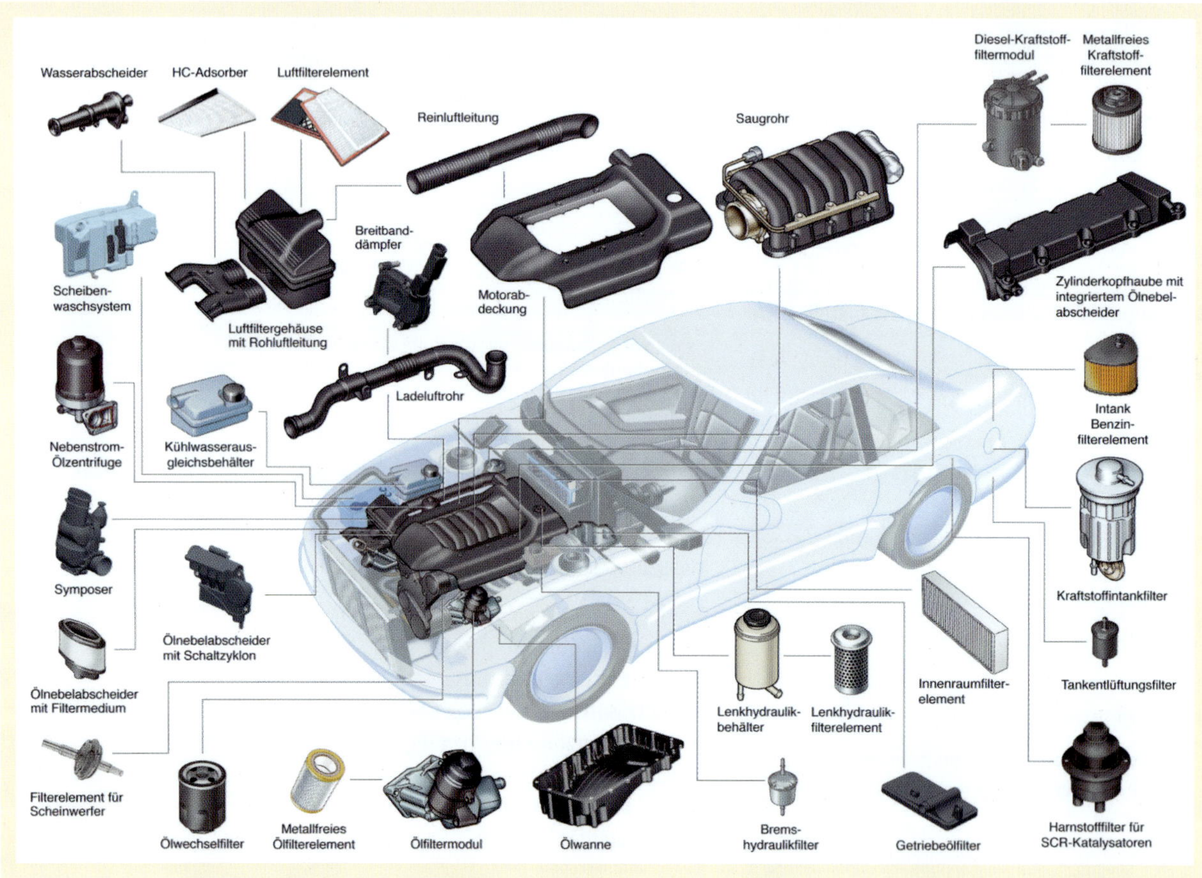

Bild 56.1 Filtereinrichtungen in einem modernen Pkw.

1.6.4 Inspektion des Fahrzeugs von unten

Die Sichtprüfung der Unterbodenkomponenten erfolgt bei angehobenem Fahrzeug.

Aufzuspüren sind
- Undichtigkeiten im Bereich Motorraum (Motorblock, Getriebe),
- Undichtigkeiten, Beschädigungen und Verschleißzustände an der Bremsanlage,
- Undichtigkeiten und Beschädigungen an der Abgasanlage,
- Spiel und Beschädigungen an Fahrwerks- und Lenkungskomponenten.

Zur besseren Ausleuchtung verwendet man bei der Sichtkontrolle eine Taschen- oder Stablampe.

Motor, Getriebe

Kleinere Undichtigkeiten lokalisiert man durch Feuchtigkeitsbildung vorzugsweise an Verbindungsübergängen. Bauteilanschlüsse, Gehäusedichtflächen oder Druckzylinder sind typische Schwachstellen, die zu Undichtigkeiten neigen. An Baugruppen mit Flüssigmedien bilden sich dann oft kleine Flüssigkeitstropfen an den Unterbodenseiten.

Undichtigkeiten, Beschädigungen und Verschleißmerkmale dürfen die Fahrsicherheit des Kraftfahrzeugs nicht beeinträchtigen. Mängel, die die Sicherheit von Fahrzeugen und Verkehrsteilnehmern gefährden, sind umgehend zu beheben.

Sichtprüfung der Bremsanlage

Zu den Wartungsarbeiten an der Bremse gehören neben dem Bremsflüssigkeitswechsel die Begutachtung des Zustandes von Bremsbelägen und Bremsscheiben. Viele Fahrzeuge verfügen über ein Informationssystem zum Belagwechsel. Oft zeigt die Bremsanlage aber Mängel, die über die reine Abnutzung der Beläge und Bremsscheiben hinausgehen.

Häufige Mängel durch den Betriebsalltag sind
- Riefen auf der Bremsscheibe,
- ungleichmäßiger Verschleiß der Bremsscheibe,
- unterschiedliche Abnutzung des Bremsbelags,
- gebrochene Bremsscheiben,
- radiale Risse,
- korrodierte Bremsscheiben aus Gusseisen.

Trommelbremsen sind aufgrund der geschlossenen Bauweise und wegen des hauptsächlichen Verbaus an Hinterachsen sehr verschleißarm und liefern wenig Anhaltspunkte bei der äußeren Sichtprüfung.

Eine Trommelbremse wird in der Praxis nur dann geöffnet, wenn
- die Trommel Feuchtigkeitsspuren aufweist (Bremsflüssigkeitsaustritt durch undichten Radzylinder),
- die Trommelbremse keine ausreichende Bremsleistung zeigt (z. B. beim Test auf dem Bremsenprüfstand),
- bei Betätigung an der Radbremse ungewöhnliche Geräusche entstehen,
- die Trommelbremse ohne Betätigung Wärme erzeugt und diese an die Radschüssel abgibt.

Scheibenbremsen. Anders sieht es bei der Scheibenbremse aus. Hier kann im Rahmen einer Inspektion eine schnelle und aussagekräftige Sichtprüfung erfolgen. Bremsbeläge müssen gewechselt werden, wenn die Beläge bis auf ca. 2 mm abgenutzt sind bzw. wenn die Belagverschleißanzeige in der Instrumententafel ein opto-akustisches Signal liefert.

Scheibenbremse → S. 534 f.

Bremsbeläge → S. 535

opto-akustisches Signal: sicht- und hörbares Signal

Die Sichtprüfung der Bremsbeläge einer Scheibenbremsanlage beschränkt sich vornehmlich auf die Kontrolle der Bremsbelagdicke. Tabelle 58.1 zeigt als Beispiel gängige Daten einer Pkw-Scheibenbremsanlage (jeweils zwei Ausführungen der Vorder- und der Hinterachse).

Bremsscheiben sollten gewechselt werden, wenn
- der Scheibenschlag größer als 0,1 mm ist,
- vorhandene Riefen tiefer als 0,5 mm sind,
- die Scheibe Risse oder Bruchstellen aufweist, bzw. die Scheibe komplett gebrochen ist,
- die Scheibendicke unter den Herstellermindestwerten liegt.

Bremsscheiben → S. 534

Scheibenbremse	vorn	vorn	hinten	hinten
Bremsscheibe Ø in mm	288	280	269	255
Dicke der Bremsscheibe in mm	25	22	22	10
Verschleißgrenze der Bremsscheibe in mm	23	20	20	8
Bremsbelagdicke *a* „neu"* in mm	14	14	12	12
Verschleißgrenze Bremsbelagdicke* in mm	2	2	2	2
*gemessen ohne Rückenplatte				

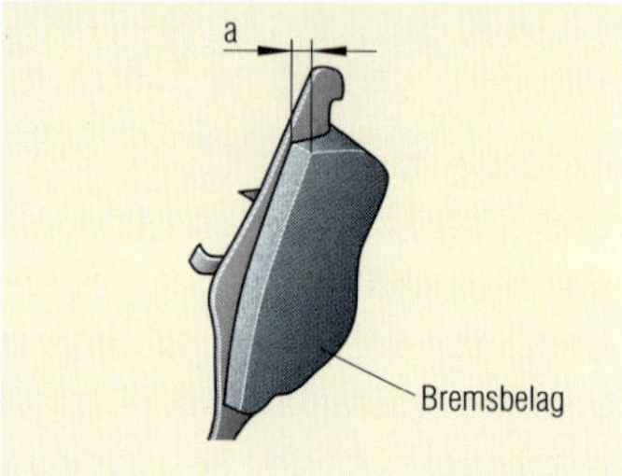

Tabelle 58.1 Abmessungen und Verschleißgrenzen einer Bremse.

Prüfung der Bremsscheibendicke. Es ist wie folgt vorzugehen (Bild 58.1):

- Stellung der Räder zur Radnabe farblich kennzeichnen. So ist sichergestellt, dass das ausgewuchtete Rad wieder in derselben Position montiert wird.
- Radschrauben lösen und Räder abnehmen.
- Die Bremsscheibendicke wird mit einer entsprechenden Bügelmessschraube an mehreren Punkten des Umfangs ermittelt. Dabei ist jeweils an den dünnsten Stellen zu messen.
- Bei Erreichen der Verschleißgrenze (Mindestdicke) ist ein Austausch zwingend vorgeschrieben.
- Radnabe mit Drahtbürste von Ablagerungen (Rost, Felgenstaub) befreien und anschließend Zentriersitz der Felge an der Radnabe mit Montagefett dünn bestreichen.
- Räder mit vorgeschriebenem Anzugsmoment montieren, um die Räder sicher zu befestigen und die Bremsscheiben nicht zu verspannen.

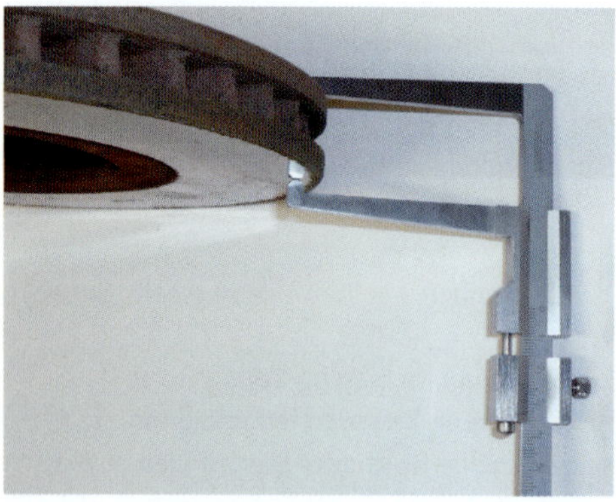

Bild 58.1 Messen der Bremsscheibendicke.

Für in Deutschland zugelassene Kraftfahrzeuge gelten bezüglich der Bremsanlagen strenge Bau-, Prüf- und Wartungsvorschriften, z. B.

- Straßenverkehrszulassungsordnung (StVZO, § 29, § 41, § 42),
- Richtlinien des Rates der Europäischen Union (RREG 71/320 EWG),
- DIN-Normen (z. B. DIN 74234).

Weitere, über die Sichtprüfung von unten hinausgehende Funktionsprüfungen der Bremsanlage werden im Lernfeld 10 behandelt.

Die Einhaltung gesetzlicher Vorgaben wird in regelmäßigen Abständen von unabhängigen Sachverständigen überprüft, da es sich beim Bremssystem um ein sicherheitsrelevantes System handelt. Die in der Werkstatt im Rahmen von Inspektionsarbeiten durchzuführenden Sichtprüfungen der Bremsanlage ergänzen die gesetzlichen Untersuchungen um Gefahren zu minimieren und Sicherheit zu gewährleisten.

Abgasanlage

Im Wesentlichen hat sie die Aufgabe, Abgase nach hinten abzuleiten, Geräusche zu dämpfen und den Fahrgastraum vor giftigen Abgasen zu schützen bzw. Abgase zu entgiften.

Die Abgasanlage unterliegt starker dynamischer, thermo-mechanischer Beanspruchung und wird durch Korrosion belastet. Mit zunehmender Betriebsdauer des Fahrzeugs kann dies zu Schäden an der Anlage führen.

Die Sichtprüfung auf Mängel an der Abgasanlage bezieht sich im Rahmen der Inspektion auf
- defekte Halterungen, Aufhängungen und Schwingungselemente,
- Anschlagen der Abgasanlage am Unterboden oder der Achse,
- undichte Stellen, Schäden und fehlende Teile,
- gelockerte, gelöste oder korrodierte Bereiche an Rohren, Schalldämpfern und dem Katalysator,
- geknickte Abgasrohre, gelöste oder fehlende Wärmeabstrahlbleche,
- Rußspuren, die auf undichte oder schadhafte Stellen hindeuten und
- starke blecherne Geräusche, die ebenfalls Hinweise auf mögliche Schäden geben.

Fahrwerk, Antrieb, Lenkung

Die erweiterte Sichtprüfung der Unterbodengruppe erstreckt sich auf:
- Achswellen und Achsmanschetten,
- den gesamten Unterboden,
- Stoßdämpfer,
- Traggelenke,
- Spurstangen,
- Motorunterseite und die
- Reifen.

Aufzuspüren sind Undichtigkeiten, Nässungen, übermäßiges Gelenkspiel und Verschleiß sowie mechanische Beschädigungen.

1.6.5 Wartung der elektrischen Anlage

Nach einer Checkliste (Bild 60.1) wird die Funktion der lichttechnischen Einrichtungen am Fahrzeug überprüft und protokolliert. Defekte Bauteile sind ggf. auszutauschen.

Fehler in der elektrischen Anlage haben meist folgende Ursachen:
- mangelhafte Spannungsversorgung (schwache Batterie oder fehlerhafter Generator),
- defekte Sicherungen, Relaiswicklungen oder Glühfäden (Überstrom, Spannungsspitzen), also defekte Bauteile/Verbraucher,
- korrodierte Steckverbindungen,
- durchgescheuerte oder geknickte Leitungen.

Ist die Ursache einer Störung nicht offensichtlich, muss die Fehlerursache eingegrenzt werden. Bei der Diagnose und Fehlerbehebung der elektrischen Anlage helfen dem Mechatroniker Messgeräte wie das Multimeter.

Multimeter → S. 157

Nach Abschluss der Sichtprüfung ist im Rahmen der Inspektionsarbeiten immer eine Eigendiagnose durchzuführen. Mit dem Diagnosetester lassen sich die Fehlerspeicher der im Fahrzeug verbauten Steuergeräte auslesen, sodass registrierte und abgelegte Systemfehler erkennbar werden. Bild 59.1 zeigt die Routine eines Diagnoseablaufs mithilfe des Diagnosetesters.

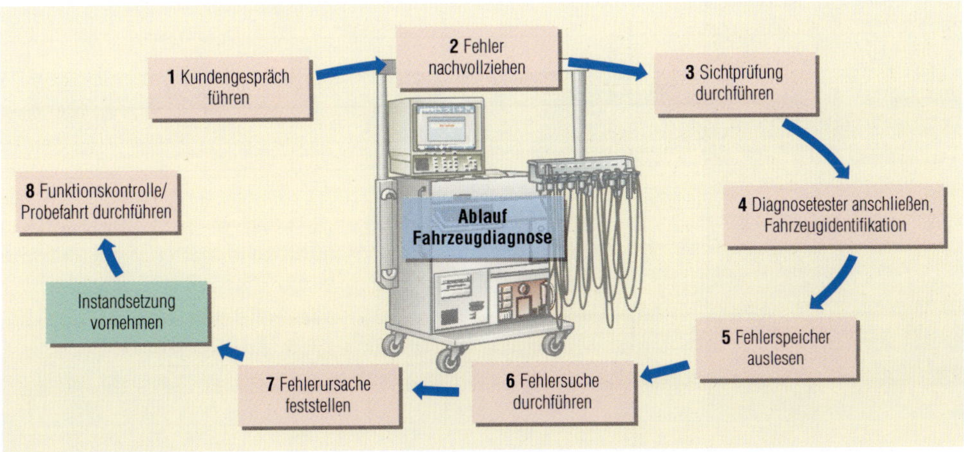

Bild 59.1 Diagnoseablauf.

Fahrzeugtyp		Kunde:			
FIN (Fzg.-Ident.-Nr.)		Auftrags-Nr.:			
km-Stand		Mechatroniker/in:			
		Datum:			
		sonstige Mängel:	i. O.	n. i. O.	Bemerkungen
Fahrzeug vorn	Standlicht Rechts/Links				
	Abblendlicht R/L				
	Fernlicht R/L				
	Fahrtrichtungsanzeiger R/L				
	Nebelscheinwerfer R/L				
	Zusatzscheinwerfer R/L				
	Warnblinkanlage				
	Parklicht R/L				
	Leuchtweiteregelung R/L				
	Höheneinstellung Abbl. R/L				
	Höheneinstellung Fernl. R/L				
	Höheneinstellung Nebels. R/L				
	Tagfahrlicht R/L				
		sonstige Mängel:	i. O.	n. i. O.	Bemerkungen
Fahrzeug seitlich	seitlich links:				
	Fahrtrichtungsanzeiger				
	Begrenzungsleuchten				
	seitlich rechts:				
	Fahrtrichtungsanzeiger				
	Begrenzungsleuchten				
		sonstige Mängel:	i. O.	n. i. O.	Bemerkungen
Fahrzeug hinten	Bremsleuchten R				
	Bremsleuchten L				
	dritte Bremsleuchte				
	Fahrtrichtungsanzeiger R				
	Fahrtrichtungsanzeiger L				
	Nebelschlussleuchte				
	Kennzeichenbeleuchtung				
	Rückfahrscheinwerfer				
		sonstige Mängel:	i. O.	n. i. O.	Bemerkungen
Fahrzeug innen	Türkontakte Innenbeleuchtung				
	Tür rechts vorn				
	Tür links vorn				
	Tür rechts hinten				
	Tür links hinten				
	Armaturenbeleuchtung				
	Handschuhfachbeleuchtung				
	sonstige:				

Bild 60.1 Checkliste zur Funktionsprüfung der lichttechnischen Anlage.

Zur Wiederholung

1. Welche besonderen Vorschriften gelten für Jugendliche unter 18 Jahren beim Umgang an Hebebühnen?
2. Welche Hebebühnentypen eignen sich für den jahreszeitlich bedingten Reifenwechsel an Fahrzeugen? – Bitte begründen Sie Ihre Antwort.
3. Beschreiben Sie das richtige Verhalten im Brandfall.
4. Bei welchen Arbeiten im Betrieb müssen Sie eine Schutzbrille tragen, um den Sicherheitsrichtlinien der Berufsgenossenschaft zu entsprechen?
5. Nennen Sie Lärmbelastungen und deren Geräuschpegel in der Werkstatt.
6. Beschreiben Sie, wie die Altölentsorgung in Ihrem Ausbildungsbetrieb vollzogen wird. Worauf ist im Entsorgungsprozess zu achten?
7. Welche „vier Seiten einer Nachricht" gibt es im Kommunikationsmodell von Schulz von Thun? – Erläutern Sie die vier Seiten anhand eines selbst gewählten Beispiels aus der Sicht von Sender und Empfänger.
8. Erstellen Sie eine tabellarische Übersicht, worauf Sie beim Umgang mit anderen Menschen achten sollten (Gestik, Mimik, Körperhaltung). Was sollten Sie keinesfalls tun?
9. Welche Wünsche und Ansprüche hätten Sie als Kunde an eine Werkstatt? Listen Sie Ihre Vorstellungen geordnet nach Wichtigkeit auf.
10. Worauf ist beim Umgang mit Kundenfahrzeugen zu achten?
11. Unterscheiden Sie Wartungsarbeiten und Inspektionsarbeiten und nennen Sie Beispiele.
12. Welche Aufgaben gehören zur Sichtprüfung an Reifen?
13. Welchen Einfluss hat die Viskosität auf das Verhalten von Motorölen?
14. Wie findet man das „richtige" Motoröl für den jeweiligen Motor, wenn im Werkstattauftrag keine Angaben dazu vermerkt sind?
15. In welchen Fällen ist neben einem Bremsbelagwechsel auch ein Bremsscheibenwechsel notwendig?

Zur Vertiefung

1. Beschreiben Sie die wesentlichen Arbeitsaufgaben eines Kfz-Mechatronikers unter Einbeziehung eigener betrieblicher Erfahrungen.
2. Stellen Sie Ihren Ausbildungsbetrieb vor, indem Sie einen Lageplan anfertigen und die Firma beschreiben.
3. Der sogenannte „Hautschutzplan" informiert über Reinigungs- und Pflegemaßnahmen der Haut im beruflichen Alltag. Besorgen Sie sich einen „Hautschutzplan für Kfz-Werkstätten" oder erstellen Sie selbst einen solchen Plan.
4. Informieren Sie sich über Maßnahmen des technischen Arbeitsschutzes. Beschreiben Sie entsprechende Hinweisschilder und Gerätschaften in Ihrem Ausbildungsbetrieb.
5. Beschreiben Sie, was in Ihrem Ausbildungsbetrieb unternommen wird, um Berufserkrankungen möglichst zu verhindern (Bild 61.1).

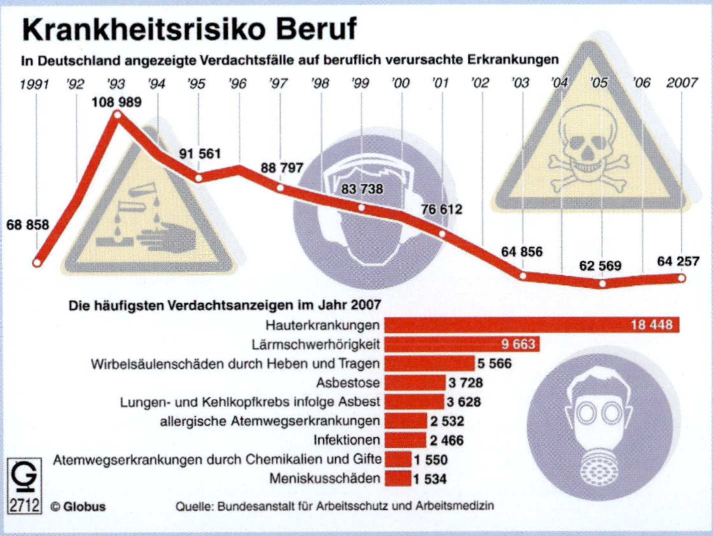

Bild 61.1 Berufskrankheiten.

6. Befragen Sie den Umweltschutzbeauftragten in Ihrer Ausbildungswerkstatt nach seinen Aufgaben.
7. Stellen Sie dar, wie die Kundenbetreuung in Ihrer Ausbildungswerkstatt praktiziert wird. Entwickeln Sie konkrete Ideen und Maßnahmen, die Kundenzufriedenheit zu sichern und die Kundenbindung zu erhöhen.
8. Beschreiben Sie Ihre Zuständigkeiten bzw. Verantwortlichkeiten bei Wartungs- und Pflegearbeiten. Wie sind Sie im Arbeitsprozess Ihrer Werkstatt eingebunden?
9. Erläutern Sie anhand des Beispiels Kraftfahrzeug grafisch, wie das „Gesamtsystem Kfz" aus Teil- und Untersystemen zusammengesetzt ist.
10. Entwickeln Sie Ideen zum Auto der Zukunft, und stellen Sie Ihre Visionen als Präsentation dar:
    - Wie wird das Auto der Zukunft aussehen; z. B. im Jahr 2050?
    - Was wird sein, wenn das Erdöl verbraucht ist?
    - Wie wird sich die Mobilität der Menschen in den kommenden 50 Jahren gestalten und verändern?
    - Welche neuen Ausstattungen und Extras wird es in Fahrzeugen geben?
11. Fallbeispiel

Hinweis: Die erforderlichen Fahrzeugdaten sind der Zulassungsbescheinigung Teil I (Bild 40.1) zu entnehmen.

Am Fahrzeug (Bild 40.1) soll ein jahreszeitlich bedingter Reifenwechsel durchgeführt werden. Sie beginnen mit Auftragsübernahme und Kurzinspektion der Reifen/Räder.

Kundendaten:

a) Welche Kundendaten sollten unbedingt auf dem Werkstattauftrag erfasst werden und welche Bedeutung haben sie?

Fahrzeugidentifikation und Fahrzeugdaten:

b) Um welches Fahrzeug handelt es sich? (Hersteller, Handelsbezeichnung/Typ/Kennzeichen/Farbe)

c) Nennen Sie das Datum der Erstzulassung.

d) Wie lautet die Fz.-Ident.-Nr. des Kfz?

e) Mit welchem Verbrennungsmotor-Typ ist das Fahrzeug ausgestattet?

f) Wann ist die nächste HU fällig?

Inspektion der Reifen:

g) Auf welche Reifendimension/Reifenkennzeichnung ist das Fahrzeug laut der Zulassungsbescheinigung Teil I beschränkt?

h) Erläutern Sie die Reifenbezeichnung im Einzelnen.

i) Im Rahmen des Reifenwechsels erfolgt eine Inspektion der Reifen. Welche Prüfungen (Sichtkontrollen, Messungen) führen Sie durch?

j) Welche Maßnahmen sind zu ergreifen, wenn Sie bei der Inspektion eines Reifens die Restprofiltiefe von 1,8 mm ermitteln?

k) Welche Folgen hätte es, wenn einer der eingelagerten Reifen einen Minderdruck von 0,5 bar aufweist und versehentlich achtlos montiert würde?

Umrüstung:

l) Welches offizielle Fahrzeugdokument enthält Informationen über weitere zugelassene Reifengrößen?

m) Welche Reifengrößen können Sie begründet empfehlen?

2 Demontieren, Instandsetzen und Montieren von fahrzeugtechnischen Baugruppen oder Systemen

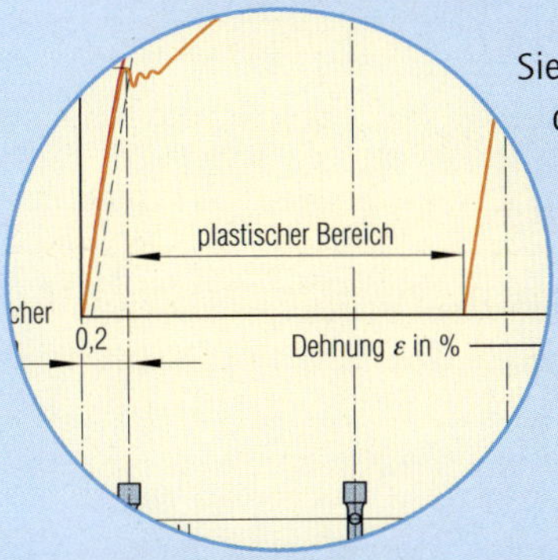

Sie lernen Grundlegendes über die Eigenschaften und das Verhalten von Werkstoffen.

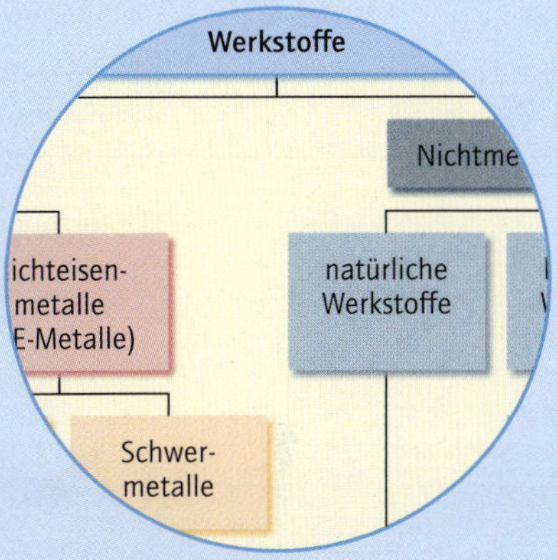

Sie erhalten einen Überblick über die wichtigsten im Kraftfahrzeug verbauten Werkstoffe.

Die Einteilung und Normung von Werkstoffen wird Ihnen verdeutlicht. Werkstoffbezeichnungen und -zusammensetzungen werden erläutert.

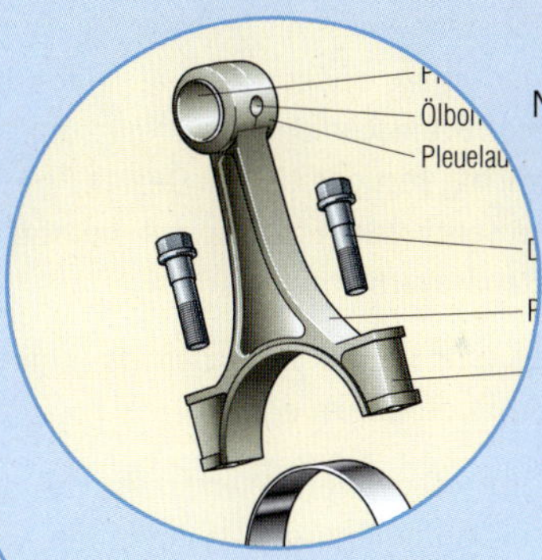

Nach dem Durcharbeiten können Sie nachvollziehen, wie Bauteile miteinander verbunden sind. Sie lernen auch die Vor- und Nachteile verschiedener Fügeverfahren kennen.

Ein wichtiges Verfahren für das Bearbeiten von Bauteilen in der Werkstatt ist das Trennen; dazu gehören z. B. Sägen, Feilen, Honen oder Bohren.

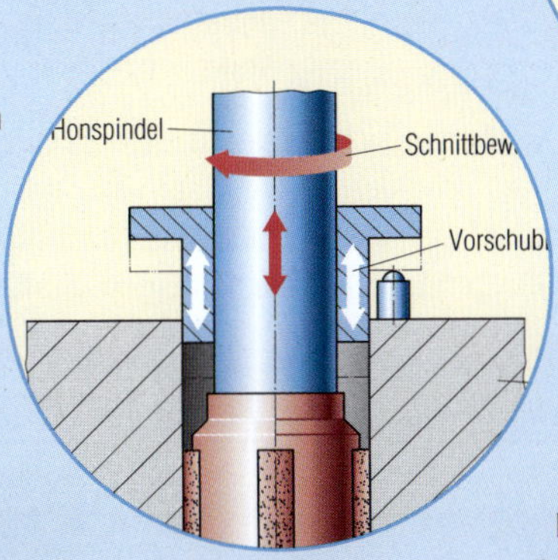

Korrosionsschutz und Optik: Es ist wichtig zu wissen, warum bestimmte Werkstoffe und Bauteile beschichtet werden.

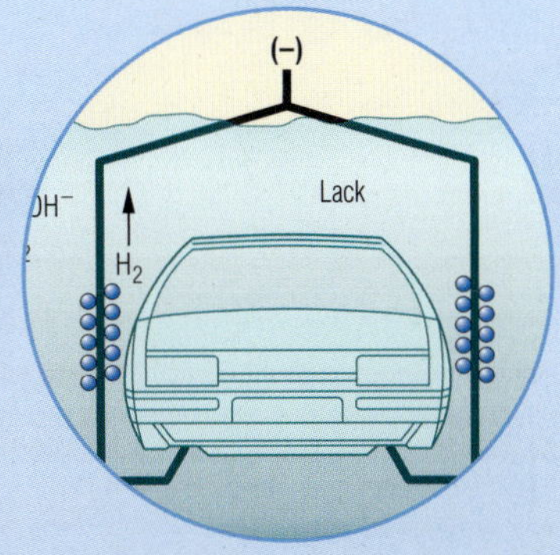

Vertrauen ist gut – Kontrolle ist besser: In einer erfolgreichen Werkstatt hat die Prüftechnik einen hohen Stellenwert. Nur so kann eine gleichbleibend hohe Qualität der Arbeit erreicht werden.

Trotz moderner Technik, ausgefeilter Fertigungsverfahren und wartungsarmer Systeme können Bauteile ausfallen und müssen repariert oder ausgetauscht werden. Im eingebauten Zustand ist eine Reparatur nur selten durchführbar, da die Bauteile oft schwer zugänglich sind.

Deshalb wird
- die Baugruppe demontiert,
- das defekte Bauteil instand gesetzt bzw. ausgetauscht,
- die Baugruppe wieder montiert.

Kraftfahrzeuge bestehen aus etwa 5000 montierten Bauteilen. Metallwerkstoffe dominieren, aber Verbundwerkstoffe und Kunststoffe gewinnen weiter an Bedeutung (Bild 64.1).

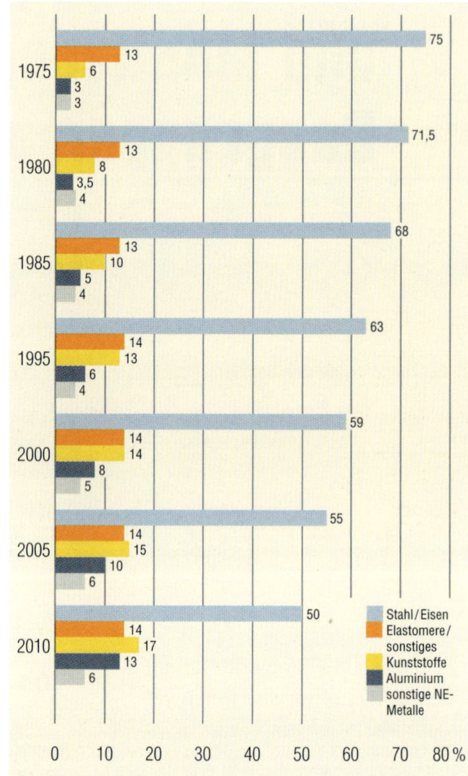

Bild 64.1 Werkstoffe in Kraftfahrzeugen.

2.1 Werkstoffeigenschaften

Die in der Kfz-Technik eingesetzten Werkstoffe müssen ein sehr breites Spektrum an Anforderungen abdecken. Die eingesetzten Werkstoffe entscheiden nicht nur über Fahrzeuggewicht, Festigkeit und Design, sie haben auch wesentlichen Einfluss auf Bearbeitbarkeit und Reparaturmethoden.

Es gibt keinen Stoff, der alle unterschiedlichen Anforderungen erfüllt.

Gibt es mehrere Werkstoffe, die den geforderten Anforderungen standhalten, wird man sich für die wirtschaftlichste Lösung entscheiden. Dies kann beispielsweise der Werkstoff aus dem preiswertesten Rohstoff oder mit dem geringsten Fertigungsaufwand sein. Auch Umweltgesichtspunkte (Recycling) spielen bei der Auswahl eine Rolle.

Das Struktogramm zeigt Werkstoffeigenschaften im Überblick. Nachfolgend werden die für den Beruf des Kraftfahrzeugmechatronikers wesentlichen Eigenschaften näher vorgestellt.

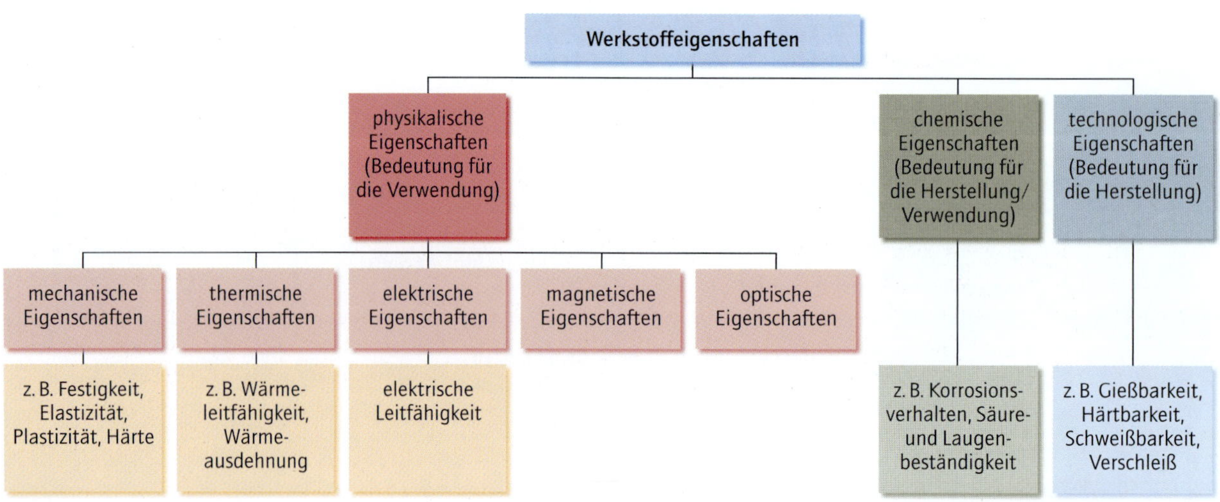

2.1.1 Physikalische Eigenschaften

Masse. Jeder Körper hat eine unveränderliche Masse, auch wenn sich seine Form z. B. durch Schmieden ändert. Die Masse entspricht der in einem Körper enthaltenen Stoffmenge und Stoffart und bildet die Ursache für Anziehungskraft und Schwere. Ihre Einheit ist das Kilogramm.

$$m = V \cdot \varrho \text{ in kg}$$

Dichte. Jeder Stoff besitzt ein typisches Raumgewicht, auch Dichte genannt. Die Dichte ist das Verhältnis der Masse eines Stoffes zu seinem Volumen.

$$\varrho = \frac{m}{V} \text{ in kg/dm}^3$$

Gewichtskraft. Die Erde zieht alle Körper mit einer zum Erdmittelpunkt gerichteten Kraft an. Die Gewichtskraft ergibt sich aus der Masse m und der Fallbeschleunigung g. Die Anziehungskraft (Gravitationskraft) bzw. die Fallbeschleunigung nehmen mit der Entfernung vom Erdmittelpunkt ab, sind also ortsabhängig. Die Normalfallbeschleunigung kann als ungefährer Mittelwert angesehen werden und beträgt den in der Technik gebräuchlichen Wert von 9,81 m/s^2. Gewichtskräfte werden in der Einheit Newton [N] angegeben.

$$F_G = m \cdot g \text{ in N}$$

Festigkeit ist der Widerstand eines Körpers oder Werkstoffs gegen Verformung durch Einwirkung äußerer Kräfte. Die Festigkeit ist damit ein wichtiger Kennwert für die Belastbarkeit eines Werkstoffes. Sie hängt wesentlich von der inneren Festigkeit, den Kohäsionskräften eines Stoffes ab. Die Festigkeit wird in N/mm^2 angegeben (die einwirkende Kraft bezogen auf eine bestimmte Querschnittsfläche).

Der Zugversuch ist einer der wichtigsten Werkstoffprüfungen bei Metallen. Er liefert Kennwerte über die Festigkeit und Dehnung von Werkstoffen. Diese aus dem Versuch gewonnenen Werkstoffkennwerte sind wichtig für die Dimensionierung (Auslegung) von Bauteilen:

- Streckgrenze R_e (Résistance élastique): Spannung, bei der trotz zunehmender Verlängerung (Dehnung) der Probe die Zugkraft in etwa gleich bleibt,
- Dehngrenze $R_{p0,2}$ (Résistance proportional): Spannung, bei der die Probe nach Entlastung eine bleibende Dehnung von 0,2 % aufweist,
- Zugfestigkeit R_m (Résistance maximal): Spannung, die sich aus der größten Zugkraft F_{zB} und dem Anfangsquerschnitt S ergibt.

$$R_m = \frac{F_{zB}}{S} \text{ in N/mm}^2$$

Die gewonnenen Kenngrößen gelten nur für statische Belastungen. Verschiedene Werkstoffe weisen unterschiedliche Spannungs-Dehnungs-Kurven auf (Bild 65.1).

Je nach Beanspruchungsart unterscheidet man (Tabelle 66.1):

- Zugfestigkeit,
- Druckfestigkeit,
- Biegefestigkeit,
- Scherfestigkeit,
- Torsionsfestigkeit und
- Knickfestigkeit.

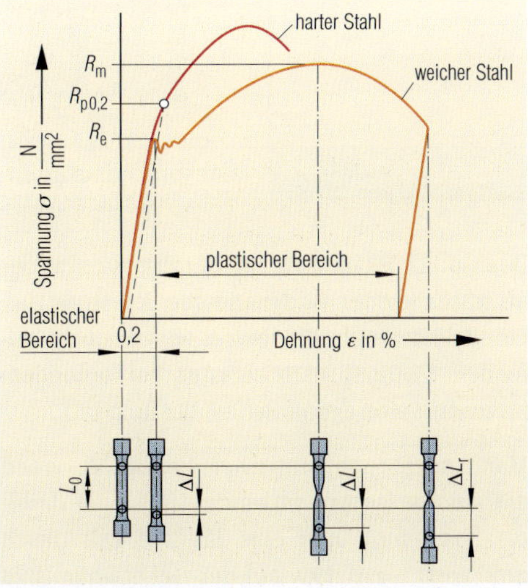

Bild 65.1 Spannungs-Dehnungs-Diagramm.

Kohäsionskraft:
Zusammenhangskraft der Atome oder Moleküle innerhalb eines Stoffes. Sie ist in festen Stoffen größer als in flüssigen und in gasförmigen am geringsten.

Adhäsionskraft:
Anziehungs- bzw. Anhangskraft zwischen Teilchen unterschiedlicher Stoffe.

Beanspruchungsart	Kraftwirkung	Beispiele
Zug	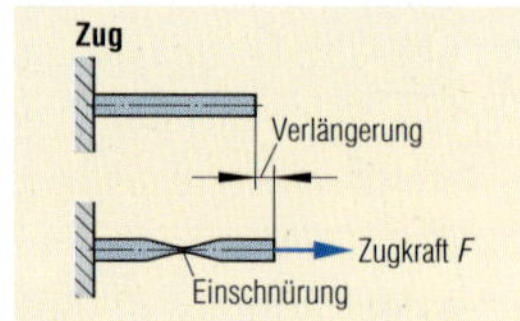	Flach- und Keilriemen, Schrauben
Druck	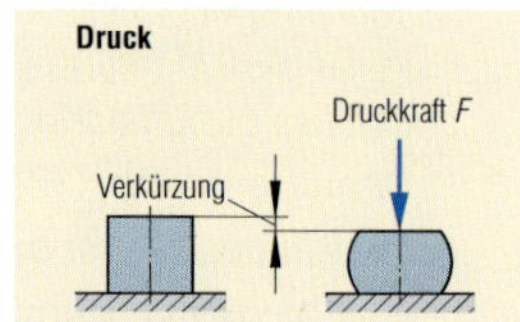	Federn, Kolben, Pleuel
Biegung	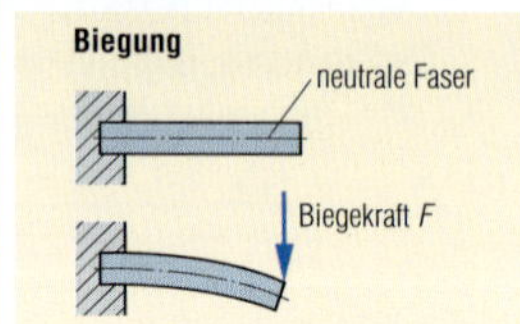	Wellen, Schalthebel, Rahmen
Torsion (Verdrehung)	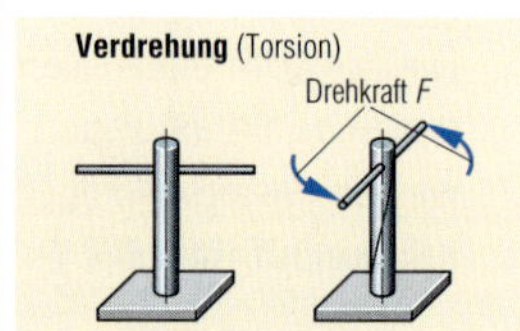	Schraubenfedern, Kurbel-, Getriebe- und Achswellen, Stabilisator
Abscherung (Schub)	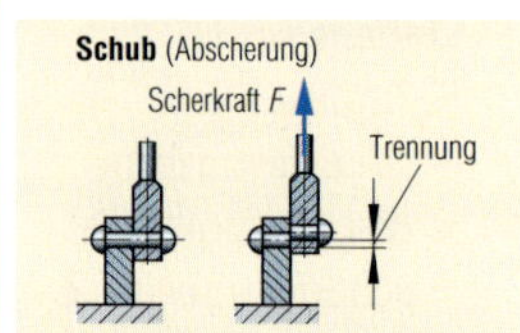	Kolbenbolzen, Passfedern, Schrauben
Knickung	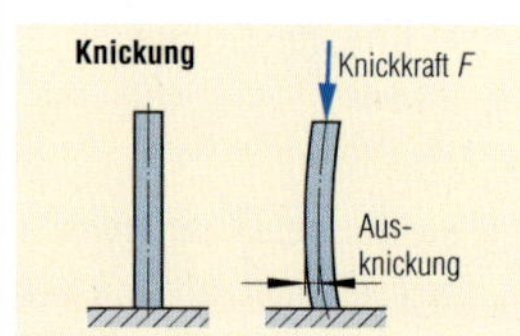	Pleuel

Tabelle 66.1 Beanspruchungsarten mit Beispielen aus der Kfz-Technik.

Kräfte selbst sind nicht sichtbar, man erkennt nur ihre Wirkung. Kräfte können Formänderungen und/oder Bewegungen bewirken.

Beanspruchungen treten in der Praxis entweder als statische oder als dynamische Belastung auf. Eine Zylinderkopfschraube z. B. wird bei nicht laufendem Motor statisch belastet, bei laufendem Motor tritt eine dynamische Belastung auf.

Man spricht von statischer Belastung, wenn die auf ein System wirkende Kraft (und damit die Spannung) über eine längere Zeit gleich groß wirkt – z. B. Pkw auf der Hebebühne (Bild 67.1 a).

Eine in der Fahrzeugtechnik häufig vorkommende dynamische Belastung tritt auf, wenn sich die auf ein Bauteil wirkende Kraft in Größe und/oder Richtung dauernd ändert.

Verändert sich lediglich die Größe der Belastung (Kraft/Spannung) aber nicht die Richtung (z. B. Zug/Druck), so spricht man von schwellender Belastung (Bild 67.1 b). Schwankt die auftretende Spannung fortwährend in Größe und Richtung, so ist die Belastung wechselnd (Bild 67.1 c).

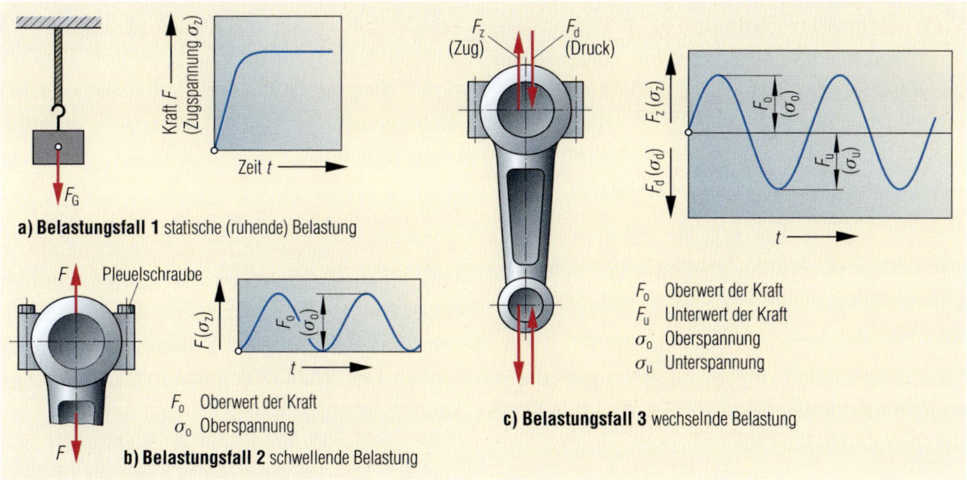

Bild 67.1 Statische und dynamische Belastung.

Elastizität und Plastizität. Wirken genügend große Kräfte auf einen Körper ein, findet eine Formänderung statt (Bild 67.2). Nehmen die Werkstoffteilchen (Atome und Moleküle) nach Beendigung der Krafteinwirkung ihre ursprüngliche Position wieder ein, zeigt der Körper ein elastisches Verhalten. Nehmen die Werkstoffteilchen die ursprüngliche Form nicht wieder ein, spricht man von plastischer (bleibender) Verformung. Die äußeren Kräfte sind dann größer als die inneren (Kohäsions-) Kräfte. Der Stoffzusammenhalt geht dabei nicht verloren.

Plastisches und elastisches Werkstoffverhalten werden gezielt eingesetzt. Bei Federn nutzt man deren elastisches Verhalten zur Speicherung und Abgabe von Kräften oder zur Dämpfung. Plastische Verformbarkeit ist Voraussetzung beim Schmieden oder Biegen oder wenn Energie ohne Rückfederung aufgenommen werden muss.

Härte ist der Widerstand, den ein Werkstoff dem Eindringen eines anderen Körpers entgegensetzt. Der gleiche Ausgangswerkstoff kann nach unterschiedlichen Behandlungsverfahren eine unterschiedliche Härte aufweisen. Die Härte beeinflusst entscheidend die Verschleißfestigkeit eines Werkstoffs.

Zähigkeit und Sprödigkeit. Zähe Werkstoffe verformen sich unter äußerer Krafteinwirkung zunächst plastisch, bevor sie brechen. Spröde Werkstoffe brechen dagegen bei Krafteinwirkung ohne merkliche Verformung. Spröde Werkstoffe sind oft härter als zähe. Ungehärteter Karosseriestahl und elektrische Kupferleitungen sind zähe Werkstoffe. Dagegen verhalten sich Glas oder keramische Werkstoffe spröde.

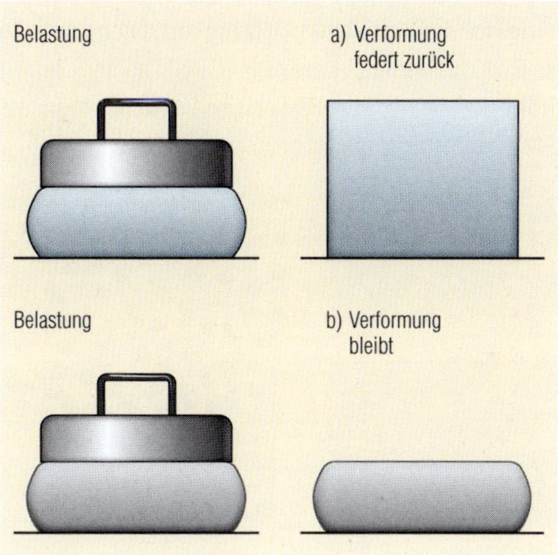

Bild 67.2 Elastizität und Plastizität.

Thermische Eigenschaften. Verhalten unter dem Einfluss von Wärme (-zufuhr oder -entzug) kennzeichnet die thermischen Eigenschaften von Werkstoffen. Dazu gehören z. B.:
- Wärmeleitfähigkeit (thermische Leitfähigkeit),
- Wärmeausdehnung,
- Wärmekapazität,
- Temperaturbeständigkeit.

Korrosion:
Zerstörung von Metallen durch chemische und elektrochemische Einflüsse (Reaktionen)

Rosten:
Korrosion bei Eisenwerkstoffen

Oxid: Chemische Verbindung eines Stoffes mit Sauerstoff (Oxigenium = Sauerstoff)

Galvanisches Element → S. 128

Viele technische Systeme im Kraftfahrzeug erwärmen sich im Betriebszustand. Dabei leiten die verschiedenen Werkstoffe die Wärme unterschiedlich gut. Metalle (Kupfer, Aluminium, Stahl) sind gute Wärmeleiter, Nichtmetalle (Kunststoffe, Glas, Holz, Wasser, Luft) leiten die Wärme schlecht.

Jeder Stoff kann drei Zustandsformen (Aggregatzustände) einnehmen: fest, flüssig und gasförmig.

Die Umwandlung in einen anderen Aggregatzustand erfolgt entweder unter Wärmezufuhr oder durch Wärmeentzug (Bild 68.1).

Elektrische Leitfähigkeit. Es gibt Werkstoffe mit guter oder schlechter elektrischer Leitfähigkeit. Metalle (z. B. Silber, Kupfer, Aluminium) besitzen eine hohe elektrische Leitfähigkeit, Nichtmetalle (z. B. Kunststoffe, Keramik, Glas) haben einen hohen elektrischen Widerstand und werden als Nichtleiter oder Isolatoren bezeichnet.

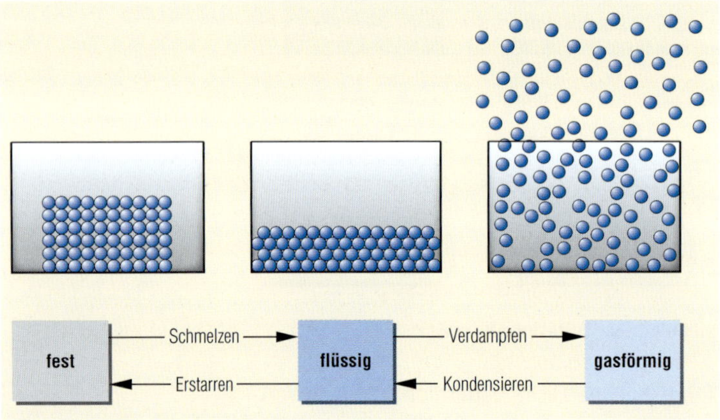

Bild 68.1 Aggregatzustände.

2.1.2 Chemische Eigenschaften

Metallische Werkstoffe korrodieren unter der Einwirkung von Sauerstoff, Wasser, Säuren und Basen (Tabelle 69.1). Man spricht von

- chemischer Korrosion und
- elektrochemischer Korrosion.

Chemische Korrosion. Die meisten Metalle (z. B. Kupfer, Aluminium, Zink, Blei und Zinn) verbinden sich mit dem Luftsauerstoff und bilden zusammenhängende, luftundurchlässige Oxidschichten. Bei unlegierten Stählen ist die Schicht durchlässig, das Rosten wird durch den ungehinderten Zutritt von Sauerstoff begünstigt. Edelmetalle (Gold und Platin) reagieren bei Raumtemperatur nicht mit Sauerstoff, sie korrodieren also nicht.

Elektrochemische Korrosion. Korrosionsschäden sind überwiegend auf elektrochemische Vorgänge zurückzuführen. Die Korrosion erfolgt durch Elektrolyse. Bringt man zwei unterschiedliche Metalle mit einem Elektrolyten (einer leitenden Flüssigkeit, z. B. Salzwasser) zusammen, kann man eine elektrische Spannung messen. Vom unedleren Metall fließen Elektronen zum edleren. Das unedlere Metall, welches immer den Minuspol bildet, wird dabei zersetzt. Die Anordnung aus zwei unterschiedlichen Metallen und einem Elektrolyten bezeichnet man als galvanisches Element.

Giftigkeit. Unter Giftigkeit versteht man die Eigenschaft organischer oder anorganischer Stoffe, bei Mensch und Tier Gesundheitsschäden hervorzurufen, die mit dem Tod enden können. Die Giftigkeit metallischer Werkstoffe entsteht vor allem durch das Einatmen von Dämpfen oder Feinstaub. Blei und Quecksilber gelten als besonders gesundheitsgefährdend. Aber auch das Einatmen von Kraftstoffen für Verbrennungsmotoren ist schädlich. Beim Umgang mit giftigen Stoffen sind besondere Unfallverhütungsvorschriften zu beachten.

Flammpunkt von Ottokraftstoffen unter – 40 °C
Dieselkraftstoff + 59 °C bis + 66 °C

Zündtemperatur von Ottokraftstoffen ca. 300 °C
Dieselkraftstoff ca. 250 °C

Brennbarkeit. Verbrennung ist eine unter Licht und Wärmeentwicklung schnell ablaufende chemische Reaktion eines Stoffes mit Sauerstoff. Entscheidend für das Brandverhalten sind der Flammpunkt, der Brennpunkt und die Zündtemperatur eines Stoffes. Als Flammpunkt einer Flüssigkeit wird die Temperatur bezeichnet, bei der sich ein entstehendes Gas/Luft-Gemisch mit einer Zündquelle entflammen lässt, die Verbrennung jedoch wieder stoppt, weil sich für ein Weiterbrennen nicht genug Dämpfe entwickelt haben. Der Brennpunkt dagegen bezeichnet die (meist nur wenige Grad höhere) Temperatur, bei der eine dauerhafte Verbrennung auch nach Entfernen der Zündquelle möglich ist. Wird die Flüssigkeit weiter erhitzt, entzündet sie sich bei Erreichen der Zündtemperatur von selbst, das heißt ohne eine externe Zündquelle.

Korrosionsart	Abbildung	Kennzeichen
Flächenkorrosion (gleichmäßig)	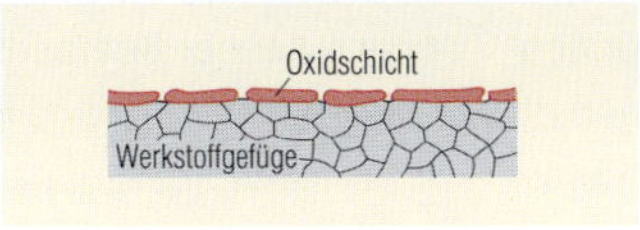	Metallabtragung verläuft parallel zur Oberfläche. Betroffen sind ungeschützte Baustähle im Freien; ebenso beim Verzundern (direkte Reaktion von Sauerstoff und Metall bei hohen Temperaturen) von Schmiedeteilen.
Lochkorrosion	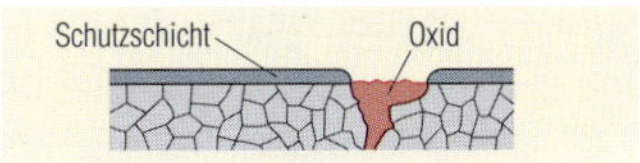	Metallabtragung erfolgt örtlich beschleunigt, dadurch bilden sich krater- oder nadelförmige Vertiefungen, die Schutzschicht wird punktuell verletzt.
Kontaktkorrosion	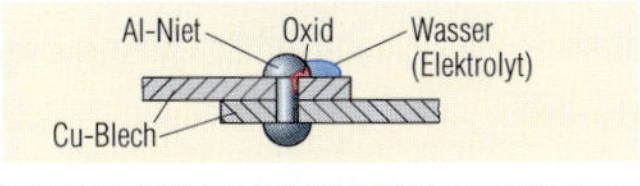	Entstehung eines galvanischen Elementes durch Luft (-feuchtigkeit) oder Regen. Das unedlere Metall wird zerstört. Schutz: Nur gleichartige Werkstoffe verwenden.
Interkristalline Korrosion	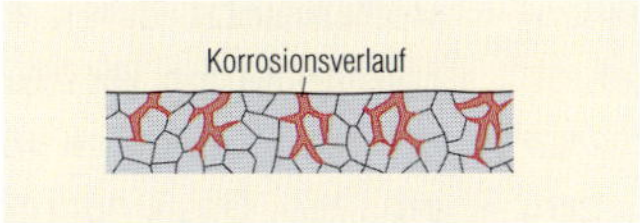	Korrosion entsteht an den Korngrenzen der Metalle; sie dringt dadurch tief in das Werkstoffinnere (Festigkeitsminderung). Die Korrosionsart ist oftmals erst nach dem Bruch des Werkstücks erkennbar.
Spalt- und Belüftungskorrosion	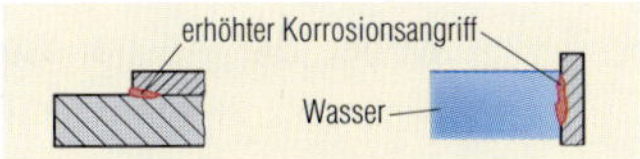	Unterschiedliche Sauerstoffkonzentrationen in engen Spalten oder unter der Wasseroberfläche führen zu örtlich verstärkter Korrosion.
Muldenkorrosion	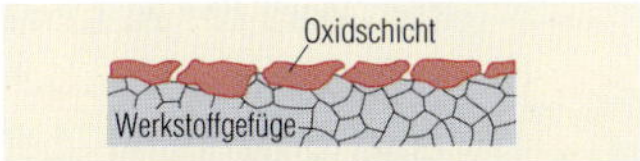	Metallabtragung erfolgt unterschiedlich. Tritt auf bei ungleichmäßiger Spannungsverteilung innerhalb des Werkstückes oder an den Übertrittsstellen bei elektrochemischer Korrosion.
Spannungs- und Schwingungsrisskorrosion	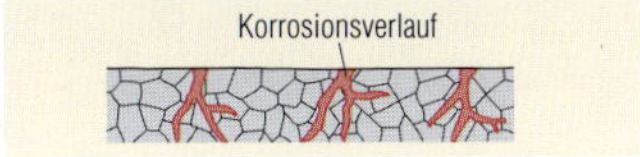	Wechselnde Belastungen bei hohen Temperaturen oder ständige Berührung mit Säuren, Laugen oder Salzen führen in der Randzone zur Korrosion.
Transkristalline Korrosion	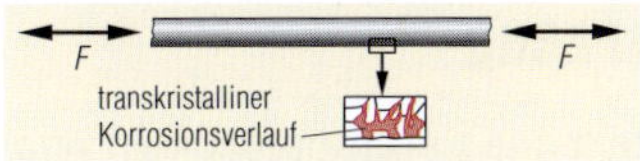	Elektrische Spannungsunterschiede lösen Korrosion innerhalb der Kristalle aus. Sie tritt häufig unter Dauerbeanspruchung (z. B. Zugbelastung) auf.
Entzinkung	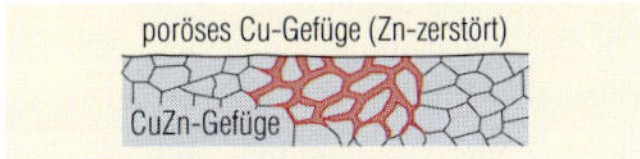	Durch elektrochemische Korrosion findet eine örtliche Zerstörung des Zinks statt. Ähnliches ist bei Legierungen mit Aluminium oder Nickel möglich.

Tabelle 69.1 Korrosionsarten.

2.1.3 Technologische Eigenschaften

Die physikalischen und chemischen Eigenschaften von Werkstoffen sind für das fertige Bauteil von großer Bedeutung. Für die Herstellung von Bauteilen entscheiden oftmals auch technologische Eigenschaften über die Werkstoffauswahl.

Gießbarkeit. Beim Gießen wird eine Form mit flüssigem oder teigig-plastischem Metall gefüllt. Der Hohlraum der Form entspricht in allen Einzelheiten dem gewünschten Gussstück. Die Eignung eines Werkstoffes zum fehlerfreien und maßhaltigen Vergießen bezeichnet man als seine Gießbarkeit. Gut gießbare Stoffe müssen bei der Verarbeitung dünnflüssig sein, damit sie beim Vergießen selbst feinste Formen und dünne Wandstärken ausfüllen und exakte Abgüsse ergeben. Bei der Erstarrung bzw. Abkühlung dürfen keine Fehler (Lunker oder Risse) entstehen.

Lunker: Beim Erstarren gegossener Teile entstehender Hohlraum

Härtbarkeit. Werkstoffe, die während ihres Einsatzes an der Oberfläche stark verschleißen, müssen härtbar sein. Härtbare Werkstoffe können unlegierte Stähle mit einem Kohlenstoffgehalt von mehr als 0,3 %, legierte Stähle oder Aluminiumlegierungen sein. Die erforderliche Härte erhalten die Werkstoffe durch gezielte Wärmebehandlungsverfahren nach der Formgebung.

plastische Formänderung ≙ bleibende Verformung!

Schweißbarkeit. Beim Schweißen werden Bauteile aus gleichen Grundwerkstoffen unlösbar miteinander verbunden. Dabei werden die Bauteile an ihren Verbindungsstellen unter Zuführung von Wärme (Schmelzschweißen) und/oder von Druck (Pressschweißen) gefügt. Meist bedient man sich eines Schweißzusatzwerkstoffes mit gleichem oder nahezu gleichem Schmelzbereich.

Zerspanbarkeit. Gute Zerspanbarkeit liegt vor, wenn

- sich bei der Bearbeitung vom Werkstück kurze, glatte Späne lösen,
- eine möglichst glatte Werkstückoberfläche entsteht,
- der Werkstoff eine gute Wärmeleitfähigkeit hat (um eine Überhitzung des Werkstückes zu vermeiden) und
- der Verschleiß des Werkzeugs (Meißel) möglichst gering bleibt.

Umformbarkeit. Die Umformbarkeit von Werkstoffen setzt deren Fähigkeit zur plastischen Formänderung voraus. Bei der Umformung bleiben die Stoffmenge und der Stoffzusammenhalt erhalten. Das Umformen kann bei unterschiedlichen Temperaturen durchgeführt werden, wobei die Ausgangstemperatur des Werkstückes sowohl den Umformverlauf als auch die Stoffeigenschaften des Werkstücks beeinflussen. Wird der zu formende Rohling nicht angewärmt, handelt es sich um Kaltumformung, bei einer Erwärmung über 300 °C spricht man von Warmumformung.

2.2 Werkstoffe im Kraftfahrzeug

Werkstoffe werden aus Rohstoffen hergestellt und zu Fertigprodukten verarbeitet.

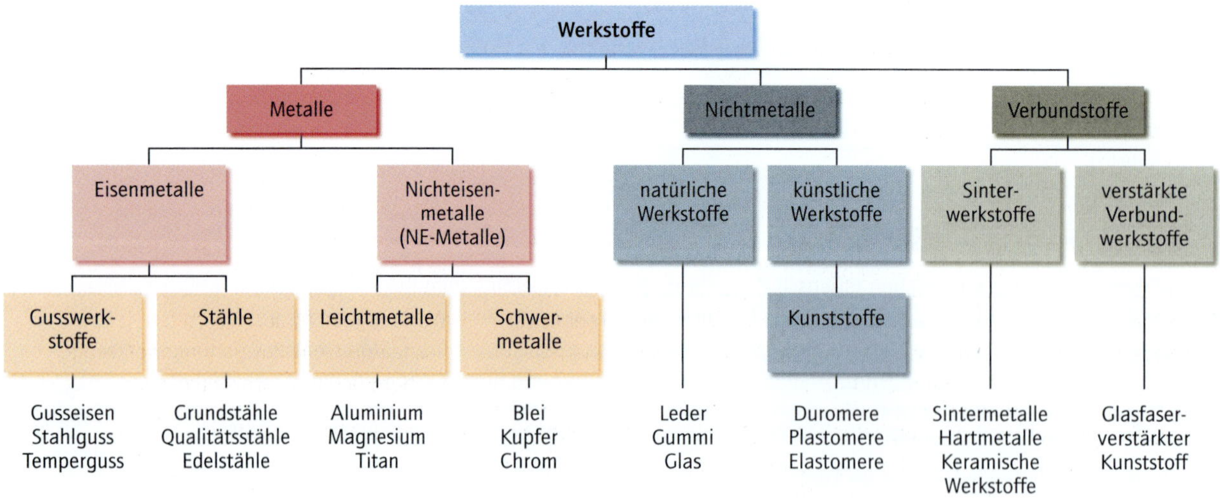

2.2.1 Eisenmetalle

Metalle haben nach der Erstarrung aus dem schmelzflüssigen Zustand einen kristallinen Aufbau, der auf die regelmäßige, räumlich geordnete Lage ihrer Atome (bzw. Ionen) zurückzuführen ist. Diesen typischen Aufbau nennt man Kristallgitter.

Stahl. Als Stahl bezeichnet man alle Eisenwerkstoffe, die einen Kohlenstoffgehalt bis 2,06 % aufweisen. Stahl wird aus Roheisen, Legierungsbeigaben und Stahlschrott erschmolzen (Bild 72.1).

Stahleigenschaften lassen sich durch den Kohlenstoffgehalt, die Legierungsbestandteile und durch Nachbehandlung verändern (Tabelle 71.1), wobei der Kohlenstoffgehalt wesentlichen Einfluss auf die Härte und die Schweißbarkeit eines Werkstoffs hat.

Stahlbezeichnung	Gebrauchseigenschaften	Einsatzbereiche
Grundstahl	Stahl geringer Festigkeit, gut spanlos verformbar, gut schweißbar	Massenprodukte (z. B. Stab-, Form-, Profilstähle und Rohre)
Einsatzstahl	harte, verschleißfeste Oberfläche, Kern aber zäh und weich	Zahnräder
Vergütungsstahl	hohe (Biege-)Festigkeit und Zähigkeit	Wellen
Nitrierstahl	hohe Verschleißfestigkeit der Oberfläche	Zahnräder, Schleifspindeln, Teile von Feinmessgeräten
Federstahl	hohe Elastizität und Zugfestigkeit, dauerschwingfest	Federn
Automatenstahl	gute Zerspanbarkeit und hohe Oberflächengüte durch Legierung mit Schwefel und/oder Blei	Massenfertigung auf Dreh- und Fräsautomaten, Teile niedriger Festigkeit
Nichtrostender Stahl	korrosionsarm gegenüber Säuren und Laugen durch Legierung mit Chrom (12 % ... 18 %) und Nickel (8 % ... 20 %)	Chemische Industrie, Nahrungs- und Genussmittelindustrie, Außenbereiche, Vorrichtungen
Warmfester Stahl	Festigkeit bei höheren Temperaturen (ca. 600 °C) durch Zusatz von Chrom und Molybdän	Werkzeugbau
Unlegierter Werkzeugstahl (Kohlenstoffstahl)	niedrige Festigkeit der Schneide	Handwerkzeuge (z. B. Meißel, Schermesser, Hammer)
Niedriglegierter Werkzeugstahl	hohe Festigkeit, Elastizität, und Schneidhaltigkeit; Legierungselemente (Cr, Mo, Ni, V und W) unter 5 % ohne Kohlenstoff	Werkzeugbau (z. B. Präge-, Zieh- und Presswerkzeuge), Schneidwerkzeuge (z. B. Gewindebohrer)
Hochlegierter Werkzeugstahl	hohe Festigkeit und Elastizität; Anteil der Legierungselemente (Co, W, Cr, M) über 5 % ohne Kohlenstoff	Werkzeugbau (große Werkzeuge, z. B. Schneidpressen), Zerspanungswerkzeuge für hohe Schnittgeschwindigkeiten
Schnellarbeitsstahl	Schneidhaltigkeit, hohe Anlassbeständigkeit und Warmhärte (ca. 600 °C) aufgrund der chemischen Zusammensetzung	Zerspanungswerkzeuge

Tabelle 71.1 Stahlarten.

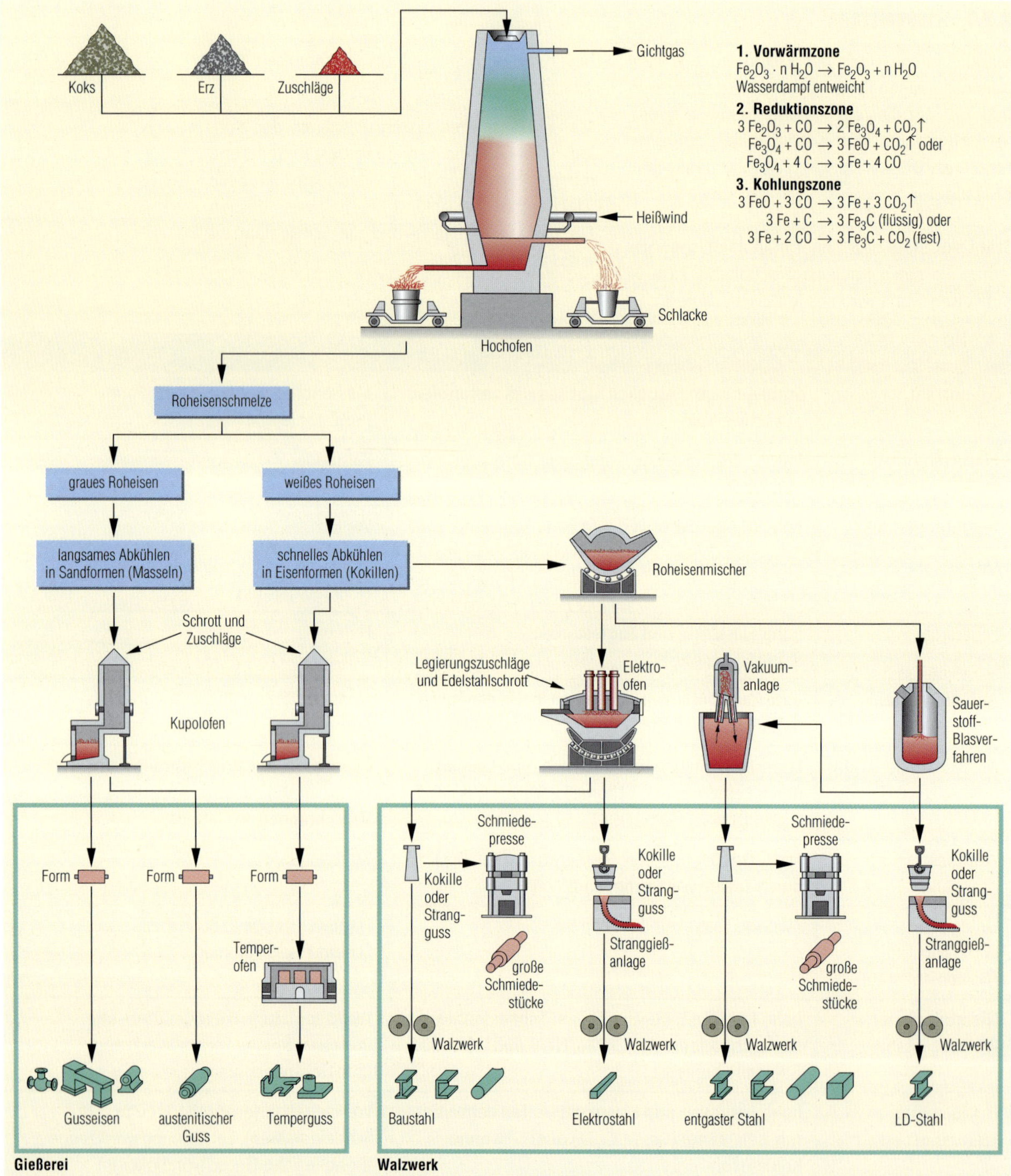

Bild 72.1 Übersicht über die Eisen- und Stahlerzeugung.

Eisengusswerkstoffe. Aus ihnen lassen sich durch Vergießen Werkstücke mit einer annähernd fertigen Endform herstellen. Die gegossenen Werkstücke werden anschließend durch spanabhebende Formgebungsverfahren in die Endform gebracht. Durch Gießen lassen sich komplizierte Werkstücke wirtschaftlich herstellen.

Stahlgussteile werden in der Regel geglüht, um ein stahlähnliches Gefüge zu erzielen und um Gussspannungen abzubauen. Die mechanischen Eigenschaften entsprechen denen von Stahl.

Temperguss entsteht durch Wärmebehandlung von Gussteilen. Die dünnflüssige Schmelze besitzt ein großes Formfüllungsvermögen. Temperguss wird z. B. für Bremstrommeln oder Zahnräder eingesetzt.

Gusseisen zeichnet sich durch Korrosionsbeständigkeit, gute Gießbarkeit aufgrund niedriger Schmelztemperatur und gute Spanbarkeit aus. Aus Gusseisen werden z. B. Zylinderkurbelgehäuse und Kurbelwellen hergestellt.

2.2.2 Nichteisenmetalle

Zu den Nichteisenmetallen (NE-Metallen) zählen alle Metalle, in denen Eisen nicht der Hauptbestandteil ist. Ihre Bedeutung und der Einsatz in der technischen Anwendung wachsen sehr stark.

Nichteisenmetalle werden nach der Dichte in
- Schwermetalle ($\varrho > 5$ kg/dm^3, z. B. Kupfer, Zink, Zinn, Blei) und
- Leichtmetalle ($\varrho < 5$ kg/dm^3, z. B. Aluminium, Magnesium) eingeteilt.

NE-Metalle können sowohl unlegiert als reines Gebrauchsmetall als auch als Legierungsmetall verwendet werden. Leichtmetalle wie Aluminium oder Magnesium werden in der Automobilindustrie immer wichtiger (Leichtbautechnik). Ihre Gewinnung ist sehr energieaufwändig, sodass der Rohstoff möglichst vollständig recycelt werden sollte.

2.2.3 Legierungen

Metallische Werkstoffe werden in der technischen Anwendung nicht oder nur selten in ihrer reinen Form eingesetzt. Sie bestehen praktisch immer aus zwei oder mehreren, meist metallischen Elementen. Diese bezeichnet man als Legierung. Tabelle 73.1 verdeutlicht den Ein-

Eisenbegleiter	vermindert die folgenden Eigenschaften	erhöht die folgenden Eigenschaften	Anwendungsbeispiele
Chrom (Cr, 0,5 % ... 18 %)	Zähigkeit	Festigkeit, Korrosionsbeständigkeit, Durchhärtbarkeit, Warmfestigkeit, Härte	Werkzeugstähle, rostfreie Stähle, Kugellagerwerkstoffe
Kobalt (Co, 2 % ... 10 %)	Zähigkeit, Umformbarkeit	Härte, Schneidhaltigkeit	Schneidstoffe, Magnetstähle, Sintermetalle
Mangan (Mn, ... 10 %)	Umformbarkeit, Schweißbarkeit, Zerspanbarkeit	Festigkeit, Zähigkeit, Verschleißfestigkeit, Härtbarkeit	Gleisteile, Baggerteile, Messschieber
Molybdän (Mo, 0,5 % ... 2 %)	Dehnung, Schmiedbarkeit	Härte, Zähigkeit, Warmfestigkeit, Verschleißfestigkeit	Werkzeugstähle
Nickel (Ni, 1 % ... 10 %)	Warmfestigkeit	Festigkeit, Zähigkeit bei Wärmebehandlung, Korrosionsbeständigkeit, elektr. Widerstand	Einsatz- und Vergütungsstähle, elektrische Widerstände
Silicium (Si, 0,5 % ... 4 %)	Schweißbarkeit, Schmiedbarkeit, elektr. Leitfähigkeit	Elastizität, Zähigkeit	Ventilfedern, Federstahl
Vanadium (V, 0,5 % ... 2 %)		Härte, Zähigkeit, Schneidhaltigkeit	Schraubenschlüssel, Werkzeugstähle
Wolfram (W, ... 25 %)	Zähigkeit, Schmiedbarkeit	Härte, Verschleißfestigkeit, Schneidhaltigkeit, Warmfestigkeit	Schneidwerkstoffe (SS-, HSS-Stähle)

Tabelle 73.1 Einfluss der Eisenbegleiter auf die Stahleigenschaften.

homogen:
von gleicher, einheitlicher Beschaffenheit

fluss ausgewählter Legierungselemente auf die Stahleigenschaften. Um homogene Legierungen zu erhalten, müssen die Legierungsbestandteile als Schmelze mischbar sein.

Man unterscheidet Knet- und Gusslegierungen. Knetlegierungen besitzen eine gute Umformbarkeit, Gusslegierungen ein gutes Formfüllungsvermögen.

2.2.4 Kunststoffe

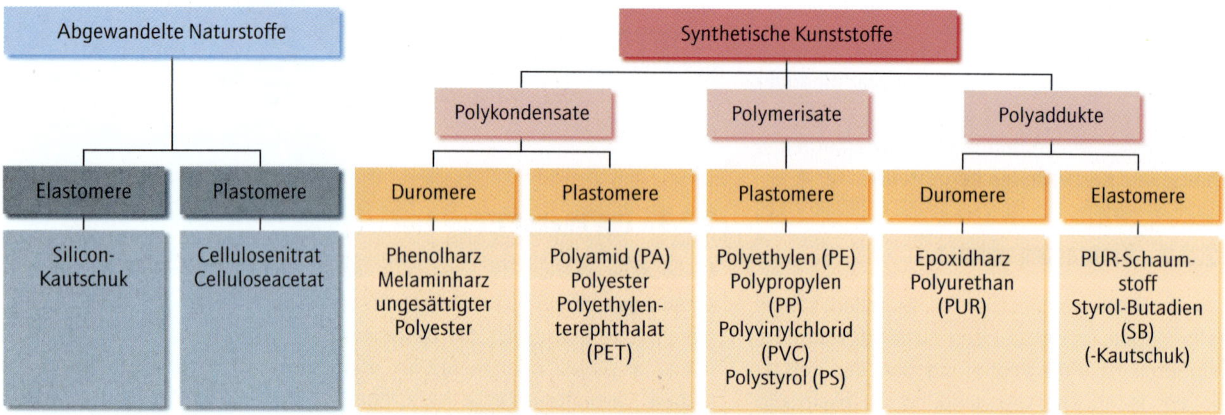

Polymerisation (polymer = vielgliedrig): Bildung von Makromolekülen aus ungesättigten Monomeren.

Polykondensation: Bildung von Makromolekülen unter Abspaltung kleiner Moleküle (z. B. Wasser).

Polyaddition: Bildung von Makromolekülen durch Anlagerung reaktionsfähiger Gruppen.

Kunststoffe sind entweder abgewandelte Naturstoffe oder synthetische Kunststoffe. Synthetische Kunststoffe werden aus niedermolekularen Kohlenstoff-Wasserstoff-Verbindungen durch chemische Synthese zu Makromolekülen aufgebaut. Kunststoffe unterscheidet man entweder nach dem Herstellverfahren durch:

- Polymerisation in Polymerisate,
- Polykondensation in Polykondensate oder
- Polyaddition in Polyaddukte,

oder nach ihren technologischen Eigenschaften in:

- Duromere (Duroplaste),
- Plastomere (Thermoplaste) und
- Elastomere.

Mit Kunststoffen lassen sich „maßgeschneiderte" Materialeigenschaften und Formgebungen kostengünstig realisieren. So werden immer mehr Kunststoffe im Automobilbau eingesetzt (Bild 75.1)

2.2.5 Verbundwerkstoffe

Verbundwerkstoffe gewinnen in der Technik immer mehr an Bedeutung. Sie bestehen aus unterschiedlichen pulverförmigen und/oder flüssigen Einzelwerkstoffen, die miteinander verbunden werden. Es entstehen neue Werkstoffe mit zum Teil veränderten Eigenschaften.

Sinterwerkstoffe. Beim Sinterverfahren werden aus Metall-, Metalloxid- oder Metallkarbidpulvern mittels Druck und Wärme Formteile hergestellt. Als Endprodukte lassen sich Hartmetalle (Schneidstoffe mit verschleißfesten Oberflächen), keramische Werkstoffe (Träger für elektrische Bauteile) und Sintermetalle (Wirbelkammer beim Diesel, Laufräder von Pumpen) herstellen.

Verstärkte Verbundwerkstoffe. Aus teilchen-, faser- oder schichtverstärkten Verbundwerkstoffen werden z. B. Reibbeläge für Kupplungsscheiben oder Karbonfaserbremsscheiben hergestellt.

Innenausstattung
Ablegefach
Armaturenpolsterung
Armaturenrahmen
Armaturenverkleidung
Armlehnen
Brustpolster
Fußmatten
Fußraumverkleidung
Handschuhkasten
Handschuhkastendeckel
Huptaste
Hutablage
Knieschutz
Knöpfe
Konsole
Kontrollleuchten
Kopfstützen
Lagerung und Führung für Kopfstützen
Lautsprechergrill
Lenkradummantelung
Lenksäulenverkleidung
Rahmenpolsterung
Säulenverkleidungen
Schalter
Scheiben der Instrumente
Seitenverkleidung
Sicherheitshimmel
Sitzbezüge
Sitzverkleidungen
Sonnenblenden
Teppich
Teppichrückenbeschichtung
Türinnenverkleidung
Türseitentaschen
Tunnelabdeckung
Zählwerk
Zahnräder

Funktions- und Zierteile
Aschenbecherblende
Batteriegehäuse
Beschläge
Be- und Entlüftungsgrill
Embleme
Führungsschienen
Griffe, Griffschalen
Haltegurtbeschläge
Haltegurte
Hebel
Heizungsschlauch
Heizungs- und Lüftungsgehäuse
Knöpfe
Kraftstoffpumpe
Leuchtengehäuse
Luftdüsen
Luftführungskanal
Radkappen
Radnabenabdeckungen
Radzierringe
Riemenscheiben
Scheinwerfergehäuse
Scheinwerferreflektor
Schriftzug
Spiegelgehäuse
Türschließkeil
Turboverdichterteile
Wischerarm
Zierleisten

Motor
Antriebsriemen
Gasgestänge
Kettenschutz
Kraftstoffleitung
Kraftstoffpumpenmembrane
Kühlerschlauch
Kupplungsbeläge
Lichtmaschinenaufhängung
Lüfterflügel
Luftfilter
Luftfiltergehäuse
Luftvorwärmgerät
Nockenwellenantrieb
Ölwannendichtung
Schaltgestänge
Seilzugführung
Tankentlüftungsschläuche
Ventildeckel
Ventildeckeldichtung
Vergaserdichtung
Vergaserschwimmer
Zylinderkopfdichtung

Elektrik
Sicherungskasten
Staubklappen
Steckerleisten
Streuscheiben
Zentralelektrik
Zündkabelisolierungen
Zündkerzenstecker
Zündverteilerkappen

Fahrwerk
Anschlagpuffer
Bremsbeläge
Bremsschlauch
Dämpfungselemente
Faltenbalg
Lagerungselemente
Lenkgestänge
Manschetten
Pedalauflage
Reifen
Schutzschläuche für Schraubenfedern
Spurstange

Karosserie
Be- und Entlüftungsgrill
Fensterdichtungen
Front- und Heck-Abschluss
Hardtop
Hohlraumausschäumung
Kofferraumklappe
Kühlergrill
Lackierung
Motorhaube
Radausschäumung
Scheinwerferdichtungen
Schiebedach
Schiebedachdichtung
Schiebedachführung
Stoßfänger
Stoßfängerecken
Stoßfängerhorn
Stoßleisten
Tankdeckel
Türdichtungen
Wärme- und Schalldämmung

Bild 75.1 Kunststoffe in der Fahrzeugtechnik.

2.3 Werkstoffnormung

Werkstoffe werden durch nationale (DIN-) und internationale (EN-)Normen systematisch geordnet und bezeichnet. Diese Normen dienen der technischen Vergleichbarkeit, dem besseren Handling bei der Bestellung und Lagerung, der gezielten Auswahl des geeigneten Materials für die jeweiligen Anforderungen u.v.m. Maßgebend für die normgerechte Bezeichnung der Eisenwerkstoffe ist die z.Z. gültige Fassung der DIN EN 10027.

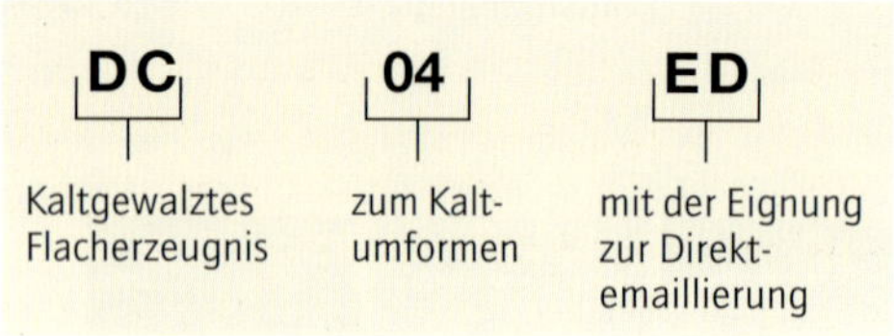

Bild 76.1 Bezeichnungssystem für Stähle nach DIN 10027 (Beispiel).

Einteilung nach DIN EN 10027. Diese Norm teilt die Kennbuchstaben und -zahlen der Stähle in zwei Hauptgruppen ein:

- Gruppe 1: Kurznamen enthalten Hinweise auf die Verwendung und die mechanischen oder physikalischen Eigenschaften der Stähle (Bild 76.1).
- Gruppe 2: Kurznamen enthalten Hinweise auf die chemische Zusammensetzung der Stähle.

Die Gruppe 2 ist in vier Untergruppen unterteilt:

1. Unlegierte Stähle (Mn < 1 %)

Beispiel: C35E
C = Kennbuchstabe für Kohlenstoff
35 = Kohlenstoffgehalt (35/100) % = 0,35 %
E = Zusatzsymbol: vorgeschriebener maximaler Schwefelgehalt

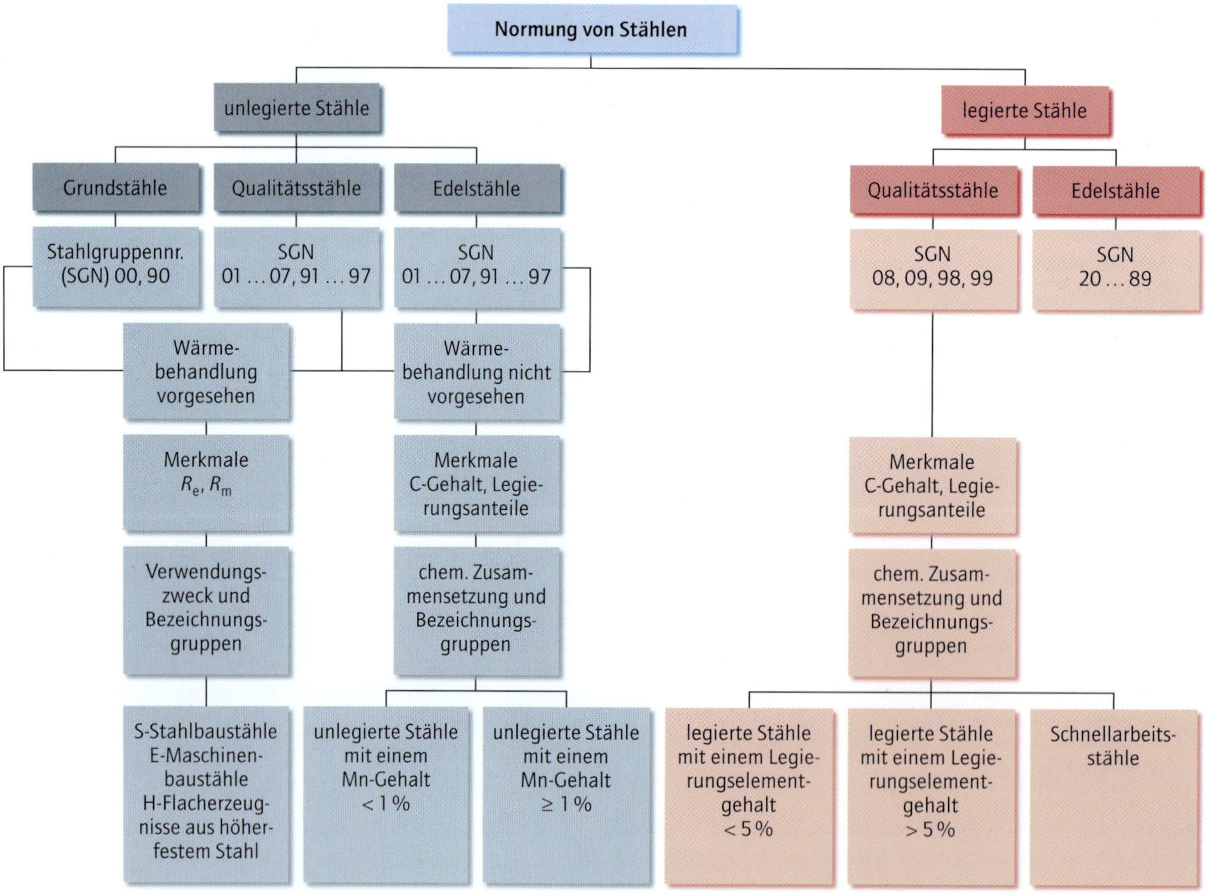

2. Unlegierte Stähle (Mn > 1 %, unlegierte Automatenstähle), legierte Stähle mit einem Anteil an Legierungselementen unter 5 %. Der Gehalt der Legierungselemente wird durch die in Tabelle 77.1 enthaltenen Faktoren ermittelt.

> Beispiel: 28 Mn 6
> 28 = Kohlenstoffgehalt (28/100) % = 0,28 %
> Mn = Chemisches Symbol der Legierungselemente, hier Mangan, geordnet nach abnehmendem Gehalt
> 6 = Mangangehalt (6/4) % = 1,5 %

3. Legierte Stähle (außer Schnellarbeitsstähle, mindestens ein Legierungselement ≥ 5 %)

> Beispiel: X 2 CrNiMo 18-15-4
> X = Kennbuchstabe für hochlegiert
> 2 = Kohlenstoffgehalt (2/100) % = 0,02 %
> Cr, Ni, Mo = Chemische Symbole der Legierungselemente, geordnet nach abnehmendem Gehalt
> 18 = Chromgehalt 18 %
> 15 = Nickelgehalt 15 %
> 4 = Molybdängehalt 4 %

4. Schnellarbeitsstähle

> Beispiel: HS 6-5-2-5
> Der Kurzname setzt sich aus den Kennbuchstaben HS sowie aus ganzen Zahlen zusammen. Die Zahlen geben in der Reihenfolge den Gehalt der Legierungselemente Wolfram, Molybdän, Vanadium und Kobalt an.
> 6 = Wolframgehalt 6 %
> 5 = Molybdängehalt 5 %
> 2 = Vanadiumgehalt 2 %
> 5 = Kobaltgehalt 5 %

Kennzeichnung der Stähle durch Werkstoffnummern. Die Kennzeichnung von Stählen nach Werkstoffnummern erleichtert in den Betrieben die interne Logistik und das Bestellwesen. Der Aufbau der fünfstelligen Werkstoffnummern beinhaltet die

- Werkstoff-Hauptgruppennummer,
- Stahlgruppennummer,
- Zählnummer (z. Z. aus zwei Nummern bestehend, die bei Bedarf auf max. vier erhöht werden können).

Normgerechte Bezeichnung der NE-Metalle. Die Kennzeichnung von NE-Metallen kann entweder über Kurzzeichen (Bild 77.1) oder durch Werkstoffnummern erfolgen. Besondere Zeichen oder Zahlenanhänge für Herstellungsart, Festigkeit oder Verwendung können jeweils ergänzt werden.
Kurzzeichen für NE-Metalle und deren Legierungen sind aufgebaut nach

- Kennbuchstaben für Herstellung oder Verwendung,
- Kennzeichen der chemischen Zusammensetzung,
- Kurzzeichen der Werkstoffzustände (z. B. Zugfestigkeit).

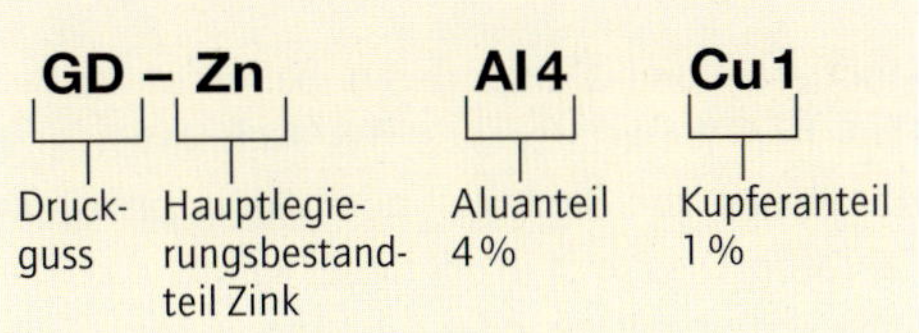

Bild 77.1 Bezeichnung von NE-Metallen (Beispiel).

Die aktuelle normgerechte Bezeichnung von Aluminium erfolgt nach DIN EN 573 als vierstellige numerische Bezeichnung. Die erste Stelle gibt den Legierungsstoff an, die übrigen drei Positionen sind Zählstellen zur Unterscheidung (Bild 78.1).

> **HS** = Schnellarbeitsstahl (auch Hochleistungsschnellarbeitsstahl genannt)

Legierungselement	Legierungskennzahl (Faktor)
Cr, Co, Mn, Si, W, Ni	4
Al, Be, Cu, Mo, Nb, Pb, Ta, Ti, V, Zr	10
P, S, N, Ce, C	100
B	1000

Tabelle 77.1 Legierungskennzahlen der wichtigsten Elemente bei niedriglegierten Stählen.

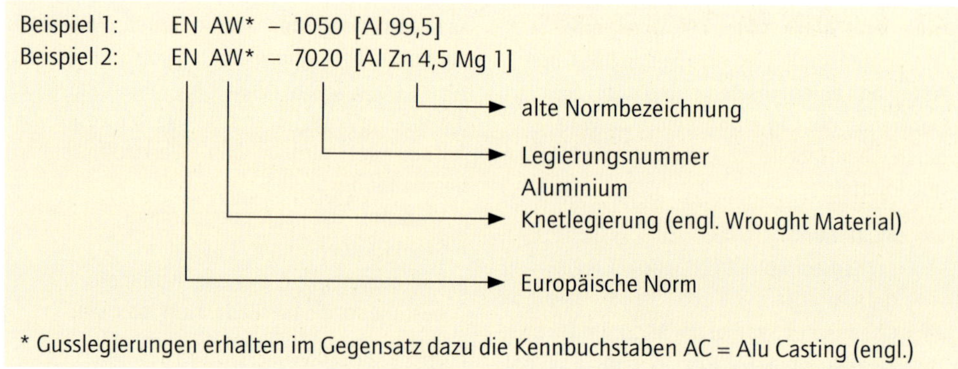

Bild 78.1 Normung von Aluminiumlegierungen (Beispiele).

Normgerechte Bezeichnung von Sinterwerkstoffen. Die Eigenschaftswerte von Sintermetallen sind in Werkstoff-Leistungsblättern zusammengestellt. Allgemein besteht das Kurzzeichen von Sintermetallen aus der Silbe „Sint-" sowie einem oder zwei Großbuchstaben und zwei Ziffern, z. B.: Sint-A50. Die Großbuchstaben kennzeichnen die Raumerfüllung (in %); dies ist bei porenhaltigen Körpern das Verhältnis seiner Dichte zur Feststoffdichte.

Beispiel: Sint-A hat eine Raumerfüllung von 75 %, daraus folgt eine Porosität von 25 %.

Normgerechte Bezeichnung von Kunststoffen. Die Bezeichnung von Kunststoffen erfolgt über Kurzzeichen (z. B. PP = Polypropylen).

2.4 Bauteile montieren und demontieren

Montieren und Demontieren bedeutet in der täglichen Werkstattpraxis das Anbringen und Abnehmen von Bauteilen oder Aggregaten am Fahrzeug. Dies setzt in der Regel voraus, dass die Teile lösbar miteinander verbunden sind. Eine gängige Art, Teile lösbar miteinander zu verbinden, ist das Verschrauben. Der Vorteil dieser Fügetechnik besteht darin, dass die Bauteile und Verbindungselemente nicht zerstört werden und im Normalfall wiederverwendet werden können.

Fügen ist der Zusammenschluss von Einzelteilen zu einer Einheit. Die vielfältigen Funktionen, Design, Haltbarkeit und die Austauschbarkeit von Bauteilen erfordern ganz unterschiedliche Verbindungsarten.

Praxisgerecht (aber nicht DIN-gerecht) ist folgende Einteilung:

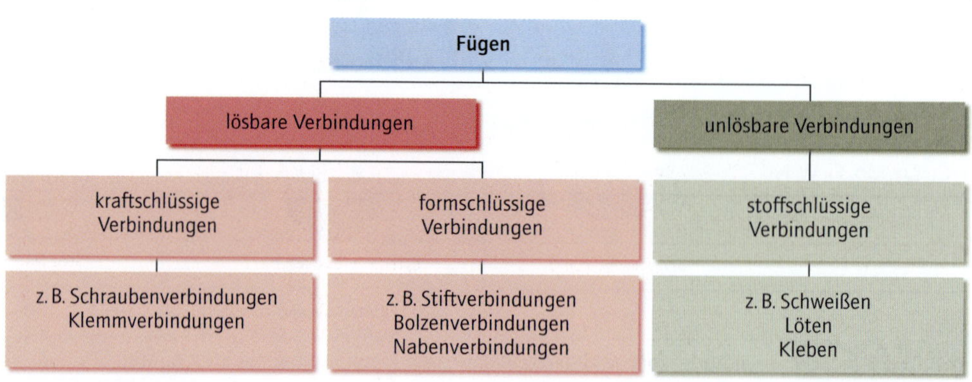

2.4.1 Übersicht über Verbindungsarten

Bewegliche Verbindungen übertragen Kräfte und/oder Drehmomente, erlauben jedoch Gleit- oder Drehbewegungen der Teile gegeneinander.

Starre (feste) Verbindungen verhindern eine Bewegung der Bauteile zueinander (Bild 79.1).

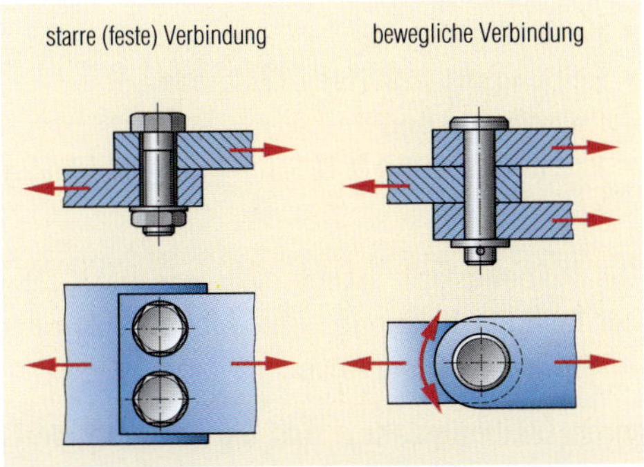

Bild 79.1 Bewegliche und starre Verbindungen.

Kraftschlüssige Verbindungen. Die Kraftübertragung erfolgt durch Reibungskräfte an der Fügestelle. Die Reibungskraft F_R zwischen den Bauteilen steigt proportional mit der Anpress- bzw. Normalkraft F_N der Verbindungselemente. Beispiele für kraftschlüssige Verbindungen sind Schrauben- oder Klemmverbindungen (Bild 79.2).

Formschlüssige Verbindungen. Hier erfolgt die Kraftübertragung durch die passende geometrische Form der beteiligten Bauteile. Die Form der Verbindungselemente verhindert ein Verschieben der Fügeteile gegeneinander (z. B. Stift- oder Nabenverbindungen).

Stoffschlüssige Verbindungen werden durch das Vereinigen von Werkstoffen in einer sogenannten Verbindungszone hergestellt. Hier werden unter Einwirkung von Wärme, Kraft oder Zusatzwerkstoffen Anhangs- und Zusammenhangskräfte wirksam, die eine unlösbare Verbindung herstellen, z. B. beim Schweißen oder beim Kleben (Bild 79.2).

Lösbare Verbindungen lassen sich ohne Zerstörung der Bauteile und Verbindungselemente lösen.

Vorteile:

- Demontage, Reparatur oder Teileaustausch sind möglich.
- Funktionsfähige Bauteile können wieder verwendet werden.

Beispiele:

- Schraubenverbindungen,
- Klemmverbindungen.

Unlösbare Verbindungen lassen sich nur durch Zerstörung der Verbindungselemente bzw. der Bauteile lösen.

Vorteil:

- Keine Gefahr selbsttätigen Lösens (außer Zerstörung).

Beispiele:

- Schweißverbindungen,
- Klebeverbindungen.

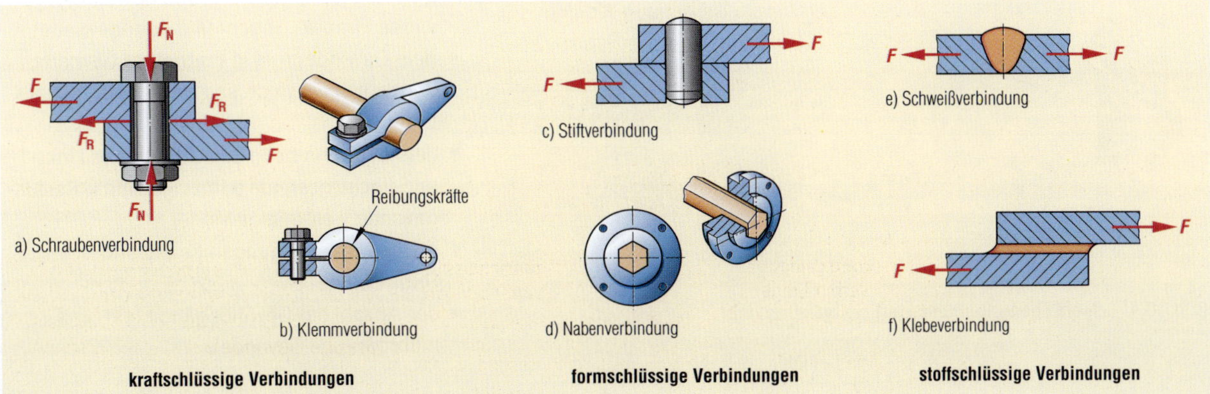

Bild 79.2 Kraft-, form- und stoffschlüssige Verbindungen.

2.4.2 Schraubenverbindungen

Haftreibung: Widerstand, den ein Körper dem Verschieben aus der Ruhelage entgegensetzt.

Gleitreibung: wird überwunden, wenn der sich bewegende Körper weiterhin bewegt wird.

Rollreibung: Widerstand beim Abrollen von Körpern.

Für zwei gleiche Stoffkombinationen gilt: Haftreibung > Gleitreibung > Rollreibung

Schrauben und Muttern sind Normteile, die sich je nach Einsatz und Vorgaben am Einbauort in Form, Abmessungen und Werkstoff unterscheiden.

Im Maschinenbau unterteilt man nach dem Verwendungszweck in:

- Befestigungsschrauben, -gewinde (Herstellung von festen und/oder dichten, lösbaren Verbindungen, z. B. Zylinderkopfverschraubung),
- Bewegungsschrauben, -gewinde (Umwandlung von Drehbewegung in geradlinige Bewegung, z. B. Mess- und Einstellschrauben),
- Dichtungsschrauben (Verschluss von Ein- und Auslauföffnungen, z. B. Ölwanne).

Reibung. Wird ein in Ruhe befindlicher Körper auf einer Unterlage bewegt, wird der Zugkraft ein Widerstand entgegengesetzt. Diese bewegungshemmende Kraft ist die Reibungskraft, die von den Faktoren

- Normalkraft (der senkrecht zur Reibungsfläche wirkenden Kraft),
- Werkstoffpaarung,
- Reibungsart (z. B. Haft-, Gleit- oder Rollreibung) und
- Reibungszustand (z. B. Schmierung) abhängig ist.

Die Reibungskraft hängt nicht von der Größe der Reibungsfläche ab, sehr wohl aber von der Anzahl der Reibungsflächen.

In der Reibungszahl μ sind die Faktoren Werkstoffpaarung, Reibungsart und Reibungszustand zusammengefasst.

Reibungskraft = Normalkraft · Reibungszahl · Anzahl der Reibungsflächen

$$F_R = F_N \cdot \mu \cdot z$$

Mechanik der Schraube. Die Wirkung der Schraube beruht auf der schiefen Ebene. Bei kleinem Steigungswinkel ist

- die Hangabtriebskraft klein,
- die Normal- und Reibungskraft groß.

▶ Die Reibungskraft verhindert ein Abgleiten des Körpers. Die Selbsthemmung lässt ihn auf der schiefen Ebene haften (Bild 80.1).

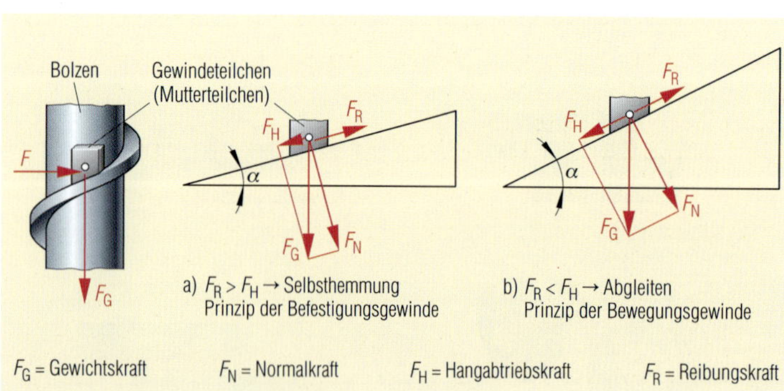

Bild 80.1 Schiefe Ebene, Reibungskraft, Selbsthemmung.

Bei großem Steigungswinkel ist

- die Hangabtriebskraft groß,
- die Normal- und Reibungskraft klein.

▶ Der Körper gleitet auf der schiefen Ebene abwärts, da keine Selbsthemmung vorhanden ist.

Gewindearten. Die Unterscheidung der Gewindearten erfolgt nach:

- dem Verwendungszweck in Befestigungsgewinde (Spitzgewinde) und Bewegungsgewinde (Trapez-, Sägen- und Rundgewinde),
- dem Gewindeprofil in metrisches Gewinde, Whitworth-Gewinde und gewindeformendes Profil,
- dem Drehsinn beim Einschrauben in Links- und Rechtsgewinde (Uhrzeigersinn = Rechtsgewinde = Normalgewinde),
- der Gewindesteigung in Regel- und Feingewinde,
- der Anzahl der Gewindegänge (ein- und mehrgängige Gewinde).

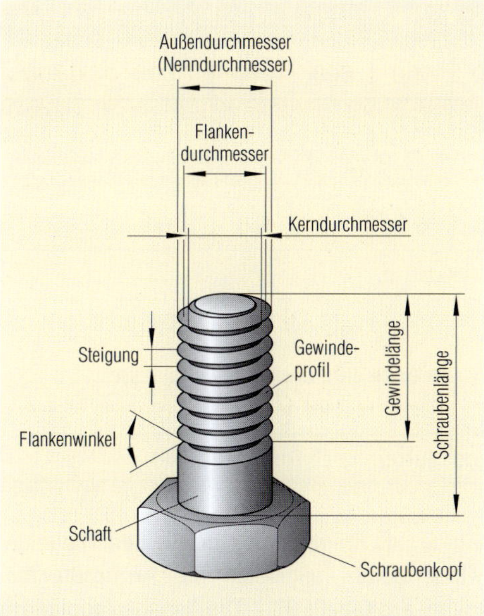

Bild 81.1 Bezeichnungen an einer Schraube.

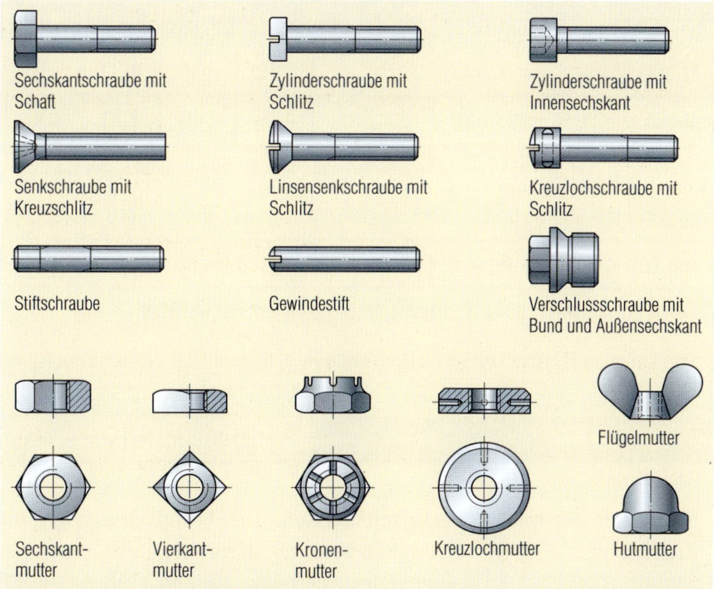

Bild 81.2 Schrauben- und Mutternarten.

Bezeichnungen am Gewinde. Für Schraubengewinde wurden international einheitliche geometrische und werkstofftechnische Festlegungen getroffen (Bild 81.1).

Schrauben- und Mutternarten. Für die verschiedenen Verwendungszwecke gibt es unterschiedliche Schrauben.

Im Fahrzeug- und Maschinenbau verwenden die Hersteller Schrauben mit metrischem Gewinde (Bild 81.2) oder Whitworth-Gewinde. Beim metrischen Gewinde werden die Maßangaben in mm, beim Whitworth-Gewinde in Zoll angegeben; beides sind Spitzgewinde (Befestigungsgewinde).

Gewindeformende Schrauben sind Schrauben, die ihre Gewindegänge beim Einschrauben selbst formen (Bild 81.3).

Schraubenkennzeichnungen sind wichtig, wenn es bei Instandsetzungsarbeiten oder Ersatzteilbeschaffung gilt, die Teile eindeutig zu bestimmen. Bild 81.4 zeigt am Beispiel einer Sechskantschraube die normgerechte Bezeichnung.

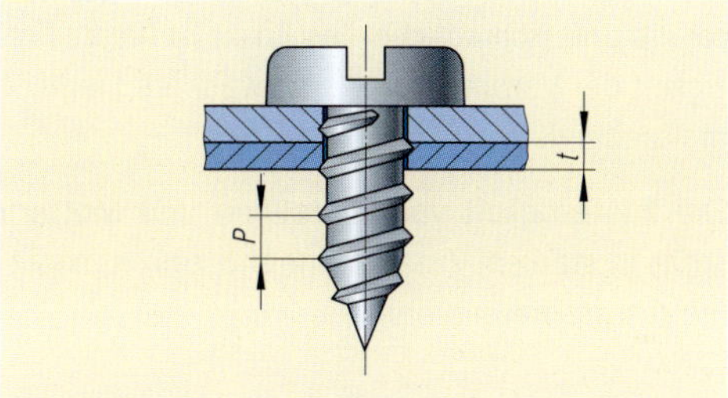

Bild 81.3 Blechschraubenverbindung.

a) **metrisches Regelgewinde:**

M 8 x 60	DIN ISO 4014 – 8.8
	M – metrisches Gewinde
	8 mm Nenndurchmesser
	60 mm Schraubenlänge
	8.8 – Festigkeitsklasse

b) **metrisches Feingewinde:**

M 10 x 1 x 80	DIN ISO 8765 – 10.9
	M – metrisches Gewinde
	10 – Nenndurchmesser in mm
	1 – Steigung (mm pro Umdrehung)
	80 – Länge der Schraube in mm
	10.9 Festigkeitsklasse

c) **Whitworth-Rohrgewinde:**

½ – 13	½-Zoll-Durchmesser
	13 Gewindeflanken je Zoll Schraubenlänge

Bild 81.4 Genormte Schraubenkennzeichnungen.

Festigkeitsklasse Schrauben	3.6	4.6	4.8	5.6	5.8	6.8	8.8	9.8	10.9	12.9
Zugfestigkeit R_m in N/mm^2	300	400	400	500	500	600	800	900	1000	1200
Streckgrenze R_e in N/mm^2	180	240	320	300	400	480	—	—	—	—
Festigkeitsklasse Muttern	4			5		6	8	9	10	12
zugehörige Schrauben	3.6	4.6	4.8	5.6	5.8	6.8	8.8	9.8	10.9	12.9
Die Festigkeitsklassen 4; 5; 6; 8; 9; 10; 12 gelten für Muttern mit Nennhöhen ≥ 0,8 · d.										
Die Nennzugfestigkeit R_m lässt sich berechnen: $R_m = 100x$	*x* erste Zahl der Festigkeitsklasse									
Steckgrenze R_e bzw. 0,2 %-Dehngrenze R_{p02} lassen sich berechnen: $R_e = 10xy$	*x* erste Zahl der Festigkeitsklasse *y* zweite Zahl der Festigkeitsklasse									

Tabelle 82.1 Festigkeitsklassen von Schrauben und Muttern nach DIN EN 20 898.

Nennzugfestigkeit (früher Mindestzugfestigkeit) R_m beziffert die maximale Zugbelastung in N/mm^2, die ein Festkörper bis zum Bruch aushält.

Streckgrenze R_e ist der Werkstoffkennwert, bis zu dem eine genormte Werkstoffprobe bei Zugbeanspruchung keine plastische (bleibende) Verformung zeigt.

Festigkeitsklassen. Die Festigkeitsklassen für Schrauben bestehen aus zwei Zahlen, die durch einen Punkt getrennt werden (Tabelle 82.1). Bei Muttern besteht die Kennzeichnung nur aus einer Zahl. Bei einer Paarung von Schraube/Mutter mit unterschiedlicher Festigkeit ist für die Festigkeit der Verbindung das schwächere Element maßgebend.

Die Zugfestigkeit von Schrauben und Muttern steht in starkem Zusammenhang zum maximalen Anzugsdrehmoment.

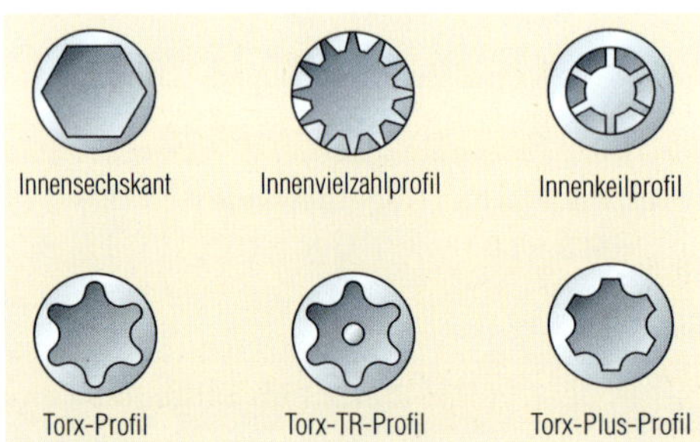

Bild 82.1 Spezielle Schraubenköpfe.

Für Stahlschrauben mit metrischem Regelgewinde gelten allgemein die Anzugsdrehmomente aus Tabelle 82.2. Die Angaben erfolgen in Nm und setzen eine fett- und ölfreie Anwendung voraus, da sonst durch die verminderte Reibung die Streckgrenze der Schraube überschritten werden könnte.

Spezielle Schraubenköpfe im Kraftfahrzeug. Neben den im Maschinenbau gängigen Schrauben findet man im Kraftfahrzeug (Bild 82.1)

- Zylinderschrauben, die anstelle des Innensechskants mit einem Innenvielzahl- oder Innenkeilprofil versehen sind.
- Torx®-Schrauben als Innen- und Außen-Torx und entsprechende Muttern mit Außen-Torx. Die Größen werden mit einem vorangestellten T gekennzeichnet. Zur Sicherung gegen unbefugtes Lösen erhalten Torx-Innenschraubenköpfe (Torx-TR) einen Stift.
- Torx®-Plus-Schrauben (Innen- und Außen-Torx).

Gewinde	Festigkeitsklasse 6.9	Festigkeitsklasse 8.8	Festigkeitsklasse 10.9
M6	8,5 Nm	10 Nm	14 Nm
M8	21 Nm	25 Nm	35 Nm
M10	41 Nm	49 Nm	69 Nm

Tabelle 82.2 Anzugsdrehmomente von Stahlschrauben allgemein, metrisches Regelgewinde (Auszug).

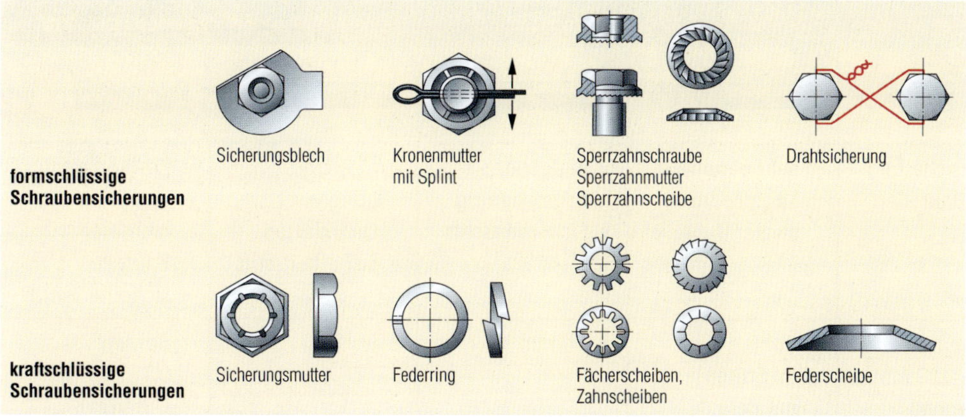

Bild 83.1 Schraubensicherungen.

Gemeinsames Merkmal dieser Schrauben ist eine verbesserte Anlagefläche beim Festschrauben. Diese Schraubenformen ermöglichen größere Anzugsdrehmomente ohne Überbeanspruchung des Schraubenkopfes und/oder des Schraubwerkzeugs.

Schraubensicherungen werden nötig, wenn durch extreme Belastungen während des Fahrbetriebs die Selbsthemmung als Schutz gegen selbsttätiges Lösen nicht ausreicht. Zu solchen Dauerbelastungen zählen Vibrationen, Stöße, Wärme, Schwingungen und Erschütterungen.

Diese zusätzlich verbauten Schraubensicherungen wirken entweder formschlüssig oder erhöhen den Kraftschluss und damit die Selbsthemmung (Bild 83.1).

Selbsthemmung:
Eine Schraubenverbindung besitzt Selbsthemmung, wenn sie sich trotz einwirkender Kraft oder Belastung nicht selbsttätig löst. Die Selbsthemmung erhöht sich mit steigender Reibungskraft der Schraubenverbindung (konstruktiv bei Feingewinde) oder extern durch Gewindebeschichtung (z. B. spez. Klebstoff).

Bei besonders hohen dynamisch wechselnden oder dynamisch schwellenden Belastungen (z. B. Zylinderkopf, Pleuelfuß) werden Dehnschrauben eingesetzt. Die mit einem Drehmomentschlüssel angezogene Dehnschraube ist mit einer bestimmten Zugkraft vorgespannt, die über der Streckgrenze (elastisch-plastischer Bereich) liegt. Dehnschrauben dürfen deshalb nur einmal verwendet werden (Bild 83.2).

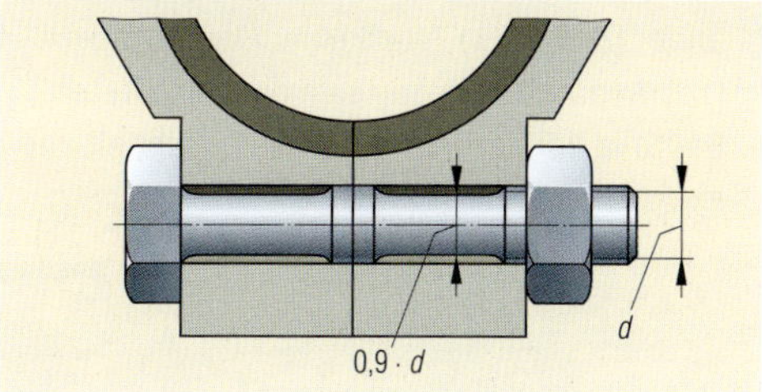

Bild 83.2 Dehnschraube.

2.4.3 Stift- und Bolzenverbindungen

Stift- und Bolzenverbindungen sind formschlüssige und form-/kraftschlüssige lösbare Verbindungen. Diese Verbindungselemente sind vielseitig einsetzbar (Tabelle 84.1).

Stifte werden vorrangig durch senkrecht zur Stiftachse wirkende Scherkräfte auf Abscherung beansprucht. Da der Stift diese Kräfte aufnimmt, werden andere Verbindungselemente entlastet.

Bezeichnung	Zylinderstift	Kegelstift	Spannstift	Kerbstift	Feder-Passstift
Beispiel					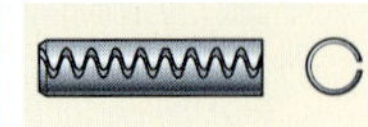
Anwendung	• Lagesicherung von Bauteilen	• sehr genaue Lagefixierung zweier Bauteile	• einfache Lagefixierung • Sicherheitsstift	• Übertragung von Querkräften • Sicherheitsstift	• Positionierung und Fixierung mehrerer Bauteile • Sicherheitsstift
Herstellen der Bohrung	• Bohren: 01,… 0,3 mm Untermaß • Reiben: H7	• Bohren (in Stufen) mit dem Kegelbohrer • Reiben mit Kegelreibahle	• Bohren	• Bohren	• Bohren: 0,1 … 0,3 mm Untermaß • Reiben: H7

Tabelle 84.1 Stiftarten.

Stiftverbindungen erfüllen unterschiedliche Aufgaben:

- Sie übertragen durch Formschluss Kräfte oder Drehmomente.
- Die Verwendung von Positionierstiften dient der Lagefixierung zweier Bauteile zueinander (Bild 84.1). Nach einer Demontage (z. B. Reparatur) lassen sich die verstifteten Bauteile bei der Montage wieder schnell und exakt zueinander ausrichten.

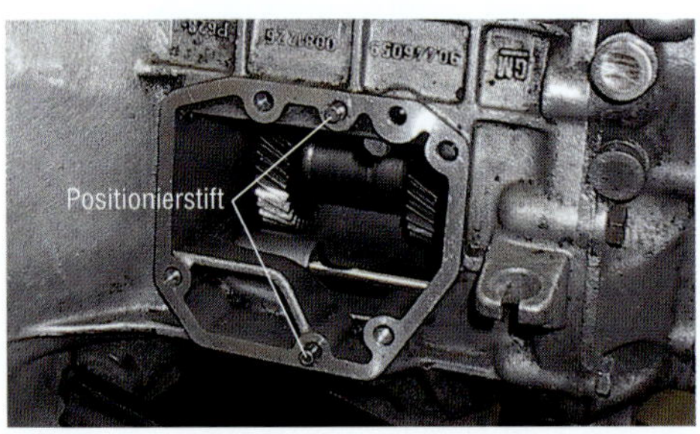

Bild 84.1 Positionierstifte.

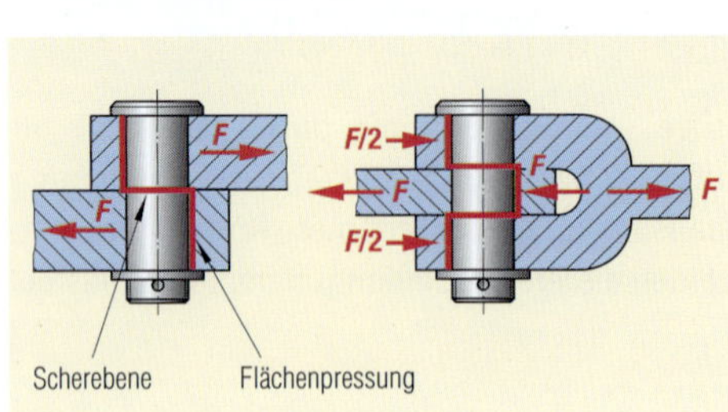

Bild 84.2 Gelenkverbindung mit Bolzen.

Bolzen zählen zu den Stiften und stellen meist ein Gelenk her (z. B. Türscharnier). Müssen Bolzen besonders fest sitzen, werden sie entweder eingepresst oder das Ende des Bolzens wird kegelig ausgeführt. Das kegelige Ende wird mit einem Gewinde angezogen. Sicherungselemente verhindern ein seitliches Verschieben. Die Beweglichkeit der Verbindung bleibt erhalten. Bolzen werden auf Abscherung, Biegung und Flächenpressung beansprucht. Bild 84.2 zeigt, entsprechend der Anzahl der Scherebenen, eine einschnittige und eine zweischnittige Bolzenverbindung.

2.4.4 Welle-Naben-Verbindungen

Welle-Naben-Verbindungen sind meist formschlüssige lösbare Verbindungen. Sie werden überall dort eingesetzt, wo Drehmomente, Kräfte und Bewegungen von Bauteil zu Bauteil ohne Schlupf übertragen werden sollen.

Man unterscheidet

- Passfederverbindungen und
- Profilformen.

Passfederverbindungen. Bei der Passfederverbindung ist in der Welle und der Bohrung eine Nut eingearbeitet (Bild 85.1). Die wirkenden Kräfte werden über die Seitenflächen aufgenommen. Der Querschnitt der Passfeder wird auf Abscherung beansprucht.

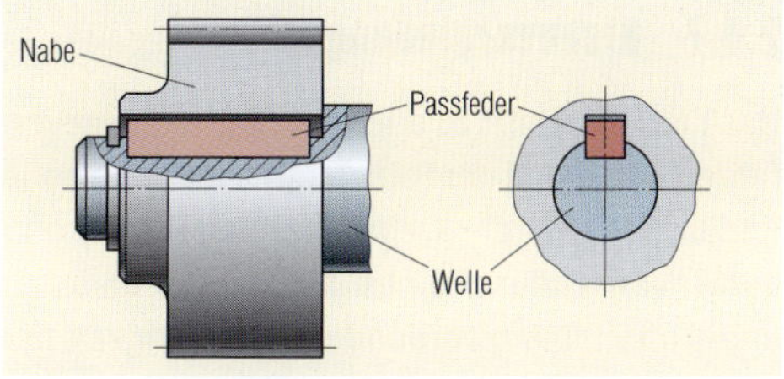

Bild 85.1 Passfederverbindung.

Passfederverbindungen sind leicht zu montieren und zu demontieren. Außerdem lässt sich die Verbindung so gestalten, dass sich Bauteile axial verschieben können.

Der axiale Verschub lässt sich durch zusätzliche Sicherungen (z. B. Sicherungsringe) verhindern. Passfederverbindungen eignen sich nicht bei großer und häufig wechselnder Belastung.

Profilformen. Zur Drehmomentübertragung mit wechselnder Beanspruchung eignen sich profilierte Wellen (Bild 85.2). Hier wird eine gleichmäßigere Kraftverteilung am Wellenumfang erreicht.

Anwendungsbereiche: Lenksäule, Antriebsstrang, Achsschenkel, Drehstabfeder.

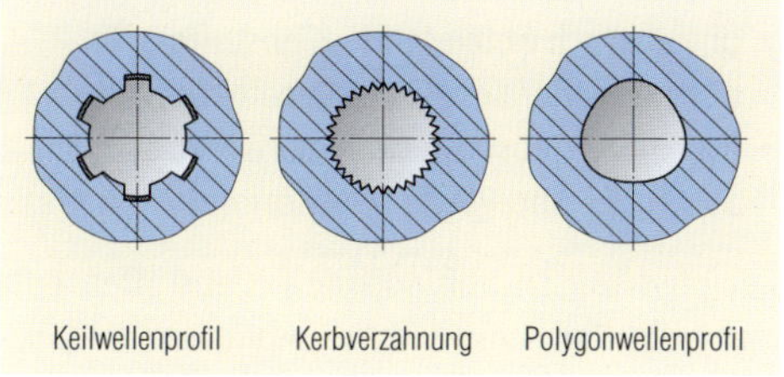

Bild 85.2 Profilwellen.

2.4.5 Schellenverbindungen

Mithilfe von Schellen werden Klemmverbindungen erzeugt. Sie fixieren

- Schlauch-Rohr-Kopplungen (z. B. Kühlerschläuche),
- Rohr-Rohr-Kopplungen (z. B. Abgasleitungen).

Schlauchschellen nach DIN 3017 sind am gebräuchlichsten. Das ringförmige Metallband wird über ein Schneckengewinde mittels Gewindeschraube gespannt, bzw. gelöst. Bei der Montage wird der darunter liegende Schlauch auf das Anschlussstück gepresst.

Arten von Schlauchschellen (Bild 85.3):

- Schlauchschellen nach DIN 3017 (Schneckengewindeschellen),
- Sonderschellen
  - Drahtschelle, federnd spannend,
  - Drahtschelle, schraubbar,
  - Schlauchband,
  - Gelenkbolzenschelle.

Bild 85.3 Schlauchschellen.

2.4.6 Steckverbindungen

Elektrische Steckverbindungen ermöglichen eine schnelle, sichere und fehlerfreie Installation elektrischer Komponenten. Mit vorgefertigten und vertauschsicheren Steckverbindern, lässt sich die Installationszeit von Bauteilen und Geräten auf ein Minimum reduzieren (Bild 85.4).

Bild 85.4 Elektrische Steckverbindungen.

Eine individuelle Konfektionierung sorgt für
- eine einfache Montage durch genormte Stecker,
- Abreißsicherheit durch Einrasten der Steckerkontakte,
- Dichtigkeit durch Stecker mit Schutzkappen,
- Korrosionssicherheit durch Edelmetallbeschichtung der Steckerkontakte.

Vermeiden Sie Beschädigung oder Zerstörung der Stecker durch grobe Handhabung und Gewalteinwirkung mit unsachgemäßem Werkzeug!

Mechanische Steckverbindungen werden vorrangig als lösbare Verbindungen für die Montage von Innenausstattungen und Innenverkleidungen eingesetzt (Bild 86.1). Zum Einsatz kommen speziell für die Anforderung gefertigte Kunststoff-Clips.

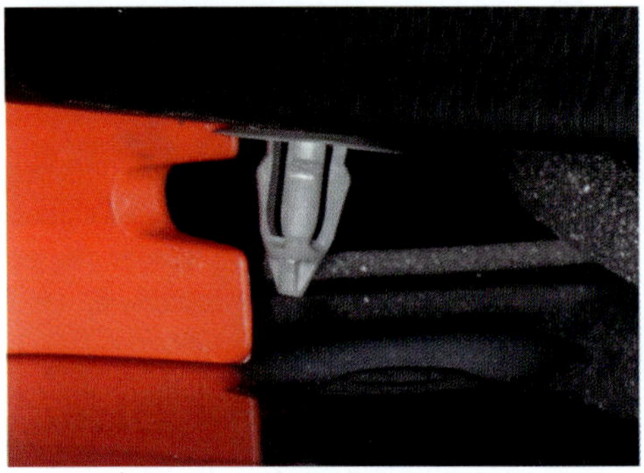

Bild 86.1 Mechanische Steckverbinder.

Verwenden Sie für die Montage und Demontage der Kunststoffverbindungselemente (Clips) das entsprechende Spezialwerkzeug (Clipsheber), um die Montageteile nicht zu beschädigen.

Ein Problem bei Instandsetzungsarbeiten ist die Versprödung der Kunststoff-Clips durch Alterung (Austreten der Weichmacher im Kunststoff) und tiefe Temperaturen.

2.4.7 Klebeverbindungen

Das Kleben gehört zu den rationellsten Fügeverfahren und hat in der Fahrzeugtechnik eine hohe Bedeutung. Durch Kleben werden Werkstoffe unter Verwendung eines Klebstoffes unlösbar und stoffschlüssig verbunden. Die Festigkeit der geklebten Verbindung hängt ab von der Eigenfestigkeit (Kohäsion) des Klebstoffs und den Bindekräften (Adhäsion) zwischen Klebstoffschicht und Fügeteiloberfläche (Bild 86.2).

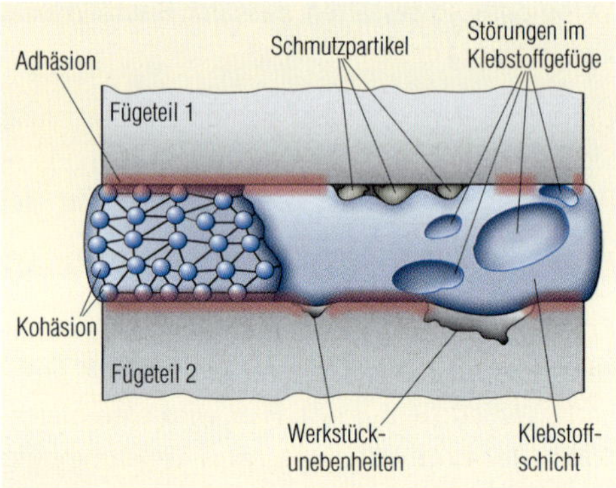

Bild 86.2 Kleben.

Klebstoffe. Als Klebstoffe für das Kleben von Metall verwendet man
- physikalisch abbindende Klebstoffe, z. B. Kontakt- oder Schmelzklebstoffe und
- Reaktionsklebstoffe (Polymerisations-, Polyadditions- und Polykondensationsklebstoffe).

Bei physikalisch abbindenden Klebstoffen entsteht die Klebschicht durch Ablüften/Verdunsten von Lösungsmitteln oder dem Erstarren von Schmelzen. Kaltkleber härten bei Zimmertemperatur, Warmkleber bei ca. 100 °C bis 250 °C aus.

Reaktionsklebstoffe binden durch chemische Reaktionen ab. Mehrkomponenten-Klebstoffe werden vor dem Auftragen gemischt. Die Zeit zwischen dem Mischen und dem Gelieren des Klebstoffs bezeichnet man als Topfzeit. Sie gilt als Verarbeitungszeit der Klebstoffmischung. Die Abbindereaktion kann durch einen Härter oder Katalysator, die Einwirkung höherer Temperaturen sowie durch Luftfeuchte oder Sauerstoffentzug beeinflusst werden. Eine Verkürzung der Reaktionszeit wird durch künstliches UV-Licht erreicht.

Herstellen einer Klebeverbindung. Die gefügten Verbindungen erreichen eine hohe Festigkeit, die bei einer Vergrößerung der Klebefläche noch größer wird. Die Beanspruchung der Klebeverbindung sollte nur auf Schub (Abscherung) erfolgen. Zugbeanspruchungen sind wegen der relativ kleinen Kontaktfläche ungünstig. Bei Schälbeanspruchung sind konstruktive Veränderungen vorzunehmen (Bild 87.1).

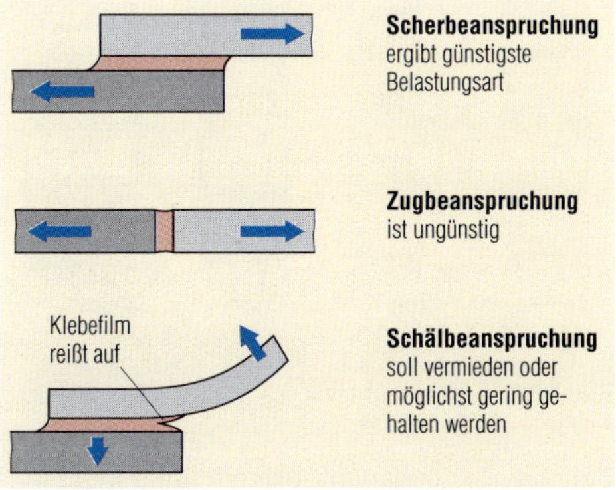

Bild 87.1 Beanspruchungsarten beim Kleben.

Gegenüber herkömmlichen Fügeverfahren zeichnet sich Kleben durch Gewichtsersparnis, elektrisch isolierende Eigenschaften und geringere Fertigungskosten aus. Es lassen sich unterschiedlichste Materialien (z. B. Metall und Glas) fügen, ohne Gefügeänderungen hervorzurufen. Es werden weder zusätzliche Verbindungselemente benötigt, noch entstehen Veränderungen des Querschnitts durch Bohrungen. Nachteilig sind die umfangreiche Vorbereitung der Fügeteile im Bereich der Klebstellen, die begrenzte Temperaturbeständigkeit und die langen Aushärtezeiten. Außerdem können sich die Eigenschaften des Klebstoffs durch Alterung und UV-Strahlung ändern. Klebeverbindungen eignen sich nicht für alle Belastungsarten.

Nur eine Scherbeanspruchung mit ausreichend großer Klebefläche erzeugt die notwendige Festigkeit. Die Fläche der Klebenaht lässt sich durch konstruktive Maßnahmen vergrößern (Bild 87.2). Beim Durchführen der Klebeverbindung muss eine bestimmte Reihenfolge eingehalten werden:

- Oberflächen mechanisch reinigen (Schleifmittel),
- Oberflächen chemisch reinigen (Lösungsmittel),
- Kleber auftragen (nach Herstellervorschrift),
- Kleber antrocknen lassen,
- Bauteile fügen,
- Lage der Bauteile kontrollieren und bei Bedarf korrigieren,
- Bauteil fixieren und Abbindezeit abwarten.

Das neu gefügte Bauteil wird von Kleberresten gereinigt und evtl. gegen Korrosion beschichtet.

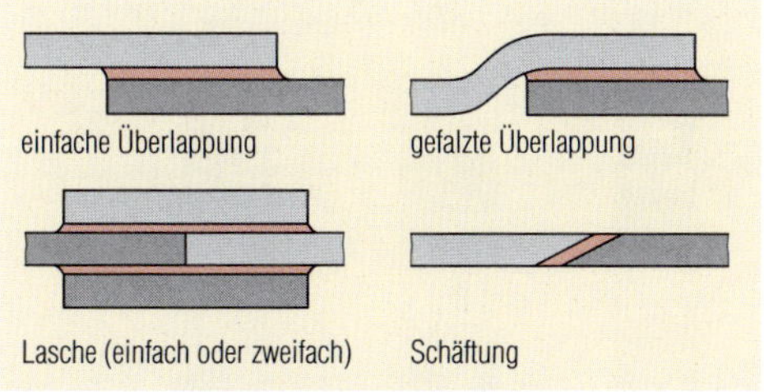

Bild 87.2 Gestaltung einer Klebefläche.

2.4.8 Lagerung von Bauteilen

Lager führen Achsen und Wellen, nehmen die dabei entstehenden Kräfte auf und übertragen sie auf ein Lagergehäuse.

Nach der Richtung der auf das Lager wirkenden Kräfte unterscheidet man Radiallager und Axiallager, nach der Art der Lagerreibung Wälzlager und Gleitlager.

Radiallager und Axiallager. Radiallager (auch Querlager genannt) nehmen Kräfte quer zur Drehachse auf, Axiallager (oder Längslager) nehmen Kräfte in Richtung der Drehachse auf. Häufig treten beide Lastrichtungen kombiniert auf (Bild 88.1). Radlager müssen beispielsweise Radialkräfte, die durch das Fahrzeuggewicht entstehen, und bei Kurvenfahrt auftretende Querkräfte aufnehmen.

Wälzlager bestehen aus einem äußeren und einem inneren Lagerring und dazwischen angeordneten Wälzkörpern. Über diese Wälzkörper erfolgt die Kraftübertragung zwischen Innen- und Außenring. Es entsteht Rollreibung, die im Vergleich zur Gleitreibung der Gleitlagerung erheblich geringer ist. Die Wälzkörper werden häufig in einem Käfig geführt, damit sie einander nicht berühren. Je nach Form der Wälzkörper unterscheidet man verschiedene genormte Lagerarten (Bild 88.2).

Reibung → S. 14

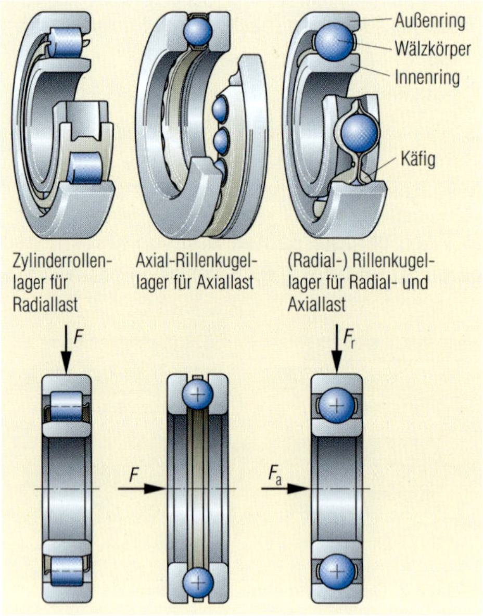

Bild 88.1 Wälzlager für verschiedene Lastrichtungen.

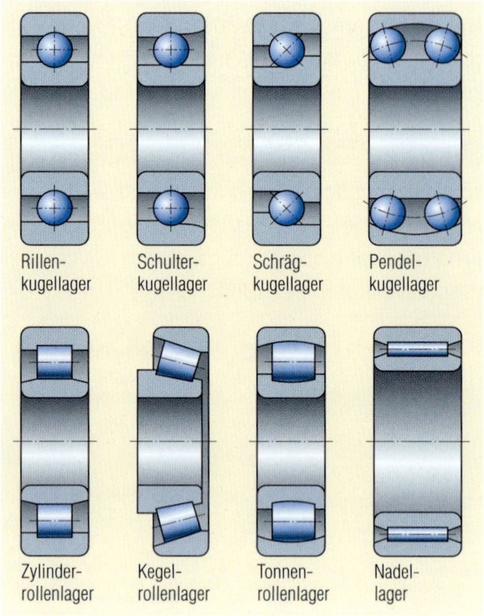

Bild 88.2 Wälzlagerarten.

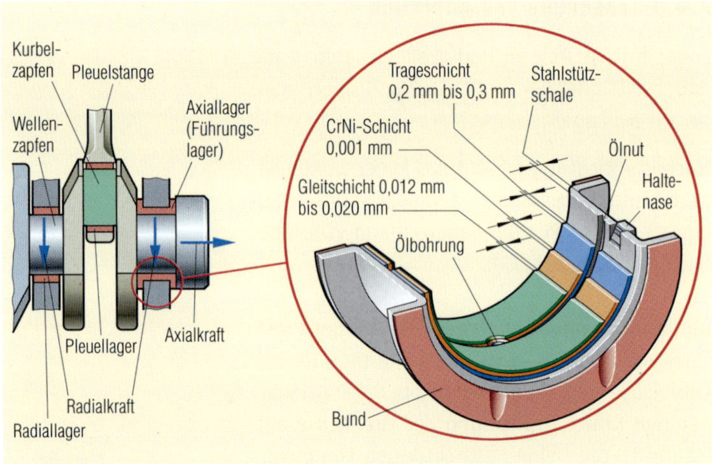

Bild 88.3 Mehrschichtgleitlager am Beispiel Kurbelwelle.

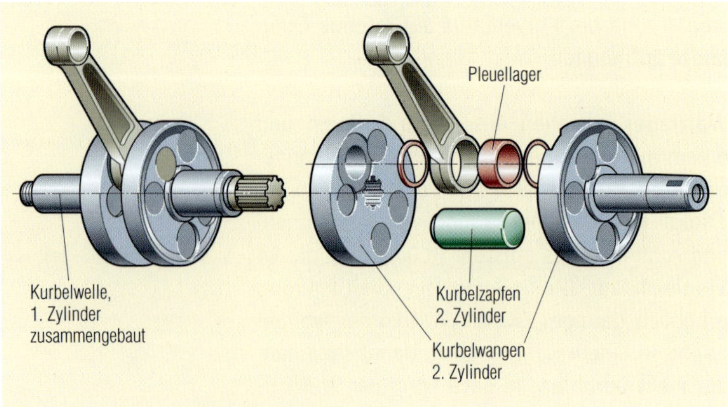

Bild 88.4 Ungeteilte Lagerbuchsen am Beispiel Kurbelwelle.

Bei allen Kugellagern besteht eine punktförmige Berührung, was zu hoher Flächenpressung führt.

Rollenlager mit linienförmiger Berührung sind erheblich höher belastbar. Allerdings nehmen hier Reibung und Erwärmung zu.

Wälzlager werden entweder durch Fett oder durch Öl geschmiert, wobei die Fettschmierung wegen der einfacheren Abdichtung bevorzugt wird. Häufig besitzen Wälzlager eine eigene Fettfüllung, sodass das Nachschmieren entfällt.

Gleitlager sind meistens als Mehrschichtlager ausgeführt (Bild 88.3). Auf einer Stahlstützschale werden mehrere Schichten mit unterschiedlichen spezifischen Eigenschaften (Stützen, Tragen, Schmieren) aufgebracht.

Gleitlager sind zur besseren Montage meist in zwei Lagerschalen geteilt, es gibt aber auch ungeteilte Lagerbuchsen (Pleuellager, Bild 88.4).

Bei Gleitlagern tritt Gleitreibung auf (Tabelle 89.1).

Festkörper- oder Trockenreibung	Flüssigkeitsreibung	Mischreibung
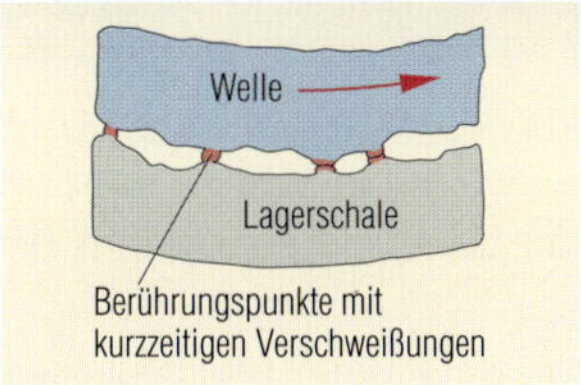	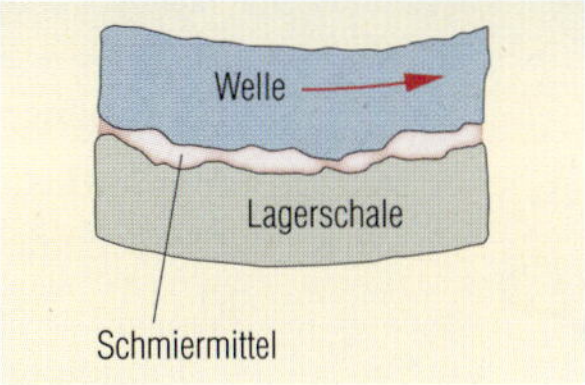	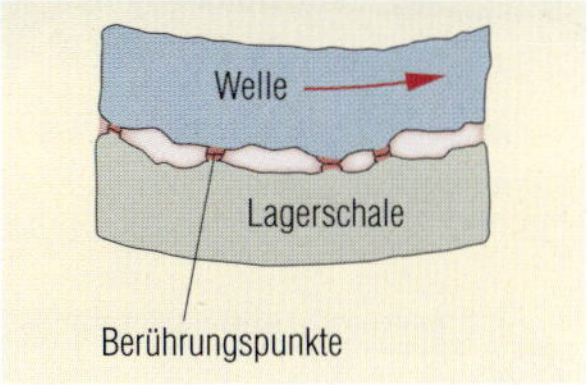
Die beiden Werkstücke berühren sich direkt und ohne Schmierung. Es kommt zu hohen Temperaturen und damit zum partiellen Verschweißen und Wieder-Auseinanderreißen der Werkstücke. Dies führt zum „Fressen" der beiden Werkstückoberflächen (z. B. Kolbenfresser).	Zwischen den beiden Werkstücken befindet sich ein Schmierfilm, sodass sie sich nicht berühren. Reibung besteht nur innerhalb des trennenden Schmierstoffs.	Wenn sich beim Anlaufen der Welle zwischen den beiden Werkstücken noch kein zusammenhängender Schmierfilm gebildet hat, tritt an manchen Stellen Trockenreibung und an anderen Stellen Flüssigkeitsreibung auf.

Tabelle 89.1 Gleitreibungsarten.

Gleitlager müssen zur Schmierung ständig mit Öl versorgt werden, welches zwischen der Welle und den Lagerschalen einen Schmierfilm bildet. Die große Schmierfläche wirkt schwingungs- und geräuschdämpfend. Ohne ausreichenden Schmierfilm entsteht Festkörperreibung und damit auch starker Verschleiß, bei ausreichender Schmierung ist wegen der reinen Flüssigkeitsreibung die Lebensdauer fast unbegrenzt.

2.4.9 Hilfsmittel

Schrauben ist das gängige Verfahren des lösbaren Fügens. Das richtige Werkzeug wird im wesentlichen ausgewählt nach Form, Schlüsselweite des Schraubenkopfes bzw. der Mutter und Zugänglichkeit (Bild 89.1).

Für Montagearbeiten mit Schraubenschlüsseln ist die Schlüsselweite SW ein entscheidendes Kriterium (Bild 90.1).

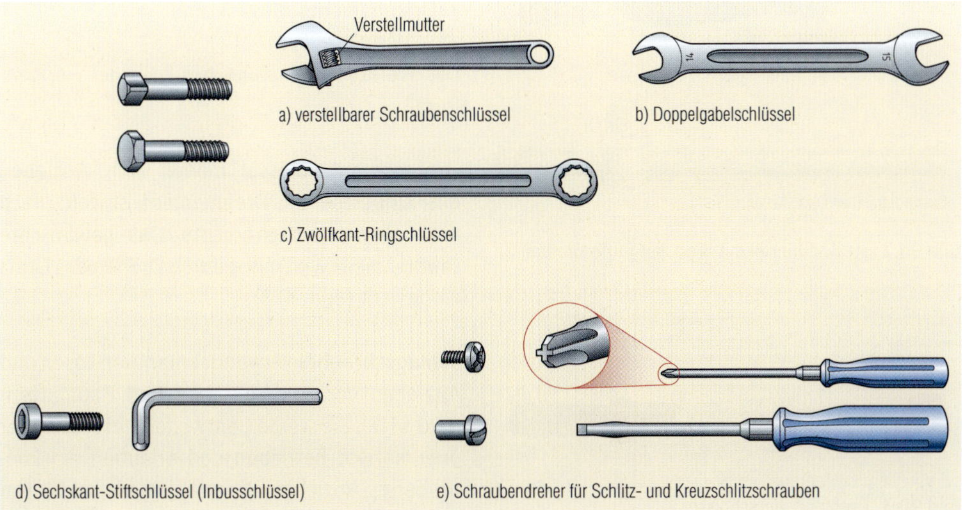

Bild 89.1 Die Form des Schraubenkopfes bestimmt das Werkzeug.

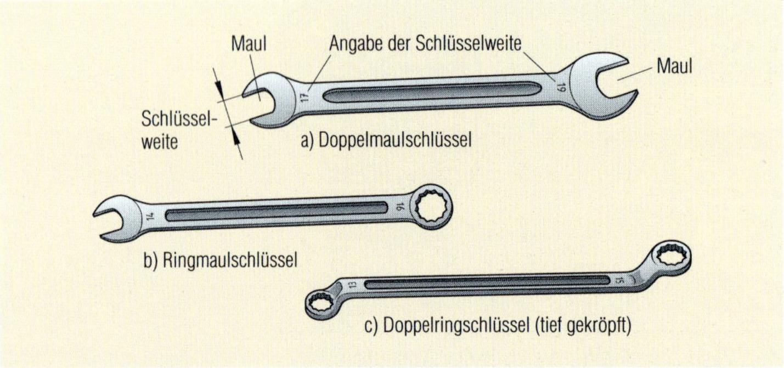

Bild 90.1 Schraubenschlüssel.

Gewinde	M5	M6	M8	M10	M12
Schlüsselweite	8	10	13	16[1)] 17	18[1)] 19

1) nach DIN ISO 272

Tabelle 90.1 Schlüsselweiten für Schraubenwerkzeuge.

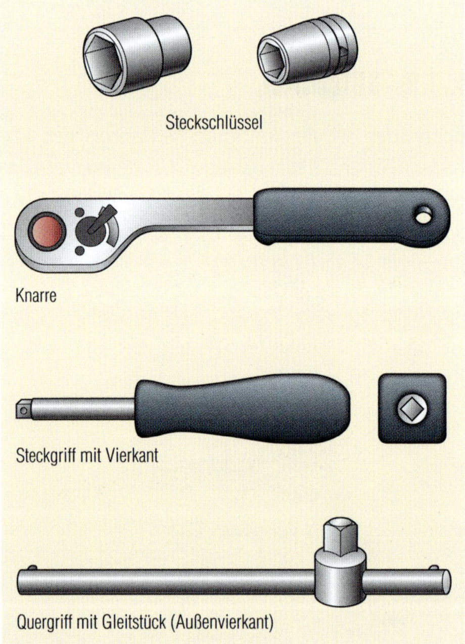

Bild 90.2 Steckschlüssel mit Werkzeugaufnahmen.

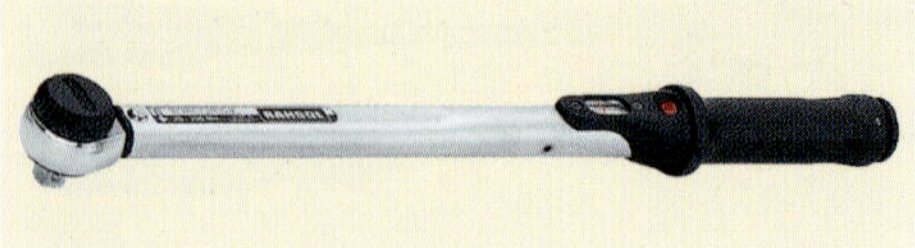

Bild 90.3 Drehmomentschlüssel.

Gängige Schlüsselweiten für Schrauben mit metrischem Gewinde zeigt Tabelle 90.1 (Angaben in mm).

Schraubenschlüssel eignen sich zum Verschrauben seitlich des Schraubenkopfes. Prinzipiell unterscheidet man die Ausführungsarten (Bild 90.1)

- Doppelmaulschlüssel (mit unterschiedlichen Schlüsselweiten je Seite),
- Ringmaulschlüssel sowie
- Doppelringschlüssel (mit unterschiedlichen Schlüsselweiten je Seite).

Die Öffnung von Maulschlüsseln ist um 15° gegenüber der Griffachse versetzt, um ein einfaches Umsetzen des Schlüssels bei engen Montageverhältnissen zu ermöglichen.

Ringschlüssel findet man in Sechskant- und Zwölfkantausführung sowie in gerader und gekröpfter Form. Beide Typen eignen sich für Vierkant- und Sechskantschrauben. Zwölfkantschlüssel besitzen gegenüber Sechskantschlüsseln den Vorteil, dass sie in kleineren Winkelgraden auf dem Schraubenkopf aufgesetzt werden können, was in engen Montagebereichen z. B. im Motorraum nützlich ist.

Steckschlüssel eignen sich für die Montage bei Zugänglichkeit in Richtung der Schraubenachse (Bild 90.2). Sie dienen als Aufsatz auf

- Knarren,
- Steck- bzw. Quergriffen,
- Drehmomentschlüsseln und
- Schlagschraubern.

Die Werkzeugaufnahme besitzt eine Vierkantform.

Drehmomentschlüssel dienen zum Anziehen mit eingestelltem Drehmoment sowohl nach links als auch nach rechts. Das gewünschte Drehmoment wird meist durch Drehen des Griffs eingestellt (Bild 90.3).

Schlagschrauber verwendet man zum Lösen und Anziehen von Radschrauben und Radmuttern (Bild 91.1). Sie werden entweder elektrisch oder pneumatisch betrieben und erlauben ein kontrolliertes Anziehen ohne Schlag bis ca. 50 Nm sowie mit Schlagwerk ein kraftvolles Lösen bis ca. 700 Nm.

Bild 91.1 Elektroschlagschrauber.

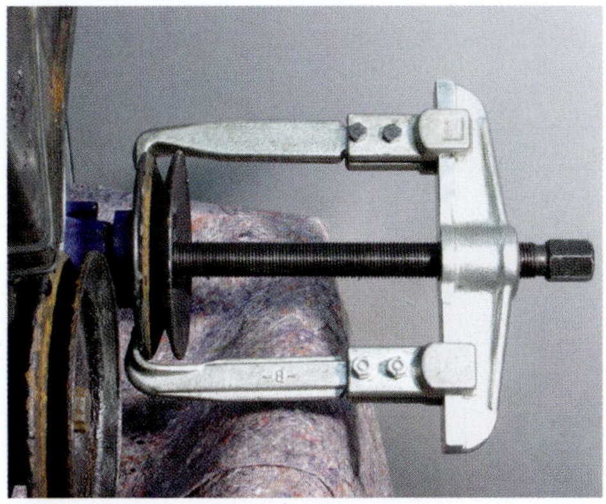

Bild 91.2 Universal-Abzieher.

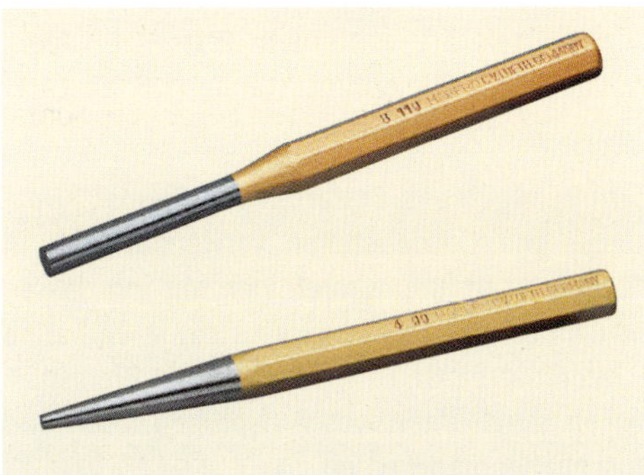

Bild 91.3 Splinttreiber und Durchtreiber.

Abzieher und Ausdrücker werden zum Ab- und Einziehen von Radnaben, Zapfen, Gelenken und Lagern hauptsächlich im Bereich der Fahrwerkskomponenten benötigt (Bild 91.2).

Splinttreiber (Bild 91.3 oben) sind im vorderen Teil zylindrisch geformt. Sie sind für das Heraustreiben von Splinten und Stiften vorgesehen.

Durchtreiber (Bild 91.3 unten) sind im vorderen Bereich konisch zulaufend. Sie eignen sich für das Heraustreiben von Stiften, Bolzen oder Nieten. Häufig werden sie an Wellen, Lagern und Getrieben eingesetzt.

Zangen gibt es in großer Vielfalt. Dieses Werkzeug wird häufig bei Montage-, Demontage- und Einstellarbeiten zum Gegenhalten eingesetzt. Mit Zangen können Bauteile fixiert, gefügt, gebogen oder gekürzt werden (Bild 91.4).

Gripzangen fixieren Bauteile und bleiben dabei auf Vorspannung.

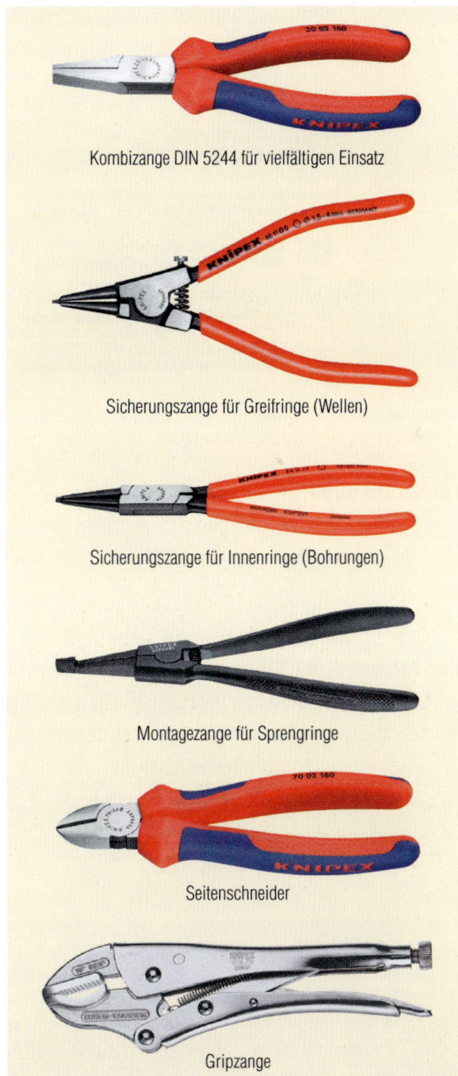

Bild 91.4 Verschiedene Zangen.

Schraubendreher haben unterschiedliche Klingenspitzen (Bild 92.1). Alle Schraubendreher benötigen während des Schraubvorgangs axiale Anpresskräfte. Schlitzschraubendreher lassen sich schlecht zentrieren und sind daher in der Kfz-Technik weniger verbreitet. Um Schraubenköpfe und Klingenspitze nicht zu beschädigen ist es entscheidend, die jeweils passenden Größen auszuwählen.

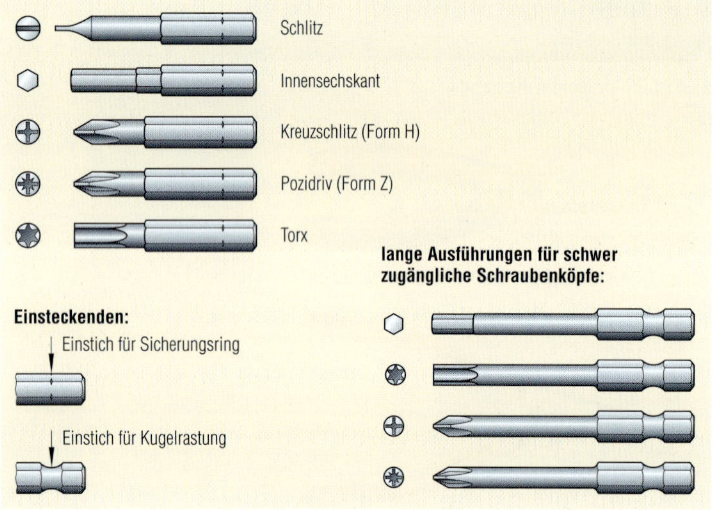

Bild 92.1 Schraubendrehereinsätze und Klingenspitzen.

Hilfsstoffe und Hilfsmittel erleichtern entweder die jeweilige Montage- bzw. Demontagearbeit oder sie unterstützen die Funktionalität der entsprechenden Verbindungstechnik.

Flüssige Schraubensicherungen sichern Schrauben, Muttern und Stehbolzen gegen selbsttätiges Lösen aufgrund von Vibrationen. Gleichzeitig dichtet dieser Hilfsstoff die Schraubenverbindung gegen eindringende Feuchtigkeit ab.

Beachten Sie die unterschiedlichen Sicherungsgrade von flüssigen Schraubensicherungen. Diese sind auf den jeweiligen Verpackungsaufschriften vermerkt!

Metallische Gewinde werden mit einem zähflüssigen Dichtmaterial abgedichtet und gesichert, das gegen alle gängigen Betriebsflüssigkeiten im Kraftfahrzeugbereich beständig ist.

Dauerelastische Flächendichtungen eignen sich für verwindungssteife Flansche, wie z. B. Gehäusedeckel von Ölwannen, Motoren, Getriebe.

Kaltreiniger sind lösungsmittelhaltige Reinigungsmittel. Sie entfernen Fett-, Öl-, Teer-, Wachs- und Schmierölrückstände (z. B. an Lackflächen und Scheiben).

Zum Reinigen und Entfetten von Brems-, Kupplungs- und Getriebeteilen verwendet man in der Werkstatt Bremsenreiniger. Mit ihm lassen sich Kleb- und Dichtstoffreste sowie verharzte Schmiermittel, Öl, Fett, Schmutz und Bremsflüssigkeit durch intensives Aufsprühen lösen und anschließend abwischen.

Spezielle Klebstoff- und Dichtstoffentferner unterstützen den Lösungsprozess von Dichtmitteln, Teer und Ruß.

Rostlöser ist ein Universalmittel für das Lösen schwergängiger Schraubenverbindungen und zum Lockern verrosteter Verbindungselemente. Dieses Kriech-Schmieröl beseitigt Quietschen, sorgt für Leichtgängigkeit und bietet einen zeitlich begrenzten Korrosionsschutz.

Multifunktionale Haftschmierstoffe sind hochelastische Dauerschmierstoffe. Sie sorgen für Leichtgängigkeit und verhindern dauerhaft Knarren, Quietschen und Korrosion.

2.5 Bauteile bearbeiten

- Trennen
  - Zerteilen
    - z. B. Scherschneiden, Brechen, Spalten
  - Spanen
    - … mit geometrisch bestimmten Schneiden
      - z. B. Drehen, Bohren, Fräsen, Sägen
    - … mit geometrisch unbestimmten Schneiden
      - z. B. Schleifen, Honen, Läppen
  - Abtragen
    - z. B. Brennschneiden (thermisches Abtragen), chemisches Abtragen
  - Zerlegen
    - z. B. Lösen von Verbindungen
  - Reinigen
    - z. B. mechanisches oder chemisches Reinigen

<table>
<tr><th>Blechbearbeitungsverfahren</th><th></th><th>Einsatz/Vorgang/Besonderheiten</th></tr>
<tr><td>Richten</td><td>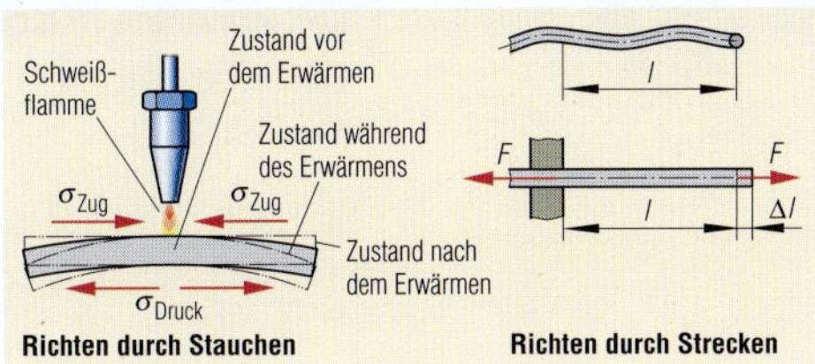
</td><td>Ungewollte Blechverformungen lassen sich durch Richten rückgängig machen. Es kann kalt und warm gerichtet werden. Beim Kaltrichten wird das Blech mit dem Richthammer auf der verkürzten Seite gestreckt. Beulen werden durch spiralförmig zur Mitte hin gerichtetes Hämmern abgebaut.</td></tr>
<tr><td>Schlichten</td><td></td><td>Schlichten dient dem Glätten der Oberfläche verformter Bleche; es wird z. B. nach dem Richten durchgeführt.</td></tr>
<tr><td>Bördeln</td><td>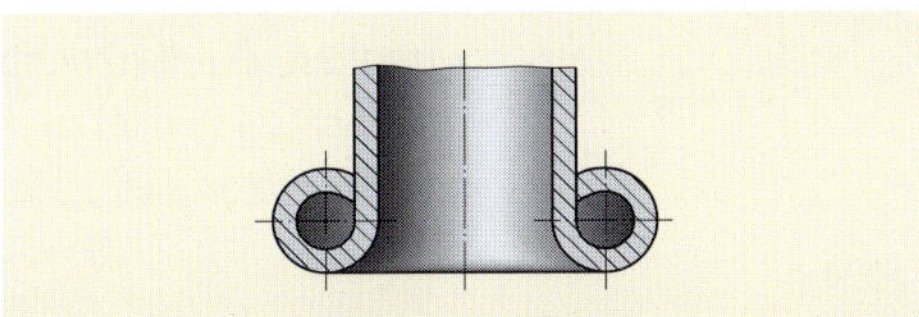</td><td>Bleche und Rohre werden beim Bördeln am Rand entlang einer Kurve umgebogen, und zwar entweder nach außen (Ausbördeln; Strecken des Bleches) oder nach innen (Einbördeln; Stauchen des Bleches).</td></tr>
<tr><td>Sicken</td><td>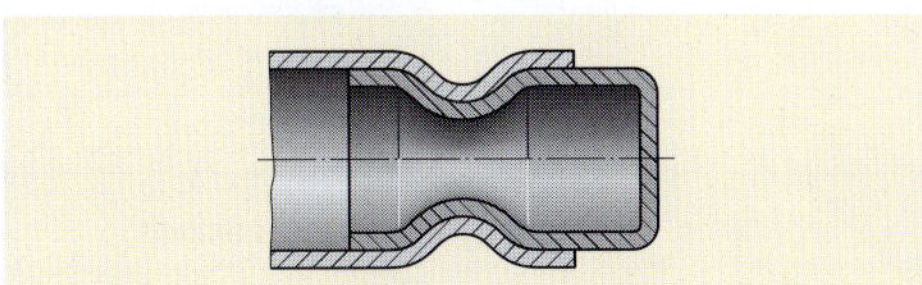</td><td>Sicken sind in ein Blech eingearbeitete Rillen. Sie dienen der Versteifung und Stabilisierung von Blechen oder als Anschlag, z. B. an Rohrenden.</td></tr>
<tr><td>Falzen</td><td>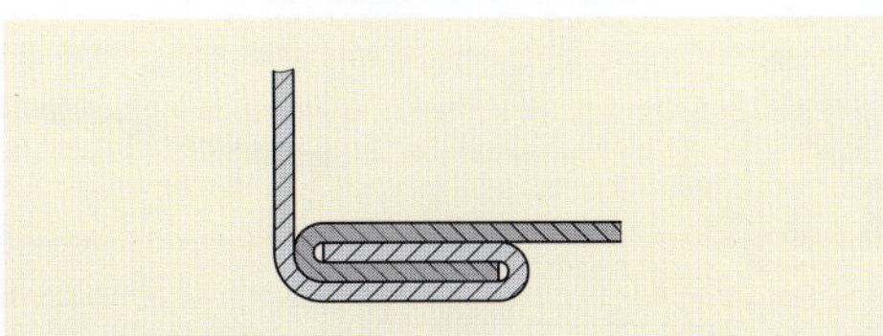</td><td>Falzen ist das Umlegen von Blechkanten mit nachfolgendem Einhaken und Festdrücken der Ränder. Wegen der hohen Beanspruchung dürfen nur gut verformbare Bleche gefalzt werden. Ein Falz verbindet und versteift gleichzeitig.</td></tr>
</table>

Tabelle 93.1 Berufstypische Blechbearbeitungsverfahren.

keilförmige Schneiden (Winkel) → S. 99 f.

Fertigungsverfahren, bei denen der Stoffzusammenhalt durch äußere Krafteinwirkung aufgehoben wird, bezeichnet man als Trennverfahren. Manuelle Trennverfahren sind u. a. Sägen, Feilen, Gewindeschneiden, Reiben, Schneiden und Meißeln. Zu den maschinellen Trennverfahren zählt man u. a. Bohren, Drehen, Fräsen, Schleifen, Räumen, Honen und Läppen.

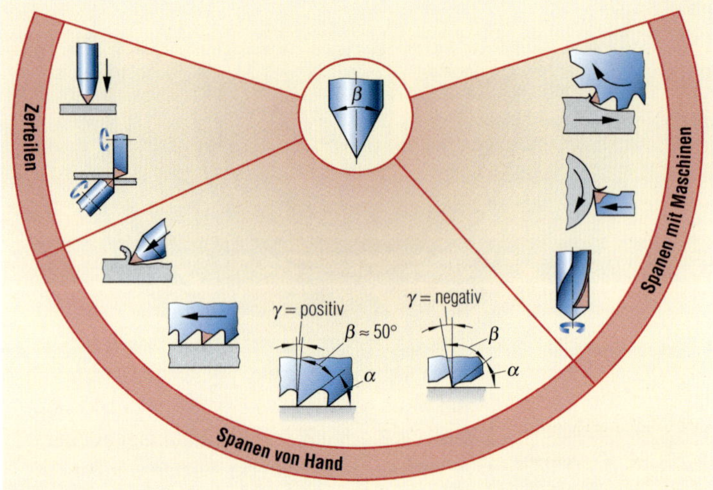

Bild 94.1 Keil als Werkzeugschneide.

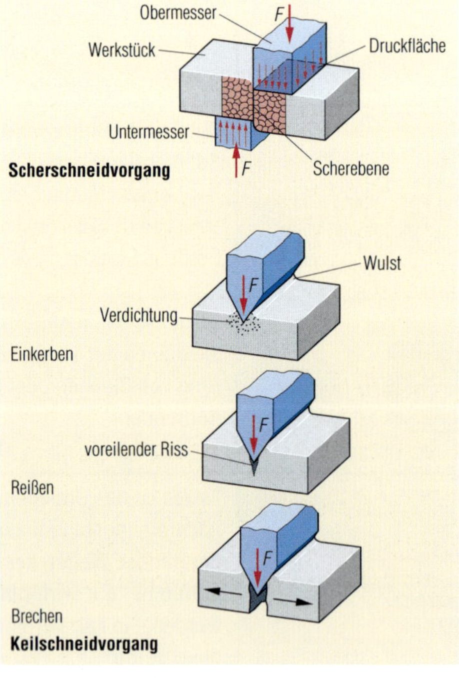

Bild 94.2 Scherschneid- und Keilschneidvorgang.

Die Werkzeuge für Trennverfahren besitzen eine oder mehrere keilförmige Schneiden. Geometrisch bestimmt ist diese Schneide, wenn sie in Form und Größe je nach Verwendung und Werkzeug genau festgelegt ist. Die Keilform wird durch den Keilwinkel β, die Länge der Schneide und die Keilflanken bestimmt (Bild 94.1). Geometrisch unbestimmt ist eine Schneide, wenn sich Keilwinkel, Schneidenlänge und Keilflanken eher zufällig ergeben (Schleifkörner von Schleifscheiben).

Zerteilen ist das Abtrennen von Werkstoffteilchen eines Werkstücks, ohne dass formloser Stoff bzw. Stoffteilchen (Späne) entstehen. Grundsätzlich unterteilt man nach der Art des Zerteilens in (Bild 94.2)

- Scherschneiden (zwei Schneiden bewegen sich aneinander vorbei und scheren dabei den Werkstoff ab, z. B. Blechschere) und
- Keilschneiden (ein oder zwei keilförmige Schneiden zerteilen das Werkstück, z. B. Meißel).

Beim Scherschneiden unterscheidet man trennende und ziehende Schnitte (Bild 94.3).

Der Ablauf eines Trennvorgangs hängt von verschiedenen Einflussfaktoren ab. Die Keilform des Werkzeugs ist eine Einflussgröße davon. Die Wirkung der aufgebrachten Kraft überträgt sich auf die Keilflanken des Werkzeugs, die den Werkstoff trennen. Die Wirkrichtung der Trennkräfte liegt im rechten Winkel zur Keilflanke. Die Trennkräfte sind umso größer, je kleiner der Keilwinkel ist (Bild

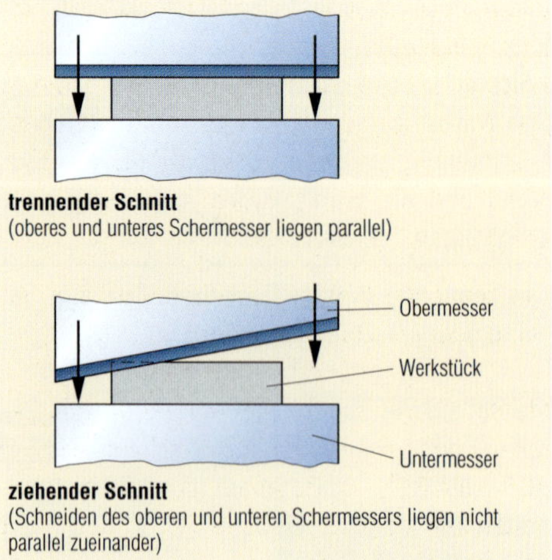

Bild 94.3 Trennender und ziehender Schnitt.

95.1). Je höher jedoch die Werkstofffestigkeit ist, desto größer muss der Keilwinkel β sein. Größere Keilwinkel sichern einen längeren Werkzeugeinsatz (Standzeit). Gleichzeitig erhöht sich jedoch der Kraftbedarf.

Der Werkstoff setzt den eindringenden Schneidkeilen einen Widerstand entgegen, der überwunden werden muss. Diesen Widerstand bezeichnet man als Scherfestigkeit.

Das Arbeiten mit Handblechscheren erfordert oftmals hohe Scherkräfte. Um diese Kräfte aufzubringen, nutzt man das Prinzip der Hebelwirkung (Bild 95.2).

Der Öffnungswinkel der Schneidkeile hat eine unmittelbare Auswirkung auf die Scherkräfte. Dicke und Scherfestigkeit des Werkstücks begrenzen die Anwendungsmöglichkeiten von Handblechscheren.

Spanen. Unter Spanen versteht man das mechanische Abtrennen von formlosem Stoff (Spänen) mithilfe von keilförmigen Werkzeugschneiden. Werkzeug und Werkstück bewegen sich während des Zerspanungsvorgangs gegeneinander. Die Schnittbewegung kann ausgeführt werden durch:

- das Werkzeug (Sägen, Bohren, Fräsen),
- das Werkstück (Drehen),
- Werkzeug und Werkstück (Schleifen).

Die Vorgänge des Spanens sind bei allen spanabhebenden Verfahren gleich. Wird die Werkstofffestigkeit überwunden, kommt es zur Spanbildung. Die Späne bilden sich in mehreren hintereinander folgenden Stufen, bei denen die keilförmige Schneide in den Werkstoff eindringt. Die Winkel an der Keilschneide haben auf die Spanbildung, die Oberflächengüte, den Kraftaufwand und die Werkzeugbeanspruchung einen erheblichen Einfluss (Bild 95.3).

Die spanende Werkstoffbearbeitung kann von Hand oder maschinell erfolgen.

Meißel sind einschneidige Werkzeuge zum Zerteilen und Spanen. Der Keilwinkel liegt zwischen 30° und 85°. Er ist abhängig vom zu bearbeitenden Material (Tabelle 96.1). Besondere Bedeutung haben der Span- und der Freiwinkel, die von der Meißelhaltung beeinflusst werden.

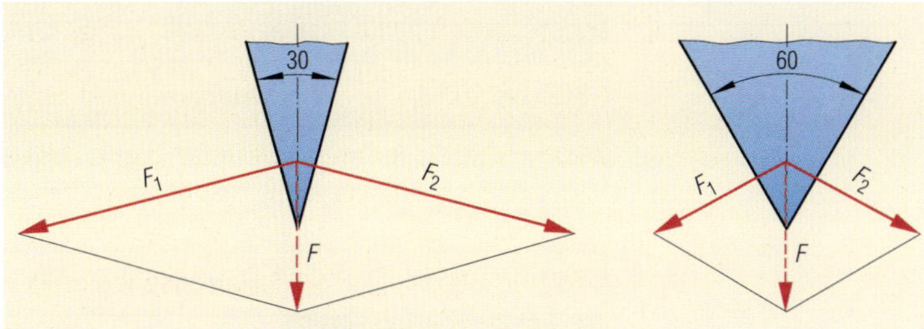

Bild 95.1 Wirkung der Keilkräfte.

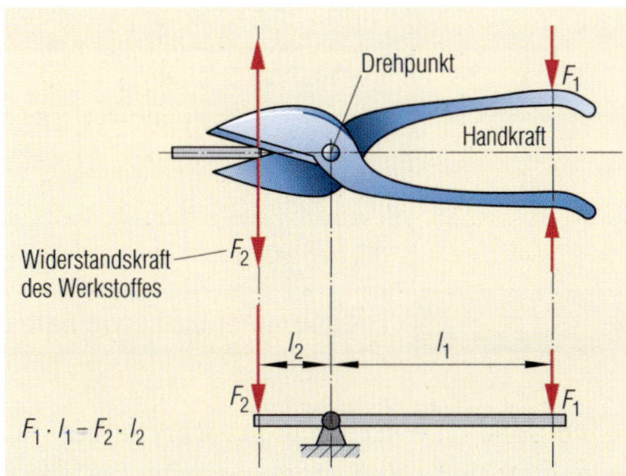

Bild 95.2 Kräfteverhältnisse an Handblechscheren.

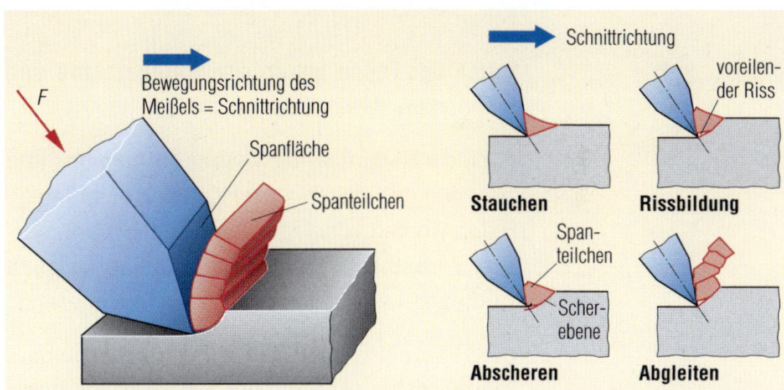

Bild 95.3 Spanbildung.

Unfallverhütung:
Schutzbrille tragen!
Meißelhaltung und Hammerführung beachten!
Hämmer auf festen Sitz prüfen!
Meißelkopf darf keinen „Bart" haben!
Schutz anderer Personen beachten!

Größe des Keilwinkels	Bearbeitbare Werkstoffe
30 ° bis 40 °	Aluminium, Al-Legierungen, Blei, Holz
50 ° bis 60 °	Kupfer, Kupfer-Zink-Legierungen (Messing), Baustahl
65 ° bis 70 °	Gusseisen, Stahlguss
75 ° bis 85 °	Hartguss, legierter Stahl

Tabelle 96.1 Keilwinkel am Meißel.

Hiebnummer	Hiebzahl/cm	Erzielbare Oberflächengüte	Feilenart
1	5,3 bis 16	$R_a \approx 3{,}2$ µm	Schruppfeile
2 3	10 bis 25 14 bis 35	$R_a \approx 0{,}4$ µm	Schlichtfeile
4	25 bis 50	$R_a \approx 0{,}25$ µm	Feinschlichtfeile

Tabelle 96.2 Hiebnummer und erzielbare Oberflächengüte.

Feilen sind mehrschneidige Werkzeuge. Im Feilenblatt sind sogenannte Hiebe im bestimmten Winkel zueinander eingehauen (gehauene Feilen) oder aber Zähne eingefräst (gefräste Feilen).

Durch das Feilen lassen sich formgerechte und maßgenaue Werkstücke herstellen.

Nach der Hiebart wird zwischen einhiebigen und zweihiebigen Feilen unterschieden. Einhiebige Feilen werden vorwiegend zur Bearbeitung weicher Werkstoffe, zweihiebige Feilen vorwiegend zur Bearbeitung härterer Werkstoffe eingesetzt.

Die Hiebzahl ist maßgebend für die erzielbare Oberflächengüte. Je größer die Hiebzahl, desto feiner ist die Feile. Nach der Größe der Rautiefe (Oberflächengüte) unterscheidet man in Abhängigkeit von der zerspanten Werkstoffmenge Schrupp-, Schlicht- und Feinschlichtfeilen (Tabelle 96.2).

Unfallverhütung:
Auf festen Sitz des Feilenheftes achten!
Späne mit Handfeger entfernen!
Zur Vermeidung von Schnittverletzungen Werkstück entgraten!

Sägen sind mehrschneidige Werkzeuge. Die Anordnung der keilförmigen Schneiden (Zähne) bewirkt, dass jeder Zahn Späne abträgt (Bild 96.1). Durch Sägen kann man Halbzeuge ablängen, Werkstücke trennen oder mit Nuten und

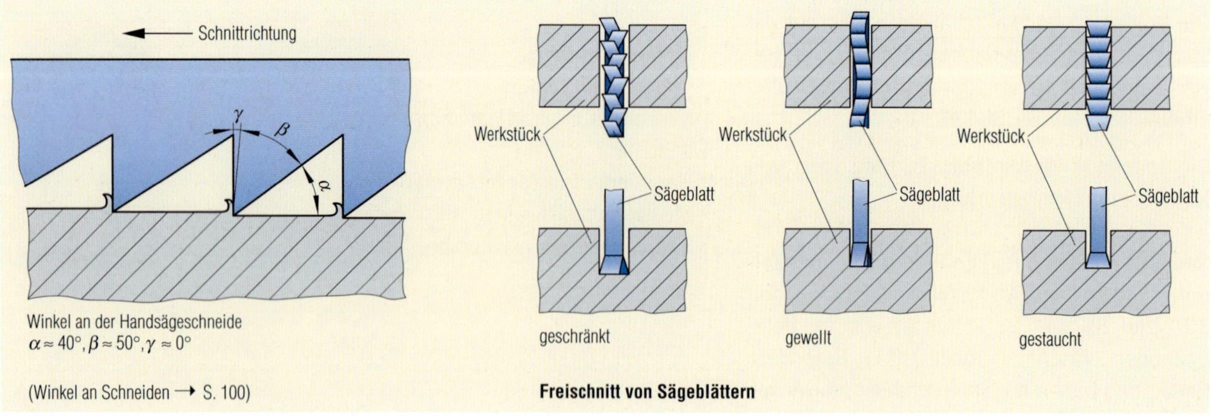

Bild 96.1 Zahnformen an der Säge.

Schlitzen versehen. Neben Handsägen gibt es Maschinensägen (z. B. Bügel-, Band- und Kreissägen).

> **Unfallverhütung:**
> Werkstück nahe der Schnittstelle sicher einspannen!
> Sägeblatt in Richtung Arbeitshub einspannen!
> Am Schnittende Druck auf das Sägeblatt verringern!
> Hublänge des Sägeblattes ausnutzen!

Gewindeschneiden. Gewinde können spanlos (z. B. durch Gewindewalzen) oder spanend von Hand oder maschinell gefertigt werden.

Innengewinde werden mit Gewindebohrern in vorgebohrte Kernlöcher geschnitten. Gewindebohrer sind mehrschneidige Werkzeuge, die in Form und Maßen dem zu fertigenden Gewinde angepasst sind. Das Werkzeug führt eine gerade Vorschub- und eine drehende Schnittbewegung aus. Für die maschinelle Fertigung von Innengewinden setzt man Maschinengewindebohrer ein (Bild 97.1). Sie schneiden das Gewinde in einem Arbeitsgang.

Außengewinde werden von Hand mit Schneideisen oder Schneidkluppe hergestellt. Maschinelles Außengewindeschneiden erfolgt überwiegend auf der Drehmaschine. Die Schneidarbeit wird durch Kühlschmiermittel (z. B. Schneidöl) unterstützt.

Herstellen eines Innengewindes von Hand. Zuerst muss passend zum Nenndurchmesser des Gewindes das Kernloch mit dem richtigen Durchmesser an der richtigen Position gebohrt werden. Den exakten Wert sollte man immer aus einer Norm-Tabelle entnehmen. Faustregeln wie „Faktor 0,8 vom Nenndurchmesser" gelten als fachlich nicht korrekt. Das Kernloch muss mit 120 Grad angesenkt werden, damit der Gewindebohrer sauber angesetzt werden kann und sofort schneidet (Tabelle 97.1).

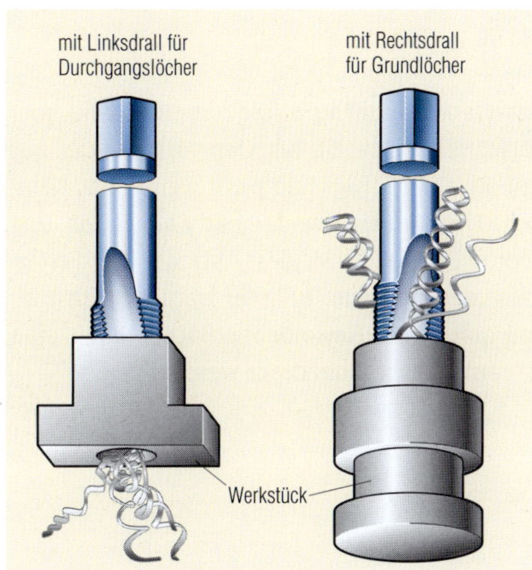

Bild 97.1 Maschinengewindebohrer.

Lehren → S. 105

Kernloch	Ansetzen	Korrigieren	Eindrehen	Prüfen
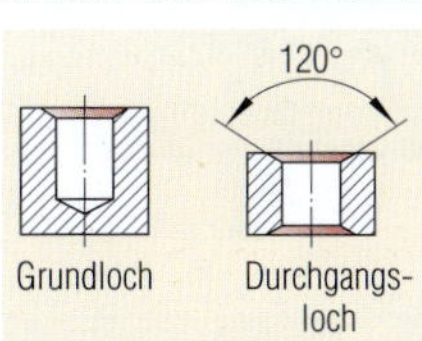	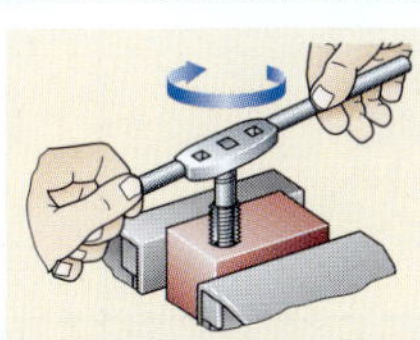	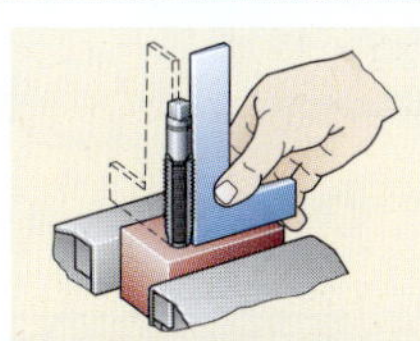	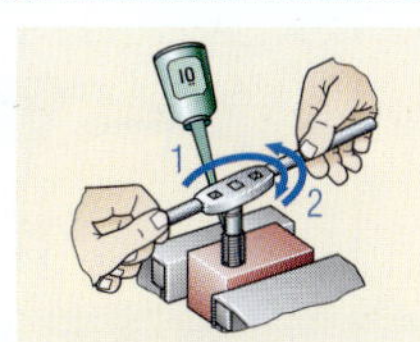	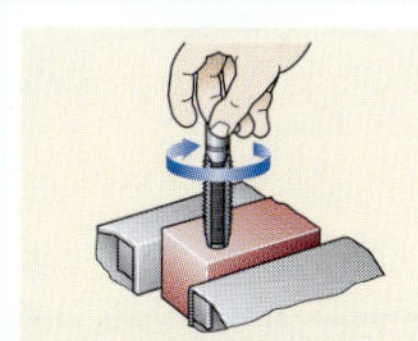
Das Kernloch wird normgerecht gebohrt und angesenkt.	Der Bohrer wird in ein Windeisen eingespannt und senkrecht eine Umdrehung eingedreht.	Mit einem Winkelmesser wird die Winkligkeit geprüft; bei Bedarf herausdrehen und neu ansetzen; Gewindebohrer nicht biegen.	Bohrung mit Schneidöl benetzen, Gewindebohrer spätestens nach einer Umdrehung um ¼ Umdrehung zurückdrehen – Span brechen.	Mit einer Gewindelehre auf Leichtgängigkeit und Spiel prüfen.

Tabelle 97.1 Herstellung eines Innengewindes von Hand.

Gearbeitet wird mit einem dreiteiligen Gewindebohrersatz (Bild 98.1).

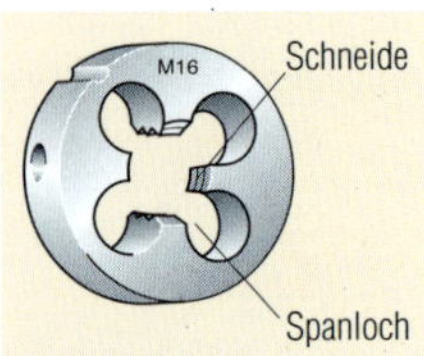

Bild 98.2
Schneideisen für Außengewinde.

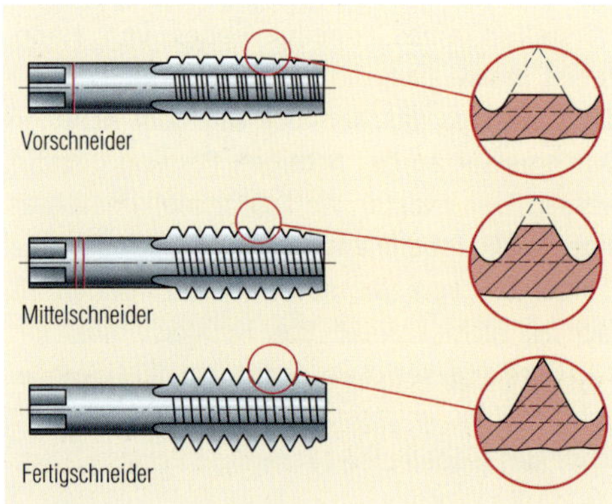

Bild 98.1 Gewindebohrersatz.

Der Werkstoffabtrag erfolgt überwiegend vom Vorschneider (ca. 50%). Der Vorschneider hat eine Rille am Schaft und passt weit in das Kernloch. Der Mittelschneider hat zwei Rillen und übernimmt ca. 34% des Abtrags. Der Fertigschneider hat keine Rille; er trägt den Rest ab und glättet die Gewindeoberfläche, damit eine Schraube leicht eingedreht werden kann.

Herstellen eines Außengewindes von Hand. Vor dem Schneiden muss das Bolzenende kegelig angespitzt werden. Gearbeitet wird meist mit einem einteiligen Werkzeugsatz. Das Schneideisen (Bild 98.2) hat Spanlöcher zur Spanabfuhr; die ersten Gewindegänge schneiden, die mittleren glätten das Gewinde (Tabelle 98.1).

Prüfen von Gewinden. Dies kann durch Lehren und mechanisches Messen erfolgen. Die Werkstattprüfung von Gewinden bezieht sich auf die Prüfung der Form und der Steigung. Dazu benutzt man Gewinde-(Form)lehren.

Bohren. Die Spanabnahme erfolgt beim Bohren durch das Zusammenwirken von zwei Bewegungen:

- Schnittbewegung. Der in die Bohrspindel eingesetzte Bohrer dreht sich um seine Achse.
- Vorschubbewegung. Der Bohrer bewegt sich gleichzeitig in axialer Richtung. Die Bohrspäne werden durch gewendelte Nuten abgeführt. Vorschub ist der Weg, der während einer Bohrerumdrehung zurückgelegt wird.

Bohrwerkzeuge. Wendelbohrer bestehen aus einem Schaft und einem Schneidenteil. Wendelbohrer mit Zylinderschaft spannt man im Bohrfutter. Bohrer mit Kegelschaft werden in den Innenkegel der Bohrmaschinenspindel eingesetzt.

Außenfase anbringen	Ansetzen	Fertigschneiden	Prüfen
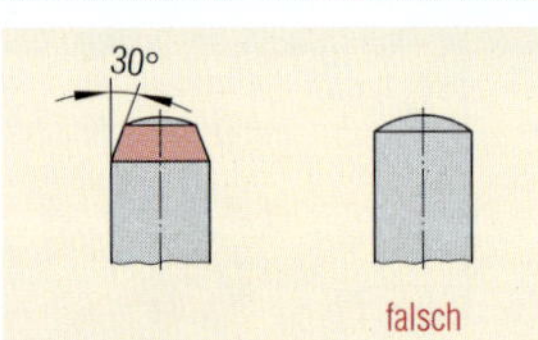	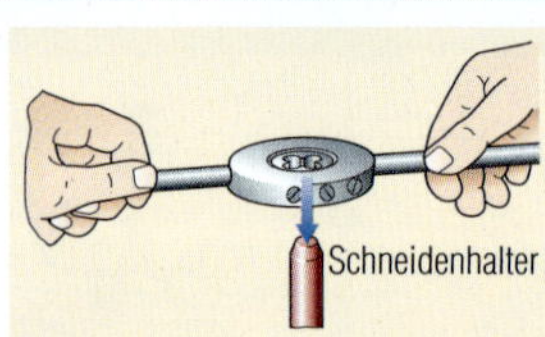		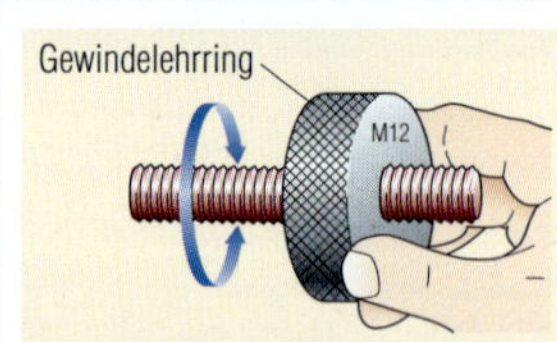
Die Fase ermöglicht ein winkliges Ansetzen.	Exakt winklig ansetzen und mit einem Winkel überprüfen. Selbst kleine Fehler führen zu einem schrägen Gewinde.	Mit Schneidöl und regelmäßigem Spanbrechen das Gewinde auf die richtige Länge schneiden.	Mit einer Prüflehre (oder als Werkstatthilfsmittel mit einer neuen Mutter) auf Leichtgängigkeit prüfen.

Tabelle 98.1 Herstellung eines Außengewindes von Hand.

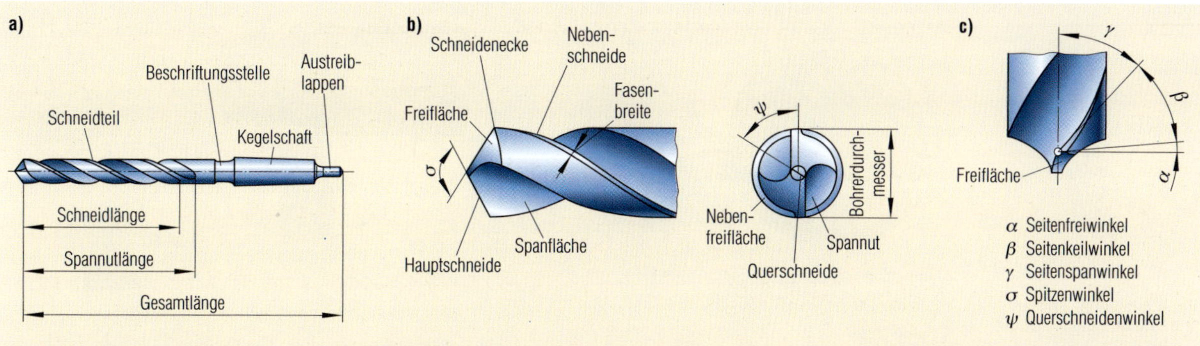

Der **Seitenfreiwinkel** α entsteht durch Hinterschleifen der Hauptschneiden. Dadurch sind die Freiflächen um den Winkel geneigt. Die Größe des Seitenfreiwinkels sollte mindestens 5 ° … 8 ° sein, höchstens jedoch 10 ° … 18 °, je nach Bohrerart und Werkstoffbeschaffenheit.

Der **Seitenkeilwinkel** β wird von der Freifläche und der Spanfläche eingeschlossen. Er ergibt sich aus der Lage der Freifläche und dem Drallwinkel der Wendelnut. Maßgebend für die Größe des Schneidkeils ist der Drallwinkel, da der Freiwinkel relativ konstant bleibt.

Der **Seitenspanwinkel** γ entspricht dem Drallwinkel der Wendelnut. Er wird zwischen Spanfläche und Bohrungslängsachse gebildet. Der Seitenspanwinkel ist abhängig vom zu bearbeitenden Werkstoff. Mit zunehmender Festigkeit und Härte des Werkstoffes nimmt der Seitenspanwinkel ab, der Seitenkeilwinkel zu.

Bild 99.1 Winkel an der Bohrerschneide.

Der Schneidenteil besteht aus zwei Hauptschneiden, zwei Nebenschneiden und einer Querschneide. Die Hauptschneiden werden durch die Spanflächen der Wendelnuten und die hinterschliffenen Hauptfreiflächen gebildet. Die geradlinigen Hauptschneiden schließen den Spitzenwinkel σ ein. Das Zusammentreffen der Hauptfreiflächen im Bohrerkern führt zur Querschneide. Sie wirkt beim Bohrungsvorgang schabend. Die Fasen geben dem Bohrer eine Seitenführung (Bild 99.1).

Aufbohren und Senken (Plan- und Profilsenken). Wenn Bohrungen den Qualitätsanforderungen nicht genügen, müssen sie nachbearbeitet werden. Eine Nachbearbeitung durch Aufbohren oder Senken ist dann erforderlich, wenn ein Grat zu entfernen ist oder unterschiedliche Schraubenkopfformen aufzunehmen sind.

Aufbohren ist die Erweiterung eines vorgefertigten Loches mit einem mehrschneidigen Werkzeug. Aufbohrer verbessern die Oberflächengüte und Formgenauigkeit.

Senken ist ein Formbohren mit besonderen Werkzeugen. Die Stirnschneiden der Senker erzeugen eine Vertiefung (Senkung) mit planer (flacher) oder kegeliger Fläche. Damit die Senkung genau zentrisch zum vorgefertigten Loch liegt, besitzen verschiedene Senker einen Führungszapfen. Kegelige Vertiefungen dienen dem Entgraten und dem Einsetzen von Senkschrauben und Senknieten.

Reiben. Unter Reiben versteht man ein Schlichten von zuvor mit Untermaß gebohrten Löchern. Es werden maßhaltige und formgenaue zylindrische oder kegelige Bohrungen mit glatter Oberfläche erzeugt. Die Spanabnahme ist gering. Die Schneidenwirkung ist schabend (Spanwinkel $\gamma < 0\,°$).

Reibahlen sind mehrschneidige Werkzeuge. Sie besitzen stets eine gerade Anzahl von Schneiden (Bild 99.2). Die Abstände der Schneiden voneinander sind ungleich groß. Das verhindert Unebenheiten (Rattermarken) in der Bohrung. Im Kfz-Bereich sind verstellbare Handreibahlen gebräuchlich.

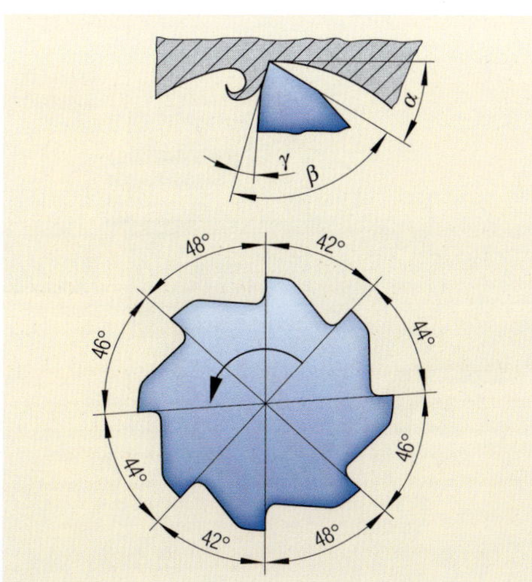

Bild 99.2 Zahnteilung und Winkel bei Reibahlen.

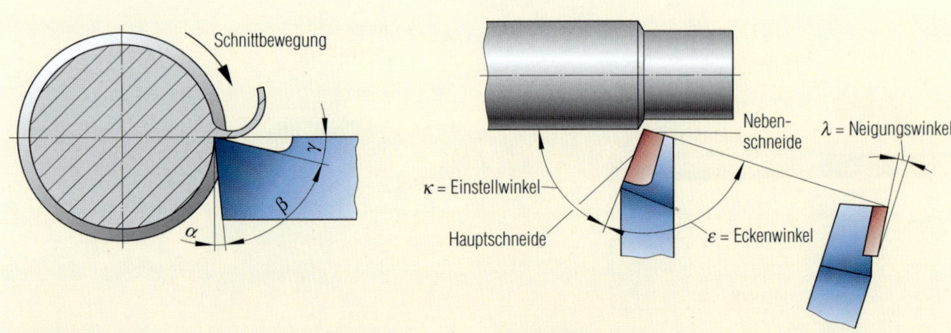

Freiwinkel α
Er muss so groß sein, dass die Freifläche nicht am Werkstück reibt. Große Freiwinkel erhöhen die Standzeit, schwächen aber die Schneide.

Keilwinkel β
Der Keilwinkel liegt zwischen Frei- und Spanfläche. Keil-, Frei- und Spanwinkel ergeben die Winkelsumme 90 °.

Spanwinkel γ
Der Spanwinkel soll möglichst groß sein. Der Span kann so abgehoben und über die Spanfläche abgeführt werden. Der Schnittdruck wird verringert.

Einstellwinkel ϰ
Der Einstellwinkel wird gebildet zwischen der Hauptschneide und der Vorschubrichtung. Er beeinflusst die Standzeit.

Eckenwinkel ε
Bei Schruppbearbeitung wählt man einen großen Eckenwinkel, da die Wärmeableitung verbessert und gleichzeitig die Schneidenspitze stabilisiert wird.

Neigungswinkel λ
Der Neigungswinkel beeinflusst die Spanlaufrichtung. Steigt die Schneide von der Schneidenecke her an, ist der Neigungswinkel negativ, umgekehrt positiv.

Bild 100.1 Winkel am Drehmeißel.

Drehen. Durch Drehen werden kreis- oder kreisringförmige (rotationssymmetrische) Querschnittsflächen erzeugt. Das im Spannfutter gespannte Werkstück führt die kreisförmige Schnittbewegung aus; die geradlinige Vorschubbewegung und somit die Spanabnahme wird vom Werkzeug ausgeführt. Das Schnittwerkzeug (Drehmeißel) ist ständig im Eingriff. Es lässt sich mithilfe von Schlitten (Quer- und Längsschlitten) längs oder quer zur Werkstückachse bewegen. Daraus ergeben sich die Zustell- und die Vorschubbewegung.

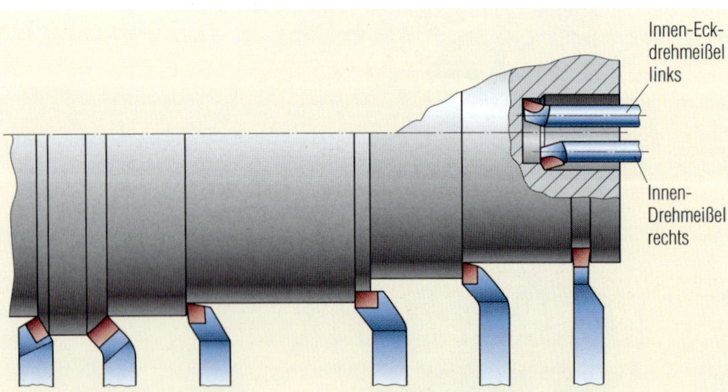

Bild 100.2 Drehmeißelarten.

Drehmeißel sind einschneidige Werkzeuge, die eine Haupt- und eine Nebenschneide haben (Bild 100.1). Während die Hauptschneide den Span in Vorschubrichtung abnimmt, trennt die Nebenschneide ihn am Umfang des Werkstücks.

Wegen der sehr unterschiedlichen Dreharbeiten gibt es viele verschiedene Bauarten von Drehmeißeln (Bild 100.2).

Schneidstoffe für Drehmeißel. Schnellarbeitsstähle sind bis ca. 600 ° wärmebeständig. Sie können mit Titannitrid beschichtet werden. Diese Beschichtung vergrößert das Einsatzgebiet in der Zerspanung.

Hartmetalle (HM) sind bis ca. 1000 °C wärmebeständig. Sie werden aufgelötet oder auf den Schaft festgeklemmt bzw. geschraubt. Hartmetallschneidstoffe erlauben hohe Schnittgeschwindigkeiten.

Schneidkeramik (SK) ist bis ca. 1800 °C wärmebeständig. Schneidkeramische Werkstoffe werden als Schneidplatten gefertigt und wie Hartmetalle in Klemmsysteme gespannt. Die Schneidstoffe sind sehr spröde. Stoßartige Belastungen sind wegen der Gefahr des Ausbrechens zu vermeiden!

Fräsen. Durch Fräsen werden ebene oder gekrümmte Innen- und Außenflächen erzeugt.

Die Fräswerkzeuge sind mehrschneidige Werkzeuge. Die Schneiden können an der Mantelfläche oder an der Stirnfläche angeordnet sein. Während des Zerspanens sind in der Regel mehrere Schneiden im Eingriff. Beim Fräsvorgang unterscheidet man vier Arbeitsbewegungen: Schnitt-, Vorschub-, Zustell- und Quervorschubbewegung.

Die Fräsverfahren werden unterschieden nach:
- der Form der erzeugten Fläche in Plan- und Rundlauffräsen,
- der Lage der Werkzeugschneiden in Umfangs- und Stirnfräsen und
- der Richtung der Bewegung in Gleich- und Gegenlauffräsen (Bild 101.1).

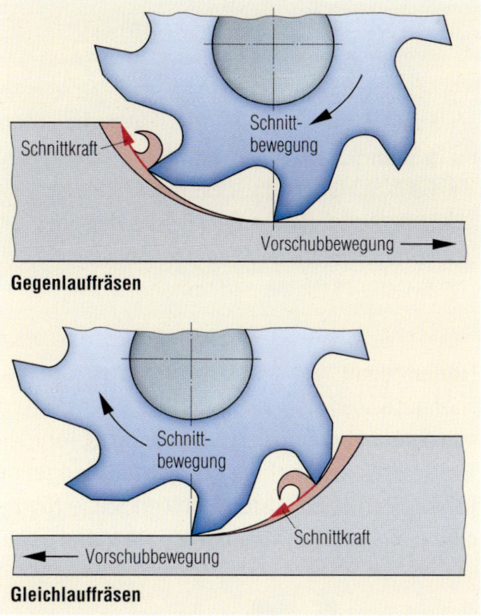

Bild 101.1 Fräsverfahren.

Fräswerkzeuge. Der Schneidkeil des Fräsers ist mit dem des Drehmeißels und anderer spanender Werkzeuge vergleichbar. Der Schneidkeil wird auch hier von Spanwinkel, Freiwinkel und Keilwinkel gebildet. Je nach Form der Freifläche gibt es spitzgezahnte Fräser (Zähne gefräst) und hinterdrehte/hinterschliffene Fräser. Spitzgezahnte Fräser werden an der Freifläche, hinterdrehte/hinterschliffene Fräser an der Spanfläche nachgeschliffen.

Schleifen ist – im Gegensatz zu den bisher besprochenen Arbeitsverfahren – Spanen mit geometrisch unbestimmten Schneiden
- zur Bearbeitung schwer zerspanbarer Werkstoffe,
- zum Trennen und Verputzen von Metallteilen,
- zum Schärfen von Werkzeugschneiden und
- als Feinbearbeitungsverfahren zur Erzeugung hoher Oberflächengüte, Form- und Maßhaltigkeit.

Die Schleifscheibe besteht aus einer Vielzahl harter, Späne abtragender Schleifkörner und einem Bindemittel (Bild 101.2). Die Ausrichtung der Schleifkörner ist zufällig. Das Einzelkorn kann daher entweder einen positiven oder einen negativen Spanwinkel haben. Daraus ergibt sich eine schneidende und/oder schabende Wirkung.

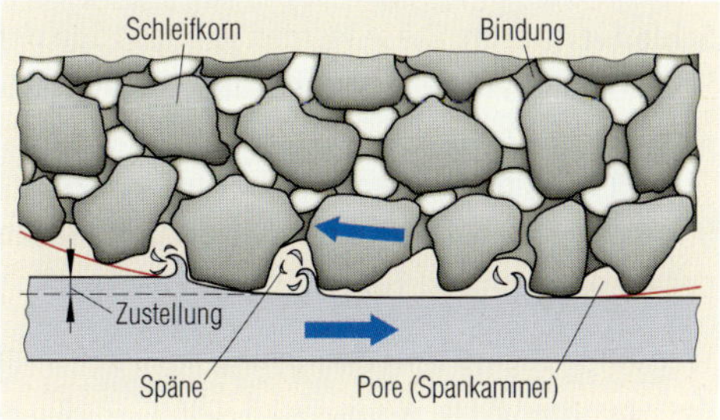

Bild 101.2 Aufbau/Gefüge einer Schleifscheibe.

Schleifmittel. Es gibt natürliche und künstliche Werkstoffe für Schleifkörner. Zu den natürlichen zählen Sandstein, Quarz, Bimsstein (Lava), Naturkorund (Aluminiumoxid) und Diamant. Bis auf den Diamanten haben natürliche Schleifmittel wegen ihrer unzureichenden Festigkeit eine untergeordnete Bedeutung.

Für Schleifscheiben werden fast ausschließlich synthetische Kornwerkstoffe eingesetzt. Dazu gehören Elektrokorund (Normal-, Halbedel- und Edelkorund), Siliciumkarbid, Bornitrid und synthetische Diamanten.

Körnung, Bindung, Härtegrad und Gefüge. Die Korngröße beeinflusst unmittelbar die Zerspanungsleistung und Oberflächengüte. Ein grobes Korn wird für weiche, ein feines Korn für harte Werkstoffe benutzt.

Die Bindung hält die einzelnen Schleifkörner auf der Schleifscheibe bzw. dem Schleifband zusammen. Es werden mineralische, keramische, metallische, harz- und kautschukartige Bindungen verwendet, die unterschiedliche Gebrauchseigenschaften besitzen.

Der Härtegrad bestimmt den Widerstand, den das Bindemittel dem Herausbrechen des Kornwerkstoffs aus dem Schleifkörperverbund entgegensetzt. Die Härte der Schleifscheibe hängt ab vom zu bearbeitenden Werkstück. Je härter der Werkstoff ist, desto weicher muß die Schleifscheibe sein und umgekehrt.

Das Gefüge ist gekennzeichnet durch die Verteilung von Schleifkörnern, Bindemittel und Porenraum. Je größer die Gefügekennzahl, desto offener bzw. poröser ist die Schleifscheibe.

Schleifverfahren. Diese werden je nach Lage der Schleifkörner zur Bearbeitungsfläche eingeteilt. Demnach entspricht das Umfangsschleifen dem Schleifen mit der Umfangsfläche des Werkzeugs, Stirnschleifen dem Schleifen mit der Stirnfläche des Werkzeugs (Bild 102.1).

Weiterhin ist eine Unterscheidung nach der Form der bearbeiteten Werkstückflächen möglich. Planschleifen (Flachschleifen) erzeugt ebene Flächen, Rundschleifen (Außen- und Innenrundschleifen) drehsymmetrische Schnittflächen am Werkstück.

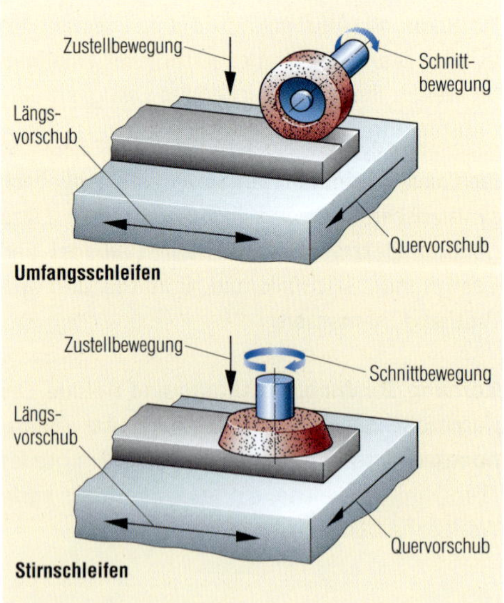

Bild 102.1 Schleifverfahren.

Das Plan-Umfangsschleifen bietet Vorteile aufgrund der einfachen Spannmöglichkeiten der Werkstücke auf Magnetplatten und eine hohe Oberflächengüte.

Arbeitshinweise, Regeln und Unfallverhütung beim Schleifen

- Bedienungs- und Aufbauanleitung beachten!
- Vor Beginn der Schleifarbeit Drehzahl/Umfangsgeschwindigkeit, Vorschub und Spanungstiefe einstellen!
- Schleifscheibe auf Unversehrtheit überprüfen (Klangprobe)!
- Schleifscheibe mit Abricht-Diamant abrichten!
- Probelauf bei neuen Schleifscheiben! Gefahrenbereich absichern!
- Höchstzulässige Schnittgeschwindigkeit nie überschreiten! Angabe auf der Scheibe beachten!
- Schutzhauben schließen! Schutzbrille tragen!
- Beim Schleifen am Schleifbock Vorlage max. 2 mm von der Schleifscheibe entfernen! Gefahr des Werkstückeinzugs zwischen Scheibe und Vorlage!

Honen dient der Verbesserung der Oberflächengüte sowie der Maß- und Formgenauigkeit von bereits vorgearbeiteten Bohrungen, Formteilen oder Wellen mithilfe geeigneter Werkzeuge (Bild 102.2). Mehrleisten-Honwerkzeuge führen eine gleichzeitige Dreh- und axiale Vorschubbe-

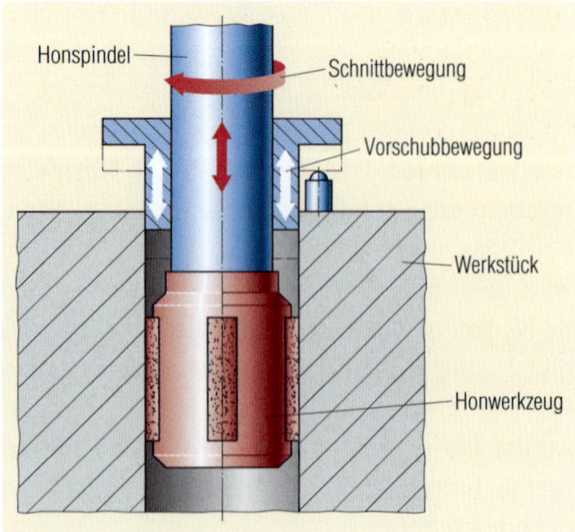

Bild 102.2 Bewegungsvorgänge beim Honen.

wegung aus. Dadurch ergibt sich eine typische Oberflächenstruktur von sich kreuzenden Rillen, die z. B. bei Zylindern eine bessere Abdichtung und Schmierung der Kolbenringe ermöglicht. Der Kühlschmierstoff (Petroleum, spezielle Honöle) transportiert die anfallenden Späne, schmiert die Schneiden und führt die entstehende Reibungswärme ab.

Läppen. Im Gegensatz zum Schleifen und Honen wird das Läppen mit losen Schleifkörnern durchgeführt. Zur Erzielung großer Form- und Maßgenauigkeit sowie Oberflächengüte können fast alle Metalle, Oxidkeramiken, Rohglas, Natur- und Hartstoffe, Kunststoffe u. ä. maschinell oder von Hand bearbeitet werden.

Während des Bearbeitungsprozesses bilden die losen Körner mit dem flüssigen Bindemittel das Läppmittel. Werkzeug und Werkstück gleiten unter ständigem Richtungswechsel aufeinander. Das Läppmittel schiebt sich einerseits zwischen Werkzeug und Werkstück, andererseits werden Körner von der Läppplatte gehalten. Zwischen Platte und Werkstückoberfläche erfolgt ein Spanen (z. B. „Einschleifen" von Ventilsitzen).

2.6 Bauteile beschichten

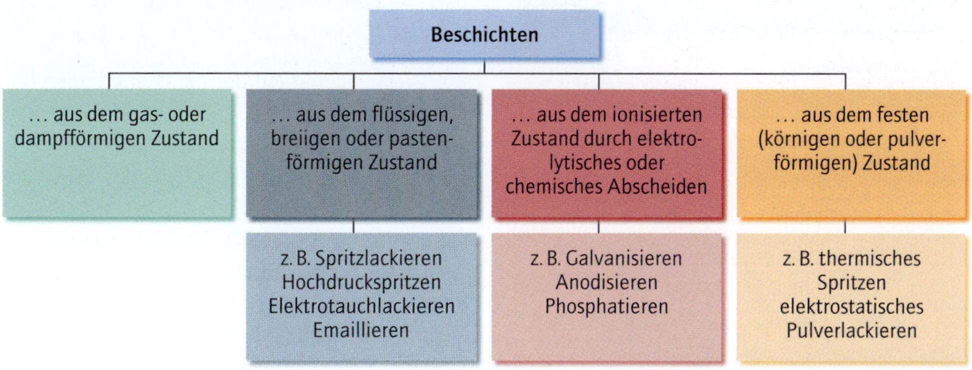

Beschichtet wird im Fahrzeugbau als Korrosionsschutzmaßnahme, zur Verschönerung und zur Erhöhung der Verschleißfestigkeit von Teilen. Dabei werden metallische oder nichtmetallische Schutzschichten aufgebracht (z. B. Verzinken durch Galvanisieren oder Lackieren).

Feuerverzinken. Die Oberflächen von Werkstücken und Halbzeugen aus Stahl müssen vor dem galvanischen Verzinken metallisch rein sein. Die gereinigten Teile werden in ein Verzinkungsbad (Temperatur ca. 450 °C) getaucht. Es bildet sich ein Überzug aus Zink, an den Grenzflächen von Stahl und Zink entsteht eine Legierung aus Eisen und Zink. Die Dicke der Zinkschicht kann durch die Tauchzeit, die Badtemperatur und die Stahlzusammensetzung beeinflusst werden.

Galvanisieren beruht darauf, dass sich das jeweilige Deckmetall mithilfe des elektrischen Stromes (Elektrolyse) auf dem Grundmetall ablagert. Das Werkstück bildet die Kathode, das Überzugsmetall die Anode (Ausnahme Chrom) (Bild 104.1). Galvanische Überzüge haben folgende Vorteile:

- Beschichten komplizierter Werkstückformen möglich,
- beliebige Schichtdicke in Abhängigkeit von der Stromdichte erreichbar,
- Herstellen von hochglänzenden Überzügen möglich.

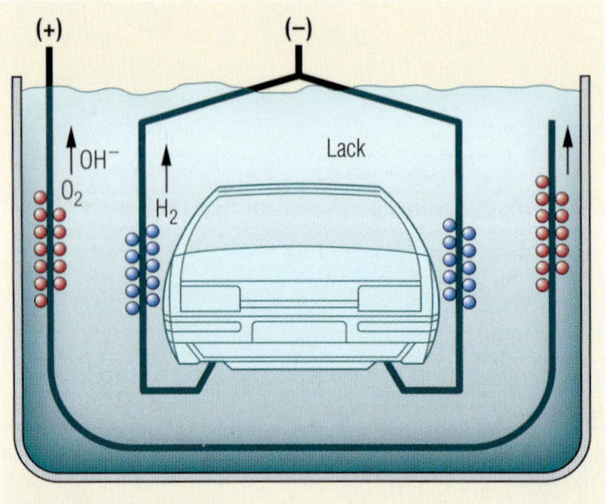

Kathodische Reaktion:
$2H_2O + 2e^- \rightarrow H_2\uparrow + 2OH^-$ (Anstieg des pH-Wertes)
$R_3NH^+ + OH^- \rightarrow R_3N\downarrow + H_2O$ (Abscheidung des Lacks)

Bild 104.1 Galvanische Schutzschicht.

Lackieren. Durch das Lackieren der Fahrzeugkarosserie entsteht ein dauerhafter Korrosionsschutz. Außerdem dient es der optischen Aufwertung des Fahrzeugs.

Lacke sollen ein hohes Haftvermögen und ein gewisses elastisches Verhalten aufweisen. Dadurch bilden sie eine relativ kratzfeste Oberfläche und sind beständig gegen äußere Witterungseinflüsse wie Regen, Schnee, Eis, Hagel, Spritzwasser, Temperaturwechsel und Streusalz.

Lacke müssen mechanischen Belastungen, wie Schotter-, Splitt-, Steinschlag, Wüstensand und bürstenintensiver Waschstraßenpflege, widerstehen.

Auch chemische Einflüsse wirken auf den Fahrzeuglack ein. Neben der UV-Strahlung durch die Sonne greifen Vogelkot, vertropfte Kraftstoffreste beim Tanken, Betriebsflüssigkeiten (z. B. Bremsflüssigkeit), aber auch Sonnencreme den Lack an.

Moderne Fahrzeuglacke werden aus ökologischen Gründen zunehmend auf wasserlöslicher statt lösungsmittelhaltiger Basis hergestellt. Mithilfe der Lackgrundtypen „Uni" und „Metallic" lassen sich Farbgebungen erzeugen, die je nach Lichteinfall unterschiedlich glänzen und schillern.

Die Lackschichten auf der Karosserie haben folgenden Aufbau (Bild 104.2):

- die kathodische Tauchlackierung (KTL; Grundierung) ist die Basis des Korrosionsschutzes;
- der Füller glättet die Oberfläche und sorgt für das elastische Verhalten des Lackes;
- Basislacke (Uni- und Metalliclacke) sorgen für Farbgebung und Effekte;
- Klarlack als Deckschicht versiegelt und schützt den Lack.

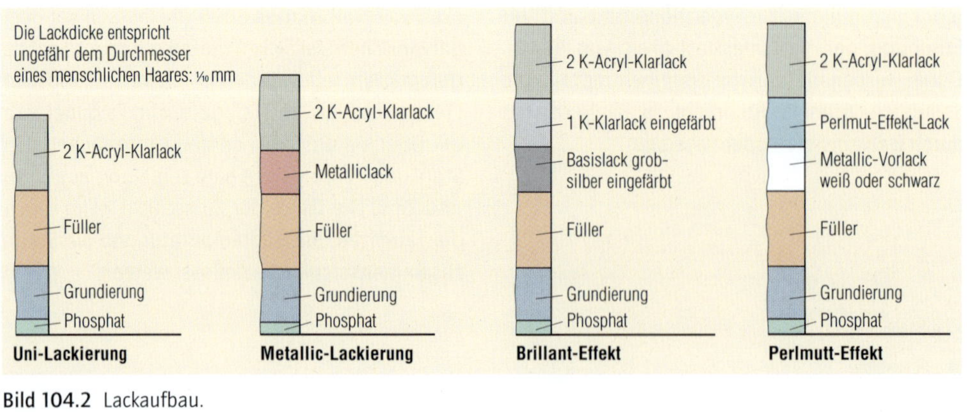

Bild 104.2 Lackaufbau.

2.7 Bauteile prüfen

2.7.1 Bedeutung der Prüftechnik

Die Fertigung eines Kraftfahrzeuges muss präzise nach Konstruktionsvorgaben erfolgen. Die Prüftechnik hat direkten Einfluss auf den Fertigungsprozess und die Produktqualität.

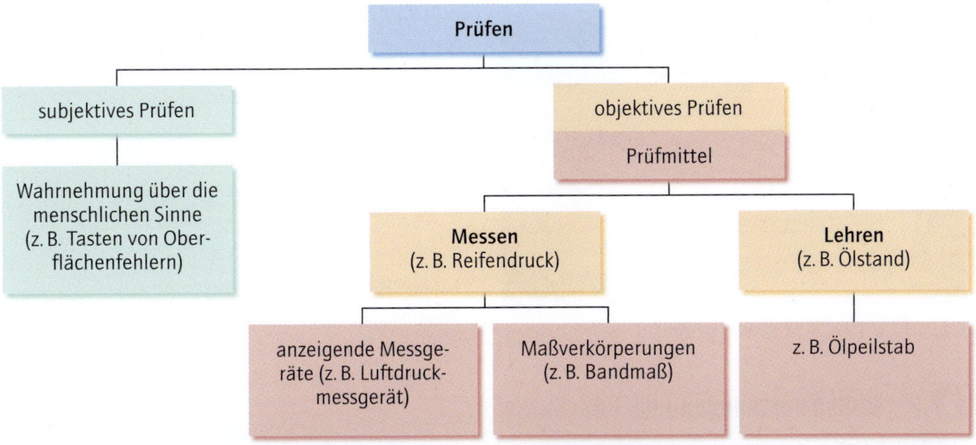

Prüfen ist das Vergleichen eines vorhandenen Zustandes mit dem gewünschten Zustand und demnach ein SOLL-IST-Vergleich.

Es gibt subjektives und objektives Prüfen. Bei der Montage ist u. a. zu prüfen, ob alle Einzelteile vorhanden und die Oberflächen unbeschädigt sind (Sichtprüfung). Abschließend muss festgestellt werden, ob die Funktion aller Bauteile gewährleistet ist (Funktionsprüfung). Beim subjektiven Prüfen verlässt sich der Prüfer ganz auf seine Sinneswahrnehmung (Sehen, Hören, Tasten).

Im Gegensatz dazu werden beim objektiven Prüfen Prüfmittel wie Messgeräte und Lehren eingesetzt. Bei Servicearbeiten werden z. B. Reifenfülldrücke und Ölstände geprüft. Prüfmittel sind Druckmessgerät und Ölpeilstab.

Der Reifenfülldruck wird wie in Bild 105.1 dargestellt gemessen. Das Messgerät zeigt einen Messwert (IST-Wert) an, z. B. 1,8 bar.

Messen ist das Erfassen einer physikalischen Größe mithilfe eines Messgerätes. Der ermittelte Messwert wird dann mit dem Sollwert verglichen.

Bild 105.1 Der Reifenfülldruck wird gemessen.

Messwerte sind physikalische Größen, die aus Zahlenwert und Einheit bestehen:

$$p = 1{,}8\ \text{bar}$$

physikalische Größe = Zahlenwert · Maßeinheit

Beim **Lehren** wird festgestellt, ob ein Prüfgegenstand innerhalb vorgegebener Grenzen liegt oder nicht. Das Ergebnis des Lehrens ist also kein Zahlenwert mit Maßeinheit.

Die Kontrolle des Ölstands im Motor erfolgt durch Lehren mit dem Peilstab (Bild 106.1). Man erhält beim Lehren kein zahlenmäßiges Ergebnis, z. B. 4,5 Liter Öl vorhanden, sondern nur die Aussage „ausreichend/gut/ i. O." oder „zu wenig/nicht gut/n. i. O.".

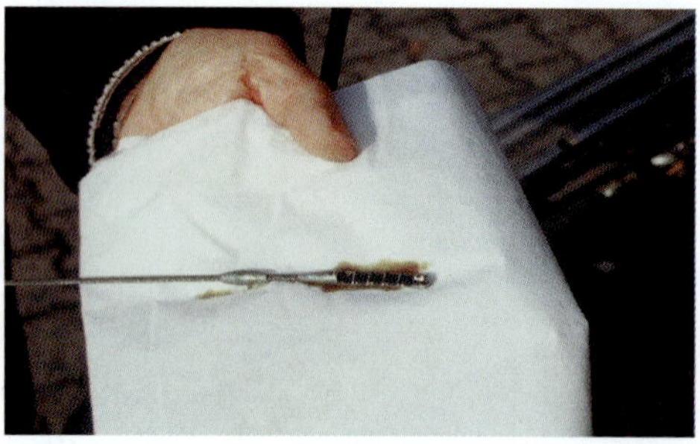

Bild 106.1 Der Ölstand wird gelehrt.

2.7.2 Maßabweichungen und Toleranzen

Aus wirtschaftlichen Gründen ist es nicht vertretbar, die größtmögliche Fertigungsgenauigkeit anzustreben. Die anzustrebende Genauigkeit wird vielmehr durch die Funktion des Produktes bestimmt.

So dürfen z. B. beim Zusammenbau des Verbrennungsmotors nur kleine Abweichungen (Fertigungstoleranzen) auftreten, während die Fertigungstoleranz beim Zusammenbau der Karosserie größer ist.

G_s: oberes Grenzmaß (supèrieur)
G_i: unteres Grenzmaß (infèrieur)
E_s: oberes Abmaß (ècart supèrieur)
E_i: unteres Abmaß (ècart infèrieur)

Es gilt der Grundsatz, dass eine wirtschaftliche Fertigung so grob wie möglich und so genau wie nötig zu erfolgen hat.

Dies berücksichtigt, dass ein vorgegebenes Fertigungsmaß (Sollmaß) innerhalb einer Bandbreite schwanken darf. Diese Schwankungsbreite muss so gewählt werden, dass die Funktion und die angestrebte Lebensdauer des Produktes sichergestellt sind.

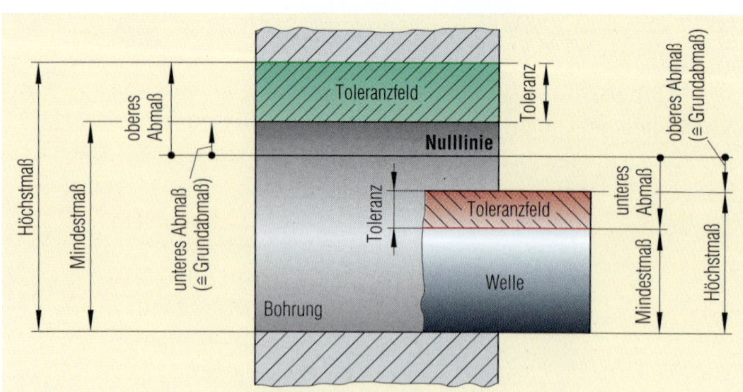

Bild 106.2 Begriffe von Maßabweichungen und Toleranzen.

Die in der Technik geduldete Ungenauigkeit wird als Toleranz bezeichnet.

Prinzipiell gilt: Je kleiner die Fertigungstoleranz festgelegt wird, desto aufwändiger und teurer ist die Herstellung.

Man unterscheidet:
- Maßtoleranzen,
- Formtoleranzen (diese geben die zulässigen Abweichungen eines Elements von der geometrisch idealen Form an),
- Lagetoleranzen (sie geben die zulässigen Abweichungen von der geometrisch idealen Lage zweier oder mehrerer Elemente zueinander an; Tabelle 107.1).

In Bild 106.2 sind die wichtigsten Begriffe dargestellt, mit denen Maßabweichungen und Toleranzen bezeichnet werden:

Nennmaß *(N)* ist das in der technischen Zeichnung angegebene Maß. Auf das Nennmaß beziehen sich die zulässigen Abweichungen.

Grenzmaße bezeichnen die zulässige Abweichung vom Nennmaß. Man unterscheidet:
- Höchstmaß G_s = oberes Grenzmaß (größtes zulässiges Maß),
- Mindestmaß G_i = unteres Grenzmaß (kleinstes zulässiges Maß),
- oberes Abmaß E_s = Differenz zwischen dem Höchstmaß und dem Nennmaß,
- unteres Abmaß E_i = Differenz zwischen dem Mindestmaß und dem Nennmaß.

Toleranz ist der Fertigungsspielraum zwischen dem Höchst- und dem Mindestmaß bzw. die Differenz zwischen oberem und unterem Abmaß. Sind zu den Nennmaßen keine Abmaße angegeben, gelten für Längenmaße Allgemeintoleranzen nach DIN ISO 2768. Für bestimmte Nennmaßbereiche sind die zulässigen Grenzmaße aufgeführt.

Istmaß ist das durch Messen des fertigen Werkstückes ermittelte Maß. Fertigungsabweichungen können zu unterschiedlichen Istmaßen am gleichen Werkstück führen.

Art der Toleranz		Tol. Eigenschaft / Symbol	Toleranzzone	Zeichnungseintrag	Erklärung
Formtoleranzen		Ebenheit ⏥	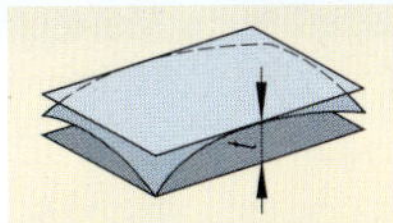	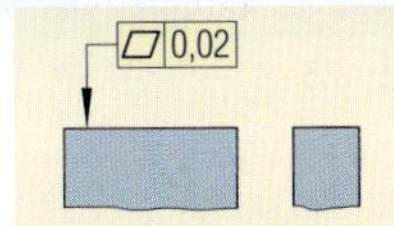	Die tolerierte Fläche muss zwischen zwei parallelen Ebenen mit 0,02 mm Abstand liegen.
		Zylinderform ⌭	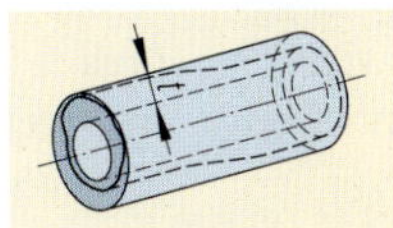	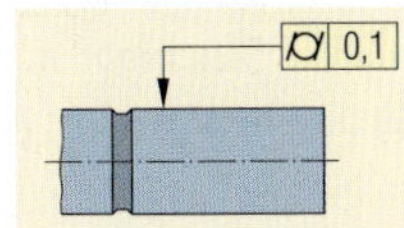	Die tolerierte Mantelfläche muss zwischen zwei koaxialen Zylindern liegen, die einen Abstand von 0,1 mm haben.
Lagetoleranzen	Richtungstoleranzen	Parallelität //	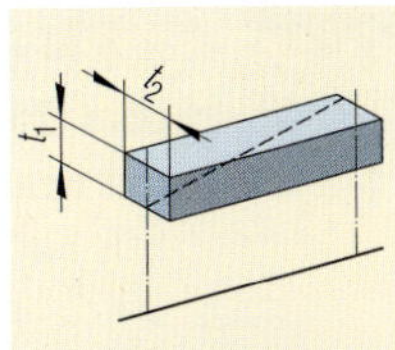	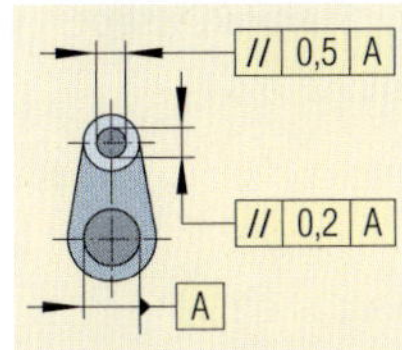	Die tolerierte Achse der oberen Bohrung muss innerhalb eines Quaders mit dem Querschnitt $t_1 \cdot t_2 = 0{,}2\,\text{mm} \cdot 0{,}5\,\text{mm}$ liegen, der parallel zur Bezugsachse A ist. t_1 und t_2 erstrecken sich in Pfeilrichtung.
		Parallelität //	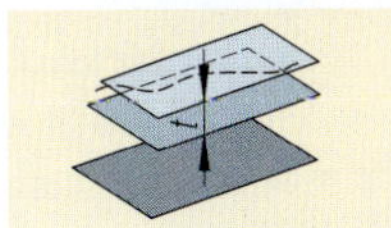	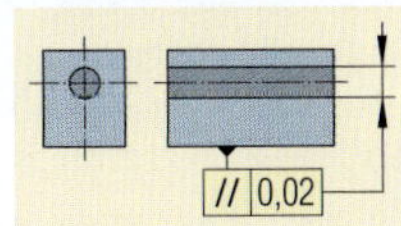	Die tolerierte Achse der Bohrung muss zwischen zwei zur Bezugsfläche parallelen Ebenen mit 0,02 mm Abstand liegen.
		Neigung (Winkligkeit) ∠	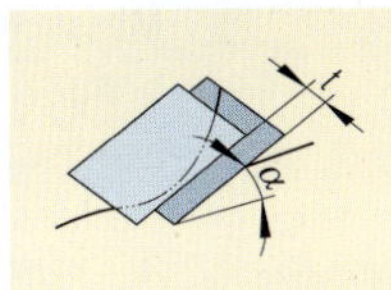	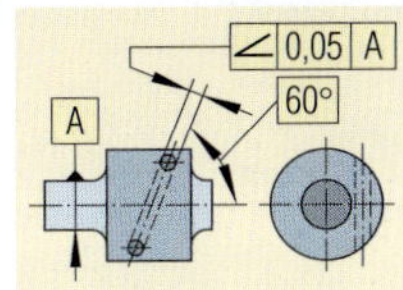	Die tolerierte Achse der Bohrung muss zwischen zwei parallelen und zur Bezugsachse im Winkel von 60 ° geneigten Ebenen mit 0,05 mm Abstand liegen.
	Ortstoleranzen	Position ⌖	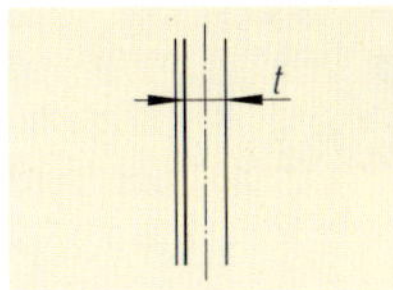	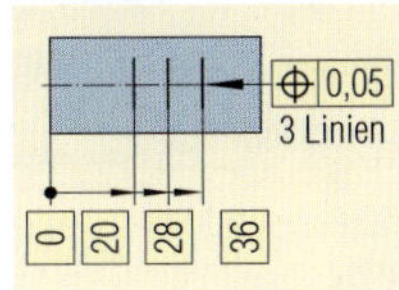	Jede der tolerierten Markierungslinien muss zwischen zwei parallelen geraden Linien mit 0,05 mm Abstand liegen, die symmetrisch zum theoretisch genauen Ort liegen.
		Symmetrie ⌯	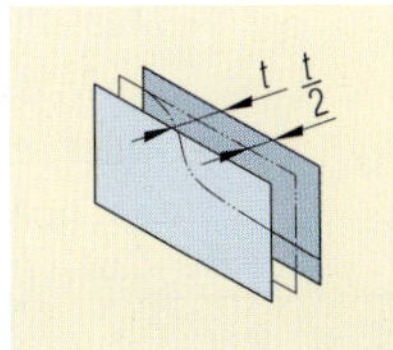	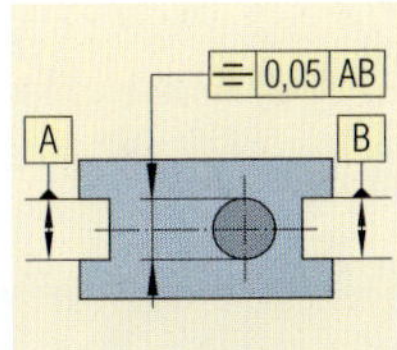	Die tolerierte Achse der Bohrung muss zwischen zwei parallelen Ebenen mit t = 0,05 mm Abstand liegen, die symmetrisch zur Mittelebene der Schlitze *A* und *B* angeordnet sind.
	Lauftoleranzen	Rundlauf ↗	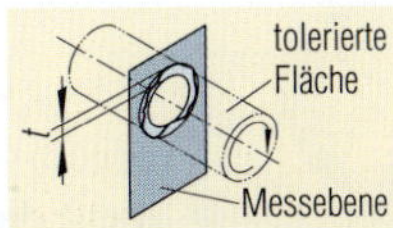	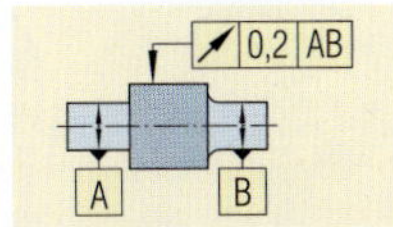	Bei Drehung um die Bezugsachse *AB* darf die Rundlaufabweichung in jeder achssenkrechten Messebene 0,2 mm nicht überschreiten.
		Planlauf ↗	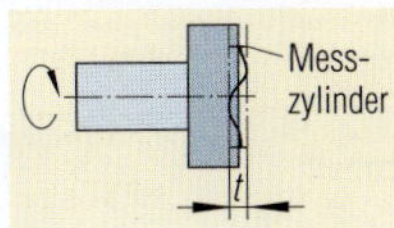	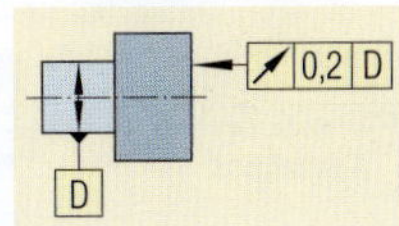	Bei Drehung um die Bezugsachse *D* darf die Planabweichung an jeder beliebigen Messposition 0,2 mm nicht überschreiten.

Tabelle 107.1 Toleranzen und ihre Bedeutung.

2.7.3 Längenmessgeräte

Lehren (Prüfmittel): Bestimmtes festes Maß oder eine bestimmte (Soll-)Form von Prüfgegenständen.

Nonius: Hilfsmaßstab zum Ablesen von Bruchteilen der Teilung eines Längenmaßstabes.

Längen können durch Messen oder Lehren geprüft werden. In diesem Abschnitt wird das Prüfen durch Messen behandelt. Messgeräte verkörpern das Werkstück-Istmaß (Maßverkörperungen) oder sie zeigen es an (anzeigende Messgeräte).

Maßverkörperungen. Strichmaßstäbe verkörpern Längenmaße durch den festen Abstand von Strichen auf einer Strichskale. Die Maße können direkt und unmittelbar abgelesen werden. Werkstattüblich sind Stahlmaßstäbe, Gliedermaßstäbe und Stahlmessbänder.

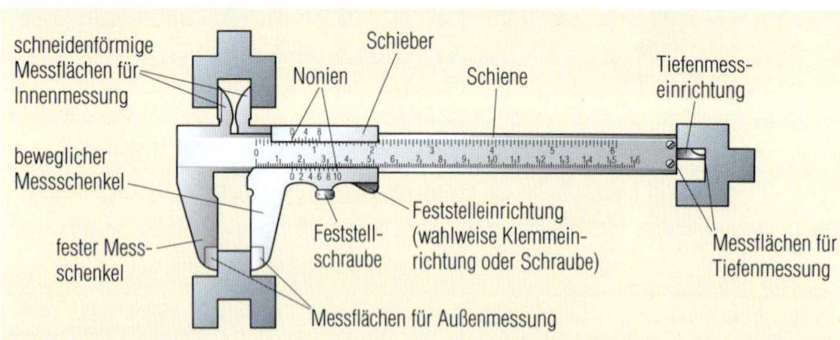

Bild 108.1 Messschieber.

LCD: (Liquid crystal display): Flüssigkristallanzeige.

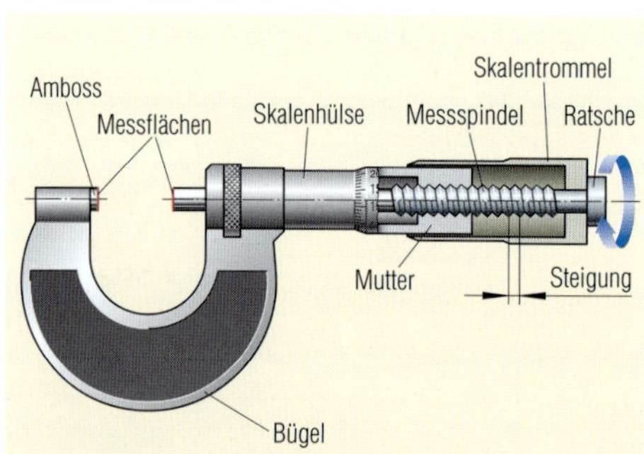

Bild 108.2 Bügelmessschraube.

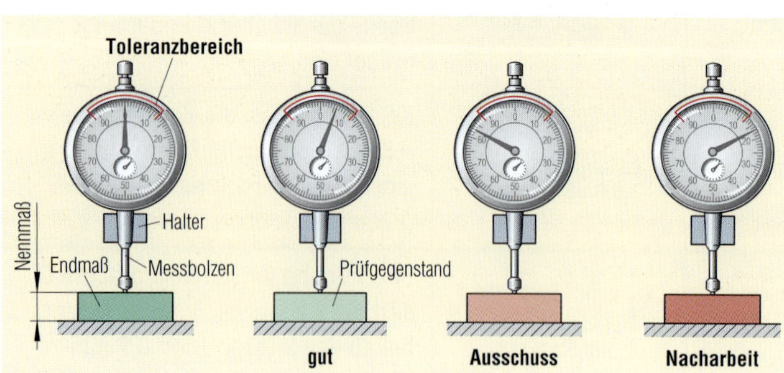

Bild 108.3 Unterschiedsmessung mit einer Messuhr.

Messschieber sind Längenmessgeräte für Außen-, Innen- und Tiefenmessungen. Der Messschieber besteht hauptsächlich aus einem festen und einem beweglichen Messschenkel (Bild 108.1). Die Ablesung erfolgt mithilfe eines Nonius. Der Nonius besteht aus 10, 20 oder (seltener) 50 gleichen Einheiten, die zusammen so groß sind wie 9, 19 oder 49 Einheiten des abzulesenden Skalenteilungswertes (1/10-, 1/20- bzw. 1/50- Nonius).

Die Hauptteilung befindet sich auf der Schiene des festen Messschenkels als Millimeter- und/oder Zolleinteilung. Die Noniusteilungen sind auf dem Schieber des beweglichen Messschenkels enthalten. Der Noniusstrich, der mit einem Strich der Hauptteilung zusammenfällt, gibt den gesuchten Bruchteil an.

Messschieber mit digitaler Messwertanzeige zeigen Millimeter, Zehntel- und Hundertstelmillimeter in einem LCD-Display an.

Messschrauben. Mit der Steigung eines Schraubengewindes werden die Messgrößen ermittelt. Durch das Drehen der Skalentrommel schiebt sich die Messspindel so weit gegen den Amboss, bis das Prüfstück an beiden Messflächen anliegt.
Für verschiedene Zwecke gibt es Bügel-, Innen-, Einbau- und Tiefenmessschrauben. Mit der Bügelmessschraube werden Außenmessungen an zylindrischen oder flächigen Werkstücken durchgeführt (Bild 108.2).

Messuhren sind Längenmessgeräte, bei denen der Messbolzenweg durch Zahnstange und Zahnräder übersetzt und auf die Zeiger von Kreisskalen übertragen wird. Ein Millimeter Messweg bewirkt meist einen Zeigerausschlag von 360 °. Die große Messskala zeigt die 1/100 mm an, die kleinere die ganzen Millimeter.

Messuhren werden überwiegend zum Unterschiedsmessen von Außen- und Innenmaßen, zur Prüfung von Rundlauf, Parallelität und Ebenheit, aber auch zur Einstellung von Werkzeugen verwendet (Bild 108.3). Messuhren sind stoßempfindlich!

2.7.4 Lehren

Das **Formlehren** ist eine Prüfung von Flächen, Winkeln, Radien, Gewinden und anderen Geometrien nach dem Lichtspaltverfahren (Bild 109.1).

Maßlehren sind in Abständen gestuft, d. h. von Lehre zu Lehre nimmt das Maß zu. Neben Endmaßen gehören Fühler-, Loch- und Blechlehren in diese Kategorie (Bild 109.2).

Grenzlehren verkörpern zwei Maße, das Höchstmaß und das Mindestmaß. Sie ermöglichen eine schnelle Aussage, ob ein Prüfmaß i. O. oder n. i. O. ist.

Mit einem Grenzlehrdorn prüft man Bohrungen und Innengewinde auf Toleranz. Die Gutseite des Grenzlehrdorns hat das Mindestmaß und den längeren Zylinder (Bild 109.3). Die Ausschussseite verkörpert das Höchstmaß, ist rot gekennzeichnet und hat den kürzeren Zylinder.

Grenzrachenlehren ermöglichen die Prüfung der Maßhaltigkeit an Wellen und Achsen. Die Gutseite verkörpert das Höchstmaß, die Prüfflächen sind nicht angefast. Die rot gekennzeichnete Ausschussseite besitzt das Mindestmaß, die Prüfflächen sind angefast.

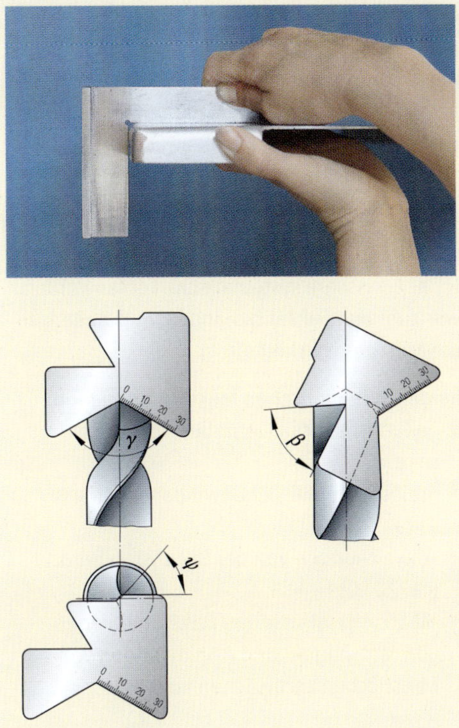

Winkel

Anschlag- und Flachwinkel werden sowohl zum Prüfen als auch zum Anreißen von 90°-Winkeln genutzt.

Schleiflehre

Das Anschleifen von Spiralbohrern kann mit Schleiflehren kontrolliert werden. Die Schleiflehre ermöglicht die Prüfung der wichtigsten Winkel an der Werkzeugschneide.

Bild 109.1 Formlehren.

fasen: eine Kante abschrägen

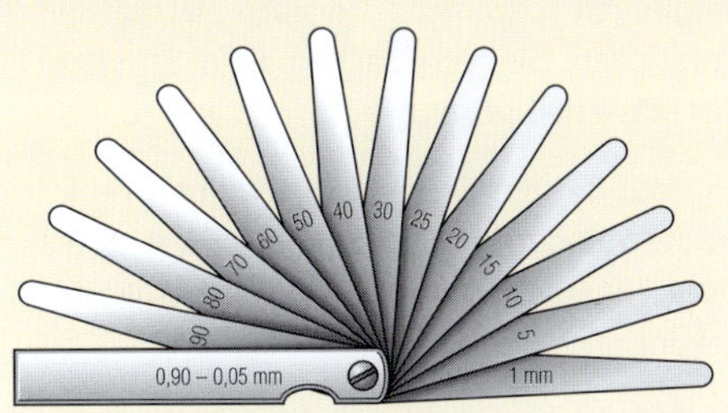

Bild 109.2 Maßlehren.

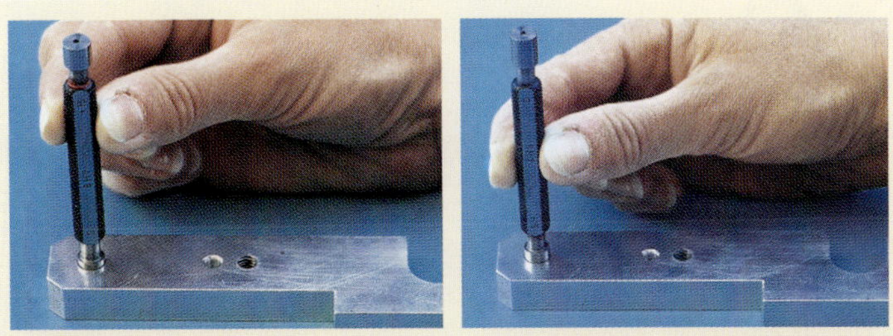

Die **Gutseite** des Grenzlehrdorns muss durch sein Eigengewicht in die Bohrung gleiten. Der Grenzlehrdorn darf nicht mit zusätzlicher Kraft in die Bohrung gedrückt werden.

Die **Ausschussseite** des Grenzlehrdorns darf durch sein Eigengewicht nicht in die Bohrung gleiten, sondern nur „anschnäbeln". Die Ausschussseite ist rot gekennzeichnet.

Bild 109.3 Prüfen mit dem Grenzlehrdorn.

2.7.5 Prüffehler

Ein absolut fehlerfreies Messen ist nicht möglich. Folgende Fehlerquellen können auftreten:

- der Messgegenstand ist unvollkommen (z. B. Oberflächenbeschaffenheit),
- das Messgerät ist fehlerhaft (z. B. Abnutzungserscheinungen),
- störende Umwelteinflüsse (z. B. Temperatur, Luftfeuchtigkeit, ...),
- die prüfende Person macht Fehler (z. B. mangelnde Konzentration oder Erfahrung).

Man unterscheidet systematische Fehler und zufällige Fehler.

Systematische Fehler. Sie treten unter gleichen Messbedingungen immer mit dem gleichen Betrag und dem gleichen Vorzeichen auf. Gleiche Messbedingungen bestehen, wenn das gleiche Messgerät, die gleiche Messstelle und die gleichen Umweltbedingungen vorliegen.

Handelt es sich um einen erfassbaren systematischen Fehler (z. B. Steigungsfehler der Messspindel einer Bügelmessschraube), so muss dieser bei der Ermittlung des Messergebnisses berücksichtigt werden. Ermitteln kann man ihn durch einen Vergleich mit Messgeräten oder Maßverkörperungen, deren Fehler bekannt, aber möglichst klein ist.

Nicht erfassbare systematische Fehler werden wie zufällige Fehler behandelt und gehen in die Messunsicherheit ein.

Zu den systematischen Messfehlern gehören:
- Teilungsfehler in Getrieben von Messuhren,
- Steigungsfehler bei Gewinden von Messuhren,
- Abweichungen von der Bezugstemperatur (ca. 20 °C),
- Messkrafteinflüsse, die das Durchbiegen von Messbügeln und Abplattungen von Messflächen verursachen können.

Zufällige Fehler sind nicht erfassbar und nicht beeinflussbar. Unter gleichen Messbedingungen schwanken sie nach Betrag und Vorzeichen. Sie verursachen eine Streuung des Messergebnisses.

Ein Maß für die Größe der zufälligen Fehler ist die Standardabweichung. Mit ihr wird die Güte (Reproduzierbarkeit) des Messgerätes gekennzeichnet.

Zu den zufälligen Fehlern zählen:
- Ablesefehler durch falsches Einschätzen der Teilungsabstände,
- unterschiedliche Reibungswiderstände von Führungen und Lagerungen des Messmittels,
- Lager- und Flankenspiel im Messmittel.

Körner: Werkzeug mit gehärteter Kegelspitze zur Bohrungsvorbereitung oder Konturmarkierung.

Körnung = kleine kraterförmige Vertiefung

VORSICHT: Kupfervitriol ist giftig!

Ätzend! Arbeitssicherheitsmaßnahmen/Schutzmaßnahmen sind zu beachten. Kontakt mit der Haut ist zu vermeiden.

2.7.6 Anreißen

Anreißen ist das sichtbare Übertragen von Maßen auf das zu fertigende Werkstück. Werkstückumrisse, Biegekanten, Durchbrüche, Bohrungsmitten etc. werden mithilfe von Anreißwerkzeugen in die Werkstückoberfläche geritzt.

Anreißen erfordert besondere Arbeitstechniken und hochwertige Arbeitsmittel. Fehlerhaftes Anreißen führt zu erhöhtem Ausschuss. Notwendig ist das Arbeitsverfahren bei der Einzelfertigung von komplizierten Werkstücken. Nicht erforderlich ist es bei der Serienfertigung, dem Einsatz moderner Werkzeugmaschinen (z. B. Bohrwerk, CNC-Werkzeugmaschinen) und der Verwendung von Vorrichtungen.

Anreißwerkzeuge und Hilfsmittel. Gerade Linien reißt man mit einer gehärteten Stahlreißnadel an. Oberflächen, die beschädigt werden können, werden mit einer Messingreißnadel oder einem Bleistift angerissen. Kreise und Kreisbögen werden nach dem Setzen eines Körners im Mittelpunkt mit einem Spitzzirkel angerissen. Spitzzirkel können auch zum Abgreifen und Übertragen von Maßen eingesetzt werden. Höhenmessschieber werden zum Anreißen und Messen benutzt. Haarwinkel und -lineale sind keine Anreißwerkzeuge!

Die Anreißlinien müssen während der Bearbeitungsdauer auf dem Werkstück deutlich sichtbar sein. Der Verlauf der Anreißlinien kann zusätzlich mit Körnerpunkten versehen werden. Nach der Bearbeitung dient der verbleibende Körnerpunkt zur Kontrolle. Rohe Flächen von Walz-, Guss- und Schmiedeteilen werden mit Schlämmkreide vorbereitet. Unbearbeitete Werkstücke ohne Guss-, Walz- oder Schmiedehaut werden mit Anreißlack bestrichen oder besprüht. Mit Kupfervitriol (= Kupfersulfat) werden metallisch reine, blanke Werkstücke aus Stahl und Zink gekennzeichnet.

Beachten Sie Arbeitssicherheits- und Schutzmaßnahmen. Vermeiden Sie Hautkontakt!

Zur Wiederholung

1. Kunden stehen immer wieder vor der Frage: „Stahlräder oder Leichtmetallräder?" Stellen Sie Vor- und Nachteile beider Typen gegenüber und beschreiben Sie die technologischen, chemischen und physikalischen Eigenschaften.
2. Welche Bauteile eines Kfz müssen ein plastisches, welche ein elastisches Werkstoffverhalten aufweisen? – Denken Sie insbesondere an den passiven Unfallschutz und begründen Sie Ihre Aussagen.
3. Was versteht man unter einer Legierung? Nennen Sie Beispiele.
4. Unterscheiden Sie Duroplaste, Thermoplaste und Elastomere hinsichtlich ihrer Eigenschaften.
5. Die vielen im Kfz eingesetzten Werkstoffe haben aufgrund ihrer individuellen Eigenschaften unterschiedliche Aufgaben zu erfüllen. – Welche Werkstoffe werden wegen welcher Eigenschaften eingesetzt? Weshalb verwenden Automobilhersteller zunehmend Kunststoffe?
6. Wann spricht man von Leichtmetallen, wann von Schwermetallen?
7. Halten Sie je zwei Beispiele zu kraft-, form- und stoffschlüssigen Verbindungen im Kraftfahrzeug tabellarisch fest.
8. Was geben die Zahlen auf beiden Schraubenschlüsselseiten an? Warum haben die Schraubenschlüssel eines Schraubenschlüsselsatzes unterschiedliche Längen?
9. Warum dürfen Schraubenschlüssel nicht durch Aufstecken eines Rohres verlängert werden?
10. Eine Sechskantschraube nach DIN 4014 trägt die Bezeichnung M10x60-10.9. Welche Angaben sind damit festgelegt?
11. Warum werden Zylinderlaufbuchsen gehont, aber Ventilsitze geläppt?
12. Die Kenntnis welcher Beschichtungsverfahren ist für den Kfz-Mechatroniker wichtig? Wann und warum werden diese Beschichtungsverfahren eingesetzt?
13. Beschreiben Sie drei mögliche Fehler beim Umgang mit dem Messschieber.
14. Warum sollen Mess- und Prüfgeräte (Messschieber, Form- oder Maßlehren) von anderen Arbeitsgeräten und Werkzeugen getrennt abgelegt und aufbewahrt werden?

Zur Vertiefung

1. Listen Sie die Bauteile bzw. Baugruppen eines Kraftfahrzeugs auf. Beschreiben Sie möglichst genau den jeweiligen Werkstoff, aus dem diese Bauteile üblicherweise hergestellt werden und begründen Sie die jeweilige Materialwahl.
2. Beschreiben Sie an konkreten Beispielen, wie Bauteile am Kraftfahrzeug montiert und demontiert werden. Nennen Sie die Fügeverfahren und erläutern Sie die entsprechenden Verbindungsarten, die Ihnen von Instandhaltungsarbeiten aus Ihrem betrieblichen Alltag geläufig sind. Verdeutlichen Sie den Sachverhalt anhand bildlicher Darstellungen.
3. Der Zubehörhandel vertreibt im Sektor Tuningbedarf diverse nachrüstbare Heckspoilertypen. Diskutieren Sie sinnvolle Fügeverfahren zum Anbringen eines Spoilers auf dem Kofferraumdeckel bzw. Fließheck des Fahrzeugs. Beschreiben Sie den Aufbau Ihres gewählten Spoilers (Konstruktion, Werkstoff) und grenzen Sie die Einsatzmöglichkeiten der infrage kommenden Fügeverfahren ein. Verdeutlichen Sie den Sachverhalt anhand bildlicher Darstellungen.

4. Entscheidung: lösbar oder unlösbar. Stellen Sie lösbare und unlösbare Verbindungen an Kraftfahrzeugen in Form einer Tabelle gegenüber. Begründen Sie jeweils, warum die Verbindungsart gewählt wurde.
5. Warum werden im Kfz-Bereich Schrauben bzw. Muttern unterschiedlicher Festigkeitsklassen eingesetzt? – Betrachten Sie exemplarisch Schraubenverbindungen im Bereich Fahrwerksaufhängung und Zylinderkopf.
6. Warum müssen immer mehr Schraubenverbindungen im Kraftfahrzeug mit einem vom Hersteller definierten Drehmoment angezogen werden? Beantworten Sie diese Frage für ein konkretes (Schulungs-)Fahrzeug. Listen Sie einige Schraubenverbindungen auf und geben Sie das jeweilige Anzugsmoment an.
7. Beschreiben Sie typische „Sichtprüfungen" im Rahmen von Wartungsarbeiten. Beurteilen Sie die objektive Aussagekraft von Ergebnissen verschiedener Sichtprüfungen an konkreten Beispielen.
8. Listen Sie tabellarisch mögliche Prüfvorgänge am Kfz auf und unterscheiden Sie, ob es sich dabei um Messen oder Lehren handelt.
9. Erklären Sie am Beispiel der Passmaßangaben 18 D 10 sowie 32 die Begriffe Nennmaß, oberes Abmaß, unteres Abmaß, Höchstmaß, Mindestmaß und Maßtoleranz. Ermitteln Sie im zweiten Schritt die entsprechenden Zahlenwerte und führen Sie die Ergebnisse tabellarisch zusammen.
10. Fallbeispiel
Hinweis: Die erforderlichen Fahrzeugdaten sind der Zulassungsbescheinigung Teil I (Bild 40.1) zu entnehmen.
Am Fahrzeug (Bild 40.1) soll ein jahreszeitlich bedingter Reifenwechsel durchgeführt werden. Sie haben die Auftragsübernahme und Kurzinspektion der Reifen/Räder erledigt; nun folgt die Umrüstung.
Umrüstung:
a) Welche Werkzeuge und Hilfsmittel werden für eine Umrüstung in der Werkstatt benötigt?
b) Die am Fahrzeug befindlichen Räder sind demontiert worden. Warum sollte vor der Montage eine Reinigung der Radnabe erfolgen?
c) Beschreiben Sie in Stichpunkten alle Arbeitsschritte bei der Montage von Rädern. Gehen Sie insbesondere auf die Reihenfolge beim Befestigen der Radschrauben bzw. Radmuttern und die verwendeten Werkzeuge ein.
d) Welche Maßnahmen ergreifen Sie, wenn Sie nach dem Ansetzen der Radschrauben spüren, dass sich diese nur sehr schwer von Hand in die ersten Gewindeumdrehungen der Nabe drehen lassen?
e) Sie stellen bei der Umrüstung fest, dass die Winterreifen auf Stahlfelgen und die Sommerreifen auf Leichtmetallfelgen montiert sind. Welche Folgen ergeben sich aus dieser Beobachtung?
f) Auf den eingelagerten Rädern wurde die ehemals verbaute Position mit Kreide vermerkt (VR, HR, VL, HL). Warum geschah das und welche Konsequenzen hat dies für die Montage?

3 Prüfen und Instandsetzen elektrischer und elektronischer Systeme

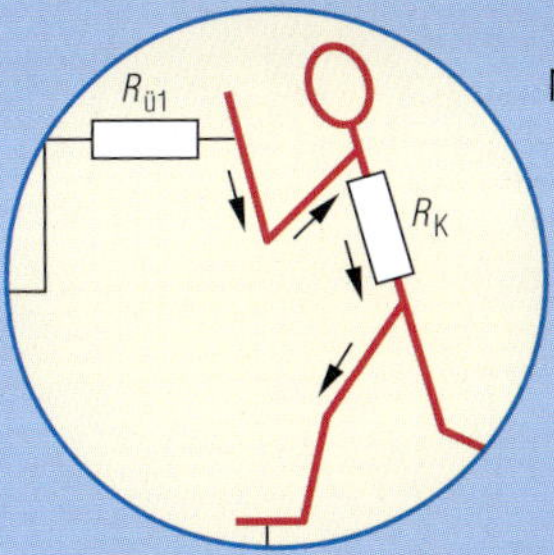

Nach dem Durcharbeiten kennen Sie die Wirkungen des elektrischen Stroms und wissen, dass Arbeiten an elektrischen Stromkreisen mit Gefahren verbunden sind.

Sie verstehen die Spannungserzeugung in einer Batterie und lesen von alternativen Möglichkeiten der Stromerzeugung.

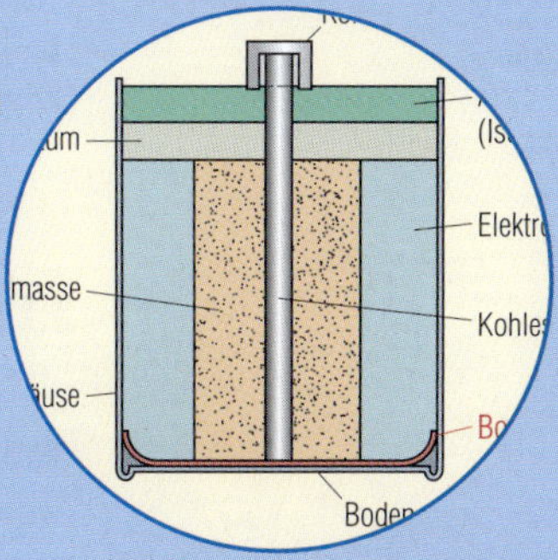

Bei so viel Elektronik in einem modernen Kfz ist es sinnvoll, über deren Grundlagen Bescheid zu wissen.

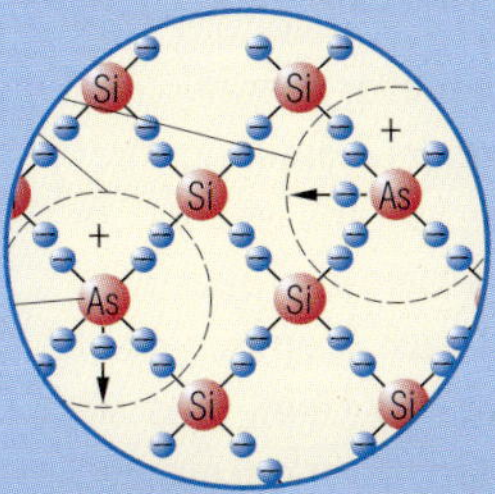

Elektrische und elektronische Bauelemente? Klar, auch deren Aufbau und Funktion werden Sie verstehen.

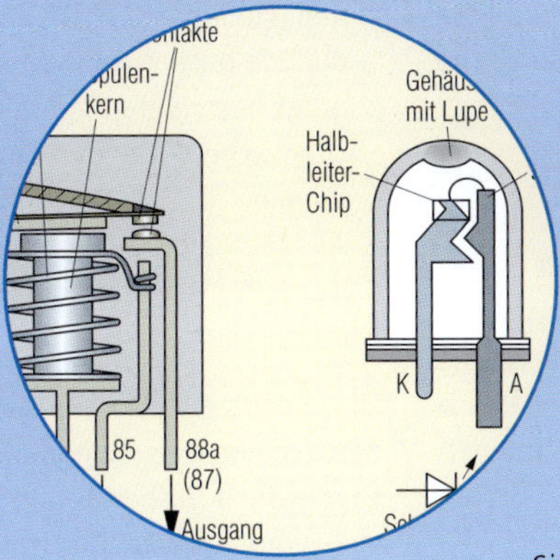

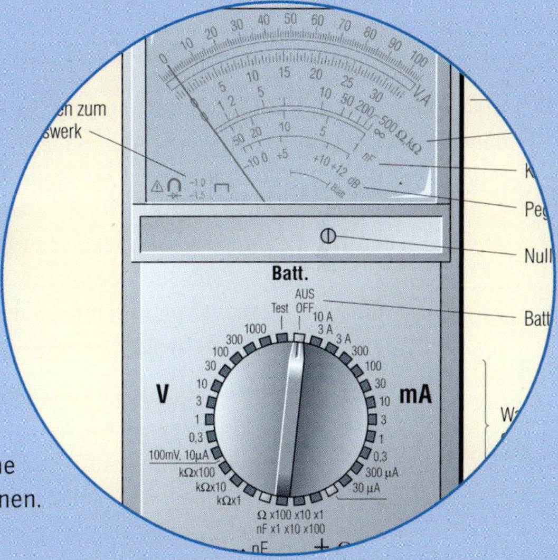

Sie lernen, wie Sie elektrische und elektronische Systeme überprüfen können.

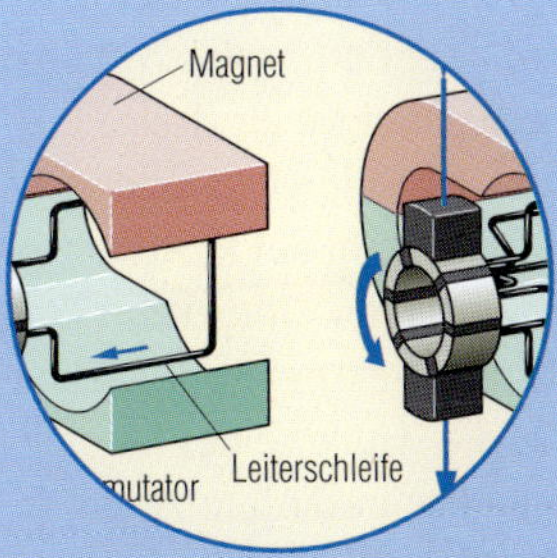

Wie funktioniert ein Elektromotor? Auch diese Frage werden Sie beantworten können.

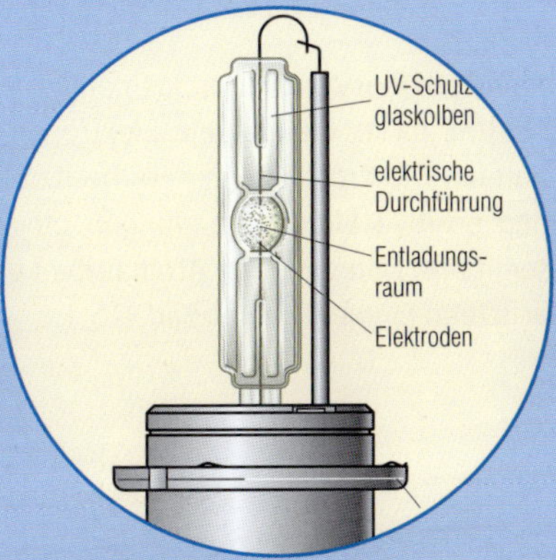

Ihnen geht ein Licht auf: die Beleuchtungs- und Signalanlage eines Fahrzeugs wird vorgestellt.

3.1 Grundlagen der Elektrotechnik

Anzahl und die Komplexität elektrischer und elektronischer Systeme in Kraftfahrzeugen sind in den letzten Jahren sprunghaft angestiegen. Häufig zählen u. a. elektrische Fensterheber, Antiblockiersystem und Airbag zur Serienausstattung. Auch sind die Fahrzeughersteller bemüht, Schadstoffausstoß und Spritverbrauch zu reduzieren. Dies kann z. B. durch die Entwicklung komplexer Motormanagementsysteme erreicht werden. Für den Kfz-Fachmann bedeutet diese Entwicklung, dass er sich verstärkt mit den Grundlagen der Elektrik und Elektronik auseinandersetzen muss, um solche Systeme auch zukünftig prüfen und instandsetzen zu können.

3.1.1 Elektrische Leitfähigkeit metallischer Werkstoffe

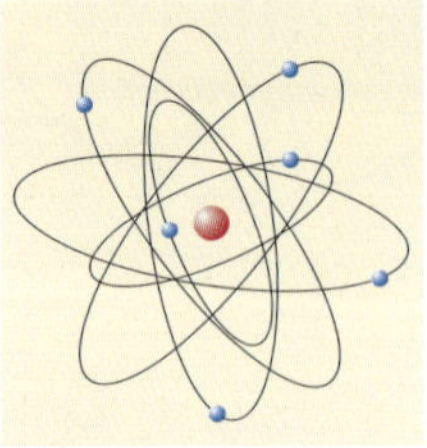

Bild 114.1
Bohr'sches Atommodell, prinzipieller Atomaufbau.

Niels Bohr:
dänischer Physiker (1885 – 1962), Entwicklung des Atommodells 1913

Valenzelektronen:
von valere (lat.) = frei sein

Die elektrische Leitfähigkeit aller metallischen Werkstoffe ist auf die besondere Bindung ihrer Atome zurückzuführen. Jede Materie ist aus Atomen aufgebaut. Sie sind die kleinsten Bausteine eines Elementes und lassen sich chemisch nicht weiter zerlegen. Atome sind so klein, dass sie selbst unter einem Elektronenmikroskop nicht zu erkennen sind. Daher kann man sich ihren Aufbau nur mithilfe von Modellen vorstellen. Eine annähernde Vorstellung liefert das Bohr'sche Atommodell (Bild 114.1).

Danach besteht jedes Atom aus einem Atomkern und einer Atomhülle. Der Atomkern wird aus Protonen und Neutronen aufgebaut. Die Protonen sind die Träger der positiven elektrischen Ladung. Die Neutronen haben keine elektrische Ladung. Im Atomkern ist fast die gesamte Masse des Atoms vereint. Daher weist dieser eine extrem große Dichte auf.

In der Atomhülle befinden sich die Elektronen. Sie sind Träger der negativen elektrischen Ladung. Ihre Masse ist im Vergleich zur Kernmasse verschwindend gering. Die Elektronen bewegen sich auf bis zu 7 ellipsenförmigen Bahnen (Schalen) um den Atomkern. Die Anzahl der Bahnen ist von der Elektronenzahl abhängig, da auf jeder Bahn nur eine begrenzte Anzahl von Elektronen Platz hat.

Im Regelfall ist ein Atom nach außen elektrisch neutral, da es gleich viele Elektronen auf den Bahnen wie Protonen im Kern besitzt. Negative und positive Elementarladungen gleichen sich somit aus. Den genauen Atomaufbau der ersten achtzehn Elemente zeigt Bild 115.1.

Für alle Elemente gelten folgende Eigenschaften:

- Ein Element stellt sich umso reaktionsfreudiger dar, je weniger Elektronen es auf der äußeren Schale (= Valenzelektronen) besitzt. Die Zahl der Außenelektronen gibt Auskunft über das chemische Verhalten des Elementes.
- Die voll besetzte Außenschale mit 8 Elektronen (Helium = 2 Elektronen) ist Kennzeichen der Edelgase. Sie gehen nur sehr selten und unter besonderen Voraussetzungen eine chemische Verbindung mit anderen Elementen ein.
- Alle metallischen Elemente verfügen über wenig Außenelektronen und sind daher relativ reaktionsfreudig.

Die positive Elementarladung der Protonen bewirkt eine Anziehungskraft auf die Elektronen. Durch die Kreisbewegung der Elektronen entsteht eine entgegengerichtete Fliehkraft. Beide Kräfte sind gleich groß und heben sich in ihren Wirkungen auf. Dennoch kommt es vor, dass sich Valenzelektronen aus ihrer Atomhülle lösen. Sie bewegen sich frei und orientierungslos zwischen den Atomen. Man bezeichnet sie als „freie Elektronen". Das Atom hat sich dadurch verändert. In ihm überwiegt jetzt die Anzahl der Protonen, es ist nach außen positiv geladen. Umgekehrt können sich aber auch freie Elektronen als zusätzliche Elektronen in die Hülle eines Atomes begeben. Dann überwiegt in diesem Atom die negative Ladung (Bild 115.2).

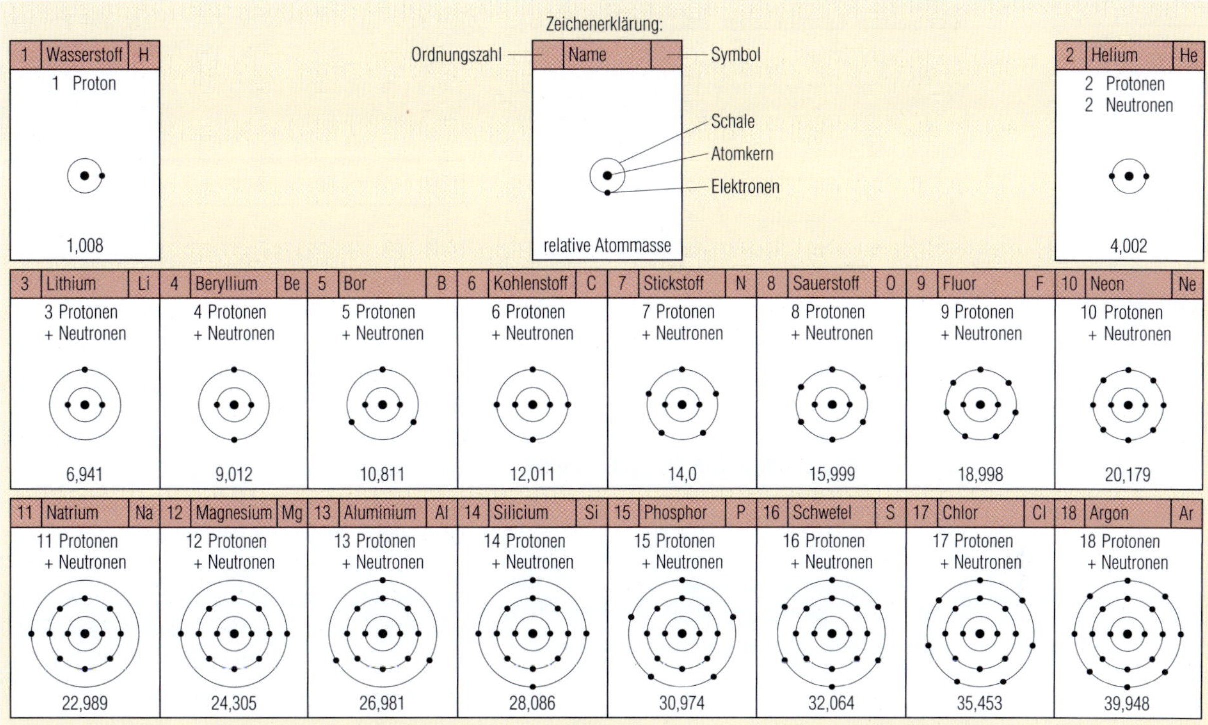

Bild 115.1 Atomaufbau der Elemente 1 bis 18 nach dem Bohr'schen Atommodell.

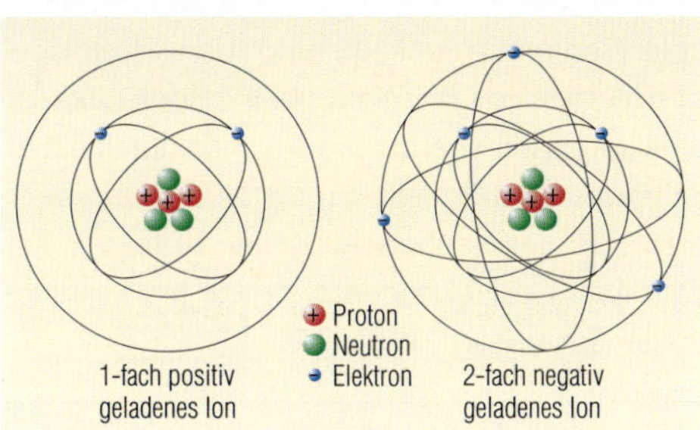

Bild 115.2 1fach⁺- und 2fach⁻-geladenes Ion.

Elektrische Leiter. Hierunter fallen alle Metalle. Dies hängt mit ihrer geringen Anzahl an Außenelektronen zusammen, die nur sehr schwach mit dem Atomkern verbunden sind und leicht abgegeben werden. Die zurückbleibenden positiv geladenen Metallionen nehmen feste Gitterplätze ein und bauen das Kristallgitter auf. Die freien Elektronen bewegen sich ungeordnet als Elektronenwolke zwischen den Metallionen und können dabei von einem Atom zum anderen wechseln. Durch den Ladungsunterschied zwischen den positiven Ionen und den Elektronen entstehen Anziehungskräfte, die das Gitter zusammenhalten. Dies bezeichnet man als Metallbindung (Bild 115.3).

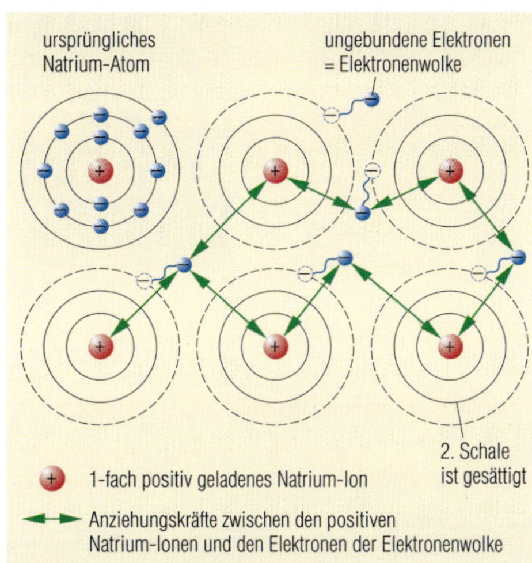

Bild 115.3 Die Metallbindung am Beispiel von Natrium.

Durch das Anlegen einer Spannungsquelle werden die freien Elektronen zu einer gerichteten Bewegung innerhalb des Metalls veranlasst. Sie sind nun in der Lage elektrische Energie zu transportieren.

Neben den Metallen ist auch Kohle ein guter elektrischer Leiter.

Ion: positiv oder negativ geladenes Atom

Nichtleiter. Es gibt aber auch Stoffe, die den Strom nicht leiten können. Weil an ihrem Werkstoff-Aufbau alle Außenelektronen beteiligt sind, liegen keine frei beweglichen Ladungsträger vor. Solche Materialien werden als Nichtleiter bzw. Isolatoren bezeichnet. Sie dienen in der Elektrotechnik zur Isolierung. Vielfach benutzt werden Hartgummi, spezielle Kunststoffe und Porzellan.

Halbleiter → S. 137

Halbleiter. Bezüglich ihrer elektrischen Leitfähigkeit nehmen sie eine Zwischenstellung zwischen den Leitern und den Nichtleitern ein.

3.1.2 Grundgrößen der Elektrotechnik

Spannung. Sie ist die Ursache für die Erzeugung elektrischen Stromes. Eine elektrische Spannung liegt vor, wenn an zwei Punkten (z. B. den Polen einer Spannungsquelle) unterschiedlich viele Elektronen vorhanden sind. Am Minuspol herrscht ein Elektronenüberschuss, am Pluspol ein Mangel (Bild 116.1 a). Die Differenz zwischen Elektronenmangel und Überschuss gibt die Höhe der Spannung an.

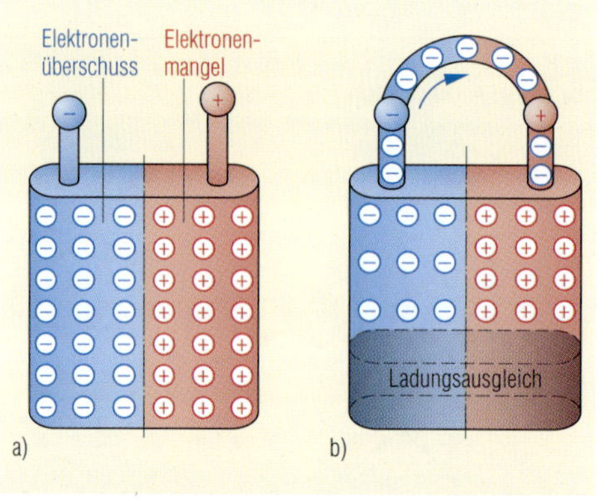

Bild 116.1 a) Spannungserzeugung durch Ladungstrennung. b) Elektronenfluss nach Verbindung der Pole.

$$R = \frac{\varrho \cdot l}{A}$$

R = Leiterwiderstand in Ω, ϱ = spezifischer Leiterwiderstand in $\Omega \cdot \text{mm}^2/\text{m}$, l = Leiterlänge in m, A = Leiterquerschnitt in mm^2

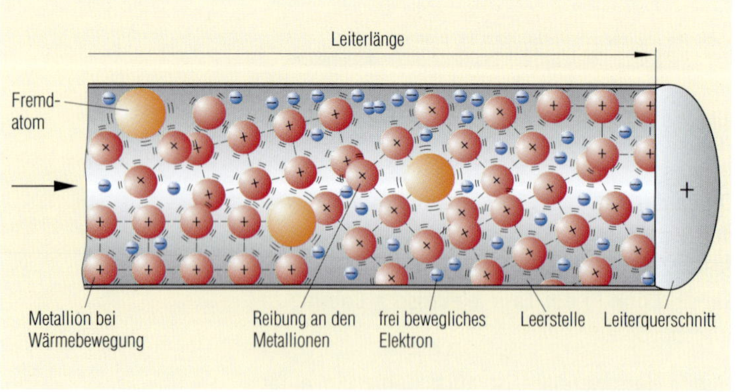

Bild 116.2 Behinderung von Elektronen bei ihrer Strömung durch den Leiter.

Die Einheit der Spannung U ist das Volt [V].

Jede Spannungsquelle ist bestrebt die Ladungstrennung auszugleichen. Innerhalb der Quelle ist dies bauartbedingt nicht möglich. Werden jedoch die Pole über Leitungen mit einem Verbraucher verbunden, fließen Elektronen von der Überschussseite zur Mangelseite (Bild 116.1 b). Obwohl sich die Elektronen im Leiter nur mit sehr geringer Geschwindigkeit bewegen, leuchtet z. B. beim Betätigen eines Lichtschalters die Lichtquelle sofort auf, weil vom Minuspol der Spannungsquelle ein großer Druck auf die frei beweglichen Elektronen im Leiter ausgeübt wird (Abstoßung gleicher Ladung). Zudem übt der Pluspol eine Anziehungskraft aus. Druck und Anziehungskraft breiten sich im Stromkreis sofort aus.

Stromstärke. Ein Strom kann nur fließen, wenn eine Spannung anliegt und der Stromkreis geschlossen ist. Die elektrische Stromstärke ist die Ladungsmenge, die pro Sekunde durch einen Leiterquerschnitt fließt. Zur Verdeutlichung stellt man sich einen aufgeschnittenen Leiter vor, bei dem man die Elektronen zählt, die pro Sekunde an der Schnittstelle austreten.

Die Einheit der Stromstärke I ist das Ampere [A].

Die Stromstärke von 1 Ampere entspricht der Ladungsbewegung von $6{,}24 \cdot 10^{18}$ Elektronen pro Sekunde.

Widerstand. Freie Elektronen können nicht ungehindert durch einen elektrischen Leiter wandern. Das Kristallgitter des Leiterwerkstoffes setzt ihnen dabei einen Widerstand entgegen, wie das Bild 116.2 verdeutlicht. Diesen bezeichnet man als elektrischen Leiterwiderstand.

Die Einheit des elektrischen Widerstandes R ist das Ohm [Ω].

Werkstoff	ϱ in $\frac{\Omega \cdot mm^2}{m}$	$\varkappa$ in $\frac{m}{\Omega \cdot mm^2}$	Leitfähigkeit hoch
Silber (Ag)	0,017	66	
Kupfer (Cu)	0,018	56	
Gold (Au)	0,022	45	
Aluminium (Al)	0,028	36	
Stahl (S 275 JR)	0,144	7,1	
Nickelin (CuNi30Mn)	0,39	2,5	
Konstantan (CuNi44)	0,49	2,0	Leitfähigkeit niedrig

Tabelle 117.1 Spezifischer elektrischer Widerstand … Elektrische Leitfähigkeit … … einiger ausgewählter Leiterwerkstoffe.

Durch die Reibung der Elektronen im Metallgitter entsteht Wärme. Fließt ein zu großer Strom durch einen zu kleinen Leitungsquerschnitt, führt dies zu einer übermäßigen Erwärmung des Leiters. Für die Berechnung des Leiterwiderstandes spielen der spezifische elektrische Widerstand des Leiterwerkstoffes, der Leiterquerschnitt und die Leiterlänge eine Rolle.

In Tabelle 117.1 sind die spezifischen Leiterwiderstände der wichtigsten Leiterwerkstoffe gegenübergestellt.

3.1.3 Stromarten

Gleichstrom. Beim Gleichstrom bewegen sich die Ladungsträger stets mit gleicher Stromstärke in gleicher Richtung (Bild 117.1).

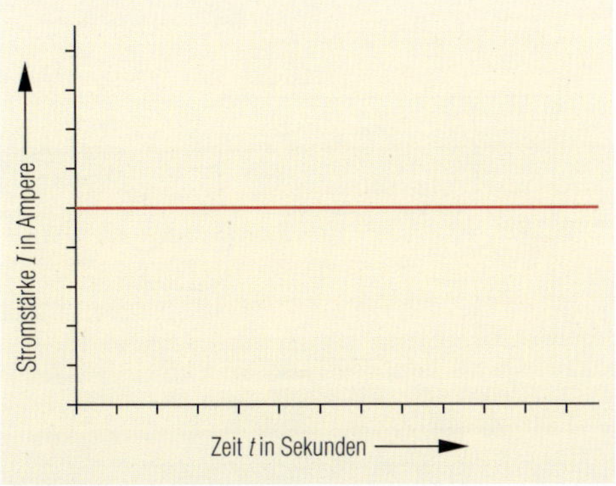

Bild 117.1 Zeitlicher Verlauf eines Gleichstromes.

Wechselstrom. Beim Wechselstrom ändern die Ladungsträger ihre Richtung in regelmäßig wiederkehrenden Zeitabständen. Man bezeichnet dies als einen periodischen Stromverlauf. Die Anzahl der Perioden in einer Sekunde geben die Frequenz des Wechselstromes an. Durch die Richtungsänderung des Stromes wird auch eine ständige Veränderung der Stromstärke hervorgerufen. Oberer und unterer Höchstwert der Stromstärke sind zahlenmäßig gleich groß und werden als Amplitude (Scheitelwert) bezeichnet. Der Wechselstrom zeigt einen sinusförmigen Verlauf der Stromstärke bezogen auf die Zeit (Bild 117.2).

Die Einheit der Frequenz f ist das Hertz [Hz].

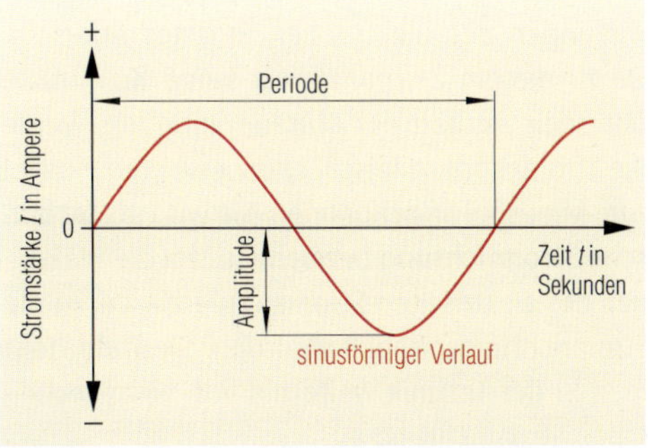

Bild 117.2 Zeitlicher Verlauf eines Wechselstromes.

Zwischen dem spezifischen elektr. Widerstand und der elektr. Leitfähigkeit eines Werkstoffes gilt folgende mathematische Beziehung:

$$\varrho = \frac{1}{\varkappa}$$

Analoge Messgeräte: Darstellung der Messergebnisse durch einen Zeigerausschlag auf einer Skale.

Digitale Messgeräte: zeigen den ermittelten Messwert als Ziffernfolge.

Energiewandler: In der Literatur wird meist von einem „Verbraucher" gesprochen, obwohl dieser Ausdruck nicht zutreffend ist. Ein elektrischer Verbraucher verbraucht keine Energie, sondern überführt diese nur in eine andere Energieform.

Drei-Phasen-Wechselstrom (Drehstrom). Hierbei handelt es sich um eine Überlagerung von drei sinusförmigen Wechselströmen, die sich in ihrem zeitlichen Verlauf unterscheiden (Bild 118.1). Der Maximalwert der einzelnen Wechselströme wird abhängig von der Zeit durchlaufen (Phasenverschiebung).

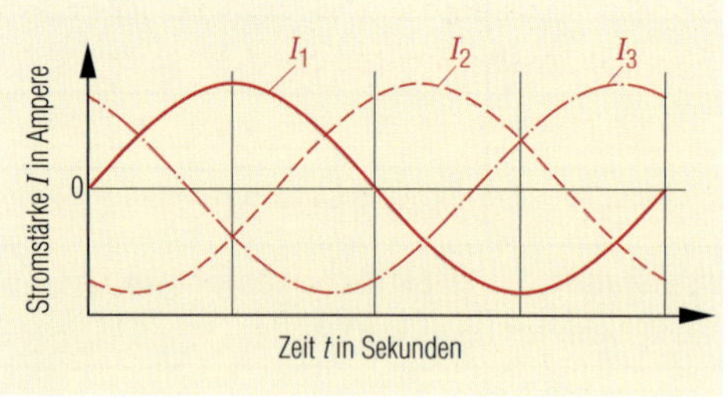

Bild 118.1 Zeitlicher Verlauf eines Drehstromes.

3.1.4 Gleichstromkreis

Ein einfacher elektrischer Stromkreis besteht mindestens aus:

- der Spannungsquelle,
- den elektrischen Leitungen,
- einem Energiewandler (Verbraucher).

Stromrichtung. Die Elektronen müssen die elektrische Energie vom Minus- zum Pluspol transportieren, da sie aufgrund ihrer Ladung von diesem angezogen werden. Diese mit den Gesetzen der Physik erklärbare Stromrichtung bezeichnet man als **physikalische** oder **Elektronenstromrichtung**.

Zu Beginn des 19. Jahrhunderts wurden die Auswirkungen des elektrischen Stromes erforscht. Da zu diesem Zeitpunkt fast keine Kenntnisse über den Aufbau der Materie vorlagen, wurde die Stromrichtung fälschlicherweise vom Pluspol zum Minuspol angenommen. Sie wird als **technische Stromrichtung** bezeichnet. Um die Wirkungen des elektrischen Stromes zu erklären, ist die Stromrichtung ohne Bedeutung. Deshalb geht man in der Technik weiterhin von einer technischen Stromrichtung aus.

Zur Verdeutlichung können die angenommene Stromrichtung und die Spannung mit Pfeilen in den Schaltplänen eingezeichnet werden (Bild 118.2). Der Spannungspfeil verläuft vom Plus- zum Minuspol und soll verdeutlichen, in welche Richtung die Spannung den Strom treibt.

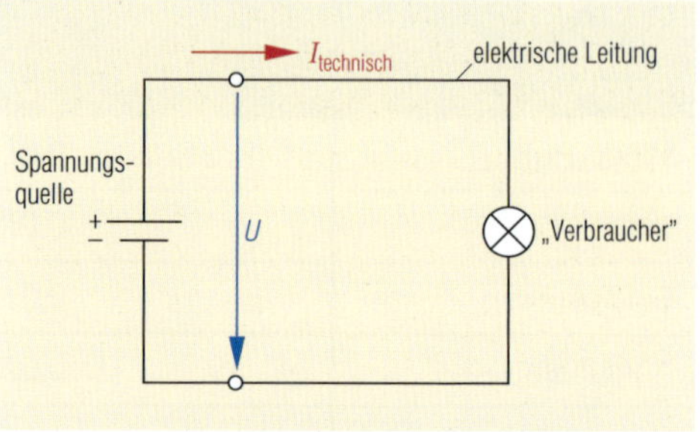

Bild 118.2 Einfacher elektrischer Stromkreis mit eingetragener technischer Stromrichtung und Spannung.

Messungen im elektrischen Stromkreis. Die elektrischen Grundgrößen Spannung und Stromstärke können im geschlossenen Stromkreis gemessen werden. Dazu werden sowohl analoge als auch digitale Vielfachmessgeräte benutzt. Digitale Geräte sind genauer und einfacher zu bedienen. Die Ablesegenauigkeit ist höher.

Die elektrische Spannung wird mit dem Spannungsmesser gemessen. Dieser wird parallel zur Spannungsquelle oder zum Verbraucher betrieben.

Die elektrische Stromstärke wird mit dem Strommesser ermittelt. Das Strommessgerät wird dazu in den Stromkreis eingebaut, d. h. es wird in Reihe mit dem Verbraucher geschaltet. Dies ist sowohl in der Hin- als auch in der Rückleitung möglich. Die Möglichkeiten zur Spannungs- und Stromstärkenmessung verdeutlicht Bild 118.3.

Der Widerstandswert in einem Stromkreis kann gemessen oder ermittelt werden (Tabelle 119.1).

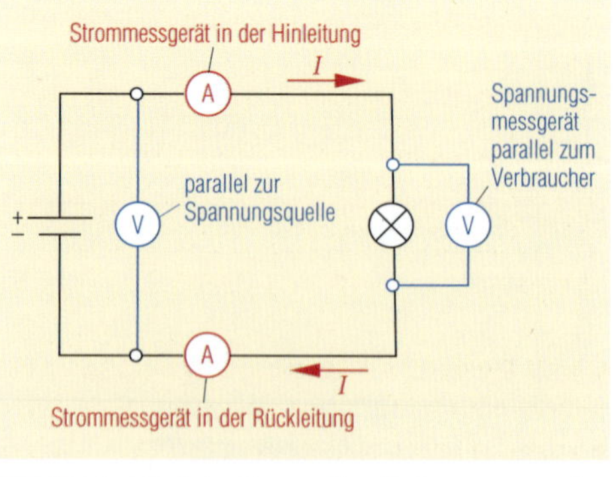

Bild 118.3 Mögliche Messstellen für Spannung und Stromstärke.

direkte Widerstandsermittlung (Messung des Widerstandswertes)	indirekte Widerstandsermittlung (Berechnung des Widerstandswertes)
Der Verbraucher wird mit seinen beiden Anschlüssen vom Stromkreis getrennt und beide Klemmen mit einem Widerstandsmessgerät verbunden. Der Widerstand kann direkt abgelesen werden.	Der Verbraucher wird nicht vom Stromkreis getrennt. Die durch den Verbraucher durchgehende Stromstärke (Strommessgerät) und die am Verbraucher anliegende Spannung (Spannungsmessgerät) werden gemessen. Aus beiden Messwerten wird nach dem Ohm'schen Gesetz (nächstes Kapitel) der Widerstand errechnet.

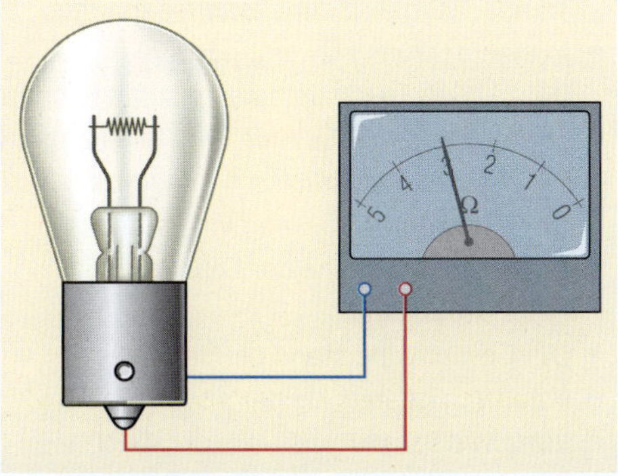

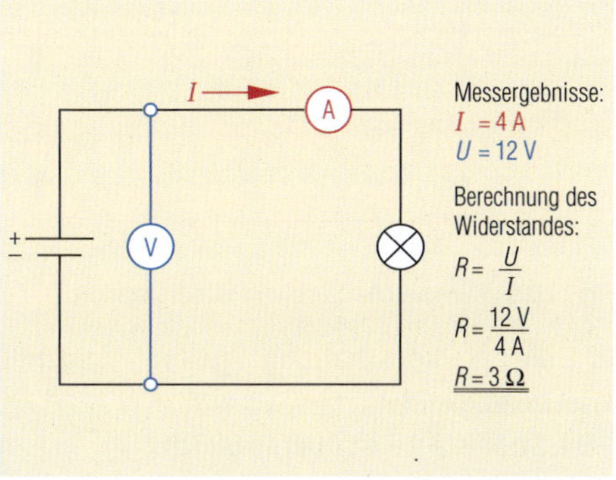

Tabelle 119.1 Direkte und indirekte Widerstandsermittlung.

3.1.5 Ohm'sches Gesetz

Das Ohm'sche Gesetz beschreibt den Zusammenhang zwischen Stromstärke, Spannung und Widerstand. Es ist durch Auswertung von zwei Versuchsreihen im einfachen Stromkreis abgeleitet worden.

1. Versuchsreihe. Der Widerstand wird konstant gehalten, die Spannung schrittweise erhöht und die sich einstellende Stromstärke ermittelt.

Versuchsergebnis:

Widerstand R in Ω	**10**	**10**	**10**	**10**	**10**
Spannung U in V	10	20	30	40	50
Stromstärke I in A	1	2	3	4	5

Gleich bleibender Widerstand bewirkt bei einer Spannungserhöhung eine gleichzeitige Stromerhöhung. Die Stromstärke verhält sich proportional zur Spannung, $I \approx U$.

2. Versuchsreihe. Die Spannung wird konstant gehalten, der Widerstand schrittweise erhöht und die sich einstellende Stromstärke ermittelt.

Versuchsergebnis:

Spannung U in V	**12**	**12**	**12**	**12**	**12**
Widerstand R in Ω	0,5	1	2	4	8
Stromstärke I in A	24	12	6	3	1,5

Gleich bleibende Spannung bewirkt bei einer Widerstandserhöhung eine Abnahme der Stromstärke. Diese verhält sich umgekehrt proportional zum Widerstand,

$$I \approx \frac{1}{R}$$

Die Zusammenfassung beider Versuchsergebnisse beschreibt das Ohm'sche Gesetz:

$$I = \frac{U}{R}$$

3.1.6 Schaltung von Widerständen

Gesetzmäßigkeiten der Reihenschaltung:

$U = U_1 + U_2 + ... + U_n$

$R = R_1 + R_2 + ... + R_n$

$I = I_1 = I_2 = ... = I_n$

Gesetzmäßigkeiten der Parallelschaltung:

$U = U_1 = U_2 = ... = U_n$

$\frac{1}{R} = \frac{1}{R_1} + \frac{1}{R_2} + ... + \frac{1}{R_n}$

$I = I_1 + I_2 + ... + I_n$

Reihenschaltung. Eine Reihenschaltung von Widerständen liegt vor, wenn alle Widerstände nacheinander von demselben Strom durchflossen werden (Bild 120.1).

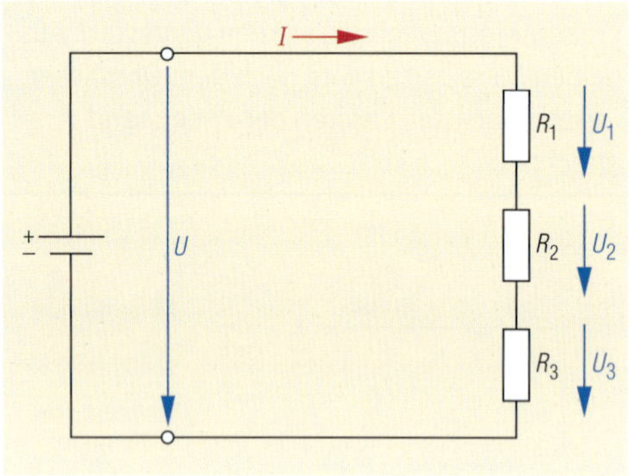

Bild 120.1 Reihenschaltung von Widerständen.

Für die Reihenschaltung gelten folgende Gesetzmäßigkeiten:

- Die Stromstärke ist überall gleich.
- Die Summe der Teilspannungen an den einzelnen Widerständen ist gleich der Gesamtspannung (Zweite Kirchhoff'sche Regel).
- Aus der Summe der Einzelwiderstände errechnet sich der Gesamtwiderstand der Schaltung.
- Ist der Stromkreis einer Reihenschaltung an einer Stelle unterbrochen, kann kein Strom mehr fließen.

Kirchhoff'sche Regeln: nach dem Physiker Gustav Robert Kirchhoff (1824 – 1887)

In der Fahrzeugtechnik werden Reihenschaltungen eingesetzt, wenn die Betriebsspannung an einzelnen Verbrauchern reduziert werden muss (sogenannte Vorwiderstände).

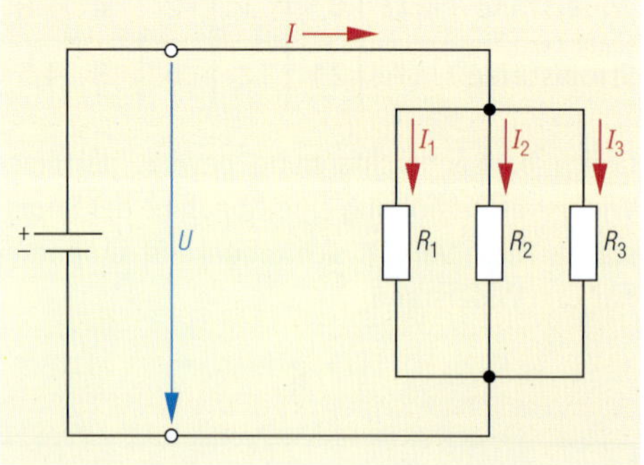

Bild 120.2 Parallelschaltung von Widerständen.

Parallelschaltung. Eine Parallelschaltung von Widerständen liegt vor, wenn alle Widerstände an derselben Spannung anliegen. Dabei bilden sich Knotenpunkte, in denen sich der Strom verzweigt. Durch jeden Zweig fließt nur ein Teilstrom (Bild 120.2).

Für die Parallelschaltung gelten folgende Gesetzmäßigkeiten:

- Die Spannung an den einzelnen Widerständen ist gleich der Gesamtspannung.
- In einem Stromverzweigungspunkt (Bild 120.3) ist die Summe der zufließenden Ströme gleich der Summe der abfließenden Ströme (Erste Kirchhoff'sche Regel).
- Der Kehrwert des Gesamtwiderstandes ist gleich der Summe der Kehrwerte der Einzelwiderstände.
- Der Gesamtwiderstand der Parallelschaltung ist stets kleiner als der kleinste Einzelwiderstand.
- Die Unterbrechung eines parallelen Leitungspfades führt nicht zum Ausfall der kompletten Schaltung.
- Jederzeit können Verbraucher zu- oder abgeschaltet werden.

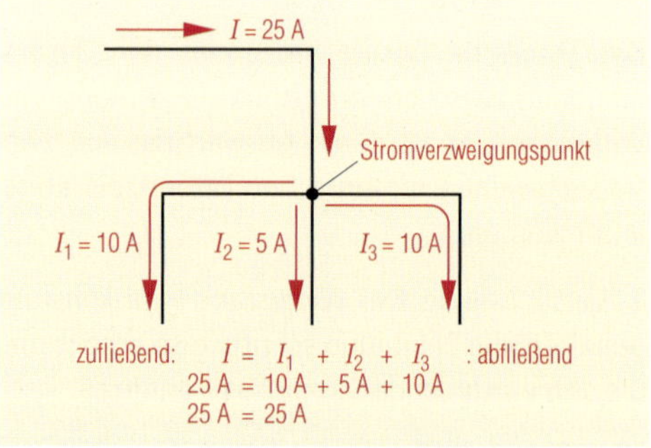

Bild 120.3 Stromverzweigungspunkt.

In der Fahrzeugtechnik finden Parallelschaltungen Verwendung, wenn mehrere Verbraucher mit derselben Spannung betrieben werden sollen (z. B. Glühkerzen der Vorglühanlage eines Dieselmotors).

Netzwerk. Ein Widerstandsnetzwerk ist eine Kombination aus Reihen- und Parallelschaltungen (Bild 121.1). Schaltungstechnisch einfach aufgebaute Netzwerke bezeichnet man als gemischte Schaltungen. In Widerstandsnetzwerken gelten die Gesetzmäßigkeiten der Reihen- und Parallelschaltung.

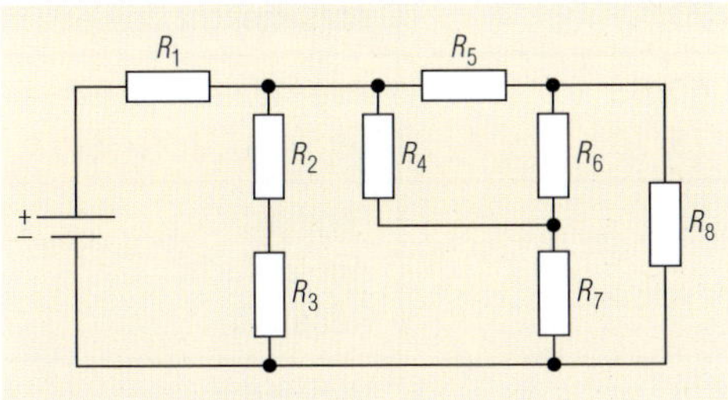

Bild 121.1 Komplexes Widerstandsnetzwerk.

Für die Berechnung von Netzwerken muss die Schaltung schrittweise vereinfacht werden. Dazu müssen die parallel oder in Reihe geschalteten Widerstände zu Ersatzwiderständen zusammengefasst werden.

Die **Brückenschaltung** besteht aus zwei Reihenschaltungen von jeweils zwei Widerständen, die parallel an einer gemeinsamen Spannungsquelle angeschlossen sind (Bild 121.2). Der Gesamtstrom I_G verzweigt sich im Punkt A in die Teilströme I_1 (über die Widerstände R_1 und R_2) und I_2 (über die Widerstände R_3 und R_4). Die Widerstände $R_1 \dots R_4$ arbeiten als Spannungsteiler.

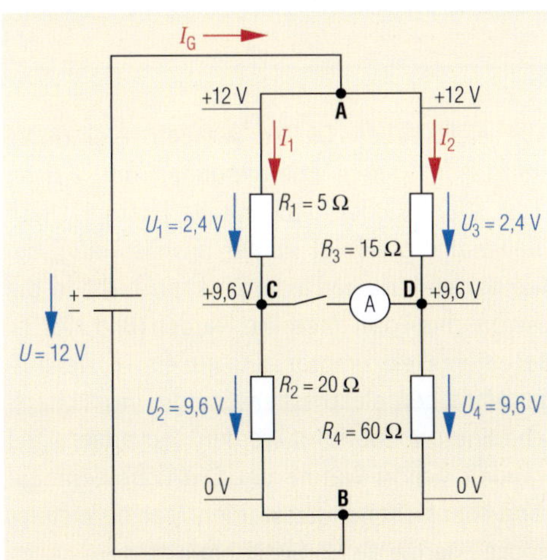

$$I_1 = \frac{U}{R_1 + R_2} = \frac{12\,\text{V}}{5\,\Omega + 20\,\Omega} = 0{,}48\,\text{A}$$

$$U_1 = I_1 \cdot R_1 = 0{,}48\,\text{A} \cdot 5\,\Omega = 2{,}4\,\text{V}$$

$$U_2 = I_1 \cdot R_2 = 0{,}48\,\text{A} \cdot 20\,\Omega = 9{,}6\,\text{V}$$

$$I_2 = \frac{U}{R_3 + R_4} = \frac{12\,\text{V}}{15\,\Omega + 60\,\Omega} = 0{,}16\,\text{A}$$

$$U_3 = I_2 \cdot R_3 = 0{,}16\,\text{A} \cdot 15\,\Omega = 2{,}4\,\text{V}$$

$$U_4 = I_2 \cdot R_4 = 0{,}16\,\text{A} \cdot 60\,\Omega = 9{,}6\,\text{V}$$

Bild 121.2 Brückenschaltung.

Der Schaltungspunkt B soll der Bezugspunkt für alle Spannungen sein. Die Teilspannung an einem Schaltungspunkt gegen einen festgelegten Bezugspunkt nennt man Potenzial. Der Bezugspunkt B hat das Potenzial 0 Volt. Bei der Brückenschaltung ermittelt man den Stromfluss zwischen den Schaltungspunkten C und D. Zeigt ein Strommesser keinen Stromfluss an, besteht zwischen beiden Punkten keine Spannung; beide Punkte müssen gegenüber dem Bezugspunkt B das gleiche Potenzial besitzen. Diesen Zustand bezeichnet man als abgeglichene Brücke. Die mathematische Bedingung für eine abgeglichene Brücke lautet:

$$\frac{R_1}{R_2} = \frac{U_1}{U_2} = \frac{U_3}{U_4} = \frac{R_3}{R_4}.$$

Mithilfe einer Brückenschaltung werden Widerstandsmessungen durchgeführt. Dabei wird ein Widerstand (z. B. R_1) durch den zu messenden Widerstand R_x ersetzt. Die Widerstände $R_2 \dots R_4$ werden solange verändert, bis die Brücke abgeglichen ist. R_x kann dann berechnet werden:

$$R_x = \frac{R_2 \cdot R_3}{R_4}.$$

Eingesetzt wird die Brückenschaltung z. B. im Hitzdraht-Luftmassenmesser.

Luftmassenmesser
→ S. 294

3.1.7 Elektrische Leistung, Arbeit und Wirkungsgrad

Die elektrische Leistung P ist das Produkt aus der Spannung U und der Stromstärke I. Die Einheit ist das Watt [W].

Elektrische Leistung. Um einen störungsfreien Betrieb zu ermöglichen, ist auf den meisten elektrischen Bauteilen die vorgeschriebene Spannung und die Leistungsaufnahme verzeichnet. Glühlampen beispielsweise sind an ihrem Sockel gekennzeichnet. Die Beleuchtungsanlage eines Pkws ist mit verschiedenen Glühlampen bestückt (Tabelle 122.1).

Glühlampen, die besonders viel Helligkeit erzeugen, haben einen hohen Leistungswert. In ihnen fließen entsprechend große Ströme.

Typ/Abbildung		Sockel-Typ IEC	Nennspannung [V]	Nennleistung [W]	Verwendung
H1	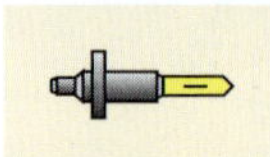	P 14,5e	6 12 24	55 55 70	Nebellicht Fernlicht Abblendlicht
H4		P 43t-38	12 14	60/55 75/70	Zweifadenlampe für Fernlicht/Abblendlicht
H7	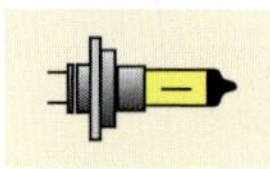	PX 26d	12	55	Fernlicht Abblendlicht Nebellicht
H8	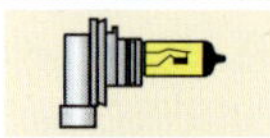	PGJ 19-1	12	35	Nebellicht Abblendlicht
HB3	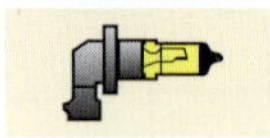	P 20d	12	60	Fernlicht
H21W	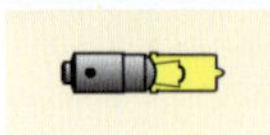	BAY 9s	12 24	21	Blinklicht
P21/5W PY21/5W (gelb)	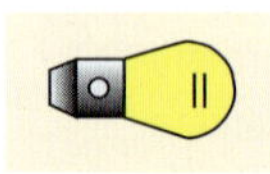	BAY 15d	6 12 24	21/5 21/5 21/5	Zweifadenlampe für Bremslicht/Schlusslicht
C5W (Sofittenlampe)		SV 8,5-8	6 12 24	5	Kennzeichenbeleuchtung, Schlusslicht
D1S (Gasentladungslampe)	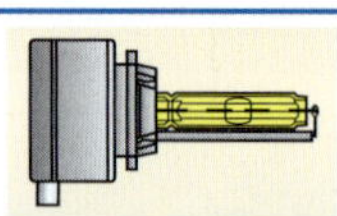	PK 32d-2 mit Zündteil im Lampensockel	85 (über Vorschaltgerät)	35 (geregelt)	Abblendlicht Fernlicht (Bi-Xenon)

Tabelle 122.1 Mögliche Glühlampen eines Pkws.

Elektrische Arbeit

> Die elektrische Arbeit W ist das Produkt aus der elektrischen Leistung P und der Zeit t der Einschaltdauer. Die Einheit ist die Wattsekunde [Ws].

Wirkungsgrad. Allgemein versteht man unter einem Wirkungsgrad das Verhältnis von „Nutzen" zu „Aufwand". Übertragen auf den Wirkungsgrad der elektrischen Leistung bzw. Arbeit bedeutet dies:

$$\text{Wirkungsgrad} = \frac{\text{abgegebene Leistung}}{\text{zugeführte Leistung}} = \frac{\text{abgegebene Arbeit}}{\text{zugeführte Arbeit}}$$

> Der Wirkungsgrad η (Eta, gr. Buchstabe) ist ein reiner Zahlenwert, stets kleiner als 1 oder kleiner als 100 %.

Alle elektrischen Geräte wandeln elektrische Energie in andere Energieformen um, z. B. in Licht, Wärme oder mechanische Energie. Diese Umwandlung erfolgt immer unvollständig, ein Teil der elektrischen Energie kann nicht in die gewünschte Form überführt werden (Bild 122.1). Bei einem Elektromotor kann nur ein Teil der aufgenommenen elektrischen Energie in mechanische Energie überführt werden. Der andere Teil wandelt sich in Wärme um. Die Wärmeenergie kann aber nicht genutzt werden. Man bezeichnet solche Energie als Verlustenergie.

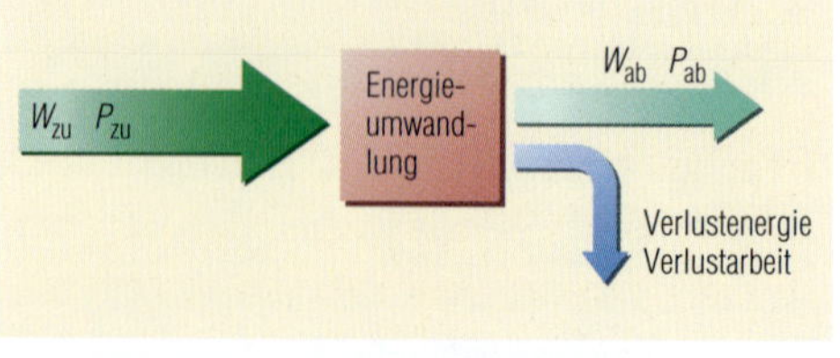

Bild 122.1 Darstellung des Energieflusses.

3.2 Wirkungen des elektrischen Stromes

Das „Fließen" elektrischen Stromes ist nur indirekt an seinen Wirkungen zu erkennen:

- magnetische Wirkung → Schalten eines Relais,
- Lichtwirkung → Leuchten einer Glühlampe,
- Wärmewirkung → Beheizen des Türschlosses,
- chemische Wirkung → Ladungs- und Entladungsvorgänge in der Batterie.

Weiterhin kann der elektrische Strom auf den Menschen eine physiologische Wirkung ausüben.

Stromdurchgang durch den menschlichen Körper → S. 127

3.2.1 Magnetische Wirkung

Die Wirkungsweise von Elektromotoren, Zündspulen, Relais und vielen anderen elektrischen Bauteilen im Kraftfahrzeug beruht auf den Eigenschaften des Magnetismus. Durch den Magnetismus entstehen magnetische Felder, die auf andere Magnete oder Eisenteile Anziehungs- und Ausrichtungskräfte ausüben. Magnetische Felder können durch Dauermagnete oder Elektromagnete erzeugt werden.

Dauermagnetismus. Dauermagnete behalten ihre magnetische Eigenschaft meist für lange Zeit fast unverändert bei. An den Enden der Magnete (Pole) herrschen die größten Anziehungskräfte. Ein Magnet hat immer einen Nord- und einen Südpol. Ungleiche Pole zweier Magnete ziehen sich an, gleichartige Pole stoßen sich ab (Bild 123.1). Als Werkstoff für Dauermagnete wird meist eine Legierung aus Aluminium-Nickel-Cobalt benutzt.

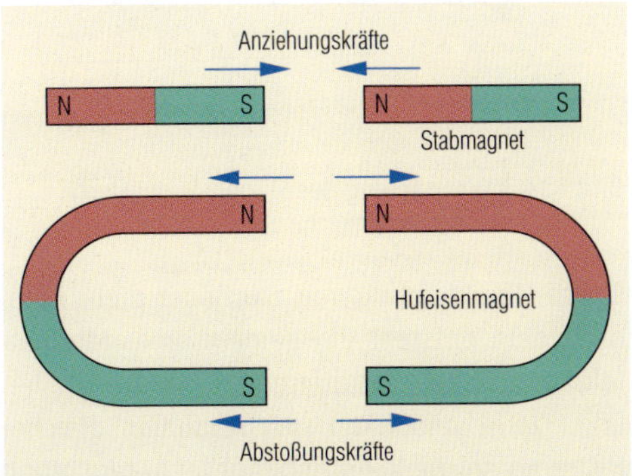

Bild 123.1 Dauermagnete; Anziehungs- und Abstoßungskräfte.

Magnetische Felder lassen sich mithilfe kleiner Eisenteile sichtbar machen. Werden diese in den Einflussbereich magnetischer Kräfte gebracht, ordnen sie sich zu geschlossenen Linienzügen. Diese bezeichnet man als Feldlinien (Bild 123.2). Die Dichte der Linien ist ein Maß für die Stärke des Feldes. Die Feldlinienrichtung verläuft außerhalb des Magneten stets vom Nord- zum Südpol.

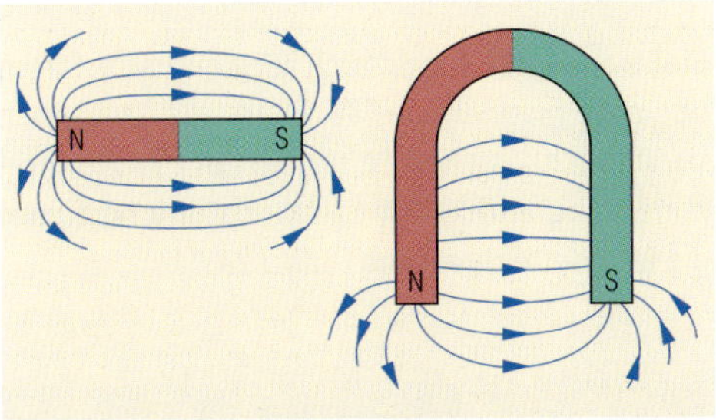

Bild 123.2 Feldlinienverlauf eines Stab- und eines Hufeisenmagneten.

Durch das Einbringen der Werkstoffe Eisen, Nickel und ihrer Legierungen in ein Magnetfeld oder durch Bestreichen ihrer Oberfläche mit einem Magneten werden die Werkstoffe magnetisch. Dabei werden die einzelnen Elementarmagnete des Stoffes in Richtung der Pole ausgerichtet. Normalerweise liegen sie ungeordnet im Werkstoff vor (Bild 123.3).

Sind alle Elementarmagnete ausgerichtet, ist eine Verstärkung des Magnetfeldes nicht mehr möglich. Der Sättigungspunkt des Feldes ist erreicht. Die magnetische Wirkung kann ohne die Ausrichtung nicht festgestellt werden.

Elementarmagnete: kleinste in einem Werkstoff vorkommende Magnete, die bei Eisen und Nickel aus Kristalliten bestehen und unter einem Mikroskop nicht sichtbar sind.

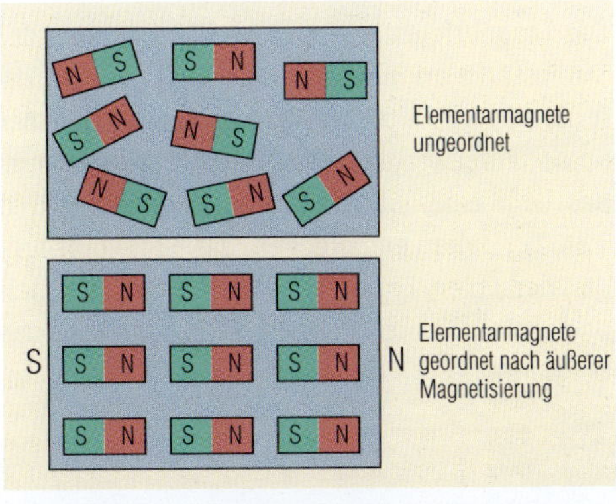

Bild 123.3 Elementarmagnete, ungeordnet und geordnet nach äußerer Magnetisierung.

Die genaue Werkstoffzusammensetzung entscheidet über die Haltbarkeit der Magnetisierung. „Weiches Eisen" (Eisen mit sehr kleinen Anteilen an Kohlenstoff und Silicium) ist mit geringen magnetischen Kräften schnell magnetisierbar. Allerdings verliert sich der Magnetismus genauso schnell wieder (flüchtiger Magnetismus). Erschütterung und Erwärmung sorgen bei allen Werkstoffen für einen vorzeitigen Abbau der Magnetisierung.

Elektromagnetismus. Auch der elektrische Strom übt eine magnetische Wirkung aus. Um einen stromdurchflossenen Leiter entsteht ein ringförmiges Magnetfeld. Die Stromrichtung bestimmt die Magnetfeldrichtung (Bild 124.1).

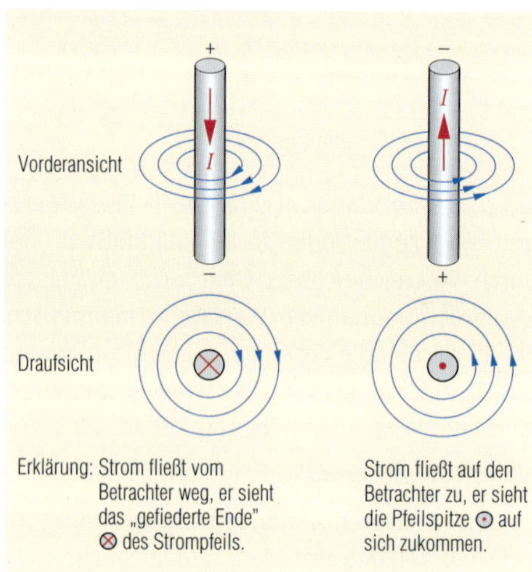

Bild 124.1 Kennzeichnung der Strom- und Magnetfeldrichtung in einem stromdurchflossenen Leiter.

Remanenz: von remanere (lat.) = zurückbleiben

Bestimmung des Feldlinienverlaufs: Schaut man bei angenommener technischer Stromrichtung in die Richtung des Stromflusses, dann verlaufen die Feldlinien im Uhrzeigersinn.

Die Magnetfeldstärke steigt mit zunehmender Stromstärke an und fällt mit zunehmender Entfernung vom Leiter ab. Wird ein Leiter zu einer Spule aufgewickelt, entsteht ein Magnetfeld, das dem eines Stabmagneten entspricht (Bild 124.2). Dabei entsprechen die Spulenöffnungen den Polen. Eine größere Zahl an Windungen und eine höhere Stromstärke verstärken das Magnetfeld.

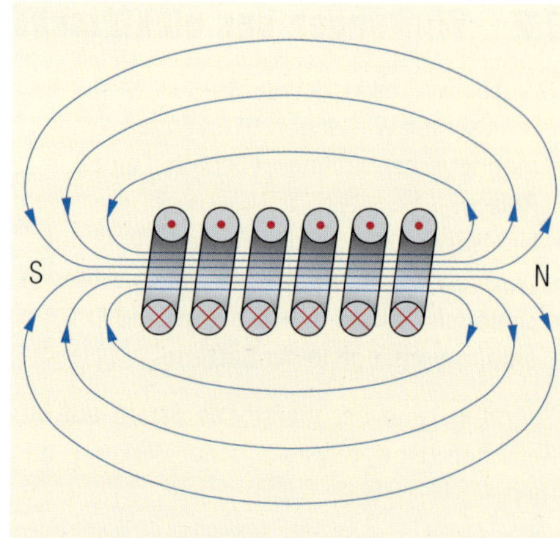

Bild 124.2 Magnetfeld einer stromdurchflossenen Spule.

Ein weichmagnetischer Eisenkern im Inneren einer stromdurchflossenen Spule verstärkt das Magnetfeld erheblich, weil der Eisenkern selber zum Magneten wird (Bild 124.3). Nach Abschalten des Stromes baut sich das Magnetfeld der Spule sehr schnell ab. Damit verliert auch der Eisenkern seine magnetische Wirkung. Bleibt ein geringer Restmagnetismus zurück, bezeichnet man dies als magnetische Remanenz.

Das Verstärkungsprinzip magnetischer Spulenfelder durch Einschließen von Eisenkernen wird z. B. für die Funktion eines Elektromagneten oder einer Zündspule ausgenutzt.

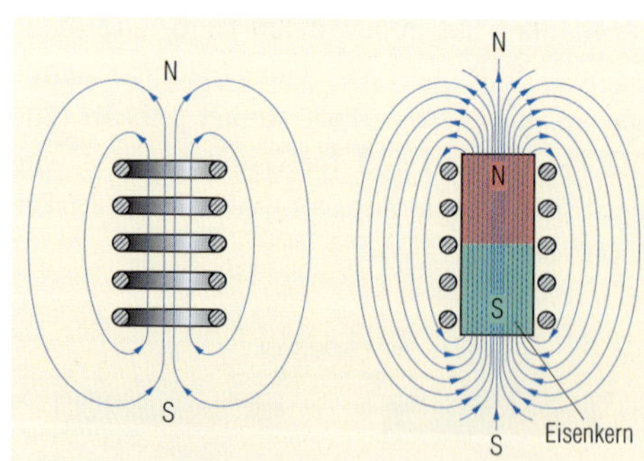

Bild 124.3 Verstärkung des Magnetfeldes durch einen Eisenkern.

Durch Überlagerung von zwei oder mehr Magnetfeldern entsteht ein gemeinsames Magnetfeld mit einem resultierenden Kraftlinienverlauf. Darin verstärken sich Feldlinien gleicher Richtung, solche in entgegengesetzter Richtung schwächen sich ab oder löschen sich aus (Bild 125.1).

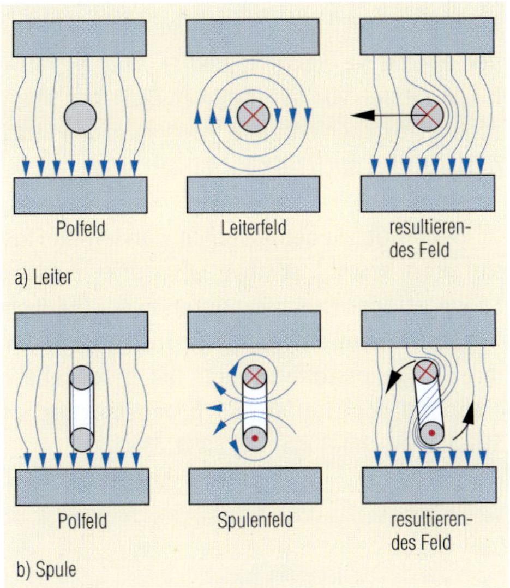

Bild 125.1 Leiter und Spule im Magnetfeld.

3.2.2 Licht- und Wärmewirkung

Licht lässt sich mithilfe von Strom auf zwei prinzipiell unterschiedliche Arten erzeugen. Danach werden die Glühlampe und die Gasentladungslampe unterschieden.

Die Glühlampe (Bild 125.2). Erhöht man die Stromstärke in einem stromdurchflossenen Leiter immer weiter, so steigt seine Temperatur durch zunehmende Schwingung der Atome im Kristallgitter. Der Leiter wird zunächst rotglühend (ca. 800 °C). Bei noch höheren Temperaturen strahlt

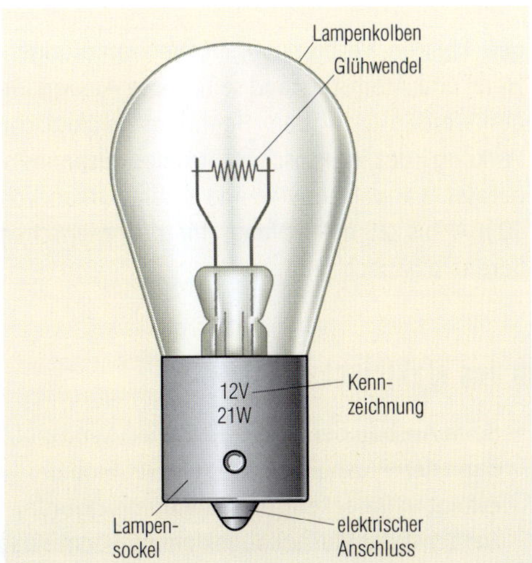

Bild 125.2 Aufbau einer Glühlampe.

er schließlich weiß. Es entsteht Licht. Der Wirkungsgrad der Glühlampe beträgt rund 5 %.

Die Gasentladungslampe (Leuchtstofflampe). Aufbau (Bild 125.3): An beiden Enden des Glasrohres befinden sich zwei Glühelektroden, die Innenseite des Rohres ist mit einem Leuchtstoff beschichtet. Die gesamte Lampe ist mit einem Gas gefüllt.

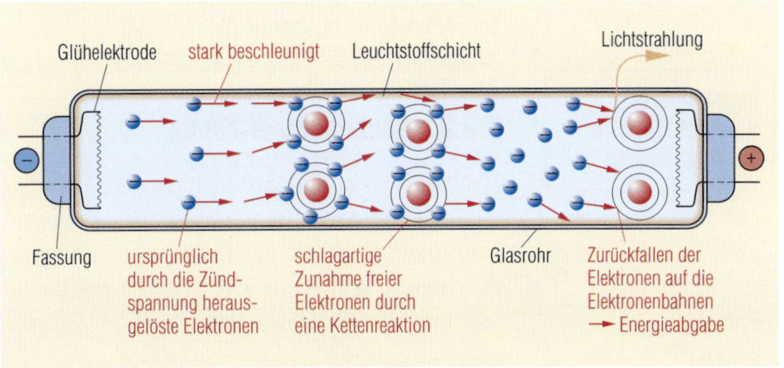

Bild 125.3 Aufbau einer Leuchtstofflampe mit Darstellung des Ionisierungsvorganges.

Funktion: An die Elektroden wird eine Spannung angelegt. Hat diese einen bestimmten Wert erreicht (Zündspannung), werden einzelne Elektronen aus den Gasatomen herausgelöst und dabei stark beschleunigt. Durch die Elektronenabgabe werden die Gasatome ionisiert. Ein Strom fließt. Die herausgelösten Elektronen besitzen so viel Energie, dass sie ihrerseits andere Elektronen aus den Atomen herausschlagen. Schlagartig nimmt die Anzahl freier Elektronen zu. Durch die einsetzende Kettenreaktion fließt ein immer höherer Strom, der durch einen Vorwiderstand begrenzt werden muss. Nach kurzer Zeit fallen die Elektronen auf die ursprünglichen Atomschalen zurück. Dabei geben sie die zuvor aufgenommene Energie als Strahlungsenergie ab. Diese wird durch die Beschichtung auf der Innenseite des Glaskörpers in sichtbares Licht umgewandelt. Gasentladungslampen bleiben während des Betriebes kalt, sie erzeugen weniger Verlustwärme. Ihr Wirkungsgrad liegt bei ungefähr 20 %.

Wärmewirkung. Bewegen sich Elektronen durch einen metallischen Leiter, stoßen sie zwangsläufig mit den Ionen des Grundgitters zusammen. Dabei wandeln sie einen Teil ihrer Bewegungsenergie um, der Leiter erwärmt sich. Deshalb muss eine zu hohe Stromstärke in elektrischen Anlagen vermieden werden (Brandgefahr). Dagegen wird eine kontrollierte Wärmeentwicklung durch den elektrischen Strom z. B. für die Funktion der Heckscheibenheizung oder beim Auslösen einer Schmelzsicherung benötigt.

Elektrolyse: aus Elektron und Analyse

3.2.3 Chemische Wirkung

Fließt ein elektrischer Strom durch eine elektrisch leitende Flüssigkeit, so verändert er ihre Zusammensetzung. In der Kraftfahrzeugtechnik wird die chemische Wirkung z. B. bei der Funktion der Starterbatterie angewendet.

Batterie → S. 218 ff.

Damit eine Flüssigkeit den elektrischen Strom gut leiten kann, müssen in ihr Verbindungen aus Ionen gelöst sein, z. B. Salze, Säuren, Laugen oder Metalloxide. Diese Ionenlösung bezeichnet man als Elektrolyt. Taucht man zwei Elektroden in einen Elektrolyten und legt daran eine Spannung an (Bild 126.1), wandern seine Ionen zu den Elektroden. Positive Ionen wandern zu der negativen Elektrode und nehmen dort Elektronen auf, bis sie elektrisch neutral sind. Negative Ionen werden von der positiven Elektrode angezogen. Sie geben dort ihre überschüssigen Elektronen ab, bis auch sie neutralisiert sind.

Im Gegensatz zu den Metallen wandern in Flüssigkeiten sowohl positive als auch negative Ladungsträger. Durch die unterschiedliche Richtung der Ionenwanderung wird die Flüssigkeit in ihre Ausgangsstoffe zerlegt. Die beschriebene Trennung von Stoffen durch den elektrischen Strom bezeichnet man als Elektrolyse.

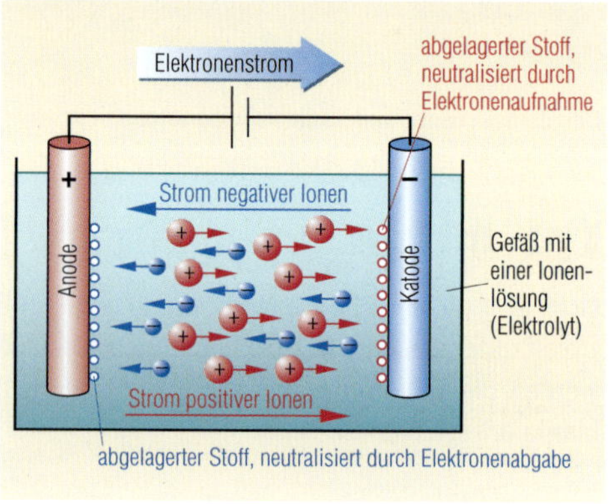

Bild 126.1 Ionenwanderung in einem Elektrolyten.

3.3 Schutzmaßnahmen

Das Arbeiten an elektrischen Anlagen und der Umgang mit elektrischem Strom erfordern größte Sorgfalt und großes Verantwortungsbewusstsein. Bei Berührung des elektrischen Stromes erhält man einen „elektrischen Schlag", da der Strom von der Spannungsquelle aus durch den Körper des Menschen fließt. Mögliche Folgen können Verbrennungen, Verkrampfungen, Herz- und Atemstillstand sein. Diese Auswirkungen werden unter dem Begriff „physiologische Wirkung" des elektrischen Stromes zusammengefasst. Länger einwirkende Stromstärken von 10 mA bis 25 mA können für den Menschen bereits schädlich sein.

3.3.1 Schutzmaßnahmen gegen die Gefahren des elektrischen Stromes

- Vor Instandsetzungsarbeiten an der elektrischen Anlage des Kraftfahrzeugs muss immer der Minuspol der Batterie abgeklemmt werden. Dies schützt den Monteur und die elektronischen Bauteile vor Kurzschlüssen.
- Beim Ausbau der Batterie erst den Minuspol, dann den Pluspol abklemmen. Der Einbau erfolgt in umgekehrter Reihenfolge. (Würde zunächst der Pluspol abgeklemmt, könnte das Werkzeug bei der Lösebewegung die Karosserie berühren, es käme zu einem Kurzschluss.)

- Durchgebrannte Sicherungen niemals mithilfe metallischer Leiter überbrücken. Es besteht Brandgefahr.
- Durchgebrannte Sicherungen stets durch neue mit gleicher Amperezahl ersetzen.
- Auf Beschädigung von Leitungen, Steckern und Steckverbindungen achten. Erkannte Mängel sind vorschriftsgemäß zu beheben.
- Grundsätzlich soll nicht bei laufendem Motor an der Zündanlage gearbeitet werden. Bei kontaktgesteuerten Anlagen sind nur die Ströme des Sekundärkreises für den Menschen gefährlich. Bei elektronischen Zündsystemen ist auch der Primärstromkreis lebensgefährlich. In ihm werden Spannungen bis 400 V aufgebaut. Die Ströme des Primärstromkreises liegen auch am Diagnosestecker, am Drehzahlmesseranschluss und an den zugehörigen Steckverbindungen an.
- Werden elektrische Geräte für Reparaturen am Kraftfahrzeug benutzt (Bohrmaschine, Winkelschleifer, Schweißgerät, ...), dürfen diese keine elektrischen Mängel aufweisen. Die Zuleitung, der Stecker, die benutzte Steckdose und das isolierende Gehäuse dürfen nicht beschädigt sein.
- Werden zur Verlängerung der Zuleitung Kabeltrommeln benutzt, so muss das Kabel immer komplett abgewickelt werden. Sonst besteht Brandgefahr in der Trommel.
- Defekte Geräte sofort spannungsfrei machen und dafür sorgen, dass diese umgehend repariert werden und nicht mehr von anderen Mitarbeitern benutzt werden können.

3.3.2 Stromdurchgang durch den menschlichen Körper

Beim Berühren des elektrischen Stromes bildet der menschliche Körper einen Teilwiderstand des elektrischen Stromkreises (Bild 127.1). In den meisten Fällen fließt der Strom von der Hand (Berührungsstelle) durch den Körper über die Füße ab. Aber auch andere Stromwege sind möglich, z. B. von Hand zu Hand. Eine lebensgefährliche Gefährdung liegt immer dann vor, wenn der Stromweg über das Herz führt.

Die Größe des Körperwiderstandes (bis ca. 20 kΩ) ist von vielen Faktoren abhängig (Körperbau, Konstitution, körperlicher und seelischer Zustand, ...). Er lässt sich daher nur näherungsweise bestimmen.

Sehr unterschiedlich können auch die Höhen der beiden Übergangswiderstände an der Stromein- und Stromaustrittsstelle sein. Sie werden beeinflusst durch:

- Feuchtigkeit, z. B. Handschweiß,
- Dicke der Haut,
- Schuhe,
- Feuchtigkeit des Bodens.

Lebensgefahr besteht bei Körperströmen über 50 mA. Diese können bei Berührung mit Wechselspannungen über 50 V und Gleichspannungen über 120 V erreicht werden. Für Kinder und ältere Menschen gelten niedrigere Grenzwerte.

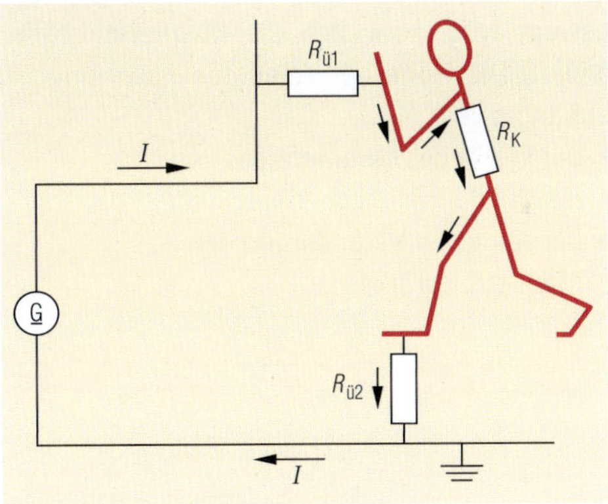

Bild 127.1 Der Stromdurchgang durch den menschlichen Körper.

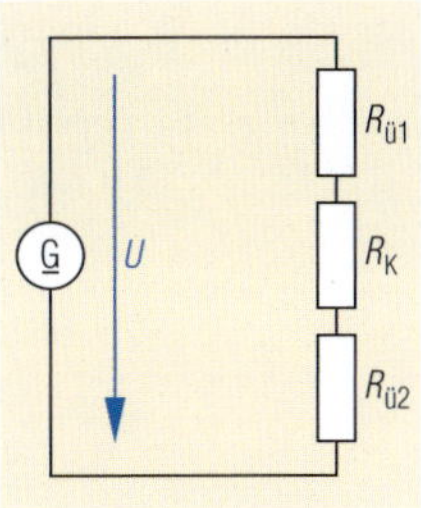

Reihenschaltung von Körperwiderstand und Übergangswiderständen.

Maßnahmen zur ersten Hilfe

- Stromkreis sofort abschalten,
- verunglückte Person sofort aus dem Gefahrenbereich bergen,
- Atmung und Herzschlag kontrollieren,
- einen Notarzt/Arzt verständigen oder die verunglückte Person zum Arzt begleiten,
- Erstversorgung durch „Erste-Hilfe-Maßnahmen", Wundversorgung, stabile Seitenlage.

3.4 Elektrische Spannungserzeugung

In jedem Fall beruht die Erzeugung elektrischer Spannung auf einer Ladungstrennung. Um diesen Vorgang zu ermöglichen, ist Energie erforderlich. Dazu können die nachfolgend genannten Energieformen eingesetzt werden.

Induktion:
von inducere (lat.) = bewegen, einführen

Generator → S. 212

3.4.1 Spannungserzeugung durch Induktion

Eine Induktionsspannung wird mit einem elektrischen Leiter (Spule) und einem Magneten erzeugt. Dazu muss der elektrische Leiter fortlaufend von den magnetischen Kraftlinien, in denen er sich bewegt, geschnitten werden (Generatorprinzip, Bild 128.1), oder es muss sich die Stärke des Magnetfeldes, welches den Leiter durchdringt, immerzu ändern (Transformatorprinzip, Bild 128.2).

In beiden Fällen werden die freien Elektronen des Leiters durch die Wirkung des magnetischen Feldes in eine gerichtete Bewegung versetzt. Die elektrische Spannung wird nur solange erzeugt, wie der elektrische Leiter durch das Magnetfeld bewegt wird, bzw. sich die Magnetfeldstärke ändert. Die Höhe der erzeugten Spannung ist abhängig von

- der Stärke des Magnetfeldes,
- der Windungszahl der Spule und
- der zeitlichen Veränderung der Magnetfeldstärke.

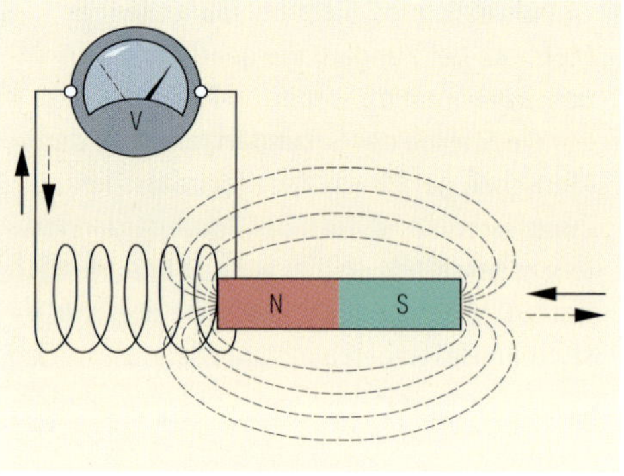

Bild 128.1 Generatorprinzip, Erzeugung einer Wechselspannung.

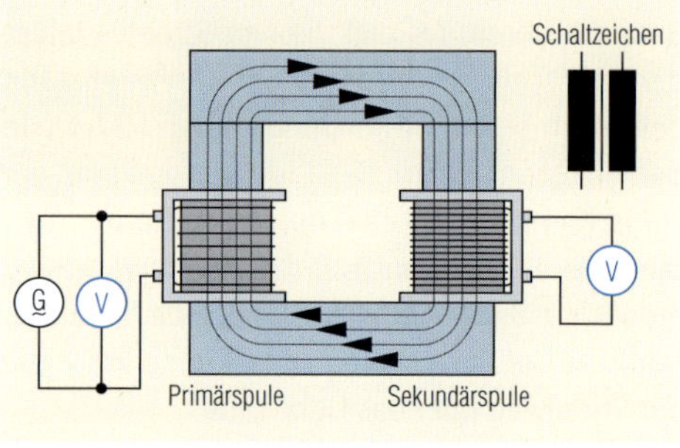

Bild 128.2 Transformatorprinzip, Erzeugung einer Wechselspannung.

3.4.2 Spannungserzeugung durch chemische Vorgänge

In einer elektrochemischen Spannungsquelle (galvanisches Element) findet die Umwandlung von chemischer in elektrische Energie statt. Dazu werden zwei unterschiedliche Metalle oder ein Metall und Kohle in eine elektrisch leitende Flüssigkeit (Elektrolyt) getaucht (Bild 128.3). Zwischen den beiden Metallen bzw. zwischen dem Metall und der Kohle stellt sich eine elektrische Gleichspannung ein, deren Höhe von der Wahl der Werkstoffe abhängig ist. Sie lässt sich mithilfe der elektrochemischen Spannungsreihe rechnerisch bestimmen (Tabelle 129.1).

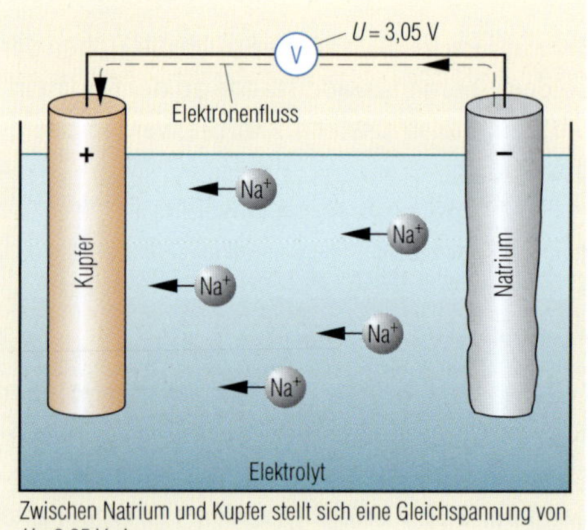

Zwischen Natrium und Kupfer stellt sich eine Gleichspannung von $U = 3{,}05$ V ein.

Bild 128.3 Galvanisches Element.

Elektrodenmaterial	Kalium	Natrium	Magnesium	Aluminium	Zink	Eisen	Nickel	Zinn	Blei	**Wasserstoff**	Kupfer	Kohlenstoff	Silber	Gold
Normalpotenzial in Volt	−2,92	−2,71	−2,37	−1,66	−0,76	−0,44	−0,25	−0,14	−0,13	**0,00**	+0,34	+0,74	+0,80	+1,42

Tabelle 129.1 Elektrochemische Spannungsreihe.

Elektrochemische Spannungsreihe. In Versuchsmessungen sind für verschiedene Metalle und für Kohlenstoff die jeweiligen Spannungen zu einer Wasserstoffelektrode (Bezugselektrode) ermittelt worden. Das Ergebnis ist in einer Tabelle aufgelistet. Die Spannungshöhe des galvanischen Elements wird durch die Spannungsdifferenz zwischen beiden Elektrodenwerkstoffen bestimmt. Der in der Tabelle weiter links stehende Werkstoff stellt das unedlere Material dar. Es zersetzt sich im Laufe der Zeit und bildet den Minuspol des galvanischen Elementes.

Beispiel: Zink-Kohle-Element

Zink: − 0,76 V; Kohle: + 0,74 V →
$U_{ges} = +0{,}74\ \text{V} - (-0{,}76\ \text{V})$
$\mathbf{U_{ges} = 1{,}5\ V}$.

Die Zinkelektrode bildet also den Minuspol. Ist der Elektrolyt verbraucht oder das unedlere Material aufgelöst, wird keine Spannung mehr erzeugt. Nach der Beschaffenheit des Elektrolyten wird zwischen Trocken- und Nasselementen unterschieden.

Trockenelement. Der Elektrolyt ist pastenförmig eingedickt, z. B. in der „Taschenlampenbatterie". Zink-Kohle-Batterien (Bild 129.1) können nicht wieder aufgeladen werden. In Akkumulatoren können die elektrochemischen Vorgänge durch Stromzufuhr rückgängig gemacht werden. Sie bestehen meist aus einem Nickel-Cadmium-Element.

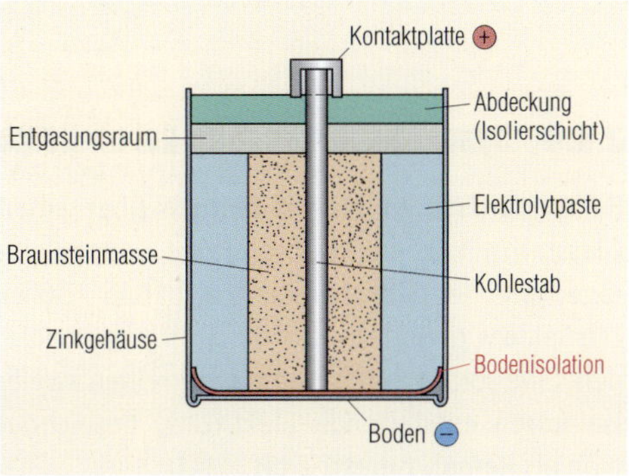

Bild 129.1 Aufbau eines Trockenelementes.

Nasselement. Der Elektrolyt liegt in flüssiger Form vor. Man unterscheidet Primär- und Sekundär-Nasselemente.

- Primär-Nasselement: Beim Eintauchen der Elektroden in den Elektrolyten wird sofort eine Spannung erzeugt, z. B. Kupfer-Zink in verdünnter Schwefelsäure.
- Sekundär-Nasselement: Vor der ersten Spannungsabgabe muss zunächst ein Ladungsvorgang erfolgen, z. B. bei Blei-Säure-Batterien, die als Kfz-Starterbatterien eingesetzt werden.

Entsorgung. Leere Batterien und zerstörte Akkumulatoren müssen als Sondermüll entsorgt werden. Sie dürfen nicht dem Hausmüll zugeführt werden. Für neue Kfz-Starterbatterien wird ein Pfand erhoben. Die Verrechnung erfolgt mit Rückgabe der alten Batterie.

Akkumulator
(lat.): Anhäufer, Sammler

3.4.3 Spannungserzeugung durch Wärme

Werden zwei metallische Drähte aus unterschiedlichen Werkstoffen verbunden und die Verbindungsstelle erwärmt, stellt sich zwischen den freien Drahtenden eine Gleichspannung im Millivoltbereich ein. Die Höhe der Spannung ist von der Temperatur und der Werkstoffkombination abhängig. Elektrische Bauteile, die diese Art der Spannungserzeugung ausnutzen, werden

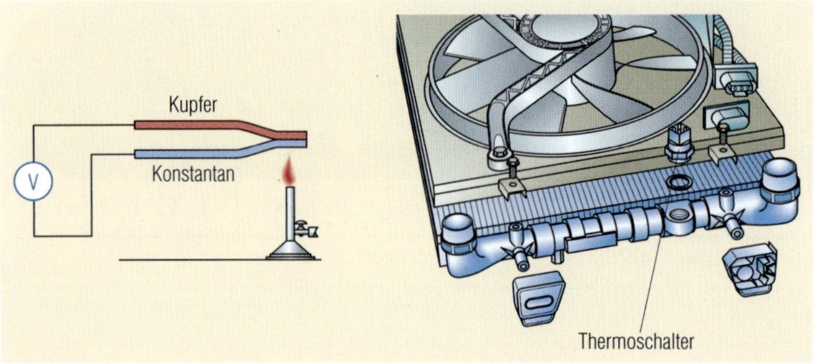

Bild 130.1 Thermoelement.

als Thermoelemente bezeichnet (Bild 130.1). Sie können als Messwertgeber oder zur Temperaturfernmessung im Kraftfahrzeug eingesetzt werden:

- Messwertgeber zur Regelung von elektronischen Klimaanlagen oder zur Steuerung elektrischer Kühlerlüfter,
- Temperaturfernmessung zur Kontrolle der Brennraumtemperatur.

3.4.4 Spannungserzeugung durch Reibung

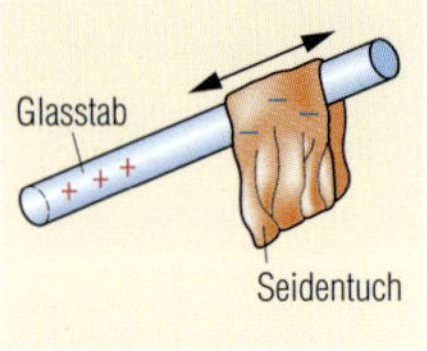

Bild 130.2 Entstehung der Reibungselektrizität.

Reibt man mit einem Seidentuch über einen Glasstab, nimmt die Seide einzelne Außenelektronen aus der Glasoberfläche auf (Bild 130.2). Die Seide wird negativ und der Stab positiv geladen. Eine solche durch Aneinanderreiben zweier Isolatoren entstehende Elektrizität bezeichnet man als Reibungselektrizität.

Wird ein Kraftfahrzeug schnell auf trockener Fahrbahn bewegt, kann sich auch hier Reibungselektrizität in Form von statischer Aufladung bemerkbar machen. Diese kann beim Aussteigen durch einen leichten Stromschlag wahrgenommen werden.

Ebenso können sich statische Aufladungen durch Störungen im Radio bemerkbar machen. An Tankfahrzeugen können solche Aufladungen gefährlich sein, da ein Entladungsfunke eventuell ausfließenden Kraftstoff entzünden kann.

3.4.5 Spannungserzeugung durch Licht

Fotoelement: ein Lichtsensor, der selbst elektrischen Strom erzeugt (Photovoltaik, Solarzelle, ...)

In bestimmten Materialien, z. B. Germanium oder Silicium, kommt es unter Lichteinwirkung zu einer elektrischen Ladungstrennung; das Fotoelement wird zur Gleichspannungsquelle. Fotoelemente werden z. B. als Messwertgeber in elektronischen Steuerungen verwendet.

3.4.6 Spannungserzeugung durch Druck (Kristallpressung)

piezo: von piezein (gr.) = drücken

Die Kristallpressung wird auch als piezoelektrischer Effekt bezeichnet. In gewissen Kristallen, z. B. Siliciumoxid oder Blei-Zirconat-Titan kommt es unter äußerer Krafteinwirkung zu Ladungsverschiebungen im Kristallgitter, die als geringe Oberflächenladung erfasst werden können. Schichtet man mehrere Kristallplättchen aufeinander, kann man durch die Ladungsaddition eine Sensorspannung erzeugen (Bild 130.3). Piezoelemente werden u. a. als Klopfsensoren und elektronische Tastschalter benutzt.

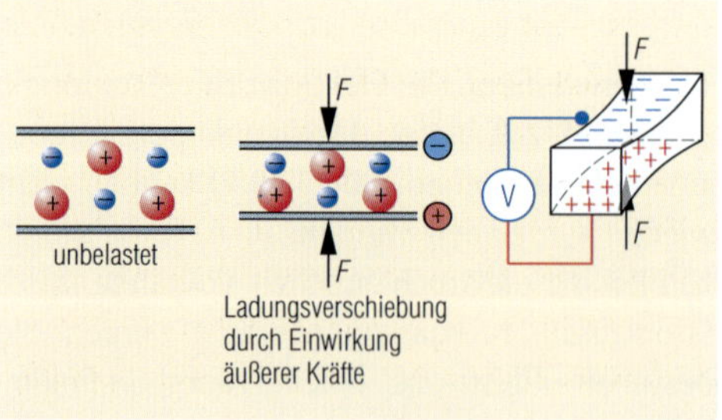

Bild 130.3 Piezoeffekt bei Kristallen.

3.4.7 Spannungserzeugung durch Hall-Effekt

Hall-Effekt und **Hallgeber:** nach dem amerikanischen Physiker Edwin H. Hall (1855 – 1938)

Bringt man einen stromdurchflossenen Leiter in ein Magnetfeld, werden die freien Elektronen im Leiter nach einer Richtung abgedrängt. Die Folge ist eine Ladungstrennung, die messtechnisch erfasst werden kann. Hallgeber werden u. a. zur Ansteuerung der Transistorschaltung einer Zündung und somit zur Zündauslösung eingesetzt.

3.5 Elektrische Komponenten im Kfz

3.5.1 Transformator

Der Transformator (Umwandler) verändert die eingehende Spannung in eine niedrigere oder höhere Ausgangsspannung.

Zwei Spulen mit unterschiedlichen Windungszahlen sind auf einem gemeinsamen weichmagnetischen Eisenkern angeordnet. Zwischen beiden Spulen besteht keine elektrisch leitende Verbindung (Bild 131.1).

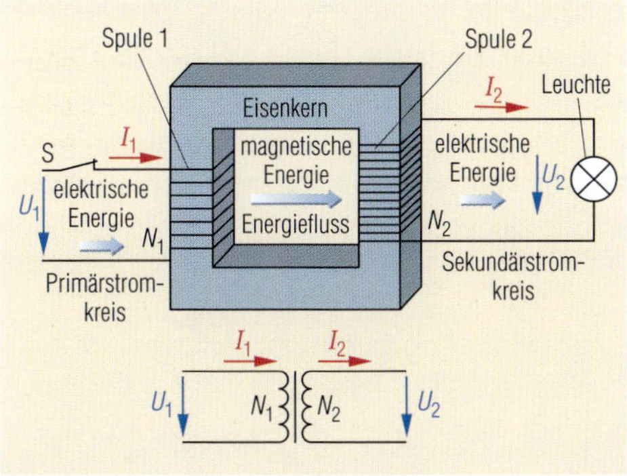

Bild 131.1 Prinzip des Transformators.

Der Wicklung 1 (Eingangs- oder Primärwicklung) wird elektrische Energie zugeführt, der Wicklung 2 (Ausgangs- oder Sekundärwicklung) wird Energie entnommen. Die zugehörigen Spannungen und Ströme werden ebenfalls mit dem Zusatz „primär" und „sekundär" gekennzeichnet.

Durchfließt ein Wechselstrom die Primärwicklung, erzeugt er im Eisenkern ein in Stärke und Richtung ständig wechselndes Magnetfeld. Über den gemeinsamen Eisenkern durchsetzt das Magnetfeld auch die Sekundärwicklung. Dort wird eine Wechselspannung gleicher Frequenz erzeugt. Die Höhe der Sekundärspannung ist vom Verhältnis der Windungszahlen von Primär- zur Sekundärspule abhängig. Für den „idealen" Transformator gelten bei angenommener verlustfreier Übertragung zwischen Primär- und Sekundärspule folgende Gesetzmäßigkeiten:

$$\frac{U_1}{U_2} = \frac{N_1}{N_2} = \frac{I_2}{I_1} = \ddot{U}$$

3.5.2 Kondensator

Ein Kondensator im Gleichstromkreis speichert elektrische Energie. Im Kraftfahrzeug wird er z. B. als Zündkondensator, als Entstörkondensator oder als Energiespeicher für die verzögerte Ausschaltung der Innenraumbeleuchtung benutzt.

Der Kondensator besteht aus 2 Metallplatten oder Metallfolien, die durch eine Isolierschicht voneinander getrennt sind (Bild 131.2). Diese Schicht nennt man Dielektrikum. Die Isolierschicht kann theoretisch durch einen Luftraum gebildet werden, aber in der Praxis werden besser isolierende Stoffe benutzt, z. B. Hartpapier, Keramik oder Quarzglas.

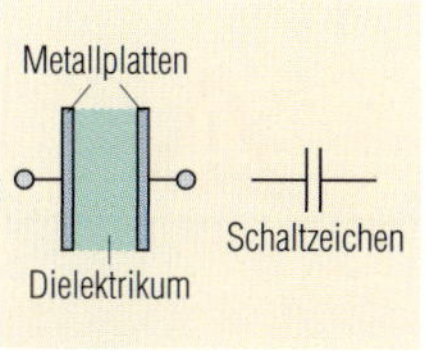

Bild 131.2 Aufbau eines Plattenkondensators.

Ein Wickelkondensator benötigt wenig Raum und besitzt hohe Kapazitätswerte (Bild 131.3).

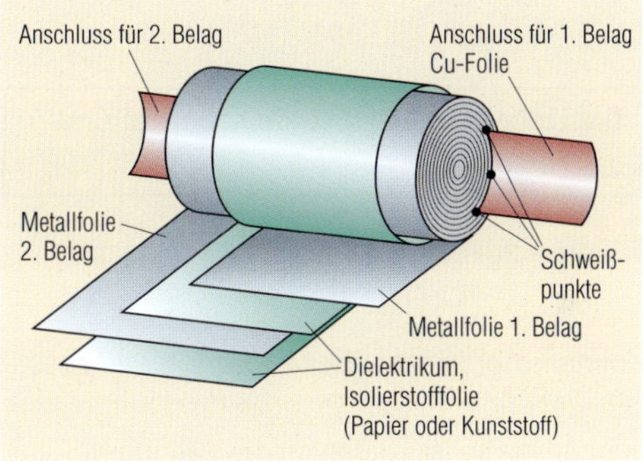

Bild 131.3 Schematischer Aufbau eines Wickelkondensators.

Ladevorgang (Bild 131.4). Wird der Kondensator an eine Gleichspannungsquelle angeschlossen, fließt kurzzeitig ein Ladestrom. Dabei zieht der Pluspol die Elektronen aus der oberen Platte ab, der Minuspol drückt zusätzlich Elektronen auf

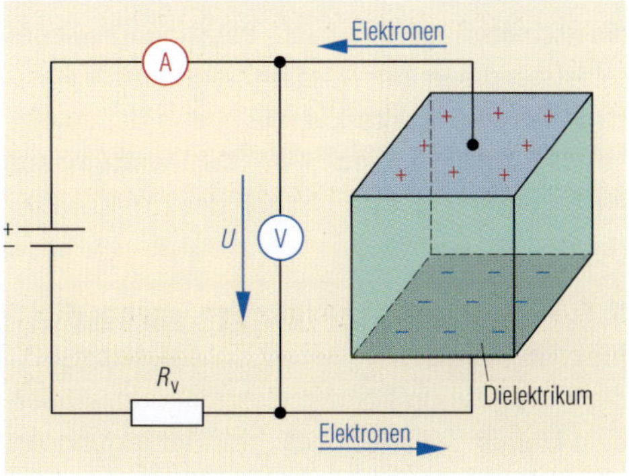

Bild 131.4 Aufladevorgang eines Kondensators.

U_1 = Primärspannung in V,
U_2 = Sekundärspannung in V,
N_1 = Primärwindungszahl,
N_2 = Sekundärwindungszahl,
I_1 = Primärstromstärke in A,
I_2 = Sekundärstromstärke in A,
$\ddot{U}$ = Übersetzungsverhältnis

Hinweis zur Unfallverhütung:
Geladene Kondensatoren sind für den Menschen gefährlich. Vor dem Arbeiten an elektrischen Netzen sind sie zu entladen.

die untere Platte. Der Kondensator ist geladen, er hat elektrische Energie gespeichert.

Nach Abklemmen des Kondensators von der Spannungsquelle lässt sich an ihm mit einem Spannungsmessgerät eine Spannung nachweisen (Bild 132.1).

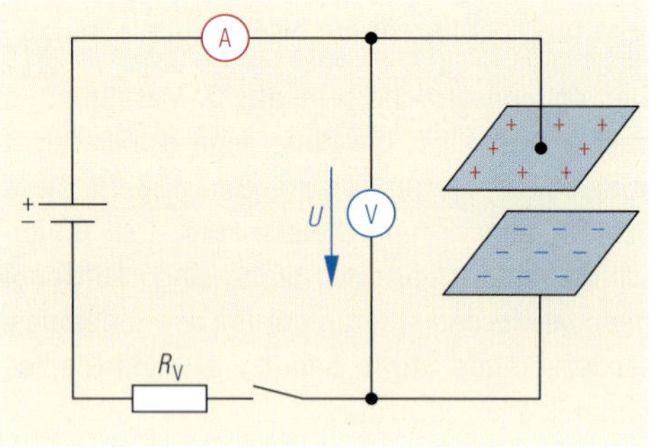

Bild 132.1 Aufgeladener Kondensator.

Das Speichervermögen des Kondensators bezeichnet man als Kapazität.

Die Einheit der elektrischen Kapazität C ist das Farad [F].

Für die aufgenommene Ladungsmenge gilt:

$$Q = C \cdot U$$

Q = Ladung in As,
C = Kapazität in F,
U = Spannung in V

Kondensatoren mit hohen Kapazitätswerten sollten stets über einen Vorwiderstand aufgeladen werden, da sonst zu Beginn des Ladungsvorganges ein zu großer Strom fließen kann, der den Kondensator möglicherweise beschädigt.

Die Kapazität des Kondensators ist umso höher
- je größer die dem Dielektrikum zugewandte Oberfläche der Metallplatte bzw. Folie ist,
- je kleiner der Abstand der beiden Plattenladungen voneinander ist,
- je größer die Isolierwirkung des verwendeten Isolierstoffes ist.

Entladevorgang (Bild 132.2). Der geladene Kondensator hat die Eigenschaft einer Spannungsquelle. Er arbeitet nahezu verschleißfrei und kann die gespeicherte elektrische Energie als elektrische Arbeit wieder abgeben, wenn ein Verbraucher angeschlossen wird. Im Wechselstromkreis werden Kondensatoren als Widerstände eingesetzt.

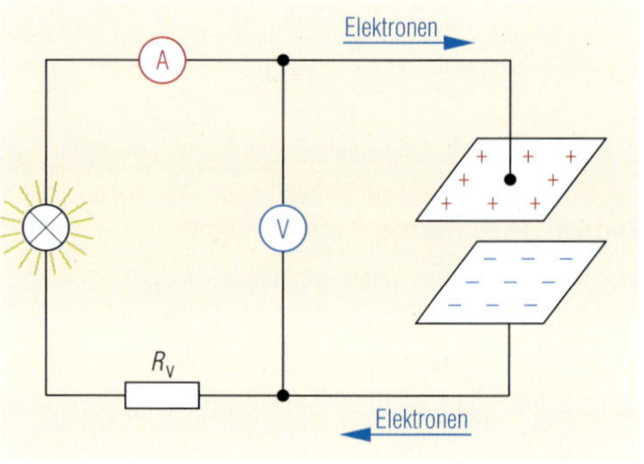

Bild 132.2 Entladevorgang eines Kondensators.

3.5.3 Schalter, Relais

Elektrische Schalter schließen und öffnen elektrische Stromkreise. Schalter sind nach DIN 40 900 genormt. Die Schalterstellung wird stets im unbetätigten Zustand dargestellt. Taster (Tastschalter) gehen nach Betätigung wieder selbstständig in ihre Ausgangslage zurück. Rastschalter (Stellschalter) verbleiben in der zuletzt geschalteten Stellung. Eine Kombination aus Rastschalter und Taster ist z. B. der Zündschalter (Bild 132.3).

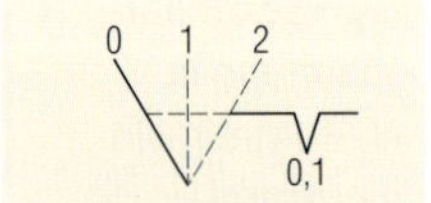

Bild 132.3 Rastschalter mit Taster.

In Stellung 0 und 1 verbleibt der Schalter (Rastfunktion), von der Stellung 2 geht er selbstständig in die Position 1 zurück (Tastfunktion). Außerdem können Schalter nach ihrer Betätigungsart und Aufgabe unterschieden werden.

- Betätigungsart: mechanisch, pneumatisch, hydraulisch, thermisch.
- Aufgabe: Öffner (öffnet einen Stromkreis), Schließer (schließt einen Stromkreis), Wechsler (öffnet einen Stromkreis und schließt gleichzeitig einen anderen), Mehrstellenschalter (öffnet oder schließt mehrere Stromkreise).

Schalter dürfen nur die für sie bestimmten Höchstströme schalten. Diese werden meist auf den Schaltern angegeben.

Relais sind elektromagnetische Schalter (Bild 133.1). Ein Steuerstromkreis baut in einer Spule ein elektromagnetisches Feld auf. Bei Erregung zieht die Spule einen Anker an, der die Kontakte des Arbeitsstromkreises schließt. Mit kleinen Steuerströmen (bis 0,3 A) können große Arbeitsströme (bis 100 A) geschaltet werden.

Relais werden möglichst nahe bei den zu schaltenden elektrischen Geräten eingebaut, damit die Arbeitsstromleitung kurz gehalten werden kann (Bild 133.2). So werden zu starke Erwärmung und Spannungsverluste verhindert. Aufgrund seiner Funktion bezeichnet man das Relais auch als fernbetätigten Schalter. Die Klemmenbezeichnungen am Relais sind genormt. Ein Relais besitzt mindestens 4 Anschlüsse, 2 für den Steuerstromkreis und mindestens 2 für den Arbeitsstromkreis.

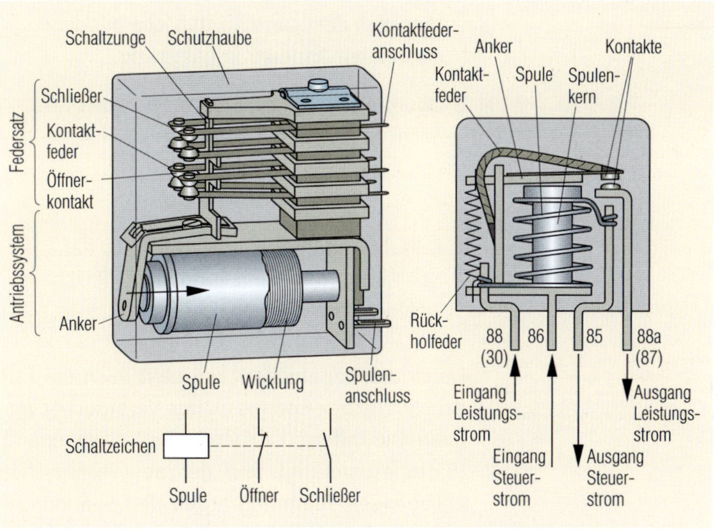

Bild 133.1 Aufbau eines Relais mit Darstellung des Schaltzeichens.

3.5.4 Leitung, Sicherung

Das Bordnetz eines Kraftfahrzeugs ist meist als Einleitersystem ausgeführt.

Der Elektronenfluss im Leitungssystem führt zu einer Temperaturerhöhung des Leiters durch Reibungswärme. Die Höhe der Erwärmung hängt vom Verhältnis der Stromstärke zum Leiterquerschnitt ab. Man bezeichnet diesen Quotienten als Stromdichte *J*.

Die Einheit der Stromdichte *J* ist A/mm².

Nachdem Leiterwerkstoff und Stromstärke feststehen, wird der Leiterquerschnitt anhand der höchstzulässigen Stromdichte bestimmt. Die maximale Dauerstrombelastung darf nicht überschritten werden. Die Abhängigkeit von Stromdichte, Dauerstrombelastung und Leiterquerschnitt zeigt Tabelle 133.1.

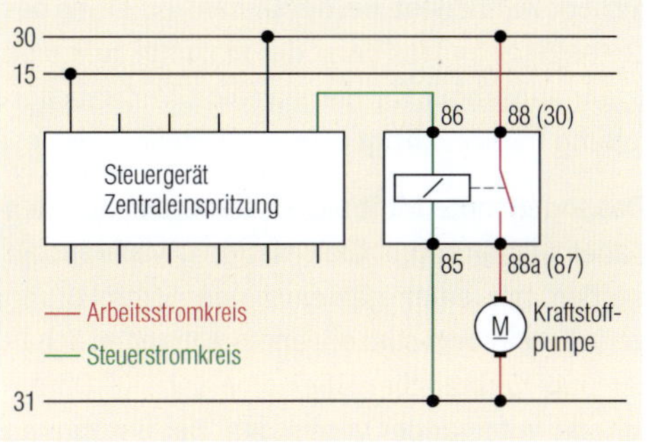

Bild 133.2 Relaisschaltung der Kraftstoffpumpe über das Steuergerät der Zentraleinspritzung, stark vereinfachte Darstellung.

Einleitersystem:
Die Verbraucher werden über eine stromführende Leitung versorgt, die Rückleitung dagegen erfolgt über die Fahrzeugkarosserie (Masse).

Für die mathematische Bestimmung des Leiterquerschnittes empfiehlt sich folgende Vorgehensweise:

1. Überschlägige Berechnung des Leiterquerschnittes mithilfe der Formel:

$$A = \frac{I \cdot \varrho \cdot l}{U_v}$$

Nach der Normung gilt für Kupferleitungen:

Leiterquerschnitt in mm²	1	1,5	2,5	4	6	10	16	25	35	250	70	95
max. Dauerstrombelastung in A	10	20	25	35	50	65	85	120	160	200	250	300
zulässige Stromdichte in $\frac{A}{mm^2}$	10						6			4		

Tabelle 133.1 Zulässige Stromdichte und maximale Dauerstrombelastung bei entsprechenden Leiterquerschnitten in Kupfer.

2. Vergleich der Querschnittsfläche mit der maximalen Dauerstrombelastung.
3. Überprüfung der zulässigen Stromdichte nach

$$J = \frac{I}{A}$$

4. Falls die Punkte 2 oder 3 außerhalb der zulässigen Werte sind, größeren Querschnitt wählen und erneut überprüfen.

Durch den Leiterwiderstand geht auch ein Teil der elektrischen Energie für den Verbraucher verloren. Die Differenz zwischen der Netzspannung (Batteriespannung) und der am Verbraucher anliegenden Spannung ergibt den Spannungsverlust U_V. Bei zu hohem Spannungsverlust ist die Funktion der nachgeschalteten Verbraucher nicht gewährleistet. Bei der Dimensionierung des Leiterquerschnittes muss der maximal zulässige Spannungsabfall für die jeweilige Verbraucherleitung berücksichtigt werden (Tabelle 134.1).

Das sogenannte Multiplex-System reduziert den Kabelnetzumfang. Gleichartige Verbraucher werden mit einer gemeinsamen Stromleitung versehen. Zudem sind die entsprechenden Schalter und Verbraucher über eine serielle Datenleitung miteinander verbunden. Bei Betätigung des Schalters wird ein digitales Signal in die Datenleitung gespeist, das von einer Elektronik am Verbraucher erkannt wird und diesen an die Stromleitung schaltet.

serielle Datenleitung → S. 592

Sicherung. Die im Kraftfahrzeug benutzten Sicherungen schützen das Leitungsnetz vor unzulässig hoher Erwärmung und somit vor einem möglichen Kabelbrand (Leitungssicherung). Vereinzelt werden auch elektronische Geräte und Bauteile durch Sicherungen geschützt (Gerätesicherung).

Es werden immer Schmelzsicherungen verwendet (Bild 134.1). Sie bestehen aus einem Draht, der durch die Erwärmung bei zu großen Strömen schmilzt. Die gebräuchlichste Leitungsschutzsicherung ist die Flachstecksicherung. Der Schmelzdraht ist in einem Kunststoffkopf eingelassen. Durch die großflächigen Steckfüße bleibt auch bei Erschütterungen der Übergangswiderstand zwischen Sicherung und Leitungsnetz gering. Bei Keramiksicherungen kann gelegentlich ein hoher Übergangswiderstand auftreten, wenn die Sicherungskappen im Laufe der Zeit den Kontakt verlieren und die Kontaktstelle verschmort. Bei den Gerätesicherungen ist der Schmelzdraht in ein Glasröhrchen eingelassen.

Die Nennströme, für die die jeweiligen Sicherungen ausgelegt sind, werden auf den Sicherungen genannt oder durch eine Farbcodierung angegeben (Tabelle 135.1).

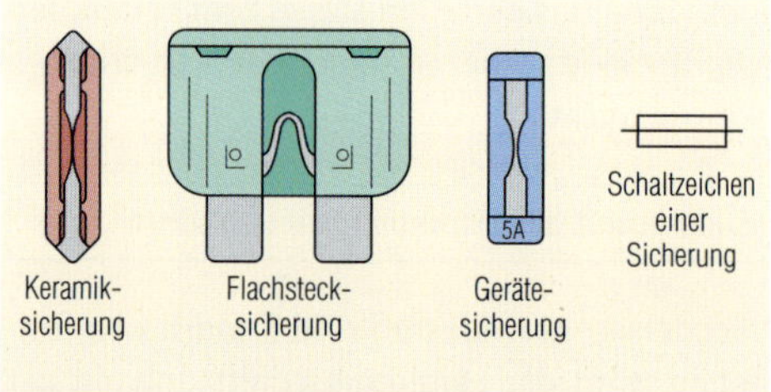

Bild 134.1 Schmelzsicherungen im Kfz.

Lichtleitung	Scheinwerferleitung	Ladeleitung	Steuerleitung	Starterleitung
< 15 W = 0,1 V > 15 W = 0,5 V	0,3 V	0,4 V	0,5 V (von Schalter bis Relais)	0,5 V

Tabelle 134.1 Zulässiger Spannungsabfall U_V bei 12 V Betriebsspannung (Auszug).

Keramiksicherungen				Flachstecksicherungen			
Sicherungseinsatz A		Sicherungseinsatz B		C		D	
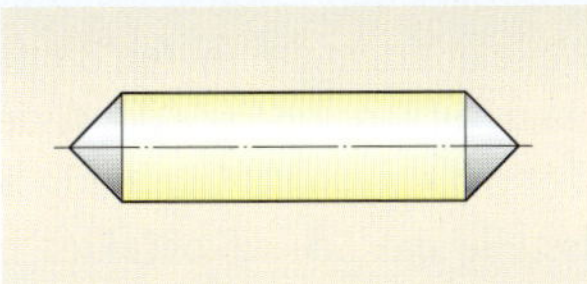		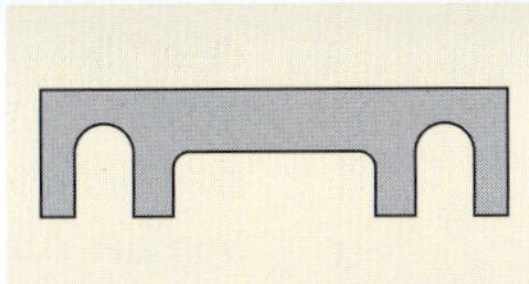		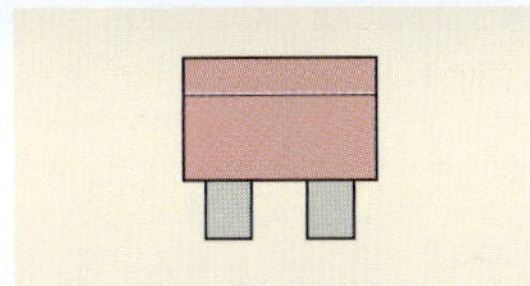		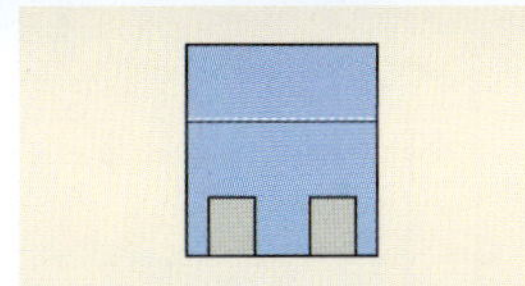	
Nennstrom	**Kennfarbe**	**Nennstrom**	**Kennfarbe**	**Nennstrom**	**Kennfarbe**	**Nennstrom**	**Kennfarbe**
5 A	gelb	30 A	grau	3 A	violett	10 A	rot
8 A	weiß	50 A		4 A	rosa	15 A	hellblau
16 A	rot	80 A				20 A	gelb
25 A	blau	100 A		5 A	hellbraun	25 A	weiß
				7,5 A	braun	30 A	hellgrün

Tabelle 135.1 Sicherungen für Bordnetze und Geräte in Straßenfahrzeugen.

3.5.5 Widerstand

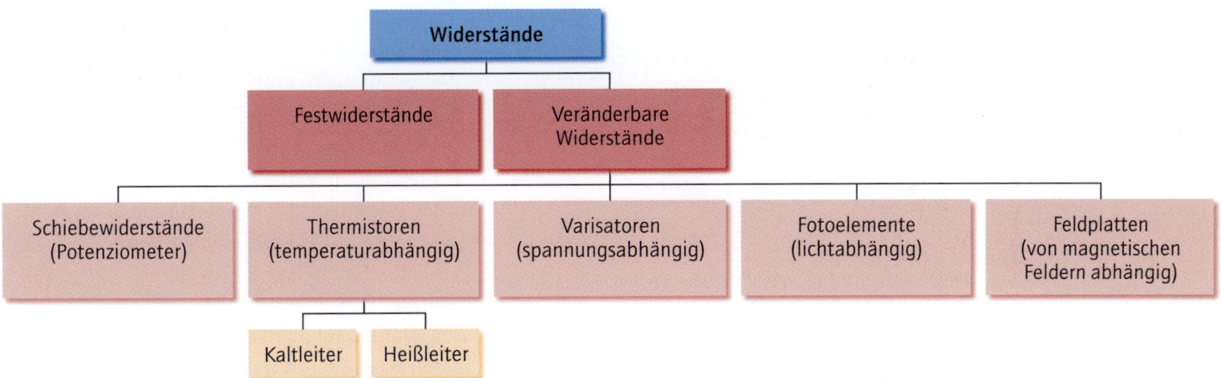

Widerstände haben die Aufgabe, die Stromstärke bzw. Spannung in einem Stromkreis zu verändern. Grundsätzlich unterscheidet man

- Festwiderstände, sie besitzen einen durch ihre Herstellung bedingten festen Widerstandswert, und
- veränderbare Widerstände, bei denen durch verschiedene Einflussfaktoren der Widerstandswert verändert werden kann.

Veränderbare Widerstände unterscheidet man je nach verändernder Größe.

Schiebewiderstände, Drehwiderstände (Potenziometer). Mit ihnen lassen sich stufenlos Widerstandswerte zwischen null und dem Gesamtwiderstand einstellen. Über einen beweglichen Schleifer wird die Abgriffsstelle des Stromes an einem Widerstandsdraht verändert (Bild 135.1). Potenziometer werden z. B. zur Helligkeitsveränderung der Armaturenbeleuchtung eingebaut.

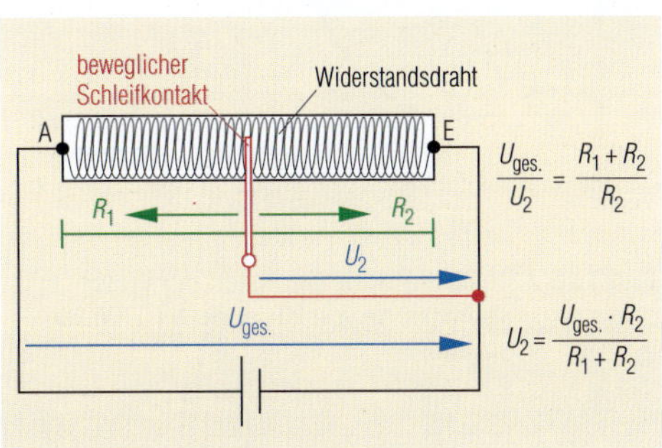

Bild 135.1 Aufbau und Funktion eines Potenziometers.

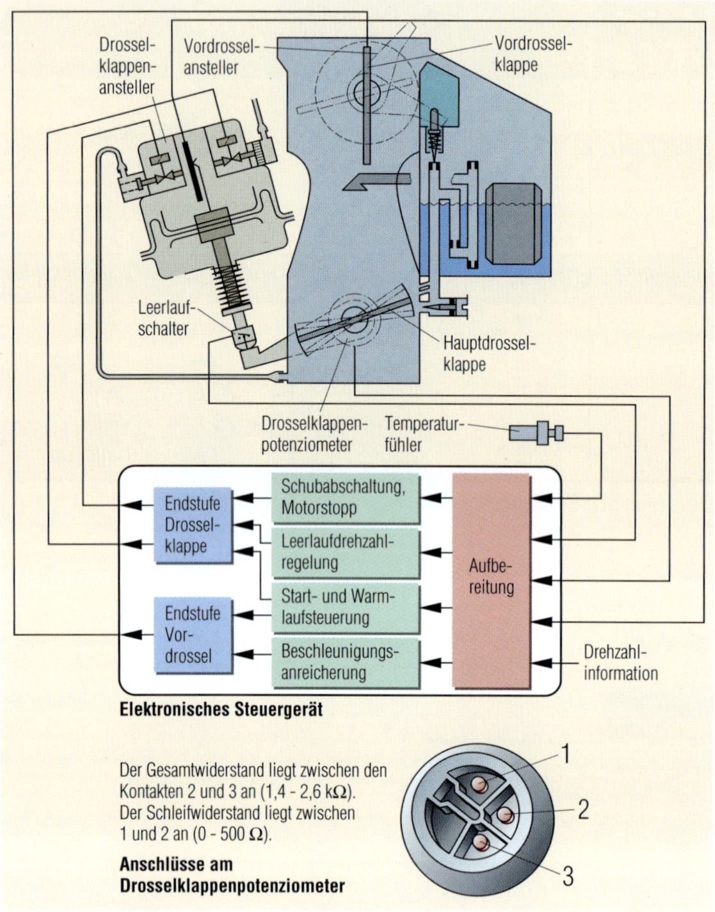

Bild 136.1 Elektronisch beeinflusster Vergaser.

Mithilfe von Potenziometern kann man den Drehwinkel an mechanischen Bauteilen erfassen. Der Schleifkontakt entspricht dem Drehwinkelgeber, er ist über eine Welle mit dem drehbaren Bauteil gekoppelt. Zwischen Anfang und Ende des Widerstandsdrahtes liegt die maximale Spannung an. Von der Abgriffsstelle des Schleifkontaktes bis zum Endanschluss des Widerstandsdrahtes stellt sich eine Teilspannung ein. Ihre Höhe ist von der Stellung des Schleifers abhängig. Sie kann Werte zwischen null und der Betriebsspannung annehmen. Die anliegende Teilspannung wird von einem Steuergerät erfasst und ausgewertet. So wird z. B. beim elektronisch beeinflussten Vergaser die Drosselklappenstellung mithilfe des Drosselklappenpotenziometers ermittelt (Bild 136.1).

Thermistoren (temperaturabhängige Widerstände). Sie verändern ihren Widerstandswert in Abhängigkeit von der Temperatur und werden u. a. zur Messung von Luft-, Öl- und Wassertemperaturen benutzt (Bild 136.2). Bezüglich ihres Widerstandsverhaltens unterscheidet man

- Kaltleiter: Im kalten Zustand leiten Sie den Strom besser als im heißen, mit zunehmender Erwärmung wird ihr Widerstandswert größer. Sie werden als PTC-Widerstände bezeichnet. Die meisten Metalle sind Kaltleiter.
- Heißleiter: Im heißen Zustand leiten sie den Strom besser als im kalten, mit zunehmender Erwärmung nimmt ihr Widerstandswert ab. Sie werden als NTC-Widerstände bezeichnet. Die meisten Halbleiterwerkstoffe sind Heißleiter.

Varisatoren (spannungsabhängige Widerstände). Bei Erhöhung der anliegenden Spannung nimmt der Widerstandswert von Varisatoren (auch als VDR bezeichnet) plötzlich ab. Die Stromstärke am Varisator steigt entsprechend stark an. Varisatoren werden dort verwendet, wo hohe Spannungsspitzen auftreten und abgeleitet werden sollen, z. B. bei Abschaltungen in Stromkreisen mit großen Induktivitäten (Spulenkreise). Der Varisator muss parallel zu der Spannungsquelle geschaltet werden, die die Spannungsspitze erzeugt. Auch zur Spannungsstabilisierung können Varisatoren eingesetzt werden.

PTC = Positiver Temperatur Coeffizient

NTC = Negativer Temperatur Coeffizient

VDR = Voltage Dependent Resistor (engl.): spannungsabhängiger Widerstand

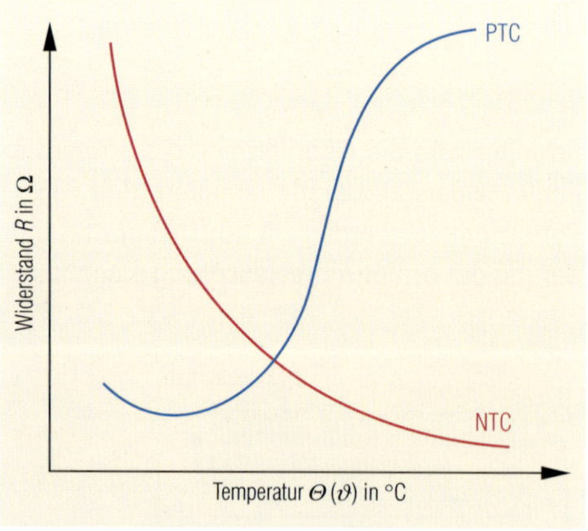

Bild 136.2 Temperaturabhängigkeit der Widerstandswerte von PTC- und NTC- Widerständen.

Fotoelemente (lichtabhängige Widerstände). Lichtstrahlen führen dem Halbleiter Energie zu und setzen damit eine größere Anzahl von Ladungsträgern frei. Der Widerstand nimmt mit zunehmender Beleuchtungsstärke ab. Fotoelemente werden auch als LDR bezeichet.

Feldplatten (von magnetischen Feldern abhängige Widerstände). Unter dem Einfluss magnetischer Felder erhöht sich der Widerstand ungefähr um den Faktor 10. Feldplatten werden auch als MDR bezeichnet und werden z. B. als berührungslose Näherungsschalter für Steuerungszwecke eingesetzt.

Über die wichtigsten Schaltzeichen von Widerständen informiert Bild 137.1.

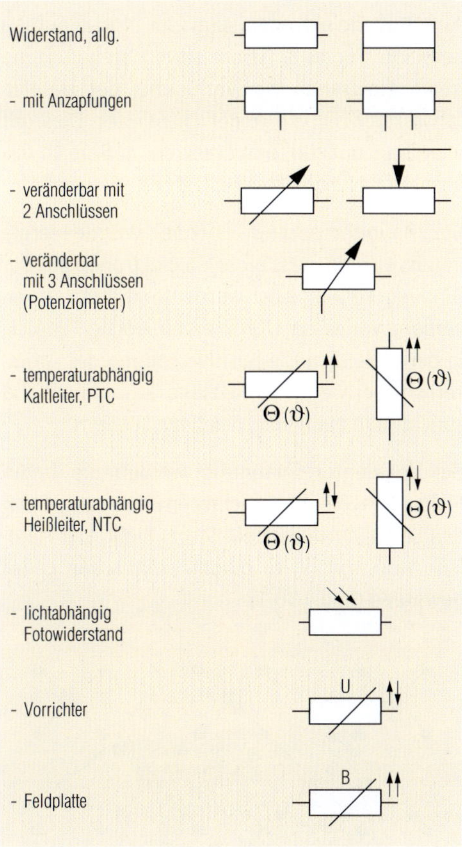

Bild 137.1 Schaltzeichen von Widerständen.

LDR = Light Dependent Resistor (engl.): lichtabhängiger Widerstand

MDR = Magnetical Dependent Resistor (engl.): vom Magnetismus abhängiger Widerstand

3.6 Grundlagen der Elektronik

Vereinfacht gesagt, befasst sich die Elektronik mit Übertragung und Verarbeitung von Signalen und Informationen. Dazu werden elektrische Bauteile eingesetzt, die Elektronen steuerbar freisetzen und lenken können. Grundlage der Elektronik ist die Halbleitertechnik.

3.6.1 Halbleitertechnik

Die elektrische Leitfähigkeit der Halbleiterwerkstoffe nimmt eine Zwischenstellung zwischen denen der Leiter und denen der Isolatoren ein. Gemeinsam ist allen Halbleiterwerkstoffen, dass ihre Elemente vier Außenelektronen (Valenzelektronen) besitzen. Für eine Sättigung ihrer Außenschale benötigen sie noch vier weitere Außenelektronen (Beispiel Silicium, Bild 137.2). Bei einem gleichmäßigen Kristallaufbau erhalten sie diese scheinbar von den vier angrenzenden Nachbaratomen, mit denen sie sich ihre Außenelektronen teilen.

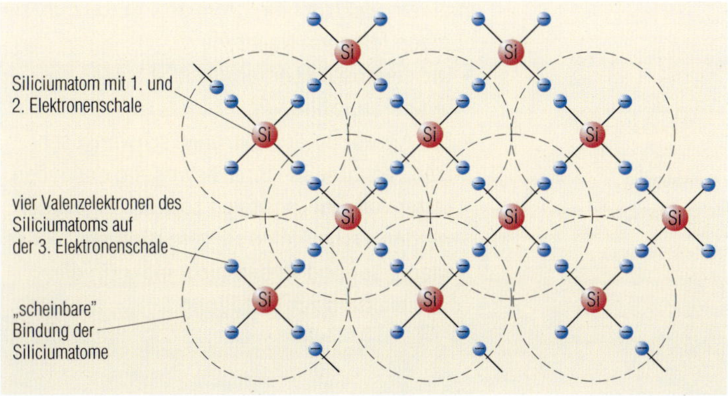

Bild 137.2 Kristalliner Aufbau von reinem Silicium.

Alle Außenelektronen sind am Kristallaufbau beteiligt. Für eine Stromleitung stehen keine freien Elektronen zur Verfügung, der Halbleiterwerkstoff ist ein reiner Nichtleiter. Dies gilt allerdings nur für Temperaturen im Bereich des absoluten Nullpunktes (– 273 °C).

Bei Raumtemperatur ist die Wärmeenergie bereits so groß, dass einzelne Elektronen aus der Bindung herausgelöst werden und ihren Atomverband verlassen. Dort bleiben „Löcher" zurück, in deren Bereich die positive Ladung des Atomkerns überwiegt. In diesem Zusammenhang spricht man auch von „positiven Löchern".

Bei angelegter Spannung werden die freien Elektronen zu einer gerichteten Bewegung durch den Leiter veranlasst, ein Strom fließt. Der Halbleiterwerkstoff ist zu einem elektrischen Leiter geworden (Bild 138.1).

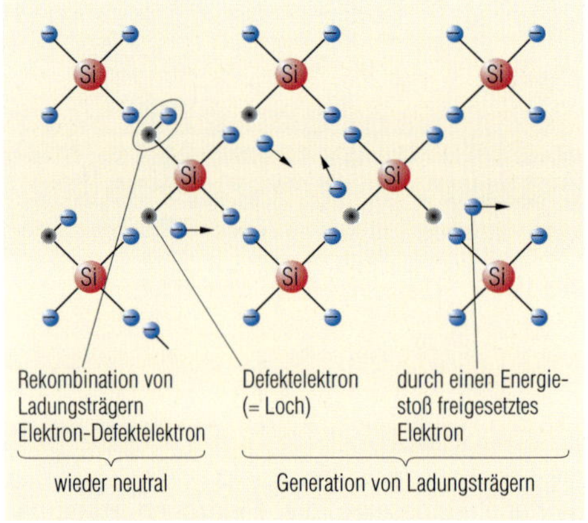

Bild 138.1 Entstehung von positiven Löchern und freien Elektronen in einem Siliciumkristall bei Raumtemperatur.

Reine Halbleiterwerkstoffe sind nur begrenzt in einem elektrischen Stromkreis einsetzbar, sie besitzen folgende Nachteile:

- Die elektrische Leitfähigkeit ist stark temperaturabhängig.
- Die Anzahl freier Elektronen schwankt sehr stark, da diese bei ihrer Bewegung durch den Leiter von den „positiven Löcher" angezogen werden. Dabei füllen sie vereinzelt die Löcher wieder auf und stehen nicht mehr für die Stromleitung zur Verfügung.

Für den elektrischen Gebrauch werden reine Halbleiterwerkstoffe mit anderen Werkstoffen „verunreinigt" (dotiert). Zur Dotierung werden entweder Elemente mit drei Außenelektronen (Gallium und Indium) oder mit fünf Außenelektronen (Arsen und Phosphor) benutzt.

Vorgang des Dotierens. Der Halbleiterwerkstoff wird auf Rotglut erwärmt und mit dem gasförmig vorliegenden Dotierungsmaterial zusammengebracht. Dabei dringen (diffundieren) die Atome des Gases in die Oberfläche des Grundwerkstoffes ein und werden dort in das Kristallgitter eingebaut. Die so verunreinigte Schicht misst eine Dicke von ungefähr 20 µm. In diesem Bereich entstehen gewollte Störstellen im kristallinen Aufbau. Durch die Dotierung erhalten die Halbleiterwerkstoffe neue elektrische Eigenschaften.

p-Leiter. In das Grundgitter des Halbleitermaterials werden Fremdatome mit nur drei Valenzelektronen eingefügt, z. B. Indium (Bild 138.2). An diesen Stellen fehlen also Elektronen im Gitteraufbau. Die Fehlstellen hinterlassen „Löcher", die vierte Bindungsstelle kann nicht geschlossen werden. Da im Umkreis dieser Löcher die positive Ladung der Protonen im Atomkern überwiegt, spricht man von „positiven Löchern", was zu der Bezeichnung p-Leiter führt.

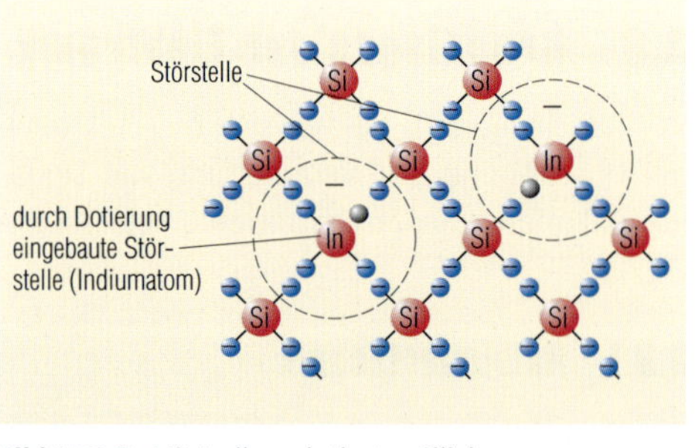

Bild 138.2 Mit Indium dotiertes Silicium.

n-Leiter. In das Grundgitter des Halbleitermaterials werden Fremdatome mit 5 Valenzelektronen eingefügt, z. B. Arsen (Bild 139.1). Es werden also mehr Elektronen eingebracht, als benötigt würden. Diese stehen als freie Elektronen für eine Stromleitung zur Verfügung. Da an den Bindungsstellen die negative Ladung überwiegt, spricht man von einem n-Leiter.

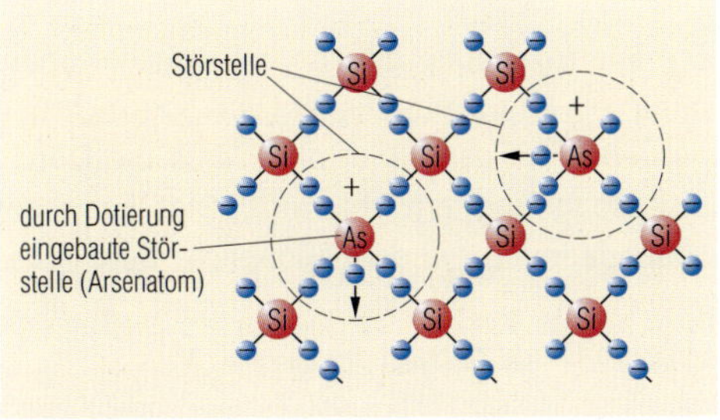

Bild 139.1 Mit Arsen dotiertes Silicium.

Bei Halbleiterbauelementen werden p-Schichten und n-Schichten auf unterschiedliche Arten kombiniert. Die Grenzfläche, die sich zwischen einer p- und n-Schicht ergibt, bezeichnet man als PN-Übergang.

PN-Übergang. An der Grenzfläche eines p- und n-Leiters wandern die überschüssigen Elektronen des n-Leiters in die grenznahen positiven Löcher des p-Leiters. Im Grenzbereich entsteht eine ladungsträgerfreie Schicht, die von weiteren Elektronen nicht überwunden werden kann. Diese Schicht bezeichnet man als Sperrschicht. Somit bleiben in den Bereichen außerhalb der Sperrschicht Löcher und Elektronen weiterhin getrennt (Bild 139.2).

Die zwangsweise Trennung von Ladung bedeutet aber auch, dass hierdurch eine elektrische Spannung aufgebaut wird. Sie wird als Diffusions- oder Schleusenspannung bezeichnet. Ihre Höhe ist von dem benutzten Halbleitergrundwerkstoff abhängig, bei Silicium beträgt sie ungefähr 0,7 V.

Wird von außen an einen PN-Übergang eine elektrische Gleichspannung angelegt, so wirkt sich diese auf die Breite der Sperrschicht aus. Dabei spielt die gewählte Polarität der Spannungsquelle eine große Rolle.

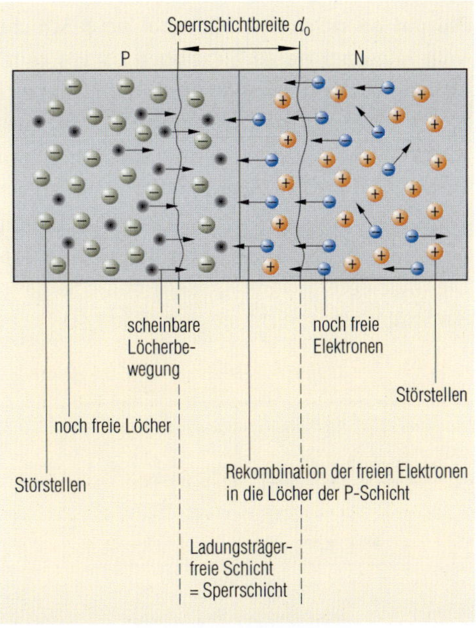

Bild 139.2 Darstellung eines PN-Übergangs.

Pluspol an p-Schicht, Minuspol an n-Schicht. Vom Minuspol ausgehend werden Elektronen auf die Sperrschicht zugetrieben. Der Pluspol zieht Elektronen aus der p-Schicht ab. Mit stetiger Erhöhung der äußeren Spannung wird der „Druck" der Elektronen auf die Sperrschicht immer größer. Hat die von außen angelegte Spannung die Höhe der inneren Diffusionsspannung überschritten, wird die Sperrschicht leitend. Die angelegte Spannung ist in Durchlassrichtung geschaltet (Bild 139.3).

Diffusion (lat.): Ausbreitung, Durchdringung

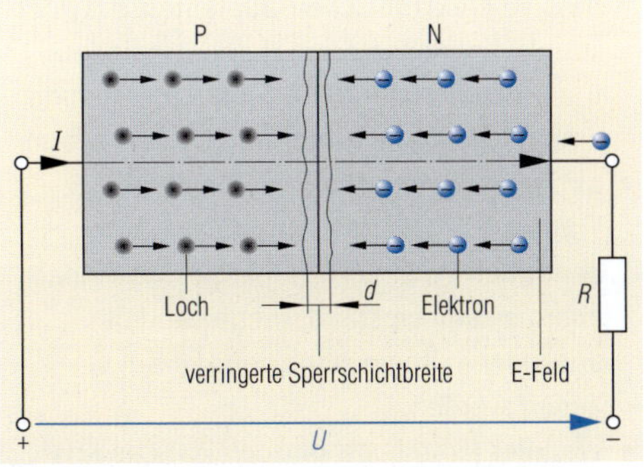

Bild 139.3 PN-Übergang in Durchlassrichtung.

Pluspol an n-Schicht, Minuspol an p-Schicht. Vom Minuspol treten Elektronen in den Leiter ein und füllen die Löcher zunächst im Bereich der Sperrschicht aus. Vom Pluspol ausgehend werden Elektronen aus der n-Schicht abgezogen. Der Bereich der Sperrschicht vergrößert sich. Bei langsamer Erhöhung der äußeren Spannung nimmt die Breite der Sperrschicht immer mehr zu. Die angelegte Spannung sperrt den Übergang, ein Stromfluss ist nicht möglich (Bild 140.1).

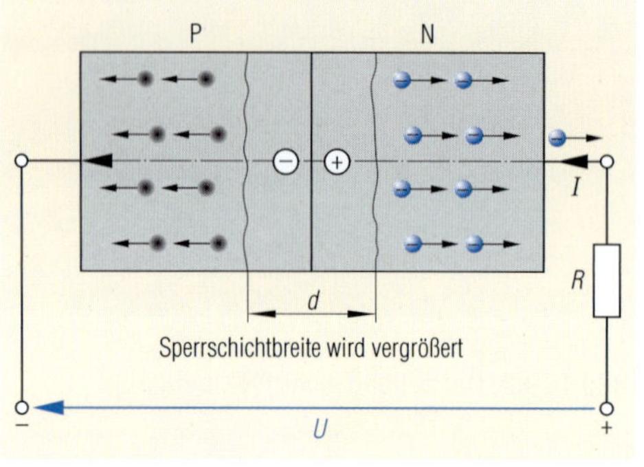

Bild 140.1 PN-Übergang in Sperrrichtung.

Erst bei noch weiterer Erhöhung der Spannung werden die Kräfte auf die Valenzelektronen so groß, dass Bindungen in der Sperrschicht aufreißen. Dadurch werden schlagartig Leitungselektronen freigesetzt. Die äußere Spannung, die das schlagartige Fließen eines messbaren Stromes in Sperrrichtung bewirkt, nennt man Durchbruchspannung. Sie kann zur Zerstörung des Bauteils führen.

Die Sperrspannung gibt an, mit welcher Spannung ein Halbleiterelement in Sperrrichtung betrieben werden kann, ohne dass die Durchbruchspannung erreicht wird. Die Höhe der Sperrspannung wird maßgeblich durch das verwendete Grundmaterial bestimmt, bei einer Silicium-Diode beträgt sie ca. 350 V.

Elektronische Bauteile kombinieren PN-Übergänge auf verschiedene Arten und nutzen somit sperrende und durchlassende Wirkung des dotierten Halbleiterwerkstoffes aus.

3.7 Elektronische Bauteile im Kfz

Die elektronischen Bauelemente lassen sich unterscheiden in

- **passive elektronische Bauelemente** (Widerstände, Kondensatoren, Halbleiterdioden u. a.). Sie vermindern die Signalenergie und ermöglichen eine Änderung der Signalform.
- **aktive elektronische Bauelemente** (z. B. Transistor, Thyristor). Für ihre Funktion benötigen sie eine Hilfsenergie. Die Signalenergie kann verstärkt, umgewandelt und/oder in ihrem zeitlichen Verlauf verändert werden.
- **Wandler** (Fotodiode, piezoelektrische Kristalle u. a.). Sie bewirken die Umformung einer physikalischen Größe oder einer Energieform in eine andere. Wandler können sowohl passive als auch aktive Bauelemente sein.

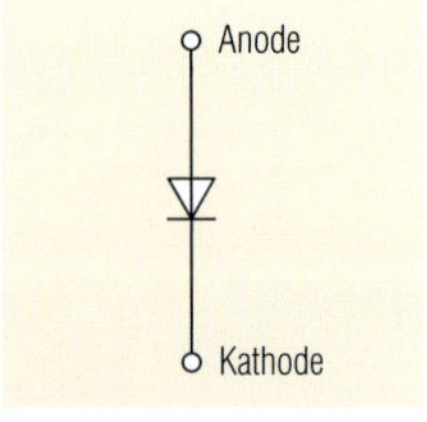

Bild 140.2
Schaltzeichen einer Gleichrichterdiode.

3.7.1 Diode

Dioden sind Halbleiter-Bauteile mit einem PN-Übergang (einer Grenzschicht). Ihr Grundwerkstoff ist meist Silicium. Dargestellt wird die Diode durch eine Pfeilspitze, die die Durchlassrichtung für den Stromfluss angibt (technische Stromrichtung). Daraus ergibt sich die Zuordnung der Anode und Kathode für den Vorwärtsstrom (Bild 140.2).

Die Funktion einer Diode verdeutlicht der in Tabelle 141.1 beschriebene Versuch.

Versuchsaufbau	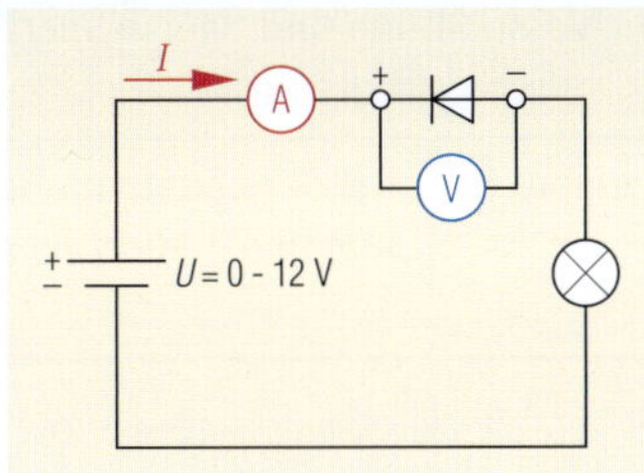	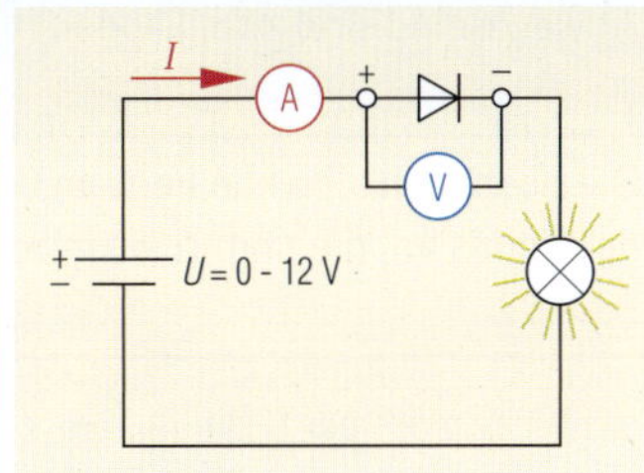
Versuchsdurchführung	An einer einstellbaren Spannungsquelle wird die Spannung von 0 V langsam bis auf 12 V erhöht. Die Diode wird in Sperrrichtung betrieben.	An einer einstellbaren Spannungsquelle wird die Spannung von 0 V langsam bis auf 12 V erhöht. Die Diode wird in Durchlassrichtung betrieben.
Versuchsergebnis	Die Lampe leuchtet nicht. Es fließt praktisch kein Strom. Die angelegte Spannung liegt weit unter der Durchbruchspannung.	Ab einer Spannung von ca. 0,7 V fließt ein Strom. Die Lampe leuchtet, die Schleusenspannung der Diode ist überschritten.
Rückschluss für den Einsatz der Diode	Die Halbleiterdiode lässt den Strom nur in eine Richtung passieren. Diese „Ventilwirkung" erklärt ihren Einsatz als Gleichrichterdiode von Wechsel- und Drehströmen.	

Tabelle 141.1 Versuchsbeschreibung zur Funktion einer Diode.

Gleichrichterdiode. Die einfachste Gleichrichterschaltung ist die Einpulsschaltung (Bild 141.1). Die Diode wird zwischen dem Ausgang einer Wechselspannung (hier: Trafo) und einem Lastwiderstand geschaltet. Am Ausgang des Trafos liegt eine sinusförmige Wechselspannung U_2 an. Während der positiven Halbwelle der Wechselspannung liegt ihr Pluspol an der Anodenseite der Diode und ihr Minuspol an der Kathode an. Die Diode ist in Durchlassrichtung geschaltet, ein Strom fließt.

Während der negativen Halbwelle wechselt die Polarität an der Anode und Kathode. Die Diode ist in Sperrrichtung geschaltet, es fließt kein Strom.

Die Wechselspannung des Transformators ist gleichgerichtet worden. Es entsteht eine pulsierende Gleichspannung (Bild 141.2), da nur eine Halbwelle der Wechselspannung ausgenutzt werden kann.

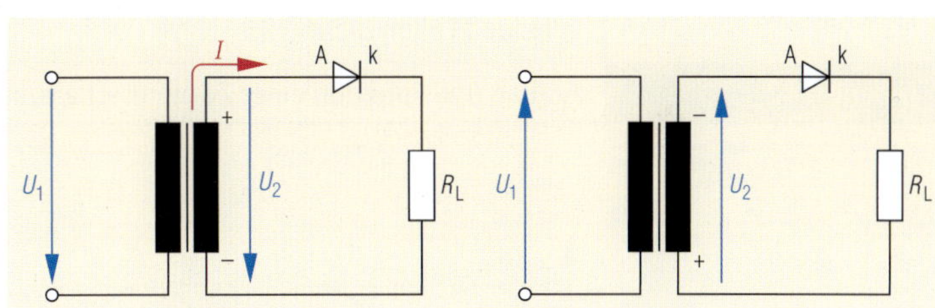

Bild 141.1 Wechselschaltung mit Gleichrichterdiode (Einpulsschaltung).

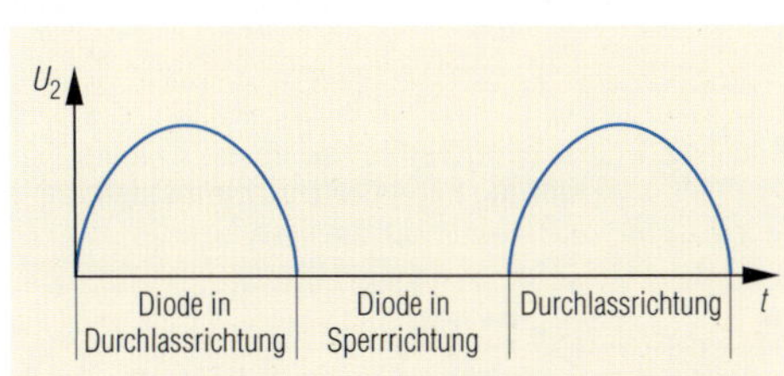

Bild 141.2 Pulsierender Spannungsverlauf bei einer Einpulsschaltung mit Gleichrichterdiode.

Aufbau einer Zweipulsschaltung	Abwechselnd sind zwei Dioden in Durchlassrichtung und zwei in Sperrrichtung geschaltet.	
Versuchsaufbau	Die positive Halbwelle liegt an der Klemme 1 des Trafos an, die negative Halbwelle am Punkt 2.	Bei der negativen Halbwelle liegt an Klemme 2 Plus und an Punkt 1 Minus an.
bildliche Darstellung	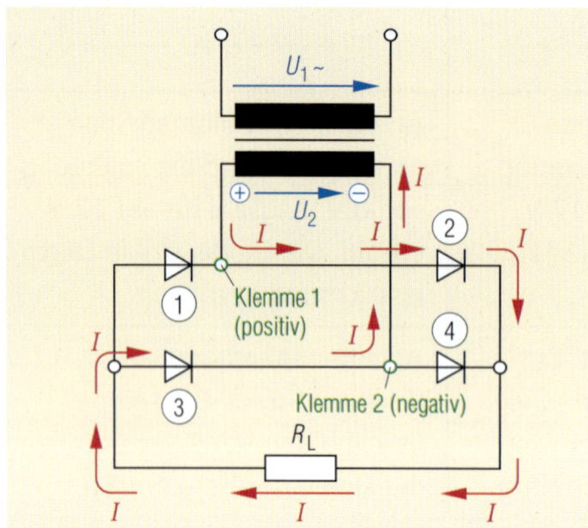	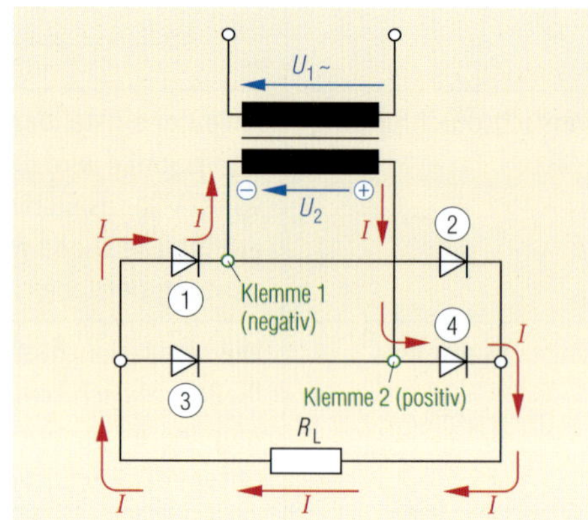
Stromfluss	Der Strom fließt über die Diode 2, den Lastwiderstand R_L und die Diode 3 zur Klemme 2. Die Dioden 1 und 4 sperren den Strom.	Der Strom fließt über die Diode 4, den Lastwiderstand R_L und die Diode 1 zur Klemme 1. Die Dioden 2 und 3 werden in Sperrrichtung betrieben.
Versuchsergebnis	Unabhängig von der Stromrichtung am Trafo ist die Stromrichtung im Lastwiderstand R_L in beiden Fällen gleich.	
Tabelle 142.1	Aufbau und Funktion einer Zweipulsschaltung.	

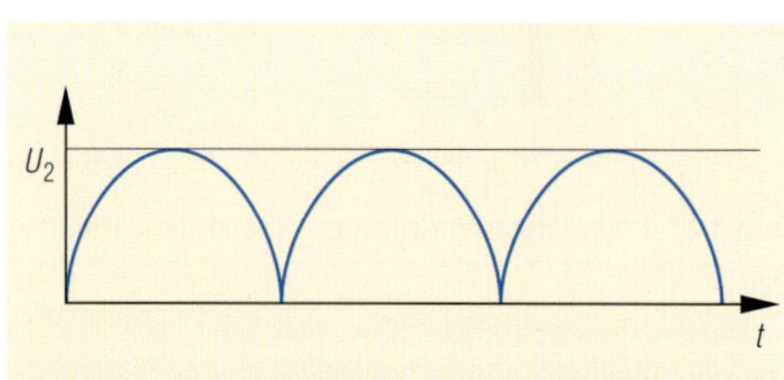

Bild 142.1 Spannungsverlauf bei einer Zweipulsschaltung mit 4 Gleichrichterdioden.

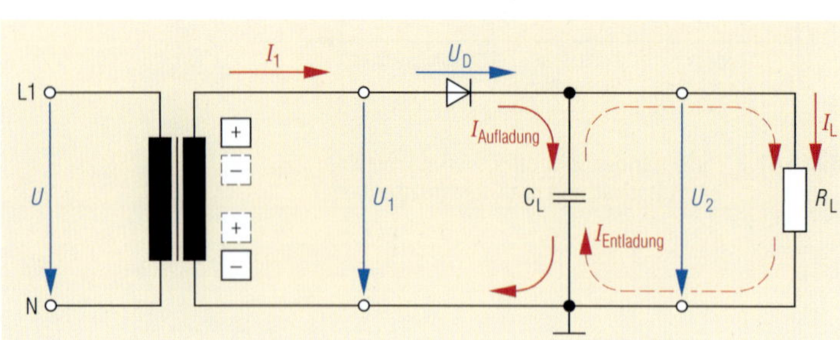

Bild 142.2 Siebschaltung.

Zur Ausnutzung beider Halbwellen der Wechselspannung wird eine Zweipulsschaltung benötigt. Der Strom weist gegenüber der Einpulsschaltung eine höhere Leistung und eine geringere Welligkeit der Gleichspannung auf (Bild 142.1 und Tabelle 142.1).

Siebschaltung. Für einen einwandfreien Betrieb elektronischer Geräte müssen pulsierende Spannungen und Ströme geglättet werden. Dies kann man durch eine Siebschaltung erreichen (Bild 142.2). Dazu wird ein Kondensator parallel zum Lastwiderstand geschaltet. Ist die Diode leitend (positive Halbwelle), wird der Kondensator aufgeladen und über den Lastwiderstand fließt ein Strom. Sperrt die Diode (negative Halbwelle), liefert der Kondensator Strom und Spannung für den Lastwiderstand, indem er sich entlädt.

Freilaufdiode. Durch Induktionsvorgänge entstehen beim Abschalten des Steuerstromkreises an einem Relais hohe Spannungsspitzen. Diese können die Betriebsspannung weit übersteigen und elektronische Bauteile zerstören. Um dies zu verhindern wird eine Freilaufdiode parallel zur Spule geschaltet (Bild 143.1), sodass beim Öffnen des Steuerstromkreises auftretende Induktionsspannungen direkt am Relais kurzgeschlossen werden. Überspannungen werden in Wärme umgewandelt.

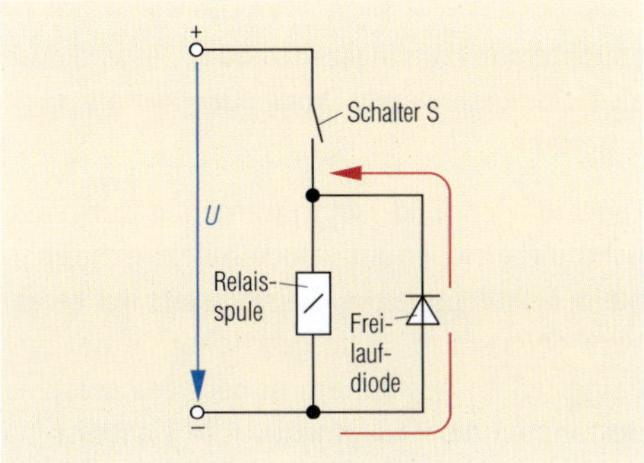

Bild 143.1 Relais mit Freilaufdiode.

Z-Diode. Sie ist eine spezielle Siliciumdiode, die zur Kennzeichnung den Anfangsbuchstaben ihres Entdeckers G. M. Zener trägt. Z-Dioden verhalten sich in Durchlassrichtung wie Gleichrichterdioden, d.h. nach Überschreiten der Diffusionsspannung von 0,7 V leiten sie den Strom.

Beim Betrieb in Sperrrichtung fließt zunächst bei geringer Spannung auch nur ein vernachlässigbar kleiner Strom. Die Diode arbeitet im Sperrbereich. Wird jedoch eine bestimmte Spannung (Zenerspannung oder Durchbruchspannung) überschritten, wird die Diode schlagartig leitend. Somit steigt der Sperrstrom sehr schnell auf hohe Werte an.

Im Gegensatz zu Gleichrichterdioden sind Z-Dioden für den Dauerbetrieb im Durchbruchbereich ausgelegt und werden fast immer in Sperrrichtung betrieben. Es gibt Z-Dioden mit unterschiedlich hohen Durchbruchspannungen, die in einem sehr engen Streubereich (sehr genau) arbeiten. Durch Z-Dioden darf nur ein geringer Strom fließen, andernfalls würden sie thermisch überlastet und zerstört werden. Daher benötigt jede Z-Diode zur Strombegrenzung einen Vorwiderstand.

Bild 143.2 zeigt das Spannungsverhalten einer Z-Diode im Stromkreis.

Beispiel: In den Stromkreis ist eine Z-Diode vom Typ 5,6 eingebaut, d.h. die Zenerspannung der Diode beträgt $U_Z = 5{,}6$ V. Die Spannung U der Spannungsquelle wird von 9 V in vier Schritten auf 18 V erhöht. Dabei wird die Spannung U_Z an der Diode gemessen. Die Spannung U_V am Vorwiderstand und die Stromstärke I der Schaltung werden berechnet. Der Vorwiderstand hat eine Größe von 120 Ω.

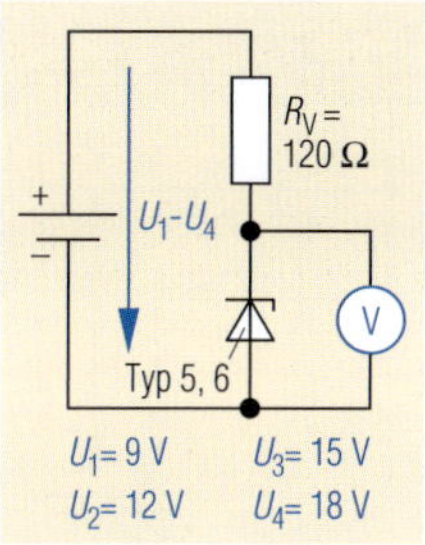

Bild 143.2
Z-Diode vom Typ 5, 6.

Ergebnis:

Spannung U in V	Spannung U_Z in V	Spannung U_V in V	Stromstärke I in mA
9	5,6	3,4	28,3
12	5,6	6,4	53,3
15	5,6	9,4	78,3
18	5,6	12,4	103,3

Unabhängig von der Betriebsspannung liegt die Z-Spannung stets bei 5,6 V. Im Kraftfahrzeug werden Z-Dioden zur

- Spannungsstabilisierung,
- Spannungsbegrenzung oder
- als Sollwertgeber eingesetzt.

Die Bordnetzspannung eines Kraftfahrzeugs unterliegt gewissen Schwankungen, die zu Betriebsstörungen der elektrischen und elektronischen Geräte führen können. Mithilfe einer Z-Diode kann eine Spannungsstabilisierung am Verbraucher (Lastwiderstand) erreicht werden, wenn diese zu ihm parallel geschaltet wird (Bild 143.3). Der Gesamtstrom I teilt sich hinter dem Vorwiderstand in die Teilströme I_Z und I_L auf.

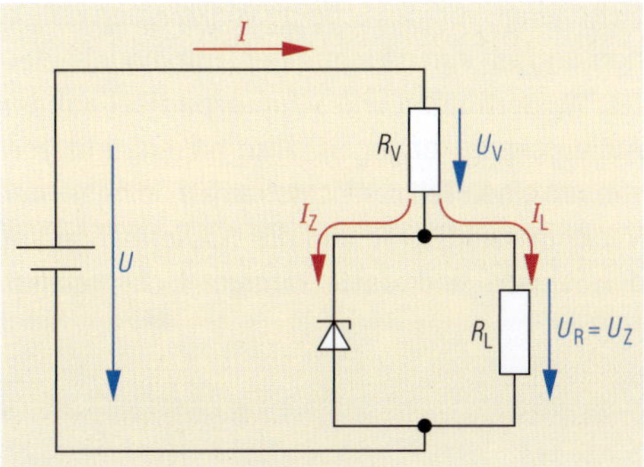

Bild 143.3 Spannungs-Stabilisierungsschaltung mit einer Z-Diode.

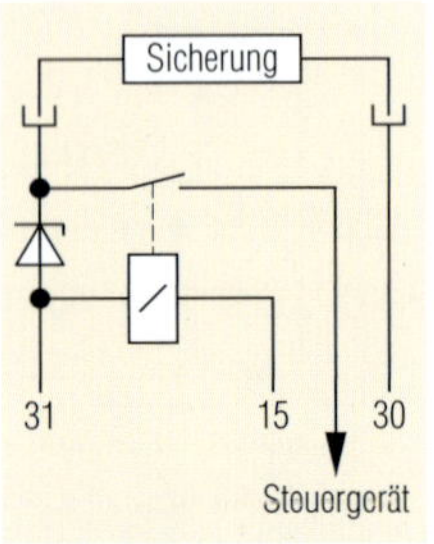

Bild 144.1 Spannungsbegrenzung durch das Zusammenwirken von einem Relais mit einer Z-Diode.

LED: light-emitting-diode

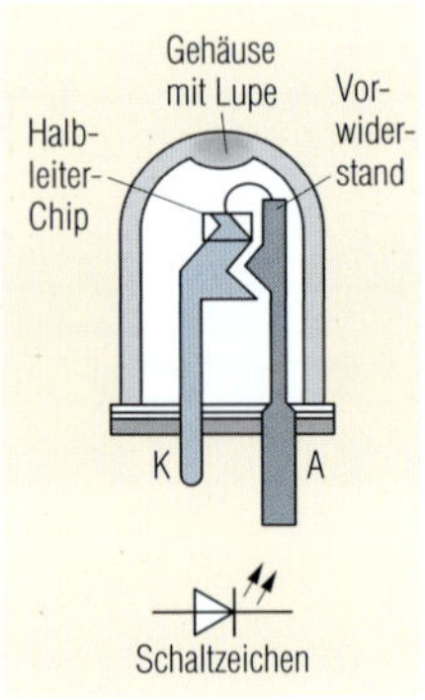

Bild 144.3 Aufbau einer Leuchtdiode mit Schaltzeichen.

Fotoelemente mit größeren lichtempfindlichen Flächen werden als Solarzellen bezeichnet.

PN-Übergang → S. 139

Verändert sich die Belastung, dann verändert sich auch die Verteilung der Ströme. Steigt z. B. I_L an, dann sinkt I_Z und umgekehrt. Die Z-Diode wirkt wie ein regelbarer Widerstand.

Bei der Spannungsbegrenzung arbeitet eine Z-Diode in Verbindung mit einem Relais (Bild 144.1). Ist die vorhandene Spannung höher als die Durchbruchspannung der Z-Diode, wird diese leitend. Es fließt ein Kurzschlussstrom, der die vorgeschaltete Sicherung zerstört.

Beim Sollwertgeber entspricht der anzuzeigende Sollwert des Gebers der Zenerspannung der Diode. Ist der Sollwert erreicht, fließt über die Diode ein Strom, der durch entsprechende Bauteile erfasst und ausgewertet wird.

Fotodiode. Sie wird in Sperrrichtung in den Stromkreis eingebaut. Bei Lichteinfall wird der Sperrschichtwiderstand der Diode geringer und der Strom in rückwärtiger Richtung steigt stark an. Fotodioden werden als lichtabhängige Widerstände eingesetzt, z. B. als „Niederschlagsmengenmesser" in einem Regensensor (Bild 144.2).

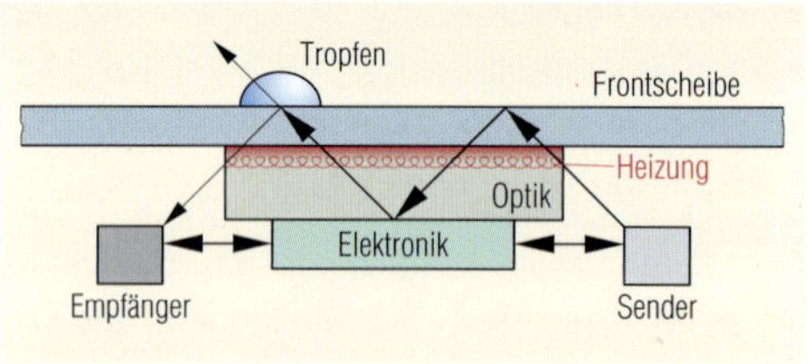

Bild 144.2 Funktionsprinzip eines Regensensors.

Der Regensensor nutzt die Gesetzmäßigkeiten der optischen Lichtbrechung aus. Eine Reihe kleiner Leuchtdioden senden Infrarotstrahlen von innen auf die Windschutzscheibe. Bei trockener und sauberer Scheibe wird die ausgestrahlte Lichtmenge von der Scheibe vollkommen reflektiert und auf einen Empfänger (Fotodiode) geleitet. Wassertropfen und Schmutzpartikel auf der Außenscheibe dagegen absorbieren und zerstreuen einen Teil der Lichtstrahlen. Je höher der Verschmutzungsgrad und die Wassermenge auf der Scheibe sind, desto weniger Licht gelangt zum Empfänger. Außerdem registriert die Sensor-Optik die Helligkeit der Umgebung. Alle Sensordaten werden durch ein Steuergerät ausgewertet, welches die Wischfrequenz regelt. Bei gleicher Benetzung der Scheibe läuft der Wischer bei Dunkelheit eher an als am Tage.

Der Fahrer hat die Möglichkeit die Empfindlichkeit des optischen Sensors seinen Bedürfnissen anzupassen. Ein Heizelement im Bereich der optischen Lichtmessung verhindert im Winter eine Vereisung der Scheibe.

Leuchtdiode (Lumineszenzdiode). Sie wird auch als Licht aussendende Diode oder kurz als „LED" bezeichnet.

Leuchtdioden (Bild 144.3) werden in Durchlassrichtung betrieben und wandeln elektrische Energie in Lichtenergie um. Sie sind stets mit einem Vorwiderstand in Reihe geschaltet. In der hier dargestellten Ausführung ist der Vorwiderstand Bestandteil der Leuchtdiode. Ihre Lichtleistung ist gering, sodass sie meist nur als Anzeigenleuchte eingesetzt werden. Ihre Leuchtfarbe ist abhängig vom eingesetzten Halbleiterwerkstoff und reicht von gelb über orange, rot und grün bis blau.

Fotoelement (Bild 144.4). Durch Lichteinwirkung wird ein Fotoelement zur Gleichspannungsquelle. Sein prinzipieller Aufbau entspricht dem einer Diode. Bei Lichteinfall treten Elektronen aus einer Halbleiterschicht, meist Selen, in eine Kontaktschicht aus Platin ein. Zwischen der Platin- und der Selenschicht wird eine Gleichspannung messbar. Fotoelemente werden als Messwertgeber in elektronischen Steuerungen verwendet.

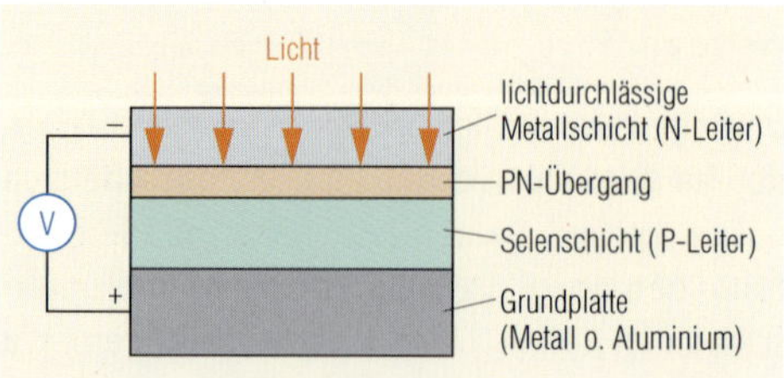

Bild 144.4 Schematische Darstellung eines Selen-Fotoelementes.

3.7.2 Transistor

Transistoren können mit kleinen Steuerströmen große Arbeitsströme schalten. Sie werden daher als Schalter oder Leistungsverstärker eingesetzt. Transistoren haben drei oder mehr Anschlüsse.

Eine Übersicht bietet folgendes Struktogramm; die einzelnen Transistoren werden im weiteren Verlauf erklärt.

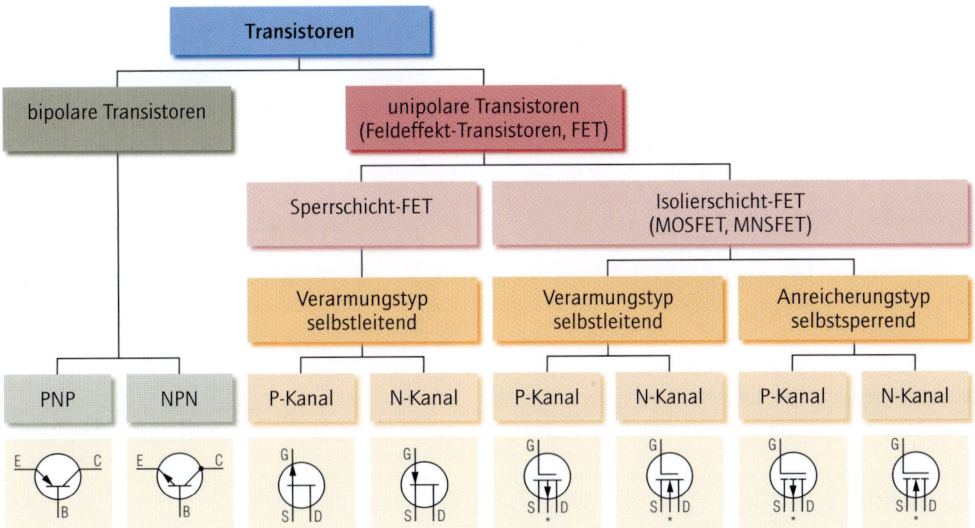

* Bulk-Anschluss (keine Anschlussbezeichnung üblich).

B = Basis
C = Kollektor
E = Emitter
S = Source
D = Drain
G = Gate

Bipolare Transistoren. Zur Funktion werden Ladungsträger beider Polaritäten (Löcher und Elektronen) benötigt.

Bipolare Transistoren haben drei Anschlüsse:

- Emitter „E". Dieser sendet Elektronen aus.
- Basis „B". Sie bildet die mittlere Schicht des Transistors. Sie steuert die Aussendung der Elektronen.
- Kollektor „C". Dieser sammelt die Elektronen ein.

Je nach Schichtfolge unterscheidet man PNP-Transistoren oder NPN-Transistoren (Bild 145.1).

Wird an die Emitter-Kollektor-Strecke eine Spannung angelegt, kann zunächst kein Strom fließen, da immer eine „Diode" in Sperrrichtung arbeitet. Erst wenn an die Basis-Emitter-Strecke eine weitere Spannung angelegt wird, wird der Transistor leitend. Daher müssen bei einem Transistor zwei Stromkreise unterschieden werden (Bild 145.2):

- der Steuerstromkreis, die Basis-Emitter-Strecke,
- der Last- oder Schaltstromkreis, die Emitter-Kollektor-Strecke.

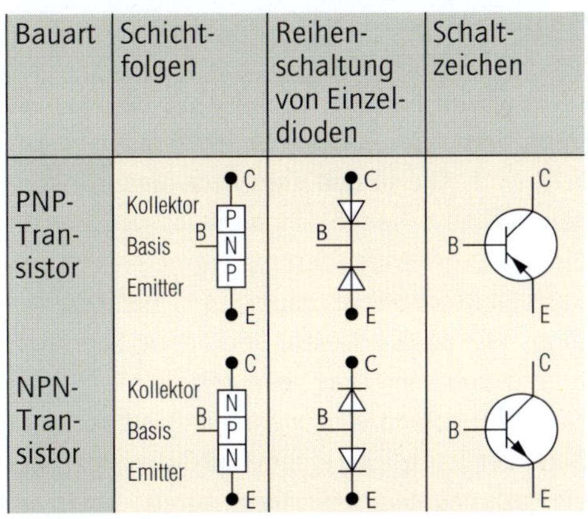

Bild 145.1 Schichtfolge, Diodendarstellung und Schaltzeichen von Transistoren.

emittieren: aussenden

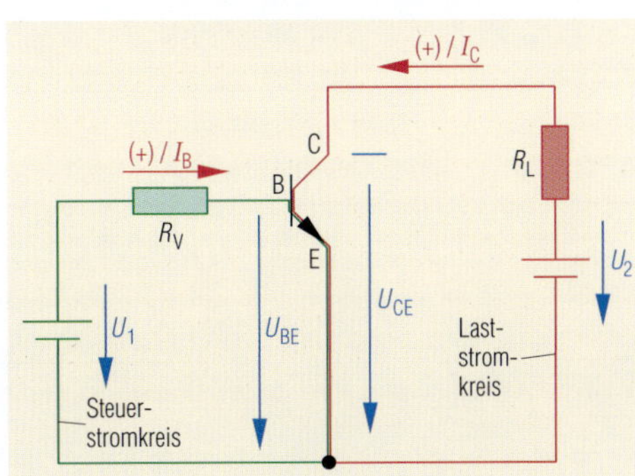

Bild 145.2 Ströme, Spannungen und Stromkreise eines Transistors.

Die Funktion eines Transistors lässt sich bildlich durch eine Wassersteuerung (Bild 146.1) verdeutlichen. Ohne Steuerstrom findet kein Stromfluss statt. Ein kleiner Steuerstrom öffnet den „Schieber" und es kann ein größerer (Last-) strom fließen.

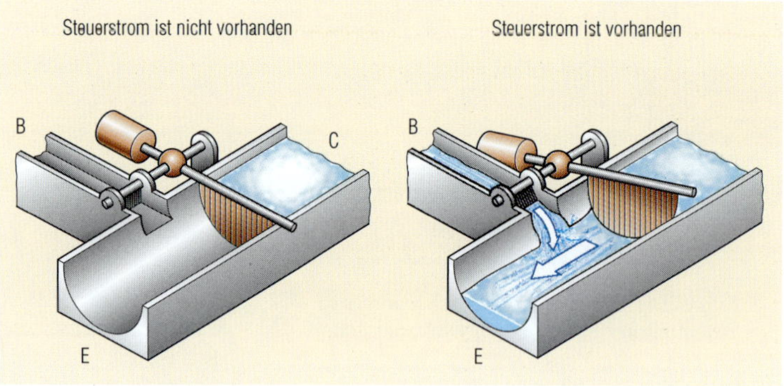

Bild 146.1 Eine „Wassersteuerung" verdeutlicht die Funktionsweise eines Transistors.

Damit der Transistor seine Funktion im Stromkreis erfüllen kann, muss die richtige Polarität der Anschlüsse beachtet werden. Im Transistor-Schaltzeichen gibt die Pfeilrichtung der Basis-Emitter-Strecke die technische Stromrichtung an. Die Spannungsangaben U_{BE} und U_{CE} beziehen sich auf den Emitter-Anschluss als Bezugselektrode, was durch das tiefer gestellte $_E$ verdeutlicht wird. Alle in den Transistor hineinfließenden Ströme erhalten ein positives Vorzeichen, die herausgehenden Ströme ein negatives. Die Basis-Emitter-Strecke muss in Durchlassrichtung, die Basis-Kollektor-Strecke in Sperrrichtung gepolt sein. Dies bedeutet, dass ein NPN-Transistor leitend wird, wenn die Basis positiver ist als der Emitter, bei einem PNP-Transistor muss die Basis negativer sein. Transistoren können als elektronische Schalter und Verstärker verwendet werden.

Transistor als Schalter (Bild 146.2). Ist der Schalter S geschlossen, fließt ein Strom über den Vorwiderstand an den Basisanschluss des Transistors. Der Widerstand R_V begrenzt die Höhe des Basisstromes (Steuerstrom). Der Transistor wird leitend und ein Arbeitsstrom fließt über den Kollektor zum Emitter. Der Stromkreis für die Leuchtdiode ist geschlossen. Beim Betätigen des Schalters wird der Steuerstromkreis unterbrochen. Im Transistor bewirkt dies die Sperrung des Arbeitsstromes vom Kollektor zum Emitter. Die Diode leuchtet nicht mehr.

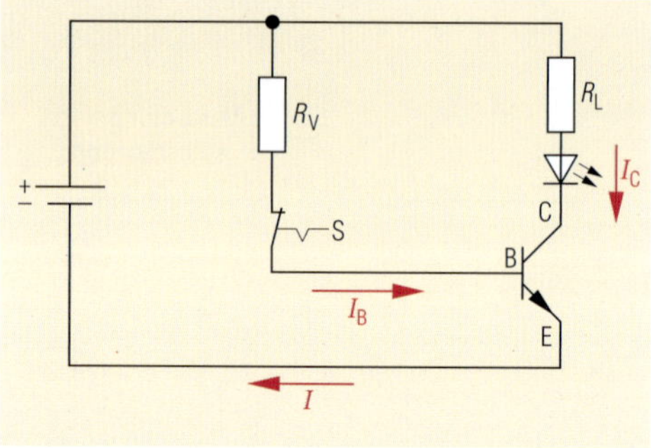

Bild 146.2 NPN-Transistor als Schalter.

Bild 146.3 stellt dieselbe Grundschaltung mit einem PNP-Transistor dar. Die Vorgänge sind mit denen eines NPN-Transistors vergleichbar.

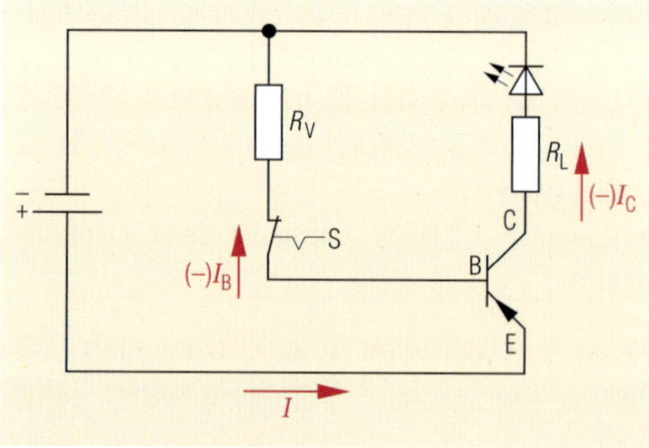

Bild 146.3 PNP-Transistor als Schalter.

Die Verwendung des Transistors als Schalter hat folgende Vorteile:

- hohe Schaltfrequenz,
- verschleißfrei,
- keine Funkenstrecke,
- kleiner Steuerstrom, hoher Arbeitsstrom (vgl. Relaisschaltung),
- geräuschlos.

Transistor als Verstärker. Die Verstärkerwirkung eines Transistors wird durch den Versuchsaufbau in Bild 147.1 verdeutlicht. Er liefert folgende Messergebnisse:

U_{BE} in V	U_{CE} in V	I_B in mA	I_C in A	U_L in V
0,83	22,5	50	2,75	27,5
1,00	10,0	100	4,00	40,0

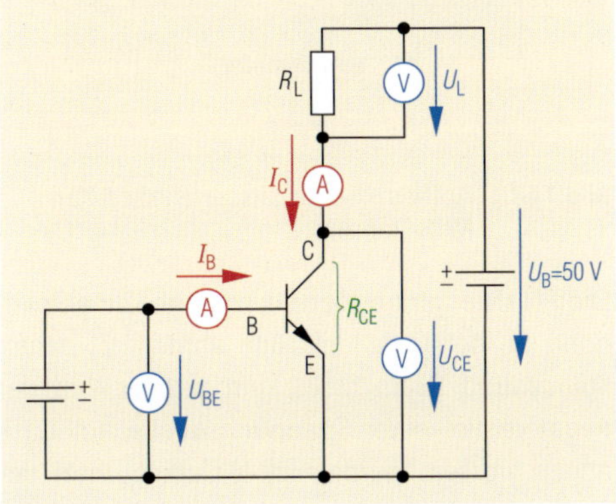

Bild 147.1 Versuchsaufbau zur Ermittlung der Verstärkerwirkung eines Transistors.

Spannungsverstärkung: Eine kleine Veränderung der Basis-Emitter-Spannung UBE von 0,17 V bewirkt eine große Erhöhung der Spannung U_L am Lastwiderstand von 12,5 V. In dem Maße, wie sich die Spannung U_L erhöht, nimmt die Spannung U_{CE} ab. Der Lastwiderstand R_L und der Kollektor-Emitter-Widerstand des Transistors R_{CE} bilden einen Spannungsteiler. Die Spannungsaufteilung wird durch die Basis-Emitter-Spannung U_{BE} gesteuert. Ein Transistor lässt sich daher auch als variabler Widerstand einsetzen.

Stromverstärkung: Die Erhöhung des Basisstromes I_B um 50 mA bewirkt eine Erhöhung des Kollektorstromes I_C um 1,25 A.

Leistungsverstärkung: Vergleicht man die Änderung der Steuerleistung $\Delta U_{BE} \cdot \Delta I_B$ mit der Änderung der Ausgangsleistung $\Delta U_{CE} \cdot \Delta I_C$, so ergibt sich eine Leistungsverstärkung um das 1,838fache.

Reicht die Verstärkungswirkung eines Transistors nicht aus, so können zwei (Darlington-Schaltung, Bild 147.2) oder mehr Transistoren hintereinander geschaltet werden. Die Gesamtverstärkung berechnet sich aus der Multiplikation der Verstärkungen der Einzeltransistoren.

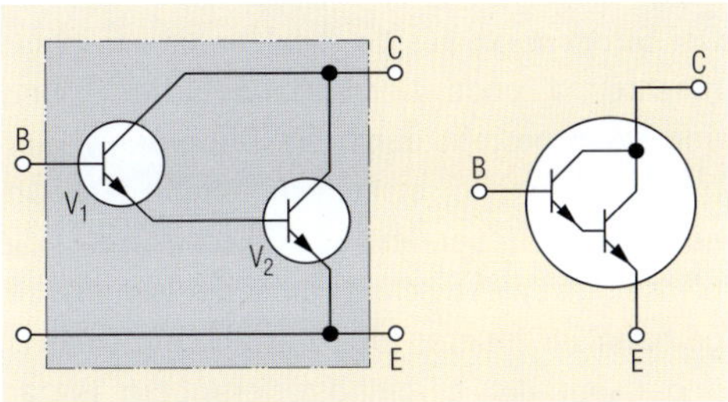

Bild 147.2 Darlington-Schaltung mit zwei NPN-Transistoren.

Darlington-Schaltung: nach dem amerikanischen Ingenieur Sidney Darlington (1906 – 1997)

Unipolare Transistoren (Feldeffekt-Transistoren). Hierbei handelt es sich um Halbleiterbauelemente, bei denen die elektrische Leitfähigkeit eines Kanals durch ein elektrisches Feld gesteuert werden kann. Allen unipolaren Transistoren ist gemeinsam, dass sie nur mit Ladungsträgern einer Sorte (Löcher oder Elektronen) arbeiten. Es gibt zwei Arten:

- Sperrschicht-Feldeffekt-Transistoren und
- Isolierschicht-Feldeffekt-Transistoren.

FET = Feldeffekt-Transistor

Sperrschicht-Feldeffekt-Transistor. Die prinzipielle Funktion dieser Bauart wird am Beispiel des P-Kanal-Typs verdeutlicht (Bild 147.3).

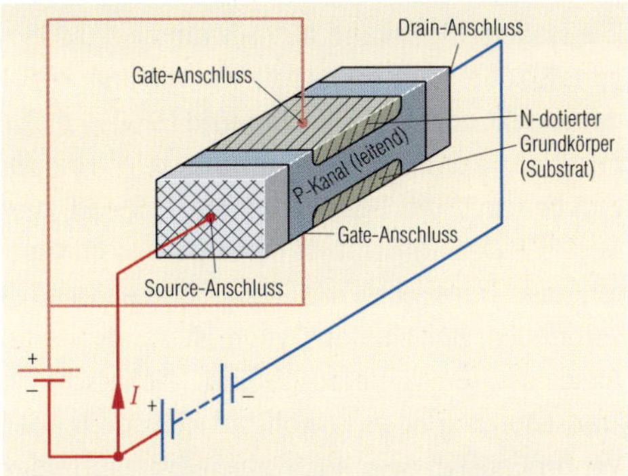

Bild 147.3 Aufbau eines Feldeffekt-Transistors, P-Kanal-Typ.

Ein P-Kanal-Sperrschicht-Feldeffekt-Transistor besteht aus einem N-dotierten Grundkörper (Substrat), in dem eine dünne, P-leitende Schicht (Kanal) eingelagert ist. Die Enden werden mit einer Gleichspannungsquelle verbunden. Der Strom tritt am Source-Anschluss in den leitenden Kanal des Kristalls ein und am Drain-Anschluss wieder aus. Der Stromfluss wird durch ein elektrisches Feld gesteuert. Dieses Feld entsteht durch den Potenzialunterschied einer über die Steuerelektrode angelegten positiven Spannung an den beiden Gate-Anschlüssen und dem Kanal bzw. dem Substrat.

Bei der Anschlusskennzeichnung haben sich die amerikanischen Bezeichnungen durchgesetzt: **Source** = Quelle, Zufluss; **Drain** = Senke, Abfluss; **Gate** = Tor, Steuerelektrode

Der Strom wirkt auf die beiden seitlich eingebrachten N-Zonen. Der Kanal zwischen Source und Drain besteht durch die Dotierung dauerhaft (selbstleitend), erst eine Erhöhung der Spannung an der Steuerelektrode führt dazu, dass die beidseitigen elektrischen Felder die Ladungsträgerbahn im Inneren des Kristalls einschnüren und damit den Stromfluss verringern (Verarmungstyp). Die Spannung an der Steuerelektrode steuert somit den Strom zwischen Source und Drain. Bei diesem Typ muss die Steuerelektrode gegenüber dem Source-Anschluss ein positives Potenzial aufweisen. Da nur ein geringer Sperrstrom zwischen Gate und Kanal vorliegt, haben diese Transistoren einen sehr großen Eingangswiderstand (10 MΩ bis 100 MΩ), die Steuerung verläuft fast leistungslos.

Isolierschicht-Feldeffekt-Transistor. Bei diesen Transistoren werden wesentlich höhere Eingangswiderstände (10^{15} Ω) als bei den Sperrschicht-Feldeffekt-Transistoren erzielt. Die Ursache liegt darin, dass die Steuerelektrode durch eine dünne Quarzschicht vom Kanal isoliert ist und nicht durch einen PN-Übergang.

Die Isolierschicht kann aus Siliciumoxid (MOS = metal oxide semiconductor) wie im Bild 148.1 dargestellt oder aus Siliciumnitrid (MNS = metal nitrid semiconductor) hergestellt sein. Hieraus ergeben sich die Bezeichnungen MOSFET bzw. MNSFET. Das Substrat ist meist bereits im Inneren des Transistors mit dem Sourceanschluss verbunden, bei einigen Typen ist es als vierter Anschluss (Bulk) herausgeführt. Isolierschicht-Transistoren gibt es sowohl als selbstleitenden Verarmungstyp wie auch als selbstsperrenden Anreicherungstyp. Im zweiten Fall ist der Kanal zwischen Source und Drain nicht dotiert, ohne angelegte Gate-Spannung fließt kein Drainstrom. Diese Ausführung wird vorwiegend als trägheitsloser Schalter in Digitalschaltungen verwendet; er hat in den meisten Anwendungen den bipolaren Transistor verdrängt. Der Verarmungstyp wird meist zur linearen Verstärkung genutzt.

semiconductor (engl.): Halbleiter

complementary (engl.): ergänzend, zusammengehörend

Verarmungstyp = selbstleitend; **Anreicherungstyp** = selbstsperrend

Die prinzipielle Funktion der Isolierschicht-Transistoren wird nun am Beispiel eines selbstsperrenden P-Kanal-MOS-Transistors beschrieben (Bild 148.1).

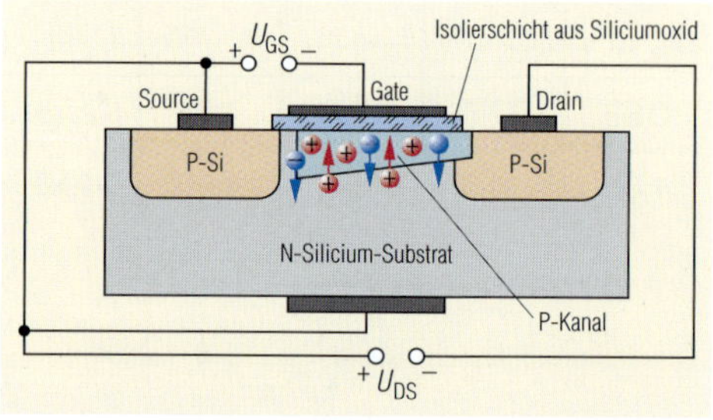

Bild 148.1 Aufbau eines selbstsperrenden P-Kanal-MOS-Transistors.

Die PN-Übergänge sperren, solange keine Spannung an der Gate-Elektrode anliegt. Zwischen Source und Drain fließt kein Strom. Wird der negative Pol einer Spannungsquelle am Gate angeschlossen, werden im N-Gebiet unter der Elektrode die Elektronen in das Kristallinnere verdrängt. An der Oberfläche entstehen Löcher. Es entsteht eine schmale P-leitende Schicht unter der Oberfläche (P-Kanal). Zwischen Source und Drain kann jetzt ein Strom fließen. Die Gatespannung wirkt nur über eine isolierende Oxidschicht, es fließt kein Strom im Steuerkreis.

Durch Vertauschen der Dotierung gibt es neben dem PMOS-Transistor auch den NMOS-Transistor. Werden beide Transistorausführungen paarweise im selben Silicium-Chip eingesetzt, bezeichnet man diese als CMOS-Transistoren (Complementary MOS Transistors, Bild 148.2). Die Vorteile von CMOS-Transistoren (niedrige Verlustleistung, hohe Störsicherheit, niedrige Versorgungsspannung) haben dazu geführt, dass heute mehr als 80 % aller IC in CMOS-Technik gefertigt werden.

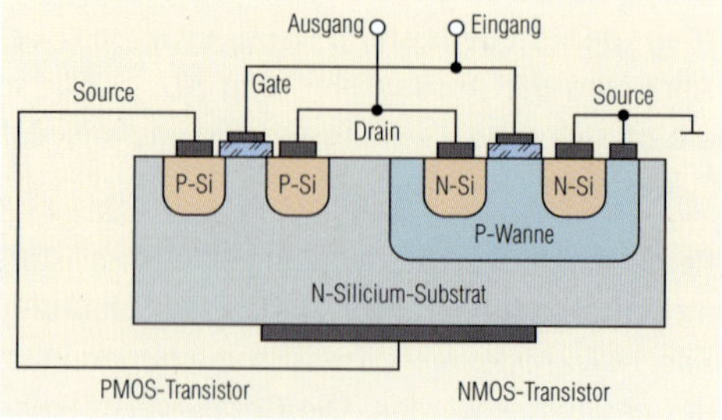

Bild 148.2 CMOS-Transistor.

3.7.3 Thyristor

Der Thyristor ist ein steuerbares Halbleiterbauelement. Er wird in der Leistungselektronik zum Umformen, Steuern und Regeln eingesetzt. In der Kraftfahrzeugtechnik arbeitet er z. B. als elektronischer Schalter in der Hochspannungs-Kondensatorzündung. Mit einem Thyristor lassen sich Ströme von mehr als 1000 A und Spannungen von weit über 5000 V schalten.

Ein Thyristor (Bild 149.1) besteht aus vier Halbleiterschichten, die in der Reihenfolge PNPN miteinander kombiniert sind. Somit ergeben sich innerhalb des Thyristors drei PN- bzw. NP-Übergänge. An den beiden außenliegenden Halbleiterschichten sind Anode und Kathode angeschlossen. Wird daran eine Spannung angelegt, sperrt mindestens ein Übergang. Dies ist von der gewählten Polarität unabhängig.

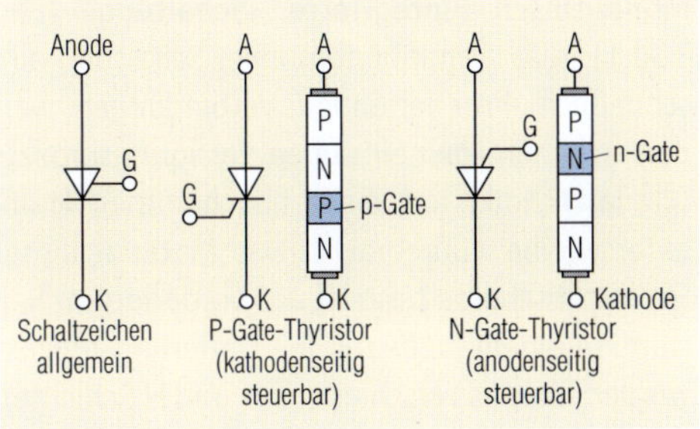

Bild 149.1 Thyristor: Schaltzeichen und Bauarten.

Ein Thyristor besitzt noch einen weiteren Anschluss, den Steueranschluss (Gate). Das Gate ist je nach Ausführung entweder mit der inneren N-Schicht oder P-Schicht verbunden. Abhängig davon unterscheidet man kathodenseitig und anodenseitig steuerbare Thyristoren.

Damit ein Thyristor elektrisch leitend wird, benötigt er über das Gate einen kurzen Stromstoß durch einen anliegenden Steuerstrom. An einem P-Gate muss der Spannungsimpuls positiv sein, an einem N-Gate entsprechend negativ (Bild 149.2).

Hochspannungs-Kondensatorzündung → S. 314 ff.

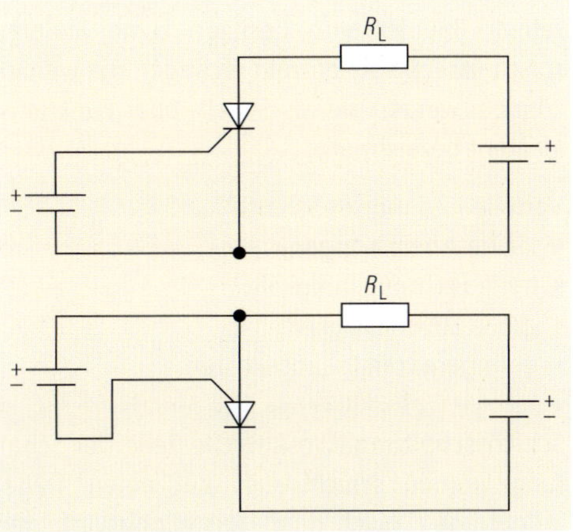

Bild 149.2 Einbau eines Thyristors in den Stromkreis mit angelegter Steuerspannung.

Ist die Leitfähigkeit eines Thyristors erreicht, bleibt sie auch nach Wegfall des Steuerstroms bestehen. Der Thyristor bleibt so lange leitend, wie ein Mindestarbeitsstrom (Haltestrom) über die vier Halbleiterschichten fließt. Der Arbeitsstrom am Thyristor ist im Gegensatz zum Transistor nicht veränderbar. Zur Abschaltung eines Thyristors muss der Arbeitsstrom kurzzeitig unterbrochen oder eine Umpolung der Anodenspannung durchgeführt werden.

3.8 Beispiele elektronischer Schaltungen im Kfz

3.8.1 Integrierte Schaltungen

Bei integrierten Schaltungen werden viele elektrische und elektronische Bauelemente (Dioden, Transistoren, Kondensatoren, Widerstände und Thyristoren) auf kleinstem Raum untrennbar elektrisch miteinander verbunden. Die einzelnen Bauelemente besitzen keine äußeren Anschlüsse. Da sie einzeln nicht benutzt werden können, werden sie als Schalt- oder Funktionselement bezeichnet.

Vorteile integrierter Schaltungen:
- kleine Abmessungen,
- hohe Leistungsfähigkeit,
- große Zuverlässigkeit,
- geringere Herstellungskosten.

Schichtschaltung. Wesentliche Teile der Schaltung werden schichtweise auf einen Träger aufgetragen. Nach dem Herstellungsverfahren werden Dünn- und Dickschichtschaltungen unterschieden. Bei der Dünnschichttechnik werden die Bauelemente und ihre Verbindungen als dünne Metall- und Oxidschichten auf die Keramik-Trägerplatte aufgedampft oder aufgestäubt. Bei der Dickschichttechnik werden sie als pastenförmige Mischungen im Siebdruckverfahren aufgedruckt und eingebrannt.

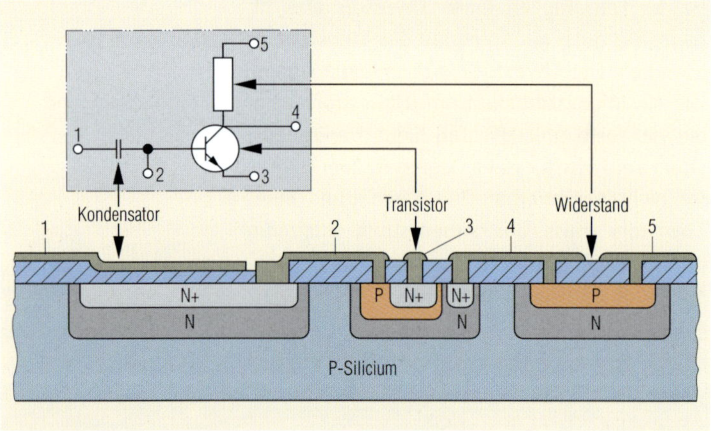

Bild 150.1 Einfach monolithisch integrierte Schaltung.

Hybrid-Schaltung. Sie ist eine Kombination aus integrierter Schaltung mit zusätzlich eingelöteten Einzelbauelementen (Dioden, Transistoren, Kondensatoren usw.). Die Einzelelemente werden meist aus Platz- und Kostengründen ohne Gehäuse auf die Trägerplatte aufgebracht. Es werden bis zu 20 Millionen Befehle pro Sekunde verarbeitet.

Monolithisch integrierte Schaltung (Bild 150.1). Alle Komponenten einer Schaltung einschließlich ihrer leitenden Verbindungen werden in einem gemeinsamen Fertigungsprozess (Planartechnik) auf einer hauchdünnen Halbleiterscheibe aufgebracht. Das Material dieser Einkristallscheibe besteht aus vordotiertem Silicium. In einem mehrstufigen Dotierungsprozess werden hieraus verschiedene P- und N-Schichten hergestellt, die jeweils voneinander isoliert sind. In den Schichten enthalten sind alle Bauelemente, Verbindungsleitungen und Anschlüsse. Ein solches Plättchen wird als Chip bezeichnet. Darauf können mehr als 100 000 Funktionselemente (z. B. Widerstände, Dioden, Transistoren) enthalten sein. Jeder Chip wird auf einen Metallträger gelötet und durch ein Gehäuse vor Feuchtigkeit und mechanischen Einflüssen geschützt. Ein Chip ist trotz seiner sehr hohen Bauteildichte nur wenig störanfällig.

3.8.2 Kippschaltungen

Kippschaltungen sind digitale Schaltungen mit sprunghaftem Übertragungsverhalten. Sie bereiten die von Gebersystemen (induktive Geber, Hallgeber, u.a.) erzeugten Signale auf. Diese werden in Rechteckimpulse mit hoher Amplitude (Ausschlag) und großer Flankensteilheit umgewandelt, weil nur solche Signale von den nachfolgenden Systemen eindeutig ausgewertet und verarbeitet werden können.

Weiterhin werden in Kraftfahrzeugen Schaltungen eingesetzt, die selbstständig Rechteckimpulse erzeugen, wie z.B. der elektronische Blinkgeber oder der Wischerintervallschalter. Gemeinsam ist allen Schaltungen, dass diese nur zwei Betriebszustände unterscheiden und von einem Zustand in den anderen „kippen". Daher werden diese Schaltungen als Kippschaltungen bezeichnet. Der Kippvorgang kann selbstständig aus der Schaltung heraus erfolgen oder von außen gesteuert werden. Alle Schaltungen sind in der Grundausführung aus einer unterschiedlichen Anzahl von Widerständen und Transistoren aufgebaut. Man unterscheidet:

- astabile Kippstufen,
- monostabile Kippstufen,
- bistabile Kippstufen,
- Schmitt-Trigger.

Astabile Kippstufen. Die astabile Kippstufe wird zur Erzeugung von periodischen Rechteckimpulsen eingesetzt, die z.B. als Taktgeber genutzt werden können.

Bild 151.1 zeigt eine astabile Kippschaltung als Blinkschaltung. Zwei Leuchtdioden leuchten abwechselnd in einem bestimmten Rhythmus, sobald die Versorgungsspannung anliegt. Als Schalter arbeiten zwei Transistoren, deren Basis über zwei Widerstände angesteuert und im Kollektorstromkreis über zwei Kondensatoren belastet werden. Ist der Transistor T_1 leitend, leuchtet LED D_1. Zur selben Zeit ist der Transistor T_2 gesperrt, LED D_2 bleibt dunkel. Das Spannungspotenzial am Kollektoranschluss von T_1 ist sehr niedrig, es wird über den Kondensator C_1 an die Basis von T_2 übertragen. Deshalb bleibt T_2 zunächst gesperrt. Über den Widerstand R_2 lädt sich der Kondensator C_1 auf, wodurch sich die Basisspannung an T_2 erhöht. Nach Überschreiten der Schwellenspannung wird der Transistor T_2 leitend, LED D_2 leuchtet. In der Zeit, in der T_1 leitend ist, hat sich der Kondensator C_2 über R_4 und D_2 aufgeladen. Da nun T_2 leitet, sinkt seine Kollektorspannung fast auf den Wert „null" ab, hierbei entlädt sich C_2. Dies bewirkt, dass das Spannungspotenzial an der Basis von T_1 unter die Schwellenspannung sinkt. Der Transistor sperrt, die Lampe wird dunkel. Nun beginnt sich der Kondensator C_2 wieder aufzuladen, um bei Erreichen der Schwellenspannung den Transistor T_1 erneut einzuschalten, LED D_1 leuchtet und LED D_2 erlischt.

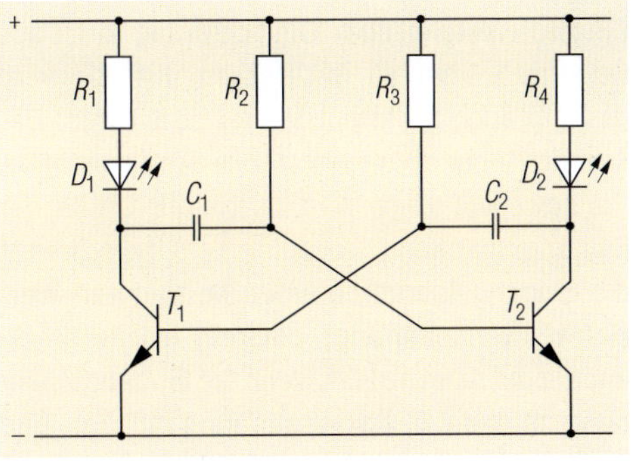

Bild 151.1 Astabile Kippschaltung.

Die beiden Zeitkonstanten $R_2 \cdot C_1$ und $R_3 \cdot C_2$ bestimmen das Verhältnis von Ein- und Ausschaltdauer. Sind beide Produkte gleich groß, arbeitet die Schaltung symmetrisch.

Die astabile Kippstufe wird auch als astabiler Multivibrator bezeichnet.

Monostabile Kippstufen (Mono-Flop). Die Kippstufe besitzt in der Grundstellung eine stabile Lage und schaltet nur nach einem Steuerimpuls für eine bestimmte Zeit in den zweiten Schaltzustand. Sie kehrt danach wieder in die Ausgangslage zurück (stabiler Zustand). Der nächste Schaltvorgang wird erst nach erneuter Ansteuerung ausgeführt. Diese Kippstufe liefert rechteckförmige Ausgangssignale und wird z.B. bei Wischintervallschaltern eingesetzt.

Bistabile Kippstufen (Flip-Flop). Die bistabile Kippstufe hat zwei stabile Zustände, zwischen denen sie nur nach äußerer Ansteuerung wechselt. Dabei müssen positive und negative Impulse wechseln, da der jeweils letzte Steuerimpuls gespeichert bleibt. Sie geben ein rechteckförmiges Ausgangssignal ab.

to trigger (engl.) = ansteuern, auslösen

Schmitt-Trigger. Die Arbeitsweise einer Schmitt-Trigger-Schaltung ist mit der einer bistabilen Kippstufe vergleichbar. Die Schaltung formt aus verzerrten Signalen Rechteckimpulse; sie wird deshalb auch als Impulsformer bezeichnet. Der Schmitt-Trigger hat zwei stabile Schaltzustände. Die jeweilige Lage wird durch die Größe der Eingangsspannung bestimmt. Überschreitet die Eingangsspannung einen bestimmten Wert (Schwellwertspannung), entsteht ein Rechteckimpuls, der dann abfällt, wenn die Eingangsspannung unter die Rückstellspannung fällt. Ein- und Ausschaltspannung unterscheiden sich dabei (Bild 152.1).

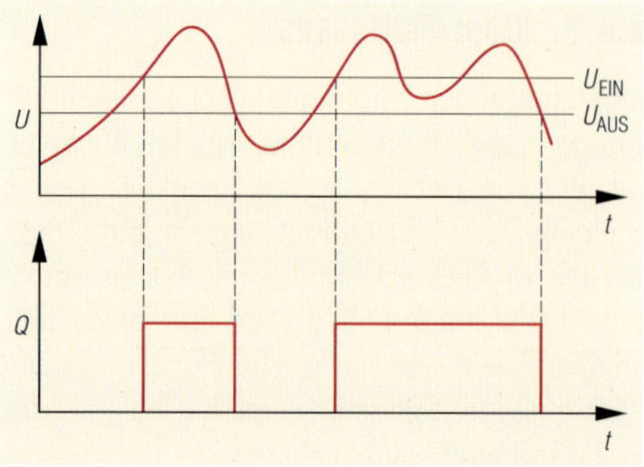

Bild 152.1 Schaltverhalten eines Schmitt-Triggers.

3.8.3 Beispiele für Signalübertragung

Pulsweitenmodulation. In Kraftfahrzeugen werden zur Ansteuerung von Aktoren immer häufiger digitale pulsweitenmodulierte Signale eingesetzt. Durch diese lässt sich

- die Helligkeit von Leuchtdioden verändern (z. B. Dimmen der Armaturenbrettbeleuchtung) oder
- die Geschwindigkeit von Motoren regeln (Scheibenwischermotor, Lüftermotor) oder
- die elektropneumatischen Ventile der Abgasrückführungssysteme stufenlos ansteuern.

Abgasrückführungssysteme → S. 369

Bei der Pulsweitenmodulation wird ein digitales Signal erzeugt, dessen Frequenz und Pegel immer gleichbleibend ist. Innerhalb einer Periode wird jedoch die zeitliche Länge zwischen dem High- und dem Low-Signal moduliert (verändert). Das Verhältnis des eingeschalteten Zustands zur Periodendauer, bezeichnet man als Tastverhältnis (Bild 152.2).

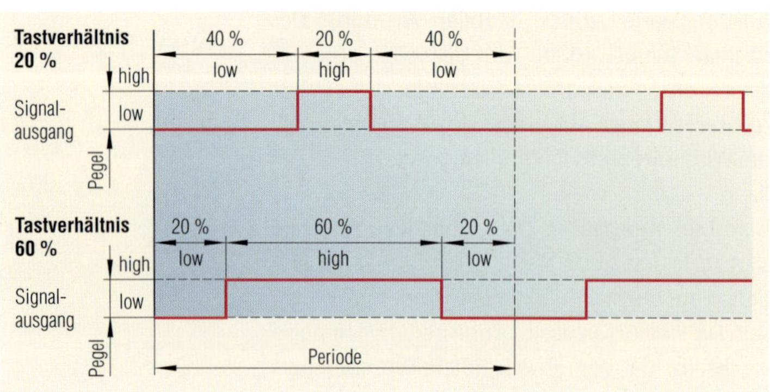

Bild 152.2 Modulation des Tastverhältnisses am Beispiel von 20 % und 60 %.

Wesentlicher Vorteil der Pulsweitenmodulation ist die eindeutige Erkennung von Signalfehlern durch die Steuergeräte innerhalb der vielfältigen Regelkreise. Potenzielle Fehlerquellen in elektronischen Fahrzeugsystemen sind die Steckkontakte außerhalb der Steuergeräte und Sensoren. Korrosion und Feuchtigkeit können Übergangswiderstände erzeugen, die Falschwerte hervorrufen. Diese werden von den Steuergeräten nicht als solche erkannt und führen so zu fehlerhaften Regelungen.

Bei der pulsweitenmodulierten Übertragung werden solche durch Übergangswiderstände veränderten elektrischen Werte von dem Steuergerät nicht beachtet, da nur das Tastverhältnis entscheidend ist; dieses bleibt aber unverändert. Nur der vollständige Abbruch der Datenübertragung führt am Steuergerät zum Totalausfall und wird als eindeutiger Fehler erkannt und abgelegt. Als weitere Vorteile der pulsweitenmodulierten Ansteuerung sind zu nennen:

- „Träge" reagierende Verbraucher können mit höheren Spannungen betrieben werden als für den Dauerbetrieb ausgelegt, da durch Reduzierung der Pulsweite auch die im Mittel am Verbraucher anliegende Spannung reduziert wird.
- Bei der Ansteuerung der Aktoren wird weniger Leistung verbraucht, da die Eingangsspannung nicht permanent anliegt, sondern sich aus der Breite der Schaltimpulse ergibt.
- Eine „einfache" stufenlose Regelung von Aktoren ist möglich.

Spannungskodierung. Mithilfe dieses Verfahrens können zwischen einem Steuergerät und einem Funktionselement unterschiedliche Befehle am Funktionselement über eine Eindrahtverbindung übertragen werden und von dem angeschlossenen Steuergerät eindeutig ausgelesen werden. Die Spannungskodierung kann z. B. beim Spiegelverstellschalter oder dem Fensterheberschalter eingesetzt werden.

Funktionsbeschreibung: Der Spiegelverstellschalter in der Fahrertür wird über das Steuergerät elektrisch versorgt. Der Schalter lässt folgende Verstellmöglichkeiten zu: horizontal links, horizontal rechts, vertikal unten, vertikal oben. Er ist mit nur einer „Datenleitung" mit dem Steuergerät verbunden. Die Übertragung von vier Schalterstellungen über nur eine Leitung ist möglich, da bei jeder Schalterstellung eine andere Spannung übertragen wird, d. h. die Spannungswerte sind kodiert. Dies erfolgt über einen Spannungsteiler, der aus einem Vorwiderstand im Steuergerät und vier unterschiedlichen Widerständen im Spiegelverstellschalter besteht. Die Höhe des Spannungswertes am Signaleingang des Mikrocontrollers ergibt sich durch den jeweils geschalteten Widerstandswert im Verstellschalter (Bild 153.1).

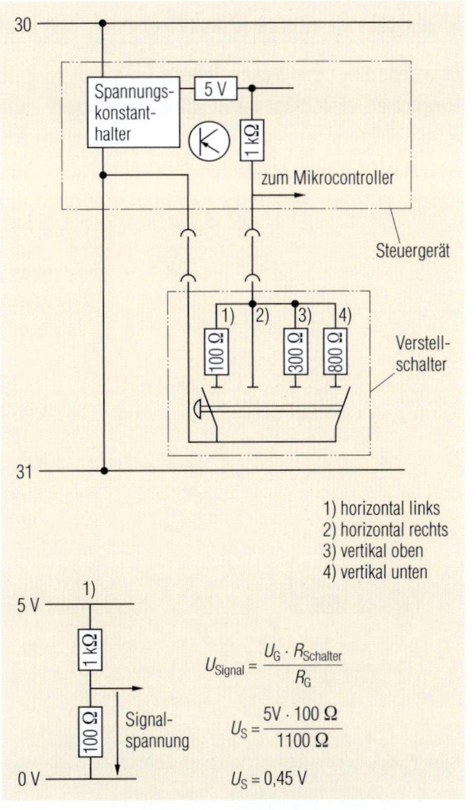

$$U_{Signal} = \frac{U_G \cdot R_{Schalter}}{R_G}$$

$$U_S = \frac{5V \cdot 100\,\Omega}{1100\,\Omega}$$

$$U_S = 0{,}45\text{ V}$$

Bild 153.1 Schaltbild „Spiegelverstellung" mit Berechnung der kodierten Spannung bei gewünschter Horizontalverstellung des Spiegels nach links.

3.9 Prüfen elektrischer und elektronischer Systeme

3.9.1 Schaltpläne

In den Schaltplänen der Kraftfahrzeugelektrik werden elektrische Geräte zeichnerisch durch Schaltzeichen, Abbildungen oder vereinfachte Konstruktionszeichnungen dargestellt. Der Plan verdeutlicht die elektrische Beziehung und Verbindung der Geräte untereinander und kann durch Tabellen, verbale Beschreibungen oder Diagramme ergänzt werden. Damit die verschiedenen Schaltpläne eindeutig lesbar sind, müssen sie normgerecht erstellt sein.

Generell gilt, dass der Signalfluss in den Stromwegen von links nach rechts und/oder von oben nach unten verlaufen muss. Innerhalb der Schaltpläne unterscheidet man zwischen

- Übersichtsschaltplan (liefert einen schnellen Überblick über die Funktion einer Anlage oder eines Gerätes),
- Anschlussplan (dient vorzugsweise der Erläuterung der Verbindung und hilft dem Fachmann beim Austausch oder Nachrüsten von Geräten),
- Stromlaufplan (liefert eine ausführliche Darstellung einer Schaltung und erläutert ihre Funktion und Verbindung. Er wird meist mit Innenschaltung dargestellt und hilft bei der Ausführung von Reparaturen).

Übersichtsschaltplan (Blockdiagramm, Blockschaltplan)

Es werden nur die wesentlichen Teile einer Schaltung berücksichtigt und alle Leitungen sind meist einpolig gezeichnet. Dadurch gewinnt der Betrachter einen schnellen Überblick über Aufgabe, Aufbau, Gliederung und Funktion einer elektrischen Anlage oder einer Teilanlage (Bild 154.1). Der Übersichtsschaltplan hilft oftmals zur Orientierung bei den ausführlichen Darstellungen des entsprechenden Stromlaufplanes.

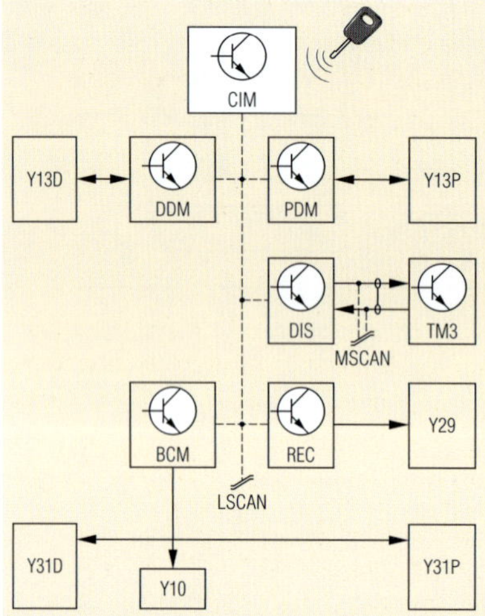

BCM	Body Control Module = Karosserieelektronikmodul
CIM	Column Integration Module = Lenksäulenelektronikmodul
DDM	Driver Door Module = Fahrertürelektronikmodul
DIS	Display
LSCAN	Low Speed CAN
MSCAN	Mid Speed CAN
PDM	Passenger Door Module = Beifahrertürelektronikmodul
REC	Rear Electrical Center = Heckelektronikmodul
TMS	Telematics System = Telematiksystem
Y10	Motor – Zentralverriegelung, Tankklappe
Y13D	Zusammenbau – Zentralverriegelung, Fahrertür (Motoren und Kontaktschalter)
Y13P	Zusammenbau – Zentralverriegelung, Beifahrertür (Motoren und Kontaktschalter)
Y29	Motor – Zentralverriegelung, Heckklappe
Y31D	Motoren – Zentralverriegelung, Hintertür, links
Y31P	Motoren – Zentralverriegelung, Hintertür, rechts

Bild 154.1 Übersichtsschaltplan Zentralverriegelung.

Anschlussplan

Der Anschlussplan verdeutlicht die Anschlusspunkte der elektrischen Geräte. Die einzelnen Geräte werden entweder durch genormte Schaltzeichen oder durch Bildzeichen dargestellt. Man unterscheidet

- Anschlusspläne in zusammenhängender Darstellung,
- Anschlusspläne in aufgelöster Darstellung.

Anschlussplan in zusammenhängender Darstellung. Er verdeutlicht die elektrischen Anschlusspunkte eines Bauteils mit den daran angeschlossenen inneren und äußeren Leitungen. Die Bauteile sind meist lagerichtig angeordnet und werden mit Leitungsführung, allen Anschlusspunkten und Klemmenbezeichnungen versehen (Bild 154.2).

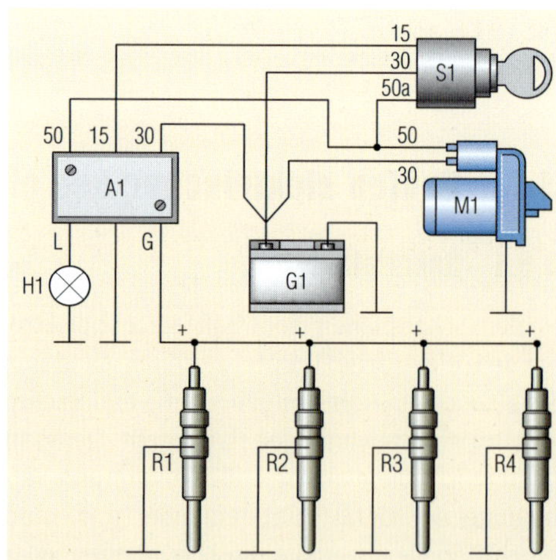

G1 Batterie S1 Zündstartschalter R1...R4 Glühstiftkerzen
M1 Startermotor A1 Steuergerät H1 Kontrolllampe

Bild 154.2 Anschlussplan (zusammenhängend) der Glühzeitsteuerung mit bildlicher Gerätedarstellung.

Anschlussplan in aufgelöster Darstellung. Es entfallen die durchgehenden Verbindungslinien der Geräte untereinander. Alle Bauteile sind mit einer Gerätekennzeichnung versehen, die aus einem Buchstaben, einer Zählnummer und ggf. einem Vorzeichen besteht. Alle von diesem Gerät abgehenden Leitungen erhalten einen Zielhinweis (Bild 155.1).

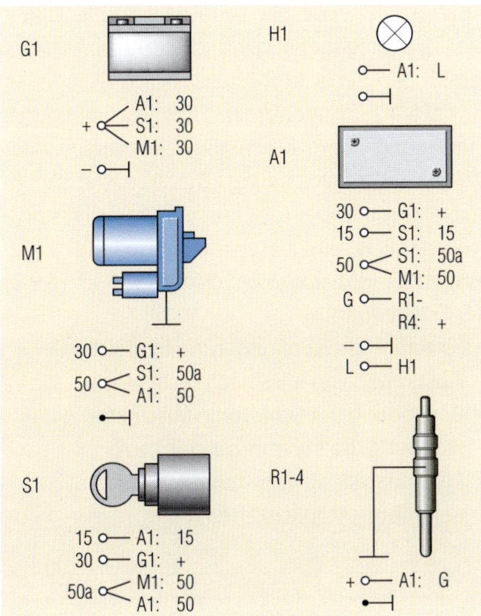

Bild 155.1 Anschlussplan (aufgelöst) der Glühzeitsteuerung mit bildlicher Gerätedarstellung.

Zur Unterscheidung zeigt das Bild 155.2 die Darstellung des Zündstartschalters und des Startermotors aus der vorangegangenen Abbildung als Schaltzeichen in aufgelöster Darstellung.

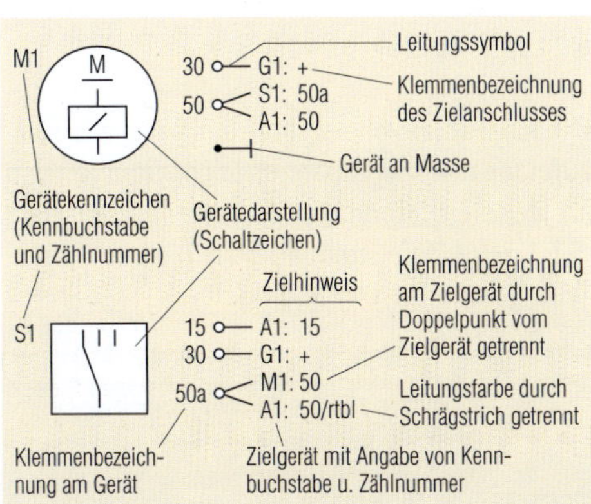

Bild 155.2 Gerätekennzeichnung am Schaltzeichen des Startermotors und Zündstartschalters.

Der Zielhinweis besteht aus:

- Klemmenbezeichnung am Gerät,
- Leitungssymbol,
- Angabe zum Zielgerät, zu dem die Leitung führt,
- Klemmenbezeichnung am Zielgerät, zu der die Leitung führt (sie ist durch einen Doppelpunkt von der Gerätekennzeichnung des Zielgerätes getrennt),
- Leitungsfarbe (falls vorgeschrieben, durch Schrägstrich getrennt).

Stromlaufplan

Der Stromlaufplan zeigt die Wirkungsweise einer elektrischen Schaltung in allen Einzelheiten. Dazu sind die einzelnen Stromwege übersichtlich nebeneinander dargestellt. Die elektrische Schaltung, die Gerätekennzeichnung und die Anschlussbezeichnung müssen angegeben werden. Die Mindestlinienbreite beträgt 0,25 mm, damit der Plan mikroverfilmbar ist. Aufgrund der Schaltzeichenanordnung unterscheidet man

- Stromlaufpläne in zusammenhängender Darstellung und
- Stromlaufpläne in aufgelöster Darstellung.

Stromlaufplan in zusammenhängender Darstellung. Diese Darstellung kann nur für einfache und nicht sehr umfangreiche Schaltungen verwendet werden. Alle enthaltenen Bauteile der Schaltung werden zusammenhängend und eng beieinander gezeichnet.

Stromlaufplan in aufgelöster Darstellung (Bild 156.1). Es wird keine Rücksicht auf die räumliche Zusammengehörigkeit der einzelnen Geräte oder deren Teile genommen. Die Schaltzeichen der elektrischen Teile sind so angeordnet, dass die einzelnen Stromwege einfach zu verfolgen sind. Dazu werden die einzelnen Stromwege möglichst geradlinig und kreuzungsfrei gezeichnet. Die Plusleitung bzw. die Plusleitungen werden am oberen Rand des Stromlaufplanes durch waagerechte Leitungen dargestellt. Parallel dazu verläuft die Minusleitung am unteren Rand des Planes. Die einzelnen Strompfade verlaufen senkrecht zwischen dem Plus- und dem Minuspol. Alle in einer Schaltung dargestellten Massezeichen (⊥) sind über die Geräte- oder Fahrzeug-

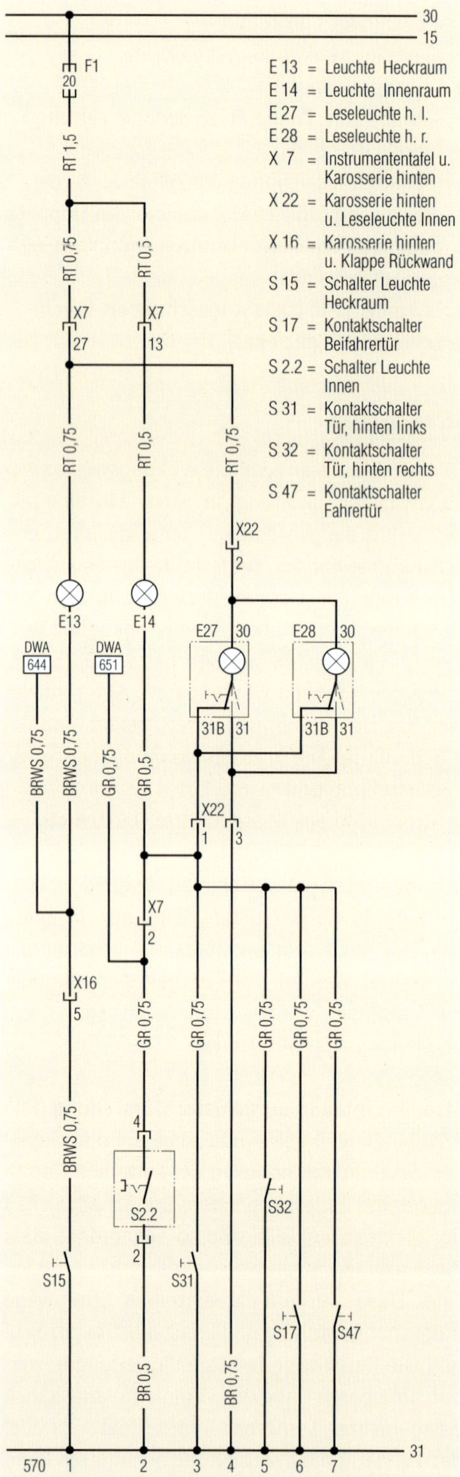

Bild 156.1 Teil-Stromlaufplan in aufgelöster Darstellung, Innenbeleuchtung.

masse elektrisch miteinander verbunden. Strichpunktierte Umrahmungslinien verdeutlichen die Abgrenzung von Teilen einer Schaltung. Dies stellt eine nicht leitende Umrahmung von Geräten dar und wird nicht als Gerätemasse benutzt.

Damit Verbindungslinien im Stromlaufplan nicht über eine große Strecke verlaufen, können sie unterbrochen werden. Es werden nur Anfang und Ende der Linie dargestellt. Damit die Zusammengehörigkeit dieser Abbruchstellen für den Betrachter offensichtlich ist, müssen sie gekennzeichnet werden. Dies geschieht durch Eintragung der Klemmenbezeichnung oder Abschnittskennzeichnung. Die Abschnittskennzeichnung hilft beim Auffinden von Schaltungsstellen und ist am oberen Rand des Planes angebracht. Es gibt drei Möglichkeiten (Bild 156.2) der Darstellung:

- Fortlaufende Nummerierung in gleichen Abständen von links nach rechts (a),
- Benennung der Schaltungsabschnitte (Zündung, Beleuchtung …) (b),
- Kombination aus den beiden zuvor genannten Möglichkeiten (c).

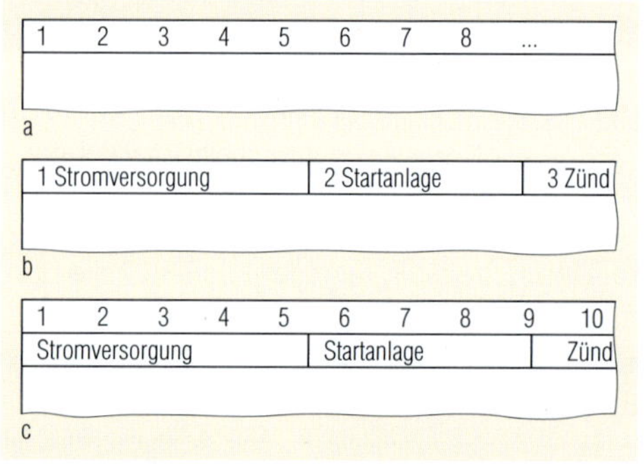

Bild 156.2 Abschnittskennzeichnung.

Je nach Fahrzeughersteller können die Stromlaufpläne in ihrem Aussehen leicht variieren und mit weiteren Informationen versehen sein. Bild 157.1 zeigt den Stromlaufplan für ein Anbausteuergerät mit Hydroaggregat.

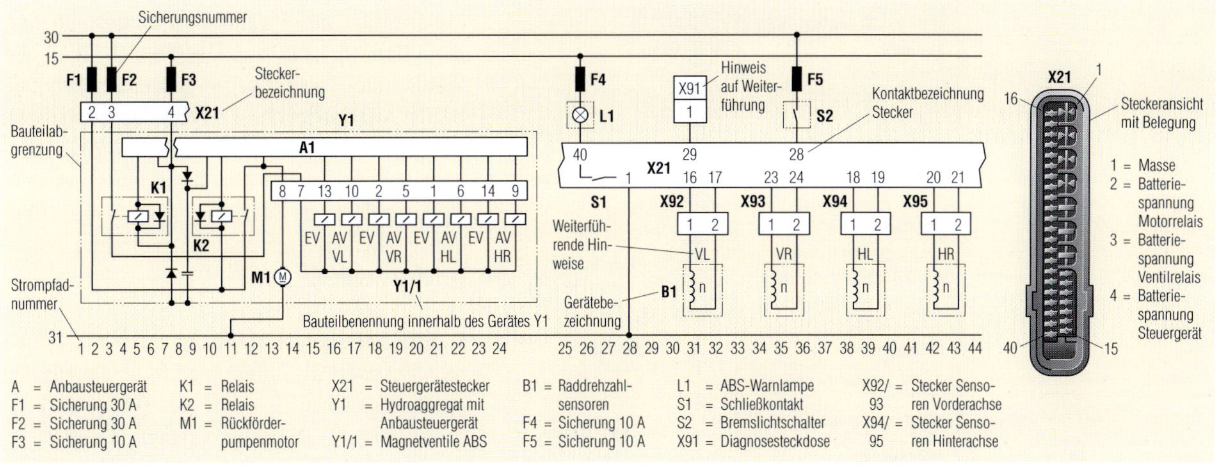

Bild 157.1 Stromlaufplan mit weiterführenden Informationen.

3.9.2 Messgeräte

Im Rahmen der Fehlersuche oder einer routinemäßigen Überprüfung auf ordnungsgemäße Funktion (z. B. Inspektion) sind elektrische Messungen am Fahrzeug durchzuführen.

Bei der Durchführung von Messungen muss dem Bediener das Messergebnis angezeigt werden. Die eingesetzten Messgeräte können die Messergebnisse auf unterschiedliche Weise ermitteln und darstellen. Man unterscheidet:

- Vielfachmessgeräte (analog/digital/digital-analog),
- Strommesszangen,
- Oszilloskope.

Vielfachmessgeräte (Multimeter)

Mit Vielfachmessgeräten können mehrere elektrische Größen gemessen werden, z. B. Spannung, Stromstärke und Widerstand. Sie unterscheiden sich u. a. durch die Art der Messwertanzeige, die Anzahl der messbaren Größen, die Messbereiche und die Messgenauigkeit.

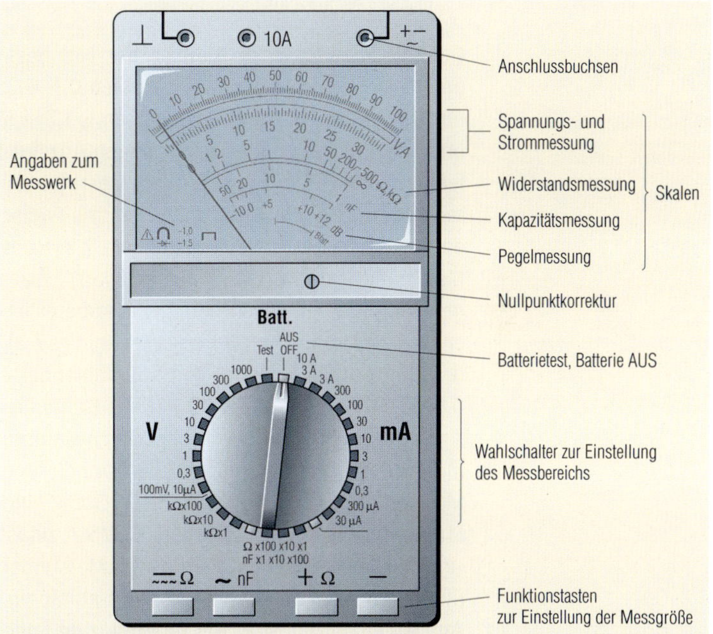

Bild 157.2 Vielfachmessgerät mit analoger Anzeige.

Analog anzeigende Messgeräte (Zeigermessgeräte) besitzen unterschiedliche Skalen zum Ablesen des Messbereiches und der durchzuführenden Messung. Das Messergebnis wird auf der Skale mithilfe eines Zeigers dargestellt (Bild 157.2).

An geeigneter Stelle (meist neben der Skale) werden durch Sinnbilder (Symbole und Zahlen) Angaben zum Messwerk gemacht. Verdeutlicht werden hierüber u. a. die Genauigkeitsklasse, die Gebrauchslage, die Art des Messwerkes. Diese Hinweise sind bei der Durchführung von Messungen zu beachten. Bild 158.1 zeigt eine Übersicht der wichtigsten Bildzeichen.

Messen: Vergleich einer unbekannten Größe mit einer bekannten

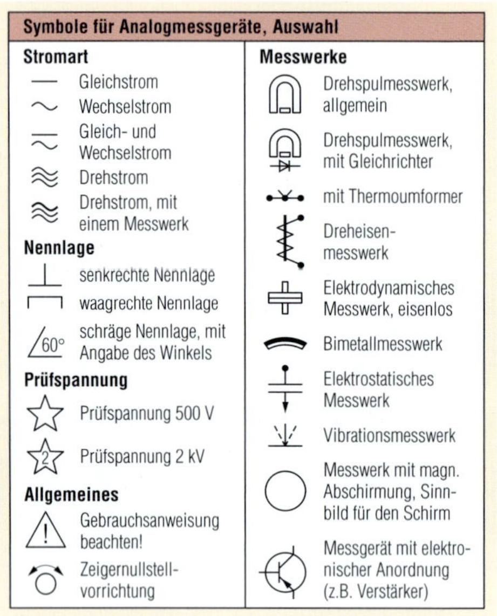

Bild 158.1 Bildzeichen für analog anzeigende Messgeräte.

Genauigkeitsklasse. Im Bereich der Feinmessgeräte gibt es die Genauigkeitsklassen 0,1; 0,2; und 0,5, bei den Betriebsmessgeräten 1; 1,5; 2,5 und 5. Die Klasse nennt den zulässigen Anzeigefehler in Prozent, bezogen auf den Messbereichsendwert (absoluter Messfehler). Beispielsweise darf in der Klasse 2,5 der Messfehler ± 2,5 % des Messbereichsendwertes (Skalenendwert) betragen. Im vorliegenden Fall liegt der Messbereichsendwert der Strommessung bei 33 A (Bild 157.2), deshalb liegt der zulässige Anzeigenfehler bei ± 0,825 A (= 32,175 A bis 33,825 A). Der zulässige absolute Messfehler ist über den gesamten Messbereich konstant. Läge der abgelesene Messwert bei 5 A, so wäre an dieser Stelle eine Streuung zwischen 4,175 A und 5,825 A zulässig. Man bezeichnet dies als relativen Messfehler (hier ± 16,5 %), er ist vom Messwert abhängig. Am Skalenanfang ist er am größten, zum Ende hin wird er kleiner. Daher ist der Messbereich so zu wählen, dass die Messwertanzeige im letzten Drittel der Skale liegt.

Weitere Messfehler können durch falsche Lage/Haltung während des Gebrauchs, deutliche Abweichung von der Nenntemperatur (20 °C), schräge Blickrichtung beim Ablesen (Parallaxefehler) oder durch den Einfluss eines äußeren Magnetfeldes entstehen. Beim Ermitteln von Messwerten, deren ungefähre Höhe vorher nicht bekannt ist, muss zunächst immer der größte Messbereich ausgewählt und eingestellt werden. Danach kann der Messbereich über den Wahlschalter schrittweise verkleinert werden, bis die Anzeige im oberen Drittel der Skale liegt. Vor dem Betrieb des Gerätes muss die Zeigerstellung kontrolliert werden. Diese muss mit dem Nullwert fluchten. Bei Abweichungen muss über den Drehknopf eine Nullpunktkorrektur durchgeführt werden.

Digital anzeigende Vielfachmessgeräte zeigen den Messwert als Ziffernfolge in einem Display an. Dieses kann mit Leuchtdioden (LED) oder Flüssigkristallen (LCD) bestückt sein (Bild 158.2).

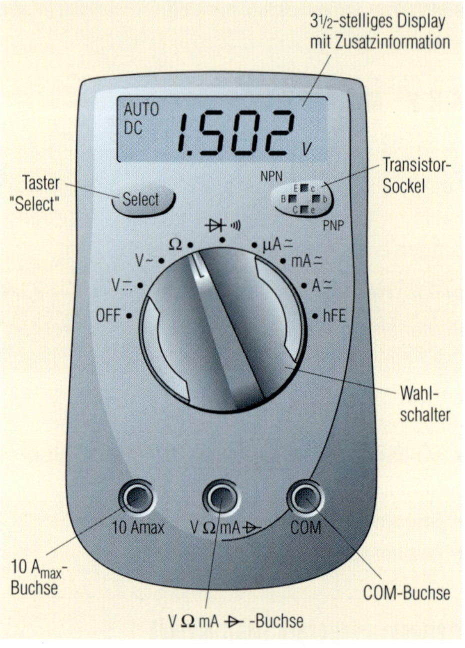

Bild 158.2 Vielfachmessgerät mit digitaler Anzeige.

Der mögliche Anzeigeumfang eines Displays ist von der Zahl der Stellen abhängig. Im Bild dargestellt ist eine vollwertige 4-stellige Anzeige. Oft kann die erste Stelle nur die Werte 0 und 1 darstellen, sie wird dann als halbe Stelle bezeichnet. Man spricht von einer 3½-stelligen Anzeige. Bei Überschreiten des maximalen Anzeigewertes wird der Messbereich oft automatisch angepasst. Die Umwandlung der analogen Messgröße in eine digitale Darstellung wird innerhalb des Gerätes durch einen Analog-Digital-Wandler vorgenommen. Auch digital anzeigende Geräte arbeiten stets mit einer Messabweichung. Diese entsteht durch Fertigungstoleranzen der Bauteile des

Analog-Digital-Wandlers. Diese Abweichung, sie wird als Grundfehler bezeichnet, beträgt meist zwischen 0,5 % und 1 % und bezieht sich auf den angezeigten Messwert.

Neben dem Grundfehler besitzen digitale Messgeräte noch einen Quantisierungsfehler. Dieser entsteht durch die mehr oder weniger große Auflösung des Wandlers und beträgt in der Regel 1 bis 5 Digits. Beispielsweise könnte eine mögliche Herstellerangabe zum Messfehler des Gerätes lauten: $F_{max} = \pm (1\,\% + 2 \text{ Digits})$.

Weiterhin werden digitale Messgeräte bei längerem Gebrauch ungenau und müssen deshalb in regelmäßigen Abständen kalibriert werden.

Eindeutiger Vorteil der digitalen Messgeräte ist die einfache und genaue Ablesbarkeit. Meist übernehmen elektronische Sicherungen den Überlastungsschutz des Gerätes, eine Fehlbedienung ist nahezu ausgeschlossen. Vielfach besteht die Möglichkeit Messwerte im Gerät zu speichern oder über eine Schnittstelle auf einen Computer zu überspielen. Digital anzeigende Messgeräte führen meist zwei Messungen in der Sekunde aus und zeigen den Mittelwert aus diesen Messungen an. Dabei kann es sich als nachteilig erweisen, dass eine schnelle Änderung der Messgröße und die mögliche Schwankungsbreite der Messwerte durch die Mittelwertbildung unterdrückt werden. Digitale Messgeräte sind meist durch englische Kürzel beschriftet, jedoch ist die Bezeichnung nicht genormt. Tabelle 159.1 zeigt eine Übersicht und Übersetzung der gebräuchlichsten Kürzel.

Digital-analoge Vielfachmessgeräte vereinen die Vorteile der vorher beschriebenen Ausführungen. Ist die Erfassung der Schwankungsbreite für eine Messung relevant, benutzt man ein digitales Messgerät mit zusätzlicher analoger Anzeige, die meist als Balkendiagramm ausgeführt ist. Die Länge des Balkens verdeutlicht die Schwankungsbreite sehr viel genauer, weil zur Darstellung des Balkens meist mehr als 25 Messungen pro Sekunde ausgewertet werden.

Quantisierungsfehler entstehen durch das Auflösevermögen des Analog-Digital-Wandlers.

Digit = Ziffer.
Im Beispiel: Die letzte angezeigte Ziffer kann um den Zahlenwert 1 bis 2 abweichen.

Bezeichnung	Erklärung
RMS	Root Mean Square; Effektivwert, quadratischer Mittelwert eines zeitlich veränderlichen Signals
TRMS	True Root Mean Square, gemessen wird der Effektivwert der gesamten Mischgröße
RANGE	Messbereich; kann meist mit der Taste AUT/MAN von Automatikbetrieb auf Handbetrieb umgeschaltet werden
HOLD, MEM	Messwert wird in Digitalanzeige gespeichert
PEAK-HOLD	Speicherung des Spitzenwertes
EXTR	Minimal- und Maximalwert werden gespeichert
TIME	Messwertspeicherung in vorgegebenen Zeitintervallen
STO	Speicherung mehrerer gleicher oder verschiedener Messwerte mit Einheit und Polarität
ZOOM, EXPAND	Lupenfunktion bei Analog-Digital-Multimetern; die Analogskale kann in mehreren Stufen gedehnt werden
REL	Ein vorgegebener Wert dient als Referenzwert, die Abweichung vom Referenzwert wird angezeigt
LIM	Grenzwertvorgabe, alle Grenzwertüberschreitungen werden akustisch und optisch gemeldet
dB	Pegelmessung
BEEP	Ein- und Ausschaltung des Summers
♪	Durchgangsprüfung, Summer
⊣▷⊢	Halbleitermessung, Diodenmessung

Tabelle 159.1 Abkürzungen und Erklärungen für Digitalmessgeräte.

Strommesszangen

Strommesszangen vereinfachen die Messungen von Stromstärken, weil die zu messende Leitung nicht aufgetrennt werden muss. Die Strommesszange wird über die Leitung geführt und geschlossen (Bild 160.1).

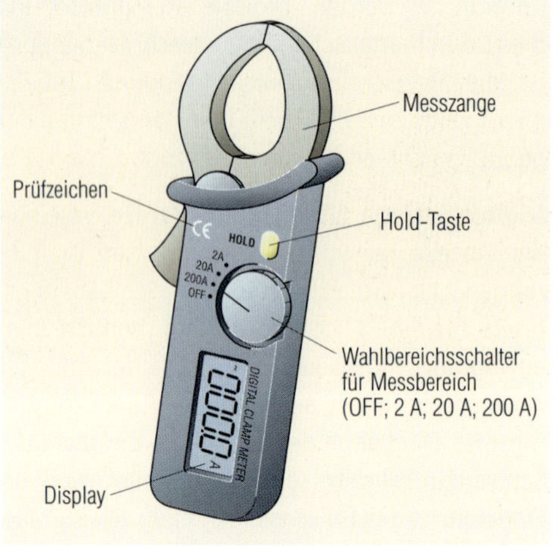

Bild 160.1 Digitale Strommesszange.

Strommesszangen werden in technischer Stromrichtung betrieben, die Richtung ist durch einen Pfeil auf der Zange vermerkt. Bei einem Verwechseln der Stromrichtung wird der Messwert mit negativem Vorzeichen angezeigt. Die Messung erfolgt induktiv oder durch einen Hallgeber. Der Messwert kann unmittelbar in digitaler Anzeige auf dem Display oder analog durch Zeigerausschlag abgelesen werden. Viele Messzangen bieten die Möglichkeit der gleichzeitigen Spannungs- und Widerstandsmessung. Auch sind separate Stromzangenadapter erhältlich, die an vorhandene Multimeter angeschlossen werden können.

Oszilloskope

Oscillare (lat.): schwingen; **skopein** (griech.): sehen

Oszilloskope sind Messgeräte mit analoger Anzeige, welche grundsätzlich nur Spannungen messen können. Der Name bedeutet wörtlich übersetzt „Schwingungsseher".

Oszilloskope messen schnell verlaufende, periodisch wiederkehrende elektrische Vorgänge, z. B. Sensorsignale, Zündspannungsverläufe oder Generatorspannungen. Die Messergebnisse werden grafisch als Strahlen auf dem Monitor des Gerätes dargestellt.

Man unterscheidet Ein- oder Mehrkanal-Oszilloskope mit und ohne Speicherfunktion. Mehrkanalgeräte enthalten eine normale Elektronenstrahlröhre mit nur einem Strahlsystem, aber für jedes der Eingangssignale einen separaten Verstärker. Um zwei Signale zeitgleich sichtbar zu machen, wird der Elektronenstrahl abwechselnd vom einen und dann vom anderen Signal abgelenkt. Überwiegend werden 2-Kanal-Geräte benutzt, für besonders aufwändige Messungen gibt es auch 3-Kanal-Geräte (Bild 161.1). Mit der Speicherfunktion können Messvorgänge gespeichert und später als Standbild aufgerufen werden.

Sollen zwei periodische Vorgänge gleichzeitig dargestellt werden, müssen Zweistrahl-Bildröhren benutzt werden. Diese besitzen in einem Glaskolben zwei voneinander unabhängige Strahl- und Ablenksysteme. Die hier beschriebene Anzahl der gleichzeitig darstellbaren Strahlen ist ein weiteres Unterscheidungskriterium der Oszilloskope. „Echte" Zweistrahl-Oszilloskope sind sehr leistungsfähig, aber teuer. Deshalb werden häufig 2-Kanal-Oszilloskope („unechte" Zweistrahl-Oszilloskope) eingesetzt.

Auf der Horizontalen des Bildschirms ist die Zeitablenkung (Zeitmaßstab) dargestellt. Ein ruhig erscheinendes stehendes Bild erhält man nur, wenn die Zeitablenkung mit der Messspannung synchronisiert ist, d. h. die Zeitablenkung muss immer beim gleichen Wert der Messspannung beginnen. Dies geschieht durch das gezielte Auslösen (Triggern) der Zeitablenkungsspannung.

Die Beschriftung der Bedienungselemente erfolgt weitgehend standardisiert in englischer Sprache.

Zur Messung wird ein Pol der Spannungsquelle auf einen Vertikaleingang, z. B. VERT. INP.I gelegt, der andere Pol mit der Massebuchse verbunden. Zeitbasis und Vertikalablenkung müssen so eingestellt werden, dass je nach Anforderung eine oder mehrere Perioden der Messspannung auf dem Bildschirm zu sehen sind.

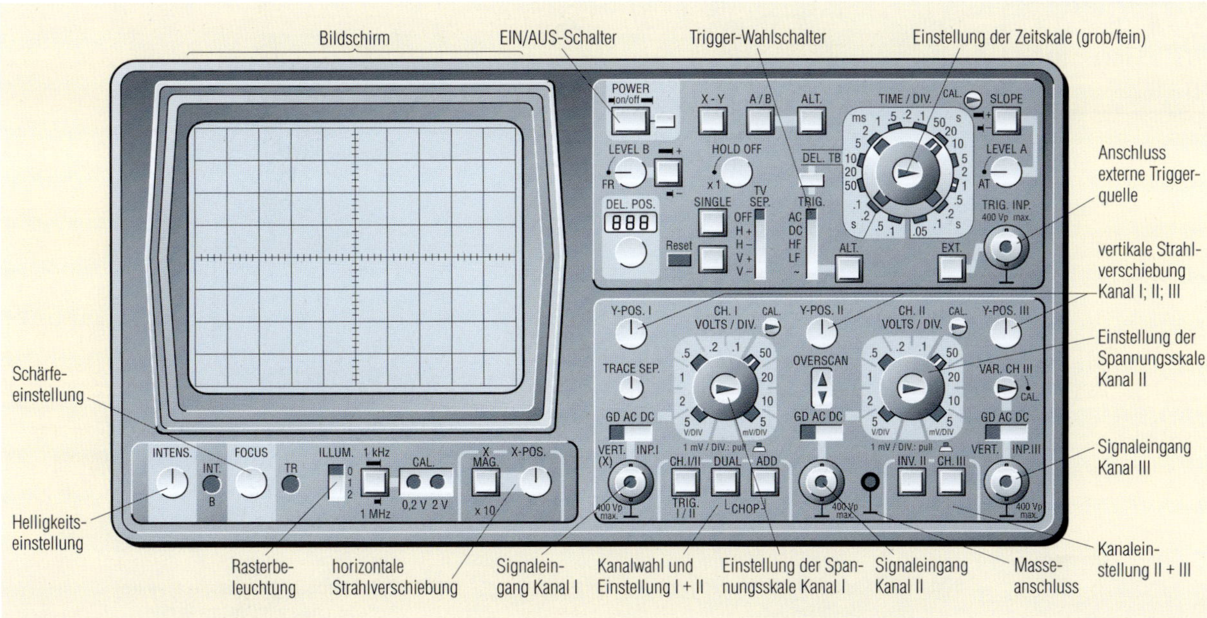

Bild 161.1 Dreikanal-Oszilloskop.

3.9.3 Messverfahren

Spannungsmessung mit dem digitalen Vielfachmessgerät. Das Messgerät muss mithilfe des Wahlschalters auf Volt (V) in Verbindung mit dem Symbol „Gleichspannung" eingestellt werden.

Bei einigen Messgeräten wird am Drehschalter nur die Spannungsmessung ausgewählt und an einer anderen Taste zwischen Gleichspannungsmessung (DC) oder Wechselspannungsmessung (AC) unterschieden.

Der Spannungsmesser muss am Plus- und Minuspol des Verbrauchers bzw. der Spannungsquelle angeschlossen werden (Parallelschaltung). Am elektrischen Stromkreis müssen keine Veränderungen vorgenommen werden. Das rote Messkabel wird mit dem Pluspol der Spannungsquelle und der Buchse (V/Ω/mA) verbunden, das schwarze Kabel mit dem Minuspol und dem Masseanschluss COM (Bild 161.2). Bei der Spannungsmessung darf über das Messgerät nur ein kleiner Messstrom fließen. Um diesen zu begrenzen, haben digitale Spannungsmessgeräte einen hohen Innenwiderstand.

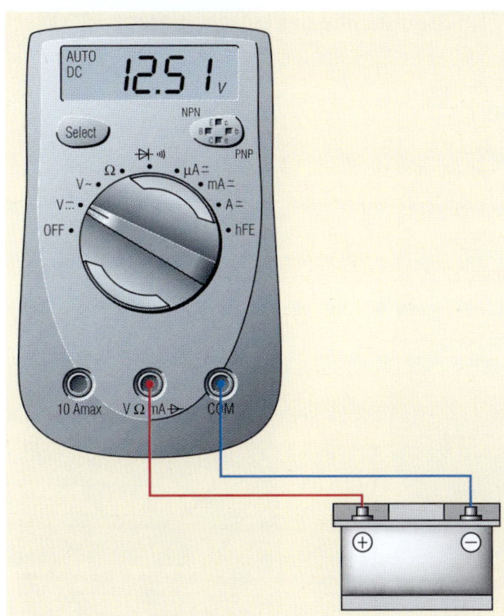

Bild 161.2 Spannungsmessung an einer unbelasteten Batterie.

- Spannungsmessung an einer unbelasteten (abgeklemmten) Batterie (Bild 161.2). An der Batterie fließt kein Strom, es wird die tatsächliche Batteriespannung angezeigt.

$U = R \cdot I$;
$U = 25\ \text{m}\Omega \cdot 10\ \text{A}$;
$U = 0{,}25\ \text{V}$

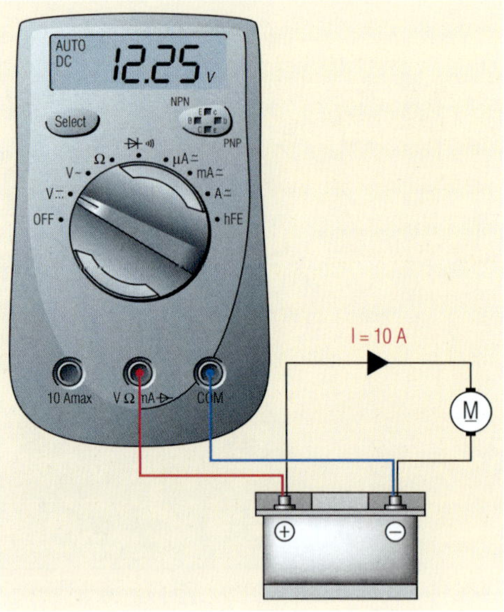

Bild 162.1 Spannungsmessung an einer belasteten Batterie.

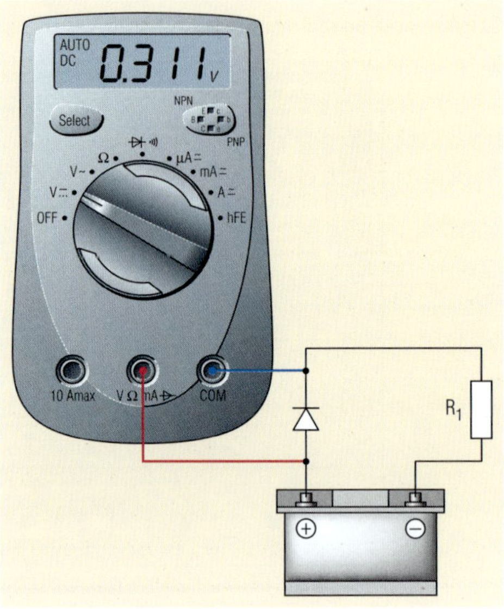

Bild 162.2 Spannungsmessung an einer durchgeschalteten Diode.

- Spannungsmessung an einer belasteten Batterie (Bild 162.1). Alle Verbraucher sind ausgeschaltet. Nur über den nachlaufenden Lüftungsmotor fließt ein Strom. Die Leistungsaufnahme des Lüfters beträgt 120 W, daraus errechnet sich eine Stromstärke von 10 A. Die angezeigte Batteriespannung verringert sich. Ursache dafür ist der Innenwiderstand der Batterie (angenommen mit 25 mΩ) in Verbindung mit dem Stromfluss.

Bei allen Messungen im geschlossenen Stromkreis wirken sich Spannungsabfälle an Leitungen, Schaltern, Widerständen und der belasteten Batterie auf die Messung aus.

- Spannungsmessung an einer Diode (Bild 162.2). Die Diode wird im durchgeschalteten Zustand betrieben und der Spannungsabfall an ihr gemessen. Das Spannungsmessgerät zeigt 0,3 V an. Dieser Wert entspricht der Schleusenspannung. Wird die Diode in Sperrrichtung betrieben, fließt kein Strom. Das Spannungsmessgerät zeigt die Batteriespannung an.

- Spannungsmessung an einem Transistor (Bild 162.3). Zur Spannungsmessung des Transistors ist dieser geschaltet, die Diode leuchtet. Die Messung des Spannungsabfalls zwischen Kollektor und Emitter erbringt einen Messwert von ungefähr 0,2 V, an der Basis-Emitter-Spannung von ca. 0,7 V. Ist der Transistor gesperrt weil der Basisstrom fehlt, entspricht der Spannungsabfall zwischen Kollektor und Emitter der Batteriespannung.

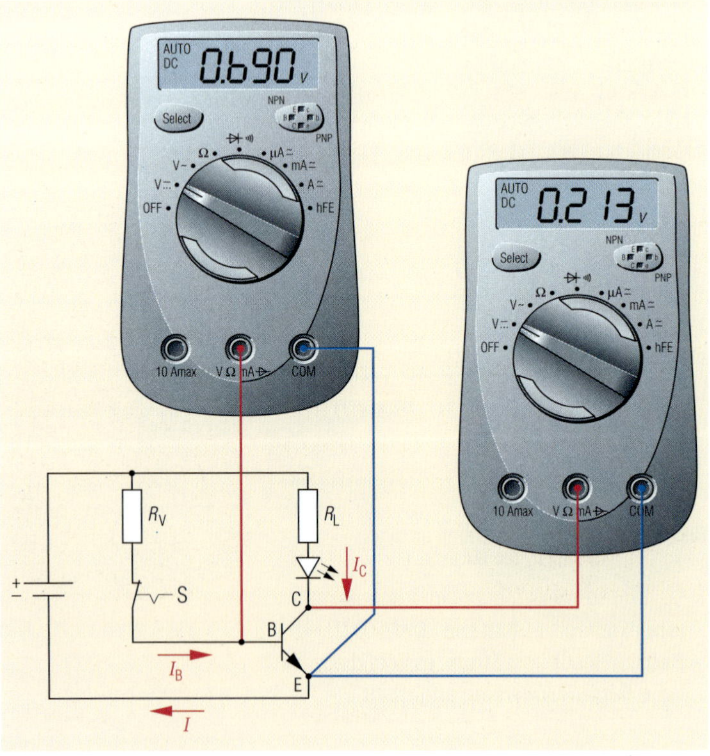

Bild 162.3 Spannungsmessung an einem durchgeschalteten Transistor.

Strommessung mit dem digitalen Vielfachmessgerät (Bild 163.1). Der Messbereich muss über den Wahlschalter auf den höchsten Amperebereich (A) eingestellt werden und kann bei Bedarf während der Messung verkleinert werden (mA; µA). Durch Drücken der Taste „Select" erfolgt die Umstellung zwischen Gleich- und Wechselstrom. Das rote Messkabel muss mit der mittleren Buchse verbunden werden, wenn Ströme bis max. 400 mA gemessen werden sollen. Für höhere Ströme bis maximal 10 A ist die linke Buchse zu belegen. Die schwarze Leitung mit dem COM-Anschluss verbinden. Es dürfen in keinem Fall Ströme über 10 Ampere gemessen werden. Für die Messung muss der Stromkreis aufgetrennt werden, der Strommesser ist in Reihe zu schalten. Bei irrtümlichem parallelem Anschluss entsteht ein Kurzschlussstrom. Wegen des geringen Innenwiderstandes des Messwerkes bei der Strommessung können dann das Messgerät und die zu messenden elektronischen Bauteile zerstört werden.

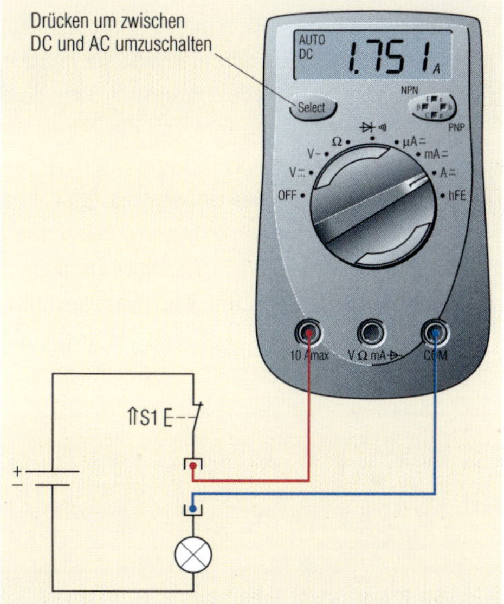

Bild 163.1 Strommessung mit dem digitalen Vielfachmessgerät.

Widerstandsmessung mit dem digitalen Vielfachmessgerät. Mit dem Wahlbereichsschalter wird die Widerstandsmessung gewählt (Ω). Das rote Messkabel wird mit der Buchse (V, Ω, ...) verbunden, das schwarze mit dem COM-Anschluss. Die Widerstandsmessung erfolgt über einen vom Messgerät ermittelten Spannungsabfall. Deshalb benötigt jede Widerstandsmessung eine Spannung, die von der Batterie im Vielfachmessgerät geliefert wird. Das Messgerät wird parallel zum abgeklemmten Widerstand geschaltet.

Die direkte Widerstandsmessung mit dem digitalen Multimeter zeigt Bild 163.2. Exemplarisch wird der Widerstand an einer Lampe gemessen.

direkte Widerstandsmessung → S. 119

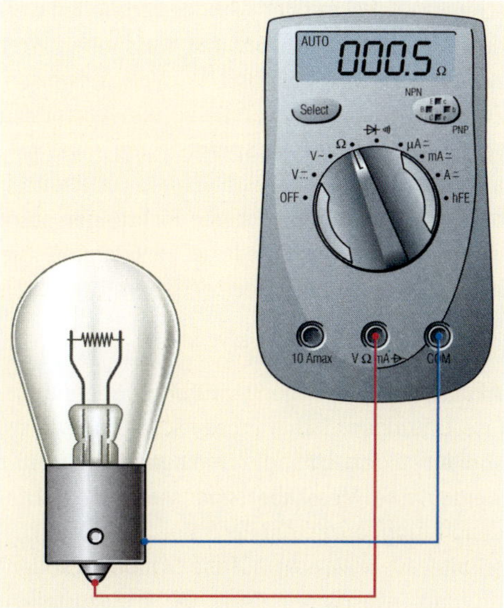

Bild 163.2 Widerstandsmessung an einer Lampe.

Diodentest mit dem Vielfachmessgerät (Bild 163.3). Der Wahlschalter muss senkrecht auf das Dioden-Symbol gestellt werden und die Mess-

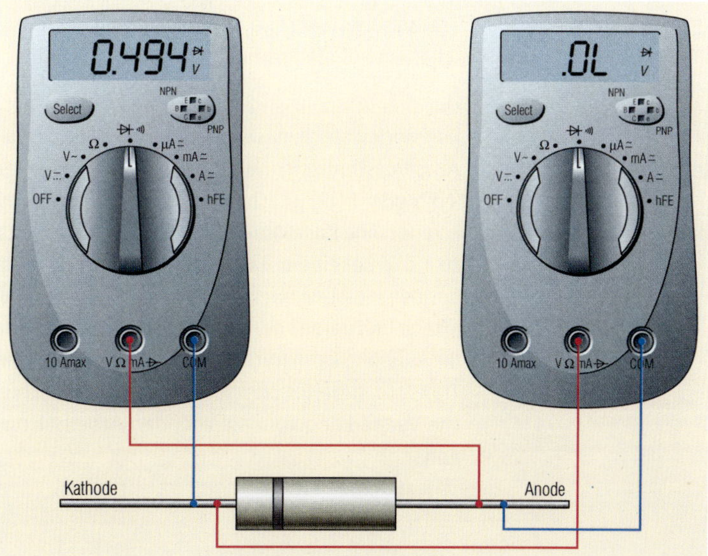

Bild 163.3 Funktionsprüfung einer Diode durch Widerstandsmessung.

kabel entsprechend der Widerstandsmessung angeschlossen werden. Bei der Diodenprüfung bezieht sich der angezeigte Messwert auf die Durchlass- und Sperrspannung am PN-Übergang. Dazu wird die Diode nacheinander in Durchlassrichtung und Sperrrichtung gemessen. Um die Diodenstrecke in Durchlassrichtung zu prüfen, muss das rote Messkabel mit der Anode, das schwarze Kabel mit der Kathode verbunden werden. Die ermittelte Spannung muss einen Wert zwischen ca. 0,5 Volt und 1,5 Volt aufweisen. Zur nächsten Messung müssen die Prüfspitzen vertauscht werden. In Sperrrichtung muss O.L. auf dem Display angezeigt werden. Die ermittelten Messwerte sind in beiden Richtungen stark unterschiedlich, die Diode ist in Ordnung. Sie hat einen Kurzschluss bei annähernd gleichen Messergebnissen.

O.L. = Overload (engl.): Überladung → der Messbereich ist überschritten

Akustische Durchgangsprüfung. Spannungslose Leitungen, Sicherungen, Schaltungen usw. können akustisch auf Durchgang überprüft werden. Die Messkabel sind wie bei der Diodenprüfung anzuschließen. Der Wahlbereichsschalter ist senkrecht auf die Symbole Diodenprüfung/„akustischer Test" einzustellen. Durch Drücken des „Select-Tasters" erfolgt die Umschaltung zwischen der Diodenprüfung und der akustischen Messung. Beträgt der gemessene Durchgangswiderstand weniger als 100 Ω, ertönt ein akustisches Signal.

Drehstromgenerator → S. 212 ff.

Transistorentest (Bild 164.1). Stellung des Drehschalters auf die Position „hFE".

hFE: Angabe für den Verstärkungsfaktor eines Transistors

Die drei Anschlussfüße des Transistors in den Messsockel stecken. Dabei muss auf die richtige Anschlusskennzeichnung des Transistortyps (NPN oder PNP) geachtet werden. Das Testgerät erzeugt eine Kollektor-Emitter-Spannung von bis zu 1,5 V bei einem Basisstrom bis zu 10 µA. Der bei der Messung fließende Kollektorstrom wird erfasst und daraus der hFE-Wert errechnet. Durch die Messung kann nur festgestellt werden, ob der Transistor arbeitet oder nicht, da seine tatsächliche Verstärkung vom anliegenden Arbeitsstrom abhängt.

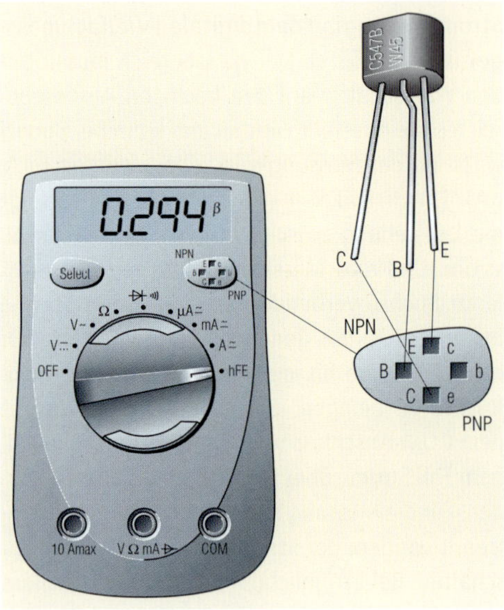

Bild 164.1 Transistorentest.

Diodenprüfung des Drehstromgenerators mit dem Oszilloskop. Die Messung muss bei laufendem Motor (ca. 2500 min^{-1}) und unter Last erfolgen. Z. B. müssen heizbare Heckscheibe, Sitzheizung oder Gebläse eingeschaltet sein (ca. 15 Ampere). Zur Überprüfung des Gleichrichters wird der Kanalanschluss des Oszilloskops mit dem Anschluss D+ des Generators und der Masseanschluss mit dem Anschluss D- verbunden. Arbeitet die Diodengruppe des Generators fehlerfrei, zeigt das Oszilloskop einen schwach pulsierenden Gleichstrom an (Bild 164.2). Oszillogramme von defekten Dioden sind im Bild 165.1 dargestellt.

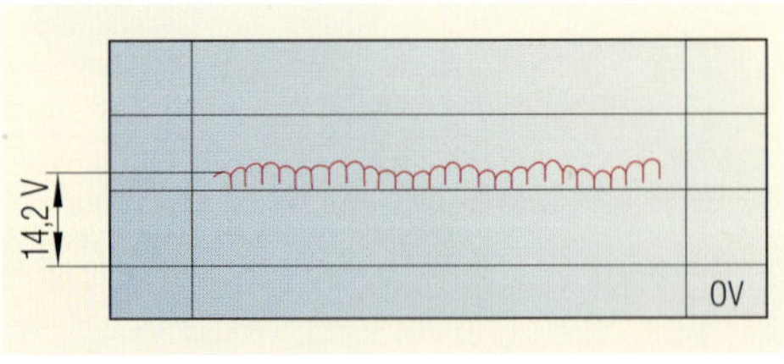

Bild 164.2 Normaloszillogramm.

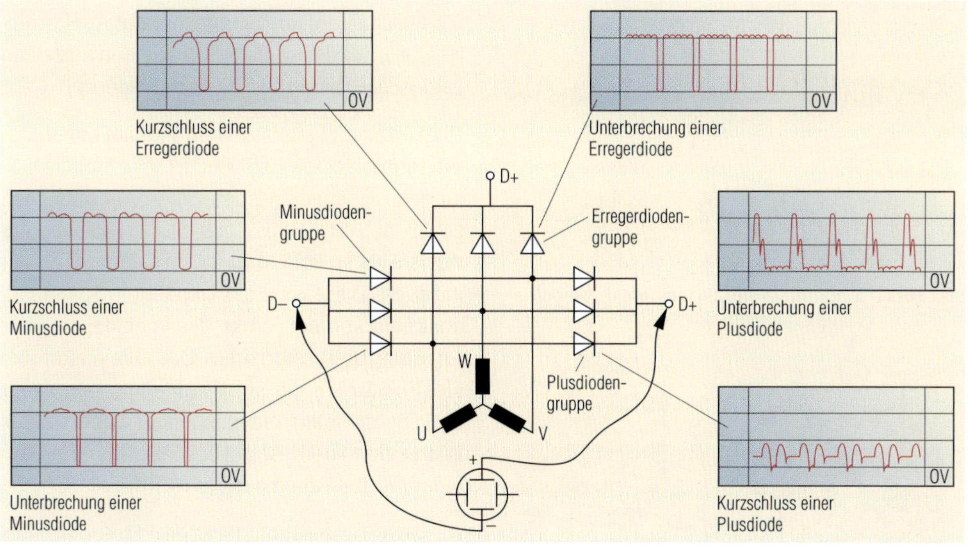

Bild 165.1 Oszillogramme bei Diodenfehler des Generators.

3.10 Elektromotoren

Elektromotoren werden für die vielfältigsten Anwendungen im Kfz in vielen Variationen benötigt. Die Funktionsweise von Elektromotoren ist die Umkehrung der Generatorfunktion. Beim Generator wird durch mechanische Energie (Bewegung eines elektrischen Leiters in einem Magnetfeld) Strom erzeugt. Beim Elektromotor wird durch den stromdurchflossenen Leiter im Magnetfeld eine Drehbewegung (mechanische Energie) erzeugt. Die Kraft der Drehbewegung (Drehmoment) ist abhängig von der Stromstärke, der Stärke des Magnetfeldes, der Länge des Leiters (Windungen) und von den verschiedenen Ausführungen.

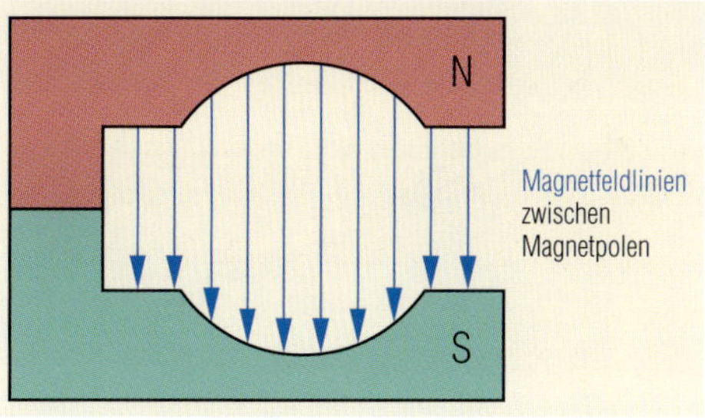

Bild 165.2 Magnetfeldlinien zwischen magnetischen Polen (Polfeld, Erregerfeld).

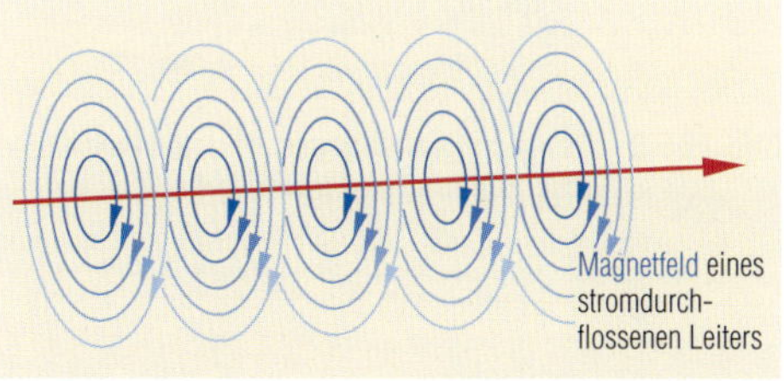

Bild 165.3 Magnetfeld eines stromdurchflossenen Leiters.

3.10.1 Gleichstrommotoren

Das Funktionsprinzip eines Gleichstrommotors beruht darauf, dass zwischen zwei magnetischen Polen Magnetfeldlinien verlaufen (Bild 165.2) und auch eine stromdurchflossene Leitung ein Magnetfeld aufbaut (Bild 165.3). Dies gilt ebenso für eine stromdurchflossene Spule (Bild 166.1). Befestigt man eine drehbar gelagerte Spule zwischen den Magnetpolen (im sogenannten Erregerfeld) ergibt sich abhängig von der Stromrichtung durch die Magnetkraft eine Drehbewegung, bis die Magnetfeldlinien zwischen den Magnetpolen und dem Spulenfeld die gleiche Richtung haben (neutrale Zone). Damit sich daraus eine gleichbleibende Drehbewegung ergibt, besteht eine Spule aus vielen Wicklungen

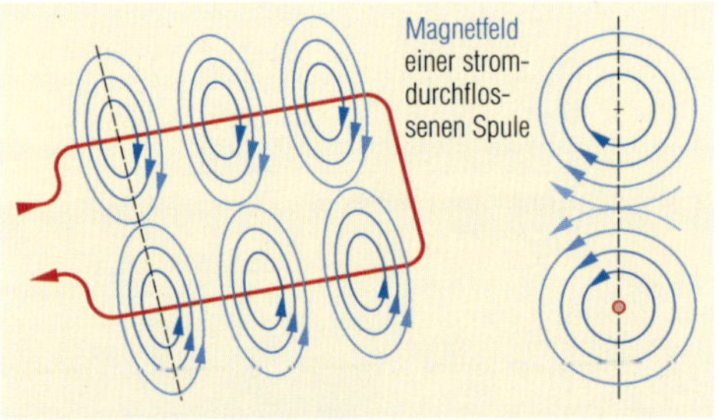

Bild 166.1 Magnetfeld einer stromdurchflossenen Spule (Spulenfeld).

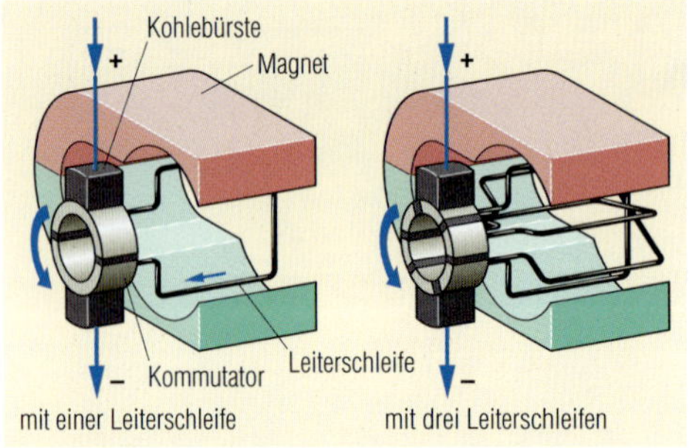

Bild 166.2 Schemabild eines Elektromotors.

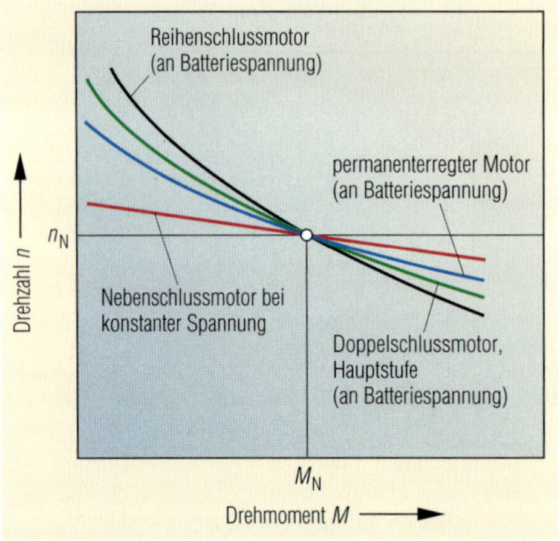

Bild 166.3 Drehzahl-Drehmoment-Charakteristik verschiedener Elektromotoren.

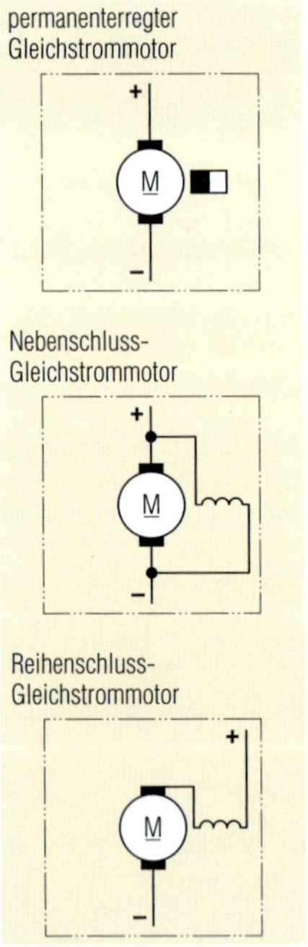

Bild 166.4
Gleichstrommotoren.

(Leiterschleifen) und einem Kommutator (Stromwender), der die Stromrichtung in den einzelnen Leiterschleifen bei der Drehung ändert.

Die einzelnen Leiterschleifen sind am Kommutator angeschlossen (Bild 166.2). Alle Spulenwicklungen zusammen werden als Anker bezeichnet. Durch den Stromfluss und die Drehbewegung des Ankers im Polfeld wird eine Gegenspannung induziert. Diese wirkt der angelegten Spannung, abhängig von der Stärke des Polfeldes und der Ankerdrehzahl, entgegen. Deshalb nimmt bei Elektromotoren die Stromaufnahme und damit das Drehmoment mit steigender Drehzahl ab. Das Drehmoment ist am stärksten beim Anlaufen unter Belastung aus dem Stillstand.

Je nach Ausführung (Art der Erregung) des Elektromotors ist die Drehzahl-Drehmoment-Charakteristik unterschiedlich stark ausgeprägt (Bild 166.3). Unterschiedliche Ausführungen von Gleichstrommotoren zeigt Bild 166.4.

Permanenterregter Motor. Einfach aufgebauter Motor, dessen Magnetfeld (Erregerfeld) permanent durch Dauermagnete erzeugt wird.

Nebenschlussmotor. Das Erregerfeld wird bei diesem Motor durch die Erregerwicklung erzeugt, die parallel zum Anker an der Batteriespannung liegt. Die Drehmomentabnahme mit steigender Drehzahl ist bei diesem Motor bei konstanter Spannung am geringsten.

Reihen- bzw. Hauptschlussmotor. Die Erregerwicklung und die Ankerwicklung sind in Reihe geschaltet, d. h. der Ankerstrom durchfließt auch die Erregerwicklung. Deshalb entwickelt dieser Motor beim Anlaufen (keine Gegenspannung) ein hohes Drehmoment. Mit steigender Drehzahl nimmt die Gegenspannung im Anker zu und damit hat auch die Erregerwicklung einen geringeren Stromdurchfluss. Das Erregerfeld verliert an Kraft und das Drehmoment sinkt schnell stark ab. Bei Entlastung steigt bei diesem Motor die Drehzahl sehr schnell an. Diese Drehzahl-Drehmoment-Charakteristik ist sehr gut für Startermotoren geeignet.

Kombinierter Neben- und Reihenschlussmotor, Doppelschlussmotor. Dieser Motor benötigt einen hohen Wicklungsaufwand, da er sowohl eine Nebenschluss- als auch Reihenschlusswicklung besitzt. Er wird nur bei großen Startern benötigt und in Stufen geschaltet. Dadurch wird ein hohes Startdrehmoment sicher gestellt, jedoch das starke Hochdrehen bei Entlastung verhindert (Bild 167.1).

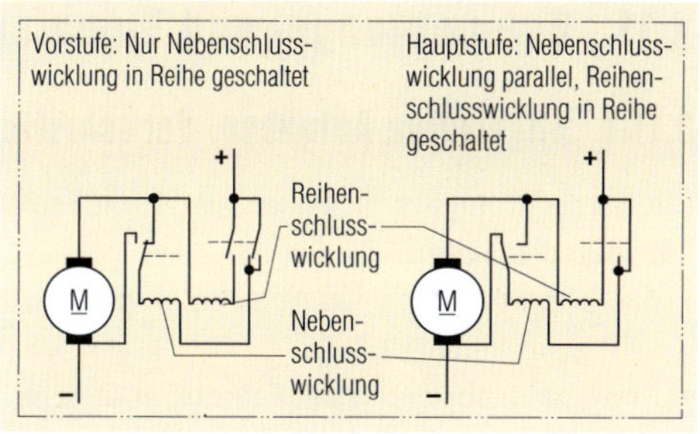

Bild 167.1 Doppelschlussmotor.

3.10.2 Schrittmotoren

Für verschiedene Anwendungen im Kfz (z.B. Drosselklappenmotor, Leerlaufsteller, Lüftungsklappen der Klimaanlage) darf der Elektromotor nur in kleinen Schritten arbeiten, die z.T. durch ein Schneckengetriebe sogar noch untersetzt werden. Dafür verwendet man Schrittmotoren. Bei einem Schrittmotor wird ein drehbar gelagerter Permanentmagnet als Rotor zwischen mehreren Statorwicklungspaaren verwendet (Bild 167.2). Die Drehung des Rotors wird durch die Magnetfelder der stromdurchflossenen Statorwicklungen bewirkt.

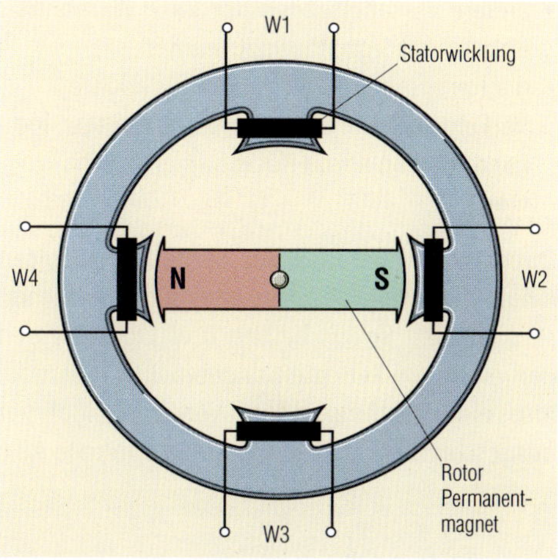

Bild 167.2 Prinzipaufbau eines Schrittmotors.

Durch eine von einem Steuergerät berechnete Signalabfolge (Stromimpulse) der Statorwicklungen erreicht man die gewünschte Drehrichtung, Drehgeschwindigkeit und Stellung. Abhängig von den gewünschten Schrittgrößen (Winkelgraden) kann der Rotor auch aus einer Scheibe mit abwechselnd unterschiedlich magnetisierten Zähnen bestehen (Bild 167.3).

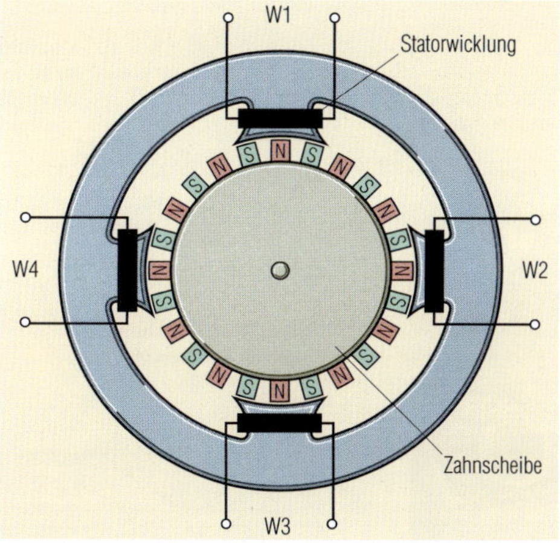

Bild 167.3 Schrittmotor mit Zahnscheibe.

Ein Schrittmotor kann in jede Richtung bewegt werden und in der vorgegebenen Position stehen bleiben. Dabei kann der Drehwinkel pro Schritt bis unter 2 ° betragen.

Rotor: sich drehender Teil in (elektrischen) Maschinen

Stator oder **Ständer:** feststehender, nicht beweglicher Teil

3.11 Beleuchtungs- und Signalanlage

3.11.1 Allgemeine Aufgaben, Vorschriften, Bezeichnungen

Sichtweite: Entfernung, in der Objekte für den Fahrer noch deutlich erkennbar sind.

Tragweite: Entfernung, in der ein Lichtsignal von anderen Verkehrsteilnehmern noch erkannt werden kann.

Die Beleuchtungs- und Signalanlage am Kraftfahrzeug dient dazu:

- die Fahrbahn durch das Abblend- und Fernlicht auszuleuchten,
- Bewegungsabsichten des Fahrers für andere Verkehrsteilnehmer durch die Blinkanlage sowie das Bremslicht anzuzeigen,
- andere Verkehrsteilnehmer durch Warnblinkanlage und Signalhorn zu warnen,
- die Konturen des Fahrzeuges für andere Verkehrsteilnehmer durch Begrenzungs- und Parkleuchten sowie Rückstrahler sichtbar zu machen.

Dabei müssen die Bau- und Betriebsvorschriften eingehalten werden. Die Genehmigungszeichen sind auf den Streuscheiben bzw. Lichtscheiben der jeweiligen Leuchten angebracht. Außerdem muss eine Blendung anderer Verkehrsteilnehmer ausgeschlossen und trotzdem eine optimale Ausleuchtung der Fahrbahn sowie eine eindeutige Signalwirkung angestrebt werden (Bild 168.1).

An der Fahrzeugfront befinden sich die Abblend- und Fernscheinwerfer sowie die Nebel- und evtl. Zusatzfernlichtscheinwerfer. Die Anordnung dieser Beleuchtungseinrichtungen muss paarweise symmetrisch zur Fahrzeugmitte und auf gleicher Höhe sein. Sie müssen gleichzeitig und gleich stark leuchten und ständig betriebsbereit sein. Am Fahrzeugheck befinden sich die Brems- und Schlussleuchten (rot), die ebenfalls paarweise symmetrisch zur Fahrzeugmitte, auf gleicher Höhe angeordnet sein müssen. Auch sie müssen gleichzeitig und gleich stark leuchten. Dies gilt auch für die ebenfalls am Fahrzeugheck angebrachten Nebelschlussleuchten (rot) und Rückfahrscheinwerfer (weiß), sofern sie doppelt vorhanden sind (meist nur einfach). Die Blinkleuchten/Fahrtrichtungsanzeiger (gelb) und

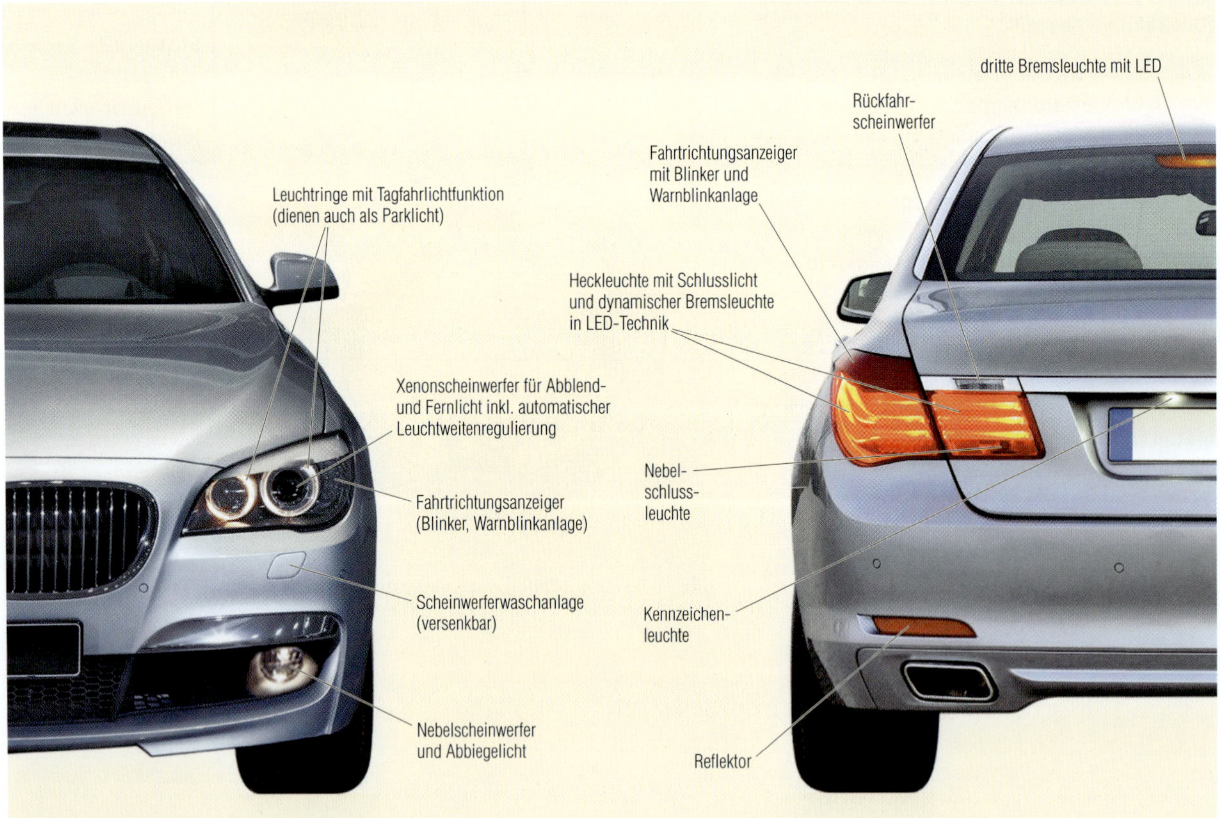

Bild 168.1 Lichtanlage.

Parkleuchten (weiß) und evtl. auch Begrenzungs- und Umrissleuchten befinden sich an der Fahrzeugfront und am Heck sowie z. T. zusätzlich seitlich. Die Kennzeichenleuchte(n) am Heck wird (werden) mit dem Fahrlicht zusammen eingeschaltet. Die für neue Fahrzeugtypen vorgeschriebene zusätzliche hochgesetzte (dritte) Bremsleuchte (rot) ist mittig angeordnet und muss mit den (Haupt-)Bremsleuchten brennen.

Die Lichtstärke der verschiedenen Beleuchtungseinrichtungen wird in Candela (cd), der Lichtstrom in Lumen (lm) und die Lichtausbeute (Wirkungsgrad) in Lumen je Watt angegeben.

3.11.2 Lichtquellen und Scheinwerfer

Als Lichtquellen verwendet man Temperaturstrahler (Glühlampe und Halogenlampe) und Gasentladungslampen. Für Blink- und Heckleuchten verwendet man auch die LED-Technik, bei der entsprechend der erforderlichen Beleuchtungsstärke und gewünschten Lichtfarbe mehrere Leuchtdioden zu einer Baueinheit zusammengeschaltet werden.

Die Glühlampe besitzt eine Wendel aus Wolfram, die durch Strom zum Glühen und damit zum Leuchten gebracht wird (Bild 169.1). Durch das allmähliche Verdampfen von Wolframpartikeln ist die Lebensdauer jedoch begrenzt. Verwendet wird sie heute noch für Blink-, Park-, Kennzeichen-, Brems-, Schluss- und Nebelschlussleuchten sowie Rückfahrscheinwerfer.

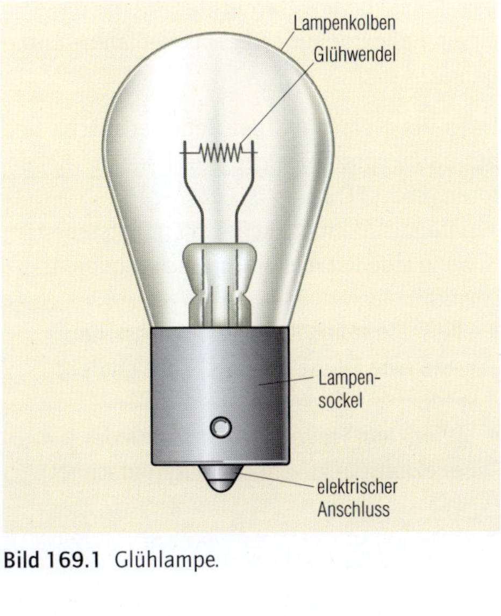

Bild 169.1 Glühlampe.

Die Halogenlampe besitzt ebenfalls eine Wendel aus Wolfram, die durch Strom zum Glühen gebracht wird (Bild 169.2). Jedoch wird durch eine unter hohem Druck (bis 40 bar) stehende Halogenfüllung (Jod oder Brom) ein chemischer Kreislauf in Gang gesetzt, wodurch das verdampfte Wolfram sich immer wieder an der Wendel ablagert. Dadurch sind höhere Wendeltemperaturen möglich und damit eine höhere Lichtausbeute. Die Halogenlampen besitzen eine Glühwendel bei getrenntem Abblend- und Fernlicht und bei den Nebelscheinwerfern. Zwei Glühwendeln werden verwendet für die Umschaltung von Abblend- auf Fernlicht (Bild 169.2), wenn diese in jeweils einem Scheinwerfer zusammengefasst sind. Durch die zusätzliche Abdeckkappe wird der blendende Lichtanteil beim Abblendlicht abgedeckt.

candela (lat.): Kerze

lumen (lat.): Licht

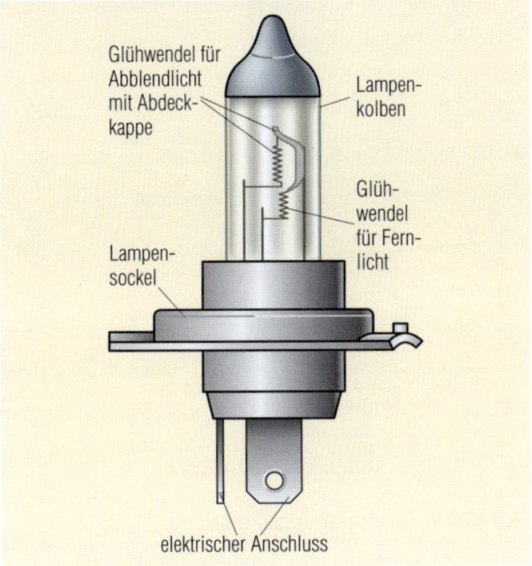

Bild 169.2 Halogenlampe.

Beim Wechseln von Halogenlampen dürfen Sie das Kolbenglas nur mit einem sauberen, fettfreien Stoff berühren. Sonst könnten durch die hohen Temperaturen der Halogenlampe bereits kleinste Fettablagerungen das Kolbenglas angreifen und zerstören.

Leuchtdioden (LED) werden immer häufiger in Rücklichtern und als Tagfahrleuchten eingebaut. Dabei müssen diese zu einer Baueinheit zusammengeschaltet werden, damit die erforderliche Beleuchtungsstärke erzielt wird. Durch Mehrfachbestückung wird die Ausfallwahrscheinlichkeit reduziert. LED's haben eine lange Lebensdauer von bis zu 10 000 Betriebsstunden und im Gegensatz zu Metalldraht- bzw. Halogenlampen eine sehr viel kürzere Ansprechzeit (ca. 2 ms) bis zur Erreichung der maximalen Leuchtkraft. Sie werden deshalb häufig als Bremsleuchten eingesetzt. Neben diesen Vorteilen setzen Fahrzeugdesigner durch Auswahl der Lichtfarben und der Bauteilgestaltung die Lampe auch als Gestaltungselement ein.

Sicherheitsvorschriften bei Arbeiten an Gasentladungslampen unbedingt beachten!

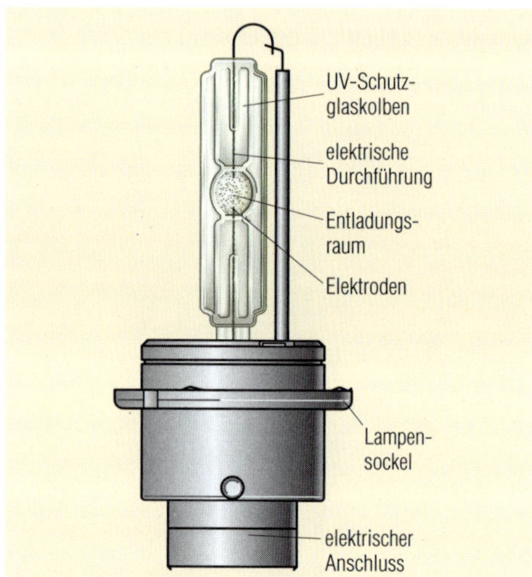

Bild 170.1 Gasentladungslampe.

Reflektoren: von reflectere (lat.) = rückwärtsbiegen, -wenden

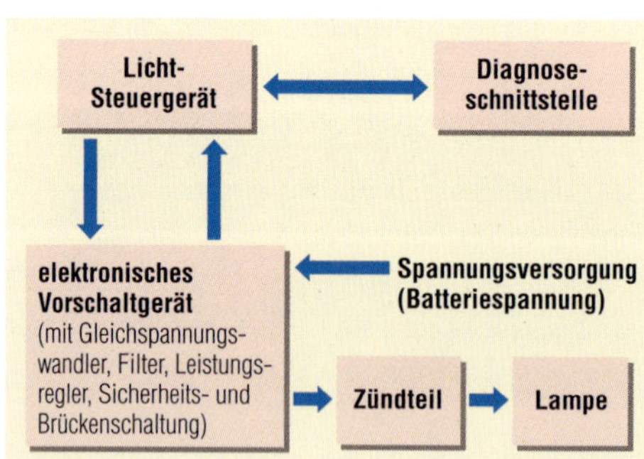

Bild 170.2 Blockschaltbild Gasentladungslampe.

Die Gasentladungslampen, auch als Litronic, Xenonlicht oder D1- bzw. D2-Lampen bezeichnet, besitzen keine metallische Glühwendel. Eine im Entladungsraum befindliche Mischung aus Edelgas (Xenon) und Metallhalogeniden wird durch Wechselstrom ionisiert und leitend. Dadurch wird ein Lichtbogen erzeugt, der eine hohe Lichtausbeute liefert (Bild 170.1). Gasentladungslampen benötigen ein elektronisches Vorschaltgerät, das eine Zündspannung zwischen 10 kVolt und 20 kVolt und eine Betriebsspannung von ca. 85 Volt erzeugt. Bild 170.2 zeigt den prinzipiellen Anschluss des Vorschaltgerätes. Auch bei der Gasentladungslampe kann eine Abdeckung für das Abblendlicht integriert sein. Ein Umschalten von Abblend- auf Fernlicht ist nicht möglich, da es einige Sekunden dauert, bis die Gasentladungslampe die volle Lichtausbeute erreicht.

Scheinwerfer mit Gasentladungslampen müssen wegen der hohen Lichtausbeute mit einer automatischen Leuchtweitenregelung und Scheinwerferreinigungsanlage kombiniert sein, um eine Blendung des Gegenverkehrs zu vermeiden.

Wegen der hohen Zünd- und Betriebsspannung besteht bei unsachgemäßer Wartung bzw. Beschädigung des Scheinwerfers Lebensgefahr.

Reflektoren. Das in den verschiedenen Lampen erzeugte Licht wird durch Reflektoren gebündelt und in die gewünschte Richtung gelenkt. Bild 171.1 zeigt den schematischen Strahlengang des Abblend- und Fernlichtes, wenn diese in einem Reflektor mit einer Halogenlampe untergebracht sind.

Nach der Krümmung der Reflexionsfläche und der Bauart unterscheidet man folgende Reflektoren (Bild 171.2):

- paraboloidförmige Reflektoren (entstehen, wenn eine Parabel um ihre Achse gedreht wird),
- ellipsoidförmige Reflektoren (entstehen, wenn eine Ellipse um ihre Achse gedreht wird),
- Stufen- und Freiformreflektoren (jeder Reflexionspunkt wird computerberechnet).

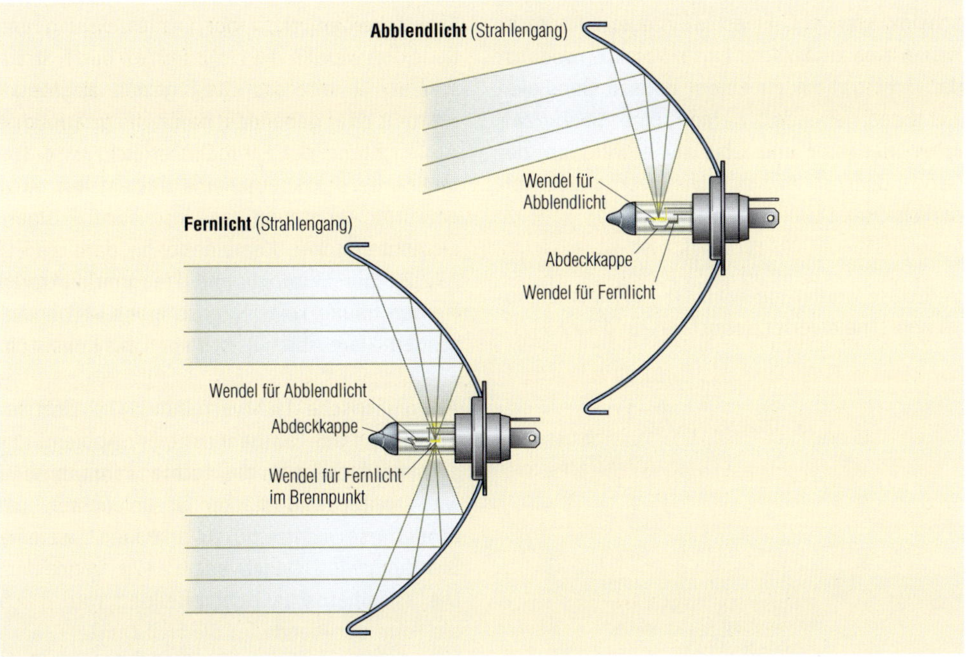

Bild 171.1 Strahlengang von Abblend- und Fernlicht.

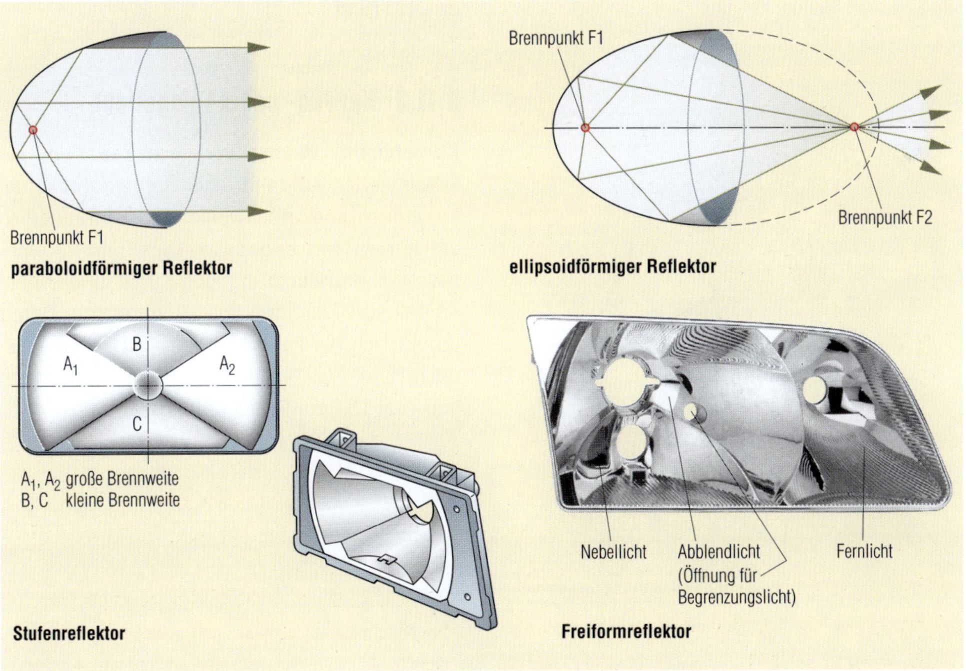

Bild 171.2 Reflektorenbauarten.

DE: Dreiachs-Ellipsoid-Reflektor

PES: Poly-Ellipsoid-Reflektor

Scheinwerfer mit ellipsoidförmigem Reflektor haben eine zusätzliche Linse/Objektiv, wodurch die Lichtstrahlen zu einem nahezu parallelen Lichtband gebündelt werden. Eine Blende zwischen Reflektor und Objektiv bewirkt bei der Verwendung als Abblendscheinwerfer die erforderliche Hell-Dunkel-Grenze.

Scheinwerfer mit ellipsoidförmigem Reflektor und Linse werden auch als DE-, PES-, oder Projektionsscheinwerfer bezeichnet (Bild 172.1).

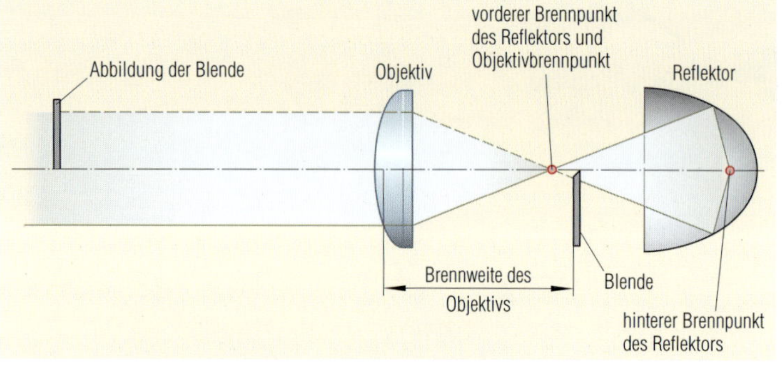

Bild 172.1 Ellipsoidreflektor mit Linse und Blende.

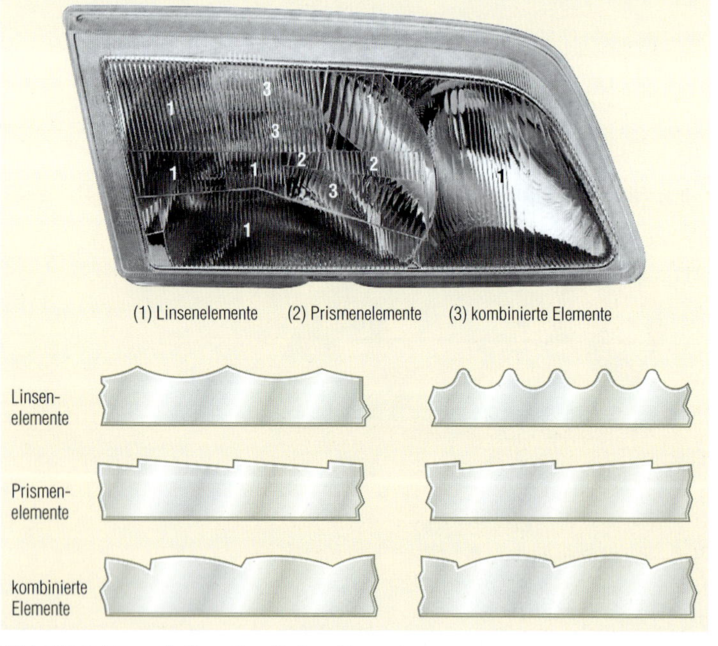

Bild 172.2 Streuscheibe mit optischen Elementen.

Streuscheiben. Nach der Lichterzeugung und Reflexion werden die Lichtstrahlen durch Streuscheiben (meist aus Glas) gezielt abgelenkt, gestreut oder gebündelt, damit die gewünschte Ausleuchtung der Fahrbahn erreicht wird. Die Innenseite der Streuscheibe besteht aus einer gezielten Anordnung von Linsen- und Prismenelementen sowie Kombinationen daraus (Bild 172.2). Bei Ellipsoid- und Freiformreflektoren werden häufig keine Streuscheiben verwendet, sondern klare Abschlussscheiben aus Kunststoff.

Asymmetrische Lichtverteilung. Die Lichtverteilung auf der Fahrbahn ist beim Abblendlicht asymmetrisch, d. h. die rechte Fahrbahnseite wird weiter und stärker ausgeleuchtet, um Hindernisse rechtzeitig zu erkennen und eine Blendung des Gegenverkehrs zu vermeiden. Die asymmetrische Lichtverteilung wird durch die Form der Blende für die Hell-Dunkel-Grenze beim Abblendlicht und evtl. durch besondere Lichtbrechungselemente auf der Streuscheibe erreicht (Bild 172.2).

3.11.3 Kurven- und Abbiegelicht

Kurvenlicht. Beim Kurvenlicht werden die Scheinwerfer während einer Kurvenfahrt in die Kurvenrichtung geschwenkt und kontinuierlich der Kurvenfahrt angepasst. Dies führt zu einer besseren Ausleuchtung der Kurve und einem schnelleren Erkennen von Hindernissen. Damit erhöht sich die Fahrsicherheit. Der Schwenkbereich (Bild 172.3) beträgt in beide Richtungen maximal 15 ° zur Fahrzeuglängsachse.

Bild 172.3 Schwenkbereich des Kurvenlichtes.

Beide Abblend- und Fernscheinwerfer werden durch Stellmotoren gleichzeitig geschwenkt. Als Stellmotoren verwendet man Schrittmotoren, die immer exakt auf jede berechnete Stellung gefahren werden können. Die Schwenkgeschwindigkeit der Scheinwerfereinheiten beträgt bis zu 30 °/Sekunde.

Die Ansteuerung der Schrittmotoren geschieht durch ein eigenes Steuergerät. Dazu verarbeitet das Kurvenlichtsteuergerät im Wesentlichen die Signale eines Lenkwinkelsensors, Signale der Fahrdynamikregelung und die Positionsrückmeldung der Scheinwerfereinheiten. Beim Einschalten des Lichts erfolgt immer zuerst ein Referenzlauf und dadurch eine Überprüfung der Funktion.

Das Kurvenlichtsteuergerät ist eigendiagnosefähig und besitzt einen Fehlerspeicher.

Das Abbiegelicht besteht aus zusätzlichen Glühlampen mit Reflektoren, die beim Abbiegen oder in engen Kurven dazugeschaltet werden (Bild 173.1).

Dies führt zu einer zusätzlichen Ausleuchtung seitlich vor und neben dem Fahrzeug, wodurch Hindernisse und andere Verkehrsteilnehmer früher erkannt werden können. Das Abbiegelicht wird durch ein Steuergerät ein- bzw. abgeschaltet. Das Steuergerät wertet dazu das Signal eines Lenkwinkelsensors und das Geschwindigkeitssignal aus. Das Abbiegelicht ist eigendiagnosefähig und besitzt einen Fehlerspeicher.

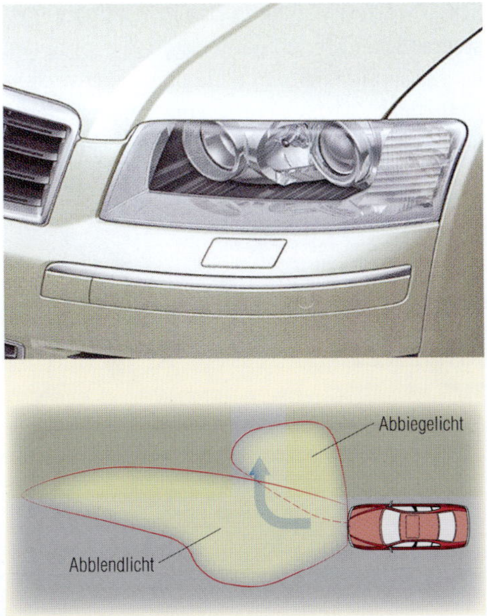

Bild 173.1 Anordnung und Wirkungsbereich des Abbiegelichts.

3.11.4 Infrarot-Nachtsicht-Hilfen

Die Blendungsgefahr des Gegenverkehrs begrenzt auch bei asymmetrischem Abblendlicht die Sichtweite. Deshalb können bei höheren Geschwindigkeiten Hindernisse eventuell zu spät erkannt werden. Dies führte zur Entwicklung von Nachtsicht-Hilfen (Bild 173.2). Dabei beleuchten zwei zusätzliche Infrarotlichtquellen die Fahrbahn. Infrarotlicht ist für das menschliche Auge nicht sichtbar. Die Infrarotlichtquellen sind in der Scheinwerfereinheit bzw. in der Fahrzeugfront integriert. Das von Hindernissen, Gegenständen und Lebewesen reflektierte Infrarotlicht wird durch eine Infrarotkamera erfasst, ausgewertet und auf einem Bildschirm/Display angezeigt (Bild 173.3).

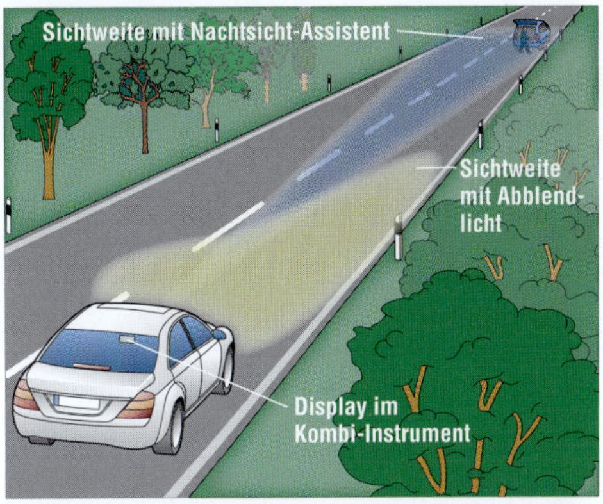

Bild 173.2 Reichweite des Infrarotlichts.

Bild 173.3 Displayanzeige Infrarot-Nachtsicht-Hilfe.

Es gibt zwei unterschiedliche Systeme:

- Das Nahbereich-Infrarotsystem hat eine Reichweite von ca. 175 m und zeigt auf dem Display alle Objekte, die das Infrarotlicht reflektieren. Alle Hindernisse in diesem Bereich können erkannt werden.
- Das Fern-Infrarotsystem hat eine Reichweite bis ca. 300 m und erkennt nur Hindernisse, die wärmer sind als ihre Umgebung. Somit können Personen und Tiere noch früher auf dem Bildschirm angezeigt und erkannt werden.

Die Infrarot-Nachtsicht-Hilfen werden, wenn sie eingeschaltet sind, erst ab ca. 15 km/h aktiviert und unter ca. 10 km/h wieder abgeschaltet.

3.11.5 Leuchtweitenregulierung und Scheinwerfereinstellung

Leuchtweitenregulierung. Die Neigung des Lichtstrahles und damit die Leuchtweite des Scheinwerfers muss bei Pkws abhängig von verschiedenen Beladungszuständen korrigiert werden können. Dies kann manuell durch den Fahrer oder automatisch durch eine Leuchtweitenregelung erfolgen.

Bei der manuellen Leuchtweiteneinstellung (Regulierung) werden über einen Handschalter und Stellelemente die Scheinwerferreflektoren bzw. Scheinwerfereinsätze vertikal verstellt. Dies kann hydromechanisch, pneumatisch oder elektrisch erfolgen. Dabei ist der Handschalter vom Fahrersitz aus erreichbar.

Bei der automatischen Leuchtweitenregelung wird der Beladungszustand/Neigungswinkel des Fahrzeuges durch Sensoren an den Fahrzeugachsen erfasst, durch ein Steuergerät ausgewertet und die Stellelemente (Elektromotoren) an den Scheinwerfern werden entsprechend angesteuert (Bild 174.1).

Die Lagerückmeldung erfolgt durch Potentiometer in den Stellelementen. Bei der automatischen Leuchtweitenregelung unterscheidet man statische und dynamische Systeme. Statische Systeme regeln die Scheinwerfereinstellung (abhängig vom Beladungszustand) mit großer Dämpfung nach dem Anfahren und evtl. Korrektur bei Konstantfahrt. Dynamische Systeme arbeiten mit verkürzten Signalauswertungen und hohen Verstellgeschwindigkeiten der Stellmotoren und gleichen innerhalb von Sekundenbruchteilen alle Karosserieneigungen, auch beim Anfahren, Beschleunigen und Bremsen, permanent aus.

Scheinwerfereinstellung. Nur richtig eingestellte Scheinwerfer garantieren die optimale Fahrbahnausleuchtung ohne den Gegenverkehr zu blenden. Deshalb müssen die Scheinwerfer in der Neigung und der Seitenrichtung eingestellt werden. Dies erfolgt durch optische Einstellprüfgeräte (Bild 175.1).

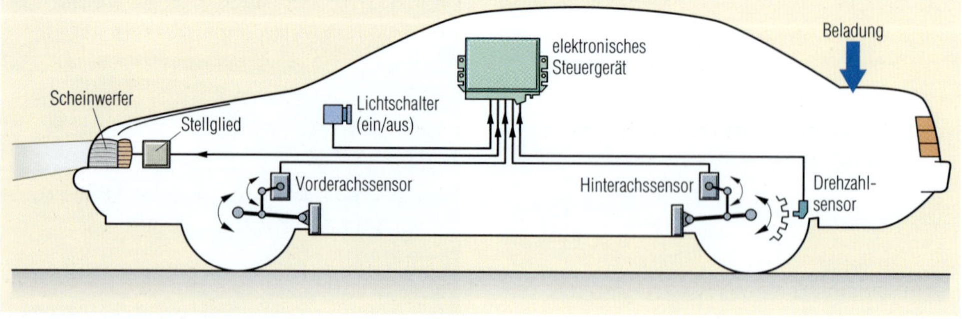

Bild 174.1 Automatische Leuchtweitenregelung.

Das Prüfgerät wird mithilfe des Ausrichtspiegels so ausgerichtet, dass die Visierlinie zwei äußere, symmetrische Bezugspunkte des Fahrzeugs gleichmäßig berührt. Die Einheit mit dem Umlenkspiegel wird auf Scheinwerferhöhe justiert und die vorgeschriebene Scheinwerferneigung am Auffangschirm eingestellt. Bei richtiger Einstellung der Scheinwerfer muss bei asymmetrischem Abblendlicht die Hell-Dunkel-Grenze die waagrechte Begrenzungslinie berühren und der ansteigende Teil in der Zentralmarke beginnen. Das Fernlicht muss innerhalb der Begrenzungsecken symmetrisch zur Zentralmarke liegen.

Für die Scheinwerfereinstellung müssen Sie sowohl das Einstellprüfgerät als auch das Fahrzeug auf ebenem Untergrund abstellen. Sie müssen den Luftdruck der Reifen beachten und das Fahrzeug mit 75 kg oder einer Person auf dem Fahrersitz beladen. Bei manueller Leuchtweitenregulierung müssen Sie die Grundeinstellung (Null-Position) wählen. Beachten Sie insbesondere bei Fahrzeugen mit automatischer Leuchtweitenregulierung und Hydraulik- oder Luftfederung die Herstellervorschriften.

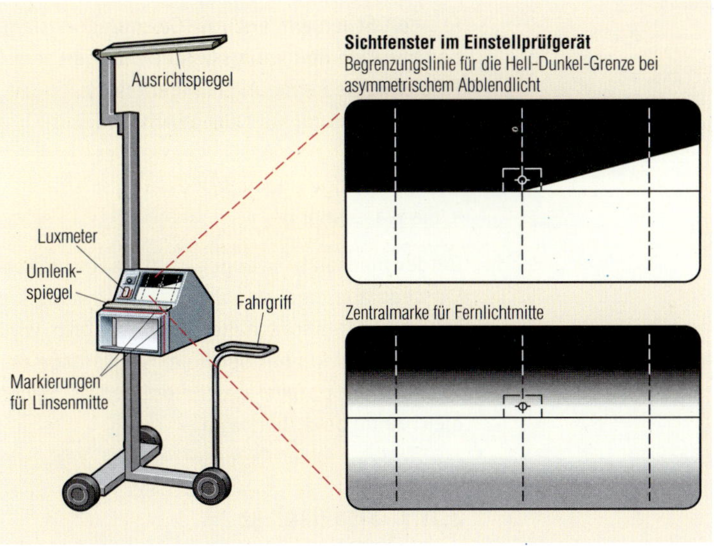

Bild 175.1 Einstellprüfgerät für Scheinwerfer.

3.11.6 Scheinwerferreinigung

Verschmutzte Scheinwerfer führen zu Lichteinbußen und die Ausleuchtung der Fahrbahn wird eingeschränkt. Im ungünstigsten Fall kann dadurch auch der Gegenverkehr geblendet werden.

Wisch-Waschanlage. Diese funktioniert im Prinzip wie eine Reinigungsanlage für die Frontscheibe. Dieses System hat sich aus folgenden Gründen nicht durchgesetzt:

- Schmiereffekt zu Beginn der Reinigung,
- Wischer kann Streulicht verursachen,
- ungleichmäßige Reinigungswirkung,
- Kunststofflampen verkratzen,
- großer Bauaufwand und hoher technischer Aufwand bei Doppelscheinwerfern.

Hochdruck-Waschanlage. Aus einer oder mehreren Düsen wird Wasser unter hohem Druck in Impulsen auf die Scheinwerfer gespritzt. Die Reinigungswirkung ist groß, gleichzeitig ist der technische Aufwand vergleichsweise gering (Bild 175.2).

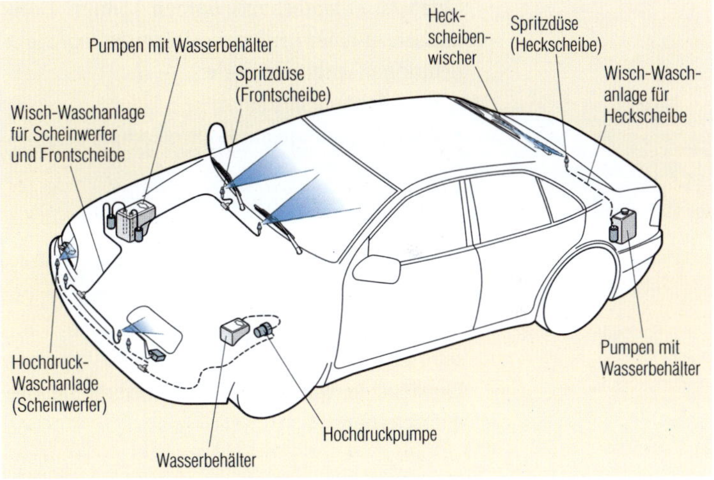

Bild 175.2 Hochdruck-Waschanlage.

Anforderungen. Waschanlagen müssen bestimmte Anforderungen erfüllen:

- Mindestens 50 Reinigungszyklen müssen mit einer Füllung Reinigungsmittel möglich sein.
- Ein verschmutzter Scheinwerfer, der nur noch 20 % seiner Leuchtstärke hat, muss innerhalb von 8 Sekunden wieder 80 % Leuchtstärke erreichen.
- Die Anlage muss von –35 °C bis +80 °C funktionsfähig sein.

In allen Scheinwerfern mit Gasentladungslampen muss ein Reinigungssystem integriert sein. Für eine gute Reinigung maßgebend ist
- die Anordnung der Düsen (Abstand und Winkel),
- Impulsmenge und -stärke des Wasserstrahls,
- die Wassermenge.

Bei den meisten Fahrzeugen kann die Hochdruck-Waschanlage nur aktiviert werden, wenn die Scheinwerfer angeschaltet sind. Vielfach wird die Waschanlage mit der Reinigungsanlage der Frontscheibe parallel geschaltet, sodass beides gleichzeitig gesäubert wird.

3.11.7 Signalanlage

Der Fahrer muss anderen Verkehrsteilnehmern seine Absichten zu erkennen geben und ggf. bei Gefahren entsprechend warnen können. Dafür müssen in einem Fahrzeug folgende Signaleinrichtungen vorhanden sein:
- Fahrtrichtungsanzeiger,
- Warnblinkanlage mit Kontrolllampe,
- Bremslicht,
- Signalhorn und Lichthupe.

Der Fahrtrichtungsanzeiger (Blinkanlage) muss mit einer Frequenz von 60 bis 120 Impulsen pro Minute mit allen Blinkleuchten auf einer Fahrzeugseite synchron blinken. Der Ausfall einer Blinkleuchte wird durch eine höhere Blinkfrequenz angezeigt.

Warnblinkanlage. Alle Blinkleuchten am Fahrzeug müssen synchron blinken, auch bei abgestelltem Motor (Bild 176.1).

Das Signalhorn (Hupe) muss entsprechend den gesetzlichen Vorschriften einen gleichförmigen und gleich bleibenden Klang abgeben, der den Verkehrslarm auf große Entfernung gut durchdringt. Man verwendet dafür einen Elektromagneten, der eine schwingungsfähige Ankerplatte mit Membran anzieht und kurz vor dem Aufschlagen des Ankers auf den Magnetkern wieder loslässt. Dies wird durch einen mit der Ankerplatte verbundenen Unterbrecher gesteuert, der beim Zurückschwingen der Ankerplatte den Kontakt wieder schließt. Durch diese starken periodischen Schwingungen gibt ein mit dem Anker starr verbundener Schwingteller entsprechende akustische Signale ab, die über einen hornförmigen Trichter abgestrahlt werden (Bild 176.2).

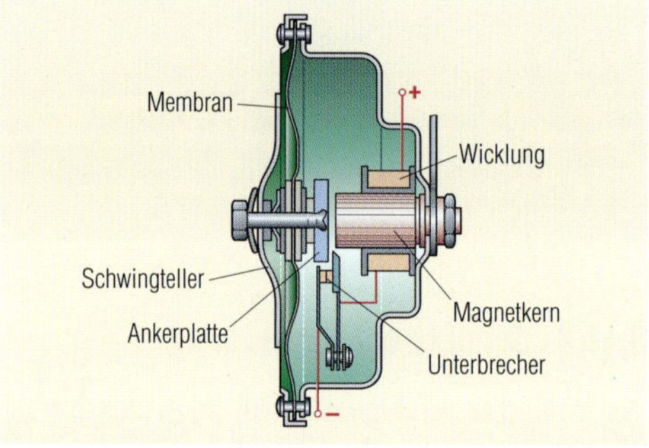

Bild 176.2 Signalhorn.

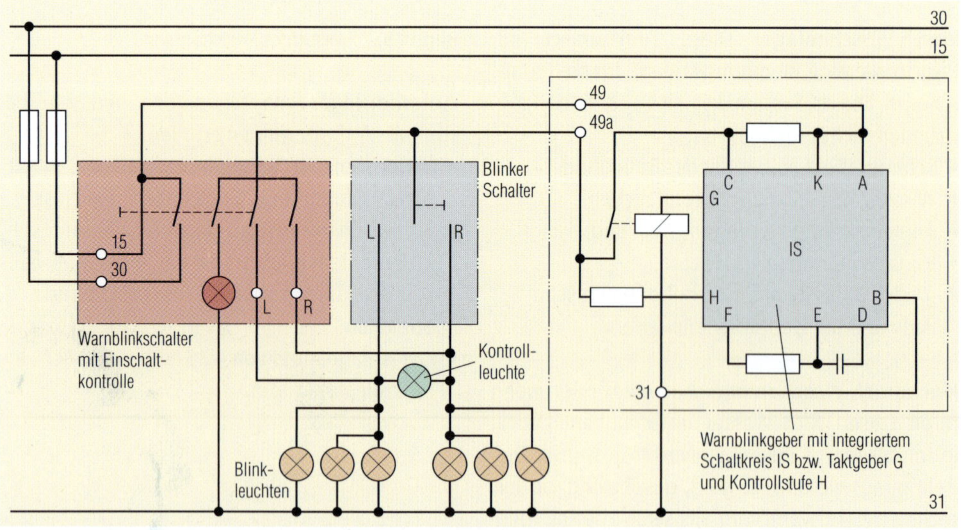

Bild 176.1 Schema einer Blink- und Warnblinkanlage.

Zur Wiederholung

1. Beschreiben Sie die Metallbindung am Beispiel von Magnesium.
2. Erklären Sie den Unterschied zwischen einem Atom und einem Ion.
3. Die elektrischen Grundgrößen Spannung, Stromstärke und Widerstand werden oft mit einem unter Druck stehenden Wasserhahn verglichen. Ordnen Sie die Begriffe Wasserdruck, Wassermenge und Drosselung am Wasserhahn den elektrischen Grundgrößen zu.
4. Von welchen Größen hängt der Widerstand eines elektrischen Leiters ab?
5. Welche Mess- und Einstellvorschriften müssen bei der Spannungs- und Strommessung berücksichtigt werden?
6. Erklären Sie den Unterschied zwischen technischer und physikalischer Stromrichtung.
7. Wodurch unterscheiden sich die direkte und die indirekte Widerstandsmessung?
8. Für die Darstellung elektrischer Stromkreise werden genormte Schaltzeichen benutzt. Schlagen Sie die wichtigsten Schaltzeichen in Ihren Tabellenbüchern nach und zeichnen Sie diese heraus.
9. Stellen Sie beide Versuchsergebnisse zur Herleitung des Ohm'schen Gesetzes grafisch dar.
10. Erklären Sie die Ergebnisse beider Versuchsreihen mithilfe der elektrotechnischen Vorgänge im Inneren des Leiters.
11. Warum lautet das Ohm'sche Gesetz in seiner richtigen Fassung
$$I = \frac{U}{R}$$
und nicht wie meist beschrieben $U = R \cdot I$?
12. Warum ist die Summe der Einzelwiderstände in einer Parallelschaltung stets kleiner als der kleinste Einzelwiderstand?
13. Berechnen Sie den Gesamtwiderstand des Netzwerkes im folgenden Bild.

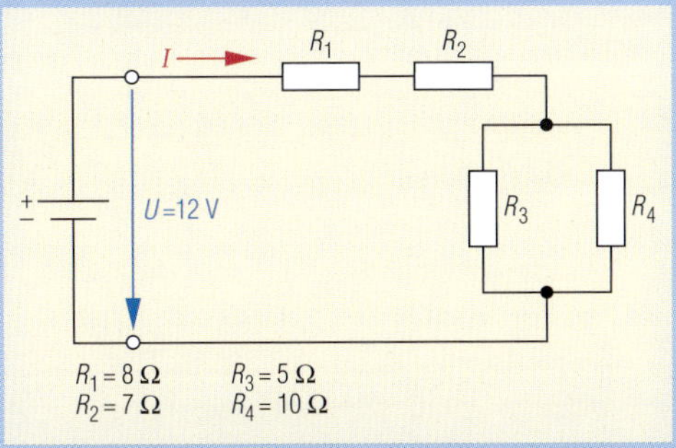

14. Von welchen Größen ist die elektrische Arbeit in einem Stromkreis abhängig?
15. Diskutieren Sie die Möglichkeit elektrische Geräte mit einem Wirkungsgrad von 100 % zu entwickeln.
16. Begründen Sie, warum „weiches Eisen" und nicht „harter Stahl" zur Magnetfeldverstärkung einer Spule genommen wird.
17. Welcher Zusammenhang besteht zwischen der Werkstoffzusammensetzung und seiner Magnetisierbarkeit?
18. Erklären Sie den Aufbau und die Funktion einer Gasentladungslampe.
19. Beschreiben Sie den Vorgang der Stromleitung in Flüssigkeiten.
20. Vielleicht haben Sie schon die physiologische Wirkung des elektrischen Stromes am eigenen Körper erfahren müssen. Berichten Sie darüber.
21. Besprechen Sie in der Klasse die Schutzmaßnahmen gegen die Gefahren des elektrischen Stromes. Sicher können Sie den Maßnahmenkatalog durch eigene Erfahrungen aus Ihrem beruflichen Umfeld ergänzen.
22. Warum stellt eine nicht abgewickelte Kabeltrommel bei Stromfluss eine Brandgefahr dar?
23. Berechnen Sie die Höhe der Grenzspannung, bei der der Stromdurchgang durch den menschlichen Körper gefährlich werden kann. Dabei wird sein Gesamtwiderstand mit 6.000 Ω angenommen.
24. Warum ist das Arbeiten am elektrischen Strom mit nassen Händen oder auf feuchtem Untergrund gefährlicher als bei trockener Umgebung?

Zur Vertiefung

1. Bei der induktiven Spannungserzeugung unterscheidet man das Generator- und Transformatorprinzip. Erklären Sie den Unterschied.
2. Warum entsteht bei der Spannungserzeugung durch Induktion stets eine Wechselspannung?
3. Wodurch kann man statische Aufladungen am Kfz verhindern?
4. Die Primärspule eines Trafos ist an einen Gleichstromkreis angeschlossen. Unter welchen Voraussetzungen wird in der Sekundärspule eine Spannung erzeugt?
5. Die Sekundärspannung eines Trafos soll dreimal so hoch sein wie die Primärspannung. Welche Aussage trifft auf N_1 und N_2 zu? Wie ist das Übersetzungsverhältnis?
6. Beschreiben Sie den Auflade- und Entladevorgang eines Kondensators.
7. Welcher Zusammenhang besteht zwischen der Entladezeit eines Kondensators und seiner Kapazität?
8. Warum werden Relais auch als fernbetätigte Schalter bezeichnet?
9. Eine Leitung aus Kupfer ist 1,7 m lang. Mit ihr sollen zwei Abblendlichtbirnen von je 55 W geschaltet werden. Berechnen Sie den benötigten Leiterquerschnitt in mm^2.
10. Begründen Sie, warum reine Halbleiter sowohl Isolatoren als auch elektrische Leiter sein können.
11. Erklären Sie den Vorgang des Dotierens.
12. Wodurch unterscheiden sich p- und n-Leiter?
13. Skizzieren Sie den PN-Übergang
    a) ohne angelegte äußere Spannung,
    b) in Durchlassrichtung geschaltet,
    c) in Sperrrichtung geschaltet.
14. Erklären Sie den Unterschied zwischen Durchbruch- und Sperrspannung.
15. Beschreiben Sie die Eigenschaften einer Diode. Erklären Sie in diesem Zusammenhang den Begriff der „Schleusenspannung".
16 Skizzieren Sie den Schaltungsaufbau einer Einpuls- und einer Zweipulsgleichrichter-Schaltung.
17. Sie sollen die Funktion einer Diode überprüfen. Dazu stehen Ihnen alle Kenndaten der Diode zur Verfügung. Beschreiben Sie, wie Sie die Überprüfung durchführen. Welche Kenndaten benötigen Sie dazu?
18. Skizzieren Sie den Aufbau und beschreiben Sie die Funktion einer Siebschaltung.
19. Erklären Sie den Unterschied zwischen einer Gleichrichterdiode und einer Z-Diode.
20. Eine elektrische Schaltung arbeitet mit einer veränderlichen Betriebsspannung im Bereich von 3 V bis 10 V. Wenn eine Spannung von mehr als 5,6 V anliegt, soll dies durch eine Kontrollleuchte angezeigt werden. Die Kontrollleuchte selbst benötigt eine Spannung von 24 V für ihren Betrieb. Entwickeln Sie eine Schaltung, in der eine Z-Diode als Sollwertgeber eingesetzt wird. Die Z-Diode soll die Basis eines bipolaren PNP-Transistors ansteuern.
21. Erklären Sie die Spannungs-, Strom- und Leistungsverstärkung an einem bipolaren Transistor.
22. Bei den Isolierschicht-Feldeffekt-Transistoren unterscheidet man zwischen einem Verarmungs- und einem Anreicherungstyp. Erläutern Sie die unterschiedlichen Funktionsweisen.
23. Skizzieren Sie Aufbau und elektrischen Anschluss eines Sperrschicht-Feldeffekt-Transistors, N-Kanal-Typ, entsprechend der Abbildung 147.3.
24. Erläutern Sie die Funktion eines selbstleitenden P-Kanal-MOSFETs. Skizzieren Sie dazu den Aufbau des Transistors.
25. Beschreiben Sie Aufbau, Funktion und Einsatzgebiet eines Thyristors.
26. Nennen Sie Einsatzgebiete von integrierten Schaltungen im Pkw.
27. Erklären Sie den Begriff „Kippstufen" aufgrund der gemeinsamen Funktion der unterschiedlichen Bauteile.

28. In der Schaltung (Bild 151.1) sollen die Widerstände R_2 und R_3 identische Widerstandswerte haben, ebenso sollen die Kondensatoren C_1 und C_2 baugleich sein.
    a) Was bedeutet diese Bauteilauswahl für die Leuchtzeit der beiden Dioden?
    b) Sie tauschen den Widerstand R_3 (4,7 kΩ) gegen einen Widerstand mit 47 kΩ aus. Welche Auswirkung hat dies auf die Leuchtzeit der beiden Dioden?
29. Ein digitales Vielfachmessgerät zeigt eine Gleichspannung von 12,3 V an. Der benötigte Messbereich stellt sich dabei automatisch ein. Die Herstellerangaben zu den Messtoleranzen bei der Gleichspannungsmessung lauten (siehe Tabelle):

Gleichspannungsmessung

Messbereich	Genauigkeit	Auflösung
400 mV	± (0,8 % + 3 digits)	100 µV
4 V	± (0,8 % + 1 digit)	1 mV
40 V	± (0,8 % + 1 digit)	10 mV
400 V	± (0,8 % + 1 digit)	100 mV
600 V	± (1,0 % + 3 digits)	1 V

Zu berechnen sind:
    a) der absolute Fehler,
    b) die Grenzen, zwischen denen der wahre Wert liegt,
    c) der größtmögliche relative Fehler.
30. Erklären Sie den Unterschied zwischen einem Zweistrahl- und einem Zweikanal-Oszilloskop.
31. Nennen Sie möglichst viele Bauteile im Kraftfahrzeug, in denen ein Elektromotor seine Dienste verrichtet.
32. Skizzieren Sie den prinzipiellen Aufbau eines Elektromotors.
33. Warum nimmt das Drehmoment beim Reihen- bzw. Hauptschlussmotor mit steigender Drehzahl ab?
34. Welche verschiedenen Elektromotoren gibt es? Wodurch unterscheiden sie sich?
35. Wie funktioniert eine Glühlampe und wie eine Gasentladungslampe?
36. Wie ist die Lichtverteilung auf der Fahrbahn beim asymmetrischen Abblendlicht? Fertigen Sie eine Skizze an.
37. Entwerfen Sie eine Hinweistafel, was die Kollegen bei der Scheinwerfereinstellung beachten müssen.
38. Welche Licht- und Signalanlagen sind an einem Fahrzeug vorhanden?
39. Schlagen Sie in der StVZO die technischen Betriebserlaubniszeichen für die Beleuchtungsanlagen nach und erläutern Sie diese.
40. Fallbeispiel:
    Bei einer kurzen Probefahrt auf dem Betriebsgelände haben Sie einen unruhigen Motorlauf und das dauerhafte Leuchten der zentralen Fehlerlampe festgestellt. Sie fahren das Fahrzeug in die Werkstatt und schließen den Motortester an. Zunächst jedoch studieren Sie den Fehlersuchplan (Bild 180.1).
    a) Welche möglichen Ursachen können die geschilderten Symptome haben?
    b) Sie lesen den Fehlerspeicher mithilfe des Motortesters aus. Dieser zeigt Ihnen den Fehlercoder 73 an, was auf einen defekten Luftmengenmesser schließen lässt. Zur weiteren Prüfung des Luftmengenmessers nutzen Sie dessen Schaltbild (Bild 180.2). Benennen Sie die darin abgebildeten Bauteile.
    c) In der Prüfanleitung für den Luftmengenmesser finden Sie folgende Prüfwerte:
    Kl. 2 (Signalleitung)/Kl. 4 (–): 8 Ω bis 2500 Ω
    Kl. 3 (+)/Kl. 4 (–): 300 Ω bis 550 Ω
    Kl. 5 (Signalleitung)/Kl. 4 (–) bei + 15 °C bis + 30 °C: 1450 Ω bis 3300 Ω.
    Welche Signale liegen auf den beiden Signalleitungen? Beschreiben Sie die Durchführung Ihrer Kontrollmessung am Luftmengenmesser unter Angabe des Anschlusses eines Digitalmessgerätes.
    d) Zur weiteren Prüfung entnehmen Sie der Prüfanleitung den folgenden Hinweis: „Spannung zwischen Klemme 3 und Klemme 4 am Stecker des Luftmengenmessers prüfen (Sollwert 4,9 V bis 5,1 Volt)". Wie müssen Sie das Digitalmessgerät anschließen und auf welche Position muss der Drehschalter eingestellt werden?

Undichtigkeiten/Vestopfungen (Luft oder Kraftstoff)	Starter dreht, Motor springt nicht oder schlecht an (Drehzahlsignal)	Motor springt an und stirbt wieder ab	Leerlaufprobleme (Drehzahl, Abgas)	Schlechte Gasannahme, Übergangsfeh er	Motoraussetzer (Zündung, Einspritzung)	Zu geringe Motorleistung/Höchstgeschwindigkeit	Kraftstoffverbrauch zu hoch	Motor läuft nach	Motor klingelt, klopft	Motor wird zu heiß	Getriebe schaltet nicht oder sehr hart (nur Automatik-Fahrzeug)	Fehlerlampe ständig oder zeitweise an	**Mögliche Ursache**	**Fehlercode**
	*											*	Batteriespannung	48, 49
						*	*		*				Oktanzahlkodierungsstecker	—
			*										Getriebekodierung	—
		*	*									*	Ansauglufttemperatur	69, 71
	*	*	*	*			*		*	*		*	Kühlmitteltemperatur	14, 15
		*	*	*	*	*	*					*	Luftmengenmesser	73, 74
	*	*	*			*						*	Leerlauf-/Volllastschalter	67, 72
				*	*	*	*					*	Motorlastsignal	44, 45
*	*	*	*	*	*	*	*	*				*	Einspritzzeit	44, 45
*	*		*		*							*	Motordrehzahl	—
				*		*			*	*			Zündwinkel	—

Bild 180.1 Fehlersuchplan (Auszug).

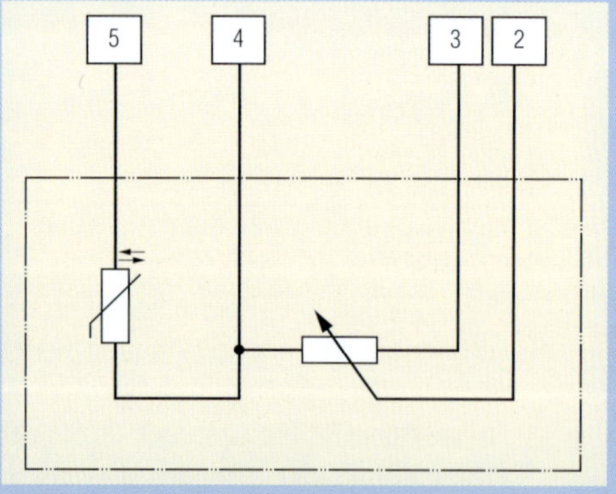

Bild 180.2 Schaltbild Luftmengenmesser.

e) Die Messung ergibt einen zu geringen Wert. In der Prüfanleitung finden Sie folgende mögliche Fehlerursachen:
- Kabelunterbrechung am Steuergerät (Kl. 4),
- Luftmengenmesser elektrisch defekt,
- Stauklappe klemmt.

Welche Messung müssen Sie vornehmen, um einen defekten Luftmengenmesser mit Sicherheit als Fehlerquelle einzugrenzen oder auszuschließen?

f) Sie haben den Luftmengenmesser als defekt diagnostiziert. Was müssen Sie unbedingt vor Ausführung der Reparatur unternehmen?

g) Welche Arbeiten müssen Sie nach dem Austausch des Luftmengenmessers abschließend durchführen, damit Sie sich von der ordnungsgemäßen Reparatur überzeugen können?

4 Prüfen und Instandsetzen von Steuerungs- und Regelungssystemen

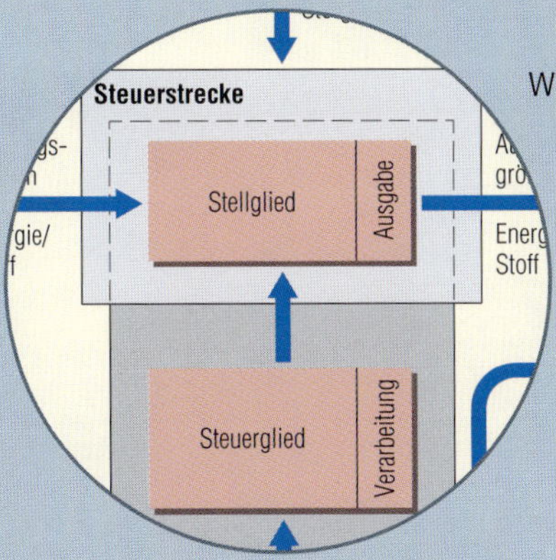

Wird ein Kraftfahrzeug gestartet, beginnen unzählige Steuerungs- und Regelungsvorgänge. Hier lernen Sie die wichtigsten Begriffe der Steuerungs- und Regelungstechnik kennen.

Sie gewinnen grundlegende Kenntnisse über den Aufbau von Steuerungen und Regelungen und können verschiedene Signalarten gegeneinander abgrenzen.

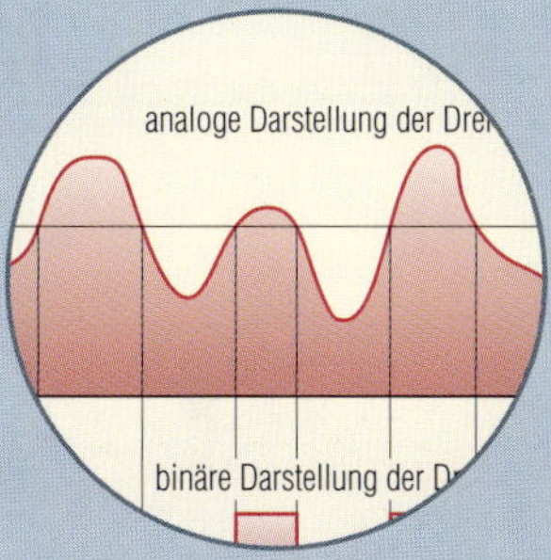

Wo werden pneumatische Steuerungen eingesetzt? Wie sind sie aufgebaut und wie funktionieren sie? – Auch diese Fragen werden Sie beantworten können.

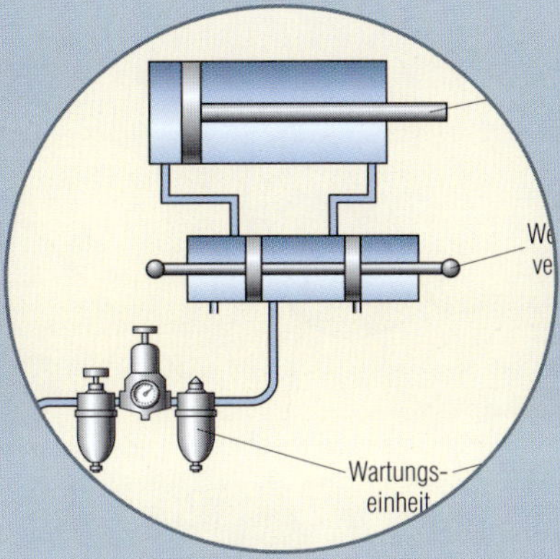

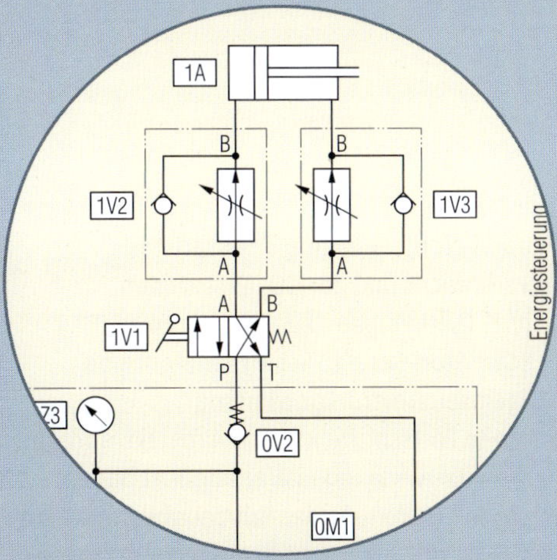

Die Analyse einer hydraulischen Steuerung bereitet Ihnen nach dem Durcharbeiten keine Schwierigkeiten mehr.

Sie sollten auch über elektrische Steuerungen Bescheid wissen. Hier erhalten Sie Informationen über elektrische Steuerungen auch in Kombination mit pneumatischen und hydraulischen Bauteilen.

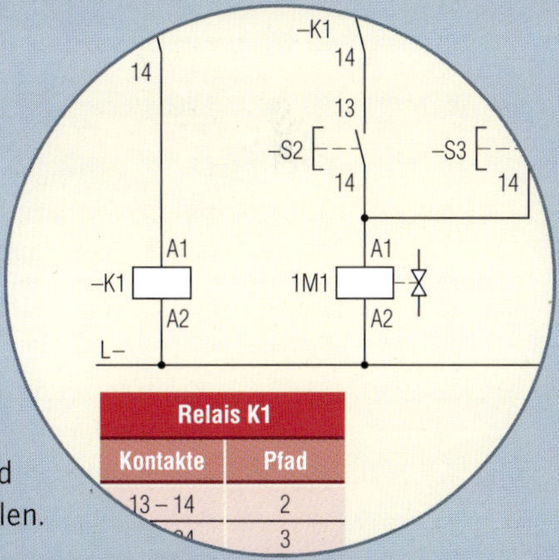

Der Diagnosetester bildet die Grundlage für eine strukturierte Fehlersuche am Fahrzeug. Hiermit setzen Sie sich ausführlich auseinander, damit Sie fit werden für eigenverantwortliches Handeln.

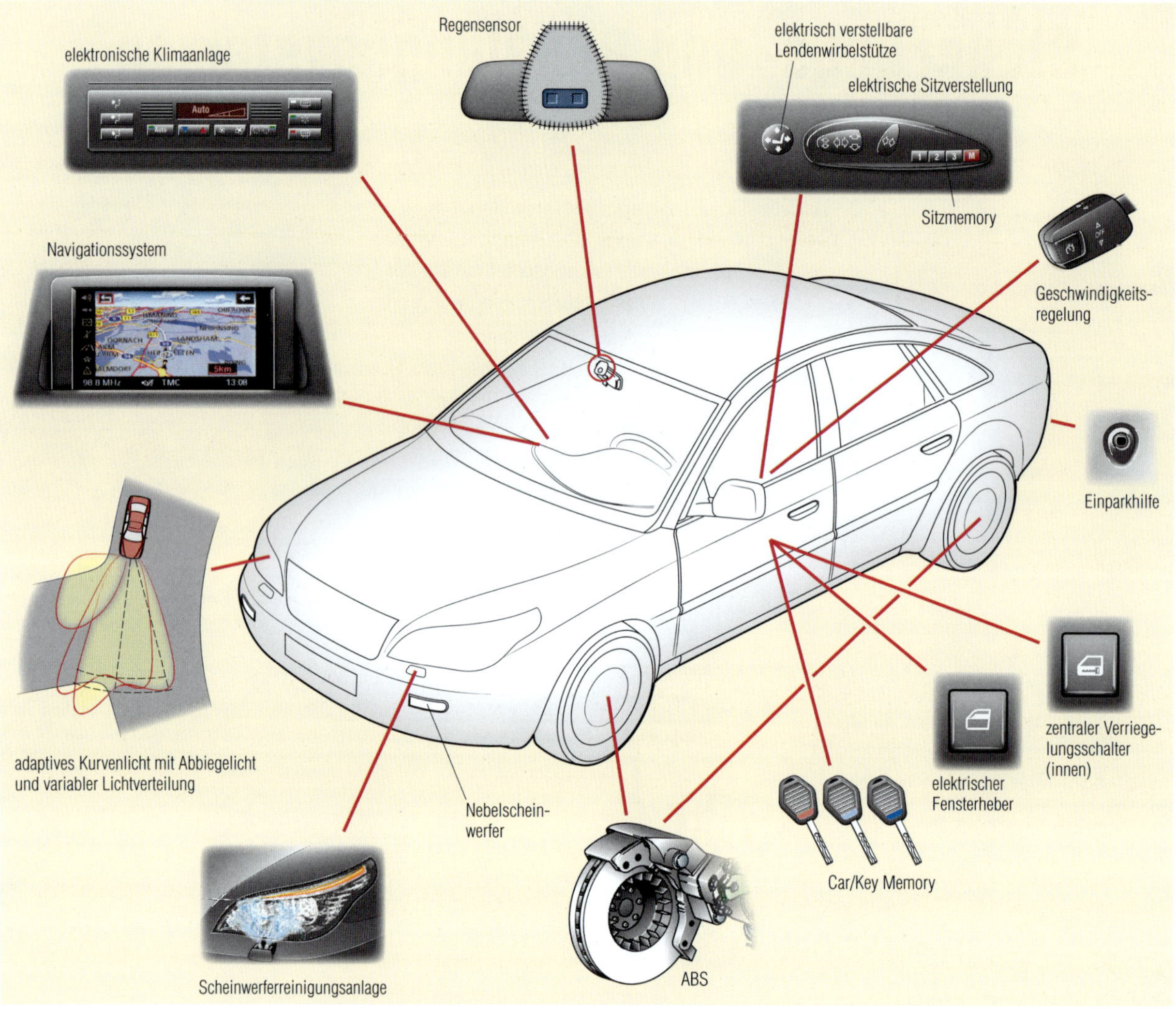

Bild 182.1 Ausstattungsbeispiele von Kraftfahrzeugen.

Kraftfahrzeuge verfügen über eine immer größer werdende Anzahl von Steuerungs- und vor allem Regelungssystemen, die für die Funktion vieler Ausstattungsmerkmale notwendig sind (Bild 182.1). Wesentliche Gründe für diese Entwicklung sind:

- erhöhte Ansprüche an den Fahrzeugkomfort (elektronisch geregelte Klimaanlage, Tempomat, Regensensor, u. a.),
- erhöhte Ansprüche an die Fahrzeugsicherheit (z. B. komplexe Airbagsysteme, Fahr-Dynamik-Regelung, Spurverlassungswarner, Aktivlenkung),
- angestrebte Senkung des Kraftstoffverbrauchs und der CO_2-Emissionen (z. B. Luftklappensteuerung, Auto-Start-Stop-System, Schaltpunktanzeige, Bremsenergierückgewinnung),
- große Fortschritte in der Mikroelektronik, die diese Entwicklung erst ermöglicht haben,
- große Konkurrenz der Fahrzeughersteller, die sich durch Neuerungen und technischen Fortschritt Marktanteile sichern möchten.

Der Autofahrer kennt nur die Vorteile dieser Entwicklung, die Fachleute aber müssen sich genauer mit den Prozessabläufen von Steuerungs- und Regelungssystemen auseinander setzen.

4.1 Wichtige Begriffe der Steuerungs- und Regelungstechnik

Steuerungs- und Regelungssysteme lassen einen technischen Prozess in vorbestimmter Weise ablaufen. Beide Systeme weisen viele Gemeinsamkeiten auf, unterscheiden sich aber in der Art des Signalflusses. Dieser ist für den geordneten Ablauf der einzelnen Prozessschritte verantwortlich. Beispiele für Steuerungs- und Regelungssysteme im Kraftfahrzeug zeigt Tabelle 183.1.

Die in diesem Kapitel behandelten Grundlagen, weiterführenden Darstellungen und Begriffe sind Inhalt der DIN 19 226 (Bild 183.1).

An den Systemen „ungeregelter Katalysator" und „geregelter Katalysator" werden die Gemeinsamkeiten und Unterschiede zwischen beiden Prozessen gezeigt.

Steuerkette	Anordnung von Bauteilen oder Systemen, die in Reihenstruktur aufeinander einwirken.
Steuerstrecke	Aufgabengemäß zu beeinflussender Teil des Systems.
Regelkreis	Alle Glieder des geschlossenen Wirkungsablaufs der Regelung bilden den Regelkreis.
Regelstrecke	Teil der Anlage, in dem eine Größe aufgabengemäß gegen die Einwirkung von Störgrößen konstant gehalten werden soll.
Stellglied	Am Eingang der Steuer-/Regelstrecke angeordnete Funktionseinheit, die in den Massestrom und Energiefluss eingreift. Das Stellglied ist Bauteil der Steuer-/Regelstrecke.
Störgröße	Größe, die in die Steuerung/Regelung von außen unerwünscht eingreift.
Steuerglied	Verknüpft die einzelnen Eingangssignale zu einem gemeinsamen Ausgangssignal. Dieses wirkt auf das Stellglied.
Vergleichsglied	Funktionseinheit, die die Regeldifferenz aus Sollwert und Istwert bildet.
Regelglied	Bildet aus der Regeldifferenz des Vergleichsgliedes die Ausgangsgröße des Reglers.
Regler	Baueinheit aus Regelglied und Vergleichsglied.
Signalglieder	Erfassung von verschiedenen physikalischen Größen. Sie formen hieraus Eingangssignale, die an Steuerglieder weitergegeben werden.

Bild 183.1 Grundbegriffe der Steuerungs- und Regelungstechnik nach DIN 19 226 (Auszug).

Beispiele für eine Steuerung	Beispiele für eine Regelung
• Ventilsteuerung des Motors	• elektronisch geregelte Heizungsanlage
• Gurtstraffersystem	• Antiblockiersystem
• Steuerung der Fahrtrichtung durch das Lenkgetriebe	• Fahrgeschwindigkeitsregelung
• Steuerung der Abgaszusammensetzung im Katalysator (ungeregelter Kat)	• Regelung der Abgaszusammensetzung im Katalysator (geregelter Kat)

Tabelle 183.1 Beispiele für Steuerungs- und Regelungssysteme im Kraftfahrzeug.

Ventilsteuerung → S. 252
Antiblockiersystem → S. 543 f.
Lenker → S. 475 ff.
Fahrgeschwindigkeitsregelung → S. 633 ff.
Katalysator → S. 364 ff.

4.1.1 Steuerung

Das Steuern (die Steuerung) ist der Vorgang in einem System, bei dem eine oder mehrere Eingangsgrößen systembedingt die Ausgangsgröße beeinflussen (Bild 184.1).

Merkmal einer Steuerung ist der offene Wirkungsablauf. Abweichungen vom eingestellten Wert durch Störungen werden nicht erfasst, eine eigentlich notwendige Korrektur erfolgt nicht. Da die einzelnen Prozesse nacheinander ablaufen und somit einer Kettenstruktur gleichen, spricht man von einer Steuerkette.

Die Steuerkette wird in eine Steuereinrichtung mit Signal- und Steuerglied (Eingabe und Verarbeitung) und in eine Steuerstrecke (Ausgabe) unterteilt. Die Steuereinrichtung nimmt die Eingangssignale auf, verarbeitet diese und wirkt durch Steuersignale auf die Steuerstrecke. Die Steuerstrecke führt den Arbeitsvorgang aus. In diesem Bereich findet die Energie- und Stoffumsetzung statt (Bild 184.2).

Steuerung: Diese Bezeichnung wird sowohl für den Vorgang des Steuerns als auch für das Zusammenwirken der einzelnen Bauteile einer Gesamtanlage benutzt.

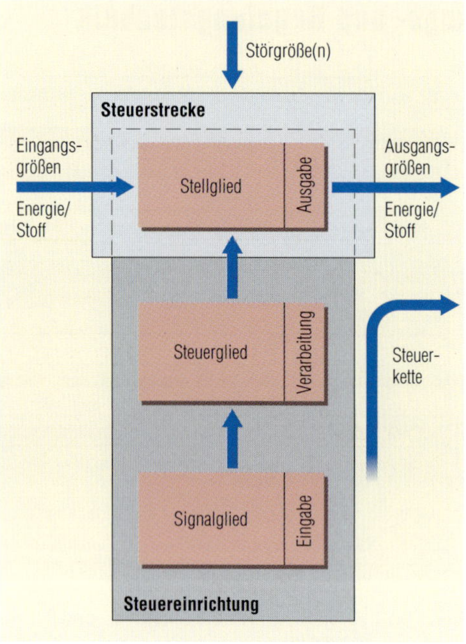

Bild 184.1 Funktionsglieder, Signalfluss und Wirkungsablauf einer Steuerung.

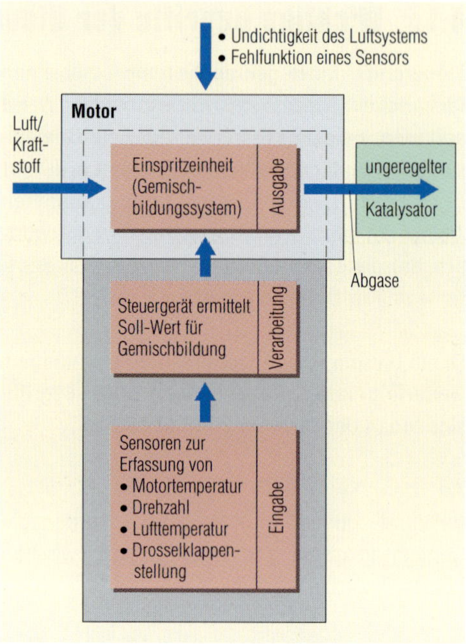

Bild 184.2 Steuerung „Zentraleinspritzung mit ungeregeltem Katalysator".

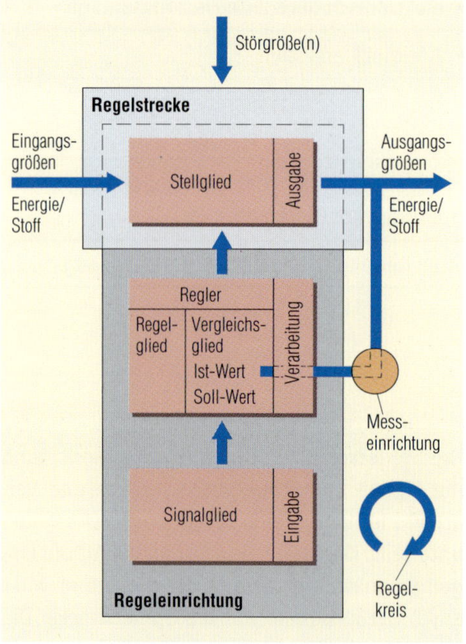

Bild 184.3 Funktionsglieder, Signalfluss und Wirkungsablauf einer Regelung.

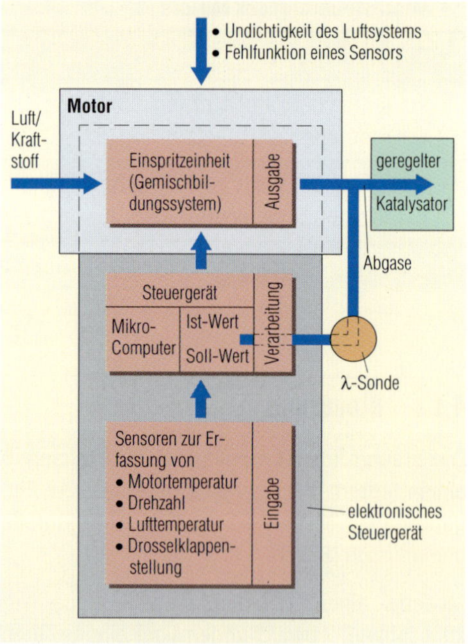

Bild 184.4 Regelung „Zentraleinspritzung mit geregeltem Katalysator".

4.1.2 Regelung

Das Regeln (die Regelung) ist der Vorgang in einem System, bei dem die zu regelnde Größe als Ist-Wert fortlaufend erfasst und mit dem Soll-Wert verglichen wird. Wird durch das Vergleichsglied eine Abweichung zwischen Soll- und Ist-Wert festgestellt, setzt der Regelvorgang ein. Dazu wird die Ausgangsgröße durch das Stellglied so lange verändert, bis sich Soll- und Ist-Wert angeglichen haben. Durch den ständigen Vergleich von Ist- und Soll-Wert ist der Prozessablauf in sich geschlossen. Die Regelung hat einen geschlossenen Wirkungsablauf. In diesem Zusammenhang spricht man von einem Regelkreis (Bild 184.3).

Der Regelkreis wird in eine Regeleinrichtung mit Signalglied und Regler (Eingabe und Verarbeitung) und in eine Regelstrecke (Ausgabe) unterteilt. Die Signalglieder melden ihre Eingangssignale an den Regler, wo diese verarbeitet werden. Das Vergleichsglied bildet die Regeldifferenz aus Soll- und Ist-Wert. Sie wird vom Regelglied aufgenommen, verarbeitet und zu einem Ausgangssignal des Reglers geformt. Das Signal wirkt auf die Regelstrecke, wo der Arbeitsvorgang (Energie- und Stoffumsetzung) ausgeführt wird. Am Ende der Regelstrecke wird der Ist-Wert der Regelung erfasst (Bild 184.4).

Regelung: Diese Bezeichnung wird sowohl für den Vorgang des Regelns als auch für das Zusammenwirken der einzelnen Bauteile einer Gesamtanlage benutzt.

4.2 Aufbau von Steuerungen und Regelungen

4.2.1 Arbeitsweise

Der Signalfluss in Steuerungen und Regelungen geschieht nach dem EVA-Prinzip der Datenverarbeitung:

<u>E</u>INGABE → <u>V</u>ERARBEITUNG → <u>A</u>USGABE

Die Bezeichnung der Verarbeitungsglieder beider Systeme unterscheidet sich, da sie unterschiedliche Aufgaben wahrnehmen (Tabelle 185.1). Die Datenverarbeitung in einer Regelung ist umfassender, da für den Regelvorgang noch die Meldung des Ist-Wertes berücksichtigt werden muss. Das Regelglied wird dennoch in vielen Regelungen als Steuergerät bezeichnet, obwohl dies zu Missverständnissen führen kann. Die genaue Arbeitsweise von Steuerungen und Regelungen kann für beide Systeme gemeinsam dargestellt und erklärt werden, wenn die Erfassung und Verarbeitung des Ist-Wertes nicht weiter betrachtet wird.

	Eingabe	Verarbeitung	Ausgabe
Steuerung	Signalglied	Steuerglied	Stellglied
Regelung	Signalglied	Regelglied (Regler)	Stellglied

Tabelle 185.1 Bauteile des Signalflusses in einer Steuerung bzw. Regelung.

Signalart	Erklärung	Beispiel
analog	Ein Signal ist analog, wenn zwischen zwei Zuständen viele Zwischenwerte erfasst und weitergegeben werden können.	Die Drehbewegung der Fensterkurbel kann jede Position zwischen „Scheibe geschlossen" und „Scheibe geöffnet" annehmen. Die Scheibe öffnet und schließt analog zur Kurbelbewegung.
binär	Ein Signal ist binär, wenn es nur aus zwei Informationen besteht.	Die Bremslichter leuchten nur, wenn der Fahrer auf die Bremse tritt und hierdurch den Bremslichtschalter schließt. Bleibt die Bremse ungetreten, ist der Schalter geöffnet, die Lichter leuchten nicht auf.
digital	Ein Signal ist digital, wenn Daten in festgelegten Schritten (nicht fortlaufend) übertragen werden.	Eine digitale Wegstreckenanzeige rückt in bestimmten Weglängenabschnitten weiter vor, z. B. alle 100 Meter oder nach jedem Kilometer. Dazwischen zurückgelegte Wegstrecken werden nicht angezeigt.

Tabelle 186.1 Signalarten.

analog (gr.): entsprechend, ähnlich
binär (lat.): aus zwei Einheiten bestehend
digital (lat.): mit Ziffern

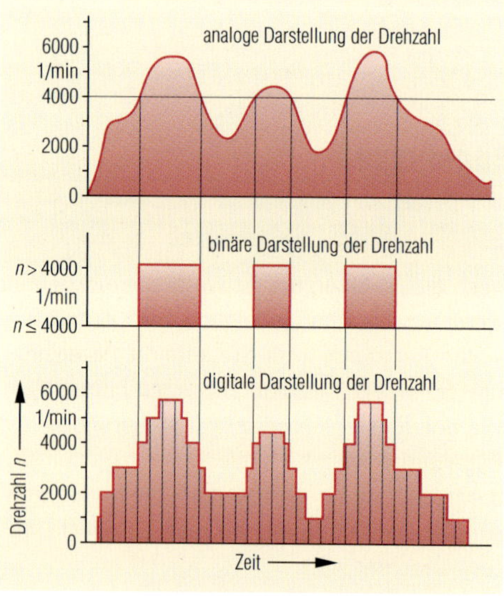

Bild 186.1 Gegenüberstellung der Signalarten.

4.2.2 Signalarten

In einer Steuerung findet ein Signalfluss statt, durch den die einzelnen Bauglieder angesprochen werden. Die Signale können analog, binär und digital ausgesandt werden (Tabelle 186.1).

Bild 186.1 verdeutlicht grafisch die unterschiedlichen Signalarten. Dabei sind die Signale der Motordrehzahl erfasst und für einen bestimmten Zeitabschnitt aufgezeichnet worden.

4.2.3 Signalwandler

Oftmals müssen Signale umgewandelt werden, damit sie verarbeitet werden können. Solche Umwandlungsaufgaben übernehmen Signalwandler.

Analog/Digital-Wandler (A/D-Wandler). Diese wandeln analoge Signale in digitale Signale (oder umgekehrt) um. Im Beispiel (Bild 186.2) erfasst ein von der Temperatur abhängiger Widerstand fortlaufend die Kühlwassertemperatur und verarbeitet diesen Messwert zu einer analogen Signalfolge. Der nachgeschaltete A/D-Wandler formt daraus die entsprechenden digitalen Signale, die von einem Steuergerät verarbeitet werden können.

PTC → S. 136

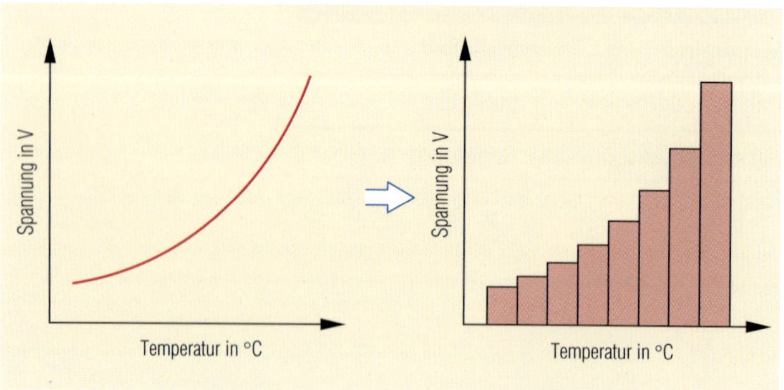

Bild 186.2 Analog-digitale Umwandlung eines Temperatursignals von einem PTC-Geber.

Analog/Binär-Wandler werden u.a. in der Steuerung von TSZ-H Zündanlagen benötigt. Die Wandler-Aufgabe übernimmt hierbei der Hallgeber. Er erfasst die analoge Drehzahl der Verteilerwelle und wandelt sie in einen binären Spannungszustand um, entweder „null" oder „maximal". Aufgrund dieser beiden Zustände wird der Primärstrom der Zündung ein- bzw. ausgeschaltet.

4.2.4 Signalglieder (Sensoren)

Signalglieder erfassen die Eingangssignale (physikalischen Größen) einer Steuerung bzw. Regelung und leiten diese zur Verarbeitung weiter. Z.B. benötigt das Steuergerät einer elektronischen Zündanlage für einen fehlerfreien Verarbeitungsprozess die Information über Motordrehzahl, Saugrohrdruck, Lastbereich, Kühlmitteltemperatur, Lufttemperatur und Motorklopfen. Die erforderlichen physikalischen Größen wie Drehzahl, Druck, Temperatur usw. werden durch Signalglieder erfasst. Das Signal darf nicht durch mögliche Übergangswiderstände (z.B. durch korrodierte Kontakte) verfälscht werden, da sonst das Eingangssignal nicht dem Betriebszustand entspricht.

4.2.5 Steuerglieder

Steuerglieder nehmen die Signale der Signalglieder auf und verarbeiten diese. Im Anschluss an diesen Prozess leiten die Steuerglieder die entsprechenden Schaltbefehle an die Stell- und Antriebsglieder weiter. Darüber hinaus können Steuerglieder Signale umwandeln, diese verstärken, vergleichen und mehrere Eingangssignale zu einem Ausgangssignal logisch verknüpfen.

4.2.6 Stell- und Antriebsglieder (Aktoren)

Aktoren erhalten ihre Schaltbefehle von den Steuergliedern. Sie stehen am Ende einer Steuereinrichtung und sind hauptsächlich für die Energie- und Stoffumsetzung verantwortlich. Als Stell- und Antriebsglieder werden in der Kfz-Technik z.B. Zündspulen, Relais, Transistoren, Thyristoren, Kontrollleuchten, Zündkerzen und Stellmotoren verwendet.

Bild 187.1 verdeutlicht das Zusammenwirken von Signalgliedern, Steuerglied und Antriebsglied in einer elektronischen Zündanlage.

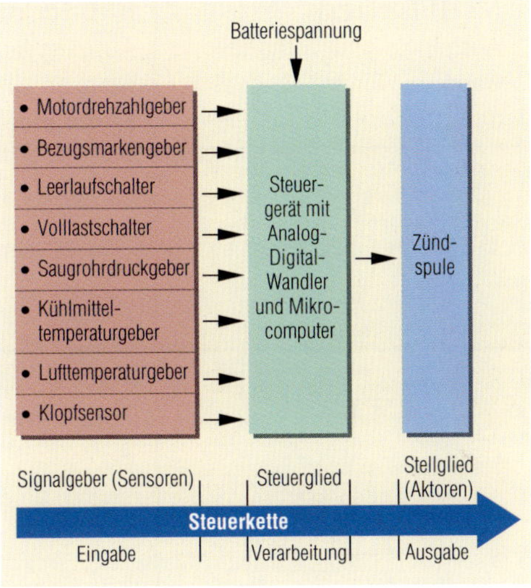

Bild 187.1 Steuerkette einer elektronischen Zündanlage (vereinfachte Darstellung).

TSZ-H Zündanlagen → S. 315

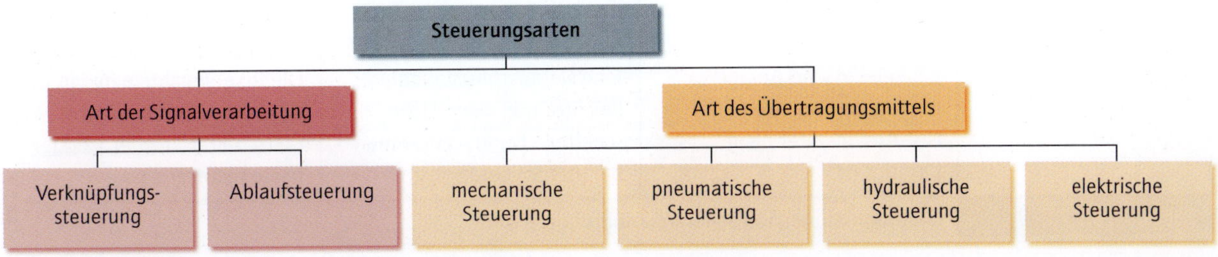

4.3 Verknüpfungssteuerung

In einer Verknüpfungssteuerung werden mehrere Eingangssignale logisch miteinander verknüpft. Am Ende des Prozesses steht ein gemeinsames Ausgangssignal, das die Anforderungen der Steuerung erfüllt. Man unterscheidet drei Grundfunktionen logischer Verknüpfungen (Tabelle 188.1):

- NICHT-Funktion,
- UND-Funktion,
- ODER-Funktion.

Zur Darstellung dieser Grundfunktionen benutzt man genormte Schaltzeichen. Zur Erklärung greift man auf einfache elektrische Schaltungen zurück. Die Verknüpfungssteuerung wird mit Funktionstabellen überprüft. Darin werden alle möglichen Eingangskombinationen mit ihren Ausgangsbelegungen eingetragen. Die Schaltzustände der Eingänge werden durch die Zahlen „0" (kein Signal) und „1" (Signal) angegeben.

<table>
<tr><td>Funktion der logischen Verknüpfung</td><td>NICHT-Funktion
Ausgangssignal vorhanden, wenn kein Eingangssignal anliegt.</td><td>UND-Funktion
Ausgangssignal vorhanden, wenn an allen Eingängen ein Signal anliegt.</td><td>ODER-Funktion
Ausgangssignal vorhanden, wenn an mindestens einem Eingang ein Signal anliegt.</td></tr>
<tr><td>Schaltzeichen</td><td>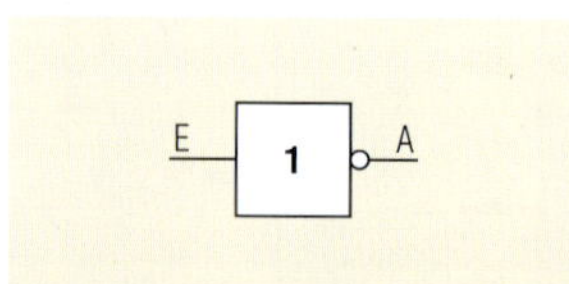
</td><td>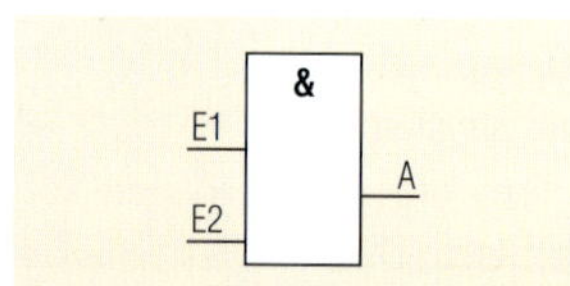
</td><td>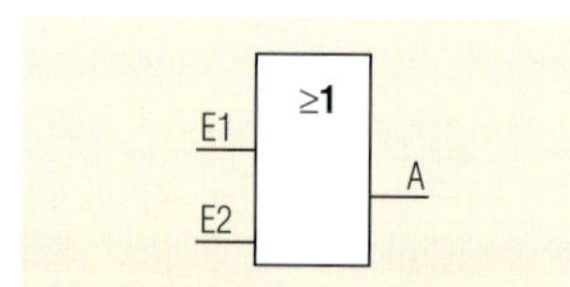
</td></tr>
<tr><td>elektrisches Schaltbild mit Erklärung</td><td>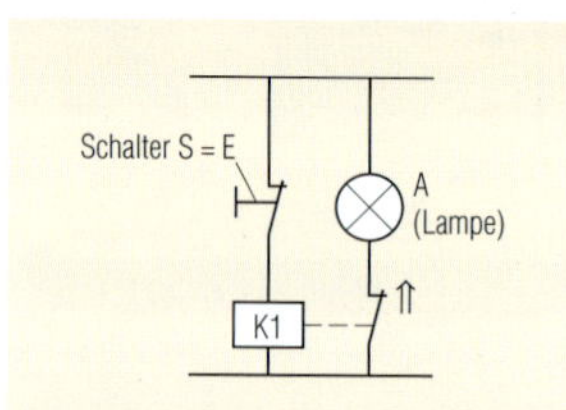

Lampe A leuchtet nur, wenn Schalter S (Öffner) <u>nicht</u> betätigt ist.</td><td>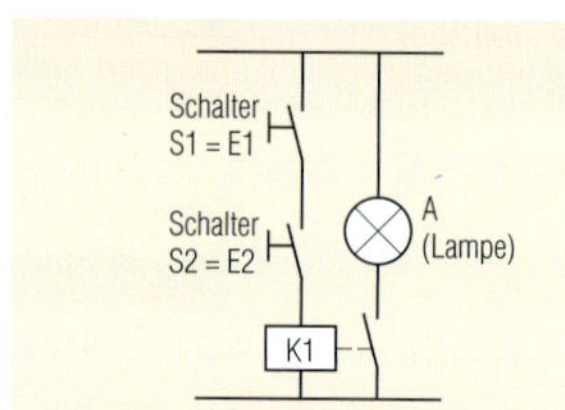

Lampe A leuchtet nur, wenn Schalter S1 <u>und</u> S2 geschlossen sind (Reihenschaltung).</td><td>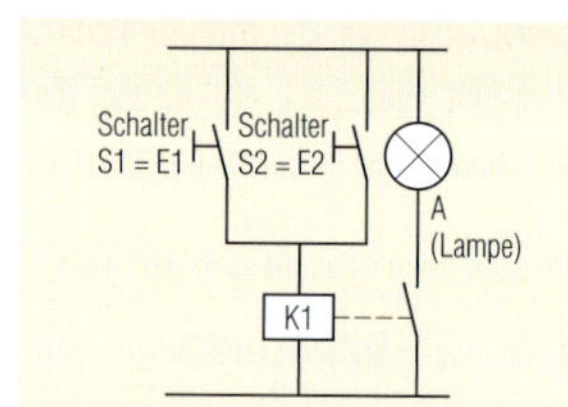

Lampe A leuchtet nur, wenn Schalter S1 <u>oder</u> S2 <u>oder</u> beide Schalter geschlossen sind (Parallelschaltung).</td></tr>
<tr><td>Funktionstabelle</td><td><table><tr><th>E</th><th>A</th></tr><tr><td>0</td><td>1</td></tr><tr><td>1</td><td>0</td></tr></table></td><td><table><tr><th>E2</th><th>E1</th><th>A</th></tr><tr><td>0</td><td>0</td><td>0</td></tr><tr><td>0</td><td>1</td><td>0</td></tr><tr><td>1</td><td>0</td><td>0</td></tr><tr><td>1</td><td>1</td><td>1</td></tr></table></td><td><table><tr><th>E2</th><th>E1</th><th>A</th></tr><tr><td>0</td><td>0</td><td>0</td></tr><tr><td>0</td><td>1</td><td>1</td></tr><tr><td>1</td><td>0</td><td>1</td></tr><tr><td>1</td><td>1</td><td>1</td></tr></table></td></tr>
<tr><td>Anwendungsbeispiel</td><td>Eine elektrische Anlage funktioniert nur, wenn der Not-Aus-Schalter <u>nicht</u> betätigt ist.</td><td>Eine Nebelschlussleuchte leuchtet nur, wenn Lichtschalter S1 <u>und</u> Nebellichtschalter S2 betätigt sind.</td><td>Die Innenleuchte eines Pkws leuchtet nur, wenn Türkontaktschalter S1 <u>oder</u> S2 <u>oder</u> beide betätigt sind.</td></tr>
</table>

Tabelle 188.1 Grundfunktionen logischer Verknüpfungen.

Der Umfang der Funktionstabellen wird durch die Anzahl der Eingangsgrößen bestimmt. In der Funktionstabelle (Bild 189.1) liegen vier Eingangsvariablen vor. Hieraus ergeben sich 16 Kombinationsmöglichkeiten ($N = 2^4 \rightarrow 16$). Diese müssen nacheinander überprüft werden.

laufende Nummer	Eingangskombination				Ausgang
	E4	E3	E2	E1	A1
0	0	0	0	0	0
1	0	0	0	1	0
2	0	0	1	0	0
3	0	0	1	1	0
4	0	1	0	0	0
5	0	1	0	1	0
6	0	1	1	0	0
7	0	1	1	1	0
8	1	0	0	0	1
9	1	0	0	1	1
10	1	0	1	0	1
11	1	0	1	1	1
12	1	1	0	0	1
13	1	1	0	1	1
14	1	1	1	0	1
15	1	1	1	1	1

Bild 189.1 Funktionstabelle mit vier Eingangsvariablen. Am Ausgang A1 liegt nur dann ein Signal vor, wenn auch am Eingang E4 ein Signal anliegt.

Umfang von Funktionstabellen: Dieser lässt sich nach der Gleichung $N = 2^n$ berechnen (N = Anzahl der möglichen Kombinationen, n = Anzahl der Eingangsvariablen).

4.4 Ablaufsteuerung

In einer Ablaufsteuerung werden die einzelnen Steuerschritte stets nacheinander vollzogen. Erst wenn der vorangegangene Schritt abgeschlossen ist, kann der nächste Prozessschritt erfolgen. Die Weiterschaltung geschieht durch festgelegte Weiterschaltbedingungen, d.h. jeder folgende Steuerschritt wird nur dann aktiviert, wenn die zuvor definierte Bedingung erfüllt wurde. Im Ablauf komplexer Steuerungen müssen möglicherweise viele Schritte durchlaufen werden, bevor ein vollständiger Steuerungsablauf abgeschlossen ist.

GRAFCET. Die Darstellung des Ablaufes der so entstehenden Schrittkette ist international genormt und wird als GRAFCET-Plan (kurz GRAFCET) bezeichnet. GRAFCET schreibt verbindliche Regeln für die Visualisierung eines Steuerungsablaufes vor. Jeder Schritt einer Ablaufsteuerung in GRAFCET besteht aus den in Bild 189.2 gezeigten Elementen.

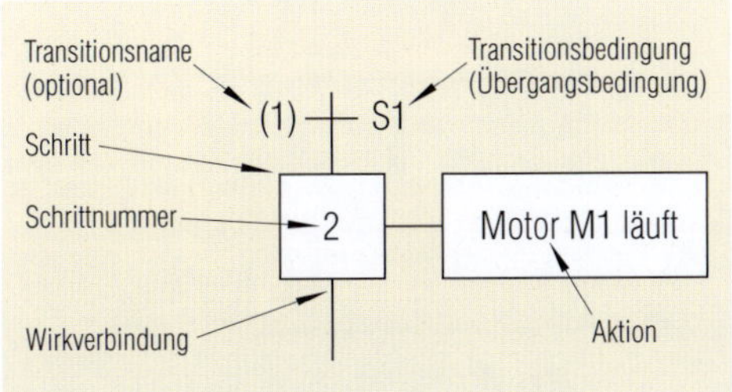

Bild 189.2 Darstellung eines Steuerschrittes in GRAFCET.

Schritt/Schrittnummer. Jeder Schritt wird durch einen quadratischen Kasten dargestellt. Die einzelnen Schritte werden in ihrem Ablauf nummeriert. Der Anfangsschritt wird zur besonderen Kenntlichmachung durch einen Kasten mit zwei Umrandungslinien dargestellt. In diesem Schritt befindet sich die Steuerung unmittelbar nach dem Einschalten.

Aktion. In der Aktion wird festgelegt, was passieren soll. In diesem Fall soll der Motor M1 laufen. Die einzelnen Aktionen können verkürzt mithilfe von Kennbuchstaben oder ausführlich mit Worten beschrieben werden.

Transitionsbedingung (Übergangsbedingung). Sie bestimmt, ob der nachfolgende Schritt aktiviert wird oder nicht. Solange die Transitionsbedingung nicht erfüllt ist, bleibt die Steuerung in dem noch aktivierten Schritt.

Transitionsname. Die komplette Benennung der einzelnen Transitionen kann zum besseren Verständnis optional hinzugefügt werden.

GRAFCET = Functionnel de Commande Etape Transition (franz.): Darstellung der Steuerungsfunktion mit Schritten und Weiterschaltbedingungen

Transition (lat.): Übergang

optional von Option (lat.): freie Wahl, Auswahl

Wirkverbindung. Die einzelnen Schritte werden durch vertikale oder horizontale Linien miteinander verbunden. Eine vertikale Darstellung bedeutet, dass nur eine Transition auf den Schritt folgt, eine horizontale Linie verdeutlicht, dass zumindest zwei Transitionen folgen. Durch die Wirkverbindung mit einem nach oben gerichteten Pfeil erfolgt die Rückführung zum Startschritt.

elektropneumatische Steuerung → S. 201

Türsteuerung. Bild 190.2 verdeutlicht den Ablauf einer elektropneumatischen Türsteuerung in GRAFCET-Darstellung. Die Funktion der Steuerung kann aus dem Technologieschema (Bild 190.1) und der Ablaufbeschreibung hergeleitet werden.

Ablaufbeschreibung. Die Tür wird mithilfe eines doppeltwirkenden Zylinders (1A1) geöffnet und geschlossen. Zur Ansteuerung des Wegeventils werden jeweils ein elektrischer Tastschalter „öffnen" (S1) und „schließen" (S2) eingesetzt, die kurzzeitig gedrückt werden müssen, um die Türbewegung zu veranlassen. Die geöffnete Tür schließt erst wieder, wenn der Schalter „schließen" betätigt wird.

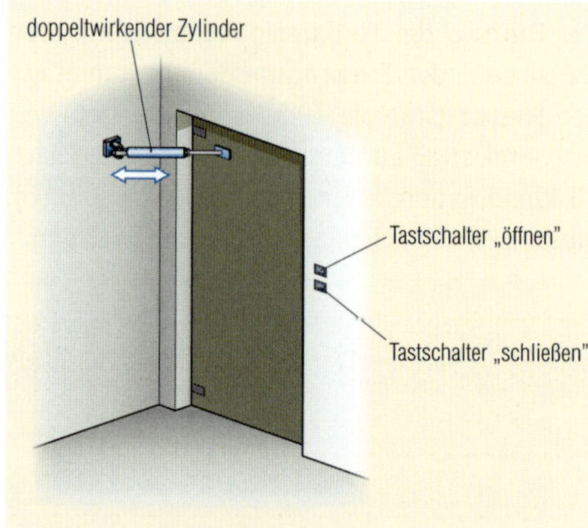

Bild 190.1 Technologieschema der Türsteuerung.

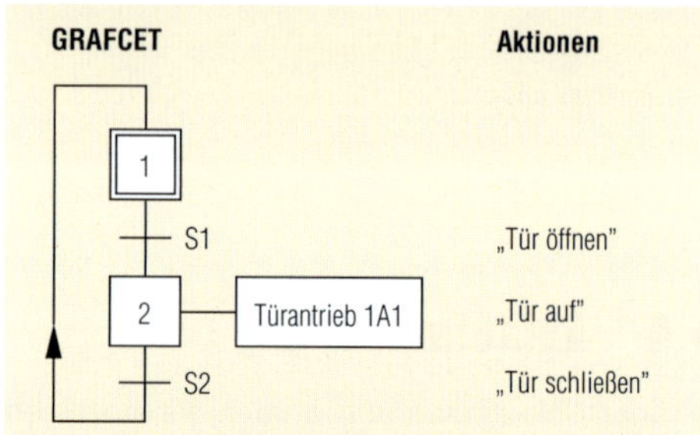

Bild 190.2 Ablaufsteuerung GRAFCET.

4.5 Mechanische Steuerung

Die Bauglieder des Energie- und Signalflusses bestehen ausschließlich aus mechanischen Bauteilen wie Kurvenscheiben, Hebeln, Zahnrädern, Wellen, Seilen, Federn, Kupplungen und Gestängen. Bei der mechanischen Fahrzeuglenkung (Bild 190.3) sind die wesentlichen Bauteile in der Reihenfolge des Signalflusses: Lenkrad, Lenkspindel, Lenkgetriebe, Spurstange, Spurstangenhebel und Räder.

Der Fahrer bewegt das Lenkrad (Signalglied) um mit seinem Fahrzeug eine Fahrtrichtungsänderung einzuleiten. Diese Drehbewegung wird über die Lenkspindel zum Lenkgetriebe (Steuerglied) übertragen. Dort erfolgt die Umwandlung der Drehbewegung in eine geradlinige Hin- und Herbewegung der Spurstange und Spurhebel (Stellglieder). Die Räder führen die Fahrtrichtungsänderung aus.

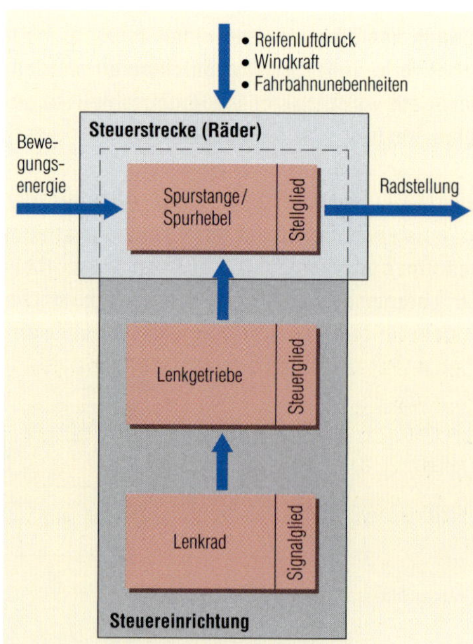

Bild 190.3 Mechanische Fahrzeuglenkung.

Die Fahrtrichtung entspricht der Steuerstrecke. Mögliche Störgrößen können Windkräfte, Unebenheiten der Fahrbahn, Verschleiß (Spiel) in den Lenkungsbauteilen oder unterschiedlicher Luftdruck in den Reifen sein.

Weitere Beispiele für mechanische Steuerungen im Kraftfahrzeug sind die Ventilsteuerung, das handgeschaltete Wechselgetriebe und die mechanische Fenstersenk- und -hebevorrichtung. Im Vergleich zu anderen Übertragungsmitteln ergeben sich folgende Vor- und Nachteile mechanischer Steuerungen (Tabelle 191.1).

Ventilsteuerung → S. 252
manuelle Wechselgetriebe → S. 398 ff.
Fensterheber → S. 620

Vorteile	Nachteile
große Stellgeschwindigkeiten	meist großer Konstruktions- und Fertigungsaufwand
hoher Wirkungsgrad	
genaue Einhaltung der Verstellwege	längere Übertragungswege sind schwer zu überbrücken
hohe Lebensdauer	

Tabelle 191.1 Vor- und Nachteile mechanischer Steuerungen.

4.6 Pneumatische Steuerung

Energieträger pneumatischer Steuerungen ist die Luft. Sie steuert im Kfz z. B. die Hilfskraftbremsanlage, die Fremdkraftbremsanlage, die Luftfederung und die Bremskraftverstärkung.

4.6.1 Physikalische Grundlagen

Einheit des Druckes. Drückt eine Kolbenfläche *A* mit einer Kraft *F* auf eine im Zylinder befindliche Luftmenge, so wird diese verdichtet.

$$\text{Druck} = \frac{\text{Kraft}}{\text{Fläche}} \qquad p = \frac{F}{A}$$

Hierdurch entsteht ein Überdruck p_e. In der Technik benutzt man das Bar [bar] als Einheit des Druckes. Eine wesentlich kleinere Einheit ist das Pascal [Pa]. Zwischen beiden Einheiten besteht folgende Beziehung:

$$1\ \text{bar} = 10\ \text{N/cm}^2 = 100\,000\ \text{Pa}$$
$$1\ \text{Pa} = 1\ \text{N/m}^2$$

Arten des Druckes (Bild 191.1). Man unterscheidet:

- atmosphärischer Druck p_{amb}. Auf der Erde herrscht gegenüber dem luftleeren Raum ein Druck, der durch das Eigengewicht der Lufthülle erzeugt wird. Seine genaue Höhe wird von der Wetterlage und der geografischen Höhenlage bestimmt. Für den mittleren atmosphärischen Druck wurden p_{amb} = 1,013 bar festgelegt.
- Überdruck p_e. Jeder Druck über dem Atmosphärendruck wird als Überdruck bezeichnet; jeder Druck, der darunter liegt, als negativer Überdruck (Unterdruck).
- absoluter Druck p_{abs}. Diese Druckangabe bezieht sich auf den luftleeren Raum (Vakuum), d. h. sie berücksichtigt den atmosphärischen Druck nicht.

Fremdkraftbremsanlage → S. 556 f.

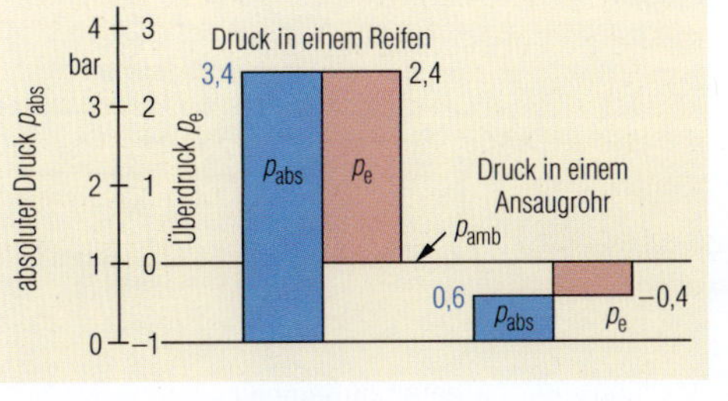

Bild 191.1 Arten des Druckes.

4.6.2 Aufbau einer pneumatischen Steuerung

Das Gesamtsystem einer pneumatischen Steuerung zeigt Bild 192.1.

Drucklufterzeugung. Im Kfz-Bereich benutzt man vorwiegend die in Tabelle 193.1 aufgelisteten Verdichterbauarten.

> Druckluftbehälter unterliegen einer regelmäßigen Überwachung und strengen Sicherheitsvorschriften.

Druckluftspeicherung. Sie erfolgt in Druckbehältern, die neben der Bereitstellung ausreichend großer Luftmengen noch andere wesentliche Aufgaben übernehmen:
- Kühlen der Luft,
- Abscheiden von Kondenswasser,
- Ausgleich von Druckschwankungen,
- Begrenzung des Höchstdruckes durch ein eingebautes Druckbegrenzungsventil.

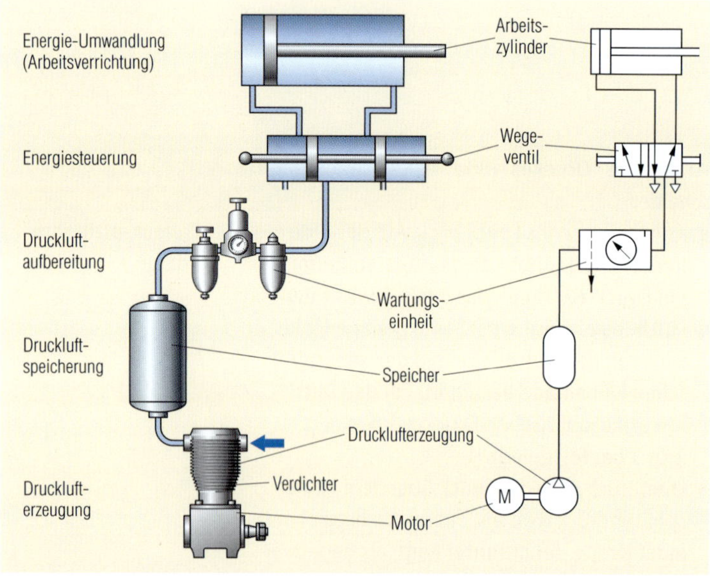

Bild 192.1 Prinzipieller Aufbau einer stationären pneumatischen Steuerung.

Ist der maximale Druck im Druckspeicher erreicht, darf keine weitere Druckluft einströmen. Dies wird durch folgende Maßnahmen verhindert:
- Abschalten des Antriebes für den Verdichter (Aussetzregelung),
- Verringerung der Antriebsdrehzahl (Teillastregelung),
- Schalten des Kompressors auf „Nullförderung" durch offen gehaltene Ansaugventile (Entlastungsregelung).

Druckluftaufbereitung. Die komprimierte Luft muss aufbereitet werden. Dazu benötigt man mehrere Geräte, die meist in einer Aufbereitungseinheit zusammengefasst werden (Bild 192.2):
- Filter (reinigt die Luft von Verunreinigungen),
- Druckregelventil (versorgt die Steuerung mit konstantem Arbeitsdruck),
- Druckanzeige (zeigt den Betriebsdruck an),
- Öler (versorgt die Luft mit Schmiermittel).

Energiesteuerung. Für die Steuerung einer pneumatischen Anlage werden Ventile benötigt (Tabelle 194.1). Ihre Anzahl und Bauarten sind von der Funktion und der Komplexität der Steuerung abhängig.

Wegeventile (Bild 192.3). Jede mögliche Schaltstellung des Ventils wird im Schaltzeichen durch ein quadratisches Kästchen symbolisiert. Die Leitungsanschlüsse werden an das Kästchen der Grundstellung gezeichnet. Die Druckluftwege werden mit Richtungspfeilen gekennzeichnet, gesperrte Wege mit einem „T". Die Betätigungsart des Ventils wird seitlich am äußeren Kästchen angegeben. Die Leitungsanschlüsse der Nullstel-

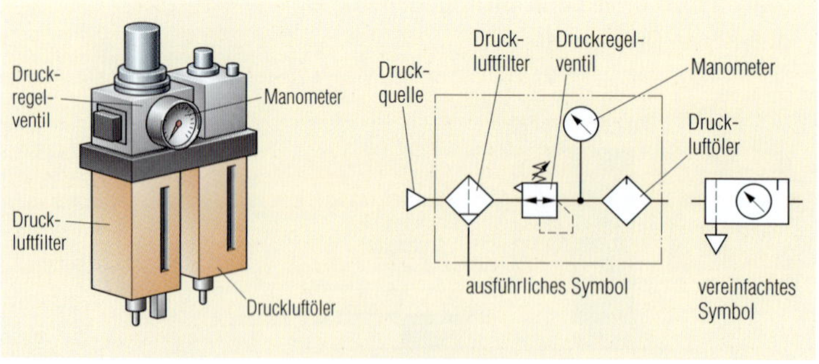

Bild 192.2 Schematische Darstellung einer Aufbereitungseinheit.

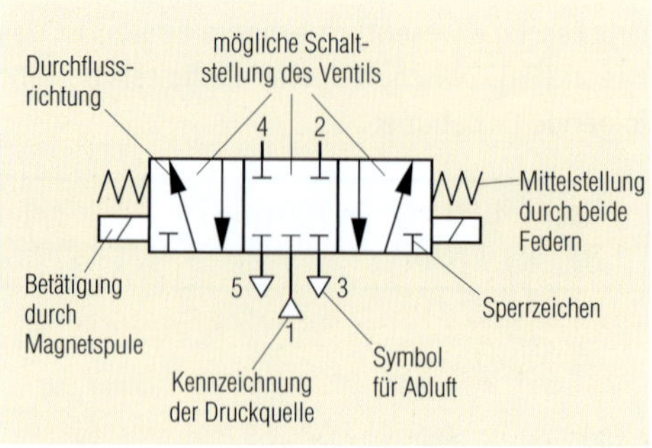

Bild 192.3 Bildzeichenaufbau eines 5/3-Wegeventils.

lung werden mit Zahlen gekennzeichnet, durch die die Aufgabe des Anschlusses verdeutlicht wird (Druckversorgung = 1; Arbeitsleitung = 2, 4; Entlüftung = 3, 5). Die Bezeichnung des Ventils erfolgt nach der Anzahl der Anschlüsse und der Schaltstellungen, z. B. besitzt ein 5/3-Wegeventil 5 Anschlüsse und 3 Schaltstellungen.

Kompressoren oder **Verdichter**: Geräte zur Druckerzeugung

Bezeichnung/ Darstellung	Funktionsbeschreibung	Eigenschaften/Einsatzbereiche
Hubkolbenverdichter 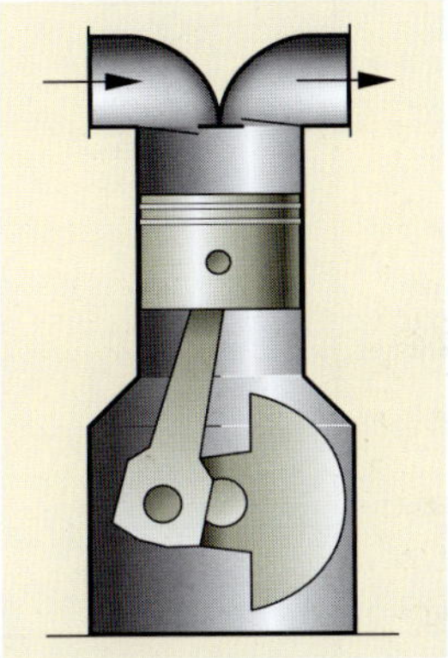	Über das geöffnete Saugventil zieht der Kolben bei seiner Abwärtsbewegung Luft in den Zylinder. Beim anschließenden Aufwärtshub ist das Saugventil geschlossen. Die Luft wird verdichtet. Kurz vor dem oberen Umkehrpunkt des Kolbens wird das Druckventil geöffnet. Die verdichtete Luft wird ausgestoßen; es entsteht ein pulsierender Luftstrom.	Werkstattbetrieb: • Fahrbarer und stationärer Einsatz • Betriebsdruck bis 10 bar • Luftmenge bis ca. 100 m^3/h Kraftfahrzeug: • Bauteil der Druckluftbremsanlage • Betriebsdruck bis ca. 20 bar möglich
Membranverdichter 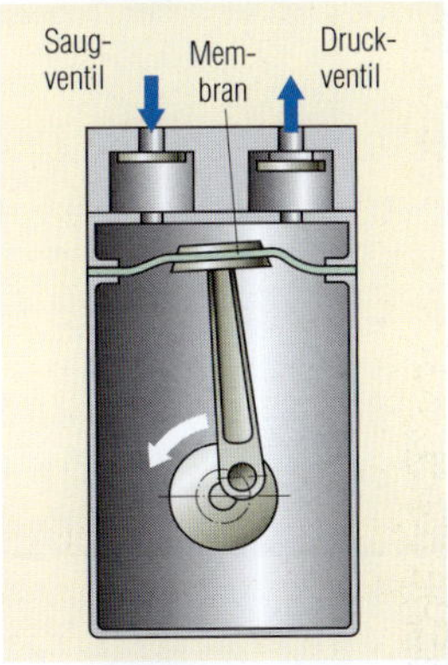	Besondere Ausführung des Hubkolbenverdichters. Der Kolben ist durch eine druckdicht eingespannte Membran ersetzt. Die zu komprimierende Luft kommt nicht mit dem Antriebsmechanismus in Berührung und bleibt ölfrei.	• ölfreie Druckluft • Betriebsdruck bis 10 bar • geringere Luftmenge als beim Hubkolbenverdichter
Schraubenverdichter 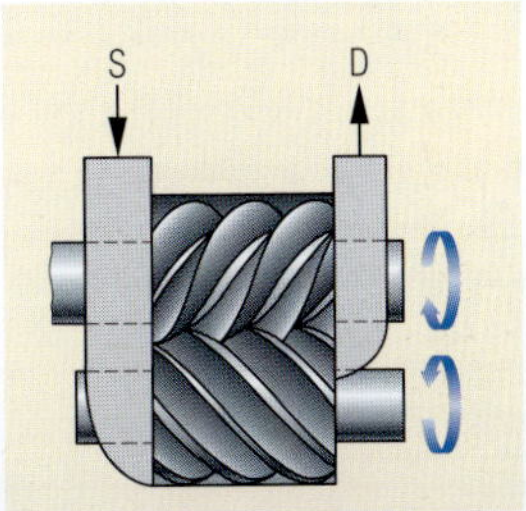	Luft wird über den Saugstutzen angesaugt. Zwei gegenläufig drehende Schrauben nehmen die Luft mit. Diese wird verdichtet und mit hoher Geschwindigkeit auf die gegenüberliegende Seite befördert. An der Druckseite tritt die zusammengepresste Luft aus; es entsteht ein gleichmäßiger Luftstrom.	• Betriebsdruck über 10 bar möglich • geräuscharmer Lauf • ölfreier Betrieb bei Drücken unter 10 bar möglich • geeignet für stationären Dauereinsatz in Werkstätten

Tabelle 193.1 Drucklufterzeugung im Bereich der Fahrzeugtechnologie.

Funktionsgruppen von Ventilen	Aufgabe in der Steuerung	Bauarten (Auszug)	Bildzeichen
Wegeventile	öffnen, schließen und steuern die Wege der Druckluft.	große Auswahl an Wegeventilen mit unterschiedlicher Anzahl an Anschlüssen und Schaltstellungen für die Lösung steuerungstechnischer Aufgaben (Bild 192.3)	
Sperrventile	sperren den Weg der Druckluft vorzugsweise in eine Richtung und geben ihn in Gegenrichtung frei.	• Rückschlagventil: lässt Druckluft nur in eine Richtung strömen, Gegenrichtung ist gesperrt. • Wechselventil (ODER-Glied): besitzt 2 Eingänge (10 und 11) und 1 Ausgang (12); am Anschluss 12 liegt Druck an, wenn Anschluss 10 oder 11oder 10 und 11 mit Druckluft versorgt sind. • Zweidruckventil (UND-Glied): besitzt dieselben Anschlüsse wie das Wechselventil; am Ausgang 12 liegt Druck an, wenn die Anschlüsse 10 und11 gleichzeitig mit Druck beaufschlagt sind. • Drosselrückschlagventil: lässt die Druckluft nur in eine Richtung ungehindert strömen; Druckluft in Gegenrichtung wird gedrosselt. Es nimmt eine Zwischenstellung zwischen Sperr- und Stromventilen ein.	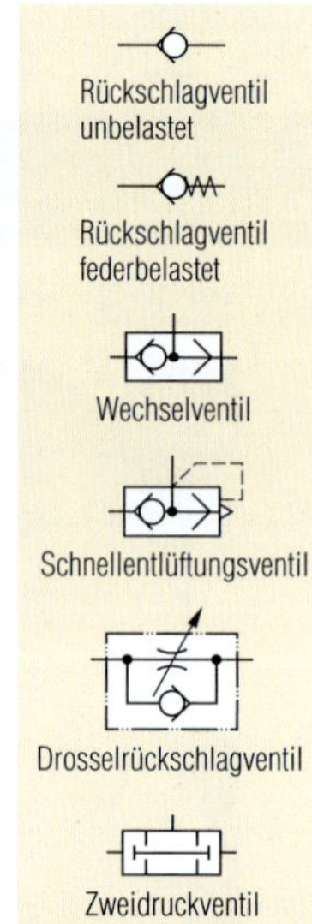
Druckventile	regeln den Druck in einer Anlage oder werden durch einen vorgegebenen Druck betätigt.	• Druckbegrenzungsventil: wird als Sicherheitsventil eingebaut, da es den Druck in der Anlage auf einen bestimmten Wert begrenzt. Ein zu hoher Druck wird ins Freie abgeblasen. • Folgeventil: schaltet erst nach Erreichen eines eingestellten Druckes weitere Verbraucher der Steuerung zu. • Druckreduzierventil: der Druck kann stufenlos eingestellt werden.	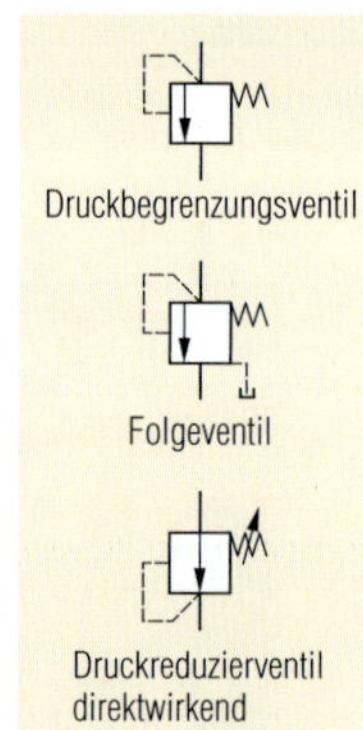
Stromventile	begrenzen oder stellen die Durchflussmenge der Druckluft ein.	• Drosselventil: drosselt die Menge des Druckluftstromes durch eine Verengung des Leitungsquerschnittes; dieser Wert ist fest oder einstellbar. • Stromregelventil: ermöglicht einen lastabhängigen Druckluftstrom.	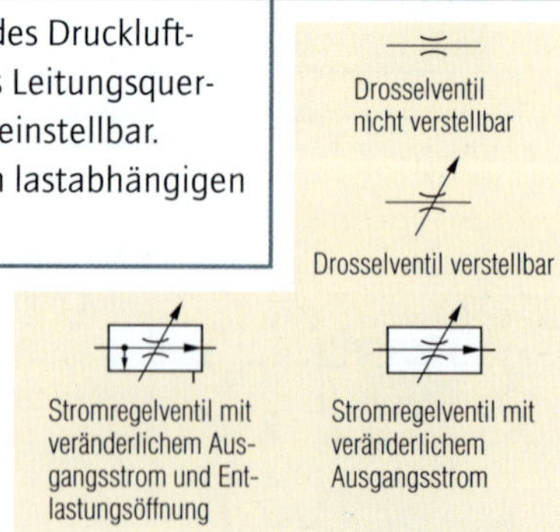

Tabelle 194.1 Wichtige Ventilausführungen einer Steuerung.

Energieumwandlung. Hierfür werden Arbeitsglieder eingesetzt. Dies können Zylinder oder Motoren sein.

Zylinder formen pneumatische Energie in mechanische Energie um und führen dabei geradlinige Bewegungen aus.

- Bei einfach wirkenden Zylindern wird die Ausfahrbewegung durch Druckluft gesteuert. Das Einfahren des Kolbens geschieht durch Federkraft.
- Bei doppelt wirkenden Zylindern wird die Ein- und Ausfahrbewegung des Kolben durch Druckluft gesteuert.

Motoren nutzen die Energie der Druckluft um eine Drehbewegung zu erzeugen, z. B. eine pneumatisch angetriebene Bohrmaschine.

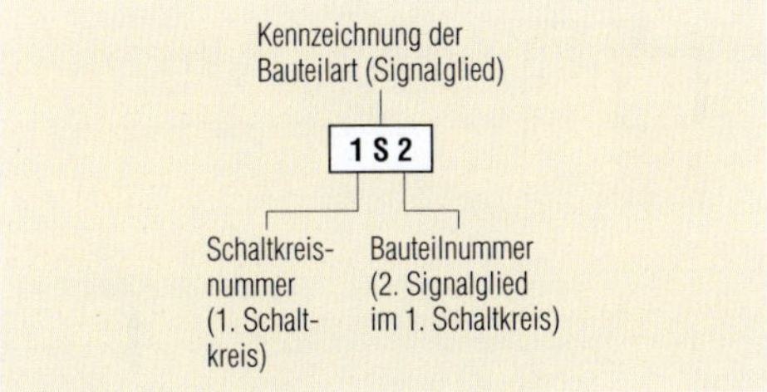

Bild 195.1 Kennzeichnung eines Bauteils.

4.6.3 Schaltpläne

Zur Darstellung pneumatischer Steuerungen werden Schaltpläne benutzt. Diese sind nach festgelegten Regeln aufgebaut:

- Der Schaltplan stellt die Ausgangsstellung der Steuerung dar.
- Die Elemente der Steuerung werden in Wirkrichtung (Signalfluss) übereinander angeordnet.
- Alle Schaltzeichen werden waagerecht abgebildet.
- Die Schaltstellungen werden durch Kleinbuchstaben (a, b), die Ruhestellung durch die Ziffer (0) kenntlich gemacht.
- Die Arbeitsleitung wird als Volllinie dargestellt.
- Die Steuerleitung wird durch eine Strichlinie dargestellt.
- Alle Leitungen verlaufen senkrecht oder waagerecht. Abbiegungen verlaufen stets rechtwinklig.
- Jedes Bauteil erhält eine Kennzeichnung (Bild 195.1). Sie besteht aus einem Rahmen, in dem die Schaltkreisnummer, der Kennbuchstabe des Bauteils (Tabelle 195.1) und eine weitere Nummer steht. Elemente der Energieversorgung erhalten die Schaltkreisnummer 0. Alle nachgeschalteten Elemente werden fortlaufend ab Bauteilnummer 1 nummeriert.

Kennbuchstabe	Bauteilart (Beispiele)
P	Pumpen und Verdichter (Kompressor)
A	Antriebsglieder (Zylinder)
M	Antriebsmotoren (Elektromotor)
S	Signalglieder
V	andere Ventile (Wechselventil, Zweidruckventil, Drosselrückschlagventil)
Z	andere Bauglieder (Druckbehälter, Aufbereitungseinheit)

Tabelle 195.1 Kennzeichnung der Bauteilart.

4.6.4 Beispiel einer pneumatischen Steuerung

Bild 196.1 zeigt den Schaltplan einer pneumatischen Türsteuerung eines Omnibusses. Zum Öffnen muss entweder von innen oder von außen ein Knopf gedrückt werden. Der Schließvorgang wird vom Fahrer überwacht und eingeleitet. Während der Fahrt muss die Steuerung außer Betrieb sein.

Über das Versorgungsglied 0Z gelangt die pneumatische Energie für die Türöffnungs- und -schließanlage zum Versorgungsventil 0V1. Betätigt der Fahrer dieses Ventil, kann die Tür von innen oder außen durch die Fahrgäste geöffnet werden. Sie müssen dazu die Signalglieder 1S1 oder 1S2 drücken. (Hinweis: 1S1 ist innen und 1S2 ist außen neben der Tür angebracht.) Beide Signalglieder wirken auf das Steuerglied (Wechselventil) 1V1. Dieses leitet die Druckluft zum Stellglied (5/2-Wegeventil) 1V2 weiter. Das Ventil schaltet um, der Zylinder 1A1 fährt zur Seite. Die Tür öffnet sich. Zum Schließen betätigt der Fahrer das Signalglied 1S3 in der Armaturentafel. Das Stellglied 1V2 fährt in seine Ausgangslage zurück. Der Zylinder 1A1 schließt die Tür. Der Fahrer stellt den Rastschalter 0V1 zurück, damit die Türschließanlage drucklos wird. Ein Öffnen der Tür ohne Zustimmung des Fahrers ist nicht möglich.

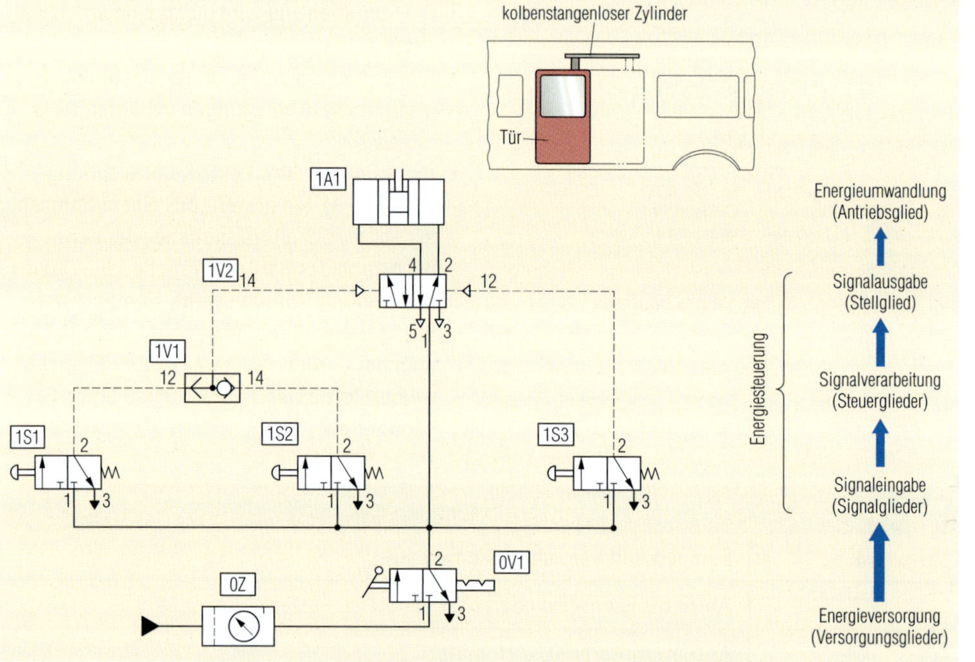

Bild 196.1 Steuerung einer pneumatischen Türöffnung an einem Omnibus.

4.7 Hydraulische Steuerung

Mit hydraulischen Steuerungen lassen sich große Kräfte übertragen. Als Energieträger werden Hydraulikflüssigkeiten eingesetzt. Diese können auch Wärme abführen, Bauteile schmieren und sie vor Korrosion schützen. Hydraulische Anlagen haben den Nachteil, dass Rücklaufleitungen vorhanden sein müssen. Bei Lecks im Leitungsnetz tritt Flüssigkeit aus, die umweltgerecht entsorgt werden muss. Unter Druck stehende Leitungen und Bauteile können bersten und zu Verletzungen führen.

Beispiele für die Anwendung hydraulischer Steuerungen im Kraftfahrzeug sind Bremsanlage, Automatikgetriebe, Servolenkung und Stoßdämpfer.

4.7.1 Physikalische Grundlagen

Die Kraft- und Energieübertragung erfolgt durch ruhende und strömende Flüssigkeiten.

Ruhende Flüssigkeiten. Mit der Kolbenfläche *A* drückt eine Kraft *F* auf eine Flüssigkeit. Im Inneren der Flüssigkeit entsteht ein Druck, der in einem geschlossenen System an allen Stellen gleich hoch ist (Bild 197.1).

$$\text{Flüssigkeitsdruck} = \frac{\text{Kolbenkraft (Normalkraft)}}{\text{Kolbenfläche}}$$

Die gleichmäßige Druckausbreitung wird beispielsweise zur Kraftübertragung in hydraulischen Pressen genutzt.

$$\frac{\text{Kolbenkraft 1}}{\text{Kolbenfläche 1}} = \frac{\text{Kolbenkraft 2}}{\text{Kolbenfläche 2}}$$

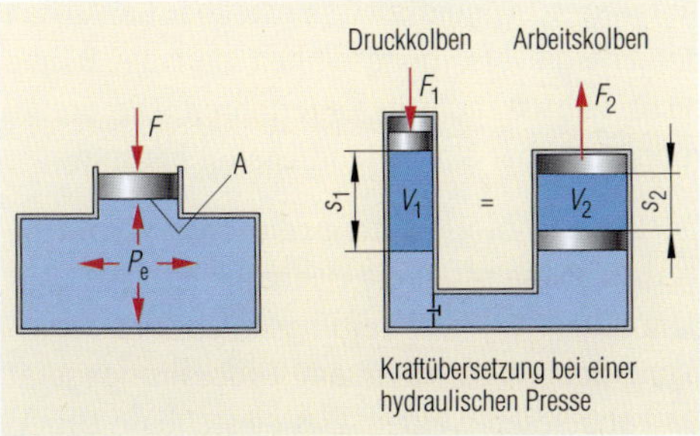

Bild 197.1 Druckausbreitung in einem geschlossenen System.

Strömende Flüssigkeiten. Für den Betrieb einer hydraulischen Anlage muss die unter Druck stehende Flüssigkeit durch das System bewegt werden. Dieses bewegte Flüssigkeitsvolumen in einem Zeitabschnitt nennt man Volumenstrom (Bild 197.2).

In einem geschlossenen System bleibt der Volumenstrom auch bei unterschiedlichen Querschnitten gleich. Verkleinert sich z. B. der Rohrquerschnitt, muss sich die Strömungsgeschwindigkeit erhöhen.

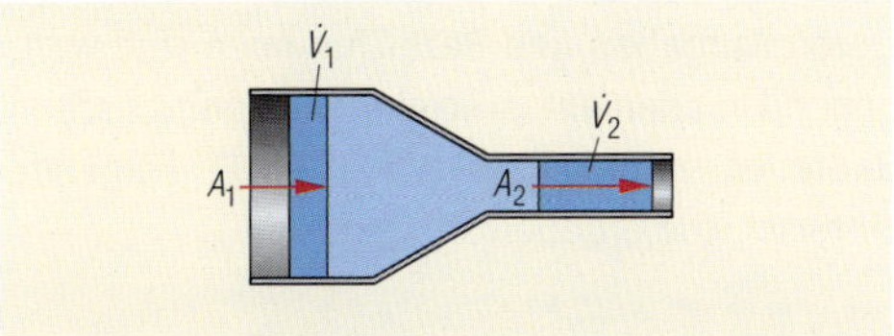

Bild 197.2 Volumenstrom in einem geschlossenen System ($\dot{V}_1 = \dot{V}_2$).

$\dot{V} = A \cdot v$

$\dot{V}$ = Volumenstrom in *l*/min,
A = Querschnittsfläche,
v = Strömungsgeschwindigkeit

4.7.2 Aufbau einer hydraulischen Steuerung

Das Gesamtsystem einer hydraulischen Steuerung besteht aus
- Energieerzeugung,
- Energiesteuerung und
- Energieumwandlung.

Energieerzeugung. Hierzu werden meist folgende Einzelaggregate benötigt:
- Vorratsbehälter zum Sammeln und Bevorraten der Hydraulikflüssigkeit,
- Pumpe zum Ansaugen der Flüssigkeit und Aufbau des Druckes; auch mechanischer Druckaufbau durch den Fahrer ist möglich (Bremsanlage),
- Elektromotor zum Antreiben der Pumpe; in Kraftfahrzeugen wird auch der Verbrennungsmotor als Antriebsquelle genutzt, z. B. bei der Servolenkung,
- Filter zum Reinigen der Flüssigkeit,
- Druckbegrenzungsventil, das den Höchstdruck in Anlagenteilen begrenzt.

Anschlussart	Kennbuchstabe
Arbeitsleitung	A, B, C
Druckleitung von der Pumpe	P
Abflussleitung zum Vorratsbehälter	T
Steuerleitung	X, Y, Z

Tabelle 198.1 Kennbuchstaben zur hydraulischen Leitungskennzeichnung.

Energiesteuerung. Die Steuerung hydraulischer Anlagen kann über den Druck oder über die Menge der Hydraulikflüssigkeit erfolgen. Für die Funktion der Steuerung werden Ventile benötigt. Deren Aufgaben und Bezeichnungen sind weitgehend mit den entsprechenden pneumatischen Bauteilen vergleichbar (Bild 198.1). Folgende Unterschiede ergeben sich jedoch:

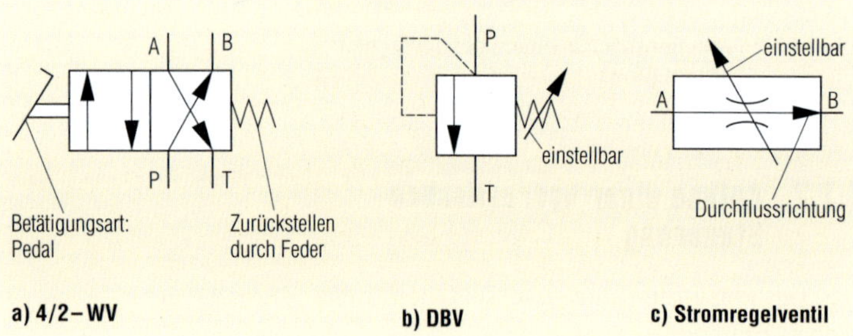

Bild 198.1 Anschlüsse für ein a) 4/2-Wegeventil, b) Druckbegrenzungsventil, c) Stromregelventil.

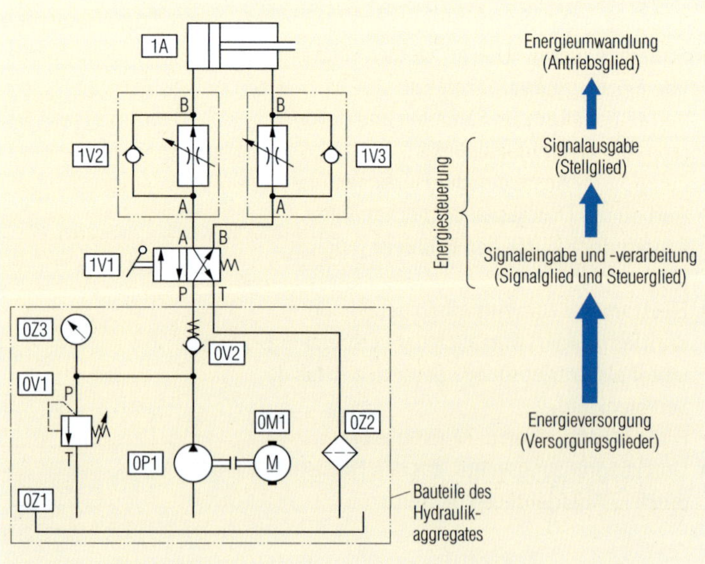

Bild 198.2 Steuerung einer hydraulischen Kfz-Hebevorrichtung.

- aufgrund der höheren Drücke sind die einzelnen Bauteile in der Regel kompakter und schwerer,
- an den Wegeventilen ist immer ein Anschluss für die Rückleitung der Flüssigkeit zum Tank notwendig,
- die Leitungsanschlüsse an allen Ventilen werden durch Buchstaben (und nicht durch Zahlen) gekennzeichnet (Tabelle 198.1).

Energieumwandlung. Es werden vergleichbare Arbeitsglieder wie in der Pneumatik eingesetzt.

4.7.3 Schaltpläne

Ihr Aufbau ist vergleichbar mit dem einer pneumatischen Steuerung. Dem Energiefluss folgend sind die einzelnen Bauglieder von unten nach oben anzuordnen. Die Kennzeichnung hydraulischer Bauglieder ist identisch mit denen pneumatischer Elemente. Alle Bauteile des Hydraulikaggregats erhalten die Schaltkreisnummer 0.

4.7.4 Beispiel einer hydraulischen Steuerung

Bild 198.2 zeigt den Schaltplan einer Kraftfahrzeughebevorrichtung (Ein-Säulen-Hebebühne), die hydraulisch betätigt wird. Die Auf- und Abfahrgeschwindigkeit ist einstellbar. Bei Ausfall der Energieversorgungseinheit darf die Bühne nicht selbstständig herunterfahren. Die Steuerung wird über einen Handschalter betätigt.

Der Elektromotor 0M1 treibt die Hydraulikpumpe 0P1 an. Diese saugt die Hydraulikflüssigkeit aus dem Tank 0Z1. Der Leitungsdruck wird aufgebaut. Sein Wert kann am Druckanzeigegerät 0Z3 abgelesen werden. Das einstellbare Druckbegrenzungsventil 0V1 sorgt dafür, dass der

Leitungsdruck nicht über den eingestellten Wert steigen kann. Sollte der Druck zu hoch werden, öffnet das Ventil. Dadurch fließt die Flüssigkeit so lange zurück zum Tank, bis der Druck wieder unter dem Grenzwert liegt. Durch den Leitungsdruck wird ebenfalls das federbelastete Rückschlagventil 0V2 geöffnet. Über den Handhebel wird das 4/2-Wegeventil 1V1 betätigt. Die Flüssigkeit strömt durch das einstellbare Stromregelventil 1V2 auf die Kolbenvorderseite im Differenzialzylinder 1A . Am Stromregelventil ist die Ausfahrgeschwindigkeit des Kolbens einstellbar, da der parallele Weg durch das Rückschlagventil gesperrt ist. Der Kolben fährt aus. Dabei wird die Flüssigkeit aus dem Raum der Kolbenrückseite durch das Rückschlagventil des Stromregelventils 1V3 gedrückt. Über das Ventil 1V1 und den Filter 0Z2 läuft die Flüssigkeit zurück in den Tank. Das federbelastete Rückschlagventil 0V2 hat eine Sicherungsfunktion. Falls die Druckerzeugung ausfallen sollte, bleibt oberhalb des Ventils der Leitungsdruck erhalten. Die ausgefahrene Bühne fährt auch unter Belastung nicht automatisch ein.

4.8 Elektrische Steuerung

Elektrische Steuerungen können größere Distanzen mithilfe elektrischer Leitungen einfach und schnell überbrücken. Elektrische Bauteile haben meist kleine Abmessungen. Ungünstig sind oft die geringen Kräfte, die durch rein elektrische Steuerungen erzeugt werden können. Dieser Nachteil kann durch die Koppelung der Steuerung mit pneumatischen oder hydraulischen Stellgliedern ausgeglichen werden.

Dazu werden im Steuerteil die Signale durch Sensoren erfasst, elektrisch übertragen und verarbeitet. Elektrisch betätigte Magnetventile bilden die Schnittstelle zwischen dem elektrischen Steuerteil und den pneumatisch bzw. hydraulisch betriebenen Bauteilen des Arbeitsteils (Tabelle 199.1).

Luftfeder → S. 487

ABS → S. 543 ff.

Ausführung	Aufbau				Beispiele
	Eingabe	Verarbeitung	Ausgabe	Arbeitsteil	
elektrische Steuerung	Schalter	Relais elektronische Bausteine	Elektro-Motor Lampe Heizelement Elektromagnet Zündkerze (...)		elektrische Fensterheber
elektropneumatische Steuerung	Sensor	Mikroprozessoren	Magnetventil	pneumatisch betätigter Zylinder	elektronisch geregeltes Luftfedersystem
elektrohydraulische Steuerung	Grenztaster	Programme		hydraulisch betätigter Zylinder	Antiblockiersystem (ABS)

Tabelle 199.1 Beispiele für den Aufbau elektrischer Steuerungen.

4.8.1 Schaltpläne elektrischer Steuerungen

Stromlaufpläne verdeutlichen die Funktion elektrischer Steuerungen. Darin wird für jedes gesteuerte Bauteil ein eigener Stromweg aufgezeigt (aufgelöste Darstellung). Dieser steht senkrecht zwischen einer Plusleitung L+ und einer Minusleitung L–. Die Bauteile werden durch genormte Zeichen dargestellt. Ergänzt werden die Zeichen durch Angabe eines Kennbuchstabens (Tabelle 200.1) und einer Zählnummer. Jede Bauteilart wird separat fortlaufend durchgezählt, beginnend mit der Ziffer 1. Jeder Kontaktanschluss an einem Schalter erhält eine zweistellige Kennziffer. Diese besteht aus:

Ordnungs-Ziffer	Funktions-ziffer
↓	↓
Rangfolge der Kontakte, fortlaufend nummeriert	Öffner 1 – 2 Schließer 3 – 4 Wechsler 1 – 2 – 4 Öffner zeitverzögert 5 – 6 Schließer zeitverzögert 7 – 8

Die normgerechte Anschlusskennzeichnung eines anzugsverzögerten Zeitrelais verdeutlicht die Bauteilkennzeichnung in elektrischen Schaltplänen (Bild 200.1).

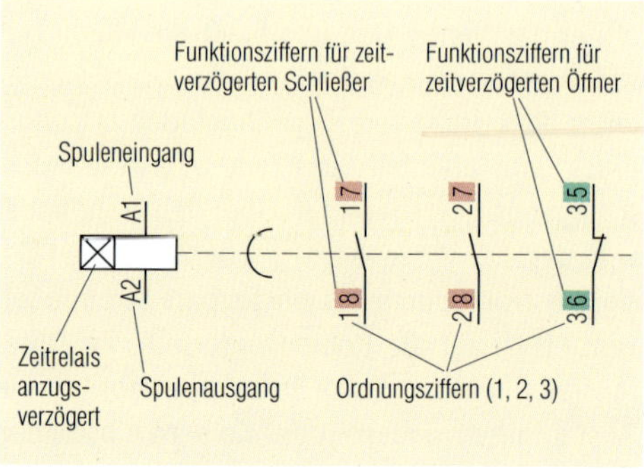

Bild 200.1 Anschlusskennzeichnung eines anzugsverzögerten Zeitrelais.

Magnetspulen und die einzelnen Kontaktreihen der Relais werden in verschiedenen Strompfaden eingetragen. Mechanische Verbindungen werden nicht dargestellt. Elektrische Verbindungen sind durch Volllinien gekennzeichnet, Verzweigungsstellen durch einen Punkt. Die Strompfade werden fortlaufend nummeriert. Die Steuerung ist im Ausgangszustand dargestellt. Alle Schalter sind unbetätigt, Relais und Magnetventile ohne Spannung. Die angeschlossenen Schaltkontakte der Relais werden in einer separaten Schaltgliedertabelle eingetragen. Diese zeigt, in welchem Strompfad die Kontakte der entsprechenden Relais eingetragen sind.

Die aufgelöste Darstellung der Steuerung in einem Stromlaufplan sagt nichts über Größe, Form oder räumliche Anordnung der elektrischen Bauteile aus. Sie verdeutlicht jedoch die Funktionsweise der elektrischen Steuerung.

Kennbuchstaben	Art des Bauteils	Beispiele
F	Schutzeinrichtung	Sicherung
K	Schaltrelais	anzugsverzögertes Zeitrelais
S	Steuerschalter	Grenztaster
M	Elektromotor, Betätigungsspule	Magnetventil

Tabelle 200.1 Kennbuchstaben elektrischer Bauteile.

4.8.2 Schaltpläne elektropneumatischer und elektrohydraulischer Steuerungen

Bei der Darstellung dieser kombinierten Steuerungen wird der elektrische Teil vom pneumatischen bzw. hydraulischen Teil getrennt. Der elektrische Teil wird wie zuvor beschrieben veranschaulicht. Der Arbeitsteil wird durch einen hydraulischen bzw. pneumatischen Schaltplan verdeutlicht. Seine Darstellung beginnt mit dem elektrisch betätigten Magnetventil (Bild 201.1).

Beispiel einer elektropneumatischen Steuerung. Die in Bild 196.1 erläuterte pneumatische Steuerung einer Omnibustür wird durch eine elektropneumatische Steuerung ersetzt. Die Anforderungen an die Steuerung bleiben unverändert (Bild 201.2).

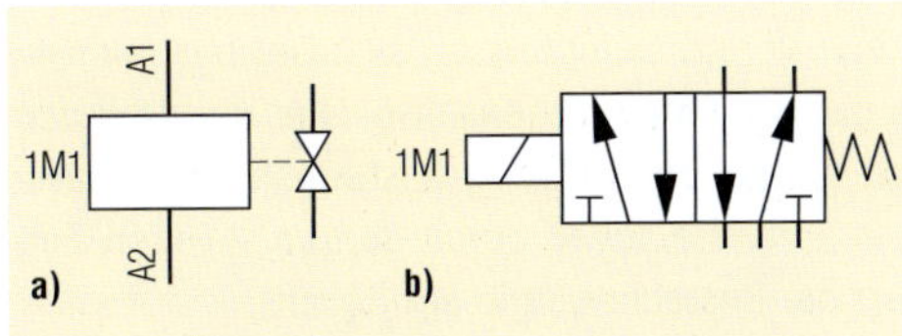

Bild 201.1 Symbolhafte Darstellung von Wegeventilen in a) elektrischen Schaltplänen und b) hydraulischen bzw. pneumatischen Schaltplänen.

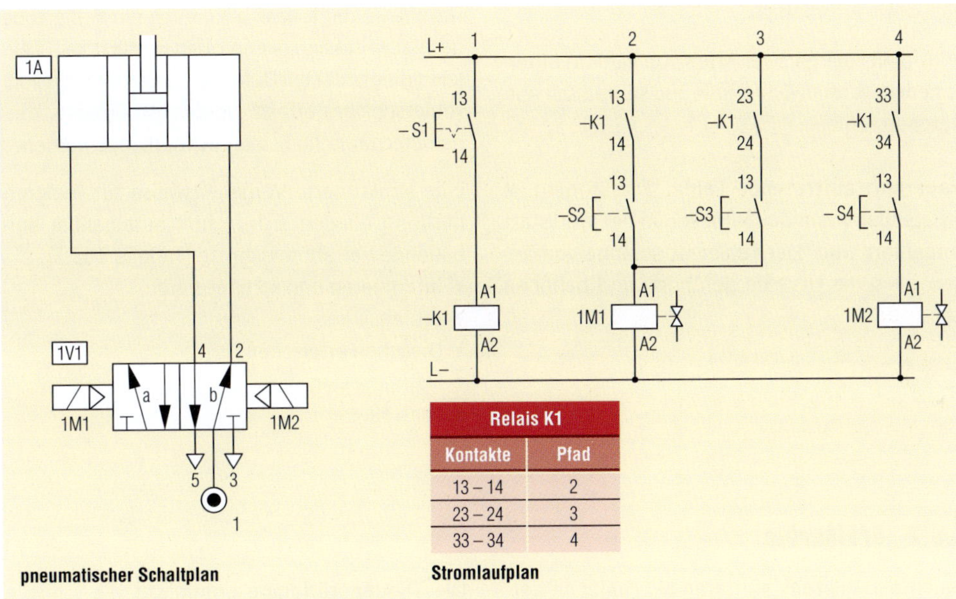

Relais K1	
Kontakte	Pfad
13 – 14	2
23 – 24	3
33 – 34	4

Bild 201.2 Elektropneumatischer Schaltplan einer Omnibustür-Steuerung.

4.9 Diagnosestrategien

Die zunehmende Anzahl und Komplexität elektrischer Bauteile und elektronischer Schaltungen lässt bei auftretenden Störungen eine spontane Schadensdiagnose durch den Fahrzeugmechatroniker oftmals nicht mehr zu.

Einfache elektronische Systeme (meist bei älteren Fahrzeugen) bestehen aus einem einzigen Steuergerät, das seine Information von einem oder mehreren Sensoren erhält, diese verarbeitet und Befehle an die angeschlossenen Aktoren weiterleitet. Es besteht keine Vernetzung des Gerätes mit anderen Systemen, sodass sich mögliche Fehlfunktionen der Sensoren oder des Steuergerätes nicht auf andere Steuer- oder Regelvorgänge auswirken können. Fehler in solchen „in sich geschlossenen" Systemen lassen sich relativ leicht diagnostizieren, indem der Mechatroniker das System in seine Funktionsgruppen aufteilt und diese einzeln überprüft.

4.9.1 Systematische Fehlersuche

Geschlossene Systeme werden immer häufiger durch vernetzte Systeme abgelöst. Dabei nehmen mehrere elektronische Systeme einen Datenaustausch untereinander vor, mehrere Steuergeräte beeinflussen sich bei bestimmten Regelvorgängen gegenseitig. Dies wurde durch die stetige Entwicklung leistungsfähiger Hard- und Software sowie durch den verstärkten Einsatz der Bustechnologie ermöglicht.

Bussysteme → S. 591 ff.

Störungen in vernetzten Systemen sind häufig schwer zu lokalisieren, da sie nicht immer einem Steuergerät eindeutig zuzuordnen sind. Deshalb ist für die Diagnose eine strukturierte Vorgehensweise erforderlich.

Prinzipiell können zwei Arten von Fehlern unterschieden werden: Dauerhaft und sporadisch auftretende Fehler.

Dauerhaft auftretende Fehler. Die Störung ist feststellbar, wenn das Fahrzeug in der Werkstatt vorgeführt wird. Der Fehler ist solange vorhanden, bis seine Ursache gefunden und behoben ist.

Sporadisch auftretende Fehler. Sie treten nur unter ganz bestimmten Betriebsbedingungen auf (z. B. Kaltstartphase) oder – was für eine gezielte Diagnose noch schwieriger ist – völlig willkürlich. Die Fehlerursache ist meist schwer zu ermitteln.

Ursache und Auftreten vieler Fahrzeugstörungen werden im Fehlerspeicher eingetragen und können später im Rahmen der Fehlerermittlung abgefragt werden. Eintragungen im Fehlerspeicher sind jedoch nicht immer exakt; sie müssen durch den Kfz-Mechatroniker sorgfältig hinterfragt und auf Plausibilität überprüft werden. Die Praxis zeigt, dass u. U. auch ein Fehlercode gesetzt sein kann, wenn offensichtlich kein Fehler vorliegt oder ein Defekt vorliegt, der nicht vom Fehlerspeicher erfasst worden ist. Oftmals können mechanische Fehler nicht erkannt werden.

Eine strukturierte Vorgehensweise zur Fehlerermittlung gliedert sich in fünf aufeinander aufbauende Verfahrensschritte (Tabelle 203.1):

- Informieren und konkretisieren,
- prüfen,
- Ursachen erforschen,
- instandsetzen,
- kontrollieren.

4.9.2 Prüfgeräte

Durch die Vielzahl auftretender Fehler in vernetzten Systemen ist es nicht möglich, eine uneingeschränkt richtige Vorgehensweise zur Fehlerermittlung aufzuzeigen. Auswahlkriterien können Alter und Zustand des Fahrzeugs sein, die Fehlercharakteristik, die Diagnosefähigkeit des fehlerhaften Systems, das Vorhandensein von Prüfgeräten und – nicht zu unterschätzen – die Erfahrung des Fahrzeugmechatronikers. In der Regel stehen folgende Prüfgeräte zur Verfügung:

- Diodenprüflampe,
- Diagnosetester,
- Vielfachmessgerät,
- Oszilloskop,
- CAN-Bus-Analysegerät.

CAN-Bus-Analyse → S. 594 ff.

Die Diodenprüflampe ermöglicht die schnelle Prüfung einer anliegenden Spannung ($U \geq$ 4 Volt) und die Polaritätsprüfung von Leitungen oder Steckverbindungen.

Benutzen Sie niemals eine Standardprüflampe. Diese kann durch hohe Stromaufnahme das elektronische System beschädigen.

Verfahrensschritt	Verhaltensstrategie des Werkstattmitarbeiters
Informieren. Es sollen möglichst viele und detaillierte Informationen zum vorliegenden Fehler erfasst und protokolliert werden. Die Kundenaussagen führen zu einer Eingrenzung der Problemstellung. Diese wird mit den vorliegenden Fahrzeugdaten verglichen. **Konkretisieren.** Die Kundenangaben und die Systemanalyse aus den Fahrzeugdaten bilden die Grundlage für ein zielgerichtetes Diagnostizieren und Eingrenzen des Fehlers.	Durch gezielte Fragestellungen sollen möglichst viele Details zum vorliegenden Fehler erkundet werden. Mögliche Fragen wären: • Wann ist der Fehler zum ersten Mal aufgetreten? • Ist die Wahrnehmung des Fehlers bestimmten Begleitumständen zuzuordnen (Witterung, Fahrverhalten)? • Wie häufig tritt der Fehler auf? • Sind seit der ersten Fehlerwahrnehmung weitere Fehler aufgetreten? • Wurden unmittelbar vor Auftreten des Fehlers Reparaturen oder Veränderungen am Fahrzeug vorgenommen? • Ist der Fehler spontan aufgetreten, oder wurden zuvor schon Veränderungen am Fahrzeug (Geräusche, Gerüche o. ä.) festgestellt? • Ist eine Fehlbedienung einer Systemkomponente durch den Fahrer ausgeschlossen? • Ist der Fehler nach ungewöhnlichen Einsatzbedingungen des Fahrzeugs erstmals aufgetreten (z. B. lange Gebirgsfahrten, Ziehen eines Anhängers)? Zur weiteren Eingrenzung des Fehlers kann eine Probefahrt notwendig sein. Fehler, die nur im Fahrbetrieb auftreten, können oftmals nur wenig präzise durch den Fahrzeugbesitzer beschrieben werden. An dieser Stelle sollte sich der Werkstattmitarbeiter selbst ein Bild von der beschriebenen Störung machen. Gelegentlich gibt es Fehlerbeanstandungen, bei denen es sich nur aus Kundensicht um eine Fehlfunktion handelt. In solchen Fällen kann der Vergleich mit einem Referenzfahrzeug helfen. Anhand der gesammelten Informationen versucht der Fahrzeugmechatroniker den vorliegenden Fehler einzelnen Systemen, Subsystemen oder funktionalen Gruppen zuzuordnen. Durch Kenntnisstand und/oder vorliegende Werkstattinformationen versucht er Funktionselemente auszumachen, in deren Einflussbereich eine Fehlersuche sinnvoll erscheint.
Prüfen. Es muss zunächst eine Sichtprüfung und ggf. anschließend eine Prüfung mithilfe von Diagnosegeräten durchgeführt werden.	Die Sichtprüfung erfolgt konkret an den Bauteilen bzw. den Funktionsgruppen, die für den auftretenden Fehler infrage kommen. In der Prüfung können eingeschlossen sein: Masseanschlüsse, Steckverbindungen, Sicherungen, Undichtigkeiten, beschädigte Schläuche, Füllstände u. a. Konnte der Fehler noch nicht ermittelt werden, muss der Kfz-Mechatroniker eine Eingrenzung mit weitergehenden elektrischen Mess- und Prüfverfahren vornehmen. Prüfgeräte können der Diagnosetester, das Vielfachmessgerät, das Oszilloskop und eine spezielle CAN-Bus-Analyse sein.
Ursachenforschung. Es ist nicht ausreichend, nur das ermittelte defekte Bauteil auszutauschen, sondern es muss die Ursache des Defektes gefunden werden.	Der Kfz-Mechatroniker hat das defekte Bauteil ermitteln können. Er muss nun analysieren, warum das Bauteil ausgefallen ist. Zum Beispiel können eine beschädigte elektrische Leitung oder eine lose Steckverbindung durch Wassereintritt einen elektrischen Kurzschluss herbeiführen. Als Folge wird das Steuergerät zerstört. Wird die eigentliche Ursache des Fehlers nicht gefunden und nur das Steuergerät ausgetauscht, besteht die Gefahr, dass der Kunde nach kurzer Zeit mit demselben Fehler erneut die Werkstatt aufsuchen muss. Dadurch sinken Kundenzufriedenheit und Vertrauen in die Werkstatt. Zudem treten Folgekosten durch eine erneute Reparatur auf, die u. U. durch die Werkstatt zu tragen sind.

Tabelle 203.1 Strukturierte Vorgehensweise zur Fehlerermittlung. ▶

Verfahrensschritt	Verhaltensstrategie des Werkstattmitarbeiters
Instandsetzen nach Herstellerhinweisen.	Nach Ermittlung der Fehlerursache muss der Kfz-Mechatroniker den Fehler nach Anweisung des Fahrzeugherstellers beheben.
Kontrollieren. Hierdurch wird die Qualität der durchgeführten Instandsetzungsarbeiten gesichert und die Kundenzufriedenheit erhöht.	Vor Übergabe des Fahrzeugs an den Kunden muss der Kfz-Mechatroniker eine sorgfältige und gewissenhafte Kontrolle aller ausgeführten Arbeiten durchführen. Dazu müssen nochmals alle betroffenen Funktionen überprüft werden. Fehlerspeicher werden ausgelesen, protokolliert und gelöscht. Evtl. Grundeinstellungen (z. B. Justieren der Fensterheber, Einstellen der Uhr) werden durchgeführt. Das Fahrzeug ist in einem sauberen Zustand zu übergeben. Durch eine Probefahrt werden die genauen Umstände simuliert, bei denen der Fehler aufgetreten ist. Die Probefahrt kann auch zusammen mit dem Kunden durchgeführt werden.

Tabelle 203.1 (Fortsetzung) Strukturierte Vorgehensweise zur Fehlerermittlung.

Der Diagnosetester (Fahrzeugsystemtester) (Bild 204.1) unterstützt den Mechatroniker bei der Fehlersuche. Der Diagnosetester liefert u. a. Informationen über technische Daten, Bauteile, Einstellwerte und Systembeschreibungen. Er besteht aus dem Diagnosecomputer mit Abspielmöglichkeit gängiger Datenträger und einem Monitor. Neben der Anschlussmöglichkeit eines Druckers kann meist auch eine Verbindung mit dem EDV-Netzwerk des Betriebes hergestellt werden. Weiterhin beinhaltet der Fahrzeugsystemtester ein Universalmessgerät, ein Oszilloskop und mehrere Adapter zum Anschluss an die Fahrzeugschnittstellen.

Universalmessgerät, Oszilloskop → S. 157 ff.

Bild 204.1 Diagnosetester.

Zusammen mit der fahrzeugspezifischen Software kann der Systemtester u. a. für die in Tabelle 205.1 aufgelisteten Aufgaben eingesetzt werden.

> Achten Sie während der Diagnose auf eine ausreichende und stabile Spannungsversorgung des Fahrzeugs und schließen Sie ein geeignetes Batterieladegerät an. Die Eigenschaften des Ladegerätes (Leistung, Oberwelligkeit, Diode gegen Spannungsspitzen ...) werden von vielen Fahrzeugherstellern angegeben bzw. der Einsatz eines bestimmten Ladegerätes vorgeschrieben.

Das Vielfachmessgerät (Multimeter) ermöglicht es, die Abschlusswiderstände der Datenleitungen zu bestimmen und deren Spannungswerte zu messen. Weiterhin können Datenleitungen auf Kurzschluss bzw. Durchgang getestet werden. Zur Überprüfung des Fahrzeugs muss der Vernetzungsplan mit Angabe der Knotenpunkte (Verteiler) vorliegen. Es müssen alle am Bus angeschlossenen Steuergeräte mit den jeweiligen Abschlusswiderständen eingetragen sein. Zur Prüfung müssen die Datenleitungen spannungsfrei sein, eventuell muss dazu die Batterie abgeklemmt werden. Zuvor ist eine vom jeweiligen Fahrzeughersteller vorgegebene Zeit abzuwarten, da Steuergeräte auch nach Ausschalten der Zündung noch eine Zeitlang miteinander kommunizieren können.

Einsatzmöglichkeit	Beschreibung
Fahrzeugidentifizierung	Zunächst muss das Fahrzeug zur Identifizierung an den Tester angeschlossen werden. Es werden z. B. Fahrzeugtyp, Modelljahr, Motorkennbuchstabe, Ausstattungsmerkmale abgefragt.
Codieren von Steuergeräten	Bei einer Fehlersuche werden die in den Steuergeräten codierten Ausstattungsvarianten überprüft. Somit können Fehler durch falsche Ausstattungsfunktionen ausgeschlossen werden.
Überprüfung des Softwarestandes	Möglicherweise bietet der Hersteller bereits eine neue Softwareversion an, bei der der beschriebene Fehler nicht mehr auftritt. Deshalb sollte der Softwarestand des betroffenen Steuergerätes kontrolliert werden.
Fehlerspeicher auslesen Fehlerspeicher löschen	Alle einzeln oder in vernetzten Systemen betroffenen Steuergeräte werden nacheinander auf erkannte Fehler abgefragt. Der Fehler kann als „Klartext" oder Code abgelegt sein. Alle dokumentierten Fehler müssen überprüft und ggf. behoben werden. Anschließend ist der Fehlerspeicher zu löschen. Durch einen ausführlichen Test des Fahrzeugs (ggf. Probefahrt) wird sichergestellt, dass die Kundenbeanstandung behoben ist. Danach erfolgt ein erneutes Auslesen des Fehlerspeichers, in dem jetzt keine Einträge mehr vorhanden sein dürfen.
Geführte Fehlersuche	Um einen Fehler aufzufinden, gibt der Tester die vorzunehmenden Arbeitsschritte ausgehend von der Fehlerspeichereintragung vor. Es werden alle notwendigen Prüfvoraussetzungen, Prüfschritte und einzusetzenden Prüfmittel am Bildschirm angezeigt.
Inspektionsintervalle zurücksetzen	Nach Durchführung einer Inspektion setzt die Werkstatt die Inspektionsintervallanzeige in der Instrumententafel des Armaturenbretts zurück.
Stellglieddiagnose	Durch den Stellgliedtest wird der richtige Ablauf vernetzter Funktionen überprüft. Dabei werden die einzelnen Stellglieder durch den Systemtester nach einer vorgegebenen Reihenfolge gezielt angesteuert.
Messwertblöcke auslesen (Istwerterfassung)	Ausgewählte diagnosefähige Steuergeräte übertragen ihre aktuellen Daten zur Anzeige in den Tester. Hierdurch ist es möglich, Signale mehrerer angesprochener Komponenten gleichzeitig aufzuzeichnen und zu überwachen.

Tabelle 205.1 Einsatzmöglichkeiten des Diagnosetesters.

Das Oszilloskop ermöglicht es Signalverläufe auf Busleitungen bei eingeschalteter Zündung zu überprüfen. Fehler in der Datenleitung können schnell identifiziert werden. Dabei kann nur die Funktion der Datenleitung, nicht aber die „Qualität" (Veränderungen der übertragenen Bytes) überprüft werden. Vorliegende Vergleichsoszillogramme erleichtern die Fehlerfeststellung.

Das CAN-Bus-Analysegerät kann den „Datenverkehr" auf der Busleitung beobachten und analysieren. Das Analysegerät besteht aus einem Laptop/PC mit entsprechender Software. Für die Schnittstelle mit dem Fahrzeugbus ist ein spezieller CAN-Dongle notwendig, welcher aus einem CAN-Controller und einen Transceiver besteht. Der CAN-Dongle stellt also die Verbindung zwischen dem CAN-Netzwerk des Fahrzeugs und dem Auslesegerät (PC, Laptop) her.

Der Transceiver wird mit dem Parallelport oder einem USB-Anschluss am Rechner verbunden. Er ist für das Einspeisen und Auskoppeln der Signale verantwortlich. Zur Konfiguration des Systems muss die Übertragungsrate des CAN-Busses bekannt sein, damit eine Kommunikation aufgebaut werden kann.

Dongle: Kopierschutzstecker; Herkunft des Namens unsicher.

Transceiver: Kunstwort aus Transmitter und Receiver; Baueinheit aus Sender und Empfänger.

4.10 Kennfeldgesteuertes Kühlsystem als Beispiel für ein komplexes Regelsystem im Kraftfahrzeug

Dem Wunsch vieler Autofahrer nach hoher Motorleistung stehen oftmals die gesetzlichen Auflagen zur Verbrauchs- und Emissionsreduzierung gegenüber. Um diesen „Widerspruch" aufzulösen, müssen die Fahrzeughersteller immer umfassendere Regelsysteme verbauen. Ein Beispiel hierfür ist der Einbau eines kennfeldgesteuerten Kühlsystems.

Dieses Kühlsystem senkt die Verbrauchs- und Emissionswerte ohne die Leistung des Motors zu verschlechtern. Gleichzeitig wird die Ansprechzeit der Innenraumheizung verkürzt. Die Besonderheiten sind:

- schnelle Erwärmung von Motor und Katalysator → Verkürzung der Kaltlaufphase, die besonders verbrauchs- und emissionsungünstig ist.
- Erhöhung der Motortemperatur, wenn dies der Fahrzustand (z. B. Teillast) zulässt → Verbesserung der Gemischbildung und der Motorschmierung. Letzteres reduziert die Motorinnenreibung und damit den Kraftstoffverbrauch.
- Senkung der Motortemperatur, wenn dies der Fahrzustand erfordert (z. B. Volllast) → Vermeidung von Füllungsverlusten und Spätzündungen. Eine Überhitzung der Motorbauteile ist ausgeschlossen.

Eingangsgrößen. Für die Regelung des kennfeldgesteuerten Kühlsystems erfassen Sensoren u. a. folgende Eingangsgrößen: Lufttemperatur, Lastzustand des Motors, Geschwindigkeit, Kühlmitteltemperatur, Stellung der Innenraumheizung, Einstellung der Klimaanlage, Kühlmittelvolumen.

Die Daten werden in einem Steuergerät verarbeitet, in dem die Kennfelder der erfassten Eingangsgrößen abgelegt sind. Aus dem Datenabgleich ermittelt der integrierte Mikrocomputer die Ansteuerung des elektronisch geregelten Thermostaten. In die Regelung können weitere Aktoren eingebunden sein: Lüfterjalousie, elektrische Kühlmittelpumpe und elektrisch angetriebener Ventilator.

Die eingesetzten Bauteile weisen folgende Besonderheiten auf:

Thermostat. Über einen elektrischen Heizwiderstand wird die Temperatur im Dehnstoffelement zusätzlich zur Kühlflüssigkeitswärme beeinflusst. Die Erwärmung sorgt für einen größeren Hub, wodurch sich die Kühlmitteltemperatur verringert.

Ventilator. Die Gebläseleistung des Ventilators wird den Bedürfnissen elektrisch angepasst.

Lüfterjalousie. Eine meist elektrisch verstellbare Lüfterjalousie reguliert den Fahrtwindzutritt auf den Lüfter. Bei geschlossener Jalousie tritt fast keine Fahrtwindkühlung auf, die Kaltstartphase verkürzt sich deutlich. Bei Dieselfahrzeugen werden die lauten Verbrennungsgeräusche bei kaltem Motor reduziert.

Kühlmittelpumpe. Diese wird elektrisch angetrieben. Somit kann der Kühlmitteldurchsatz den Erfordernissen angepasst werden, z. B. geringerer Durchfluss in der Kaltlaufphase.

Zur Wiederholung

1. Stellen Sie die Ventilsteuerung eines Motors in Form einer Steuerkette dar (vgl. Bild 184.2).
2. Stellen Sie die Fahrgeschwindigkeitsregelung eines Kraftfahrzeuges in Form eines Regelkreises dar (vgl. Bild 184.4).
3. Nennen Sie weitere Beispiele für Steuerungs- und Regelungseinrichtungen im Kraftfahrzeug.
4. Erklären Sie aus der Steuerungs- und Regelungstechnik den Begriff „Störgröße".
5. Wie reagieren Steuerungen und Regelungen auf vorhandene Störgrößen?
6. Unterscheiden Sie die verschiedenen Signalarten.
7. Erklären Sie einem Freund oder einer Freundin aus dem nichttechnischen Bereich das unterschiedliche Arbeitsprinzip von Steuerungen und Regelungen.
8. Welche unterschiedlichen Aufgaben haben Signalglieder, Steuerglieder und Stellglieder?
9. Erklären Sie die Unterschiede zwischen einer NICHT- und einer ODER-Grundfunktion an einem Beispiel aus Ihrem beruflichen Umfeld.
10. Erstellen Sie eine Funktionstabelle für 5 Eingangsgrößen. Die Ausgangsbelegungen sind zufällig zu wählen.
11. Die Schranke (A1) zu einer Tiefgarageneinfahrt darf sich nur öffnen wenn:
    a) Die Beleuchtung eingeschaltet ist (E1),
    b) der Parkschein entnommen wurde (E2),
    c) die Lüftungsanlage läuft (E3) und
    d) der Rauchmelder kein Signal sendet (E4).

    Entwickeln Sie die entsprechende Funktionstabelle.
12. Stellen Sie die wesentlichen Unterschiede zwischen einer Ablaufsteuerung und einer Verknüpfungssteuerung heraus.
13. Entwickeln Sie für die genannten mechanischen Steuerungen die entsprechenden Steuerketten mit ihren Baugliedern. Erklären Sie die Steuerung anhand des Signalflusses.
14. Welche Kraft übt die Luftsäule bei mittlerem atmosphärischem Druck auf ein Autodach von 2 m · 1,4 m aus?
15. Berechnen Sie den Überdruck, wenn bei einem Luftdruck von 1 bar der absolute Druck
    a) 3 bar und
    b) 0,7 bar beträgt.
16. Die Ausfahrgeschwindigkeit eines doppelt wirkenden Zylinders soll einstellbar sein. Die Signaleingabe muss aus Sicherheitsgründen gleichzeitig über 2 handbetätigte Ventile erfolgen. Der Einfahrbefehl des Zylinders erfolgt durch Niedertreten eines Fußschalters.
    Entwickeln Sie eine pneumatische Steuerung, die diesen Anforderungen entspricht.
17. Die auf Seite 196 beschriebene Steuerung der Omnibustür muss aus Sicherheitsgründen verändert werden. Bei Gefahr muss sich die Türe von innen auch durch Handkraft öffnen lassen. Der Fahrer muss dazu nicht das Ventil 0V1 betätigen.
    Erweitern Sie die Steuerung durch Auswahl und Einbau eines solchen Not-Öffnungsventils.
18. Auf den Arbeitskolben einer hydraulischen Presse wirkt eine Kraft von 10 000 N. Der Druckkolben hat einen Durchmesser von 50 mm. Auf ihn wird mit einer Kraft von 500 N gedrückt.
    Berechnen Sie
    a) den Durchmesser des Arbeitskolbens und
    b) die hydraulische Übersetzung.
19. Ein Differenzialzylinder wird mit einem Volumenstrom von 12 l/min belastet. Der Innendurchmesser des Zylinders beträgt 68 mm, der Kolbenstangendurchmesser 25 mm.
    a) Berechnen Sie die Geschwindigkeit des Kolbens in m/min für die Aus- und Einfahrbewegung.
    b) Berechnen Sie die Druckübersetzung.

Differenzialzylinder: Bezeichnung ergibt sich aus der Differenz zwischen den Kolbenflächen auf der Kolbenbodenseite und der Kolbenstangenseite.

Zur Vertiefung

1. Erklären Sie, warum in der Steuerung einer hydraulischen Kfz-Hebevorrichtung (Bild 198.2) ein Rückschlagventil parallel zum Stromregelventil geschaltet ist.
2. Das in dieser Steuerung (Bild 198.2) eingebaute 4/2-Wegeventil 1V1 ist schlecht gewählt. In beiden Stellungen muss die Pumpe stets gegen den bestehenden Leitungsdruck arbeiten.
   Welches Ventil würden Sie auswählen, damit die Pumpe bei stehendem Kolben entlastet wird?
3. Erklären Sie die Funktion der elektropneumatischen Steuerung aus Bild 201.2.
4. Skizzieren Sie einen Schaltplan in aufgelöster Darstellung für eine UND-Verknüpfung und für eine ODER-Verknüpfung. Die Schalter S1 und S2 sollen ein Relais K1 einschalten.

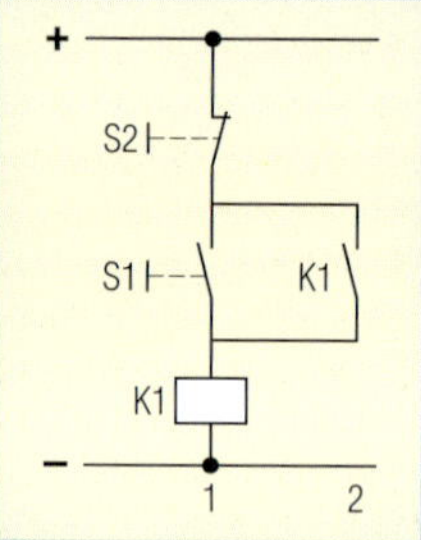

5. Für die Steuerung eines Zylinders durch ein Wegeventil mit Federrückstellung ist eine elektrische Selbsthaltung notwendig.
   a) Erklären Sie die Funktion der nebenstehenden Selbsthaltung.
   b) Warum ist bei der Wahl dieses Wegeventils eine Selbsthaltung erforderlich?
6. Fallbeispiel:
   Sie arbeiten in einer Fachwerkstatt. Ein Kunde kommt mit seinem Fahrzeug zu Ihnen und schildert folgenden Defekt: „Auf dem Weg nach Hause leuchtete plötzlich die Kontrolllampe vom ESP permanent auf. Ich vermute deshalb, dass ein Defekt vorliegt. Woran könnte das liegen?"
   a) Richten Sie mindestens fünf Fragen an den Kunden, die Ihnen helfen können den Fehler einzugrenzen.
   b) Benennen Sie die Bauteile, die möglicherweise als Fehlerquelle infrage kommen.
   c) Sie nehmen zusammen mit dem Kunden eine Sichtprüfung an dem abgestellten Auto vor. Dabei starten Sie das Fahrzeug und stellen fest, dass die Kontrollleuchte der Stabilitätskontrolle nicht mehr leuchtet. Erklären Sie dem Kunden, warum auf seiner Fahrt in die Werkstatt ein Fehler durchaus vorgelegen haben kann, der jetzt nicht mehr angezeigt wird.
   d) Sie schließen das Fahrzeug an den Diagnosetester an. Welche Hilfestellung im Rahmen der Fehlersuche erhoffen Sie sich?
   e) Sie glauben, dass tatsächlich ein Fehler im Regelvorgang der Stabilitätskontrolle vorgelegen hat. Welche weitere Vorgehensweise erscheint Ihnen sinnvoll, um den Fehler zu erkennen und ggf. zu reparieren?

5 Prüfen und Instandsetzen der Energieversorgungs- und Startsysteme

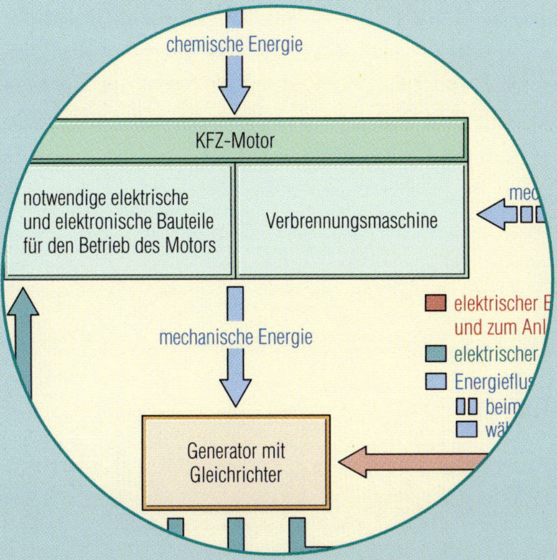

Was bedeutet „Energieversorgung eines Kraftfahrzeugs"? Sie erfahren, wie Generator, Batterie, Starter und andere elektrische Verbraucher im Kraftfahrzeug zusammenwirken.

Ohne Batterie geht gar nichts: Sie lernen Aufbau, Funktion und Wartung von Kfz-Batterien kennen.

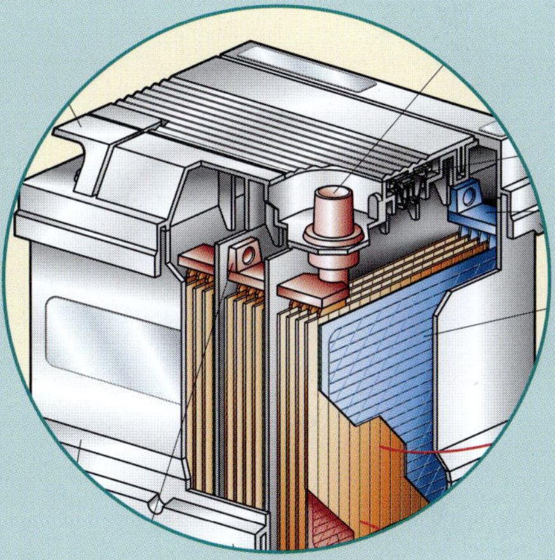

Sie werden verstehen, wie der Starter den Fahrzeugmotor startet und können Fehler im Startsystem analysieren.

Sie können Fehler im Energieversorgungs- und Startsystem eingrenzen und ermitteln, z. B. mithilfe eines Oszilloskops oder der Generatorkontrolllampe.

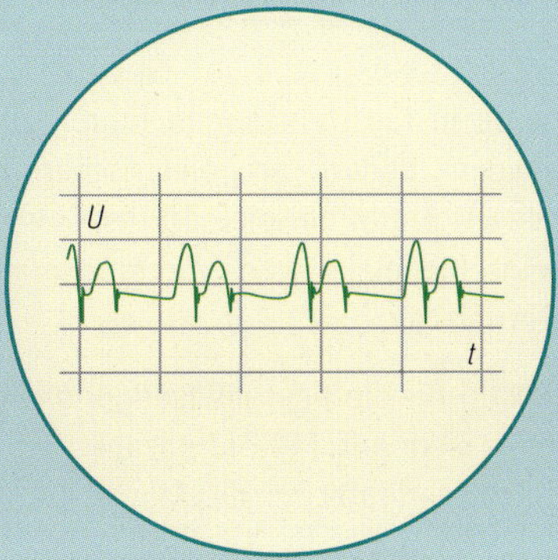

5.1 Energieversorgungssysteme

Die Energieversorgung eines Kraftfahrzeuges wird durch das Zusammenwirken von Batterie und Generator unter allen Betriebsbedingungen sichergestellt. Voraussetzung dafür ist eine genaue Abstimmung zwischen der Generatorleistung, der Batteriekapazität und dem Leistungsbedarf aller elektrischen Verbraucher (Energiewandler) einschließlich des Starters. Bei Motorstillstand muss die Batterie ausreichend elektrische Energie gespeichert haben um den Motor des Fahrzeuges zu starten und andere elektrische Verbraucher für eine gewisse Zeit mit Energie zu versorgen. Nach dem Start übernimmt der Generator die Energieversorgung der Verbraucher und lädt gleichzeitig die Batterie auf. Bild 210.1 verdeutlicht das Zusammenwirken der Bauteile.

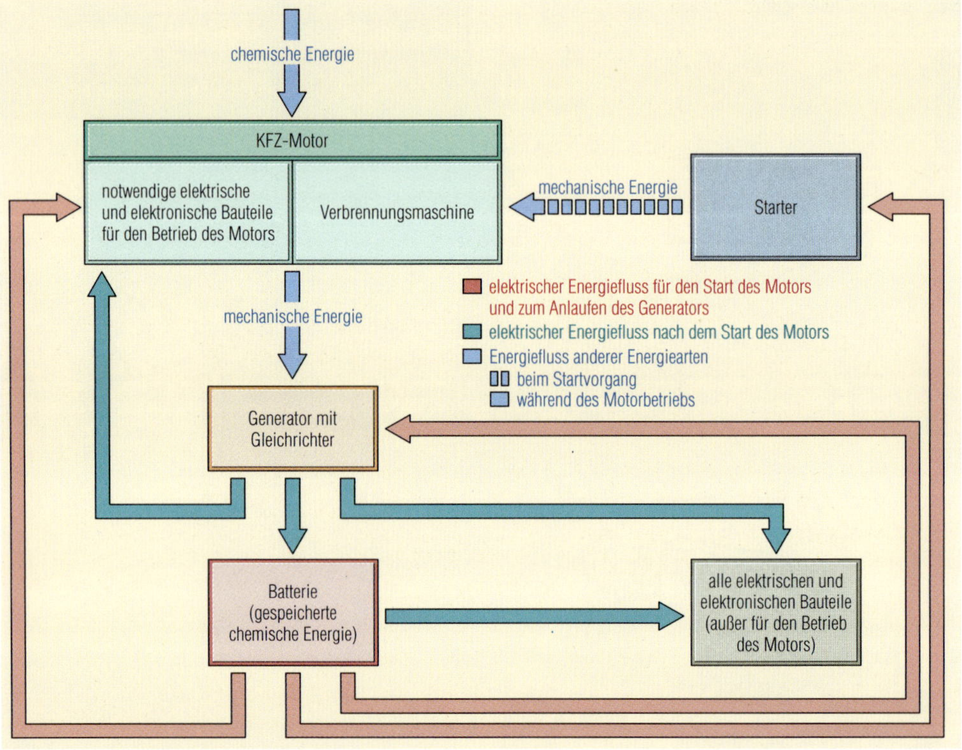

Bild 210.1 Zusammenwirken von Generator, Batterie, Starter und anderen elektrischen Verbrauchern beim Start und bei laufendem Motor.

5.1.1 Drehstromgenerator

Anforderungen und Eigenschaften

Immer mehr elektrische und elektronische Bauelemente in Kraftfahrzeugen führen zu einem steigenden Bedarf an elektrischer Energie. Tabelle 211.1 gibt beispielhaft den Leistungsbedarf einzelner elektrischer Verbraucher während des Betriebs an.

Ungünstig für die Energieerzeugung sind Fahrten mit niedriger Motordrehzahl und hohem Anteil an Leerlaufzeiten des Motors. Gerade dies sind aber Folgen des immer dichter werdenden Autoverkehrs. Zudem ist der Energieverbrauch eines Fahrzeugs auch stark jahreszeiten- und witterungsabhängig. Im Winter und bei Regen sind häufig Sitzheizung, Beleuchtung, Gebläse und eventuell auch die Klimaanlage zur Entfeuchtung eingeschaltet, an trockenen Sommertagen möglicherweise nur die Klimaanlage. Auch ist die benötigte Verbraucherleistung während einer Fahrt nicht konstant. Sie ist in den ersten Minuten nach dem Start höher als beim betriebswarmen

Gemischaufbereitung	Beleuchtung	Sicherheits-/Komfortelektronik
Zündung ca. 20 W	Abblendlicht ca. 110 W	Fensterheber ca. 150 W
Kraftstoffpumpe ca. 50 W	Fernlicht ca. 130 W	Elektr. Kühlerventilator ca. 120 W
Benzineinspritzung ca. 60 W	Nebelscheinwerfer ca. 110 W	Heckscheibenheizung ca. 200 W
Motormanagement ca. 200 W	Blinklicht ca. 42 W	Radio ca. 20 W
Starter ca. 800 bis 3000 W	Bremslicht ca. 42 W	Scheibenwischer ca. 50 W
Glühkerze pro Stück ca. 100 W	Kennzeichenleuchte, Schlussleuchte ca. 30 W	Innenraumheizung (Gebläse) ca. 120 W
Tabelle 211.1	Ungefährer Leistungsbedarf ausgewählter elektrischer Betriebsmittel	

Fahrzeug. Unter all diesen Betriebsbedingungen sollte die Leistungsabgabe des Generators so groß sein, dass er die Batterie des Fahrzeuges aufladen kann.

Ein Generator muss folgende Eigenschaften erfüllen:

- hohe Drehzahl des Generators schon bei niedriger Motordrehzahl, da die Energieerzeugung mit der Drehzahl ansteigt. Das optimale Übersetzungsverhältnis zwischen der Kurbelwelle des Motors und dem Generator liegt zwischen 1:2 und 1:3,
- gute Kühlung der Generatorbauteile (Luft- oder Wasserkühlung), dadurch besserer Wirkungsgrad und längere Lebensdauer,
- Schutz der elektronischen Bauteile vor äußeren Einflüssen (Wasser, Schmutz, Streusalz ...),
- geringes Gewicht und kleine Abmessungen,
- geringe Geräuschentwicklung während des Betriebes,
- Leistungsabgabe bereits im Leerlauf,
- wartungsarm.

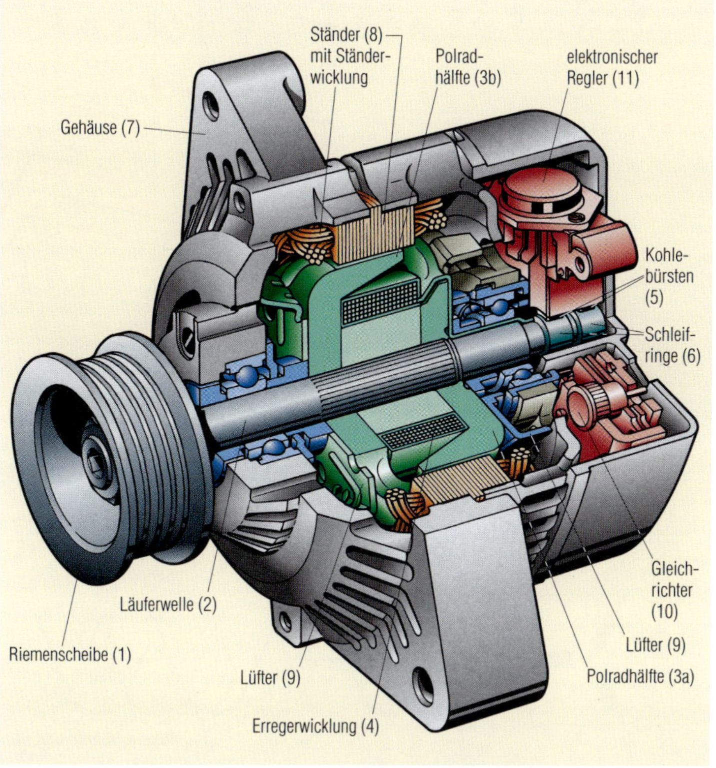

Bild 211.1 Aufbau eines Generators (Compact-Ausführung).

Aufbau

Die wesentlichen Bauteile des Generators zeigt Bild 211.1:

Über die Riemenscheibe (1) wird der Generator durch den Motor angetrieben. Mit ihr ist die Läuferwelle (2) verbunden, auf der die beiden Polradhälften (3a; 3b) befestigt sind. Dazwischen liegt die ringförmige Erregerwicklung (4), deren elektrischer Kontakt über zwei Kohlebürsten (5) hergestellt wird, die auf die beiden Schleifringe (6) drücken. Das Magnetfeld der Polräder schneidet die Ständerwicklungen des am Gehäuse (7) befestigten Ständers (8). Für eine ausreichende Kühlung der Bauteile sorgen zwei innen liegende Lüfter (9). Der Gleichrichter (10) besteht aus sechs Leistungsdioden zur Gleichrichtung des erzeugten Drehstromes. Zur Kühlung der Dioden sind diese in Kühlbleche eingepresst. Ein im Gehäuse integrierter elektronischer Regler (11) hält die Generatorspannung bei allen Drehzahlen und Belastungsfällen konstant. Meist ist er auf einem Bürstenhalter montiert. Damit entfällt die Verkabelung mit dem Generator.

Prinzip des Drehstromgenerators

Induktion → S. 128

Diodenprüfung mit Oszilloskop → S. 164 f.

Ein drehendes magnetisches Feld schneidet umlaufend eine elektrische Leiterschleife (Spule). Dort induziert es durch die sich ständig ändernde Magnetfeldstärke eine Wechselspannung.

Im Drehstromgenerator wird das drehende elektromagnetische Feld durch den Klauenpolläufer erzeugt. Er besitzt jeweils sechs Nord- und sechs Südpole, die auf seinem Umfang verteilt sind. Bei jeder Umdrehung des Läufers schneidet sein Magnetfeld die drei Wicklungen (Spulen) des Ständers und induziert somit (3 mal 6) vollständige Sinuswellen. Der erzeugte Drehstrom wird in einer elektrischen Sternschaltung zusammengeführt und mithilfe von sechs Dioden gleichgerichtet (Bild 212.1).

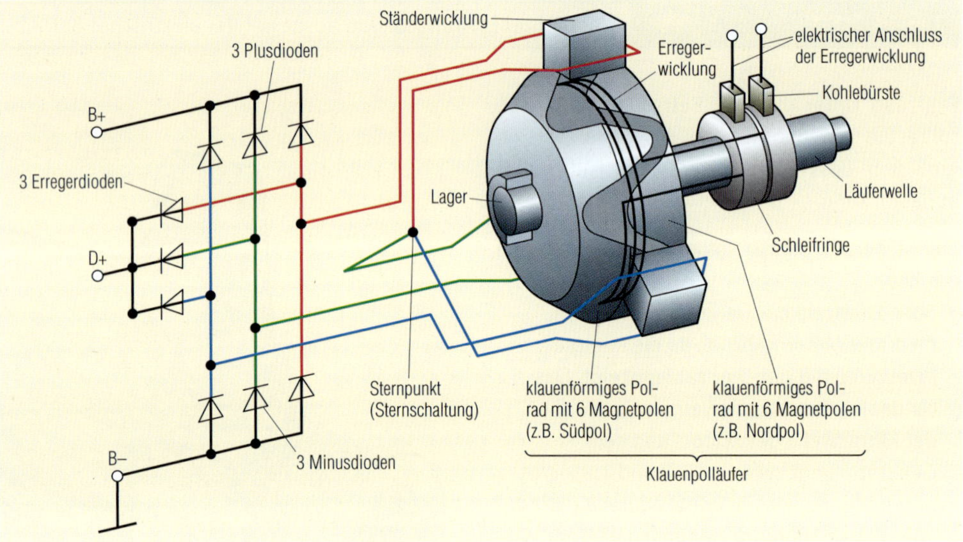

Bild 212.1 Läuferwelle, Ständerwicklung und elektrische Gleichrichtung des Drehstromes (Prinzipbild).

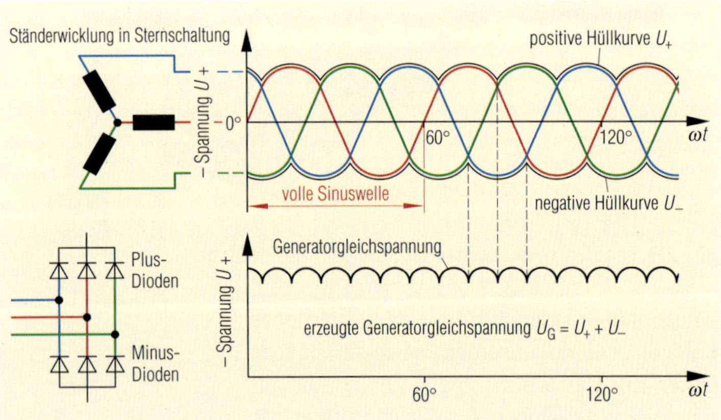

Bild 212.2 Indizierte Drehstromspannungen in den Ständerwicklungen und anschließende Gleichrichtung.

Die in den drei Wicklungssträngen erzeugten negativen Halbwellen werden von den „Minusdioden" durchgelassen, die positiven Halbwellen von den „Plusdioden". Somit werden für die Erzeugung des Gleichstromes sowohl die negativen als auch die positiven Halbwellen berücksichtigt. Als Folge entsteht eine Gleichspannung geringer Welligkeit (Bild 212.2).

Die vorliegende Anordnung der Gleichrichterdioden verhindert zusätzlich, dass bei stehendem Motor oder geringer Motordrehzahl ein Strom von der Batterie zu den Phasenwicklungen im Ständer fließen kann (Rückstromschutz).

Stromkreise des Generators

Drehstromgeneratoren besitzen drei Stromkreise. Ihr Zusammenwirken verdeutlicht Bild 213.1, während die genauen Aufgaben durch die Tabelle 213.1 erklärt werden.

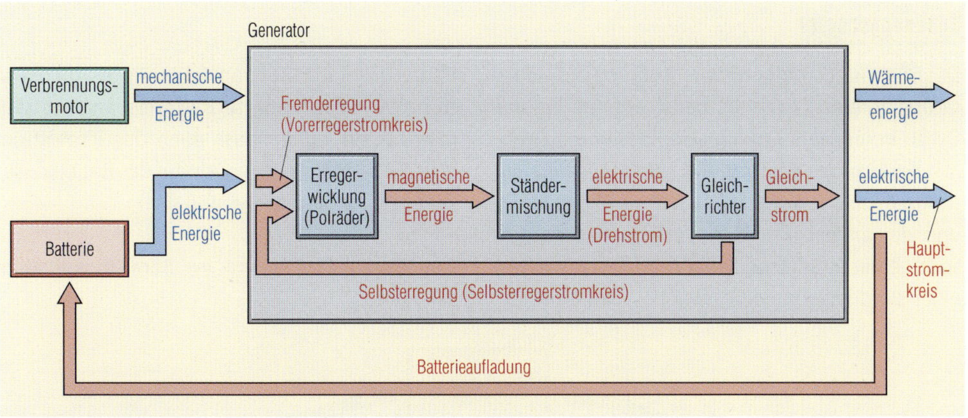

Bild 213.1 Energiefluss in den elektrischen Baugruppen des Drehstromgenerators.

Bezeichnung des Stromkreises	Vorerregerstromkreis	Erregerstromkreis	Generatorstromkreis (Hauptstromkreis)
Schaltplan 1 Generator 1a Erregerdioden 1b Dioden in Plusplatte 1c Dioden in Minusplatte 1d Erregerwicklung 2 Regler 3 Generatorkontrolllampe 4 Zündschalter 5 Batterie	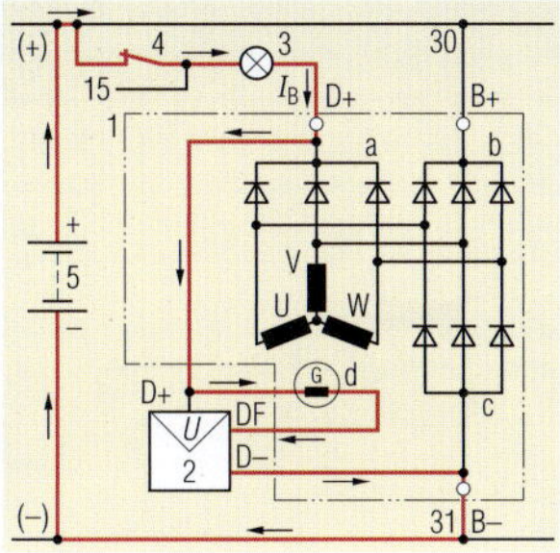	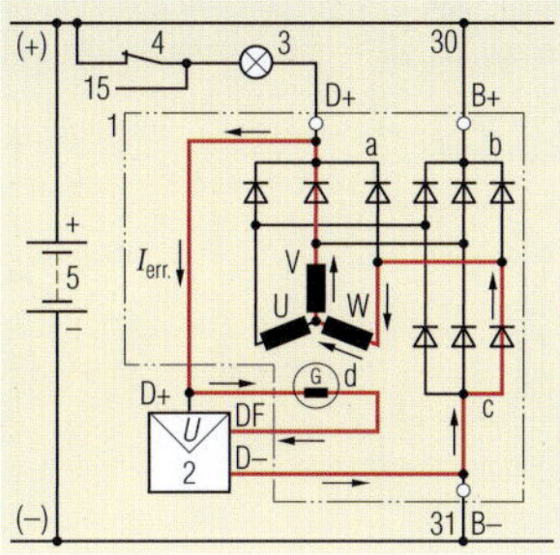	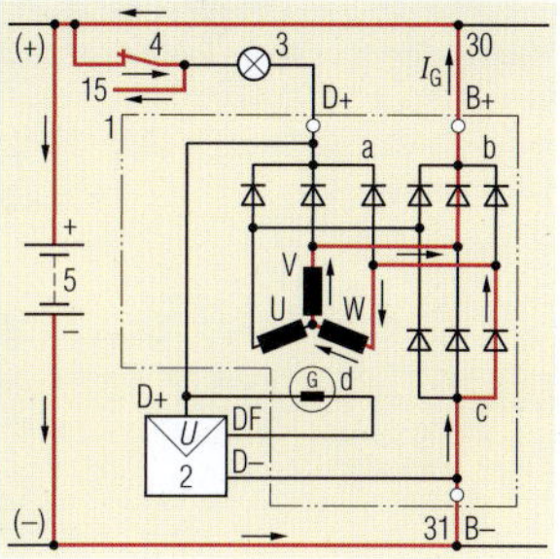
Aufgabe des Stromkreises	Nach Betätigung des Zündschalters baut der Batteriestrom im Läufer ein Magnetfeld auf. Dieses induziert beim Starten des Motors in den Ständerwicklungen eine Spannung. Dabei muss diese so hoch sein, dass sie den Spannungsabfall an beiden Dioden (2 · 0,7 V) im Erregerstromkreis übersteigt. Die Höhe des Vorerregerstromes wird durch die Leistung der Generatorkontrolllampe (= elektr. Widerstand) bestimmt. Sie erlischt, sobald die erzeugte Spannung des Generators höher ist als die Batteriespannung.	Während der Generator angetrieben wird, baut der Erregerstrom in der Erregerwicklung des Läufers ein Magnetfeld auf. Dieses induziert in den Wicklungen des Ständers die Generatorspannung. Die dabei erzeugte Strommenge ist um ein Vielfaches größer als die Menge, die in der Erregerwicklung zum Aufbau des Magnetfeldes benötigt wird. Somit kann der Erregerstrom kontinuierlich aus der eigenen Stromerzeugung abgezweigt werden (Selbsterregung). Es wird keine andere Stromquelle hierzu benötigt.	Die in den drei Phasen des Drehstromgenerators induzierte Drehspannung muss gleichgerichtet an die Batterie und die Verbraucher weitergeleitet werden. Damit der Strom in die beschriebene Richtung fließen kann, muss die erzeugte Spannung des Generators geringfügig höher sein als die Batteriespannung.

Tabelle 213.1 Übersicht der Stromkreise eines Drehstromgenerators.

Spannungsregler

Der Spannungsregler hat die Aufgabe die Generatorspannung (zwischen den Klemmen B^+ und B^-) zu begrenzen und über den gesamten Drehzahlbereich des Motors und unter allen Belastungszuständen konstant zu halten. Die Batterie und die angeschlossenen Verbraucher werden so vor einer möglichen Zerstörung geschützt. Bei einer Bordnetzspannung von 12 V arbeitet der Regler in einem Toleranzfeldbereich von 14 V. Je höher die geforderte Batteriespannung sein muss, desto höher muss auch der Regelstrom sein. Bild 214.1 stellt den Ablauf des Regelkreises zur Spannungsstabilisierung dar.

Die Regelzyklen liegen im Bereich von Millisekunden.

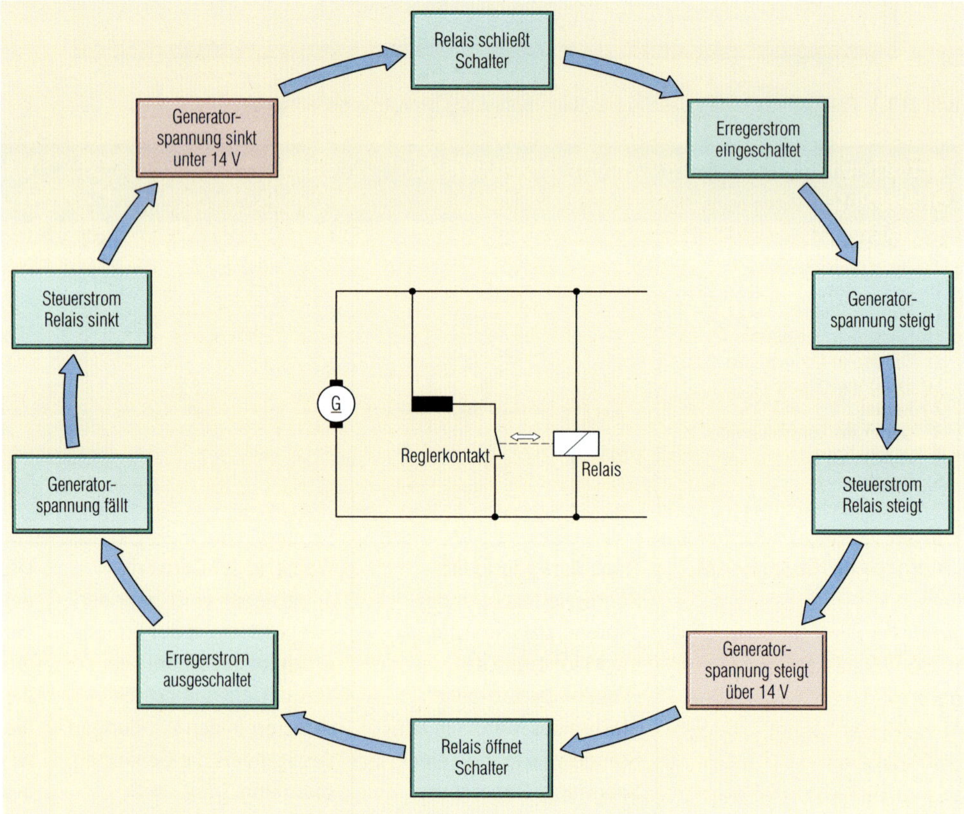

Bild 214.1 Prinzipdarstellung der Generatorspannungsregelung.

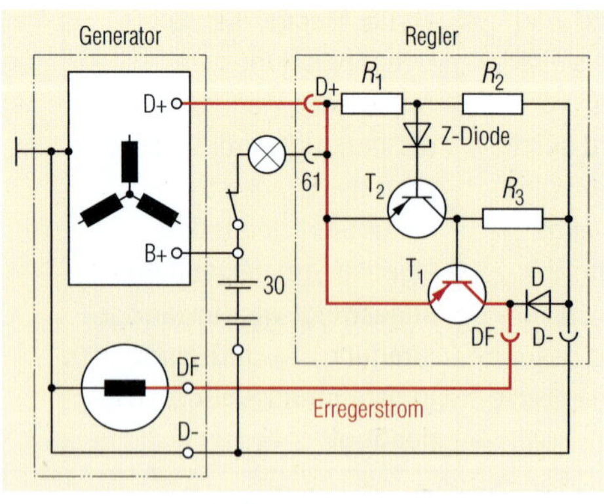

Bild 214.2 Reglerschaltung vereinfacht.

Eine vereinfachte elektrische Schaltung des Reglers zeigt Bild 214.2.

Funktion: Der Spannungsteiler, der aus den Widerständen R_1 und R_2 besteht, erfasst den Istwert der Generatorspannung zwischen den Klemmen D^+ und D^-. Parallel zu R_2 ist die Zener-Diode geschaltet. Sie arbeitet als Sollwertgeber des Reglers, da an ihr stets eine zur Generatorspannung proportionale Teilspannung anliegt. Die beiden PNP-Transistoren T_1 und T_2 schalten zwischen den beiden Zuständen „Erregerstrom EIN" und „Erregerstrom AUS" um. Die Transistoren sind geschaltet, wenn Basis und Kollektor negativ gegenüber dem Emitter gepolt sind.

Regelzustand EIN: Liegt der Istwert der Generatorspannung unter dem Sollwert, ist die Durchbruchspannung der Zenerdiode noch nicht erreicht. Es fließt kein Strom über die Basis des Transistors T_2, dieser ist gesperrt. Dies bedingt, dass die Basis von T_1 über den Widerstand R_3 an D^- anliegt, der Transistor ist geschaltet. Der Strom fließt über die Emitter-Kollektorstrecke des geschalteten Transistors T_1 an die Klemme DF, die Generatorspannung steigt an. Gleichzeitig steigt auch die Spannung am Sollwertgeber (Z-Diode).

Regelzustand AUS: Mit dem Erreichen der Durchbruchspannung wird die Z-Diode leitend. Über den Widerstand R_2 wird die Basis des Transistors T_2 negativ, der Transistor schaltet durch. Dadurch erhält die Basis von T_1 eine positive Spannung. Der Transistor leitet nicht mehr und sperrt hierdurch den Erregerstrom. Die Erregung klingt ab und die Generatorspannung sinkt. Nach Unterschreiten des Sollwertes sperrt die Z-Diode wieder und der Regelzustand EIN beginnt erneut.

Bei Unterbrechung des Erregerstromes entsteht durch die gespeicherte magnetische Energie in der Erregerwicklung eine Spannungsspitze, wodurch die Transistoren möglicherweise zerstört werden könnten. Dies verhindert die Freilaufdiode, die parallel zur Erregerwicklung geschaltet ist. Sie nimmt den Erregerstrom im Moment der Unterbrechung auf und verhindert das Entstehen von Spannungsspitzen. Eingesetzt werden elektronische Spannungsregler in Monolith- oder Hybridtechnik.

Regler in Monolithtechnik. Der Regler ist eine Weiterentwicklung des Hybridreglers. In einem Chip sind die Leistungsstufe, die Funktion des IC und die Freilaufdiode integriert. Aufgrund der kompakten Bauweise (wenige Verbindungen und Bauelemente) arbeitet der Regler noch zuverlässiger. Eine spezielle Ausführung stellt der Multifunktionsregler (vollelektronisch gesteuerter Regler) dar (Bild 215.1 und Bild 215.2).

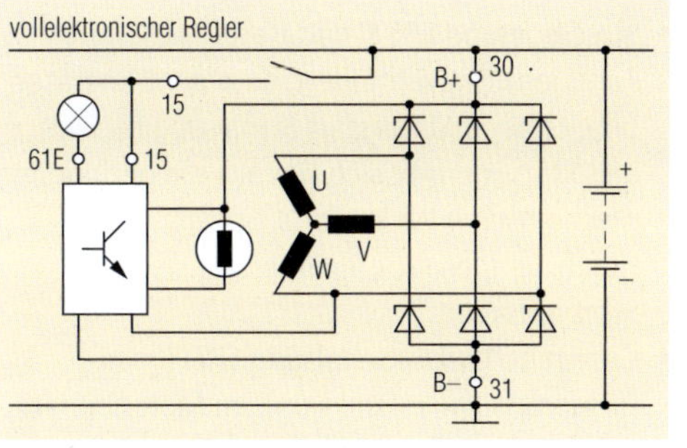

Bild 215.1 Multifunktionsregler (Schaltplan).

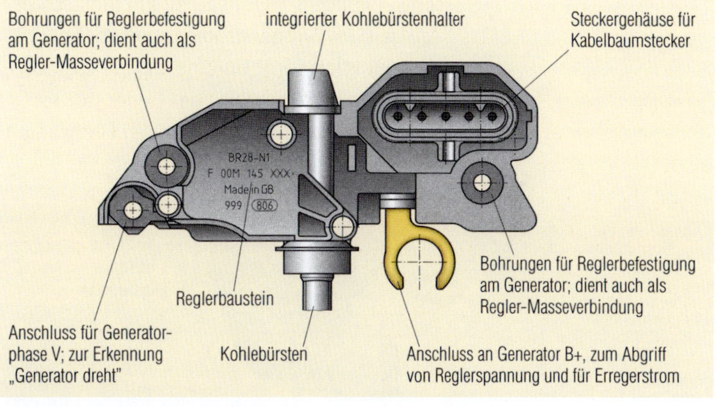

Bild 215.2 Multifunktionsregler.

Die Vorerregung ist unabhängig von der Ladekontrollleuchte, daher kann der Regler mit einer LED-Anzeige betrieben werden. Die oftmals störende Verlustleistung der Generatorkontrolllampe kann reduziert werden. Zusätzlich kann die Leuchte Systemfehler anzeigen. Der Regler bestimmt in allen Betriebszuständen den Erregerstrom vollelektronisch. Der Anschluss W liefert ein der Drehzahl proportionales Signal, der Istwert der Spannung wird über die Klemme B^+ ermittelt. Das Signal „Generator lädt" steht an Klemme 61E (E = elektronisch) zur Verfügung. Der Erregerstromkreis bildet sich aus einem Teilstrom der Ständerwicklung U, V, W. Dieser wird über die Erregerwicklung, die Reglerendstufe und die Minusdioden zurück zur Ständerwicklung geführt. Multifunktionsregler bieten folgende Vorteile:

- Integrierte Fehlererkennung, die über die Ladekontrollleuchte angezeigt wird, z. B. Generator lädt nicht, Ausfall des Riementriebs, Erregungsunterbrechung, Überspannung des Reglers, Unterbrechung der Ladeleitung.

- Startregelung LRS (Load-Responses-Start-Funktion). Sie verhindert, dass der Generator bereits beim Motorstart Strom abgibt. Für den Starter ergibt sich hieraus ein geringerer mechanischer Widerstand. Speziell bei tiefen Temperaturen verbessert sich das Startverhalten.
- Geregelte Lastaufschaltung LRD (Load-Responses-Drive-Funktion). Im Motorleerlauf und bei niedrigen Drehzahlen führt das Zuschalten großer Verbraucher zu Drehzahlschwankungen, weil es zu einem plötzlichen Anstieg des Erregerstromes kommt. Die LRD-Funktion sorgt für eine weiche Lastaufschaltung bei Änderung der Generatorbelastung. Bei mittleren und hohen Drehzahlen greift diese Funktion nicht ein.

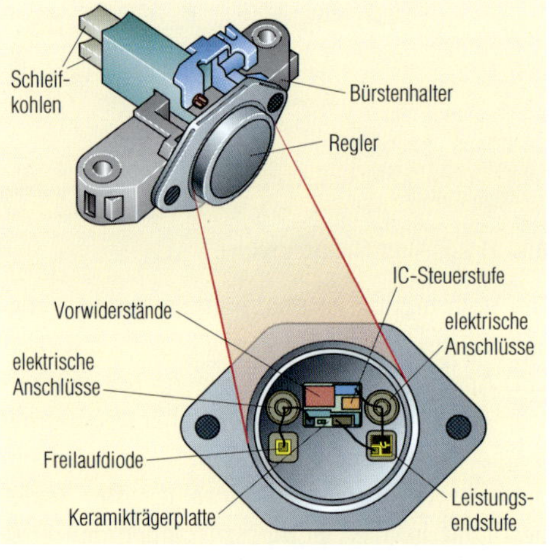

Bild 216.1 Regler in Hybridtechnik mit Innenansicht.

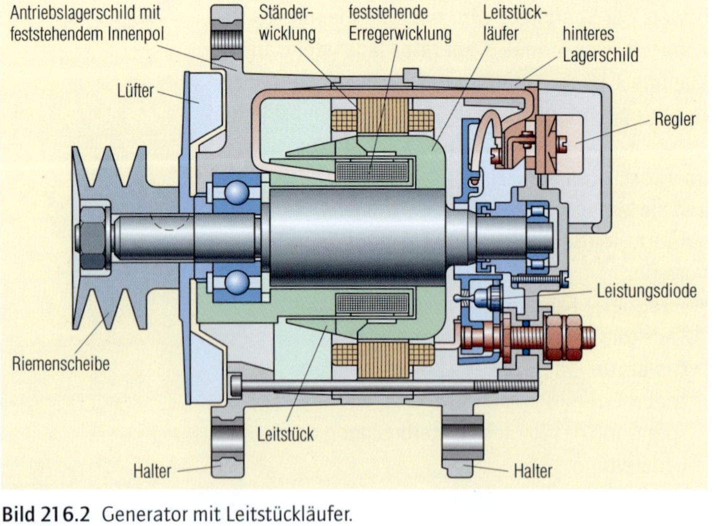

Bild 216.2 Generator mit Leitstückläufer.

Regler in Hybridtechnik. Der Hybridregler wird direkt am Generator montiert. Der elektrische Kontakt wird über zwei Schleifkohlen hergestellt, eine Verkabelung entfällt. Der Regler enthält in einem gekapselten Gehäuse eine Keramikplatte mit Widerständen in Dickschichttechnik und einen aufgeklebten Schaltkreis (IC), der alle Steuer- und Regelungsfunktionen übernimmt. Um eine gute Wärmeableitung zu sichern, sind die Leistungsbauelemente (Transistoren und Freilaufdiode) direkt auf dem Metallsockel aufgelötet (Bild 216.1).

Der Regler zeichnet sich durch folgende Eigenschaften aus:

- kompakte Bauweise,
- geringes Gewicht,
- hohe Zuverlässigkeit, da nur wenige Bauteile und Verbindungsstellen vorhanden sind,
- unempfindlich gegen Stoß, Vibrationen und klimatische Einflüsse.

Generator mit Leitstückläufer

Dieser Typ ist eine Sonderbauform des Drehstromgenerators (Bild 216.2). Er besitzt wenige Verschleißteile und arbeitet nahezu wartungsfrei. Er wird eingesetzt, wo man eine lange Lebensdauer unter schweren Einsatzbedingungen erwartet, z. B. in Baumaschinen und Sonderfahrzeugen.

Funktion: Auf dem feststehenden Innenpol sitzt die Erregerwicklung. Diese wird von dem Leitstückläufer umlaufen, der aus wechselweise angeordneten Polfingern besteht. Ein Klauenpol ist mit der rotierenden Welle verbunden, der zweite Pol ist an diesem über einen nichtmagnetischen Zwischenring befestigt. Der Erregerstrom wird über feststehende Anschlüsse zugeführt und baut das Erregerfeld auf. Es magnetisiert die Polfinger, ein rotierendes Magnetfeld baut sich auf, das Feld induziert in der außenliegenden Ständerwicklung eine dreiphasige Wechselspannung. Bürsten und Schleifringe können entfallen. Dafür muss der magnetische Fluss zwei zusätzliche Luftspalte zwischen dem umlaufenden Polrad und dem feststehenden Innenpol überwinden. Generatoren mit Leitstückläufer gibt es in luft- und flüssigkeitsgekühlter Ausführung. Letztere Variante bietet folgende Vorteile:

- deutliche Geräuschreduzierung vor allem bei hoher Stromabgabe,
- bessere Kühlung durch gleichmäßige Wärmeableitung über die Kühlflüssigkeit des Motors.

Dadurch werden die elektrischen bzw. elektronischen Bauteile geringer beansprucht.

Intelligente Generatorregelung

In konventionellen Fahrzeugen wird die vom Generator erzeugte elektrische Energie weitgehend unabhängig von den jeweiligen Fahrphasen zum Laden der Bordbatterie genutzt. Bei der intelligenten Generatorregelung (IGR) wird dies, soweit möglich, nur im Schubbetrieb des Fahrzeugs durchgeführt. Durch diese Maßnahme können Kraftstoffverbrauch und damit der CO_2-Ausstoß des Fahrzeugs gesenkt werden.

Funktionsweise. Die IGR arbeitet in Kombination mit einem gezielten Ladezustandsmanagement der Batterie. Bei konventionellen Fahrzeugen ist es das Ziel, dass die Batterie stets über einen nahezu vollen Ladezustand verfügt. Im Gegensatz dazu wird bei der IGR die Batterie nicht mehr voll geladen, sondern in Abhängigkeit von relevanten Umgebungsvariablen (Außentemperatur, Motortemperatur, Batteriealter...) ein ausreichender Ladezustand für Standverbrauch und Startfähigkeit ermittelt. Die weitere Aufladung der Batterie geschieht jetzt nur noch in Schubphasen des Fahrzeugs, in denen ein Teil der Schub- und Bremsenergie zurückgewonnen werden kann. Die dabei auftretende kinetische Energie des schiebenden Fahrzeugs wirkt über Räder und Motor auf den Generator und erzeugt dort elektrische Energie, ohne Kraftstoff zu verbrauchen.

Die Umsetzung der beim Bremsen entstehenden Schwungenergie in elektrische Energie bezeichnet man als Rekuperation, die zurückgewonnene Energie wird in der Batterie gespeichert. Dieser Energiegewinn ermöglicht das Abkoppeln des Generators in Phasen der Beschleunigung. Somit steht dem Fahrer mehr Antriebskraft zur Verfügung weil keine elektrische Energie erzeugt wird. Die Systemübersicht verdeutlicht das Zusammenspiel zwischen Energie- und Informationsfluss

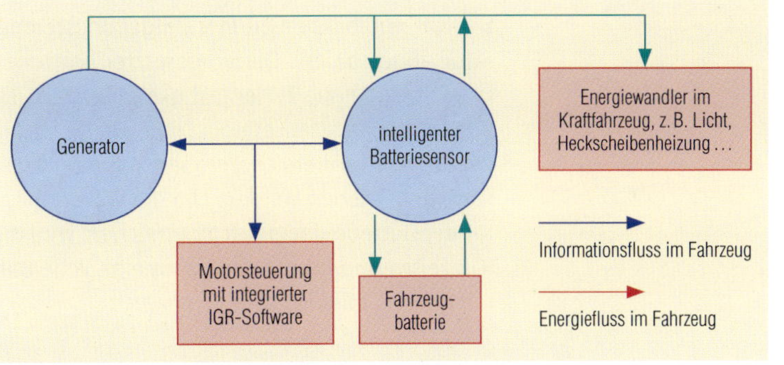

Bild 217.1 Systemübersicht der intelligenten Generatorregelung.

(Bild 217.1), wobei die eigentliche IGR-Funktion als Softwarekomponente in der Motorsteuerung integriert ist.

IGR: Intelligente Generatorregelung

Bei Fahrzeugen mit IGR bewegt sich die Ladespannung des Generators in Abhängigkeit vom Fahrzustand zwischen ca. 13 V (Beschleunigungsphasen) und 14 Volt (Schubphasen). Der Batteriesensor ermittelt Informationen über den Lade- und Alterungszustand der Batterie und stellt sicher, dass jederzeit genügend elektrische Energie für einen weiteren Startvorgang zur Verfügung steht. Die Motorsteuerung kommuniziert mit dem Sensor über eine serielle Datenschnittstelle. Weitere notwendige Informationen für den Regelprozess der IGR bezieht das Motorsteuergerät aus anderen Steuergeräten, die an dem Gesamtbus-System angeschlossen sind.

Ziel des Regelprozesses ist es, eine jeweils auf den Betriebszustand des Fahrzeugs abgestimmte Batterieladung vorzuhalten, möglichst ohne dabei Energie über den Motor zu entnehmen. Die IGR setzt erst ein, wenn die Batterie einen Ladezustand von ca. 70–80% erreicht hat. Bis zum Erreichen dieses Wertes wird die Batterie immer aufgeladen. In einem schmalen Übergangsbereich oberhalb dieses Wertes stellt der Generator in den Antriebsphasen nur noch Energie für die Verbraucher zur Verfügung, die Batterie wird nicht weiter aktiv geladen, sondern der Ladezustand auf ausreichendem Niveau gehalten. Oberhalb von ca. 90% Ladezustand arbeitet die intelligente Generatorregelung in vollem Funktionsumfang. In den Antriebsphasen wird der Generator völlig entlastet, während in Schubphasen die Batterie mit maximal möglicher Leistung des Generators aufgeladen wird.

Rekuperation von lat. recuperare = wiedererlangen

Die IGR wird bei zu niedriger Umgebungstemperatur abgeschaltet. Die eingesetzten Batterien müssen eine hohe Zyklenfestigkeit besitzen und höhere Kapazitäten ermöglichen, da sie in der Regel nicht im Bereich der maximal möglichen Ladung betrieben werden. Um die volle Kapazität der Batterie dauerhaft zu erreichen, wird die IGR zeitweise unterdrückt, damit eine volle Batterieladung möglich wird.

Achten Sie beim Austausch der Fahrzeugbatterie unbedingt darauf, dass nur vom Hersteller freigegebene Batterien eingebaut werden, da der Einbau einer „normalen" Fahrzeugbatterie zu einer frühzeitigen Alterung führt.

Die intelligente Generatorreglung muss bei einer Generatorprüfung über das Diagnosegerät deaktiviert werden.

5.1.2 Batterie

Aufbau

Kfz-Batterien bestehen aus mehreren gleichen Zellen, die durch Zellverbinder zu einer Reihenschaltung verknüpft sind. Die Zelle selbst besteht aus einem Satz gitterförmiger Bleiplatten (Plus- und Minusplatten), die über Plattenverbinder elektrisch gekoppelt sind (Bild 218.1). Die Plusplatten sind mit Isoliermaterial (Separatoren) verkleidet um Kurzschlüsse zu vermeiden. Verdünnte Schwefelsäure als Elektrolyt füllt den Raum zwischen den Platten und Separatoren aus. Die Spannung einer einzelnen geladenen Zelle beträgt ca. 2 V. Damit es zwischen den einzelnen Zellen nicht zu einem Kurzschluss kommen kann, sind diese in einen durch Trennwände unterteilten Blockkasten aus Kunststoff eingelassen. Die Bodenleiste am unteren Rand ermöglicht eine sichere Befestigung der Batterie im Fahrzeug. Der Blockdeckel verschließt den Blockkasten unlösbar. Der Anschluss der Batterie an das Bordnetz erfolgt über zwei Pole, die gegen Vertauschen gesichert sind.

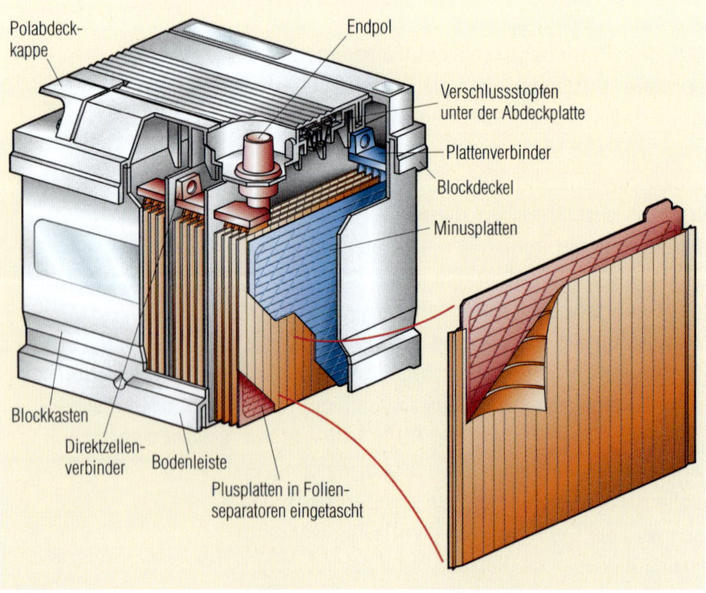

Bild 218.1 Aufbau einer Kfz-Batterie.

Funktion der Batterie

Während des Ladevorgangs führt der Generator der Batterie fortlaufend elektrische Energie zu, die eine chemische Reaktion in der Bleizelle hervorruft. Das Endprodukt dieser Umwandlungsvorgänge besitzt ein höheres Energieniveau als der Ausgangsstoff. Somit ist hier Energie chemisch gespeichert. Die Entnahme elektrischer Energie aus der Batterie kehrt die zuvor genannten chemischen Reaktionen um (Tabelle 219.1).

Kenngrößen von Kfz-Batterien

Zellenspannung. Ladungsdifferenz zwischen positiven und negativen Platten im Elektrolyt. Sie ist abhängig vom Ladezustand und der Temperatur.

Nennspannung einer Zelle. Sie wird für eine geladene Zelle auf 2 V festgelegt.

Klemmenspannung. Sie ist die tatsächlich vorliegende Spannung zwischen beiden Polen der Batterie.

Nennspannung der Batterie. Sie errechnet sich aus der Anzahl der Zellen multipliziert mit der Nennspannung der Zellen (6 Zellen · 2 V = 12 V).

vollständig **entladene** Batteriezelle	**Laden** der Batteriezelle	vollständig **aufgeladene** Batteriezelle	**Entladen** der Batteriezelle
Beide Platten bestehen aus weißem Bleisulfat ($PbSO_4$) und sind von dem Elektrolyten umgeben. Dieser besteht aus mit Wasser (H_2O) verdünnter Schwefelsäure (H_2SO_4). Seine Dichte beträgt $\varrho = 1{,}12\ g/cm^3$.	Generatorspannung zieht Elektronen aus dem Bleisulfat der Plusseite ab und drückt diese auf die Minusseite. Durch den Potenzialunterschied entsteht die Batteriespannung. Mit der Elektronenverschiebung zerfällt an beiden Platten das Bleisulfat in Blei (Pb) und den Säurerest (SO_4), welcher in den Elektrolyten geht und dort ein Wassermolekül in seine Bestandteile zerlegt. Säurerest und Wasserstoff verbinden sich zur Schwefelsäure (H_2SO_4). Der Sauerstoff verbindet sich an der Plusplatte mit dem Blei zu Bleidioxid (PbO_2).	Die Plusplatte besteht aus dunkelbraunem Bleidioxid, die Minusplatte aus reinem grauen Blei; sie geht keine neue Verbindung ein. Die Zellspannung beträgt ca. 2 V. Der Elektrolyt besteht aus verdünnter Schwefelsäure (H_2SO_4) mit einer Dichte von $\varrho = 1{,}28\ g/cm^3$.	Zwischen beiden Polen ist der Stromkreis geschlossen, Elektronen fließen vom Minuspol über den Verbraucher zum Pluspol. Das Bleidioxid der Plusplatte zerfällt in Blei und Sauerstoff. Sauerstoff geht in den Elektrolyten über und verbindet sich mit Wasserstoff aus der Schwefelsäure zu Wasser. Der Säurerest geht mit dem Blei beider Platten eine Verbindung ein, Bleisulfat entsteht.
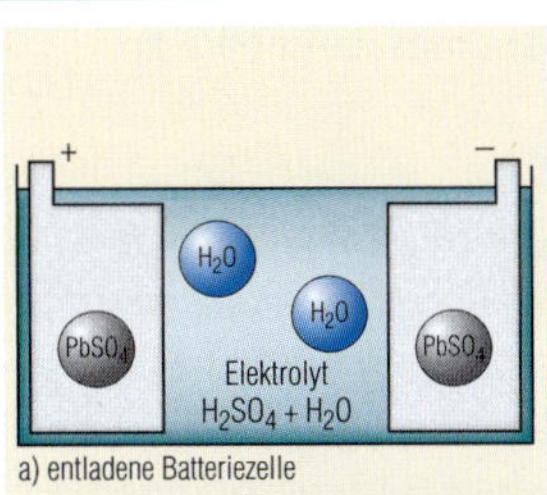 a) entladene Batteriezelle	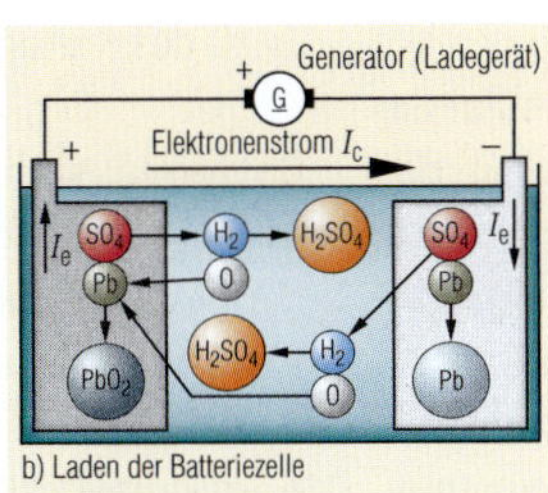 b) Laden der Batteriezelle	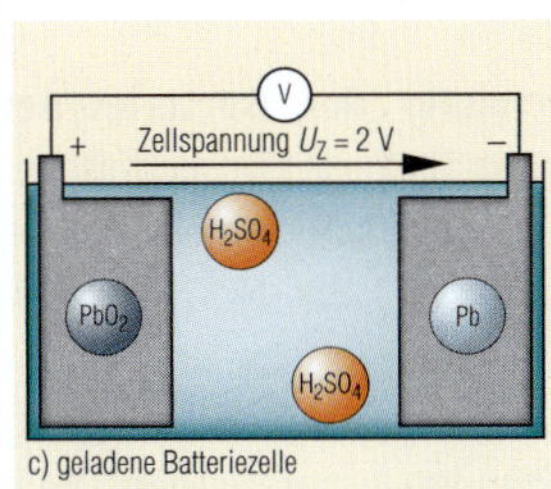 c) geladene Batteriezelle	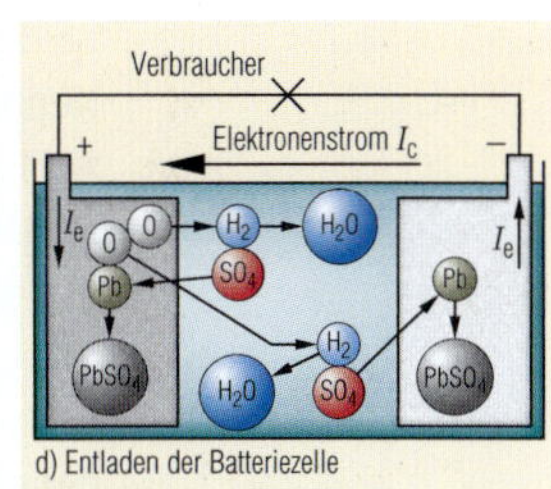 d) Entladen der Batteriezelle
$PbSO_4 + 2H_2O + PbSO_4 \rightarrow PbO_2 + 2H_2SO_4 + Pb$		$PbO_2 + 2H_2SO_4 + Pb \rightarrow PbSO_4 + 2H_2O + PbSO_4$	

Tabelle 219.1 Chemische Vorgänge in einer Batterie beim Laden und Entladen.

Verfügbare Kapazität K. Sie ist das Produkt aus Stromstärke und Zeit und entspricht der Strommenge, die einer Batterie zugeführt oder entnommen wird. Die Einheit der Kapazität wird in Amperestunden (Ah) angegeben. Sie ist abhängig von:

- der Höhe des Entladestromes,
- Temperatur und Dichte des Elektrolyten,
- dem Ladezustand der Batterie,
- dem Alter der Batterie.

Nennkapazität K_{20} beschreibt die speicherbare Energie einer Batterie im Neuzustand. Zur Prüfung wird die Batterie mit einer festgelegten Stromstärke über einen Zeitraum von 20 Stunden entladen. Sie muss dann noch eine festgelegte Mindestspannung (Entladeschlussspannung) von 10,5 V aufweisen. Die Höhe des Entladestromes errechnet sich aus der Nennkapazität geteilt durch 20 Stunden. Z. B. kann eine neue 50-Ah-Batterie mindestens 20 Stunden mit einem Strom von 2,5 A entladen werden, bis die Entladeschlussspannung von 10,5 V erreicht ist.

Kälteprüfstrom. Hierunter versteht man die Stromstärke, die eine Batterie bei einer Prüftemperatur von −18 °C abgeben kann, ohne die durch die Norm festgesetzte Klemmenspannung zu unterschreiten. Der Kälteprüfstrom ist abhängig vom Batterietyp und dient der Beurteilung des Startverhaltens bei tiefen Temperaturen. Nach Norm unterscheidet man zwei unterschiedliche Prüfverfahren:

- EN: die Zellenspannung muss nach 10 Sekunden Entladezeit noch mindestens 7,5 Volt betragen.
- DIN: die Zellenspannung muss nach 30 Sekunden Entladezeit noch mindestens 9 Volt betragen.

Selbstentladung. Auch ohne einen geschlossenen äußeren Stromkreis entlädt sich eine Batterie durch Kriechströme, Verunreinigungen und Wärme. Um die Funktion der Batterie auch weiterhin zu sichern, soll bei Nichtbenutzung eine kontinuierliche Erhaltungsladung durchgeführt werden. Die zu wählende Stromstärke soll ungefähr 0,1 % der Nennkapazität betragen. Ist eine solche Ladung nicht möglich, sollte in Abständen von ca. 2 Monaten eine Normalladung durchgeführt werden.

Kennzeichnung der Batterietypen. Abmaße, Ausführung und elektrotechnische Daten der verschiedenen Starterbatterien werden durch die europäische Teile-Nr. (ETN) eindeutig festgelegt. Dies vereinfacht es, Batterien verschiedener Hersteller miteinander zu vergleichen und gegeneinander auszutauschen. Die Teilenummer ist an mindestens einer Stelle auf dem Batteriegehäuse angegeben (Bild 220.1).

Bild 220.1 Kennzeichnung einer Starterbatterie.

Die ETN besteht aus Angaben zur Batterienennspannung und Nennkapazität, zum Kälteprüfstrom (EN) und beinhaltet eine Zählnummer (Herstellerangabe). Das Beispiel der ETN aus Bild 220.1 wird in Bild 220.2 aufgeschlüsselt

5	52	401	052
Spannung 12 V	Nennkapazität 52 Ah	Hersteller-angaben	Kälte-prüfstrom 520 A (EN)

z. B.:

Länge 207 mm	Breite 175 mm	Höhe 175 mm	Gewicht 12,7 kg

Bild 220.2 Aufschlüsselung der ETN.

1. Stelle = Batteriespannung. Dabei stehen die Ziffern 1 … 4 für 6-Volt-Batterien, die Ziffern 5 … 7 für 12-Volt-Batterien und die Ziffern 8 und 9 für Sonderbatterien.

2. und 3. Stelle = Kapazität in Ah. Bei mehr als 100 Ah erhöht sich die Ziffer der ersten Stelle um den Wert 1 je 100 Ah.

4., 5. und 6. Stelle = Zählnummer. Hieraus lassen sich Informationen über das Abmaß, die Form der Endpole, die Befestigung usw. gewinnen.

7., 8. und 9. Stelle = Kälteprüfstrom. Die Zahl gibt 1/10 des Kälteprüfstromes in Ampere an.

Batterieausführungen. Je nach Einsatzbedingung und Wartungsintensität gibt es verschiedene Ausführungen:

- wartungsfreie Batterie, sehr geringer Wasserverlust lässt lange Wartungsintervalle zu,
- absolut wartungsfreie Batterie, erfordert keine Säurestandskontrolle, die Selbstentladung dieses Batterietyps ist sehr gering,
- rüttelfeste Batterie, hauptsächlicher Einsatz bei Baustellen- und Geländefahrzeugen,
- zyklenfeste Batterie, häufiges tiefes Entladen verbunden mit einem geringen Nachladen führt nicht zu einer verkürzten Lebensdauer (Busse und Taxen),
- Heavy Duty Batterie, wird in extrem beanspruchten Nutzfahrzeugen eingesetzt, ist zyklen- und rüttelfest und garantiert eine sichere Stromversorgung auch bei hoher Dauerbeanspruchung vieler Verbraucher.

- Lithium-Ionen-Batterie, höchste Energiedichte, sehr hoher Wirkungsgrad. Die einzelnen Zellen erfordern jedoch eine regelmäßige Überwachung, ein Ladungsausgleich ist erforderlich.
- Gelbatterie, die Elektrolytmischung befindet sich in einer Gelsubstanz. Während des Ladevorgangs austretende Gase werden innerhalb der Batterie in Flüssigkeit umgewandelt. Dieser Batterietyp erlaubt Neigungswinkel bis zu 180 Grad. Hohe Lebensdauer, wartungsfrei.

Wartung

Zum Prüfen des Ladezustandes muss die Säuredichte der verdünnten Schwefelsäure mit einem Säureprüfer ermittelt werden (Bild 221.1).

Die abgelesenen Werte liegen zwischen $\varrho = 1{,}28\,g/cm^3$ (vollständig geladen) und $\varrho = 1{,}12\,g/cm^3$ (entladen).

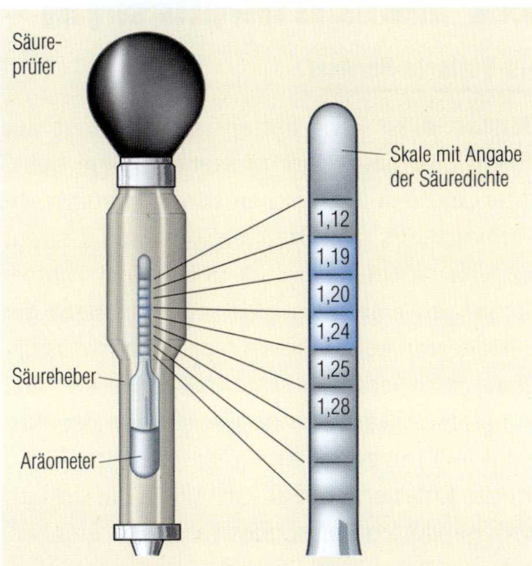

Bild 221.1 Säureprüfer.

Batteriedefekte

Zellenschluss durch Separatorenverschleiss oder Plattenbruch; relativ häufiger Defekt bei älteren Batterien. Kennzeichen sind stark schwankende Säuredichtewerte der einzelnen Zellen. Die Batterie muss ersetzt werden.

Sulfatierung tritt ein, wenn die Batterie längere Zeit im entladenen Zustand verbleibt. Fein kritallines Bleisulfat wandelt sich in eine grobe Kristallstruktur um, die sich oftmals nicht zurückbilden lässt. Der Innenwiderstand der Batterie erhöht sich und erschwert den Ladevorgang.

Gasen: Oberhalb der zulässigen Ladespannung bildet sich Sauerstoff an der Plus- und Wasserstoff an der Minusplatte; Gefahr der Knallgasbildung.

Verschlammung des Akkubodens durch Bleischlamm. Im Laufe des Betriebs lockern sich Teile der Plattenbeschichtung, die herausbrechen und sich am Akkuboden ansammeln. Ist soviel Blei zu Boden gesunken, dass der Schlamm die Plattenunterkante berührt, kommt es zum Kurzschluss.

Wasserverdunstung in den einzelnen Zellen durch langen Batterieeinsatz bei höheren Umgebungstemperaturen. Auch das „Gasen" der Batterie führt zu Wasserverlusten, welche durch Einfüllen von destilliertem Wasser regelmäßig ausgeglichen werden müssen. Sinkt der Flüssigkeitsspiegel unter die Zellenoberkante, nimmt die Zelle Schaden.

Batteriemanagementsysteme

Die steigende Anzahl elektrischer Verbraucher in Kraftfahrzeugen und die damit einhergehenden größeren Energiemengen sowie eine erwünschte lange Lebensdauer der Fahrzeugbatterie machen immer häufiger den Einbau von elektronischen Batteriemanagementsystemen erforderlich. Diese haben die Aufgabe, die Erzeugung, Speicherung und Verteilung der elektrischen Energie zu koordinieren, um dadurch eine permanente Energieversorgung mit großer Sicherheit zu gewährleisten.

Aräometer: Senkwaage, Gerät zum Messen des spezifischen Gewichts von Flüssigkeiten.

Sensoren, die auf den Batteriepolen montiert sind, erfassen Strom, Spannung und Temperatur der Batterie. Diese Daten werden an das Steuergerät des elektronischen Batteriemanagements übermittelt, welches daraus den Ladezustand und die Leistungsfähigkeit der Batterie bestimmt und Maßnahmen ergreift, wenn die Ladebilanz nicht mehr ausgeglichen ist. Zu diesen Maßnahmen zählt das zeitweilige Abschalten oder die Leistungsreduzierung von Verbrauchern. Die Auswahl der Verbraucher nimmt das Steuergerät anhand einer gespeicherten Prioritätenliste vor. Hierdurch wird das Tiefentladen der Batterie vermieden.

Komplexere Managementsysteme greifen in ihrer Regelung auf weitere Fahrzeugdaten zurück, z. B. Motordrehzahl, Geschwindigkeit usw., die ebenfalls vom Steuergerät verarbeitet werden. Zudem kann eine Zusatzbatterie in bestimmten Situationen das Bordnetz unterstützen. Das Zu- und Abschalten erfolgt über ein Relais, welches vom Steuergerät angesprochen wird. Die Ladung der Zusatzbatterie erfolgt in Abhängigkeit des Batteriezustandes, der Bordnetz- und der Batteriespannung.

Kontrollleuchten im Armaturenbrett informieren den Fahrer über die zeitweilig eingeleitete Abschaltung von Verbrauchern. Nimmt die Spannung der Fahrzeugbatterie trotz dieser „Sparmaßnahmen" weiter ab, schließt das Steuergerät z. B. auf einen Defekt der Starterbatterie oder des Generators und fordert den Fahrer über eine Warnleuchte zum Aufsuchen einer Werkstatt auf.

Sicherheitsbatterieklemme. Sie vermindert im Falle eines größeren Unfalls das Brandrisiko des Fahrzeugs. Innerhalb von Millisekunden wird das Pluskabel pyrotechnisch von der Fahrzeugbatterie abgesprengt (Bild 222.1).

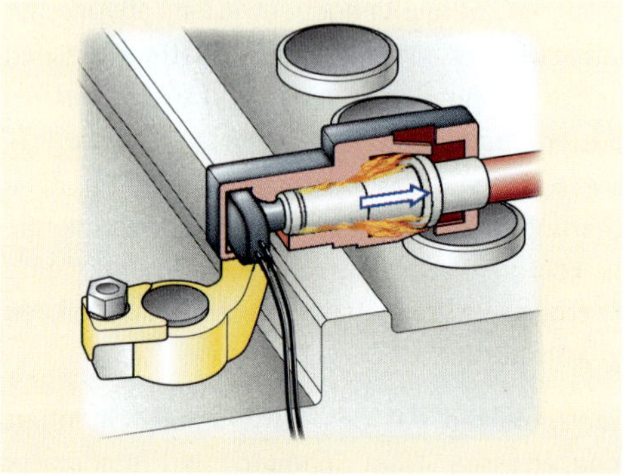

Bild 222.1 Sicherheitsbatterieklemme.

Arbeiten an der Batterie erfordern besondere Vorsichtsmaßnahmen und Sorgfalt:

- tragen Sie beim Umgang mit Schwefelsäure Schutzbrille und Handschuhe,
- vermeiden Sie bei Arbeiten an der Batterie offenes Feuer, Funkenbildung und Rauchen, Raum gut lüften,
- Säurestand regelmäßig kontrollieren, er soll etwa 10 mm bis 15 mm über der Bleiplattenoberkante liegen, füllen Sie nur destilliertes Wasser nach,
- beim Ausbau der Batterie zunächst das Massekabel, anschließend das Plus-Kabel lösen, Einbau in umgekehrter Reihenfolge,
- kontrollieren Sie Anschlussklemmen auf festen Sitz, um Übergangswiderstände zu vermeiden,
- zum Schutz vor Korrosion reiben Sie die Batteriepole mit Säureschutzfett ein.

5.1.3 Elektrische Energieversorgung

Ein-Batterie-Bordnetz

Bei fast allen Pkws besteht das Bordnetz aus einem Energiespeicher (Batterie), einem Generator und den elektrischen bzw. elektronischen Verbrauchern; die Bordnetzspannung beträgt 12 Volt. Wichtig ist, dass unter allen Fahrbedingungen eine ausgeglichene Ladebilanz der Batterie vorliegt. Daher ist eine genaue Abstimmung zwischen Batterie, Starter, Generator und Bordnetzverbrauchern notwendig. Bei der Auswahl und Dimensionierung dieser Bauteile sind etliche Kriterien zu berücksichtigen, die sich aus dem geplanten Einsatz des Fahrzeugs ergeben, z. B.:

- Grenztemperatur für den Kaltstart. Bis zu der angegebenen Temperatur ist sichergestellt, dass der noch kalte Motor zuverlässig gestartet werden kann. Hiervon hängen die Auswahl der Batterie und des Starters ab. Es macht einen Unterschied, ob ein Fahrzeug nach Skandinavien oder nach Südeuropa ausgeliefert wird.
- Fahrstrecke (Anzahl der Starts, Länge, Verkehrsdichte, Art der Straße, ...). Diese Faktoren beeinflussen die vom Motor auf den Generator übertragene Drehzahl und damit die Höhe und Dauer der Stromabgabe.

- Verbraucherleistungen. Die Verbraucher haben eine unterschiedliche Einschaltdauer und Leistung. Die Einschalthäufigkeit ist stark von individuellen Wünschen geprägt und z. T. auch jahreszeitabhängig.
- Ladespannung der Batterie. Sie muss in einem schmalen Toleranzbereich liegen und möglichst konstant sein. Nur dann ist sichergestellt, dass die Lichtstärke der Glühlampen innerhalb gesetzlich vorgeschriebener Grenzen liegt. Weiterhin verlängert eine konstante Ladespannung die Lebensdauer der Lampen. Allerdings sollte die Batterieladespannung bei Kälte höher sein, bei Wärme niedriger.
- Bordnetzausführung. Sind alle Verbraucher batterieseitig angeschlossen, ist der Spannungsabfall hoch, die Ladespannung niedrig. Umgekehrt gilt, dass bei Anschluss aller Verbraucher am Generator der Spannungsabfall gering ist, die Ladespannung hoch. Dabei können jedoch elektronische Verbraucher, die gegen Spannungsspitzen empfindlich sind, zerstört werden. Daher ist es sinnvoll, spannungsunempfindliche Verbraucher mit höherer Leistungsaufnahme in Generatornähe anzuschließen. Umgekehrt gilt, dass spannungsempfindliche Bauteile mit kleinerer Leistungsaufnahme in Batterienähe zu platzieren sind (Bild 223.1).

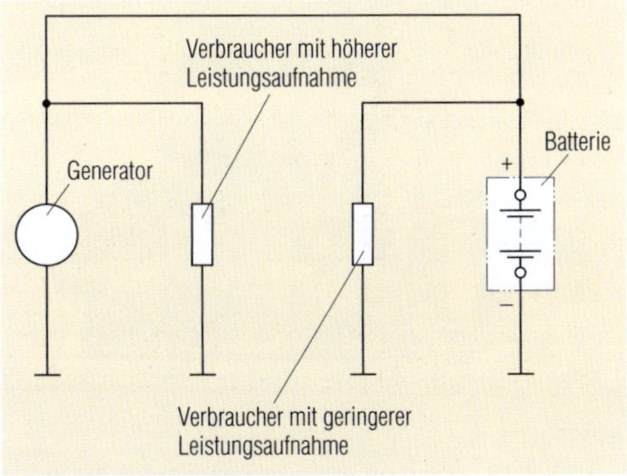

Bild 223.1 Bordnetzausführung (Ein-Batterie-Bordnetz).

Im Ein-Batterie-Bordnetz muss die Batterie sowohl für den Startvorgang als auch für die Bordnetzversorgung ausgelegt sein:

- Während des Starts wird die Batterie mit hohen Strömen belastet. Der damit verbundene Spannungsabfall sollte möglichst gering sein, um elektronische Bauteile zu schonen.
- Im Fahrbetrieb fließen im Vergleich zum Startvorgang vergleichsweise geringe Ströme.

Aus den genannten, sich zum Teil widersprechenden Anforderungen wird deutlich, dass die Auswahl von Batterie und Generator in einem Ein-Batterie-Bordnetz stets einen Kompromiss darstellt. Aus diesem Grund wird nach alternativen Bordnetzausführungen gesucht.

Zwei-Batterien-Bordnetz

In diesem Bordnetz sind zwei Batterien verbaut, eine dient als Start-, die andere als Versorgungsspeicher (Bild 223.2). Die Starterbatterie stellt kurzfristig eine hohe Leistung zur Verfügung und gewährleistet somit jederzeit einen sicheren Kaltstart. Sämtliche elektrischen und elektronischen Verbraucher werden von der Bordnetzbatterie versorgt. Ein Bordnetzsteuergerät überwacht und regelt den optimalen Ladungszustand beider Batterien.

Im Einzelnen hat das Bordnetzsteuergerät folgende Aufgaben:

- es verhindert, dass sich der Spannungseinbruch während des Startvorgangs im Bordnetz auswirkt;
- im Falle eines zu geringen Ladungszustandes der Starterbatterie kann es durch Schalten eines Relais kurzzeitig eine Parallelschaltung beider Batterien vornehmen (Notstartfunktion);
- bei abgestelltem Fahrzeug verhindert es eine Entladung der Starterbatterie, falls eingeschaltete Verbraucher die Versorgungsbatterie tiefentladen sollten.

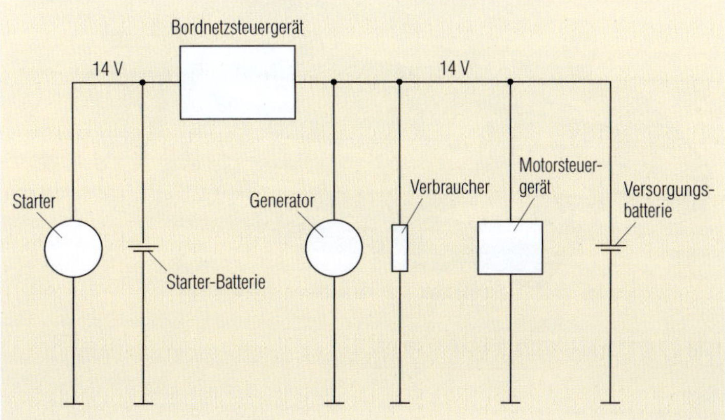

Bild 223.2 Zwei-Batterien-Bordnetz.

Zwei-Spannungs-Bordnetz

Die Zahl der Verbraucher ist in den letzten Jahren durch die immer umfangreichere elektrische Serien- und Sonderausstattung der Fahrzeuge extrem stark angestiegen. Eine Umkehr dieser Entwicklung ist nicht in Sicht. Durch die daraus resultierenden hohen Verbraucherleistungen steigt auch die Stromstärke in Teilen des Leitungsnetzes weiter an. Dies hat zur Folge, dass größere Leitungsquerschnitte gewählt werden müssten. Ein weiterer Anstieg der Stromstärke könnte durch eine Erhöhung der Bordnetzspannung verhindert werden. Eine mögliche praktische Umsetzung dieser Überlegung könnte in der Ausführung eines Zwei-Spannungs-Bordnetzes bestehen. Dieses Netz bestünde aus einem Hochspannungsteilnetz (Generator, Starter, Batterie, Hochleistungsverbraucher) und einem Niedrigspannungsteilnetz (Motormanagement, Kleinverbraucher, Batterie). Beide Netze wären über einen Wandler miteinander verbunden und ein elektrisches Energiemanagement regelte den gesamten Energiehaushalt.

5.2 Startsysteme

5.2.1 Schub-Schraubtrieb-Starter ohne Vorlegegetriebe

Aufbau und Funktion

Mindestdrehzahl:
Ottomotor ca. 60 bis 100 min^{-1};
Dieselmotor ca. 80 bis 200 min^{-1}.

Vorgelege → S. 226

Verbrennungsmotoren müssen über einen Starter auf eine bestimmte Mindestdrehzahl gebracht werden, damit sie anschließend selbst weiterlaufen können. Dazu verwendet man in der Regel einen Elektromotor, der über den Zahnkranz auf dem Schwungrad den Verbrennungsmotor antreibt. Als Startermotor dient meist ein Reihenschlussmotor. Aber auch permanenterregte Motoren und – selten – Doppelschluss- und Nebenschlussmotoren werden verwendet.

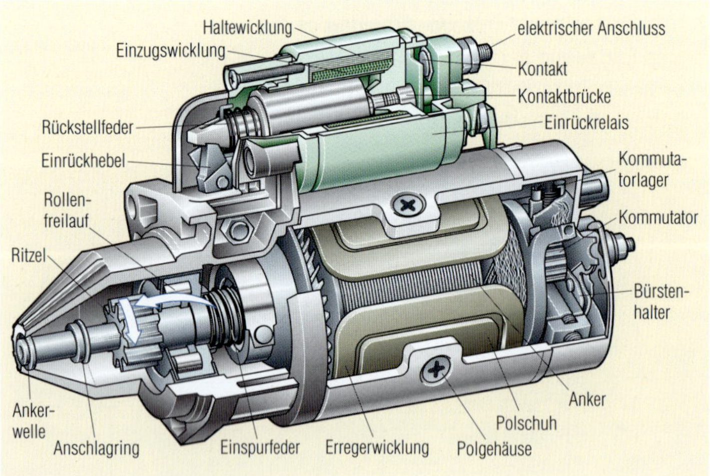

Bild 224.1 Schub-Schraubtrieb-Starter.

Der Schub-Schraubtrieb-Starter ist am weitesten verbreitet. Er wird mit oder ohne Vorgelege gebaut. Bild 224.1 zeigt den Aufbau eines solchen Starters ohne Vorgelege mit Reihenschlussmotor.

Der Starter benötigt zu seiner Funktion neben dem Elektromotor ein Einrückrelais und das Einspurgetriebe (Bild 224.2)

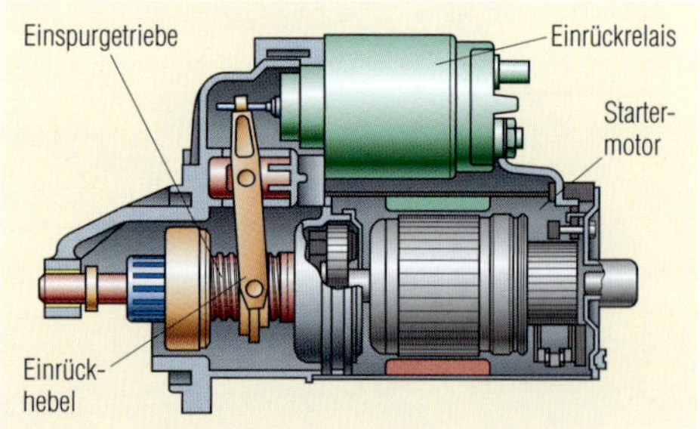

Bild 224.2 Baugruppen eines Starters.

Das Einrückrelais (Magnetschalter) hat die Aufgabe das Ritzel des Starters (über den Einrückhebel und das Einspurgetriebe) in den Zahnkranz des Schwungrades zu schieben (Bild 225.1).

Dafür werden beim Starten Einzug- und Haltewicklung gleichzeitig mit Strom versorgt (Bild 225.2).

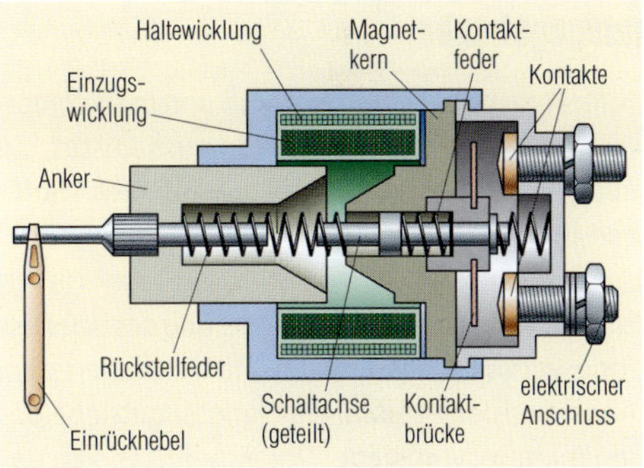

Bild 225.1 Einrückrelais.

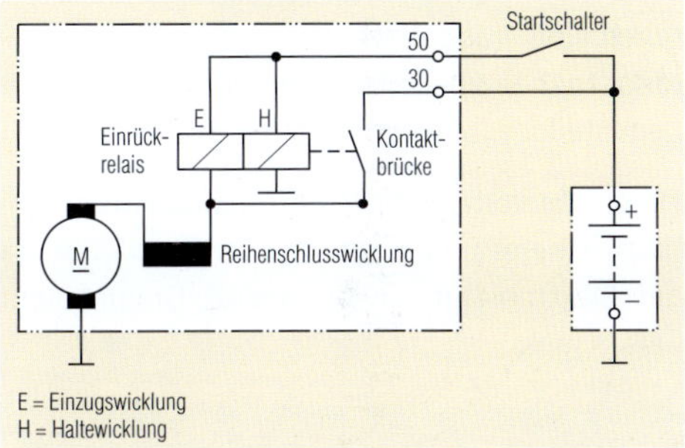

Bild 225.2 Schaltung des Schub-Schraubtrieb-Starters.

Durch die Strombeaufschlagung wird auf den Anker eine große Kraft ausgeübt, wodurch dieser in das Einrückrelais gezogen wird. Über die Schaltachse wird die Kontaktbrücke geschlossen und der Starterstrom eingeschaltet. Wenn der Anker seine Endstellung erreicht hat, wird nur noch die Haltewicklung mit Strom versorgt. Die Einzugswicklung wird stromlos, weil am Ein- und Ausgang der Wicklung dieselbe Spannung anliegt (= Relaisfunktion). Die Kraft der Haltewicklung reicht aus, um die Kontaktbrücke geschlossen zu halten. Durch die horizontale Verschiebung des Ankers in das Einrückrelais wird die Rückstellfeder vorgespannt.

Das Einspurgetriebe (Bild 225.3) besteht aus dem Ritzel, dem Freilauf mit dem Mitnehmer, der Einspurfeder und dem Einrückhebel.

Das Ritzel stellt beim Starten den Kraftfluss zum Schwungrad sicher, es wird in dieser Phase mechanisch stark beansprucht. Das Ritzel arbeitet meist mit einem Übersetzungsverhältnis von 10:1 bis 15:1. Die spezielle Verzahnung des Ritzels erleichtert sowohl das Einspuren als auch das Ausspuren nach dem Start.

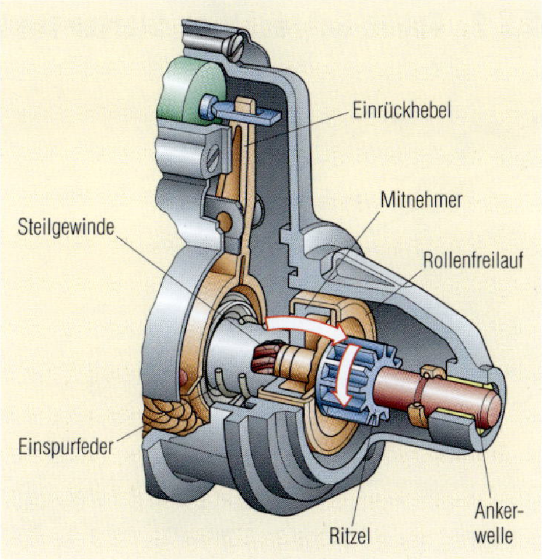

Bild 225.3 Einspurgetriebe eines Schub-Schraubtrieb-Starters.

Der Freilauf muss beim Starten das Starterdrehmoment übertragen und nach dem Anspringen des Motors den Kraftschluss zwischen Ritzel und Elektromotor trennen, damit dieser nicht zerstört wird. Dafür verwendet man einen Rollenfreilauf, bei größeren Startern für Nkw und Lkw werden auch Lamellenfreiläufe eingesetzt.

Rollenfreilauf → S. 424

Der Einrückhebel drückt auf die Einspurfeder, die auf den Mitnehmer wirkt. Trifft das Ritzel des Starters beim Einspurvorgang auf eine Lücke im Zahnkranz des Schwungrades, kann es ungehindert einspuren. Trifft beim Einspuren aber Zahn auf Zahn, so wird die Einspurfeder zuerst zusammengedrückt. Dadurch erreichen der Einrückhebel und ebenso das Einrückrelais ihre Endstellung und der Hauptstrom wird eingeschaltet. Durch die Drehung des Ankers und die Kraft der Einspurfeder spurt das Ritzel bei der nächsten Lücke ein. Der Mitnehmer wird durch die Schubbewegung des Einrückrelais auf der Ankerwelle verschoben. Auch der Freilauf und das Ritzel werden verschoben. Befindet sich auf der Ankerwelle ein Steilgewinde, wird zur Schubbewegung gleichzeitig eine Drehung hervorgerufen. Man spricht deswegen von einem Schub-Schraubtrieb-Starter.

5.2.2 Schub-Schraubtrieb-Starter mit Vorgelegegetriebe

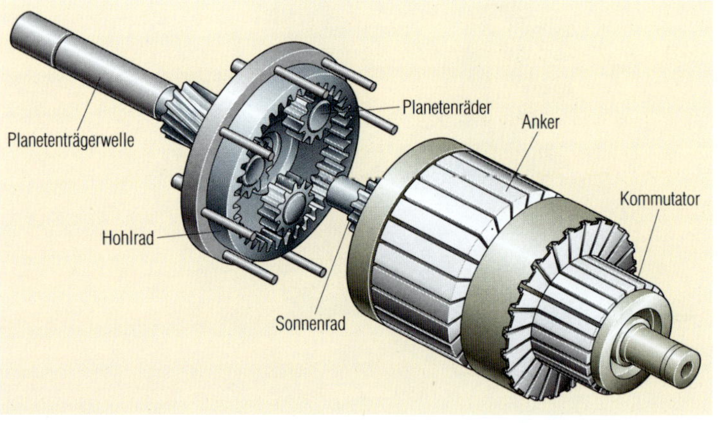

Bild 226.1 Anker mit Planetengetriebe (Vorgelege).

Planetengetriebe
→ S. 417 f.

Hubraumstärkere Ottomotoren und Dieselmotoren werden häufig mit Startern ausgerüstet, die über ein integriertes Vorgelegegetriebe verfügen (Bild 226.1).

Funktion. Zur weiteren Veränderung des Übersetzungsverhältnisses verbaut man zwischen dem Anker und dem Freilauf ein Planetengetriebe, das sogenannte Vorgelege. Dabei befindet sich das Sonnenrad als Antriebsrad auf der Ankerwelle und das Hohlrad sitzt fest im Startergehäuse. Die durch eine Trägerplatte verbundenen Planetenräder treiben über eine Planetenträgerwelle mit dem Steilgewinde den Mitnehmer an.

Durch die vorliegende Übersetzung ist der Einbau kleinerer und leichterer Starter möglich, da der Elektromotor ein geringeres Drehmoment liefern muss.

5.3 Prüfen von Energieversorgungs- und Startsystemen

5.3.1 Prüfen des Generators

Treten elektrische Störungen am Generator auf, können diese meist schnell gefunden werden. Für eine Überprüfung werden ein Oszilloskop und ein Vielfachmessgerät (Spannungs- und Widerstandsmessung) benötigt.

Oszilloskop. Dieses wird über die rote Leitung an B^+ und über die schwarze Leitung an Masse angeschlossen. Dann wird bei laufendem Motor der Generator durch das Einschalten mehrerer Verbraucher belastet und der Verlauf der Generatorspannung auf dem Oszilloskop beurteilt. Nachfolgend gegenübergestellt sind ein „Gutbild“ (Bild 226.2a) und charakteristische Fehleroszillogramme der Prüfung eines Compact-Generators mit Multifunktionsregler: Unterbrechung einer Plusdiode oder Minusdiode (Bild 226.2b), Kurzschluss einer Minus- bzw. Plusdiode (226.2c), Unterbrechung einer Phase der Ständerwicklung oder Kurzschluss zwischen zwei Phasen (226.2d).

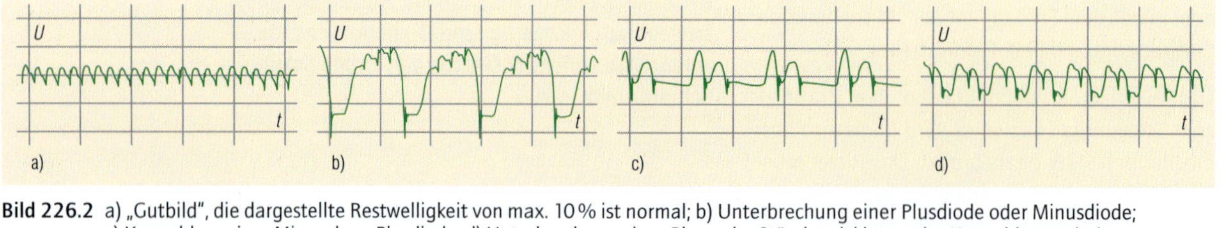

Bild 226.2 a) „Gutbild“, die dargestellte Restwelligkeit von max. 10 % ist normal; b) Unterbrechung einer Plusdiode oder Minusdiode; c) Kurzschluss einer Minus- bzw. Plusdiode; d) Unterbrechung einer Phase der Ständerwicklung oder Kurzschluss zwischen zwei Phasen.

Vielfachmessgerät (Spannungsmessung). Der Tester wird an B^+ und D^- angeschlossen.

Überprüfung des Reglers: Die abgegebene Spannung muss bei einer Drehzahl zwischen ca. 3500 und 4000 min^{-1} bei ca. 13,8 bis 14,5 V liegen.

Überprüfung der Plusdioden: Bei stehendem Motor darf kein Strom von der Batterie zum Generator fließen.

Vielfachmessgerät (Widerstandsmessung). Die Sperrwirkung aller Dioden lässt sich im ausgebauten Zustand durch zwei Messungen überprüfen, bei denen die Anschlüsse vertauscht werden.

Erreger- und Ständerwicklung werden auf Windungsschluss durch Vergleichen der Widerstandsmesswerte mit den Herstellerangaben überprüft.

5.3.2 Generatorprüfung mithilfe der Generatorkontrolllampe (Tabelle 227.1)

Verhalten der Generatorkontrollampe	mögliche Fehlerursache	Abhilfe
Generatorkontrolllampe leuchtet nicht Motor steht still, Zündung eingeschaltet	Kontrolllampe defekt	Lampe ersetzen
	Batterie entladen/defekt	Batterie laden/austauschen
	Regler defekt	Regler ersetzen
	Kurzschluss einer Plusdiode	Generator instandsetzen
	Kohlebürsten zu weit abgenutzt	Kohlebürsten erneuern
	Leitungsfehler	Defekte Leitung ersetzen
	Läuferwicklung unterbrochen	Generator instandsetzen
	Schleifringe oxidiert	Generator instandsetzen
Generatorkontrolllampe leuchtet unverändert hell Motordrehzahl ausgehend von Leerlaufdrehzahl bis zum maximalen Drehzahlbereich	Regler defekt	Regler austauschen
	Masseschluss in den Leitungen D^+ oder 61	Defekte Leitung ersetzen
	Dioden defekt, Schleifringe verschmutzt, Masseschluss Läuferwicklung	Generator instandsetzen
Generatorkontrolllampe leuchtet hell (Motor steht still, Zündung eingeschaltet) und **Generatorkontrolllampe glimmt** (Motor läuft)	Regler defekt	Regler austauschen
	Generator defekt	Generator austauschen
	Übergangswiderstand im Ladestromkreis	Stromkreis kontrollieren, ggf. instandsetzen
	Übergangswiderstand in der Leitung zur Lampe	Anschlüsse kontrollieren, ggf. säubern und festziehen

Tabelle 227.1 Fehlerermittlung mithilfe der Generatorkontrolllampe.

5.3.3 Prüfen des Starters

Prüfung im eingebauten Zustand

Vor der Funktionsprüfung des Starters muss zunächst der Zustand der Batterie kontrolliert werden, dazu zählen Säurestand, Säuredichte und Batteriespannung. Weiterhin muss sichergestellt sein, dass die Anschlüsse der Batteriepole, der Masseanschluss der Karosserie und der Plusanschluss am Starter festsitzen und nicht korrodiert sind. Die in Tabelle 228.1 dargestellten Fehler lassen sich durch die akkustische Überprüfung ermitteln.

akkustische Wahrnehmung	mögliche Fehlerursache	Abhilfe
Ungewöhnliche Startgeräusche	• Starter defekt • Zahnkranz des Motors beschädigt • Starter falsch montiert	• Starter instandsetzen • Zahnkranz ersetzen • Montage des Starters kontrollieren und ggf. korrigieren
Kein Einspurgeräusch	zunächst Fehler im elektrischen Anschluss des Starters ausschließen,	Folgende elektrische Prüfungen werden im Ruhezustand durchgeführt: • Masse- oder Plusschluss der Leitungen, • Spannung Klemme 30, • Leitungsunterbrechungen, • Übergangswiderstände.
Starter spurt nicht ein oder zu langsam aus		
Starter spurt ein, dreht den Motor nur langsam oder gar nicht durch	sonst Starter defekt	Folgende Prüfungen werden beim Startvorgang durchgeführt: • Spannung Klemme 50, • Spannung Ausgang Relais, • Starterstrom.
Starter spurt ein, dreht den Motor nur langsam oder gar nicht durch	Motor defekt (eventuell Kolbenklemmer), Spannung zu niedrig	• Motor instandsetzen • zu niedrige Spannung korrigieren

Tabelle 228.1 Fehlerermittlung am Starter durch akkustische Prüfung.

Prüfung im ausgebauten Zustand

Zunächst sollte eine Sichtprüfung des Starterritzels erfolgen (ausgebrochener Zahn, Abnutzungsgrad der Zähne). Wird ein Defekt festgestellt, muss das Starterritzel ausgetauscht werden.

Die weitere Vorgehensweise hängt stark vom Typ des Starters ab, da es für viele Starter spezielle Servicehinweise und Prüfempfehlungen gibt. Darüber hinaus erfordert jeder Startertyp besondere Werkzeuge für eine fachgerechte Demontage bzw. Montage. Nach durchgeführter Reparatur sollte die einwandfreie Funktion auf einem Kombiprüfstand überprüft werden, bevor der Starter wieder in das Fahrzeug eingebaut wird.

Zur Wiederholung

1. Der abgegebene Gleichstrom eines Generators weist eine geringe Welligkeit auf. Führen Sie dies auf die bauartbedingte Art der Drehstromerzeugung zurück.
2. Beschreiben Sie einem „Nicht-Fachmann" die Aufgabe des Erregerstromkreises.
3. Die Freilaufdiode im Regler wird auch als Löschdiode bezeichnet. Erklären Sie die Benennung anhand ihrer Funktion.
4. Beschreiben Sie die Funktionsweise der „intelligenten Generatorregelung".
5. Begründen Sie, warum bei der Prüfung des Generators die intelligente Generatorregelung deaktiviert sein muss.
6. Sie schließen zwei 12-V-Batterien zunächst in Reihe, dann parallel zusammen. Welche elektrotechnischen Größen verändern sich?
7. Unterscheiden Sie die Begriffe „verfügbare Kapazität" und „Nennkapazität" einer Batterie.
8. Erklären Sie die Kennzeichnung von Batterien.
9. Verdeutlichen Sie die Ursache für die Entstehung von drei möglichen Batteriedefekten und beurteilen Sie, ob der Autofahrer Möglichkeiten hat, diese Defekte zu verhindern.
10. Begründen Sie den zunehmenden Einbau von Energiemanagementsystemen in neuen Kraftfahrzeugen.
11. Begründen Sie, warum Generatorleistung, Batteriekapazität und Leistungsbedarf aller elektrischen Verbraucher aufeinander abgestimmt sein müssen, damit die Energieversorgung des Fahrzeuges funktioniert.
12. Beschreiben Sie Aufbau und Funktion eines Schub-Schraubtrieb-Starters mit eigenen Worten.
13. Begründen Sie, warum bei hubraumstärkeren Motoren in den Schub-Schraubtrieb-Starter oftmals ein Vorgelegegetriebe verbaut wird.

Zur Vertiefung

1. Zeichnen Sie für den Regelzustand „AUS" den Stromverlauf in Bild 229.1 ein.

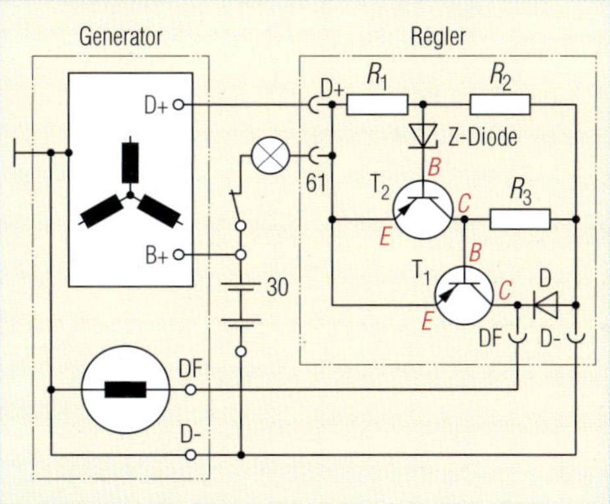

Bild 229.1 Vereinfachte Reglerschaltung.

2. Die Generatorlampe ist defekt. Welche Auswirkung hat dies auf die Funktion eines Generators, der mit einem Hybridregler ausgestattet ist?
3. Bei ordnungsgemäß angeschlossener Batterie und normalen Fahrbedingungen ist kein weiterer Überspannungsschutz für die elektronischen Bauelemente im Bordnetz notwendig.
   a) Welches Bauteil dämpft in der Regel alle auftretenden Spannungsspitzen?
   b) Nennen Sie drei nicht reguläre Situationen, in denen es dennoch zu Überspannungen im Bordnetz kommen kann.
4. Der Fahrer eines Pkws mit einem Generator mit Multifunktionsregler kommt zu Ihnen in die Werkstatt. Er beobachtet folgendes Phänomen: Wenn er im Leerlauf die Klimaanlage, Sitzheizung oder heizbare Heckscheibe einschaltet, verändert sich die Helligkeit seines Abblendlichtes. Worauf führen Sie diese Beobachtung zurück?
5. Welches Ladegerät benutzen Sie in Ihrer Werkstatt? Fassen Sie aus der Herstellervorschrift die wesentlichen Punkte zum Betrieb des Gerätes zusammen.
6. Wie werden Batterien in Ihrer Werkstatt gelagert und entsorgt?
7. Sie erhalten den Auftrag die Lagerbedingungen für Batterien zu untersuchen und zu optimieren. Worauf müssen Sie bei der Lagerung und Entsorgung achten?

8. Diskutieren Sie die Grenzen der 12-V-Bordspannung.
9. Die elektrischen Verbraucher haben unterschiedliche Einschaltdauern. Dabei wird zwischen Dauerverbrauchern, Langzeitverbrauchern und Kurzzeitverbrauchern unterschieden.
   a) Führen Sie zu jeder Gruppe mindestens drei Beispiele an.
   b) Ermitteln Sie für Ihre Beispiele die jeweilige Leistungsaufnahme.
10. Die maximale Leistungsaufnahme aller batterieseitig angeschlossenen Verbraucher kann bis zu 1500 W betragen.
    a) Berechnen Sie die maximale Stromstärke in Batterienähe, die im 12-Volt-Bordnetz auftreten kann.
    b) Bei der Leitungsdimensionierung nehmen Sie die im Aufgabenteil a) errechnete Stromstärke als Dauerstrom bei 50 °C an. Welchen Nennquerschnitt müssen Sie für die elektrische Kupferleitung wählen?
    c) Bestimmen Sie den Leiterwiderstand für die von Ihnen unter b) gewählte Leitung bei einer Länge von 0,7 m.
    d) Berechnen Sie den Spannungsabfall für die angegebene Leiterlänge.
11. Begründen Sie für das Zwei-Batterien-Bordnetz die vorgegebene Platzierung der Startbatterie in der Nähe des Starters und dem gegenüber die frei wählbare Unterbringung der Versorgungsbatterie.
12. Fallbeispiel:
    Batterie prüfen
    Ein Kunde hatte zum ersten Mal Startprobleme mit seinem Pkw, weil er sein 5 Jahre altes Fahrzeug statt wie üblich in der Garage draußen geparkt hatte. In dieser Nacht lagen die Außentemperaturen bei ca. −8 °C. Nachdem das Fahrzeug fremd gestartet wurde, konnte der Kunde das Fahrzeug in die Werkstatt fahren.
    a) Sie erhalten den Auftrag, die Batterie zu überprüfen. Am Fahrzeug führen Sie als Erstes eine Sichtkontrolle durch. Stellen Sie Ihre Prüfschritte in einer Tabelle zusammen und beschreiben Sie die notwendigen Arbeitsschritte, um eventuell vorhandene Fehler zu beseitigen.
    b) Sie stellen bei der Sichtprüfung fest, dass der Säurestand zu niedrig ist und wollen die Batterie wieder auffüllen. Beschreiben Sie den Arbeitsvorgang unter besonderer Beachtung der Sicherheitsvorschriften.
    c) Anschließend möchten Sie die Batteriedichte überprüfen. Hierzu benutzen Sie einen Säureheber. Erklären Sie den Umgang mit diesem Gerät. Welche Rückschlüsse auf den Zustand der Batterie sind möglich?
    d) Es gibt Batterien, bei denen der Einfüllstopfen nicht entfernt werden kann. Welche wartungstechnische Besonderheit haben diese Batterien? Wie kann man ihren Leistungszustand überprüfen?
    e) Der Meister schlägt dem Kunden vor, die Batterie aufgrund ihres Alters besser auszutauschen. Der Kunde stimmt dieser Maßnahme zu. Sie erhalten den Auftrag, eine neue passende Batterie im Lager zu holen. Auf dem Batteriegehäuse der eingebauten Batterie finden Sie folgenden Aufdruck:

       DIN 536 46

       Der Lagerist erklärt Ihnen, dass die Bezeichnung nach DIN nicht mehr auf den neuen Batterien zu finden sei. Die frühere Benennung ist durch eine ETN-Angabe ersetzt worden.
       - Was bedeutet „ETN"?
       - Ermitteln Sie die ETN-Bezeichnung des vergleichbaren Batterietyps.
       - Erklären Sie die Bedeutung der Stellen 1; 2/3; 4/5/6 und 7/8/9 innerhalb der neuen Bezeichnung.
    f) Die neue Batterie ist trocken vorgeladen. Was bedeutet dies? Was ist zu tun, um solche Batterien funktionsfähig zu machen?
    g) Auf der Arbeitskarte steht der Begriff Batteriepfand. Was bedeutet das für den Kunden?

6 Prüfen und Instandsetzen der Motormechanik

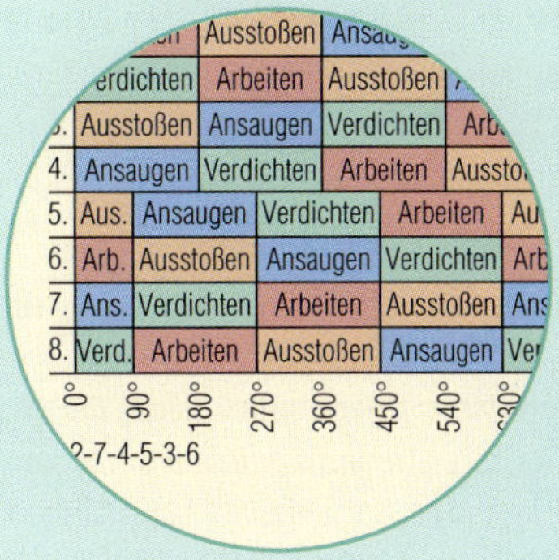

Damit Sie mitreden können:
Sie lesen über die Bedeutung der wichtigsten Fachbegriffe und Kenndaten.

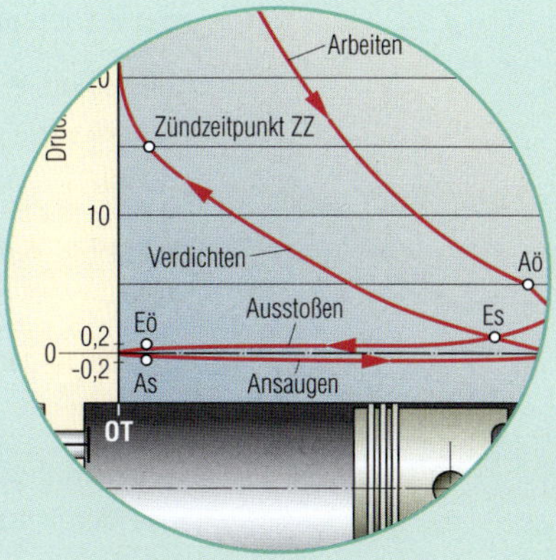

Hier lernen Sie, wie Hubkolbenmotoren arbeiten.

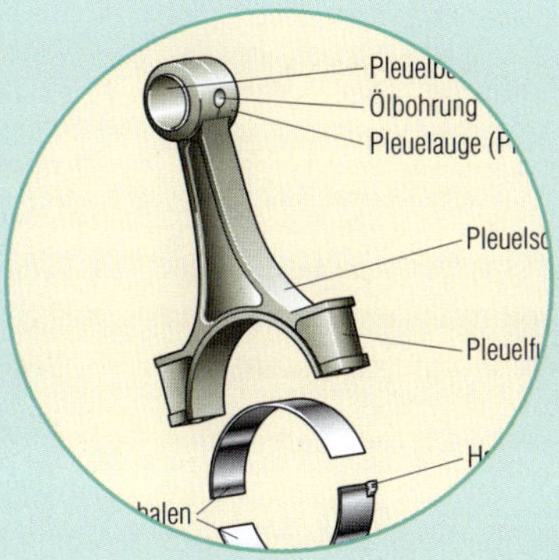

Und er bewegt sich doch:
Nach dem Durcharbeiten wissen Sie, wie die mechanischen Systeme von Hubkolbenmotoren funktionieren.

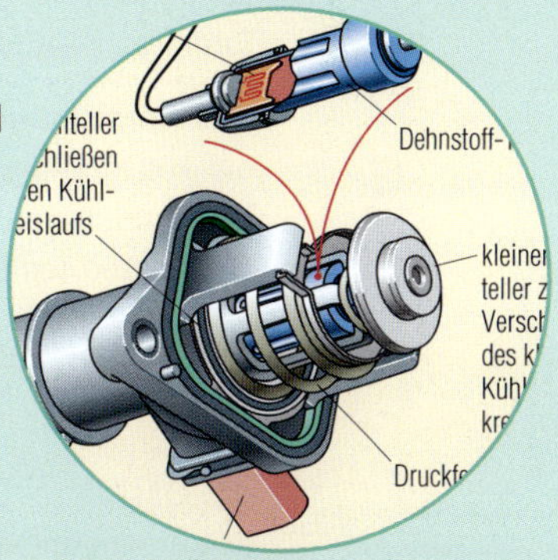

Ohne Kühlung läuft bald gar nichts mehr: Die Prinzipien und wesentlichen Bauteile der Motorkühlung werden Ihnen vorgestellt.

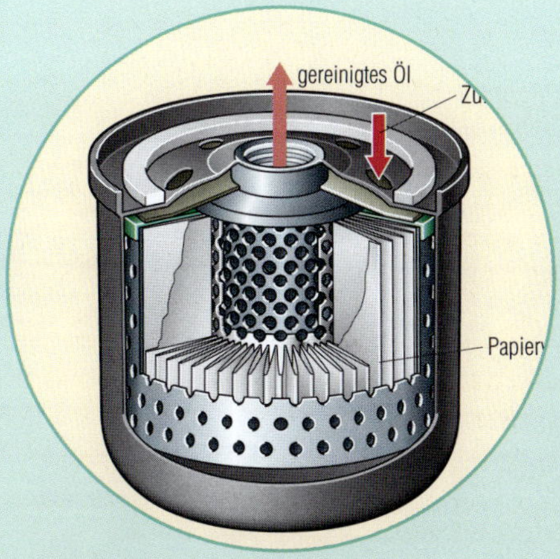

Warum, wie und womit geschmiert wird: hier können Sie es nachlesen.

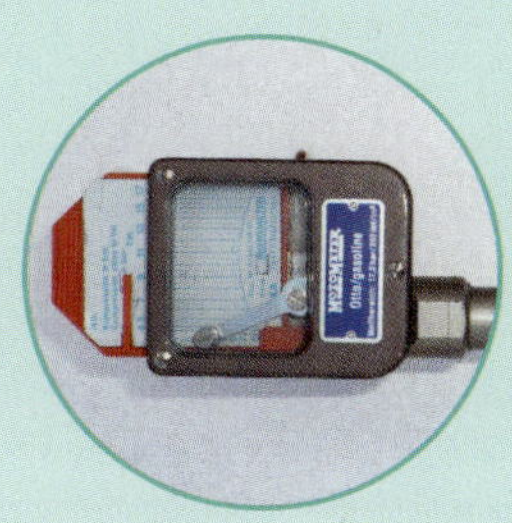

Kompressionsdruckprüfung, Druckverlustprüfung und Öldruckprüfung: Sie erfahren genau, worauf Sie achten müssen.

6.1 Grundbegriffe beim Hubkolbenmotor

6.1.1 Allgemeine Grundbegriffe

$$\lambda_L = \frac{m_{zu}}{m_{th}}$$

Arbeitsspiel nennt man alle regelmäßig wiederkehrenden Vorgänge im Brennraum zur Umwandlung von Energie. Viertaktmotoren benötigen für ein Arbeitsspiel vier Kolbenhübe, Zweitaktmotoren benötigen für ein Arbeitsspiel zwei Kolbenhübe.

Kolbenhub. Weg des Kolbens zwischen unterem Totpunkt (UT) und oberem Totpunkt (OT) (Bild 232.1).

Hubraum. Volumen, das durch die Bewegung der Kolben zwischen UT und OT entsteht.

Verdichtungsraum. Restvolumen über dem Kolben bei OT.

Verbrennungsraum. Summe der Volumen aus Verdichtungsraum und dem jeweiligen Hubraum.

Gaswechsel. Der Teil des Arbeitsspiels, bei dem die Frischgase in den Brennraum einströmen und verbrannte Gase den Brennraum verlassen.

Gemischbildung. Bei der inneren Gemischbildung werden Kraftstoff und Luft im Brennraum, bei der äußeren Gemischbildung außerhalb des Brennraums miteinander vermischt.

Das Verdichtungsverhältnis ε ist das Verhältnis von größtem zu kleinstem Brennraum. Es bestimmt die im Verdichtungstakt entstehenden Drücke und Temperaturen wesentlich mit.

Füllungsart. Im Saugmotor werden die benötigten Gase durch den im Brennraum entstehenden Unterdruck angesaugt. Beim Ladermotor wird das Gas durch Turbolader oder Kompressor in den Brennraum gedrückt.

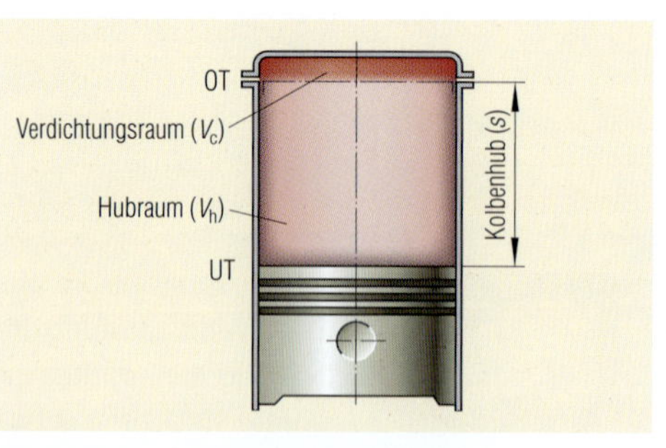

Bild 232.1 Bezeichnungen am Zylinder.

Füllung und Füllungsgrad (Liefergrad). Die Füllung ist die gesamte Masse an Gas, die während eines Arbeitsspiels in den Brennraum einströmt. Der Liefergrad λ_L ist das Verhältnis der tatsächlich eingeströmten Gasmasse zur theoretisch möglichen Gasmasse, die in den Brennraum passt.

Zylindernummerierung. Man beginnt mit der Zählung auf der Seite, die der kraftabgebenden Seite (Kupplungsseite) gegenüber liegt. Bei V-, W- und Boxermotoren beginnt man mit der linken Zylinderreihe und zählt dann die anderen Reihen von vorne nach hinten durch (Bild 232.2).

Zündfolge. Gibt die Reihenfolge der Arbeitstakte der einzelnen Zylinder eines Motors an (Bild 233.2).

Zündabstand ist der Abstand in Grad Kurbelwinkel zwischen den Zündungen der aufeinander folgenden Zylinder. Er beträgt:
- 720 ° KW/Zylinderzahl beim 4-Takter und
- 360 ° KW/Zylinderzahl beim 2-Takter.

Je größer die Zylinderzahl, desto kleiner wird der Abstand zwischen zwei Zündungen. Dies ergibt einen ruhigeren Motorlauf und eine gleichmäßigere Drehmomentabgabe.

$$\text{Zündabstand} = \frac{720\,°\text{KW}}{\text{Zylinderzahl}}$$

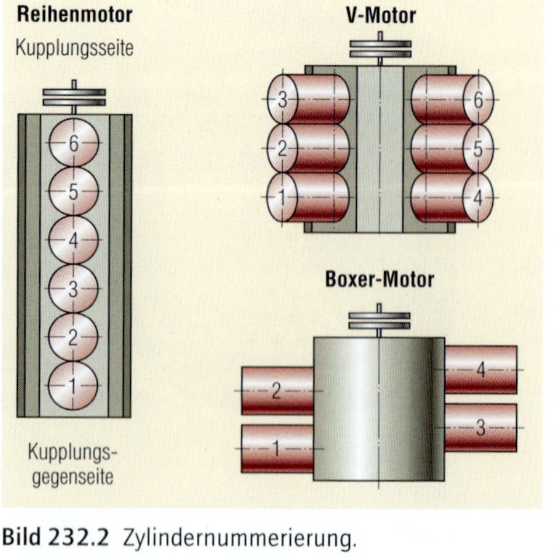

Bild 232.2 Zylindernummerierung.

6.1.2 Kenndaten von Hubkolbenmotoren

Die Kenndaten eines Motors werden auf einem Prüfstand ermittelt, auf dem der Motor mit einer Leistungsbremse verbunden ist. Damit kann das Motordrehmoment ermittelt werden. Gleichzeitig wird der verbrauchte Kraftstoff gemessen.

Der Motor wird bei unterschiedlichen Betriebszuständen im Volllast- und Teillastbereich betrieben. Dabei wird die Motordrehzahl mithilfe der Leistungsbremse konstant gehalten. Die ermittelten Werte lassen sich in Kurven übertragen (Bild 233.1).

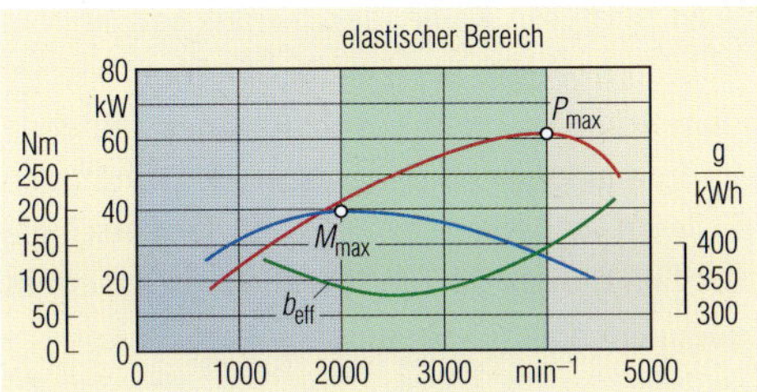

Bild 233.1 Volllast-Kennlinien eines Otto-Viertaktmotors.

Motordrehmoment. Vom Drehmomentverlauf hängt die Durchzugskraft, das Beschleunigungsvermögen und die Bergsteigefähigkeit eines Kfz-Antriebs ab. Mit zunehmender Drehzahl steigt das abgegebene Drehmoment bis zu einem Maximalwert an und fällt wieder ab. Ursachen dafür sind:

- Bei niedrigen Drehzahlen entstehen höhere Reibungs- und Wärmeverluste. Zusätzlich wird das Kraftstoff-Luft-Gemisch wegen der geringen Strömungsgeschwindigkeit schlecht durchmischt (Inhomogenität).
- Bei hohen Drehzahlen wird der Füllungsgrad durch steigende Brennraumtemperatur, kürzere Ventilöffnungszeiten und wachsende Strömungswiderstände schlechter.

Motorleistung. Der ideale Kfz-Antrieb müsste über den gesamten Drehzahlbereich eine konstante Leistung erbringen. Da die Motorleistung P das Produkt aus Motordrehzahl und Motordrehmoment ist, ist sie beim Verbrennungsmotor nicht konstant; sie steigt bis zu einem Maximalwert und fällt danach ab.

$$P = \frac{M \cdot n}{9550}$$

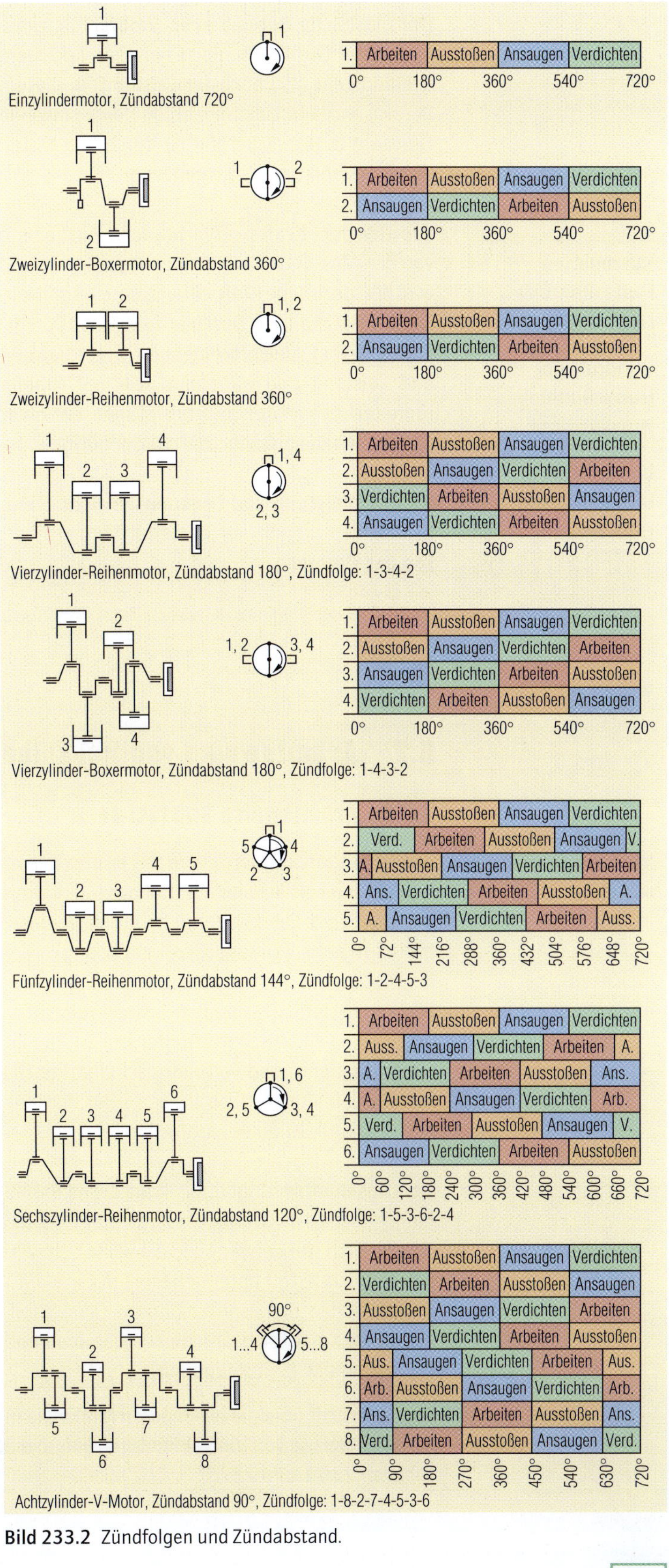

Bild 233.2 Zündfolgen und Zündabstand.

Kurzhub:
Hub < Bohrung,
Hubverhältnis < 1

Quadrathub:
Hub = Bohrung,
Hubverhältnis = 1

Langhub:
Hub > Bohrung,
Hubverhältnis > 1

Der elastische Bereich eines Verbrennungsmotors ist der Drehzahlbereich zwischen höchstem Drehmoment und höchster Leistung. In diesem Bereich wird ein Leistungsabfall durch sinkende Drehzahl (z. B. bei Bergfahrt) durch ein ansteigendes Drehmoment ausgeglichen.

Spezifischer Kraftstoffverbrauch. Ausgehend von den Messungen auf dem Leistungsprüfstand wird der spezifische Kraftstoffverbrauch ermittelt. Dazu misst man die Durchlaufzeit von 100 cm^3 Kraftstoff bei gleich bleibender Motordrehzahl und -leistung und errechnet, wie viel Gramm Kraftstoff der Motor in einer Stunde bei einer abgegebenen Leistung von 1 kW benötigt.

Hubraumleistung und Leistungsgewicht. Diese Kennzahlen dienen der besseren Vergleichbarkeit der Motoren:

- Hubraumleistung (Literleistung): Verhältnis von Nutzleistung zum Gesamthubraum (in kW/l),
- Leistungsgewicht des Motors: Verhältnis von Motormasse zur Nutzleistung (in kg/kW),
- Leistungsgewicht des Fahrzeugs: Verhältnis von Fahrzeugmasse zur Nutzleistung.

Hubverhältnis. Das Verhältnis von Hub zu Bohrung bestimmt, ob es sich um einen Kurzhubmotor, einen Quadrathubmotor oder um einen Langhubmotor handelt.

Kurzhubmotoren ermöglichen wegen der geringeren mittleren Kolbengeschwindigkeit höhere Motordrehzahlen als Langhubmotoren. Langhubmotoren werden als langsamer laufende Motoren eingesetzt. Daher ist trotz der höheren mittleren Kolbengeschwindigkeit der Verschleiß ebenfalls gering. Der größere Kurbelradius ergibt zudem ein höheres Drehmoment.

6.2 Arbeitsweise von Hubkolbenmotoren

6.2.1 Arbeitsweise Viertaktmotor

Ventilüberschneidung: Zeit, in der Einlass- und Auslassventil gleichzeitig geöffnet sind.

Der Otto-Viertaktmotor wird mit Benzin betrieben, das mit Luft in einem bestimmten Verhältnis gemischt wird. Die Mischung findet im Vergaser bzw. Saugrohr (äußere Gemischbildung) oder im Brennraum (innere Gemischbildung) statt. Das Kraftstoff-Luft-Gemisch wird verdichtet, durch einen elektrischen Zündfunken entflammt (Fremdzündung) und verbrennt schlagartig. Die sich ausdehnenden Gase treiben über den Kolben den Kurbeltrieb des Motors an.

Der Dieselmotor saugt nur Luft an, die im Brennraum höher als im Ottomotor verdichtet wird und sich dadurch stark erwärmt. In die heiße Luft wird der Dieselkraftstoff unter hohem Druck in kleinsten Tröpfchen eingespritzt (innere Gemischbildung), die Kraftstoff-Tröpfchen verdampfen und entzünden sich (Selbstzündung).

Eine Übersicht über die besonderen Merkmale in der Arbeitsweise von Viertaktmotoren liefern die Tabellen 236.1 und 237.1.

Arbeitsspiel. Da ein Arbeitsspiel bei einem Viertaktmotor 720 °KW benötigt, stehen jedem Takt theoretisch 180 °KW zur Verfügung. Die vier Takte sind:

1. Takt: Ansaugen des Kraftstoff-Luft-Gemisches bzw. reiner Luft,
2. Takt: Verdichten des Gemisches bzw. der Luft,
3. Takt: Arbeiten, d. h. entzünden des Kraftstoff-Luft-Gemisches und Antrieb des Kolbens
4. Takt: Ausstoßen der verbrannten Gase.

Arbeitsdiagramm. Im Arbeitsdiagramm, auch Indikator- oder Druck-Volumen-Diagramm (p-V-Diagramm) genannt, wird der tatsächliche Gasdruckverlauf im Brennraum während eines Arbeitsspiels dargestellt (Bild 235.1). Abweichungen vom normalen Druckverlauf dienen in der Motorenentwicklung dazu, Motorfehler zu erkennen (Bild 235.2).

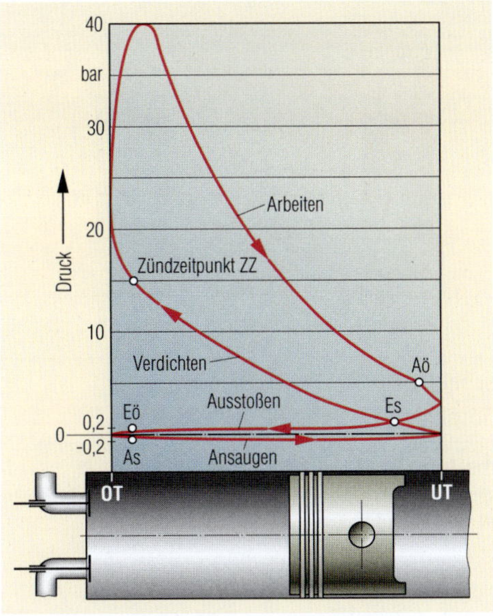

Bild 235.1 Arbeitsdiagramm.

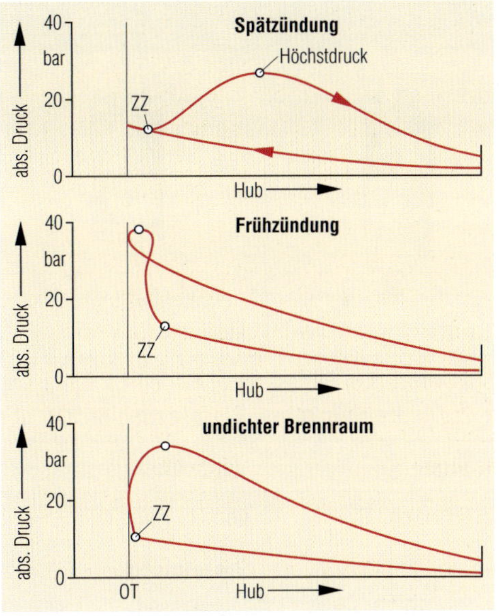

Bild 235.2 Arbeitsdiagramme mit fehlerhaftem Gasdruckverlauf.

OT:
oberer Totpunkt

UT:
unterer Totpunkt

Steuerdiagramm. Im Steuerdiagramm werden die Öffnungs- und Schließzeiten der Ventile grafisch dargestellt (Bild 235.3). Deutlich sind Voröffnung und Nachschließung der Ventile sowie die Ventilüberschneidung zu erkennen.

Ventilöffnungszeiten. Durch die Öffnungsdauer der Ventile bestimmt sich der mögliche Gaswechsel. Das Einlassventil öffnet bei einer Drehzahl von 3600 min^{-1} bereits ca. 1/1000 Sekunden vor OT, damit die vor dem Ventil befindliche Ansaugluft schon den Einströmvorgang beginnen kann, bevor der nach unten laufende Kolben tatsächlich ansaugt. Es schließt ca. 2/1000 Sekunden nach UT. Die Masse der bewegten Luft sorgt bis dahin für ein Nachströmen der Luft, obwohl der Kolben bereits nach oben läuft. Dadurch wird der Liefergrad optimiert. Der Verdichtungstakt geht ohne Änderung der Ventilstellung in den Arbeitstakt über. Dieser endet ca. 2/1000 Sekunden vor UT, damit die Masse des nach unten gehenden Kolbens mit Pleuel keine zusätzliche mechanische Belastung auf die Kurbelwelle ausüben kann. Der gesamte Arbeitstakt dauert demnach 6/1000 Sekunden und der Ansaugtakt 12/1000 Sekunden. Das gleichzeitige Öffnen von Ein- und Auslassventil nennt man Ventilüberschneidung. Sie dauert im beschriebenen Beispiel 3/1000 Sekunden (s. auch folgendes Rechenbeispiel). Das verspätete Schließen des Auslassventils erleichtert das Ausströmen der restlichen Abgase, die Frischgase drücken die restlichen Abgase in den Abgaskrümmer. Dieser Effekt wird auch als Spülvorgang bezeichnet.

Ventilüberschneidungswinkel
$\beta = 30° + 25° = 55°$

$n = 3600\ min^{-1}$

$$t = \frac{55}{6 \cdot 3600} = 0{,}0025\ s$$

→ aufgerundet 3/1000 s

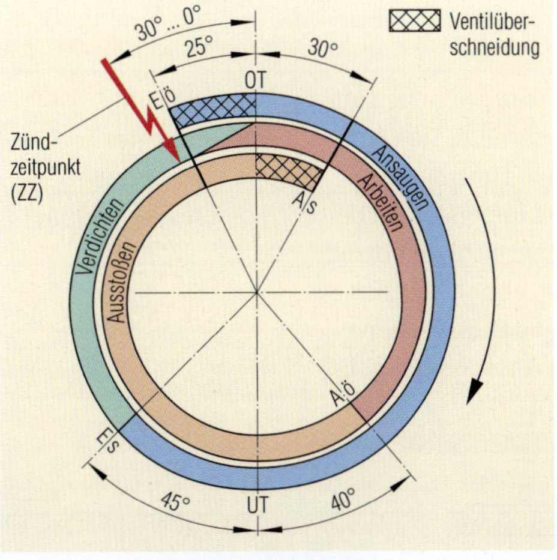

Bild 235.3 Steuerdiagramm eines Otto-Viertaktmotors.

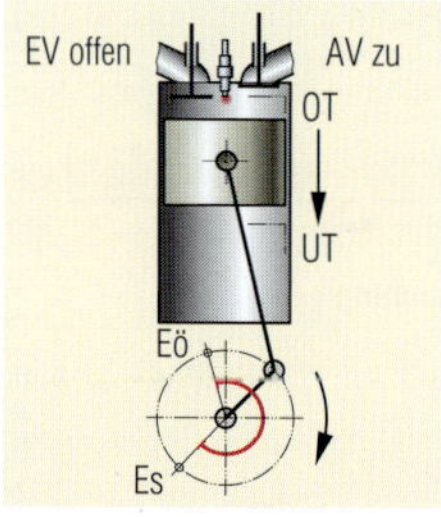

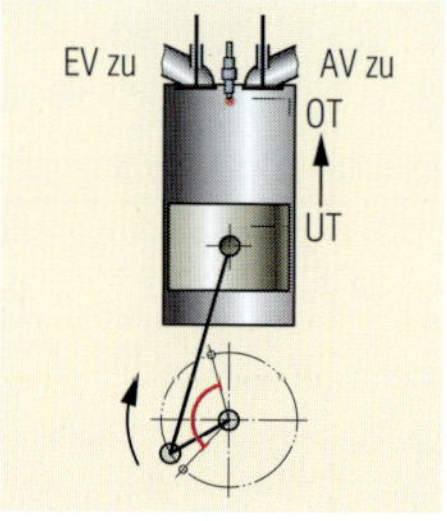

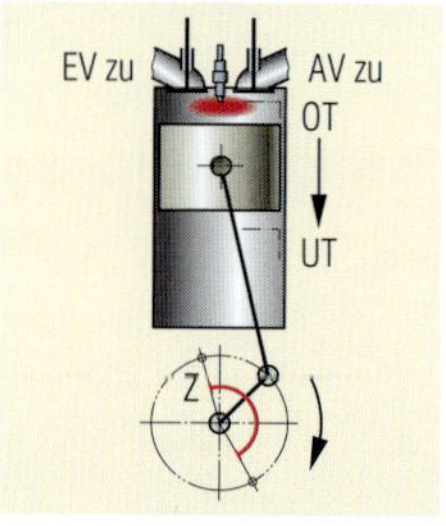

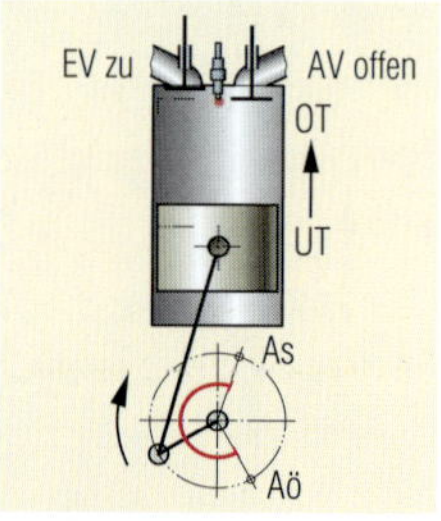

EV: Einlassventil, **AV**: Auslassventil, **Eö**: Einlassventil öffnet, **Es**: Einlassventil schließt, **Aö**: Auslassventil öffnet, **As**: Auslassventil schließt, **Z**: Zündzeitpunkt bzw. Einspritzbeginn, **OT**: oberer Totpunkt, **UT**: unterer Totpunkt

Takt	Ansaugen	Verdichten	Arbeiten	Ausstoßen
Kolbenbewegung	von OT nach UT	von UT nach OT	von OT nach UT	von UT nach OT
		Dieselmotor		
Einlassventil	öffnet 25 ° vor OT bis 5 ° nach OT schließt 35 ° bis 60 ° nach UT	geschlossen	geschlossen	geschlossen
Auslassventil	geschlossen	geschlossen	geschlossen	öffnet 35 ° bis 60 ° vor UT schließt 5 ° vor OT bis 30 ° nach OT
Druck im Brennraum	– 0,1 bar bis – 0,2 bar Ansaugdruck im Saugrohr	30 bar bis 55 bar Verdichtungsenddruck	60 bar bis 180 bar Höchstdruck	Restdruck: 4 bar bis 6 bar bei Aö – 0,2 bar bis 0,4 bar bei As
Temperatur im Brennraum	70 °C bis 100 °C Frischgastemperatur	600 °C bis 900 °C Verdichtungsendtemperatur	2000 °C bis 2500 °C Höchsttemperatur	Abgastemperatur: 100 °C bis 200 °C im Leerlauf 550 °C bis 750 °C bei Volllast
Besonderheiten beim Dieselmotor	Es wird nur reine Luft angesaugt. Sie wird beim Einströmen in den Brennraum in der Regel nicht gedrosselt, d. h. es befindet sich keine Drosselklappe im Ansaugbereich. Es besteht somit immer Luftüberschuss.	Die reine Luft wird verdichtet und erwärmt sich (Kompressionswärme).	Der Kraftstoff wird kurz vor OT in den Brennraum eingespritzt, verdampft und entzündet sich nach ca. 0,001 s (Zündverzug) an der heißen Luft. (Selbstentzündungstemperatur von verdichtetem Diesel: 320 °C bis 380 °C).	Die Abgastemperaturen sind niedriger, wodurch sich ein höherer Wirkungsgrad ergibt.

Tabelle 236.1 Arbeitsweise von Diesel-Viertaktmotoren. ▶

Ottomotor				
Einlassventil	öffnet 2 ° bis 40 ° vor OT schließt 30 ° bis 60 ° nach UT	geschlossen	geschlossen	geschlossen
Auslassventil	geschlossen	geschlossen	geschlossen	öffnet 35 ° bis 60 ° vor UT schließt 20 ° bis 40 ° nach OT
Druck im Brennraum	– 0,1 bar bis – 0,6 bar Ansaugdruck	12 bar bis 20 bar Verdichtungsenddruck	50 bar bis 75 bar Höchstdruck	Restdruck: 3 bar bis 5 bar bei Aö – 0,2 bar bis 0,5 bar bei As
Temperatur im Brennraum	30 °C bis 100 °C Frischgastemperatur	400 °C bis 500 °C Verdichtungsendtemperatur	2000 °C bis 2500 °C Höchsttemperatur	Abgastemperatur: 300 °C bis 500 °C im Leerlauf 700 °C bis 1000 °C bei Volllast
Merkmale	Die Raumvergrößerung beim Abwärtsgehen des Kolbens erzeugt Unterdruck im Brennraum, wodurch Frischgase angesaugt werden. Um die Füllung zu verbessern, • öffnet das Einlassventil schon vor OT, da der Unterdruck so beim größten Ventilquerschnitt wirken kann, • schließt das Einlassventil erst nach UT um die Bewegungsenergie der einströmenden Frischgase auszunutzen.	Durch die Raumverkleinerung wird das Gemisch verdichtet. Der Druck und dadurch die Temperatur steigen an. Dies beschleunigt die Vermischung und Vergasung des Gemischs. Je höher das Gemisch verdichtet wird, umso höher ist der Wirkungsgrad des Motors. Damit steigt die Leistung und der Verbrauch sinkt. Gleichzeitig wird der Motor mechanisch jedoch stärker belastet und die Gefahr der Selbstentzündung des Kraftstoffs steigt (Selbstentzündungstemperatur von verdichtetem Benzin: 500 °C bis 650 °C).	Das Überspringen des Zündfunkens entflammt das Gemisch kurz vor OT. Die Flammen breiten sich mit einer Geschwindigkeit von 10 m/s bis 30 m/s aus, bis das Gemisch voll entflammt ist (nach ca. 0,001 s). Dadurch entsteht der Verbrennungshöchstdruck erst kurz nach OT. Bei steigender Motordrehzahl muss der Zündfunke früher überspringen, sodass der Zündzeitpunkt drehzahlabhängig bis 40 ° vor OT liegt. Der Druck treibt den Kolben nach UT, die entstandene Wärmeenergie wird in Bewegungsenergie umgewandelt.	Das Auslassventil öffnet schon kurz vor UT, die verbrannten Gase entspannen sich in den Auspuff. Dies beschleunigt das Ausströmen und entlastet den Kurbeltrieb ohne viel Energie zu verschenken. Bei der Aufwärtsbewegung des Kolbens werden die Gase aus dem Brennraum geschoben. Um die Saugwirkung der ausströmenden Gase zur Frischgasfüllung zu nutzen und den Brennraum besser zu entleeren und zu kühlen, wird das Auslassventil erst nach OT geschlossen (Ventilüberschneidung).

Tabelle 237.1 Arbeitsweise von Otto-Viertaktmotoren.

6.2.2 Arbeitsweise des Zweitaktmotors

Der Zweitaktmotor ist mechanisch sehr einfach aufgebaut (Bild 238.1). Er besteht nur aus drei bewegten Teilen:

- Kolben,
- Pleuel,
- Kurbelwelle.

Im Zylinderkopf befinden sich lediglich das Gewinde für die Zündkerze und bei wassergekühlten Motoren die Wasserkanäle. Luftgekühlte Motoren benötigen Kühlrippen an Zylinder und Zylinderkopf. Der Kurbelraum ist wegen der erforderlichen Vorverdichtung gasdicht ausgeführt. Für die Gemischzufuhr sind im Zylinder ein oder zwei Überströmkanäle untergebracht. Ansaug- und Abgasflansch sind am Zylinder angeschraubt.

Die Kolben haben meist nur einen Kolbenring ohne Ölabstreiffunktion, weil im Gegensatz zum Viertaktmotor kein Öl aus dem Kurbelraum zurückgehalten werden muss. Das angesaugte Benzin-Öl-Luftgemisch (Gemischschmierung) bildet ständig einen frischen und ausreichenden Schmierfilm zwischen Kolben und Zylinder. Die Wälzlager von Kurbelwellen- und Pleuellager werden ebenfalls mit diesem Ölfilm geschmiert. Die Kurbelwelle besteht aus mehreren Teilen und ist durch Verschrauben gefügt, damit die Wälzlager des Pleuels montiert werden können.

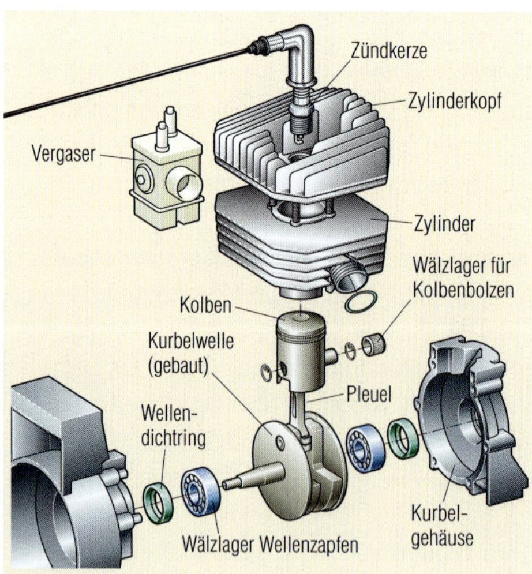

Bild 238.1 Bauteile des Zweitaktmotors.

Arbeitsprinzip und Gaswechselsteuerung. (Tabelle 239.1). Beim Zweitaktmotor finden alle vier Takte während einer Kurbelwellenumdrehung statt. Die Vorgänge laufen oberhalb und unterhalb des Kolbens gleichzeitig ab. Die Öffnungswinkel für einen kolbengesteuerten Zweitaktmotor ergeben sich aus dem Steuerdiagramm (Bild 238.2).

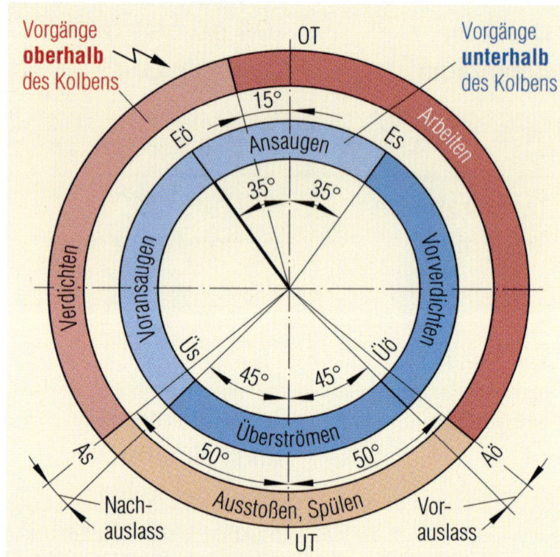

Bild 238.2 Steuerdiagramm des Zweitaktmotors.

Spülsysteme. Der Gaswechsel bei Zweitaktmotoren ist besonders schwierig, weil die Steuerzeiten extrem kurz sind. Das größte Problem bildet dabei der Ausstoß der verbrannten Abgase und das fast zeitgleiche Einströmen des Benzin-Öl-Luftgemischs.

Die Querstromspülung (Bild 238.3) ist eine Möglichkeit des Gaswechsels. Die auf der einen Seite einströmenden Frischgase verdrängen die Abgase in den Auslasskanal.

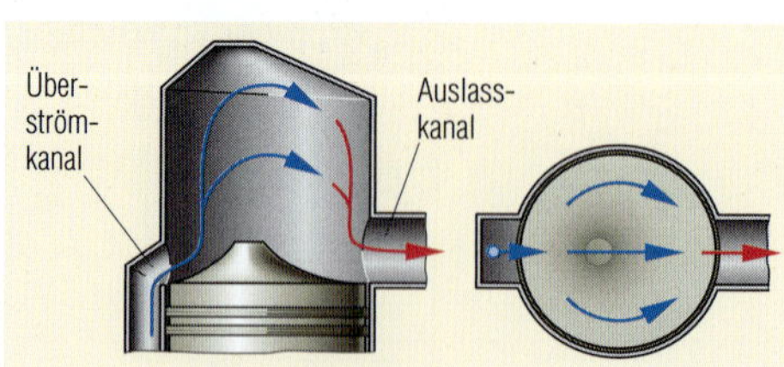

Bild 238.3 Querstromspülung.

	Arbeiten	Arbeiten	Ausstoßen	Ausstoßen	Verdichten	
Vorgänge oberhalb des Kolbens	Zündkerze entzündet das Gemisch.	Gemisch verbrennt.	Abgas entweicht unter Druck in den Auspufftrakt.	Restgas wird vom Frischgas verdrängt (Spülung).	Frischgas wird komprimiert.	
	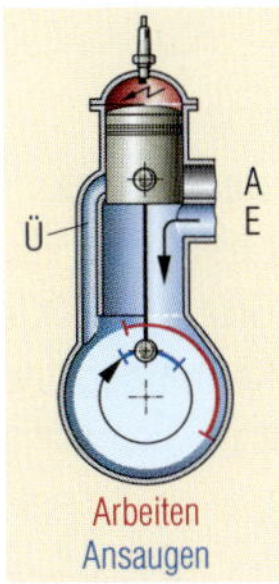	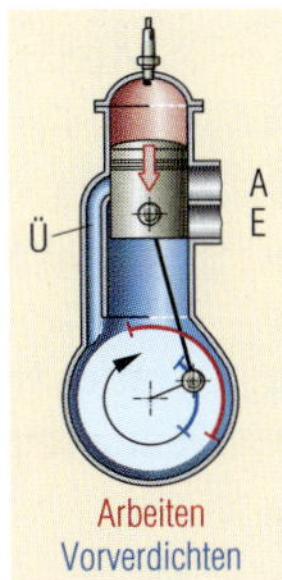	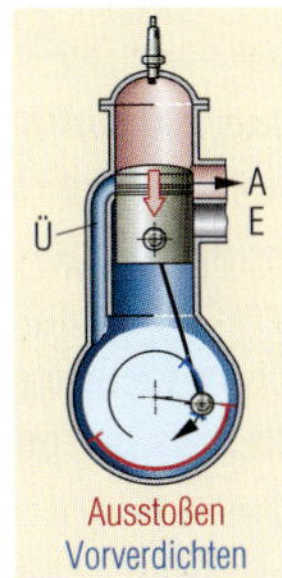	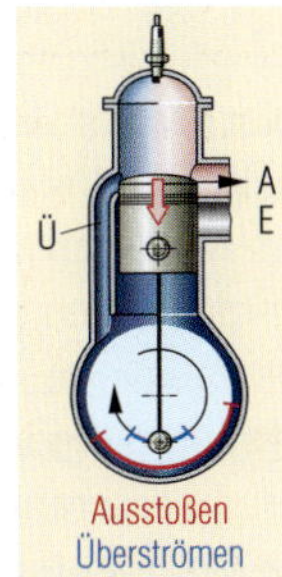	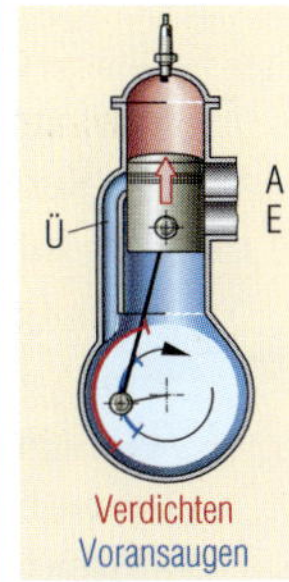	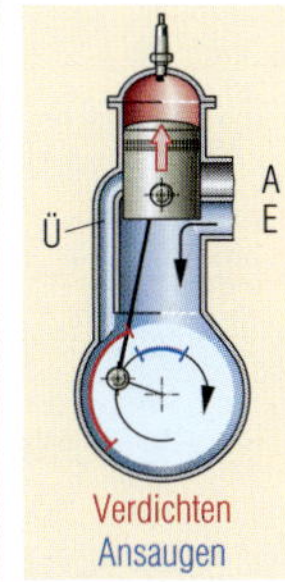
	Ansaugen	**Vorverdichten**		**Überströmen**	**Voransaugen**	**Ansaugen**
Vorgänge unterhalb des Kolbens	Frischgase strömen in den Kurbelraum.	Frischgase werden im Kurbelraum komprimiert.		Vorverdichtete Frischgase strömen in den Zylinderraum.	Im Kurbelraum entsteht ein Unterdruck.	Unterdruck im Kurbelraum baut sich durch einströmendes Frischgas ab.

A = Auslasskanal, **E** = Einlasskanal, **Ü** = Überströmkanal

Tabelle 239.1 Gaswechselsteuerung beim Zweitaktmotor.

Bei der Umkehrspülung gibt es zwei seitlich angeordnete Überströmkanäle (Bild 239.1). Die beiden Frischgasströme treffen sich in der Mitte des Zylinders, werden dort umgelenkt und verdrängen gemeinsam das Abgas. Durch den kürzeren Strömungsweg und den größeren Strömungsquerschnitt ergibt sich ein besserer Liefergrad.

Als Besonderheit bei Zweitakt-Dieselmotoren gilt die Gleichstromspülung, bei der mithilfe eines Kompressors Luft eingeblasen wird (Bild 239.2). Die Frischgase werden von unten eingeblasen und die Abgase oben durch das Auslassventil ausgestoßen.

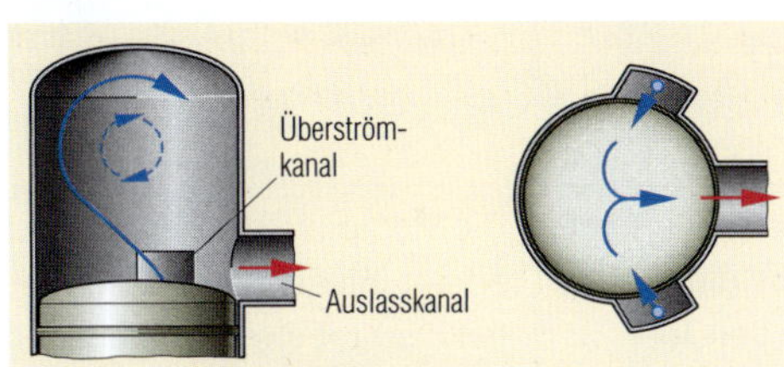

Bild 239.1 Umkehrspülung.

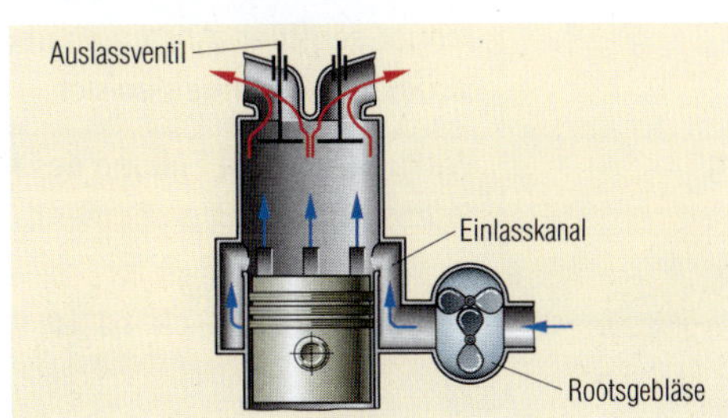

Bild 239.2 Gleichstromspülung.

Rootsgebläse → S. 300

Gaswechselsysteme (Tabelle 240.1). Der Zweitaktmotor hat durch die Bauweise konstruktionsbedingt einen schlechten Liefergrad. Die Restgase können nicht vollständig aus dem Zylinder entfernt werden. Dies führt zu ungünstigen Abgaswerten und zu einem relativ hohen Kraftstoffverbrauch. Zur Verbesserung wurden verschiedene Gaswechselsysteme entwickelt.

Vor- und Nachteile. Der Zweitaktmotor hat pro Kurbelwellenumdrehung einen Arbeitstakt. Dies führt im Vergleich zum Viertaktmotor zu einer fast verdoppelten Hubraumleistung und einer gleichmäßigeren Drehmomentabgabe. Bei Kleinkrafträdern ergibt sich trotz der gesetzlichen Hubraumbeschränkung auf 50 cm³ eine ausreichende Motorleistung.

Weitere Eigenschaften des Zweitaktmotors:
- wenige bewegliche Bauteile,
- sehr leicht,
- kompakte Bauform,
- sehr kostengünstig herzustellen,
- hoher Anteil unverbrannter Kohlenwasserstoffe,
- hoher Anteil von Kohlenstoffmonooxid im Abgas.

Wegen der ungünstigen Abgaswerte werden Zweitaktmotoren nur in Fahrzeugen ohne Abgasvorschriften (z. B. Kleinkrafträder) oder in stationären Kleinmaschinen (z. B. Motorsägen) eingesetzt.

Kolbensteuerung	Schiebersteuerung	Membransteuerung
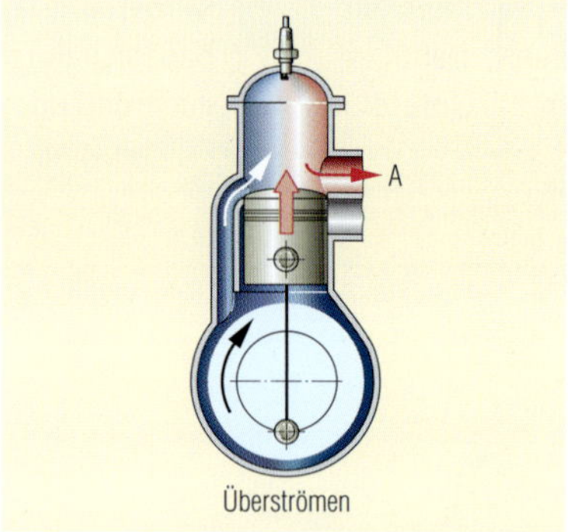	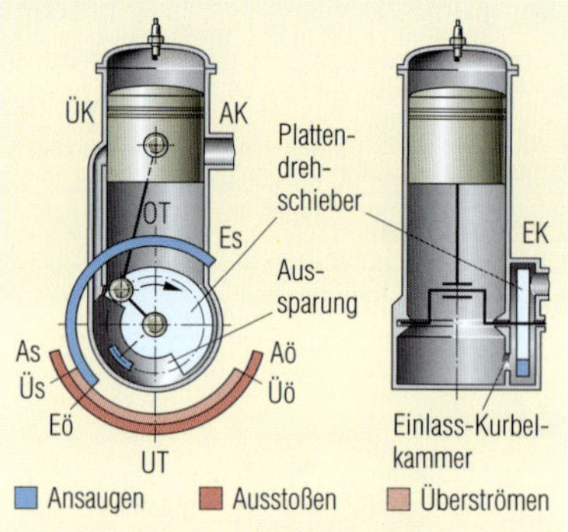	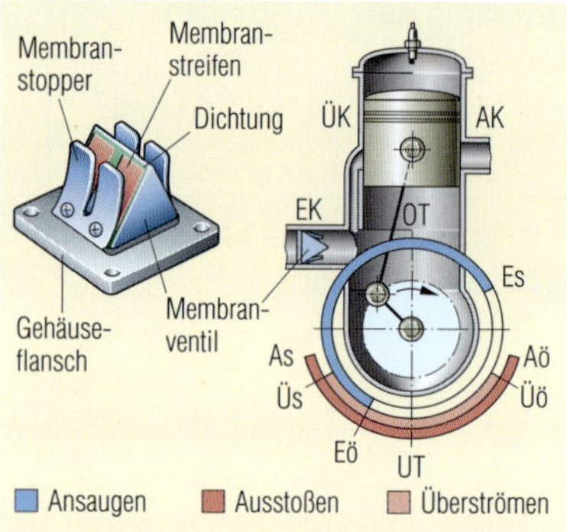
Die Steuerung des Gaswechsels erfolgt durch die Lage des Kolbens, die Kanäle werden genau so weit vor den Totpunkten geöffnet, wie sie nach den Totpunkten geschlossen werden (symmetrische Steuerzeiten). Wirkung: schlechte Füllung, Spülverluste	Die Steuerung des Einlasskanals erfolgt über einen Drehschieber, der mit der Kurbelwelle verbunden ist. Dies ermöglicht unsymmetrische Steuerzeiten. Der Einlasskanal ist länger geöffnet, Ansaugen und Überströmen überschneiden sich. Wirkung: bessere Füllung des Kurbelraums, höheres Drehmoment	Der Einlasskanal kann früher durch den Kolben geöffnet werden, da das Rückströmen der Gase bei der Abwärtsbewegung des Kolbens durch ein Membranventil verhindert wird (unsymmetrische Steuerzeiten). Wirkung: bessere Füllung des Kurbelraums, höheres Drehmoment

Tabelle 240.1 Gaswechselsysteme.

6.3 Mechanische Systeme von Hubkolbenmotoren

Hubkolbenmotoren bestehen im Wesentlichen aus folgenden Baugruppen:
- Kurbelgehäuse,
- Zylinder, Zylinderkopf,
- Kurbeltrieb,
- Motorsteuerung,
- Kraftstoffförder- und Gemischbildungssystem,
- Zündanlage,
- Kühlsystem,
- Schmiersystem,
- Abgassystem.

Schmiersystem → S. 268 ff

Abgassystem → S. 374 ff.

6.3.1 Zylinder und Kurbelgehäuse

Der Zylinder bildet zusammen mit dem Kolben den Brennraum. Er soll den Kolben führen und überschüssige Wärme schnell abführen. Die Zylinderwerkstoffe müssen folgende Eigenschaften besitzen:
- an der Zylinderlauffläche gute Verschleißfestigkeit, da es dort zu hoher Reibung durch den Kolben kommt,
- hohe Festigkeit wegen der ständig wechselnden Druckbelastung,
- gute Schwingungsdämpfung,
- gutes Wärmeleitvermögen und geringe Wärmeausdehnung wegen der großen Temperaturschwankungen.

Das zweigeteilte Kurbelgehäuse nimmt den Kurbeltrieb auf. Das Unterteil ist in der Regel als Ölwanne ausgebildet, das Oberteil ist bei wassergekühlten Motoren mit den Zylindern in einem Stück vergossen (Zylinderkurbelgehäuse = Motorblock), was die Steifigkeit erhöht (Bild 241.1).

Luftgekühlte Motoren haben zur besseren Kühlung meist einzeln stehende Zylinder mit Kühlrippen, die mit dem Kurbelgehäuse-Oberteil verschraubt sind (Bild 241.2).

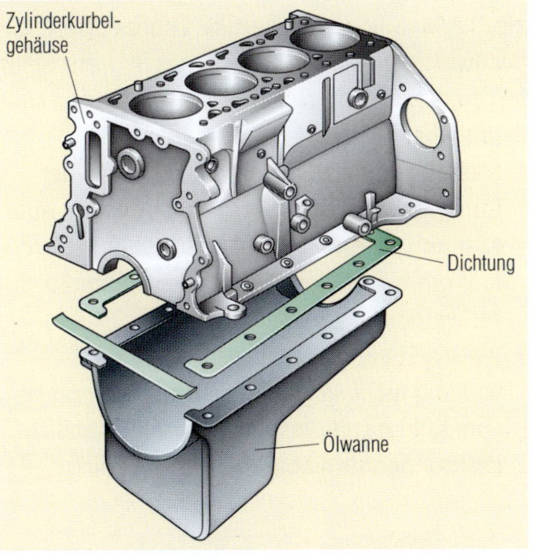

Bild 241.1 Zylinderkurbelgehäuse mit Ölwanne.

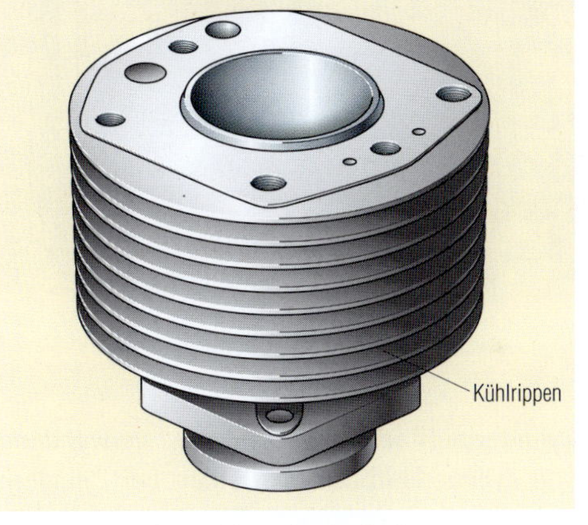

Bild 241.2 Luftgekühlter Einzelzylinder.

Als Werkstoffe für den Zylinder werden häufig Gusseisen mit Lamellengraphit und Aluminiumlegierungen eingesetzt. Aluminiumlegierungen zeichnen sich durch ihr geringes Gewicht und die sehr gute Wärmeleitfähigkeit aus. Die Gehäuse sind wegen der geringeren Festigkeit des Werkstoffs zusätzlich verrippt. Die Verschleißfestigkeit der Aluminium-Zylinderlauffläche wird durch Legieren mit mindestens 12 % Silicium erhöht (übereutektisch).

Eutektikum: sehr gleichmäßiges Gemenge aus zwei oder mehreren Stoffen, das sich bei seiner Erstarrung wie ein reiner Stoff verhält (z. B. Aluminium mit 12 % Siliciumanteil).

Zylinderlaufbuchsen. Manche Zylinder aus Gusseisen und Zylinder aus Aluminium mit weniger als 12 % Silicium erhalten Laufbuchsen aus hochwertigem Gusseisen, die sehr verschleißfest sind. Man unterscheidet nasse und trockene Laufbuchsen (Bild 242.1):

- Nasse Laufbuchsen werden direkt von der Kühlflüssigkeit umspült. Das ergibt eine gute Kühlung. Allerdings muss der Kühlmittelkreislauf gut gegen das Kurbelgehäuse abgedichtet werden.
- Bei trockenen Laufbuchsen ist die Kühlwirkung nicht so gut, weil sie nicht direkt vom Kühlmittel umspült werden. Zusätzliche Dichtungen sind aber nicht erforderlich.

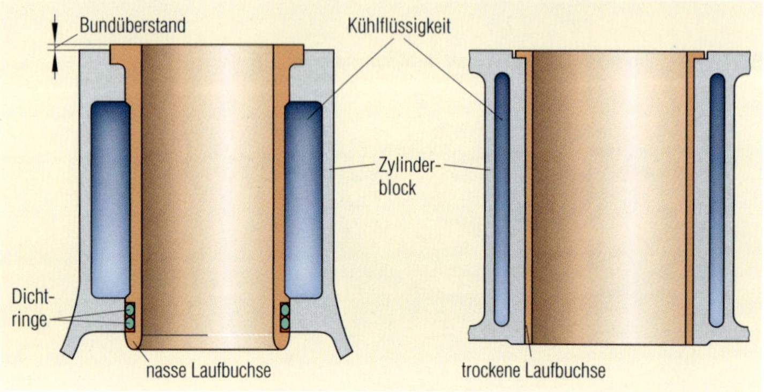

Bild 242.1 Zylinderlaufbuchsen.

closed (engl.): geschlossen

open (engl.): offen, geöffnet

Zylinderlauffläche. Neben der Verwendung von Zylinderlaufbuchsen werden bei Zylindern aus Al-Legierungen noch weitere Verfahren zur Erhöhung der Verschleißfestigkeit der Lauffläche angewendet. Hierbei spielt der Legierungsbestandteil Silicium eine wichtige Rolle:

- Bei der Verwendung von Aluminium-Silicium-Legierungen mit mehr als 12 % Siliciumanteil (übereutektisches Aluminium) werden die Siliciumkristalle bei der Bearbeitung der Zylinderlaufbahn durch Honen, Ätzen oder Läppen freigelegt. Der mit Eisen beschichtete Kolben läuft dann direkt auf dem abgeplatteten Silicium (Alusil-Verfahren).
- Bei der Verwendung von Aluminium-Silicium-Legierungen mit weniger als 12 % Siliciumanteil wird lokal der Silicium-Anteil in der Lauffläche erhöht (Lokasil-Verfahren). Hier werden vor dem Abguss hochporöse zylindrische Körper aus Silicium (Preforms) in den vorgegossenen Zylinder eingelegt. Sie werden in einem speziellen Gießprozess von der Basislegierung durchdrungen, was zu einer spaltfreien Verbindung mit der Umgebung führt. Zum Schluss wird die Lauffläche wie beim Alusil-Verfahren nachbearbeitet.
- Bei der Verwendung von Nickel-Siliciumkarbid (z. B. Nikasil®) wird die Zylinderwand in einem speziellen galvanischen Verfahren beschichtet und wegen der großen Härte abschließend mit Diamantwerkzeugen gehont.

Closed-Deck-Ausführung. Bis auf wenige Bohrungen für Kühl- und Ölkanäle ist die Dichtfläche um die Zylinderbohrung herum geschlossen (Bild 241.1). Dies gewährleistet eine hohe Stabilität. Zylinder dieser Bauart werden aus Gusseisen oder Aluminium mit mehr als 12 % Silicium gefertigt.

Open-Deck-Ausführung. Die Fläche um die Zylinderbohrung ist zum Zylinderkopf hin offen (Bild 242.2). Dies ergibt eine geringere Steifigkeit, sodass Metall-Zylinderkopfdichtungen verwendet werden müssen. Das Herstellungsverfahren (Druckgussverfahren) für Zylinder dieser Bauweise ist zwar kostengünstiger, erfordert aber die Verwendung von niedrig legiertem Aluminium mit weniger als 12 % Siliciumanteil. Daher ist es notwendig, die Lauffläche anschließend gegen Verschleiß zu schützen (Lokasil-Verfahren).

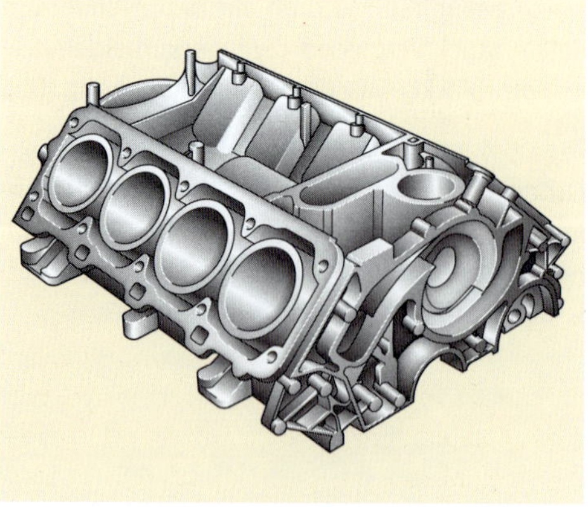

Bild 242.2 Zylinderkurbelgehäuse in Open-Deck-Ausführung.

Zylinderverschleiß. Die Zylinderlaufbahn wird nicht an allen Stellen gleich beansprucht, wodurch es zu einem ungleichmäßigen Verschleiß kommt. Vor allem im Bereich der Totpunkte kommt es wegen der Bewegungsumkehr des Kolbens zu verminderter Schmierung und damit erhöhtem Verschleiß. Im oberen Totpunkt erhöht sich dieser zusätzlich wegen des Ölmangels und der hohen Belastung (Bild 243.1).

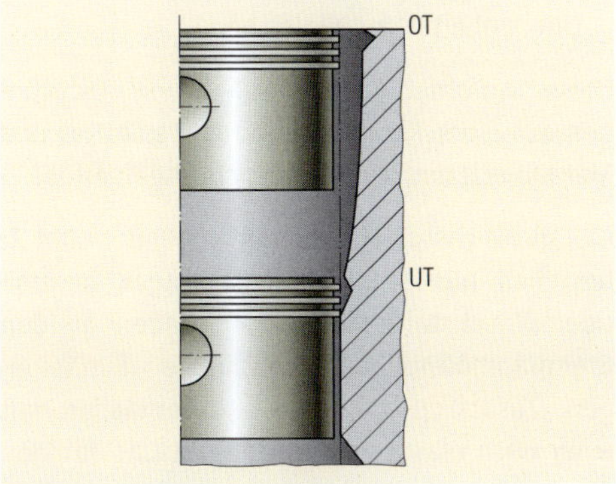

Bild 243.1 Zylinderverschleiß.

6.3.2 Zylinderkopf

Der Zylinderkopf (Bild 243.2) schließt den Zylinder nach oben ab. Zylinderkopf und Motorblock sind miteinander verschraubt. Zwischen beiden liegt die Zylinderkopfdichtung, über dem Zylinderkopf sitzt die Zylinderkopfhaube.

Bei flüssigkeitsgekühlten Motoren befinden sich Kühlkanäle im Zylinderkopf, bei luftgekühlten Motoren ist er mit großflächigen Kühlrippen versehen. Da der Zylinderkopf den Brennraum abschließt und die Ein- und Auslasskanäle aufnimmt, ist er hohen thermischen Belastungen ausgesetzt. Wegen der guten wärmeableitenden Eigenschaften werden daher häufig Leichtmetalllegierungen als Werkstoff eingesetzt. Im bzw. am Zylinderkopf sind außerdem Teile der Motorsteuerung (Nockenwelle, Kipphebel, Ventile) und die Zündkerzen (bzw. Einspritzdüsen beim Dieselmotor) untergebracht (Bild 243.3). Wegen der dadurch entstehenden mechanischen Beanspruchung ist das Leichtmetall z. T. durch Gussteile (Ventilführungen und -sitze) verstärkt.

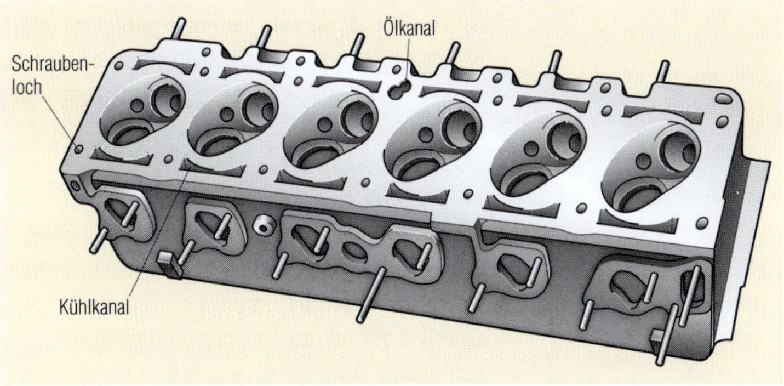

Bild 243.2 Zylinderkopf mit Öl- und Kühlkanälen.

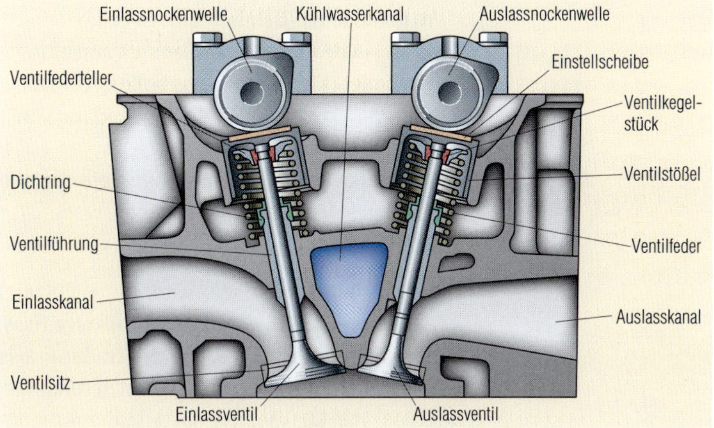

Bild 243.3 Zylinderkopf im Querschnitt.

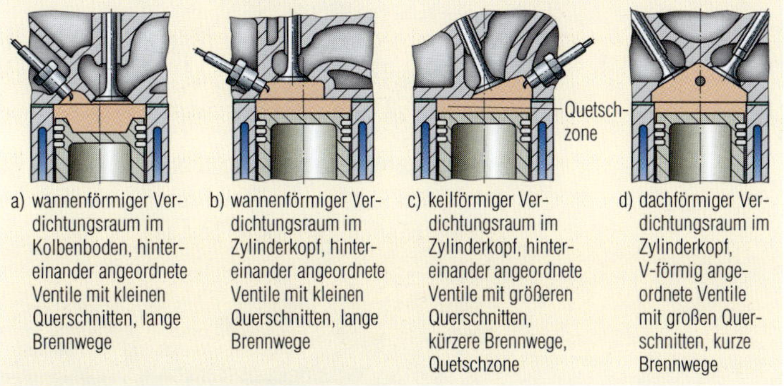

Bild 243.4 Verdichtungsraumformen.

Der Verdichtungsraum (Bild 243.4) befindet sich meistens vollständig im Zylinderkopf. Teilweise kann er allerdings auch im Kolbenboden untergebracht sein (Bild 243.4a).

HC: (unverbrannte) Wasserstoff-Kohlenstoff-Moleküle

Der Verdichtungsraum sollte möglichst klein sein, eine geringe Oberfläche besitzen und die gute Verwirbelung des Kraftstoff-Luft-Gemisches ermöglichen. Gründe dafür:

- Die geringe Oberfläche verringert die Wärmeverluste. Außerdem kann die örtliche Abkühlung des Gemischs vermieden werden, die ansonsten zu erhöhtem HC-Ausstoß führt.
- Kurze Brennwege und ein homogenes Gemisch führen zu einer schnellen Verbrennung. Dadurch ergeben sich hohe Leistung und ein hohes Drehmoment bei niedrigem Verbrauch.
- Im homogenen Gemisch gibt es keine Zonen, in denen sich das Gemisch vorzeitig entzündet (Klopfen), sodass höhere Verdichtungsverhältnisse oder die Verwendung von Normalkraftstoff möglich sind.
- Im homogenen Gemisch werden Bereiche mit hohem Kraftstoffanteil vermieden, wodurch der HC-Ausstoß verringert wird.

Die dafür günstigste Form wäre die Halbkugel mit einer zentral angeordneten Zündkerze (bzw. Einspritzdüsen beim Dieselmotor). In der Praxis ist dies allerdings wegen der Platzierung von Ventilen und Gaskanälen nur annähernd möglich (Bild 243.4d). Große Ventilquerschnitte sorgen für eine gute Füllung.

Sogenannte Quetschzonen (Bild 243.4c) bewirken eine gute Verwirbelung, da hier das Gemisch sehr schnell herausgepresst wird.

Eine weitere Verbesserung des Liefergrades ist durch den Einbau von mehreren Ventilen im Zylinderkopf möglich (Bild 244.1).

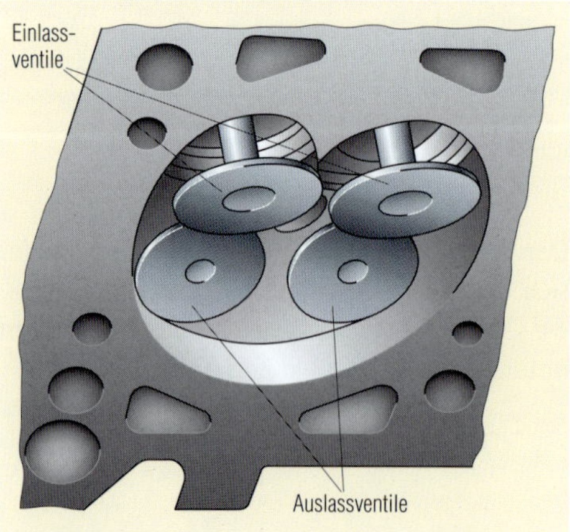

Bild 244.1 Vierventil-Zylinderkopf.

Die Zylinderkopfdichtung sitzt zwischen Zylinder und Zylinderkopf und dichtet den Brennraum und die Öl- und Wasserkanäle ab. Sie benötigt folgende Eigenschaften:

- hitzebeständig und wärmeleitend wegen der hohen Temperaturen,
- korrosionsbeständig,
- druckfest, um ein Setzen des Zylinderkopfs zu vermeiden,
- elastisch um Wärmeausdehnungen und Unebenheiten auszugleichen.

Diese Anforderungen werden von Dichtungen aus einer Kombination aus Weichstoff und Metallblech und von Metalldichtungen erfüllt.

Metall-Weichstoff-Dichtungen (Bild 244.2) bestehen aus Stahlblech als Träger, beidseitigen Weichstoffauflagen und haben an den Brennraumöffnungen metallische Einfassungen. Zusätzlich werden die Oberflächen mit einer hoch elastischen und anpassungsfähigen Beschichtung zur Verbesserung der Mikroabdichtung versehen.

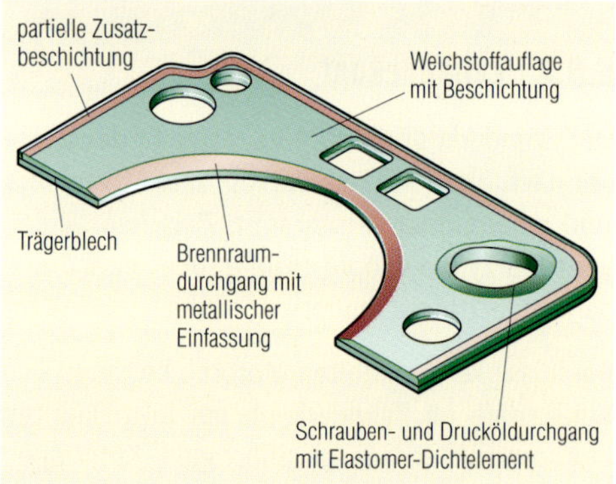

Bild 244.2 Metall-Weichstoff-Dichtung.

Hohe Brennraumdrücke – vor allem bei Dieselmotoren – erfordern besondere Dichtungen. Auch Hochleistungsmotoren mit Zylindern in Open-Deck-Ausführung, die große Steifigkeit entlang des Brennraumrands benötigen, sind mit besonderen Dichtungen ausgestattet. In diesen Fällen setzt man Metall-Lagen-Dichtungen ein (Bild 245.1).

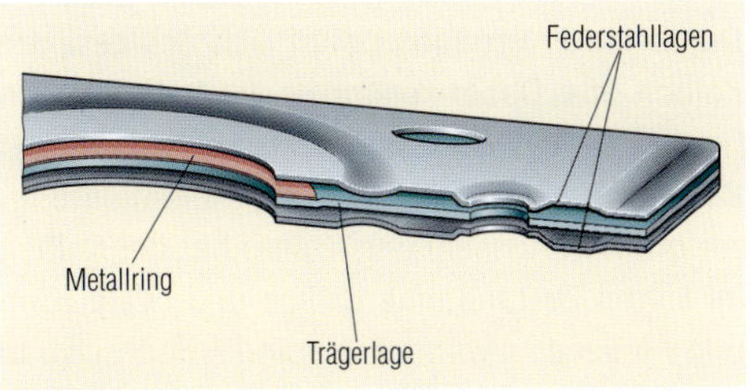

Bild 245.1 Metall-Lagen-Dichtung

Außen befinden sich Federstahl-Lagen, die sich bei der Montage elastisch anpassen können. Die Mittellage (Trägerlage) bestimmt die Dichtungsdicke. Die Abdichtung zum Brennraum erfolgt durch einen Metallring, der von einer Vollsicke in den Funktionslagen umschlossen wird. Die Halbsicken erzeugen eine Abdichtung an den Kühlflüssigkeits- und Motoröldurchtritten sowie entlang der Schraubenlöcher und umlaufend um die äußere Kontur.

6.3.3 Kolben

Aufbau (Bild 245.2). Der Kolbenboden kann eben, nach außen gewölbt oder mit einer Mulde versehen sein. Der Feuersteg muss einerseits breit sein um eine gute Wärmeableitung zu gewährleisten, andererseits erhöht ein zu breiter Feuersteg das Gewicht des Kolbens. Die Größe der Bolzennabenbohrung hängt von den Belastungen ab, ist also bei Dieselmotoren größer. Die Ringzone ist für die Abdichtung des Brennraums verantwortlich. Im Allgemeinen besteht das Ringpaket aus zwei Verdichtungsringen und einem Ölabstreifring. Der Kolbenschaft dient zur Führung des Kolbens und überträgt die Seitenkräfte. Er sollte daher quer zur Bolzenachse ausreichend lang sein.

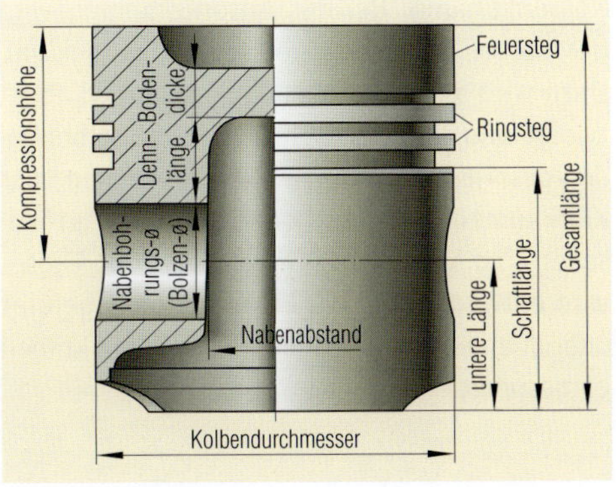

Bild 245.2 Bezeichnungen und Maße am Kolben.

Anforderungen. Der Kolben muss:

- die bei der Verbrennung entstehenden großen Druckkräfte über den Kolbenbolzen und die Pleuelstange an die Kurbelwelle übertragen,
- den Brennraum gegen Gasdurchtritt (Blow-by) und Schmierölzutritt beweglich abdichten,
- die im Brennraum auftretende Wärme an die Zylinderwand abgeben,
- bei Zweitaktmotoren den Gaswechsel steuern.

Kolbenwerkstoffe. Es werden vor allem Aluminium-Silicium- und Aluminium-Kupfer-Legierungen verwendet. Diese zeichnen sich durch geringe Dichte, hohe Verschleißfestigkeit, gute Wärmeleitfähigkeit und geringe Wärmeausdehnung aus.

Unter Betriebsbedingungen treten am Kolben hohe Belastungen auf.

Mechanische Belastung. Bei einer Drehzahl von 6000 min^{-1} wird der Kolbenboden eines Kolbens mit 90 mm Durchmesser bei einem Verbrennungshöchstdruck von 75 bar 50mal pro Sekunde mit einer Kraft von fast 48 000 N belastet (siehe Rechenbeispiel). 5 % bis 6 % dieser Kraft wirken als Seitenkraft auf den Kolbenschaft. Die Bolzennaben werden dabei durch eine große Flächenpressung bis zu 70 N/mm^2 belastet.

$$F = p \cdot A$$

$$F = 750\ N/cm^2 \cdot \left(\frac{\pi \cdot 9^2 cm^2}{4}\right)$$

$$F = 47\,712{,}9\ N$$

Kolben-Einbauspiel: kleinstes Spiel zwischen Kolben und Zylinderwand, gemessen am Schaftende und quer zur Kolbenbolzenachse.

Kolbenbolzen-Desachsierung. Durch die Seitenkraft kommt es beim Wechsel der Anlageseite von der Gegendruck- zur Druckseite im oberen Totpunkt zu Geräuschen und erhöhtem Verschleiß durch Kolbenkippen. Dies kann durch eine große Schaftlänge (gute Führung), geringes Einbauspiel oder eine Desachsierung der Kolbenbolzenachse verringert werden. Der Seitenwechsel des Kolbens erfolgt dadurch schon kurz vor OT und damit vor dem Auftreten des hohen Verbrennungsdrucks (Bild 246.1).

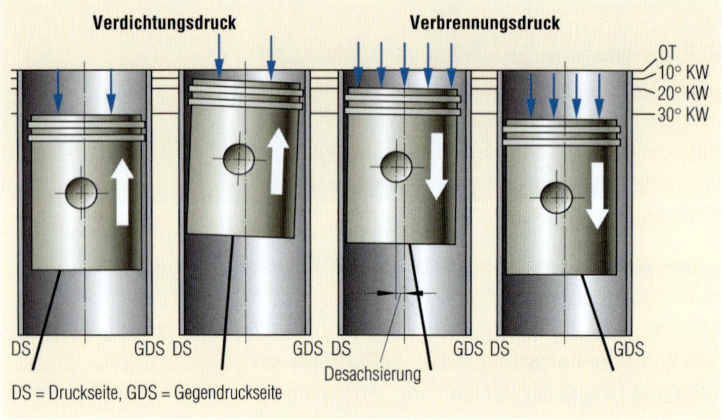

Bild 246.1 Kolbenbolzen-Desachsierung.

von unten mit Öl gekühlter Kolben
→ S. 269

Thermische Belastung. Die hohen Temperaturen und Temperaturschwankungen belasten vor allem den Kolbenboden und die Ringzone. Dort wird auch ein Großteil der Wärme an die Zylinderwand abgegeben. Die Wärme fließt aber auch in den Bereich des Kolbenschafts. Es stellt sich ein Temperaturgefälle ein (Bild 246.2).

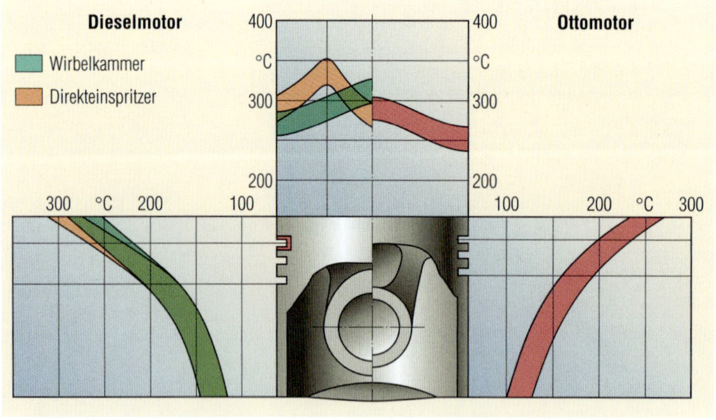

Bild 246.2 Betriebstemperaturen von Kolben in Fahrzeugmotoren bei Volllast.

Durch die Erwärmung dehnt sich der gesamte Kolben aus. Dabei kommt es am Kolbenboden (wegen der höheren Temperaturen) und an der Bolzenachse (wegen der Materialanhäufung) zur größten Ausdehnung. Daher hat der Kolben im kalten Zustand eine ballige und ovale Form und wird erst im warmen Zustand zylindrisch und rund (Bild 246.3).

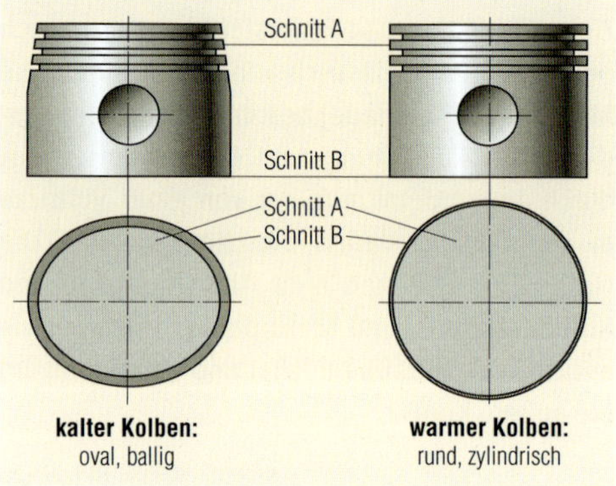

Bild 246.3 Kolbenform im kalten und warmen Zustand.

Im kalten Zustand muss darum ein ausreichend großes Einbauspiel vorgesehen sein, damit es im heißen Zustand nicht zu einem Festklemmen des Kolbens kommt. Dieses Einbauspiel führt bei kaltem Motor zu Gas- und Ölverlusten und zu Geräuschen. Um dies zu verhindern, können durch konstruktive Maßnahmen die Wärmeausdehnung und der Wärmefluss im Kolben so beeinflusst werden, dass der Kolben im kalten und warmen Zustand fast die gleiche Form besitzt.

Kolbenbauarten. Man unterscheidet Einmetallkolben, Regelkolben, Ringträgerkolben und gebaute Kolben (Tabelle 247.1).

Kolbenkühlung. Bei der Anspritzkühlung wird der Kolben durch Spritzöl von unten gekühlt. Dazu wird aus dem Schmierölkreislauf Öl abgezweigt und über eine Düse an den Kolbenboden gespritzt. Kolben, die mit Kühlkanälen oder Kühlräumen im Bereich der ersten Ringnut versehen sind, werden mit Drucköl versorgt. Dieses wird entweder über die Pleuelstange zugeführt oder in einen trichterförmigen Kanal am Kolben eingespritzt.

Einmetallkolben	Regelkolben	Ringträgerkolben	gebaute Kolben
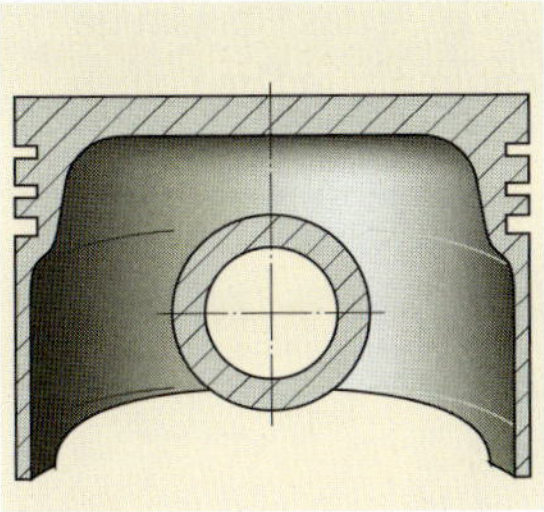	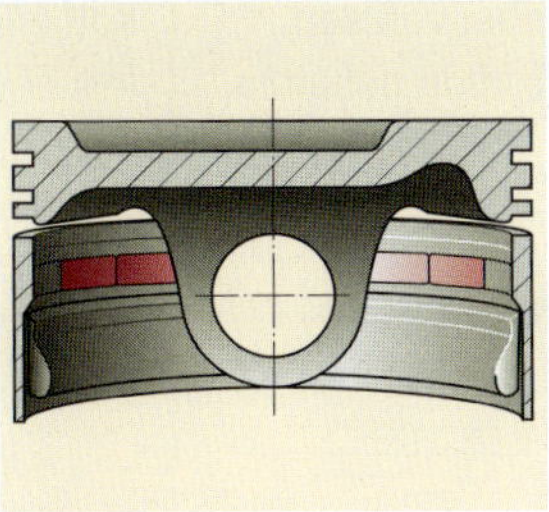	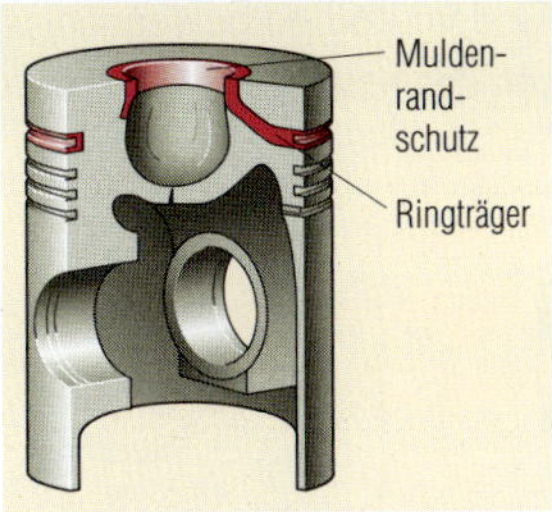	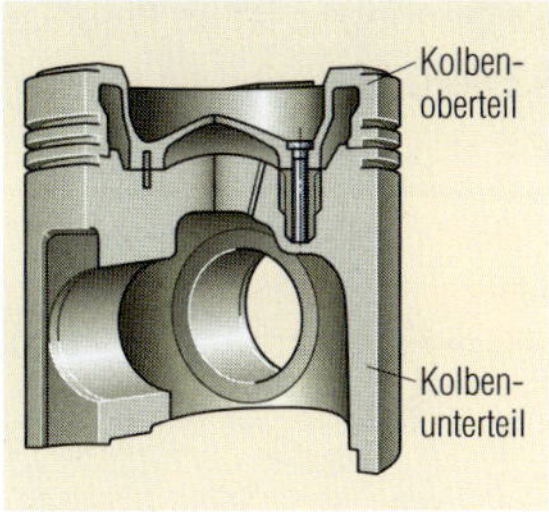
Einmetallkolben werden aus Leichtmetalllegierungen gegossen oder gepresst (Vollschaftkolben). Ist ein Längsschlitz am Schaft zum Ausgleich der Wärmeausdehnung angebracht, spricht man von einem Schlitzmantelkolben.	Regelkolben sind mit eingegossenen Stahlstreifen versehen, welche die Wärmeausdehnung gezielt in bestimmte Bereiche lenken sollen, sodass das Schaftlaufspiel im kalten und betriebswarmen Zustand nahezu gleich ist. Zusätzlich kann durch einen Querschlitz unterhalb des Kolbenbodens der Wärmeübergang zum Schaft verringert werden.	Ringträgerkolben werden vor allem in Dieselmotoren verwendet. In die oberste Ringnut des Aluminiumkolbens sind Ringträger aus hochlegiertem Gusseisen eingegossen. Sowohl die Nut als auch der darin eingesetzte Kolbenring werden durch den besonders widerstandsfähigen Werkstoff vor Reib- und Schlagverschleiß geschützt.	Gebaute Kolben besitzen ein geschmiedetes Stahl-Oberteil mit geschmiedetem Alu- oder Stahl-Unterteil, die durch Verschraubung miteinander verbunden sind. Zwischen beiden Teilen befindet sich eine Kühlbohrung. Diese Kolbenbauart besitzt eine höhere Festigkeit des Kolbenbodens als ein Einmetallkolben bei nur gering erhöhtem Gewicht.

Tabelle 247.1 Kolbenbauarten.

Kolbenbolzen. Er verbindet Pleuelstange und Kolben. An dieser Stelle treten ständig wechselnde hohe Abscherkräfte und große Oberflächenreibung bei gleichzeitig schlechter Schmierung auf. Daher wird der Kolbenbolzen aus zähem Einsatz- oder Nitrierstahl hergestellt, der an der Oberfläche gehärtet wird. Um Gewicht zu sparen, wird der Bolzen hohl gebohrt. Bei Zweitaktmotoren ist zur Vermeidung von Spülverlusten die Bohrung nicht durchgängig (Bild 247.1).

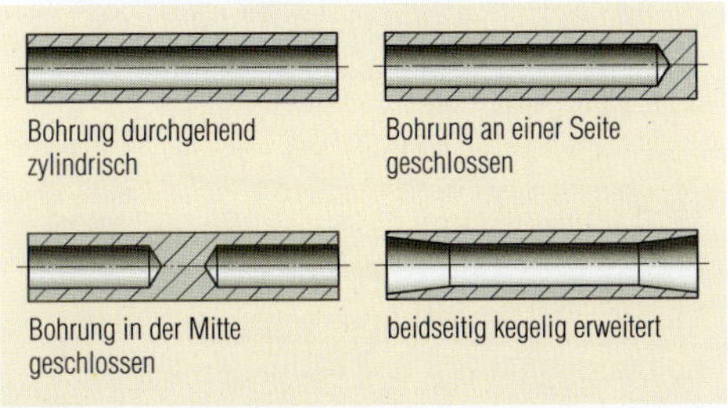

Bild 247.1 Kolbenbolzen.

Der Kolbenbolzen ist im Pleuel oder Kolben gelagert oder gesichert (Tabelle 248.1).

Kolbenringe. Man unterscheidet zwei Bauarten:

- die Verdichtungsringe übernehmen die Feinabdichtung des Brennraums und die Wärmeabfuhr an die Zylinderlaufbahn,
- die Ölabstreifringe regulieren den Ölhaushalt, indem sie überschüssiges Schmieröl von der Zylinderwand abstreifen, aber gleichzeitig einen dünnen Ölfilm zurücklassen, der die Schmierung gewährleistet.

schwimmende Lagerung		Schrumpfsitz (Übermaßpassung)
Kolbenbolzen ist im Pleuelauge und im Kolben beweglich, wird aber von den Sicherungsringen an beiden Seiten des Kolbenauges in seiner Position gehalten.		Kolbenbolzen ist in das Pleuelauge fest eingeschrumpft und im Kolben beweglich.
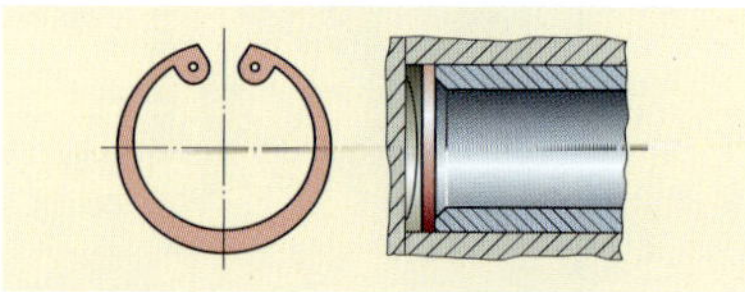	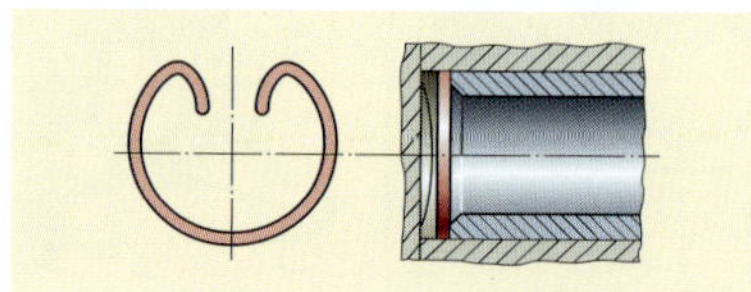	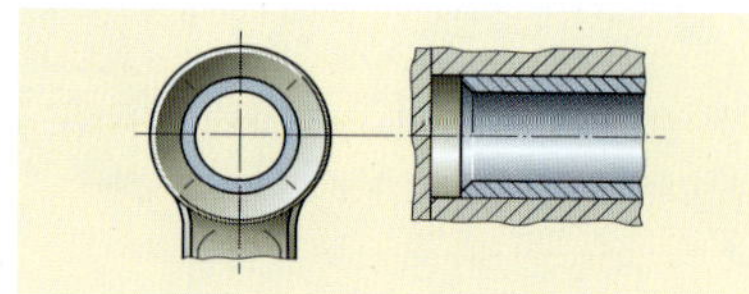
Sicherung mit Wellen-Sicherungsring (Seeger-Ring)	Sicherung mit Wellen-Drahtsprengring	keine weitere Sicherung notwendig

Tabelle 248.1 Lagerung und Sicherung von Kolbenbolzen.

verkoken: in Koks umwandeln (Koks entsteht aus Kohle durch Wärmezufuhr in sauerstoffarmer Umgebung)

Die Kolbenringe haben die Form einer offenen Ringfeder um mit dem nötigen Druck an der Zylinderwand anzuliegen. Die Federkraft wird bei den Kompressionsringen im Motorbetrieb durch den auch hinter dem Ring wirkenden Gasdruck verstärkt. Der Gasdruck zwingt ebenfalls den Ring an die Seite der Kolbenringnut, was die Dichtwirkung erhöht (Bild 248.1).

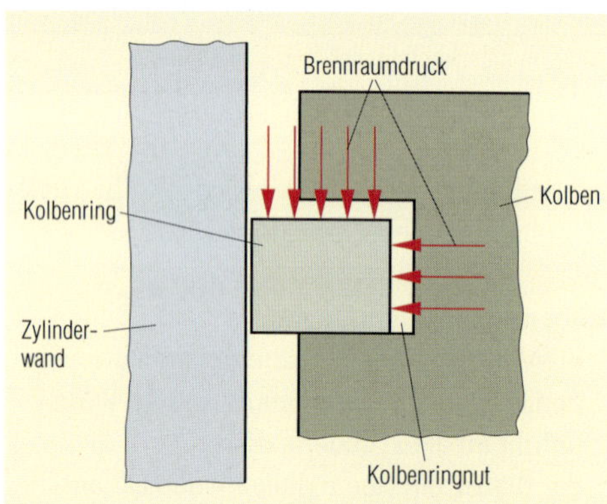

Bild 248.1 Dichtwirkung durch den Brennraumdruck.

Kolbenringe werden aus hochwertigem oder vergütetem Gusseisen oder aus Stahl gefertigt. Zur Verringerung des Verschleißes können die Ringe zusätzlich hart verchromt oder mit Molybdänschichten versehen werden.

Die Anschrägungen, Fasen und Nasen der verschiedenen Kolbenringformen verkürzen den Einlaufvorgang (Minutenring), verhindern das Verkoken und Festsitzen in der Nut (Trapezring) oder erzielen eine zusätzliche Ölabstreifwirkung (Nasenring). Schlauch- oder Expanderfedern in den Ölabstreifringen erhöhen den Anpressdruck und damit die Ölabstreifwirkung (Bild 248.2).

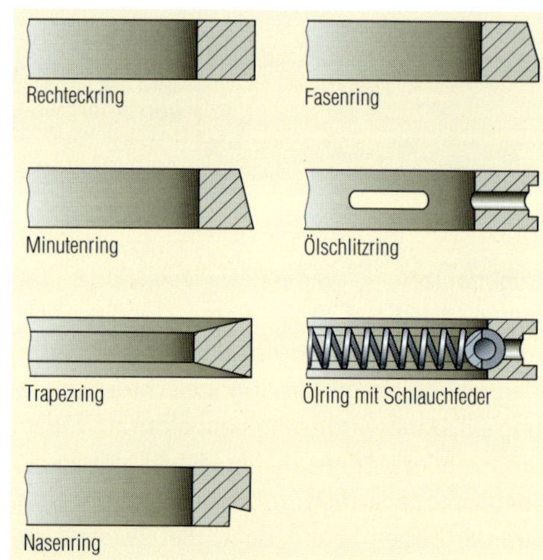

Bild 248.2 Kolbenringformen.

Wenn der Kolbenring in der Ringnut des Kolbens zu viel Axialspiel hat, kommt es zum Kolbenringpumpen. Dabei wird das unter dem Kolben befindliche Öl in den Verbrennungsraum gedrückt und dort verbrannt. Dies führt zu hohem Ölverbrauch; Verbrennungsrückstände setzen sich in der Kolbenringnut fest und verhindern ein elastisches Abdichten der Kobenringe, was zu einer verschlechterten Kompression führt.

6.3.4 Pleuelstange

Die Pleuelstange überträgt die Kolbenkraft auf die Kurbelwelle. Dabei wird die geradlinige Kolbenbewegung in eine Drehbewegung der Kurbelwelle umgewandelt. Sie wird ständig wechselnd auf Zug, Druck und Knickung beansprucht. Dies erfordert einen hochfesten Werkstoff, der gleichzeitig möglichst leicht sein muss. Daher werden Pleuelstangen häufig aus folgenden Werkstoffen hergestellt:

- legiertem Vergütungsstahl,
- Gusseisen mit Kugelgraphit oder Temperguss,
- Aluminium- oder Titanlegierungen,
- Sinterwerkstoffen,
- Karbonfaser-Kunststoffen (CFK).

Die Fertigung erfolgt durch Gesenkschmieden, Gießen oder Sintern.

Aufbau (Bild 249.1). Der Pleuelschaft hat meistens einen Doppel-T-Querschnitt, um bei möglichst geringem Gewicht eine hohe Formsteifigkeit zu gewährleisten. Um zusätzlich Gewicht einzusparen, kann der Schaft durchbrochen sein.

Das obere Pleuelauge (Pleuelkopf) nimmt den Kolbenbolzen auf. Bei schwimmender Lagerung des Kolbenbolzens befindet sich im Pleuelauge eine Buchse, meist aus Blei-Kupfer-Zinn-Legierungen. Diese Buchse wird entweder durch Spritzöl über eine Bohrung im Pleuelauge oder durch Drucköl über eine Längsbohrung im Pleuelschaft geschmiert.

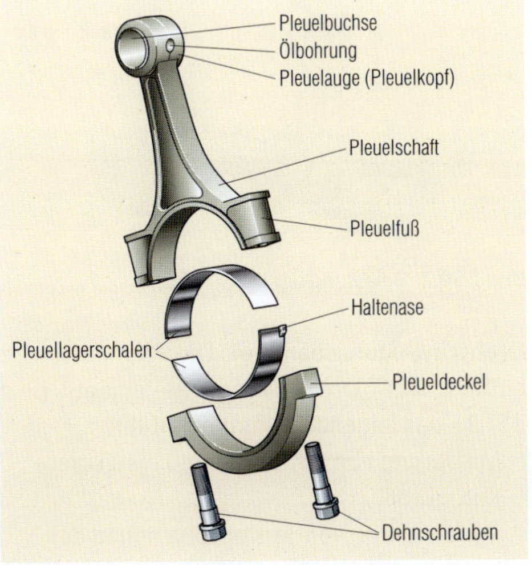

Bild 249.1 Aufbau der Pleuelstange mit Lagerschalen.

Der Pleuelfuß ist meist geteilt; ungeteilte Pleuelstangen erfordern eine geteilte Kurbelwelle. Bei Dieselmotoren werden häufig schräg geteilte Pleuel eingesetzt. So lässt sich der wegen der höheren Kräfte größere Pleuelfuß nach oben aus dem Zylinder ausbauen.

Der Pleueldeckel wird mit Dehnschrauben am Pleuelfuß befestigt. Die Lagerschalen im unteren Pleuelauge sind zur Sicherung gegen Verdrehen oder Verschieben mit Haltenasen versehen.

Gecrackte Pleuelstangen werden zunächst in einem Stück hergestellt. Erst danach wird der Pleuelfuß mit einer Sollbruchstelle (Kerbe) versehen und anschließend auseinander gebrochen (Cracken). Die körnige Bruchstelle wird nicht mehr nachbearbeitet, denn sie liefert einen hervorragenden Passsitz mit großer Oberfläche und einem Verzahnungseffekt.

cracken (engl.): brechen

Doppel-T-Querschnitt: **I**

6.3.5 Kurbelwelle

Die Kurbelwelle wandelt die lineare Bewegung des Kolbens über das Pleuel in eine Drehbewegung um und überträgt diese auf den Antriebsstrang und die Riemenscheiben. Sie besteht aus den Kurbelzapfen und den Wellenzapfen (Bild 249.2).

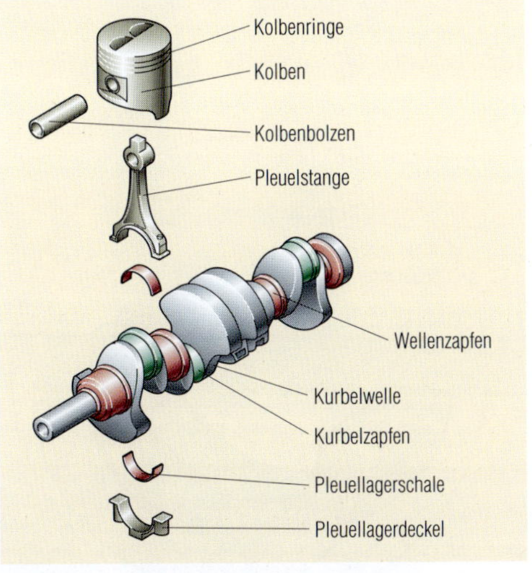

Bild 249.2 Aufbau Kolben – Kurbelwelle.

Gemischschmierung → S. 269 f.

Torsion, Biegebelastung → S. 66

Bauarten. Je nach Motorkonstruktion und Anforderung gibt es verschiedene Bauarten von Kurbelwellen:

- ganzteilig geschmiedet,
- ganzteilig gegossen,
- zusammengesetzt.

Die ganzteiligen Kurbelwellen werden in Mehrzylinder-Viertaktmotoren verwendet, weil sie wegen der Gleitlagerung eine gesicherte Schmierung durch Motoröl haben müssen. Geschmiedete Kurbelwellen haben eine sehr hohe Festigkeit und können daher dünner und leichter sein.

Sie werden in Hochleistungsmotoren eingesetzt. Gegossene Kurbelwellen sind kostengünstiger herzustellen. Sie werden bei Großserienmotoren verwendet, die keinen extremen Belastungen ausgesetzt sind.

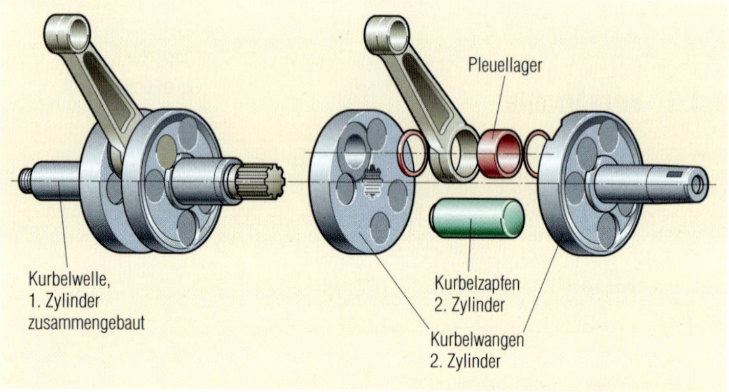

Bild 250.1 Zusammengesetzte Kurbelwelle.

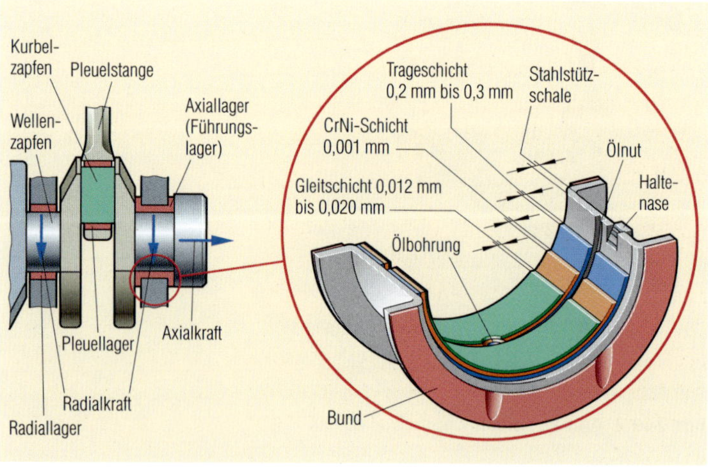

Bild 250.2 Gleitlager Kurbelwelle.

Zusammengesetzte (gebaute) Kurbelwellen werden in Zweitaktmotoren eingesetzt, weil wegen der Gemischschmierung Wälzlager verwendet werden müssen. Diese sind nicht teilbar und müssen vor dem Zusammenbau der Kurbelwelle montiert werden (Bild 250.1).

Kurbelwellenlagerung. (Bild 250.2) Alle Lager einer Kurbelwelle müssen radiale Kräfte aufnehmen. Jeweils ein Kurbelwellenlager ist so konstruiert, dass es auch die axialen Kräfte aufnehmen kann. Dazu ist das mittlere Lager oder das Lager an der Kupplungsseite als Pass- oder Führungslager ausgeführt. Es kann die Axialkräfte der Kupplung aufnehmen und verhindert eine Längsverschiebung der Kurbelwelle. Alle übrigen Lager müssen eine durch Wärmeausdehnung entstehende Längsverschiebung zulassen, um Spannungskräfte zu vermeiden.

Die Gleitlager sind geteilt und haben meist drei Schichten. Der Trägerwerkstoff besteht aus Stahl. Darauf befindet sich eine Tragschicht aus einer Blei-Zinn-Kupfer-Legierung (PbSnCu) sowie eine Gleitschicht aus dem gleichen Werkstoff. Als Verbindung zwischen Tragschicht und Gleitschicht dient eine mikrofeine Schicht aus Nickel.

Die Kurbelwelle wird auf Torsion und Biegung belastet (Bild 250.3).

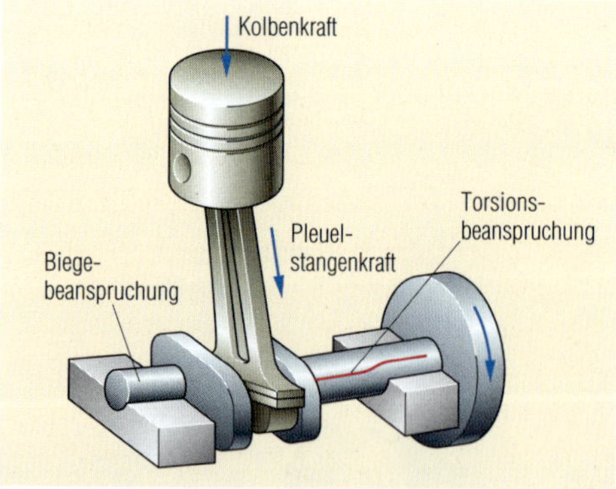

Bild 250.3 Belastung der Kurbelwelle.

Drehschwingungsdämpfer. Die Riemenscheibe enthält ein Drehschwingungselement (Bild 251.1), das folgende Aufgaben erfüllt:

- Minderung von Schwingungen durch die Kurbelwelle,
- Verhinderung von Torsionsbrüchen in der Kurbelwelle.

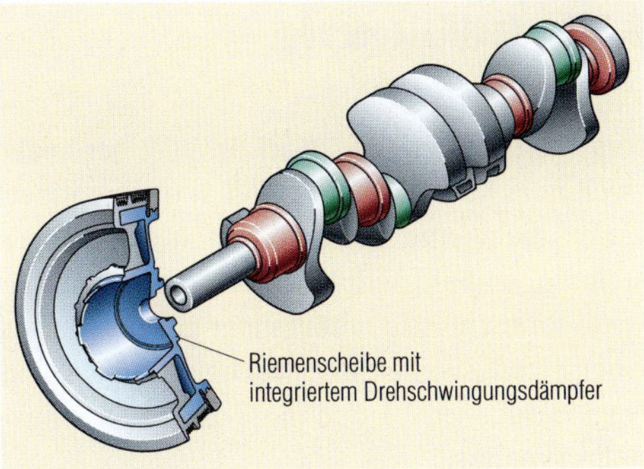

Bild 251.1 Drehschwingungsdämpfer.

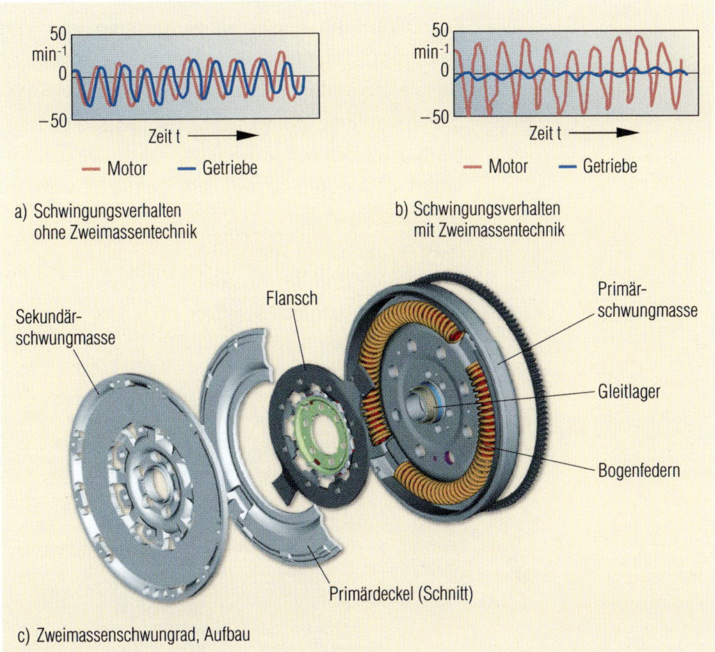

Bild 251.2 Zweimassenschwungrad.

Das System besteht aus einem Schwungring mit großer Masse und Aufnahme des Antriebsriemens und einer Nabe, die mit der Kurbelwelle verschraubt ist. Bei gummigelagerten Bauarten befindet sich zwischen der Nabe und dem Schwungring eine Gummilage, bei Viskosedämpfern eine Schicht mit Silikonöl, die eine noch größere Entkoppelung der Drehschwingungen der Kurbelwelle vom Riementrieb ermöglicht. Die Entkoppelung ist besonders wichtig bei Hochleistungsdieselmotoren, weil durch die hohen, schnell wechselnden Drehmomente ein Torsionsbruch der Kurbelwelle entstehen kann.

Das Zweimassenschwungrad (Bild 251.2) ersetzt auf der Kupplungsseite der Kurbelwelle das feste Schwungrad mit Zahnkranz für den Anlasser.

Der periodische Verbrennungsprozess der Hubkolbenmotoren erzeugt systembedingt Drehschwingungen. Diese übertragen sich auf das Getriebe, den Antriebsstrang und die angetriebene Achse. Das Zweimassenschwungrad hat die Aufgabe, die auftretenden Schwingungen zu dämpfen. Damit können die unerwünschten Begleiterscheinungen wie Getrieberasseln und Dröhnen der Karosserie reduziert oder gar vermieden werden.

Motoren, die auf ein hohes Drehmoment bei niedrigen Drehzahlen ausgelegt sind, benötigen diese zusätzliche Dämpfung im Bereich der Kupplung, da sich der Drehzahlbereich des Motors mit der Resonanzfrequenz des Antriebsstrangs überschneidet.

Beim Zweimassenschwungrad wird das konventionelle Kupplungsschwungrad in zwei Scheiben geteilt. Die Primärschwungscheibe ist mit der Kurbelwelle verbunden und erhöht das Massenträgheitsmoment des Motors, die Sekundärschwungscheibe wird dem Getriebe zugeordnet und erhöht dort das Massenträgheitsmoment.

Die beiden entkoppelten Massen sind über ein Feder-/Dämpfungssystem miteinander verbunden und über ein Wälz- oder Gleitlager gegeneinander verdrehbar gelagert.

Da das Feder-/Dämpfungssystem im Zweimassenschwungrad integriert ist, kann eine Kupplungsscheibe ohne Torsionsdämpfer eingesetzt werden.

Ausgleichswellen. Durch die ungleichmäßigen Bewegungen des Kurbeltriebes entstehen Massenkräfte und Massenmomente, die von den Fahrzeuginsassen als unangenehme Motorgeräusche oder Vibrationen wahrgenommen werden. Bei Motoren mit sechs Zylindern in Reihenbauweise heben sich diese Schwingungen gegenseitig auf. Bei den übrigen Bauweisen ist dies nicht möglich.

Zur Dämpfung dieser Schwingungen und Verbesserung des Komforts werden im Motorblock Ausgleichswellen eingebaut (Bild 252.1). Ausgleichswellen sind so gestaltet, dass die unerwünschten Schwingungen der Kurbelwelle überlagert und damit unwirksam gemacht werden. Dies geschieht durch

- Anordnung der Gewichte,
- Drehrichtung der Ausgleichswelle,
- Zahl der Ausgleichswellen,
- Drehzahl der Ausgleichswelle.

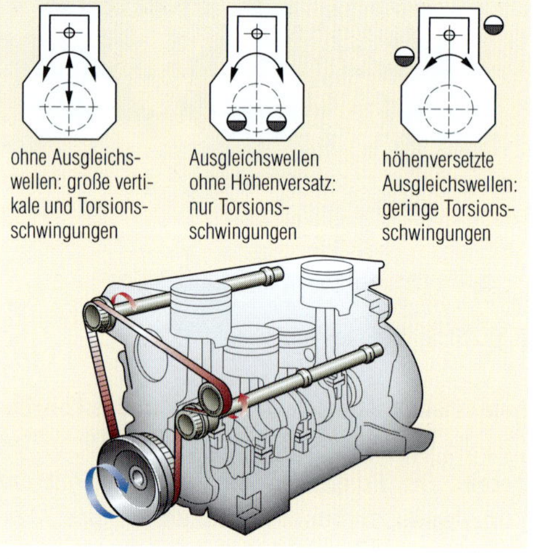

Bild 252.1 Ausgleichswellen.

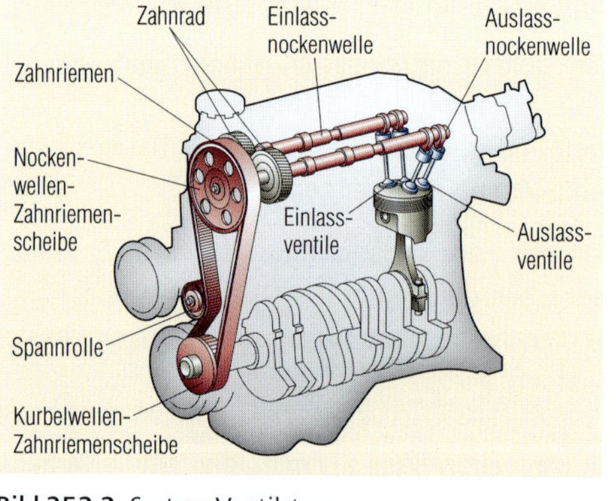

Bild 252.2 System Ventilsteuerung.

6.3.6 Ventilsteuerung

Die Ein- und Auslassventile eines Viertaktmotors werden von der Nockenwelle bei jeder zweiten Kurbelwellenumdrehung geöffnet. Damit die Ventilöffnung synchron zur Kolbenstellung verläuft, sind Kurbelwelle und Nockenwelle formschlüssig miteinander gekoppelt. Das Übersetzungsverhältnis zwischen Kurbel- und Nockenwelle ist 2:1 und muss dauerhaft eingehalten werden.

Das System (Bild 252.2) besteht aus:

- Nockenwelle,
- Nockenwellenantrieb,
- Ein- und Auslassventile,
- Ventilbetätigung.

Nockenwelle

Ein- und Auslassventile werden durch eine Nockenwelle in der richtigen Reihenfolge geöffnet. Sie besteht aus einer Welle mit je einem Nocken pro Ventil, das betätigt werden soll, und den Lagern (Bild 252.3). Die Nockenform bestimmt die Öffnungsdauer und den maximalen Öffnungshub der Ein- und Auslassventile (Bild 252.4). Je steiler der Nocken ausgeführt ist, umso länger ist das Ventil geöffnet. Die Zeit für den Gaswechsel ist relativ groß. Durch die steile Form entstehen hohe Ventilöffnungskräfte und -geschwindigkeiten und ein hoher Verschleiß. Asymmetrische Nocken haben eine schräg auflaufende und steil ablaufende Nockenbahn. Dies bewirkt lange Ventilöffnungszeiten bei geringem Verschleiß. Nockenwellen bestehen

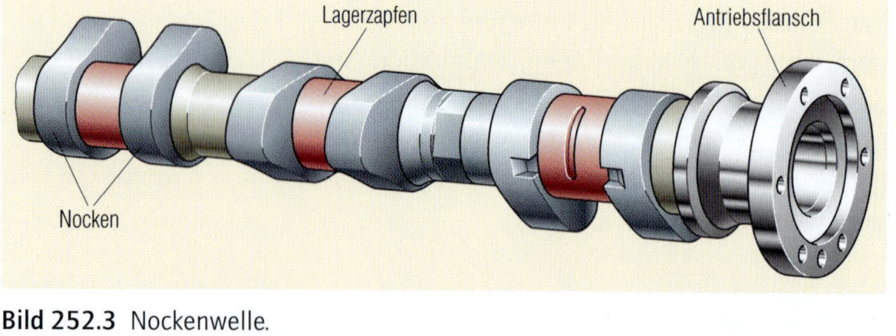

Bild 252.3 Nockenwelle.

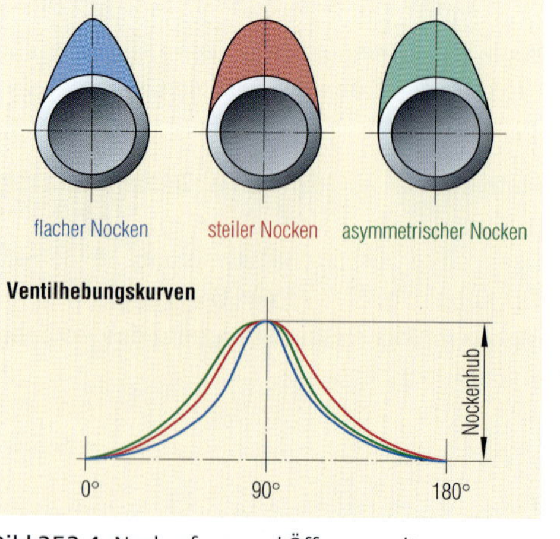

Bild 252.4 Nockenform und Öffnungszeit.

SV (Side Valves)	OHV (Overhead Valves)	OHC (Overhead Camshaft)	DOHC (Double Overhead Camshaft)	CIH (Camshaft in Head)
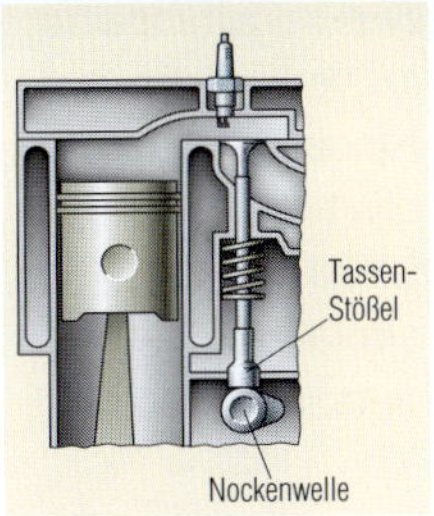	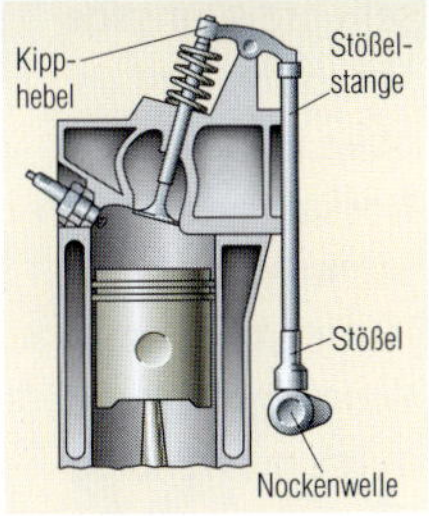	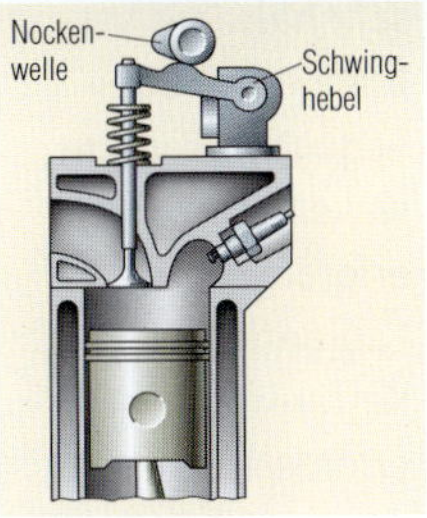	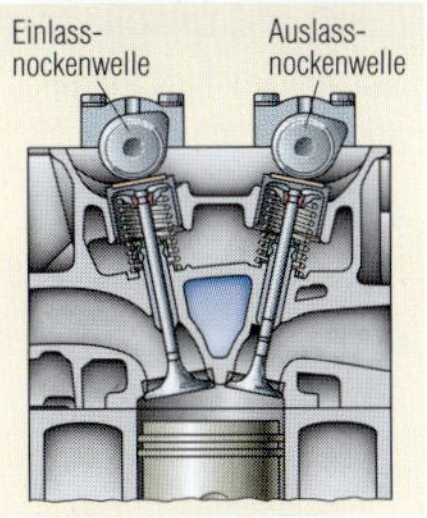	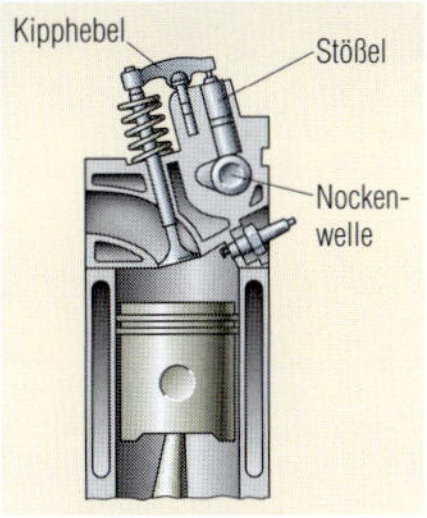
unten liegende Nockenwelle, (im Motorblock) stehende Ventile	unten liegende Nockenwelle, Ventile hängend im Zylinderkopf, Antrieb über Kipphebel und Stößel	oben liegende Nockenwelle, hängende Ventile im Zylinderkopf, Antrieb über Kette oder Zahnriemen	zwei oben liegende Nockenwellen, hängende Ventile, Antrieb über Kette oder Zahnriemen	Nockenwelle ist in Zylinderkopf eingelassen, Antrieb erfolgt über Kette oder Zahnriemen
schlechter Gaswechsel, geringe Leistung, extrem preiswert, nur bei Kleinmotoren an einem festen Standort	geringe Drehzahl wegen großer bewegter Masse, preiswert bei niedriger Leistung	geringe bewegte Masse, für Zweiventilmotoren optimal	optimaler Gaswechsel, für mehr als drei Ventile, gute Abgaswerte möglich	kompakte Bauform mit geringer Höhe, Eigenschaften wie OHC

Tabelle 253.1 Anordnung der Ventile und der Nockenwelle.

aus geschmiedetem Stahl oder legiertem Gusseisen mit Kugelgraphit. Die Laufbahnen sind auf der Oberfläche gehärtet. Zur Verminderung der Masse können die Nockenwellen hohl gebohrt sein.

Einbaulage der Nockenwelle. Tabelle 253.1 zeigt, wie eine Nockenwelle im Motor montiert werden kann. Das System umfasst die Verbindung der Nockenwelle zu den Ein- und Auslassventilen.

Der Antrieb der Nockenwelle muss durch eine formschlüssige Kraftübertragung erfolgen (Tabelle 254.1). Neben der exakten Steuerungsfunktion der Ein- und Auslassventile müssen folgende Eigenschaften erfüllt sein:

Bei DOHC-Motoren (Bild 253.1) erfolgt der Antrieb der beiden Nockenwellen meist durch eine Kette oder einen Zahnriemen. Ist der Abstand der Nockenwellen zueinander sehr klein, muss noch ein zusätzlicher Antrieb eingebaut werden, damit die Zahnräder sich nicht berühren und eventuell blockieren. Die Auslassnockenwelle treibt meist die Einlassnockenwelle an. Dieses System ist die Grundlage für eine Nockenwellenverstellung.

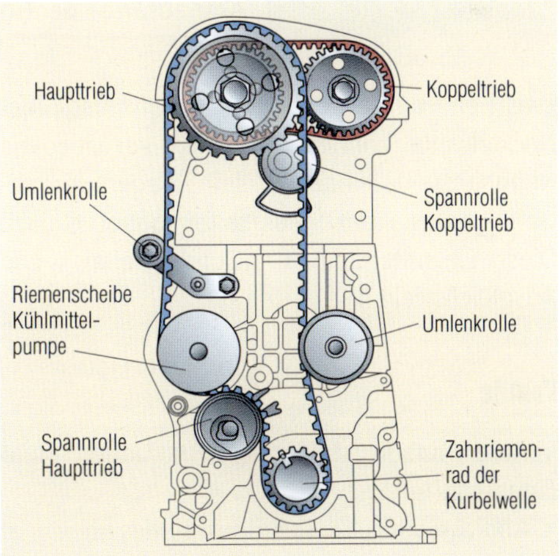

Bild 253.1 DOHC-Motor.

Stirnzahnräder	Kette	Zahnriemen	Kegelzahnräder (Königswelle)
meist mit unten liegender Nockenwelle und Stößel, bei oben liegender Nockenwelle mit mehreren Zahnrädern	sehr haltbare Verbindung zu oben liegender Nockenwelle, Schmierung erforderlich, Laufgeräusche, Kettenspanner erforderlich, keine Wartungskosten	sehr preisgünstige Verbindung zu oben liegender Nockenwelle, keine Schmierung, sehr laufruhig, hohe Wartungskosten durch notwendige Wechselintervalle	zwei Kegelradpaare als Verbindung zur oben liegenden Nockenwelle, Schmierung erforderlich, seltene Anwendung

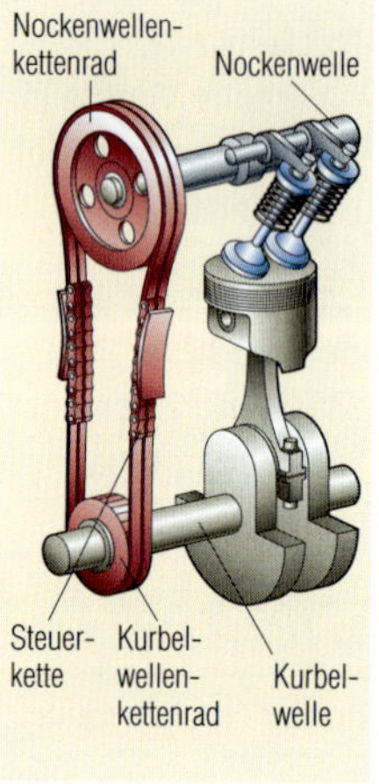

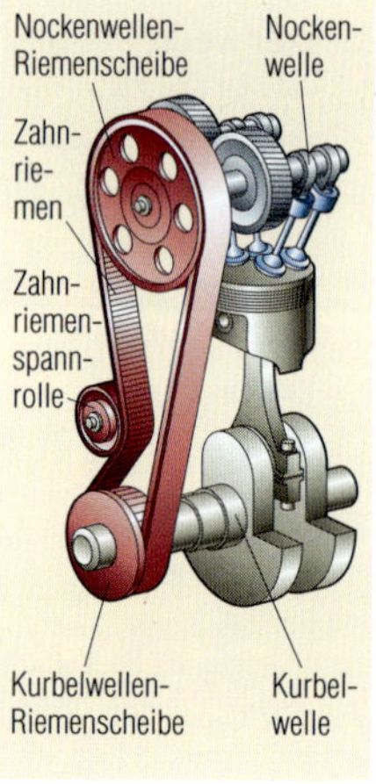

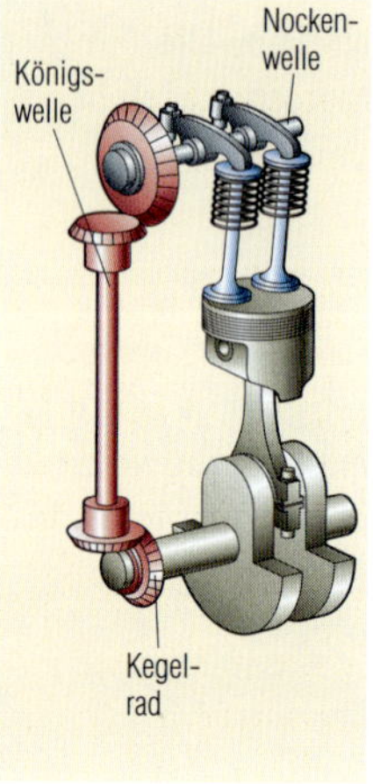

Tabelle 254.1 Antriebsarten der Nockenwelle.

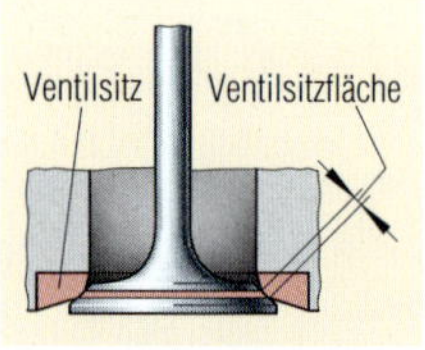

Bild 254.1 Ventilsitz.

Panzerung:
Beschichtung eines Stahls durch Auftragschweißen.

Zwischen Kurbelwelle und oben liegender Nockenwelle können zusätzlich verschiedene Nebenantriebe eingebaut sein. Wegen der notwendigen exakten Steuerzeiten gehören dazu Diesel-Einspritzpumpen, Zündverteiler und Ausgleichswellen.

Ventile

Ventile haben folgende Funktionen und Eigenschaften:

- Abdichten des Verdichtungsraumes im Verdichtungstakt,
- schnelles und sicheres Öffnen und Schließen auch bei hohen Motordrehzahlen,
- schnellen und vollständigen Gaswechsel beim Ansaugen und Ausstoßen ermöglichen,
- extreme mechanische und thermische Belastbarkeit.

Die Ventile befinden sich im Zylinderkopf (Bild 243.3). Das Gesamtsystem besteht aus:

- Ventil,
- Ventilsitz im Zylinderkopf (Bild 254.1),
- Ventilführung mit Abdichtung,
- Ventilfeder mit Befestigungselementen.

Das Ventil besteht aus

- Ventilteller,
- Ventilschaft und dem
- Schaftende mit Nuten zur Montage des Federtellers (Bild 255.1).

Der Ventilteller ist am Rand mit einem besonders hitzebeständigen und verschleißarmen Stahl gepanzert. Der Ventilsitzwinkel muss zum Gegenstück im Zylinderkopf passen. Er wird deshalb genau eingepasst. In Hochleistungsmotoren wird der Ventilschaft mit Natrium gefüllt. Natrium wird bei ca. 90 °C flüssig und sorgt durch seine gute Wärmeleitfähigkeit für eine verbesserte Wärmeabfuhr und Kühlung.

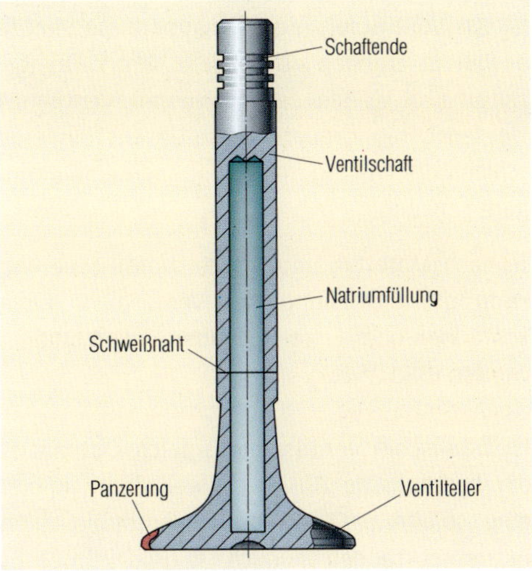

Bild 255.1 Motorventil.

Betätigung der Ventile. Je nach Motorenkonzept kann die Betätigung der Ventile sehr unterschiedlich erfolgen (Tabelle 255.1). Folgende Anforderungen sollen erfüllt sein:

- geringe Masse,
- beliebige Winkellage der Ventile,
- geringe Reibung,
- gute Haltbarkeit,
- geringe Kosten.

Ventildrehvorrichtung. Sie sorgt dafür, dass das Ventil bei jedem Öffnungsvorgang um einige Grade um die eigene Achse gedreht wird, damit sich keine einseitigen Verschleißstellen oder Ablagerungen zwischen Ventilteller und -sitz bilden können (Bild 255.2). Zwischen Ventilfeder und Ventilführung im Zylinderkopf wird eine Tellerfeder montiert. Darunter befindet sich ein Grundkörper mit Kugeln, die in einer schrägen Bahn liegen. Wenn das Ventil geöffnet wird, drücken sich die Kugeln an der schiefen Ebene zur Seite und verdrehen das Ventil. Nach dem Schließen des Ventils wird die Ventilfeder so stark entlastet, dass die Kugeln wieder in Ruhelage gehen können und beim nächsten Öffnungsvorgang eine weitere Verdrehung ermöglichen.

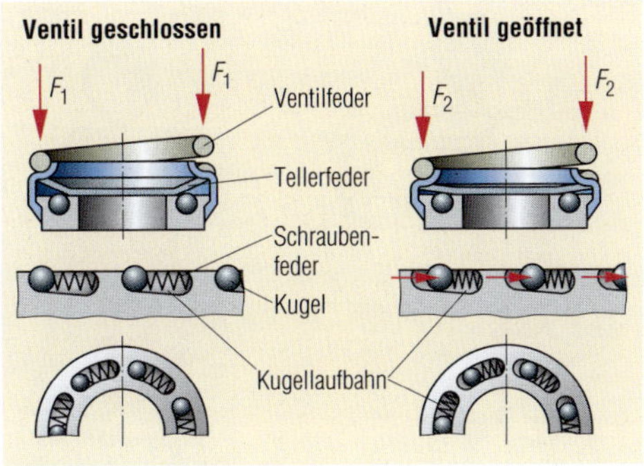

Bild 255.2 Ventildrehvorrichtung.

Kipphebel	Schlepphebel	Tassenstößel	Rollenschlepphebel
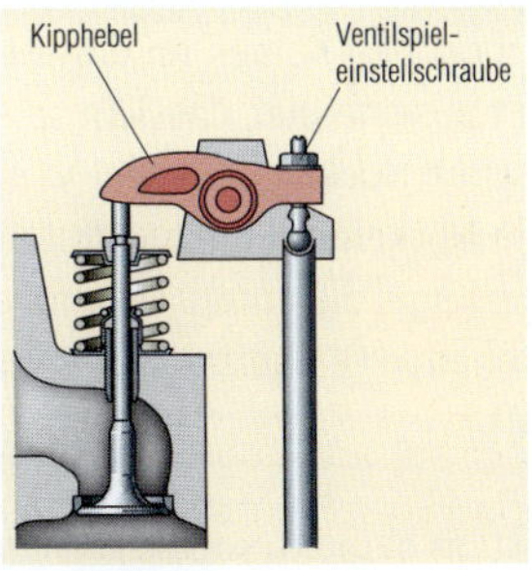	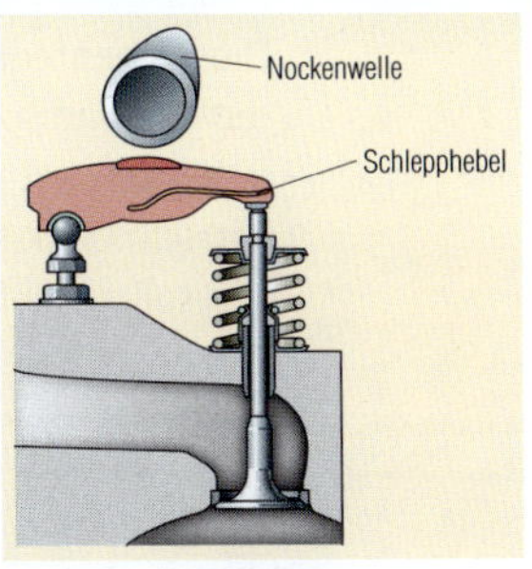	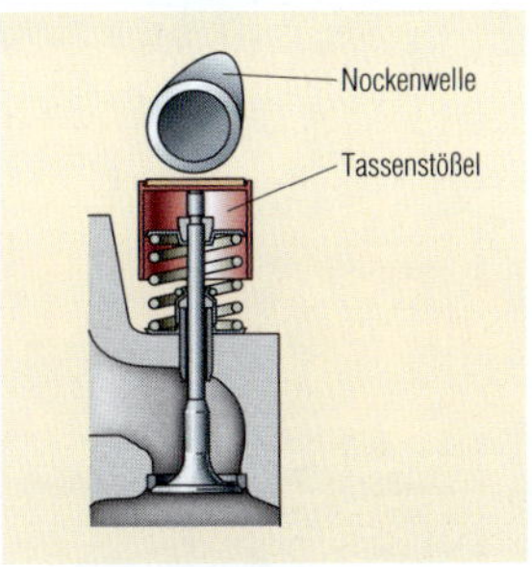	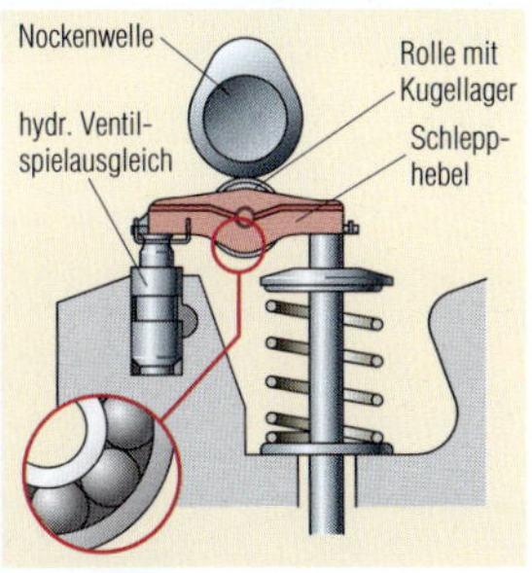
• zweiseitiger Hebel, mit Gleit- oder Rollenlager • für oben oder unten liegende Nockenwellen • geringe Drehzahlen wegen großer Massenträgheit	• einseitiger Hebel, Nockenwelle hat Gleitreibung mit dem Kipphebel • der Drehpunkt kann ein Ausgleichselement für das Ventilspiel aufnehmen	• Nockenwelle wirkt über Tassenstößel direkt auf die Ventile • bei zwei Ventilreihen sind zwei Nockenwellen erforderlich • hohe Drehzahlen wegen geringer Massenträgheit	• Funktion wie Schlepphebel • Kontakt zur Nockenwelle erfolgt über Nockenrolle mit Rollenlager • sehr geringe Reibung und geringer Verschleiß

Tabelle 255.1 Betätigung der Ventile.

Ventilspiel. Wegen der Wärmeausdehnung des Ventilschaftes muss zwischen Ventil und Ventilbetätigung ein Ventilspiel vorhanden sein.

Ist das Ventilspiel zu klein, öffnet das Ventil früher und schließt später, die Ventilschließzeit wird also verkürzt. Dadurch kann vor allem am Auslassventil der Ventilteller überhitzen, weil die Wärmeübertragung auf den Ventilsitz verringert ist. Bei betriebswarmem Motor besteht zusätzlich die Gefahr, dass die Ventile wegen der Wärmeausdehnung nicht mehr sauber schließen. Dies kann zu Flammrückschlägen am Einlassventil und zu verbrannten Auslassventilen und Ventilsitzen führen.

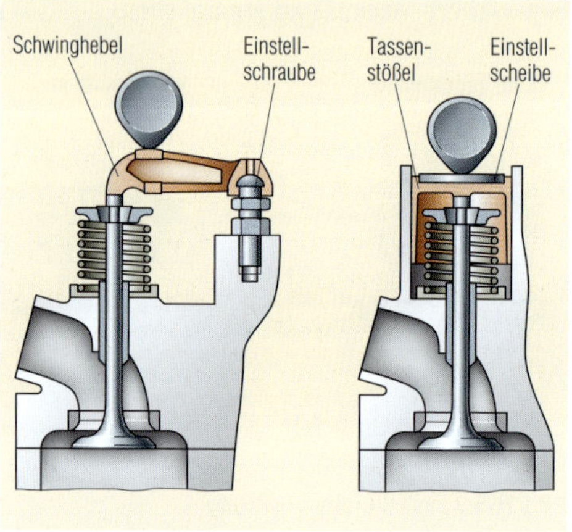

Bild 256.1 Mechanische Ventileinstellung.

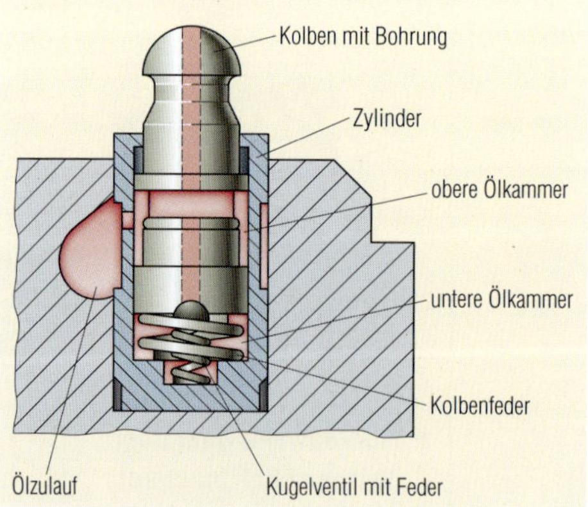

Bild 256.2 Selbstnachstellender hydraulischer Ventilspielausgleich.

Ist das Ventilspiel zu groß, klappern die Ventile hörbar. Es ergeben sich kürzere Ventilöffnungszeiten und wegen des geringeren Ventilhubs kleinere Öffnungsquerschnitte. Daraus folgt eine schlechtere Füllung und damit auch eine geringere Leistung.

Je nach Motortyp und Art der Ventilsteuerung kann die Einstellung des Ventilspiels durch Schrauben oder Einstellscheiben vorgenommen werden (Bild 256.1).

Hydraulischer Ventilspielausgleich. Optimal ist der hydraulische Ausgleich, weil damit immer eine spielfreie Öffnung der Ventile in allen Betriebszuständen möglich ist (Bild 256.2). Es gibt hydraulisch selbstnachstellende Elemente als Tassenstößel auf dem Ventilschaft oder als Abstützelement eines Schlepphebels. Der Tassenstößel macht die Bewegung des Ventils mit und verursacht bei höheren Drehzahlen durch seine Massenträgheit Probleme beim Schließen des Ventils. Das Abstützelement macht keine dynamische Bewegung mit und bildet das Auflager des Schlepphebels.

Das System besteht aus

- Kolben mit Bohrung,
- Zylinder,
- Kolbenfeder,
- Kugelventil mit Feder,
- zwei Ölkammern.

Die Kolbenfeder drückt den Kolben im entlasteten Zustand so weit auseinander, dass ein spielfreier Kontakt zwischen Nockenwelle und Ventil herrscht. Sobald die Nockenwelle das Ventil öffnen soll, schließt die Kugel die untere Ölkammer. Das unter Druck stehende Öl überträgt die Kraft auf den Ventilschaft.

Die Ausgleichsfunktion beginnt, sobald das Ein- oder Auslassventil wieder geschlossen und das System drucklos ist. Fehlendes Öl kann durch den Ölzulauf nachgesaugt werden, falls sich das Volumen der unteren Ölkammer durch die Kolbenfeder vergrößert. Wenn sich durch Wärmeausdehnung des Ventils zu viel Öl in der unteren Ölkammer befindet, entweicht es an der Kugel vorbei in die Kolbenbohrung. Die Versorgung mit Öl erfolgt über den Schmierkreislauf des Motors über die obere Ölkammer.

6.3.7 Variable Ventilsteuerung

Zur Verbesserung des Gaswechsels erfolgt eine Verstellung des Drehwinkels der Nockenwelle oder zusätzlich des Ventilhubs. Dies bewirkt bei niedrigen Drehzahlen ein hohes Drehmoment und bei hohen Drehzahlen eine maximale Leistung.

Nockenwellenverstellung. Dadurch verändert sich der Zeitpunkt der Ventilöffnung. Eine Verstellung der Einlassnockenwelle Richtung „früh" bedeutet, dass die Einlassventile früher öffnen und schließen. Dies hat bei niedrigen Drehzahlen folgende Wirkung:

- keine Rückströmung des angesaugten Kraftstoff-Luftgemischs,
- bessere Füllung,
- weniger schädliche Abgase,
- höheres Drehmoment.

Bei höheren Drehzahlen wird die Verstellung zurückgenommen, die Einlassnockenwelle öffnet die Ventile später. Dies bewirkt:

- langes Nachströmen des angesaugten Kraftstoff-Luftgemisches,
- bessere Füllung,
- höhere Motorleistung.

Die Auslassnockenwelle wird meist von der Kurbelwelle angetrieben und treibt selbst über ein gesondertes Element die Einlassnockenwelle an. Je nach System wird die Nockenwelle nur in die beiden Endlagen verdreht (Früh- und Spätverstellung) oder es findet eine stetige Verstellung statt. Zusätzlich kann noch die Auslassnockenwelle verstellbar sein. Dies führt zu

- optimalen Steuerzeiten der Ventile,
- optimalen Abgaswerten, z. B. innere Abgasrückführung,
- minimalem Verbrauch,
- optimalem Drehmoment und Drehmomentverlauf,
- hoher Leistung.

Verstellung über verschiebbare Zahnwelle (Bild 257.1). Hier erfolgt die Verstellung über eine Zahnradkonstruktion an der Einlassnockenwelle. Sie besteht aus:

- einem Kettenrad mit schräger Innenverzahnung,
- einem verschiebbaren Zwischenstück, das außen schräg und innen gerade verzahnt ist,
- dem Antriebszahnrad für die Nockenwelle, das gerade verzahnt ist.

Wird das Zwischenstück durch den vom Motorsteuergerät angesteuerten Hydraulikkolben nach innen verschoben, verdreht sich die Nockenwelle relativ zum Kettenrad und erzeugt eine Verstellung der Nockenwelle Richtung „früh".

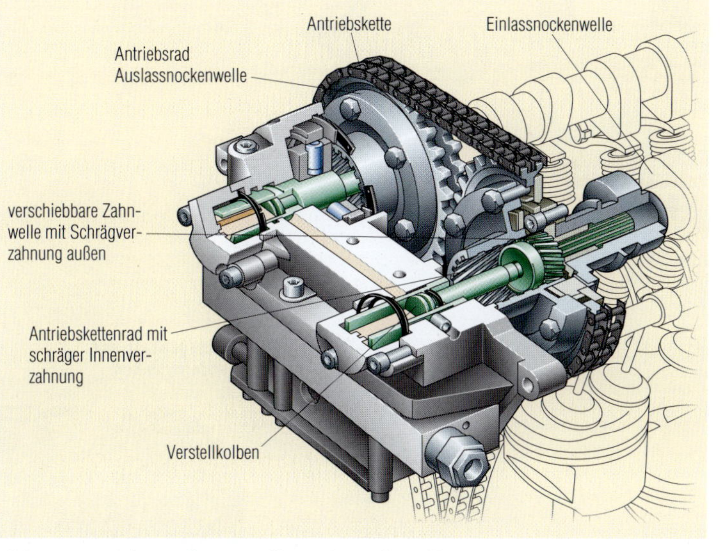

Bild 257.1 Nockenwellenverstellung über Zahnwelle.

Variabler Ventilhub. Bei diesem System wird der Ventilhub verändert (Bild 258.1).

Die Nocken auf der Nockenwelle sind dreiteilig, zwei große Nocken außen und ein kleiner Nocken in der Mitte. Dazu gehört ein Innenstößel, der nur mit dem kleinen Nocken arbeitet und das Ventil betätigt. Die großen Nocken wirken auf den Außenstößel und bewirken in Schaltposition einen großen Ventilhub. Nicht geschaltet laufen die Außenstößel leer mit. Zum Schalten wird ein Verriegelungsbolzen betätigt, der den Innen- und Außenstößel verbindet. Die Betätigung des Verriegelungsbolzens erfolgt über das Motorsteuergerät, das über ein Magnetventil den Schaltvorgang hydraulisch regelt.

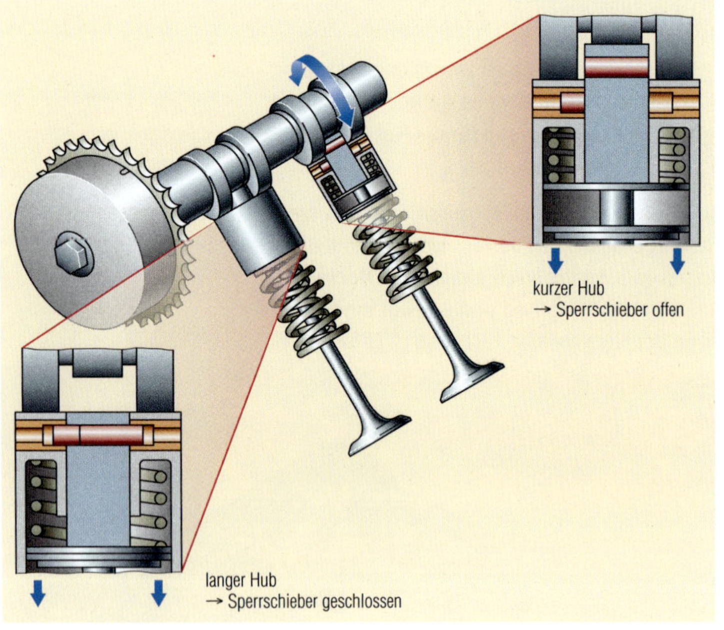

Bild 258.1 Variabler Ventilhub.

Bei niedriger und mittlerer Drehzahl ist der Sperrschieber entriegelt, das niedrige Nockenprofil wird betätigt. Dies bewirkt

- kleinen Ventilhub (ca. 2 mm),
- kurze Öffnungsdauer,
- guten Leerlauf,
- hohes Drehmoment.

Bei hoher Drehzahl ist der Sperrschieber verriegelt, das niedrige und hohe Nockenprofil sind miteinander blockiert. Dies bewirkt

- großen Ventilhub (ca. 8 mm),
- lange Ventilöffnungsdauer,
- größte Motorleistung.

Flügelzellenversteller. Bei diesem System können die Nockenwellen an jeder beliebigen Position im Bereich der Verstellbarkeit festgehalten werden. Der Flügelzellenversteller (Bild 258.2) besteht aus einem Außenrotor, der mit dem Antriebsrad (Kette oder Zahnriemen) verbun-

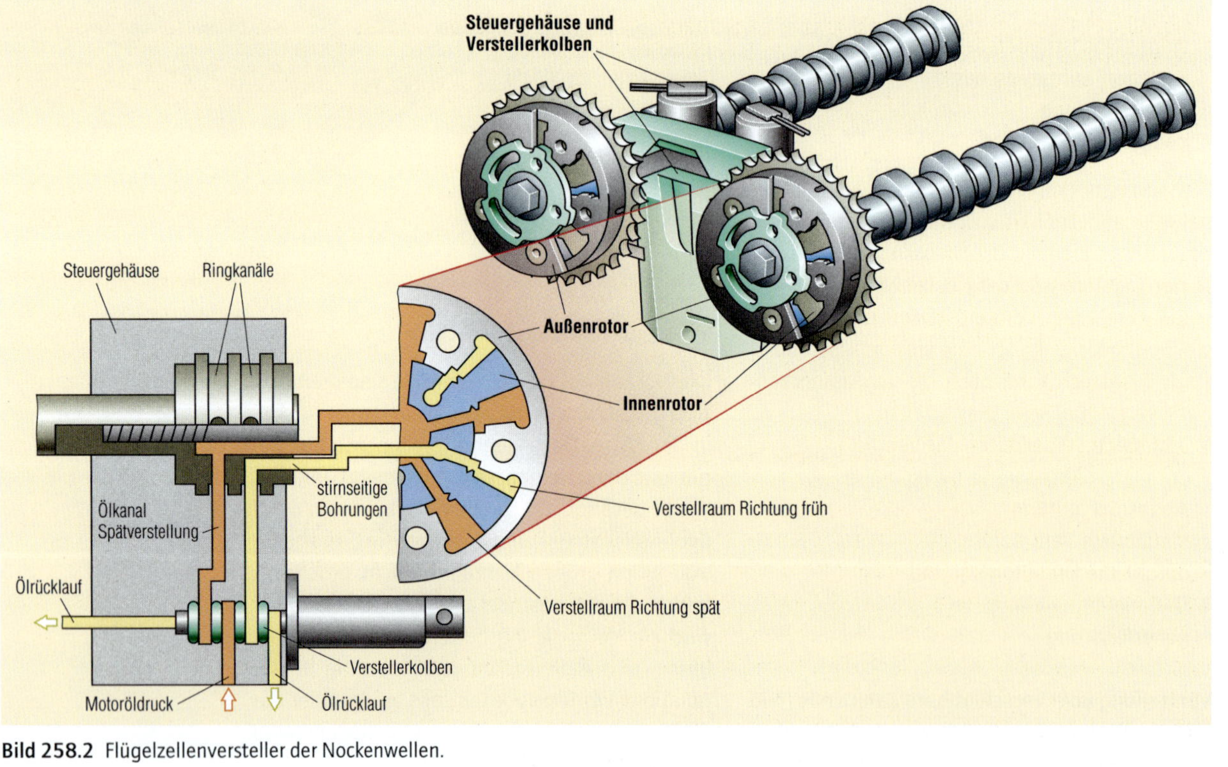

Bild 258.2 Flügelzellenversteller der Nockenwellen.

<table>
<tr><th colspan="2">Leerlaufstellung</th><th colspan="2">Leistungsstellung</th><th colspan="2">Drehmomentstellung</th><th colspan="2">interne Abgasrückführungsstellung</th></tr>
<tr><th colspan="8">Nockenwellenposition</th></tr>
<tr><td>Einlass spät</td><td>Auslass früh</td><td>Einlass mittel</td><td>Auslass spät</td><td>Einlass früh</td><td>Auslass spät</td><td>Einlass früh</td><td>Auslass spät</td></tr>
<tr><td colspan="2">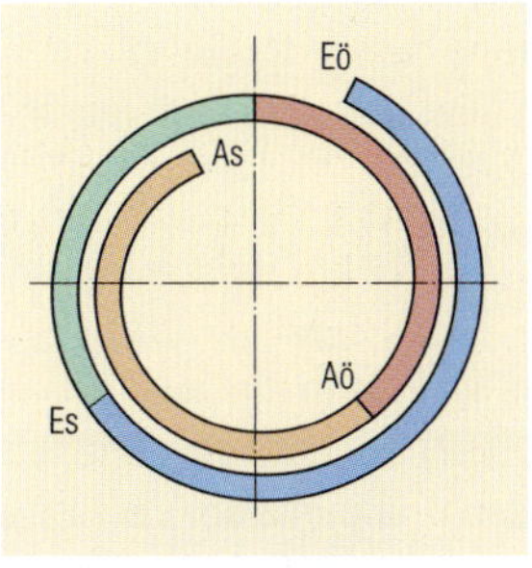
</td><td colspan="2">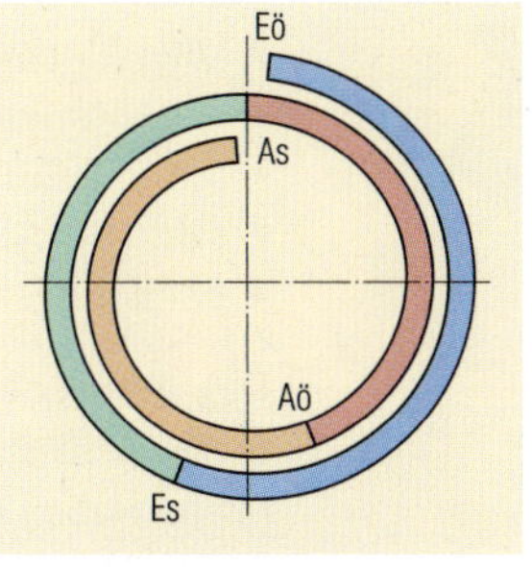
</td><td colspan="2">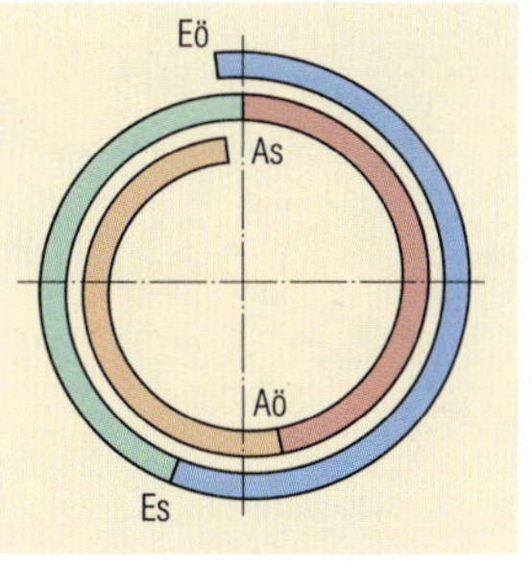
</td><td colspan="2">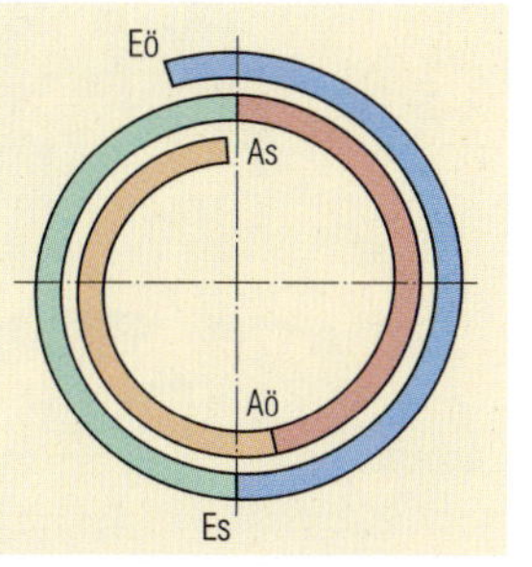
</td></tr>
<tr><td colspan="2">Die Einlassnockenwelle öffnet und schließt spät. Die Auslassnockenwelle schließt weit vor OT. Das führt wegen der geringen Ventilüberschneidung zu einem geringen Restgasgehalt im zugeführten Gemisch. Diese Nockenwellenstellung sorgt für einen runden und stabilen Leerlauf.</td><td colspan="2">Für gute Leistung bei hohen Drehzahlen öffnet das Auslassventil spät. Die Expansion der Verbrennung wirkt so länger auf den Kolben. Das Einlassventil öffnet kurz nach OT und schließt spät nach UT. Es kommt zu einer Leistungssteigerung durch die dynamischen Nachladeeffekte der einströmenden Luft.</td><td colspan="2">Um ein maximales Drehmoment zu erzeugen, wird ein hoher Füllungsgrad der Zylinder benötigt. Dazu werden die Einlassventile früh geöffnet und geschlossen. Durch das frühe Schließen wird das Ausschieben der Frischgase im Verdichtungstakt vermieden.</td><td colspan="2">Die Einlassnockenwelle öffnet weit vor OT, die Auslassnockenwelle schließt kurz vor OT. Durch Überströmen des Abgases vom Auslass- in den Einlasskanal während der entstehenden Ventilüberschneidung kommt es zur internen Abgasrückführung. Entscheidend für die Menge des rückgeführten Abgases ist die Größe der Ventilüberschneidung. Vorteile dieses Systems gegenüber der herkömmlichen Abgasrückführung sind die schnelle Reaktion des Systems und eine homogene Verteilung der rückgeführten Abgase.</td></tr>
</table>

Tabelle 259.1 Funktionen der stufenlosen Nockenwellenverstellung.

den ist, sowie einem Innenrotor, der die jeweilige Nockenwelle antreibt. Der Innenrotor kann sich in einem Verstellbereich von ca. 30 ° – 50 ° Kurbelwellenwinkel innerhalb des Außenrotors verdrehen. Zur Verstellung wird entweder in die linke oder rechte Kammer Motoröl gepumpt. Dazu wird im Steuergehäuse ein Verstellkolben so angesteuert, dass das Öl in die jeweilige Kammer fließen kann. Gleichzeitig wird die verdrängte Ölmenge in der zweiten Kammer abgelassen. Dies ermöglicht es, den Öffnungswinkel der beiden Nockenwellen unabhängig voneinander stufenlos zu verstellen. In Tabelle 259.1 sind hierzu verschiedenen Funktionsmöglichkeiten dargestellt. Durch die Verstellung der Nocken in einem beliebigen Winkel sind folgende Motorfunktionen optimierbar:

- Leerlauf,
- Leistung,
- Drehmoment,
- interne Abgasrückführung.

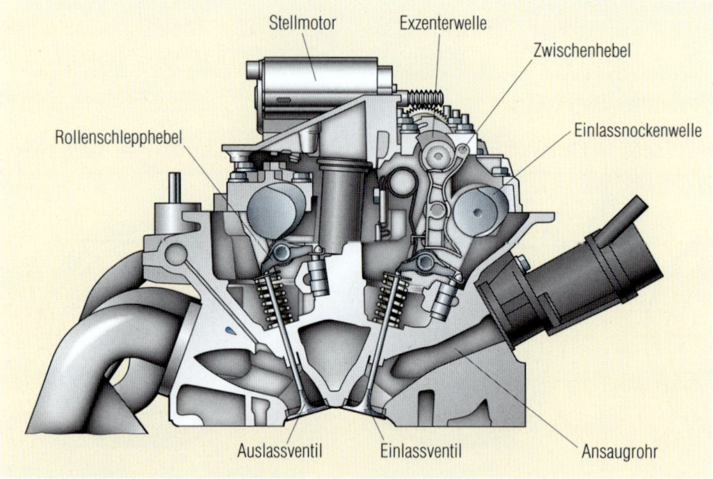

Bild 260.1 Schnitt Zylinderkopf mit Valvetronic.

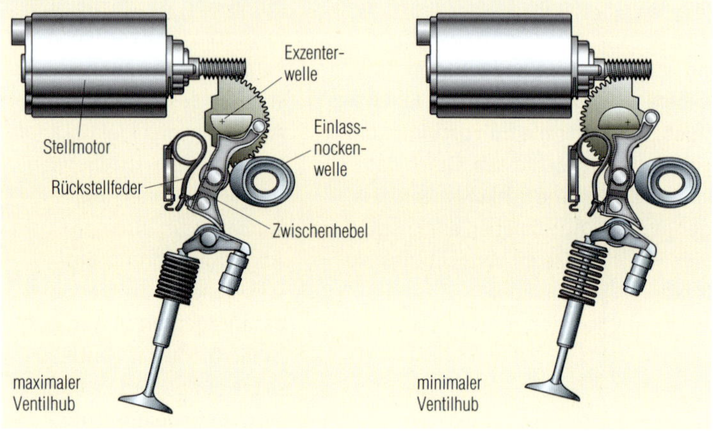

Bild 260.2 Funktionsprinzip Valvetronic.

Voll variabler Ventiltrieb (Valvetronic, Bild 260.1). Bei diesem System wird nicht nur die Steuerzeit der Ventile (doppelte veränderbare Nockenwellenverstellung), sondern auch der Ventilhub stufenlos verändert. Daraus ergeben sich folgende Eigenschaften:

- keine Drosselklappe mehr erforderlich,
- Ansaugvolumen über den Ventilhub regelbar,
- optimale Steuerzeiten,
- sehr gute Abgaswerte,
- geringer Verbrauch.

Das System besteht im Prinzip aus zwei einseitigen Hebeln (Bild 260.2) Der Rollenschlepphebel (erster Hebel) hat den Drehpunkt am Ventilspiel-Ausgleichselement. Darauf sitzt ein Zwischenhebel mit Drehpunkt an der Exzenterwelle. Dieser Zwischenhebel wird von der Einlassnockenwelle (Mitte) bewegt. Die Arbeitskurve am unteren Ende erzeugt die Öffnungsbewegung des Schlepphebels und damit die Ventilöffnung. Je weiter die Arbeitskurve am Zwischenhebel ausgelenkt wird, umso größer ist die Ventilöffnung, die zwischen 0,3 mm und 9,7 mm betragen kann. Die Nockenwelle erzeugt durch die Nockenform immer die gleiche Hubbewegung in der Hebelmitte. Um die notwendige unterschiedliche Bewegung der Arbeitskurve zu ermöglichen, muss der Lagerpunkt des Zwischenhebels durch eine Exzenterwelle verschiebbar sein. Dies geschieht durch ein auf der Exzenterwelle montiertes Zahnrad, das von einem Stellmotor gedreht wird. Die Ansteuerung des Stellmotors erfolgt über das Motorsteuergerät. Ist das obere Ende des Hebels nach links verschoben, bewirkt die Nockenwelle eine kleine Bewegung des unteren Hebelteils nach links und damit einen kurzen Ventilhub und einen geringen Öffnungsquerschnitt. Bei einer Bewegung nach rechts ist der Öffnungsquerschnitt entsprechend groß.

6.4 Kühlsysteme für Motoren

Der größte Teil der chemischen Energie des Kraftstoffes wird bei seiner Verbrennung im Motor als Wärmeenergie an die Umwelt abgegeben. Dabei muss rund ein Drittel der erzeugten Wärme durch das Kühlsystem abgeführt werden. Die genaue Energiebilanz zeigt das Sankey-Diagramm (Bild 261.1). Auch die Schmieröle im Motor geben Wärmeenergie an das Kühlsystem ab, sodass Schmier- und Kühlsystem in ihrer Funktion voneinander abhängen.

Beim Betrieb eines Verbrennungsmotors werden seine Bauteile thermisch hoch belastet. Besonders wichtig ist die Kühlung an den Stellen, an denen der Schmelzpunkt des Werkstoffes erreicht werden könnte. Das gilt vor allem für den Kolben, die Ventile und den Zylinderkopf (Bild 261.2).

Neben der Abführung der überschüssigen Wärme muss ein Kühlsystem noch weitere Aufgaben erfüllen:

- für ein schnelles Erreichen der Motorbetriebstemperatur sorgen,
- Einhalten einer möglichst konstanten Motorbetriebstemperatur unter allen Fahrbedingungen,
- Schutz der Schmierstoffe des Motors vor Überhitzung und Zersetzung,
- Frischgase vor zu großer Erwärmung schützen, um den Liefergrad zu erhöhen,
- Absenken der Temperatur im Verbrennungsraum, um unkontrollierte Selbstentzündung bei Ottomotoren zu vermeiden.

In der Regel werden die Kühlsysteme von Kraftwagen und hubraumstarken Krafträdern mit einer Kühlflüssigkeit betrieben. Lediglich kleinere Krafträder und stationäre Motoren werden durch Luft gekühlt.

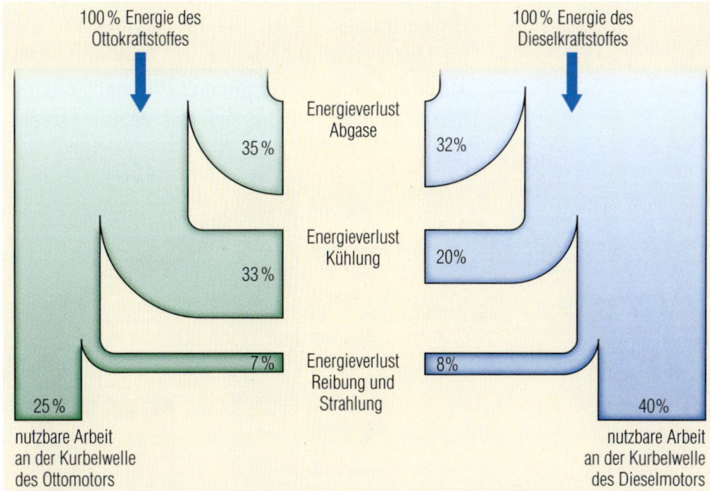

Bild 261.1 Nutzbare Energie und Verlustenergie bei einem Verbrennungsmotor.

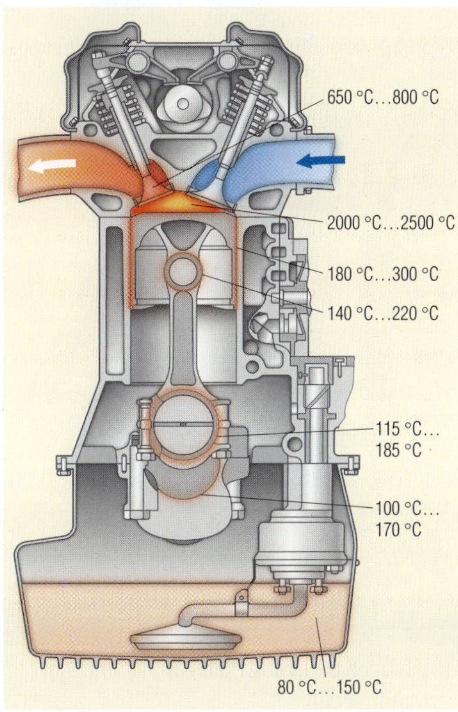

Bild 261.2 Temperaturen im Motorblock.

Sankey-Diagramm: nach dem irischen Ingenieur H. R. Sankey (1853 – 1925)

6.4.1 Prinzipien der Motorkühlung

Die Flüssigkeitskühlung kann nach dem Schwerkraftprinzip oder – was heute üblich ist – mit Unterstützung einer Pumpe betrieben werden. Im zweiten Fall kann die Temperatur mechanisch oder elektronisch geregelt werden.

Schwerkraftprinzip. Die Flüssigkeitskühlung nach dem Schwerkraftprinzip funktioniert ohne Umwälzpumpe (Bild 262.1). Das Wasser wird im Motor erwärmt, dehnt sich aus und steigt aufgrund seiner geringeren Dichte nach oben in den Kühler. Dort kühlt sich das Wasser schichtweise ab und sinkt nach unten, da seine Dichte wieder zunimmt. Das abgekühlte Wasser strömt zwangsweise in den Motor, weil die aufsteigenden Warmwasserteile das kalte Wasser nachsaugen. Dieses Prinzip wird in einfachen Motoren verwendet, z. B. in Zweiradmotoren. Das Schwerkraftprinzip hat folgende Nachteile:

- keine Temperaturregelung möglich,
- starke Abkühlung durch Fahrtwind,
- Kühlwirkung von der Umgebungstemperatur abhängig.

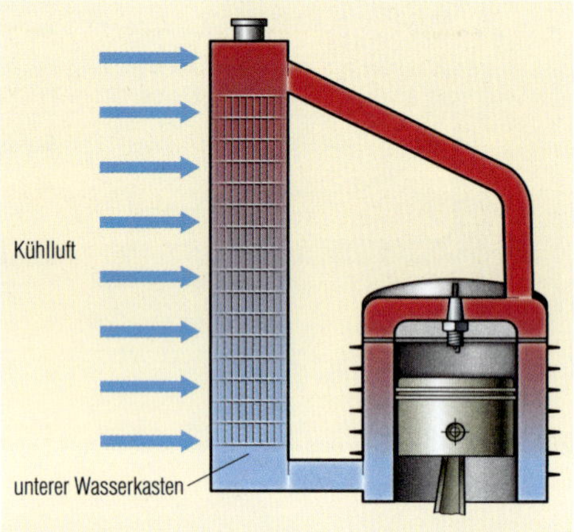

Bild 262.1 Wasserkühlung nach dem Schwerkraftprinzip.

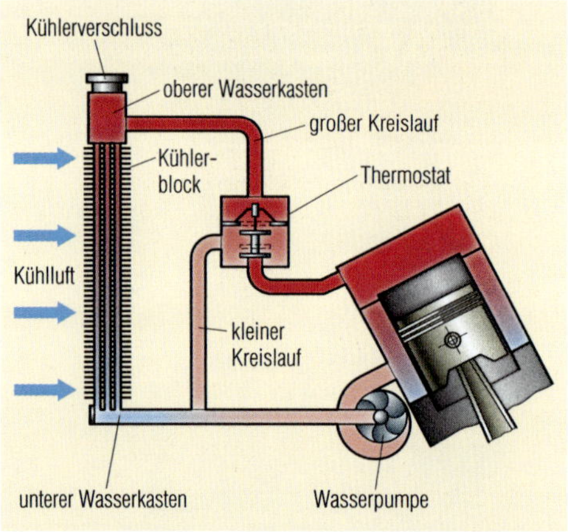

Bild 262.2 Pumpenumlaufkühlung.

Pumpenumlaufkühlung. Die Kühlflüssigkeit wird mithilfe eines Thermostatventils in einen kleinen oder in einen großen Kühlerkreislauf gelenkt (Bild 262.2). So lange der Motor noch nicht die Solltemperatur erreicht hat, bleibt das Thermostatventil geschlossen, das Kühlwasser zirkuliert im kleinen Kreislauf (Kurzschlusskreislauf). Die geringe Wassermenge im Kurzschlusskreislauf erwärmt sich in kurzer Zeit, der Motor erreicht schnell seine Betriebstemperatur. Bereits zu diesem Zeitpunkt strahlt die Innenraum-Heizung Wärme ab, was für die Sicherheit und den Komfort der Fahrzeuginsassen wichtig sein kann.

Sobald die Wassertemperatur einen bestimmten Wert übersteigt, öffnet das Thermostatventil und leitet heißes Wasser in den großen Kreislauf zum Kühler (Bild 265.2).

Luftkühlung. Bei der Luftkühlung übernimmt entweder der Fahrtwind oder ein Gebläse die Kühlung. Kühlrippen am Motor vergrößern die Oberfläche und ermöglichen so eine bessere Wärmeabfuhr. Wegen der guten Wärmeleitfähigkeit bestehen die Kühlrippen oft aus Aluminium.

Vorteile	Nachteile
• einfache Bauweise (keine Kühlkanäle im Motorblock) • kleiner Raumbedarf (fehlender Kühler) • geringes Gewicht (keine Flüssigkeit zur Kühlung) • kein Frostschutz erforderlich • stationär in allen Einbaulagen verwendbar (Kühlung mit eingebautem Gebläse) • unempfindlich und fast wartungsfrei	• ungleichmäßige Kühlwirkung bei Mehrzylindermotoren • große Temperaturunterschiede beim Betrieb des Motors (Lastzustände) • größere Toleranz zwischen Kolben und Zylinder wegen größerer Wärmeausdehnung (geringere Leistung) • sehr laute Geräusche durch Gebläse • Leistungsverlust durch Gebläse

Tabelle 262.1 Vor- und Nachteile der Luftkühlung.

Die Luftkühlung hat gegenüber der Flüssigkeitskühlung die in Tabelle 262.1 aufgelisteten Vor- und Nachteile.

Stationäre Motoren in Pumpenanlagen, Kompressoren, Baumaschinen usw. sind häufig luftgekühlt, weil das Gebläsekühlsystem direkt im Motor eingebaut ist und keine weiteren Montageplätze, z. B. für einen Kühler, erforderlich sind (Bild 263.1). Das System ist sehr kompakt und funktioniert auch bei hohen Lufttemperaturen und ohne Fahrtwind.

Bild 263.1 Luftgekühlter Mehrzylindermotor.

6.4.2 Bauteile der Motorkühlung

Kühler werden unterschieden nach der Bauart der Kühlrippen und der Strömungsrichtung des Wassers.

In Abhängigkeit von der Strömungsrichtung haben die Kühlrippen entweder oberhalb und unterhalb oder seitlich von einem Wasserkasten die Schlauchanschlüsse zum Kühlsystem. Zusätzlich können noch weitere Kühlelemente – z. B. für die Ölkühlung – angeflanscht sein. Diese Kühler sind in einem gemeinsamen Rahmen montiert, haben aber getrennte Flüssigkeitsanschlüsse (Bild 263.2).

Die verschiedenen Kühlerbauarten besitzen unterschiedliche Eigenschaften und werden entsprechend dem Bedarf ausgewählt (Tabelle 264.1).

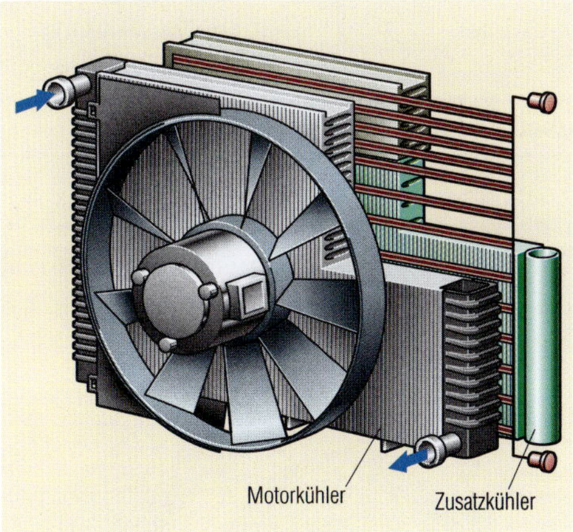

Bild 263.2 Integriertes Kühlsystem.

Achtung! Der ausgebaute Lüfter mit Viscokupplung darf nur stehend gelagert werden!

Der Lüfter des Kühlsystems wird entweder elektrisch von einem Motor oder mechanisch durch einen Keilriemen angetrieben.

Das Kühlsystem benötigt den Lüfter nur gelegentlich. Ein laufender Lüfter verbraucht je nach Größe mehr als 5 kW Leistung und kühlt das System oft zu stark ab, da mit zunehmender Fahrgeschwindigkeit die Kühlwirkung auch durch den Fahrtwind zunimmt. Daher gibt es fast nur noch Lüfterantriebe, die bei Bedarf einkuppeln.

Dafür bietet sich eine Viscokupplung an (Bild 263.3). Diese wird ständig von einem Keilriemen angetrieben und schließt sich automatisch, sobald die vom Kühler ankommende Luft die zulässige Maximaltemperatur erreicht hat. Die Kupplung öffnet, sobald die Luft vom Kühler unter den Minimalwert gesunken ist. Eine Alter-

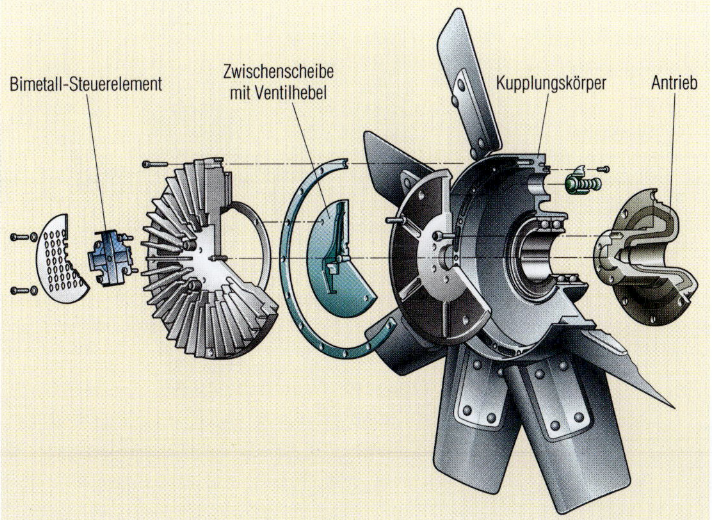

Bild 263.3 Lüfterantrieb mit Viscokupplung.

Bauart	Wellrippenkühler	Flachrippenkühler	Fallstromkühler	Querstromkühler
	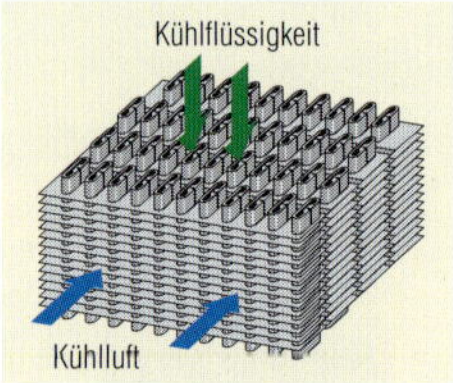	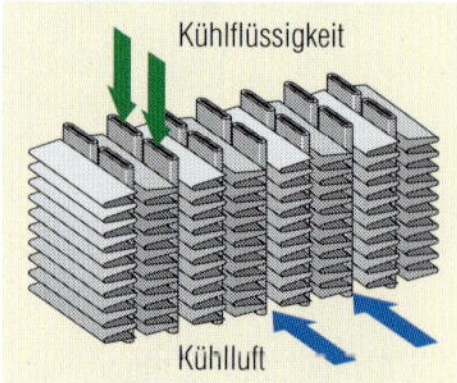	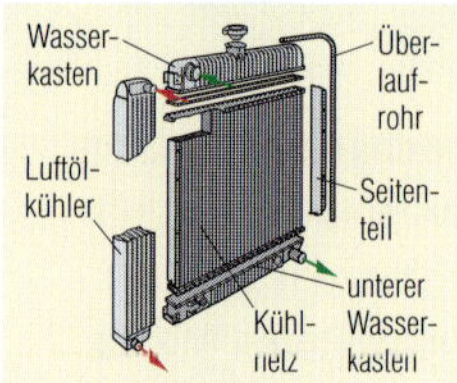	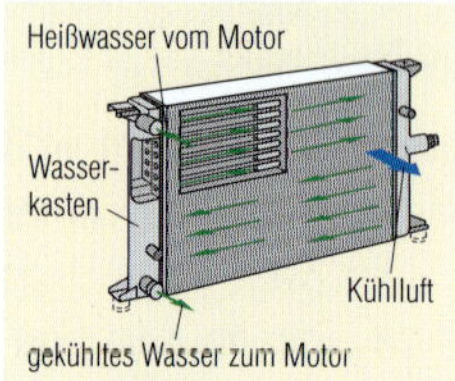
Aufbau und Besonderheiten	• die Wasserröhren haben als Zwischenraum gewellte Rippen, • der Wärmeübergang wird verbessert, • die Rippen sind sehr empfindlich gegen Insekten und andere Fremdkörper.	• die Zwischenräume werden von Blechen ausgefüllt, • der Wärmeübergang ist nicht gut, • die Rippen sind sehr stabil und unempfindlich gegenüber Fremdkörpern, • häufige Verwendung bei Nutzfahrzeugen.	• Standardbauweise mit Wasserkasten oben und unten, • erleichtert den natürlichen Wasserlauf von warm nach kalt.	• häufig bei Fahrzeugen mit niedriger Bauhöhe, • Wasserkästen befinden sich rechts und links, zusätzlich ist ein Ausgleichsbehälter notwendig.

Tabelle 264.1 Kühlerbauarten.

Kühlerdeckel dürfen niemals bei heißem Motor geöffnet werden, weil der Druckabfall zu einer explosionsartigen Verdampfung des Kühlwassers führt. Extreme Unfallgefahr!

native ist das Elektrolüftersystem (Bild 264.1). Vorteile sind die beliebige Einbauposition und die gute Steuerbarkeit. Als Nachteil gilt die begrenzte Leistung des Elektromotors.

Bild 264.1 Elektrischer Lüfterantrieb.

Der Verschlussdeckel des Kühlkreislaufes besitzt sowohl ein Überdruck- als auch ein Unterdruckventil. Das Überdruckventil öffnet erst bei ca. 1,5 bar (Bild 264.2). Sollte die bei diesem Druck entstehende Siedetemperatur (ca. 130 °C) erreicht werden, öffnet sich das Überdruckventil und der entstehende Wasserdampf kann entweichen. Beim Abkühlen der Kühlflüssigkeit reduziert sich das Flüssigkeitsvolumen, es entsteht ein Unterdruck im System. Durch Öffnen des Unterdruckventils (Bild 265.1) wird der Druck durch Nachströmen von Luft ausgeglichen.

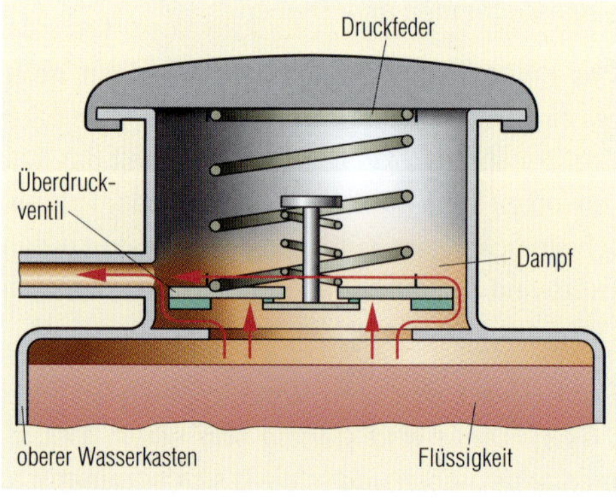

Bild 264.2 Kühlerdeckel im Überdruckbereich.

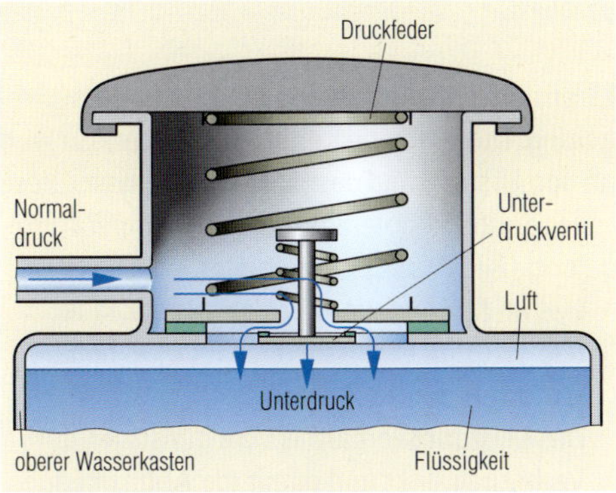

Bild 265.1 Kühlerdeckel im Unterdruckbereich.

Kühlerfrostschutzmittel. Dem Kühlwasser muss stets ein Kühlerfrostschutzmittel zugesetzt werden. Seine wesentlichen Aufgaben sind:

- sicherer Schutz gegen Einfrieren der Flüssigkeit im Kühlsystem,
- Korrosionsschutz für alle Metalle im Kühlkreislauf,
- Schutz der übrigen Werkstoffe im Kühlsystem.

Kühlerfrostschutzmittel bestehen meist aus dem Alkohol Ethylenglykol. Sie sollen nitrit-, amin- und phosphatfrei sein. Alle Motorenhersteller schreiben bestimmte Frostschutzmittel vor bzw. geben bestimmte Produkte für ihre Motoren frei.

Es gibt silicathaltige und silicatfreie Kühlerfrostschutzmittel. Eine Mischung beider Stoffe sollte grundsätzlich vermieden werden, da die Korrosionsschutzeigenschaften verloren gehen könnten. Silicatfreie Kühlerfrostschutzmittel werden vor allem bei Voll-Aluminium-Motoren verwendet. Neuerdings gibt es universell einsetzbare Kühlerfrostschutzmittel, die für alle Motorarten freigegeben sind. Kühlerfrostschutzmittel dürfen nur mit Wasser verdünnt eingesetzt werden. Eine zu hohe Konzentration verringert die Wirkung.

Kühlwasserthermostat (Bild 265.2). Er besteht aus einem Dehnstoffelement, einer Rückholfeder und zwei Ventilplatten. Als Dehnstoff wird ein spezielles Wachs verwendet, das je nach Ausführung bei einer Temperatur von ca. 80 °C flüssig wird. Bei steigender Wassertemperatur dehnt es sich aus und drückt gegen den Gummieinsatz, der Metallstift wird aus dem Einsatz verdrängt. Da sich dieser gegen das obere Gehäuse abstützt, wird die gesamte Metalldose mit beiden Ventilplatten nach unten gedrückt. Bei vollem Hub schließt jetzt die untere Platte den kleinen Kreislauf. Gleichzeitig gibt die obere Platte den großen Kreislauf mit maximalem Querschnitt frei. Dabei strömt das Wasser vollständig zum Kühler.

Tritt eine zu starke Abkühlung des Wassers ein (Dehnstoff zieht sich zusammen), drückt die Feder den Stift zurück und der große Kreislauf wird allmählich geschlossen. Die Strömungsquerschnitte ändern sich langsam, sodass meistens Wasser mit unterschiedlichen Anteilen in beiden Kreisläufen strömt. Der gesamte Vorgang entspricht einem kontinuierlichen Regelvorgang, in dem die Temperatur des Kühlmittels bei rund 90 °C mit einer Genauigkeit von ca. ±5 °C konstant gehalten werden kann. Dieses System arbeitet automatisch, solange das Thermostatventil korrekt öffnet und schließt.

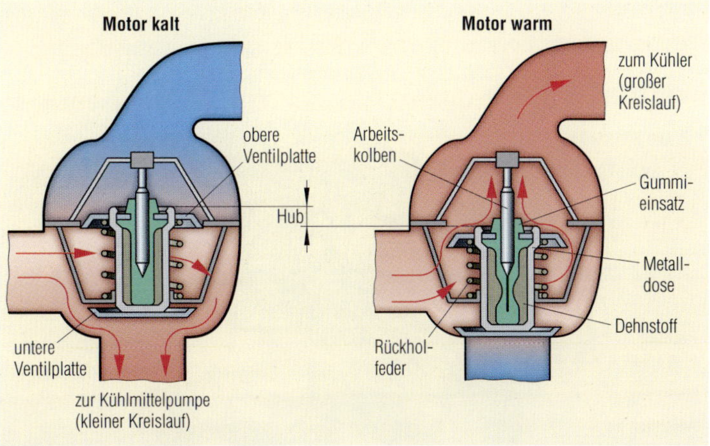

Bild 265.2 Thermostatventil.

6.4.3 Elektronisch geregeltes Kühlsystem

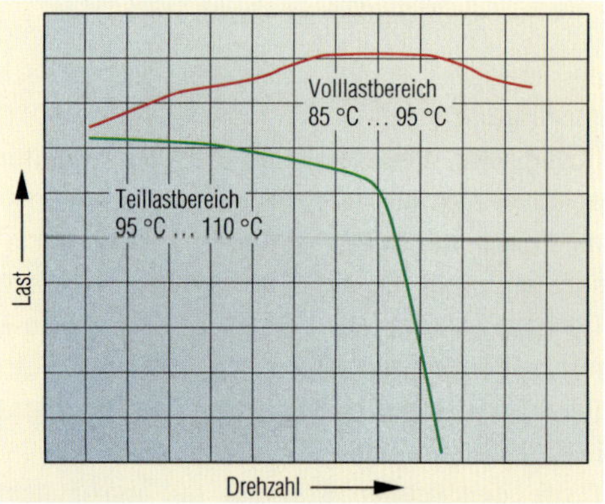

Bild 266.1 Kennfeldgesteuerte Temperaturregelung.

Es ermöglicht eine sehr genaue Temperaturregelung. Die jeweilige Kühlmitteltemperatur wird an den Lastzustand des Motors angepasst. Diese sogenannte kennfeldgesteuerte Temperaturregelung (Bild 266.1) hat folgende Vorteile:

- Das im Motorsteuergerät abgelegte Kennfeld sorgt im Teillastbereich für eine höhere Motortemperatur.
- Das Leistungsverhältnis wird günstiger, der Verbrauch sinkt und damit die Abgasmenge.
- Im Volllastbereich ermöglichen niedrigere Temperaturen eine höhere Leistung, weil durch die kältere Ansaugluft der Liefergrad deutlich verbessert wird.

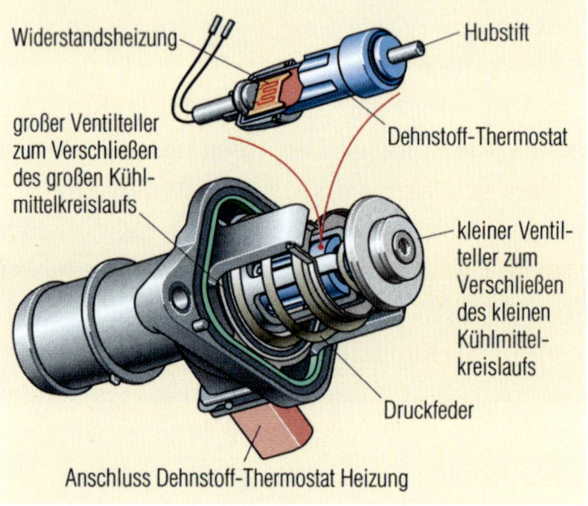

Bild 266.2 Elektrisch beheizter Thermostat.

Elektrisch regelbarer Thermostat. Dieser wird im Verteilergehäuse eingebaut (Bild 266.2). Sein mechanischer Aufbau entspricht einem normalen Dehnstoffthermostatventil, in dem ein elektrisches Heizelement integriert ist. Dieses kann bei Aktivierung durch das Steuergerät das Dehnstoffelement zusätzlich zur Wärme der Kühlflüssigkeit beheizen. Das Wachs schmilzt dann bereits bei niedrigeren Kühlmitteltemperaturen.

Im Verteilergehäuse kommen alle Zulauf- und Rücklaufverbindungen des Kühlsystems zusammen (Bild 266.3):

- Wasserkühler,
- Motorkreislauf,
- Heizungswärmetauscher,
- Getriebeölkühler (bei Automatikgetrieben).

Das Motorsteuergerät verarbeitet alle Daten, die von den einzelnen Sensoren ermittelt werden (Tabelle 267.1).

Durch die Kennfeldsteuerung ergibt sich in allen Fahrsituationen eine optimale Regelung des Motorlaufs (Bild 267.2). Neben dem elektrisch beheizten Thermostat wirkt das Steuergerät noch auf den Elektrolüfter des Kühlers und auf das Ventil des Heizungskreislaufs. Das elektrisch geregelte Absperrventil sorgt für eine konstante Temperatur des Heizungskreislaufs in Abhängigkeit vom eingestellten Temperaturwunsch.

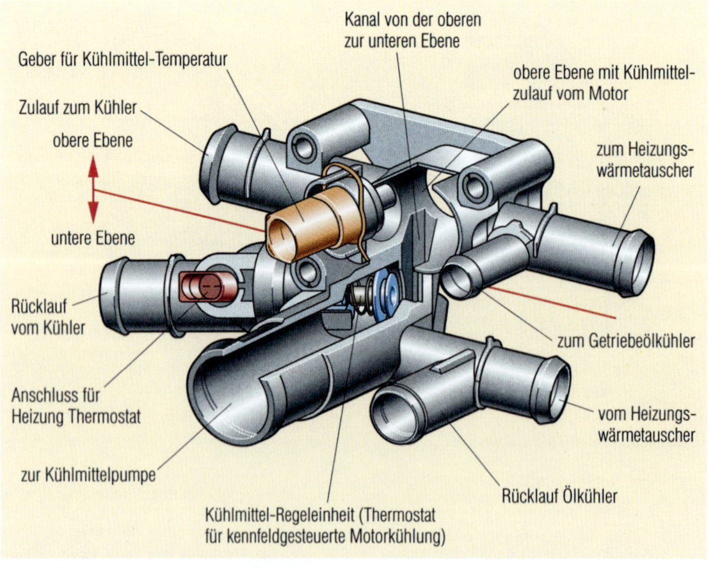

Bild 266.3 Kühlmittelverteilergehäuse für elektronische Temperaturregelung.

Sensor-Information	Auswertung im Steuergerät
Motordrehzahl/Drosselklappenstellung	Erkennen von Volllast, Teillast, Leerlauf
Luftmassenmesser	• Luftmasse (Last) und Drehzahl ergeben die Öffnung des Thermostaten (großer/kleiner Kreislauf), • Geschwindigkeit und Ansaugluft-Temperatur bestimmen eine weitere Korrekturgröße bei Volllast.
Geber für Kühlmitteltemperatur	wirkt direkt in den Regelkreis (in Abhängigkeit der Kennfelder).
Fahrgeschwindigkeitssignal	ab 100 km/h wird der Lüfter nicht mehr zugeschaltet, er hätte keine Wirkung mehr, verbraucht aber Energie.
Potenziometer für Temperaturwahl der Heizung	• hält die Temperatur im Heizkreislauf konstant, auch bei Schwankungen im Kühlkreislauf, • verbessert den Fahrkomfort.

Tabelle 267.1 Funktionen der Sensoren im elektronisch geregelten Kühlsystem.

Elektrisch angetriebene Kühlmittelpumpe (Bild 267.1). Sie kann an einem beliebigen Ort im Kühlkreislauf eingebaut werden. Die drehzahlabhängige Pumpleistung kann vom Steuergerät geregelt werden. Mit einer Leistungsaufnahme von ca. 200 Watt beansprucht sie nur etwa ein Zehntel der für konventionelle Pumpen üblichen Antriebsenergie und ermöglicht eine sehr genaue Regelung der verschiedenen Wasserkreisläufe im Kühlsystem.

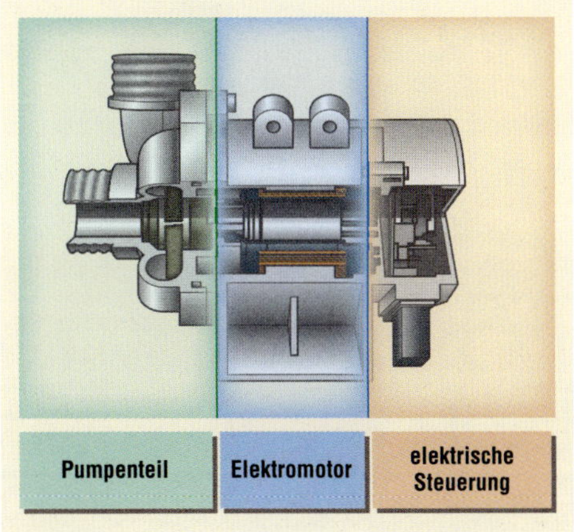

Bild 267.1 Elektrisch angetriebene Kühlmittelpumpe.

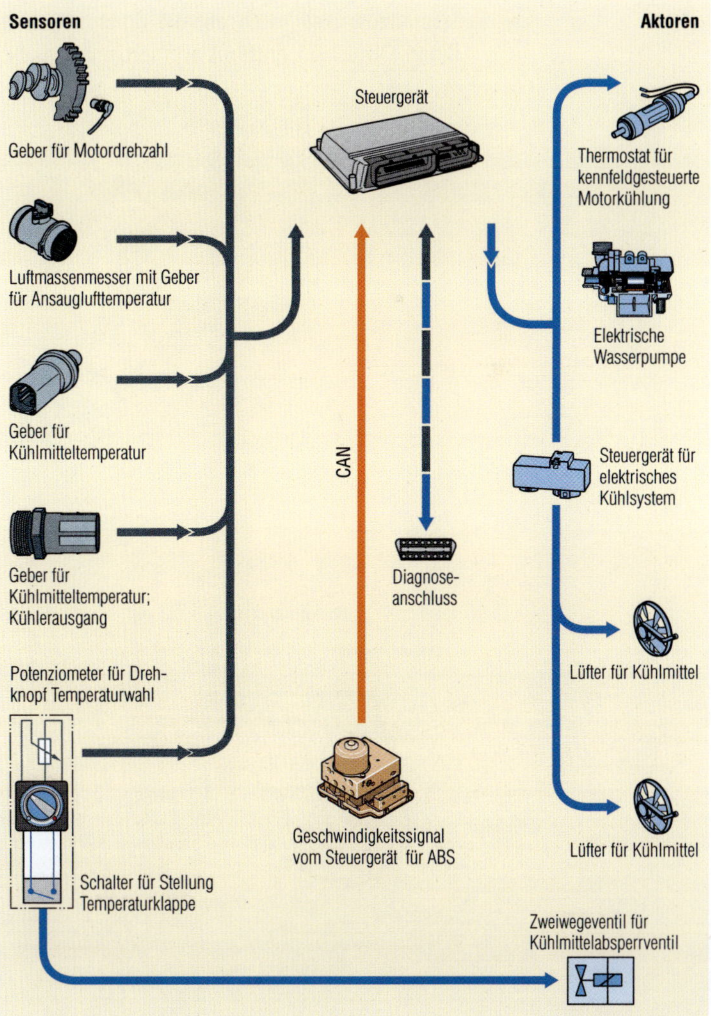

Bild 267.2 Systemübersicht der elektronischen Temperaturregelung.

6.5 Motorschmierung

Um den Verschleiß der bewegten Teile in einem Verbrennungsmotor möglichst gering zu halten, muss unter allen Betriebsbedingungen für eine ausreichende Schmierung gesorgt werden. Im Einzelnen gehören dazu folgende Aufgaben:

- Schmierung der Gleitlagerstellen im Motor,
- Kühlung der Motorteile, die einer besonders hohen Erwärmung unterliegen (Kolben, Zylinderwand),
- Abdichtung vom Kolben mit seinen Kolbenringen gegen die Zylinderwand,
- „Abwaschen" von Ablagerungen,
- Bindung von Schmutzpartikeln im Schmiermittel,
- Schutz vor Korrosion.

Nach längeren Betriebszeiten lagern sich Schmutzpartikel im Öl an, die durch regelmäßigen Ölwechsel entfernt werden müssen. Bei Benzinmotoren sorgt unverbrannter Kraftstoff von häufigen Kaltstartvorgängen für eine unerwünschte Verdünnung. Bei Dieselmotoren führen abgewaschene Rußpartikel zu einer Eindickung des Öls. Beide Verunreinigungen gefährden eine ausreichende Schmierung der Motoren. Zu den weiteren Verunreinigungen im Motoröl gehören Staubpartikel, metallische Abriebteilchen und Schlammbildung durch Wasser(-kondensat).

6.5.1 Prinzipien der Motorschmierung

Druckumlaufschmierung. Bei der Druckumlaufschmierung wird das Öl unter Druck aus der Ölwanne an die Schmierstellen gepumpt. Im gesamten Motorblock sind entsprechende Versorgungskanäle vorhanden (Bild 268.1). Die wichtigsten Schmierstellen sind die Bereiche der

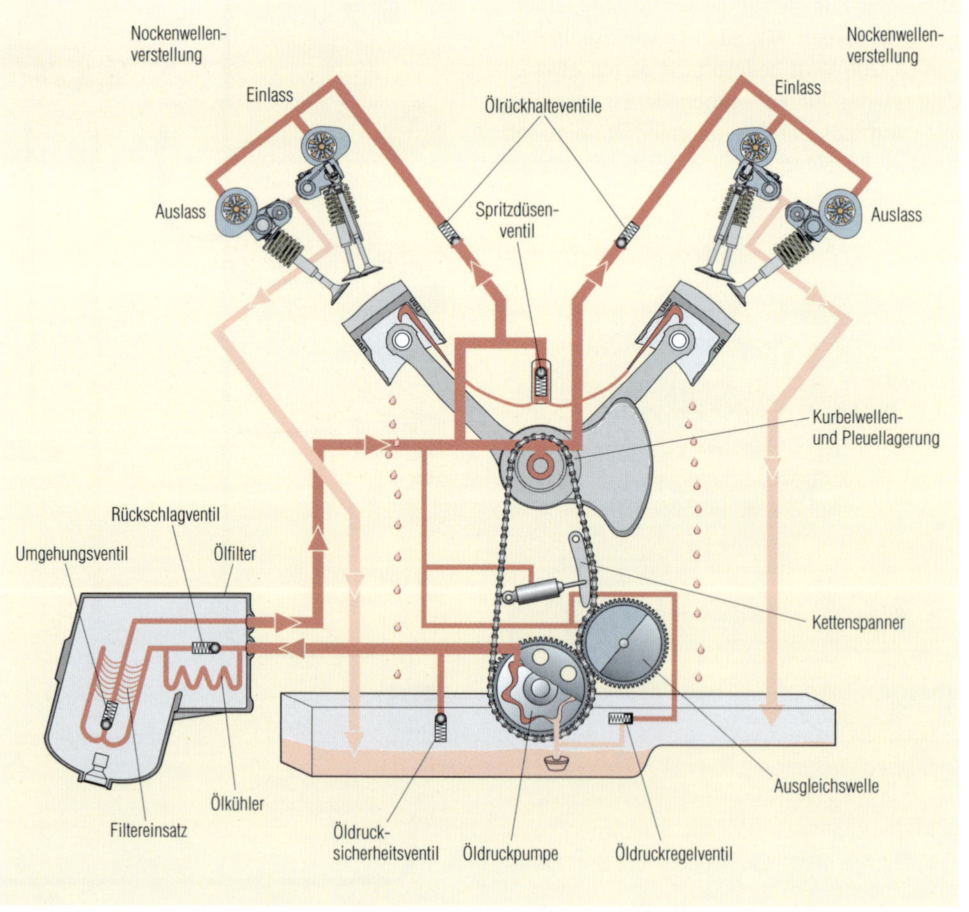

Bild 268.1 System einer Druckumlaufschmierung.

Kurbelwelle und der Nockenwelle. Das Öl benetzt die Schmierstellen und tropft anschließend zurück in die Ölwanne (Ölsumpf). Zusätzlich kann das Öl eine mögliche Nockenwellenverstellung und den Kolbenunterboden versorgen. Die Kolben direkt einspritzender Dieselmotoren werden von unten mit einem Ölstrahl angesprüht um eine Überhitzung zu verhindern (Bild 269.1).

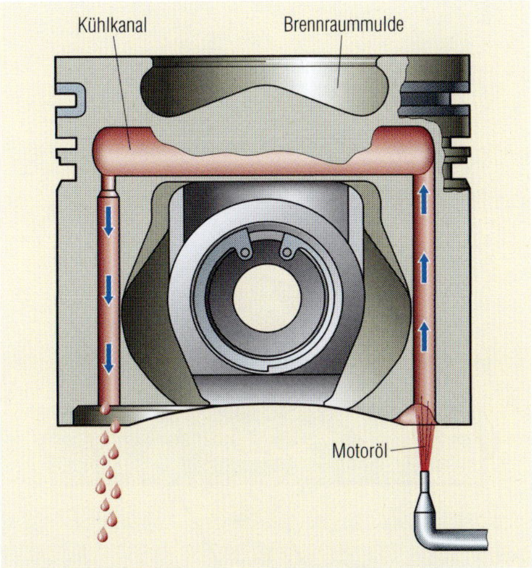

Bild 269.1 Von unten mit Öl gekühlter Kolben.

Die Ölpumpe befindet sich im unteren Bereich des Motors. Von dort saugt sie das Öl aus dem tiefsten Punkt der Ölwanne an und fördert es in das Ölfiltermodul. Nach der Filterung gelangt es zu den Schmierstellen. Das System enthält eine Reihe von Ventilen, die für den richtigen Systemdruck und eine ausreichende Schmierung unter den verschiedenen Betriebsbedingungen sorgen:

- Das Öldruckregelventil verhindert einen zu hohen Öldruck, der mit zunehmender Drehzahl der Ölpumpe steigen würde. Wird der Förderdruck zu groß, fließt das zu viel geförderte Öl zurück in die Ölwanne.
- Die Umgehungsventile im Filtermodul sorgen dafür, dass das Öl auch dann zu den Schmierstellen gelangt, wenn Ölkühler oder der Hauptstromfilter verstopft sind (allerdings ungekühlt oder ungefiltert).
- Die Ölrückhalteventile zwischen Kurbelwelle und Nockenwelle verhindern, dass der Druck im Zylinderkopf abfällt und die Hydrostößel leerlaufen.

Damit bei schneller Kurvenfahrt oder längerer Schräglage des Fahrzeugs das Öl nicht zur Seite gedrückt wird und dadurch die Ölpumpe „Luft zieht", können in die Ölwanne Schwallbleche eingebaut werden.

Schwallbleche: Zwischenwände, die die Auswirkungen hin- und herschwappender Flüssigkeiten reduzieren.

Die Trockensumpfschmierung besteht aus einer kleinen Ölwanne, zwei Ölförderpumpen und einem gesonderten Ölbehälter, der neben dem Motorblock montiert ist (Bild 269.2). Die Druckpumpe versorgt die Schmierstellen mit Drucköl, die Saugpumpe sorgt dafür, dass der Ölbehälter stets mit dem abgetropften Öl gefüllt ist. Dieses Schmiersystem wird bei Motoren verwendet, die für einige Zeit eine extreme Schräglage haben können (Geländefahrzeuge) oder die durch schnelle Kurvenfahrt zeitweise Ölmangel in der Ölwanne bekommen könnten (Rennfahrzeuge). Der besondere Vorteil ist die niedrige Bauhöhe, der Nachteil die notwendigen zwei Ölpumpen.

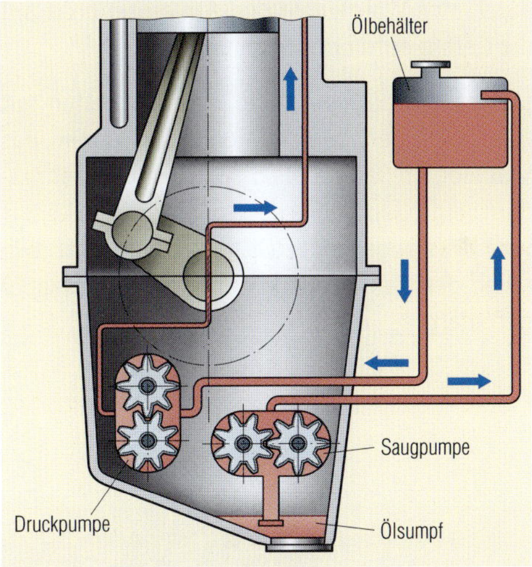

Bild 269.2 Trockensumpfschmierung.

Schmierung bei Zweitaktmotoren. Die meisten Zweitaktmotoren arbeiten mit einer Mischungsschmierung (Gemischschmierung), die aufgrund ihrer Funktion keine baulichen Besonderheiten benötigt (preiswert). Eine Umwelt schonendere Alternative ist die Getrenntschmierung.

- Mischungsschmierung durch Ölzusatz im Kraftstoff: Das spezielle Zweitaktöl wird im Verhältnis 1:50 bis 1:100 dem Kraftstoff beigemischt und mit dem Kraftstoff verbrannt.
- Getrenntschmierung (Frischölschmierung): Das Öl wird aus einem separaten Tank mit einer Dosierpumpe direkt zu den Schmierstellen gefördert. Der Verbrauch von Öl ist geringer, die Rauch- und Geruchsbelästigung sinkt.

6.5.2 Bauteile der Motorschmierung

Ölpumpen (Ölförderpumpen) müssen einen ausreichenden Öldruck bei hohem Förderstrom (bis ca. 350 l/h) liefern. Sie müssen sehr leistungsfähig und funktionssicher sein, da bei Ausfall der Ölversorgung der Motor innerhalb kurzer Zeit stark beschädigt werden kann. Daher wird der Fahrer bei einem Öldruckverlust oder Ölmangel durch eine Warnleuchte im Armaturenbrett auf die Gefahr aufmerksam gemacht.

Die meisten Pumpen (Bild 270.1) arbeiten mit zahnradartigen Konstruktionen, bei denen das Volumen im Saugbereich zwischen den Zahnrädern vergrößert und in der Druckstufe verkleinert wird. Das angesaugte Öl hat keinen Platz zwischen den Zähnen und wird in den Druckkanal gefördert.

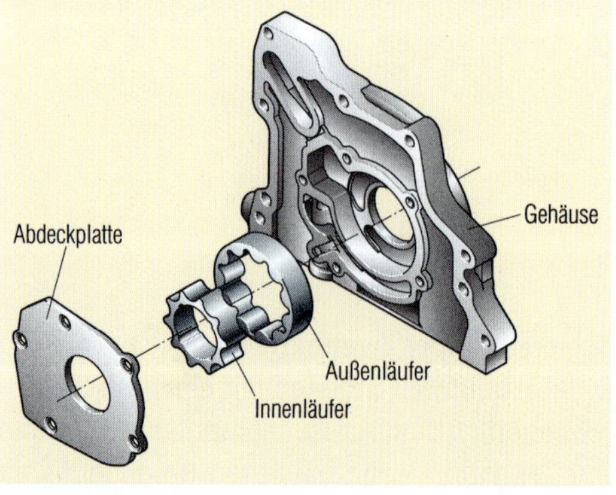

Bild 270.1 Bauteile einer Kurbelwellen-Ölförderpumpe.

Rotorpumpe. Bei ihr wird der Innenläufer angetrieben, der den Außenläufer mitdreht (Bild 270.2). Beim Ansaugen vergrößert sich das Volumen zwischen den Zahnrädern und erzeugt einen Unterdruck. Am oberen Ende des Förderweges verengt sich das Volumen, das Öl wird über den Ablaufkanal in den Ölkreis gedrückt. Dieses System liefert eine große Fördermenge und wird bei großen Motoren verwendet.

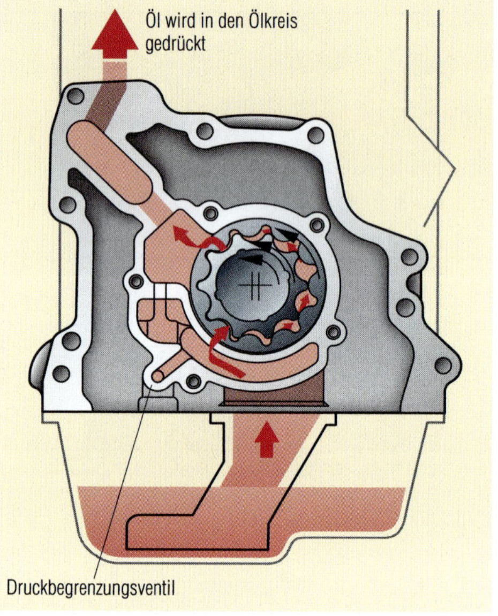

Bild 270.2 Rotorpumpe.

Die Außenzahnradpumpe ist einfach herzustellen und zuverlässig (Bild 270.3). Das Öl wird vom Zahnrad um das Innengehäuse herum gefördert.

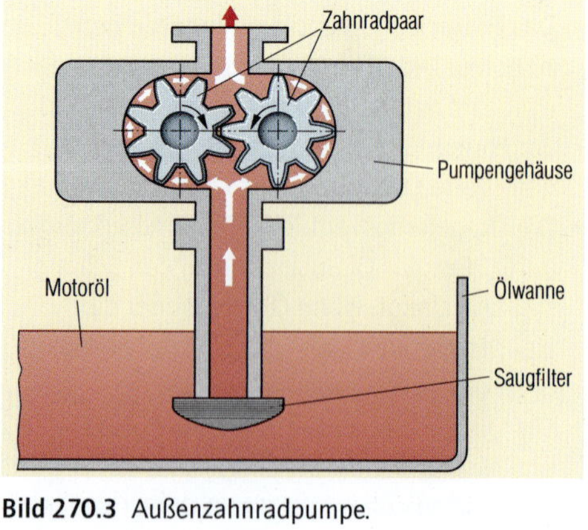

Bild 270.3 Außenzahnradpumpe.

Innenzahnradpumpe (Sichelpumpe). Das Innenrad ist meist direkt auf der Kurbelwelle befestigt und erhält dadurch Antrieb und Führung (Bild 271.1). Das innenverzahnte Außenrad läuft exzentrisch um die Sichel. Durch das größer werdende Volumen wird das Öl angesaugt und vom Innen- und Außenrad an der Sichel vorbei zur Druckseite gefördert. Da auf der Druckseite das Volumen durch die zusammengeführten Zahnräder wieder kleiner wird, strömt das Öl zwangsläufig in den Auslasskanal. Die Förderleistung ist groß, die Pumpe läuft besonders geräuscharm.

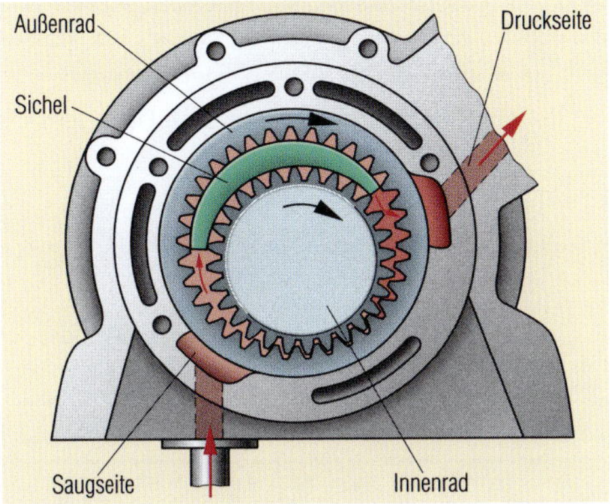

Bild 271.1 Innenzahnradpumpe.

Ölfilterung. Die Schmiereigenschaften eines Motoröls können nur über längere Zeit erhalten bleiben, wenn schädliche Stoffe regelmäßig aus dem Öl herausgefiltert werden. Dies ist Aufgabe des Ölfiltersystems. Es können Ölfiltermodule mit eingesetzten Filterpatronen benutzt werden, die zusätzlich die Kühlfunktion übernehmen (Bild 271.2). Das gesamte von der Pumpe geförderte Öl strömt durch das Filter. Um bei Verstopfungen die Schmierung zu garantieren ist ein Filterumgehungsventil (Bypassventil) eingebaut, das öffnet, wenn der Öldruck zu groß wird und die Filterpatrone nicht mehr genügend Öl durchlässt.

Wechselfilter haben ein eigenes Gehäuse (Bild 271.3). Diese Bauart ist sehr kompakt; beim Ölwechsel muss das Gehäuse mitentsorgt werden. Bei der Filterpatrone wird nur der Einsatz ausgetauscht, die Entsorgung ist entsprechend günstig.

Es gibt grundsätzlich zwei verschiedene Einbaustellen für die Filterung: im Haupt- oder im Nebenstrom (Tabelle 272.1).

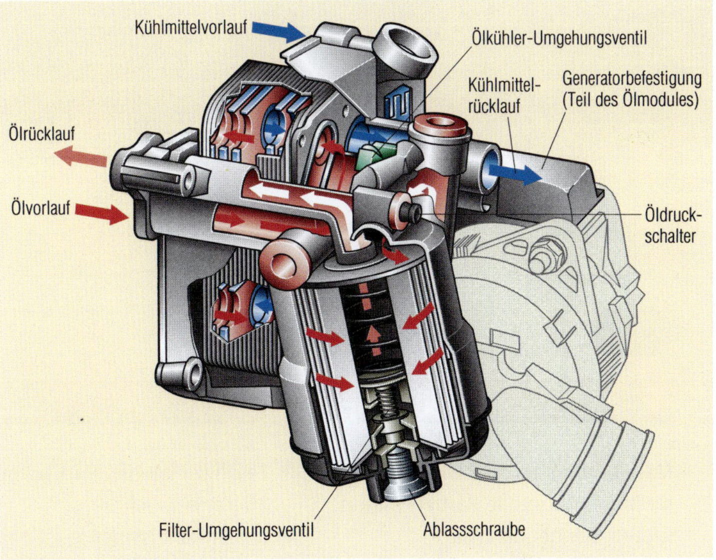

Bild 271.2 Ölfiltermodul.

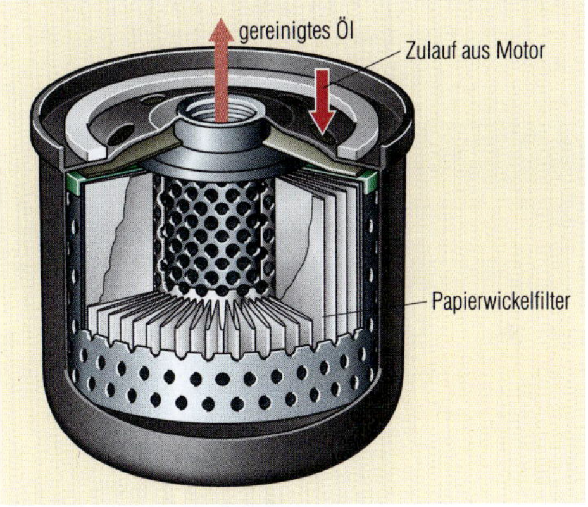

Bild 271.3 Wechsel-Ölfilter.

6.5.3 Schmierstoffe (Motoröle)

An Motoröle werden höchste Qualitätsanforderungen gestellt, bevor sie für den Einsatz in modernen Motoren zugelassen werden. Motoröle werden in einem komplizierten mehrstufigen Prozess hergestellt. Sie bestehen aus Grundölen und Additiven.

Grundöle. Motoröle werden aus verschiedenen Grundölen zusammengestellt, die direkt aus dem Raffinierungsprozess kommen.

raffinieren:
Öle und andere (Natur-)produkte reinigen und veredeln.

<table>
<tr><th>Hauptstromfilter</th><th>Nebenstromfilter</th><th>kombinierter Haupt- und Nebenstromfilter</th></tr>
<tr>
<td>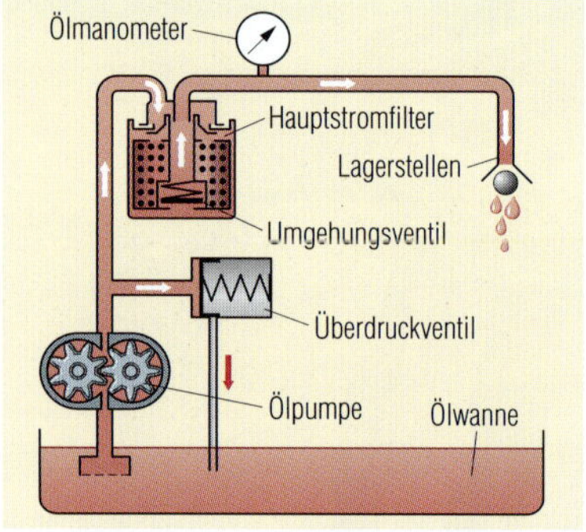</td>
<td>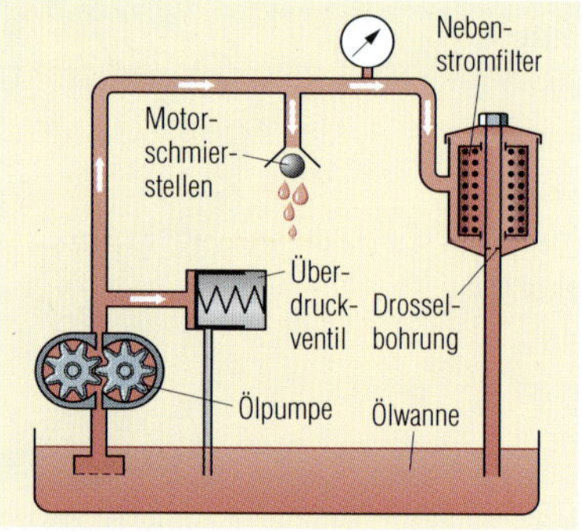</td>
<td>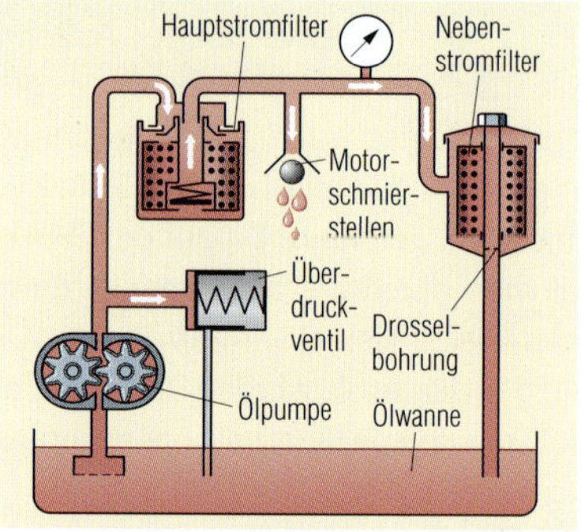</td>
</tr>
<tr>
<td>• Hauptstromfilter sind Grobfilter, sie filtern nur große Partikel heraus,
• großer Mengendurchsatz,
• die gesamte Ölmenge wird ständig gefiltert.</td>
<td>• Feinfilter können Partikel bis auf 10 µm herausfiltern,
• die Durchflussmenge ist gering,
• nur ein Teil des Öls wird im Nebenstrom gefiltert.</td>
<td>• die Kombination beider Systeme ermöglicht eine ständige Grobfilterung und eine teilweise Feinfilterung,
• Teile des Öls werden laufend feingefiltert, nach einigen Durchläufen ist das gesamte Ölvolumen feingefiltert.</td>
</tr>
<tr><td>Tabelle 272.1</td><td colspan="2">Ölfiltersysteme.</td></tr>
</table>

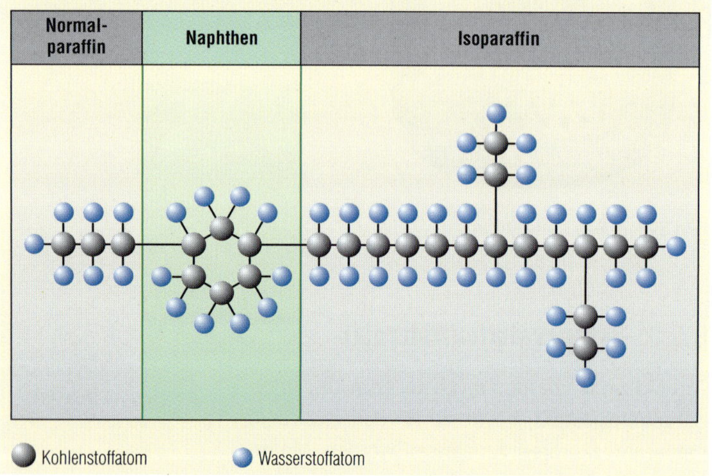

Bild 272.1 Kohlenwasserstoffkette (Grundöl) mit Paraffinen (Alkanen).

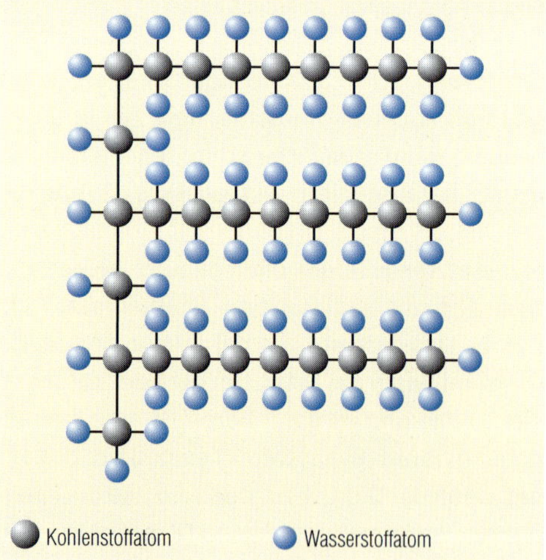

Bild 272.2 Kohlenwasserstoffkette mit synthetischem PAO.

Alkane:
gesättigte, reaktionsträge Kohlenwasserstoffe (früher Paraffine)

Bild 272.1 zeigt das Molekülmodell eines Grundöls mit Paraffinen (Alkanen). Alkane werden schon bei Temperaturen um den Gefrierpunkt fest und müssen daher aus dem Grundöl entfernt werden.

Bild 272.2 zeigt eine durch chemische Prozesse hergestellte Version, das PAO (Poly-Alpha-Olefin). Weil die Kohlenwasserstoffketten zuerst chemisch zerlegt und dann wie gewünscht wieder zusammengesetzt werden, heißt eine solche Verbindung auch Synthetiköl. Das PAO ist ein wichtiger Grundstoff zur Herstellung von Ölen mit niedriger Viskosität.

Additiv	Antioxidantien	Detergens/Dispergents	Korrosionsschutz	extreme pressure
Wirkung	verhindern schnelle Verharzung und Ölkohle	verhindern Ablagerungen	neutralisiert aggressive Stoffe	verhindert direkten Kontakt der aufeinander gleitenden Teile bei hohem Druck oder hohen Temperaturen
Additiv	**Reibwertveränderer**	**VI-Verbesserer**	**Pourpoint-Erniedriger**	**Antischaumwirkstoffe**
Wirkung	verbessert Leichtlaufeigenschaften	Fließverbesserung bei niedrigen Temperaturen	senkt den Stockpunkt bei niedrigen Temperaturen	verflüssigt Ölschaum und sichert dadurch den Schmierfilm

Tabelle 273.1 Bezeichnung und Wirkung von Additiven.

Additive. Neben den Grundölen, die je nach Anforderung miteinander gemischt werden, kommen in Motorölen auch Additive in geringen Mengen vor. Tabelle 273.1 zeigt einen Überblick über die wichtigsten Additive.

Viskosität. Darunter versteht man die Fähigkeit einer Flüssigkeit, ihrer Verformung einen Widerstand entgegenzusetzen (Zähflüssigkeit). Beim Öl wird die Viskosität mit zunehmender Temperatur geringer, allerdings ist der Schmierfilm dann auch nicht mehr so tragfähig. Bild 273.1 zeigt das unterschiedliche Viskositätsverhalten bei verschiedenen Temperaturen zweier verschiedener Ölsorten.

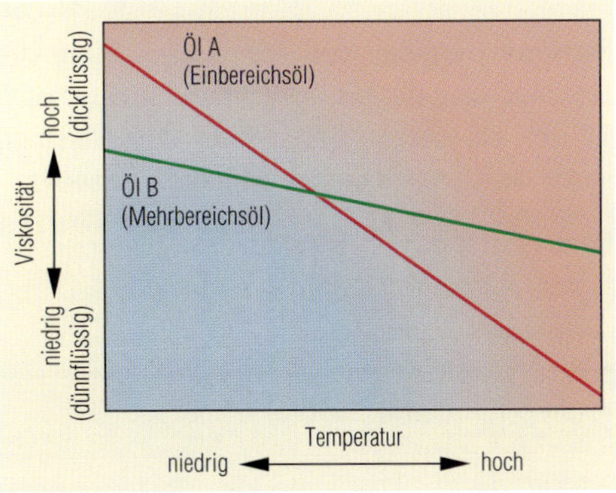

Bild 273.1 Viskosität in Abhängigkeit von der Temperatur.

Die Kennzeichnung der Viskosität eines Schmieröls erfolgt nach SAE-Viskositätsklassen. Prinzipiell wird zwischen Einbereichsölen (erfüllen nur eine Viskositätsklasse) und Mehrbereichsölen (erfüllen mehrere Viskositätsklassen) unterschieden.

Die Kennzeichnung erfolgt durch eine Zahlen-/Buchstabenkombination:

SAE 10W (Einbereichsöl). Die Zahl gibt den Temperaturbereich an, in dem das Öl eingesetzt werden kann.

SAE 10W 40 (Mehrbereichsöl). Die erste Zahl kennzeichnet den unteren Temperaturbereich im Winter, die zweite Zahl den oberen Bereich im Sommer, bei dem das Motoröl seine Schmierfunktion noch sicher erfüllen kann (Bild 273.2).

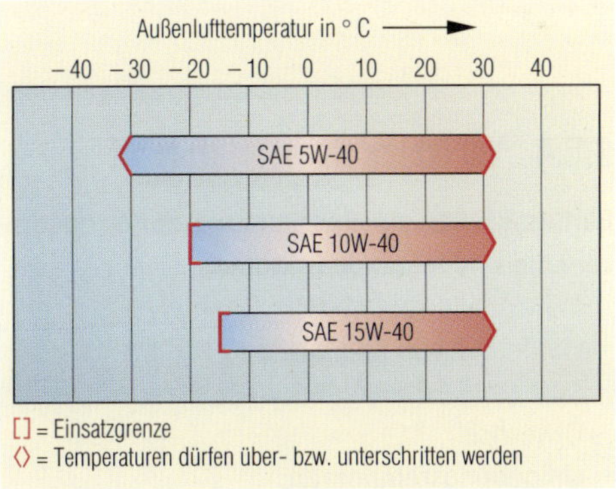

Bild 273.2 Viskositätsabhängiger Einsatzbereich von Motorölen.

Die Viskosität ist nur eins von vielen Merkmalen für die richtige Auswahl eines Motoröls. Sie stellt kein Qualitätsmerkmal dar. Es gibt aber Qualitätsnormen, die für folgende Merkmale Mindestanforderungen stellen:

- Öleindickung,
- Verschleiß,
- Ablagerungen,
- Motorsauberkeit,
- Rußabtragevermögen.

VI: Viskositätsindex

Pourpoint (engl.): Stockpunkt

extreme pressure (engl.): Höchstdruck

SAE: Society of Automotive Engineers (Vereinigung der Automobilingenieure)

Einteilung der SAE-Klassen: beginnt bei 0 W (dünnflüssig) und endet bei 50 W (dickflüssig)

API: amerikanisches Erdölinstitut

ACEA: europäischer Verband der Automobilhersteller

Qualitätsnormen von Motorölen. Verschiedene Qualitätskennzeichnungen können auf der Verpackung des Öls stehen:

- API (Spezifikationen des American Petroleum Institute),
- ACEA (Association des Constructeurs Européens d'Automobiles),
- Herstellernormen von z. B. BMW, MAN, Mercedes-Benz, Porsche, Scania, Volvo, VW …
- MIL (Spezifikationen der US-Armee).

Im Falle eines Ölwechsels gilt für die Werkstatt die im Schaubild unten dargestellte Vorgehensweise.

Wenn eine Herstellernorm vorhanden ist, muss das verwendete Öl sie erfüllen, d. h. die entsprechende Norm muss aufgeführt sein. Ohne besondere Herstellernorm kann man sich an der aktuellen ACEA-Vorschrift orientieren.

Die ACEA unterteilt Motorenöle in vier Klassen und gibt den Beginn der Gültigkeit mit einer Jahreszahl an.

$A3_{98}$ → Benzinmotoren, gültig ab 1998
$B3_{98}$ → Pkw-Dieselmotoren ohne Rußpartikelfilter, gültig ab 1998
$C1_{04}$ → Pkw-Dieselmotoren mit Rußpartikelfilter, gültig ab 2004
$E6_{04}$ → Nkw-Dieselmotoren, gültig ab 2004

Ein wichtiges Merkmal ist die HTHS-Viskosität (Hohe Temperatur – Hohe Schergeschwindigkeit bei hoher Drehzahl des Motors). Einen Überblick über den Anwendungsbereich der ACEA-Ölnormen auch im Vergleich zur API-Norm gibt Tabelle 275.1.

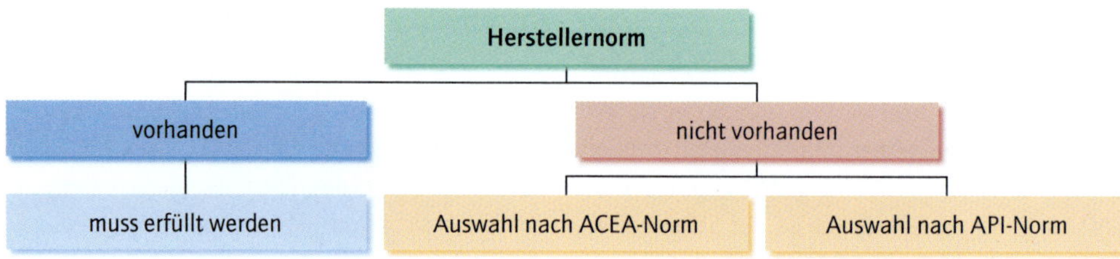

6.5.4 Variables Serviceintervall

Permittivität: dielektrische Leitfähigkeit; d. h., die Durchlässigkeit eines Materials für elektrische Felder. Hier: Messung der elektrischen Leitfähigkeit des Öls, um den tatsächlichen Zustand des Öls festzustellen.

Einflussgrößen zur Bestimmung der Serviceintervalle sind folgende Faktoren:

- individuelle Fahrweise,
- Häufigkeit von Kaltstarts,
- Kraftstoffverbrauch seit dem letzten Ölwechsel,
- Umgebungstemperatur,
- Laufleistung seit dem letzten Ölwechsel.

In vielen Serienfahrzeugen schätzt ein Bordcomputer den Zustand des Öls ab. Aus den Eingangsgrößen Fahrstrecke, Verbrauch und Öltemperatur berechnet das Steuergerät mithilfe eines Kennfeldes die Restfahrstrecke bis zum nächsten Service. Dieser Wert wird auf Knopfdruck oder ab ca. 2000 km Restfahrstrecke im Display des Bordcomputers angezeigt.

Sensoren ermöglichen eine messtechnische Überwachung der tatsächlichen Ölqualität (Bild 275.1). Sie liefern Daten über den Füllstand sowie den Zustand des verwendeten Motoröls.

Dazu erfasst der Öl-Zustandssensor

- den Temperaturverlauf während der bisherigen Fahrstrecke,
- die Viskosität sowie
- die Permittivität.

Bezeichnung nach ACEA	Eigenschaften	Vergleichbare API-Norm	Herstellerspezifische Norm (Beispiele)
Pkw-Motoren mit Otto- oder Dieselmotor ohne Rußpartikelfilter			
A1/B1-04	Einbereichsmotorenöl mit niedriger HTHS	SJ/EC	Ford WSS-M2C 913-A
A3/B3-04	Mehrbereichsöl mit verbesserter Kolbensauberkeit, Viskositätsstabilität bei Rußbelastung	SL/CF	
A3/B4-04	für direkt einspritzende Pkw-Dieselmotoren	SL/CF	MB 229.3 VW 503 01
A5/B5-04	entspricht B4, jedoch mit 2,5 % geringerem Kraftstoffverbrauch	—	VW 50601
Pkw-Dieselmotoren mit Rußpartikelfilter			
C1-04	für Pkw-Diesel mit Rußpartikelfilter Sulfataschegehalt max. 0,5 %		nur Ford
C2-04	für Pkw-Diesel mit Rußpartikelfilter Sulfataschegehalt max. 0,8 %		nur Peugeot
C3-04	für Pkw-Diesel mit Rußpartikelfilter Sulfataschegehalt max. 0,8 %		MB 229.31 BMW Longlife-04 VW 507 00
Nkw-Motoren und Arbeitsmaschinen			
E2-96	Universalöl für aufgeladene Motoren	CF	
E4-99	Geeignet für Euro-III-Motoren	CG-4	
E6-04	für Euro-IV-Motoren mit Abgasrückführung (AGR) SCR-NO_x, Sulfataschegehalt < 1 %	CI-4	MB 228.51 MAN M 3277
E7-04	für Euro-IV-Motoren mit AGR, SCR-NO_X, Sulfataschegehalt < 2 %	CI-4	MAN M 3277aa

Tabelle 275.1 Ölnormen im Vergleich.

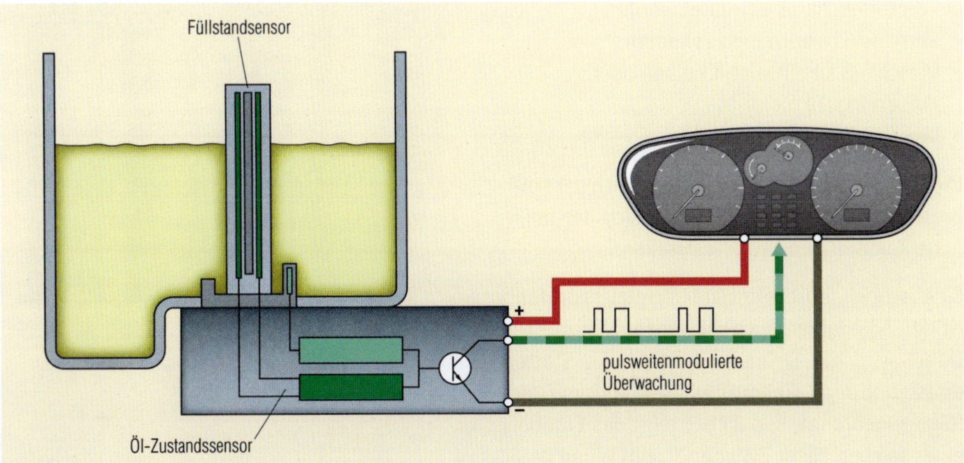

Bild 275.1 Sensor zur Ölqualitätsüberwachung.

Die Auswertung der verschiedenen Sensordaten (Bild 276.1) erfolgt pulsweitenmoduliert und ergibt eine genaue Erkenntnis über den Qualitätszustand des Motoröls. Dies hat folgende Vorteile:

- maximale Verlängerung der Ölwechselintervalle,
- umweltfreundliches System durch verlängerten Öleinsatz und reduzierte Filter-/Ölabfallmenge,
- Schutz des Motors (mögliche Schäden können frühzeitig erkannt werden),
- zuverlässiger Ölfüllstandssensor (ein Ölmessstab kann entfallen).

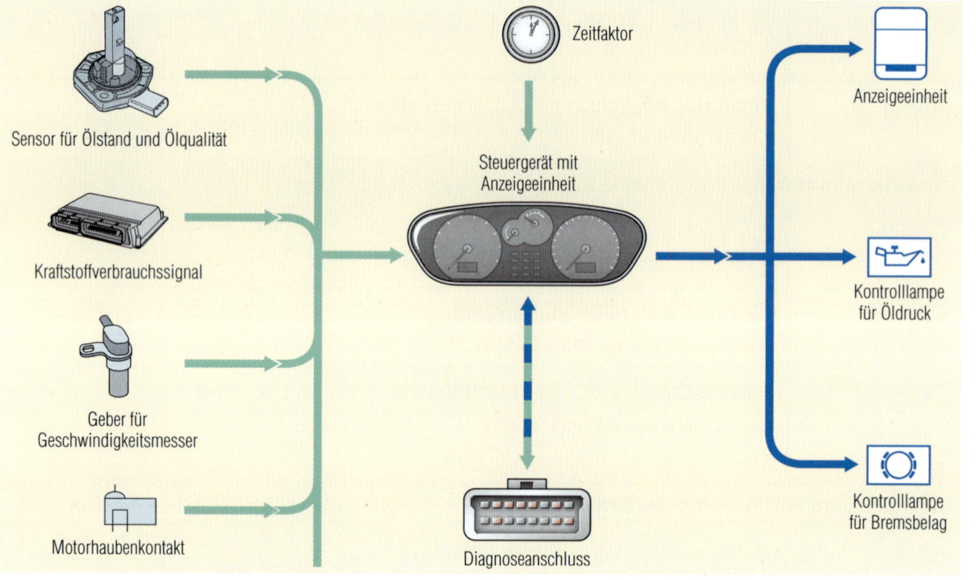

Bild 276.1 Auswertung der Ölqualität.

6.6 Diagnose der Motormechanik

6.6.1 Kompressionsdruckprüfung

Die Kompressionsdruckprüfung ist eine wichtige Diagnosemöglichkeit, wenn folgende Fehler in der Motormechanik vermutet werden:

- Verschleiß in einzelnen Zylindern,
- Verschleiß an einzelnen Kolben oder Kolbenringen,
- Verschleiß an Ventilen.

Die Prüfung ermöglicht einen Vergleich der Kompressionsdrücke; außerdem lässt sich der maximale Kompressionsdruck feststellen.

Eine schnell durchführbare Vergleichsprüfung ist der Zylindervergleich mit einem Motortester. Dabei wird die Stromaufnahme beim Starten erfasst und den Zylindern entsprechend der Zündfolge zugeordnet. Bild 276.2 zeigt das Ergebnis eines solchen Tests. Zylinder 2 zeigt einen deutlich geringeren Kompressionswert.

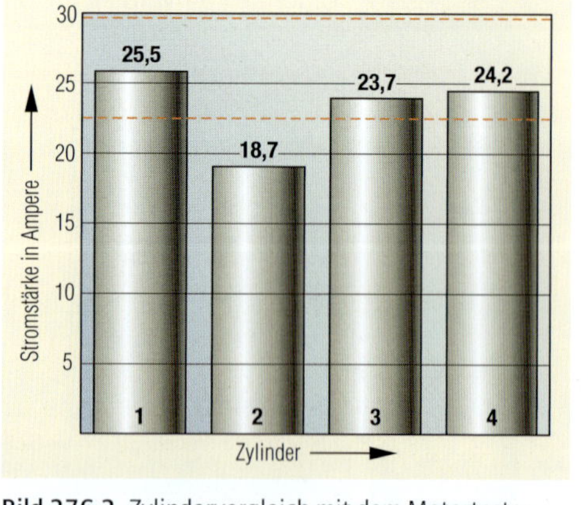

Bild 276.2 Zylindervergleich mit dem Motortester.

Eine genaue Prüfung kann nur mit einem Kompressionsdruckmessgerät erfolgen (Bild 277.1). Dazu müssen die Zündkerzen oder die Injektoren/Einspritzdüsen demontiert werden. Das Gerät wird mit der Gummispitze auf die Zündkerzenbohrung im Zylinderkopf gedrückt, während ein zweiter Mitarbeiter den Anlasser betätigt.

Der Druckverlauf wird automatisch auf einer Diagrammkarte (Bild 277.2) aufgezeichnet. Für die nächsten Zylinder wird die Diagrammkarte weitergeschoben, bis alle Zylinder geprüft sind.

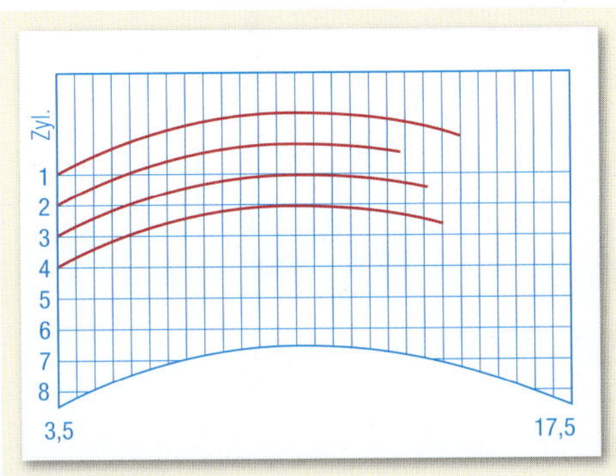

Bild 277.2 Diagrammkarte Kompressionsdruckmessung.

Bei Durchführung der Messung sind einige Dinge zu beachten:

- Der Motor muss betriebswarm sein,
- die Zündung muss außer Betrieb sein,
- alle Zündkerzen müssen demontiert sein,
- der Gummikonus des Druckmessgerätes muss passend ausgewählt sein,
- die Drosselklappe muss geöffnet sein,
- so lange prüfen, bis der Druck nicht mehr ansteigt,
- vor der nächsten Prüfung das Gerät entlüften.

Die Abweichung zwischen den Zylindern sollte bei einem intakten Motor nicht über 3 bar liegen. Wollen Sie feststellen, ob der Fehler im Bereich der Kolben liegt, spritzen Sie eine geringe Menge Öl auf den Kolbenboden. Danach wiederholen Sie die Messung. Wenn der vermutlich defekte Zylinder jetzt wieder bessere Werte zeigt, liegt der Fehler im Bereich der Kolben oder Zylinder. Wenn keine Änderung erkennbar ist, liegt der Fehler im Bereich der Ventile.

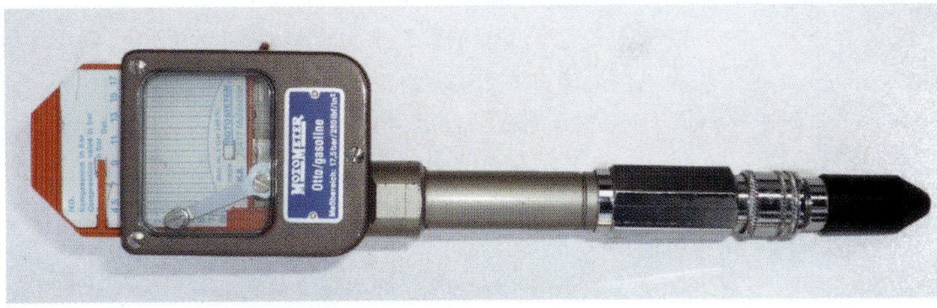

Bild 277.1 Kompressionsdruckmessgerät.

6.6.2 Druckverlustprüfung

Die Druckverlustprüfung ermöglicht eine umfassende Funktionsprüfung der mechanischen Bauteile. Dazu wird in die Zündkerzenbohrung ein Stopfen eingeschraubt, der mit Druckluft beaufschlagt wird. Bild 277.3 zeigt die verschiedenen Fehlerquellen. Vor Beginn der Arbeit muss beachtet werden:

- Kolben steht auf OT,
- Kurbelwelle ist blockiert (Bremse fest angezogen, Gang eingelegt),
- der Druckverlusttester wird an eine Druckluftleitung angeschlossen und auf einen Prüfdruck von ca. 5 – 7 bar eingestellt,
- das Testgerät wird über einen Schlauch mit dem Kerzengewinde des Motors verbunden.

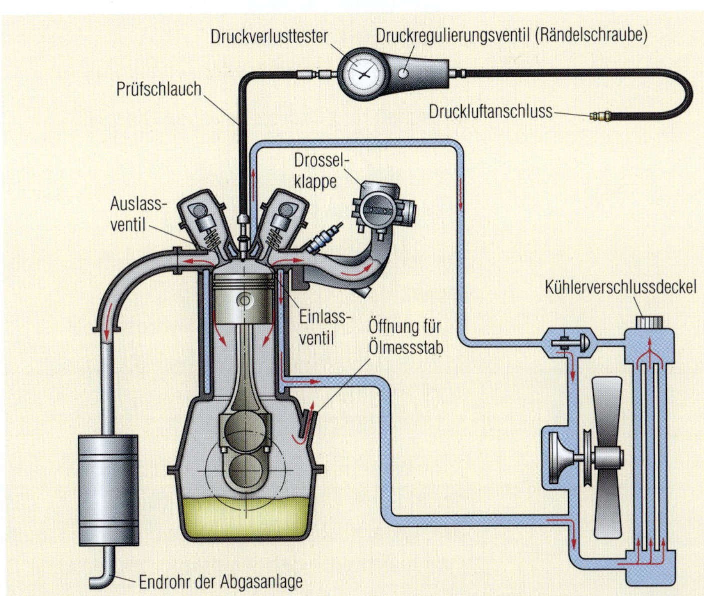

Bild 277.3 Druckverlustprüfung.

Der mögliche Druckverlust wird auf der Skale des Prüfgerätes angezeigt. Die Auswertung erfolgt nach der Anleitung des Prüfgeräteherstellers. Fehlerstellen kann man auch durch Blasgeräusche feststellen:

- im Abgasrohr → Auslassventil,
- am Luftfilter bzw. der Ansaugbrücke → Einlassventil,
- an der Öffnung des Ölmessstabes → Kolben oder Zylinder,
- an der Zylinderkopfdichtung → durch Luftblasen im Kühlmittelbehälter.

6.6.3 Öldruckprüfung

Die richtige Ölqualität, Füllmenge sowie der notwendige Öldruck sind wichtige Kriterien für eine gut funktionierende Motormechanik.

Eine zu geringe Füllmenge kann folgendes bewirken:

- zu geringen Öldruck,
- mangelnde Kühlung der bewegten Teile im Motor,
- erhöhte Reibung und Verschleiß,
- Ausfall des selbstnachstellenden hydraulischen Ventilspielausgleichselements und kein Öffnen der Ventile (Motor startet nicht, hat keine Kompression),
- Ausfall der Nockenwellenverstellung.

Ursachen für einen zu geringen Öldruck:

- verstopfte Filter,
- Öldruckregelventil defekt,
- Ölpumpe fördert nicht genug.

Ein zu hoher Öldruck führt ebenfalls zu Problemen:

- zu große Dehnung in den Hydrostößeln,
- falsche Winkel bei der Nockenwellenverstellung,
- Undichtigkeiten → Ölaustritt.

Zur Überprüfung des richtigen Öldrucks verwendet man ein Öldruckprüfgerät (Bild 278.1), das den tatsächlichen Öldruck misst und mit dem man gleichzeitig den Schaltdruck prüfen kann.

In Bild 278.1 sind im Filtergehäuse zwei Öldruckschalter verbaut. An Position A befindet sich der Öldruckschalter mit 1,8 bar Schaltdruck, an Position C befindet sich der Öldruckschalter mit 0,3 bar.

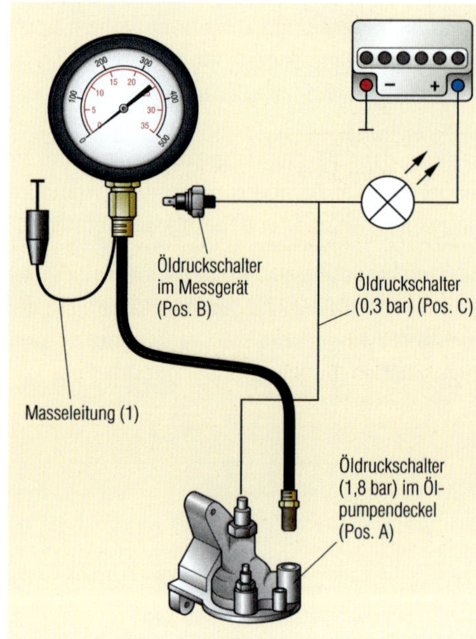

Bild 278.1 Öldruckprüfgerät.

Der Öldruckschalter (Position A) wird im Pumpengehäuse demontiert und durch den Prüfschlauch ersetzt. Stattdessen wird dieser Öldruckschalter seitlich in das Prüfgerät an Position B eingeschraubt. Die Leitung 1 wird an Masse gelegt, die Diodenprüflampe wird an die Spannungsquelle sowie über das Adapterkabel mit dem Öldruckschalter am „Öldruckschalter 0,3 bar" an Position C geklemmt.

Prüfvorgang. Der Motor wird gestartet, die Diodenlampe erlischt ab ca. 0,2 bar bis 0,45 bar, weil der Mindestdruck höher liegt, andernfalls muss der Schalter ersetzt werden.

Als nächstes wird die Diodenprüflampe an Position B geklemmt. Das Druckmanometer zeigt den Öldruck im Pumpengehäuse an. Bei 1,6 bis 2,0 bar muss die Prüflampe aufleuchten, andernfalls muss der Schalter ersetzt werden.

Zur Funktionsprüfung der Ölversorgung muss bei 2000 min^{-1} und 80 °C Öltemperatur der Öldruck mindestens 2 bar betragen, bei höheren Drehzahlen dürfen 7 bar nicht überschritten werden, ansonsten muss das Überdruckventil ersetzt werden.

Zur Wiederholung

1. Fertigen Sie eine Tabelle mit allen Unterschieden zwischen Otto-Viertaktmotor und Diesel-Viertaktmotor an.
2. Berechnen Sie die Ventilöffnungszeiten (Bild 235.3) bei einer Motordrehzahl von 1800 min^{-1}.
3. Berechnen Sie anhand der Fahrzeugpapiere in Ihrer Klasse das Leistungsgewicht einiger Fahrzeuge.
4. Zählen Sie mindestenes fünf Maßnahmen zum Einsparen von Gewicht am Motor auf.
5. Warum sollte ein Kolben sowohl im kalten als auch im warmen Zustand möglichst die gleiche Form haben?
6. Unterscheiden Sie zwischen Tassenstößel und Schlepphebel bezüglich der notwendigen Anzahl von Nockenwellen.
7. Wo befindet sich bei einem Motor mit Side Valves (SV) die Nockenwelle?
8. Welchen Weg nimmt die Kühlflüssigkeit im kleinen Kreislauf?
9. Welche beiden Funktionen müssen Kühlerdeckel haben?
10. Woran erkennt man an der Bezeichnung eines Motoröls, ob die Viskosität und die erforderlichen Qualitätsmerkmale erfüllt sind?
11. Warum gibt es für Dieselmotoren mit Rußpartikelfilter eine spezielle Norm?

Zur Vertiefung

1. Warum öffnen und schließen die Ventile bei den meisten Viertaktmotoren nicht im oberen und unteren Totpunkt?
2. Ein Kunde fragt Sie nach den Gründen, warum er sein Fahrzeug mit Diesel-Viertaktmotor „schaltfauler" fahren kann als ein Fahrzeug mit Otto-Viertaktmotor. Was antworten Sie ihm?
3. Werten Sie Bild 233.1 aus: Bei welcher Motordrehzahl müssten Sie nach dem Kennlinienverlauf ein Fahrzeug mit diesem Motor fahren um einen möglichst geringen Kraftstoffverbrauch zu erhalten? Wie aussagekräftig ist dieser Wert für den Alltagsbetrieb eines Fahrzeugs?
4. Zeichnen Sie einen kreisförmigen Verdichtungsraum und konstruieren Sie einen 2-Ventiler, einen 4-Ventiler und einen 5-Ventiler in diesem Kreis. Was stellen Sie bezüglich der Ventilflächen fest? An welche Grenzen stoßen Sie bei der Konstruktion?
5. Welche wirtschaftlichen Gründe führen dazu, nasse Zylinderlaufbuchsen vor allem bei Nutzkraftwagen einzusetzen, obwohl dies bei Personkraftwagen eher selten ist?
6. Welche Wirkung hat ein zu großes Höhenspiel an den Kolbenringen? Wie nennt man diesen Effekt und welche Wirkung hat er im alltäglichen Fahrbetrieb?
7. Stellen Sie den Zusammenhang zwischen Massenträgheit bei der Motorsteuerung und der möglichen Motordrehzahl her. Berechnen Sie die Zahl der Ventilöffnungen bei Leerlaufdrehzahl (800 min^{-1}) sowie bei Höchstdrehzahl bei einem Ottomotor (6000 min^{-1}) oder einem Formel-1-Motor (18 000 min^{-1}).
8. Scharfe Nocken werden bei Rennfahrzeugen bevorzugt. Begründen Sie, warum das für ein Serienfahrzeug keine optimale Lösung wäre.
9. Oben liegende Nockenwellen gehören zur Standardkonstruktion eines Verbrennungsmotors. Begründen Sie, warum Nkw-Motoren meist unten liegende Nockenwellen haben.
10. In Serienmotoren werden sehr oft Zahnriemen verwendet. Welchen Vorteil haben sie gegenüber den anderen Antriebsarten und warum sind sie für den Kunden sehr kostspielig?
11. Die voll variable Ventilbetätigung ist sehr aufwändig in der Herstellung. Welche besonderen Vorteile gibt es in Bezug auf die Umweltvorschriften?
12. Woran erkennt man, ob ein hydraulischer Ventilspielausgleich defekt ist? Welche Auswirkungen kann das auf die Mechanik und den Gaswechsel des Motors haben?

13. Bei der Analyse eines Motorschadens wird mangelhafte Schmierung durch überhitztes Öl festgestellt. Überlegen Sie, welche Ursachen für einen solchen Schaden infrage kommen.
14. Warum werden luftgekühlte Motoren nur selten eingesetzt?
15. Bei einem Dehnstoffthermostaten ist der Metallstift verbogen, der maximale Hub wird nicht erreicht. Was ist die Folge?
16. Wodurch rechtfertigt sich ein aufwändiges elektronisch geregeltes Kühlsystem?
17. Warum werden Lüfterantriebe fast nur schaltbar verwendet?
18. Die Trockensumpfschmierung kommt bei Großserienfahrzeugen selten vor. Überlegen Sie, welche technischen und wirtschaftlichen Gründe es dafür gibt.
19. Erkundigen Sie sich nach dem Öl- und Filterwechsel an einem Ihnen nicht bekannten Fabrikat. Wie werden Öl- und Filterwechsel durchgeführt?
20. Das Ölwechselintervall ist erheblich überschritten, der Hauptstromfilter lässt durch Ablagerungen kaum noch Öl passieren. Was sind die möglichen Folgen?
21. Woher kommt der Begriff des Synthetiköls, welche technische Bedeutung hat es?
22. Welchen Sinn machen Herstellernormen neben den allgemeinen Qualitätsnormen bei Motorölen?
23. a) Der Kolben eines 10-Zylinder-Formel-1-Motors soll bei einer Nenndrehzahl von 18 000 min^{-1} eine mittlere Kolbengeschwindigkeit von 18 m/s nicht überschreiten. Wie groß darf der Kolbenhub s sein?
    b) Welchen Durchmesser hat ein Kolben des obigen Motors, wenn der Gesamthubraum 2999 cm^3 beträgt?
24. Fallbeispiel:
    Der Kunde lässt seinen Pkw in die Werkstatt abschleppen, weil dieser sich morgens nicht mehr starten lies. Am Vorabend kam er mit der Familie aus dem Urlaub in Spanien zurück. Im Urlaub hat die Familie insgesamt ca. 9000 km zurückgelegt.
    Es handelt sich um ein Fahrzeug mit Ottomotor und grüner Umweltplakette. Das Fahrzeug ist 6 Jahre alt und hat eine Fahrleistung von 118 000 km, der nächste Service ist mit 120 000 km fällig.
    a) Was muss ein Kfz-Mechatroniker als erstes tun, bevor er sich in das Fahrzeug setzt oder es berührt?
    b) Welche Ursachen kann es haben, wenn sich ein Fahrzeug nicht mehr starten lässt?
    c) Welche Wirkung hätte ein Fehler in der Steuerung der Motormechanik?
    d) Beim Startversuch dreht der Anlasser relativ leicht, der Meister vermutet eine zu geringe Kompression. Wie kann man seine Vermutung sicher überprüfen?
    e) Welche Prüfvoraussetzungen gelten für die qualifizierte Kompressionsdruckprüfung?
    f) Bei der Kompressionsdruckprüfung ergibt sich für Zylinder Nr. 2 ein um 60 % geringerer Wert als bei den anderen Zylindern. Welche mechanischen Fehler kommen für diesen Wert infrage?
    g) Der Geselle spritzt einige Tropfen Motoröl in den Zylinder Nr. 2 und wiederholt die Kompressionsdruckprüfung für diesen Zylinder. Was kann er mit dieser Methode feststellen?
    h) Da bei der bisherigen Überprüfung des Motors kein Fehler gefunden wurde, soll eine Druckverlustprüfung durchgeführt werden. Welche Fehlerquellen sind mit dieser Methode zu finden?
    i) Die Druckverlustprüfung ergibt ein Pfeifgeräusch im Bereich des Luftfilters und im Abgasrohr. Welcher Fehler deutet sich hier an?
    j) Nachdem diese Prüfung durchgeführt wurde, überprüft der Meister den Ölstand und stellt fest, dass der Prüfstab kein Öl mehr anzeigt. Er lässt die Ölmenge korrigieren. Der Motor springt nach einigen Sekunden mit starken Klappergeräuschen im Bereich der Ventile wieder an und läuft anschließend ohne Probleme. Er bezeichnet die bisherige Arbeit als nicht korrekt, weil ein grundsätzlich notwendiger vorgeschriebener Prüfschritt nicht eingehalten wurde. Was wurde zu Anfang vergessen und welche Arbeiten hätte man zugunsten der Kundenrechnung vermeiden können?

7 Diagnostizieren und Instandsetzen von Motormanagementsystemen

Wie funktioniert die Verbrennung im Motor? Wie wird der Motor mit Kraftstoff versorgt? – Auf diese grundlegenden Fragen erfahren Sie auf den folgenden Seiten die Antwort.

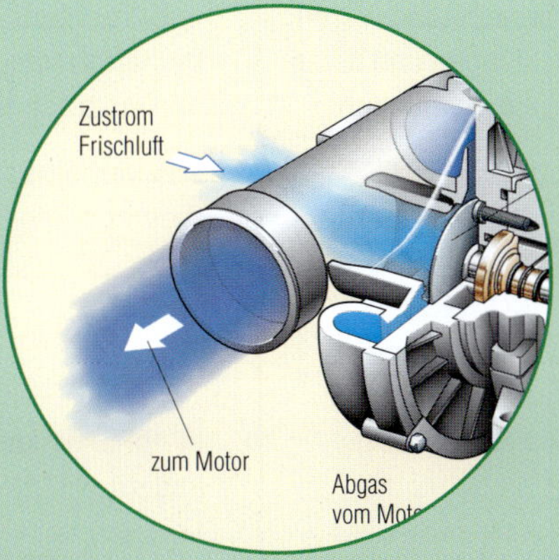

Welche Aufgaben Luft bei der Verbrennung hat und wie die zugeführte Luft gemanagt wird, auch darum geht es in diesem Lernfeld.

Sie lernen, welche Gemeinsamkeiten und Unterschiede bei der Gemischaufbereitung in Otto- und in Dieselmotoren bestehen.

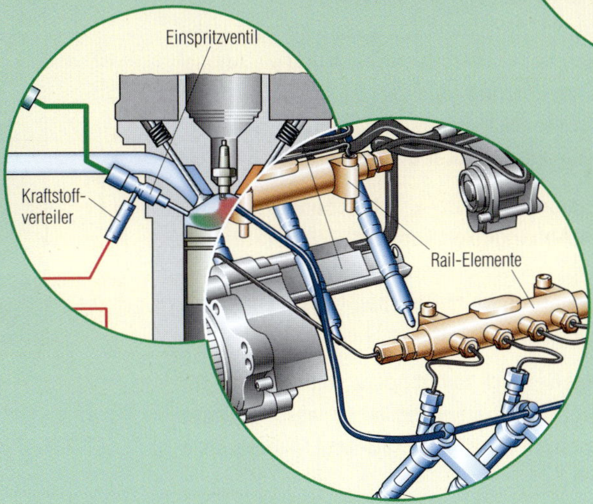

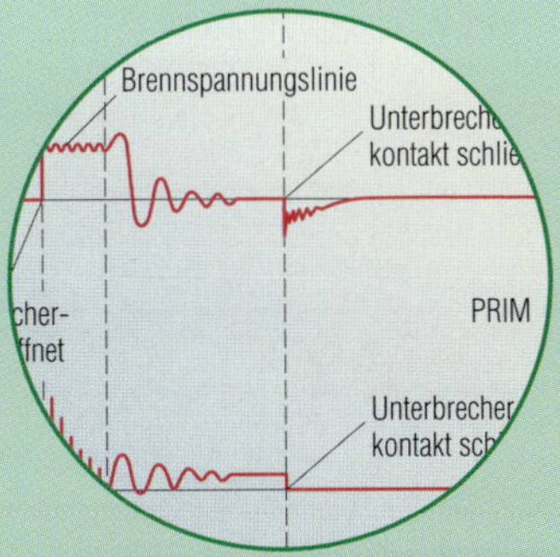

Hier funkt es: Sie lesen alles über Zündsysteme. Diese Kenntnisse können Sie u. a. einsetzen bei der Fehlersuche mithilfe von Oszillogrammen.

Wie werden Abgase so aufbereitet, dass sie die Umwelt möglichst wenig belasten? – Auch diese Frage werden Sie nach dem Durcharbeiten beantworten können.

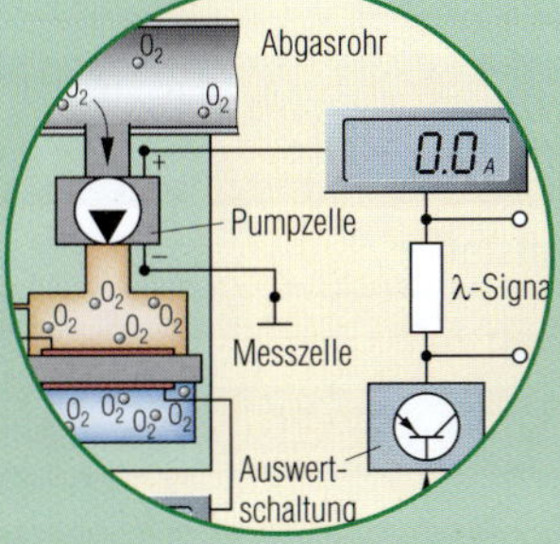

7.1 Verbrennung im Motor

Stöchiometrie: mengenmäßige Zusammensetzung chemischer Verbindungen und deren Berechnungen.

NO_x: Stickstoffoxide (NO, NO_2, NO_3, NO_4)
CO: Kohlenstoffmonooxid
HC (oder **CH**): unverbrannte Kohlenwasserstoffe

Katalysator → S. 364 f.

fett: Luftmangel oder Kraftstoffüberschuss → $\lambda < 1$
stöchiometrisch: → $\lambda = 1$
mager: Luftüberschuss oder Kraftstoffmangel → $\lambda > 1$

Um bei Verbrennungsmotoren eine vollständige Verbrennung zu ermöglichen, muss im Brennraum ein bestimmtes Verhältnis von Luft zu Kraftstoff bereitgestellt werden. Bei der Verbrennung dieses idealen (stöchiometrischen) Kraftstoff-Luftgemischs entstehen theoretisch lediglich Kohlenstoffdioxid (CO_2), Wasser (H_2O) und Stickstoff (N_2). Das ideale Luft-Kraftstoff-Verhältnis hängt von der jeweiligen Kraftstoffart und -qualität ab (Tabelle 282.1).

Das Verhältnis der zugeführten Luftmenge zum theoretischen Luftbedarf heißt Luftzahl λ.

$$\text{Luftzahl } \lambda = \frac{\text{zugeführte Luftmenge L}}{\text{theoretischer Luftbedarf}}$$

In Abhängigkeit von der Luftzahl λ (Lambda) verändern sich die Flammfrontgeschwindigkeit, die Leistung, der Kraftstoffverbrauch und die Abgaszusammensetzung (Bild 282.1). Die wichtigsten Schadstoffe (NO_x, CO und HC) werden bei λ = 1 optimal im Katalysator umgewandelt.

Das stöchiometrische Mischungsverhältnis wird in Abhängigkeit von Last, Temperatur und Drehzahl des Motors verändert. Ein Gemisch mit höherem Kraftstoffanteil heißt fett, eines mit niedrigerem Kraftstoffanteil heißt mager.

Wird das Gemisch zu fett oder zu mager, kann der Kraftstoff nicht mehr gezündet werden. Diese Zündgrenzen nennt man Fett- und Magergrenze (Bild 282.2).

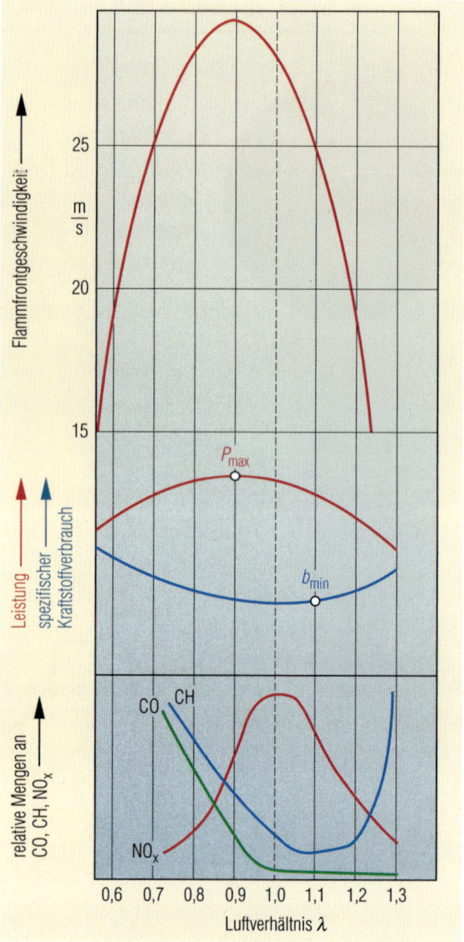

Bild 282.1 Flammfrontgeschwindigkeit, Leistung, Verbrauch und Abgaszusammensetzung in Abhängigkeit von der Luftzahl λ.

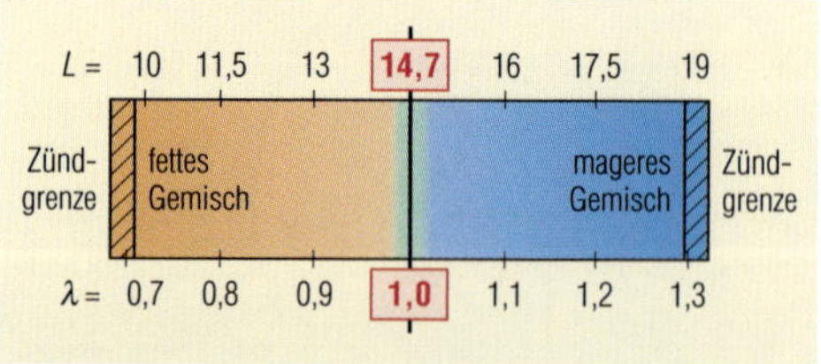

Bild 282.2 Zündgrenzen bei Ottokraftstoff.

Kraftstoffart	theoretischer Luftbedarf kg Luft pro 1 kg Kraftstoff	Dichte kg/dm³	Liter Luft (ϱ = 1,29 kg/m³) für einen Liter Kraftstoff
Ottokraftstoff	14,7	0,72 ... 0,775	8200 ... 8800
Dieselkraftstoff	14,5	0,82 ... 0,845	9200 ... 9500

Tabelle 282.1 Stöchiometrisches Gemisch.

Laststeuerung ist die Anpassung des Kraftstoff-Luft-Gemisches an die Betriebsverhältnisse des Motors:

- bei der Quantitätsregelung wird das Verhältnis von Luft und Kraftstoff nahezu konstant gehalten, eine Anpassung erfolgt durch Veränderung der Gemischmenge,
- bei der Qualitätsregelung wird die Gemischmenge nahezu konstant gehalten, eine Anpassung erfolgt durch Veränderung des Verhältnisses von Luft und Kraftstoff.

Gleichraumverbrennung. Die Verbrennung der Gase erfolgt sehr schnell. Der Druck im Brennraum steigt ebenso rasch, wobei der Brennraum selbst sich kaum verändert (d. h., der Kolben führt während der Verbrennung nahezu keine Bewegung aus). Diese Art der Verbrennung ist charakteristisch für den Ottomotor.

Gleichdruckverbrennung. Vor allem beim Dieselmotor wird auch nach Beginn der Verbrennung noch weiterer Kraftstoff eingespritzt. Daher erfolgt die Verbrennung der Gase über einen längeren Zeitraum. Obwohl der Brennraum durch den in Richtung UT laufenden Kolben schon wieder vergrößert wird, bleibt der Druck kurzzeitig annähernd gleich.

7.2 Kraftstoffe

Alle Kraftstoffe für Verbrennungsmotoren bestehen aus einer großen Anzahl von verschiedenen Kohlenwasserstoff-Verbindungen. Diese Moleküle unterscheiden sich in ihrer Struktur und Größe, was zu unterschiedlichen Eigenschaften der verschiedenen Kraftstoffe führt (Bild 283.1). So besitzen beispielsweise kettenförmige Moleküle eine niedrigere Zündtemperatur als ringförmige. Daher werden für sehr klopffeste Kraftstoffsorten größere Anteile von ringförmigen Molekülen verwendet, für Dieselkraftstoffe mehr kettenförmige.

7.2.1 Kraftstoffherstellung

Rohstoff für die Kraftstoffgewinnung ist überwiegend Erdöl, da es zur Zeit als einziger Rohstoff in ausreichend großen Mengen zur Verfügung steht. Weitere Ausgangsstoffe sind Erdgas, Kohle oder Pflanzenöle.

Im Erdöl sind sehr viele Kohlenwasserstoffe enthalten, die zur Verwendung als Kraftstoff nicht geeignet sind. Daher werden die verwendbaren Anteile durch Destillation vom Rest getrennt (Bild 284.1). Dazu wird das Erdöl in einem ers-

Destillation:
Trennung von Stoffen durch Verdampfung und anschließende Wiederverflüssigung.

ROZ → S. 284

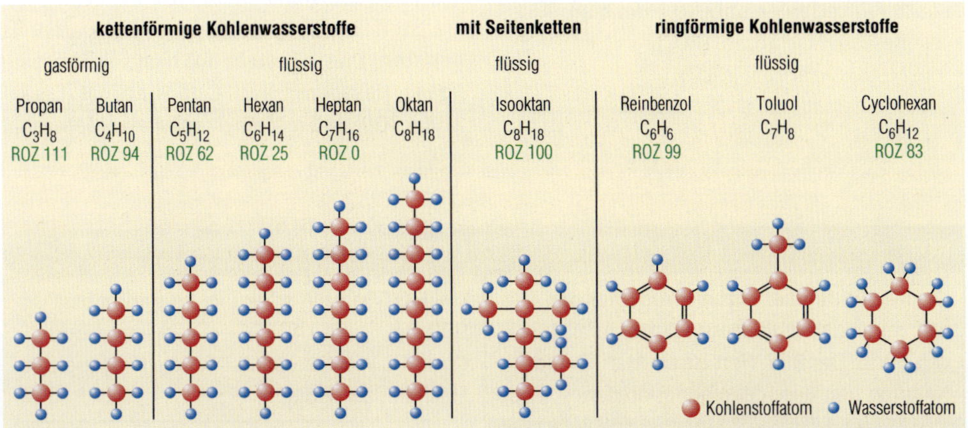

Bild 283.1 Kohlenwasserstoff-Moleküle.

ten Schritt unter Atmosphärendruck destilliert. Die dabei gewonnenen Produkte können direkt weiterverarbeitet werden. Der zurückbleibende Bodensatz aus schwer flüchtigen Bestandteilen wird in einer zweiten Stufe (Vakuumdestillation) in die Grundstoffe für Schmieröle, Fette und Bitumen aufgeteilt.

Anschließend werden die nicht direkt verwendbaren Reste und Teile der in der Destillation gewonnenen Moleküle chemisch zu nutzbaren Kraftstoffen umgewandelt (z. B. durch Cracken und Reforming).

Cracken (engl.): zerlegen

Reforming (engl.): wieder zusammensetzen

7.2.2 Kraftstoffarten

Ottokraftstoff

Ottokraftstoffe müssen eine hohe Klopffestigkeit besitzen, da es sonst zu unkontrollierten Verbrennungsvorgängen kommen kann (Klopfen). Daher haben sie eine hohe Zündtemperatur (Selbstentzündungstemperatur).

klopfende Verbrennung → S. 318

Oktanzahl OZ. Sie ist ein Maß für die Klopffestigkeit eines Ottokraftstoffs. Die Oktanzahl wird mithilfe verschiedener Prüfverfahren in einem Prüfmotor mit veränderlichem Verdichtungsverhältnis ermittelt (Tabelle 284.1). Dazu wird der Prüfkraftstoff mit einem Eichkraftstoff verglichen, der aus einer Mischung aus Isooktan (Oktanzahl = 100) und Heptan (Oktanzahl = 0) besteht. Das Mischungsverhältnis des Eichkraftstoffs wird so lange verändert, bis sein Klopfverhalten dem des Prüfkraftstoffs entspricht. Der prozentuale Anteil an Isooktan ist die Oktanzahl. Je nach Prüfverfahren unterscheidet man:
- die Research-Oktanzahl (ROZ),
- die Motor-Oktanzahl (MOZ).

Zündverzug → S. 339

Research (engl.): Forschung, Untersuchung

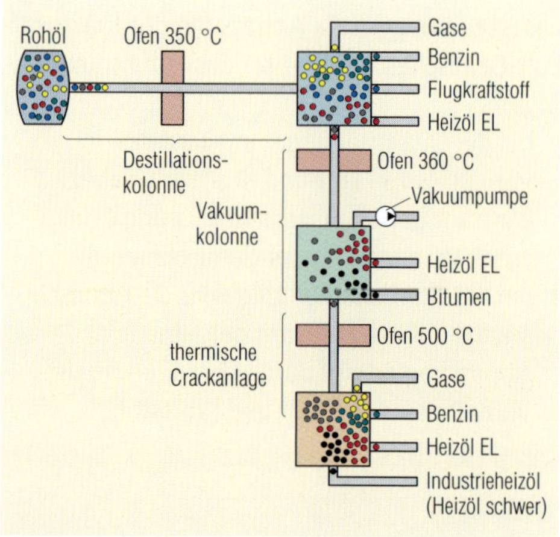

Bild 284.1 Grundprodukte der Erdöldestillation.

Siedebereich. Ottokraftstoff muss einerseits bei niedrigen Temperaturen leicht verdampfen, darf andererseits aber nicht zu leicht sieden, da es sonst bei hohen Temperaturen im Motorraum zu Dampfblasenbildung im Kraftstoffsystem kommen kann (erschwert den Heißstart). Dies wird erreicht durch die Kombination verschiedener Kohlenwasserstoff-Moleküle mit unterschiedlichen Siedepunkten. Daher besitzt Ottokraftstoff einen weiten Siedebereich (Tabelle 285.1).

Dieselkraftstoff

Anders als Ottokraftstoff muss der Dieselkraftstoff eine möglichst niedrige Zündtemperatur haben um eine Verbrennung mit geringem Zündverzug zu ermöglichen.

Cetanzahl CZ. Sie ist das Maß für die Zündwilligkeit von Dieselkraftstoff. Ähnlich wie beim Ottokraftstoff wird sie mithilfe eines Eichkraftstoffs ermittelt. Dieser besteht aus dem sehr zündwilligen n-Hexadecan, auch Cetan genannt (Cetanzahl = 100) und α-Methylnaphthalin (Cetanzahl = 0).

ROZ	MOZ
Die ROZ-Prüfung erfolgt im Prüfmotor bei 600 min^{-1} und einer Ansauglufttemperatur von 52 °C. Der ROZ-Wert ist ein Maß für die Neigung zum Beschleunigungsklopfen.	Die MOZ-Prüfung erfolgt im Prüfmotor bei 900 min^{-1} und 149 °C Gemischtemperatur. Der MOZ-Wert ist ein Maß für die Neigung zum Hochdrehzahlklopfen.

Tabelle 284.1 Ermittlung der Oktanzahl.

Kraftstoff	Siedebereich °C	Zündtemperatur °C*	Flammpunkt °C*	Oktan/Cetanzahl ROZ/MOZ
Diesel	170–390	220	> 55	CZ min 51
Normalbenzin	25 … 250	320	< – 40	min 91/82,5
Super				min 95/85
Super Plus				min 98/88,9
***Zündtemperatur:**	Temperaturbereich, in dem ein Kraftstoff sich an heißen Körpern selbst entzündet.			
***Flammpunkt:**	Temperatur, bei der sich aus einer Flüssigkeit so viel Dämpfe entwickelt haben, dass sich diese mithilfe einer Zündquelle entflammen lassen.			

Tabelle 285.1 Eigenschaften von Otto- und Dieselkraftstoffen.

Winterdiesel. Dieselkraftstoff muss auch bei niedrigen Temperaturen fließfähig bleiben. Normalerweise kristallisieren die Paraffinanteile im Dieselkraftstoff unterhalb von –5 °C. Dann setzen sie das Kraftstofffilter zu, was zu einer Unterbrechung der Kraftstoffversorgung führt. Abhängig von der Jahreszeit werden daher Zusätze beigemischt, die den Dieselkraftstoff bis –22 °C flüssig halten und das Filter vor Verstopfung schützen. Eine zu hohe Konzentration verschlechtert allerdings die Wirkung.

Bild 285.1 Ablagerungen am Einlassventil.

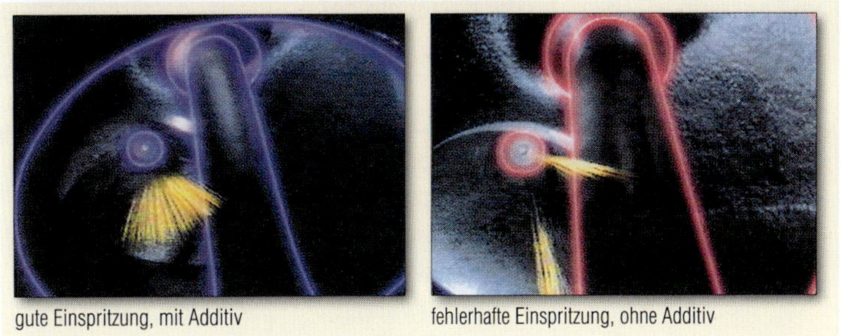

Bild 285.2 Einspritzbilder mit und ohne Additiv.

Additive

Additive sind Zusätze im Kraftstoff, die spezielle Eigenschaften sicherstellen (Tabelle 285.2). Der Gesamtanteil aller Additive liegt zwar unter 1 %, eine nicht ausreichende Beimischung führt jedoch zu erheblichen Problemen am Motor wie z. B.:

- Ablagerungen am Einlassventil (Bild 285.1),
- Verunreinigungen der Einspritzventile (Bild 285.2).

Klopfbremse (Benzin)	Rückstandsumwandler (Depositmodifier)	Korrosionsschutzzusätze	Vereisungshemmer (De-Icer)	Reinigungszusätze (Detergens)	Fließverbesserer (Diesel)
zur Erhöhung der Oktanzahl (ein höherer Anteil ergibt eine höhere Oktanzahl).	fördern die Verbrennung von Ablagerungen im Brennraum.	verhindern die Korrosion im Verbrennungsraum durch Wasser bzw. Wasserdampf.	vermindern die Gefahr einer Vereisung des Kraftstoff-Luft-Gemisches hinter der Drosselklappe.	halten den Ansaugweg für das Kraftstoff-Luft-Gemisch sauber.	verhindern eine Paraffinausscheidung bei niedrigen Temperaturen.

Tabelle 285.2 Additive bei Kraftstoffen.

Selbst geringe Mengen von Ablagerungen an den Motorventilen oder den Einspritzelementen können zu falschem Kraftstoff-Luft-Verhältnis, unruhigem Leerlauf, höherem Verbrauch und höheren Schadstoffmengen führen. Verunreinigungen an den Einspritzelementen führen dazu, dass der Einspritzstrahl unregelmäßig oder die Einspritzmenge zu gering ist. Dies kann durch den Einsatz von Reinigungszusätzen (Detergents) verhindert werden.

Reinigungszusätze im Dieselkraftstoff wirken vor allem auf die Düsenoberfläche im Verdichtungsraum, wo sie eine Verkokung der Einspritzdüsen vermindern.

Ein weiteres Additiv für Dieselkraftstoffe ist die Schaumbremse. Beim Tanken bildet sich ein stabiler Schaum aus Dieselkraftstoff, der mehrere Minuten braucht, bis er sich wieder verflüssigt. Dadurch verzögert sich der Tankvorgang. Außerdem tankt man nicht voll, was zu einer unnötigen Verkürzung der Reichweite führt. Anti-Schaum-Additive ermöglichen eine Betankungsgeschwindigkeit wie beim Ottokraftstoff, weil der Dieselkraftstoff flüssig bleibt.

	Wasserstoff H_2	Methan (Erdgas) CH_4	Propan C_3H_8	Methanol (Methylalkohol) CH_3OH
chemische Zusammensetzung	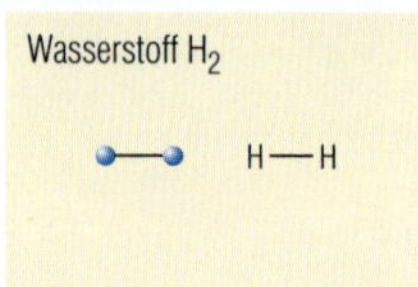	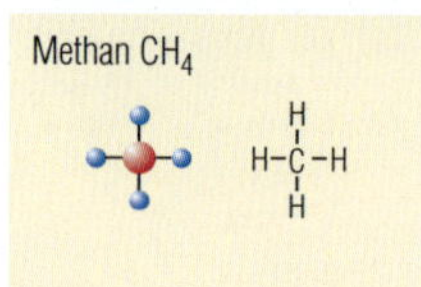	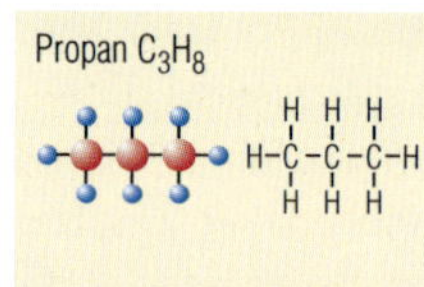	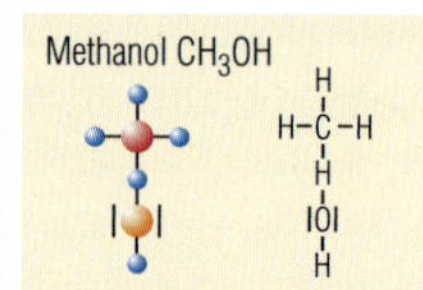
Speicherform im Fahrzeug	flüssig bei –273 °C oder gasförmig bei 200 bar	flüssig bei –162 °C oder gasförmig bei 200 bar	flüssig bei 3 bar	flüssig bei Atmosphärendruck
Zündtemperatur	530 °C	645 °C	510 °C	500 °C
Eigenschaften	• wird aus Kohle, Erdöl oder Erdgas oder durch Elektrolyse gewonnen • sehr aufwändig herzustellen	• ist in sehr großen Mengen verfügbar • sehr gute Abgaswerte • Hochdrucktanks brauchen sehr viel Platz	• sehr gute Abgaswerte • zusätzlicher Drucktank zum Benzintank erforderlich	• kann aus Erdöl und aus nachwachsenden Rohstoffen gewonnen werden • sehr gute Abgaswerte • sehr hohe Oktanzahl (140 ROZ) • kein Hochdrucktank erforderlich
Einsatzbereich	in Brennstoffzellen (guter Wirkungsgrad)	in Fahrzeugen mit Ottomotoren (Fahrzeuge haben einen Benzin- und Gasdrucktank) Vorteil: in Ballungsgebieten schon jetzt ausreichende Tankstellenzahl	wie Erdgasfahrzeuge	in Südamerika verbreitet, in Europa keine Tankstellen

Tabelle 286.1 Alternative Kraftstoffe.

Alternative Kraftstoffe

In Dieselmotoren kann ein aus Rapsöl hergestellter Kraftstoff (Raps-Methylester/RME) eingesetzt werden, wenn eine Herstellerfreigabe vorliegt. Dieser auch als Biodiesel bezeichnete Kraftstoff ist frei von Schwefelverbindungen und setzt bei der Verbrennung weniger Kohlenstoffmonooxid und unverbrannte Kohlenwasserstoffe frei.

Weitere flüssige Alternativkraftstoffe bieten die Alkohole, z.B. Methanol. Neben den flüssigen sind auch gasförmige Kraftstoffe in Fahrzeugmotoren einsetzbar. Sie bestehen ebenfalls aus Kohlenwasserstoff-Molekülen. Als Probleme gelten die Lagerung und Betankung sowie die nicht ausreichende Verfügbarkeit (Tabelle 286.1).

7.3 Kraftstoffversorgung im Fahrzeug

Das Kraftstoffversorgungssystem hat die Aufgabe, das Gemischaufbereitungssystem des Motors unter allen Betriebsbedingungen ausreichend mit Kraftstoff zu versorgen. Das Gesamtversorgungssystem besteht aus mehreren Einzelsystemen, die wie in Bild 287.1 dargestellt zusammenwirken.

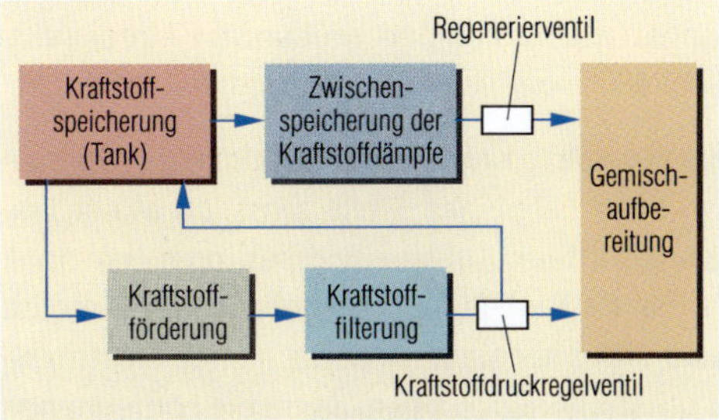

Bild 287.1 Stofffluss im Kraftstoffversorgungssystem.

7.3.1 Kraftstoffspeicherung

Kraftstoffbehälter werden meist aus Kunststoff (PE) gefertigt (Bild 287.2). Aus diesem Werkstoff lassen sich auch komplizierte Formen wirtschaftlich herstellen, sodass der Tank den zur Verfügung stehenden Raum für ein möglichst großes Tankvolumen optimal ausnutzen kann.

PE = Polyethylen

Einfach geformte Kraftstoffbehälter können aus Stahlblech gefertigt werden, das mit einer Korrosionsschutzschicht versehen werden muss.

Der Tank wird vorzugsweise außerhalb des Heckdeformationsbereiches eingebaut, damit für möglichst viele Unfallarten eine Beschädigung ausgeschlossen werden kann.

Bei schnellen Kurven- oder Geländefahrten verlagert sich der Kraftstoff einseitig im Behälter. Auch in diesen Fahrsituationen muss ausreichend Kraftstoff von der Kraftstoffpumpe angesaugt werden können. Dies wird erreicht durch:

- Schlingerwände (gelochte Trennwände) im Tank. Die hierdurch gebildeten abgegrenzten Räume lassen in kurzer Zeit nur kleine Kraftstoffverlagerungen zu.

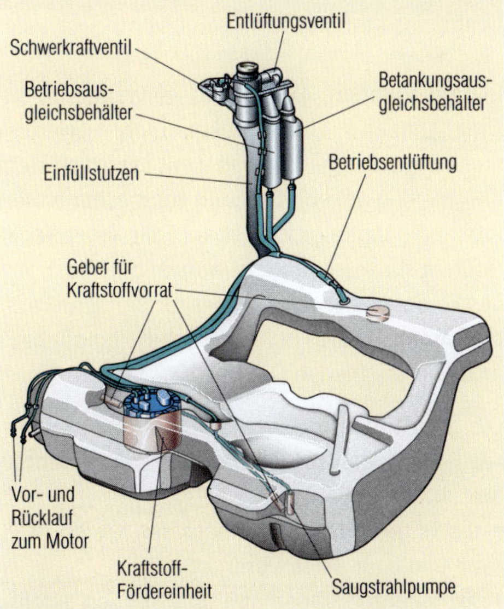

Bild 287.2 Kraftstoffbehälter aus Kunststoff.

- Schwalltopf (Catch-Tank). Dieser kleine Topf bleibt auch in extremen Fahrsituationen ständig mit Kraftstoff gefüllt. Deshalb sind hier meist die Füllstandsanzeige und die In-Tank-Kraftstoffpumpe eingebaut.

catch (engl.): (auf-)fangen

In-Tank-Pumpe
→ S. 288

Der Kraftstoffbehälter muss aus folgenden Gründen be- und entlüftet werden:

- Belüftung: Wird Kraftstoff von der Pumpe aus dem Tank angesaugt, entsteht ein Unterdruck. Dieser muss durch nachströmende Außenluft ausgeglichen werden.
- Entlüftung: Beim Abstellen des Fahrzeuges in der Sonne dehnt sich der Kraftstoff aus. Die aufsteigenden Kraftstoffdämpfe werden im Aktivkohlebehälter zwischengespeichert.

Zwischenspeicherung der Kraftstoffdämpfe → S. 290

7.3.2 Kraftstoffförderung

Die Kraftstoffförderpumpe kann mechanisch oder elektrisch angetrieben sein. Mechanisch angetriebene Pumpen werden am Motor (ausschließlich bei Vergasermodellen) angeflanscht.

Elektrische Kraftstoffförderpumpen können an einer beliebigen Stelle zwischen Motor und Kraftstofftank (In-Line-Pumpe) oder im Tank selber (In-Tank-Pumpe) eingebaut sein. Motoren mit Einspritzanlagen haben immer elektrische Kraftstoffförderpumpen, damit die Fördermenge und der Förderdruck unabhängig von der Motordrehzahl konstant bleiben. Diese Aufgabe übernimmt das Kraftstoff-Druckregelventil.

In-Tank-Pumpen. Die häufig verwendeten In-Tank-Pumpen (Innentankpumpen) werden durch das ständige Umspülen mit Kraftstoff stets gleichmäßig gekühlt und sind vor mechanischen Beschädigungen geschützt. Im Falle einer Reparatur ist ihr Ausbau meist aufwändig. Nach Art des Förderelementes, welches für den Druckaufbau verantwortlich ist, werden drei Pumpenbauarten unterschieden (Tabelle 289.1).

Die zweistufige In-Tank-Pumpe ist ein komplexes Bauteil, das aus mehreren Einzelelementen besteht (Bild 288.1):

- die Seitenkanalpumpe saugt den Kraftstoff an und baut einen Vordruck auf,
- die Innenzahnradpumpe sorgt für den eigentlichen Druckaufbau,
- ein Geberelement liefert das Eingangssignal für die Kraftstoffvorratsanzeige.

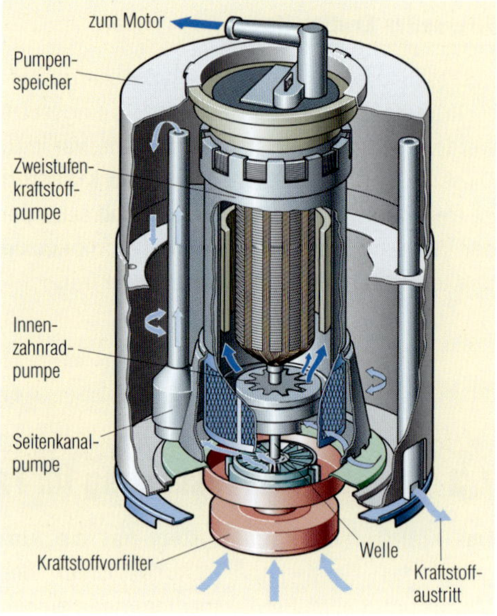

Bild 288.1 Zweistufige In-Tank-Pumpe.

Der Kraftstoff wird über die Seitenkanalpumpe vom Tankboden angesaugt und über einen Kanal in den Pumpenspeicher gefördert. Dort übernimmt die Innenzahnradpumpe den Druckaufbau und die Förderung zur Einspritzanlage. Beide Pumpen werden von der gleichen Welle angetrieben, die elektrischen Teile des Motors sind von Kraftstoff umgeben. Da sichergestellt ist, dass die Druckstufe nie trocken läuft, kann es wegen der geringen elektrischen Leitfähigkeit auch keine Kurzschlüsse geben.

7.3.3 Kraftstofffilterung

Die Bauteile des Gemischaufbereitungssystems müssen vor Schmutzpartikeln geschützt werden, die vom Kraftstoff mitgeführt werden können. Größere Partikel als ca. 5 µm beschädigen die Anlage und verringern die Haltbarkeit. Als schädliche Bestandteile gelten:

- Staubpartikel,
- metallische Oxidationsteilchen (z. B. Rost),
- organische Stoffe,
- Wasser.

Pumpenbauart	Förderelement	Funktion	Förderdruck
Zahnringpumpe	Über ein elektrisch angetriebenes und außen verzahntes Innenrad wird ein innen verzahntes Außenrad mitgedreht.	Zwischen den Zahnlücken beider Räder entstehen Kammern, die sich mit fortschreitender Drehbewegung verkleinern. Sie sind mit der Auslassöffnung verbunden.	bis 6,5 bar
Schraubenpumpe	Zwei ineinander greifende, gegenläufig drehende Spindeln sind in einem gemeinsamen Gehäuse angeordnet.	Die Schraubenverzahnungen bilden Förderkammern, in denen der Kraftstoff durch die Drehbewegung kontinuierlich axial zur Austrittsseite gedrückt wird.	bis 4,0 bar
Kolbenzellenpumpe	Eine exzentrisch gelagerte Läuferscheibe mit außen eingesetzten Rollen dreht sich in einem Gehäuse. Bei der Drehbewegung wandern die Rollen nach außen und drücken gegen das Gehäuse (Abdichtung).	Zwischen jeweils 2 Rollen und der Läuferscheibe bildet sich ein Förderraum, dessen Volumen im Laufe einer Umdrehung zunächst kleiner wird (Druckerzeugung) und sich dann vergrößert (Ansaugen).	bis 6,5 bar

Tabelle 289.1 Übersicht der gebräuchlichsten In-Tank-Pumpen.

Deshalb muss der Kraftstoff gefiltert werden. Entsprechend der Einbaustelle unterscheidet man folgende Filtertypen:

- Kraftstoff-Filterelemente sind in einem Gehäuse eingesetzt, das am Motor angebaut ist (beim Austausch wird nur das Element gewechselt),
- Wechselfilter besitzen ein eigenes Gehäuse und können nur komplett ausgetauscht werden,
- Leitungsfilter sind in die Kraftstoffleitung eingebaut und müssen komplett gewechselt werden (In-Line-Filter).

Kraftstofffilter unterscheiden sich in ihrer Filterleistung, die für den Einsatzbereich ausschlaggebend ist. Die Leistung hängt im Wesentlichen vom Filtermaterial ab. Den Zusammenhang zwischen Filtermaterial, Filterleistung und Einsatzbereich zeigt Tabelle 289.2.

Filtermaterial/ Filteraufbau	Filz	Papierstern	Papierwickel	Sieb
		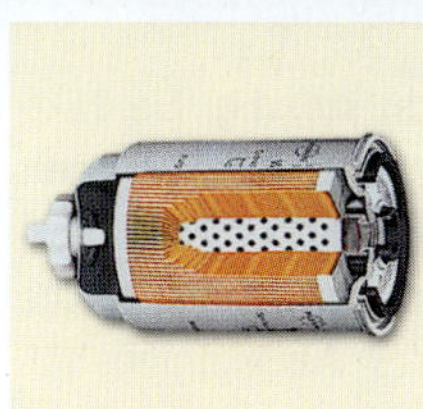	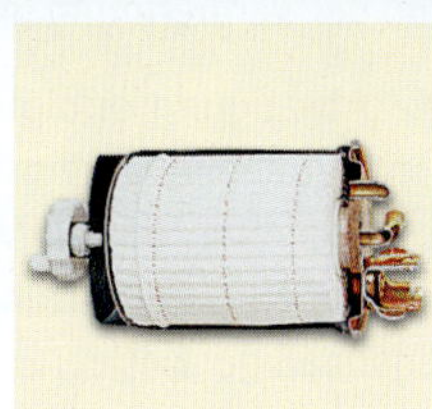	
Filterleistung	12 µm bis 15 µm	2 µm bis 12 µm	2 µm bis 5 µm	50 µm bis 200 µm
Einsatzbereich	Vorfilter bei Stufenfilteranlagen	Benzinmotoren mit Einspritzanlage und Dieselmotoren	Dieselmotoren mit Hochdruckeinspritzung	Benzinmotoren mit Vergaser

Tabelle 289.2 Zusammenhang zwischen Filterleistung, -material und Einsatzbereich.

Dieselmotoren benötigen Kraftstofffilter mit Wasserabscheidung, da Wasser im Dieselkraftstoff fein verteilt gebunden ist (Bild 290.1). Während des Filtervorganges bleibt das Wasser am Papier haften und bildet dort Tropfen, die durch ihre größere Dichte nach unten sinken und sich im Wasserspeicher sammeln (Bild 290.2). Das Wasser muss bei Wartungsarbeiten regelmäßig über eine Ablassschraube entfernt werden.

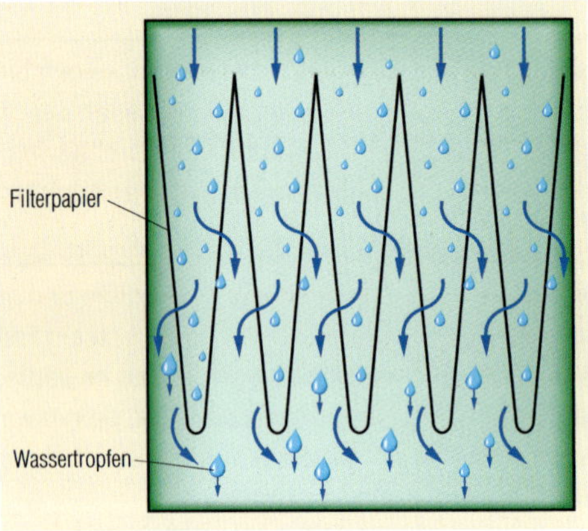

Bild 290.1 Wasserabscheidung im Papierfilter.

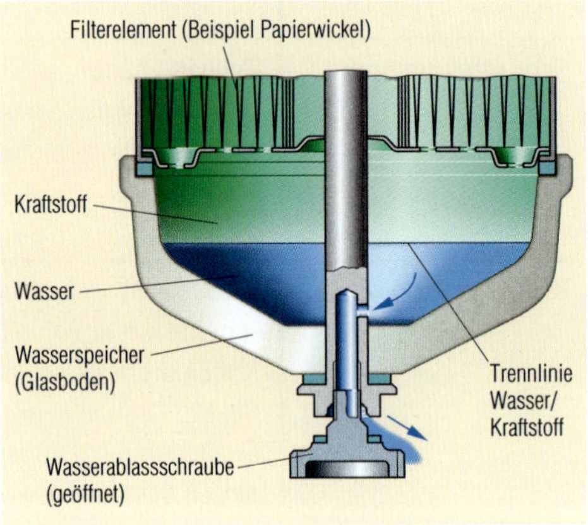

Bild 290.2 Wasseransammlung im Filter.

7.3.4 Zwischenspeicherung der Kraftstoffdämpfe im Aktivkohlesystem

Durch wechselnde Temperaturen entstehen im Kraftstoffbehälter Dämpfe, die über das Belüftungssystem ins Freie gelangen könnten. Da diese Emission gesetzlich verboten ist, muss der Kraftstoffdampf gesammelt und der Verbrennung im Motor zugeführt werden (Bild 290.3). Dazu wird eine Verbindung zwischen dem Kraftstoffbehälter und einem Aktivkohlebehälter hergestellt. Die Kraftstoffdämpfe wandern durch die Schlauchverbindung zum Aktivkohlefilter und lagern sich dort an. Durch den Saugrohrunterdruck werden die Kraftstoffteilchen abgesaugt und der Verbrennung im Motor zugeführt.

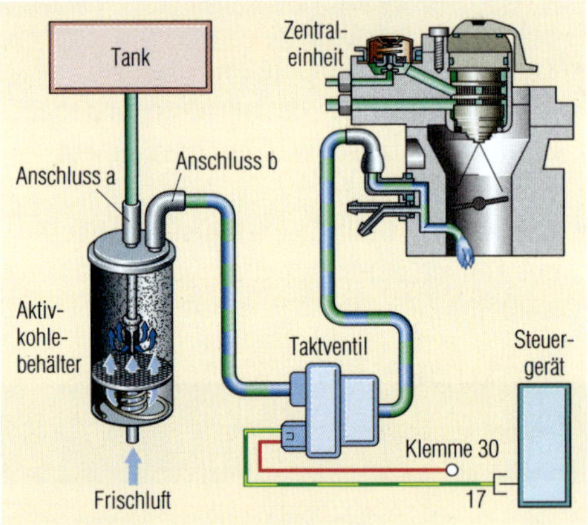

Bild 290.3 Kraftstoffverdampfungssystem.

Die Absaugung erfolgt nicht ständig. Ein Taktventil (Regenerierventil) wird vom Steuergerät so geschaltet, dass in Abhängigkeit vom Drosselklappen- und Lambdasonden-Signal eine regelmäßige Entleerung des Aktivkohlebehälters sichergestellt ist. Bei Motortemperaturen von unter 60 °C bleibt das Ventil geschlossen, um eine Überfettung zu vermeiden.

Lambdasonde → S. 360 ff.

fettes Gemisch → S. 282

7.4 Luftfilterung

Der Motor benötigt für den Verbrennungsablauf Frischluft, die ihm über ein komplexes System zugeführt wird (Bild 291.1). Dies muss mehrere Funktionen erfüllen:

- Reinigung der Ansaugluft,
- Messung der zugeführten Luft,
- Optimierung des Liefergrades der Ansaugluftmenge,
- geregelte Beimischung von Abgasen zur Erfüllung der gesetzlichen Abgaswerte.

Die angesaugte Luft enthält Staubpartikel, die ihr nach Möglichkeit vollständig entzogen werden müssen um einen vorzeitigen Verschleiß des Motors und Störungen bei der Luftmengenmessung zu verhindern. Der durchschnittliche Staubgehalt beträgt auf Landstraßen ca. 0,001 g/m³ Luft, auf Baustellen dagegen bis ca. 0,2 g/m³ Luft. Für die Luftfilterung stehen verschiedene Filtersysteme zur Verfügung.

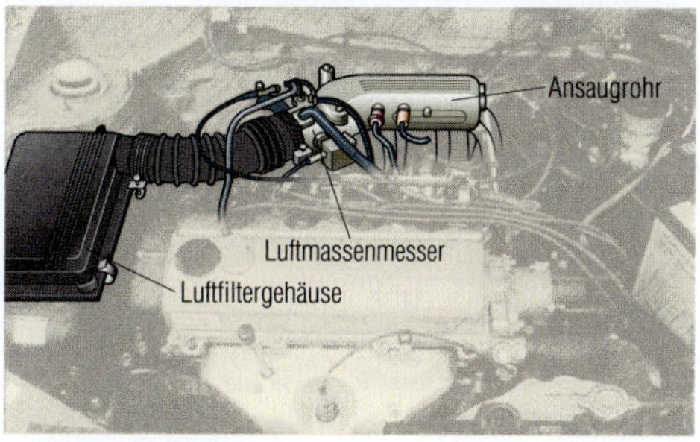

Bild 291.1 Luftzufuhrsystem eines Verbrennungsmotors.

Trockenluftfilter. Beim Trockenluftfilter (Bild 291.2) werden Wegwerf-Papierfiltereinsätze verwendet, die in ein Filtergehäuse eingesetzt werden. Je nach Ausführung ist der Filtereinsatz rechteckig oder rund. Das Spezialpapier ist gefaltet um die Filteroberfläche zu vergrößern. Hierdurch wird der durchströmenden Luft ein geringerer Widerstand entgegengesetzt. Zudem kann eine größere Oberfläche mehr Staub aufnehmen und die Wechselintervalle verlängern sich.

Liefergrad: Verhältnis der tatsächlich angesaugten zur theoretisch möglichen Ansaugluftmenge.

Die mikrofeinen Fasern ermöglichen einen Reinheitsgrad der Luft von 99,9 % (Bild 291.3). Je größer die Staubteilchen sind, desto höher ist der Anteil der im Luftfilter zurückgehaltenen Partikel. Um eine lange Haltbarkeit des Filterpapiers zu erreichen, muss es folgende Eigenschaften aufweisen:

- hohe mechanische Festigkeit,
- Beständigkeit gegen Öle,
- unempfindlich gegen Feuchtigkeit.

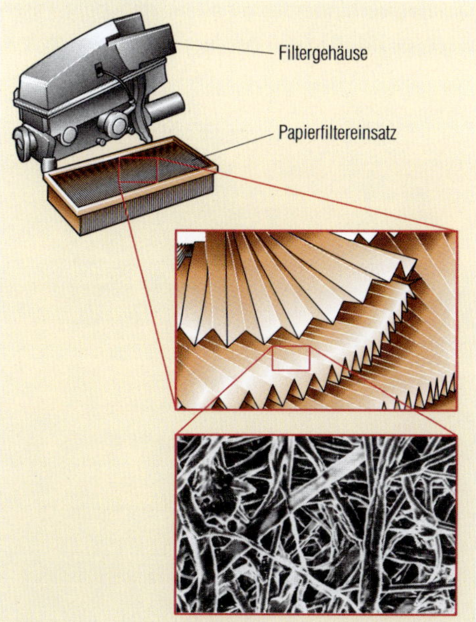

Bild 291.2 Trockenluftfilter.

Bild 291.3 Mögliche Filterleistung eines Trockenluftfilters.

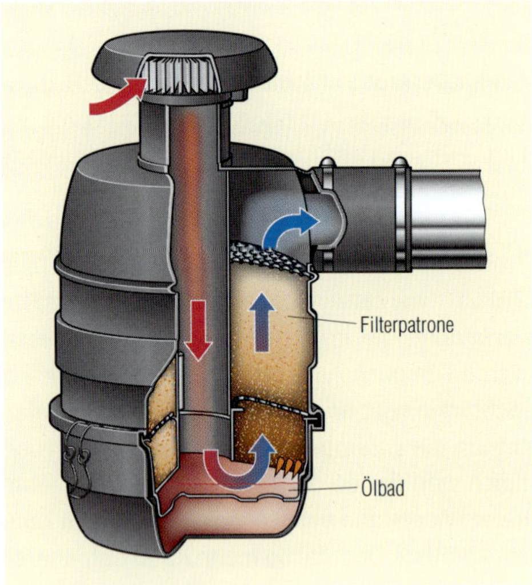

Bild 292.1 Ölbadluftfilter.

Tangente (math.): eine Gerade (hier: Ansaugkanal), die eine Kurve (hier: Filtergehäuse) in einem Punkt berührt.

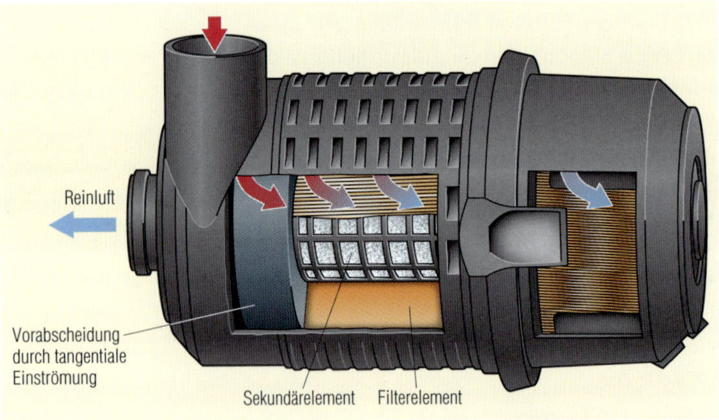

Bild 292.2 Zweistufenfilter.

Ölbadluftfilter (Bild 292.1). Hierbei wird die Luft durch ein Ölbad gesogen. Dabei bleiben ca. 70 % der Staubpartikel im Ölbad hängen und lagern sich dort ab. Die restlichen Teilchen werden zusammen mit dem Öldampf in der Filterpatrone zurückgehalten und tropfen anschließend zurück in das Öl. Die Reinigungswirkung liegt bei maximal 98 %. Das Dauerfilter wird nicht ausgetauscht, sondern nach Serviceplan mit Benzin gereinigt. Das verschlammte Filtrieröl muss entsprechend den gesetzlichen Vorschriften entsorgt werden.

Zweistufenfilter (Bild 292.2). Dieser Filtertyp eignet sich für den Einsatz in sehr staubiger Umgebung. Durch einen tangential ausgeführten Einströmkanal wird die Luft an die Außenwand des Gehäuses gedrückt.

Die Staubpartikel bleiben dort zu ca. 70 % haften und gelangen somit nicht in den eigentlichen Filterbereich (Vorabscheidung). Anschließend strömt die Luft durch ein zweites Papierfilter, das die restlichen Staubteilchen aufnimmt (Hauptfilter). In einer staubreichen Umgebung kann das Filtersystem mit einem zusätzlichen Filter (Sekundärfilterelement) versehen sein, das beim Wechsel des Hauptfilters auf der Motorseite eingebaut bleibt. Neben der zusätzlichen Filterwirkung verhindert es vor allem, dass beim Filterwechsel Staub in den Ansaugkanal gelangt.

7.5 Systeme zur Messung der Ansaugluft

7.5.1 Luftmengenmesser

Im Gehäuse des Luftmengenmessers befindet sich die Stauklappe, die ihrerseits fest mit einer Kompensationsklappe verbunden ist (Bild 293.1). Beide Klappen sind über eine Welle mit einem Drehpotenziometer verbunden. Die durchströmende Luft verdreht die Stauklappe in Abhängigkeit von der Strömungsgeschwindigkeit gegen eine Feder. Der Drehwinkel wird von dem Potenziometer erfasst und in ein analoges Spannungssignal umgewandelt, welches an das Steuergerät weitergeleitet wird.

Der gemeldete Wert ist eine direkte Information über die Luftmenge, die dem Motor zugeführt wird. Da die Luftmengenmessung unmittelbar vor der Drosselklappe erfolgt, verfügt das Steuergerät jederzeit über die richtige Information des Lastzustandes (z. B. Beschleunigung) und kann die Gemischbildung entsprechend anpassen.

Bei Auslenkung der Stauklappe wird die Kompensationsklappe um den gleichen Winkel in das Dämpfungsgehäuse geschwenkt. Das dort vorhandene Luftpolster kann nur langsam durch einen engen Luftspalt zwischen Klappe und Gehäuse hinausgedrückt werden. Dadurch werden die Bewegungen der Klappen gedämpft, die Schwingungen der Luft im Ansaugsystem bleiben ohne Einfluss auf die Klappenstellung. Im Leerlauf ist die Klappe geschlossen, über einen Bypass strömt die Luft an der Klappe vorbei.

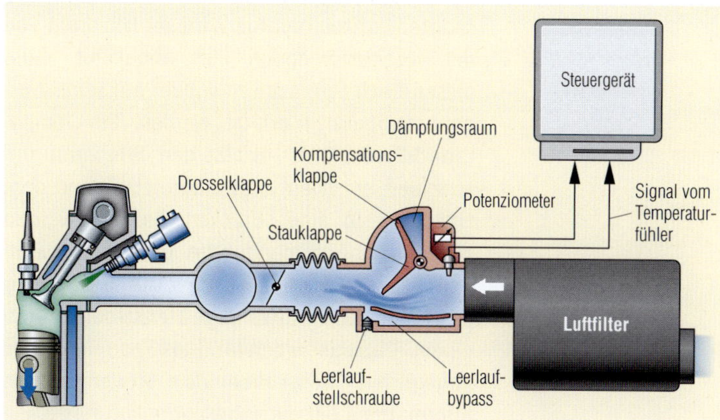

Bild 293.1 Luftmengenmesser.

Ältere Systeme verfügen noch über eine Stellschraube für den Bypass. Da die dort vorbeiströmende Luft nicht gemessen wird, kann mit der Stellschraube eine Leerlaufgrundeinstellung erfolgen.

Der Luftmengenmesser bestimmt die angesaugte Luftmenge über die Strömungsgeschwindigkeit. Luftdichte, Luftdruck und Lufttemperatur bleiben unberücksichtigt.

7.5.2 Luftmassenmesser

Eine Information über die angesaugte Luftmasse ist für die Ermittlung des benötigten Kraftstoff-Luft-Gemischs viel genauer. Dies leistet ein Luftmassenmesser.

Er besteht aus einem zylindrischen Gehäuse mit eingebauter Elektronik zur Luftmassenbestimmung. Ein beidseitiges feines Gitter schützt den Innenraum gegen Staubpartikel. Die angesaugte Luft strömt durch das Gehäuse an der elektronischen Messstelle vorbei. Dabei wird ein Hitzdraht oder Heißfilm abgekühlt. Die Elektronik sorgt dafür, dass die Temperatur des Sensors bzw. der Sensoroberfläche gleich bleibt. Der dazu benötigte Heizstrom wird erfasst und als Messsignal an das elektronische Steuergerät geleitet. Im Vergleich zum Luftmengenmesser ergeben sich folgende Vorteile:

- schnelles Ansprechen,
- kein Messfehler beim Fahren in großer Höhe,
- keine bewegten Teile.

Hitzdraht-Luftmassenmesser (Bild 294.1). Im Ansaugkanal ist ein dünner, beheizter Platindraht gespannt. Seine elektronisch geregelte Temperatur liegt stets um 100 °C über der angesaugten Lufttemperatur. Wird der Hitzdraht von der vorbeiströmenden Luft abgekühlt, muss dieser durch Stromzufuhr wieder auf seine Ausgangstemperatur erhitzt werden. Ein Temperaturdifferenzfühler erfasst den Temperaturunterschied zwischen angesaugter Luft und dem Hitzdraht. In einer Brückenschaltung werden die Werte zusammengeführt und der notwendige Heizstrom ermittelt. Der zur Erwärmung des Hitzdrahtes notwendige Heizstrom wird an einem Präzisionswiderstand als Spannungswert abgegriffen. Dieser dient dem Steuergerät als Information über die angesaugte Luftmasse.

Das System misst ca. 1000-mal pro Sekunde, die Regelgeschwindigkeit liegt im Millisekundenbereich. Da sich mikrofeine Partikel an dem heißen Draht festsetzen können, besteht die Gefahr von Fehlmessungen. Daher wird nach dem Abschalten des Motors der Hitzdraht automatisch auf Glühtemperatur erhitzt, damit alle angelagerten Partikel verbrennen (Freibrennen).

Heißfilm-Luftmassenmesser (Bild 294.2). Das Funktionsprinzip ist vergleichbar mit dem des Hitzdraht-Luftmassenmessers. Das Heizelement besteht hierbei aber aus einer elektrisch leitfähigen Kunststofffolie. Die Temperatur des Heizelementes wird 160 °C über der Ansauglufttemperatur gehalten. Dazu ist im Gehäuse eine Regelelektronik untergebracht, die über einen Sensorwiderstand die notwendige Temperaturanhebung erkennt. Die einsetzende Regelspannung dient dem Steuergerät als Information über die angesaugte Luftmasse. Dieses System hat gegenüber dem Hitzdraht-Luftmassenmesser folgende Vorteile:

- unempfindlich gegen Partikel in der Ansaugluft,
- kein Freibrennen erforderlich.

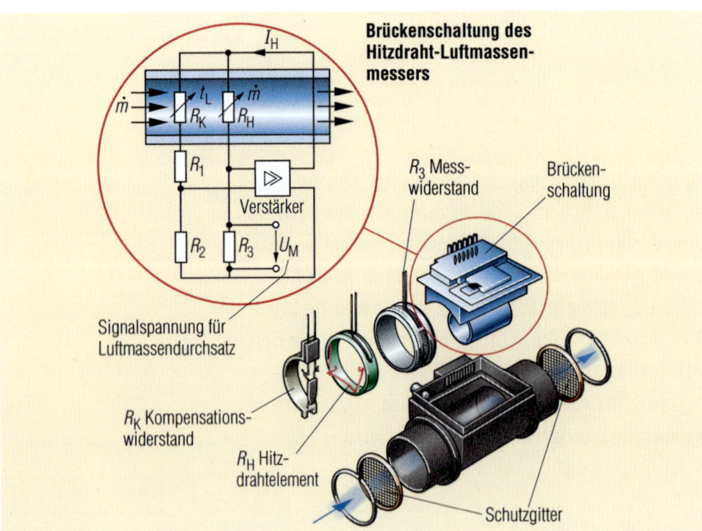

Bild 294.1 Hitzdraht-Luftmassenmesser.

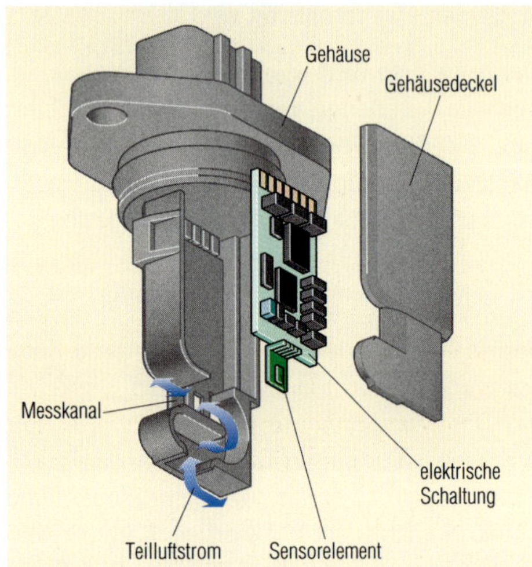

Bild 294.2 Heißfilm-Luftmassenmesser.

Heißfilm-Luftmassenmesser mit Rückstromerkennung (Bild 295.1). Einige Fahrzeughersteller verwenden Heißfilm-Luftmassenmesser mit Rückstromerkennung. Weil zurückströmende Luft eine höhere Temperatur und damit eine geringere Dichte als Frischluft hat, kann mit deren Erfassung die angesaugte Luftmasse noch genauer bestimmt werden.

In einem Messkanal befindet sich ein beheizter Glasträger mit zwei Temperatursensoren. Ohne Luftstrom ist die Luft über dem Glasträger zwischen den beiden Temperatursensoren gleich warm. Durch den Luftstrom wird der jeweils erste Sensor stärker abgekühlt als der zweite. Daher kann das Motorsteuergerät feststellen, ob eine Rückströmung vorliegt.

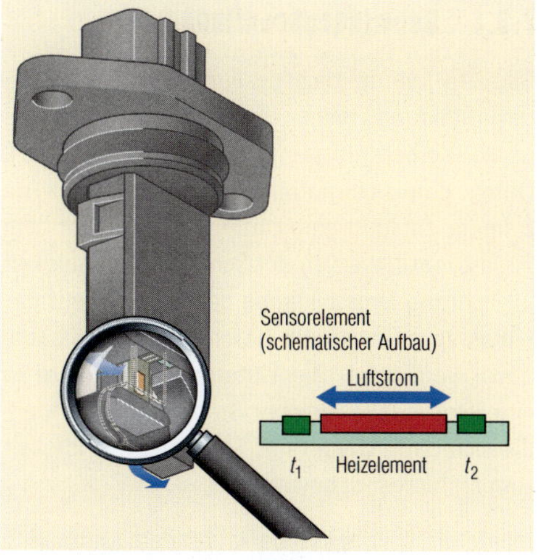

Bild 295.1 Rückstromerkennung.

7.5.3 Saugrohrdrucksteuerung

Anstelle eines Luftmengen- oder Luftmassenmessers wird bei einigen Systemen ein Drucksensor verwendet (Bild 295.2). Dieser erfasst den Unterdruck im Ansaugrohr. Ein zweiter Sensor bestimmt die Lufttemperatur. Aus beiden Werten ermittelt das Steuergerät die Information über die angesaugte Luftmenge.

Das System kann die Luftmenge nicht sehr genau erfassen, ist aber sehr preisgünstig. Undichtigkeiten im Ansaugsystem führen zu Fehlern bei der Gemischberechnung, weil der Drucksensor falsche Werte liefert.

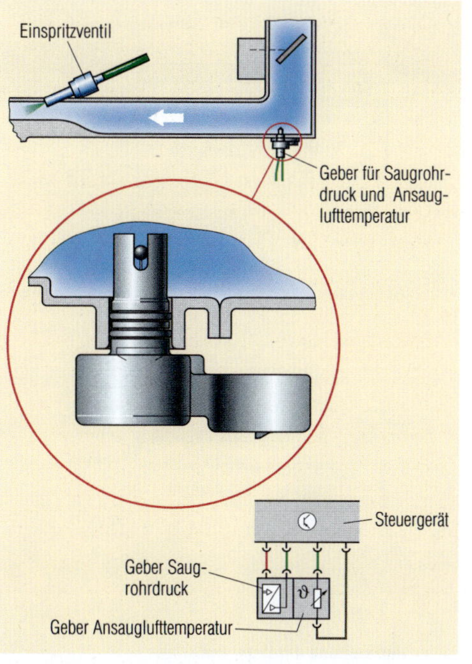

Bild 295.2 Saugrohrdruckmessung im Ansaugkanal.

7.6 Systeme zur Verbesserung des Liefergrades

Die Gestaltung des Ansaugweges beeinflusst Leistungs- und Drehmomentverlauf sowie den Kraftstoffverbrauch wesentlich. Die Innenwand des Ansaugrohres sollte möglichst glatt sein, damit die Luftströmung nicht gebremst wird. Dies ermöglicht einen hohen Liefergrad. Dazu werden die Innenwände nachträglich poliert. Bei der Druckgussherstellung von Aluminium- oder Magnesium-Legierungen können die Oberflächen so glatt hergestellt werden, dass eine Nachbehandlung nicht erforderlich ist. Bei Kunststoffen wird durch Spritzguss in Metallformen eine glatte Innenwand erzielt. Für eine weitere Verbesserung des Liefergrades können Aufladungssysteme eingesetzt werden.

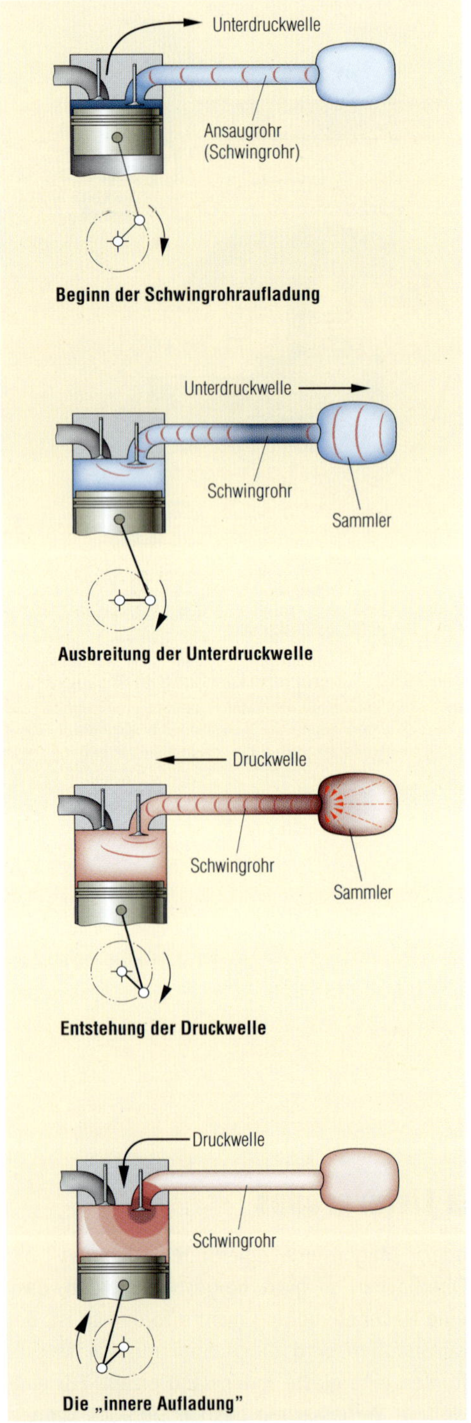

Bild 296.1 Bildung von Unterdruck und Druckwelle im Ansaugrohr.

7.6.1 Schwingrohraufladung

Bild 296.1 verdeutlicht die Funktion der Schwingrohraufladung. Beim Öffnen des Einlassventils ist der Kolben auf seinem Weg in Richtung UT. Durch den sich aufbauenden Unterdruck im Zylinder entsteht eine Unterdruckwelle vor dem Einlassventil, die sich mit Schallgeschwindigkeit in Richtung Drosselklappe bewegt. Schließt das Einlassventil, wird die beschleunigte Gassäule davor verdichtet. Die Unterdruckwelle wird in eine Druckwelle gleicher Stärke umgewandelt, die sich dann wieder mit Schallgeschwindigkeit zum Einlassventil bewegt.

Im Idealfall bildet sich bei laufendem Motor eine Luftschwingung, deren Druckwelle genau dann auf das Einlassventil trifft, wenn es sich gerade öffnet. Der Füllungsgrad erhöht sich und damit das Drehmoment und die Leistung des Motors. Es entsteht ein Schwingungssystem, dessen Frequenz und erzeugter Druck von der Länge des Schwingrohres (Saugrohres) abhängen. Bei fester Rohrlänge hat jeder Motor nur einen engen Drehzahlbereich, in dem die Druckwelle genau auf das geöffnete Einlassventil trifft. Dieser kann durch Gestaltung des Ansaugrohres festgelegt werden.

7.6.2 Schaltsaugrohre

Die Druckschwingung im Ansaugrohr kann durch Schaltsaugrohre verbessert werden. Die beste Lösung wäre eine stetige Veränderung des Ansaugweges entsprechend der Drehzahl. Es gibt je nach Fabrikat und Preisniveau des Fahrzeuges verstellbare Saugrohranlagen, die den Ansaugweg in Stufen oder stufenlos verändern können.

Saugrohranlage mit Umschaltklappen. Dabei werden die Ansaugwege durch Klappen in zwei Längen geteilt (Bild 297.1). Der lange Luftweg ist für niedrige Drehzahlen optimal und ermöglicht hohe Drehmomente. Der kurze Weg ermöglicht eine hohe Motorleistung bei hohen Drehzahlen (Bild 297.2).

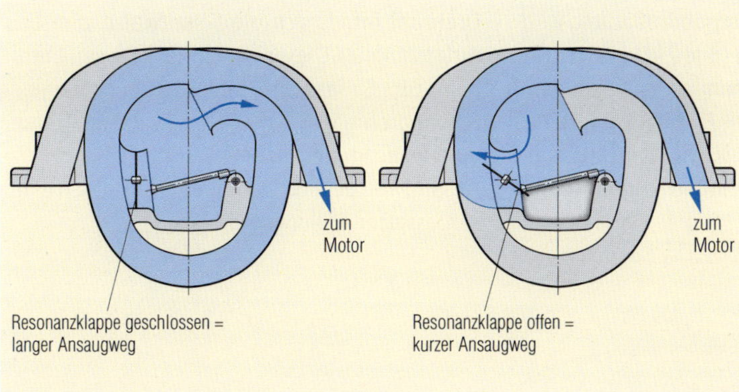

Bild 297.1 Schaltsaugrohr mit zwei Stufen.

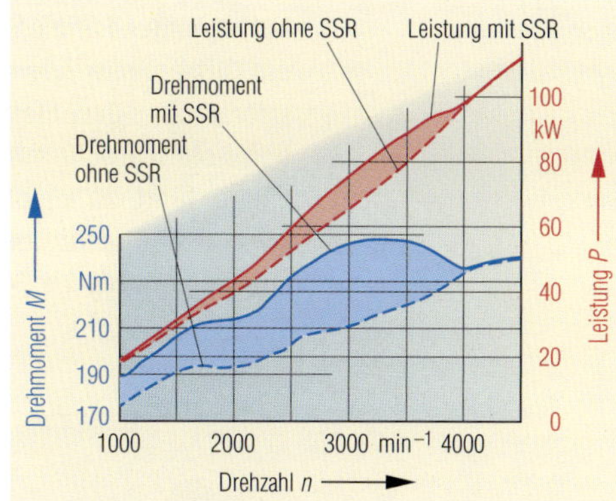

Bild 297.2 Leistungs- und Drehmomentvergleich für einen Motor mit und ohne Schaltsaugrohr (SSR).

Eine weitere Möglichkeit der Schaltsaugrohrgestaltung zeigt Tabelle 297.1. Hierbei teilen zwei Luftklappen die Ansauglänge des Saugrohres in drei Teillängen ein. Damit ergibt sich in drei Drehzahlbereichen eine Verbesserung des Liefergrades verbunden mit besserer Leistung oder höherem Drehmoment. Optimal ist die voll variable Sauganlage (Bild 297.3). Ein Steuergerät ermittelt für die jeweiligen Lastzustände und Drehzahlen die richtige Saugrohrlänge. Ein Stellmotor verdreht den Drehschieber stufenlos in die entsprechende Position.

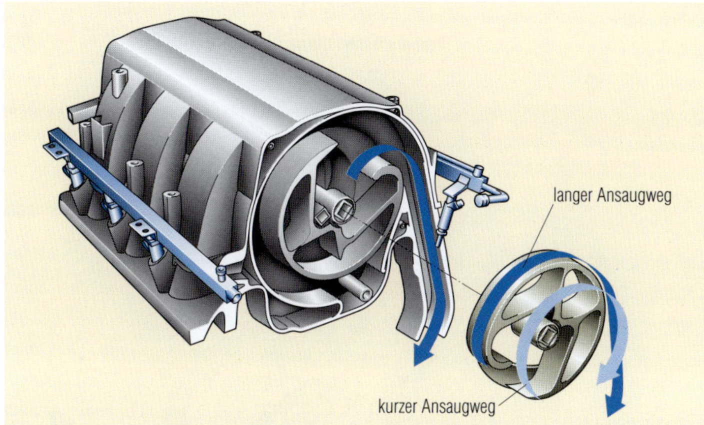

Bild 297.3 Voll variable Sauganlage.

langer Ansaugweg	mittlerer Ansaugweg	kurzer Ansaugweg
niedrige Drehzahl bis 3000 min^{-1}	mittlere Drehzahl 3000 bis 5200 min^{-1}	hohe Drehzahl ab 5200 min^{-1}
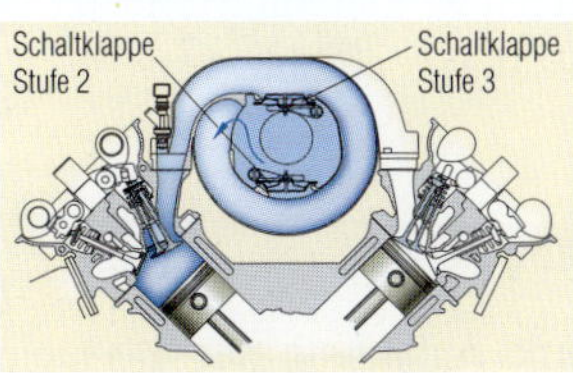 langes Saugrohr	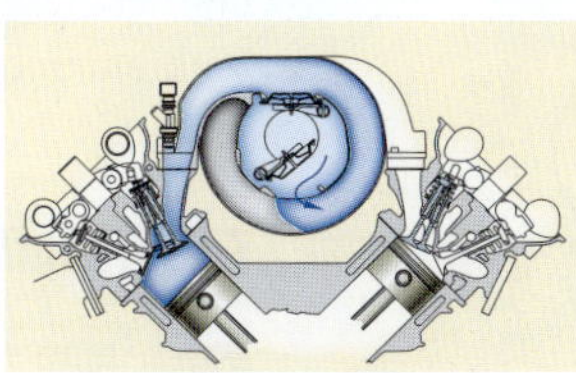 mittleres Saugrohr	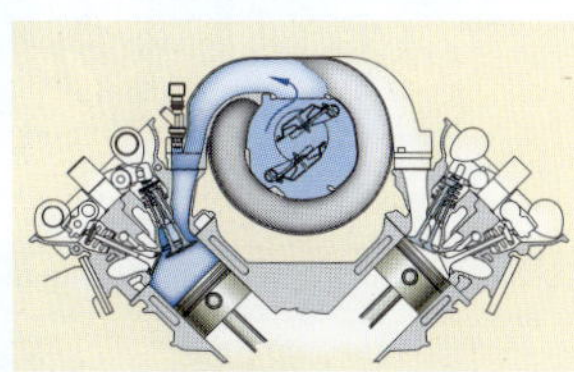 kurzes Saugrohr
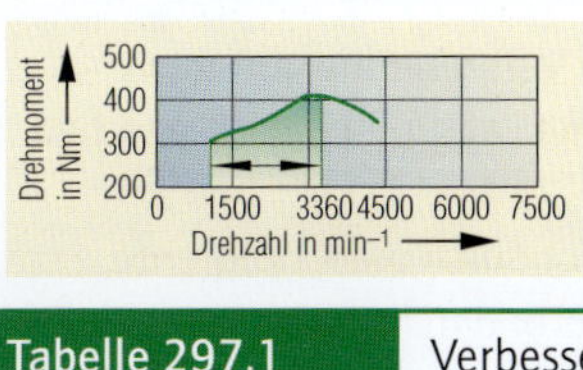	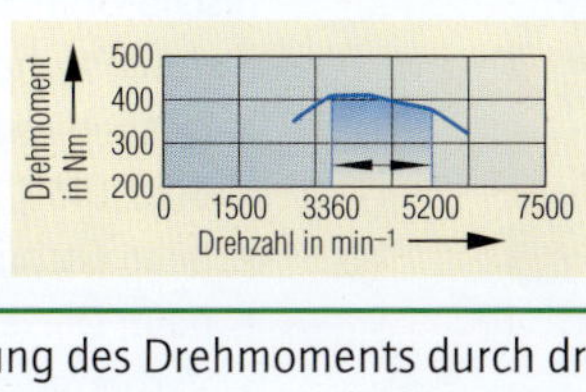	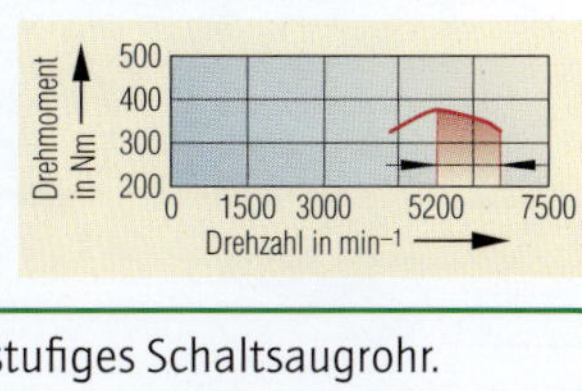

Tabelle 297.1 Verbesserung des Drehmoments durch dreistufiges Schaltsaugrohr.

Luftsammler. Für die Schwingrohraufladung wird ein Luftsammler verwendet (Bild 298.1). Die Luft strömt über den Hauptsammler in einem langen Rohr (ca. 770 mm) zum Einlassventil. Diese Länge führt zu einer günstigen Druckschwingung der Luftsäule bei niedrigen und mittleren Drehzahlen bis ca. 4000 min^{-1}. Bei höherer Drehzahl öffnet sich die Schaltwalze zum Leistungssammler. Dieser liegt in ca. 450 mm Entfernung zum Einlassventil und wird über diejenigen Schwingrohre mit Luft versorgt, deren Zylinder gerade nicht ansaugen. Der zusätzliche kurze Ansaugweg bewirkt bei hohen Drehzahlen einen verbesserten Füllungsgrad.

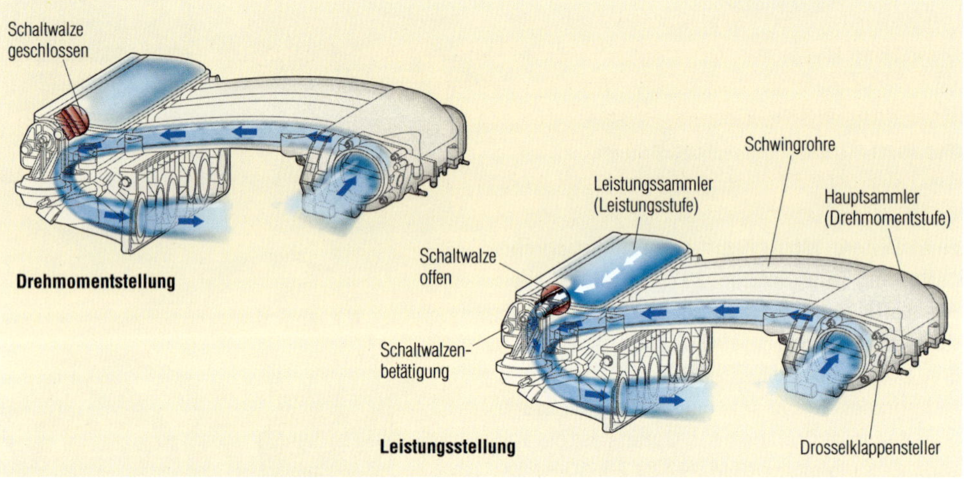

Bild 298.1 Schaltsaugrohr mit Luftsammler.

Benzindirekteinspritzung → S. 307 ff.

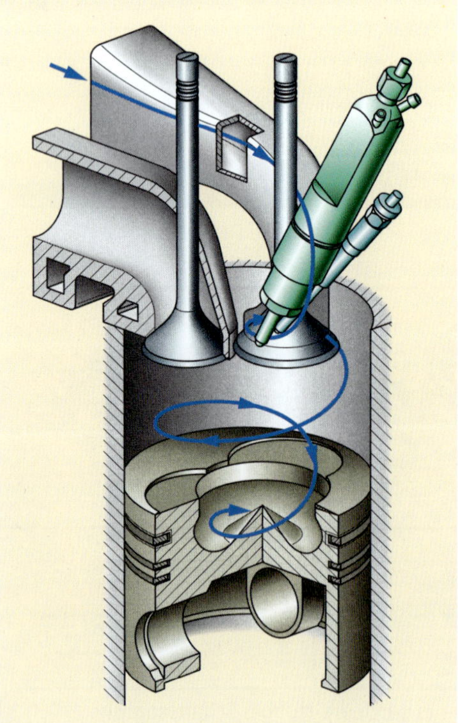

Bild 298.2 Drallkanal im Ansaugweg.

7.6.3 Ansaugrohr mit Drallkanal

Bei Motoren mit innerer Gemischbildung (Direkteinspritzer) werden Ansaugrohre mit Drallkanälen verwendet (Bild 298.2). Sie führen zu einer gleichmäßigeren Verteilung der Luft im Zylinder und besserer Vermischung mit dem Kraftstoff. Dabei wird die Luft im Ansaugrohr in eine Drallbewegung versetzt, die sich bis zur Einspritzung und der einsetzenden Verbrennung fortsetzt. Der Verbrennungsablauf wird optimiert.

7.6.4 Aufladung

Durch eine externe Aufladung der Ansaugluft kann man den Liefergrad beliebig erhöhen. Technische Grenzen ergeben sich

- durch zu hohe Verbrennungsdrücke verbunden mit einer zu großen mechanischen Belastung,
- beim Ottomotor durch die Klopfgrenze,
- beim Dieselmotor durch zu hohe Verbrennungstemperaturen.

Abgasturbolader (Bild 299.1). Mit ihm kann die Leistung ohne Veränderung des Hubraums oder der Motordrehzahl gesteigert werden. Dies geschieht durch zwei Turbinenräder, die über eine Welle miteinander verbunden sind. Beide Räder laufen in abgeschlossenen Gehäusen. Die Abgase strömen durch das Turbinengehäuse und beschleunigen das Turbinenrad auf ca. 100 000 min^{-1}. Die Drehbewegung überträgt sich auf das zweite Rad (Verdichterrad), wodurch die Ansaugluft mit geringem Überdruck durch das Verdichtergehäuse zum Einlassventil gefördert wird. Da das Turbinenrad vom Abgasstrom angetrieben wird, liefert es die Antriebsenergie für die Verdichterseite ohne zusätzliche Energiezufuhr. Die eingesparte Antriebsenergie beträgt im Vergleich zu Kompressoren bis zu ca. 20 kW.

Viele Hersteller schreiben eine Begrenzung des Ladedruckes vor, da dieser mit steigender Motordrehzahl immer höher werden würde. Dazu wird ein Regelventil verwendet, das eine Bypassklappe im Abgasstrom steuert (Bild 299.2). Wird die Klappe geöffnet, strömt ein Teil der Abgase direkt in den Auspuff. Die Drehzahl des Abgasturboladers sinkt. Bei geschlossener Klappe wirkt der volle Abgasstrom auf das Turbinenrad. So erreichen Turbinendrehzahl und Ladedruck ihren Maximalwert. Die Beschleunigung des Turbinenrades erfordert eine Mindestmenge an Abgasen, die je nach Motor erst ab einer bestimmten Drehzahl vorliegen. Daher bleibt ein Abgasturbolader unterhalb dieser Drehzahl wirkungslos.

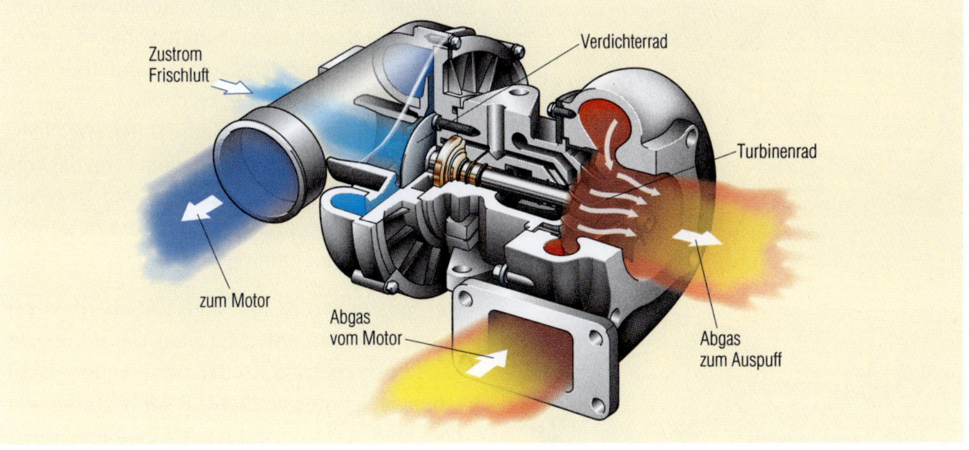

Bild 299.1 Abgasturbolader.

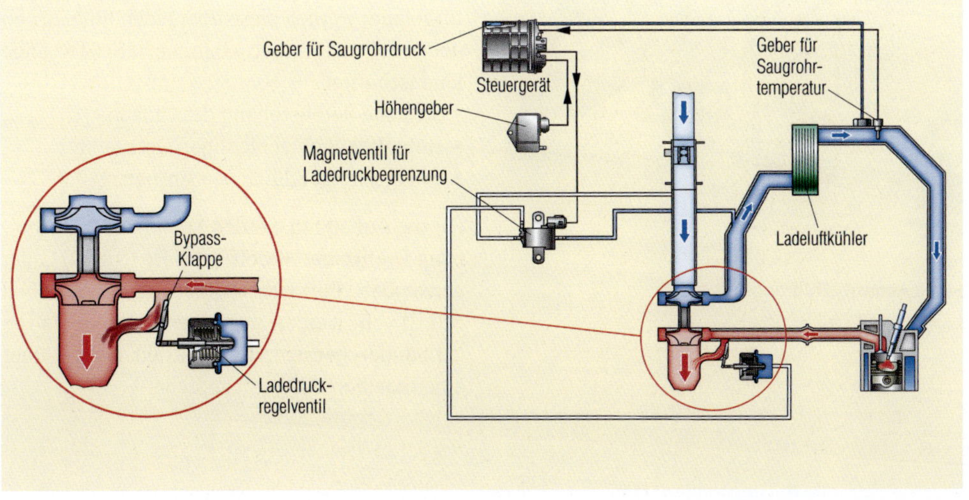

Bild 299.2 Ladedruckregelung.

VTG: variable Turbinengeometrie

Abgasturbolader mit Ladeluftkühlung. Wenn die Ansaugluft durch das Verdichtergehäuse des Abgasturboladers strömt, erwärmt sie sich. Eine anschließende Kühlung der Luft ergibt folgende Vorteile:

- höhere Luftdichte verbunden mit einem besseren Liefergrad,
- bessere innere Kühlung des Verbrennungsraums durch die Ansaugluft.

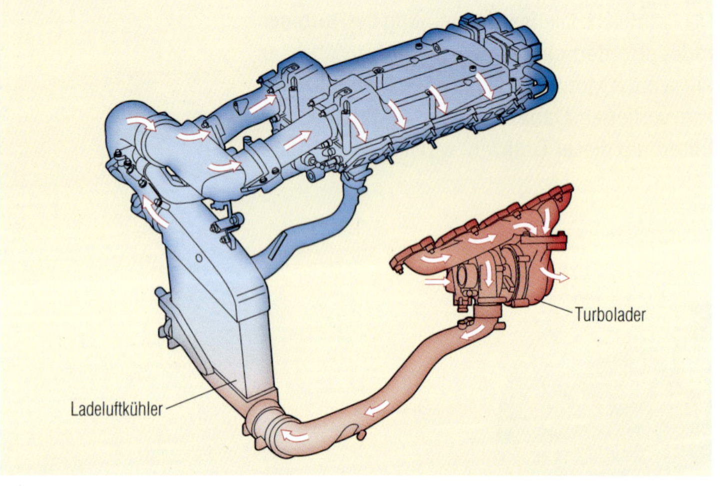

Bild 300.1 Ladeluftkühlung.

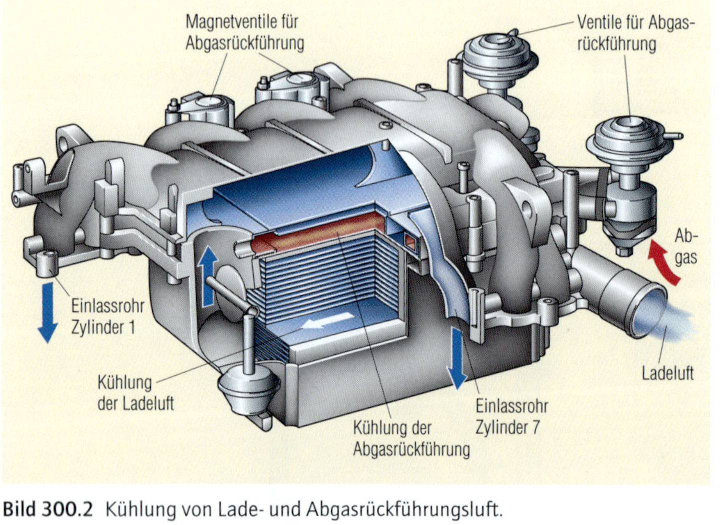

Bild 300.2 Kühlung von Lade- und Abgasrückführungsluft.

G-Lader: heißen so nach ihrer Bauweise, die an ein G erinnert.

Die verdichtete Ansaugluft wird über einen besonderen Kühler zum Motor geführt (Bild 300.1). Die Vorteile verstärken sich, wenn die Luft aus der Abgasrückführung ebenfalls gekühlt wird. Dazu wird entweder ein zusätzlicher Luftkühler verwendet oder beide Kühler sind in einem Gehäuse integriert. Dies führt zu einem geringeren Platzbedarf im Motorraum (Bild 300.2).

Verstellbare Turbinen (VTG). Verstellbare Leitschaufeln am Turbinenrad ermöglichen eine direkte Ladedruckregelung durch veränderbare Turbinendrehzahl (Bild 301.1).

Ein Stellring verdreht die Leitschaufeln, wodurch sich der Strömungswinkel der Abgase verändert. Werden die Leitschaufeln „flach" angestellt, verengt sich der Strömungsquerschnitt, die Strömungsgeschwindigkeit steigt und das Turbinenrad wird stark beschleunigt. Sobald der erforderliche Ladedruck erzeugt ist, werden die Leitschaufeln „steil" gestellt, bis der im Kennfeld des Motorsteuergerätes abgelegte Druck erreicht ist. Durch die variablen Leitschaufeln kann der volle Ladedruck sehr schnell erreicht und über den gesamten Drehzahlbereich auf dem gewünschten Niveau gehalten werden.

Der Verstellring ist mit allen Leitschaufeln verbunden. Er wird entweder über Unterdruck des Ladedruckregelventils oder durch einen elektrischen Stellmotor verdreht. Beide Aktoren werden über das Motorsteuergerät geregelt.

Mechanische Lader. Im Gegensatz zum Abgasturbolader werden diese über einen Riemen von der Kurbelwelle angetrieben. Sie haben folgende Eigenschaften:

- schnelle Bereitstellung des Ladedrucks,
- gute Wirkung bei niedrigen Drehzahlen,
- Energieverlust durch den Antrieb.

Für die Aufladung werden Kompressoren, Stern- oder Drehkolben-(Roots-)gebläse oder G-Lader verwendet. Bei einem Roots-Verdichter (Bild 301.2) z. B. werden zwei sternförmige Walzen ineinander gedreht. Der Antrieb erfolgt über eine regelbare Magnetkupplung.

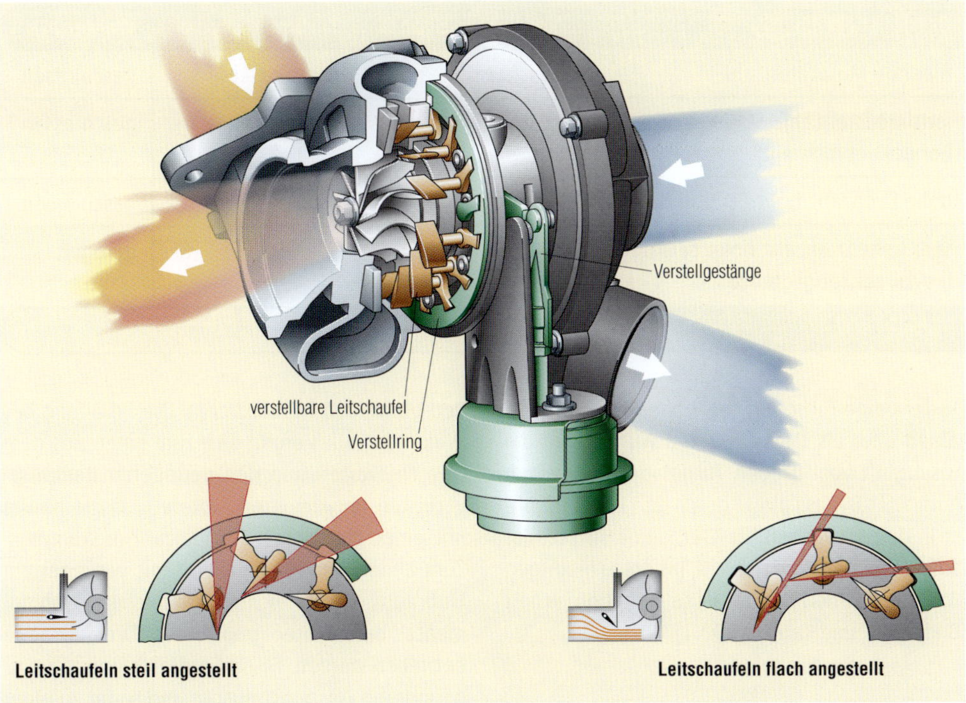

Bild 301.1 VTG-Lader.

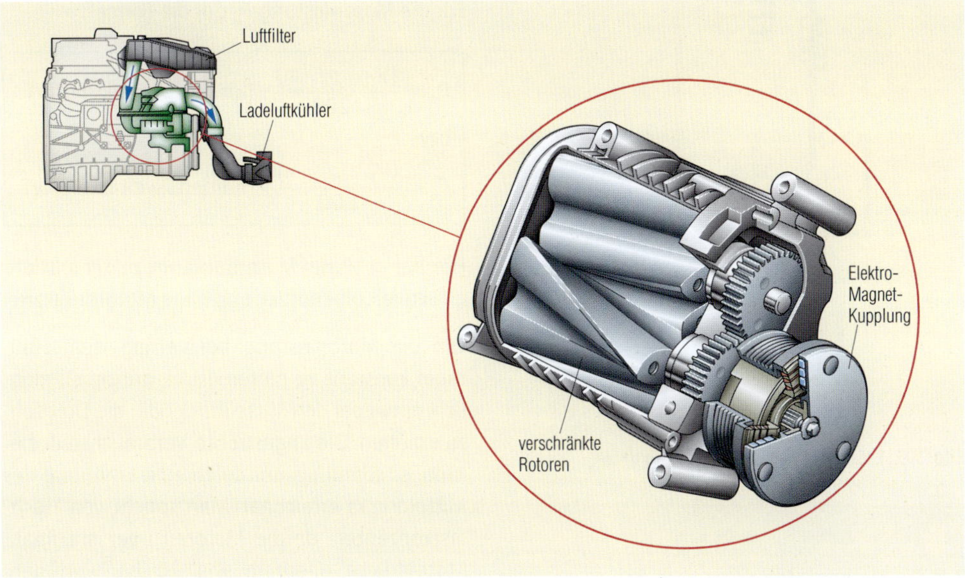

Bild 301.2 Roots-Verdichter.

Roots-Verdichter: nach den Brüdern Ph. und F. Roots, die 1860 ein Patent auf das Roots-Gebläse erhielten.

Stufenaufladung. Bei der Stufenaufladung verwendet man zwei in Reihe geschaltete Verdichter. Der kleinere Verdichter kann ein Kompressor oder ein Turbolader mit kleinem Turbinendurchmesser sein. Der größere Turbolader wird kennfeldgesteuert bei höheren Drehzahlen aktiviert, um eine hohe Motorleistung bei konstant hohem Drehmoment zu erzeugen. Beide Turbolader zusammen können bei niedrigen Motordrehzahlen einen hohen Ladedruck liefern und ermöglichen damit ein verbessertes Ansprechverhalten.

Wastegate (engl.): Abgasventil

Betriebsbereich	Verdichter-Bypass	Turbinen-Bypass	Wastegate
niedrige Motordrehzahl	geschlossen	geschlossen	geschlossen
mittlere Drehzahl, hohes Drehmoment	geschlossen	geregelt	geschlossen
hohe Drehzahl, hohes Drehmoment	geöffnet	geöffnet	geschlossen
sehr hohe Drehzahl, hohe Leistung bis zur Leistungsgrenze	geöffnet	geöffnet	geregelt

Tabelle 302.1 Ladedruckregelung bei Stufenaufladung.

Da der kleine Turbolader bei höheren Motordrehzahlen eher als Drossel wirken würde, wird die Ansaugluft vom großen Turbolader über einen Verdichter-Bypass direkt durch den Ladeluftkühler in den Motor geführt. Der kleine Turbolader läuft ohne Laderfunktion mit, bis er bei niedrigen Motordrehzahlen wieder eine Funktion erhält (Bild 302.1 und Tabelle 302.1).

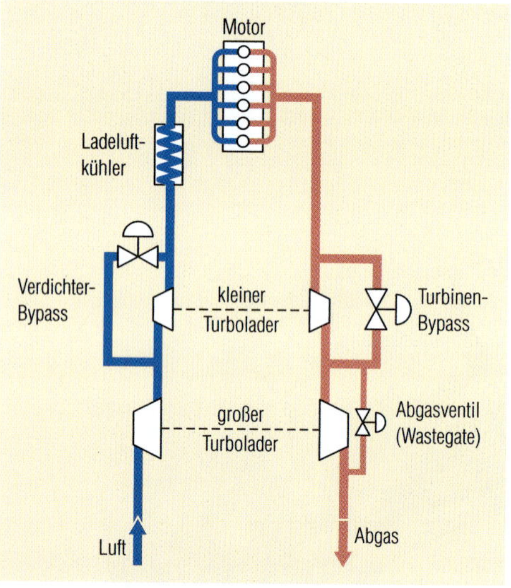

Bild 302.1 Schematische Darstellung einer Stufenaufladung.

Mitteldruck: Rechengröße zur Beurteilung des Wirkungsgrads und des Ladungswechsels

Downsizing (engl.): Verkleinerung, Reduzierung

7.6.5 Downsizing

In der Technik steht Downsizing allgemein für Effizienzsteigerung durch Verkleinerung. In der Fahrzeugtechnik geht es darum, Motoren mit verringertem Hubraum bei gleichbleibender Motorleistung zu bauen und dadurch vor allem den Verbrauch zu reduzieren. Die Erhöhung des Wirkungsgrades ergibt sich zum einen aus dem Gewichtsvorteil und den geringeren Reibungsverlusten bei kleineren Motoren, da sie häufig mit einer geringeren Zylinderzahl auskommen. Zum anderen muss ein Motor mit verringertem Hubraum zur Erreichung ähnlicher Drehmomente mit weiter geöffneter Drosselklappe betrieben werden. Diese Entdrosselung führt zu geringeren Ansaugverlusten und somit zu einer weiteren Wirkungsgraderhöhung.

Für die Motorleistung P_e gilt die Formel:

$$P_e = \frac{(V_H \cdot p_e \cdot n)}{1200} \quad \text{(für den Viertaktmotor)}$$

bzw.

$$P_e = \frac{(V_H \cdot p_e \cdot n)}{600} \quad \text{(für den Zweitaktmotor)}$$

Hierbei ist V_H der Motorhubraum, p_e der mittlere effektive Kolbendruck und n die Motordrehzahl.

Um die Motorleistung bei verringertem Hubraum konstant zu halten, ist es prinzipiell möglich, entweder den Mitteldruck oder die Drehzahl zu erhöhen. Die angestrebte Verbrauchsreduzierung ist allerdings nur durch eine Erhöhung des Mitteldrucks erreichbar. Man spricht von Hochlastkonzepten, da die Motoren über maximale Mitteldrücke oberhalb von 20 bar verfügen. Diese hohen Drücke erreicht man vor allem durch Aufladesysteme (mechanische Lader und Abgasturbolader) und verstellbare Nockenwellen sowohl auf der Einlass- als auch auf der Auslassseite. Darüber hinaus wird häufig auch die Direkteinspritzung eingesetzt.

Dieselmotoren. Durch Abgasturbolader und Direkteinspritzung ist das Hochlastkonzept weitestgehend realisiert. Eine weitere Verbrauchsreduzierung ist vor allem durch den Einsatz verbesserter Einspritz- und Aufladungssysteme realisierbar. Bei der Einspritzung wird beispielsweise der Einspritzdruck erhöht, um die Zerstäubung zu verfeinern. Bei der Aufladung kombiniert man häufig verschiedene Systeme. So kann für den unteren Drehzahlbereich ein kleiner und schnell ansprechender Turbolader und für den oberen Drehzahlbereich ein großer Turbolader mit hohem Luftdurchsatz eingesetzt werden. Aber auch mechanische Lader und Turbolader werden kombiniert. Beim Dieselmotor wirkt vor allem die hohe mechanische Belastung durch Mitteldrücke über 200 bar begrenzend.

Ottomotoren. Vor allem Verfahren zur Aufladung werden eingesetzt, allerdings lassen sich die Mitteldrücke aufgrund der Klopfproblematik nicht beliebig erhöhen. Die Klopfneigung muss also reduziert werden. Dies erreicht man durch die Innenkühlung bei der direkten Benzineinspritzung oder andere Verfahren, wie beispielsweise die Ladeluftkühlung oder gekühlte AGR.

Die Downsizing-Konzepte beim Ottomotor bieten ein Einsparpotenzial bis zu ca. 30 % im Verhältnis zu einem herkömmlichen Saugmotor mit Saugrohreinspritzung. Dies gilt bei einem Downsizingfaktor (Verhältnis aus Hubvolumen des Saugmotors zum Hubvolumen des Turbomotors) ab etwa 1,3. Die Mehrkosten für die konstruktiven Maßnahmen müssen berücksichtigt werden und in einem vertretbaren Rahmen bleiben.

Der Sollwert für die Spannung, die ein Luftmengen- oder -massenmesser liefern muss, ist vom jeweiligen Fahrzeug abhängig. Den Istwert können Sie in jedem System mit dem Multimeter ermitteln. Falls der Istwert über den Diagnosetester direkt erfasst werden kann, dienen diese Daten als Information, welche Werte das Steuergerät erhält.

Für alle Fahrzeuge mit Saugrohrdrucksteuerung ist die Sichtkontrolle des Ansaugsystems wichtig, weil bei möglichen Undichtigkeiten das Steuergerät falsche Werte über den Lastzustand erhält.

AGR = Abgasrückführung

7.7 Gemischaufbereitung im Ottomotor

Zur Bildung eines zündfähigen Kraftstoff-Luft-Gemischs muss der Kraftstoff in den gasförmigen Zustand übergehen (verdampfen). Außer bei direkt einspritzenden Motoren geschieht dies beim Ottomotor vor allem im Ansaugkrümmer, d.h. das Kraftstoff-Luft-Gemisch hat sich überwiegend bereits gebildet, bevor es in den Zylinder gelangt. Man spricht hier von äußerer Gemischbildung. Im Gegensatz dazu wird bei der inneren Gemischbildung (Direkteinspritzer) das Kraftstoff-Luft-Gemisch vollständig im Brennraum gebildet.

Bei der intermittierenden Einspritzung wird die eingespritzte Kraftstoffmenge über die Öffnungszeit der Einspritzventile (Multipoint) verändert. Die Einspritzventile können bankweise (die Einspritzung erfolgt bei allen Ventilen gleichzeitig für die gleiche Dauer) oder zylinderselektiv (das Steuergerät öffnet jedes Einspritzventil einzeln) angesteuert sein.

intermittierend: zeitweise aussetzend (im Gegensatz zur kontinuierlichen Benzineinspritzung → S. 311 f.)

Multipoint: Für jeden Zylinder gibt es ein eigenes Einspritzventil.

Benzindirekteinspritzung → S. 307 ff.

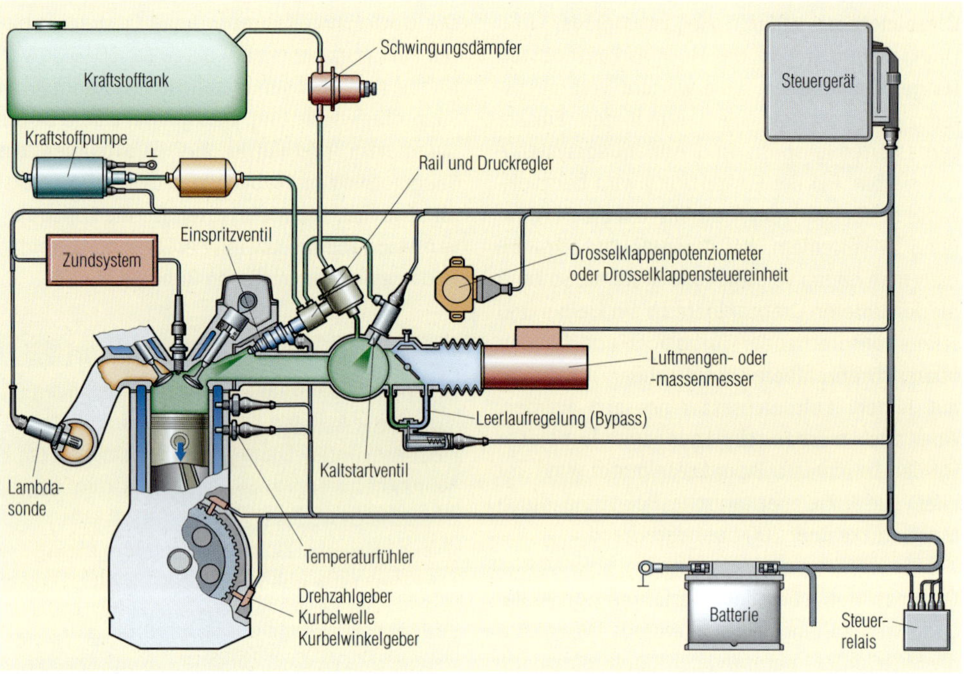

Bild 304.1 Übersicht einer Einspritzanlage.

Das Gesamtsystem besteht aus der Kraftstoffversorgung, den elektromagnetisch betätigten Einspritzventilen, dem Steuergerät und den Sensoren (Bild 304.1).

Grundfunktion. Der Fahrer verstellt die Drosselklappe (Lastwunsch), wodurch mehr oder weniger Luft angesaugt wird. Dies wird vom Luftmengen- oder Luftmassenmesser erfasst und an das Steuergerät gemeldet.

Das Steuergerät errechnet die benötigte Kraftstoffmenge und Einspritzzeit und steuert abhängig von der Motordrehzahl die Einspritzventile an. Diese Grundeinspritzdauer kann durch verschiedene Faktoren je nach Ausstattung des Systems mit Sensoren (z. B. Lambdasonde oder Motortemperatursensor) angepasst werden.

Lambdasonde → S. 360 ff.

Für eine optimale Funktion müssen alle Sensorsignale verfügbar sein. Falls einige Signale ausfallen, kann das Motorsteuergerät Ersatzwerte bilden, damit das Fahrzeug im Notlaufprogramm noch die nächste Werkstatt erreichen kann.

Kraftstoffsystem (Bild 304.2). Eine elektrische Kraftstoffpumpe fördert das Benzin durch ein Filter bis zu einem Verteilerrohr. Das dort eingebaute Druckregelventil sorgt für eine konstante Druckdifferenz zwischen Kraftstoffdruck und Saugrohrdruck von 2,5 bar bis 3 bar (je nach Fahrzeugtyp). Dadurch wird die Menge des ins Saugrohr eingespritzten Kraftstoffs nur von der Öffnungszeit des Einspritzventils bestimmt. Der überschüssige Kraftstoff fließt über den Rücklauf zurück in den Kraftstoffbehälter.

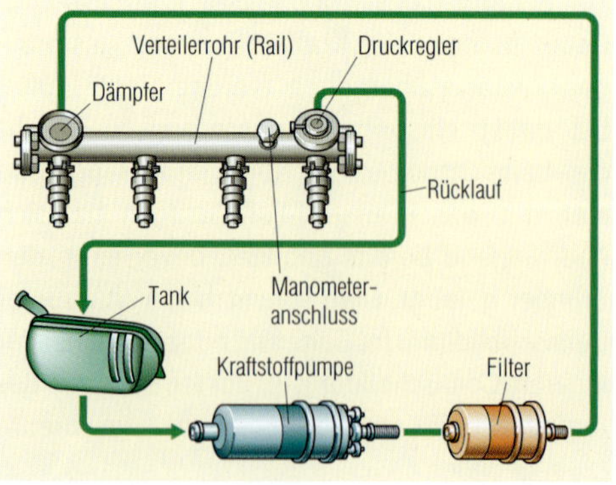

Bild 304.2 Kraftstoffsystem.

7.7.1 Benzineinspritzung mit integrierter Zündsteuerung (Motronic®)

Motronic®: Einspritz- und Zündregelung in einem System.

Singlepoint → S. 310

Die Motronic® besteht aus einer Einspritzanlage nach dem Multi- oder Singlepointprinzip (Bild 305.1). Zusätzlich berechnet das Motronic-Steuergerät den Zündzeitpunkt und steuert die Zündspulen an, um den Verbrennungsvorgang einzuleiten. Die Systemintegration in einem einzelnen Steuergerät ermöglicht die gemeinsame Nutzung von Sensorsignalen durch die beiden Teilsysteme. Dies verringert den baulichen Aufwand und erhöht die Ausfallsicherheit.

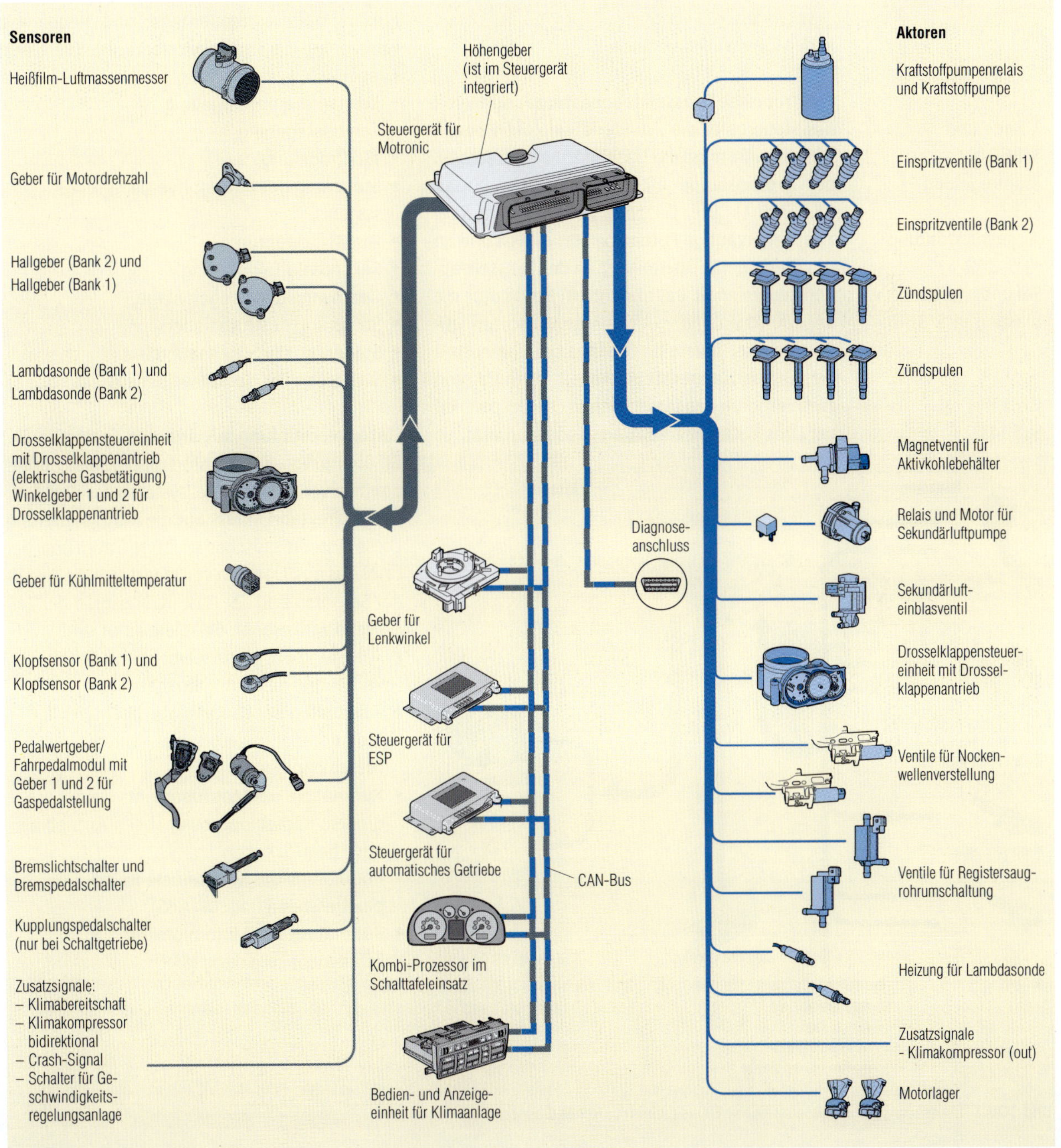

Bild 305.1 Systemübersicht Motronic®.

Funktionsprinzip. Der Fahrer übermittelt dem Steuergerät über die Gaspedalstellung seinen Lastwunsch, er fordert demnach ein bestimmtes Motormoment an. Das Steuergerät versucht, das angeforderte Motormoment zur Verfügung zu stellen, indem es:

- die Zylinderfüllung mit Luft verändert,
- die Masse des eingespritzten Kraftstoffs verändert,
- den Zündwinkel verändert.

λ-Regelung → S. 360 ff.
Klopfregelung → S. 327
Abgasrückführung → S. 369
Sekundärlufteinblasung → S. 366

Elektronische Drosselklappensteuerung. Damit das Steuergerät die Zylinderfüllung aktiv beeinflussen kann, muss das Gaspedal mechanisch von der Drosselklappe entkoppelt werden (E-Gas, Bild 306.1). Die Gaspedalstellung wird über zwei gegenläufige Potenziometer erfasst und an das Steuergerät übermittelt. In der Drosselklappensteuereinheit übernimmt ein Stellmotor die Regelfunktion, indem er den gewünschten Öffnungswinkel herstellt. Gleichzeitig übermittelt die Drosselklappensteuereinheit mithilfe von zwei Sensoren den tatsächlichen Öffnungswinkel der Drosselklappe zurück an das Steuergerät.

CAN-Bus → S. 594 ff.

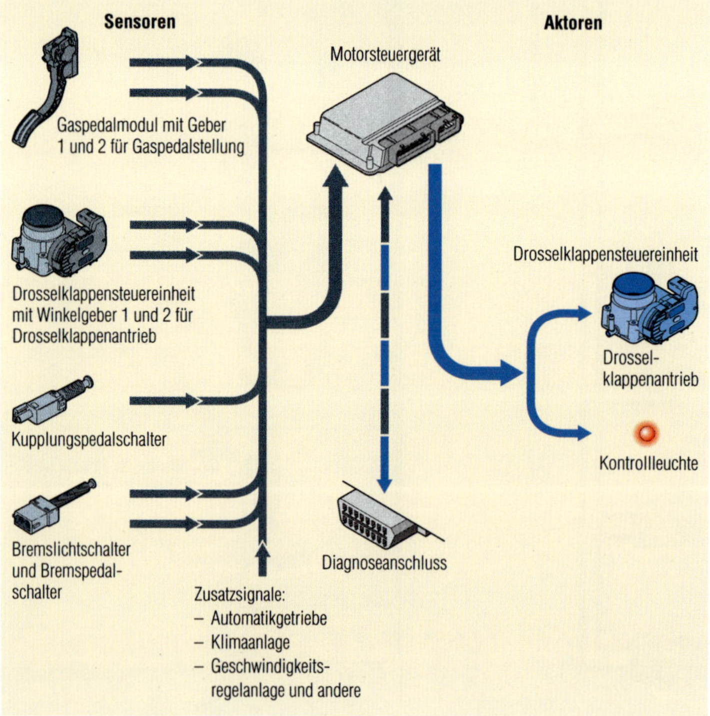

Bild 306.1 Drosselklappensteuereinheit mit E-Gas („elektronisches Gaspedal").

Die Verwendung von zwei Sensoren ermöglicht die ständige Eigendiagnose des Systems und erhöht damit die Betriebssicherheit (Redundanz).

Zusatzfunktionen. Der Wunsch nach Reduzierung der Abgasemission bei gleichzeitiger Senkung des Kraftstoffverbrauchs erfordert den Einsatz weiterer Steuerungs- und Regelungsfunktionen, die in der Motronic integriert sein können:

- Leerlaufdrehzahlregelung,
- Lambdaregelung,
- Klopfregelung,
- Steuerung des Kraftstoffverdampfungssystems,
- Abgasrückführung,
- Sekundärlufteinblasung,
- Geschwindigkeitsregelanlage,
- Steuerung des Turboladers,
- Steuerung der Schaltsaugrohre,
- Steuerung der Nockenwellenverstellung.

Datenverknüpfung mit anderen Systemen. Zur Erhöhung von Fahrkomfort und Fahrsicherheit nehmen verschiedene Teilsysteme des Kraftfahrzeugs direkten Einfluss auf die Motorsteuerung. Diese Systeme tauschen wichtige Daten über den CAN-Bus aus. Dadurch verringert sich die Anzahl der Sensoren und der Ausnutzungsgrad der Teilsysteme wird erhöht. Beispiele dafür sind:

- Änderung des Motormoments bei Schaltvorgängen des Automatikgetriebes,
- Abschalten der Klimaanlage bei hoher Momentananforderung des Fahrers (Beschleunigung),
- Rücknahme des Motormoments bei zu großem Radschlupf sowohl beim Antrieb als auch beim Schub,
- Rücknahme des Motormoments bei blockierenden Rädern (ABS),
- Rücknahme des Motormoments zur Fahrdynamikregelung (ESP).

7.7.2 Benzindirekteinspritzung

Bei der Benzindirekteinspritzung wird der Kraftstoff direkt in den Brennraum eingespritzt und erst dort mit der angesaugten Luft gemischt. Das Gesamtsystem besteht aus folgenden Baugruppen (Bild 307.1):

- Hochdruckpumpe,
- Drosselklappe (E-Gas),
- Verteilerrohr mit Einspritzventilen,
- speziell geformte Kolben,
- 3-Wege-Katalysator,
- NO_x-Katalysator (Speicherkatalysator),
- Steuergerät.

Bei der Benzindirekteinspritzung gibt es zwei Betriebsarten (Bild 307.2):

- Homogenbetrieb und
- Schichtbetrieb.

Der Übergang vom Schicht- auf den Homogenbetrieb erfolgt abhängig von Motordrehzahl und Fahrpedalstellung.

Homogenbetrieb. Die Luft wird angesaugt und verdichtet wie beim herkömmlichen Ottomotor. Der Kraftstoff wird während des gesamten Ansaugtaktes direkt in den Brennraum eingespritzt, wodurch im Zylinder ein gleichmäßig verteiltes Gemisch aus eingespritztem Kraftstoff und angesaugter Luft entsteht. Die Mengenbestimmung der Ansaugluft erfolgt über eine elektronische Drosselklappe (E-Gas). Die Verbrennung findet im gesamten Brennraum statt. Diese Betriebsart wird bei hohen Drehzahlen und großem Leistungsbedarf benutzt.

Schichtbetrieb. Im Schichtbetrieb ist die Drosselklappe weitestgehend geöffnet, sodass die Luft fast ungedrosselt in den Brennraum strömen kann. Dadurch wird die Ladungswechselarbeit und damit der Kraftstoffverbrauch reduziert. Die Einspritzung erfolgt erst kurz vor dem Zündzeitpunkt direkt in die verdichtete Luft. Die Gemischzusammensetzung ergibt sich aus der eingespritzten Kraftstoffmenge, wodurch auch das Motormoment angepasst wird (307.3).

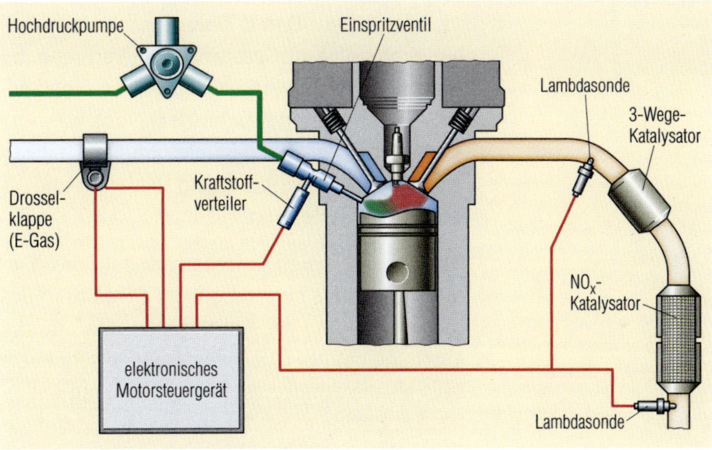

Bild 307.1 Überblick Benzindirekteinspritzung.

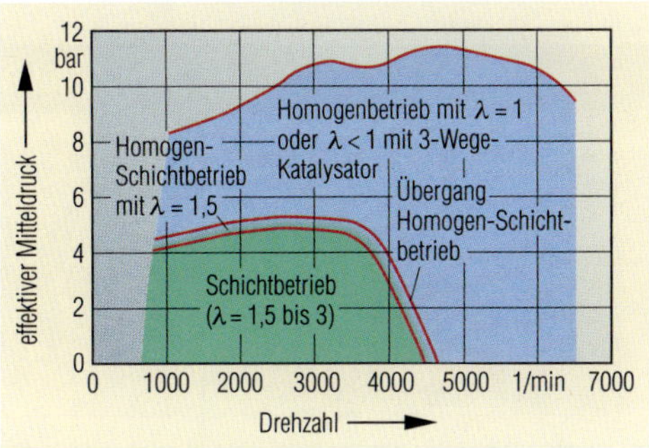

Bild 307.2 Betriebszustände bei der Benzindirekteinspritzung.

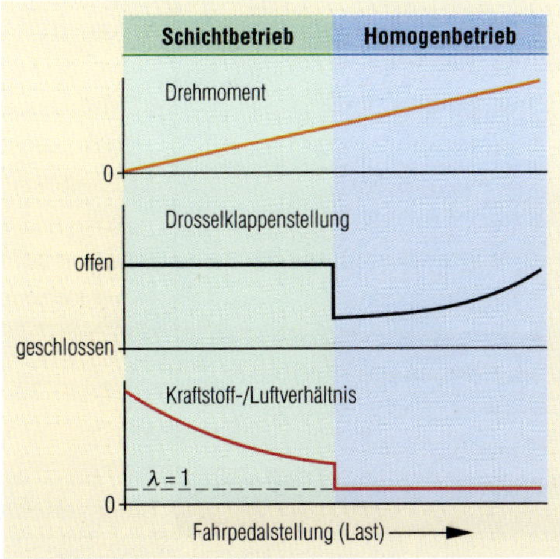

Bild 307.3 Umschaltung von Schicht- auf Homogenbetrieb.

Auf den gesamten Brennraum bezogen wird der Motor im Schichtbetrieb mit λ-Werten bis zu 3 betrieben. Damit trotz dieses sehr mageren Kraftstoff-Luft-Gemischs eine Verbrennung stattfinden kann, wird im Bereich um die Zündkerze ein zündfähiges Gemisch erzeugt, während eine Schicht, die diesen Bereich umgibt, im Idealfall nicht an der Verbrennung teilnimmt und als isolierende Hülle wirkt

Der Schichtbetrieb erfordert wegen des Einspritzzeitpunkts eine besondere Gestaltung des Brennraums und der Ansaugwege, denn für die Mischung mit der Luft bleibt nur eine sehr kurze Zeit, bis die Zündkerze die Verbrennung einleitet. Entscheidend ist dabei, wie das zündfähige Gemisch an die Zündkerze herangeführt wird (Tabelle 308.1).

Kraftstoffsystem. Der Kraftstoff gelangt vom Kraftstofftank mithilfe einer elektrischen Kraftstoffpumpe durch einen Feinfilter zur Hochdruckpumpe. Diese Pumpe ist an der Stirnseite der Nockenwelle angebaut und liefert einen Druck von ca. 50 bar bis 100 bar (je nach Hersteller). Der Kraftstoff wird über ein Verteilerrohr zu den elektromagnetisch betätigten Einspritzventilen geführt, die direkt im Verdichtungsraum montiert sind. Der Kraftstoffdruck im Verteilerrohr wird mit einem Drucksensor gemessen und über ein Drucksteuerventil eingestellt, indem der Kraftstoff vom Verteilerrohr zum Niederdruckteil des Systems gefördert wird.

strahlgeführt	wandgeführt	luftgeführt
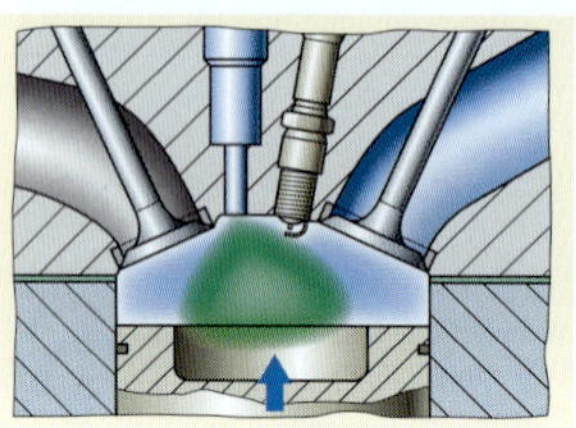	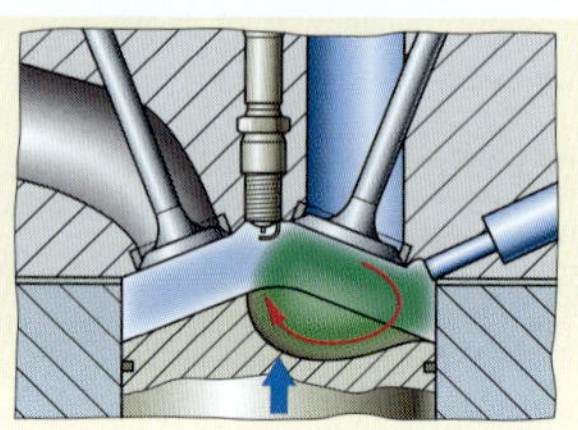	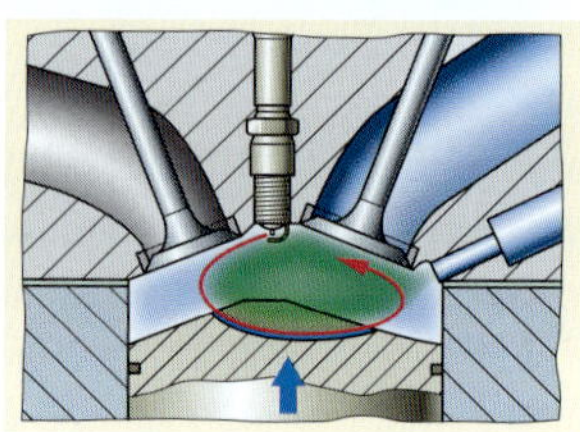
• Kraftstoff wird in unmittelbare Umgebung der Zündkerze eingespritzt • sehr schnelle Gemischbildung mit guter Zündwirkung möglich • keine Verluste durch Kondensation • geringe Änderungen im Strahlbild führen zu Fehlfunktionen • hohe Wärmewechselbelastung der Zündkerze • derzeit praktisch nicht nutzbar	• Gemischbildung erfolgt am Kolbenboden und/oder an der Zylinderwand • Kraftstoff verdampft am heißen Kolbenboden und wird als Gemisch der Zündkerze zugeführt • direktes Ansprühen des Kolbens kann zu Kondensation oder Ablagerungen am Kolbenboden führen	• Luft wird durch eine spezielle Strömungsführung so eingeleitet, dass der Kraftstoff sich mit der Luft mischt ohne sich an einer Brennraumwand anzulagern • eine zündfähige Schichtladung bildet sich an der Zündkerze, die Einspritzdüse ist so angebracht, dass die Zündkerze nicht direkt angespritzt wird • geringer Verschleiß der Kerze

Tabelle 308.1 Brennverfahren Benzindirekteinspritzung.

Einspritzventile. Die Düsennadel wird elektromagnetisch um ca. 0,1 mm angehoben, wodurch die Einspritzung beginnt. Der kegelförmige Strahl trifft auf das Einlassventil und vermischt sich mit der Ansaugluft. Bei Ventilen mit Luftumfassung wird Luft um den Einspritzzapfen herumgespült (Bild 309.1). Dies führt zu einer besseren Vermischung mit der Luft und damit zu einer verbesserten Verbrennung und einer günstigeren Abgaszusammensetzung.

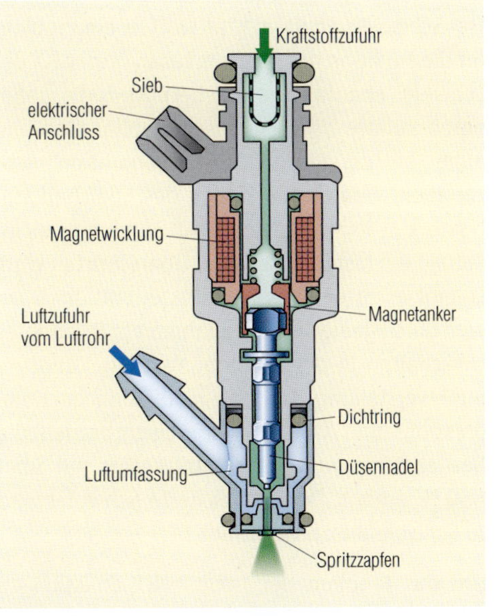

Bild 309.1 Einspritzventil mit Luftumfassung.

Luftsystem. Die Luftführung ist bei allen Systemen von großer Bedeutung. So werden häufig Schaltsaugrohre eingesetzt. Zusätzlich kann die Luft durch Öffnen und Schließen bestimmter Teile des Ansaugweges im Schichtbetrieb anders geführt werden als im Homogenbetrieb.

Abgassystem. Der hohe Luftüberschuss im Schichtbetrieb hat eine erhöhte NO_x-Emission zur Folge, die nicht den Abgasvorschriften entspricht. Daher wird neben dem motornahen 3-Wege-Katalysator ein zusätzlicher NO_x-Speicherkatalysator eingebaut (Bild 309.2). Im Schichtbetrieb werden die NO_x-Emissionen im Speicherkatalysator zwischengespeichert. Die Speicherkapazität ist jedoch begrenzt. Ein hinter dem Speicherkatalysator angebrachter NO_x-Sensor erfasst dessen Sättigung und meldet sie dem Steuergerät. Dieses leitet die Regeneration ein. Dazu wird alle 60 bis 90 Sekunden für ca. 2 Sekunden in den Homogenbetrieb geschaltet. Durch die entstehende Anfettung kommt es zu einer Temperaturerhöhung und die Stickstoffoxide werden in unschädlichen Stickstoff umgewandelt.

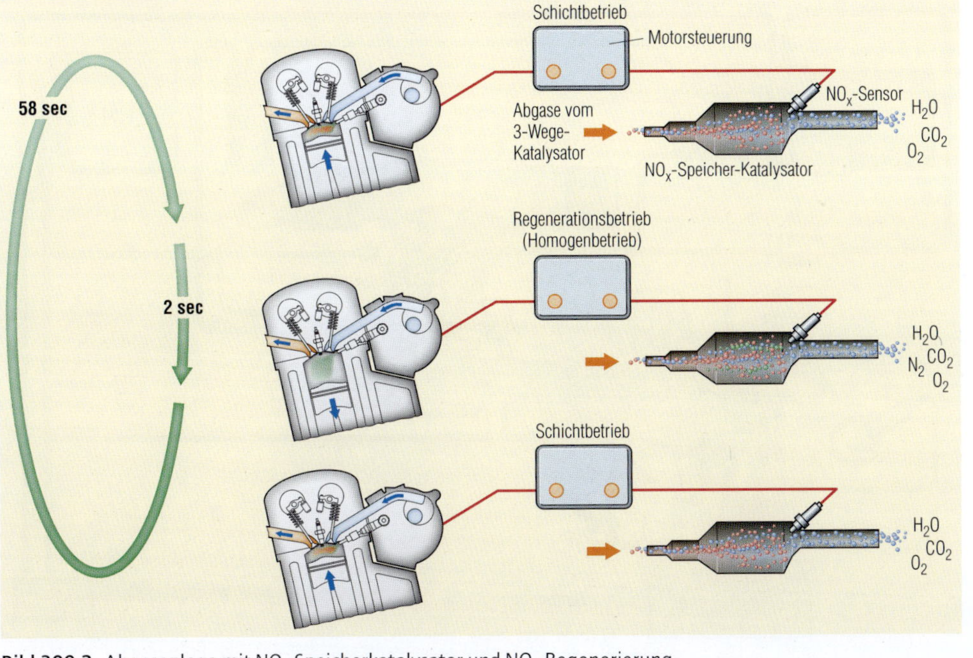

Bild 309.2 Abgasanlage mit NO_x-Speicherkatalysator und NO_x-Regenerierung.

Zentral-einspritzung = Singlepoint

Der Schwefelgehalt im Kraftstoff ist ein Problem für die Funktion des Speicherkatalysators. Da der Schwefel ebenfalls gespeichert wird, die gebildeten Sulfate aber chemisch stabiler sind und daher bei der Stickstoffoxidregeneration nicht zerfallen, wird die Sättigung des Speicherkatalysators in immer kürzeren Abständen erreicht. Sobald ein festgelegter Wert überschritten wird, kommt es zu einer Schwefelregeneration. Dazu wird durch geeignete Maßnahmen (z. B. längeres Umschalten in den Homogenbetrieb, Zündzeitpunktverstellung, Doppeleinspritzung im Kompressions- und Arbeitstakt im Schichtbetrieb) die Betriebstemperatur des Katalysators auf über 650 °C erhöht. Der gespeicherte Schwefel wird zu Schwefeldioxid verbrannt.

Um das Problem der hohen NO_x-Emission zu umgehen, werden viele Motoren nur im Homogenbetrieb gefahren. Dadurch spart man den Speicherkatalysator, verzichtet aber auch auf das Einsparpotenzial beim Kraftstoffverbrauch im Teillastbetrieb.

7.7.3 Zentraleinspritzung

Die Grundfunktion dieses Systems (Bild 310.2) entspricht der Multipointeinspritzung. Die gesamte Anlage besteht allerdings aus weniger Teilen, z. B. fehlt eine Luftmengen- oder Luftmassenmessung. Es gibt nur ein Einspritzventil, das sich vor der Drosselklappe befindet (Bild 310.1). Der Kraftstoff wird auf die Drosselklappe gespritzt und vermischt sich ab dort mit der angesaugten Luft. Das Kraftstoff-Luft-Gemisch wird in alle Kanäle des Saugrohrs verteilt.

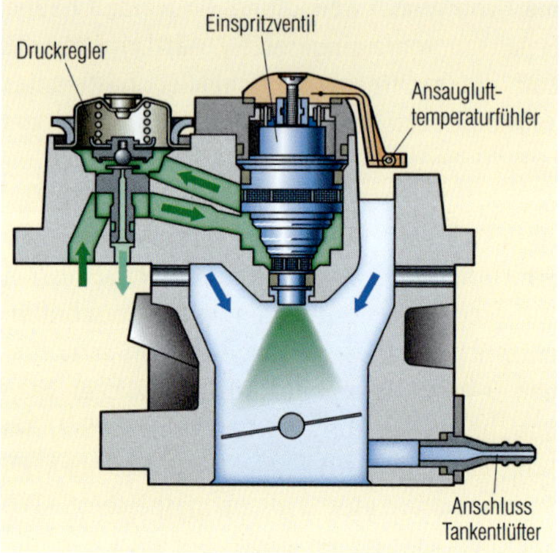

Bild 310.1 Einspritzeinheit der Zentraleinspritzung.

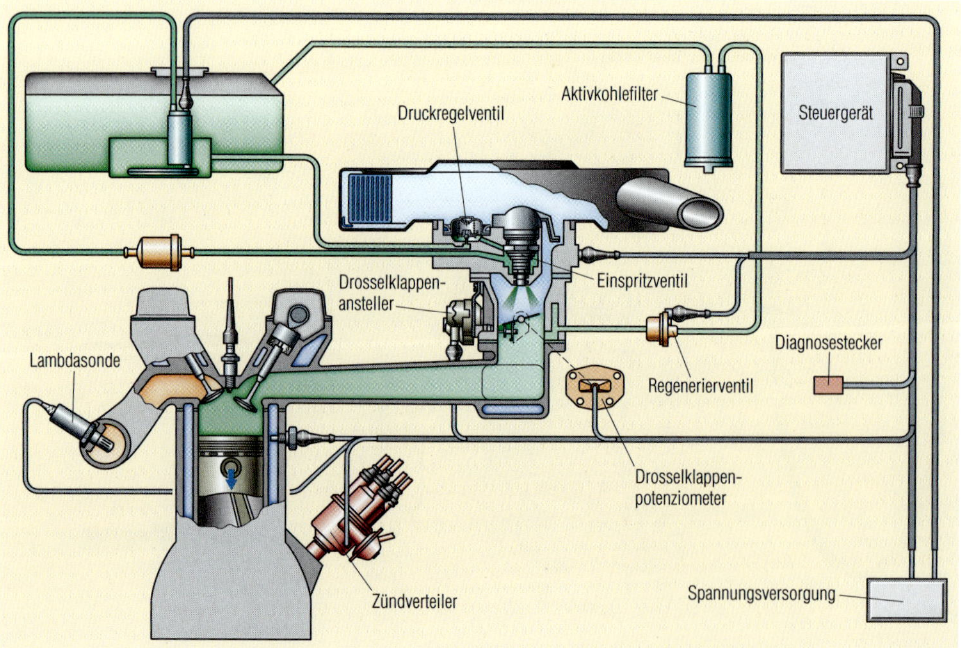

Bild 310.2 Übersicht der Zentraleinspritzung (Singlepoint).

Drosselklappenansteller (Bild 310.2). Er setzt die Signale des Steuergerätes um und verstellt die Drosselklappe. Dadurch ist z. B. eine Leerlaufstabilisierung möglich. Die Stellung der Drosselklappe wird vom Drosselklappenpotenziometer erfasst (Lastsignal).

Die Mengenregelung erfolgt durch die Veränderung der Ventilöffnungszeit. Diese richtet sich nach der Gaspedalstellung und der Motordrehzahl (α/n-Regelung). Zusätzliche Hilfsgrößen sind die Motortemperatur und die Ansauglufttemperatur sowie das λ-Sondensignal.

Kraftstoffsystem. Der Kraftstoff wird über ein Filter zum Einspritzventil gefördert. Ein Druckregelventil hält einen konstanten Druck von ca. 1 bar. Zu viel geförderter Kraftstoff fließt über den Rücklauf in den Kraftstoffbehälter zurück.

α/n-Regelung: Nutzung des Drosselklappenwinkels und der Motordrehzahl für die Motorsteuerung.

7.7.4 Kontinuierliche Benzineinspritzung

Bei der kontinuierlichen Benzineinspritzung (Bild 311.1) gelangt eine genau ermittelte Kraftstoffmenge an die Einspritzdüsen. Die Düsen sind vor den Einlassventilen montiert und sprühen den Kraftstoff auf das warme Einlassventil. Der Kraftstoff verdampft.

Kraftstoffsystem. Eine elektrische Pumpe fördert den Kraftstoff über einen Kraftstoffspeicher, der eine Dampfblasenbildung verhindert, durch einen Filter. Ein Systemdruckregler hält den Kraftstoffdruck bei ca. 6 bar konstant. Durch den Kraftstoffmengenteiler gelangt die optimale Kraftstoffmenge an die Einspritzdüsen.

kontinuierlich = stetig

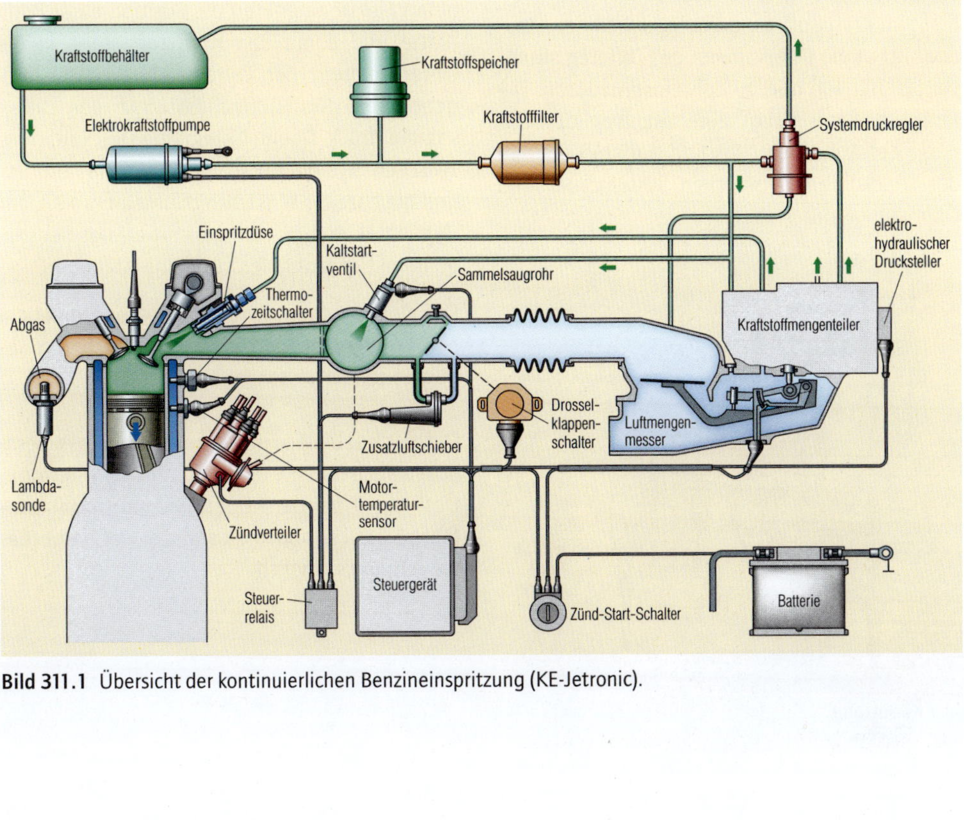

Bild 311.1 Übersicht der kontinuierlichen Benzineinspritzung (KE-Jetronic).

Luftsystem (Bild 312.1). Bei laufendem Motor strömt die angesaugte Luft an einer beweglichen Stauklappe vorbei durch einen Trichter zum Ansaugrohr des Motors (Luftmengenmesser). Je größer die angesaugte Luftmenge, umso weiter wird die Stauklappe aus dem Trichter gehoben, damit die Luft vorbeiströmen kann. Diese Grundfunktion kann durch die Form des Trichters verändert werden, um das Kraftstoff-Luft-Verhältnis an die Betriebsbedingungen Leerlauf, Teillast und Volllast anzupassen. Je größer die Steigung des Lufttrichters ist, desto weiter wird die Stauklappe bei gleichbleibender Luftmenge ausgelenkt.

Differenzdruckventile (Bild 312.1). Im Kraftstoffmengenteiler gibt es für jeden Zylinder ein Differenzdruckventil aus Ober- und Unterkammer und einer dazwischen liegenden Membran. Sie halten die Druckdifferenz zwischen Ober- und Unterkammerdruck stets konstant auf ca. 0,1 bar. Der höhere Druck in der Oberkammer entsteht dabei durch die in der Unterkammer eingebaute Schraubenfeder. Eine Änderung des Unterkammerdrucks bewirkt immer auch eine Änderung des Oberkammerdrucks.

Einspritzregelung (Bild 312.1). Der Kraftstoff fließt im Kraftstoffmengenteiler durch den Steuerschlitz in die Oberkammer des Differenzdruckventils und von dort zu den Einspritzdüsen. Die Einspritzmenge hängt einerseits von der Öffnung des Steuerschlitzes und andererseits von der Druckdifferenz zwischen Systemdruck und Oberkammerdruck ab.

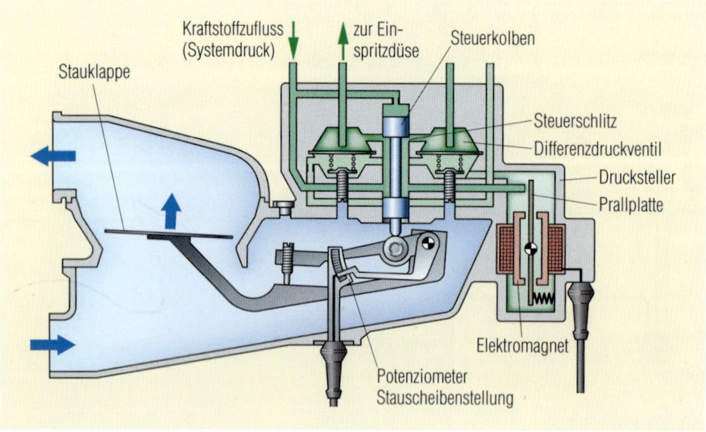

Bild 312.1 Einspritzregelung der KE-Jetronic.

In der Grundfunktion bestimmt die Stellung der Stauklappe direkt die Stellung des Steuerkolbens und damit die Größe des Steuerschlitzes. Je höher der Kolben durch die Stauklappe gedrückt wird, umso größer ist die Öffnung des Steuerschlitzes und dadurch die zu den Einspritzdüsen geförderte Kraftstoffmenge.

Die Gemischmenge, die durch diese Grundfunktion bereitgestellt wird, kann zur genaueren Gemischanpassung zusätzlich verändert werden. Dies geschieht mithilfe der Differenzdruckventile. Durch Änderung des Unterkammerdrucks ändern sich auch der Oberkammerdruck und die Druckdifferenz zwischen konstantem Systemdruck und Oberkammerdruck. Bei sinkendem Unterkammerdruck fließt somit mehr Kraftstoff über den Steuerschlitz in die Oberkammer und umgekehrt. Weiterhin wölbt sich die Membran zwischen Ober- und Unterkammer abhängig von den Druckverhältnissen und gibt eine mehr oder weniger große Öffnung zum Einspritzventil frei.

Elektronische Regelung der KE-Jetronic. Die Änderung des Unterkammerdrucks erfolgt durch einen elektrohydraulischen Drucksteller (Bild 312.1). Dazu verändert das Steuergerät über einen Elektromagneten die Position einer Prallplatte und damit den Kraftstoffzufluss in die Unterkammern der Differenzdruckventile. Bei geringerem Kraftstoffzufluss sinkt der Unterkammerdruck. Dadurch steigt die Druckdifferenz zwischen Systemdruck und Oberkammerdruck und gleichzeitig senkt sich die Membran ab, das Gemisch wird fetter. Umgekehrt erfolgt bei steigendem Unterkammerdruck eine Abmagerung.

Der elektrohydraulische Drucksteller ermöglicht eine λ-Regelung und damit den Betrieb eines geregelten Katalysators.

Die beschriebenen Funktionen gelten im Wesentlichen auch für eine rein mechanische K-Jetronic. Deshalb ist bei der KE-Jetronic ein Notlauf des Motors auch bei einem Ausfall der Elektronik/des Steuergeräts möglich.

7.7.5 Vergaser

Der Vergaser stellt die älteste Methode der äußeren Gemischbildung dar (Bild 313.1). Er wird noch verwendet, wenn keine Abgasvorschriften eine genaue Gemischbildung vorschreiben, z. B. bei Zweirädern, Bootsmotoren und Rasenmähern.

Prinzip. Beim Vergaser wird der Querschnitt des Ansaugrohres an einer Stelle verengt (Venturirohr). Da die Menge der durchströmenden Luft gleich ist, muss an der Engstelle die Strömungsgeschwindigkeit größer werden. Gleichzeitig sinkt der Luftdruck ab und saugt über das Austrittsrohr Kraftstoff an (Bild 313.2). Die richtige Kraftstoffmenge wird durch eine Düse bestimmt (Hauptdüse), die in Abhängigkeit vom Unterdruck eine bestimmte Menge Kraftstoff in den Luftkanal fließen lässt.

Die angesaugte Kraftstoff-Luft-Gemischmenge hängt von einer Drosselklappe ab. Der Fahrer bestimmt mit dem Gaspedal den Drosselklappenwinkel und verändert dadurch den Strömungsquerschnitt. Für die verschiedenen Betriebszustände gibt es Zusatzeinrichtungen, die einen optimalen Betrieb des Motors in allen Lastzuständen sicherstellen (Tabelle 314.1 und Bild 313.1).

Schiebervergaser (Bild 313.3). Sie werden häufig in Zweitaktmotoren mit geringem Hubraum verwendet, wie sie in Mofas und sonstige Kleinkrafträdern verbaut werden.

Prinzip. Der Ansaugkanal wird von einem zylindrischen Gasschieber durch eine Feder geschlossen. An diesem Schieber hängt eine kegelförmige Düsennadel. Bei Betätigung des Gaszuges wird der Schieber gemeinsam mit der Nadel hochgezogen. Dadurch gibt die Düsennadel eine bestimmte Kraftstoffmenge frei, die sich mit der Luft vermischt und vom Motor angesaugt wird. Je weiter der Schieber aus dem Ansaugkanal herausgezogen wird, umso größer wird die angesaugte Luftmenge. Gleichzeitig wird der Spalt zwischen Düsennadel und Düse größer und es kann mehr Kraftstoff angesaugt werden.

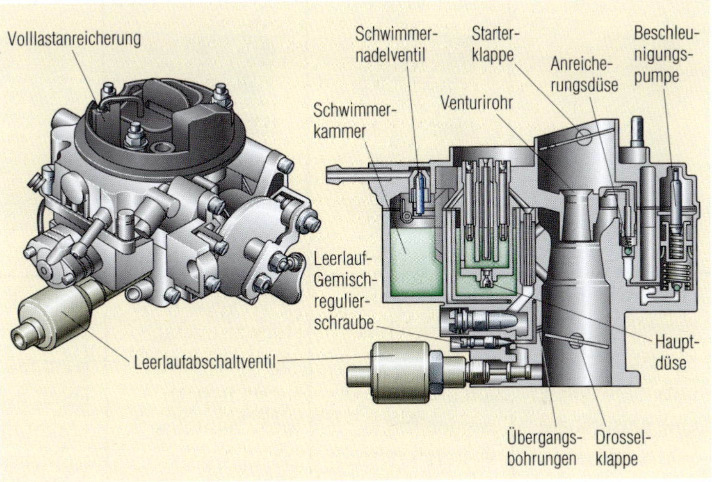

Bild 313.1 Vergaser mit Zusatzeinrichtungen.

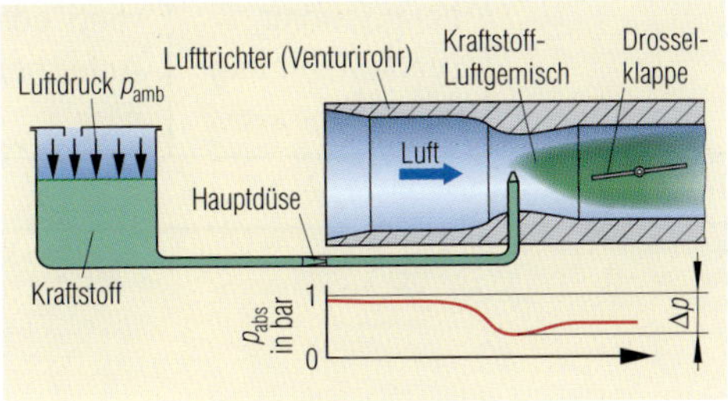

Bild 313.2 Vergaserprinzip.

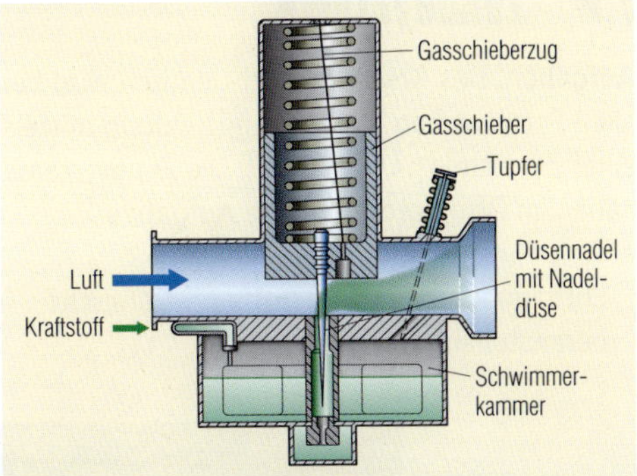

Bild 313.3 Schiebervergaser.

Leerlauf	Übergang	Teillast	Volllast	Beschleunigung	Kaltstart
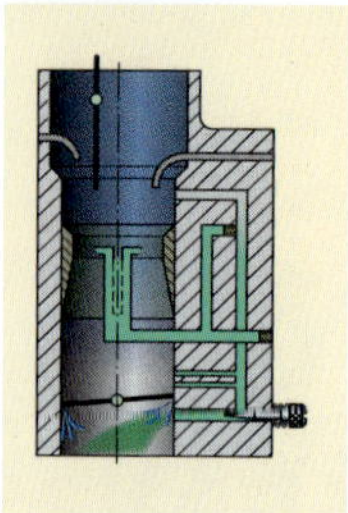	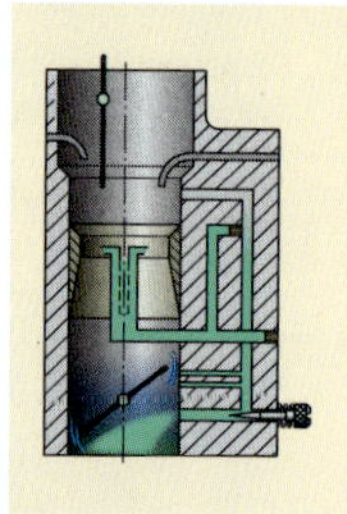	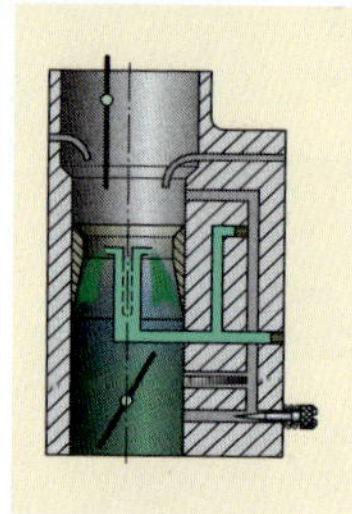	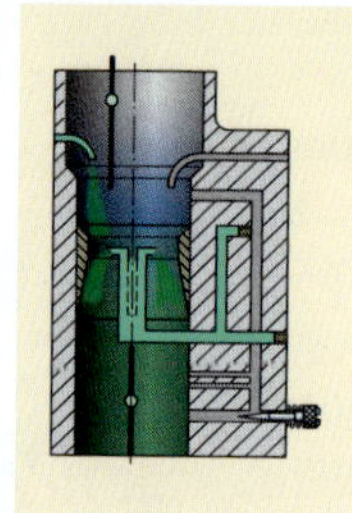	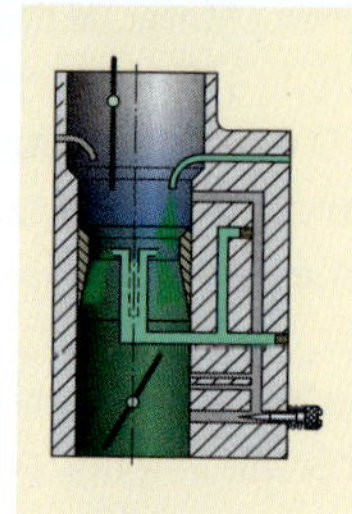	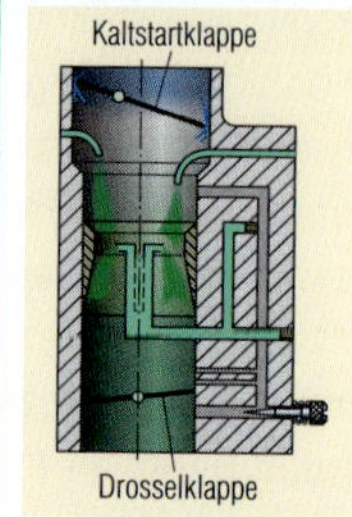
Drosselklappe geschlossen, Kraftstoff strömt unterhalb durch eine einstellbare Schraubdüse in den Luftstrom.	Drosselkappe leicht geöffnet, zusätzliche Übergangsbohrungen werden frei, weitere Kraftstoffmenge gelangt in den Luftstrom.	Drosselklappe teilweise offen, der Unterdruck ist im Bereich der Hauptdüse so groß, dass die notwendige Kraftstoffmenge herausströmt, Leerlaufbohrung nicht mehr aktiv.	Drosselklappe voll geöffnet, Hauptdüse liefert maximale Kraftstoffmenge, zusätzliche Anreicherung durch Beschleunigungsventil oder durch Anreicherungsdüse.	Beschleunigungspumpe fördert beim Durchtreten des Gaspedals eine einmalige zusätzliche Kraftstoffmenge in den Ansaugkanal, dadurch ruckfreies Beschleunigen.	Kaltstartklappe über dem Ansaugtrichter geschlossen, trotz geringer Ansaugmenge Unterdruck im Hauptsystem und Aktivierung der Hauptdüse, sehr fettes Gemisch.

Tabelle 314.1 Betriebsarten eines Vergasers.

7.8 Zündsysteme

Aufgaben. Das Kraftstoff-Luft-Gemisch wird bei allen Ottomotoren durch Fremdzündung mittels eines Zündfunkens entflammt. Die Zündsysteme haben im Ottomotor folgende Aufgaben:

- die erforderliche Zündenergie zur Entflammung des Kraftstoff-Luft-Gemischs bereitstellen,
- den Zündzeitpunkt in Abhängigkeit von den verschiedenen Betriebsbedingungen verstellen,
- die Hochspannung auf die einzelnen Zündkerzen verteilen.

Einteilung der Zündsysteme

- Art des Energielieferanten
  - Batteriezündanlagen
  - Magnetzündanlagen
- Art der Energiespeicherung
  - Kondensatorzündung
  - Spulenzündung
- Art der Zündzeitpunktsteuerung
  - kontaktgesteuerte (elektromechanische) Zündung
  - kontaktlos gesteuerte (elektronische) Zündung
- Art der Hochspannungsverteilung
  - mechanische (rotierende) Verteilung
  - elektronische (statische) Verteilung

In modernen Kraftfahrzeugen werden überwiegend Batteriezündanlagen mit einer Zündspule als Energiespeicher eingesetzt.

Zündaussetzer müssen in jedem Fall verhindert werden, da unverbrannte Kohlenwasserstoffe zur Zerstörung des Katalysators durch Überhitzung führen können. Zudem können über eine exakte Steuerung des Zündzeitpunkts die Schadstoffemission, der Kraftstoffverbrauch und die Leistungscharakteristik des Motors wesentlich beeinflusst werden. Deshalb wurden die mechanischen Teile der Spulenzündanlagen immer mehr durch elektronische Bauelemente ersetzt. Tabelle 315.1 zeigt die Entwicklung der Spulenzündanlagen.

7.8.1 Hochspannungserzeugung

Die zur Entzündung des Kraftstoff-Luft-Gemischs benötigte Energie beträgt etwa 0,2 mJ (bei stöchiometrischem homogenem Gemisch) bis 3 mJ (bei sehr fettem oder magerem Gemisch). Die Zündung erfolgt, wenn eine ausreichend hohe Temperatur auf das Gemisch einwirkt. Diese Temperatur entsteht durch einen Lichtbogen (Zündfunke) an der Zündkerze. Damit die Elektronen den hohen Widerstand der Funkenstrecke überwinden können, muss an der Zündkerze eine Spannung von 8 kV bis 15 kV (Durchbruchspannung) anliegen.

Die Höhe der Zündspannung hängt von verschiedenen Faktoren ab (Tabelle 316.1).

Die für einen Funkenüberschlag benötigte Zündspannung wird in der Zündspule nach dem Induktionsprinzip gebildet. In der Sekundärwicklung (Bild 315.1) wird eine Spannung induziert, wenn der Primärstromkreis geschlossen (Magnetfeldaufbau) bzw. geöffnet wird (Magnetfeldabbau). Die Stärke der Sekundärspannung ist umso höher,
- je stärker der Primärstrom und damit das Magnetfeld ist,
- je mehr Windungen die Sekundärwicklung im Verhältnis zur Primärwicklung hat und
- je kürzer die Zeit ist, in der sich das Magnetfeld ändert.

Induktion → S. 128

stöchiometrisches Gemisch → S. 282

Durchbruchspannung: Spannung zum Zeitpunkt des Funkenüberschlags (= Zündspannung).

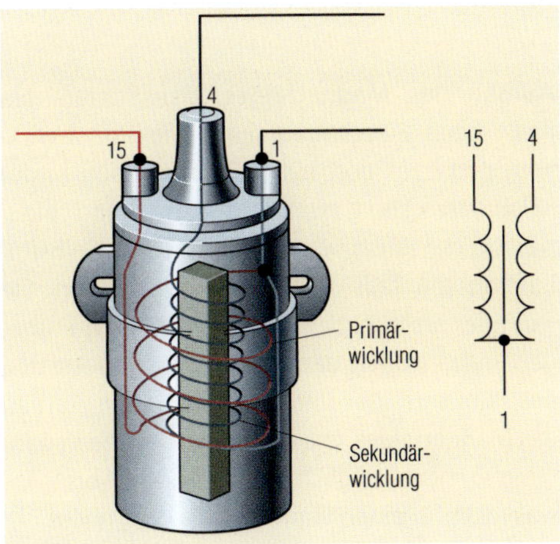

Bild 315.1 Konventionelle Zündspule und Schaltbild.

Bezeichnung	Zündauslösung	Zündwinkelverstellung	Hochspannungsverteilung
konventionelle Spulenzündung SZ	mechanisch (Unterbrecherkontakt)	mechanisch (Zündverteiler)	mechanisch (Zündverteiler)
transistorisierte Spulenzündung TSZ-k, TSZ-I, TSZ-H (Schaltgerät in herkömmlicher Schaltungstechnik)	elektronisch (Schaltgerät)	mechanisch (Zündverteiler)	mechanisch (Zündverteiler)
Transistorzündung TZ-I, TZ-H (Schaltgerät in Hybridtechnik)	elektronisch (Schaltgerät)	mechanisch (Zündverteiler)	mechanisch (Zündverteiler)
elektronische Zündung EZ	elektronisch (Schalt- oder Steuergerät)	elektronisch (Steuergerät)	mechanisch (Hochspannungsverteiler)
vollelektronische Zündung VZ	elektronisch (Steuergerät)	elektronisch (Steuergerät)	elektronisch (Einzel-, Zwei- oder Vierfunken-Zündspule)
Abkürzungen: **k** = kontaktgesteuert, d. h. mit Unterbrecherkontakt, **I** = mit Induktionsgeber, **H** = mit Hallgeber			

Tabelle 315.1 Spulenzündungen im Überblick.

Für den Zündspannungsbedarf maßgebende Faktoren	Zündspannung …	
	… höher	… niedriger
Elektrodenabstand	groß	klein
Elektrodenzustand	abgebrannt	neuwertig
Elektrodenform	rund, dick	scharfkantig, dünn
Elektrodenmaterial	ungeeignet	geeignet
Polarität der Mittelelektrode	positiv	negativ
Temperatur an den Elektroden im Brennraum	niedrig	hoch
Gemischzusammensetzung	mager, sehr fett	stöchiometrisch bis mäßig fett
Gemischverdichtung (Kompression)	hoch	niedrig

Tabelle 316.1 Abhängigkeit des Zündspannungsbedarfs.

Aufbau des Magnetfeldes. Der Primärstrom fließt beim Einschalten durch die Primärwicklung und baut dort ein Magnetfeld auf. In der Sekundärwicklung wird eine Spannung induziert. In der Primärwicklung wird durch Selbstinduktion ebenfalls eine Spannung induziert. Sie wirkt der anliegenden Batteriespannung entgegen und verzögert dadurch den raschen Anstieg des Primärstromes und damit auch den Aufbau des Magnetfeldes. Die induzierte Sekundärspannung erreicht lediglich Werte von 1 kV bis 2 kV, was nicht für einen Funkenüberschlag reicht.

Abbau des Magnetfeldes. Beim Öffnen des Primärstromkreises bricht das Magnetfeld zusammen und induziert wieder in beiden Wicklungen eine Spannung. Durch den Einsatz eines Zündkondensators wird der Zusammenbruch des Magnetfeldes nun aber beschleunigt und somit erreichen die induzierten Spannungen erheblich höhere Werte als beim Aufbau des Magnetfeldes (primär 200 V bis 400 V, sekundär 20 kV bis 40 kV). Es kommt zum Funkenüberschlag an der Zündkerze.

7.8.2 Primärstrom

Die Höhe des Primärstroms ist entscheidend für die Höhe der induzierten Sekundärspannung. Darum sollte mit möglichst großem Primärstrom gearbeitet werden. Die Primärstromstärke wird allerdings durch den verwendeten Schalter zur Unterbrechung des Primärstroms begrenzt (Unterbrecherkontakt ca. 5 A, Schalttransistor ca. 30 A). Auch die verwendete Zündspule beeinflusst die Primärstromstärke.

Zündspule II in Tabelle 317.1 hat einen geringeren Widerstand der Primärwicklung. Dadurch ergeben sich ein größerer Primärstrom, eine höhere gespeicherte Zündenergie und eine höhere Sekundärspannung. Aber auch die Verlustwärme ist größer, sodass es bei längerer Einschaltdauer des Primärstroms zu einer Überhitzung der Spule kommen kann. Dies muss durch eine Regelung des Primärstroms verhindert werden.

Zündspule II ist für kontaktgesteuerte Zündsysteme nicht zu verwenden. Die Verwendung eines Unterbrecherkontakts begrenzt den Primärstrom auf 5 A, da bei größeren Stromstärken die Kontaktflächen verbrennen.

	Zündspule I (für kontaktgesteuerte Zündsysteme)	Zündspule II (für elektronische Zündsysteme)
Nennspannung	$U = 12$ V	$U = 12$ V
Primärwiderstand	$R = 2{,}93\ \Omega$	$R = 1{,}46\ \Omega$
Primärstromstärke	$I = \frac{U}{R} = 4{,}1$ A	$I = \frac{U}{R} = 8{,}2$ A
Primärinduktivität	$L = 0{,}00625$ H	$L = 0{,}004$ H
gespeicherte Zündenergie	$W = 0{,}5 \cdot L \cdot I^2 = 0{,}05$ J	$W = 0{,}5 \cdot L \cdot I^2 = 0{,}13$ J
Verlustwärme	$P = U \cdot I = 49{,}2$ W	$P = U \cdot I = 98{,}4$ W
Sekundärspannung	$U_2 \approx 20$ kV	$U_2 \approx 40$ kV
Primärspannung	$U_1 \approx 200$ V	$U_1 \approx 400$ V

Tabelle 317.1 Zündspulen im Vergleich.

Je geringer die Induktivität der Primärwicklung ist, desto schneller erreicht der Primärstrom seinen Ruhestromwert (Bild 317.1). Dabei verringert sich aber auch die gespeicherte Zündenergie W. Dies kann jedoch durch einen höheren Primärstrom ausgeglichen werden, den man durch einen geringeren Widerstand der Primärwicklung erreicht.

Zündspule I erreicht bei kürzerer Einschaltdauer nicht ihren Ruhestrom. Sinkt die Zeit bei höherer Motordrehzahl z. B. auf 6 ms, so erreicht der Primärstrom nur noch einen Wert von ca. 3 A. Unter ungünstigen Brennraumbedingungen kann es bei hohen Motordrehzahlen zu Zündaussetzern kommen. Zündspule II dagegen erreicht ihren vollen Ruhestrom schneller.

In elektronischen Zündsystemen werden Zündspulen mit geringem Widerstand und geringer Induktivität verwendet. Dies ergibt einen schnellen Primärstromanstieg bei gleichzeitig hoher Zündenergie und damit einen zuverlässigen Zündfunken auch bei hohen Motordrehzahlen.

Beim Ausschalten des Primärstroms verhindert die Selbstinduktionsspannung einen schnellen Abfall des Primärstroms. In kontaktgesteuerten Zündanlagen lädt der in der Primärspule fließende Strom nach dem Öffnen des Unterbrecherkontakts einen Kondensator auf und beschleunigt dadurch den Abfall des Primärstroms (Bild 317.2).

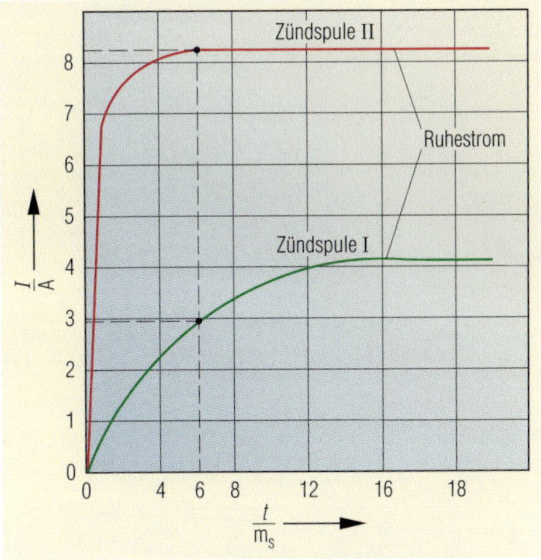

Bild 317.1 Zeitlicher Verlauf des Primärstroms verschiedener Zündspulen.

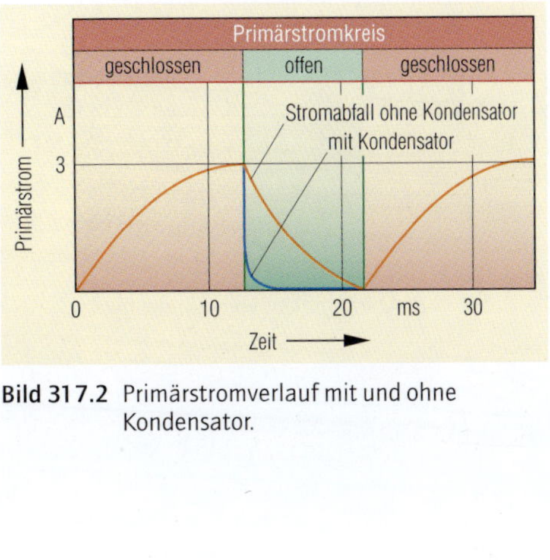

Bild 317.2 Primärstromverlauf mit und ohne Kondensator.

Ruhestrom:
Stromstärke, die sich in einer Spule einstellt, wenn das Magnetfeld vollständig aufgebaut ist.

Ist der Ladevorgang des Kondensators abgeschlossen, entlädt er sich über die Primärwicklung. Die Restenergie pendelt nach dem Unterbrechen des Primärstromkreises zwischen Primärwicklung und Kondensator mit einer Frequenz von 1 kHz bis 3 kHz hin und her und wird durch die Widerstände gedämpft. Diesen Ausschwingvorgang kann man im Zündoszillogramm erkennen.

Zündoszillogramme
→ S. 333 f.

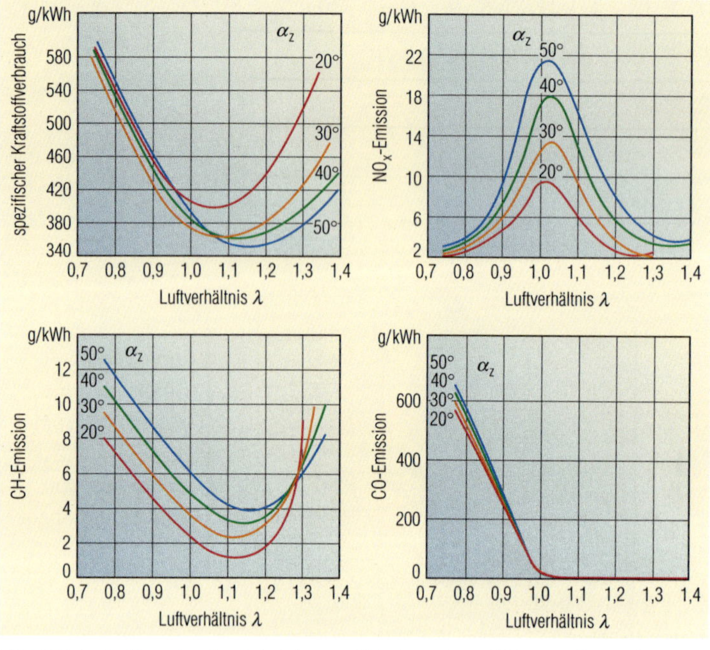

Bild 318.1 Einfluss des Zündwinkels α_Z auf Verbrauch und Schadstoffemission.

Zündverstellung
→ S. 321, S. 324

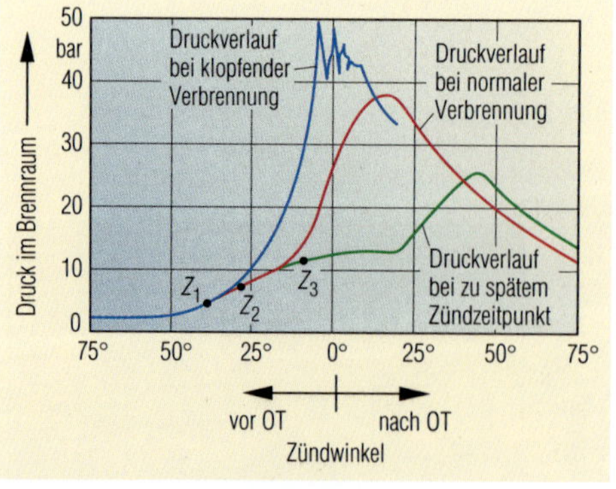

Bild 318.2 Druckverlauf im Brennraum in Abhängigkeit vom Zündwinkel.

7.8.3 Zündzeitpunkt

Der Zündzeitpunkt ist so zu wählen, dass der Verbrennungsdruck kurz nach OT seinen Höchstwert erreicht. Das gewährleistet hohe Motorleistung bei geringem Verbrauch und geringere Schadstoffemissionen ohne klopfende Verbrennung (Bild 318.1).

Klopfende Verbrennung. Wird das Gemisch zu früh gezündet, steigt der Druck im Brennraum schon während der Aufwärtsbewegung des Kolbens so stark an, dass dieser abgebremst wird. Es kommt wegen der hohen Kompressionswärme zu einer Selbstzündung des Gemischs und dadurch zu mehreren Zündkernen im Brennraum. Die aufeinander treffenden Flammfronten führen zu starken Druckschwankungen (Bild 318.2), welche bei niedrigen Drehzahlen hörbar sind (Beschleunigungsklopfen). Bei hohen Drehzahlen (Hochdrehzahlklopfen) führen sie zu schweren Motorschäden.

Bei zu spätem Zündzeitpunkt sinkt wegen des geringeren Verbrennungsdrucks die Motorleistung und der Verbrauch steigt an.

Der Zündwinkel α_Z hängt vor allem von den Einflussgrößen Last und Drehzahl ab. Da die Zeit zur vollständigen Verbrennung des Gemischs auch bei steigender Drehzahl weitest gehend konstant bleibt, muss früher gezündet werden. Die Last beeinflusst Zündverzug und Brenngeschwindigkeit des Gemischs. Das magere Gemisch im Teillastbereich zündet später und verbrennt langsamer, sodass der Zündzeitpunkt vorverlegt werden muss. Um bei Schiebebetrieb oder im Leerlauf günstigere Abgaswerte zu erzielen ist eine Spätverstellung sinnvoll.

Die Zündverstellung erfolgt entweder mechanisch im Zündverteiler oder elektronisch im Steuergerät.

7.8.4 Konventionelle Spulenzündung (SZ)

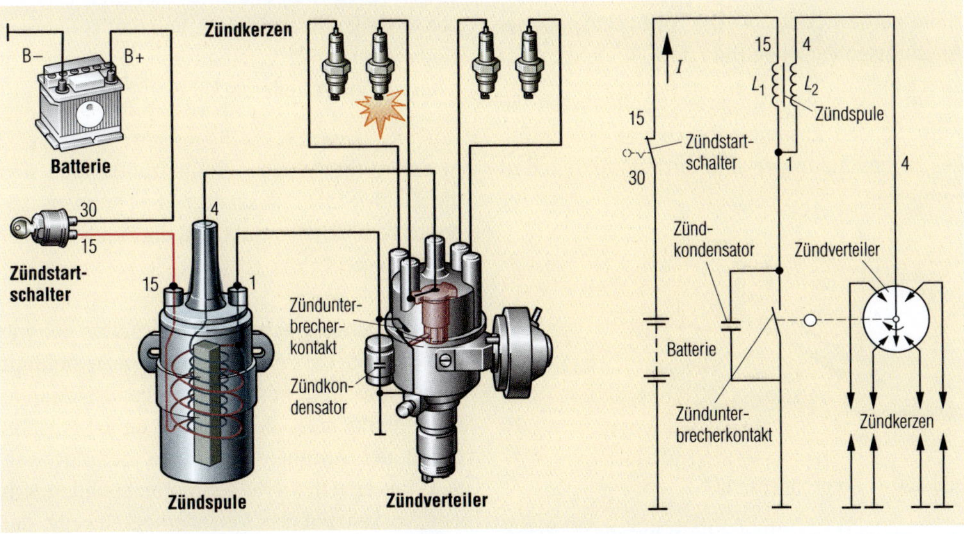

Bild 319.1 Anschlussplan und Schaltplan einer konventionellen Spulenzündung.

Am Beispiel der konventionellen Zündanlage werden der grundsätzliche Aufbau und die benötigten Bauteile einer Zündanlage erläutert.

Aufbau und Funktion. Der Zünd-Start-Schalter verbindet den Pluspol der Batterie mit Klemme 15 der Zündspule (Bild 319.1). Klemme 1 der Zündspule liegt über den Unterbrecherkontakt an Masse. Der Kontakt öffnet und schließt den Primärstromkreis. Der Kondensator ist parallel zum Unterbrecherkontakt geschaltet und wird während des Öffnens über die Primärwicklung geladen.

Die Hochspannung wird von Klemme 4 der Sekundärwicklung über den Zündverteiler und die Hochspannungsleitungen zu den Zündkerzen geleitet. Dort wird der Sekundärstromkreis geschlossen, wenn der Zündfunke überspringt. Der Strom fließt dann über Masse, Batterie, Primärwicklung und Klemme 1 wieder zur Sekundärwicklung. Das Gemisch wird entzündet.

Zündspule. Die Zündspule (Bild 319.2) hat die Aufgabe die Batteriespannung in die Zündspannung zu transformieren. Primär- und Sekundärwicklung sind in einer Sparschaltung angeordnet (Klemme 1 wird gemeinsam genutzt). Die Wicklungen bestehen aus isoliertem Kupferdraht,

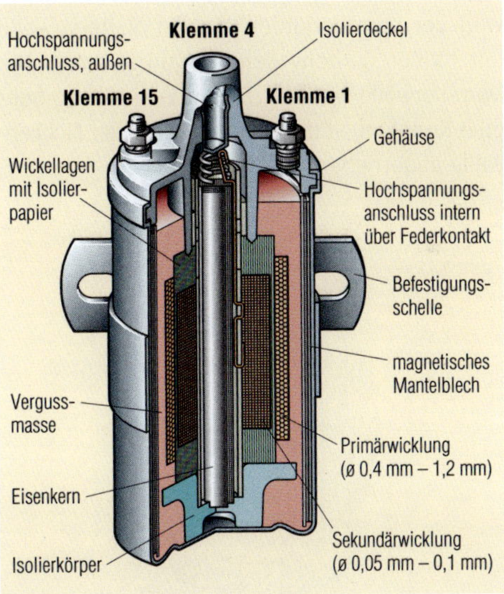

Bild 319.2 Zündspule im Schnitt.

wobei die Primärwicklung zur besseren Wärmeableitung auf die Sekundärwicklung gewickelt wird.

Klemme 4 liegt am Ende der Sekundärwicklung, Klemme 15 am Ende der Primärwicklung, Klemme 1 liegt über den Unterbrecher an Masse. Zur Isolation und Fixierung ist die Zündspule mit einer Vergussmasse aus Asphalt oder Öl gefüllt.

Kontaktfeuer: Abrissfunken am Unterbrecherkontakt

Zündabstand γ: Abstand zwischen zwei Zündfunken in Grad der Verteilernockenwelle
$\gamma = 360°/i$
(i = Zylinderzahl)

Öffnungswinkel β: Drehwinkel der Verteilernockenwelle, während dem der Unterbrecherkontakt geöffnet ist.

Schließwinkel α: Drehwinkel der Verteilernockenwelle, während dem der Unterbrecherkontakt geschlossen ist.

Der Zündkondensator besteht aus zwei voneinander isolierten Metallfolien, die auf eine Hülse aufgewickelt sind. Die Folien sind mit zwei Anschlüssen versehen (Bild 320.1).

Er hat in kontaktgesteuerten Zündanlagen die Aufgabe den Zusammenbruch des Magnetfeldes zu beschleunigen und ein Kontaktfeuer zu vermeiden.

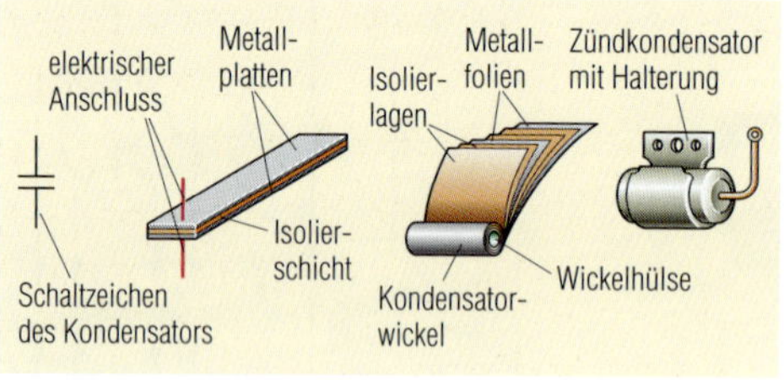

Bild 320.1 Zündkondensator.

Der Zündverteiler (Bild 320.2) hat die Aufgabe den Zündfunken entsprechend der Zündfolge des Motors auf die Zündkerzen zu verteilen. Dazu wird der Verteilerläufer von der Verteilerwelle mit halber Kurbelwellendrehzahl gedreht. Die Verteilerwelle wird durch eine Verzahnung oder eine Kupplung von der Kurbel- oder der Nockenwelle angetrieben.

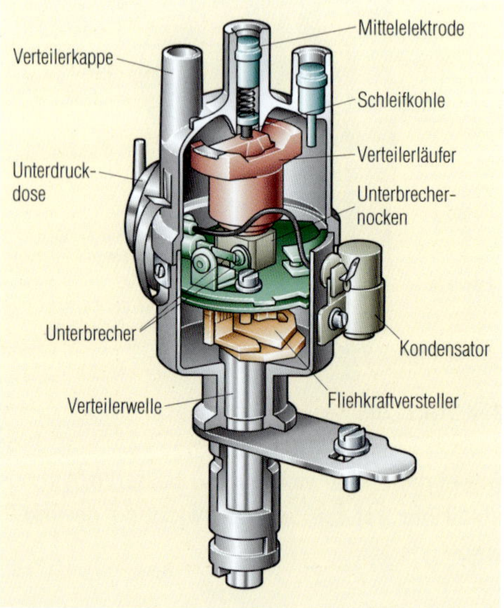

Bild 320.2 Zündverteiler.

Die Hochspannung wird über die Mittelelektrode der Verteilerkappe und einen Schleifkontakt auf den Verteilerläufer geleitet. Von dort springt ein Funke über einen Luftspalt von ca. 0,5 mm zu einer der im Verteilerdeckel eingepressten Festelektroden.

In der konventionellen Spulenzündanlage sind im Zündverteiler zusätzlich der Kondensator, der Unterbrecherkontakt und die Zündversteller untergebracht.

Der Zündunterbrecher ist ein Schalter, der von den Nocken der Verteilernockenwelle betätigt wird. Diese dreht mit Nockenwellendrehzahl. Je Umdrehung muss der Kontakt daher entsprechend der Anzahl der Zylinder betätigt werden. Bei einem 4-Zylinder-Motor befinden sich vier Nocken auf der Verteilernockenwelle, der Zündabstand γ beträgt somit 90° (Bild 320.3). Die Kontakte sind wegen der hohen thermischen und mechanischen Belastung aus Wolfram gefertigt.

Der Zündabstand ergibt sich aus der Summe von Öffnungswinkel β, und Schließwinkel α ($\gamma = \alpha + \beta$).

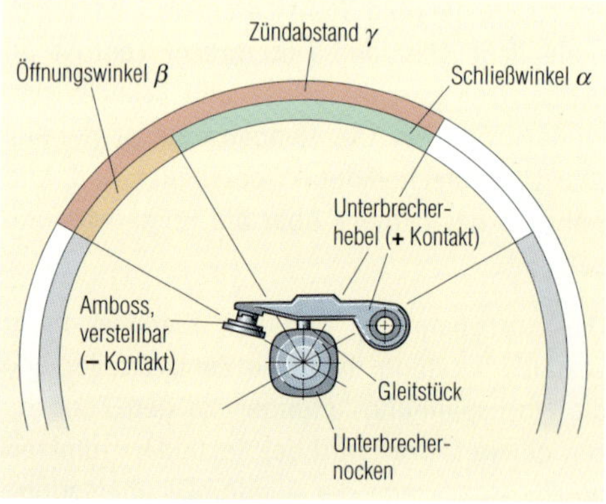

Bild 320.3 Zündunterbrecher.

Durch Verstellen des Kontaktabstands kann der Schließwinkel eingestellt werden. Dabei ist zu beachten, dass sich gleichzeitig auch der Zündzeitpunkt verstellt (Bild 321.1). Häufig wird der Schließwinkel als Prozentwert angegeben, wobei der Zündabstand γ 100 % entspricht. Der Schließwinkel beeinflusst außerdem die Schließzeit t_S, während der der Primärstromkreis geschlossen ist.

Zündversteller. Zur Anpassung des Zündzeitpunktes an Motordrehzahl und Lastzustand werden zwei Zündverstelleinrichtungen eingesetzt, die sich beide im Zündverteiler befinden:
- Fliehkraftversteller für die drehzahlabhängige Zündzeitpunktverstellung,
- Unterdruckversteller für die lastabhängige Zündzeitpunktverstellung.

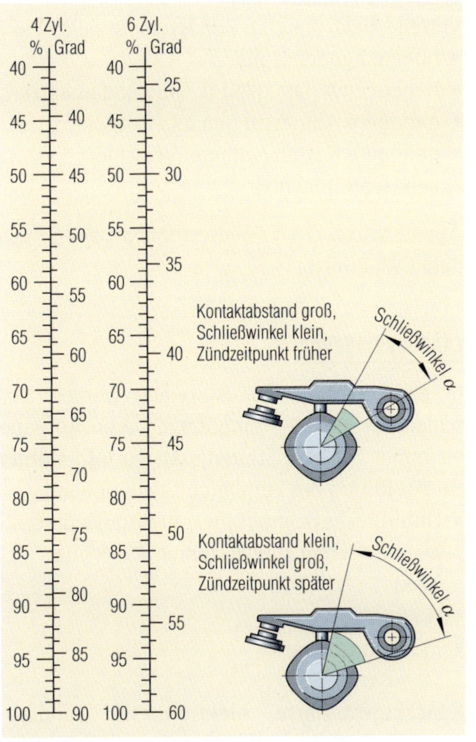

Bild 321.1 Kontaktabstand und Schließwinkel.

7.8.5 Elektronische Batteriezündanlagen

Nur durch den Einsatz von Elektronik können die steigenden Anforderungen in modernen Verbrennungsmotoren nach möglichst hoher Zündenergie erfüllt werden:
- höhere Motordrehzahlen,
- mageres Gemisch in Magermotoren,
- höhere Verdichtungen.

EVA = Eingabe, Verarbeitung, Ausgabe

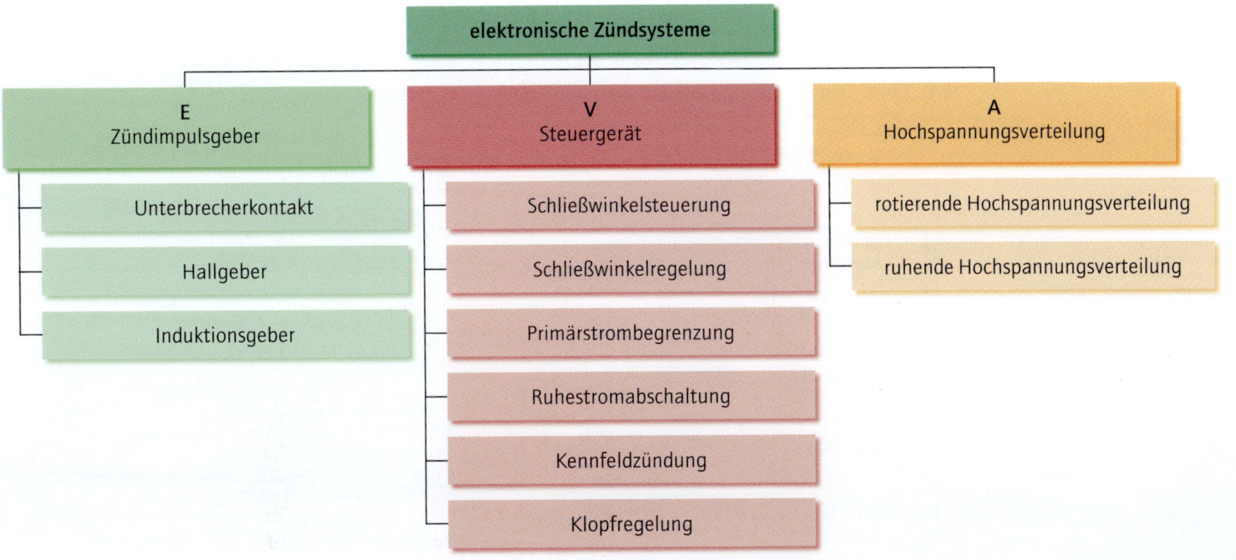

Hybridtechnik:
Elektronische Bauelemente werden in Form von dünnen Metall- und Oxidschichten auf einen Keramikträger aufgedampft.

Vorteile elektronischer Zündsysteme sind:

- höhere Zündenergie,
- höhere Zuverlässigkeit (keine Zündaussetzer),
- geringere Abmessungen und Gewicht,
- geringere Kosten (weniger Verschleiß, Einsatz von Hybridtechnik).

Alle elektronischen Zündsysteme arbeiten nach dem EVA-Prinzip.

Zündimpulsgeber

In elektronischen Zündsystemen werden verschiedene Sensoren eingesetzt, deren Aufgabe es immer ist, dem Steuergerät die Information zur Auslösung des Zündimpulses zu geben:

- Unterbrecherkontakt (in kontaktgesteuerten elektronischen Zündsystemen TSZ-k und TZ-k),
- Hallgeber,
- Induktionsgeber.

Kontaktgesteuerte elektronische Zündsysteme (Bild 322.1). Über den Unterbrecherkontakt wird nicht der hohe Primärstrom geleitet, sondern nur der kleine Steuerstrom für einen Leistungstransistor. Dieser sperrt den Primärstromkreis, wodurch die Zündspannung induziert wird.

Startanhebung. In elektronischen Zündsystemen werden Zündspulen mit niedrigem Primärwiderstand eingesetzt. Im Betrieb begrenzen die Vorwiderstände (Bild 322.1) den Primärstrom um eine Überlastung der Zündspule zu verhindern. Beim Starten des Fahrzeugs wird einer der Vorwiderstände überbrückt, wodurch die Absenkung der Batteriespannung während des Startvorgangs aufgefangen wird.

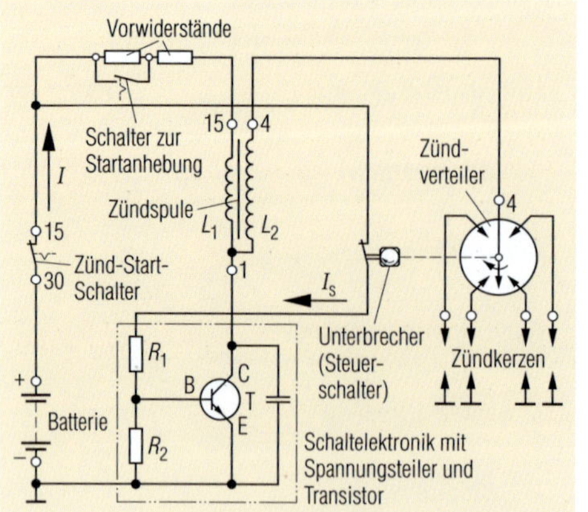

Bild 322.1 Vereinfachter Schaltplan der TZ-k.

Der niedrigere Steuerstrom verringert das Kontaktfeuer zwar wesentlich, eine Wartung des Unterbrecherkontakts ist aber immer noch erforderlich. Das lässt sich durch den Einsatz von Induktions- oder Hallgebern vermeiden.

Induktionsgeber (Bild 322.2). Der Zündverteiler ist äußerlich nur an der zweiadrigen Geberleitung zu erkennen. Im Inneren des Verteilergehäuses befindet sich der fest stehende Stator aus Dauermagnet, Induktionswicklung und weichmagnetischem Kern. Gegen diese feste Anordnung dreht sich der von der Verteilerwelle angetriebene ebenfalls weichmagnetische Rotor (Impulsgeberrad). Rotor und Kern haben zackenförmige Fortsätze, die Rotor- und Statorzacken. Die Anzahl der Zylinder bestimmt die Anzahl der Rotorzacken.

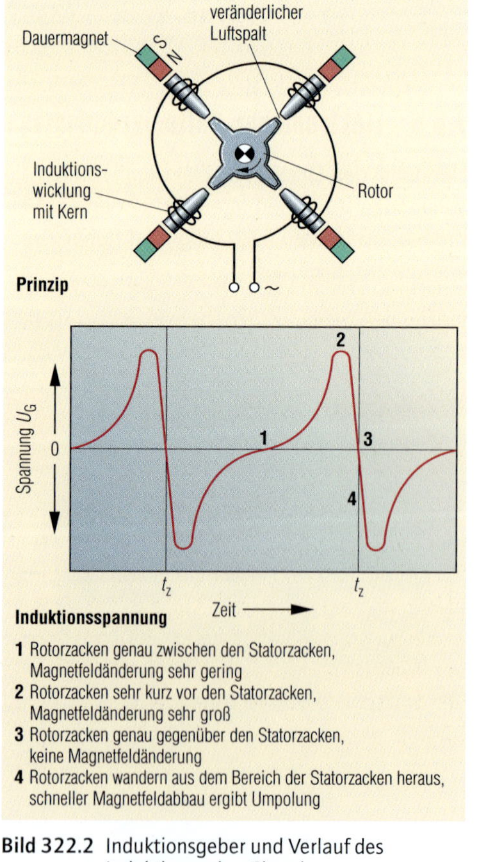

Bild 322.2 Induktionsgeber und Verlauf des Induktionsgeber-Signals.

Dreht sich der Rotor, wird der Luftspalt zwischen Rotor- und Statorzacken periodisch verändert. In der Induktionswicklung wird eine Wechselspannung induziert, deren Höhe (ca. 0,5 V bis ca. 100 V) und Frequenz sich mit der Drehzahl verändern (Bild 322.2).

Wird die Geberspannung negativ, sperrt der Leistungstransistor im Steuergerät den Primärstrom (Zündzeitpunkt t_Z). Im Steuergerät kann der Zündzeitpunkt zusätzlich verändert werden.

Hallgeber (Bild 323.1). Zur Erzeugung eines Zündimpulses wird der Hall-Effekt (Bild 323.2) genutzt. Dieser beschreibt, wie bewegte elektrische Ladungen durch ein Magnetfeld abgelenkt werden. Fließt beispielsweise ein Versorgungsstrom I_V durch einen Halbleiter, der gleichzeitig von einem Magnetfeld senkrecht zur Stromrichtung durchsetzt wird, so werden die Ladungsträger (Elektronen) abgelenkt. Die Ladungsverschiebung führt auf einer Seite des Halbleiters zu Elektronenmangel, an der anderen Seite zu Elektronenüberschuss, es entsteht die Hallspannung U_H von wenigen mV. Diese Anordnung bezeichnet man auch als Hall-Generator.

Die Magnetschranke mit Hall-IC und Luftspalt ist im Verteiler fest montiert. Die Verteilerwelle treibt den Blendenrotor an, dessen Blendenzahl der Zylinderzahl entspricht. Die Blenden laufen berührungslos durch den Luftspalt der Magnetschranke. Die Blendenbreite b bestimmt den maximalen Schließwinkel. Dieser ist beim Hallgeber über die gesamte Lebensdauer konstant.

Je nach Stellung der Blenden im oder außerhalb des Luftspalts wird das Magnetfeld am Hall-IC vorbei oder durch ihn hindurchgeleitet (Tabelle 323.1). Diese Änderung des Magnetfeldes führt zu einer periodischen Änderung der Hall-Spannung. Im Hall-IC wird die Hallspannung verstärkt, umgeformt und an das Steuergerät weitergegeben (Bild 324.1). Im Steuergerät wird der Primärstrom geschaltet. Verlässt die Blende den Luftspalt, wird die Zündung ausgelöst (Bild 324.2).

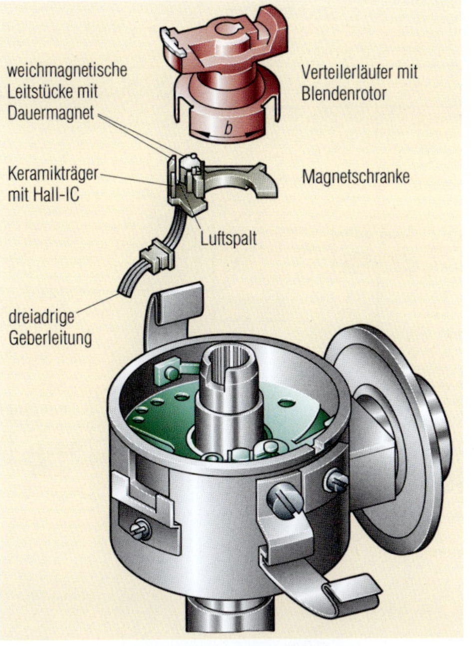

Bild 323.1 Zündverteiler mit Hallgeber.

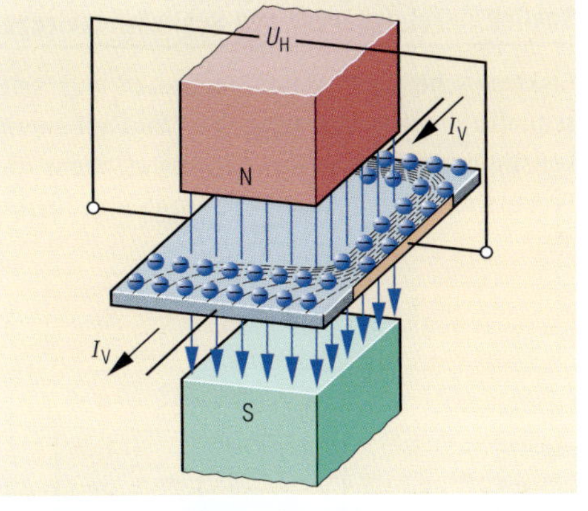

Bild 323.2 Hall-Effekt.

IC: integrated circuit (engl.) = integrierter Schaltkreis → S. 150

Blende	im Spalt	aus dem Spalt
Hallspannung U_H	niedrig	hoch
Geberspannung U_G	hoch	niedrig
Primärstrom I	eingeschaltet	ausgeschaltet

Tabelle 323.1 Schaltstufen des Hallgebers.

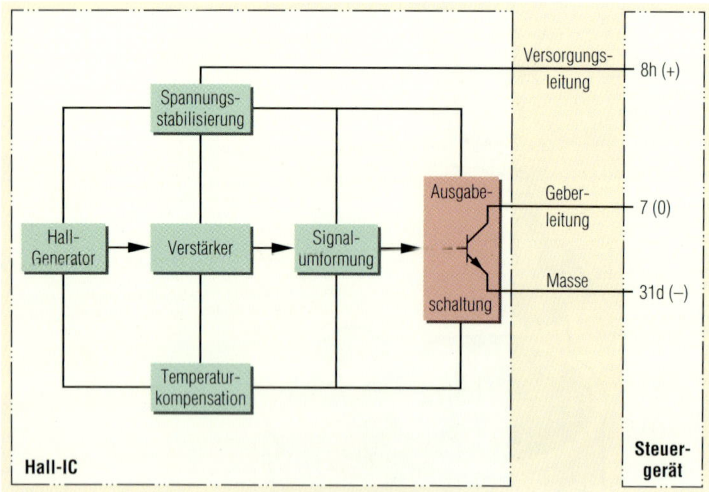

Bild 324.1 Blockschaltbild des Hall-IC.

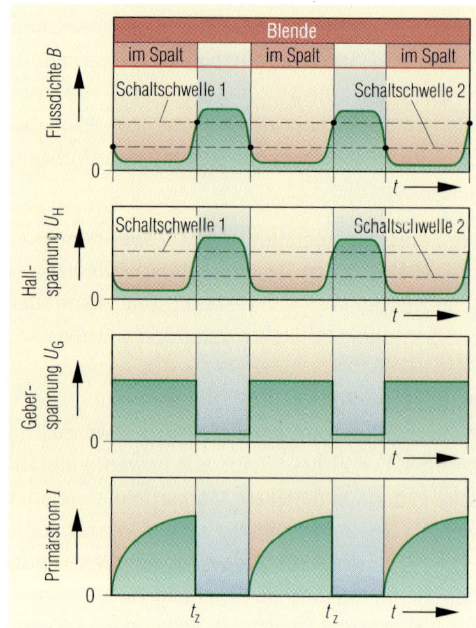

Bild 324.2 Impulsschema des Hallgebers.

Schließwinkelsteuerung und Schließwinkelregelung

Elektronische Zündsysteme arbeiten mit sehr schnell aufladbaren Zündspulen. Wird mit einem konstanten Schließwinkel gearbeitet, fließt der Primärstrom bei niedrigen Drehzahlen unnötig lange, was zur thermischen Überlastung führen kann. Daher wird der Primärstrom den tatsächlichen Erfordernissen angepasst.

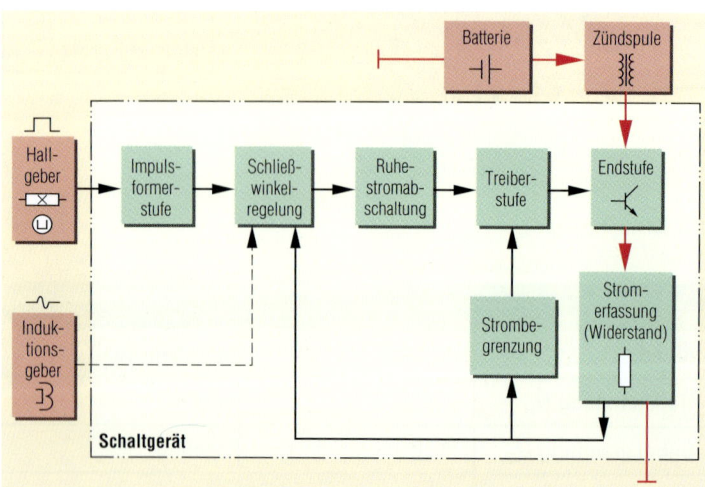

Bild 324.3 Blockschaltbild elektronischer Zündsysteme.

Schließwinkelsteuerung. Die Schließzeit wird möglichst konstant gehalten, mit zunehmender Drehzahl wird der Schließwinkel also immer mehr vergrößert. Dazu wird der Einschaltzeitpunkt für den Primärstrom immer weiter vorverlegt. Ab einer Höchstdrehzahl wird der Schließwinkel begrenzt um Zündaussetzer zu vermeiden. Der Zündfunken würde sonst durch den Schließabschnitt unterbrochen.

Schließwinkelregelung. Über einen Messwiderstand wird zusätzlich der Istwert des Primärstroms erfasst und mit einem Sollwert verglichen (Bild 324.3). Dadurch können auch Änderungen des Primärspulen-Widerstands durch Erwärmung und Schwankungen der Batteriespannung ausgeglichen werden.

Primärstrombegrenzung und Ruhestromabschaltung

Primärstrombegrenzung. Die Zündspule erreicht im Fahrbetrieb ihren Soll-Primärstrom einige Zeit vor dem Zündzeitpunkt. Die Schließwinkelregelung allein würde daher regelmäßig zu einer thermischen Überlastung der Zündspule führen, da der Primärstrom über die zur Erzeugung eines kräftigen Zündfunkens benötigten 10 A bis 15 A ansteigt. Wird von der Stromerfassung gemeldet, dass dieser Wert erreicht ist, wird ein weiterer Anstieg durch die Strombegrenzung verhindert.

Die Ruhestromabschaltung verhindert eine Überhitzung der Zündspule bei eingeschalteter Zündung. Bei elektronischen Zündsystemen der ersten Generation konnte der für längere Zeit eingeschaltete Primärstrom zur Explosion der Zündspule führen. Erhält daher das Steuergerät innerhalb einer Sekunde kein Drehzahlsignal, wird der Primärstrom abgeschaltet. Dies geschieht so langsam, dass sekundär kein Zündfunke entstehen kann.

Kennfeldzündung

In transistorisierten Spulenzündungen (TSZ) und Transistorzündungen (TZ) wurden elektronische Bauteile (Hall- und Induktionsgeber) zur Zündauslösung eingesetzt, die Verstellung des Zündzeitpunkts erfolgte aber noch mechanisch mit Fliehkraft- und Unterdruckverstellung. Erst in der elektronischen Zündung (EZ) wird der Zündwinkel im Steuergerät errechnet und mit Sollwerten verglichen, die in Kennfeldern abgelegt sind. Vorteile:

- weniger Verschleißteile im Zündsystem,
- geringerer Motorverschleiß durch Vermeidung des Motorklopfens,
- geringerer Kraftstoffverbrauch,
- günstigeres Abgasverhalten.

Das Zündwinkelkennfeld eines Motors wird auf dem Prüfstand und in Fahrversuchen ermittelt und im Steuergerät abgespeichert. Für möglichst viele Last- und Drehzahlpunkte des Motors (ca. 1000 bis 4000 Einzelpunkte) wird ein Zündwinkel festgelegt, der den günstigsten Kompromiss aus Kraftstoffverbrauch, Drehmoment, Leistung, Abgas, Abstand zur Klopfgrenze, Motortemperatur, Fahrbarkeit usw. bildet. Im Vergleich zum

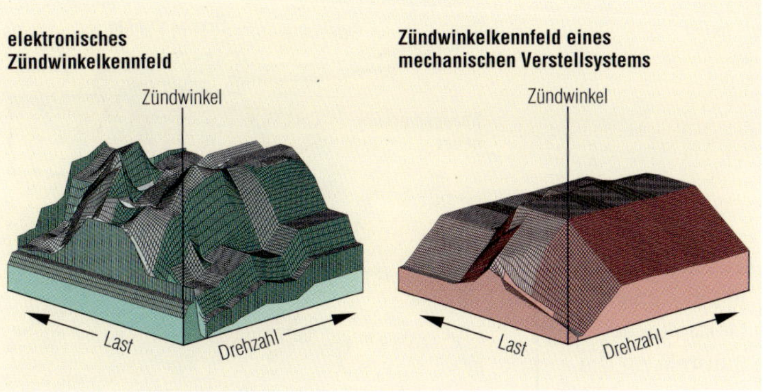

Bild 325.1 Zündwinkelkennfelder im Vergleich.

mechanischen Verstellsystem kann der Zündwinkel erheblich genauer an die Erfordernisse des Motors angepasst werden (Bild 325.1).

Weitere Funktionen sind bei der elektronischen Zündung realisierbar:

- bei geschlossener Drosselklappe wird eine spezielle Leerlaufkennlinie (bei Schub eine Schubkennlinie) ausgewählt,
- zur Leerlaufstabilisierung wird der Zündwinkel nach „früh" verstellt, wenn die Motordrehzahl unter einen Sollwert sinkt,
- bei Volllast wird eine besondere Volllastkennlinie ausgewählt um das Motorklopfen zu verhindern,
- während des Startvorgangs kann das Kennfeld außer Kraft gesetzt werden und der Zündwinkel als Funktion von Motortemperatur und -drehzahl berechnet werden,
- bei Ausfall des Steuergeräts wird auf Notlauffunktion umgeschaltet,
- die ständige Veränderung der Kennfelder durch Umprogrammierung des Speicherchips (EEPROM) für Tuning- oder Versuchszwecke ist möglich.

Die beiden Hauptsteuergrößen zur Festlegung des Zündwinkels sind Motorlast und Motordrehzahl. Das Lastsignal wird vom Steuergerät für die elektronische Einspritzung übernommen oder von einem gesonderten Drucksensor geliefert, der den Druck im Ansaugrohr misst.

Die verschiedenen Gebersysteme, die die Motordrehzahl erfassen, dienen gleichzeitig zur Bestimmung der Kurbelwellenstellung. Die meisten sind Induktiv-Geber, aber auch Hall-Geber-Systeme werden genutzt.

EEPROM: Electrically Erasable Programmable Read Only Memory (engl.) = elektrisch löschbarer, programmierbarer Nur-Lesespeicher

Impulsformer: Elektronischer Baustein zur Umwandlung impulsförmiger elektrischer Signale (z. B. Schaltersignale) in digitale elektrische Signale.

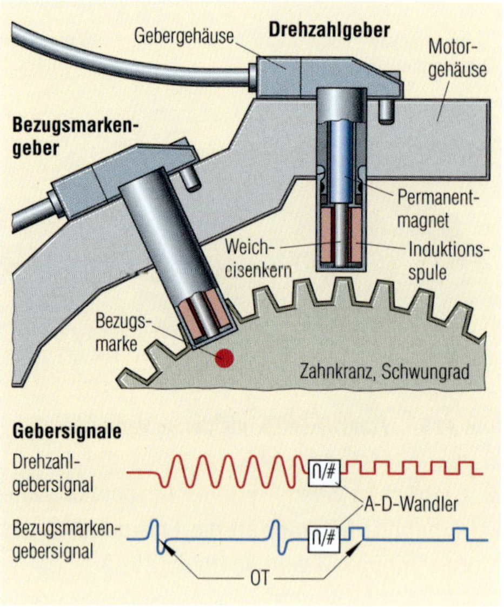

Bild 326.1 Induktiv-Geber; Zweigebersystem.

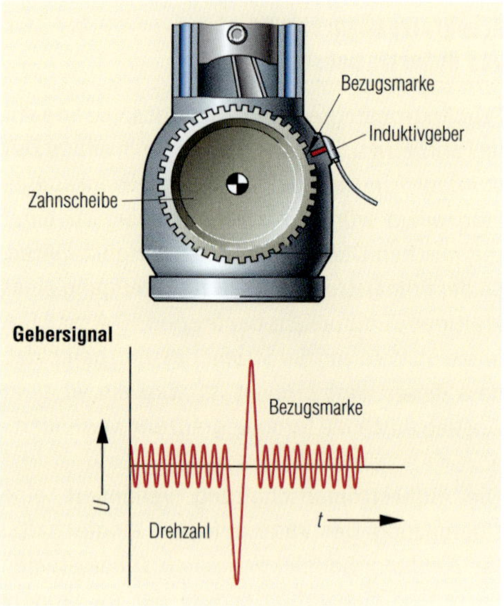

Bild 326.2 Induktiv-Geber; Eingebersystem.

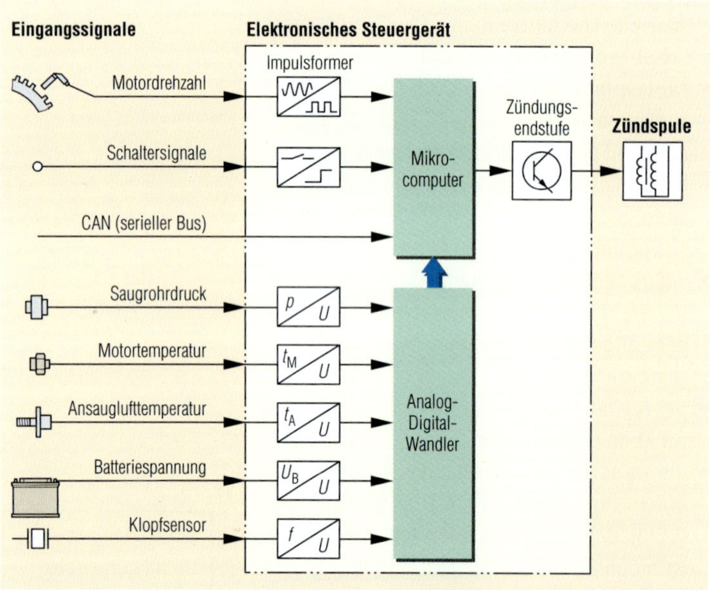

Bild 326.3 Signalfluss bei der Elektronischen Zündung (EZ).

Analog-Digital-Wandler → S. 186

Induktiv-Geber. Sie bestehen aus einem Permanentmagneten und einer Induktionsspule (Bild 326.1). Am Geber läuft ein Zahnkranz vorbei, dadurch ändert sich der Luftspalt zwischen Zahnkranz und Geber ständig. Die daraus resultierende Änderung der Magnetfeldstärke in der Spule führt zu einer Induktionsspannung.

Zweigebersysteme benötigen zwei Sensoren zur Erfassung von Drehzahl und Kurbelwellenstellung (Bild 326.1). Als Bezugsmarke ist häufig eine Metallkugel in die Schwungscheibe eingelassen. Eingebersysteme kommen mit einem Induktiv-Geber aus, als Bezugsmarke dient eine Lücke in der Zahnscheibe (Bild 326.2).

Weitere Eingangssignale für das Steuergerät sind Drosselklappenstellung, Klopfsignal, Motortemperatur, Ansauglufttemperatur und Batteriespannung. Diese werden dem Mikrocomputer im Steuergerät zum Teil über Impulsformer, zum Teil über einen Analog-Digital-Wandler zugeführt (Bild 326.3).

7.8.6 Ruhende Hochspannungsverteilung

Als letztes mechanisch arbeitendes Bauteil wurde bei der vollelektronischen Zündung (VZ) die Hochspannungsverteilung durch die Elektronik ersetzt. Bei der ruhenden oder statischen Spannungsverteilung übernimmt das Steuergerät die Aufgabe des Hochspannungsverteilers. Somit entfällt der Verteiler, ansonsten entspricht die VZ der EZ. Die ruhende Spannungsverteilung bietet verschiedene Vorteile:

- keine offenen Funken, dadurch weniger elektromagnetische Störungen,
- keine rotierenden Teile,
- weniger Hochspannungsverbindungen,
- einfachere Bauweise.

Statt des Zündverteilers werden bei Motoren mit ungerader Zylinderzahl Einzelfunkenzündspulen verwendet, bei Motoren mit gerader Zylinderzahl Einzel- oder Zweifunkenzündspulen (Tabelle 328.1).

Doppelzündung. Hier werden zwei Zündkerzen je Zylinder eingesetzt, die gleichzeitig oder leicht zeitversetzt arbeiten. Durch die kürzeren Flammenwege erfolgt eine schnelle und vollständige Verbrennung. Daraus ergeben sich folgende Vorteile:

- geringere HC-Anteile im Abgas,
- Steigerung des Motormoments, da der Zündzeitpunkt näher bei OT liegt, wo das Frischgas stärker verdichtet ist,
- sanfter Druckanstieg und damit weichere Verbrennung bei zeitversetzter Zündung.

HC: Hydrocarbons (engl.) = Kohlenwasserstoffe, d. h. hier: unverbrannter Kraftstoff.

7.8.7 Klopfregelung

Zu frühe Zündung führt zu klopfender Verbrennung und damit zu Motorschäden. Daher wird im Kennfeld der Zündwinkel so abgelegt, dass ein Sicherheitsabstand zur Klopfgrenze eingehalten wird (Bild 327.1). Dieser Sicherheitsabstand ist aber mit einem erhöhten Kraftstoffverbrauch verbunden, da die Klopfgrenze von verschiedenen sich ständig ändernden Faktoren abhängt (Motorzustand, Kraftstoffqualität, Verdichtungsverhältnis, Brennraumform, Lastzustand usw.). Diesen Nachteil kann man vermeiden, wenn die Klopfgrenze im Betrieb erfasst und der Zündwinkel ständig nachgeregelt wird (Bild 327.2).

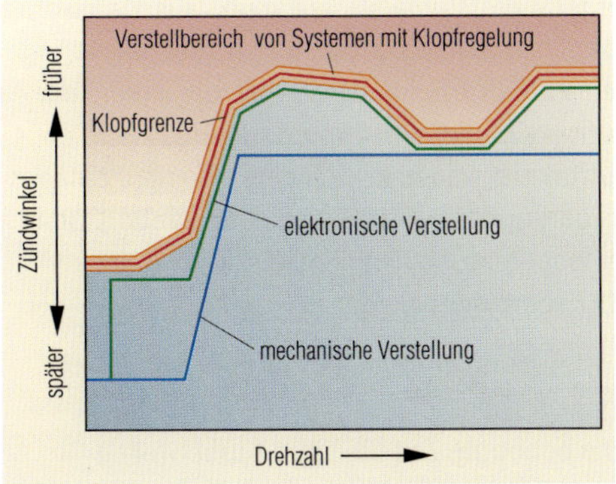

Bild 327.1 Zündwinkelverstellung verschiedener Systeme.

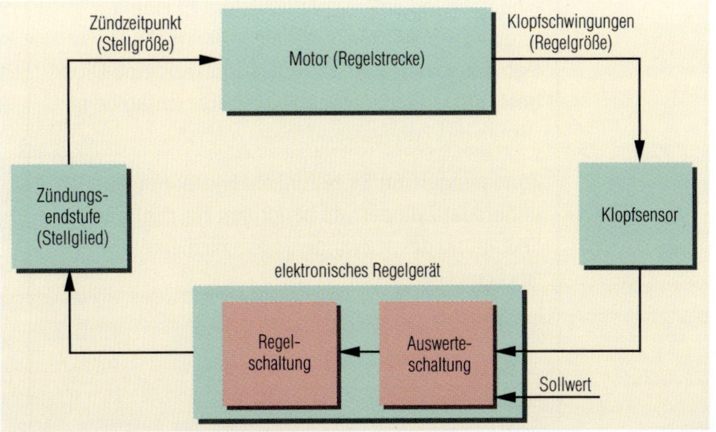

Bild 327.2 Regelkreis der Klopfregelung.

	Einzelfunkenzündspulen	Zweifunkenzündspulen
Aufbau	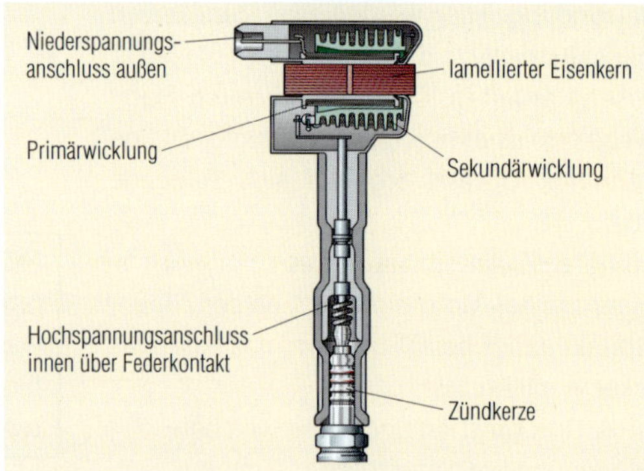	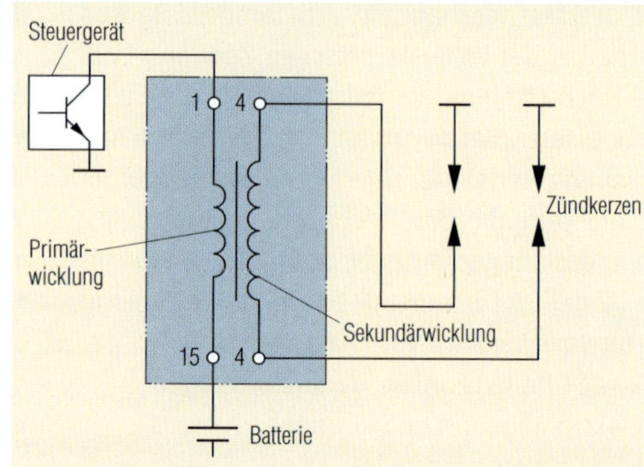
Schaltung	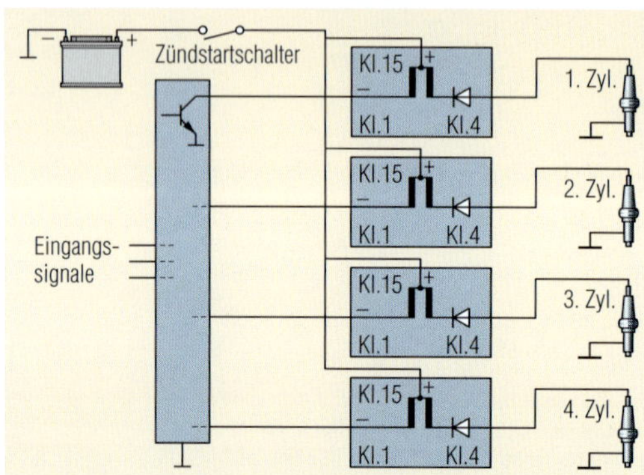	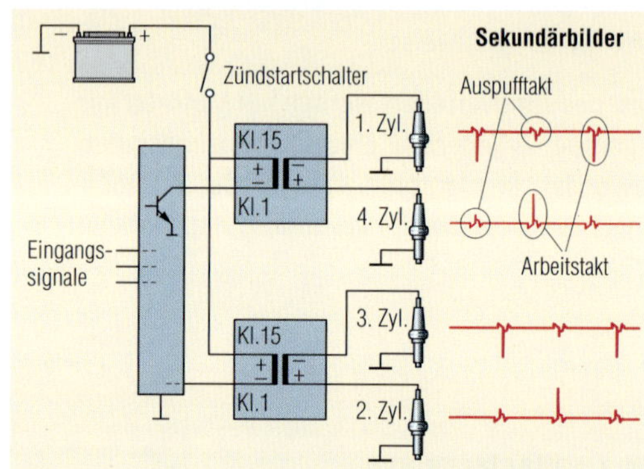
Merkmale/ Funktion	Für jeden Zylinder wird eine separate Zündspule verwendet, die häufig direkt auf die Zündkerze aufgesetzt wird. Die Steuerelektronik schaltet den Primärstrom der Zündspulen nach der Zündfolge ein und aus. Da die Elektronik sehr schnell schaltet, entsteht auch beim Schließen des Primärstromkreises eine hohe Induktionsspannung, die zu einem ungewollten Funkenüberschlag führen könnte. Daher wird in jeden Sekundärstromkreis eine Diode geschaltet, die nur einen Funkenüberschlag beim Öffnen des Primärstromkreises zulässt. Zündanlagen mit Einzelfunkenzündspulen und ungerader Zylinderzahl benötigen zur richtigen Erkennung des 1. Zylinders zusätzlich einen Nockenwellensensor.	Zwischen Primär- und Sekundärwicklung besteht keine Verbindung. Die Primärwicklung liegt an den Klemmen 1 und 15, die Sekundärwicklung zwischen zwei Klemmen 4, eine Zündspule versorgt also je zwei Zündkerzen, die in Reihe geschaltet sind und gleichzeitig zünden. (nur bei gerader Zylinderzahl.) Wie bei den Einzelfunkenzündspulen schaltet das Steuergerät den Primärstrom ein und aus. Dabei sind die Zylinder den Zündspulen so zugeordnet, dass eine Zündkerze im Arbeitstakt, die andere im Auspufftakt zündet. Der Zündspannungsbedarf im Auspufftakt ist wegen des kleineren Kompressionsdrucks geringer (am Oszillogramm erkennbar). Beim Vierzylinder-Motor müssen immer die Zylinder 1/4 und 3/2 kombiniert werden. Zur Ansteuerung der Zylindergruppe 1/4 wird das OT-Signal verwendet. Aus dem Drehzahlsignal wird die benötigte Zeit für 180 ° Kurbelwellendrehung berechnet und dann die Zylindergruppe 3/2 gezündet. Beim nächsten Signal zündet wieder Gruppe 1/4 usw. (kein zusätzlicher Nockenwellensensor erforderlich.)

Tabelle 328.1 Zündanlage mit Einzelfunkenzündspulen bzw. Zweifunkenzündspulen.

Zur Signalerfassung dient ein Klopfsensor, der so am Motorblock befestigt wird, dass das Klopfen jedes Zylinders sicher erkannt wird. Bei größeren Motoren werden zwei Sensoren verwendet. Der Klopfsensor erfasst die Schwingungen, die von den einzelnen Brennräumen ausgehen und setzt sie in elektrische Signale um (Bild 329.1).

Eine seismische Masse im Sensor überträgt die Motorschwingungen auf die piezokeramische Lochscheibe, die daraus eine elektrische Spannung macht. Dieses Signal wird vom Steuergerät ausgewertet.

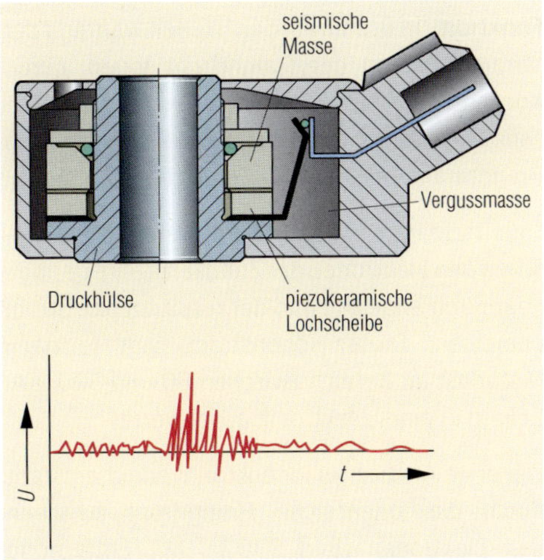

Bild 329.1 Klopfsensor und Sensorsignal.

seismisch (griech.): seismós = Erschütterung

Piezokeramik: Kristalle, an deren Oberfläche infolge einer Deformation eine elektrische Spannung anliegt.

Zylinderselektive Klopfregelung. Die normalen Motorgeräusche werden im Steuergerät aus dem Sensorsignal herausgefiltert. Tritt ein Klopfgeräusch auf, wird am betreffenden Zylinder der Zündzeitpunkt um z. B. 3 ° nach „spät" verstellt. Tritt beim nächsten Zündvorgang wieder Klopfen auf, wird nochmals um 3 ° nach „spät" gestellt. Dies wird so lange fortgeführt, bis kein Klopfen mehr auftritt. Dann wird der Zündzeitpunkt in kleinen Schritten nach „früh" verstellt, bis wieder ein Klopfen auftritt oder der Kennfeldwert erreicht ist (Bild 329.2). Da sich die Betriebsbedingungen und damit die Klopfgrenze in jedem Zylinder unterscheiden, ergeben sich für jeden Zylinder unterschiedliche Zündzeitpunkte.

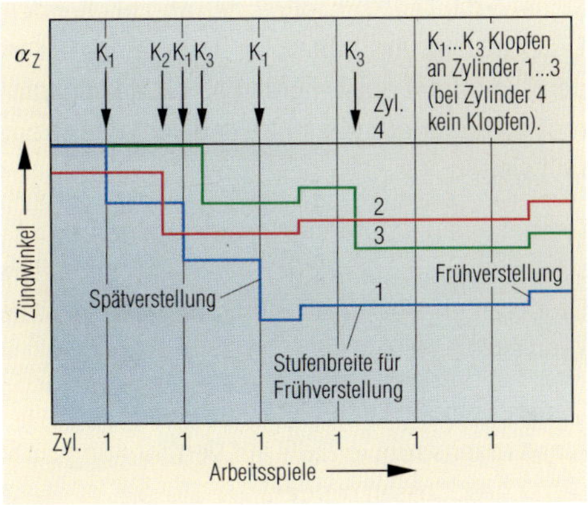

Bild 329.2 Zylinderselektive Klopfregelung.

Fahrzeuge, die für den Betrieb mit Superbenzin ausgelegt sind, können auch mit Normalbenzin betrieben werden. Da die Klopfhäufigkeit dann einen Schwellwert überschreitet, schaltet das Steuergerät automatisch auf ein anderes Zündwinkelkennfeld für Normalbenzin um. Bei älteren Fahrzeugen musste der Fahrer diese „Umschaltung" mithilfe eines Kodiersteckers selbst vornehmen.

7.8.8 Klopfregelung durch Ionenstrommessung

Bei dieser Art der Klopferkennung wird die Zündkerze als Sensor direkt im Brennraum genutzt. Der normale Körperschallsensor kann dadurch entfallen. Weiterhin kann die Messung des Ionenstroms zur Erkennung von Verbrennungsaussetzern genutzt werden. Dies dient einerseits zum Schutz des Katalysators und kann weiterhin bei der Motorüberwachung im Rahmen der OBD verwendet werden.

OBD → S. 378 ff.

Da die Sensoren bei diesem Verfahren direkt im Brennraum sitzen, ist ein Verfälschen des Messergebnisses durch die Lage des Sensors ausgeschlossen.

Ionisierung: aus elektrisch neutralen Atomen entstehen durch Entfernen bzw. Anlagern einzelner Elektronen positiv bzw. negativ geladene Ionen.

Rekombination: Umkehrprozess zur Ionisierung

Funktion. Im Brennraum entstehen während der Verbrennung in der Flammfront Ionen, deren Konzentration zwischen den beiden Zündkerzenelektroden von der Lage der Flammfront im Brennraum und vom Brennraumdruck abhängt.

Unmittelbar nach dem Funkenende wird zwischen den Elektroden der Zündkerze eine geringe Spannung angelegt und der resultierende Strom gemessen. Dieser Ionenstrom liegt je nach Motorlast im Bereich zwischen 50 und 500 mA. Er wird in einer Elektronik ausgewertet.

Der erste Anstieg im Ionenstromverlauf entsteht durch die ionenreiche Flammfront zwischen den Elektroden (Bild 330.1). Mit Entfernung der Flammfront von den Elektroden nimmt der Ionenstrom ab. Der zweite Berg im Ionenstrom-Signalverlauf entsteht durch den anschließenden Druckanstieg und -abfall im Brennraum. Die in der Flammfront entstehenden Ionen rekombinieren im verbrannten Gemisch und der Ionenstrom fällt weiter.

Die bei einen Klopfereignis auftretenden Druckschwankungen überlagern diesen normalen Druckverlauf, was messtechnisch erfasst werden kann (Bild 330.2).

Darüber hinaus kann beim Ausbleiben des typischen Ionenstromverlaufs auf Verbrennungsaussetzer geschlossen werden.

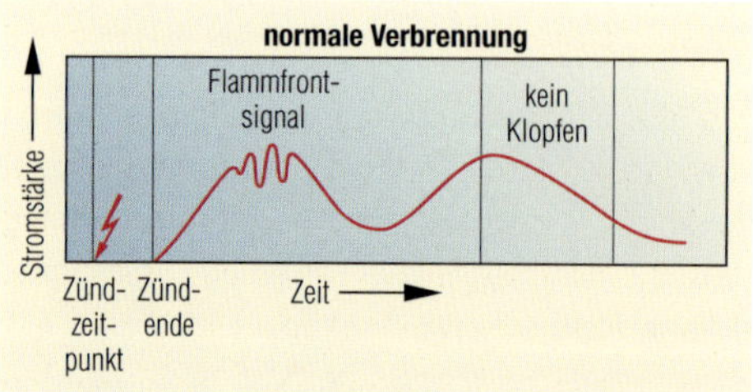

Bild 330.1 Ionenstromverlauf bei einer normalen Verbrennung.

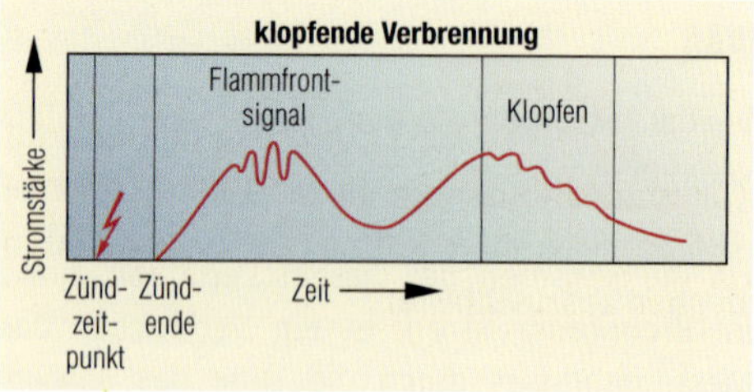

Bild 330.2 Ionenstromverlauf bei einer klopfenden Verbrennung.

7.8.9 Zündkerzen

Die Zündkerze soll
- die Zündenergie isoliert in den Brennraum einbringen,
- durch einen elektrischen Lichtbogen zwischen den Elektroden die Verbrennung des Kraftstoff-Luft-Gemisches einleiten,
- einen sicheren Kaltstart ermöglichen,
- aussetzerfreien Motorlauf auch bei langem Betrieb und Höchstleistung des Motors gewährleisten,
- den Brennraum gasdicht verschließen und
- so konstruiert sein, dass sie ihre Betriebstemperatur (500 °C bis 850 °C) schnell erreicht und nicht überschreitet.

Dazu ist es erforderlich, dass die Zündkerze
- auch bei hohen Temperaturen bis zu 1000 °C und starker Verschmutzung gut isoliert,
- auch bei ständig wechselnden Drücken bis ca. 100 bar gasdicht bleibt,
- ihre Eigenschaften trotz der chemischen Prozesse im Brennraum nicht verändert und
- den starken Temperaturschwankungen zwischen Ansaug- und Verbrennungstakt standhält.

Aufbau

Die Zündkerze besteht aus einem Gehäuse, einem Isolator, Dichtelementen und Elektroden (Bild 331.1).

Das Gehäuse besteht aus galvanisch vernickeltem Stahl um Korrosion und ein Festfressen im Zylinderkopf zu vermeiden. Es ist mit einem Sechskant für den Zündkerzenschlüssel, einem Einschraubgewinde und einem Dichtsitz (konisch ohne Dichtring oder flach mit Dichtring) versehen.

Der Isolator besteht aus Aluminiumoxid (Al_2O_3-Keramik) und isoliert die Elektroden und den Anschlussbolzen vom Gehäuse. Gegen Kriechströme sind Kriechstrombarrieren eingearbeitet. Die Oberfläche ist glasiert, damit Feuchtigkeit und Schmutz weniger gut haften können.

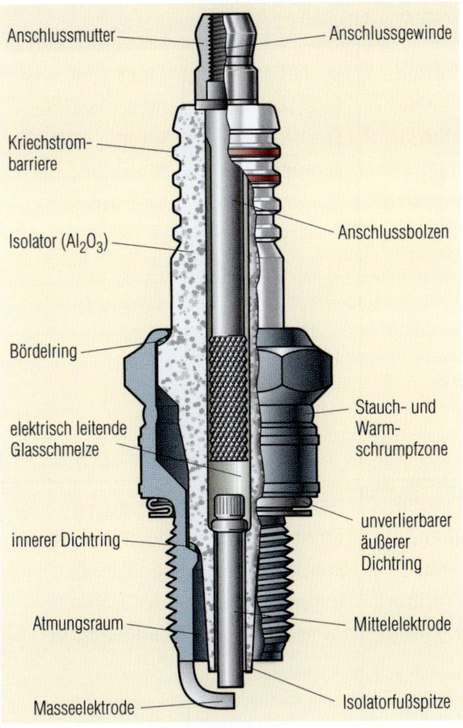

Bild 331.1 Zündkerzenaufbau.

Die elektrisch leitende Glasschmelze verbindet Mittelelektrode und Anschlussbolzen und dient zur Gasabdichtung gegenüber dem Brennraum. Sie kann gleichzeitig als Entstörwiderstand ausgelegt sein.

Die Mittelelektrode ist zylindrisch und hat wegen der unterschiedlichen Wärmedehnung einen etwas geringeren Durchmesser als der Isolatorfuß, aus dem sie ein Stück herausragt. Sie besteht aus einem Verbundwerkstoff (von einer Nickellegierung umschlossener Kupferkern), Silber oder Platin bzw. Platinlegierungen.

Die Masseelektrode ist meist rechteckig und am Gehäuse befestigt (Bild 331.2). Man unterscheidet Dachelektroden und Seitenelektroden, die häufig auch als Mehrfachelektroden ausgeführt werden (ein bis vier Elektroden). Dies hat einen geringeren Verschleiß der Einzelelektroden zur Folge. Zusätzlich kann der Funke sich für seinen Sprung jeweils die Elektrode aussuchen, die am nächsten zur Mittelelektrode gelegen ist oder

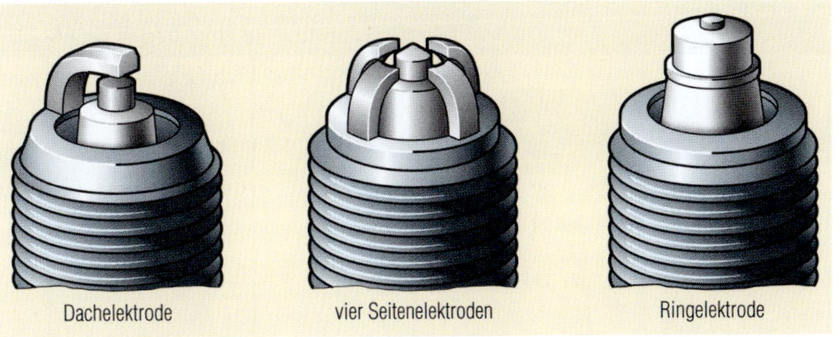

Bild 331.2 Elektrodenformen.

wo das am leichtesten entzündliche Gemisch vorherrscht. Eine Sonderbauform stellt die ringförmige Elektrode dar. Hier kann der Zündfunke seinen Weg rund um den Kerzenfuß frei wählen. Außerdem ist der Zugang des Gemisches zum Funken ungehindert möglich.

Wärmewert

Der Wärmewert einer Zündkerze beschreibt ihre Fähigkeit Wärme aufzunehmen und wieder abzuführen (Tabelle 332.1). Der Wärmewert wird durch eine herstellerspezifische Wärmewertkennzahl gekennzeichnet.

Die Betriebstemperatur der Zündkerze stellt sich als Gleichgewichtszustand zwischen Wärmeaufnahme und Wärmeabgabe ein. Daher kann durch eine Veränderung der wärmeaufnehmenden bzw. wärmeabgebenden Oberflächen am Isolatorfuß der Zündkerze die thermische Belastbarkeit, also ihr Wärmewert, beeinflusst werden.

Da die Wärmezufuhr an der Zündkerze vom jeweiligen Motor abhängt, ist die Verwendung einer „Einheitskerze" für alle Motoren unmöglich. Zündkerzen müssen in einem bestimmten Temperaturbereich betrieben werden. Einerseits muss möglichst rasch eine bestimmte Mindesttemperatur (Freibrenngrenze bei ca. 500 °C) erreicht werden. Oberhalb der Freibrenngrenze verbrennen die Rückstände auf dem Isolatorfuß, die Zündkerze reinigt sich selbst. Dadurch wird ein Verrußen der Zündkerze vermieden. Andererseits darf eine bestimmte Höchsttemperatur (Glühzündungsbereich ab ca. 900 °C) auch bei Volllast nicht überschritten werden um Glühzündungen auszuschließen.

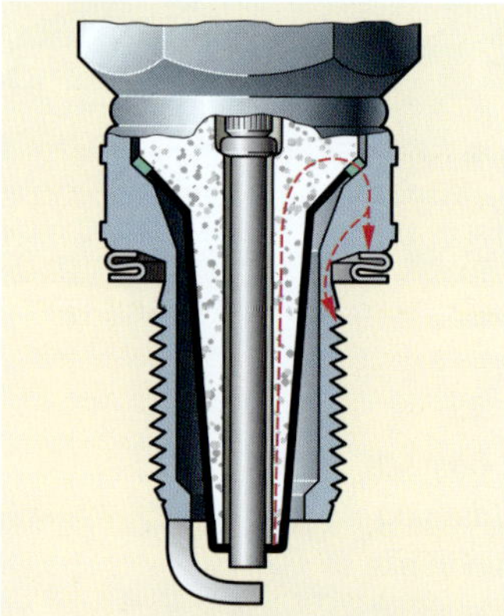	„heiße" Zündkerze	großer Isolatorfuß	große Wärme aufnehmende Fläche und langer Wärme-ableitungsweg	schnelles Erreichen der Freibrenn-temperatur	Einsatz im niedrig belasteten („kalten") Motor und bei Kurzstrecken
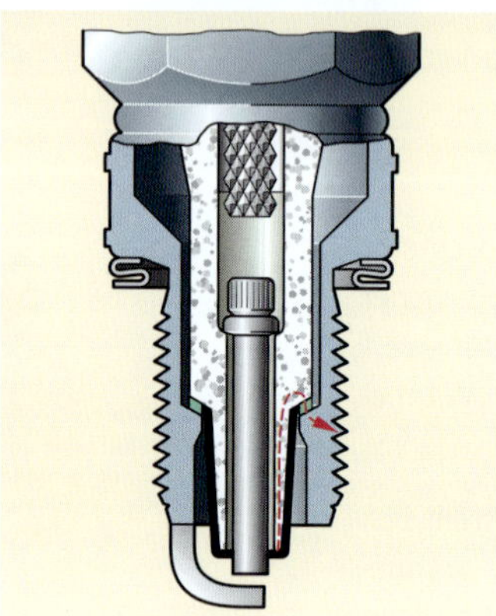	„kalte" Zündkerze	kleiner Isolatorfuß	kleine Wärme aufnehmende Fläche und kurzer Wärme-ableitungsweg	langsames Erreichen der Freibrenn-temperatur	Einsatz im hoch belasteten („heißen") Motor und bei Langstrecken

——— Wärme aufnehmende Fläche

- - - - - -▸ Wärmeleitweg

Tabelle 332.1 Wärmewert von Zündkerzen.

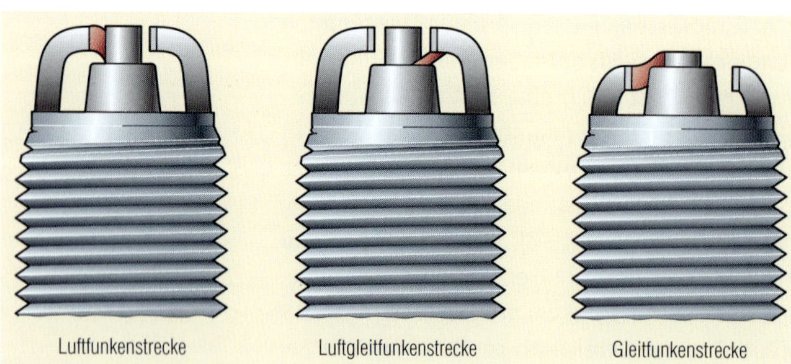

Bild 332.1 Funkenstrecken.

Funkenstrecke und Funkenlage

Die Funkenstrecke hängt von der Geometrie der Masseelektrode und ihrer Stellung bezüglich der Mittelelektrode ab (Bild 332.1):

- bei der Luftfunkenstrecke springt der Funke direkt von der Mittelelektrode zur Masseelektrode,
- bei der Luftgleitfunkenstrecke ist der Funkenweg von der Verschmutzung der Zündkerzen abhängig. Normalerweise gibt es eine Luftfunkenstrecke, aber bei Verschmutzung des Isolatorfußes (z. B. mit Ruß) gleitet der Funke bevorzugt über die Verunreinigung und springt von dort zur Masseelektrode. Der Funke brennt die Verunreinigung ab, danach gibt des wieder eine Luftfunkenstrecke,

- bei der Gleitfunkenstrecke gleitet der Funke von der Mittelelektrode zur Isolatorfußspitze und von dort zur Masseelektrode.

Funkenlage. Die Anordnung der Funkenstrecke im Brennraum (normal, vor- oder zurückgezogen) wird als Funkenlage bezeichnet. Sie ist vom Motortyp abhängig. Im Rennsport beispielsweise wird die zurückgezogene Funkenlage eingesetzt, bei der die Funkenstrecke im Gehäuse liegt. Dadurch wird die Wärmeaufnahme eingeschränkt und eine Überhitzung verhindert.

Zündkerzengesichter

Das sogenannte Zündkerzengesicht (Aussehen von Elektroden und Isolator) gibt nach längerem Gebrauch Hinweise auf das Betriebsverhalten der Zündkerze sowie auf die Gemischzusammensetzung und den Verbrennungsvorgang des Motors. Tabelle 334.1 zeigt einige wichtige Zündkerzengesichter.

7.8.10 Zündoszillogramme

Mit einem herkömmlichen Multimeter können die rasch ablaufenden Vorgänge im Zündsystem nicht erfasst werden. Mithilfe eines Oszilloskops können die dynamischen Vorgänge jedoch dargestellt werden, indem die Spannungsverläufe sowohl für den Primär- als auch für den Sekundärstromkreis mit einer Kathodenstrahlröhre sichtbar gemacht werden.

Das Primäroszillogramm wird zwischen Klemme 1 und Masse, das Sekundäroszillogramm zwischen Klemme 4 und Masse aufgenommen. Das Oszilloskop ermöglicht neben der Ansicht eines einzelnen Zylinders den Vergleich aller Zylinder durch die Darstellung der Oszillogramme als

- Parade: die Bilder aller Zylinder liegen nebeneinander,
- Überlagerung: die Bilder aller Zylinder liegen aufeinander,
- Raster: die Bilder aller Zylinder liegen untereinander.

Normaloszillogramme kontaktgesteuerter Zündsysteme

Man unterscheidet den Öffnungs- oder Zündabschnitt und den Schließabschnitt. Der Zündabschnitt wird nochmals unterteilt in die Funkendauer und den Ausschwingvorgang (Bild 333.1).

Zündabschnitt. Der Kontakt öffnet, die Sekundärspannung steigt schnell an, bis die für den Funkenüberschlag benötigte Zündspannung (Zündspannungsnadel) erreicht ist. Der Spannungsbedarf zur Aufrechterhaltung des Lichtbogens ist erheblich geringer, die Sekundärspannung sinkt auf die Brennspannung.

Wenn die im Magnetfeld gespeicherte Energie nicht mehr zur Aufrechterhaltung des Lichtbogens ausreicht, reißt der Funke ab. Die Restenergie pendelt zwischen Zündkondensator und Primärwicklung hin und her. Dieser Ausschwingvorgang wird durch die Verluste in den Leitungen, der Spule und dem Kondensator gedämpft.

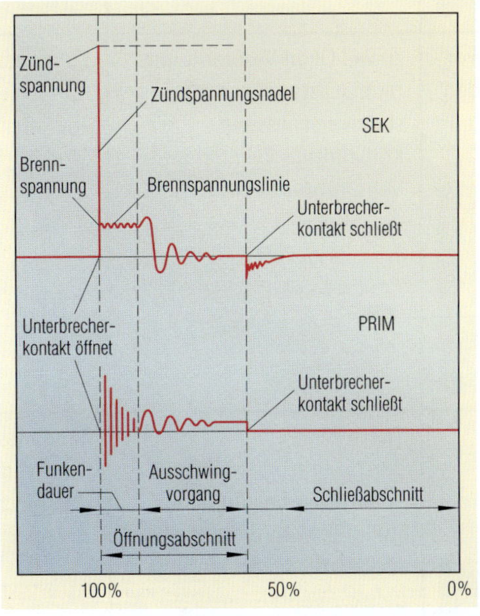

Bild 333.1 Normaloszillogramme von Primär- und Sekundärstromkreis kontaktgesteuerter Zündsysteme.

Zündkerzengesicht	Ursachen	Auswirkungen	Abhilfe
normal: Der Isolatorfuß ist grauweiß-graugelb bis rehbraun verfärbt. Der Elektrodenabbrand ist gering. 	Der Wärmewert der Zündkerze wurde richtig gewählt, keine thermische Überlastung, die Gemisch- und Zündeinstellung ist einwandfrei, der Motorzustand in Ordnung.		
verrußt: Isolatorfuß, Zündkerzengehäuse und Elektroden sind mit samtartigem, stumpfschwarzem Ruß bedeckt. 	Gemisch zu fett, Luftfilter stark verschmutzt, defekte Kaltstarteinrichtung, überwiegender Einsatz im Kurzstreckenverkehr, Zündkerze zu „kalt".	Durch Kriechströme kommt es zu schlechtem Kaltstartverhalten und Zündaussetzern.	Gemisch und Starteinrichtung richtig einstellen, Luftfilter prüfen.
verölt: Isolatorfuß, Zündkerzengehäuse und Elektroden sind mit ölglänzendem Ruß oder Ölkohle bedeckt. 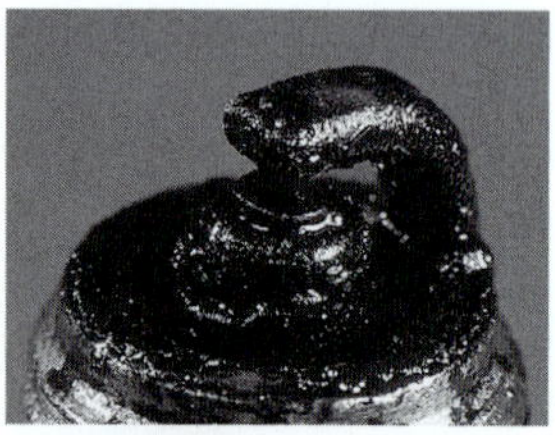	zu viel Öl im Verbrennungsraum (Ölstand zu hoch, stark verschlissene Kolbenringe, Zylinder und Ventilführungen).	Zündaussetzer oder sogar Kurzschluss der Zündkerze, Totalausfall.	Motor überholen, richtiges Kraftstoff-Öl-Gemisch.
angeschmolzene Elektroden (Überhitzung): blumenkohlartiges Aussehen der Elektroden. 	Thermische Überlastung durch Glühzündungen, z. B. durch zu frühe Zündeinstellung, Verbrennungsrückstände im Brennraum, defekte Ventile, unzureichende Kraftstoffqualität, nicht vorschriftsmäßig angezogene Zündkerze.	Zündaussetzer, Leistungsverlust, Totalausfall (Motorschaden).	Motor, Zündung und Gemischaufbereitung prüfen, Anzugsdrehmomente der Zündkerzen überprüfen, Zündkerzen erneuern.

Tabelle 334.1 Zündkerzengesichter.

Schließabschnitt. Der Unterbrecherkontakt schließt, der Primärstrom erreicht aber wegen der Selbstinduktion nur verzögert seinen Endwert (Ruhestrom). Die Magnetfeldänderung ist im Sekundärbild zu erkennen, wo die Induktionsspannung bis zum vollständigen Magnetfeldaufbau bis auf null abfällt. Die Spannung ist von einer Schwingung überlagert. Die Primärspannung ist im Schließabschnitt null, da sie parallel zum Unterbrecherkontakt abgegriffen wird.

Normaloszillogramme elektronischer Zündsysteme

Sekundäroszillogramm. Es hat wegen des fehlenden Kondensators einen stärker gedämpften Ausschwingvorgang als das Normaloszillogramm kontaktgesteuerter Zündsysteme. Zündspannung und Brennspannung sind höher und der Einsatz der Strombegrenzung ist zu erkennen.

Primäroszillogramm. Hier fällt vor allem die Spannungsspitze nach dem Sperren des Leistungstransistors auf. Sie entsteht in der Primärwicklung durch das schnelle Unterbrechen des Primärstroms durch die Elektronik. Sie wird durch eine Zenerdiode begrenzt und deswegen auch als Zenerspannung bezeichnet.

Der Zeitpunkt, an dem der Leistungstransistor durchschaltet, liegt wegen der Schließwinkelregelung nicht fest und ändert sich mit der Motordrehzahl. Auch der Einsatz der Stromregelung „wandert" drehzahlabhängig auf der Skala.

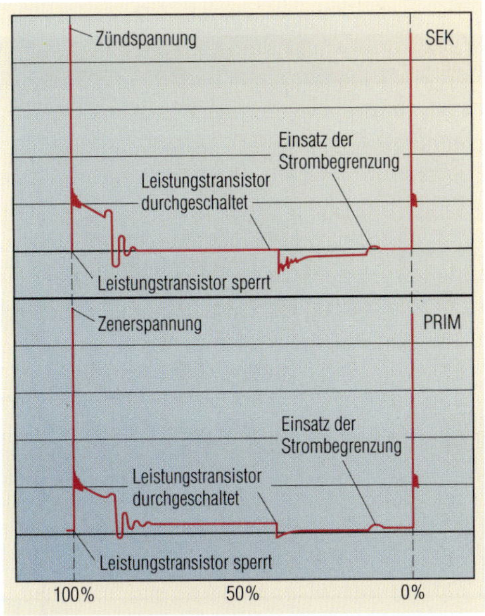

Bild 335.1 Normaloszillogramme vom Primär- und Sekundärstromkreis elektronischer Zündsysteme.

Zenerspannung → S. 143

7.8.11 Wartung und Diagnose von Zündanlagen

Unfallgefahren

Zündsysteme arbeiten in einem Spannungsbereich, der für den Menschen lebensgefährlich ist. Dies gilt beim Berühren spannungsführender Teile sowohl des Primär- als auch des Sekundärstromkreises.

Bei kontaktgesteuerten Zündsystemen treten die gefährlichen Spannungen wegen der geringeren Leistung vor allem im Sekundärstromkreis auf: Zündspule Klemme 4, Zündverteiler, Zündkabel und -kerzen.

Bei elektronischen Zündanlagen sind gefährliche Spannungen bis zu 400 V zusätzlich auch an den Bauteilen im Primärstromkreis zu erwarten. Außerdem ist das Berühren von Diagnosesteckern, Steckverbindungen und Anschlüssen gefährlich.

Überdies treten bei der Hochspannungs-Kondensatorzündung am Schaltgerät gefährliche Spannungen auf.

Bei Arbeiten an elektronischen Zündanlagen ist daher die Zündung auszuschalten oder besser die Spannungsquelle abzuklemmen.

Fehlersuche am Oszillogramm kontaktgesteuerter Zündsysteme

Grundsätzlich gilt:

- Fehler im Primärstromkreis bzw. im Sekundärstromkreis bis zum Verteilerläufer zeigen sich bei allen Zylindern,
- Fehler im Sekundärstromkreis hinter dem Verteilerläufer zeigen sich nur an einem Zylinder.

Fehler im	Bild im Sekundäroszillogramm		Fehlerquelle	Beispiele
Zündabschnitt	einzelne oder alle Zündspannungsnadeln zu hoch/niedrig	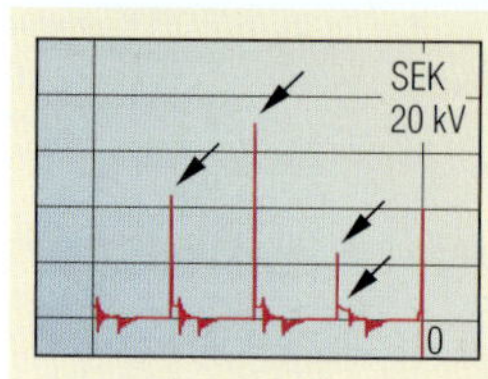	• hohe Widerstände im Sekundärstromkreis • mechanische Probleme im Motor • Probleme bei der Gemischaufbereitung	• Elektroden der Zündkerzen sind (unterschiedlich) abgebrannt • Unterbrechung in Leitung 4 oder in der Leitung zu einer Zündkerze oder im Kerzenstecker • Unterbrechung im Verteilerfinger • Elektrodenabstand im Verteilerfinger (teilweise) zu groß • Zündung zu spät • Gemisch zu mager
	schräge Brennspannungslinie an einem oder allen Zylindern, Funkendauer zu kurz	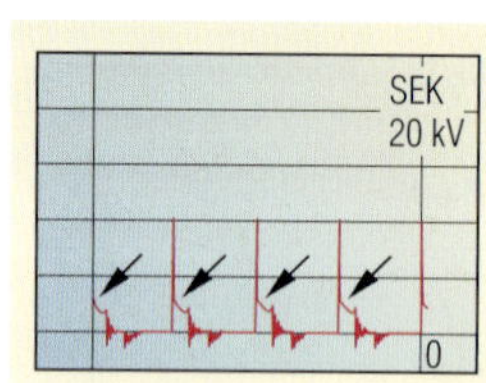	• hohe Sekundärwiderstände	• Zündspulenausgang Klemme 4 oxidiert • oxidierter Verteilerkappeneingang • Widerstand des Verteilerläufers, der Zündkabel oder Zündkerzen zu groß • oxidierte Verteilerkappe
	schräge Brennspannungslinie an einzelnen Zylindern, von kleinen Schwingungen überlagert	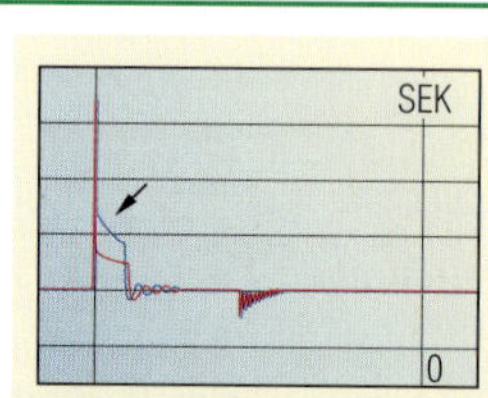	• Zündkerze	• Zündkerze stark verschmutzt oder verölt
	Zündspannungsnadeln aller Zylinder haben an ihrem Ansatz eine mehr oder weniger stark ausgeprägte Stufe	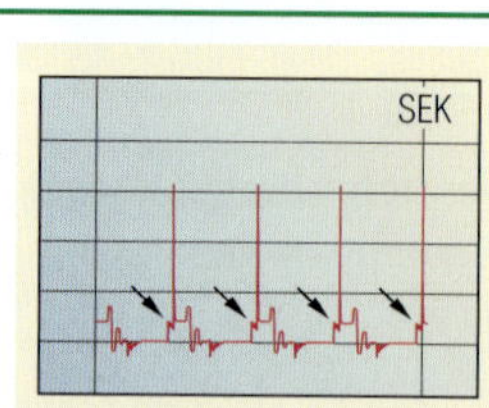	• Zündkondensator • Unterbrecherkontakt	• Kondensator defekt oder Reihenwiderstand zu groß • Unterbrecherkontakt verbrannt

Tabelle 336.1 Fehlersuche mit dem Oszilloskop. ▸

Fehler im	Bild im Sekundäroszillogramm	Fehlerquelle	Beispiele
Ausschwing-vorgang	Schwingungen im Ausschwing- und Schließabschnitt aller Zylinder fehlen nahezu vollständig 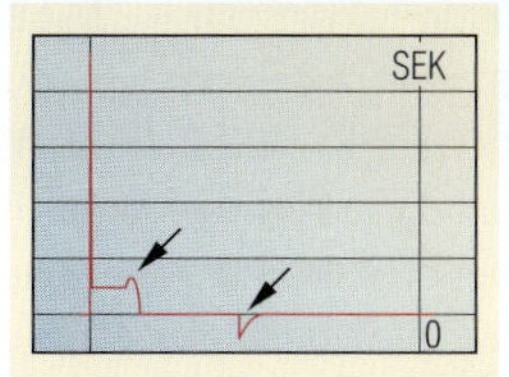	• Zündspule	• Unterbrechung in der Sekundärwicklung • Windungsschluss in der Primärwicklung
Schließ-abschnitt	Schließsignal ist direkt nach dem Schließen des Kontaktes verformt 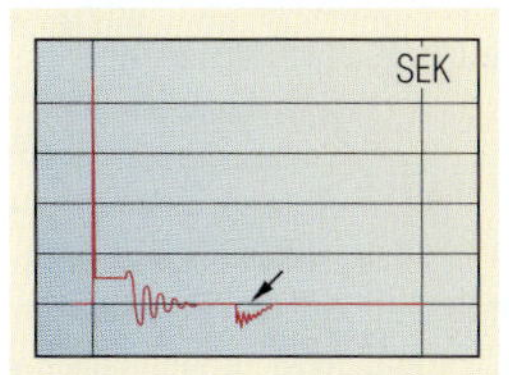	• Unterbrecher-kontakt	• Unterbrecherkontakt verschmutzt oder verbrannt
	Schließsignal ist direkt nach dem Schließen des Kontaktes durch starke Schwingungen überlagert 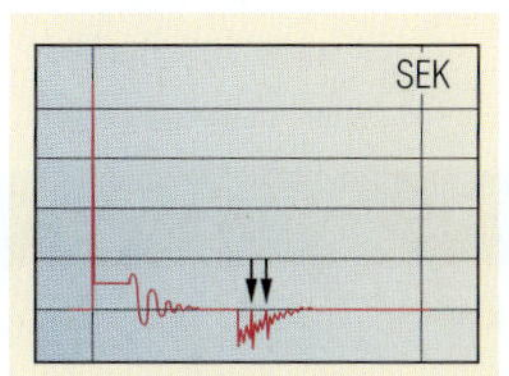	• Unterbrecher-kontaktfeder	• „Kontaktprellen" durch erlahmte Feder am Unterbrecherkontakt

Tabelle 336.1 Fehlersuche mit dem Oszilloskop (Fortsetzung).

Umgang mit Zündkerzen

- Vor dem Einbau Typenbezeichnung und Wärmewert prüfen. Werden Zündkerzen mit falschem Wärmewert oder Dichtsitz oder mit falscher Gewindelänge eingebaut, hat dies meist schwerwiegende Folgen für den Motor, dessen Betriebsverhalten und die Zündkerzen selbst.
- Die Auflageflächen an Zündkerze und Motor müssen sauber sein.
- Das vernickelte Gehäuse verhindert ein „Festfressen" der Zündkerze im Zylinderkopf, das Gewinde also in keinem Fall ölen oder fetten!
- Zum Eindrehen gegebenenfalls eine geeignete Montagehilfe benutzen. Sie ermöglicht das sichere und behutsame Aus- und Eindrehen der Zündkerze und verhindert Verbrennungen und Verletzungen der Hände.
- Steckschlüssel gerade aufsetzen um Beschädigungen des Isolators zu vermeiden.
- Beim Festschrauben das richtige Anzugsdrehmoment beachten. Ein zu hohes Drehmoment kann die Kerze beschädigen, ein zu niedriges bewirkt eine schlechte Abdichtung und Wärmestau. Beim Einbau ohne Drehmomentschlüssel ist folgende Faustregel zu beachten: neue Zündkerzen mit Dichtring um höchstens 90 °, alte um ca. 30 ° anziehen, Zündkerzen mit Kegeldichtsitz um ca. 15 ° anziehen.

7.9 Gemischaufbereitung im Dieselmotor

Dieselmotoren sind sehr vielseitig einsetzbar. Neben Pkw, Nkw und Baufahrzeugen werden sie auch in Schiffen und zum stationären Antrieb verwendet (Tabelle 338.1). Für all diese Anwendungsbereiche wurden spezielle Lösungen entwickelt.

Beim Dieselmotor wird reine Luft angesaugt und durch die Verdichtung auf eine Temperatur von ca. 800 °C erwärmt. Kurz vor OT des Verdichtungstaktes wird der Dieselkraftstoff in die heiße Luft gespritzt, die Verbrennung beginnt (Bild 338.1). Die Einspritzung hat den gleichen Effekt wie ein Zündfunke beim Ottomotor. Für den Verbrennungsvorgang ergeben sich jedoch einige Besonderheiten.

Mit Einspritzen des Kraftstoffs in den Brennraum beginnt die innere Gemischbildung. Damit der Kraftstoff verbrennen kann, muss er in der heißen Luft in sehr kurzer Zeit verdampfen. Dazu ist es notwendig, den Dieselkraftstoff möglichst fein zu zerstäuben, um seine Oberfläche zu vergrößern und ihn gut mit der Luft zu vermischen. Denn viele kleine Kraftstoffteilchen bilden eine größere Oberfläche, die mit der heißen Luft in Berührung kommt. Dies erreicht man durch hohe Einspritzdrücke und kleinste Düsenöffnungen.

Zylinderzahl	Drehzahlbereich	Leistungsbereich	Arbeitsprinzip
1 → 16	50 min^{-1} → 5000 min^{-1}	1 kW → 10 000 kW	2-Takt-Prinzip 4-Takt-Prinzip
Pumpenantrieb → Schiffsantrieb	Schiffsdiesel → Pkw	Kleinmotoren → Schiffsdiesel	2-Takt: Schiffsdiesel, Nkw 4-Takt: Pkw, Nkw, Lokomotiven, …

Tabelle 338.1 Einsatzbereiche von Dieselmotoren.

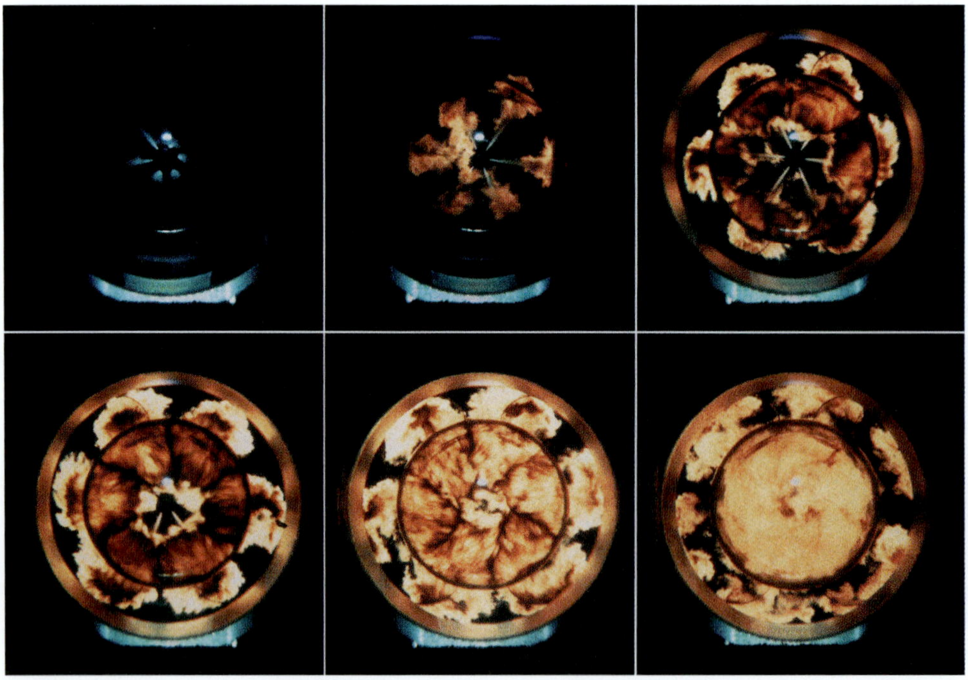

Bild 338.1 Phasen der Verbrennung beim Dieselmotor.

Der verdampfende Kraftstoff entzieht der Luft zwar Wärme, dies wird aber durch die zunehmende Verdichtung kompensiert. Nach dem Verdampfen vermischt sich der Kraftstoff mit der heißen Luft, wird durch die weiter zunehmende Verdichtung auf Zündtemperatur gebracht und entzündet sich schließlich wegen seiner hohen Zündwilligkeit (Cetanzahl) und seiner niedrigen Zündtemperatur selbst.

Im Gegensatz zum Ottomotor beginnt die Verbrennung nicht nur an einer Stelle, sondern weitestgehend im kompletten Brennraum gleichzeitig (Bild 338.1). Dadurch entsteht ein großer Druckanstieg, der als hartes Verbrennungsgeräusch wahrgenommen wird.

Der Zeitraum zwischen Einspritzbeginn und Entzündung des Kraftstoffes heißt Zündverzug. Ein großer Zündverzug deutet darauf hin, dass der Kraftstoff nicht gut mit der Luft vermischt wurde, sodass es zu schlagartig verbrennenden Kraftstoffanhäufungen kommt (als sogenanntes „Nageln" zu hören). Weitere Gründe für einen großen Zündverzug sind schlechte Kraftstoffqualität (zu geringe Cetanzahl), eine zu geringe Motortemperatur (Kaltstart) oder zu geringe Verdichtung (Motorschäden).

7.9.1 Gemischbildungsverfahren

Dieselmotoren für Pkw müssen hohe Anforderungen erfüllen:
- geringe Motorgeräusche,
- hohe Beschleunigungsfähigkeit,
- großer Drehzahlbereich (bis ca. 5000 min^{-1}),
- geringer Verbrauch,
- saubere Verbrennung.

Damit der Dieselmotor im Kraftfahrzeug diese Anforderungen erfüllen kann, wurden verschiedene Gemischbildungsverfahren entwickelt. Grundsätzlich unterscheidet man zwischen den Nebenbrennraumverfahren (Vorkammer- und Wirbelkammerverfahren) und der direkten Einspritzung.

Vorkammerverfahren. Um den harten Verbrennungsablauf zu mildern wird der Brennraum geteilt (Bild 339.1). Die verdichtete Luft wird zum größten Teil in die Vorkammer gedrückt. Dort befinden sich die Einspritzdüse und ein Glühstift. Bei kaltem Motor wird zusätzlich der Glühstift elektrisch erhitzt (Vorglühen) und erwärmt die verdichtete Luft auf Zündtemperatur. Der Strahl aus fein zerstäubtem Dieselkraftstoff entzündet sich beim Durchströmen der heißen Luft und leitet die Verbrennung ein. Das Gemisch dehnt sich durch die Verbrennung aus und strömt durch kleine Bohrungen aus der Vorkammer in den Zylinderraum. Es entsteht eine zweistufige, weichere Verbrennung, die Geräuschentwicklung ist geringer.

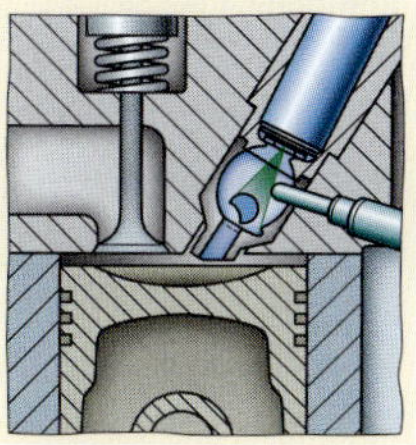

Bild 339.1
Vorkammerverfahren.

Die Glühstifte werden ca. 1 min nach dem Kaltstart abgeschaltet, damit eine störungsfreie Verbrennung im aufgewärmten Motor stattfinden kann.

Zündverzug:
Zeit zwischen Einspritzbeginn und Zündung des Kraftstoffes.

Wirbelkammerverfahren. Wie beim Vorkammerverfahren gibt es einen zweigeteilten Brennraum (Bild 339.2). Die Verbindung zwischen dem Zylinderraum und der Wirbelkammer besteht jedoch aus einem Schusskanal, der die Luft beim Verdichten tangential in die Wirbelkammer leitet. Durch diese spezielle Führung wird die Luft stark verwirbelt. In diesen Luftwirbel wird der Dieselkraftstoff eingespritzt. Dabei vermischt sich der Kraftstoff gut mit der heißen Luft, entzündet sich und wird in den Hauptbrennraum gedrückt. Auch hier ergibt sich eine weichere Verbrennung mit niedrigeren Verbrennungsgeräuschen. Das Wirbelkammerverfahren hat gegenüber dem Vorkammerverfahren folgende Vorteile:
- geringere Strömungsverluste,
- weniger schädliche Abgase,
- besserer Wirkungsgrad,
- geringerer Kraftstoffverbrauch.

Schusskanal:
Tangentiale Überleitung der Luft zwischen Wirbelkammer und Zylinderraum.

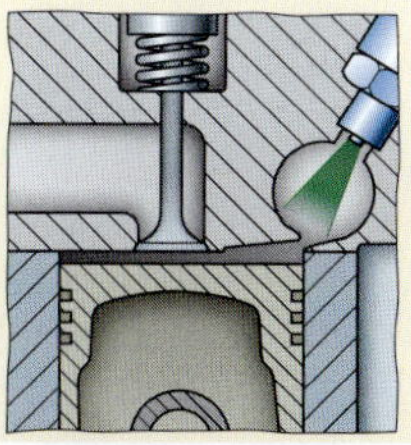

Bild 339.2
Wirbelkammerverfahren.

Bei beiden Nebenbrennraumverfahren wirkt sich die vergrößerte Brennraumoberfläche nachteilig aus. Dies führt zu einem größeren Wärmeverlust und damit zu einem geringeren Wirkungsgrad und erhöhtem Kraftstoffverbrauch.

Bei den Nebenbrennraumverfahren werden zur Kraftstoffeinspritzung Zapfendüsen verwendet.

Zapfendüse
→ S. 352

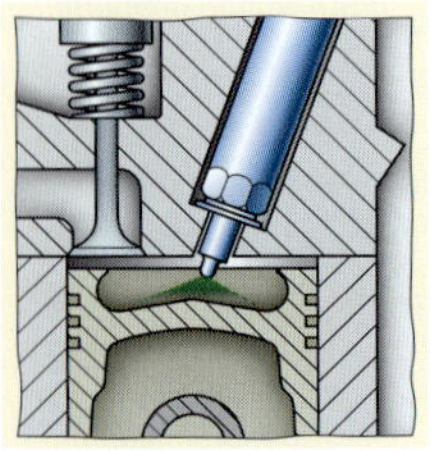

Bild 340.1
Direkteinspritzung.

Common rail (engl.): Gemeinsames Verteilerrohr

Direkteinspritzung. Eine besonders geformte Mulde im Kolbenboden (Omega-Kolben) übernimmt die Funktion des Verdichtungsraumes (Bild 340.1). Der Kraftstoff wird direkt in diese Mulde gespritzt. Die Ansaugluft wird über einen besonders geformten Drallkanal so geleitet, dass sie auch während des Verdichtungstakts in Bewegung bleibt und sich besser mit dem eingespritzten Kraftstoff vermischt.

Durch den Wegfall des Nebenbrennraums ist die Oberfläche des Verdichtungsraumes kleiner und es entstehen im Vergleich zu den Nebenbrennraumverfahren geringere Verluste durch Abkühlung. Der Wirkungsgrad ist größer und der Kraftstoffverbrauch geringer. Wegen der geringeren Wärmeverluste ist außerdem das Kaltstartverhalten besser.

Nachteil der Direkteinspritzung ist die hohe Geräuschentwicklung. Um die Geräusche zu dämpfen, wurden Einspritzverfahren entwickelt, die eine geringe Menge Kraftstoff voreinspritzen (Piloteinspritzung) bevor die Hauptmenge nachgeliefert wird. Durch die Piloteinspritzung erhält man den niedrigen Geräuschpegel der Verfahren mit Nebenbrennraum, verbunden mit den Verbrauchsvorteilen des Direkteinspritzers.

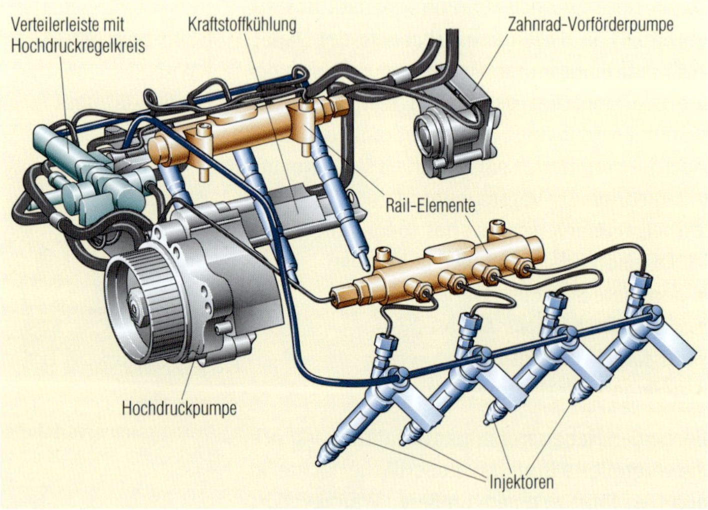

Bild 340.2 Common-Rail-Einspritzsystem.

7.9.2 Common-Rail-Einspritzsystem

Das Common-Rail-Einspritzsystem (Bild 340.2) arbeitet nach dem Direkteinspritzverfahren. Es gleicht im Systemaufbau der Multipoint-Benzineinspritzung (Tabelle 341.1). Der wesentliche Unterschied liegt einerseits im Systemdruck von 1350 bar bis 2000 bar je nach System (statt 5 bar beim Benzineinspritzsystem). Andererseits wird bei der Benzineinspritzung die Einspritzmenge nur durch die Einspritzdauer bemessen, bei der Common-Rail-Einspritzung werden Öffnungsdauer und Raildruck variiert.

Dies wird erreicht, indem man Druckerzeugung (durch eine Hochdruckpumpe) und Einspritzung (durch Injektoren) entkoppelt und durch die Verwendung des Rail als Druckspeicher. Daraus ergibt sich eine große Flexibilität bei der Anpassung der Einspritzung:

- Einspritzdruck und Einspritzmenge können für jeden Betriebspunkt des Motors unabhängig voneinander geregelt werden,
- hohe Einspritzdrücke bis ca. 2000 bar sind möglich,
- der Einspritzdruck kann an den Betriebszustand des Motors angepasst werden (200 bar bis 2000 bar),
- der Einspritzbeginn ist variabel,
- neben der Haupteinspritzung sind mehrere Vor- und Nacheinspritzungen möglich.

Das System besteht aus folgenden Hauptgruppen (linkes Bild in Tabelle 341.1):

- Niederdruckteil (Kraftstoffbehälter mit Vorfilter, Vorförderpumpe, Kraftstofffilter und Niederdruck-Kraftstoffleitungen),
- Hochdruckteil (Hochdruckpumpe mit Druckregler, Rail mit Raildrucksensor und Druckbegrenzungsventil, Injektoren und Hochdruck-Kraftstoffleitungen),
- elektronische Dieselregelung EDC (Sensoren, Steuergerät und Aktoren).

Common-Rail	Multipoint-Benzineinspritzung
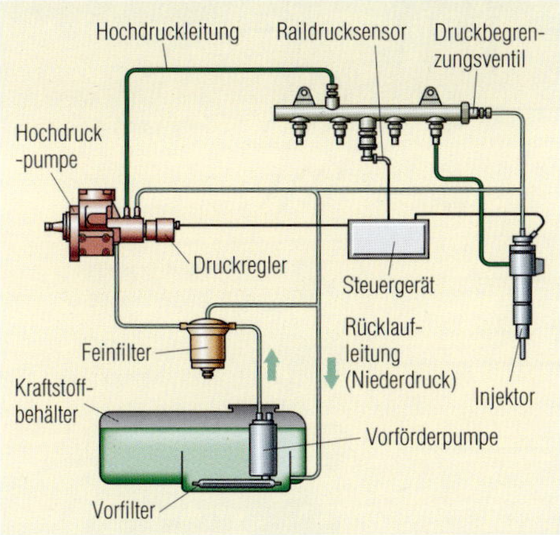	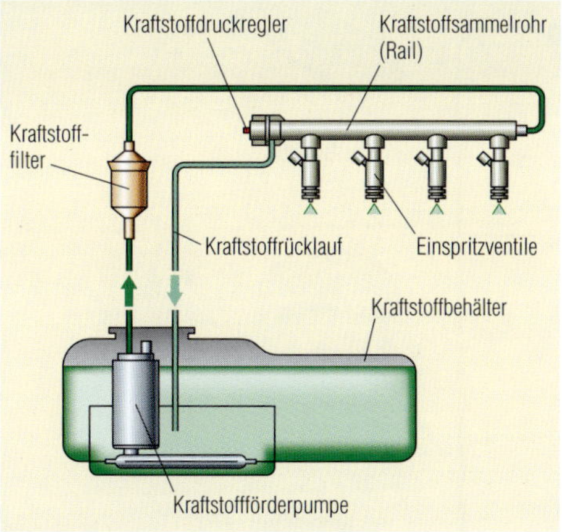
Vorförderpumpe	Förderpumpe im Tank
Hochdruckpumpe 1350 bar – 2000 bar	entfällt
Verteilerrohr (Rail) 1350 bar – 2000 bar	Verteilerrohr (Rail) 3 bar bis 5 bar
Druckregelventil 1350 bar – 2000 bar	Druckregelventil 3 bar bis 5 bar
Injektor	Einspritzventil
Steuergerät mit Sensoren und Aktoren	Steuergerät mit Sensoren und Aktoren

Tabelle 341.1 Systemvergleich Common-Rail mit Benzineinspritzung.

Injektor → S. 343
Einspritzventil → S. 346

Funktionsprinzip. Eine Kraftstoffpumpe fördert den Kraftstoff vom Tank zur Hochdruckpumpe. Die vom Motor angetriebene Hochdruckpumpe baut abhängig vom Betriebszustand des Motors den gewünschten Einspritzdruck im Rail auf. Die am Rail über kurze Hochdruckleitungen angeschlossenen Injektoren spritzen den Kraftstoff direkt in den Brennraum. Das Steuergerät steuert die Höhe des Raildrucks und Öffnungszeitpunkt und -dauer der Injektoren.

Steuerung und Regelung (Bild 342.1). Das Steuergerät der EDC erfasst mithilfe der Sensoren
- die Drehmomentanforderung des Fahrers,
- Drehzahl und Stellung von Kurbelwelle und Nockenwelle,
- den Ladedruck,
- den Raildruck,
- Temperatur von Ansaugluft, Kühlmittel und Kraftstoff,
- die Fahrgeschwindigkeit,
- die angesaugte Luftmasse etc.

Hieraus werden der Einspritzdruck, die Einspritzmenge und der Einspritzzeitpunkt berechnet. Evtl. werden Dauer und Zeitpunkt für eine Vor- und Nacheinspritzung ermittelt. Neben dieser Grundfunktion sind weitere Zusatzfunktionen möglich:
- Regelung der Abgasrückführung,
- Regelung des Ladedrucks,
- Regelung der Fahrgeschwindigkeit,
- elektronische Wegfahrsperre,
- Anpassung des Motormoments an die Klimaanlage und das Automatikgetriebe etc.

Hierfür ist das EDC-Steuergerät über den CAN-Bus mit anderen Steuergeräten verbunden (ABS, ESP, Automatikgetriebe etc.).

EDC: Electronic Diesel Control

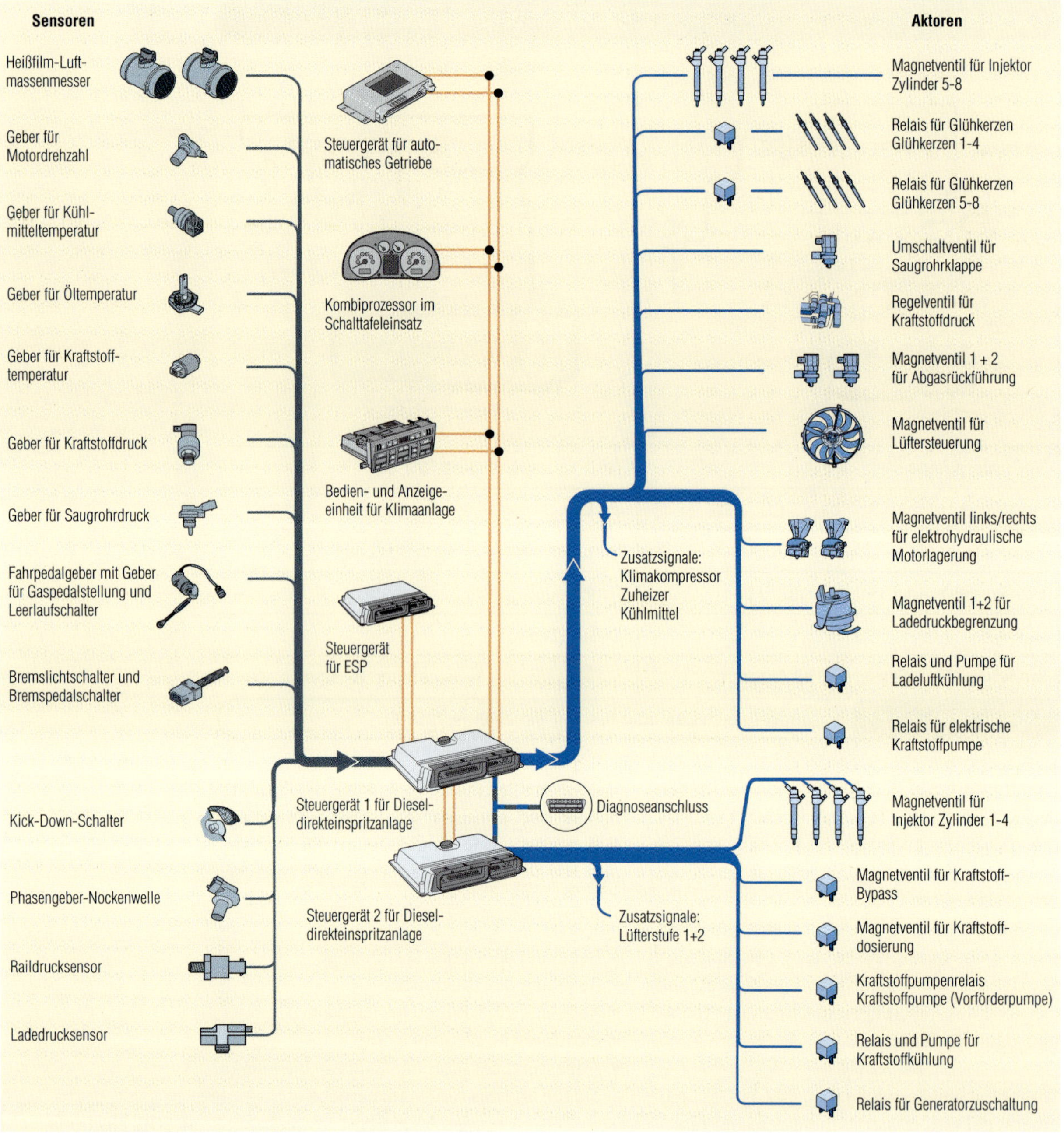

Bild 342.1 EDC-Komponenten beim Common-Rail-Einspritzsystem.

Hochdruckpumpe. Für Pkw werden Radialkolbenpumpen eingesetzt (Bild 343.1). Der Exzenter wird vom Motor angetrieben und hat somit ein festes Übersetzungsverhältnis zur Motordrehzahl. Pro Umdrehung ergeben sich drei überlappende Förderhübe, was zu einer geringen und gleichmäßigen Belastung des Antriebs führt (nur etwa 1/9 des für eine vergleichbare Verteilereinspritzpumpe benötigten Antriebsmoments).

Die Druckregelung kann hochdruckseitig (linkes Bild in Tabelle 341.1) oder saugseitig erfolgen (Bild 343.1). Bei der hochdruckseitigen Regelung fließt nicht benötigter Kraftstoff nach der

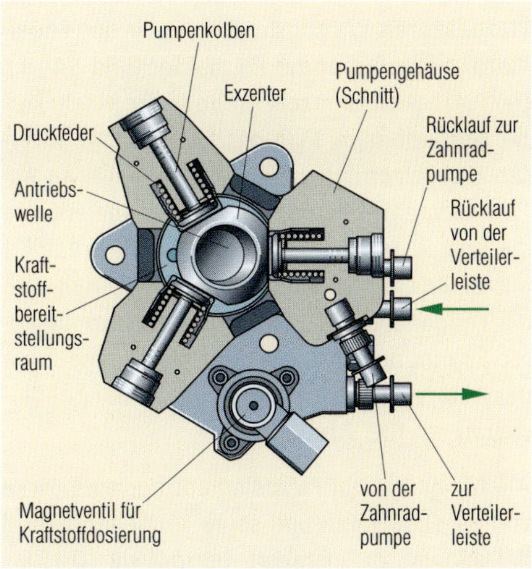

Bild 343.1 Radialkolbenpumpe.

Druckerzeugung über ein Druckregelventil in den Niederdruckkreis zurück. Bei der saugseitigen Regelung wird die Menge des in die Hochdruckpumpe zufließenden Kraftstoffs von einem stufenlos regelbaren Magnetventil dosiert. Dadurch werden der Leistungsbedarf der Pumpe und die Kraftstofftemperatur gesenkt.

Rail mit Raildrucksensor und Druckbegrenzungsventil (linkes Bild in Tabelle 341.1). Die Kompressibilität des im Rail ständig unter hohem Druck stehenden Kraftstoffvolumens wird für einen Speichereffekt ausgenutzt. Wird Kraftstoff aus dem Rail entnommen, bleibt der Druck selbst bei größeren Einspritzmengen nahezu konstant.

Der Kraftstoffdruck wird durch den Raildrucksensor gemessen und durch die Druckregelung auf den gewünschten Wert geregelt. Das Druckbegrenzungsventil hat die Aufgabe, den Kraftstoffdruck auf einen maximal zulässigen Druck zu begrenzen.

Injektor. Beim Common-Rail-System werden Magnetventil-Injektoren und Piezo-Inline-Injektoren eingesetzt. Bei beiden handelt es sich um Einspritzeinheiten mit Mehrlochdüsen.

Funktion des Magnetventil-Injektors (Bild 343.2). Solange das Magnetventil nicht angesteuert ist, verschließt die federbelastete Ventilkugel die Ablaufdrossel des Ventilsteuerraums. Der Kraftstoffdruck aus der Rail wirkt nun gleichzeitig auf die Druckschulter der Düsennadel und auf das obere Ende des Steuerkolbens. Die Kraft auf die Stirnfläche des Steuerkolbens hält zusammen mit der Kraft der Düsenfeder die Düsennadel geschlossen.

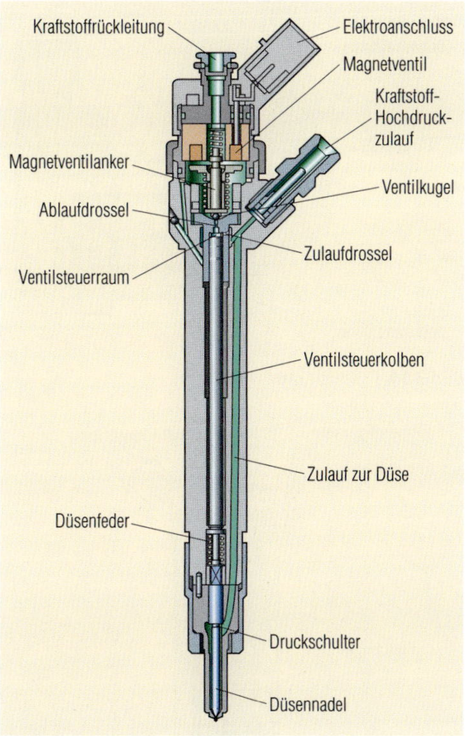

Bild 343.2 Magnetventil-Injektor.

Wenn das Magnetventil geöffnet wird, fließt der Kraftstoff durch die Ablaufdrossel zum Rücklauf. Der Druck im Ventilsteuerraum fällt ab, die Düsennadel öffnet. Da der Strömungsquerschnitt in der Zulaufdrossel kleiner ist als in der Ablaufdrossel, entsteht ein Kraftstoffpolster, auf dem der Steuerkolben während der Einspritzung verharrt.

Zum Einspritzende wird das Magnetventil geschlossen, die Ventilkugel verschließt die Ablaufdrossel, der Druck im Ventilsteuerraum steigt und die Düsennadel schließt.

Das Magnetventil benötigt wegen des beschriebenen hydraulischen Kraftverstärkersystems nur geringe Ströme für die Öffnung der Düsennadel. Ein direktes Öffnen der Düsennadel wäre wegen der großen Kräfte nicht möglich.

Injektor:
elektromagnetisch betätigte Einspritzdüse

invers = umgekehrt

piezoelektrischer Effekt → S. 130

stack (engl.): Stapel

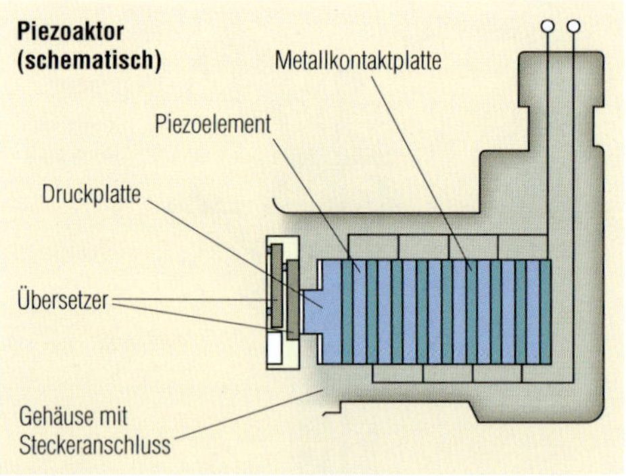

Bild 344.1 Piezoaktor.

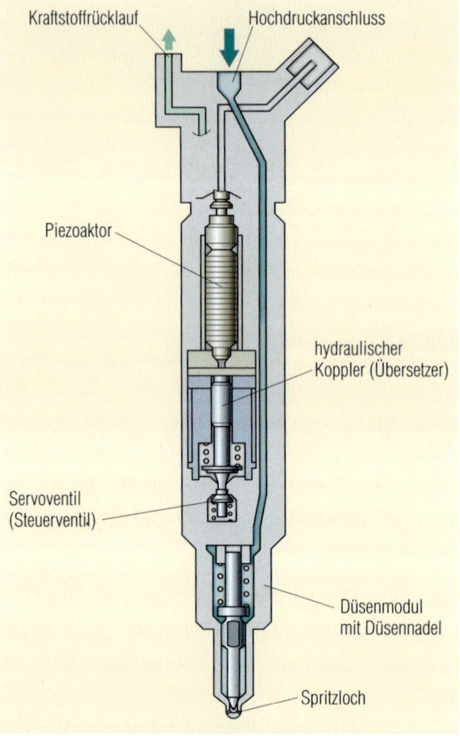

Bild 344.2 Piezo-Inline-Injektor.

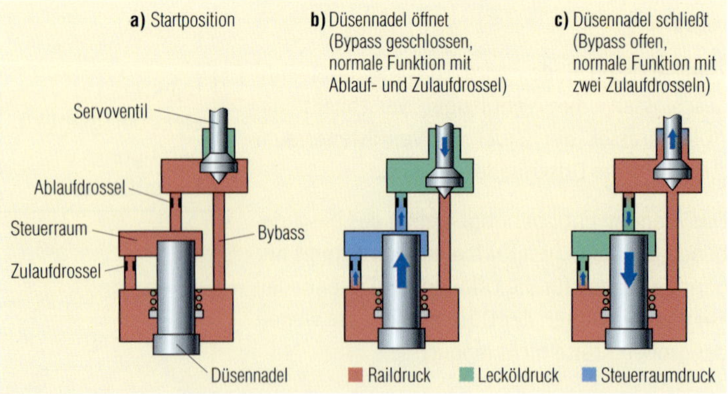

Bild 344.3 Funktion des Servoventils.

Piezoaktoren. Wichtigstes Element in den neuen Piezo-Injektoren ist der Piezoaktor (Bild 344.1). Der Piezoaktor kann sehr große Kräfte in sehr kurzer Zeit aufbauen. Man nutzt hierbei den inversen piezoelektrischen Effekt. Das heißt, an ein Piezoelement wird eine Spannung angelegt und die Kristallstruktur des Piezoelementes reagiert mit einer Längenänderung. Dabei verhält sich die Längenänderung proportional zur angelegten Spannung. Dadurch ist die Längenänderung des Aktors über die Spannung steuerbar (Steuerspannung: 100 V bis 200 V).

Allerdings hat ein Piezoelement nur eine Dicke von ca. 0,008 mm und seine Längenänderung bei angelegter Spannung beträgt nur 0,15 %. Damit trotzdem ein maximaler Schaltweg von ca. 0,04mm erreicht wird, werden mehrere Piezoelemente gestapelt, die durch Metallkontaktplatten zur Spannungsversorgung voneinander getrennt sind (Piezo-Stack). Zusammen mit der Druckplatte bildet der Piezo-Stack den Piezoaktor.

Funktion des Piezo-Inline-Injektors (Bild 344.2). Der Piezoaktor betätigt durch seine Längenänderung bei angelegter Spannung einen hydraulischen Koppler, welcher wiederum das Servoventil bewegt. Dadurch wird die Düsennadel geöffnet und es kommt zum Einspritzvorgang.

Im nicht angesteuerten Zustand ist das Servoventil geschlossen (Bild 344.3a). Die Düsennadel wird durch den Druck im Steuerraum geschlossen gehalten. Wird das Servoventil durch den Piezoaktor geöffnet (Bild 344.3b), verschließt es den Bypass. Der Durchmesser der Ablaufdrossel ist größer als jener der Zulaufdrossel, es kommt zum Druckabfall im Steuerraum und die Düsennadel öffnet. Wird der Piezoaktor entladen, öffnet das Servoventil den Bypass (Bild 344.3c). Der Steuerraum wird rasch über Zu- und Ablaufbohrung befüllt, die Düsennadel schließt.

Der hydraulische Koppler (Bild 345.1) gleicht vor allem Längenänderungen durch Wärmedehnung im System aus. Solange der Piezoaktor nicht angesteuert ist, sind der Druck in und um den Koppler gleich. Bei Ansteuerung des Piezoaktors steigt der Druck im Koppler an und betätigt das Servoventil. Dabei kommt es zu kleinen Leckageverlusten an den beiden Kolben im Koppler. Der auftretende Druckabfall hat aber bis zu einer

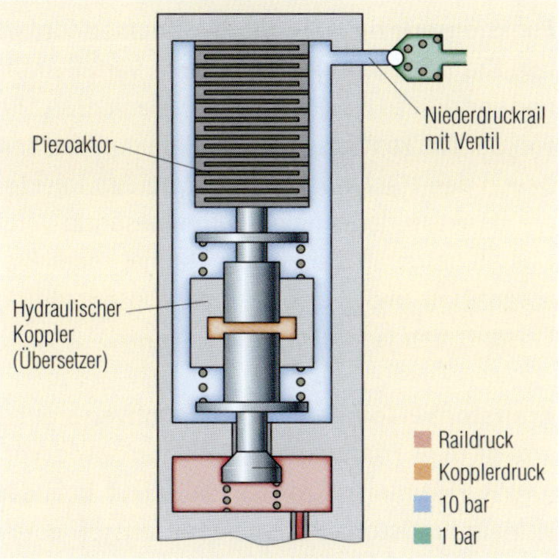

Bild 345.1 Funktion des hydraulischen Kopplers.

Ansteuerdauer von mehreren Millisekunden keinen Einfluss auf den Einspritzvorgang. Nach der Entlastung des Kopplers wird er in umgekehrter Richtung an den beiden Kolben vorbei wieder befüllt. Die Leckageverluste können Längenänderungen des Systems ausgleichen. Darüber hinaus wird bei einer dauerhaften Bestromung des Piezoaktors im Fehlerfall die Einspritzung selbsttätig abgeschaltet.

Da die Bauteile des Piezo-Inline-Injektors insgesamt sehr steif ausgelegt sind, schaltet er sehr schnell (Ansprechzeit etwa 150 Mikrosekunden). Dadurch sind bis zu fünf Einspritzungen je Einspritzzyklus mit sehr geringen Einspritzmengen möglich. Gleichzeitig ist der Injektor kleiner, leichter und leiser und ermöglicht eine Steigerung der Motorleistung bei geringerem Kraftstoffverbrauch und geringerer Abgasemission.

Bei einem Austausch der Injektoren müssen die Abgleichwerte neu in das Steuergerät einprogrammiert werden. Dies ist wegen des sogenannten Injektormengenabgleichs (IMA) notwendig. Dabei wird jeder Injektor am Ende der Fertigung auf Abweichungen von den Sollwerten hin überprüft. Die gewonnenen Messdaten werden in Form eines Datenmatrix-Codes auf den Injektor aufgebracht. Diese individuellen Werte zur Kompensation von Abweichungen bei Einspritzmenge und Einspritzzeitpunkt werden bei den Fahrzeugherstellern oder beim Austausch in das Steuergerät übertragen, um eine möglichst hohe Präzision zu erreichen.

7.9.3 Pumpe-Düse-Einspritzsystem (PDE)

Beim Pumpe-Düse-System gibt es pro Zylinder ein Pumpe-Düse-Element, in dem Pumpenteil, Düsenteil und Magnet- oder Piezoventil in einem Gehäuse zu einer Einheit zusammengefasst sind. Das Pumpe-Düse-Element wird von der Nockenwelle des Motors angetrieben, auf der Nockenwelle befindet sich daher pro Zylinder eine zusätzliche Nocke. Bei oben liegenden Nockenwellen sind die Elemente im Zylinderkopf untergebracht (Bild 345.2).

Durch den direkten Pumpenantrieb und den Wegfall der Hochdruckleitungen können sehr hohe Drücke erzeugt werden. Allerdings muss für diese hohen Belastungen der Antrieb (Nockenwelle und Nockenwellenantrieb, Kipphebel und Kipphebellagerung) sehr steif ausgelegt sein, da es ansonsten zu Schwingungen kommt, die sich negativ auf die Einspritzgenauigkeit auswirken.

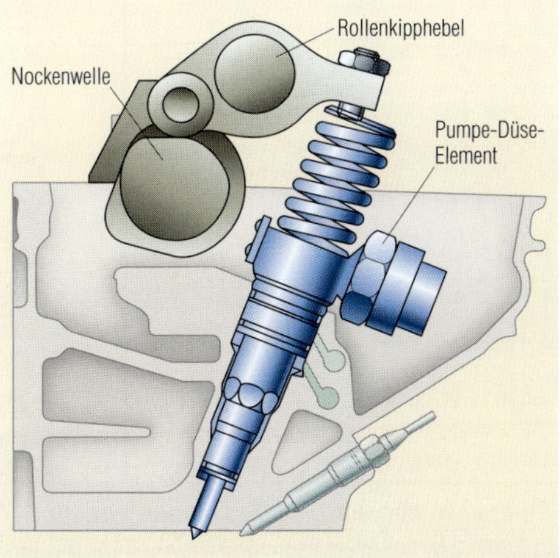

Bild 345.2 Einbaulage des Pumpe-Düse-Elementes.

PDE = Einspritzsystem mit Pumpe-Düse-Einheit (auch **UIS** = Unit Injector System)

Systemeigenschaften. Pumpe-Düse-Systeme ermöglichen einen sehr variablen Einspritzdruckbereich (beim System mit Piezoventil zwischen 130 bar und 2200 bar), wodurch sich der Einspritzdruck sehr gut an die unterschiedlichen Motorbelastungen anpassen lässt. Auch der Einspritzzeitpunkt und die Einspritzmenge lassen sich über Magnet- oder Piezoventil beliebig steuern. Außerdem sind Vor- und Nacheinspritzungen möglich (beim System mit Piezoventil zwei Vor- und zwei Nacheinspritzungen).

Steuerung und Regelung des Systems mittels EDC erfolgen analog zum Common Rail-System.

Funktionsprinzip. Eine Kraftstoffpumpe fördert den Kraftstoff vom Tank zu einem Verteilerrohr und von dort zu den Pumpe-Düse-Elementen. Die von der Nockenwelle betätigten Pumpenkolben bauen den Hochdruck auf, der von den Injektoren direkt in den Brennraum eingespritzt wird. Das Steuergerät steuert das Magnet- oder Piezoventil an und regelt hierüber Einspritzdruck, Einspritzmenge und Einspritzzeitpunkt.

Kraftstoffversorgung. Die Kraftstoffversorgung erfolgt über Förderpumpe, Feinfilter sowie Vor- und Rückleitungssystem. Im Rücklauf befindet sich ein Kraftstoffkühler, da der Kraftstoff durch die hohen Drücke sehr stark erwärmt wird.

Die Tabellen 346.1 und 348.1 zeigen zusammengefasst die Arbeitsweise und Hauptmerkmale der beiden Systeme mit Magnetventil und Piezoventil.

Pumpe-Düse-Einheit mit Magnetventil

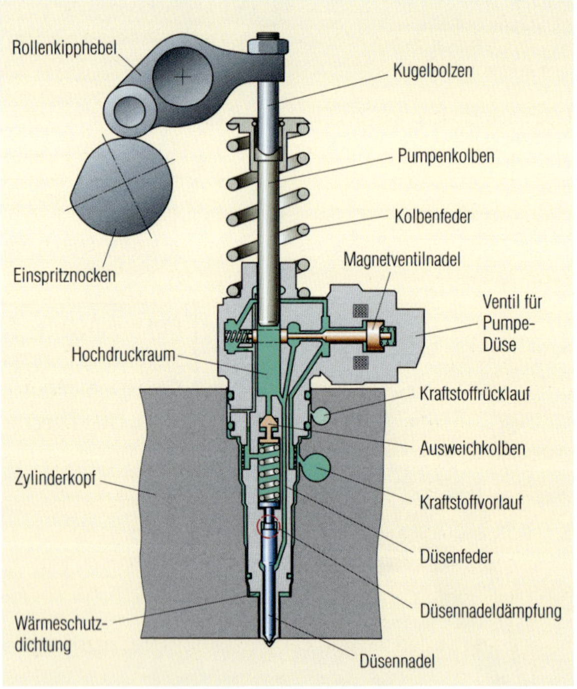

Pumpe-Düse-Einheit mit Piezoventil

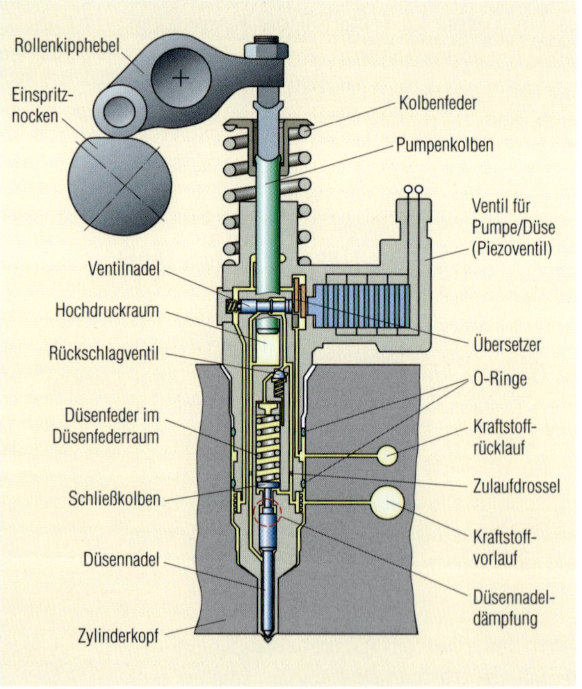

Saughub. Der entlastete Pumpenkolben wird von der Kolbenfeder nach oben gedrückt. Dadurch kann der Kraftstoff über den Vorlaufkanal und das geöffnete Magnet- oder Piezoventil in den Hochdruckraum fließen.

Tabelle 346.1 Arbeitsweise der Pumpe-Düse-Einspritzsysteme. ▸

Pumpe-Düse-Einheit mit Magnetventil	Pumpe-Düse-Einheit mit Piezoventil
Vorhub. Wenn der Pumpenkolben vom Kipphebel nach unten gedrückt wird, fließt der Kraftstoff aus dem Hochdruckraum in den Vorlauf zurück.	
Voreinspritzung. Das Magnetventil schließt, sodass die Verbindung zwischen Hochdruckraum und Niederdruckteil geschlossen wird. Es kommt zu einem raschen Druckanstieg im Hochdruckraum und damit auch an der Düsennadel. Bei ca. 180 bar öffnet sich die Düsennadel gegen die Düsenfeder und die Voreinspritzung beginnt. Da sich der Pumpenkolben noch immer nach unten bewegt, kommt es zu einer weiteren Drucksteigerung im Hochdruckraum. Der darunter befindliche Ausweichkolben bewegt sich nach unten, wodurch es zu einem raschen Druckabfall im Hochdruckraum und an der Düsennadel kommt. Die Voreinspritzung endet. Außerdem wird durch die Bewegung des Ausweichkolbens die Vorspannung der Düsenfeder erhöht. Dadurch muss der Druck im Hochdruckraum und an der Düsennadel höher sein (ca. 300 bar), um die anschließende Haupteinspritzung auszulösen.	**Voreinspritzung.** Der Piezoaktor wird angesteuert und rückt aus. Die Hebelübersetzung im Übersetzer führt zu einer Vergrößerung des Hubweges auf ca. 0,1 mm, was ausreicht um die Ventilnadel zu schließen. Die Verbindung zwischen Hochdruckraum und Niederdruckteil wird geschlossen und der Druck im Hochdruckraum und an der Düsennadel steigt. Bei ca. 130 bar öffnet die Düsennadel, die Voreinspritzung beginnt. Die Voreinspritzung wird durch Öffnen des Piezoventils beendet. Der Kraftstoffhochdruck baut sich dabei in zwei Richtungen ab. Ein Teil fließt an der Ventilnadel vorbei in den Kraftstoffvorlauf zurück. Da die Zulaufdrossel diesen Weg behindert, fließt ein anderer Teil über das sich öffnende Rückschlagventil in den Düsenfederraum. Somit wird die Düsennadel durch die Düsenfeder und durch den Druck im Düsenfederraum sehr schnell geschlossen. Dieser Druck wird durch das Rückschlagventil gehalten.
Düsennadeldämpfung. Bei der Voreinspritzung wird der Hub der Düsennadel durch ein hydraulisches Polster zwischen Düsennadel und Düsengehäuse beschränkt, sodass sich sehr genau auch kleinste Einspritzmengen bei der Voreinspritzung dosieren lassen.	
Haupteinspritzung. Durch den weiteren Druckanstieg wird die Haupteinspritzung eingeleitet. Der Pumpenkolben bewegt sich weiter und der Druck steigt aufgrund der sehr kleinen Düsenöffnungen bis zu einem Maximaldruck von ca. 2050 bar an. Wird das Magnetventil nicht mehr angesteuert, wird die Verbindung zwischen Hoch- und Niederdruckteil wieder hergestellt, sodass es zu einem raschen Druckabfall im Hochdruckraum und an der Düsennadel und damit zum Schließen der Düsennadel kommt.	**Haupteinspritzung.** Das Piezoventil wird erneut geschlossen. Der Druck steigt durch die Abwärtsbewegung des Pumpenkolbens wieder an. Die Düsennadel öffnet wegen des höheren Druckes im Düsenfederraum erst bei einem höheren Druck als bei der Voreinspritzung. Durch die Abwärtsbewegung des Pumpenkolbens steigt der Einspritzdruck auf maximal 2200 bar an. Wird das Piezoventil geöffnet, baut sich der Kraftstoffdruck wie bei der Voreinspritzung in den Kraftstoffvorlauf und den Düsenfederraum ab, die Düsennadel wird rasch geschlossen. Damit der Druck im Düsenfederraum bis zum nächsten Einspritzzyklus abgebaut werden kann, entweicht der Kraftstoff über einen Leckspalt am Schließkolben in den Kraftstoffvorlauf.
Nacheinspritzung. Die Nacheinspritzung läuft wie eine Haupteinspritzung ab, jedoch sind Einspritzdauer, Einspritzmenge und Einspritzdruck geringer.	

Tabelle 346.1 (Fortsetzung) Arbeitsweise der Pumpe-Düse-Einspritzsysteme.

	Pumpe-Düse-Einheit mit Magnetventil	Pumpe-Düse-Einheit mit Piezoventil
Pumpenkolben-Durchmesser in mm	8,0	6,35
minimaler Einspritzdruck in bar	160	130
maximaler Einspritzdruck in bar	2050	2200
mögliche Anzahl der Voreinspritzungen	1 (fest)	0 – 2 (variabel)
mögliche Anzahl der Nacheinspritzungen	0 oder 2	0 – 2 (variabel)
Abstand zwischen Vor-, Haupt- und Nacheinspritzung in ° Kurbelwinkel	ca. 6 – 10 (fest)	> 6 (variabel)
Voreinspritzmenge in mm^3	ca. 1 – 3	beliebig (> ca. 0,5)
Steuerung der Voreinspritzung	Ausweichkolben (mechanisch-hydraulisch)	Piezoventil (elektronisch)
Druckanhebung für Haupteinspritzung	Ausweichkolben	Schließkolben, Rückschlagventil

Tabelle 348.1 Hauptmerkmale der Pumpe-Düse-Einspritzsysteme.

Pumpe-Leitung-Düse (PLD). Dieses System wird bei Nutzfahrzeugmotoren mit unten liegender Nockenwelle verwendet. Der grundsätzliche Aufbau entspricht dem Pumpe-Düse-System, allerdings sind die Einheiten zur Hochdruckerzeugung und die Düseneinheit räumlich getrennt eingebaut und über eine kurze Hochdruckleitung miteinander verbunden (Bild 348.1). Dies ermöglicht einen steifen Antrieb, da auf Kipphebel verzichtet werden kann, sowie eine einfache Demontage der Pumpeneinheiten beim Kundendienst. Alle Funktionen zur Regelung von Einspritzzeitpunkt und Einspritzmenge entsprechen dem Pumpe-Düse-System.

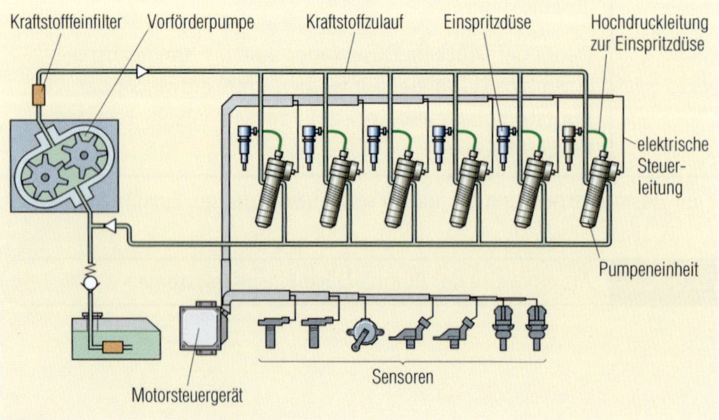

Bild 348.1 Pumpe-Leitung-Düse.

7.9.4 Reiheneinspritzpumpen

Seit der Entwicklung der ersten Reiheneinspritzpumpe und deren Serieneinsatz ab 1927 hat sich das Funktionsprinzip kaum geändert. Das System besteht aus folgenden Baugruppen (Bild 349.1):

- Kraftstoffbehälter,
- Pumpengehäuse,
- Kraftstoff-Förderpumpe am Pumpengehäuse,
- Kraftstofffeinfilter,
- je ein Pumpenelement pro Zylinder,
- Einspritzdüsen,
- Drehzahlregler,
- Spritzversteller.

Der Antrieb der Reiheneinspritzpumpe erfolgt über die Nockenwelle des Motors. Als Verbindungselement zwischen Motor- und Pumpennockenwelle dient ein Spritzversteller, der den Einspritzzeitpunkt drehzahlabhängig verändert.

Der untere Teil der Einspritzpumpe (Nockenwelle und Rollenstößel, Bild 349.2) wird vom Motoröl geschmiert, der obere Teil (Pumpenelemente) vom Dieselkraftstoff.

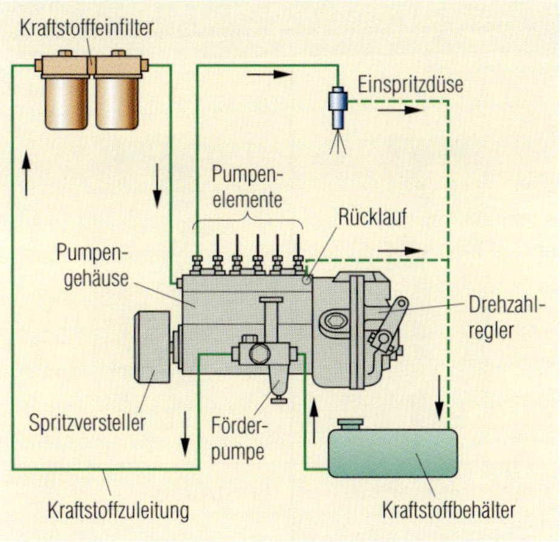

Bild 349.1 Systemübersicht Reiheneinspritzpumpe.

Einspritzpumpenelement (Bild 349.2). Ein Pumpenelement besteht aus dem Pumpenkolben und dem Pumpenzylinder. Der Pumpenzylinder hat je nach Motorleistung einen Durchmesser von ca. 5 mm bis 12 mm und ist auf annähernd 0,001 mm genau auf den Pumpenkolben eingepasst. Diese Genauigkeit ist erforderlich, damit die hohen Pumpendrücke ohne zusätzliche Dichtelemente erzeugt werden können. Der Kraftstoff übernimmt die Schmierfunktion und muss daher extrem fein gefiltert sein, damit keine Schmutzpartikel zu vorzeitigem Verschleiß führen.

Im oberen Drittel befinden sich eine oder zwei Querbohrungen (Saug- und Steuerbohrung) für die Kraftstoffzufuhr in den Pumpenraum und den Kraftstoffrücklauf. Sobald der Pumpenkolben auf dem Weg nach OT die Bohrungen verschließt, beginnt die Förderung.

Durch den Nockenwellenantrieb bewegt sich der Kolben immer zwischen den beiden Totpunkten, der Hubweg entspricht der maximalen Einspritzmenge. Wird im Leerlauf- oder Teillastbetrieb weniger Kraftstoff benötigt, wird die Förderung schon vor Erreichen von OT durch eine Steuerkante abgebrochen.

Sobald die Steuerkante des Pumpenkolbens die Steuerbohrung erreicht, strömt der nicht geförderte Kraftstoff zurück in das Pumpengehäuse. Durch die Drehstellung des Pumpenkolbens werden das Förderende und damit die Fördermenge bestimmt. Alle Pumpenkolben sind über eine Regelstange miteinander verbunden, sodass sie gleichzeitig gedreht werden. Die Position der

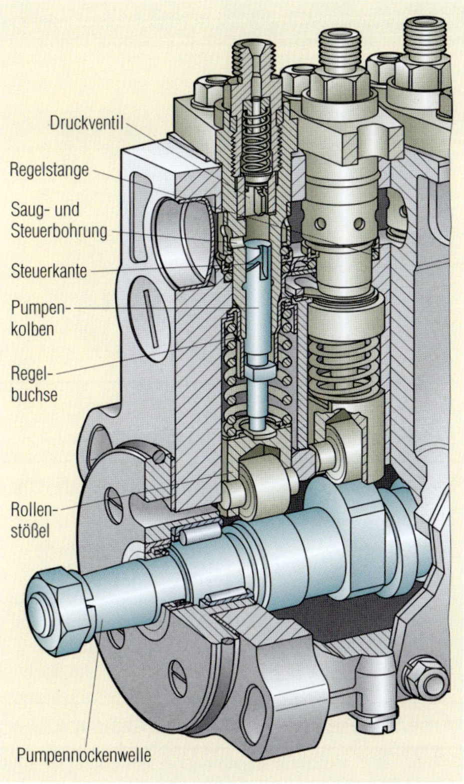

Bild 349.2 Reiheneinspritzpumpe mit Einspritzpumpenelement.

Regelstange und damit der Drehwinkel der Kolben (Einspritzmenge) werden vom Fahrer bzw. vom Drehzahlregler bestimmt. Die einzelnen Phasen der Kraftstoffförderung zeigt Tabelle 350.1.

Das Druckventil (Bild 350.1) befindet sich zwischen Pumpenelement und Druckleitung. Es verschließt nach der Förderung die Druckleitung gegenüber dem Pumpenraum und hält einen Restdruck in der Druckleitung aufrecht. Dadurch ist sichergestellt, dass die Druckleitung immer mit Kraftstoff gefüllt ist und der nächste Einspritzvorgang ohne zeitliche Verzögerung beginnt. Sobald die Förderung beginnt, wird das Druckventil gegen die Feder geöffnet, der Kraftstoff fließt in die Druckleitung. Nach Förderende drückt die Feder das Ventil zu, wobei zuerst der Entlastungskolben den Kraftstoffrückfluss sperrt. Das entstehende Entlastungsvolumen ist auf die Länge der Druckleitung abgestimmt und hat einen geringfügigen Druckabbau in der Leitung zur Folge. Dadurch wird verhindert, dass die Ein-

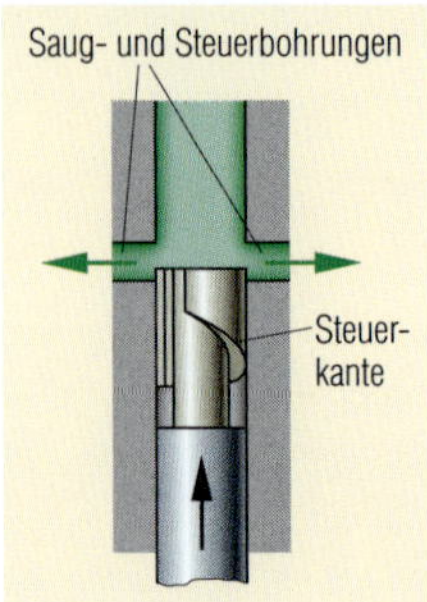	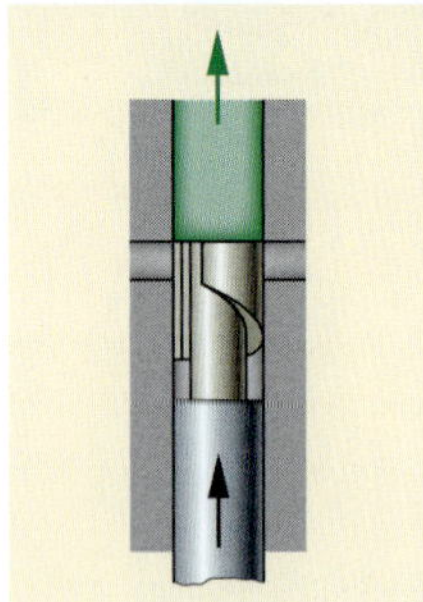	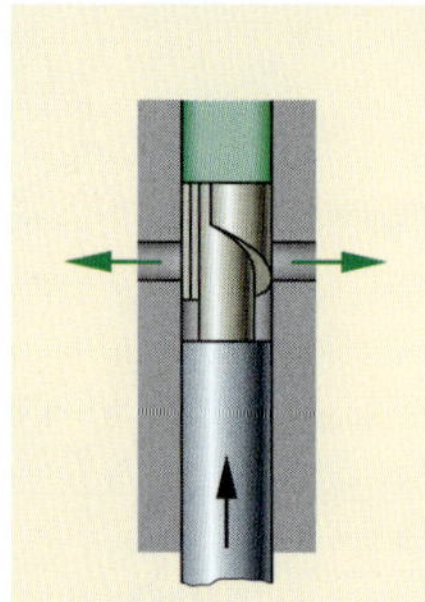	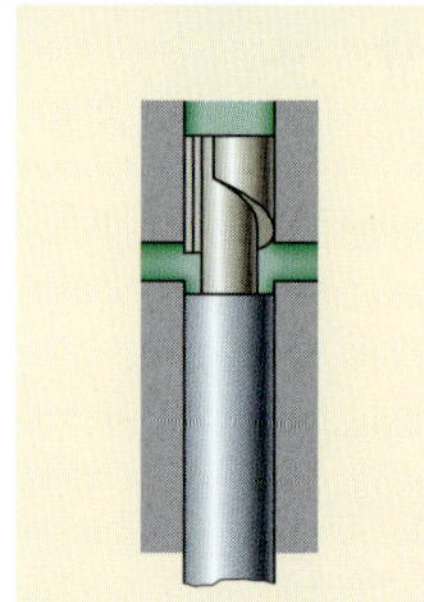	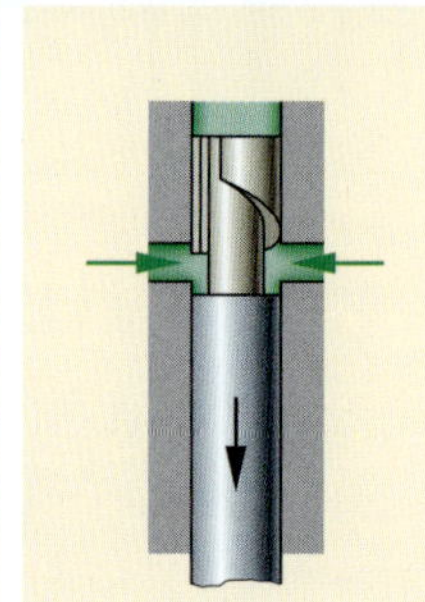
Pumpenelement kurz nach UT	Pumpenelement auf Förderbeginn	Pumpenelement auf Förderende	Pumpenelement in OT	Einströmen
Pumpenkolben bewegt sich von UT nach oben, Kraftstoff wird verdrängt, noch keine Förderung Richtung Einspritzdüse (Vorhub).	Kolben dichtet die Steuerbohrung ab, Förderbeginn.	Steuerkante erreicht die Steuerbohrung, Abbruch der Förderung, Rückfluss des Kraftstoffes durch die Nut (Nachhub).	Pumpenkolben befindet sich bei OT, Förderende bei Volllast, maximale Fördermenge.	Pumpenkolben geht nach UT, Pumpenraum wird über die Längsnut gefüllt, Druckventil dichtet zur Druckleitung ab.

Tabelle 350.1 Arbeitsphasen der Reiheneinspritzpumpe.

spritzdüse nachtropft. Die Leitungslänge darf nicht verändert werden, weil sonst der Restdruck in der Leitung nicht den Soll-Werten entspricht.

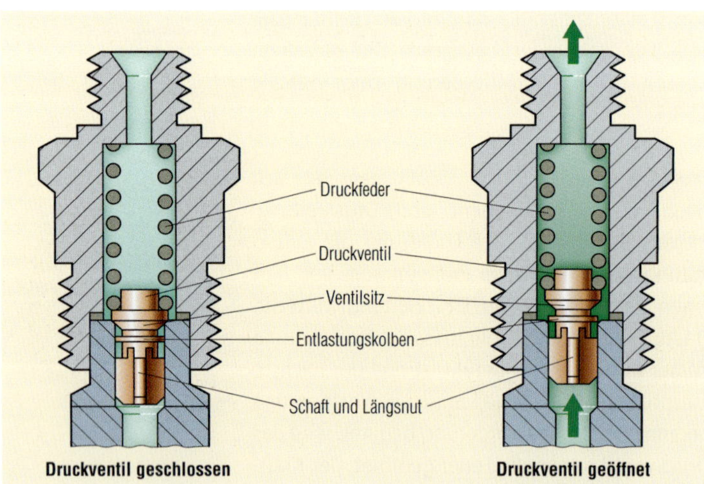

Bild 350.1 Druckventil.

Drehzahlregler (Tabelle 351.1). Der Drehzahlregler für Pkw- und Nkw-Motoren hält die Leerlaufdrehzahl konstant und begrenzt die Enddrehzahl (Abregeldrehzahl; automatische Rücknahme der Einspritzmenge bei Überschreiten der maximalen Motordrehzahl). Er besteht aus einem doppelten Gewichtepaket, das von der Pumpennockenwelle angetrieben wird. Mit zunehmender Drehzahl werden die Gewichte gegen die Federkraft von zwei unterschiedlich starken Federpaketen nach außen gedrückt. Über ein Gestänge wird die Regelstange verschoben, bis die gewünschte Drehzahl erreicht ist. Das erste, schwächere Federpaket hat eine feste Regelposition bei der Leerlaufdrehzahl zur Folge, das zweite, stärkere Federpaket eine Regelposition bei der Enddrehzahl (Abregeldrehzahl).

Bei Baumaschinen und sonstigen stationären Antrieben wird ein Alldrehzahlregler verwendet, der eine eingestellte Drehzahl konstant hält.

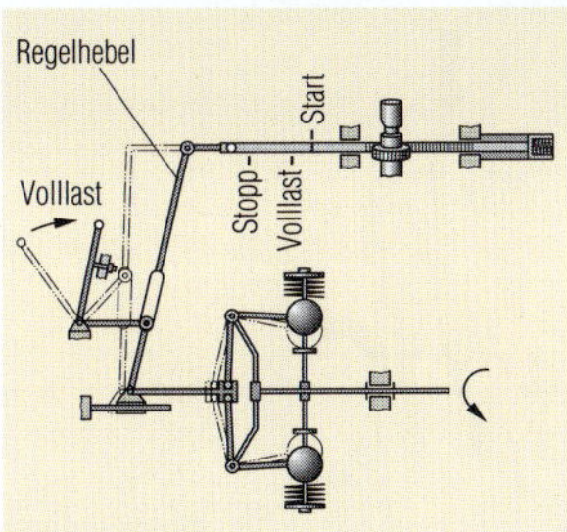	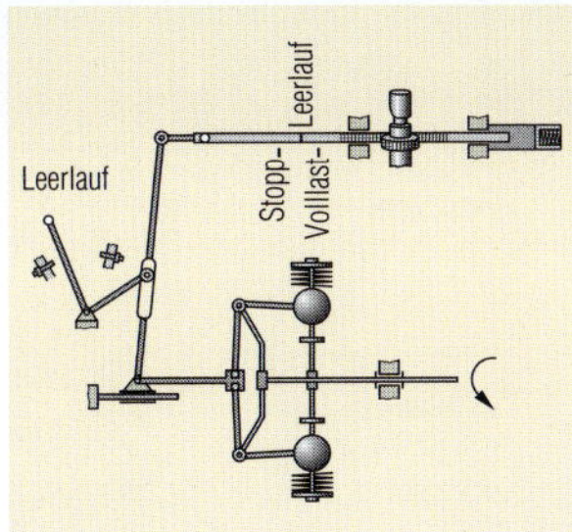	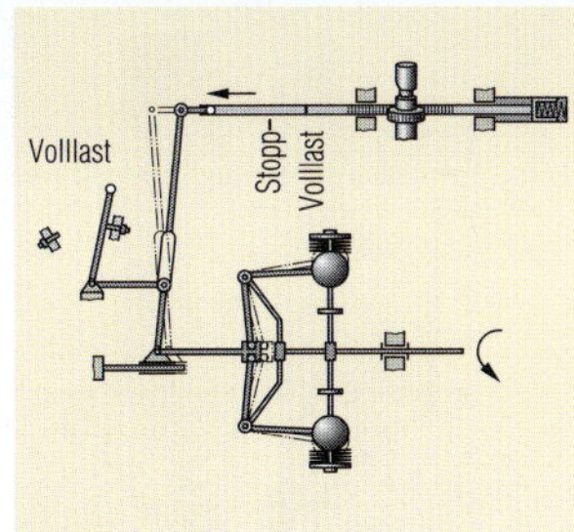
Startvorgang	Leerlauf	Volllast
Beim Start wird der Regelhebel Richtung Pumpe gedrückt, die Regelstange dreht die Pumpenelemente auf Maximalförderung.	Das Federpaket für den Leerlauf hält die Fliehgewichte in Position, das Fahrpedal hat keinen Einfluss auf die Regelstangenposition, die Pumpenelemente sind so gedreht, dass die Leerlaufmenge eingespritzt wird.	Das Volllastfederpaket hält die Fliehgewichte in Position, sodass die Maximaldrehzahl nicht überschritten wird, auch wenn das Fahrpedal weiterhin auf maximalem Lastwunsch steht.

Tabelle 351.1 Funktion des Leerlauf-Enddrehzahlreglers.

Spritzversteller (Bild 351.1). Er dient einerseits als Kupplung zwischen Motor und Pumpennockenwelle. Darüber hinaus verstellt er mit steigender Drehzahl den Einspritzzeitpunkt Richtung „früh".

Der Spritzversteller verdreht dabei durch Fliehkräfte die Welle der Einspritzpumpe um bis zu 30°, was einem Kurbelwinkel von 60° entspricht. Das System besteht aus einem Gehäuse (Antriebseite) und einem Verstelltopf (Abtriebseite). Diese beiden Teile sind gegeneinander verdrehbar und werden bei niedrigen Drehzahlen über zwei Federn in Neutral-Lage gehalten. Bei steigender Drehzahl drücken sich die Fliehgewichte gegen die Federkraft nach außen und verdrehen dadurch den Verstelltopf mit der Pumpennockenwelle Richtung „früh".

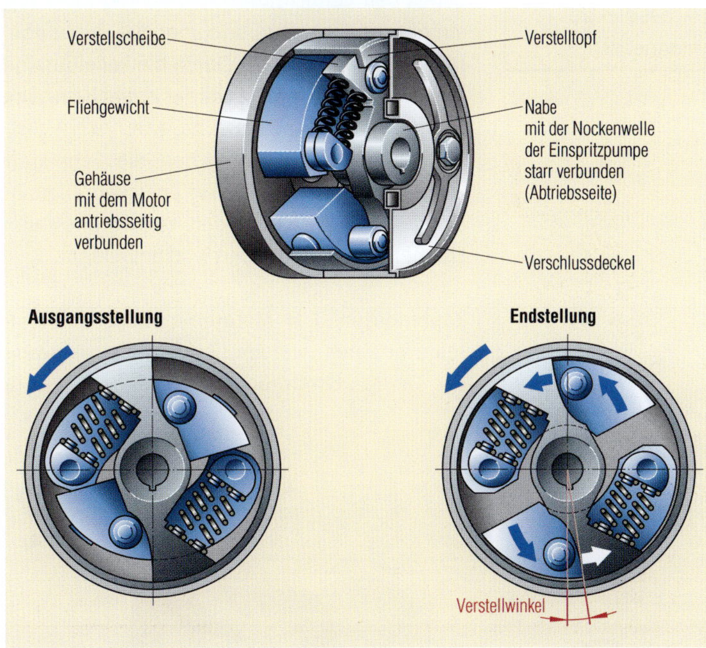

Bild 351.1 Mechanischer Spritzversteller.

7.9.5 Einspritzdüsen

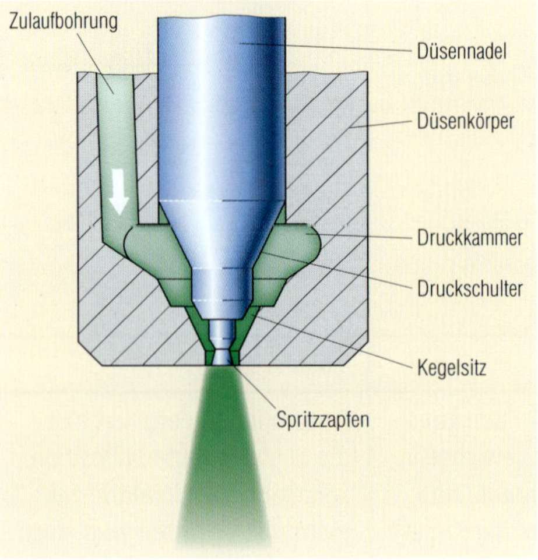

Bild 352.1 Öffnungsvorgang einer Einspritzdüse.

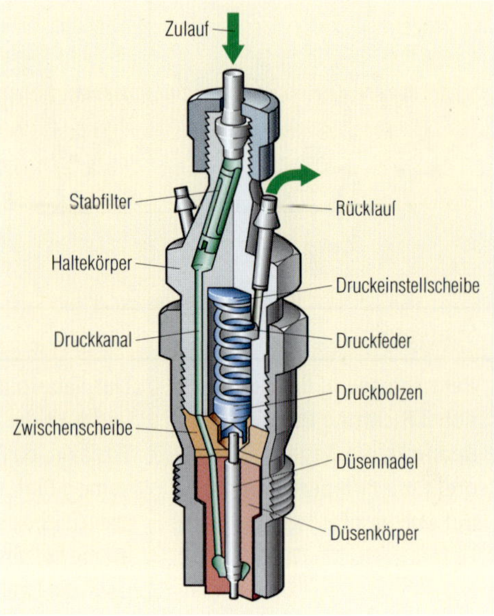

Bild 352.2 Zapfendüse mit Halter.

Einspritzdüse:
öffnet durch Kraftstoffdruck

Einspritzventil:
öffnet elektromagnetisch

Alle Einspritzdüsen werden durch den Einspritzdruck geöffnet (Bild 352.1). Ein Kolben (Düsennadel) wird von einer starken Feder nach unten gedrückt und dichtet die Düsendruckkammer gegen den Verdichtungsraum ab. Der Kraftstoff strömt mit Einspritzdruck über die Zulaufbohrung bis zum Kegelsitz. Durch die kegelförmige Druckschulter der Düsennadel ergibt sich eine vergrößerte wirksame Fläche. Es entsteht eine Kraft, die den Kolben gegen die Federkraft anhebt. Der Kraftstoff kann über den entstandenen Öffnungsspalt in den Verdichtungsraum strömen, die Verbrennung wird eingeleitet.

Zapfendüsen. Bei Motoren mit Nebenbrennraumverfahren werden Zapfendüsen verwendet. Der Kraftstoffdruck hebt die federbelastete Düsennadel ab einem Öffnungsdruck von ca. 100 bis 200 bar an und der Kraftstoff strömt an Dichtsitz und Spritzzapfen vorbei in die Vor- oder Wirbelkammer. Dabei entsteht ein kegelförmiger Strahl mit feinen Kraftstofftröpfchen, die eine weiche Verbrennung ermöglichen (Bild 352.1).

Das System Zapfendüse (Bild 352.2) besteht aus dem Düsenkörper und der Düsennadel. Diese Baugruppe ist in einem Düsenhalter montiert, der folgende Bauteile enthält:
- Kraftstoffzulauf und -rücklauf,
- Montageeinheit,
- Feder zum Schließen der Düsennadel.

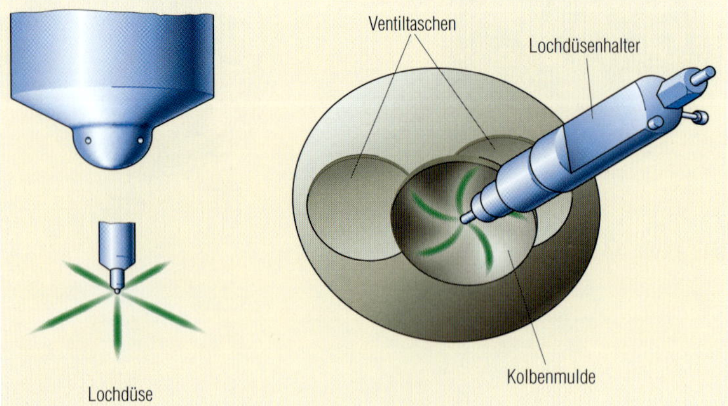

Bild 352.3 Einspritzung mit einer Fünf-Lochdüse.

Lochdüsen. Direkt einspritzende Dieselmotoren haben meist Lochdüsen (Bild 352.3). Öffnung und Einspritzung erfolgen im Prinzip wie bei der Zapfendüse. Die Düsennadel und der Düsenkörper sind erheblich länger, weil die Düse in den Verdichtungsraum hineinragen muss. Die kegelförmige Druckschulter befindet sich in der Mitte, die Dichtkante am unteren Ende der Düsennadel. In der Spitze des Düsenkörpers sind mehrere mikrofeine Bohrungen von ca. 0,02 mm in unterschiedlichen Winkeln angebracht. Wenn der Kraftstoff durch diese Mikro-Bohrungen gepresst wird, entstehen mehrere Strahlen feinster Tröpfchen, die sich an der heißen Luft entzünden.

Einspritzdüsen mit Nadelbewegungsmelder. Diese Lochdüsenbauart wird bei Dieselmotoren mit elektronischer Regelung verwendet. Im Düsenhalter sind zwei Federn mit unterschiedlicher Federkraft eingebaut (Bild 353.1). Zunächst drückt der Kraftstoff die Düsennadel bis zum ersten Anschlag und bewirkt dadurch eine Voreinspritzung. Steigt der Einspritzdruck weiter, wirkt die Düsennadel auch gegen die zweite Feder und ermöglicht die Hauptförderung. Durch die Voreinspritzung wird der Brennraum konditioniert, wodurch der Zündverzug der Haupteinspritzung verringert wird. Es entsteht ein weicherer Verbrennungsablauf, die Geräusch- und Schadstoffemissionen des Motors werden verringert.

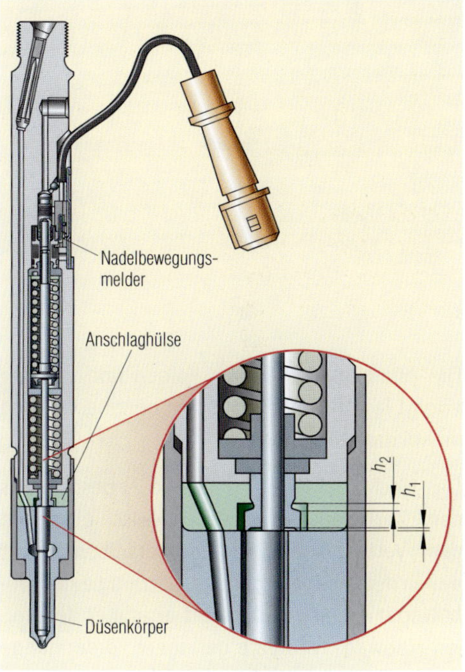

Bild 353.1 Zweifeder-Düsenhalter mit Nadelbewegungsmelder.

Im Düsenhalter ist zusätzlich ein Nadelbewegungssensor eingebaut. Der Induktionsgeber meldet dem Steuergerät, wann das Einspritzventil tatsächlich öffnet. Daraus wird der richtige Einspritzzeitpunkt ermittelt.

- Achten Sie bei allen Arbeiten an Einspritzdüsen auf extreme Sauberkeit.
- Berühren Sie die Düsennadel an der geläppten Fläche nicht mit Fingern.
- Düsennadel und Düsenkörper nur gemeinsam auswechseln.
- Beachten Sie vom Hersteller vorgeschriebene Drehmomente.
- Der Öffnungsdruck ist vom Hersteller festgelegt und kann mit einem Düsenprüfgerät kontrolliert werden. Zur Einstellung werden Druckeinstellscheiben unterschiedlicher Dicke eingebaut, um die Vorspannung der Düsenfeder zu ändern.

Läppen → S. 103

7.9.6 Axialkolben-Verteilereinspritzpumpe

Bei der Verteilereinspritzpumpe (VE-Pumpe) sind alle Bau- und Funktionsgruppen in einem Gehäuse untergebracht (Bild 354.1):

- Kraftstoff-Förderpumpe,
- ein Hochdruckpumpenelement für alle Zylinder,
- Drehzahlregler,
- Spritzversteller,
- Notabschaltventil.

Wegen ihrer Bauweise hat die Verteilereinspritzpumpe gegenüber einer Reiheneinspritzpumpe verschiedene Vorteile:

- günstiger Preis,
- kompakte Bauform,
- eine fast beliebige Einbaulage.

ELAB → S. 356

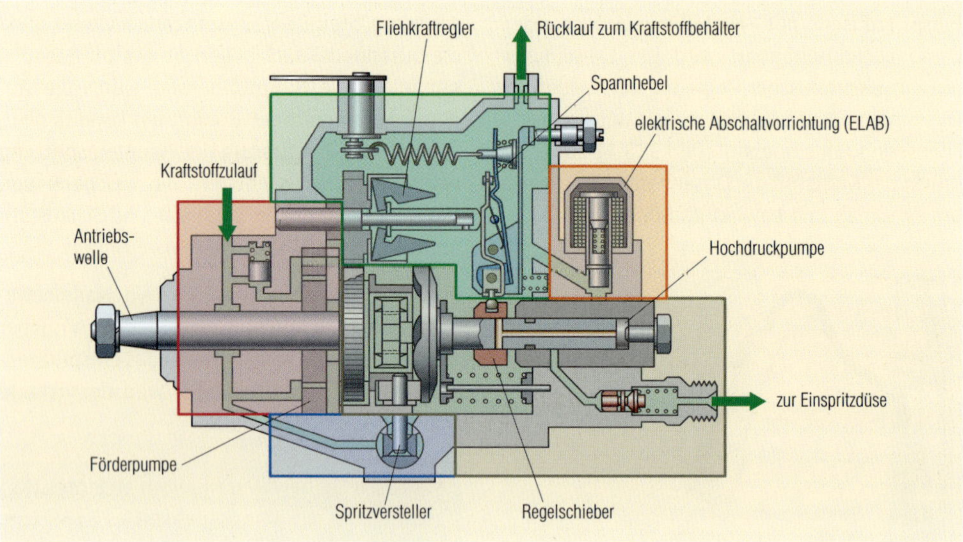

Bild 354.1 Systemübersicht einer Verteilereinspritzpumpe.

Die Kraftstoffförderpumpe erzeugt in Abhängigkeit von der Motordrehzahl einen Pumpeninnendruck von 2 bar bis 5 bar, der im gesamten Pumpengehäuse vorliegt (Niederdruckbereich). Alle Baugruppen sind vom Kraftstoff umspült und werden von diesem geschmiert.

Die rotierenden Teile der Verteilereinspritzpumpe (Antriebswelle, Förderpumpe, Verteilerkolben mit Hubscheibe) befinden sich zentral auf einer Achse. Die Antriebswelle läuft mit Nockenwellendrehzahl und wird häufig durch einen Zahnriemen angetrieben. Der Verteilerkolben erzeugt einen Einspritzdruck von ca. 800 bar.

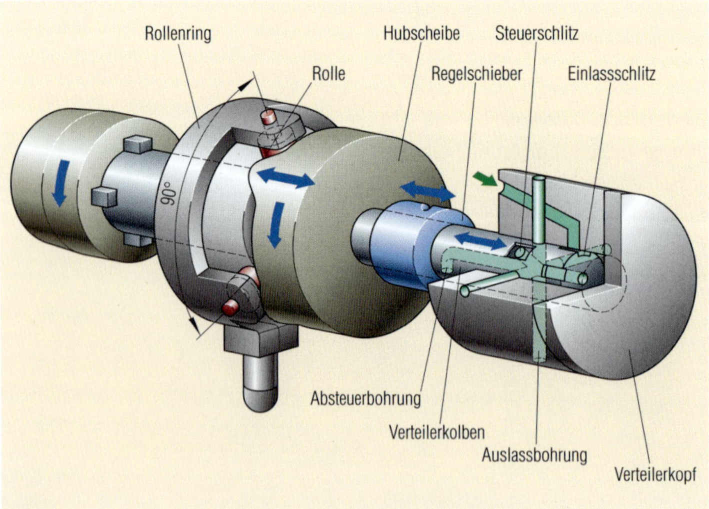

Bild 354.2 Druckerzeugung in der Verteilereinspritzpumpe.

Die Abdichtung zwischen Kolben und Zylinder erfolgt lediglich über eine sehr genaue Passung im Mikrometerbereich.

Das Hochdrucksystem (Bild 354.2) besteht aus dem Verteilerkolben, dem Regelschieber und dem Verteilerkopf. Der Verteilerkolben macht neben der Drehbewegung gleichzeitig eine Hubbewegung. Dabei durchläuft er immer den vollen Hubweg. Wird eine geringere Fördermenge gebraucht, wird der Regelschieber so weit verschoben, dass die Absteuerbohrung frei wird. Der Kraftstoff fließt zurück in den Pumpenraum, der Druck fällt ab und die Förderung ist beendet.

Die nicht rotierenden Teile wie Rollenring, Regelschieber und Verteilerkopf umgeben die rotierenden Teile. Je nach Zylinderzahl verfügt die Hubscheibe über entsprechend viele Nocken. Aus Platzgründen kann eine VE-Pumpe maximal 6 Zylinder versorgen. Die Hubscheibe verschiebt sich in Kolbenrichtung (axial) zusammen mit dem Verteilerkolben. Der Förderhub wird durch den Rollenring über die Hubscheibe erzwungen, der Rückweg durch zwei seitlich angebrachte Federn. Der Kraftstoff gelangt über die Zulaufbohrung in den Hochdruckraum. Bei jeder Nockenwellenumdrehung macht der Verteilerkolben je Zylinder einen Förderhub. Dabei verdreht sich der Kolben so, dass die passende Auslassbohrung den Kraftstoff durch das Druckventil an die jeweilige Einspritzdüse leitet (Tabelle 355.1).

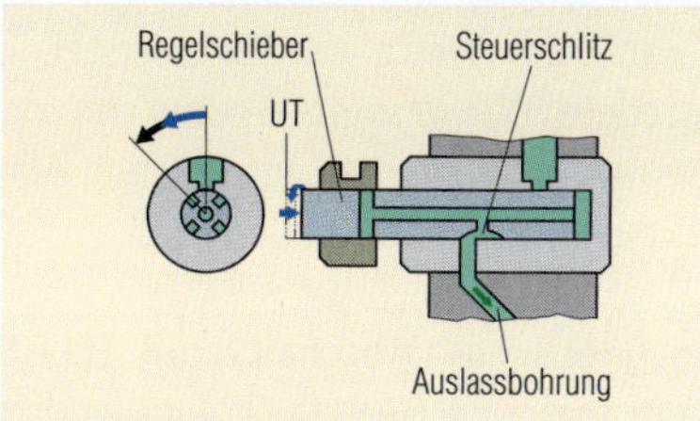 Kolben in Förderphase	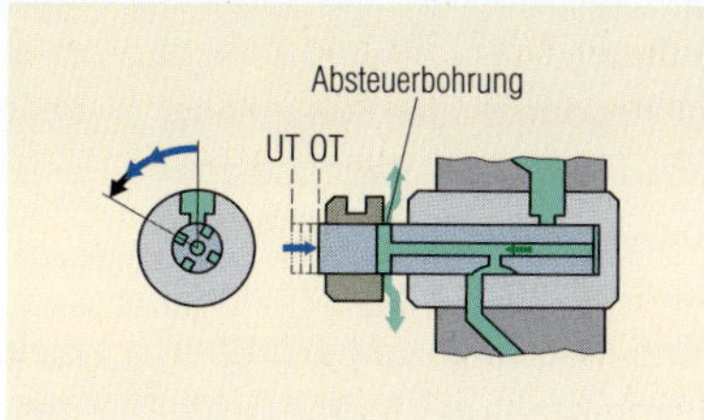 Kolben in Abbruchphase	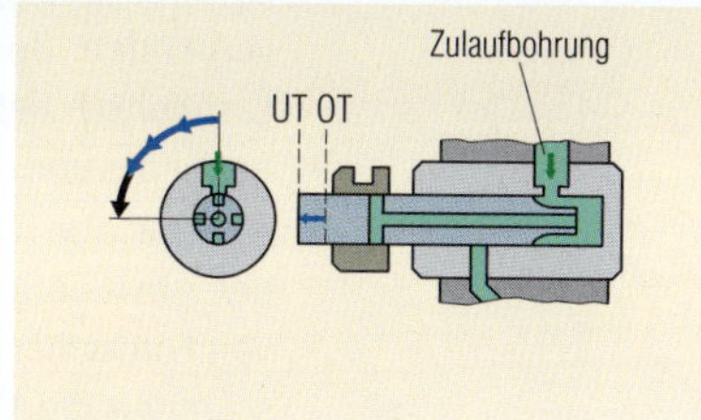 Kolben in Saugphase
Zulaufbohrung und Absteuerbohrung sind geschlossen, gleichzeitig ist der Kolben synchron auf die Auslassbohrung eines Zylinders gedreht.	Der Regelschieber wird vom Regler so verschoben, dass er die Absteuerbohrung freigibt, der Druck fällt ab, die Förderung ist beendet.	Der Kolben ist am oberen Totpunkt und auf einen Einlassschlitz gedreht. Beim Rückhub saugt sich der Pumpenraum voll. Nach dem Saugvorgang hat sich der Kolben so weit gedreht, dass die Zulaufbohrung geschlossen ist.

Tabelle 355.1 Arbeitsphasen einer Verteilereinspritzpumpe.

Spritzversteller (Bild 355.1). Er besteht aus einem im Pumpengehäuse eingebauten Zylinder und einem Kolben, der von einer Seite durch eine Feder in Ruhelage (Null-Verstellung) gehalten wird. Mit steigender Drehzahl erzeugt die Förderpumpe einen erhöhten Druck im Pumpengehäuse, der den Kolben gegen die Feder verschiebt. Dadurch wird der über einen Bolzen mit dem Kolben verbundene Rollenring verdreht und die Nocken der Hubscheibe laufen früher auf die Rollen des Rollenrings auf. Der Einspritzbeginn kann um bis zu ca. 30° KW in Richtung „früh" verstellt werden.

Mechanischer Drehzahlregler (Bild 355.2). Direkt über der Antriebswelle befindet sich eine Welle mit dem Fliehkraftregler, der durch ein Zahnrad angetrieben wird. Die Fliehgewichte bewegen einen Stift (Regelmuffe), der auf Start- und Spannhebel drückt. Dieser zweiseitige Hebel hat am unteren Ende einen Kugelkopf, der in den Regelschieber eingreift und dessen axiale Position auf dem Verteilerkolben bestimmt.

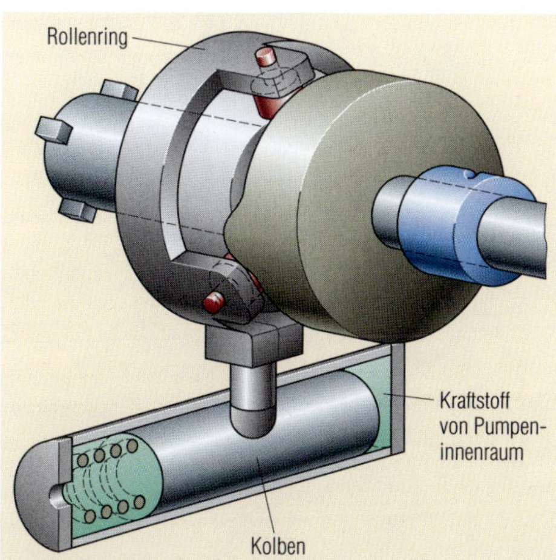

Bild 355.1 Spritzversteller.

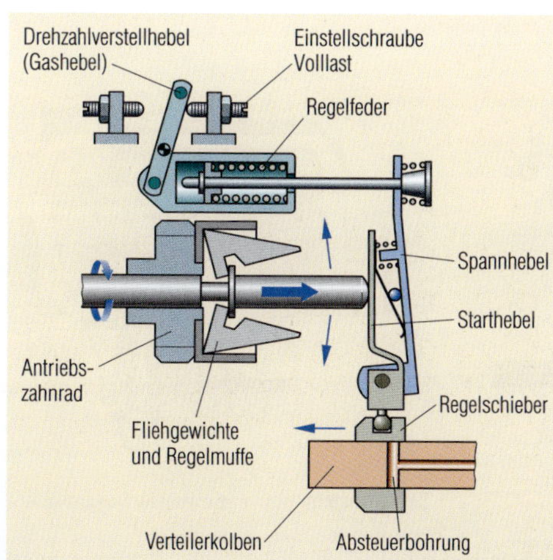

Bild 355.2 Mechanischer Drehzahlregler einer Axialkolbenpumpe.

Der vom Fahrer betätigte Drehzahlverstellhebel ist über eine Regelfeder mit dem Spannhebel verbunden. Bei niedriger Drehzahl und hohem Lastwunsch zieht die Regelfeder den Spannhebel nach links und schiebt dadurch den Regelschieber nach rechts. Dies bewirkt eine spätere Öffnung der Absteuerbohrung und damit die Erhöhung von Fördermenge und Motordrehzahl. Bei Überschreiten der Höchstdrehzahl des Motors schieben die Fliehgewichte die Regelmuffe gegen die Federkraft der Regelfeder nach rechts. Dadurch wird der Regelschieber nach links geschoben, die Absteuerbohrung öffnet früher, Fördermenge und Motordrehzahl sinken.

Elektronische Dieselregelung bei der Axialkolbenpumpe (EDC). Anstelle des Fliehkraftreglers mit Gestänge wird an gleicher Stelle ein elektromagnetisches Drehstellwerk eingebaut (Bild 356.1). Am unteren Ende des Drehstellers befindet sich ein Exzenter, der über einen Kugelkopf mit dem Regelschieber verbunden ist. Der Drehsteller bestimmt über das Steuergerät die Winkellage des Exzenters und damit die Position des Regelschiebers. Der Lastwunsch des Fahrers wird über ein elektronisches Gaspedal (E-Gas) an das Steuergerät und von da an das Drehstellwerk übertragen. Eine mechanische Verbindung zwischen Fahrpedal und Einspritzpumpe ist nicht mehr vorhanden.

Für die Regelung der Spritzverstellung wird ein getaktetes Magnetventil in den Spritzversteller eingebaut. Dieses moduliert den am Spritzverstellerkolben anliegenden Pumpeninnendruck; es kann damit den Winkel der Spritzverstellung beliebig regeln. Das gesamte System erfordert eine Vielzahl verschiedener Sensoren und Aktoren sowie ein Steuergerät (Bild 357.1).

Elektromagnetisches Abschaltventil (ELAB). Der Zulaufkanal zum Hochdruckraum wird bei abgeschaltetem Motor von einem elektromagnetischen Abschaltventil verschlossen. Dies ist bei Fahrzeugen notwendig, die mit einem Zündschlüssel gestartet werden, um diese sicher abschalten zu können.

Ein Dieselmotor mit mechanischer Einspritzung kann nur durch Nullförderung oder Unterbrechung der Kraftstoffzufuhr abgeschaltet werden.

Ladedruckabhängiger Volllastanschlag (LDA) (Bild 356.2). Bei aufgeladenen Motoren muss zusätzlich der Ladedruck zur Bestimmung der Einspritzmenge berücksichtigt werden. Im LDA bewegt eine Membran einen Verstellbolzen. Auf die Oberseite der Membran wirkt der Ladedruck, an der Unterseite herrscht Atmosphärendruck. Eine Feder drückt die Membran in Ruhelage nach oben. Sobald der Ladedruck steigt, drückt die Membran den Verstellbolzen nach unten. Über einen Abtaststift und ein Hebelgestänge wird die Position des Regelschiebers und dadurch die Einspritzmenge direkt beeinflusst.

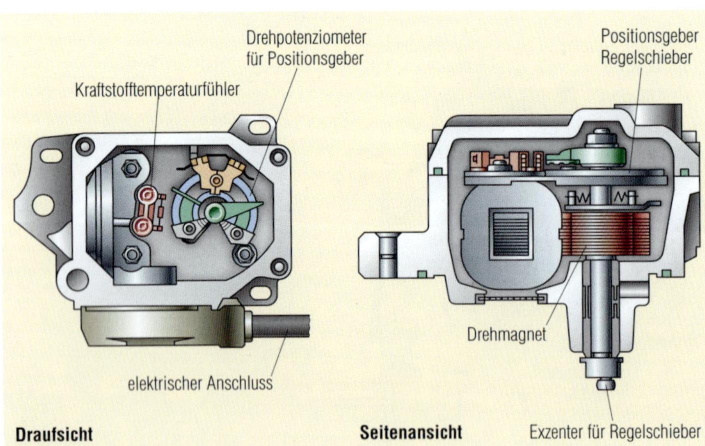

Bild 356.1 Elektromagnetisches Drehstellwerk.

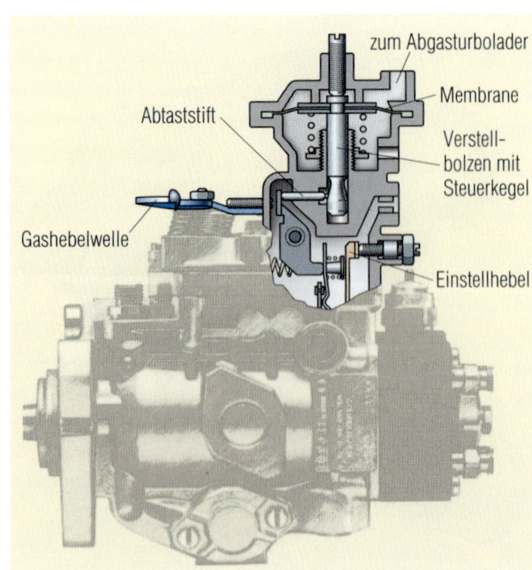

Bild 356.2 Verteilereinspritzpumpe mit ladedruckabhängigem Volllastanschlag.

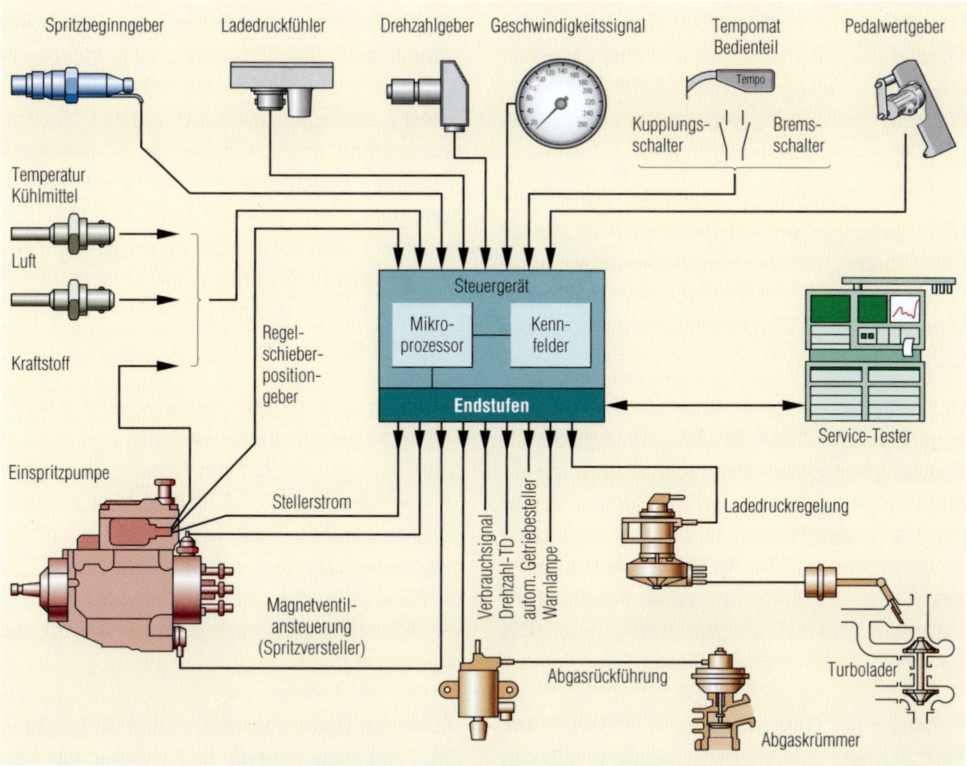

Bild 357.1 Systemübersicht EDC einer Verteilereinspritzpumpe.

7.9.7 Radialkolben-Verteilereinspritzpumpe

Mit einer Radialkolben-Verteilereinspritzpumpe (Bild 357.2) können Einspritzmenge und Einspritzzeitpunkt elektronisch geregelt werden.

Der Einspritzdruck erreicht dabei Werte bis ca. 1500 bar. Das System verfügt über folgende Funktionsgruppen:

- an die Pumpe angebautes Steuergerät,
- Mengenregelung durch ein Magnetventil,
- Spritzverstellung durch ein Magnetventil,
- Drehwinkelsensor zur Erfassung des Einspritzzeitpunktes,
- Flügelzellen-Kraftstoff-Förderpumpe,
- Radialkolben zur Bereitstellung hoher Einspritzdrücke.

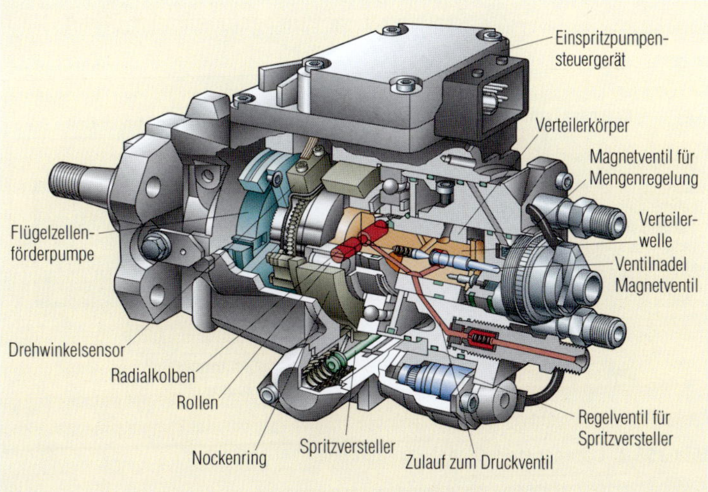

Bild 357.2 Magnetventil-gesteuerte Radialkolben-Verteilereinspritzpumpe.

Das Pumpensteuergerät ist Bestandteil des Motormanagement-Systems und über den CAN-Bus in dieses integriert. Das Gesamtsystem verfügt über zwei Steuergeräte, die über das Bussystem Daten austauschen (Bild 358.1).

Das Motorsteuergerät verwaltet Daten wie Motordrehzahl, Fahrpedalposition (Lastwunsch des Fahrers), Motor- und Außenlufttemperatur, Luftmasse und Ladedruck und regelt beispielsweise die Abgasrückführrate und den Ladedruck.

Das Pumpensteuergerät nutzt auf dem CAN-Bus liegende Sensordaten des Motorsteuergeräts zur Regelung von Einspritzmenge und Spritzverstellung. Durch die Integration des Pumpensteuergerätes in das Pumpengehäuse können hohe Steuerströme (ca. 20 A) für die Ansteuerung des Mengen-Magnetventils sowie des Spritzverstellerventils direkt und verlustarm geschaltet werden.

Regelung der Einspritzmenge (Bild 358.2). Die Verteilerwelle dreht sich gemeinsam mit den Förderkolben und den Rollen mit Nockenwellendrehzahl. Die Förderkolben werden durch Fliehkraft nach außen gedrückt. Durch das größer werdende Volumen wird Kraftstoff in den Hochdruckraum gesaugt. Dies ist nur möglich, weil gleichzeitig das Magnetventil zur Mengenregelung (Bild 357.2) die Verbindung zum Kraftstoffvorrat im Pumpeninnenraum öffnet. Nach dem Befüllen des Hochdruckraums schließt das Magnetventil die Verbindung zum Pumpeninnenraum. Beim weiteren Verdrehen der Verteilerwelle wälzen sich die Rollen auf dem Nockenring ab und drücken dabei die Förderkolben zusammen. Gleichzeitig öffnet die Verteilerwelle den Zulauf zum Druckventil und der entstehende Hochdruck wird zur Einspritzdüse gefördert. Ist die gewünschte Einspritzmenge erreicht, öffnet das Magnetventil und der Druckabbau führt zum Förderende.

Regelung des Einspritzbeginns (Bild 358.2). Soll eine Verstellung des Einspritzbeginns nach „früh" erfolgen, erhöht das Regelventil für den Spritzversteller den Druck im Ringraum, wodurch sich Steuerkolben und Regelschieber nach rechts verschieben. Dadurch öffnet der Regelschieber die Zulaufleitung in den Raum hinter dem Spritzverstellerkolben, der nach rechts ausweicht und den Nockenring nach „früh" verdreht.

Durch den Drehwinkelsensor (Bild 357.2) kann das Pumpensteuergerät den Ist-Wert der Verstellung des Spritzverstellers und damit den Einspritzzeitpunkt genau bestimmen. Darüber hinaus hat er folgende Funktionen:

- Bestimmen der momentanen Winkellage der Antriebswelle,
- Messen der aktuellen Pumpendrehzahl,
- Liefern eines Ersatzsignals für den Kurbelwellengeber.

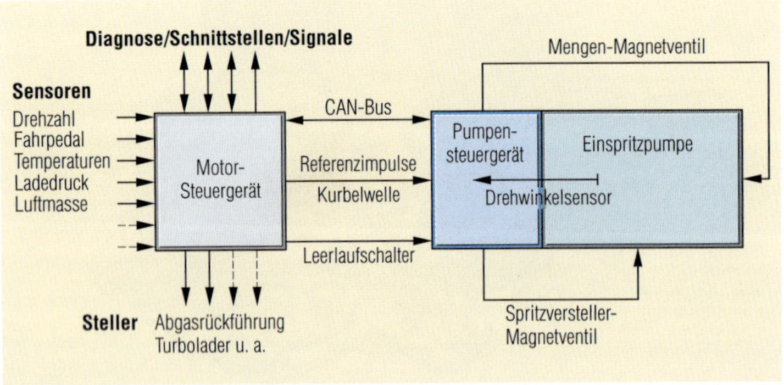

Bild 358.1 Datenaustausch im Motormanagement-System.

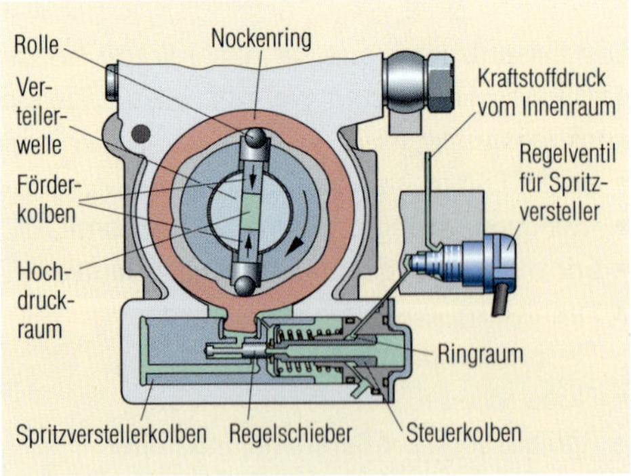

Bild 358.2 Radialkolben mit Spritzversteller.

7.9.8 Glühanlage

Dieselmotoren besitzen eine Glühanlage, die bei kaltem Motor ein gutes Startverhalten mit geringeren Motorgeräuschen und reduziertem Schadstoffausstoß ermöglicht. Dazu verwendet man für jeden Zylinder Glühstiftkerzen (Bild 359.1), die über ein eigenes Glühzeitsteuergerät bzw. über ein Lastrelais und das Steuergerät der elektronischen Einspritzsteuerung geschaltet werden.

Die Glühstiftkerze besteht aus in Reihe geschalteten Heiz- und Regelwendeln, die in ein mit Isolierpulver gefülltes Glührohr gebettet sind. Das Glührohr ist in ein Kerzengehäuse gasdicht eingepresst. Die Heizwendel, die masseseitig am Glührohr angeschweißt ist, hat einen nahezu gleichbleibenden, von der Temperatur unabhängigen, elektrischen Widerstand. Der Widerstand der Regelwendel dagegen nimmt mit steigender Temperatur zu (PTC). Somit fließt in kaltem Zustand ein großer Strom und die beiden Wendeln erhitzen sich sehr rasch. Mit zunehmender Erwärmung der Regelwendel steigt auch deren Widerstand, dadurch verringert sich die Stromstärke und die Temperatur nähert sich dem sogenannten Beharrungszustand, d.h. sie bleibt gleich.

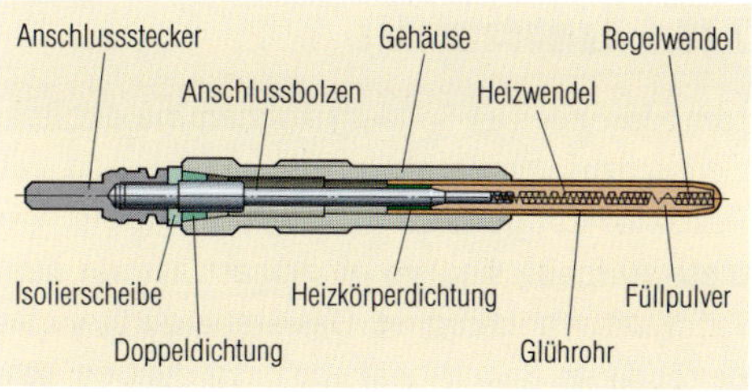

Bild 359.1 Glühstiftkerze.

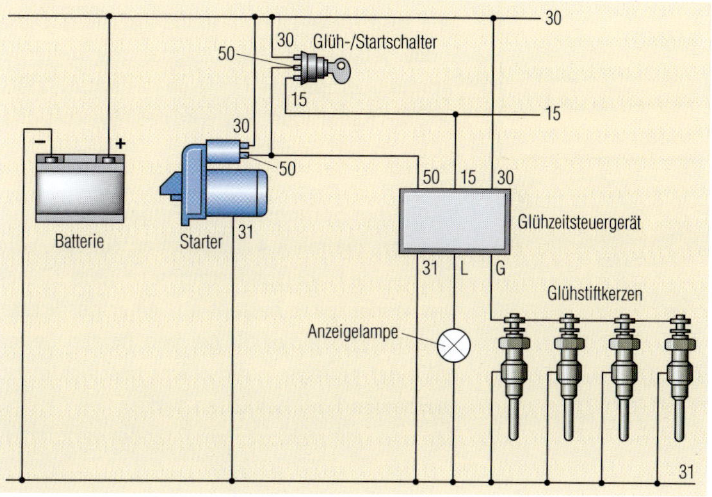

Bild 359.2 Schaltung einer Glühzeitsteuerung.

Die Schaltung der Glühzeitsteuerung über ein Glühzeitsteuergerät zeigt Bild 359.2. Nach Einschalten des Glüh-/Startschalters werden die Glühstiftkerzen mit Strom versorgt und die Anzeigelampe leuchtet, bis nach kurzer Zeit (max. 4 s) ausreichend vorgeglüht wurde und der Motor gestartet werden kann. Nach dem Starten wird noch einige Zeit (max. 180 s) nachgeglüht und anschließend die Stromversorgung der Glühstiftkerzen ausgeschaltet. Durch das Nachglühen werden Schadstoff- und Geräuschemissionen während der Warmlaufphase verringert.

Die Glühzeitsteuerung ist meist eigendiagnosefähig. Eventuelle Fehler werden dem Fahrer über die Kontrolllampe angezeigt.

Bei Nutzfahrzeugen werden als Starthilfsanlagen auch Flammkerzen oder elektrische Heizflanschanlagen zur Erwärmung der Ansaugluft im Sammelrohr verwendet. Diese werden ebenfalls über ein Glühzeitsteuergerät geschaltet.

Bei der Flammkerze (Bild 359.3) wird der Kraftstoff durch einen Glühstift entzündet. Dieser wird der Flammkerze über ein Magnetventil dosiert zugeführt. Bei der Heizflanschanlage wird das Sammelrohr durch darin eingebaute Heizdrähte erwärmt.

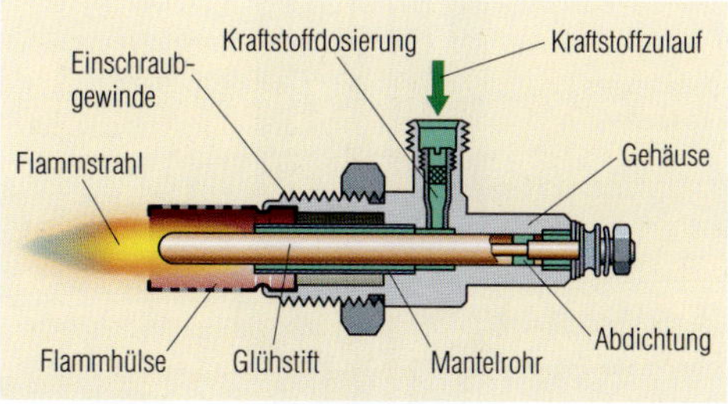

Bild 359.3 Flammkerze.

7.10 Sensoren zur Messung von Abgasen

7.10.1 Lambdasonden

Regelsignal: Signal der λ-Sonde vor dem Katalysator

Monitorsignal: Signal der λ-Sonde hinter dem Katalysator

On Board Diagnose → S. 378 ff.

Lambdasonden (λ-Sonden) können die aktuelle Gemischzusammensetzung durch Messung des Restsauerstoffgehalts im Abgas ermitteln. Für diese Aufgabe sind sie im Abgastrakt vor dem Katalysator angeordnet. Das Steuergerät verarbeitet dieses Regelsignal und passt die Gemischzusammensetzung ständig an. Bei Fahrzeugen mit On Board Diagnose ist nach dem Katalysator eine zusätzliche Lambdasonde installiert. Diese Sonde sendet ein Monitorsignal ans Steuergerät und überprüft die Funktion des Katalysators. Fällt das Regelsignal aus, wird das Monitorsignal als Ersatzwert genutzt.

Spannungs-Sprungsonde (Fingersonde). Bei Motoren, die mit λ = 1 betrieben werden, wird häufig eine Fingersonde eingesetzt (Bild 360.1). Die Sondenspitze besteht aus einer gasdichten Keramik (Zirkondioxid), die von beiden Seiten mit einer porösen Platinschicht beschichtet ist. Die beiden Platinschichten wirken wie Elektroden und sind elektrisch miteinander verbunden.

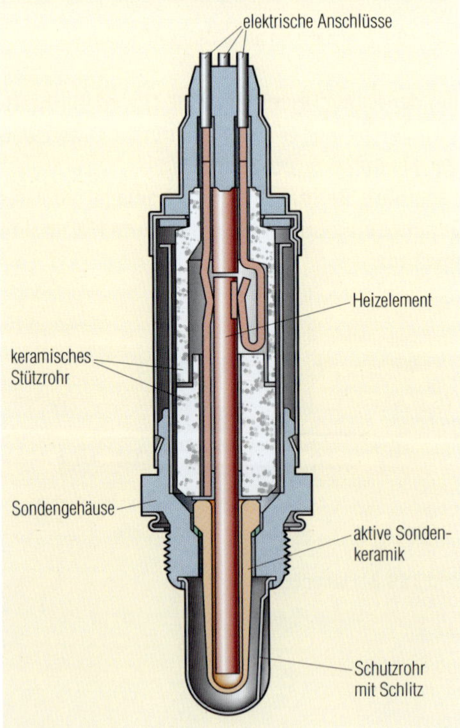

Bild 360.1 λ-Sonde (Fingersonde).

Die Außenseite liegt im Abgasstrom, die Innenseite wird mit Luftsauerstoff belüftet. Bei fettem Gemisch sinkt der Sauerstoffgehalt im Abgas stark ab und erzeugt eine Sondenspannung von ca. 0,8 Volt (Bild 360.2). Das Motorsteuergerät regelt die Kraftstoffmenge so lange nach, bis der Wert wieder umspringt. Bei magerem Gemisch ist der Prozess umgekehrt, die Spannung sinkt auf ca. 0,2 Volt. Dieser Regelkreis (Bild 360.3) hat eine Taktung von ca. einem Vorgang pro Sekunde.

Die Funktion der Lambdasonde kann verbessert werden, wenn durch eine interne Beheizung die Betriebstemperatur (ca. 300 °C) schneller erreicht wird. Erst ab diesem Zeitpunkt kann eine Lambda-Regelung erfolgen.

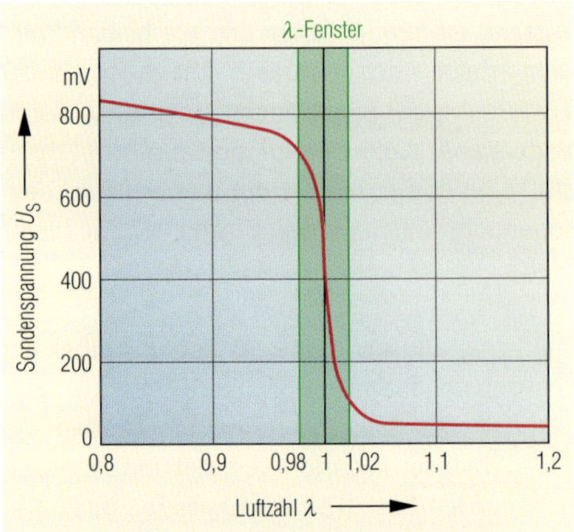

Bild 360.2 Spannungsverhalten einer λ-Sonde.

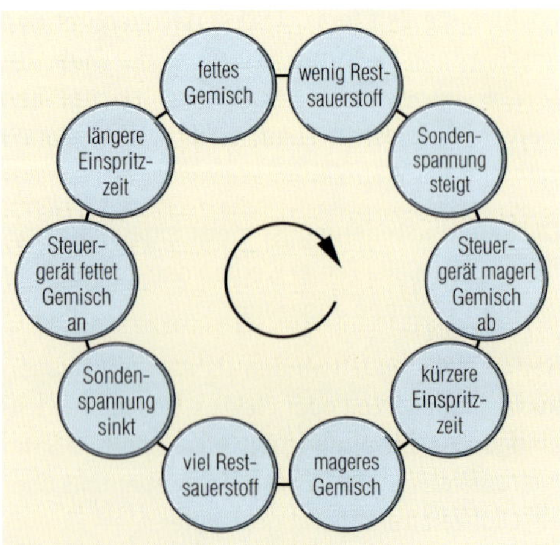

Bild 360.3 Regelkreis der λ-Sonde.

Die Planarsonde (Bild 361.1) ist eine Weiterentwicklung der Fingersonde. Sie arbeitet nach dem gleichen Funktionsprinzip, ist aber günstiger herzustellen, da die Bauteile in flachen Schichten aufgetragen werden und eine Heizfolie integriert werden kann.

Vorteile der Planarsonde:
- kürzere Aufheizzeit bis zum Einsatz der Lambda-Regelung,
- stabile Regelungswerte,
- geringer Heizleistungsbedarf,
- kompakte Bauweise,
- geringes Gewicht.

Widerstandssprungsonde. Hauptmerkmal dieser Bauart (Bild 361.2) ist der Sensor aus Titandioxid. Dieses Material verändert seine Leitfähigkeit unmittelbar in Abhängigkeit vom Restsauerstoffgehalt im Abgasstrom, eine Referenzluft ist nicht notwendig. Der Widerstand ändert sich sprunghaft zwischen 1 kΩ bei fettem und 1 MΩ bei magerem Gemisch. Die Sonde muss beheizt werden und verfügt daher über vier Anschlüsse, zwei für den Heizkreis, zwei für den Messkreis. Über einen Messwiderstand im Steuergerät wird der Messkreis mit 5 V versorgt. Wird das Gemisch mager, steigt der Widerstand der Sonde sprunghaft an, die Spannung am Messwiderstand fällt auf ca. 0,5 V, bei fettem Gemisch springt der Wert über 4 V.

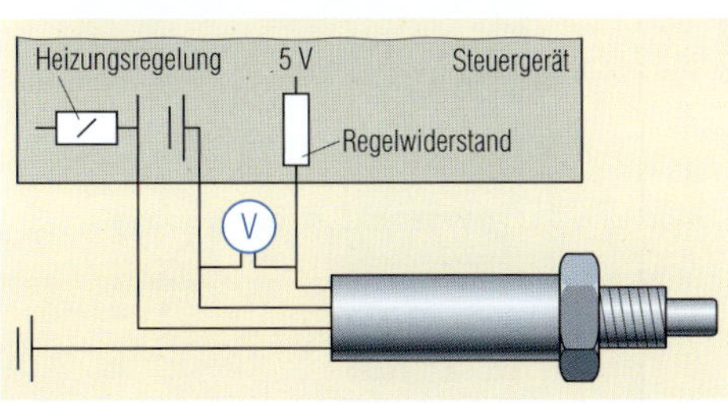

Bild 361.2 Widerstandssprungsonde.

Breitbandsonde (Bild 361.3). Diese Sonde kann den Restsauerstoff im Abgas stufenlos im Bereich $\lambda > 0,7$ messen. Die Technik ist erforderlich, um auch an Motoren, die mit sehr magerem Gemisch laufen (z. B. Motoren mit Benzindirekteinspritzung und Dieselmotoren mit Rußpartikelfilter) eine Lambdaregelung vornehmen zu können.

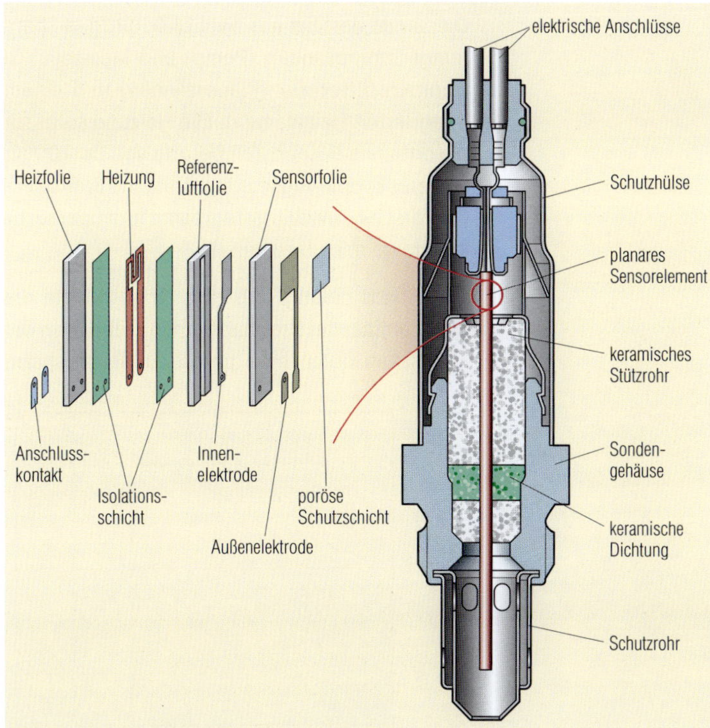

Bild 361.1 λ-Sonde (Planarsonde).

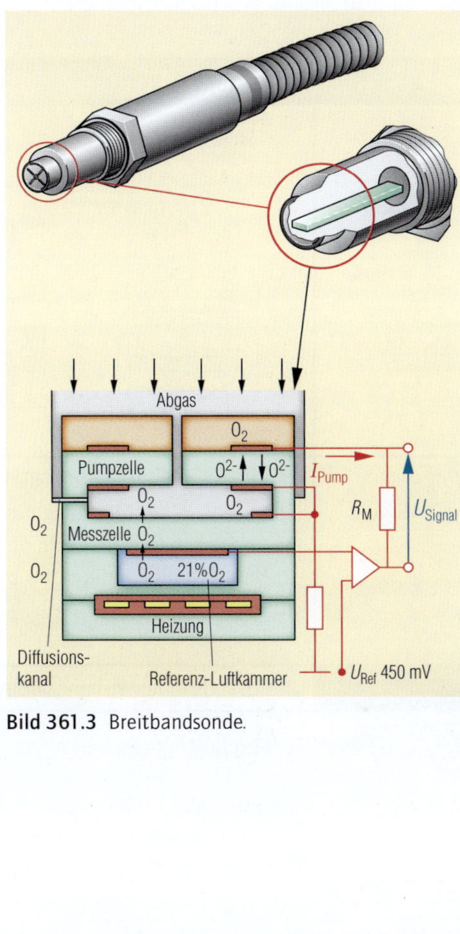

Bild 361.3 Breitbandsonde.

Die Sonde besteht aus zwei gleichartigen Spannungs-Sprungsonden (Pump- und Messzelle) in Dünnschichttechnik (Planarsonden) und einem integrierten Heizelement. Die Heizung sorgt für die optimale Betriebstemperatur von ca. 700 °C. Äußeres Erkennungsmerkmal für eine Breitbandsonde ist ein Anschlussstecker mit fünf oder sechs Kabeln (je nach Hersteller).

Das Abgas gelangt aus dem Abgasrohr in die Messkammer der Breitbandsonde. Dabei wird der Nachstrom durch eine poröse Diffusionssperre

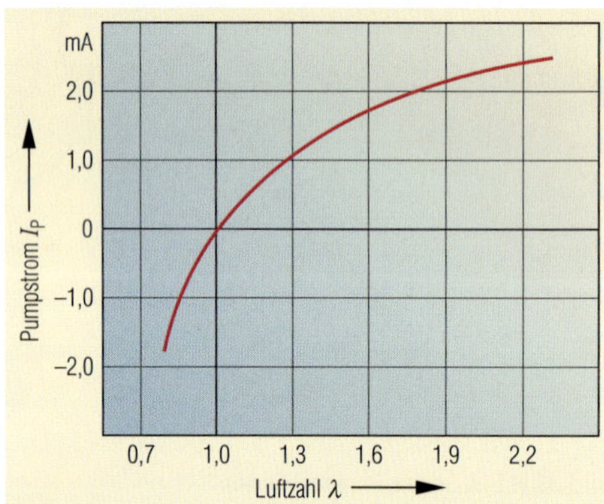

Bild 362.1 Stromverlauf bei der Breitbandsonde.

begrenzt. Die Messzelle ist auf der einen Seite mit dieser Messkammer und auf der anderen Seite mit der Referenzluftkammer verbunden. Sie misst ständig wie eine herkömmliche Spannungssprungsonde die Abgaskonzentration in der Messkammer.

Die Pumpzelle ist auf einer Seite dem Abgasstrom ausgesetzt und liegt mit der anderen Seite an der Messkammer. Durch Anlegen einer Pumpspannung an die Platinelektroden der Pumpzelle kann Sauerstoff aus der Messkammer heraus (mageres Abgas) oder in diese hinein (fettes Abgas) gepumpt werden. Die Pumpspannung wird von der Elektronik so geregelt, dass die Abgaskonzentration in der Messkammer ständig bei λ = 1 liegt; dies wird von der Messzelle überwacht (Tabelle 362.1).

Der Pumpstrom ist proportional zur Sauerstoffkonzentration im Abgas, seine Messung ergibt daher den momentanen λ-Wert. Da der Zusammenhang zwischen Pumpstrom und Luftzahl λ aber nicht linear ist (Bild 362.1), muss im Motorsteuergerät ein entsprechendes Kennfeld für die jeweilige Sonde hinterlegt sein.

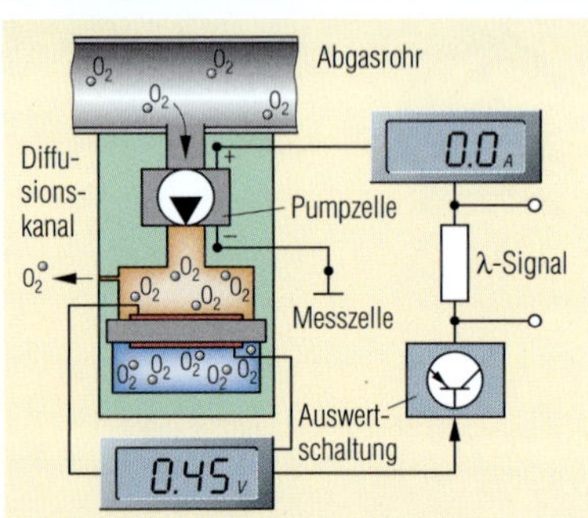

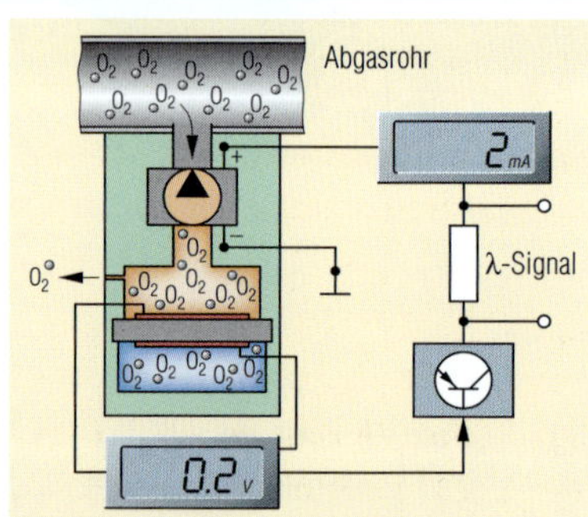

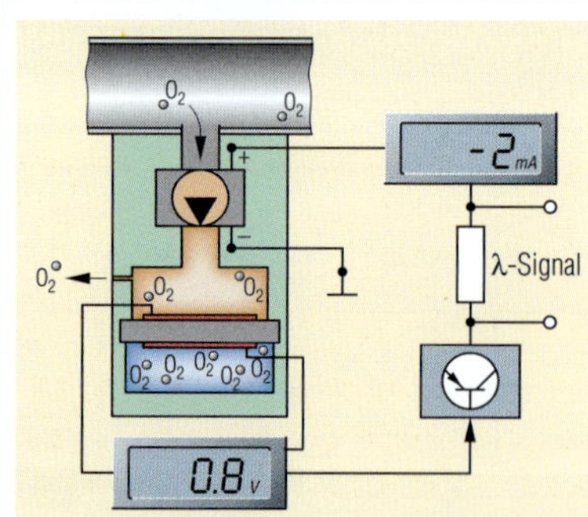

λ = 1	λ > 1 (mager)	λ < 1 (fett)
Der Pumpstrom beträgt Null, Spannung in der Messzelle 0,45 Volt.	Der Pumpstrom ist positiv, die Spannung in der Messzelle niedrig. Bei magerem Gemisch wird der Sauerstoff nach außen gepumpt = positiver Strom.	Der Pumpstrom ist negativ, die Spannung in der Messzelle hoch. Bei fettem Gemisch wird der Sauerstoff (durch Zersetzung von CO_2) aus dem Abgas in den Diffusionskanal transportiert.

Tabelle 362.1 Breitbandsonde; Wirkungsweise von Pump- und Messzelle.

7.10.2 NO_x-Sensoren

Die Euro-V-Abgasnorm verlangt einen Grenzwert für Stickstoffoxide. Daher muss ein entsprechender Sensor die Konzentration im Abgas feststellen (Bild 363.1). Das Funktionsprinzip des NO_x-Sensors ähnelt dem Pumpzellenprinzip der Breitbandsonde. In der ersten Pumpzelle wird der Sauerstoffgehalt einem konstanten, in etwa stöchiometrischen Wert angepasst und über den Pumpstrom wird der Lambdawert abgegriffen. Anschließend gelangt der Gasstrom über eine Diffusionsbarriere in die O_2-Messzelle, die über Elektroden mit Reduktionsfunktion verfügt. Die Stickstoffoxide werden in O_2 und N_2 aufgespalten. Über den Sauerstoff-Pumpstrom wird die NO_x-Konzentration in einem speziellen Steuergerät ermittelt, das sich am Fahrzeugunterboden in der Nähe des NO_x-Sensors befindet. Es bereitet die Sensorsignale auf und übermittelt die Informationen über den Antriebs-CAN-Bus an das Motorsteuergerät.

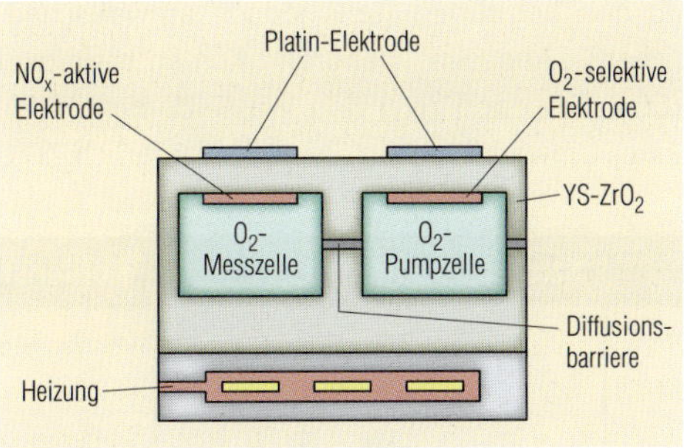

Bild 363.1 NO_x-Sensor.

7.11 Systeme zur Minderung von Abgasen

Im Verbrennungsmotor wird immer eine bestimmte Menge von Abgasen erzeugt, die giftig oder klimaschädlich sind, aber auch unproblematisch sein können.

Die Abgasvermeidung ist die insgesamt günstigste Lösung. Das Fahrzeug erzeugt durch niedrigen Kraftstoffverbrauch geringere Abgasmengen und verursacht gleichzeitig geringere Kraftstoffkosten.

Dies ist beispielsweise durch Verringerung des Luftwiderstandes möglich, zu dessen Überwindung große Teile der Motorleistung benötigt werden. Der Luftwiderstand F_L wird durch die Fahrgeschwindigkeit v_0, den Luftwiderstandsbeiwert (c_w-Wert) und die Querschnittsfläche A der Karosserie beeinflusst. Durch Verkleinerung dieser Parameter kann der Luftwiderstand verringert werden.

Durch Gewichtseinsparung lässt sich der Kraftstoffverbrauch ebenfalls senken. Dabei gilt als Faustformel, dass 100 kg weniger Fahrzeugmasse ca. 0,5 l weniger Verbrauch pro 100 km ermöglichen.

Die Vermeidung oder Entschärfung der schädlichen Wirkung der Abgase wird durch gesetzliche und konstruktive Maßnahmen erreicht.

Abgasvermeidung

konstruktive Maßnahmen
- Gewichtsreduktion
- Senkung des Luftwiderstandes
- Senkung des Rollwiderstandes

gesetzliche Maßnahmen
- Verbot schädlicher Stoffe im Kraftstoff (z. B. Schwefel)
- Beschränkung des maximalen Verbrauchs pro 100 km
- Beschränkung der maximalen Abgasmenge
- Steuervorteile für abgasarme Fahrzeuge

7.11.1 Abgasbestandteile des Ottomotors

Zu den ungiftigen (teils jedoch umweltschädlichen) Abgasen gehören Kohlenstoffdioxid (CO_2), Stickstoff (N_2) und Wasserdampf (H_2O). Eine Umwandlung ist nicht erforderlich. Die übrigen Stoffe sind giftig oder umweltschädlich und müssen in unschädliche Formen umgewandelt werden (Tabelle 364.1). Dies geschieht im Katalysator.

Abgaskomponente	Stickstoffoxide (NO_x)	Kohlenstoffmonooxid (CO)	Kohlenwasserstoffe (HC)
chemisches Modell	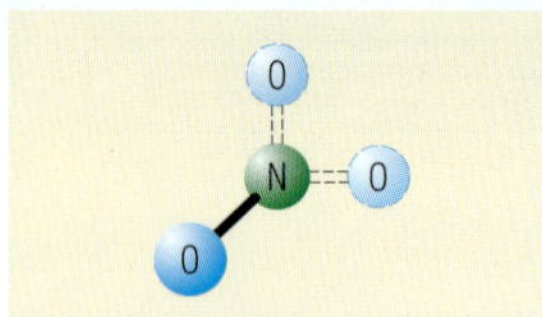	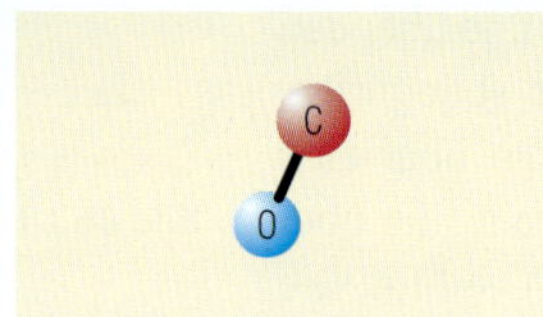	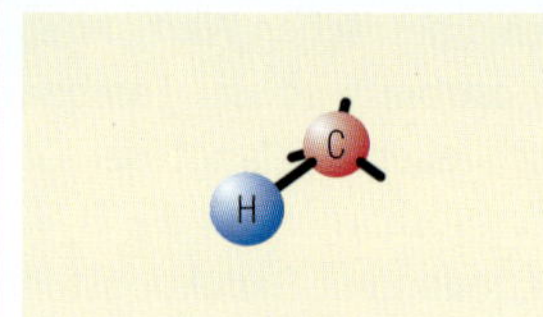
Entstehung	durch Luftüberschuss (Magerbetrieb) durch hohe Verbrennungstemperatur	durch Luftmangel (fettes Gemisch), unvollständige Vermischung von Kraftstoff und Luft	mangelhafte Verbrennung, zu niedrige Zündspannung, ungünstige Brennraumform, Ablagerungen im Brennraum
Eigenschaften	unsichtbar, geruchlos, giftig, reizt Lungengewebe	geruchlos, brennbar, lebensgefährlich	nicht direkt giftig, aber eine Umwandlung in giftige Moleküle erfolgt durch die Sonneneinstrahlung
notwendige Entgiftung im Katalysator	Reduktion zu N_2 und dabei Bildung von CO_2	Oxidation zu CO_2	Oxidation zu CO_2 und H_2O
Erfolg der Entgiftung	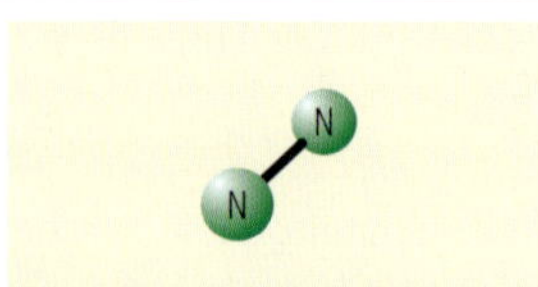	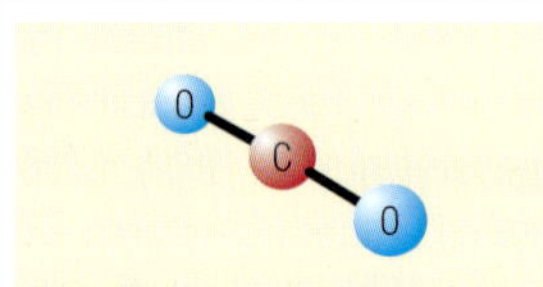	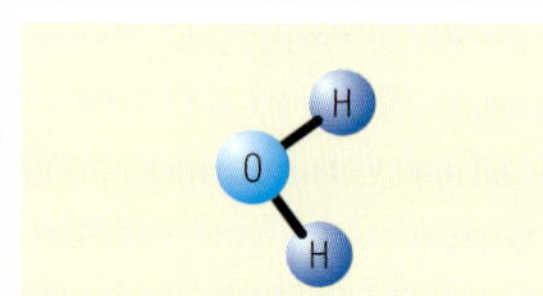

Tabelle 364.1 Umwandlung giftiger Abgase durch den Katalysator.

7.11.2 Katalysator

Die giftigen Abgase werden im Katalysator in ungiftige Moleküle umgewandelt. Im Ottomotor wird wegen seines hohen Umwandlungsgrades der Dreiwege-Katalysator verwendet.

Abgasentgiftung im Dreiwege-Katalysator. Der Dreiwege-Katalysator verdankt seinen Namen den drei Vorgängen, die sich zeitgleich nebeneinander in seinem Inneren abspielen (Tabelle 364.1).

Bei der Reduktion des Stickstoffoxids wird Sauerstoff frei. Dieser wird einerseits zur Oxidation von Kohlenstoffmonooxid zu Kohlenstoffdioxid und andererseits von Kohlenwasserstoff zu Kohlenstoffdioxid und Wasser genutzt. Die für einen möglichst hohen Umwandlungsgrad benötigten Mengenverhältnisse sind nur bei einem Wert von $\lambda = 1$ gegeben. Dieser Wert muss daher sehr genau eingehalten werden ($\lambda = 0{,}997$ bis $\lambda = 1{,}004$), was durch die Lambda-Regelung möglich ist.

Die Umwandlung im Katalysator findet erst ab einer Temperatur von ca. 250 °C statt. Diese Start- oder Anspringtemperatur muss möglichst rasch erreicht werden. Seine Betriebstemperatur mit über 90 % Umwandlungsrate hat der Katalysator zwischen 400 °C und ca. 900 °C. Bei höheren Temperaturen kommt es zuerst zur thermischen Alterung der katalytischen Beschichtung und ab Temperaturen über 1000 °C zur Zerstörung des Katalysators.

Aufbau. Ein Keramik-Katalysator besteht aus Keramikkörpern mit vielen kleinen Kanälen. Die Wandstärke dieser Kanäle beträgt 0,15 mm. Zusätzlich sind die Zellwände mit einer Beschichtung überzogen, die stark zerklüftet ist (Washcoat-Schicht). Durch diese spezielle Technik vergrößert sich die wirksame Kontaktfläche der Abgase auf ca. 18000 m² im gesamten Katalysator. Diese Kontaktfläche wird mit Platin, Palladium bzw. Rhodium benetzt (katalytische Schicht, Bild 365.1). Zum Schutz gegen mechanische Schäden ist der Keramikkörper weich in einem rostfreien Edelstahlgehäuse gelagert.

Vorteile des Keramik-Katalysators:
- sehr geringe Wärmedehnung,
- sehr unempfindlich gegen große Temperaturunterschiede,
- geringe Wärmeverluste, z. B. beim Stadtverkehr,
- geringes Gewicht.

Eine Alternative zum keramischen Katalysator ist der Metallkatalysator. Er besteht aus dünnen Blechen mit 0,05 mm Wandstärke, die zur Vergrößerung der Reaktionsfläche gewellt sind und dann zu einer Wabe zusammengewickelt werden.

Vorteile des Metall-Katalysators:
- gute Wärmeleitfähigkeit,
- gute Abgasreinigungsleistung,
- geringer Abgasgegendruck,
- kleiner Bauraum.

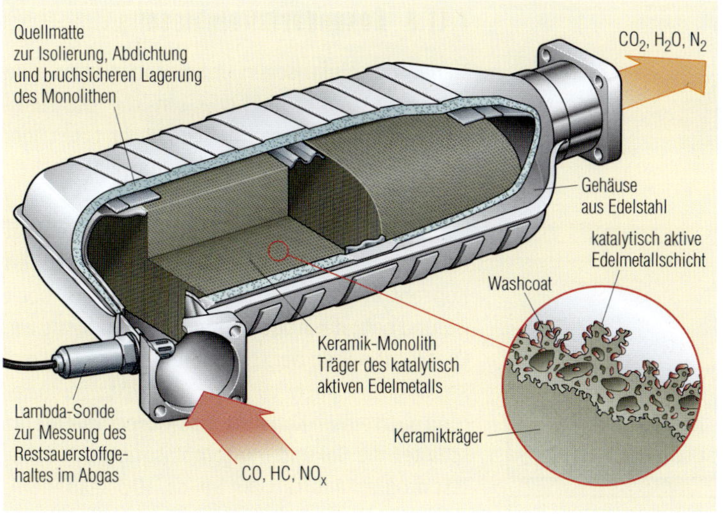

Bild 365.1 Katalysator für Ottomotoren.

Beheizung des Katalysators. Die Starttemperatur des Katalysators wird nach einem Kaltstart erst nach einigen Minuten erreicht. Bei Fahrzeugen, die ab Januar 2000 eine neue Typprüfung erhalten, werden die Abgase sofort ab dem Kaltstart gemessen. Die Gesamtmenge der Abgase entscheidet über die Zulassung. Es ist also wichtig, die Abgasentgiftung möglichst schnell zu aktivieren.

Durch eine elektrisch betriebene Heizspirale können die Abgase in wenigen Sekunden von 150 °C auf die Starttemperatur erhitzt werden. Sobald diese erreicht ist, wird die Heizung abgeschaltet. Zusätzlich kann der Auspuffkrümmer doppelwandig gebaut werden (Bild 365.2), um bis zum motornah eingebauten Katalysator möglichst geringe Wärmeverluste zu haben.

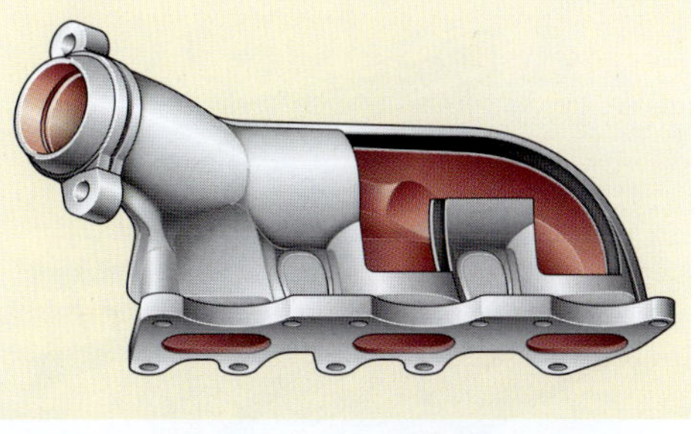

Bild 365.2 Doppelwandiger Auspuffkrümmer.

7.11.3 Sekundärlufteinblasung

Neben der elektrischen Beheizung gibt es eine kostengünstigere Methode um die Starttemperatur des Katalysators schnell zu erreichen. Bei kaltem Motor wird mit einem elektrischen Gebläse dem Abgas im Auspuffkrümmer frische Luft beigemischt (Bild 366.1). Der Luftsauerstoff reagiert mit den Kohlenwasserstoffen, deren Konzentration in der Kaltstartphase sehr hoch ist, und hebt die Abgastemperatur kurzfristig an. Dies führt neben der schnelleren Erwärmung des Katalysators auch zu einer Schadstoffreduzierung nach einem Kaltstart. Das Motorsteuergerät schaltet die Sekundärlufteinblasung nach einer fest programmierten Zeit ab (ca. 100 Sekunden), da der Motor danach ausreichend warme Abgase liefert.

Harnstoff = Kohlensäurediamid (CH_4N_2O)

Partikel: sehr kleine Teilchen

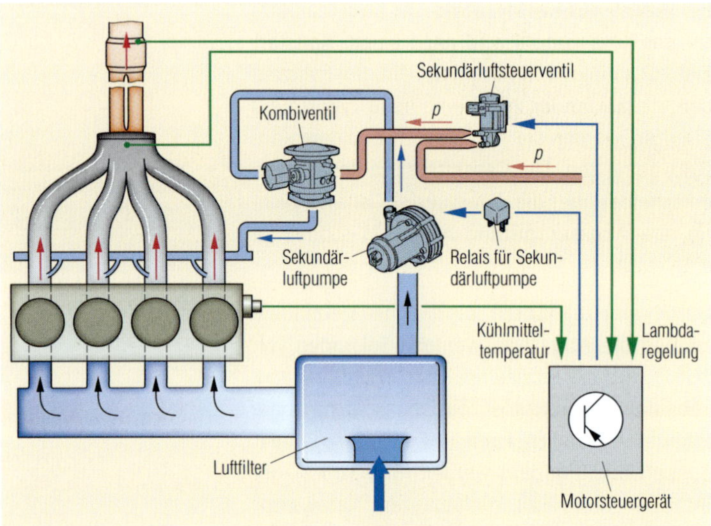

Bild 366.1 System der Sekundärlufteinblasung.

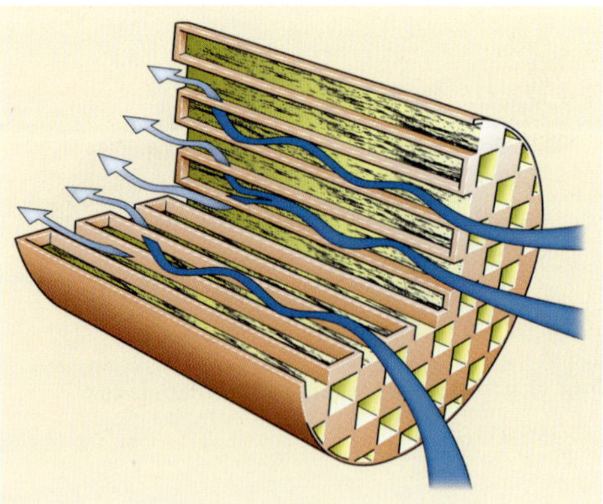

Bild 366.2 Rußpartikelfilter.

7.11.4 Dieselabgase

Diesel-Katalysator. Da Dieselmotoren mit sehr viel Luftüberschuss (Werte bis $\lambda = 10$) betrieben werden, arbeitet ein Diesel-Katalysator anders als ein Katalysator im Ottomotor. Durch den hohen Restsauerstoffgehalt wandelt er die unverbrannten Kohlenwasserstoffe (HC) und Kohlenstoffmonooxid (CO) in Wasserdampf (H_2O) und Kohlenstoffdioxid (CO_2) um, die Stickstoffoxide werden jedoch nicht reduziert. Daher müssen die Stickstoffoxide über eine Abgasrückführung oder durch Zusatz von Harnstoffen vermindert werden.

Rußpartikelfilter. Ein Umweltproblem beim Dieselmotor sind Rußpartikel, die systembedingt nicht völlig vermieden werden können. Ein Rußpartikelfilter (Bild 366.2) besteht aus einer speziellen Keramik (z. B. Si-SiC), die als Dauerfilter alle Partikel zurückhält und nur gasförmige Stoffe durchströmen lässt. Der Filterkörper besteht aus Kanälen, die abwechselnd vorne oder hinten geschlossen sind. Das vom Motor kommende partikelbeladene Abgas gelangt in den in Strömungsrichtung offenen Kanal. Die gasförmigen Teilchen diffundieren durch die Zwischenwand in den benachbarten nach hinten offenen Kanal und werden durch den Schalldämpfer ins Freie geleitet. Die Rußpartikel sammeln sich und verursachen nach einer Betriebsdauer von ca. 500 bis 1000 km einen erhöhten Strömungswiderstand sowie eine ansteigende Abgastemperatur. Diese werden durch Druck- und Temperatursensoren erfasst, das Motormanagementsystem wertet die Daten aus, berechnet den Beladungszustand des Filters und veranlasst nach einem speziellen Kennfeld die Regeneration des Filters durch Abbrennen der Rußpartikel.

Da Ruß erst ab ca. 550 °C verbrennt, diese Temperatur im Dieselabgas aber selten erreicht wird, muss die Verbrennung durch zusätzliche Maßnahmen eingeleitet werden.

Regenerieren mit Zusatzbrenner (Bild 367.1). Durch einen Lichtbogen wird im Brenner eine geringe Menge Dieselkraftstoff gezündet. Die Flamme wird in den Filter geleitet. Die Rußpartikel entzünden sich und werden durch die Filterwand als Abgas abgeleitet. Dieses System benötigt viel Bauraum und wird daher für Nutzfahrzeuge oder stationäre Motoren verwendet.

Regenerieren mit Additiven (Bild 367.2). Das Additiv wird bei der Betankung automatisch in den Kraftstoffbehälter gemischt. Eine Menge von 5 l reicht als Zusatz für eine Laufleistung von ca. 80 000 km. Das Additiv verbrennt nicht im Motor, sondern lagert sich im Filter an den Rußpartikeln an und senkt die Zündtemperatur auf ca. 450 °C. Durch eine Nacheinspritzung von Kraftstoff im Arbeitstakt erhöht sich die Abgastemperatur so weit, dass die Rußpartikel verbrennen. Das Additiv hinterlässt Aschepartikel im Filter, die mit zunehmender Laufleistung einen erhöhten Strömungswiderstand verursachen. Daher wird das Filter im gleichen Intervall wie der Additivtank ausgetauscht und beim Hersteller gereinigt. Danach kann das System erneut verwendet werden.

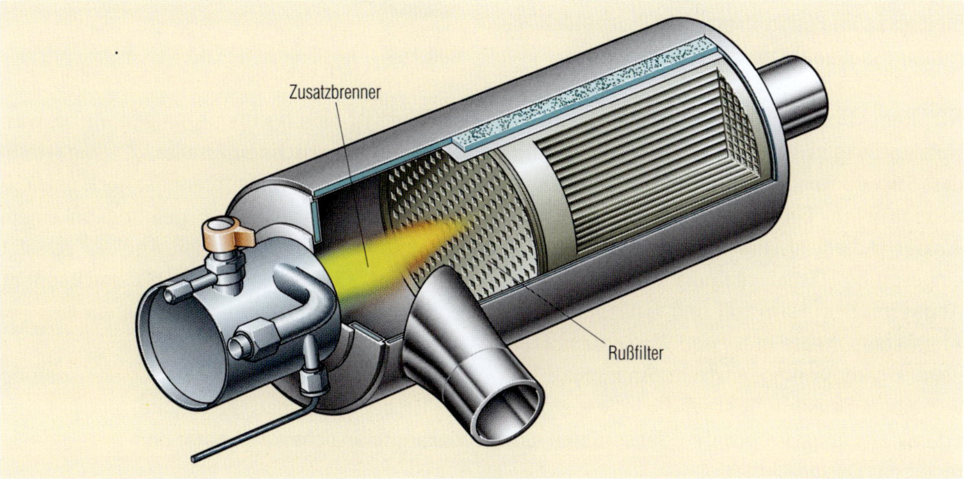

Bild 367.1 Rußfilter mit Regenerierung durch Zusatzbrenner.

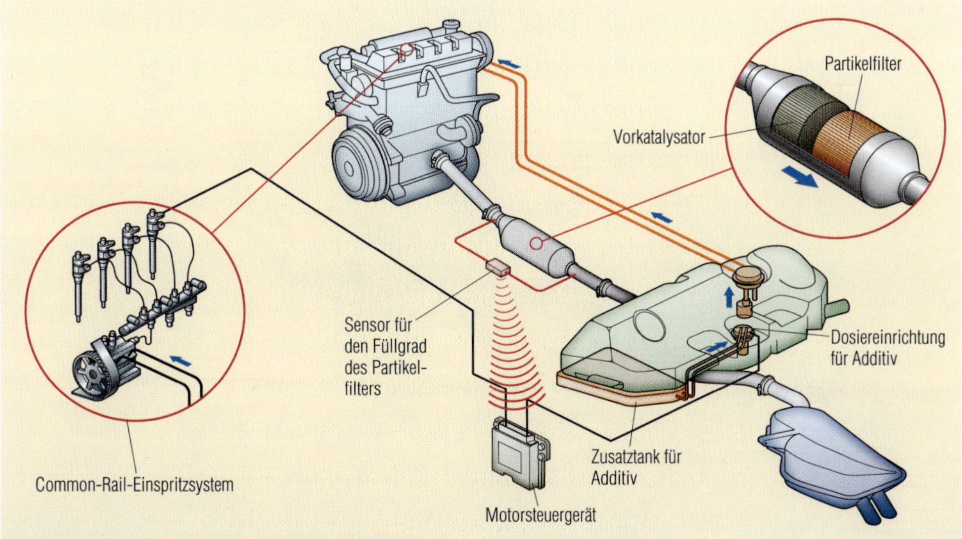

Bild 367.2 Rußfilter mit Regenerierung durch Additive.

Regenerieren ohne Additive (Bild 368.1). Zur Regenerierung wird die Abgastemperatur am Filtereintritt auf 630 °C angehoben. Dafür ist eine komplexe Regelung notwendig. Die Abgasrückführung wird abgeschaltet, der Ladedruck verändert und eine Nacheinspritzung eingeleitet. Zusätzlich sorgt eine elektrisch betätigte Drosselklappe für eine reduzierte Ansaugluftmenge. Je nach Einspritzzeitpunkt bewirkt die Nacheinspritzung eine Temperaturanhebung im Zylinder oder eine Reaktion der unverbrannten Kohlenwasserstoffe im Oxidationskatalysator. Da dieser dem Filterelement vorgeschaltet ist, zündet das erhitzte Abgas die Rußpartikel. Ohne Additive bleiben kaum Feststoffreste im Filter zurück, die Nutzungsdauer entspricht der des Motors.

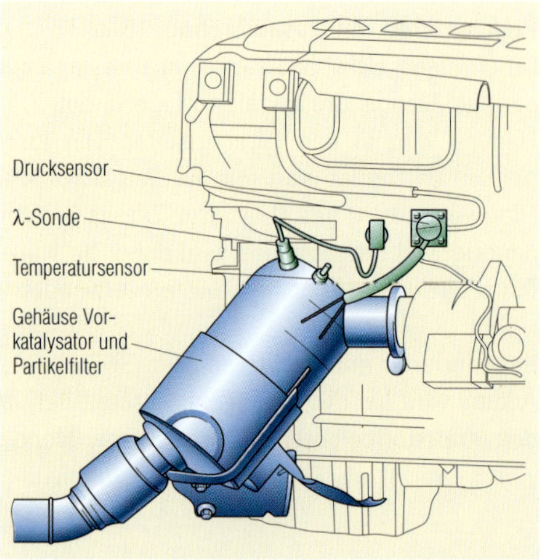

Bild 368.1 Rußfilter motornah verbaut ohne Additive.

SCR: Selective Catalytic Reduction (engl.) = selektive (ausgewählte) katalytische Reduktion

NO_x-Reduktion (Bild 368.2). Vor allem bei Nutzkraftwagen erzwingt die Euro-V-Norm, die Stickstoffoxide durch Zusatzmaßnahmen zu reduzieren. Ein Gemisch aus Harnstoff und Wasser (AdBlue®) wird in den SCR-Katalysator eingesprüht. Dabei reagiert das NO_x-haltige Abgas mit dem Harnstoff und verwandelt diese Abgaskomponente in N_2 und Wasserdampf. Bei einer Überdosierung entsteht Ammoniak, das von einem Sensor erfasst wird. Ein Steuergerät erfasst alle abgasrelevanten Sensordaten und regelt das Dosierventil.

AdBlue® ist eine hochreine, ungefährliche, wasserklare, synthetisch hergestellte 32,5 %ige Harnstofflösung. Es ist weder brennbar noch umweltbelastend und kann daher gefahrlos in einem Zusatztank mitgeführt werden. AdBlue® zersetzt sich ab ca. 25 °C, friert ab ca. –11 °C und benötigt daher besondere Lagerungsbedingungen.

Eine weitere Möglichkeit zur NO_x-Reduzierung stellt der von der Benzindirekteinspritzung bekannte Speicherkatalysator dar.

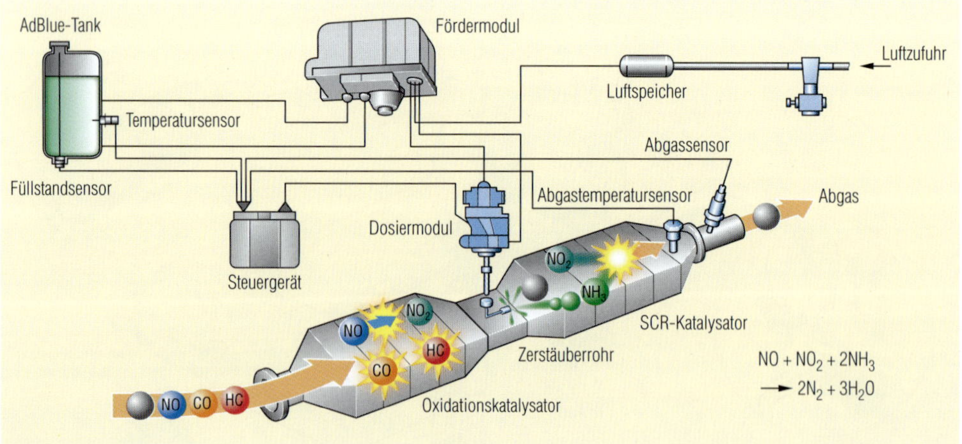

Bild 368.2 NO_x-Reduktion durch SCR-Technik.

7.11.5 Abgasrückführungssysteme

Abgasrückführungssysteme sollen im Wesentlichen den Gehalt von NO_x im Abgas vermindern und zu einer Kraftstoffeinsparung führen. Wegen der unterschiedlichen Arbeitsweise von Otto- und Dieselmotor sind die Rückführungssysteme verschieden aufgebaut.

Abgasrückführung beim Ottomotor

Beim Ottomotor wird der Ansaugluft bis zu 18 % Abgas beigemischt. Ein elektrisch oder pneumatisch betätigtes Abgasrückführungsventil (AGR-Ventil) gibt die teilweise Rückströmung frei (Bild 369.1).

Im Teillastbereich wird das Abgas hinter der Drosselklappe eingeleitet und mit der Frischluft vermischt. Hierdurch kann die Drosselklappe weiter geöffnet werden, ohne dass eine zu große Frischluftmenge angesaugt wird. Die weiter geöffnete Drosselklappe verursacht geringere Verwirbelungen und damit geringere Ansaugverluste. Diese führen dann zu einem geringeren Kraftstoffverbrauch. Durch die Abgasrückführung wird dem Motor weniger Sauerstoff zugeführt. Insgesamt ergeben sich folgende Wirkungen:

- Senkung der Verbrennungs- und Abgastemperatur,
- Senkung der NO_x-Werte,
- Senkung des Verbrauchs durch geringere Ansaugverluste.

Abgasrückführung beim Dieselmotor

Beim Dieselmotor wirkt sich die Abgasrückführung (Bild 369.2) vor allem positiv auf die NO_x-Werte und die Partikelmenge aus. Der Anteil der zurückgeführten Abgasmenge beträgt höchstens 30 %, weil ein zu geringer Sauerstoffanteil in der angesaugten Luft die CO- und HC-Werte unerwünscht anheben würde.

Durch die Kühlung des Abgases in einem speziellen Kühler kann die Abgaszusammensetzung zusätzlich verbessert werden. Dadurch werden NO_x- und Partikelmenge weiter vermindert.

Abgasrückführungssysteme neigen zu Verschmutzungen im Bereich des AGR-Ventils. Kontrollieren bzw. reinigen Sie das Ventil bei schlechtem Kaltstartverhalten.

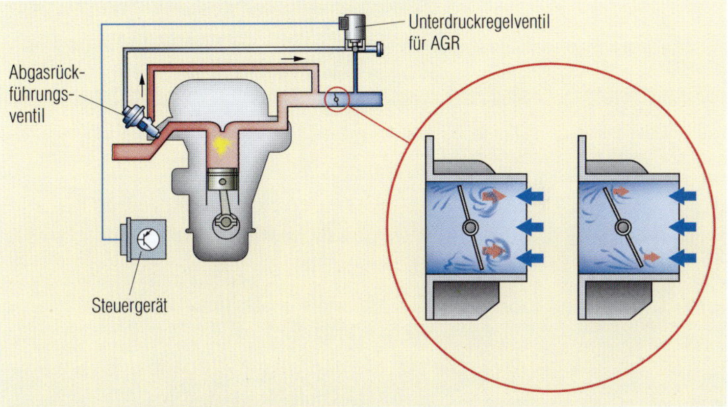

Bild 369.1 Abgasrückführung beim Ottomotor.

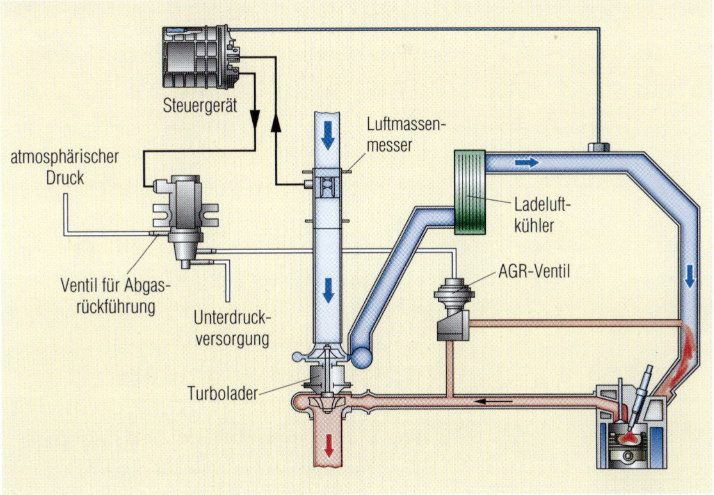

Bild 369.2 Abgasrückführung beim Dieselmotor.

Zur Wiederholung

1. Aus welchen chemischen Elementen sind Benzin und Diesel zusammengesetzt?
2. Welche Unterschiede ergeben sich bezüglich Zündtemperatur und Zündgrenze zwischen Benzin und Diesel und den Einsatzmöglichkeiten in den verschiedenen Motorarten?
3. Überlegen Sie, welche Probleme durch das Verwechseln von Diesel- oder Ottokraftstoff beim Tanken entstehen können. Welche Maßnahmen sollen das verhindern? Was muss in der Werkstatt geschehen, wenn ein Kunde den falschen Kraftstoff getankt hat?
4. Was können Additive in Kraftstoffen bewirken? Stellen Sie die wichtigsten Funktionen zusammen.
5. Unterscheiden Sie die Kennzahlen ROZ, MOZ und CZ bei den Kraftstoffen.
6. Unterscheiden Sie Brenngase bezüglich Verfügbarkeit, Speicherung und Abgasverhalten.
7. Beschreiben Sie die Aufgabe und Funktion des Aktivkohlefilterbehälters.
8. Warum ist es besonders wichtig, dass die Wasseranteile aus dem Dieselkraftstoff vollständig herausgefiltert werden?
9. Welche Vorteile ergeben sich durch den Einsatz von In-Tank-Pumpen?
10. Warum gibt es bei In-Tank-Pumpen kein Explosionsrisiko, obwohl ein Elektromotor im Tank ohne Abschirmung gegenüber dem Kraftstoff benutzt wird?
11. Welche Auswirkungen hat ein total verstaubtes Luftfilter auf die Abgaswerte bei einer anschließenden Abgasuntersuchung?
12. Erklären Sie, warum die Veränderung des Ansaugweges durch „Bastler" problematisch ist.
13. Wie kann man schnell und ohne jegliches Werkzeug prüfen, ob der Hitzdraht-Luftmassenmesser mit Spannung versorgt wird?
14. Warum liefert der Luftmengenmesser im Gegensatz zum Luftmassenmesser in großen Höhen einen Messfehler?
15. Bei einer Abgasuntersuchung zeigt das Abgasmessgerät einen λ-Wert von 1,18 an. Sie sollen feststellen, ob das Gemisch fett oder mager ist. – Begründen Sie Ihre Antwort.
16. Welche Daten braucht das Steuergerät unbedingt, damit ein Motor mit intermittierender Einspritzung noch laufen kann?
17. Erklären Sie die beiden möglichen Betriebszustände eines Systems mit Benzindirekteinspritzung.
18. Wie kann bei einem System mit Benzindirekteinspritzung das Problem der zu hohen NO_x-Werte gelöst werden?
19. Warum ist der Einsatz der Elektronik in modernen Zündanlagen unbedingt notwendig?
20. Welche Faktoren zur Beeinflussung der Sekundärspannung sind konstruktionsbedingt und welche Faktoren lassen sich während des Betriebs einer Zündanlage verändern?
21. Warum springt der Zündfunken erst beim Ausschalten des Primärstroms?
22. Worin unterscheiden sich Zündspulen für kontaktgesteuerte Zündsysteme von denen für elektronische Zündsysteme?
23. Warum kommen die unterschiedlichen Zündspulen zum Einsatz?
24. Welchen Einfluss hat der Zündzeitpunkt auf Verbrauch und Schadstoffemission eines Motors?
25. Welchen Einfluss haben Last und Drehzahl auf den Zündzeitpunkt?
26. Warum ist der Zündkondensator parallel zum Zündunterbrecher geschaltet?
27. Begründen Sie die unterschiedlichen Drahtdurchmesser für Primär- und Sekundärwicklung.

Zur Vertiefung

1. Warum läuft die Verteilerwelle nur mit halber Kurbelwellendrehzahl?
2. In welcher Reihenfolge müssen Kontaktabstand und Zündzeitpunkt eingestellt werden?
3. Warum spricht man bei der Zündzeitpunktverstellung durch den Unterdruckversteller auch von einer Teillastverstellung?
4. Ersetzen Sie den Unterbrecherkontakt durch elektronische Gebersysteme. Welche Auswirkungen hat dies?
5. Warum werden in einer TZ-k Vorwiderstände eingesetzt?
6. Erläutern Sie das Funktionsprinzip von Induktionsgeber und Hallgeber.
7. Warum kommt es ohne Begrenzung des Schließwinkels bei der Schließwinkelsteuerung ab einer Höchstdrehzahl zu Zündaussetzern?
8. Worin liegt der Unterschied zwischen Schließwinkelsteuerung und Schließwinkelregelung?
9. Welche Einrichtungen verhindern in elektronischen Zündanlagen das Überhitzen der Zündspule?
10. Warum werden zur Speicherung von Zündwinkelkennfeldern EEPROMs genutzt?
11. Erläutern Sie die Bedeutung der Klopfgrenze in elektronischen Zündsystemen mit Klopfregelung.
12. Warum ist bei der Zweifunkenspule die Zündspannungsnadel bei dem Zylinder im Auspufftakt kürzer als bei dem Zylinder im Arbeitstakt?
13. Warum ist der Einsatz von Mehrfach- oder Ringelektroden als Masseelektrode sinnvoll?
14. Welchen Einfluss hat die Isolatorfußform auf das Wärmeverhalten einer Zündkerze?
15. Ermitteln Sie Wärmewertkennzahlen von Zündkerzen verschiedener Hersteller und bewerten Sie diese als „heiße" oder „kalte" Zündkerze.
16. Welchen Vorteil haben Luftgleitfunken-Zündkerzen?
17. Warum springt die Sekundärspannung nach dem Schließen des Unterbrechers zuerst in den negativen Spannungsbereich und sinkt dann allmählich auf null?
18. Warum „wandert" der Einsatz der Stromregelung in Abhängigkeit von der Schließwinkelregelung bei elektronischen Zündsystemen auf der Zeitskala?
19. Worin liegt der Unterschied im Oszillogramm, wenn ein Fehler nur an einem Zylinder anstatt an allen Zylindern zu sehen ist?
20. Warum wird die Brennspannungslinie bei zu hohen Sekundärwiderständen kürzer?
21. Welche Auswirkung bezüglich der Höchstdrehzahl ergeben sich durch den Zündverzug beim Dieselkraftstoff ?
22. Vergleichen Sie die Methoden der Geräuschdämpfung bei mechanischen und elektronischen Diesel-Einspritzsystemen.
23. Wann spricht man von Einspritzventilen, wann von Einspritzdüsen?
24. Welche negativen Folgen für das Laufverhalten eines Motors sind bei Veränderungen des Ansaugweges möglich?
25. Vergleichen Sie die Baugruppen der Common-Rail-Dieseleinspritzung und der Motronic bei der Benzineinspritzung.
26. Bei welchen Diesel-Einspritzsystemen ist ein Druckventil erforderlich?
27. Informieren Sie sich über alternative Kraftstoffe und Antriebe. Stellen Sie Vor- und Nachteile jeweils tabellarisch dar. Gehen Sie insbesondere auf die Umweltaspekte (CO_2-Bilanz, Emissionen) ein. Diskutieren Sie Ihre Ergebnisse in der Klasse.
28. Fallbeispiel:
    Ein Bekannter bittet Sie, eine Fehleranalyse an seinem Alfa Romeo, Typ 156 1.9 JTD (Baujahr 1999) durchzuführen. Der Fahrzeugtyp ist mit einem Vierzylinder-Reihenmotor mit einer elektronischen Dieselregelung ausgestattet. Diese arbeitet in Verbindung mit einem Common-Rail-Einspritzsystem und einem Turbolader. Der Bekannte berichtet, dass der Motor mehrmals kurzzeitig angesprungen sei, dann aber nicht rund läuft und wieder abstirbt. Mehrere Startversuche erbringen immer wieder denselben Fehler. Der Starter dreht beim Startvorgang mit normaler Drehzahl. Sie haben weder die Möglichkeit, den Fehlerspeicher auszulesen, noch stehen

Ihnen besondere Prüfwerkzeuge zur Verfügung. Allerdings besitzen Sie auf Ihrem Laptop ein Programm mit Service-Informationen auch für dieses Fahrzeug.

a) Um mögliche Fehlerquellen beurteilen zu können, befassen Sie sich zunächst mit dem Aufbau des Systems. Benennen Sie die Bauteile mit den Nummern 1 bis 19 in Bild 372.1.
b) Welche Bauteile in Bild 372.1 sind Sensoren (S), welche sind Aktoren (A)?
c) Beschreiben Sie die Funktion der unter b) ermittelten Bauteile.
d) Sie wollen mithilfe der elektronischen Service-Informationen die Ursache des Fehlers eingrenzen. Dazu verfolgen Sie den Pfad „Motor stirbt ab, startet wieder" weiter und bekommen folgende Auflistung möglicher Fehler:
   - Eigendiagnose
   - Kabelbaum/Sicherung/Stecker
   - Hauptrelais
   - Falscher Kraftstoff
   - Luft im Kraftstoffsystem
   - Injektoren
   - Niederdruckkreis prüfen
   - Hochdruckkreis prüfen
   - Druckregelventil

   Welche der genannten Fehler können Sie vor Ort ohne weitere Hilfsmittel überprüfen?
e) Das Hauptrelais befindet sich im Relaiskasten vor der Batterie. Es können das Relais oder die Sicherung defekt sein. Weiterhin ist eine Leitungsunterbrechung möglich. Zur Überprüfung muss das Relais abgezogen werden. Nun könnten Sie die Versorgungsspannung am Relaissockel messen und die Leitung vom Relaissockel zum Steuergerät Klemme C 46 prüfen.
   Welches Prüf- oder Messgerät benötigen Sie für eine Fehlerüberprüfung am Hauptrelais? Wie gehen Sie bei dieser Fehlerüberprüfung vor?
f) Die Überprüfung von Nieder- und Hochdruckkreis, Druckregelventil sowie der Injektoren ist leider nicht möglich, weil Sie dafür Spezialwerkzeug benötigen. Ihr Bekannter fragt, warum Störungen im Nieder- oder Hochdruckkreis die Startschwierigkeiten an seinem Fahrzeug hervorrufen können. Gehen Sie bei Ihrer Beantwortung wie folgt vor: Benennen Sie jeweils die Komponenten des Niederdruckteils sowie des Hochdruckteils und beschreiben Sie im Einzelnen deren Funktionen.

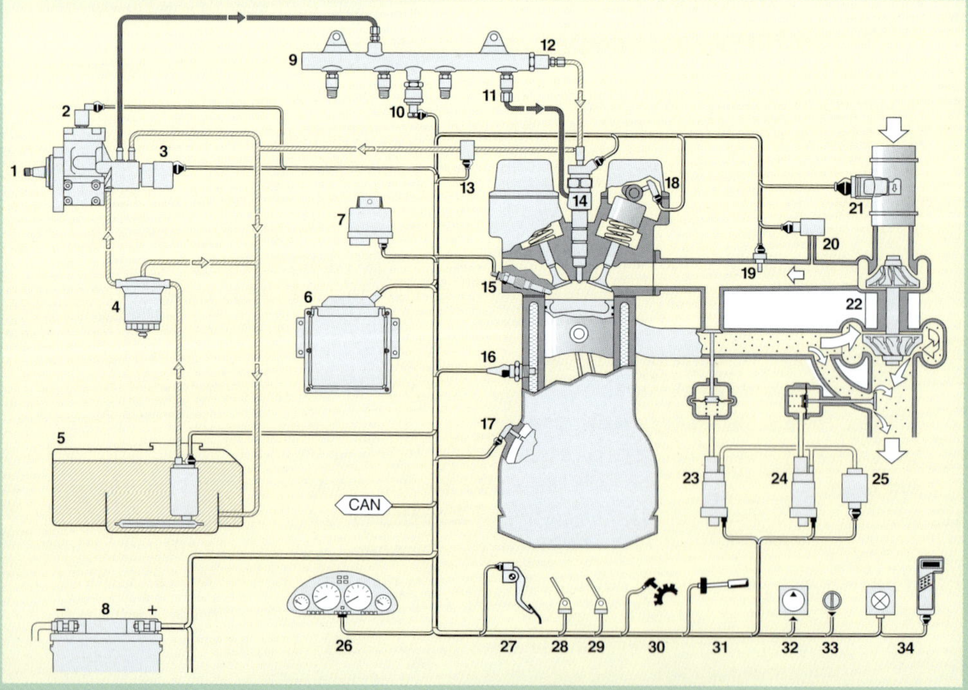

Bild 372.1 Common-Rail-Einspritzsystem; Systemübersicht Vierzylinder-Dieselmotor.

8 Durchführen von Service- und Instandsetzungarbeiten an Abgassystemen

Aus Umweltschutzgründen werden die Grenzwerte für Abgase von Verbrennungsmotoren ständig verschärft. Sie lernen die derzeit und künftig gültigen Grenzwerte kennen.

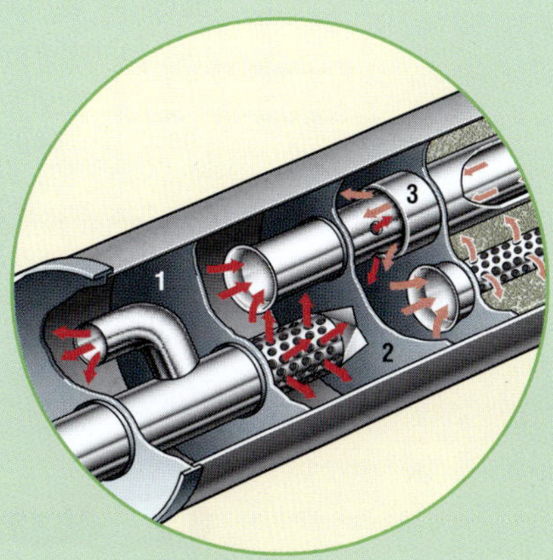

Wie eine Abgasanlage aufgebaut ist und welche Verfahren der Schalldämpfung es gibt, erfahren Sie auf den folgenden Seiten.

AU-Verantwortliche? AU-Fachkräfte? AU-Beauftragte? – Dies und mehr werden Sie nach dem Durcharbeiten auseinanderhalten können.

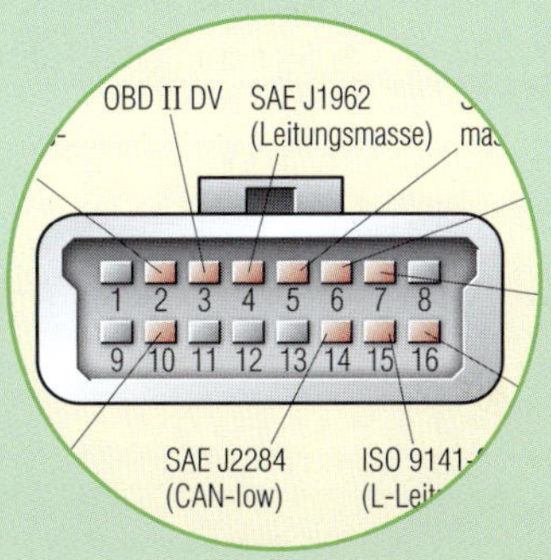

Sie lernen, was bei Abgasprüfungen mit OBD zu beachten ist und wie diese ablaufen.

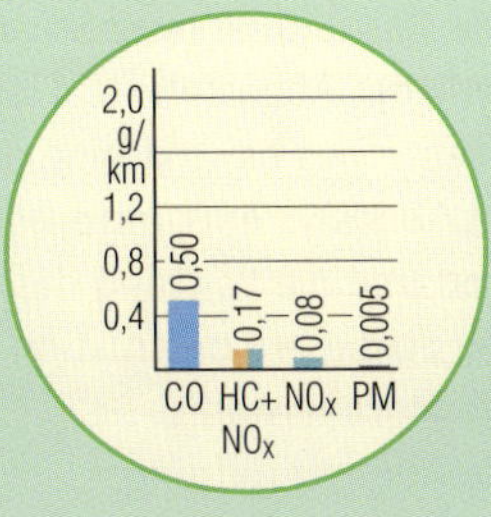

Für Dieselmotoren gelten bestimmte Besonderheiten, die Sie ebenfalls kennen müssen.

8.1 Abgasbestandteile von Verbrennungsmotoren

Stickstoffoxide (NO_x) sind starke Atemgifte. Bei Kindern verursachen sie Erkrankungen der Atemwege. Gleichzeitig sind sie für die Entstehung des sauren Regens mit verantwortlich. Außerdem sind sie an der Bildung des Atemgiftes Ozon in der Atmosphäre beteiligt.

Kohlenstoffdioxid (CO_2) ist ungiftig. Es entsteht bei jeder Verbrennung von organischen Stoffen. Man führt die nachweisbare Erwärmung der Erde auf den sogenannten Treibhauseffekt zurück. Dieser entsteht unter anderem durch die Verbrennung fossiler Brennstoffe und die sich dabei bildenden riesigen Mengen von Kohlenstoffdioxid, die in der Erdatmosphäre eine „Treibhausglocke" bilden.

Kohlenstoffmonooxid (CO) entsteht bei der unvollständigen Verbrennung fossiler Brennstoffe, besonders bei Kraftfahrzeugen nach dem Start und im Leerlauf. Es ist ein farb- und geruchloses, aber hochgiftiges Gas und wirkt schon in kleinsten Mengen tödlich, da es als Atemgift den Sauerstofftransport im Blut behindert.

Kohlenwasserstoffe (Abkürzung meist HC = hydrocarbons; teilweise auch CH) entstehen durch mangelhafte Verbrennung. Sie sind nicht direkt giftig, verbinden sich aber unter Sonneneinstrahlung mit Stickstoffoxiden zu schleimhautreizenden Molekülen („Sommersmog").

8.2 Abgasanlage

Die Abgasanlage gehört zu den bauartgenehmigten Teilen eines Fahrzeuges. Sie ist auf den jeweiligen Motor abgestimmt und muss folgende Aufgaben erfüllen:

- Ableitung der Abgase in den Entgiftungsbereich,
- Geräuschdämpfung,
- Optimierung des Gasstromes,
- Sicherung des Fahrgastraumes vor giftigen Abgasen.

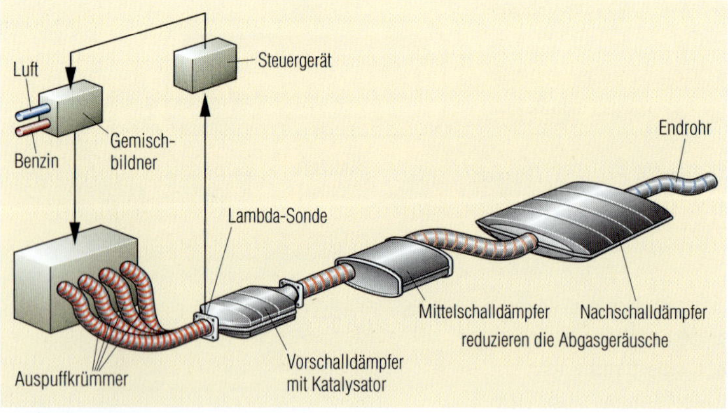

Bild 374.1 Abgasanlage eines Pkw.

Aufbau der Abgasanlage. Die Abgasanlage (Bild 374.1) besteht aus:

- Auspuffkrümmer,
- Vorschalldämpfer (mit Katalysator),
- Hauptschalldämpfer (Mittelschall- und Nachschalldämpfer),
- Endrohr.

Die Abgasanlage unterliegt verschiedenen Beanspruchungen (Tabelle 375.1). Durch geeignete Materialauswahl sowie konstruktive Maßnahmen wird eine frühzeitige Zerstörung der Abgasanlage verhindert.

Strömungsverhältnisse in der Abgasanlage. Zu Beginn des Ausstoßtaktes herrscht ein Restdruck von ca. 5 bar im Auspuffkrümmer. Die Gase strömen stoßweise aus und bewirken dabei eine von der Drehzahl abhängige Schwingung des Gasstromes. Die Gasführung muss so angelegt sein, dass am Ende des Abgasrohrs ein leichter Unterdruck entsteht. Dies bewirkt eine optimale Entleerung des Abgassystems und erhöht damit den Füllungsgrad und die Leistung des Motors. Veränderungen an dieser Konstruktion bewirken:

- geringere Motorleistung,
- schlechte Abgasentgiftung,
- mangelhafte Geräuschdämpfung.

Beanspruchung	Innenkorrosion	Außenkorrosion	thermische Wärmebeanspruchung	mechanische Beanspruchung
Entstehung	Kondenswasser führt zu Korrosion an den Innenwänden und Rohren bei zu geringen Temperaturen	wetterbedingte Korrosion vor allem im Bereich des vorderen Abgasstranges wegen hoher Temperaturen und Feuchtigkeit in der Umwelt (Salzwasser etc.)	hohe Betriebstemperaturen von ca. 1000 °C, Temperaturwechsel und Abkühlung führen zu hohen Spannungen	Motorschwingungen, Lastwechsel, Karosserieverwindungen, Steinschläge
Abhilfe	Ausführung in Edelstahl, Aluminium-Beschichtung	Ausführung in Edelstahl oder Aluminium-Beschichtung	weniger Kurzstrecken, Verwendung korrosionsbeständiger Materialien	elastische Lagerung, Schwingungsdämpfung zwischen Motor und Abgasanlage

Tabelle 375.1 Beanspruchung einer Pkw-Abgasanlage.

Schalldämpfung. Die Lautstärke des Abgasstromes muss zwischen Abgaskrümmer und Endrohr um ca. 20 dB(A) gedämpft werden. Dies geschieht durch verschiedene Dämpfungsverfahren, die meist konstruktiv in einem Gehäuse kombiniert sind (Bild 375.1). Die wichtigsten Dämpfungsarten sind (Tabelle 375.2):

- Reflexion,
- Interferenz,
- Absorption.

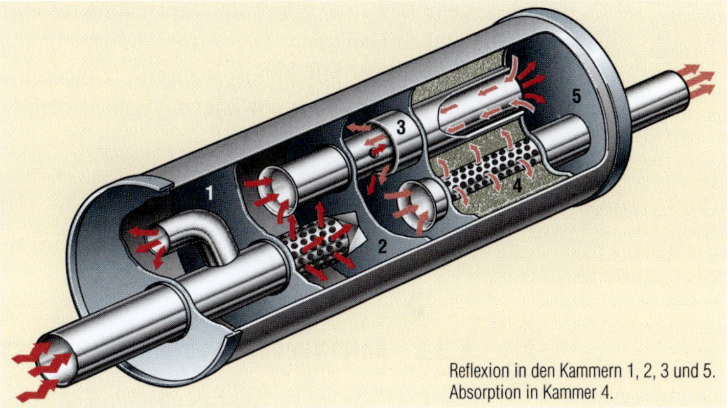

Bild 375.1 Schalldämpfer.

Reflexion	Interferenz	Absorption
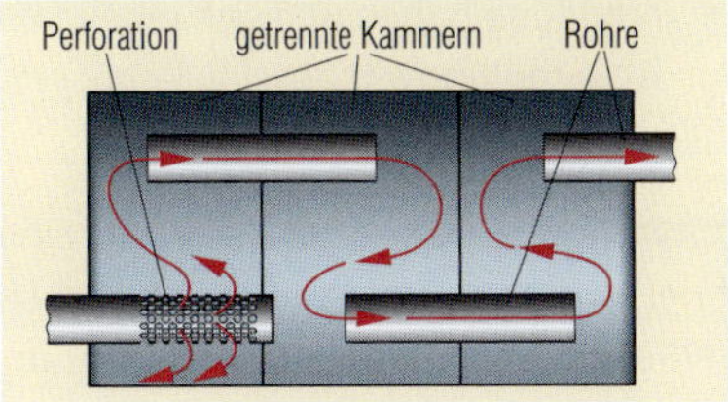		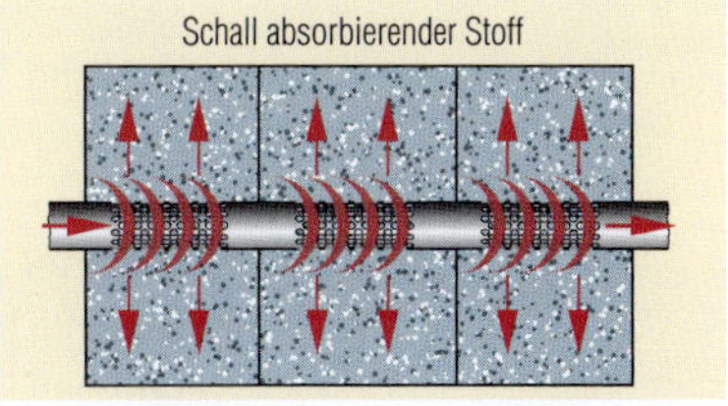
Durch Veränderung der Querschnitte und Strömungswege erfolgt eine Veränderung der Schallfrequenz. Gleiche Schallwellen, die aufeinander treffen, heben sich gegenseitig auf.	Durch die Umlenkung eines Abgasteils verändert sich dessen Weg und seine Geschwindigkeit. Beim erneuten Zusammentreffen der Abgasströme heben sich die Schallwellen teilweise auf.	Durch hitzebeständige, schallschluckende Stoffe, wie Mineralwolle, wird die Schallenergie geschluckt (absorbiert).

Tabelle 375.2 Dämpfungsverfahren in Schalldämpfern für Abgasanlagen.

8.3 Gesetzliche Vorschriften zur Abgasuntersuchung (AU)

8.3.1 Vorschriften für den Fahrzeughalter

Der Fahrzeughalter ist dafür verantwortlich, dass sein AU-pflichtiges Fahrzeug zum Ablauf der Prüffrist erneut einer Abgasuntersuchung unterzogen wird.

Für Pkw und Wohnmobile mit Verbrennungsmotoren bis 3,5 t zulässige Gesamtmasse gelten die gleichen Fristen wie für die Hauptuntersuchung (HU).

Hauptuntersuchung → S. 649 ff.

Die AU kann entweder bei einer Prüforganisation zur Durchführung der Hauptuntersuchung oder bei einer anerkannten AU-Werkstatt durchgeführt werden.

Zum Nachweis, dass die AU erfolgreich durchgeführt wurde, erhält der Fahrzeughalter eine Prüfbescheinigung. Die AU-Prüfbescheinigung erhält eine fälschungserschwerte Zangenprägung (Bild 376.1) mit dem zusätzlichen Nachweissiegel (Bild 376.2).

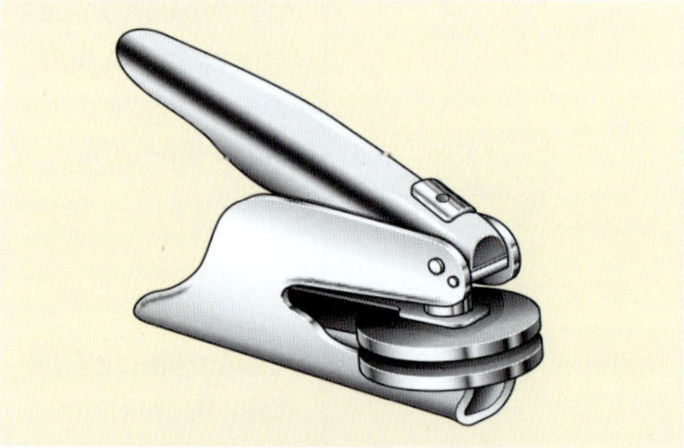

Bild 376.1 Prägezange.

Bild 376.2 Nachweissiegel mit Zangenabdruck.

8.3.2 Anforderungen an die AU-Untersuchungsstellen

Der Gesetzgeber verlangt in allen durchführenden Prüfstellen gleiche Standards. Dies gilt für räumliche, sachliche und personelle Ausstattung. Die Werkstatt wird regelmäßig auf die Einhaltung der Vorschriften überprüft.

Ausstattung der Prüfstätte bzw. Werkstatt. Zu den wichtigen Ausstattungsanforderungen gehören:

- geeigneter, abgeschlossener Prüfraum,
- Hebeeinrichtung für alle zu prüfenden Fahrzeugtypen (z. B. Pkw),
- zugelassenes und geeichtes Prüfsystem,
- zugelassene Prüfsoftware mit allen Daten der zu prüfenden Fahrzeuge,
- Bereitstellung der aktuellen Prüfvorschriften,
- Dokumentation der Prüfprotokolle,
- Dokumentation der ausgestellten Prüfbescheinigungen.

Persönliche Eignung zur Durchführung der AU. Um eine gleichbleibende Qualität der Abgasuntersuchung zu gewährleisten wird in der StVZO festgeschrieben, wer eine Abgasuntersuchung durchführen darf. Alle Personen müssen eine fachliche Vorbildung haben und sich regelmäßig durch eine AU-Schulung mit abschließender Prüfung qualifizieren.

AU-Verantwortliche haben mindestens einen Meisterbrief und dokumentieren durch ihre Unterschrift die Richtigkeit der Prüfbescheinigung.

AU-Fachkräfte haben mindestens einen Gesellenbrief und führen die Prüfung eigenständig durch. Sie müssen ebenfalls eine regelmäßige qualifizierte Schulung nachweisen.

Der AU-Beauftragte (AUB) muss selbst mindestens Fachkraft sein und ist unter anderem dafür verantwortlich, dass alle Vorschriften bezüglich der AU im Kfz-Betrieb eingehalten werden.

Dokumentation. Folgende Informationen müssen – entweder elektronisch oder auf Papier – festgehalten werden:

- Namentliche Nennung des zuständigen AU-Personals (AU-Beauftragter, verantwortliche Gesellen oder Fachkräfte),
- Terminierung der durchgeführten und geplanten Schulungsmaßnahmen für das AU-Personal,
- festgestellte Mängel bei der AU und Klassifizierung,
- Nachweis über die zugeteilten Plaketten,
- betriebliche Maßnahmen, die die gleichbleibende Qualität bei der Durchführung der Dokumentation gewährleisten.

Prüfgeräte zur Durchführung der AU. Zugelassene Prüfgeräte verfügen über eine Datenbank, die jeden auf dem Markt zugelassenen Fahrzeugtyp erfassen und prüfen kann. Der Ablauf der Prüfung kann nach dem Start des Gerätes nicht mehr angehalten werden, um jegliche Manipulation zu verhindern. Nach Abschluss des Vorgangs wird immer ein Ergebnisprotokoll ausgedruckt.

8.4 Abgasprüfung an Fahrzeugen mit Ottomotoren

Die Abgasgrenzwerte bei der Zulassung neuer Fahrzeugtypen werden ständig verschärft. Tabelle 377.1 zeigt die wichtigsten Vorschriften bis zum Jahr 2014. Bei direkt einspritzenden Systemen muss ab Euro V die Partikelmasse bei Ottomotoren mit berücksichtigt werden.

Ermittlung der Abgaswerte im Prüfzyklus. Zur Einstufung der Fahrzeuge in die jeweilige Abgaskategorie wird ein genormter Fahrzyklus gefahren (Bild 377.1). Dabei wird in fest vorgeschriebenen Intervallen das Fahrzeug beschleunigt und angehalten. Der gesamte Prüfzyklus dauert 1180 Sekunden (ca. 20 Minuten) und entspricht einer Fahrstrecke von 11,007 km. Die Abgase werden in Gramm pro Kilometer (g/km) gemessen. Der Prüfzyklus beginnt mit kaltem Motor.

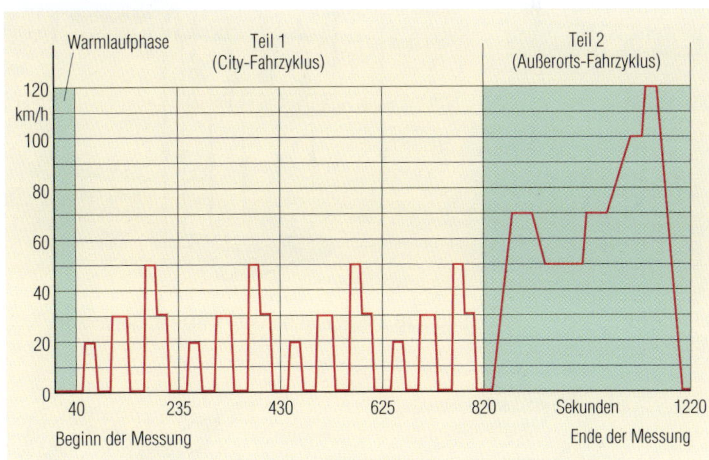

Bild 377.1 Ablaufdiagramm des EU-Prüfzyklus bei Ottomotoren.

Norm	Euro II	Euro III	Euro IV	Euro V	Euro VI
Typprüfung	ab 1. Januar 1996	ab 1. Januar 2000	ab 1. Januar 2005	ab 1. Sept. 2009	ab 1. Sept. 2014

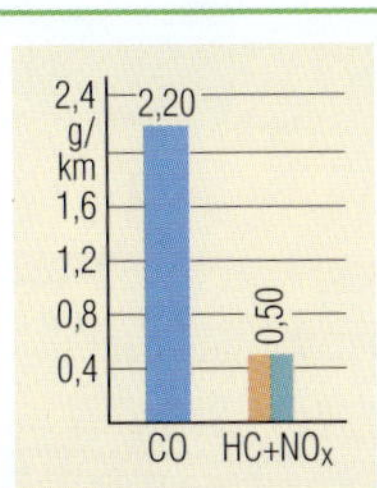

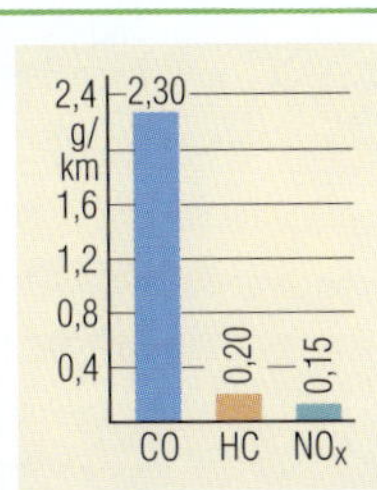

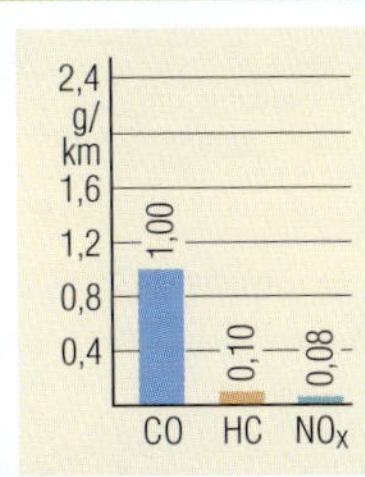

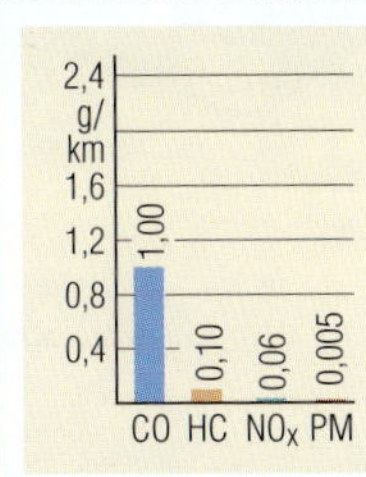

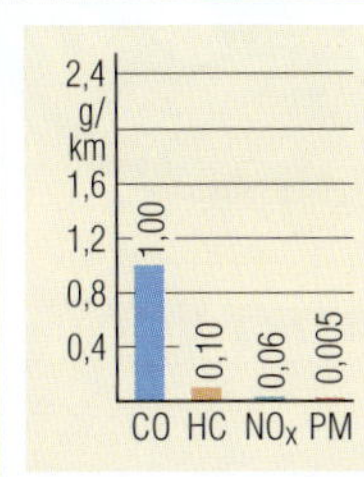

HC = Kohlenwasserstoffe (hydrocarbons); **HC + NO_x** = Summe der Kohlenwasserstoffe und Stickstoffoxide; **NO_x** = Stickstoffoxide; **CO** = Kohlenstoffmonooxid; **PM** = Partikelmasse (Staub)

Tabelle 377.1 Emissionsgrenzwerte für Pkw mit Ottomotor (Angaben in g/km).

8.4.1 Abgasprüfung von Fahrzeugen mit Ottomotor mit OBD

OBD: On Board Diagnose

on board (engl.): an Bord (meint: direkt im Fahrzeug)

MIL: Malfunction Indicator Light (engl.) = Störungsanzeigelicht

WUC: Warm Up Cycles (engl.) = Aufwärmzyklen (Kaltstart auf mindestens 70 °C)

Die strengen Abgasvorschriften haben nur dann einen Sinn, wenn sie jederzeit kontrolliert werden können. Dafür gibt es die On Board Diagnose, die ständig die festgelegten abgasrelevanten Daten überwacht.

Fahrzeuge, die über eine OBD verfügen, haben eine zweite λ-Sonde hinter dem Katalysator (Monitor-Sonde, Bild 378.2). Wenn die erste Sonde ausfällt, wird eine Referenzspannung angenommen. Erkennt die Monitorsonde, dass die Katalysatorfunktion nicht mehr vorhanden ist, leuchtet die Motorkontrollleuchte im Armaturenbrett. Bild 378.3 zeigt eine OBD-Abgasanlage mit motornahem Kat und doppelwandigem Auspuffkrümmer, durch den die Abgase nicht zu stark abkühlen und die λ-Sonde auch im Schiebebetrieb des Fahrzeuges funktionsfähig bleibt.

Wenn Fehler auftreten, werden diese durch die MIL-Warnlampe (Bild 378.1) im Armaturenbrett angezeigt und im Fehlerspeicher des Motorsteuergerätes abgelegt. Die Lampe muss aufleuchten, wenn im Fahrbetrieb zwei- oder dreimal der gleiche abgasrelevante Fehler auftritt. Tritt der Fehler anschließend viermal nicht auf, erlischt die Lampe, der Fehler bleibt im Fehlerspeicher des Motorsteuergerätes erhalten. Tritt der Fehler innerhalb von 40 WUC nicht mehr auf, wird er komplett gelöscht.

Der Zugang zum Steuergerät erfolgt über die genormte Schnittstelle zum Datensichtgerät (Bild 378.4). Die Norm legt folgende Werte fest:

- Belegung der Kommunikationsleitung,
- Art der Steckverbindung,
- Diagnose-Testgeräte,
- Datenaustauschprotokolle,
- Fehlercodes.

Bild 378.1 MIL-Warnlampe.

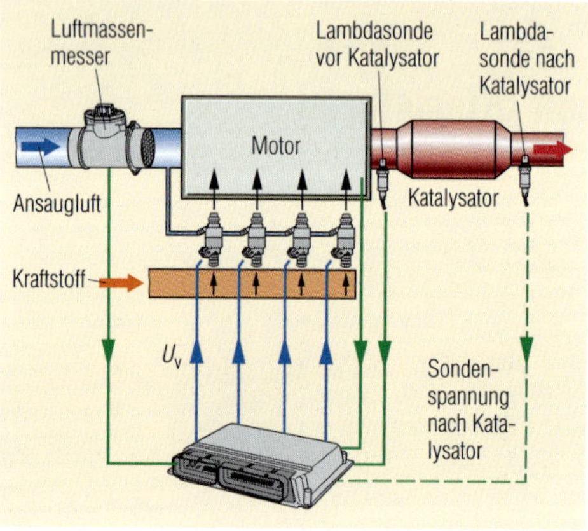

Bild 378.2 Systemübersicht OBD-fähiger Motor.

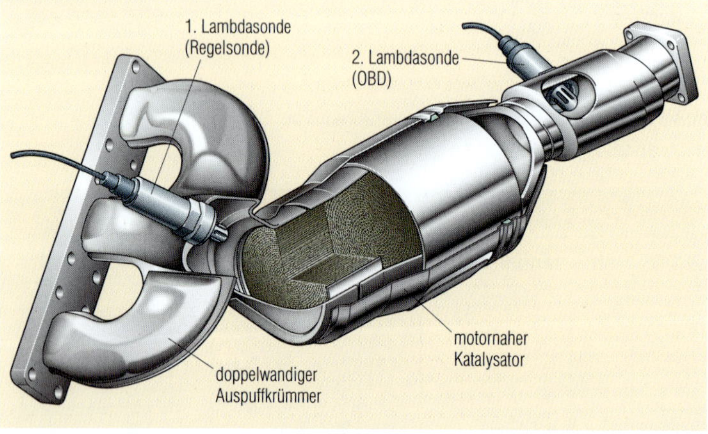

Bild 378.3 Motornaher Katalysator mit OBD-Sonde.

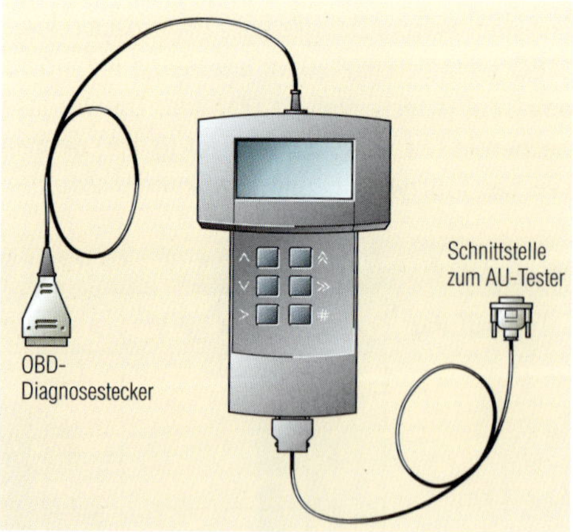

Bild 378.4 OBD-Auslesegerät.

OBD-Diagnose-Stecker. Eine 16-polige Steckverbindung, die vom Fahrerplatz aus gut erreichbar sein muss, dient als Normanschluss (Bild 379.1).

Sobald die Kabelverbindung zwischen Datensichtgerät und der Elektronik des Motors hergestellt ist, muss sich die Datenverbindung automatisch aufbauen und folgende abgasrelevanten Daten übertragen:

- abgasrelevante Fehlercodes zum Datensichtgerät,
- abgasrelevante Ist-Werte zum Datensichtgerät,
- gespeicherte Daten aus dem Motorumfeld zum Datensichtgerät,
- Befehl zum Löschen der OBD-Fehlercodes zum Steuergerät.

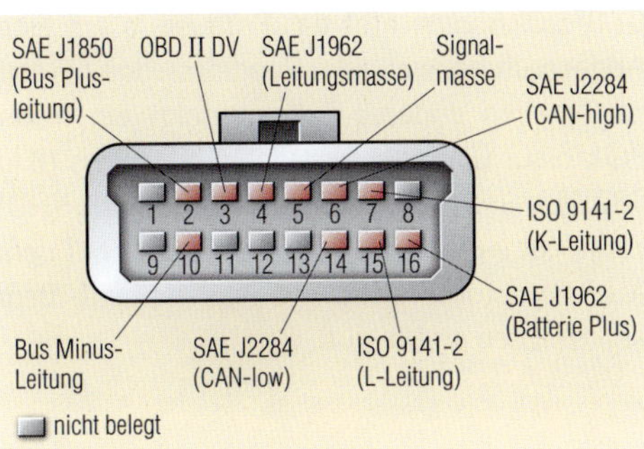

Bild 379.1 Stecker für OBD II.

Der Readinesscode liefert die zentrale Information, welche Überwachungsfunktionen vorhanden sind (Bild 379.2) und ob das OBD-System betriebsbereit ist. Mit einem Prüfgerät kann man dies darstellen (Bild 379.3). Dazu wird über einen 12-stelligen Binärcode angezeigt, welche Systeme überprüft werden können („unterstützt"). Die Darstellung wird von rechts nach links gelesen, wobei die letzte Stelle frei bleibt (= 0). In einer zweiten Zeile wird dokumentiert, welche Systeme als betriebsbereit gelten („gesetzt"). Wenn alle Systeme in dieser Zeile eine 0 ausweisen, ist das System betriebsbereit. Dies bedeutet nicht, dass keine Fehler vorliegen, sondern lediglich, dass abgasrelevante Fehler gefunden würden, falls es solche gäbe.

Wenn der Readinesscode in Ordnung ist, kann im nächsten Schritt der Fehlerspeicher ausgelesen werden. Nur bei Kombination „Readinesscode o.k." und „keine Fehler im Fehlerspeicher" wird die vereinfachte AU-Prüfung möglich.

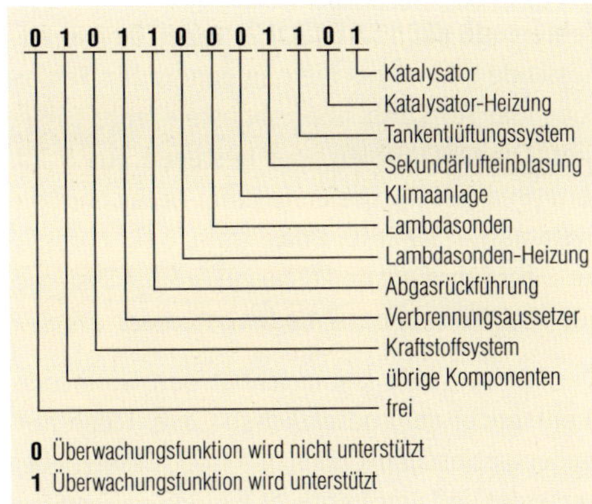

Bild 379.2 Readinesscode.

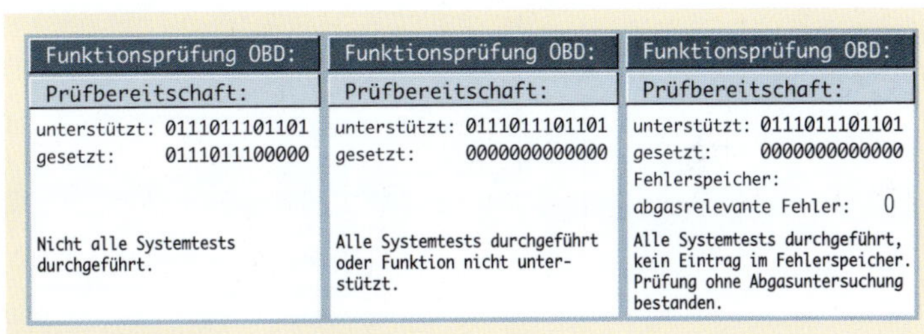

Bild 379.3 Funktionsprüfung OBD.

Um einer Manipulation vorzubeugen, wird der Readinesscode automatisch gelöscht, wenn der Fehlerspeicher zurückgesetzt oder der Steuergerätestecker abgezogen wurde. In beiden Fällen muss er neu erzeugt werden. Dafür muss ein genormter Fahrzyklus mehrfach durchfahren werden (Bild 379.4), damit alle notwendigen Daten vom System korrekt erfasst werden können. Ohne einen gesetzten Readinesscode darf das Fahrzeug die Werkstatt nicht verlassen.

Readiness (engl.): Bereitschaft

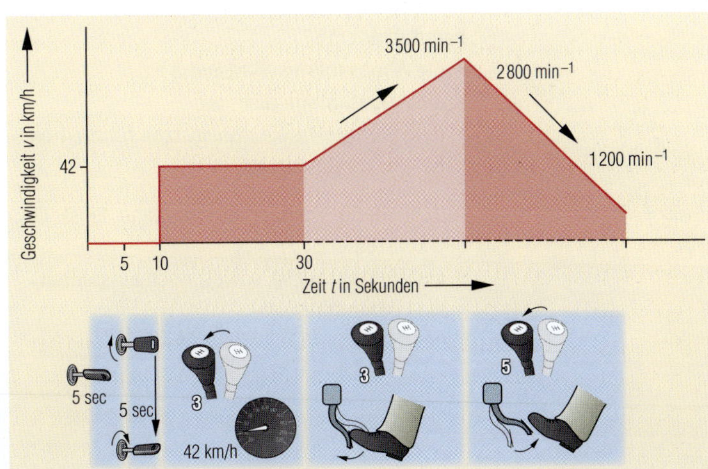

Bild 379.4 Fahrzyklus Readinesscode.

P-Code: von Powertrain (engl.) = Antriebsstrang

Fehlercode nach SAE J2012. Neben dem Readinesscode gibt es noch einen genormten Fehlercode, der Auskunft über abgasrelevante Fehler gibt. Die OBD-Fehlercodes bestehen aus 5 Ziffern (Bild 380.1). Die erste Ziffer bezeichnet die Systemart. P steht für Powertrain, B für Karosserie, C für Fahrwerk und U für zukünftige Systeme. Für die OBD sind nur P-Codes gefordert.

Die zweite Stelle kennzeichnet den Normcode. 0 entspricht dem gesetzlichen Code, 1 den herstellerspezifischen Codes, die dem Gesetzgeber gemeldet und veröffentlicht werden müssen.

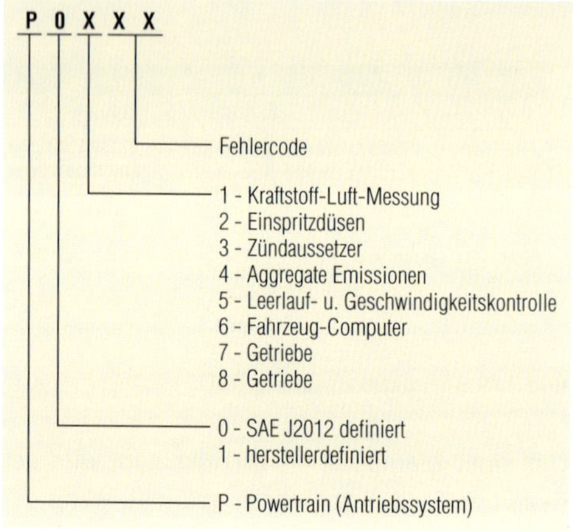

Bild 380.1 Fehlercode nach SAE J2012.

Die dritte Stelle gibt Auskunft über die Baugruppe, in der der Fehler auftritt, die vierte und fünfte Stelle bezeichnen die fehlerhaften Bauteile. Der Code P0204 besagt, dass es einen Fehler bei den Einspritzdüsen gibt, der Schaltkreis von Zylinder 4 hat eine Fehlfunktion.

Prüfablauf. Die Prüfung erstreckt sich hauptsächlich auf folgende Funktionen:

- die Verbrennung,
- den Katalysator,
- die λ-Sonde,
- das Sekundärluftsystem,
- die Tankentlüftung,
- die Abgasrückführung.

Bei Fahrzeugen mit Erstzulassung ab dem 01.01.2006 verzichtet das Prüfsystem auf eine Abgasprüfung, wenn der Readinesscode gesetzt ist; in allen anderen Fällen erfolgt ein fester Prüfablauf (Bild 381.1). Der Prüfnachweis (Bild 382.1) muss bei der Hauptuntersuchung (HU) vorgelegt werden, weil nur gemeinsam mit dem AU-Prüfprotokoll eine HU-Plakette auf dem Kennzeichen erteilt wird.

8.4.2 Abgasprüfung von Fahrzeugen mit Ottomotor ohne EOBD

Die folgenden Ausführungen gelten für Motoren ab der Abgasnorm Euro II. Als erstes muss eine Sichtprüfung durchgeführt werden. Dabei wird begutachtet, ob

- die Abgasanlage vollständig ist,
- die Abgasanlage dicht ist,
- der verengte Tankeinfüllstutzen für bleifreies Benzin vorhanden ist.

Anschließend werden verschiedene Einstellungen kontrolliert:

- der Zündzeitpunkt, soweit noch einstellbar,
- die Leerlaufdrehzahl,
- der CO-Gehalt bei Leerlaufdrehzahl und bei erhöhter Drehzahl (mind. 2500 min^{-1}).

Zusätzlich wird eine Regelkreisprüfung durch Störgrößenaufschaltung vorgenommen. Dabei wird durch ein Prüfventil Falschluft in das Ansaugsystem eingelassen. Das Gemisch wird kurzfristig mager. Die Lambda-Regelung muss diesen Fehler innerhalb von 60 Sekunden ausgleichen und das Gemisch wieder auf einen Wert von $\lambda = 1$ einregeln können.

Zum Abschluss wird immer ein Prüfprotokoll ausgedruckt, auch wenn die Prüfung nicht bestanden wurde. Der Ausdruck enthält folgende Daten:

- Fahrzeug-Ident.-Daten,
- Fahrzeugsolldaten,
- Ergebnis der Sichtprüfung,
- Ergebnis der Leerlaufprüfung,
- Ergebnis der erhöhten Leerlaufprüfung,
- Ergebnis der Lambda-Regelkreis-Prüfung,
- Gesamtergebnis: bestanden ja/nein.

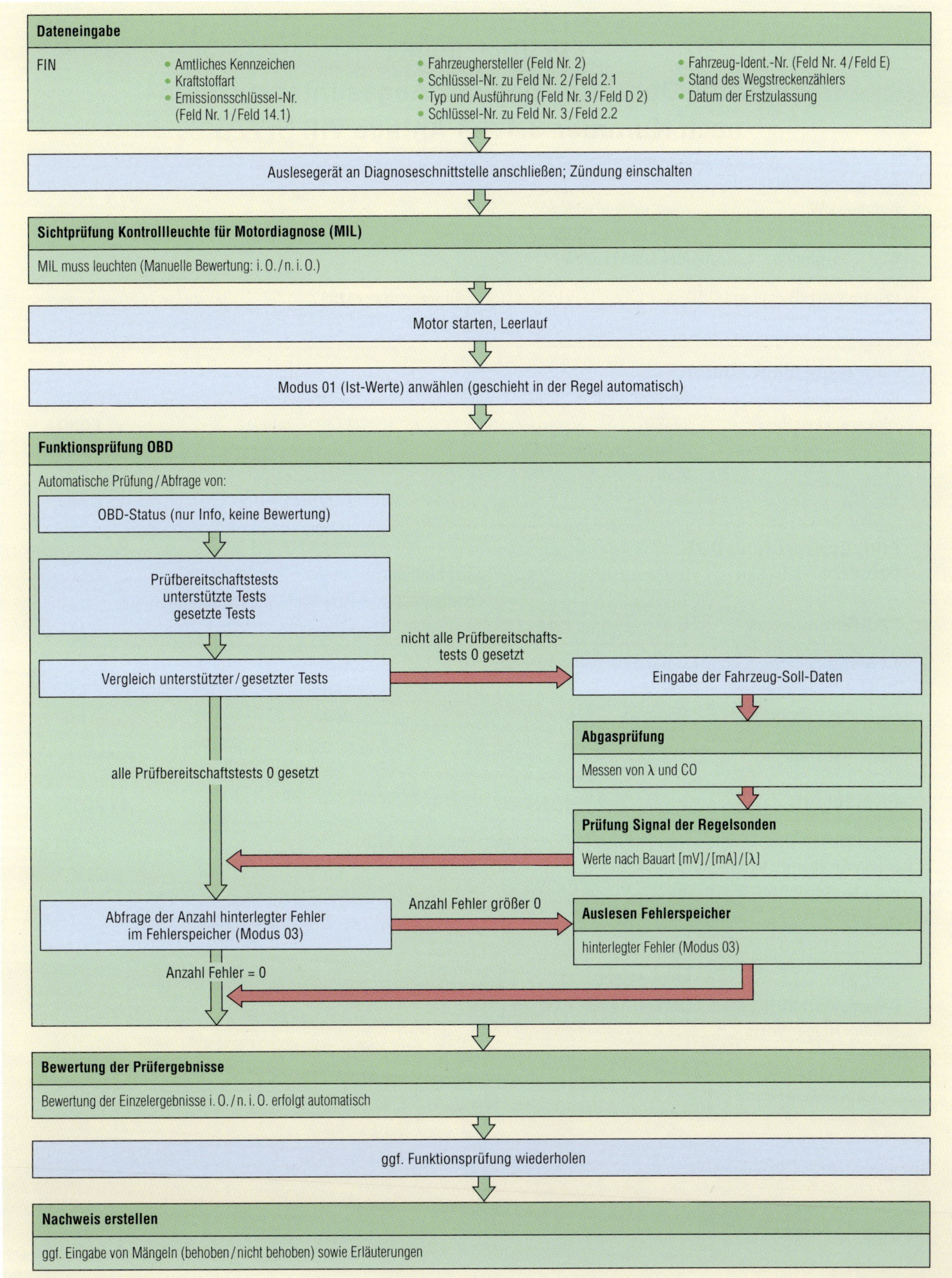

Bild 381.1 Prüfablauf AU mit OBD.

Prüfnachweis über die Durchführung der Abgasuntersuchung nach Nummer 3.1.1.1 Anlage VIII StVZO

Ausführende Stelle:
Autohaus W.
Sarresdorfer Straße 64 Tel.: **06591/5555**
54568 Gerolstein Fax: **06591/7777**

Prüfungsart: **Diesel mit OBD** Prüfberichtsnummer **xxxxx01002** BOSCH ESA V5.00 DEU 8.2008
OBD-Modul KTS520 Version 2.2

Fahrzeug-Ident.-Daten

Kennzeichen	**DAU-XY-0000**	Erstzulassung	**30.01.2007**
Wegstreckenzähler	**28400**	EOBD-Status	**EOBD**
Fzg.-Ident.-Nummer	**WAUZZZBE77A1234567**	Emissionschl.-Nr.	**0462**
Fzg.-Hersteller	**Audi**	Hersteller-Nr.	**0588**
Fzg.-Typ	**8E**	Fahrzeugtyp-Nr.	**ADJ**

Funktionsprüfung OBD

OBD-Prüfbereitschaft	Unterstützt:	**11011100000**		
	Gesetzt:	**00000000000**	**Alle Systemtests durchgeführt**	
OBD-Fehlerspeicher	Abgasrelevante Fehler:	**0**		**i. O.**

Ml-Status: Sichtprüfung bei Motor aus	**#AN**	**i. O.**
Ml-Status: Ausgelesen bei Motor an	**Aus**	**i. O.**
Ml-Status: Sichtprüfung bei Motor an	**#Aus**	**i. O.**

Gesamtergebnis: **bestanden**

Fristablauf: **1/2012**

Vorhandene Mängel behoben, Nr. 4.4 der AU-Richtlinie (Mängel-Nr. 813): **Nein#**
Erkannte aber nicht behobene Mängel nach Nr. 5.5 der AU-Richtlinie: #

Erläuterungen: #

Kontrollnr.: **RP-4-03-0046-63**
Datum: **05.01.2010** Uhrzeit: **14:08**
Prüfer: **Holger Wirfs**

Unterschrift der verantwortlichen Person Stempel

Bild 382.1 AU-Protokoll (Prüfnachweis).

8.4.3 Beseitigung von abgasrelevanten Fehlern in der Werkstatt

Der besondere Vorteil der AU-Prüfung in der Werkstatt besteht darin, dass der Kunde den Fehler sofort beseitigen lassen kann. Häufig sind zusätzliche Arbeiten notwendig, um einen Schaden im Abgassystem zu beseitigen, was zur Erweiterung des Auftrages führen kann.

Um einen aufgetretenen Mangel zu beseitigen, wird zunächst eine intensive Sichtkontrolle durchgeführt. Dazu gehören:

- lockere Kabelverbindungen,
- Schläuche lose oder mangelhaft,
- Korrosion oder Beschädigungen an den abgasrelevanten Bauteilen.

Ist durch diese Sichtkontrolle kein Fehler zu erkennen, muss das Prüfprotokoll dahingehend analysiert werden, welche Fehler erkannt wurden. Die Fehlermeldung z.B. eines defekten Sensors erfordert eine weitergehende Prüfung, warum der Sensor keine Daten ans Steuergerät liefert.

8.5 Abgasprüfung an Fahrzeugen mit Dieselmotoren

Die Abgaswerte für Dieselmotoren ab Euro V haben sich im Wesentlichen bei den Werten für NO_x und der Partikelmasse (Staub) geändert (Tabelle 383.1). Um die strengen Werte einzuhalten, sind Veränderungen am Motor und der Abgasanlage notwendig.

AU-Prüfgeräte für Dieselmotoren. Für Dieselmotoren muss der vorhandene Prüfcomputer mit einem Sensor für Dieselabgase verbunden oder ein spezielles Messgerät verwendet werden. Bei allen Diesel-AU-Prüfvorgängen wird ausschließlich die Rauchtrübung gemessen. Abgaswerte, die bei der Erstzulassung wichtig sind, spielen bei der AU keine Rolle.

Prüfumfang bei Dieselmotoren ohne OBD. Die Sichtprüfung umfasst wie beim Ottomotor die einzelnen Teile der Abgasanlage. Zusätzlich wird geprüft, ob der Volllastanschlag der Einspritzanlage bei durchgetretenem Fahrpedal erreicht wird. Dies gilt nicht bei elektronischem Fahrpedal.

Norm	Euro II	Euro III	Euro IV	Euro V	Euro VI
Typprüfung	ab 1. Januar 1996	ab 1. Januar 2000	ab 1. Januar 2005	ab 1. Sept. 2009	ab 1. Sept. 2014
	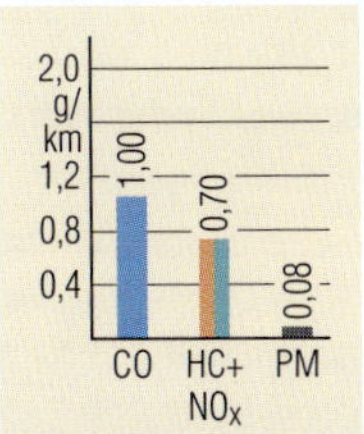	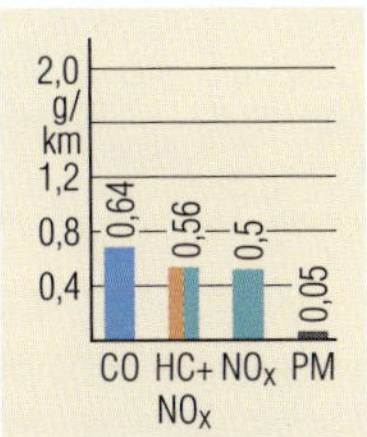	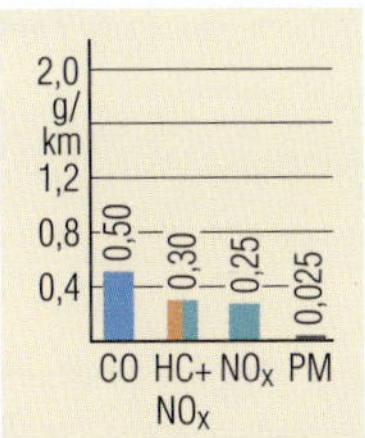	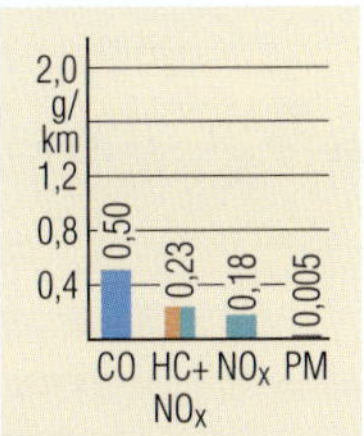	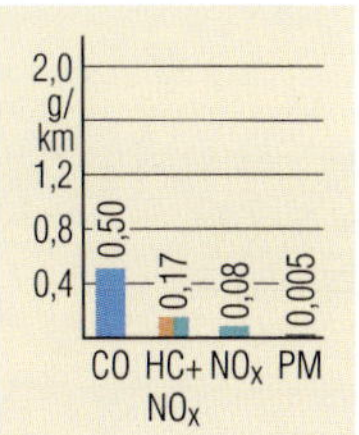

HC = Kohlenwasserstoffe (hydrocarbons); **HC + NO_x** = Summe der Kohlenwasserstoffe und Stickstoffoxide; **NO_x** = Stickstoffoxide; **CO** = Kohlenstoffmonooxid; **PM** = Partikelmasse (Staub)

Tabelle 383.1 Emissionsgrenzwerte für Pkw mit Dieselmotor (Angaben in g/km).

BIP (engl.): Begin of Injection Period = Einspritzbeginn

Bei der Abgasprüfung für Dieselmotoren wird die Rußmenge durch die Messung der Rauchgastrübung sowie die vom Hersteller vorgeschriebene Leerlauf- und Abregeldrehzahl erfasst. Dazu wird viermal nacheinander der Motor ohne Last vom Leerlauf auf die Abregeldrehzahl beschleunigt. Die Abregeldrehzahl muss 2 Sekunden beibehalten werden. Die dabei freiwerdende Rußmenge wird ab der zweiten Messung erfasst und ausgewertet. Die drei gemessenen Werte müssen innerhalb einer bestimmten Bandbreite liegen, der Mittelwert der drei Messungen gilt als Messwert.

OBD-Funktion bei Dieselmotoren. Fahrzeuge, die Euro IV erfüllen, verfügen ebenfalls über die OBD-Funktion. Alle Fahrzeuge benötigen zur Erfüllung der Abgasvorschriften einen Oxidationskatalysator sowie eine Abgasrückführung. Zusätzlich kann noch ein Rußpartikelfilter vorhanden sein. Zum Prüfumfang bei Dieselmotoren gehören z. B. die Kontrolle von

- Einspritzbeginn-Regelabweichung,
- BIP-Regelung (Begin of Injection Period),
- Abgasrückführungsventil,
- Abgasrückführungs-Regelabweichung,
- Glühsystem (Nachglühphase),
- CAN-Datenbus-Datendiagnose,
- Ladedruck-Regelabweichung,
- Mengenstellwerk der Verteilereinspritzpumpe,
- Partikelfilter-Überwachung,
- SCR-Überwachung,
- λ-Sonden,
- λ-Sonden-Heizungsregelung,
- Geber für Motordrehzahl,
- Geber für Kühlmitteltemperatur,
- Geber für Ladedruck,
- Heißfilm-Luftmassenmesser,
- Geber für Kraftstofftemperatur,
- Geschwindigkeitssignal.

Der Prüfablauf entspricht dem Ablauf beim Ottomotor. Falls die AU-Prüfung nicht bestanden wurde, ist zur Fehlerbeseitigung eine ähnliche Vorgehensweise wie beim Ottomotor sinnvoll.

Zur Wiederholung

1. Erklären Sie bitte die Abkürzungen NO_x, CO_2, CO, HC.
2. Erläutern Sie die Begriffe Reflexion, Interferenz, Absorption im Funktionszusammenhang einer Abgasanlage.
3. Beschreiben Sie mit eigenen Worten den Ablauf einer AU-Untersuchung.
4. Welche Personen dürfen eine AU durchführen?
5. Wie werden die Abgaswerte im Prüfzyklus ermittelt?

Zur Vertiefung

1. Fallbeispiel:
   Ein Pkw mit Dieselmotor, Erstzulassung 17. Juni 2007, soll zur Abgasuntersuchung.
   a) Erklären Sie dem Kunden, bis wann dieser Vorgang spätestens abgeschlossen sein muss.
   b) Der Kunde fragt, wo er die AU am besten durchführen lassen kann. Erläutern Sie den Unterschied zwischen der Durchführung der AU in der Werkstatt oder bei einer Prüforganisation.
   c) Wann wird welche Plakette auf dem Kennzeichen des Fahrzeuges angebracht?
   d) Was geschieht, wenn der Prüfablauf zur AU einen Fehlereintrag im OBD-System ergibt?
   e) Welche Suchroutine wird empfohlen, wenn das Fahrzeug die AU nicht besteht?
   f) Nachdem die AU bestanden ist, wird ein Prüfnachweis erstellt. In welchem Zusammenhang wird dieser Nachweis verwendet?

9P Instandhalten von Kraftübertragungssystemen

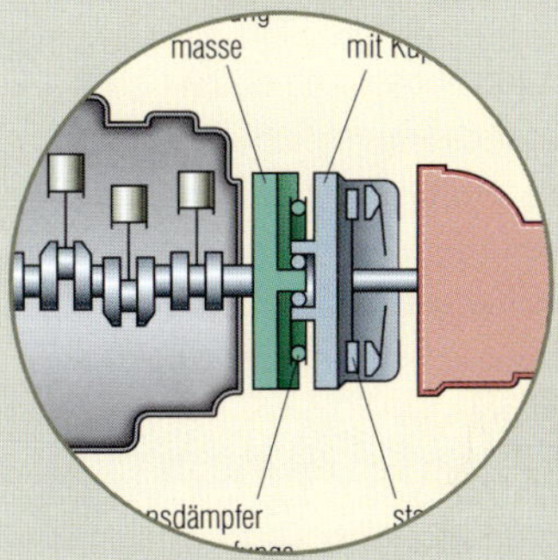

Sie erfahren, welche Bauteile und Systeme an der Kraftübertragung beteiligt sind und wie diese funktionieren.

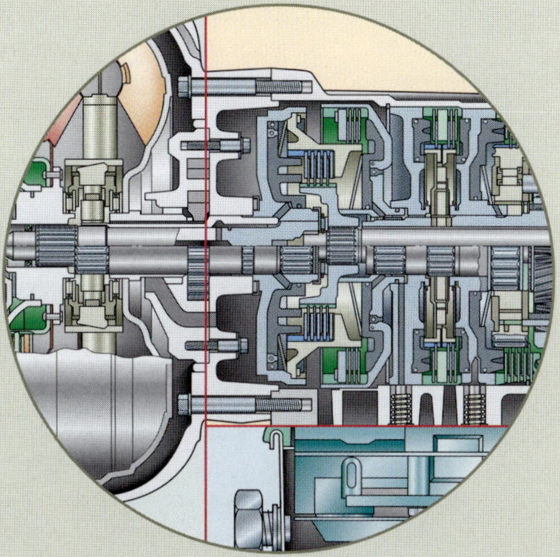

Getriebe sind das Herzstück der Kraftübertragungssysteme. Die unterschiedlichen Arten mit ihren Funktionalitäten zu kennen ist Voraussetzung für eine professionelle Arbeit in der Werkstatt.

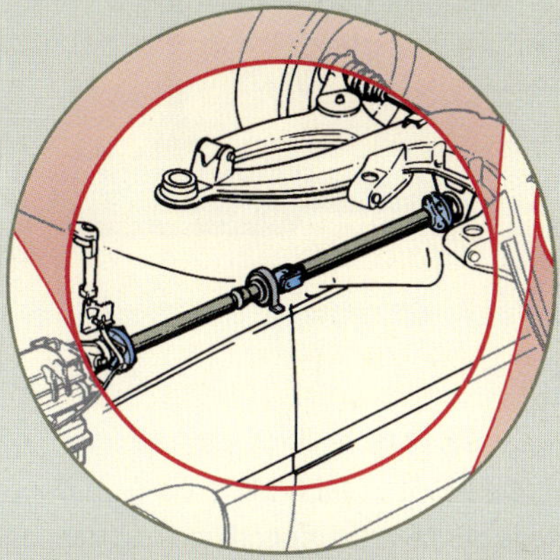

Um das Drehmoment vom Getriebeausgang auf den Achsantrieb und auf die Antriebsräder zu übertragen, werden Gelenkwellen benötigt. – Mehr über Achsantriebe und Gelenkwellen erfahren Sie auf den folgenden Seiten.

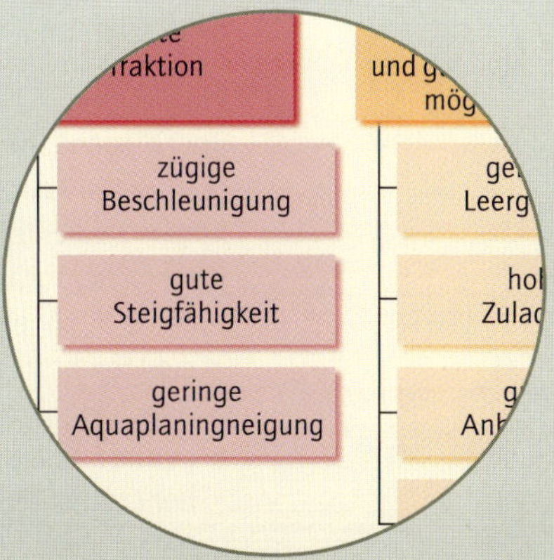

Standardbauweise? Transaxlebauweise? Allradantrieb? – Nach dem Durcharbeiten können Sie fundiert mitreden.

Ob es in 50 Jahren noch Kraftfahrzeuge mit Verbrennungsmotoren gibt? Diese Frage können wir Ihnen nicht beantworten. Aber wir stellen Ihnen heute schon die Alternativen vor.

9.1 Kupplung

9.1.1 Aufgaben und Anordnung im Antriebsstrang

Die Kupplung ist eine kraftschlüssige und lösbare Verbindung zwischen Motor und Wechselgetriebe (Bild 386.1).

Durch das Trennen von Motor und Wechselgetriebe wird das Schalten der Gänge ermöglicht. Darüber hinaus können moderne Kupplungen noch weitere Aufgaben erfüllen:

- weiches und ruckfreies Anfahren ermöglichen,
- Geräusche im Antriebsstrang durch Schwingungsdämpfung minimieren,
- schneller und störungsfreier Gangwechsel,
- Motor und Kraftübertragungsteile bei Blockade vor Überlastung schützen,
- Langsamfahren wie beispielsweise beim Rangieren ermöglichen,
- Anhalten ohne Abstellen des Motors.

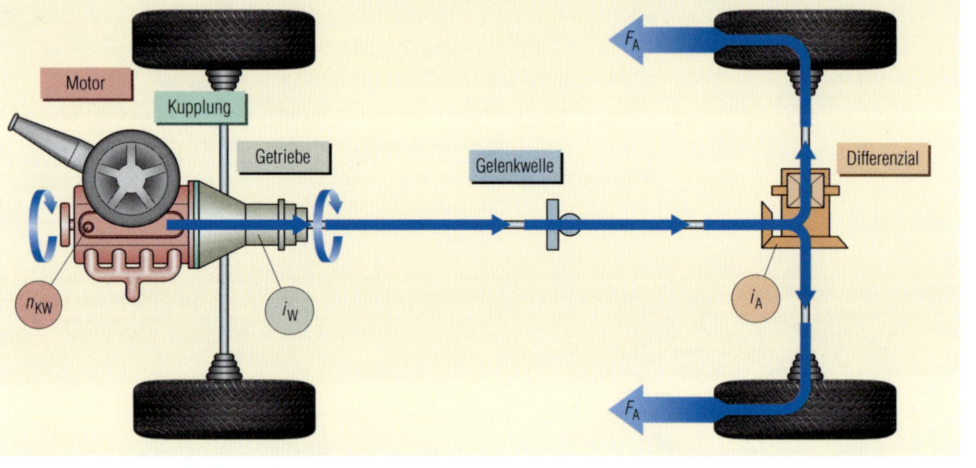

Bild 386.1 Anordnung der Kupplung im Triebwerk.

9.1.2 Bauarten

Für die vielfältigen Aufgaben werden verschiedene Kupplungsformen gebaut (Tabelle 387.1).

Wegen ihrer Vorteile wird heute im Pkw-Bereich überwiegend die Membranfederkupplung eingesetzt. Sie entspricht dem Wunsch des Kunden nach hohem Bedienungskomfort. Eigenschaften:

- einfacher rotationssymmetrischer Aufbau, dadurch hohe Drehzahlfestigkeit,
- die Membranfederzungen übernehmen die Ausrückfunktion,
- geringe axiale Baulänge,
- hoher Anfahrkomfort durch abstimmbare Belagfederung,
- vergleichsweise geringe Ausrück- und Haltekräfte trotz hoher übertragbarer Drehmomente.

Die Kennlinien in Bild 387.1 verdeutlichen die Vorteile der Membranfederkupplung gegenüber der veralteten Schraubenfederkupplung. Die Ausrückkraft im ausgekuppelten Zustand (Kupplungspedal durchgetreten) ist viel geringer als bei der Schraubenfederkupplung. Das Halten der Kupplung und das fein dosierte weiche Anfahren sind somit erheblich einfacher.

Der Verlauf der Anpresskraft einer Membranfederkupplung in Bild 387.2 verdeutlicht, dass diese durch Belagabnutzung zuerst sogar steigt. Bei Erreichen der zulässigen Belagabnutzung entspricht sie etwa dem Neuzustand. Die Ausrückkraft erhöht sich währenddessen nur geringfügig.

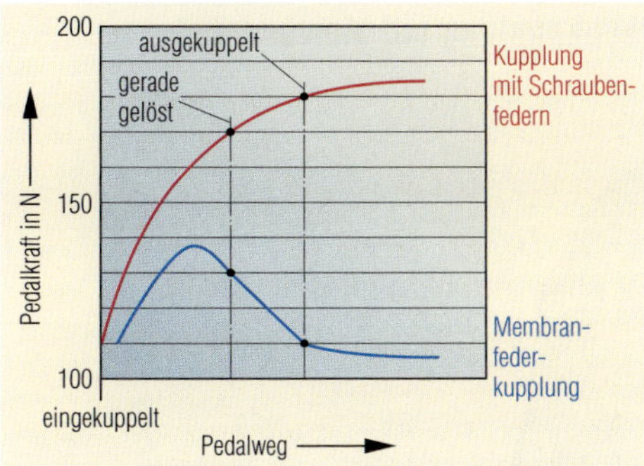

Bild 387.1 Pedalkraft von Membranfederkupplung und Schraubenfederkupplung im Vergleich.

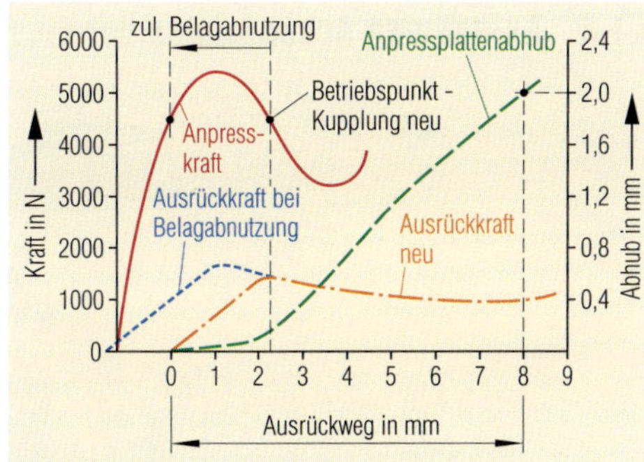

Bild 387.2 Ausrückkraft und Anpresskraft der Membranfederkupplung.

Skizze	Bauart	Verwendungszweck	Besonderheit
		Reibungskupplungen	
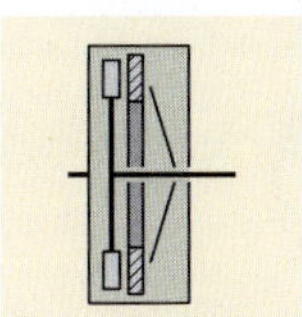	Einscheibenkupplung	Anfahr- und Schaltkupplung	• gängigste Bauform mit Membranfeder (Tellerfeder) • selten mit Schraubenfedern • Trockenkupplung
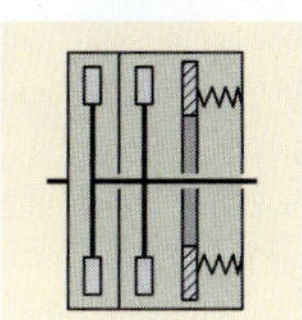	Zweischeibenkupplung	Anfahr- und Schaltkupplung	• höheres übertragbares Drehmoment, daher Einbau in Lkws oder Rennwagen
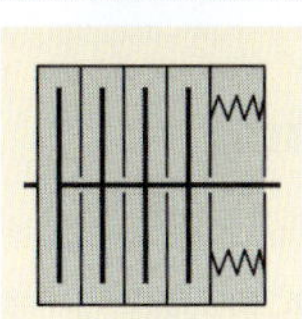	Mehrscheiben- oder Lamellenkupplung	Anfahr- und Schaltkupplung	• gute Drehmomentübertragung auch bei geringem Durchmesser, daher Einbau in Krafträdern möglich • häufig als Nasskupplung im Ölbad
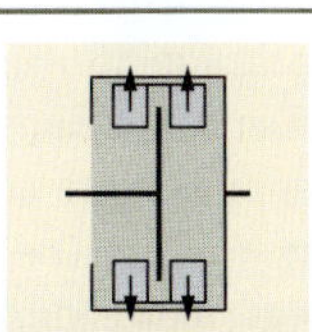	Fliehkraftkupplung	Anfahrkupplung in Verbindung mit Stufenlosgetrieben	• ermöglicht das automatische Einkuppeln ab einer bestimmten Motordrehzahl • Einbau in kleinen Krafträdern mit stufenlosem Getriebe
		Strömungskupplung	
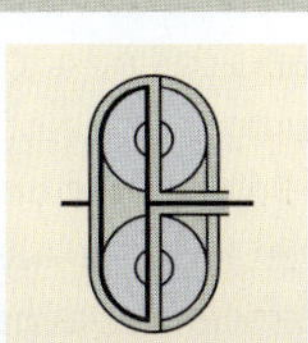	Hydrodynamische Kupplung (Föttinger-Kupplung)	Anfahrkupplung in Verbindung mit Stufenlosgetrieben	• Kraftübertragung über Flüssigkeitsströmung • sehr weiches Anfahren möglich • unvermeidbarer Schlupf zwischen An- und Abtrieb

Tabelle 387.1 Kupplungsbauarten in Kraftfahrzeugen.

9.1.3 Aufbau und Arbeitsweise der Einscheibenkupplung mit Membranfeder

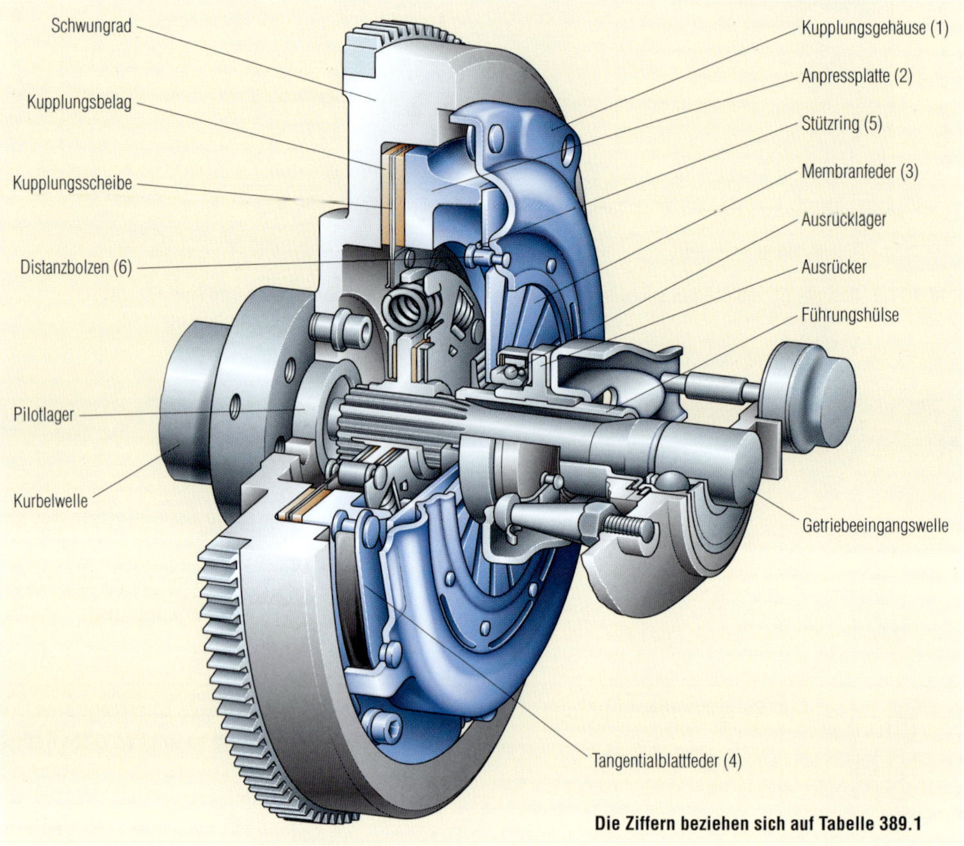

Bild 388.1 Aufbau der Einscheibenkupplung mit Membranfeder.

Die Hauptteile der Kupplung sind (Bild 388.1):

- Kupplungsdruckplatte mit Kupplungsgehäuse und Membranfeder,
- Kupplungsscheibe,
- Ausrückmechanismus.

In Tabelle 389.1 sind die wichtigsten Bauteile der Einscheibenkupplung mit Membranfeder und ihre Funktionen erläutert.

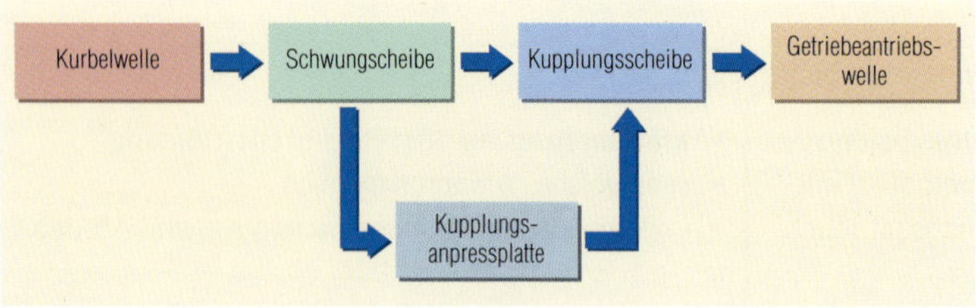

Bild 388.2 Kraftfluss in einer Membranfederkupplung.

Kraftfluss im eingekuppelten Zustand

Der Kraftfluss in einer Membranfederkupplung (Bild 388.2) beginnt im Motor an der Kurbelwelle. An der Schwungscheibe teilt sich der Kraftfluss. Zum Teil wird er kraftschlüssig direkt auf die Kupplungsscheibe übertragen. Der Rest gelangt über Kupplungsgehäuse und -anpressplatte auf die Kupplungsscheibe. Von hier wird das Drehmoment formschlüssig über das Vielkeilprofil der Kupplungsscheiben-Nabe an das Getriebe weitergeleitet.

Im ausgekuppelten Zustand drückt das Ausrücklager auf die Membranfederzungen. Dadurch kippt die Membranfeder um die Stützringe und entlastet die Anpressplatte. Die Anpressplatte wird durch die Tangentialblattfedern abgehoben. Das ermöglicht die axiale Verschiebung der Kupplungsscheibe auf der Getriebeantriebs-

Bezeichnung*	Funktionsbeschreibung
Kupplungsgehäuse (1)	• trägt die Membranfeder • trägt die Anpressplatte
Kupplungsdruckplatte (1 – 6)	• mit Schrauben an der Schwungscheibe befestigt • bildet mit Kupplungsscheibe und Schwungrad ein Reibungssystem
Anpressplatte (2)	• leitet das Drehmoment vom Gehäuse kraftschlüssig an die Kupplungsscheibe weiter
Membranfeder (3)	• erzeugt die Anpresskraft • drückt die Anpressplatte gegen den Kupplungsbelag
(Tangential)blattfedern (4)	• zur Befestigung der Anpressplatte am Gehäuse (Drehmomentübertragung) • ziehen die Anpressplatte beim Auskuppeln zum Gehäuse • zentrieren die Anpressplatte
Stützringe (5)	• Drehpunkt, um den die Membranfeder beim Auskuppeln kippt
Distanzbolzen (6)	• zur Befestigung der Membranfeder im Gehäuse
Kupplungsscheibe	• leitet das Drehmoment formschlüssig über die Nabe an die Getriebeeingangswelle weiter • dämpft Motordrehschwingungen mithilfe der Torsionsdämpfungseinrichtung • sorgt für ein weiches Anfahren mithilfe der Belagfederung
Führungshülse	• führt das Ausrücklager mittig zur Membranfeder
Ausrücklager	• überträgt die Ausrückkraft der Ausrückgabel auf die Membranfeder • lagert die stillstehende Ausrückgabel auf der drehenden Membranfeder
Pilot- oder Führungslager	• zur einwandfreien Führung und Lagerung der Getriebeantriebswelle

*Die Ziffern beziehen sich auf Bild 388.1

Tabelle 389.1 Bauteile und Funktionen der Einscheibenkupplung mit Membranfeder.

welle. Dadurch löst sich der Kupplungsbelag von Anpressplatte und Schwungscheibe. Die Kupplungsscheibe läuft frei und die Verbindung Motor – Getriebe ist unterbrochen.

9.1.4 Kupplungsbetätigung

Aus Komfortgründen und zur besseren Dosierbarkeit muss die hohe Ausrückkraft am Ausrücklager (2000 N) auf etwa 150 N vermindert werden. Bei angenommenen 10 Kupplungsbetätigungen pro km während Stadtfahrten würde man rasch vermüden, wenn mit dem Fuß eine zu hohe Kraft aufzubringen wäre.

Auch ein zu geringer Kraftaufwand wäre nachteilig, da die menschliche Beinmuskulatur so kräftig ist, dass ein genaues Dosieren der Kupplung und damit ein weiches Anfahren nicht möglich wären.

Mechanische Kupplungsbetätigung

Die Übertragung der Fußkraft erfolgt über Seilzug oder Gestänge. Der Leerweg des Kupplungspedals und das Kupplungsspiel werden hier nach Herstellervorschrift eingestellt.

Das Kupplungsspiel zwischen dem Ausrücklager und der Membranfeder ist bei Fahrzeugen ohne Selbstnachstellung für den einwandfreien Betrieb der Kupplung notwendig. Es wird im Lauf des Betriebs durch die Abnutzung der Kupplungsbeläge immer kleiner.

Mit zunehmender Abnutzung des Belags verschiebt sich die Anpressplatte zur Schwungscheibe. Die Membranfeder macht diese Verschiebung mit, indem sie wie ein Hebel um ihren Drehpunkt (Stützring in Bild 388.1) kippt. Die Membranfederzungen verschieben sich dadurch immer mehr zum Ausrücklager, bis das Spiel nicht mehr vorhanden ist.

Bei weiterer Abnutzung des Belags rutscht die Kupplungsscheibe schließlich durch. Dadurch erwärmt sie sich stark und die Beläge können eventuell verbrennen.

Viele Fahrzeuge verfügen über eine selbstnachstellende Betätigungseinrichtung. Diese Einrichtung kann sowohl direkt am Kupplungspedal (Bild 390.1) als auch im Seilzug angebracht sein.

Das Zahnsegment hält über eine Drehfeder das Kupplungsseil in Ruhelage leicht unter Spannung. So kann der Verschleiß des Belags ausgeglichen werden, da das Seil nachgibt. Bei Betätigung der Kupplung greift die Sperrklinke in das Zahnsegment, sodass das Kupplungspedal das Kupplungsseil spannen und die Kupplung trennen kann.

Bei den Betätigungseinrichtungen ohne Kupplungsspiel drückt das Ausrücklager ständig leicht auf die Membranfeder. Es läuft daher immer mit einer geringen Vorlast von 80 N bis 100 N mit.

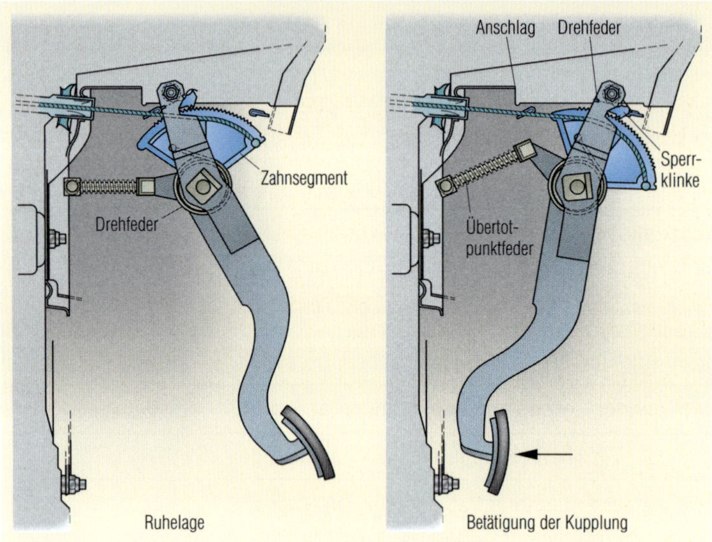

Bild 390.1 Selbstnachstellende Kupplungsbetätigung mit Zahnsegment.

Hydraulische Kupplungsbetätigung

Die vom Fuß abgegebene Kraft wird in einem Geberzylinder in einen hydraulischen Druck umgewandelt und über eine Leitung zum Nehmerzylinder übertragen (Bild 390.2). Im Geberzylinder befindet sich eine Ausgleichsbohrung, über die Hydraulikflüssigkeit entweichen kann, wenn der Druckraum durch Belagverschleiß im Nehmerzylinder kleiner wird.

Eine Kupplungsspiel-Einstellung wird nur notwendig, wenn der Stößel des Nehmerzylinders einen festen Anschlag besitzt. Ansonsten drückt eine Feder im Nehmerzylinder das Ausrücklager mit einer geringen Vorspannung auf die Membranfeder.

Der Nehmerzylinder kann auch zusammen mit dem Ausrücklager direkt auf der Getriebeantriebswelle sitzen (Zentralausrückung, Bilder 390.3 und 391.1).

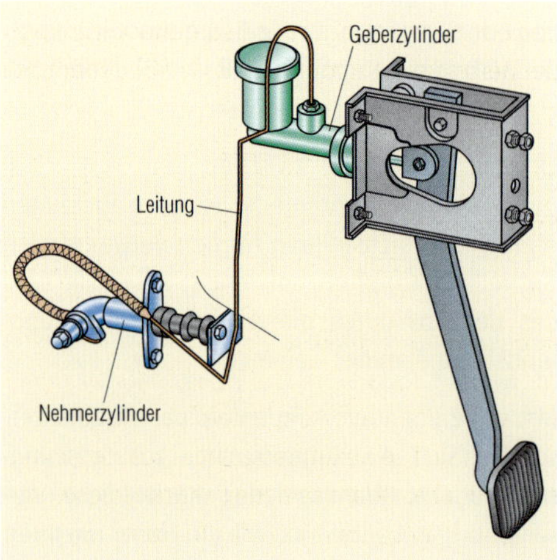

Bild 390.2 Einfache hydraulische Kupplungsbetätigung.

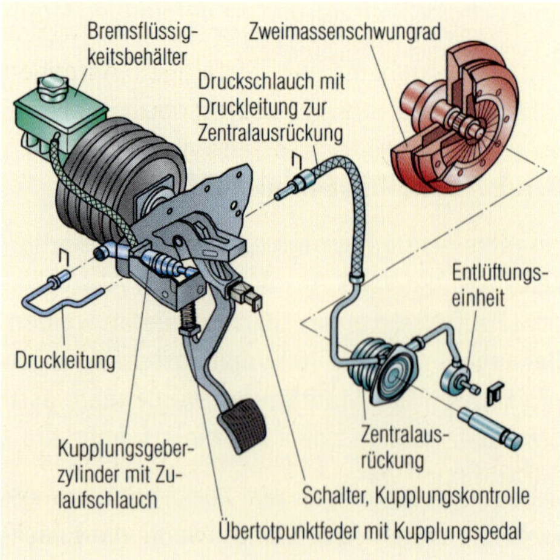

Bild 390.3 Hydraulische Kupplungsbetätigung mit Zentralausrückung.

Die hydraulische Kupplungsbetätigung hat sich wegen ihrer Vorteile immer mehr durchgesetzt:

- einfaches Verlegen der hydraulischen Leitung auch über große Entfernungen,
- hoher Wirkungsgrad durch geringe Reibungsverluste,
- kein Verschleiß in Gelenken oder im Seilzug,
- einfache hydraulische Übersetzung.

9.1.5 Ausrücklager

Die Ausrückgabel ist schwenkbar in der Kupplungsglocke befestigt. Die in der Kupplungsdruckplatte befindliche Membranfeder dreht ständig mit Motordrehzahl. Bei Kupplungsbetätigung stellt das Ausrücklager eine Verbindung zwischen fest stehender Ausrückgabel und rotierender Membranfeder her.

Das Ausrücklager ist ein Wälzlager mit einer Dauerfettfüllung. Es ist gekapselt und wartungsfrei. Man unterscheidet schwenkbare und die heute üblichen zentral geführten Ausrücklager.

Die zentral geführten Ausrücklager sitzen auf einer Hülse, durch die sie zentriert und geführt werden (Bild 391.1). Die Hülse ist fest mit dem Getriebegehäuse verbunden. Diese Ausrücklager laufen immer genau zentrisch auf der Membranfeder.

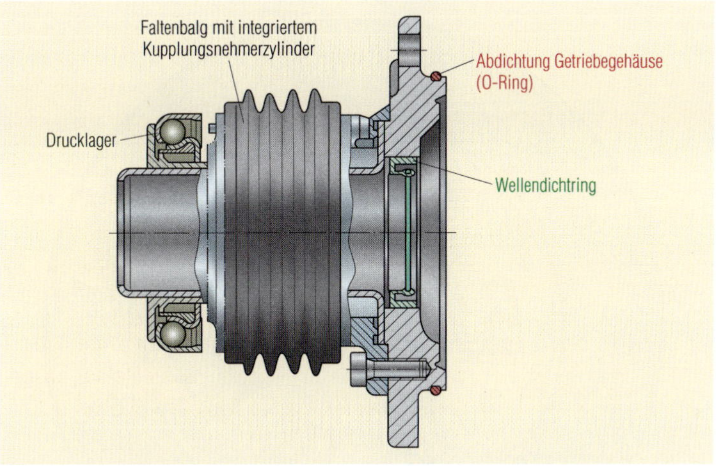

Bild 391.1 Zentral geführtes Ausrücklager mit hydraulischer Kupplungsbetätigung.

9.1.6 Kupplungsscheiben

Die Kupplungsscheibe ist nur auf den ersten Blick einfach aufgebaut. Ihre vielfältigen Aufgaben (siehe Tabelle 389.1) haben jedoch zur Folge, dass auf engstem Raum sehr viele Funktionen untergebracht werden müssen.

Torsionsdämpfung

Im modernen Kraftfahrzeug geht das Bestreben hin zu möglichst geringen bewegten Massen. Dies führt zu immer kleineren Schwungrädern. Dadurch gelangen jedoch mehr der unvermeidlichen Drehschwingungen des Verbrennungsmotors zum Antriebsstrang, wo sie Verschleiß und Geräusche verursachen. Eine der Hauptaufgaben der Kupplungsscheibe ist es daher, diese Drehschwingungen zu dämpfen. Weitere Möglichkeiten zur Dämpfung der Drehschwingungen sind das Zweimassenschwungrad oder ein elektronisches Kupplungssystem.

elektronische Kupplungssysteme → S. 393

Bild 392.1 zeigt eine Kupplungsscheibe mit zweistufigem Torsionsdämpfer und zusätzlichem Vordämpfer. In seiner grundsätzlichen Funktion unterscheidet er sich nicht von einfacheren Dämpfern.

Mitnehmer- und Gegenscheibe (15 und 16) sind miteinander verbunden und drehbar auf der Nabe (14) gelagert. Sie stützen sich über die Dämpferfedern (10 bis 13) am Nabenflansch (17) ab, der fest mit der Nabe verbunden ist. Die Federn sind dabei so ausgelegt, dass der sich unter Last ergebende Winkelausschlag nie so groß wird, dass der Nabenflansch am Anschlagbolzen (6) anschlägt. Die Federung wird durch die Reibungseinrichtung (7, 8, 9, 18) gedämpft.

Zweimassenschwungrad (ZMS)

Eine weitere Möglichkeit zur Dämpfung der Torsionsschwingungen stellt das Zweimassenschwungrad dar. Hierbei sind eine motorseitig angebrachte Primärschwungmasse und eine getriebeseitig angebrachte Sekundärschwungmasse durch zwei Federpakete miteinander verbunden. Die Sekundärschwungmasse ist weiterhin über ein Wälzlager auf der Primärschwungmasse gelagert. Das Motordrehmoment wird von der Primärschwungmasse über die Federpakete auf die Sekundärschwungmasse und von da auf die Kupplung und weiter zum Getriebe übertragen (Bild 392.2).

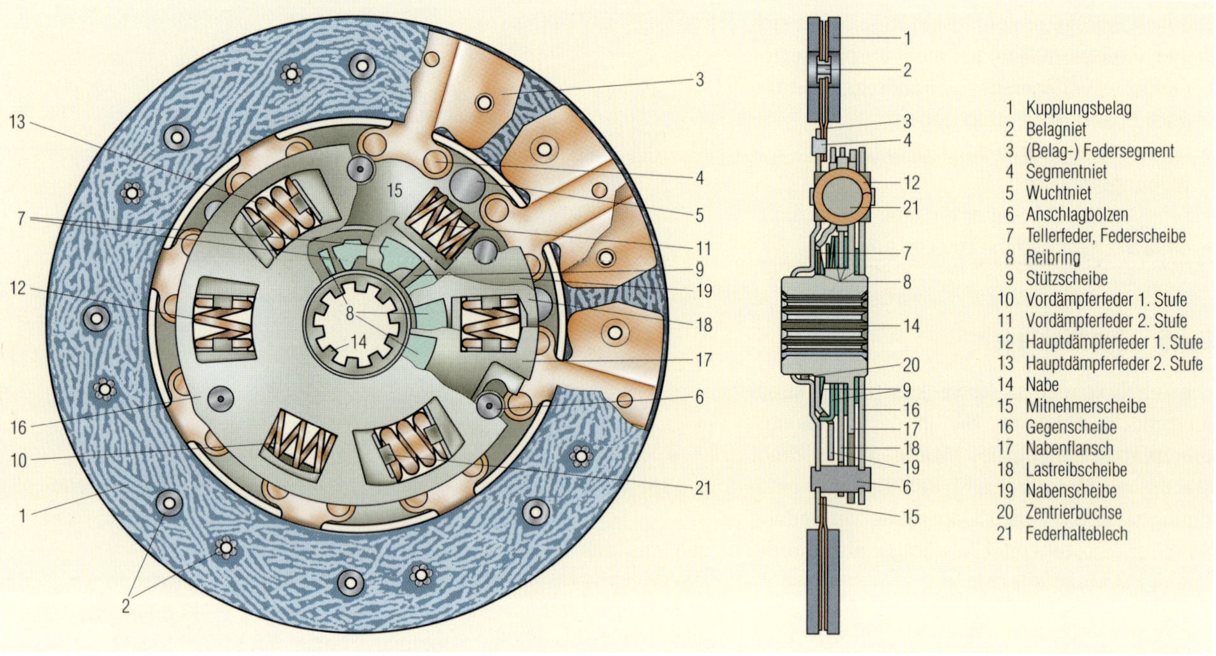

Bild 392.1 Kupplungsscheibe mit Torsionsdämpfung und Belagfederung.

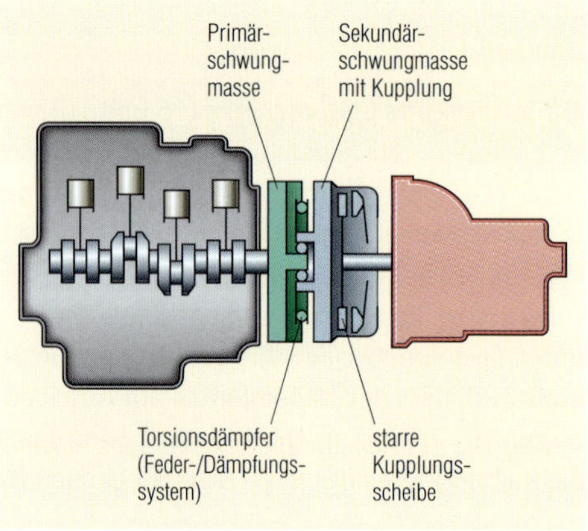

Bild 392.2 Einbau des Zweimassenschwungrads im Antriebsstrang.

Die weiter außen angebrachten langen Bogenfedern (Außendämpfer) dämpfen die Drehmomentspitzen im unteren Drehzahlbereich, bei untertourigem Fahren und beim Starten und Abstellen des Motors. Die weiter innen angebrachten kurzen Druckfedern (Innendämpfer) dämpfen die geringeren Drehmomentschwankungen im oberen Drehzahlbereich (Bild 392.3).

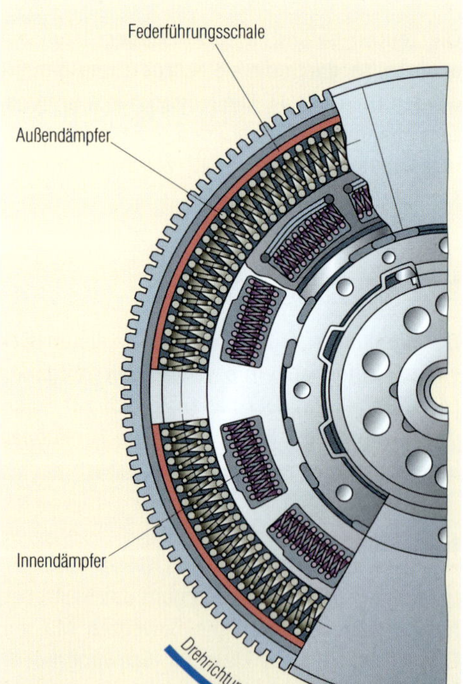

Bild 392.3 Aufbau des Zweimassenschwungrads.

An der Kupplungsscheibe können die Torsionsfedern entfallen. Das führt zu einer geringeren Masse, die beim Schalten synchronisiert werden muss; daher lassen sich die Gänge schneller schalten und die Synchronisierung wird weniger beansprucht.

Die Vorteile des ZMS:
- Besserer Fahrkomfort durch geringere Vibrationen und Geräusche,
- ermöglicht niedrige Motordrehzahlen und damit Kraftstoffeinsparung,
- erhöhter Schaltkomfort durch leichteres und schnelleres Schalten,
- geringerer Verschleiß der Getriebe-Synchronisierung,
- geringere Beanspruchung des gesamten Antriebsstrangs durch Drehmomentschwankungen.

Belagfederung

In modernen Kraftfahrzeugen wird eine Kombination aus Torsionsdämpfung und Belagfederung verwendet (Bild 392.1). Die Belagfederung sorgt für ein weiches Einkuppeln und damit für ein ruckfreies Anfahren.

Da die Belagfederung beim Einkuppeln zusammengepresst werden muss, wird der Einkuppelvorgang verlängert und damit die Getriebedrehzahl langsamer der Motordrehzahl angepasst. Abhängig vom Einsatzgebiet und den Anforderungen gibt es unterschiedliche Belagfederungsarten, wobei die Lamellenfederung die gebräuchlichste Bauart darstellt (Bild 393.1).

Kupplungsbeläge

Die Reibbeläge einer Kupplung sind stark beanspruchte Bauteile, die folgende Anforderungen erfüllen müssen:
- Abriebfestigkeit,
- Hitzebeständigkeit,
- hohe Wärmeleitfähigkeit,
- unempfindlich gegen Rupfen durch weitestgehend gleiche Reibungszahl μ für Haften und Gleiten,
- gleichbleibend hohe Reibungszahl μ auch bei Erwärmung.

Asbest als Werkstoff wurde wegen der Gesundheitsrisiken vor allem durch organische Beläge ersetzt. Die faserigen Werkstoffe (Kohle-, Aramid-, Glasfasern) werden durch Kunstharz gebunden und zur Steigerung der Festigkeit sowie zur besseren Wärmeableitung auf ein Metallgewebe aufgebracht.

Anorganische Beläge aus metallischen oder keramischen Sinterwerkstoffen werden in Kupplungen eingesetzt, die hohen Temperaturen ausgesetzt sind. Neben der hohen Hitzebeständigkeit besitzen sie auch eine bessere Verschleißfestigkeit als organische Beläge. Sie werden meist als Reibplättchen gefertigt.

9.1.7 Sonderbauformen

Elektronische Kupplungssysteme

Elektronische Kupplungssysteme (EKS) nehmen dem Fahrer das Kuppeln ab, das Schalten funktioniert wie gewohnt. Solche Fahrzeuge besitzen daher zwar ein normales manuelles Schaltgetriebe, aber kein Kupplungspedal. Die Betätigung der Kupplung erfolgt je nach System elektromotorisch oder hydraulisch, eine Steuerelektronik sorgt für optimales Ein- und Auskuppeln. Die Sensorsignale, die für eine einwandfreie Funktion benötigt werden, werden von anderen Steuergeräten übernommen oder von speziellen Sensoren gemeldet (Bild 394.1).

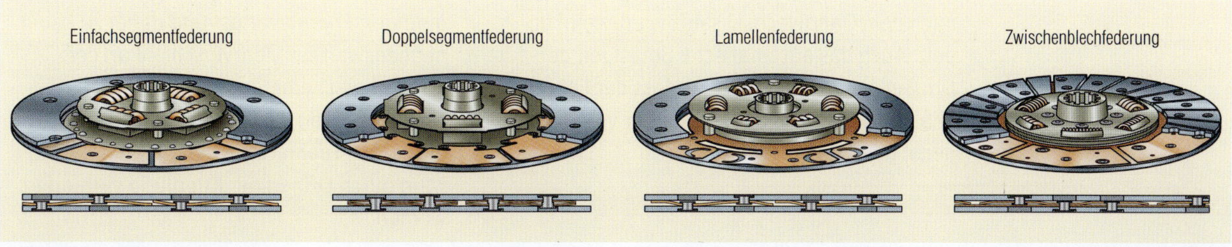

Bild 393.1 Belagfederungsarten.

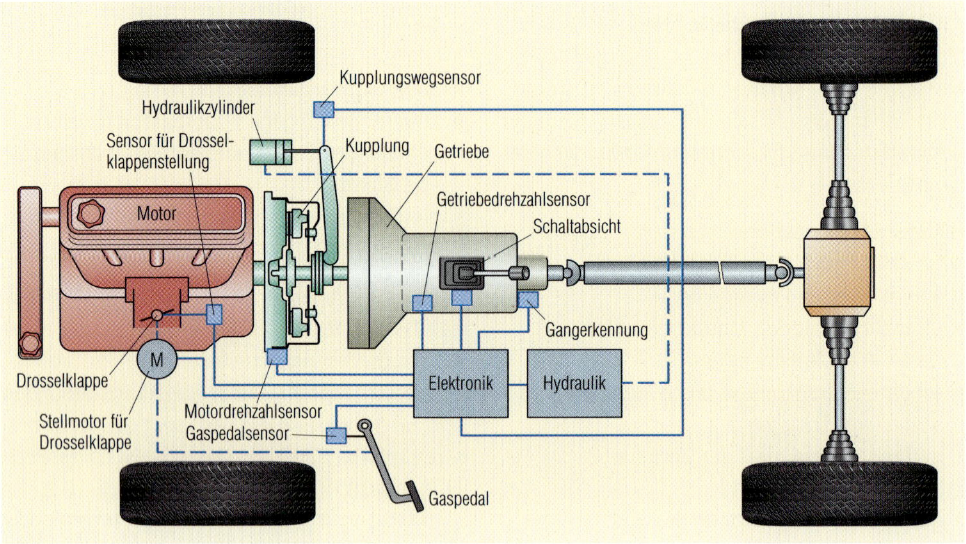

Bild 394.1 Aufbau eines elektronischen Kupplungssystems.

Je nach Ausführung können elektronische Kupplungssysteme verschiedene Funktionen übernehmen:

- Bei **ausgeschalteter Zündung** wird die Kupplung geschlossen. Schalten (z. B. in den Leerlauf) ist bei getretener Bremse aber trotzdem möglich.
- Im **Stand** wird bei laufendem Motor gerade so weit eingekuppelt, dass der entstehende Schlupf für einen Kriechzustand, ähnlich wie bei Automatikfahrzeugen, sorgt. Dies erleichtert das Anfahren vor allem am Berg.
- Beim **Anhalten** wird automatisch ausgekuppelt und in den Kriechzustand übergeleitet, wenn nicht gebremst wird.
- Zum **Anfahren** wird die Kupplung automatisch so geschlossen, dass das Anfahren sanft und ruckfrei möglich ist ohne den Motor abzuwürgen.
- Das **Schalten** leitet der Fahrer durch Betätigen des Schalthebels ein. Ein Sensor erkennt die Schaltabsicht und meldet dies der Steuerelektronik, die die Kupplung öffnet und nach dem Gangwechsel sanft wieder einkuppelt. Auch das automatische Betätigen der Drosselklappe ist möglich, sodass der Fahrer den Fuß beim Schalten nicht mehr vom Gaspedal nehmen muss.
- Eine **Momentennachführung** ermöglicht, dass sich das von der Kupplung übertragene Moment (Kupplungsmoment) an das derzeitige Motordrehmoment anpasst. Dadurch wird eine sehr schnelle Reaktion auf die Schaltabsicht und auf Lastwechsel ermöglicht. Bei Gaswegnahme (Motordrehmoment fällt) wird die Kupplung schon leicht geöffnet, sodass bei Betätigen des Schalthebels nur noch sehr wenig Zeit bis zum vollständigen Auskuppeln vergeht. Bei einem plötzlichen Gasstoß (steiler Motordrehmomentanstieg) kann das Ruckeln des Fahrzeugs durch eine kurze Schlupfphase der Kupplung verhindert werden.
- Im **Fahrbetrieb** kann ein geringer Kupplungsschlupf eingestellt werden. Dadurch werden die vorhandenen Motordrehschwingungen von der Kupplung „herausgefiltert" ohne das übertragene Motordrehmoment zu verringern. Der geringe Drehzahlunterschied (10 min^{-1} bis 100 min^{-1}) zwischen Motor und Getriebe führt nur zu einem sehr geringen Energieverlust und daher zu kaum nennenswertem Mehrverschleiß an der Kupplungsscheibe.
- Das **Blockieren der Antriebsräder**, wenn auf glatter Fahrbahn Gas weggenommen wird, kann durch Öffnen der Kupplung verhindert werden.

SAC: Self Adjusting Clutch

Selbsteinstellende Kupplung (SAC)

Die hohen Motordrehmomente heutiger Fahrzeuge brauchen Kupplungen mit höheren Übertragungsmomenten, was zwangsläufig auch zu einer größeren Pedalkraft führt. Um diese zu reduzieren, muss entweder das Ausrücksystem optimiert werden, oder aber man sorgt für eine automatische Verschleißnachstellung mithilfe einer selbsteinstellenden Kupplung.

Durch zunehmenden Verschleiß der Kupplungsbeläge steigt die Ausrückkraft an. Eine Verschleißnachstellung sorgt dafür, dass während der gesamten Lebensdauer der Kupplung die Pedalkraft auf gleicher Höhe gehalten wird.

Die Vorteile des Systems sind:
- niedrige Ausrück- und Pedalkräfte über die gesamte Lebensdauer der Kupplung,
- geringerer Ausrücklagerweg und Pedalweg und damit erhöhter Fahrkomfort,
- größere Verschleißreserve und damit höhere Lebensdauer der Kupplung,
- Wegfall von evtl. notwendigen Servo-Betätigungssystemen,
- gleich bleibend hohes Kupplungsmoment und damit die Möglichkeit den Kupplungsdurchmesser zu verkleinern.

Die SAC funktioniert über die Messung der Ausrückkraft. Der Anstieg der Ausrückkraft zeigt an, dass die Beläge dünner werden. Der Verschleiß muss durch eine geeignete Vorrichtung ausgeglichen werden.

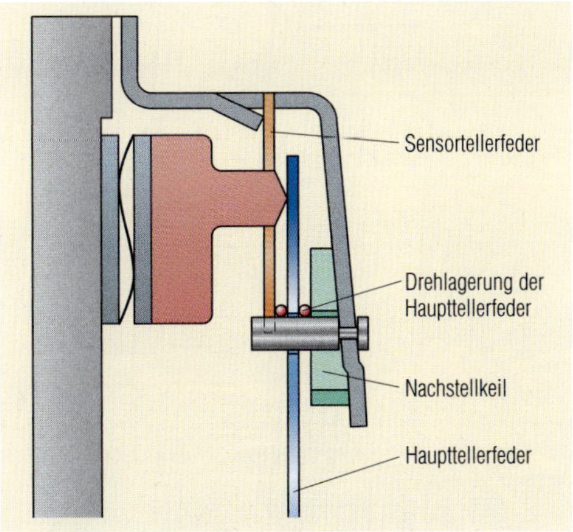

Bild 395.1 Prinzipdarstellung der selbsteinstellenden Kupplung (SAC).

Die Ausrückkraft wird durch eine Sensortellerfeder erfasst, die außen im Deckel der Kupplung eingehängt ist (Bild 395.1). Die Haupttellerfeder wird beim Auskuppeln betätigt und stützt sich dabei auf der Sensortellerfeder ab. Die Kennlinie der Sensortellerfeder ist so gewählt, dass sie bei einer Erhöhung der Ausrückkraft an der Haupttellerfeder nachgibt (Bild 395.2). Dabei verschiebt sich der Drehpunkt der Haupttellerfeder so weit, dass ein federbelasteter Nachstellkeil den entstehenden Spalt ausgleichen kann. Dies wiederholt sich bei jedem Auskuppeln.

Die Nachstellkeile sind wegen der auftretenden Fliehkräfte in Form eines Rampenrings in Umfangsrichtung angeordnet (Bild 396.1). Dieser ist über drei kleine Druckfedern vorgespannt.

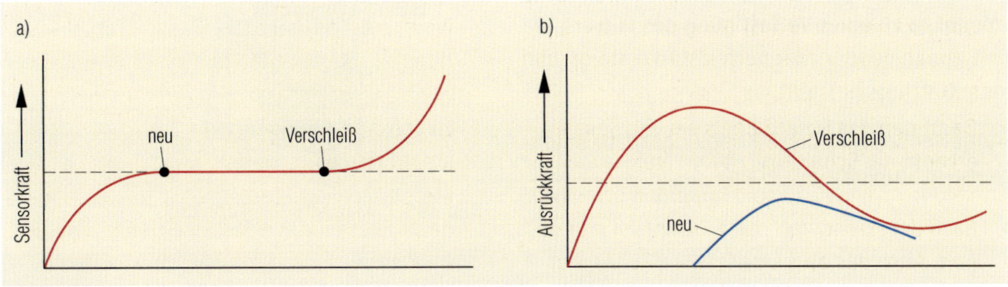

Bild 395.2 Vergleich der Kennlinien der Sensortellerfeder (a) und der Haupttellerfeder (b).

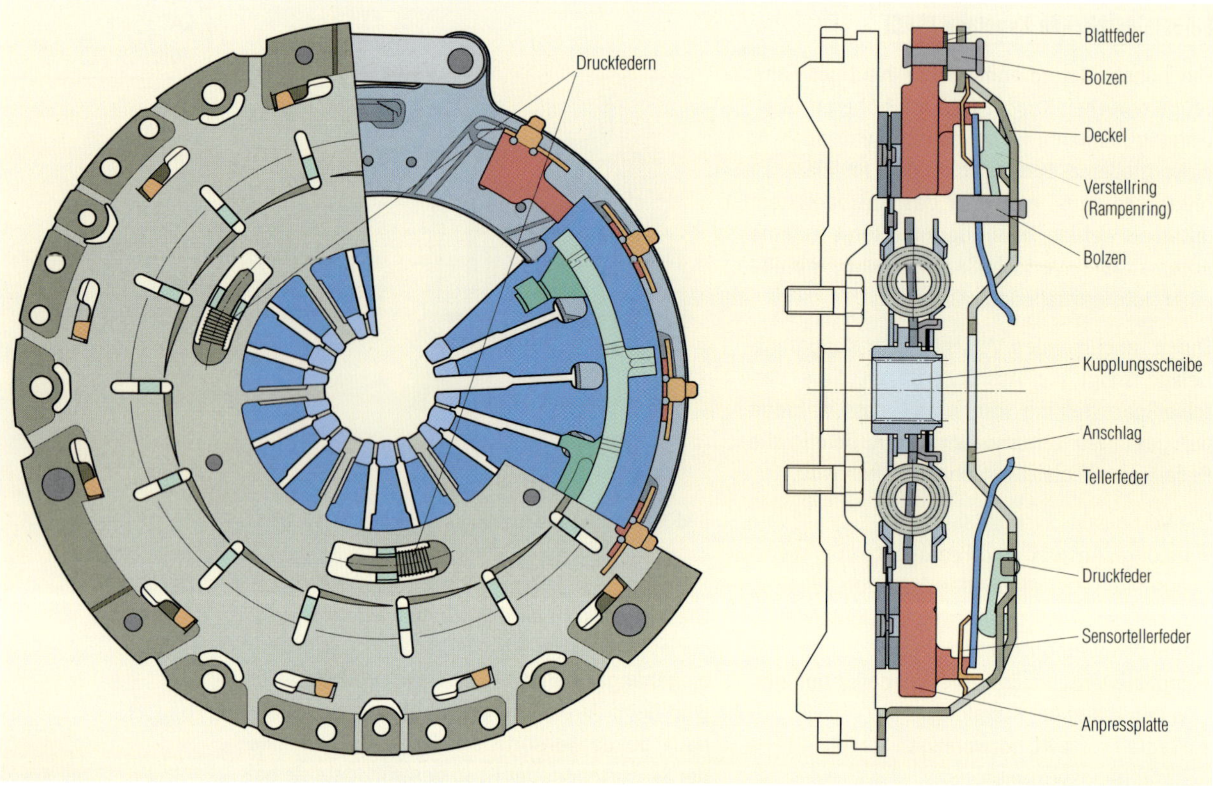

Bild 396.1 Selbsteinstellende Kupplung (SAC).

Magnetpulverkupplung

Diese Sonderbauform (Bild 396.2) nutzt zur Kraftübertragung ein magnetisierbares Pulver. Das sehr feine Pulver befindet sich in den Ringnuten der Kupplungsscheibe. Fließt in der Magnetspule Strom, baut sich in dieser ein Magnetfeld auf, das von der Stromstärke abhängt. Dieses wiederum magnetisiert das Pulver. Dadurch kommt es zu einer Verfestigung des Pulvers, die mit zunehmender Magnetfeldstärke steigt und den Kraftfluss herstellt.

Angewendet wird diese Kupplungsart beispielsweise in Stufenlosgetrieben.

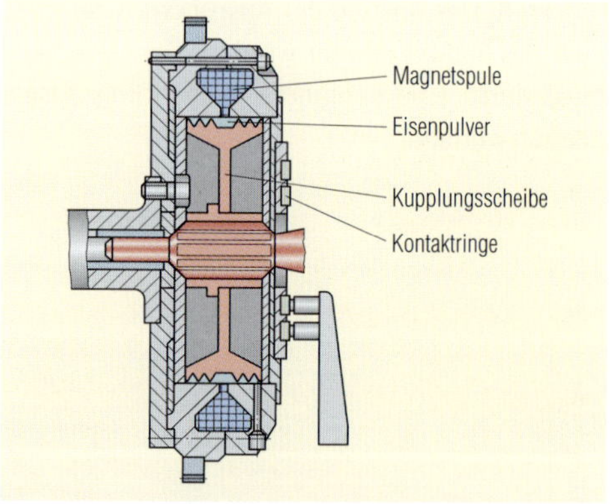

Bild 396.2 Magnetpulverkupplung.

9.1.8 Kupplungsstörungen – Werkstattpraxis

Störung	Mögliche Schadensursachen
Kupplung rutscht	• Belag verölt, verfettet, verkohlt oder gebrochen • Anpressplatte oder Schwungrad überhitzt oder mit Riefen versehen • Ausrücklager oder Kupplungsbetätigung schwer gängig • Membranfeder gebrochen • zu geringes Kupplungsspiel
Kupplung trennt nicht	• Nabenprofil der Kupplungsscheibe ist beschädigt oder verrostet • Seitenschlag der Kupplungsscheibe; zu dicke Beläge • Anpressplatte gebrochen • Membranfederzungen stark eingelaufen • Pilotlager fest • Ausrücklager fest • mechanische Kupplungsbetätigung mit zu viel Spiel (Verschleiß) • Luft in hydraulischer Kupplungsbetätigung • zu großes Kupplungsspiel
Kupplung macht Geräusche	• Schaltgeräusche durch Trennschwierigkeiten • Torsionsdämpfung defekt • Pilotlager defekt (nur im ausgekuppelten Zustand zu hören) • Ausrücklager defekt
Kupplung rupft	• Beläge verfettet • falsch abgestimmte Beläge eingebaut • Tangentialblattfedern verbogen; ruckende Kupplungsbetätigung • Kupplungsdeckel beim Einbau verzogen • Silentblöcke der Antriebsaggregate defekt

Tabelle 397.1 Ursachenfeststellung bei Kupplungsstörungen.

Silentblöcke: Gummifedern, die zur elastischen Lagerung oder Befestigung von Bauteilen dienen. Sie ermöglichen eine gute Schwingungsisolierung.

Kupplungsprüfung

In der Praxis können bestimmte Schäden an der Kupplung durch eine einfache Prüfung festgestellt werden.

Prüfung im Stand. Motor und Kupplung sollen betriebswarm sein. Feststellbremse anziehen, auskuppeln und großen Gang einlegen. Im ausgekuppelten Zustand Motordrehzahl leicht erhöhen. Schnell einkuppeln. Ist die Kupplung in Ordnung, so wird der Motor abgewürgt. Läuft der Motor aber weiter, so rutscht die Kupplung durch.

Prüfung während einer Probefahrt. Motor und Kupplung sollen betriebswarm sein. Im kleinen Gang (möglichst an einer leichten Steigung) fahren, auskuppeln, großen Gang einlegen, viel Gas geben und schnell einkuppeln. Die Kupplung muss sofort fassen, d. h. die Motordrehzahl muss abfallen. Dreht der Motor hoch, so rutscht die Kupplung. Ist dieses Rutschen nur sehr kurz, so ist die Kupplung noch verwendbar, hält das Rutschen aber an, muss die Kupplung überholt werden.

Prüfen auf einwandfreies Trennen der Kupplung. Diese Prüfung ist nur in Fahrzeugen mit nicht synchronisiertem Rückwärtsgang möglich. Motor und Kupplung sollen betriebswarm sein. Fahrzeug im Stand auskuppeln, Motordrehzahl leicht erhöhen und Rückwärtsgang einlegen. Es dürfen keine kratzenden Schaltgeräusche auftreten, sonst trennt die Kupplung nicht einwandfrei.

Montagehinweise

Vor den Montagearbeiten:
- beachten Sie die korrekte Teilezuordnung,
- prüfen Sie das Pilotlager auf Gängigkeit,
- prüfen Sie die motor- und getriebeseitigen Wellendichtringe,
- prüfen Sie das Schwungrad auf Riefen und Beulen,
- prüfen Sie die Kupplungsscheibe auf Seitenschlag,
- prüfen Sie die Getriebeeingangswelle auf Beschädigung,
- prüfen Sie die Führungshülse des Ausrücklagers auf Beschädigungen.

Bei der Montage:
- fetten Sie das Nabenprofil und die Ausrücklager-Führungshülse nur dünn mit Spezialfett ein und entfernen Sie überschüssiges Fett,
- beachten Sie die Einbaulage der Kupplungsscheibe,
- richten Sie die Kupplungsscheibe mit einem Zentrierdorn aus,
- beachten Sie die Zentrierung von Kupplungsdruckplatte und Schwungrad,
- ziehen Sie die Schrauben der Kupplungsdruckplatte in mehreren Schritten über Kreuz mit dem vorgeschriebenem Drehmoment an,
- verwenden Sie evtl. Schraubensicherungen,
- stellen Sie das Kupplungsspiel ein, wenn nötig,
- prüfen Sie die Kupplungsbetätigung auf Funktion und Verschleiß,
- entlüften Sie das Hydrauliksystem.

9.2 Manuelle Wechselgetriebe

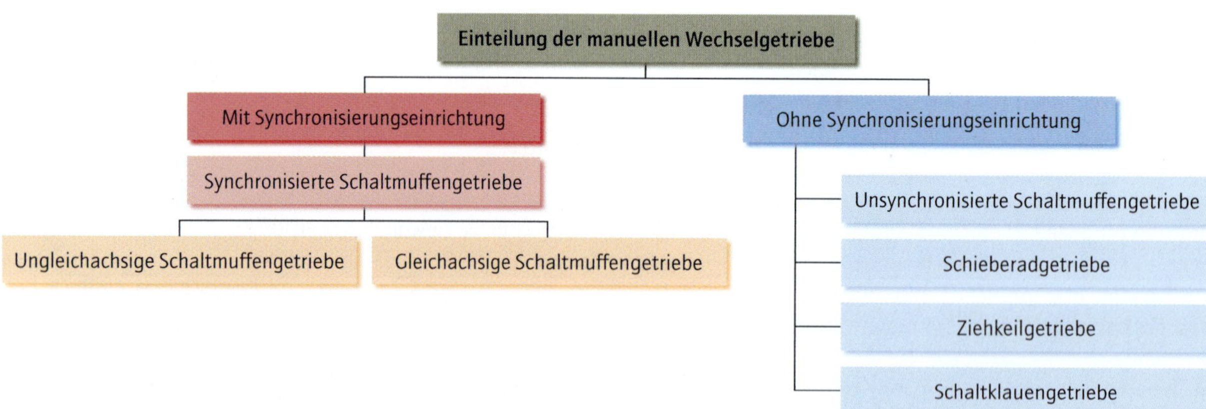

9.2.1 Aufgaben von Wechselgetrieben

Verbrennungsmotoren haben keinen konstanten Drehmoment- und Leistungsverlauf über den ihnen zur Verfügung stehenden Drehzahlbereich (Bild 399.1). Um diesen Nachteil auszugleichen, werden Wechselgetriebe in den Antriebsstrang zwischen Kupplung und Achsantrieb geschaltet. Dadurch wird erreicht, dass der Motor möglichst im elastischen Bereich betrieben wird.

Durch trennbare Zahnradpaarungen im Wechselgetriebe werden Übersetzungen geschaltet. Sie ermöglichen die
- Wandlung der Motordrehzahl,
- Wandlung des Motordrehmoments,
- Umkehrung der Drehrichtung (Rückwärtsgang),
- Kraftflussunterbrechung (Leerlauf) für den Fahrzeugstillstand.

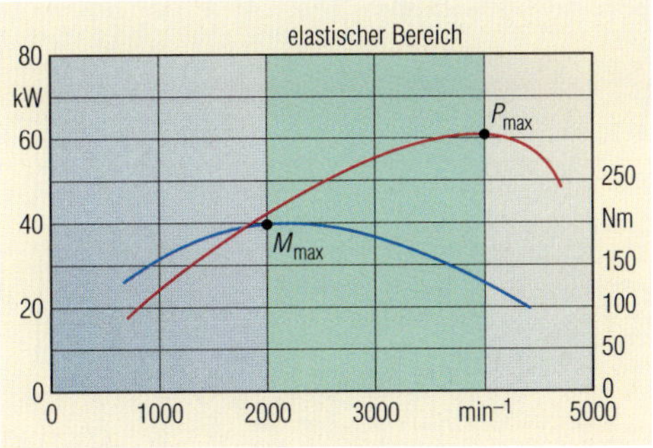

Bild 399.1 Drehmoment- und Leistungsverlauf eines Verbrennungsmotors.

Elastischer Bereich: Drehzahlbereich eines Verbrennungsmotors zwischen höchstem Drehmoment und höchster Leistung.

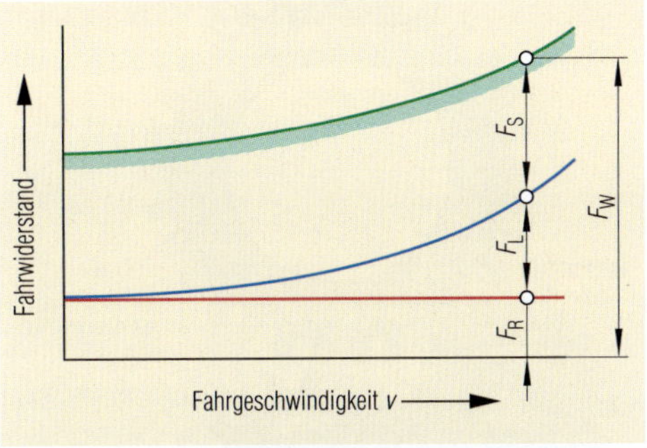

Bild 399.2 Fahrwiderstände in Abhängigkeit von der Fahrgeschwindigkeit.

Fahrwiderstände F_W:
Luftwiderstand F_L
Rollwiderstand F_R
Steigungswiderstand F_S

Drehzahlwandlung

Bei einer starren Verbindung zwischen Kupplung und angetriebenen Rädern wäre jeder Motordrehzahl eine bestimmte Fahrzeuggeschwindigkeit zugeordnet. So würde beispielsweise ein Fahrzeug mit Reifen 185/60 R14 bei einer Motordrehzahl von 5000 min^{-1} theoretisch mit einer Geschwindigkeit von 529,5 km/h fahren. Dem stehen jedoch die bei dieser Geschwindigkeit auftretenden sehr hohen Fahrwiderstände entgegen. Um eine Geschwindigkeit von 20 km/h fahren zu können, dürfte der Motor lediglich mit 189 min^{-1} drehen, was weit unterhalb der Grenze für den Rundlauf des Motors liegt.

Das bedeutet, dass die Motordrehzahl durch die Übersetzungen im Wechselgetriebe so weit angepasst werden muss, dass die gewünschte Fahrgeschwindigkeit ermöglicht wird.

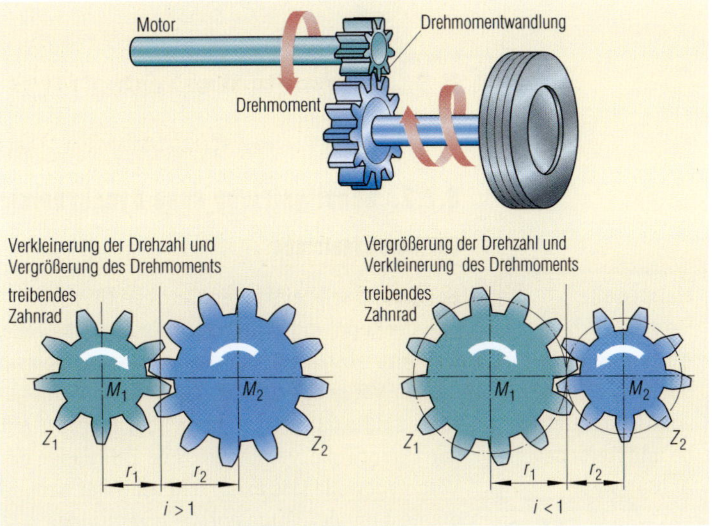

Bild 399.3 Drehmoment- und Drehzahlwandlung.

Drehmomentwandlung

Das im Verbrennungsmotor erzeugte Drehmoment dient der Überwindung der Fahrwiderstände. Vor allem der Luftwiderstand nimmt mit steigender Fahrgeschwindigkeit zu (Bild 399.2).

Durch die Drehzahlwandlung ergibt sich gleichzeitig eine Drehmomentwandlung im Wechselgetriebe (Bild 399.3).

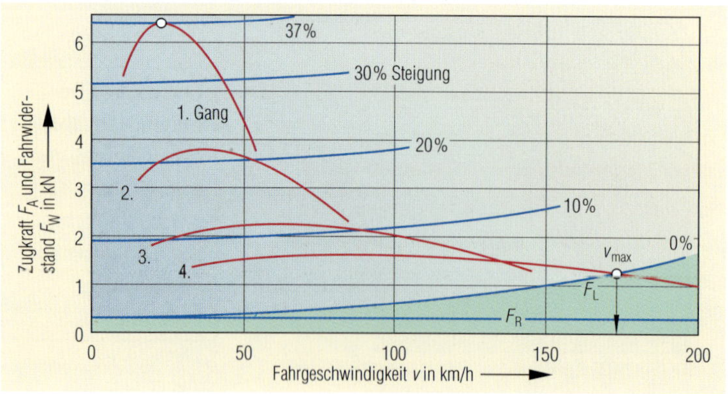

Bild 400.1 Fahrdiagramm.

Dadurch ändert sich die an den Antriebsrädern zur Verfügung stehende Zugkraft je nach gewähltem Übersetzungsverhältnis (Bild 400.1).

Bei dem gezeigten 4-Gang-Getriebe steht das höchste Drehmoment bei vier Fahrgeschwindigkeiten zur Verfügung, sodass eine gute Beschleunigung von 0 km/h bis zu v_{max} (hier ca. 175 km/h) ermöglicht wird. Bei einer weiteren Getriebestufung mit mehr Gängen lässt sich das Motordrehmoment noch besser an die jeweilige Fahrsituation anpassen, sodass der Betrieb des Motors überwiegend im elastischen Bereich möglich ist.

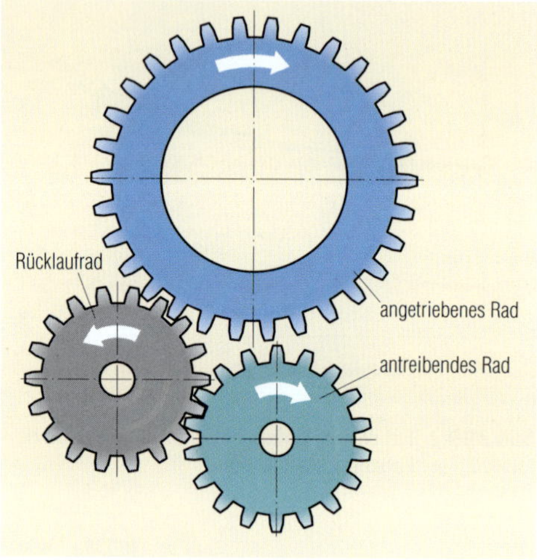

Bild 400.2 Drehrichtungsänderung im Rückwärtsgang.

Drehrichtungsänderung

Um ein Fahrzeug auch rückwärts bewegen zu können ist es nötig, die Drehrichtung der Antriebsräder zu ändern. Dies geschieht im Wechselgetriebe, indem ein Zwischen- oder Rücklaufrad zugeschaltet wird (Bild 400.2).

Das Rücklaufrad ändert lediglich die Drehrichtung, am Übersetzungsverhältnis zwischen antreibendem und angetriebenem Rad ändert es nichts.

9.2.2 Schaltgetriebe ohne Synchronisiereinrichtung

Schieberadgetriebe

Hauptwelle:
Sie wird auch Abtriebswelle genannt. Diese Welle verlässt das Getriebe und treibt den Achsantrieb.

Bei diesem sehr einfachen Getriebe (Bild 400.3) sitzt die Kupplungsscheibe auf der Antriebswelle. Das Antriebsrad ist ständig mit dem Gegenrad auf der Vorgelegewelle im Eingriff. Die Schieberäder sind axial verschiebbar aber drehfest mit der Hauptwelle verbunden. Die Zahnräder der Vorgelegewelle sind axial nicht verschiebbar und drehfest mit der Vorgelegewelle verbunden.

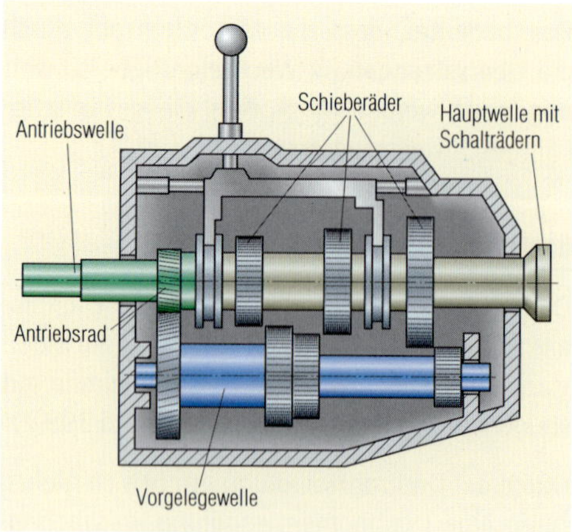

Bild 400.3 Schieberadgetriebe.

Ein Kraftfluss zur Hauptwelle wird durch Verschieben der Schieberäder auf der Hauptwelle erreicht. Dadurch kommen diese mit ihren Gegenrädern auf der Vorgelegewelle zum Eingriff. Es kann nur geschaltet werden, wenn das Schieberad und das Vorgelegerad gleiche Umfangsgeschwindigkeit haben.

Der „direkte Gang" wird durch Verbinden von Antriebs- und Hauptwelle geschaltet. In diesem Fall läuft die Vorgelegewelle leer mit.

Schaltmuffengetriebe

Schaltmuffengetriebe gleichen im Grundaufbau den Schieberadgetrieben. Allerdings sind alle Zahnräder im Eingriff und laufen ständig mit. Dazu ist es notwendig, dass die Gangräder auf der Hauptwelle lose gelagert sind (Losräder). Die Räder der Vorgelegewelle sind fest mit dieser verbunden (Festräder). Es werden schrägverzahnte Zahnräder benutzt.

Die formschlüssige Verbindung zwischen dem jeweiligen Gangrad und der Hauptwelle entsteht durch Verschieben der Schaltmuffe (Bild 401.1).

Der Schaltmuffenträger sitzt fest auf der Hauptwelle, die Schaltverzahnung ist fest mit dem Gangrad verbunden. Die Schaltmuffe verbindet den Schaltmuffenträger formschlüssig mit der Schaltverzahnung. Dadurch wird der Kraftfluss von der Vorgelegewelle über Gangräder, Schaltverzahnung, Schaltmuffe und Muffenträger zur Hauptwelle hergestellt.

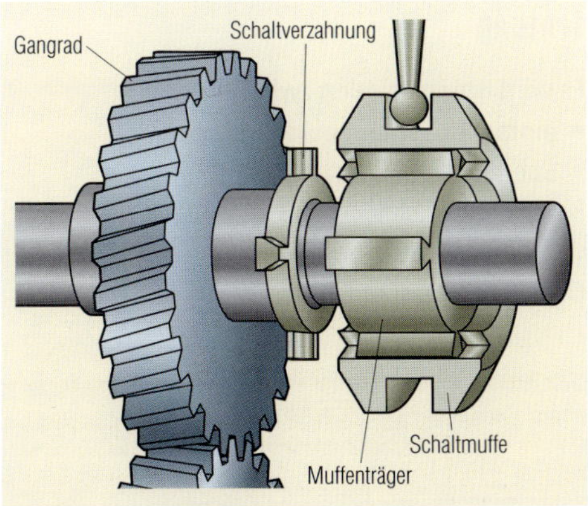

Bild 401.1 Schaltmuffe.

Ein Schalten ist nur möglich, wenn Schaltmuffe und Hauptwellenrad die gleiche Drehzahl haben. Dies wird beim Schaltvorgang durch Zwischengas (beim Zurückschalten) und Zwischenkuppeln (beim Hochschalten) erreicht.

Der Vorteil des Schaltmuffengetriebes ist die Verwendung der schrägverzahnten Zahnräder. Hier sind mehr Zähne als bei geradverzahnten Rädern im Eingriff. Dadurch sind diese Zahnräder höher belastbar bzw. sie können kleiner sein und laufen geräuschärmer.

Ziehkeilgetriebe

Ziehkeilgetriebe (Bild 401.2) werden wegen der kompakten Bauweise in Krafträder eingebaut. Die Gangräder der Antriebswelle sind fest, die der Abtriebswelle lose gelagert und alle ständig miteinander im Eingriff. Beim Schalten wird der Ziehkeil axial bis zur Mitte des zu schaltenden Gangrades verschoben. Dabei werden die in der Abtriebswelle befindlichen Kugeln nach außen in Nuten im Gangrad gedrückt. Dadurch kommt es zu einer formschlüssigen Verbindung zwischen Gangrad und Abtriebswelle. Der Kraftfluss von Antriebs- zu Abtriebsrad ist hergestellt.

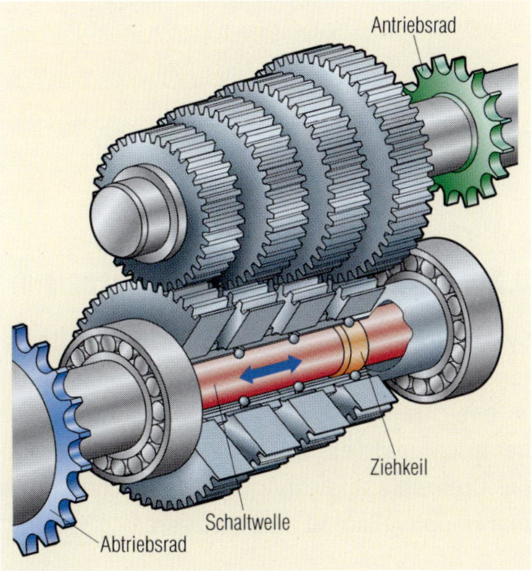

Bild 401.2 Ziehkeilgetriebe.

direkter Gang:
Das Übersetzungsverhältnis zwischen Antriebswelle und Hauptwelle ist 1:1.

Zwischengas:
Einkuppeln und Gasgeben im Leerlauf.

Zwischenkuppeln:
Einkuppeln und kurzes Warten ohne Gasgeben im Leerlauf.

Schaltklauengetriebe

Kulissen:
Nuten, die um die Schaltwalze herum verlaufen.

Ähnlich wie beim Ziehkeilgetriebe werden die Gänge nacheinander durchgeschaltet (sequenzielle Schaltung) und alle Gangräder von An- und Abtriebswelle sind ständig miteinander im Eingriff.

Ein Teil der Zahnräder sitzt drehfest und axial nicht verschiebbar auf einer der Wellen, denen auf der anderen Welle Zahnräder gegenüber sitzen, die ihrerseits drehbar und axial nicht verschiebbar sind.

Die Verbindung von drehbaren und drehfesten Zahnrädern wird über die Schalträder vorgenommen. Sie sind drehfest und axial verschiebbar auf den Wellen gelagert und mit Schaltklauen versehen, die in Aussparungen in den Gangrädern eingreifen und damit den Kraftfluss herstellen.

Die Schalträder werden häufig über Schaltgabeln verschoben, die in Kulissen einer Schaltwalze geführt sind (Bild 402.1).

Schaltklauengetriebe werden vorwiegend in Krafträdern eingebaut.

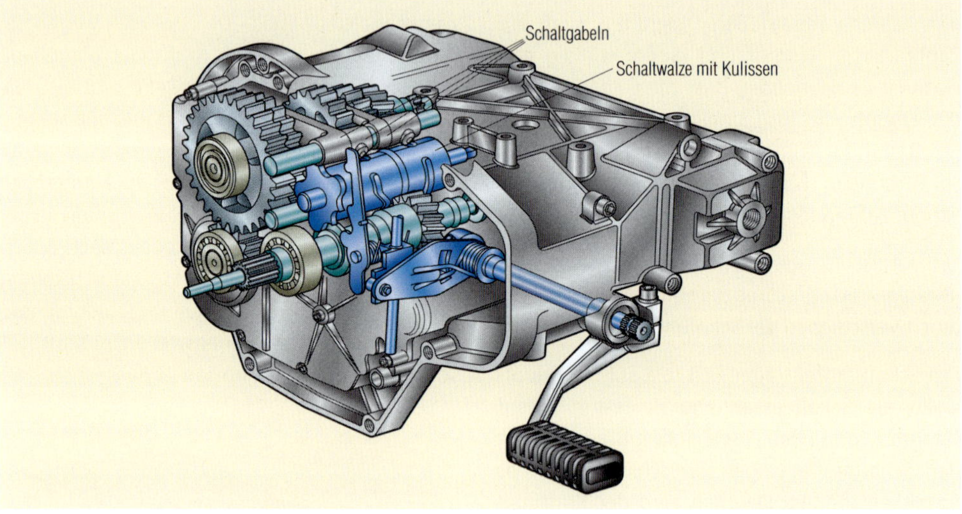

Bild 402.1 Fünfgang-Schaltklauengetriebe.

9.2.3 Schaltgetriebe mit Synchronisiereinrichtung

Synchronisierung:
Allgemein die Herstellung eines Gleichlaufs zwischen zwei Vorgängen, Maschinen, Geräten oder Geräteteilen.

Synchronisierte Getriebe werden als Schaltmuffengetriebe gebaut. Um dem Fahrer das Schalten zu erleichtern und den Gangwechsel möglichst geräusch- und verschleißarm zu gestalten, wird die Drehzahlangleichung zwischen Schaltmuffe und Hauptwellenrad automatisiert.

Es wird unterschieden zwischen
- einfacher Synchronisierung und
- Sperrsynchronisierung.

Bei der Sperrsynchronisierung wird der Schaltvorgang so lange gesperrt, bis ein vollständiger Gleichlauf erreicht ist.

Gleichachsige und ungleichachsige Getriebe

Gleichachsige Getriebe (Bild 403.1) werden auch als Dreiwellen-Getriebe bezeichnet (Antriebswelle, Haupt- oder Abtriebswelle und Vorgelegewelle). Antriebswelle und Hauptwelle liegen in einer Flucht, wobei die Hauptwelle in der Antriebswelle gelagert ist. Die Vorgelegewelle wird ständig durch das erste Zahnradpaar angetrieben. Die Gangräder sind permanent im Eingriff. Das Schalten der Gänge erfolgt durch Verschieben der Schaltmuffen, die sowohl auf der Haupt- als auch auf der Vorgelegewelle sitzen können.

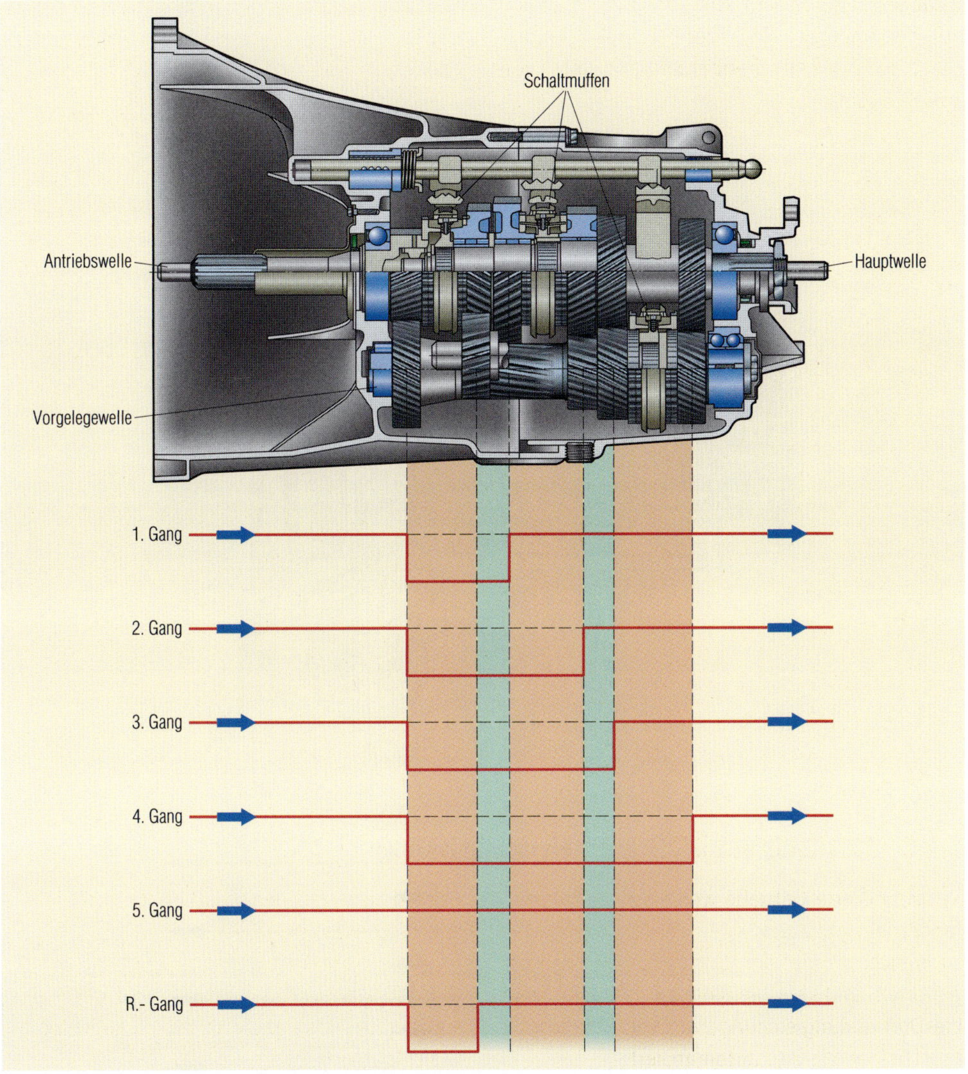

Bild 403.1 Gleichachsiges Getriebe mit Kraftfluss.

Quermotor:
Der Motor ist quer zur Fahrtrichtung angeordnet.

Ungleichachsige Getriebe (Bild 404.1) werden auch als Zweiwellen-Getriebe bezeichnet (Antriebswelle und Haupt- oder Abtriebswelle). Antriebswelle und Hauptwelle liegen nicht in einer Flucht. Auch hier sind die Gangräder ständig im Eingriff. Das Schalten der Gänge erfolgt durch Verschieben der Schaltmuffen, die auf der Haupt- oder auf der Antriebswelle sitzen können.

Ungleichachsige Getriebe werden bei Fahrzeugen mit Frontmotor und Frontantrieb oder Heckmotor und Heckantrieb eingebaut. Bei quer angeordnetem Motor ermöglicht dies die Verwendung von Stirnrädern im Achsgetriebe.

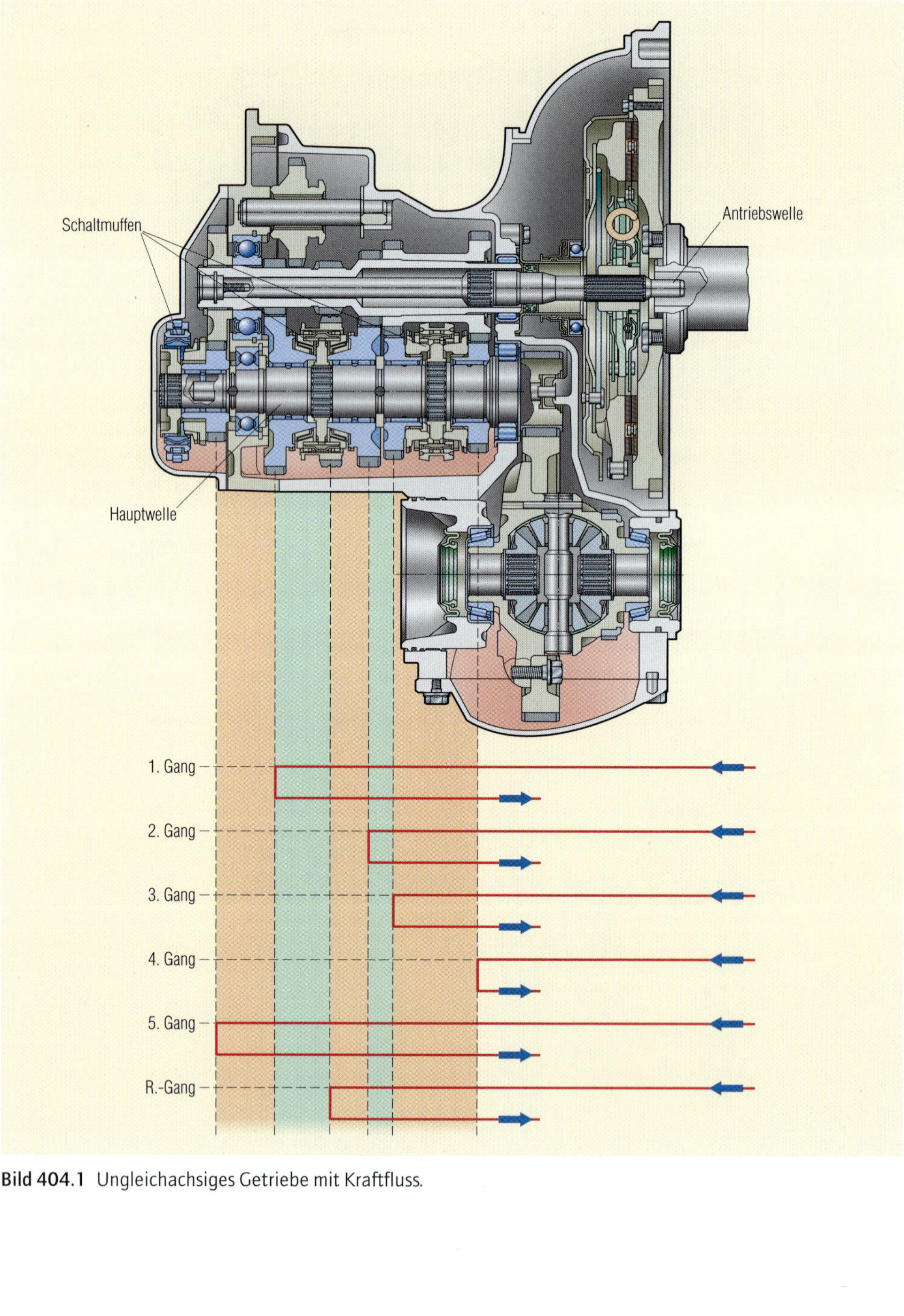

Bild 404.1 Ungleichachsiges Getriebe mit Kraftfluss.

Einfache Synchronisierung

Bei der einfachen Synchronisierung wird der Gleichlauf durch Gleitreibung zwischen Synchronkörper und Gangrad hergestellt (Bild 405.1). Im Gegensatz zur Sperrsynchronisierung ist es allerdings bei schnellem Schalten möglich, dass der Gleichlauf noch nicht vollständig erreicht ist.

Werden die Schaltmuffe und der Synchronkörper in Richtung eines Gangrades verschoben, berühren sich zuerst die Reibkegel von Synchronkörper und Gangrad. Die entstehende Reibung beschleunigt das Gangrad bis zum Gleichlauf, sodass anschließend die Schaltmuffe geräuschlos und ohne Widerstand über die Schaltverzahnung geschoben werden kann. Der Kraftfluss ist hergestellt.

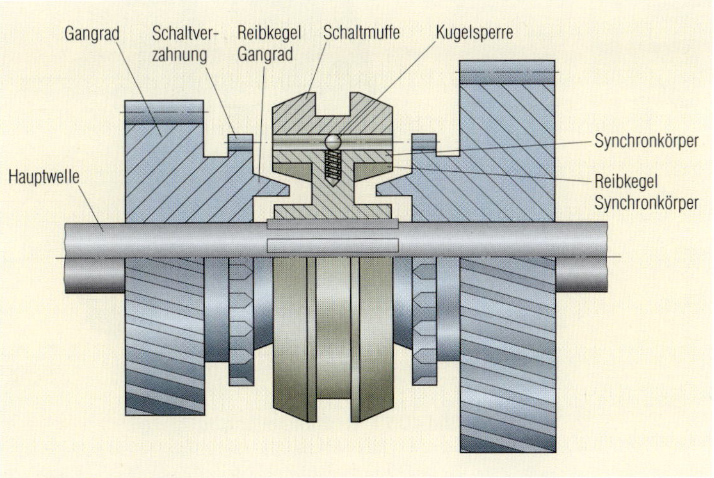

Bild 405.1 Einfache Synchronisierung.

Sperrsynchronisierung System Borg-Warner

Diese Synchronisiereinrichtung (Bild 405.2) besteht aus Schiebemuffe, Synchronkörper, Sperrstücken, Synchronringen, Druckfedern und Kugeln. Der Synchronkörper ist über eine Kerbverzahnung formschlüssig mit der Welle verbunden. Die Sperrstücke sitzen verschiebbar in Nuten im Synchronkörper und werden durch die Federn an die Schiebemuffe gedrückt. Die Kugeln sitzen in kleinen Vertiefungen in der Schiebemuffe und halten diese dadurch in der Mittelstellung.

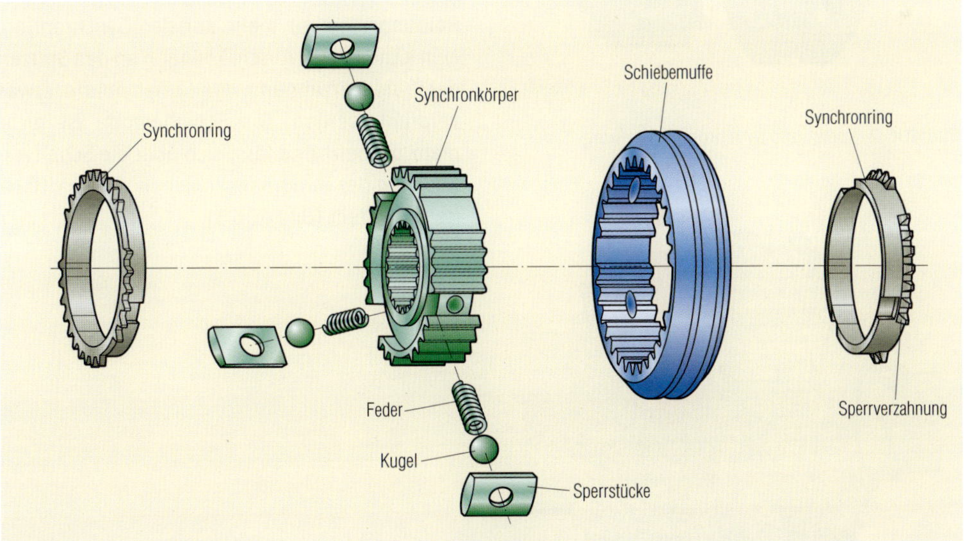

Bild 405.2 Bauteile der Sperrsynchronisierung System Borg-Warner.

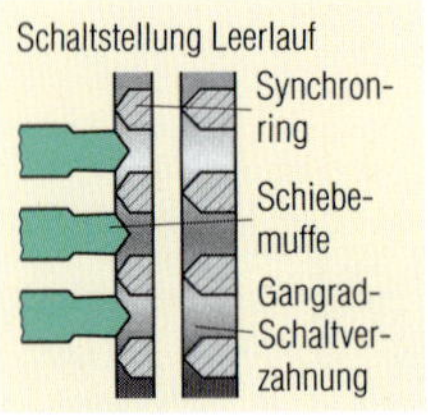

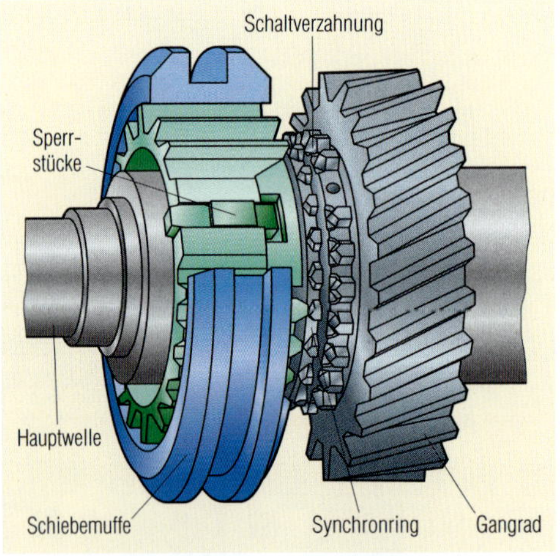

Bild 406.1 Neutralstellung.

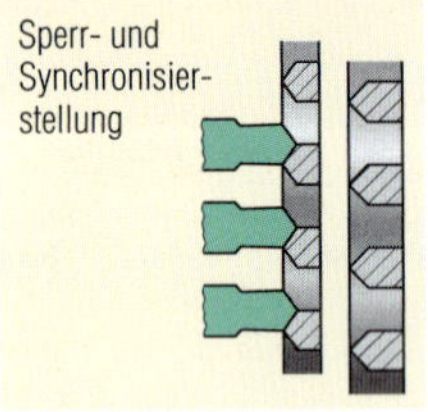

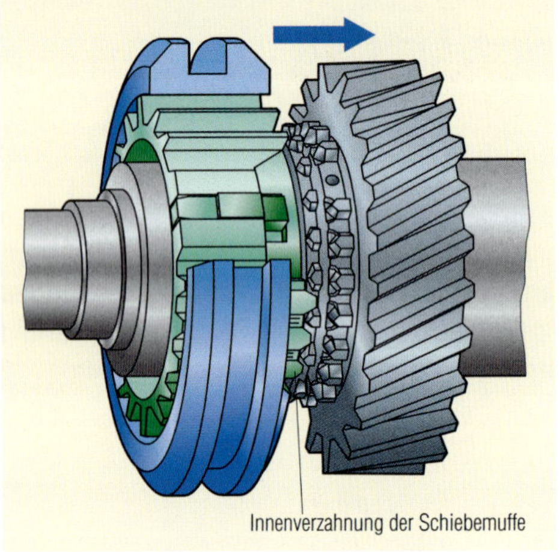

Bild 406.2 Sperr- und Synchronisierstellung.

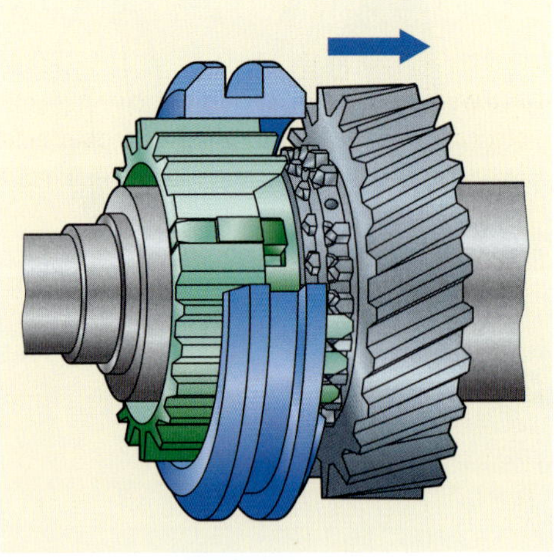

Bild 406.3 Schaltstellung.

Der Synchronring hat innen eine kegelige Reibfläche, außen eine Sperrverzahnung und Aussparungen, in denen die Sperrstücke sitzen. Das Gangrad besitzt auf der Seite zum Synchronkörper außen eine kegelige Reibfläche und dahinter eine Schaltverzahnung (Bild 406.1).

In Neutralstellung (Bild 406.1) sitzt die Schiebemuffe in Mittelstellung. Sie ist durch die federbelasteten Sperrstücke so weit arretiert, dass unbeabsichtigtes Schalten vermieden wird.

Wird die Schiebemuffe in Richtung des Gangrades verschoben (Bild 406.2), werden die Sperrstücke durch die Kugeln mitgenommen. Sie drücken den Synchronring gegen die Reibfläche des Gangrades. Solange sich Schiebemuffe und Gangrad nicht gleich schnell drehen, entsteht ein Reibungsmoment, welches den Synchronring so weit verdreht, bis die Sperrstücke seitlich an den Aussparungen des Synchronrings anliegen. In dieser Stellung liegen die Zähne der Sperrverzahnung des Synchronringes so vor der Schaltverzahnung des Gangrades, dass die Schiebemuffe nicht in die Schaltverzahnung verschoben werden kann. Der Schaltvorgang ist gesperrt.

Nachdem der Gleichlauf hergestellt ist, wirkt kein Reibungsmoment mehr auf den Synchronring. Nun kann er von Anschrägungen an den Spitzen der Innenverzahnung der Schiebemuffe etwas verdreht werden. Die Schiebemuffe ist nicht mehr gesperrt und lässt sich über die Schaltverzahnung des Gangrades schieben. Der Kraftfluss ist hergestellt (Bild 406.3).

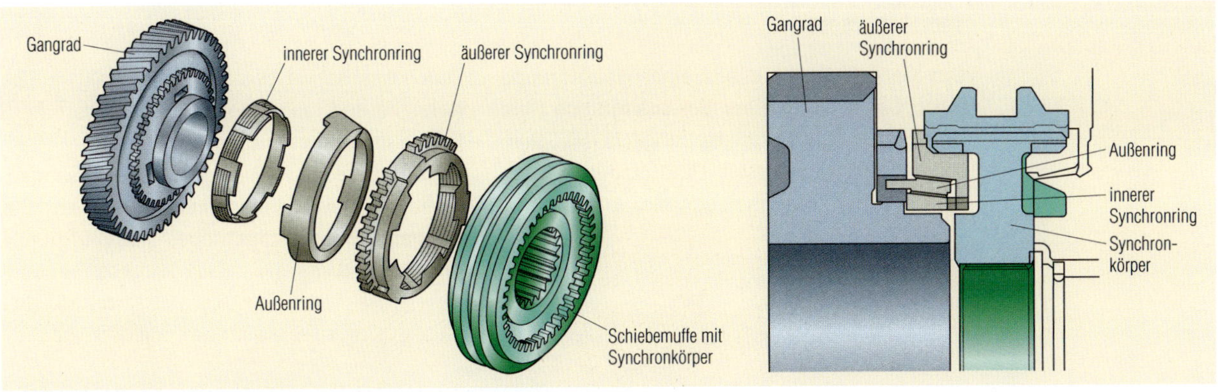

Bild 407.1 Doppel-Konus-Sperrsynchronisierung.

Mehrkonus-Synchronisiereinrichtungen

Über eine Erhöhung der Reibflächen (ähnlich wie bei der Mehrscheibenkupplung) kann das bei der Synchronisierung entstehende Reibungsmoment erhöht werden. Dies führt zu einem leichteren und schnelleren Schaltvorgang. Außerdem ist der Verschleiß an den einzelnen Reibflächen geringer.

In ihrer Grundfunktion entsprechen die Doppel- und die Drei-Konus-Sperrsynchronisierung (Bilder 407.1 und 407.2) der Sperrsynchronisierung System Borg-Warner. Durch den Einbau von Zwischenringen und zusätzlichen Synchronringen wurde die Zahl der Reibflächenpaarungen auf zwei bzw. drei erhöht.

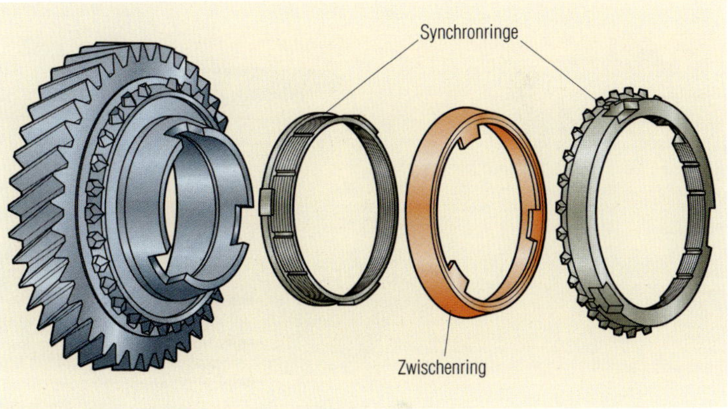

Bild 407.2 Drei-Konus-Sperrsynchronisierung.

9.2.4 Gruppengetriebe

Die im Nutzkraftfahrzeugbau verwendeten Getriebe müssen auf viele unterschiedliche Einsatzgebiete abgestimmt sein. Dies erfordert Getriebesysteme mit bis zu 16 Gängen um den großen Übersetzungsbereich mit optimaler Gangabstufung zu ermöglichen.

Dazu werden normale Wechselgetriebe mit einer Vorschaltgruppe (Splittgruppe) und/oder einer Nachschaltgruppe (Bereichsgruppe) kombiniert.

Vorschaltgruppe

Das Getriebe besteht aus einer Hauptgruppe mit 6 Gängen und einer Vorschaltgruppe (Bild 408.1). Diese Splittgruppe ermöglicht das Schalten einer weiteren festen Übersetzung von der Antriebswelle zur Vorgelegewelle.

Durch wechselweises Schalten der Splittgruppe (schnelle und langsame Gruppe) werden die 6 Gänge der Hauptgruppe verdoppelt. Der Übersetzungsbereich wird in 12 feinere Gangabstufungen aufgegliedert, indem zwischen zwei Gängen des Wechselgetriebes die Splittgruppe betätigt wird.

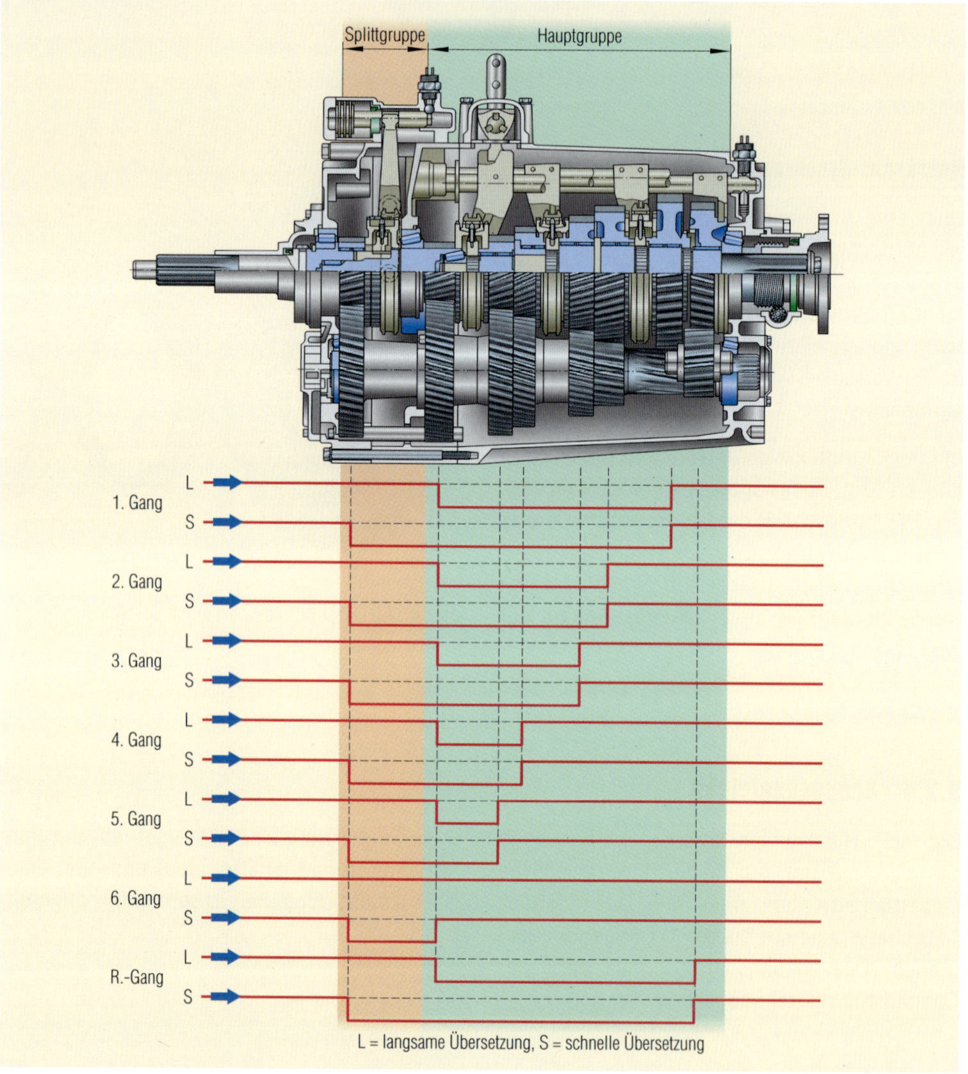

Bild 408.1 Gruppengetriebe mit Vorschaltgruppe.

Nachschaltgruppe

Durch eine Bereichsgruppe wird der Übersetzungsbereich eines herkömmlichen Wechselgetriebes erweitert (Bild 409.1).

Zu dem Viergangteil in Dreiwellenbauweise, welches zusätzlich einen Kriechgang (Crawler) besitzt, wird ein Planetensatz als Bereichsgruppe nachgeschaltet. Durch das Umschalten der Bereichsgruppe wird die Gangzahl verdoppelt. Die „langsame Gruppe" ergibt die Gänge 1 bis 4, die Schaltstellung „schnelle Gruppe" die Gänge 5 bis 8. Mit dem Crawler stehen hier also 9 Gänge zur Verfügung.

Crawler (engl.): Kriechgang

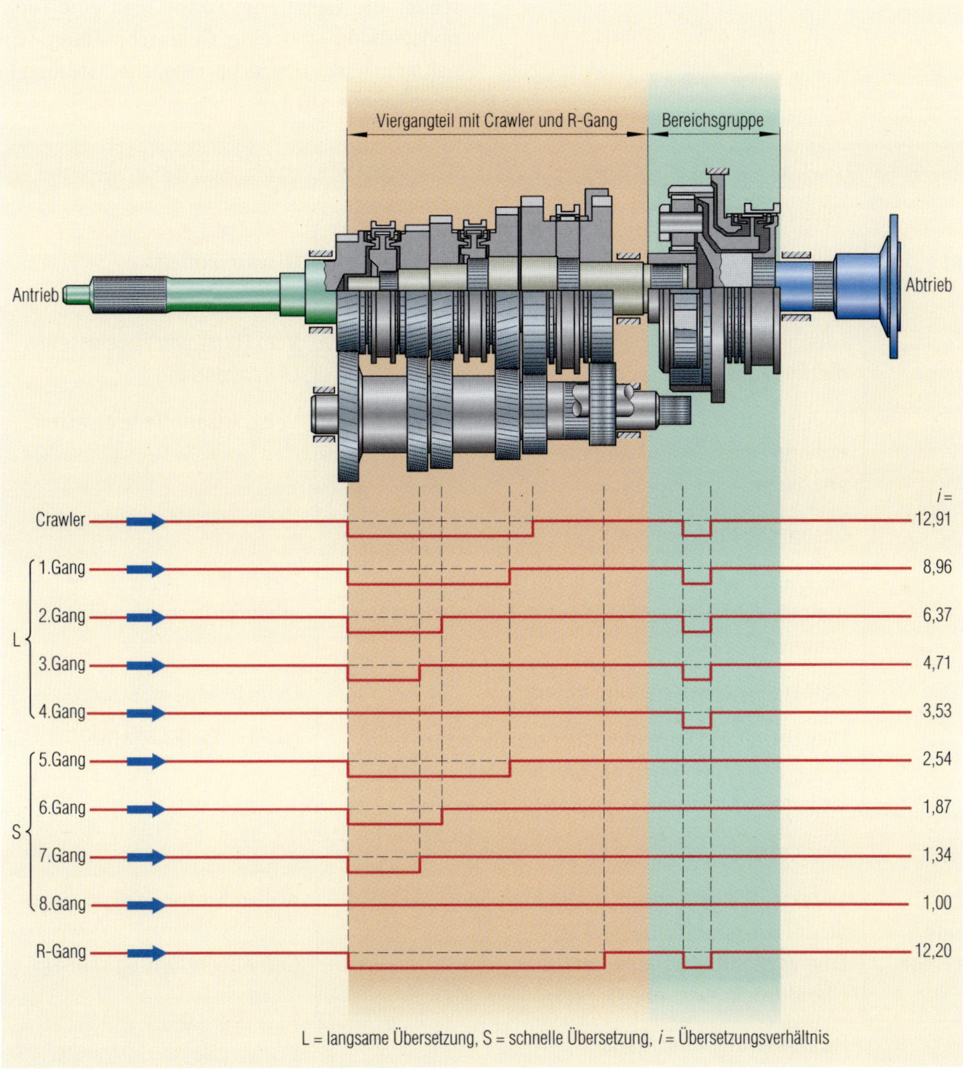

Bild 409.1 Kraftfluss eines Bereichsgruppengetriebes.

Kombination von Vor- und Nachschaltgruppe

Um eine möglichst feine Abstufung der Gänge und einen erweiterten Übersetzungsbereich zu erreichen, werden vor allem im Lastenfernverkehr ein Viergangteil mit Bereichsgruppengetriebe und einer Splittgruppe kombiniert. Auf diese Weise erhält man ein Getriebe mit 2 x 4 x 2 = 16 Übersetzungsstufen.

9.2.5 Werkstattpraxis

Wartungsarbeiten beschränken sich vor allem auf

- Ölstandskontrolle und gegebenenfalls Ölwechsel,
- Schmierung von Schaltungsteilen und Prüfung auf Verschleiß und Leichtgängigkeit.

Neben einer Sichtprüfung auf Undichtheit und schadhafte Gehäuseteile kann man eine Funktionsprüfung und eine Geräuschprüfung vornehmen. Eine Übersicht möglicher Störungen zeigt Tabelle 410.1.

Fehler	Fehlerursache	Fehlerbeseitigung
	Schwerschaltbarkeit	
Gänge zu Beginn der Fahrt schwer einzulegen.	Kaltes Öl. Es ist normal, dass dann, besonders bei Rückschaltungen, die Gänge schwer einzulegen sind.	Öl warmfahren.
Gänge sind auch bei warmem Getriebe schwer einzulegen.	Falsches, d. h. vom Hersteller nicht zugelassenes, dickflüssiges Öl.	Vom Hersteller zugelassenes Öl verwenden.
Gänge sind immer schwer einzulegen.	Durch glatte, verschlissene Reibkonen an Gangrad und Synchronring wird die Synchronisierung erschwert.	Verschlissene Teile ersetzen.
	Geräusche im Getriebe	
Leerlaufklappern oder Leerlaufrasseln	Bei Dieselmotoren kann es durch die Drehschwingungen des Motors im Leerlauf zu Getriebeklappern kommen.	Das ist harmlos, wenn es bei erhöhter Drehzahl aufhört.
Geräusch beim Schalten	Defekte Synchronisiereinrichtung	Defekte Teile ersetzen.
Heulgeräusche	Dies deutet auf Verschleiß an Getriebelagern oder defekte Verzahnungen hin und hört auf, wenn bei laufendem Motor die Kupplung getreten wird.	Defekte Teile ersetzen.
	Undichtheit	
Ölverlust an der An- oder Abtriebswelle, was evtl. eine rutschende Kupplung zur Folge hat.	Defekter Wellendichtring (schadhaft oder verhärtet) an der An- oder Abtriebswelle. Eine verstopfte Getriebeentlüftung verursacht einen Überdruck im Getriebe.	Wellendichtringe ersetzen. Getriebeentlüftung säubern.
	Herausspringender Gang	
Gang springt heraus.	Verbogene Schaltgabel, abgenutzte Schaltverzahnung, defekte Schaltarretierung	Defekte Teile ersetzen.

Tabelle 410.1 Störungen an Schaltgetrieben.

9.3 Automatische Wechselgetriebe

Der Einsatz von automatischen Getrieben wird häufig mit dem Wunsch nach mehr Komfort beim Schalten der Gänge begründet. Moderne Automatikgetriebe haben allerdings weitere Eigenschaften, die z. T. erst durch den Einsatz der Elektronik ermöglicht werden:

- sehr kurze Schaltzeiten,
- optimale Schaltpunktlage und Schaltqualität,
- Veränderung der Schaltpunkte in Abhängigkeit von gewähltem Fahrprogramm, Fahrbedingungen oder Fahrertyp,
- Drehschwingungen des Motors werden bei Einsatz eines Drehmomentwandlers gedämpft.

Dagegen stehen folgende Nachteile:

- höherer Kraftstoffverbrauch,
- erheblich höheres Gewicht,
- höherer Preis gegenüber dem manuellen Schaltgetriebe.

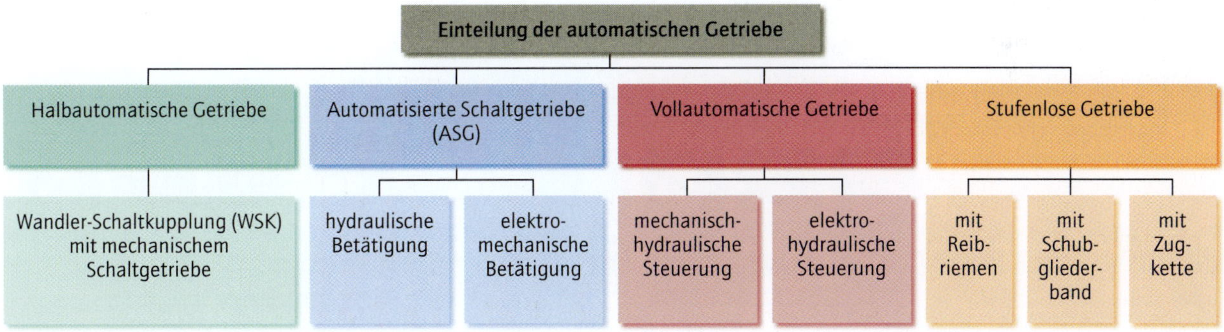

9.3.1 Halbautomatische Getriebe und automatisierte Schaltgetriebe

Halbautomatische Getriebe. Hierunter versteht man eine Kombination aus einer Wandler-Schaltkupplung (WSK) und einem mechanischen Schaltgetriebe. Besonders in Fahrzeugen, die häufig anfahren müssen, erleichtern sie die Bedienung erheblich, denn das Anfahren erfolgt automatisch. Der Schaltvorgang hingegen erfolgt weiterhin manuell durch den Fahrer.

Die Wandler-Schaltkupplung besteht aus einem hydrodynamischen Drehmomentwandler, einer Wandler-Überbrückungskupplung und einer konventionellen Schaltkupplung. Der Wandler steigert das Motordrehmoment beim Anfahren bis zum 3,5-fachen und ermöglicht ein ruckfreies Anfahren. Die Überbrückungskupplung überbrückt den Wandler bei bestimmten Fahrzuständen, um den Kraftstoffverbrauch zu verringern.

Die Schaltkupplung wird nur zum Schalten der Gänge benötigt, beim Anfahren und Anhalten bleibt sie geschlossen.

Automatisierte Schaltgetriebe (ASG). Diese Getriebe werden vor allem im Nutzkraftwagenbereich zur leichteren Bedienung und zur Erhöhung des Fahrkomforts eingesetzt. Wegen des geringeren Verbrauchs, der niedrigeren Kosten und des geringeren Gewichts werden diese Getriebe zunehmend auch im Pkw-Bereich eingesetzt. Je nach Ausführung erfolgt nur der Schaltvorgang oder zusätzlich auch der Kupplungsvorgang automatisch. Die Betätigung wird durch ein Steuergerät vorgenommen, welches Aktoren (Elektromotoren oder Hydraulikeinheiten an Getriebe und Kupplung) auslöst (Bild 412.1).

hydrodynamischer Drehmomentwandler → S. 414

Wandler-Überbrückungskupplung → S. 415

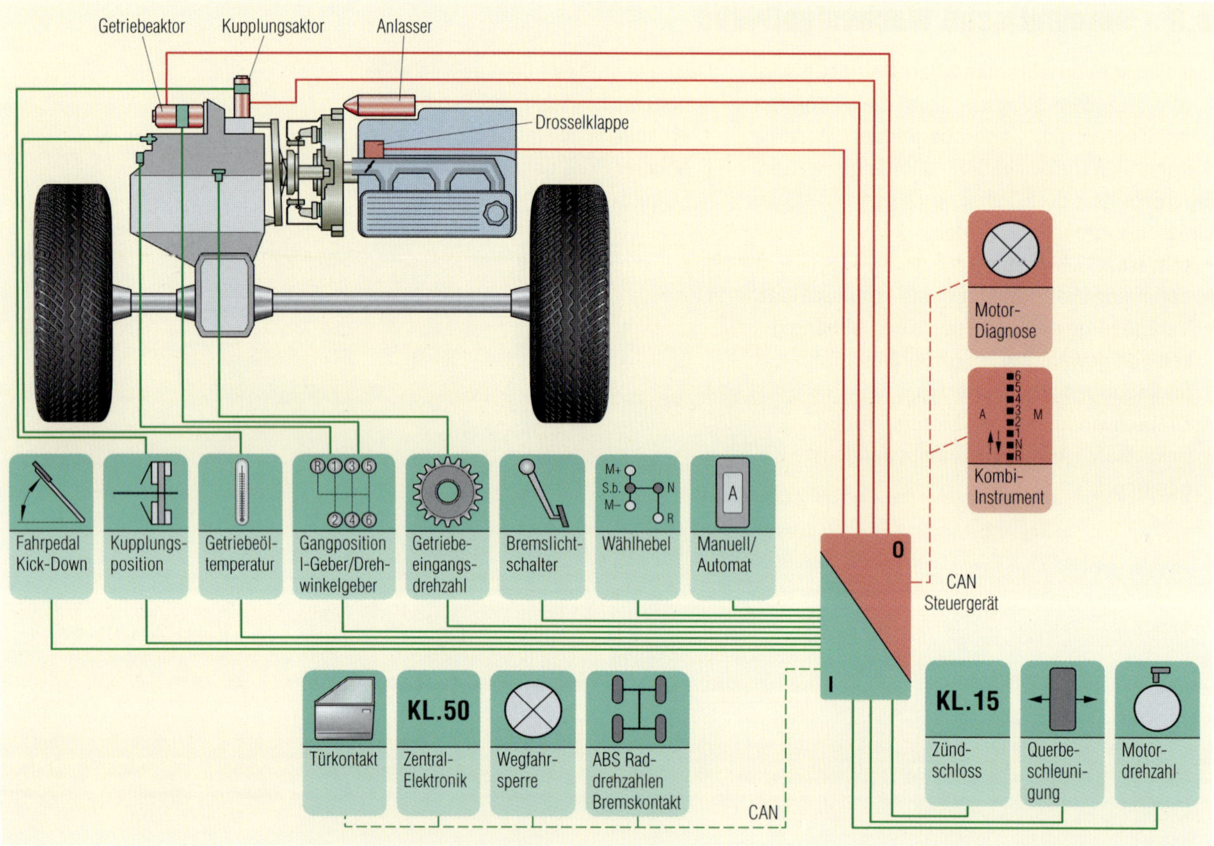

Bild 412.1 Systemaufbau des automatisierten Schaltgetriebes.

Der Fahrer signalisiert über einen Wählhebel den Schaltwunsch und löst damit den Schalt- und Kupplungsvorgang aus. Weiterhin sind folgende Funktionen möglich:

- Anzeige des eingelegten Gangs in der Instrumententafel,
- automatisches Rückschalten beim Unterschreiten einer bestimmten Geschwindigkeit, sodass beim nächsten Anfahrvorgang der richtige Gang eingelegt ist,
- ein Überdrehen des Motors oder eine zu niedrige Motordrehzahl werden verhindert,
- ein automatisierter Betrieb ist möglich, bei dem der Fahrer das Schalten vollständig dem Steuergerät überlässt.

9.3.2 Aufbau der vollautomatischen Getriebe

Vollautomatische Getriebe bestehen aus folgenden Baugruppen (Bild 413.1):

- hydrodynamischer Drehmomentwandler, häufig mit Überbrückungskupplung,
- Planetengetriebe,
- mechanisch-hydraulische oder elektronisch-hydraulische Getriebesteuerung.

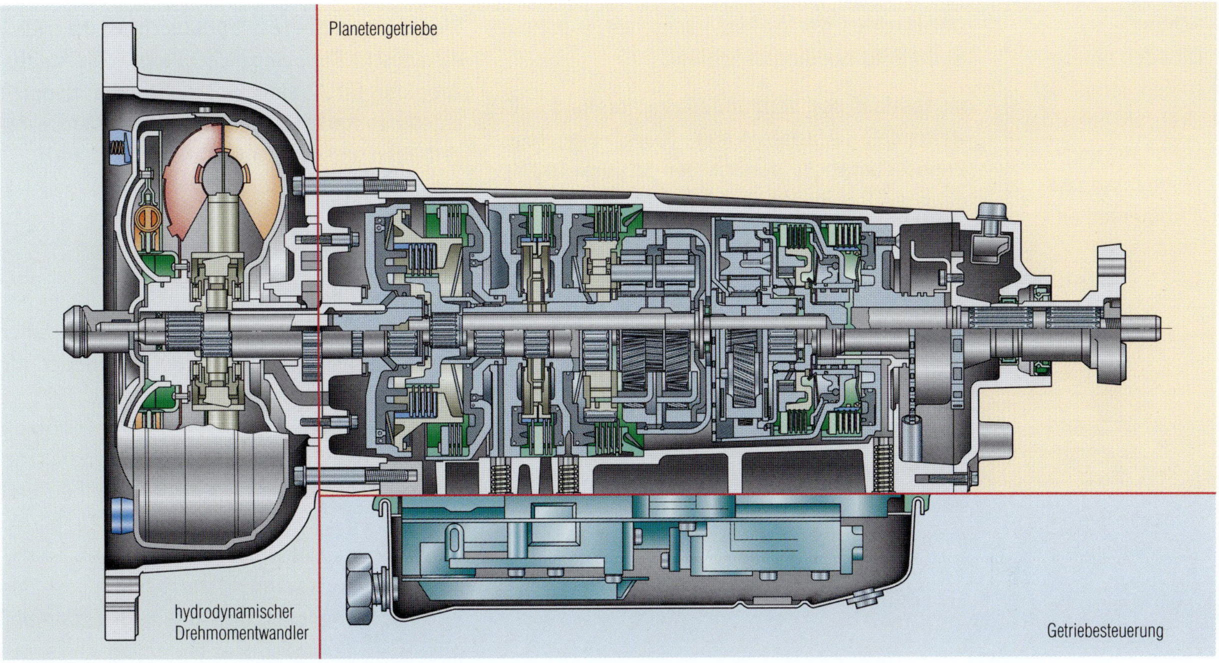

Bild 413.1 Baugruppen von vollautomatischen Getrieben.

9.3.3 Hydrodynamische Kupplung und hydrodynamischer Drehmomentwandler

Hydrodynamische Kupplung

Die hydrodynamische Kupplung funktioniert nach dem Prinzip der Energieübertragung mithilfe von Flüssigkeiten (Bild 413.2).

Die Pumpe (Pumpenrad) und die Turbine (Turbinenrad) werden dazu in einem gemeinsamen Gehäuse untergebracht (Bild 413.3). Das Gehäuse ist mit Öl als Übertragungsmedium gefüllt.

Das Pumpenrad ist mit dem Antrieb verbunden und dreht sich folglich immer mit Motordrehzahl.

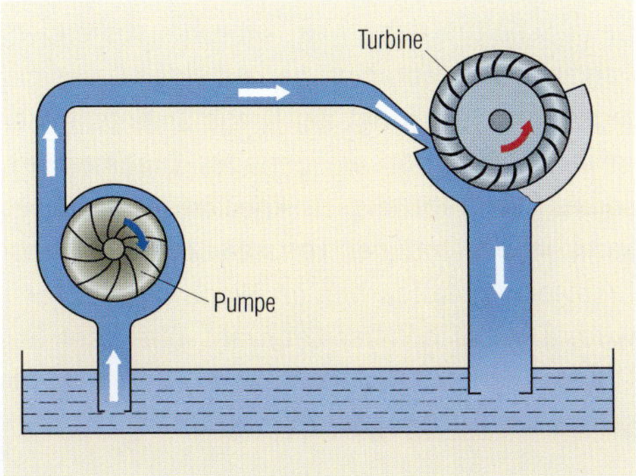

Bild 413.2 Prinzip der Energieübertragung durch Flüssigkeit.

Dabei wird das Öl durch die Fliehkraft nach außen geschleudert. An der Außenseite des Pumpenrades trifft das Öl mit hoher Strömungsenergie auf das Turbinenrad. Ein großer Teil der Energie wird an das Turbinenrad abgegeben und setzt es in Bewegung. Das Turbinenrad ist mit dem Abtrieb verbunden, sodass das Fahrzeug anfährt und beschleunigt.

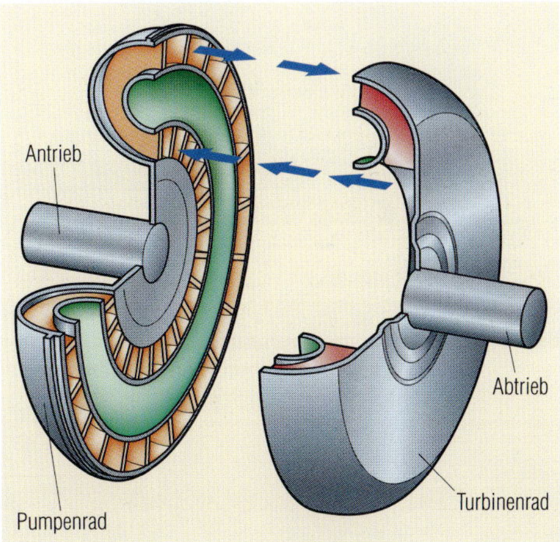

Bild 413.3 Hydrodynamische Kupplung.

Schlupf:
Gibt den prozentualen Verlust der Drehzahl beim Übergang vom Pumpenrad zum Turbinenrad an.

$$s = \left(1 - \frac{n_T}{n_P}\right) \cdot 100\,\%$$

Der Nachteil der hydrodynamischen Kupplung ist ihr prinzipbedingter Schlupf.

Im Leerlauf des Verbrennungsmotors und stillstehendem Abtriebsstrang (Gang eingelegt, Bremse betätigt) beträgt der Schlupf 100 %, denn die Turbine dreht sich nicht. Der Kraftfluss ist unterbrochen.

Ein schlupffreier Lauf ist nicht möglich, da das Öl nur so lange vom Pumpenrad zum Turbinenrad strömen kann, wie ein Drehzahlunterschied zwischen den beiden Rädern besteht. Drehen Pumpe und Turbine gleich schnell, so ist die Fliehkraftwirkung auf das Öl an beiden Rädern gleich, sodass das Öl nicht mehr in Rotation versetzt wird. Durch geeignete Formgebung der beiden Schaufelräder wird der Schlupf auf etwa 2 % begrenzt. Der Energieverlust führt zu einer Erwärmung des Öls.

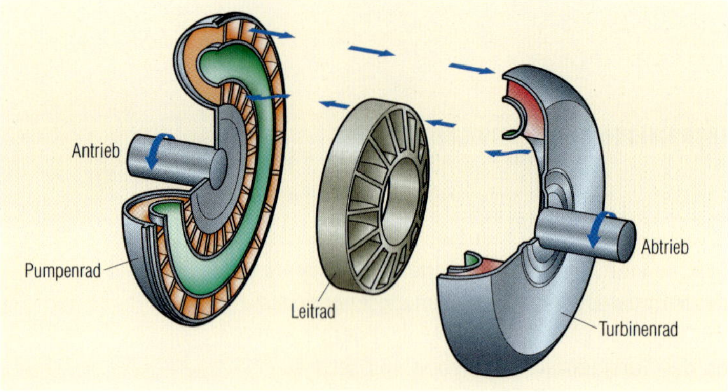

Bild 414.1 Aufbau des hydrodynamischen Drehmomentwandlers.

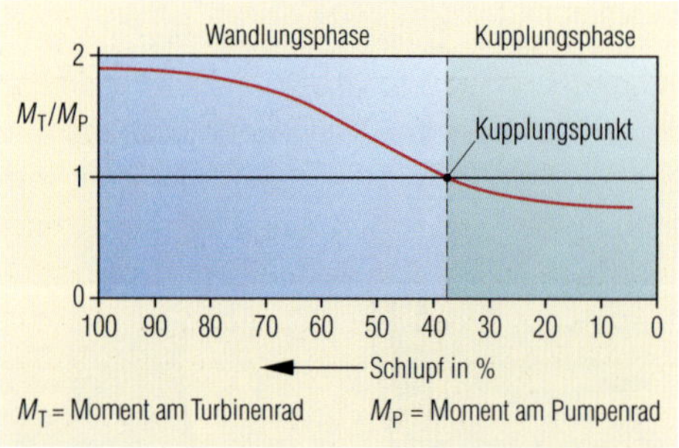

Bild 414.2 Drehmomentverlauf des hydrodynamischen Drehmomentwandlers in Abhängigkeit vom Schlupf.

Kriechen:
Das Fahrzeug fährt bei gelöster Bremse langsam an, ohne dass der Fahrer Gas gibt.

Wegen des großen Schlupfbereichs ist die hydrodynamische Kupplung nicht geeignet als Anfahrkupplung für Automatikgetriebe, denn dadurch entstehen starke Leistungseinbußen, träges Fahrverhalten und ein hoher Kraftstoffverbrauch.

Hydrodynamischer Drehmomentwandler

Der hydrodynamische Drehmomentwandler hat einen erheblich kleineren Schlupfbereich. Daher wird er zusammen mit Automatikgetrieben als Anfahrkupplung eingesetzt.

Aufbau und Funktion. Der hydrodynamische Drehmomentwandler entspricht in Aufbau und Funktion der hydrodynamischen Kupplung. Durch den zusätzlichen Einbau eines Leitrades wird jedoch während der Schlupfphase das Abtriebsdrehmoment des Turbinenrades erhöht (Bild 414.1). Ähnlich wie bei einem Kettengetriebe findet während dieser Phase eine Übersetzung ins Langsame statt, denn das Pumpenrad dreht schneller als das Turbinenrad. Wie beim Kettengetriebe führt dies zu einer Erhöhung des Drehmoments.

Der Wandler arbeitet im Schlupfbereich wie ein hydraulisches Getriebe mit variabler Übersetzung. Bei großem Schlupf reduziert er die Drehzahl und erhöht das Drehmoment. Mit geringer werdendem Schlupf nimmt die Übersetzung ab und das Drehmoment erhöht sich nur noch wenig. Bei kleinem Schlupf arbeitet der Wandler schließlich nur noch als hydrodynamische Kupplung (Bild 414.2).

Der Drehmomentwandler befindet sich zwischen Motor und eigentlichem Automatikgetriebe an vergleichbarer Position wie die Trennkupplung beim Schaltgetriebe. Man kann bei stehendem Fahrzeug und Motor im Leerlauf einen Gang einlegen. Zwar überträgt der Drehmomentwandler in dieser Situation ein geringes Drehmoment, sodass das Fahrzeug zu kriechen anfängt, es kann jedoch mit der Feststell- oder Betriebsbremse angehalten werden. Wenn Gas gegeben wird, d. h. bei höherer Drehzahl, überträgt der Drehmomentwandler ein höheres Drehmoment, sodass das Fahrzeug fährt.

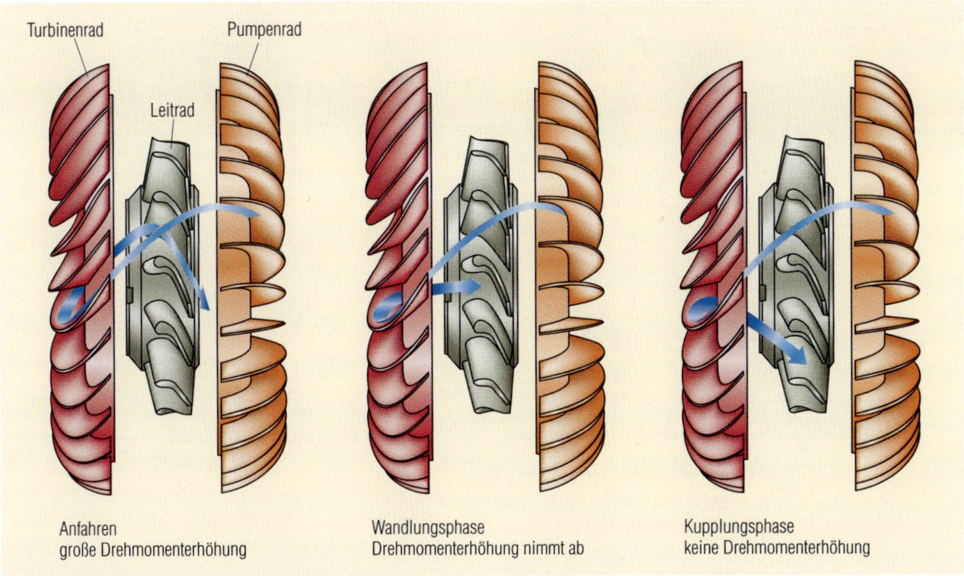

Bild 415.1 Der Ölstrom im Drehmomentwandler.

Wirkungsweise. Das Wandlergehäuse wird vom Motor angetrieben. Das Pumpenrad ist fest mit diesem Gehäuse verbunden und beschleunigt beim Drehen das Öl durch die Zentrifugalkraft von innen nach außen. An der Innenwandung des Gehäuses wird das Öl zum Turbinenrad gelenkt. Der Ölstrom treibt das Turbinenrad an und wird von diesem in der Strömungsrichtung umgelenkt (Bild 415.1). Dann trifft das Öl im Nabenbereich des Drehmomentwandlers auf die Flügel des Leitrads und fließt von dort zum Pumpenrad zurück. Das Turbinenrad ist mit der Eingangswelle des Getriebes verbunden.

Wandlungsphase. Bei großem Schlupf, d.h. bei großem Drehzahlunterschied zwischen Pumpenrad und Turbinenrad, erhöht das Leitrad das abgegebene Drehmoment, indem es den Ölstrom umlenkt und in Drehrichtung in das Pumpenrad fließen lässt. Damit sich das Leitrad während dieser Phase nicht dreht, stützt es sich über einen Freilauf am Getriebegehäuse ab. Dieser Freilauf verhindert die Drehung des Leitrads entgegen der Drehrichtung von Pumpen- und Turbinenrad. Durch die Umlenkung des Ölstroms entsteht ein Moment am Leitrad, welches auch auf das Turbinenrad wirkt. Das Moment des Pumpenrades und das des Leitrades addieren sich während des Wandlungsbereichs zum Turbinenradmoment.

Kupplungsphase. Bei geringem Schlupf, d.h. wenn das Turbinenrad nahezu die Drehzahl des Pumpenrads erreicht hat, bewirkt das Leitrad keine Drehmomenterhöhung mehr. Der Ölstrom trifft auf die Rückseite der Leitradschaufeln. Es dreht dank des Freilaufs in gleicher Richtung wie Pumpen- und Turbinenrad.

Durch die Drehmomenterhöhung kommt das Automatikgetriebe schneller in die Kupplungsphase.

Wandler-Überbrückungskupplung

Der Schlupf des Drehmomentwandlers, der während der Wandlungsphase zur Drehmomenterhöhung genutzt wird, führt während der Kupplungsphase zu einem erhöhten Kraftstoffverbrauch. Daher wird bei modernen Automatikgetrieben der Schlupf in bestimmten Betriebszuständen beseitigt, indem der Drehmomentwandler durch die Wandler-Überbrückungskupplung (WK) überbrückt wird. Das heißt, es entsteht eine starre Verbindung zwischen Pumpen- und Turbinenrad (Bild 416.1).

Freilauf:
Er überträgt ein Drehmoment zwischen zwei rotierenden Teilen nur in einer Richtung, entspricht also einer Bremse, die nur in einer Richtung wirkt.
(s. S. 424)

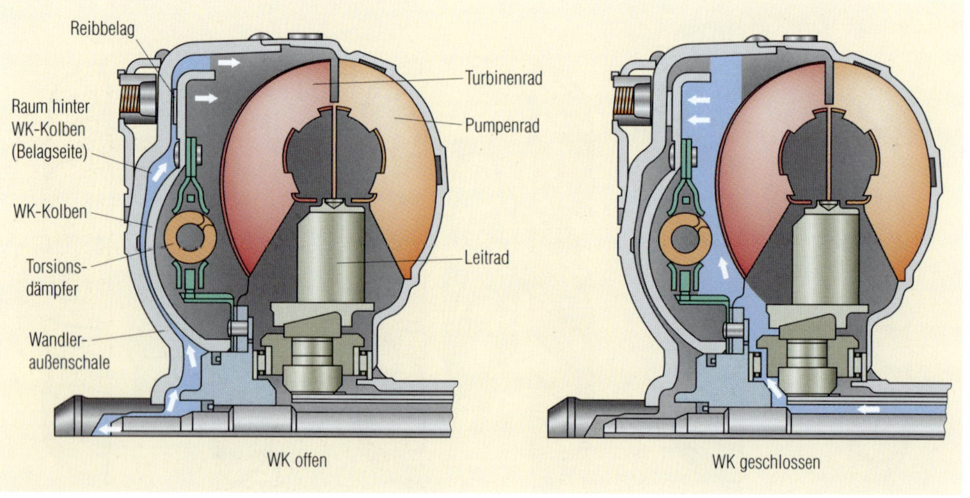

Bild 416.1 Wandler-Überbrückungskupplung (WK).

Wandler-Überbrückungskupplung offen. Das Öl fließt durch die Antriebswelle zum belagseitigen Bereich der Wandler-Überbrückungskupplung und von dort in den Turbinenraum. Dadurch ist der Öldruck hinter dem WK-Kolben und im Turbinenraum ausgeglichen, es besteht keine Druckdifferenz und das Schließen der Wandler-Überbrückungskupplung wird verhindert.

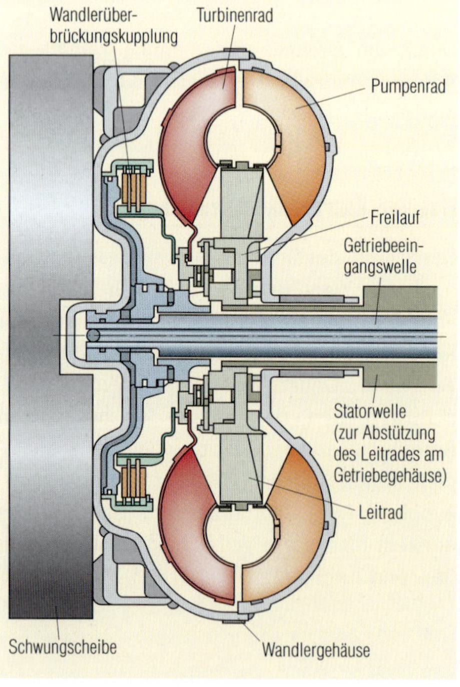

Bild 416.2 Wandler-Überbrückungskupplung mit Lamellenkupplung.

Wandler-Überbrückungskupplung geschlossen. Die Fließrichtung des Öls wird über die Betätigung eines Ventils durch das Steuergerät umgekehrt. Gleichzeitig wird der belagseitige Raum der Wandler-Überbrückungskupplung entlüftet. Der Öldruck im Turbinenraum wirkt auf den WK-Kolben und presst diesen mit dem Reibbelag an das Wandlergehäuse. Da WK-Kolben und Turbinenrad fest miteinander verbunden sind, ist eine kraftschlüssige Verbindung zwischen Pumpen- und Turbinenrad hergestellt.

Geregelte Wandler-Überbrückungskupplung (GWK). Moderne Wandler-Überbrückungskupplungen ermöglichen ein geregeltes Öffnen und Schließen. So kann eine geringe Differenzdrehzahl zwischen Pumpen- und Turbinenrad eingestellt werden. Dadurch werden die Motordrehschwingungen nicht in das Getriebe weitergeleitet und ein mechanischer Torsionsdämpfer kann entfallen.

Wegen der erhöhten Hitzebelastung muss evtl. eine zusätzliche Kühlung in Form von Ölnuten in den Belägen geschaffen werden. Zur Übertragung höherer Momente gibt es auch Wandler-Überbrückungskupplungen mit Lamellenkupplungen (Bild 416.2).

9.3.4 Planetenradsätze

Automatikgetriebe basieren auf Planetengetrieben. Ihre Vorteile sind:

- Die Zahnräder sind auch während des Schaltvorgangs ständig im Eingriff und ermöglichen daher ein Schalten ohne Kraftflussunterbrechung,
- die konzentrische Anordnung der Schaltglieder um die Planetengetriebe herum und die koaxiale Anordnung von An- und Abtriebswellen ermöglichen eine kompakte Bauweise,
- es treten keine radialen Kräfte im Getriebegehäuse auf,
- es sind hohe Übersetzungen möglich,
- die Aufteilung der Momente auf mehrere Planetenräder ergibt kleinere Zahnkräfte und dadurch einen geräuscharmen Lauf,
- die zu bewegenden Schwungmassen sind kleiner.

Der einfache Planetenradsatz: Aufbau und Schaltmöglichkeiten

Das zentrale Bauelement des Planetengetriebes ist der einfache Planetenradsatz (Bild 417.1). Ein Planetenradsatz besteht aus:

- einem zentralen Sonnenrad,
- einem Planetenradträger (Steg),
- drei bis sechs Planetenrädern,
- einem innen verzahnten Hohlrad.

Der Name „Planetengetriebe" kommt daher, dass der Planetenradträger zusammen mit den Planetenrädern um das Sonnenrad läuft. Dabei drehen sich die Planetenräder zusätzlich um ihre eigene Achse. Diese Bewegungen lassen sich mit der Umlaufbewegung der Planeten um die Sonne vergleichen.

Übersetzungen. Sonnenrad, Planetenradträger und Hohlrad sind mit Anschlusswellen verbunden, die z.T. als Hohlwellen ausgeführt sind. Durch Antreiben oder Festhalten dieser drei Elemente lassen sich insgesamt 7 Übersetzungen schalten (Tabelle 418.1). Dies geschieht mithilfe von Lamellenkupplungen und Bandbremsen.

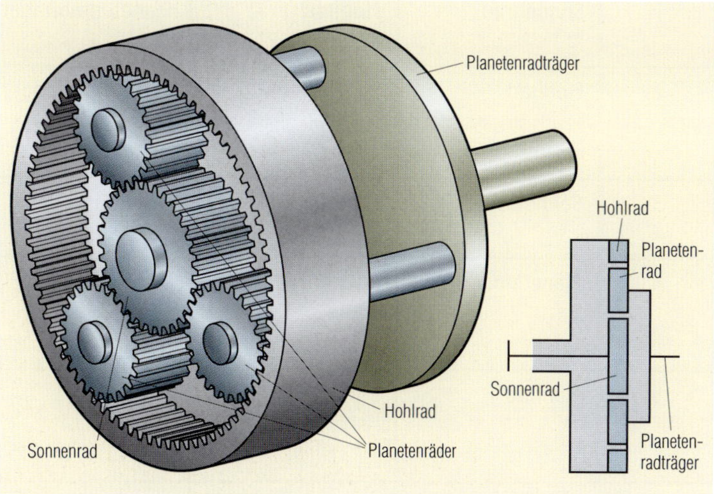

Bild 417.1 Einfacher Planetenradsatz.

Wie aus der Tabelle ersichtlich, könnten die 7 Übersetzungsvarianten nur geschaltet werden, wenn Sonnenrad, Planetenradträger und Hohlrad im ständigen Wechsel Antrieb bzw. Abtrieb bilden würden. Dies ist in der Praxis nicht sinnvoll und zu aufwändig. Das bedeutet, dass sich beim einfachen Planetenradsatz die Zahl der möglichen Übersetzungsvarianten auf drei sinnvolle reduziert (Varianten 3, 5 und 7). Die Varianten 3 und 5 sind Übersetzungen ins Langsame. Sie nutzen den Planetenradträger als Abtrieb. Bei Variante 7 laufen alle Teile des Planetenradsatzes gleich schnell (direkter Gang). So kann ebenfalls der Planetenradträger als Abtrieb benutzt werden.

Leerlauf. Der Leerlauf wird beim einfachen Planetenradsatz dadurch geschaltet, dass sich alle Räder frei drehen können, also keine Lamellenkupplung oder Bandbremse betätigt wird.

Planetenradsätze. In der Praxis werden Planetengetriebe aus mehreren Planetenradsätzen aufgebaut. Dem Konstrukteur ergeben sich viele Kombinationsmöglichkeiten, aus denen er die Übersetzungen heraussuchen kann, die er benötigt, die sich optimal abstufen lassen und die möglichst einfach zu realisieren sind.

Schaltglieder
→ S. 422 f.

Variante	Antrieb	Abtrieb	fest	Übersetzung	Bedeutung
1	Sonnenrad	Hohlrad	Planetenradträger	$i = i_0$ Bsp.: $i = -3$	Drehrichtungsumkehr ins Langsame
2	Hohlrad	Sonnenrad	Planetenradträger	$i = \frac{1}{i_0}$ Bsp.: $i = -0{,}33$	Drehrichtungsumkehr ins Schnelle
3	Sonnenrad	Planetenradträger	Hohlrad	$i = 1 - i_0$ Bsp.: $i = 4$	Übersetzung ins Langsame
4	Planetenradträger	Sonnenrad	Hohlrad	$i = \frac{1}{(1 - i_0)}$ Bsp.: $i = 0{,}25$	Übersetzung ins Schnelle
5	Hohlrad	Planetenradträger	Sonnenrad	$i = \frac{(i_0 - 1)}{i_0}$ Bsp.: $i = 1{,}33$	Übersetzung ins Langsame
6	Planetenradträger	Hohlrad	Sonnenrad	$i = \frac{i_0}{(i_0 - 1)}$ Bsp.: $i = 0{,}75$	Übersetzung ins Schnelle
7	Hohlrad und Sonnenrad verblockt			$i = 1:1$	Direkter Gang

Anmerkungen: $i = \frac{n_{Antrieb}}{n_{Abtrieb}}$; $i_0 = \frac{\text{Zähnezahl}_{Hohlrad}}{\text{Zähnezahl}_{Sonnenrad}} = \frac{z_3}{z_1}$; Zähnezahl des Hohlrades wird mit (–) definiert

Beispiel: $z_1 = 30,\ z_3 = -90;\ i_0 = \frac{z_3}{z_1} = \frac{-90}{30} = -3$

Tabelle 418.1 Übersetzungsmöglichkeiten beim einfachen Planetenradsatz.

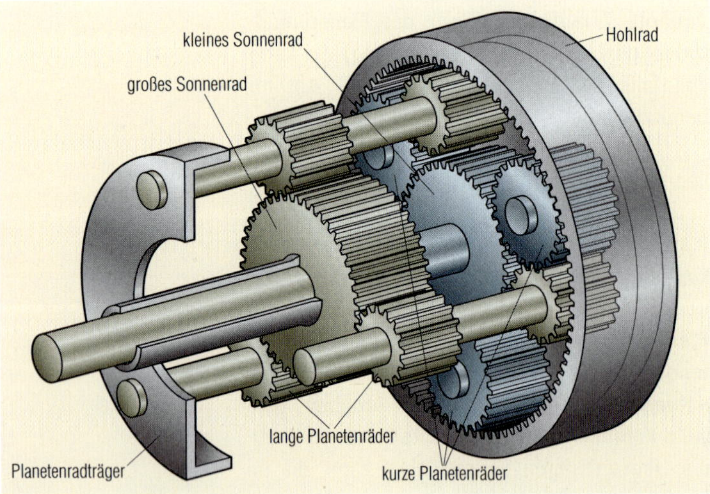

Bild 418.1 Ravigneaux-Getriebe.

So bestehen moderne Planetengetriebe aus zwei bis vier Planetenradsätzen, die untereinander fest oder mittels Kupplungen verbunden sind. Einige Standardkonstruktionen, die sich besonders bewährt haben und die im Getriebebau deshalb häufig angewendet werden, zeichnen sich durch bestimmte feste Verbindungen oder gemeinsame Zahnräder aus. Dies sind z. B. das Simpson-Getriebe, das Ravigneaux-Getriebe und das Wilson-Getriebe.

Ravigneaux-Getriebe

Mit dem Ravigneaux-Getriebe (Bild 418.1) lassen sich maximal vier Vorwärtsgänge und ein Rückwärtsgang in sinnvoller Abstufung konstruieren.

Das Ravigneaux-Getriebe besteht aus zwei Planetenradsätzen mit gemeinsamem Planetenradträger. Er trägt zwei Sätze von Planeten:

- kurze Planetenräder mit größerem Durchmesser, die in das kleinere Sonnenrad eingreifen,
- lange Planetenräder mit kleinerem Durchmesser, die in das größere Sonnenrad und die kurzen Planetenräder eingreifen.

Das Ravigneaux-Getriebe besitzt nur ein gemeinsames Hohlrad. Es zeichnet sich durch seine kompakte Bauweise aus und eignet sich daher für den Einbau in Fahrzeugen mit Frontantrieb, wo wenig Bauraum zur Verfügung steht.

Ein Ravigneaux-Satz und der im folgenden beschriebene Simpson-Satz lassen sich mit einfachen Planetenradsätzen kombinieren, womit 4- und 5-Gang-Automatikgetriebe verwirklicht werden können.

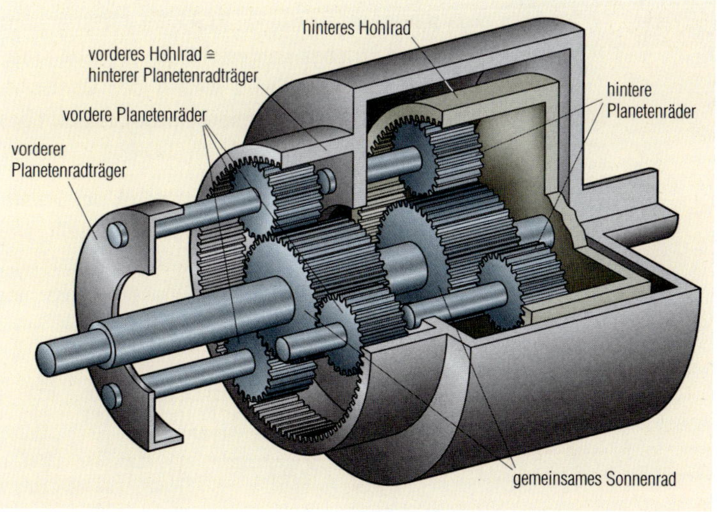

Bild 419.1 Simpson-Getriebe.

Simpson-Getriebe

Das Simpson-Getriebe (Bild 419.1) ist eine Planetengetriebekonstruktion aus der Zeit der Dreigang-Automatikgetriebe, da es maximal drei Vorwärtsgänge in sinnvoller Abstufung erlaubt.

Es besteht aus zwei Planetenradsätzen mit gemeinsamem Sonnenrad. Außerdem sind der Planetenträger des einen Planetenradsatzes, das Hohlrad des anderen Planetenradsatzes und die Abtriebswelle fest miteinander verbunden.

In den Vorwärtsgängen des Getriebes erfolgen Antrieb und Abtrieb jeweils über die großen Hohlräder. Das Simpson-Getriebe kann daher bei schlanker Bauform ein hohes Drehmoment übertragen. Ein weiterer Vorteil des Simpson-Getriebes ist sein einfacher Aufbau. Denn das gemeinsame Sonnenrad, alle Planetenräder und die beiden Hohlräder besitzen die gleiche Zähnezahl.

Wilson-Getriebe

Das Wilson-Getriebe (Bild 419.2) besteht aus drei Planetenradsätzen. Das erste Hohlrad, der zweite Planetenträger und das dritte Hohlrad sind fest miteinander zum sogenannten Topf verbunden. Außerdem sind das zweite und dritte Sonnenrad fest miteinander verbunden. Der Antrieb in den Vorwärtsgängen erfolgt über dieses Doppelsonnenrad. Der Abtrieb erfolgt immer über den dritten Planetenträger.

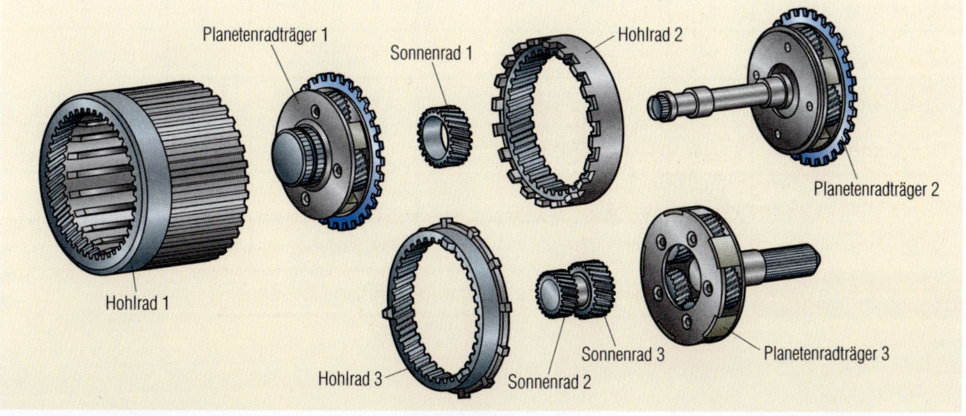

Bild 419.2 Wilson-Getriebe.

In Bild 420.1 ist der Kraftfluss im 1. Gang eines Wilson-Getriebes dargestellt. In Getriebe-Kraftfluss-Diagrammen wird wegen der Übersichtlichkeit immer nur die obere Hälfte des Getriebes gezeichnet.

In Tabelle 420.1 ist die Schaltlogik der Schaltglieder eines Wilson-Getriebes dargestellt, wie sie in den verschiedenen Gängen angesteuert werden. Man erkennt beispielsweise, dass hier das Notprogramm und der 4. Gang identisch sind. Im 1. Gang hängt es davon ab, welche Fahrstufe gewählt wurde, ob Freilauf 1 oder Bremse F angesteuert werden.

Das Wilson-Getriebe erlaubt vier oder fünf Vorwärtsgänge in sinnvoller Abstufung. Durch die Erweiterung dieses Satzes ist außerdem die Realisierung von 6-Gang-Getrieben möglich.

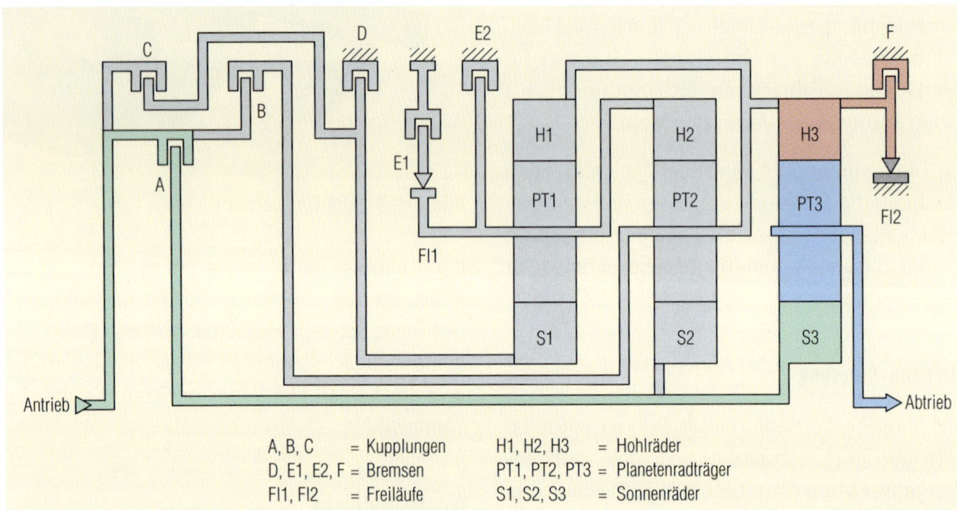

Bild 420.1 Wilson-Getriebe, 1. Gang.

	Kupplungen			Bremsen				Freiläufe	
Fahrstufe, Gang	A	B	C	D	E1	E2	F	Fl1	Fl2
R			•				•		
N							•		
D, 1. Gang	•							•	
D, 2. Gang	•				•	•			•
D, 3. Gang	•			•	•				
D, 4. Gang	•	•			•				
D, 5. Gang		•		•	•				
2, 1. Gang	•						•		
Notprogramm	•	•			•				

Tabelle 420.1 Schaltlogik der Schaltglieder eines Wilson-Getriebes.

9.3.5 Hydraulische Steuerung vollautomatischer Getriebe

Der Fahrer passt mit dem Wählhebel den automatischen Ablauf der Schaltung den verschiedenen Betriebsbedingungen an. Weiterhin ändert er durch die Stellung des Gaspedals die Drosselklappenstellung und damit die Motorlast und die Fahrgeschwindigkeit. Mithilfe der drei Parameter
- Wählhebelstellung (P, R, N, D, 3, 2, 1),
- Motorlast und
- Fahrzeuggeschwindigkeit

bestimmt die Getriebesteuerung, welcher Gang einzulegen ist. Durch hydraulische Betätigung der Schaltglieder (Kupplungen, Bremsen und Freiläufe) werden diese Gangstufen dann geschaltet.

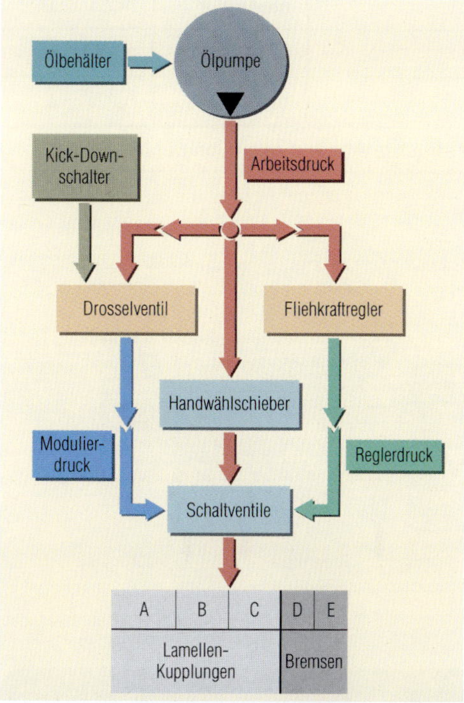

Bild 421.1 Hydraulische Steuerung (Blockschaltbild).

P: Parken
R: Rückwärtsgang
N: Neutral, Leerlauf
D: Drive, Fahrprogramme
3, 2, 1: Vorwärtsgänge stehen jeweils nur bis zur gewählten Zahl zur Verfügung.

Schaltglieder
→ S. 422 f.

Druckerzeugung

Ölpumpe. Ölpumpen in Automatikgetrieben sind überwiegend als Mondsichelpumpen ausgeführt (Bild 421.2). Die Ölpumpe befindet sich zwischen Drehmomentwandler und Planetengetriebe und wird über die Wandlernabe am Gehäuse des Drehmomentwandlers, also mit Motordrehzahl, angetrieben. Sie saugt Getriebeöl aus dem Ölvorrat in der Ölwanne an, das im Ölfilter von Verschmutzungen und Abrieb gereinigt wird. Bereits im Leerlauf des Motors liefert die Ölpumpe genügend Druck um alle nachgeschalteten hydraulischen Systeme mit einem ausreichenden Arbeitsdruck zu versorgen.

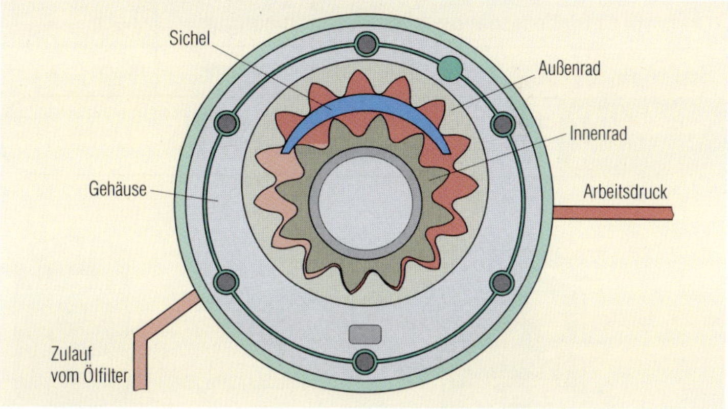

Bild 421.2 Ölpumpe.

Arbeitsdruck. Der von der Ölpumpe erzeugte Arbeitsdruck dient zur Betätigung der Schaltglieder. Er wird mit zunehmender Motorlast erhöht, damit die Kupplungen und Bremsen das höhere Moment ohne Schlupf übertragen können.

Modulierdruck. Der Arbeitsdruck wird über ein Drosselventil zum Modulierdruck gedrosselt (Bild 421.3). Das Drosselventil wird vom Saugrohrdruck vor der Drosselklappe betätigt und regelt daher den Modulierdruck in Abhängigkeit von der Motorlast (Tabelle 422.1).

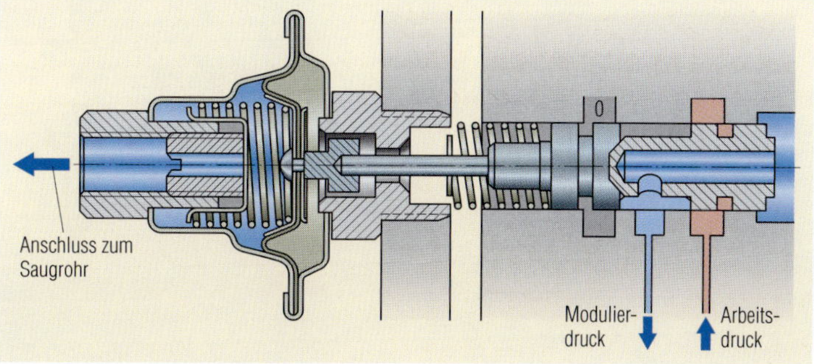

Bild 421.3 Modulierdruckgeber.

Motorlast	niedrig ▼	hoch ▲
Unterdruck im Saugrohr	hoch ▲	niedrig ▼
Modulierdruck	niedrig ▼	hoch ▲

Tabelle 422.1 Modulierdruck in Abhängigkeit von der Motorlast.

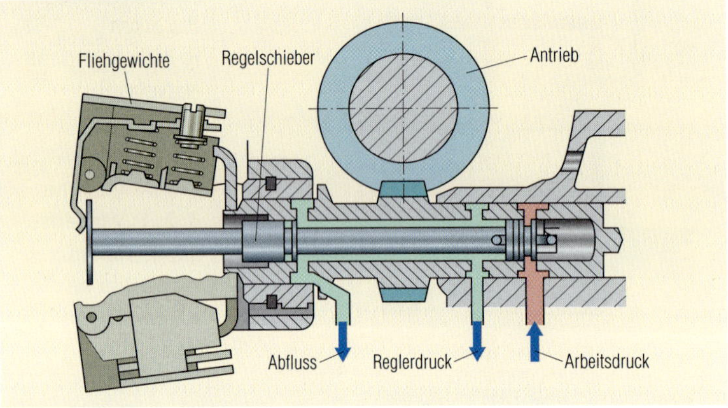

Bild 422.1 Fliehkraftregler.

Fahrgeschwindigkeit	niedrig ▼	hoch ▲
Drehzahl Getriebeausgangswelle	niedrig ▼	hoch ▲
Reglerdruck	niedrig ▼	hoch ▲

Tabelle 422.2 Reglerdruck in Abhängigkeit von der Fahrzeuggeschwindigkeit.

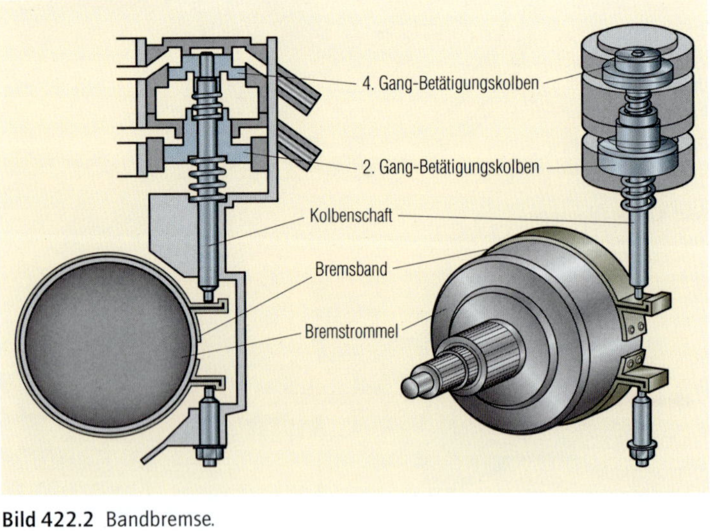

Bild 422.2 Bandbremse.

Reglerdruck. Der Arbeitsdruck wird über einen Fliehkraftregler zum Reglerdruck gedrosselt (Bild 422.1). Der Fliehkraftregler wird von der Getriebeabtriebswelle angetrieben und regelt daher den Reglerdruck in Abhängigkeit von der Fahrzeuggeschwindigkeit (Tabelle 422.2).

Kick-down-Druck. Wird das Gaspedal über einen spürbaren Druckpunkt hinaus durchgetreten, erhöht sich der Modulierdruck rasch (Kick-down-Druck), was ein schnelles Zurückschalten bewirkt. Dies erfolgt allerdings nur, wenn die Fahrgeschwindigkeit und daher der Reglerdruck nicht zu hoch sind. Diese Funktion ermöglicht dem Fahrer ein möglichst rasches Beschleunigen.

Schaltglieder

Als Schaltglieder werden alle Kupplungen, Bremsen und Freiläufe eines Planetengetriebes bezeichnet. Sie sind zum Schalten der Gänge des Getriebes erforderlich. Zur Verteilung des Drucks auf diese Schaltglieder werden die Schaltventile benötigt.

Bandbremse. Die Bandbremse wird zum Anhalten eines Getriebeteils des Planetenradsatzes verwendet. Sie besteht aus einem Bremsband, das um das Getriebeteil geschlungen ist und einem oder zwei Hydraulikkolben, die das Bremsband spannen. Das Bremsband besteht aus einem Stahlband mit Reibbelag (Bild 422.2).

Der Vorteil der Bandbremse ist ihr einfacher Aufbau. Nachteilig sind die hohen radialen Kräfte, die beim Betätigen der Hydraulikkolben auf das Getriebegehäuse wirken. Aus diesem Grund werden in neueren Getriebekonstruktionen häufig Lamellenbremsen statt Bandbremsen eingesetzt.

Lamellenkupplung bzw. -bremse. Lamellenbremsen (Bild 423.1) werden zum Festhalten eines Getriebeteils des Planetenradsatzes verwendet. Sie bestehen aus Innenlamellen, die mit dem drehenden Getriebeteil verbunden sind, und fest stehenden Außenlamellen. Innen- und Außenlamellen greifen ineinander. Meist tragen die Innenlamellen auf dem Stahlträger den Reibbelag, während die Außenlamellen reine Stahllamellen sind. Bei Betätigung der Lamellenbremse drückt ein Hydraulikkolben das Lamellenpaket zusammen.

Die Lamellenkupplungen ähneln den Lamellenbremsen, jedoch sind sowohl die Innenlamellen als auch die Außenlamellen mit drehenden Teilen verbunden. Sie werden verwendet, um den steuerbaren Kraftfluss in einen Planetenradsatz einzuleiten. Oder sie verbinden zwei Teile eines Planetenradsatzes miteinander und verblocken ihn dadurch.

Reibbeläge. Die Reibbeläge in Bandbremsen, Lamellenbremsen und Lamellenkupplungen besitzen ein Stützgerüst aus Cellulose. Die Temperaturfestigkeit der Reibbeläge wird durch die Beimischung von Aramidfasern erreicht. Als weitere Füllstoffe werden Mineralien zur Beeinflussung der Reibungszahl zugefügt. Das Ganze wird mit Phenolharz getränkt, das im ausgetrockneten Zustand den Reibbelag zusammenhält.

Schaltventile. Schaltventile im Automatikgetriebe dienen der Verteilung des Drucks auf die Schaltglieder. Sie besitzen in der Regel nur zwei Schaltstellungen, die durch einen oder zwei Steuerdrücke geschaltet werden (Bild 423.2). Steigt der Steuerdruck im Schaltventil in Bild 423.2 am Anschluss X, wird der Kolben nach rechts verschoben und der Druck vom Anschluss P zum Anschluss A durchgeschaltet. Steigt der Druck am Anschluss Y, wird der Durchgang wieder gesperrt. Wird am Anschluss A ein Schaltglied angesteuert, kann dieses über die beiden Steuerdrücke betätigt und gelöst werden.

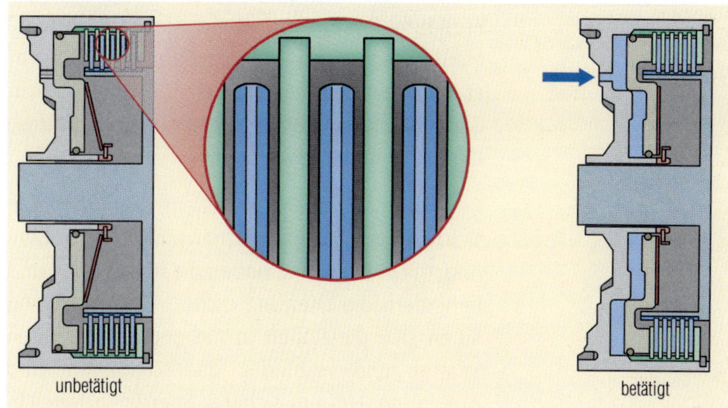

Bild 423.1 Lamellenbremse.

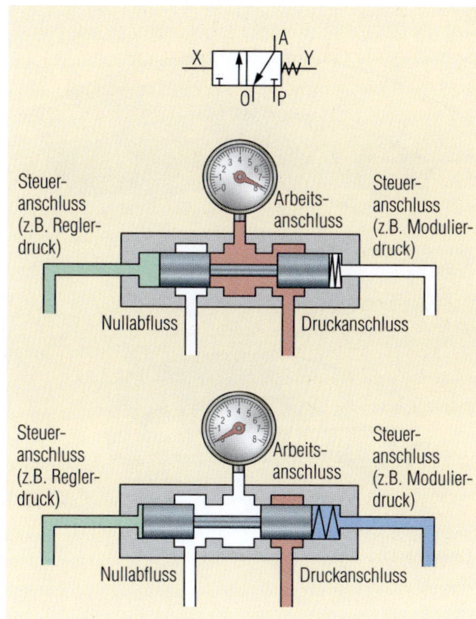

Bild 423.2 Schaltventil.

Aramid:
hochfester und temperaturbeständiger Kunststoff.

Freiläufe. Ein Freilauf übernimmt das Drehmoment in Sperrrichtung; in Freilaufrichtung dreht er hingegen lose durch. Im Kfz-Getriebebau werden meist Rollenfreiläufe und Klemmkörperfreiläufe verwendet (Bild 424.1).

Beim nicht angefederten Rollenfreilauf befinden sich Rollen in Spalten zwischen Innen- und Außenring. In Drehrichtung haben die Rollen Spiel und behindern die Drehung nicht. In Sperrrichtung legen sich die Rollen in die enger werdenden Spalten und verbinden dadurch Innen- und Außenring. Um ein sicheres Sperren zu erleichtern, können die Rollen durch Federkraft in den Spalt gedrückt werden (angefederter Rollenfreilauf). Die Federkraft ist so gering bemessen, dass bei umgekehrter Drehrichtung der Freilauf nicht behindert wird.

Der Klemmkörperfreilauf ist aufwändiger gebaut als ein Rollenfreilauf. Mit ihm kann jedoch ein höheres Drehmoment bei gleicher Baugröße übertragen werden. Die hantelförmigen Klemmkörper zwischen Innen- und Außenring sind in einem Federkäfig gelagert. Durch die Federkraft liegen sie ständig an Innen- und Außenring an. In Freilaufrichtung werden die Klemmkörper gekippt und behindern den Freilauf nicht. In Sperrrichtung stellen sich die Klemmkörper auf und verbinden Innen- und Außenring kraftschlüssig.

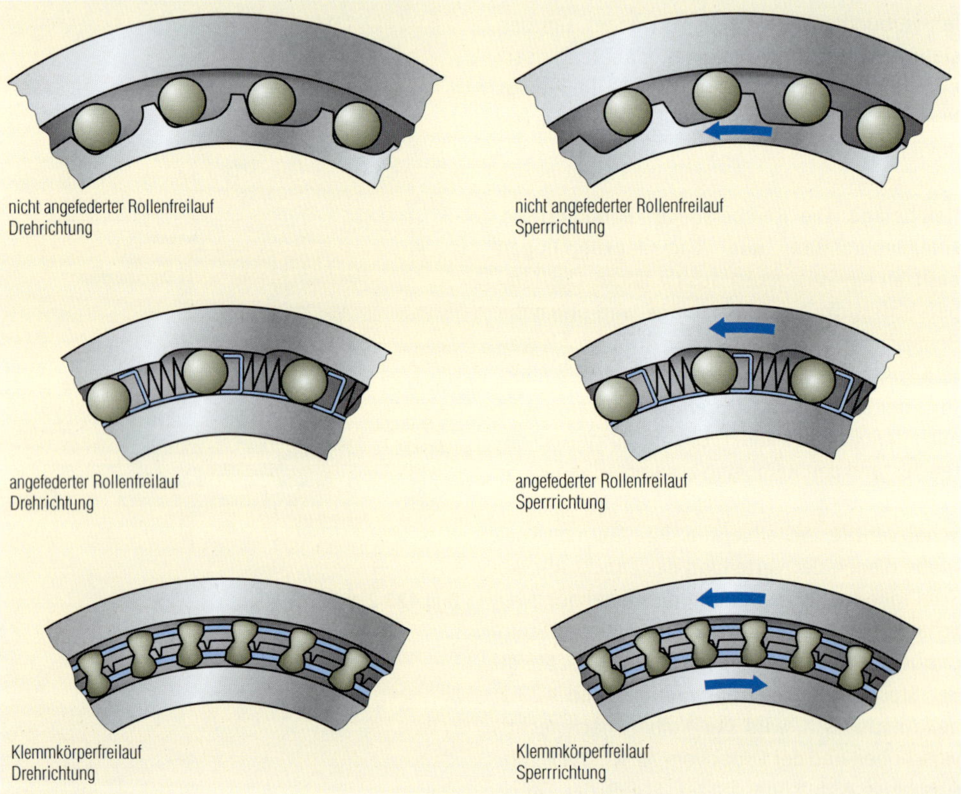

Bild 424.1 Freiläufe.

Funktionsweise

Reglerdruck und Modulierdruck wirken in den Schaltventilen zur Ansteuerung der Schaltglieder (Kupplungen und Bremsen) gegeneinander (Bild 425.1). Sie bewirken das Durchschalten des Arbeitsdrucks zu den Schaltgliedern beim Hochschalten bzw. Zurückschalten (Tabelle 425.1).

Beim Anfahren ist der Reglerdruck niedrig, der Modulierdruck hingegen steigt durch die Betätigung der Drosselklappe. Ein Schaltventil schaltet den Arbeitsdruck zu den Schaltgliedern für den 1. Gang durch.

Weil die Fahrzeuggeschwindigkeit beim Beschleunigen zunimmt, steigt der Reglerdruck an, der auf der anderen Seite des Schaltventils anliegt. Beim Überschreiten eines bestimmten Wertes führt dies zur Verschiebung des Schaltventils und zum Hochschalten in den 2. Gang.

Wird das Fahrzeug wieder langsamer ohne das Gaspedal zurückzunehmen (bergauf fahren), sinkt der Reglerdruck, der Modulierdruck bleibt aber gleich. Das Schaltventil wird wieder zurückgeschoben und es wird zurückgeschaltet.

Will der Fahrer stark beschleunigen, möchte er, dass zurückgeschaltet wird. Dies kann er durch volles Durchtreten des Gaspedals erreichen (Kick-down). Dadurch steigt der Modulierdruck stark an und verschiebt das Schaltventil so, dass zurückgeschaltet wird. Ist aber die Fahrgeschwindigkeit und damit der Reglerdruck schon sehr hoch, kann der Modulierdruck das Schaltventil nicht verschieben, das Zurückschalten wird verhindert.

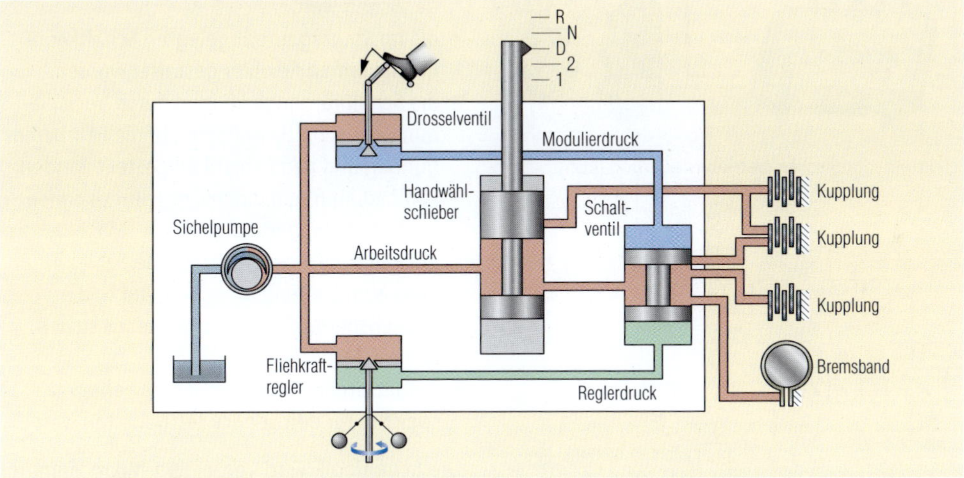

Bild 425.1 Prinzipielle Funktionsweise der hydraulischen Getriebesteuerung (vereinfacht).

Modulierdruck	von der Motorlast abhängig	steigt bei höherer Motorlast	sorgt für das Zurückschalten
Reglerdruck	von der Fahrzeuggeschwindigkeit abhängig	steigt bei höherer Fahrzeuggeschwindigkeit	sorgt für das Hochschalten

Tabelle 425.1 Steuerdrücke der hydraulischen Getriebesteuerung.

9.3.6 Elektro-hydraulische Getriebesteuerung vollautomatischer Getriebe

EGS: elektronische Getriebesteuerung

Die Schaltvorgänge im Automatikgetriebe sind sehr komplex, sodass die Steuerung der Schaltvorgänge durch elektronische Bauelemente sinnvoll ist. Dadurch verringert sich die Anzahl der Hydraulikbauelemente auf ungefähr die Hälfte.

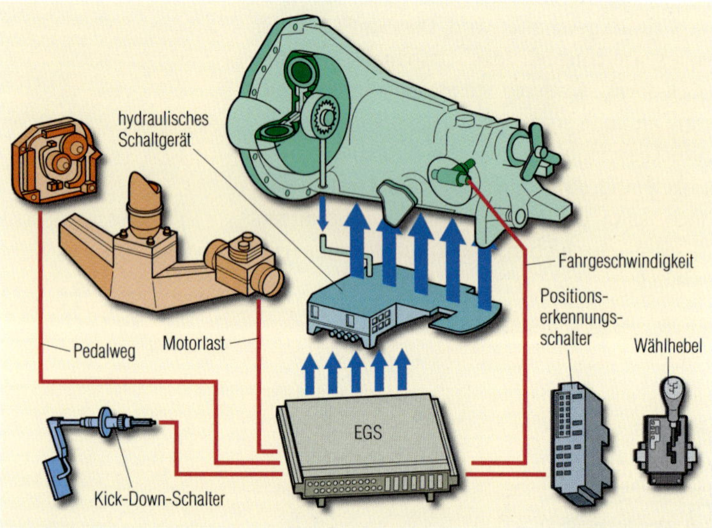

Bild 426.1 Grundaufbau der elektro-hydraulischen Getriebesteuerung (EGS).

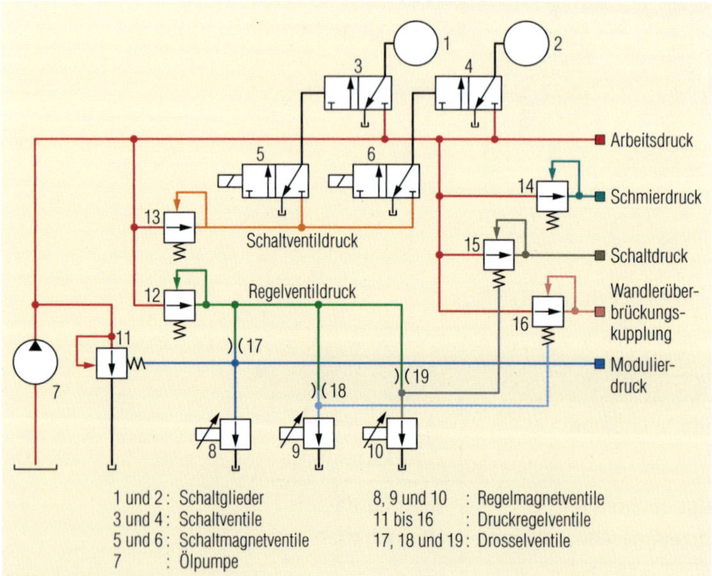

Bild 426.2 Vereinfachter Hydraulikplan des hydraulischen Schaltgeräts.

Die so entstandene elektro-hydraulische Getriebesteuerung besteht aus einem hydraulischen Schaltgerät (HSG) und einer elektronischen Getriebesteuerung (EGS, Bild 426.1). Die Hydraulik dient dazu, die Befehle der Elektronik in die erforderlichen hydraulischen Größen umzusetzen. Dazu werden elektro-hydraulische Ventile benötigt.

Die elektronische Getriebesteuerung bietet eine Reihe von Vorteilen:

- Es ist ohne großen Zusatzaufwand möglich, viele verschiedene Einflussgrößen zu verarbeiten,
- die Steuerung der Hydraulik kann präziser erfolgen,
- die Auswirkungen von mechanischem Verschleiß der Reibbeläge können durch eine adaptive (angespasste) Drucksteuerung ausgeglichen werden,
- die im Steuergerät abgelegten Schaltkennlinien können flexibler gestaltet werden,
- die Schaltvorgänge können durch Verschiebung der Schaltkennlinien auf die Fahrbedingungen und den Fahrstil eingestellt werden,
- Fehlbedienungen durch den Fahrer können leichter verhindert werden,
- die Elektronik kann auftretende Fehler in gewissem Umfang umgehen und so die Betriebsbereitschaft des Fahrzeugs sicherstellen (Notlauf),
- aufgetretene Fehler können im Fehlerspeicher für den Service festgehalten werden.

Die Schaltlogik wird von einem Mikrocomputer berechnet. Er steuert mittels Magnetventilen die Drücke und Schaltventile im hydraulischen Schaltgerät.

Hydraulisches Schaltgerät

Der Öldruck wird im hydraulischen Schaltgerät gemäß den Steuersignalen der elektronischen Getriebesteuerung geregelt und auf die Schaltglieder verteilt (Bild 426.2). Das komplette hydraulische Schaltgerät ist meist unter dem Planetengetriebe montiert.

Das hydraulische Schaltgerät besteht aus mehreren Ventilgehäusen mit den darin befindlichen Ventilen und Ölkanälen. Die Ölkanäle sind kreuzungsfrei geführt, erforderliche Kreuzungen werden durch Bohrungen in einem Zwischenblech hergestellt, welches sich zwischen zwei Ventilgehäusen befindet und diese voneinander trennt.

Die von der elektronischen Getriebesteuerung elektrisch angesteuerten Ventile (Schalt- und Regelmagnetventile) sind zur besseren Zugänglichkeit von außen auf die Ventilgehäuse aufgesteckt.

Elektronisches Getriebesteuergerät

Das elektronische Getriebesteuergerät besteht aus einem Mikrocomputer, der unterschiedliche Eingangssignale verarbeiten kann, und einem Datenspeicher. Die Signale werden aufbereitet und im Prozessor zusammen mit den im Datenspeicher abgelegten Daten zu den in Tabelle 428.1 aufgelisteten Ausgangssignalen verarbeitet.

Schaltzeitpunktsteuerung. Die Umschaltung zwischen zwei Gängen wird von der elektronischen Getriebesteuerung aufgrund von Schaltkennlinien vorgenommen, die im Datenspeicher abgelegt sind (Bild 427.1). Bei modernen Automatikgetrieben ist die Schaltkennlinie allerdings nicht mehr starr, sondern passt sich den Fahrgegebenheiten an.

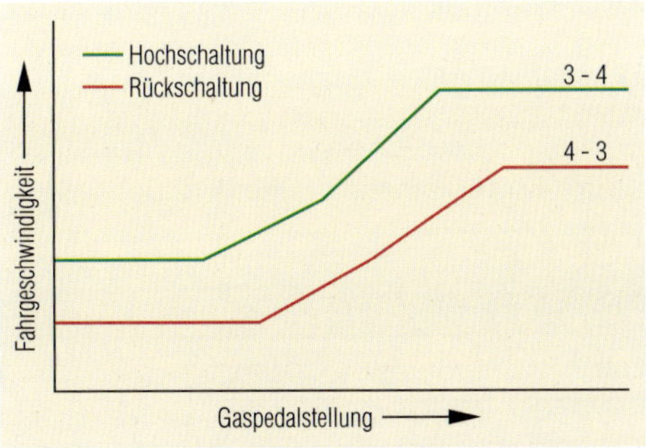

Bild 427.1 Schaltkennlinien: Schaltzeitpunkt in Abhängigkeit von der Gaspedalstellung.

In sogenannten adaptiven Getriebesteuerungen (AGS) oder dynamischen Schaltprogrammen (DSP) wird die Schaltkennlinie entsprechend den Fahrbedingungen und dem Fahrstil des Fahrers verschoben. Diese werden von der Elektronik anhand von Sensoren erkannt. Der Schaltzeitpunkt ist von folgenden Parametern abhängig:

- Fahrzeuggeschwindigkeit,
- Lastsignal,
- Programmschalterstellung,
- Getriebeöltemperatur,
- Motortemperatur,
- Kick-down,
- Bergfahrt,
- Fahrertyp bzw. Fahrweise,
- Kurvenfahrt,
- Fast-off.

Fahrzeuggeschwindigkeit/Lastsignal. Die Fahrzeuggeschwindigkeit wird über die Getriebeabtriebsdrehzahl bzw. die Raddrehzahlen erkannt und das Lastsignal über das Drosselklappen-Potenziometer. Wie bei der rein hydraulischen Steuerung bestimmen vor allem diese beiden Größen den Schaltzeitpunkt. Je weiter die Drosselklappe geöffnet ist, desto höher ist die Fahrgeschwindigkeit, bei der geschaltet wird. Dies gilt für Hoch- und Rückschaltung, wobei die Rückschaltung immer bei niedrigeren Geschwindigkeiten erfolgt. Dadurch wird ein ständiges Hin- und Herschalten zwischen zwei Gängen vermieden.

Programmschalterstellung. In der Stellung „Economy" wird bei niedrigen Fahrgeschwindigkeiten geschaltet um einen optimalen Kraftstoffverbrauch zu erreichen. In der Stellung „Sport" liegen die Schaltpunkte deutlich höher um eine maximale Fahrleistung zu erhalten. In der Stellung „Winter" erfolgt das Anfahren in einem höheren Gang um ein Durchdrehen der Räder zu verhindern. In der Stellung „Manuell" kann der Fahrer durch Antippen des Wählhebels um jeweils einen Gang hochschalten (+) oder herunterschalten (–).

Getriebeöltemperatur. Bei zu hoher Temperatur des Getriebeöls werden die Schaltzeitpunkte zu höheren Motordrehzahlen verschoben. Dadurch verringert sich der Wandlerschlupf, sodass das Getriebeöl abkühlen kann.

Eingangssignale	abgespeicherte Daten
motorseitig: • Motordrehzahl • Motorlast (Motormoment aus der Einspritzzeit) • Drosselklappen- bzw. Gaspedalstellung • Motortemperatur getriebeseitig: • Turbinendrehzahl • Abtriebsdrehzahl • Getriebetemperatur fahrzeugseitig: • Wählhebelstellung (P, R, N, D, 3, 2, 1) • Programmschalterstellung (Economy, Sport, Winter, Manuell) • Kick-down-Schalter • Bremslicht • Raddrehzahl • Anti-Schlupf-Regelung aktiv	Schaltkennlinien für die einzulegenden Gänge und die Wandlerüberbrückungskupplung Parameter für die Schaltqualitätsabstimmung (Druck für die Ansteuerung der Stellglieder, Motoreingriff, Zeitstufen) Kennfelder zur Anpassung des Motormoments Regelparameter für die Schlupfregelung der Wandlerüberbrückungskupplung Diagnoseparameter

Ausgangssignale
Schaltung der Gänge und der Wandlerüberbrückungskupplung zum richtigen Zeitpunkt durch Ansteuerung der elektrischen Ventile (Schalt- und Regelmagnetventile) im hydraulischen Schaltgerät.
Reduzierung des Motormoments beim Schalten durch Spätverstellung des Zündzeitpunkts. Dadurch wird ein Schalten ohne Schaltruck erreicht und die Schaltglieder werden geschont.
Aktivierung des Inter Lock. Dadurch wird erreicht, dass sich der Zündschlüssel nur aus dem Zündschloss ziehen lässt, wenn der Wählhebel in Stellung P steht.
Aktivierung des Shift Lock (Wählhebelsperre) gegen Fehlbedienung des Wählhebels, wie z. B.: Die P/R-Sperre verhindert das Einlegen der Parksperre oder des Rückwärtsgangs während der Fahrt. Das Einlegen einer Fahrstufe oder des Rückwärtsgangs aus der Stellung P oder N bei stehendem Fahrzeug ist nur möglich, wenn gleichzeitig die Betriebsbremse gedrückt wird, damit sich das Fahrzeug nicht sofort nach Einlegen der Wählhebelposition in Bewegung setzt.
Aktivierung der Anlasssperre. Der Motor kann nur in der Wählhebelstellung P oder N gestartet werden.
Abschalten des Klimakompressors bei betätigtem Kick-down-Schalter und Rückschaltung zur Leistungsanhebung beim Beschleunigen.
Aktivierung der Rückschaltsicherung: Dadurch wird ein Überdrehen des Motors beim Zurückschalten verhindert. Dabei wird die Schaltung verzögert, bis die Motordrehzahl unter einer Maximaldrehzahl liegt.
Anzeige der Wählhebelposition, des Programms und des eingelegten Gangs im Display.

Tabelle 428.1 Signalverarbeitung im elektronischen Getriebesteuergerät.

Motortemperatur. Damit sich der Motor im kalten Zustand schneller erwärmt, wird zunächst erst bei höheren Drehzahlen geschaltet. Dadurch heizt sich auch der Katalysator schneller auf.

Kick-down. Bei Betätigung des Kick-down-Schalters schaltet das Getriebe unter Beachtung der Motorhöchstdrehzahl um ein oder zwei Gänge herunter um eine gute Beschleunigung zu gewährleisten.

Bergfahrt. Die Schaltpunkte werden der Steigung bzw. dem Gefälle angepasst (späteres Hochschalten), sodass nicht zu häufig geschaltet wird und die Motorbremswirkung genutzt wird.

Fahrertyp bzw. Fahrweise. Aus der Geschwindigkeit, mit der das Gaspedal betätigt wird, erkennt die Steuerung den eher sportlichen (schnelles Durchtreten) oder ökonomischen (langsames Durchtreten) Fahrer. Beim Start beginnt die Fahrt mit einer ökonomischen Kennlinie, welche durch rasches Gasgeben und -wegnehmen durch eine immer sportlichere Kennlinie ersetzt wird. Bei ruhigerer Fahrweise wird wieder zu einer ökonomischen Kennlinie gewechselt.

Kurvenfahrt. Bei Kurvenfahrt erfolgt eine Meldung des Fahrwerksystems an die EGS, damit Schaltvorgänge unterdrückt werden. Dadurch werden Lastwechselreaktionen in Kurven vermieden.

Fast-off. Bei schneller Rücknahme des Gaspedals (z. B. bei abgebrochenen Überholvorgängen) wird die Hochschaltung verhindert um die Motorbremswirkung besser auszunutzen.

Die Abstimmung der Schaltzeitpunkte ist ein Kompromiss zwischen Komfort, angenehmem Fahrverhalten, Beschleunigungsfähigkeit, geringem Kraftstoffverbrauch und geringen Geräusch- und Abgaswerten.

Überschneidungssteuerung (Bild 429.1). Beim Gangwechsel wird ein Schaltglied geöffnet und ein anderes geschlossen. Dies geschieht jedoch nicht schlagartig; vielmehr durchlaufen die Schaltglieder einen schlupfenden Bereich. Das übertragene Drehmoment des öffnenden Schaltglieds sinkt und das des schließenden Schaltglieds steigt. Der neue Gang greift in dem Augenblick, wo das Drehmoment am zuschaltenden Schaltglied höher ist als jenes des abschaltenden Schaltglieds. Dies wird als Überschneidung bezeichnet.

Bei einer korrekten Überschneidung (Nullüberschneidung) übernimmt das zuschaltende Schaltglied so viel Drehmoment, wie das abschaltende abgibt. Insgesamt bleibt das Drehmoment erhalten. Die korrekte Überschneidung ist Voraussetzung für einen hohen Schaltkomfort und für eine möglichst lange Lebensdauer der Reibbeläge.

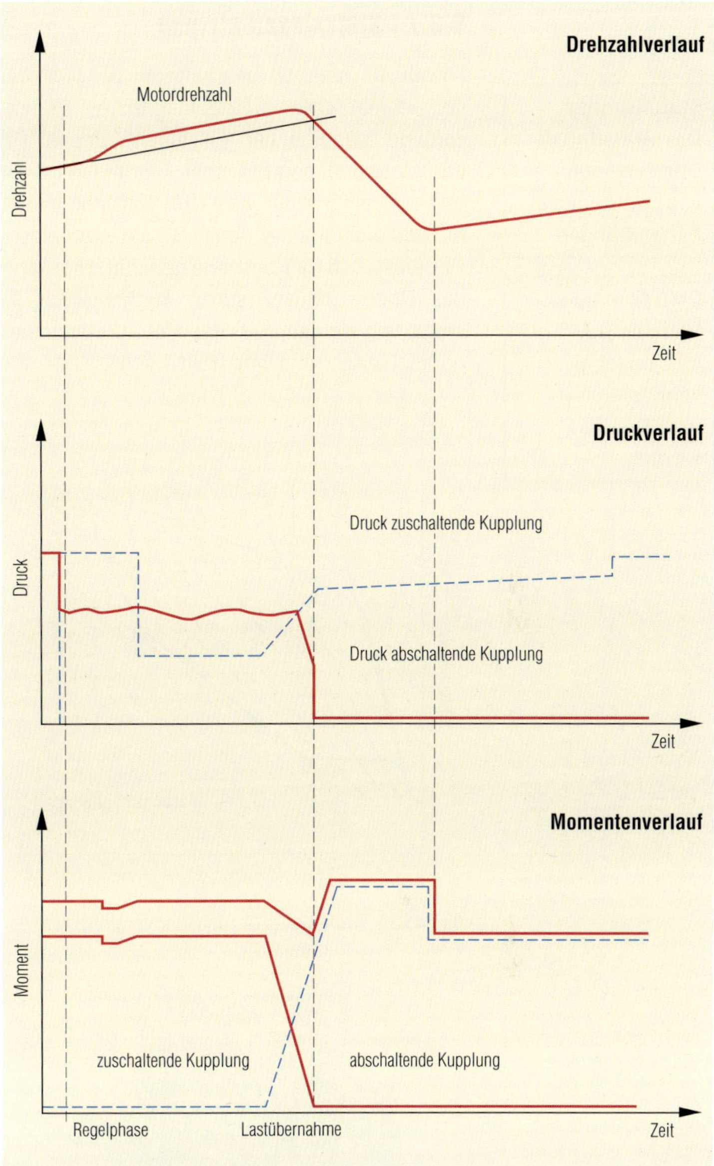

Bild 429.1 Überschneidungssteuerung.

Bei der Überschneidungssteuerung wird die Überschneidung von der EGS gesteuert. Ziel ist dabei eine sichere und komfortable Lastübernahme und eine stoßfreie Schaltung. Dies wird durch Anpassung des Drucks in den Schaltgliedern erreicht.

9.3.7 Stufenlose Getriebe

Stufensprung: Das Verhältnis der Übersetzungen von zwei benachbarten Gängen.

CVT: Continuously Variable Transmission (engl.) = kontinuierlich-variable Übersetzung

Sowohl im manuell geschalteten als auch im vollautomatischen Getriebe gibt es Stufensprünge zwischen den einzelnen Gängen. Da das Motordrehmoment aber kontinuierlich zu- und abnimmt, ist ein gestuftes Getriebe immer nur ein Kompromiss. Ideal ist ein stufenloses Getriebe, auch CVT-Getriebe genannt. Hier kann das Übersetzungsverhältnis kontinuierlich so eingestellt werden, dass das Motordrehmoment optimal ausgenutzt wird (Bild 430.1).

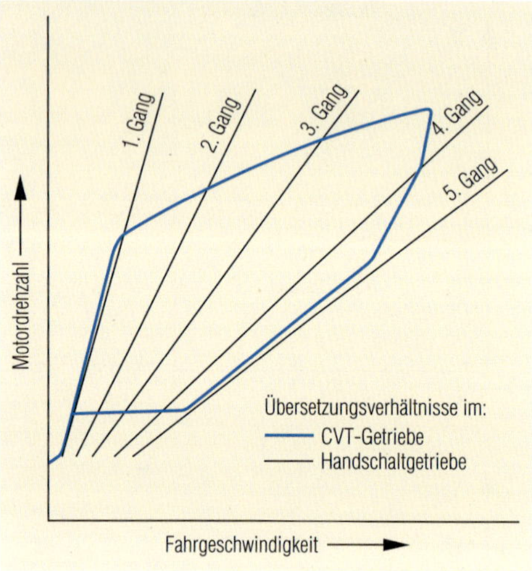

Bild 430.1 Stufenloses Getriebe im Vergleich zum Schaltgetriebe.

Stufenloses Getriebe mit Stahlschubgliederband

Bei diesem stufenlosen Getriebe (Bild 430.2) erfolgt die Kraftübertragung über ein Stahlschubgliederband (Bild 430.3). Die Stahlglieder werden von Metallbändern lediglich geführt und nicht auf Zug, sondern auf Druck beansprucht.

Das Gliederband läuft zwischen zwei Kegelscheibenpaaren (Primär- und Sekundär-Kegelscheibe). Ein Planetenradsatz treibt die Primär-Kegelscheibe an, wenn die Vorwärts- oder Rückwärtsgangkupplung geschaltet ist. Das Gliederband überträgt die Kraft von der Primär- auf die Sekundär-Kegelscheibe.

Primär- und Sekundär-Kegelscheibe sind geteilt. Wird eine Scheibenhälfte axial verschoben, ändert sich der Laufflächendurchmesser der betreffenden Kegelscheibe. Werden sowohl an der Primär- als auch an der Sekundär-Kegelscheibe je eine diagonal gegenüberliegende Scheibenhälfte verschoben, ändert sich das Übersetzungsverhältnis zwischen den beiden Kegelscheiben stufenlos (Bild 431.1).

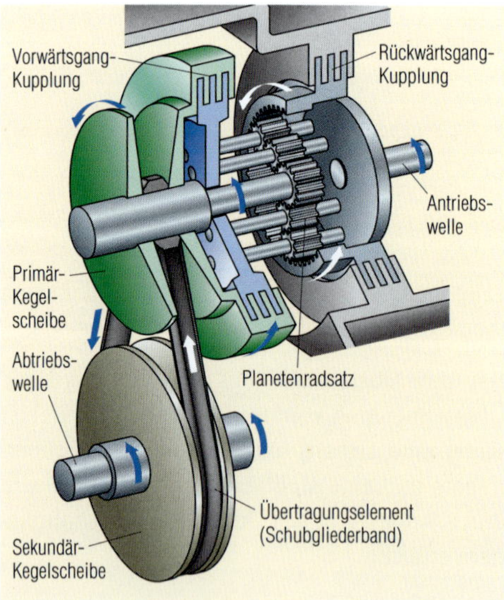

Bild 430.2 Stufenloses Getriebe mit Stahlschubgliederband.

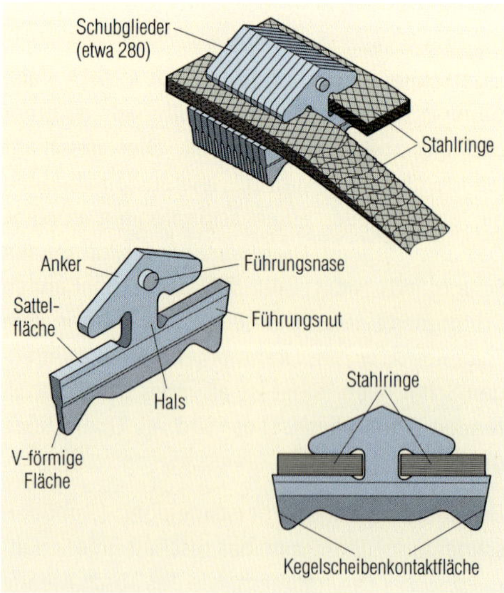

Bild 430.3 Stahlschubgliederband.

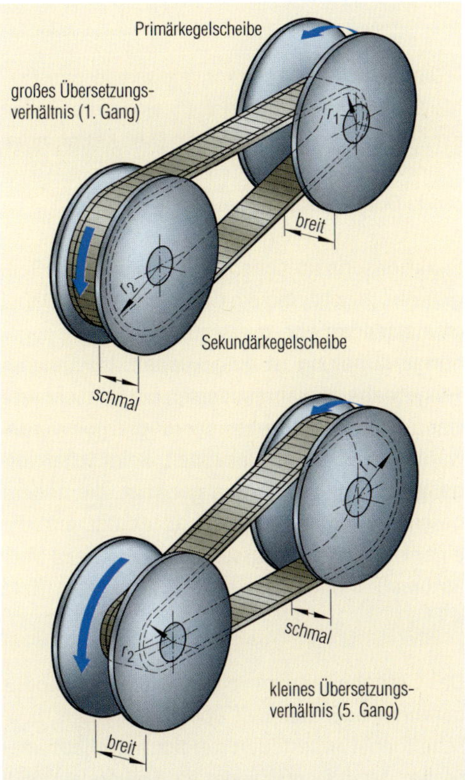

Bild 431.1 Stufenlose Übersetzung.

Die Scheibenhälften werden durch Öldruck verschoben, der durch eine elektro-hydraulische Steuerung angepasst wird. Dadurch wird der Anpressdruck des Gliederbands auf die Kegelscheiben abhängig vom zu übertragenden Drehmoment so eingestellt, dass einerseits ein Durchrutschen vermieden wird und andererseits nicht zu viel Reibung entsteht.

Je nach Stellung des Wählhebels sind beide Kupplungen gelöst (Stellungen N und P), die Rückwärtsgangkupplung (Stellung R) oder die Vorwärtsgangkupplung (Stellung D) geschaltet.

Stufenloses Getriebe mit Zugkette

Auch dieses Getriebe erreicht die stufenlose Übersetzung durch zwei Kegelscheibenpaare. Allerdings erfolgt hier die Drehmomentübertragung mittels einer Zugkette (Bild 431.2).

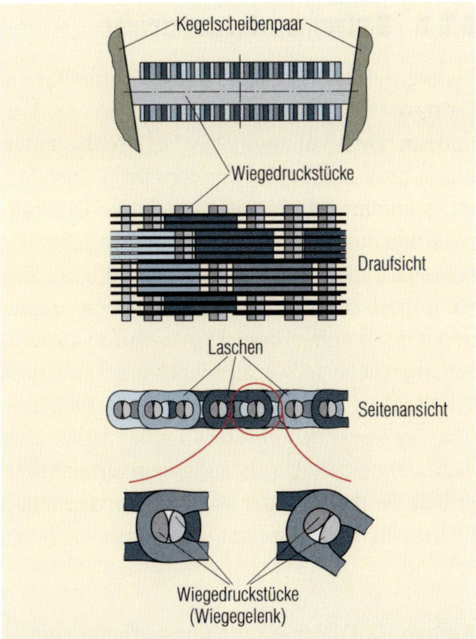

Bild 431.2 Zugkettenaufbau für stufenlose Getriebe.

Die Kette besteht aus nebeneinander liegenden Kettenlaschen, die durch je zwei Wiegedruckstücke endlos verbunden sind. Die Wiegedruckstücke liegen an den Kegelscheiben an und übertragen das Drehmoment auf die Laschen. Ein Wiegedruckstück ist mit jeweils einer Laschenreihe drehfest verbunden, zwei Wiegedruckstücke bilden ein Wiegegelenk. Beim Umschlingen der Kette im Kegelscheibenpaar wälzen sich die Wiegedruckstücke eines Wiegegelenks aneinander ab und können dadurch fast reibungslos abrollen.

Diese Kette ermöglicht kleinere Laufradien als das Schubgliederband und somit eine größere Spreizung des Getriebes trotz geringerer Baugröße. Durch die geringe Reibung ergibt sich ein größerer Wirkungsgrad und es können größere Drehmomente übertragen werden.

Zur Geräuschminimierung werden unterschiedlich lange Kettenlaschen verwendet, damit die Wiegedruckstücke nicht immer in gleichen Abständen auf die Kegelscheiben treffen. Dadurch wird die Resonanz gestört und somit die Laufruhe verbessert.

Spreizung:- Übersetzungsbereich eines Getriebes von der kleinsten bis zur größten Übersetzung.

9.3.8 Doppelkupplungsgetriebe

Manuelle Schaltgetriebe und vollautomatische Getriebe haben jeweils ihre spezifischen Vor- und Nachteile. Vollautomatische Getriebe bieten einen größtmöglichen Komfort beim Schalten, da es im Idealfall zu keiner spürbaren Zugkraftunterbrechung kommt. Manuelle Schaltgetriebe hingegen zeichnen sich durch ihren hohen Wirkungsgrad und den damit verbundenen geringeren Kraftstoffverbrauch aus. Automatisierte Schaltgetriebe (ASG) automatisieren zwar den Schaltablauf und erhöhen dadurch den Fahrkomfort. Die Zugkraftunterbrechung lässt sich aber nicht vermeiden. Da sie außerdem automatisch erfolgt, wird der Fahrer von ihr gewissermaßen überrascht und empfindet sie umso mehr als störend.

Aufbau. Das Doppelkupplungsgetriebe vereint die Vorteile der genannten Getriebearten. Es ist ein automatisiertes Schaltgetriebe mit zwei Kupplungen (Bild 432.1). Jeder dieser Kupplungen ist ein unabhängiges Teilgetriebe zugeordnet. Die beiden Teilgetriebe verfügen über je eine eigene Antriebswelle, von denen eine als Hohlwelle ausgeführt ist, sie nutzen aber einen gemeinsamen Getriebeausgang zum Ausgleichsgetriebe. Hierbei werden über das eine Teilgetriebe alle geraden Gänge und über das andere Teilgetriebe alle ungeraden Gänge geschaltet. Jedem Gang ist eine konventionelle Synchronisierungs- und Schalteinheit eines manuellen Schaltgetriebes zugeordnet. Die Kupplungen können als trockenlaufende oder als nasslaufende Doppelkupplung ausgeführt sein.

Funktionsprinzip. Grundsätzlich ist in jedem Teilgetriebe gleichzeitig ein Gang geschaltet. Dabei ist ein Teilgetriebe kraftschlüssig, d. h. die zugehörige Kupplung ist eingekuppelt. Im anderen Teilgetriebe ist währenddessen der benachbarte Gang von der Getriebesteuerung schon vorgewählt, aber noch ausgekuppelt. Beim Schaltvorgang wird eine Kupplung geöffnet, die andere geschlossen, der Gangwechsel erfolgt mithilfe einer Überschneidungssteuerung wie beim Vollautomaten ohne Zugkraftunterbrechung (Bild 433.1).

Das Getriebe kann im vollautomatischen Modus gefahren oder manuell über Schaltwippe bzw. Schalthebel angesteuert werden. Im vollautomatischen Modus entscheidet die Steuerelektronik anhand von Parametern wie Fahrgeschwindigkeit, Motordrehzahl, derzeit gewählter Gangstufe und evtl. gewähltem Schaltprogramm (z. B. Sportmodus) über die auszuführenden Schaltvorgänge.

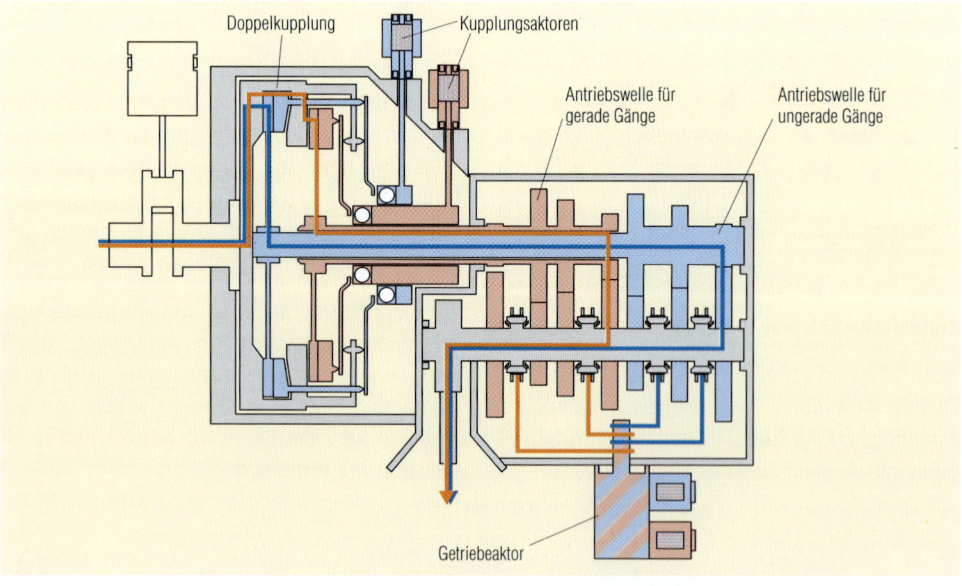

Bild 432.1 Prinzipdarstellung des Doppelkupplungsgetriebes mit trockenlaufender Doppelkupplung.

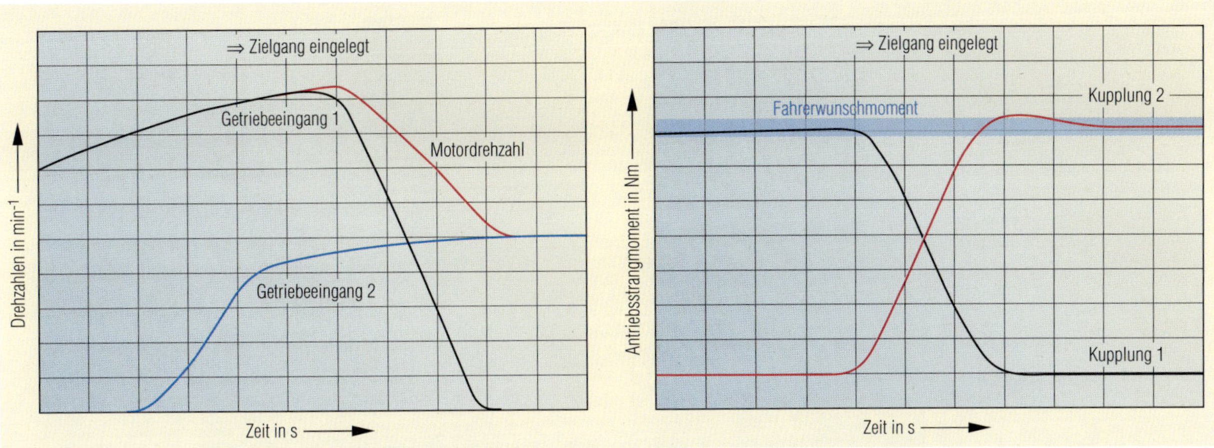

Bild 433.1 Drehmomentübergabe beim Doppelkupplungsgetriebe.

Nasse und trockene Kupplung. Grundsätzlich werden beim Doppelkupplungsgetriebe sowohl nasse als auch trockene Kupplungen eingesetzt. Die Trockenkupplung besitzt eine geringere Wärmeaufnahmefähigkeit und stößt daher bei höherer Wärmezufuhr durch die Reibung an den Kupplungen relativ schnell an ihre Grenzen. Demgegenüber stehen der höhere Aufwand bei Ansteuerung und Kühlung der Nasskupplung und ein höherer Kraftstoffverbrauch für den Antrieb der erforderlichen Ölpumpe. Bild 433.2 zeigt den unterschiedlichen Aufbau von nasser und trockener Doppelkupplung.

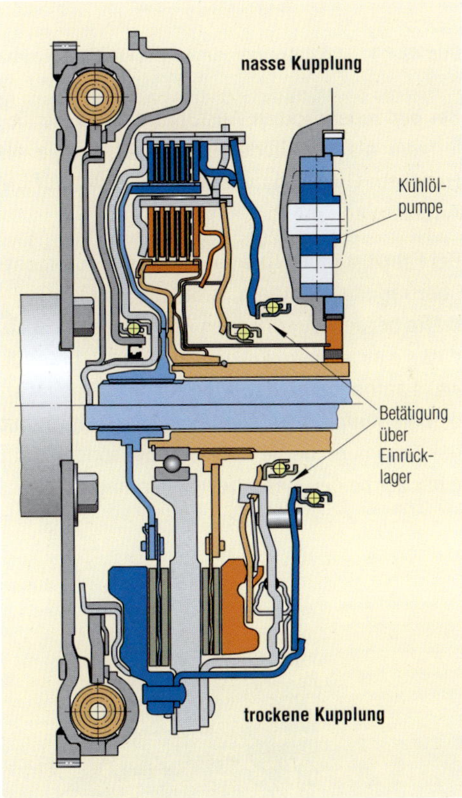

Bild 433.2 Nasse und trockene Doppelkupplung.

Kupplungsbetätigung beim Doppelkupplungsgetriebe

Aus Sicherheitsgründen müssen beim Doppelkupplungsgetriebe die Kupplungen beim Ausfall der Kupplungsaktorik selbsttätig öffnen, sodass der Kraftfluss vom Motor zum Getriebe automatisch unterbrochen wird. Dies ermöglichen sogenannte „zugedrückte" Kupplungen. Im Gegensatz zu „aufgedrückten" Kupplungen, wie sie in normalen Handschaltgetrieben vorhanden sind, wird hier die Kupplung erst geschlossen, wenn durch das Einrücklager eine Kraft auf die Tellerfederzungen ausgeübt wird. Bei der aufgedrückten Ausführung ist hingegen die Kupplung geschlossen, wenn keine Kraft auf den Tellerfederzungen liegt (Bild 434.1).

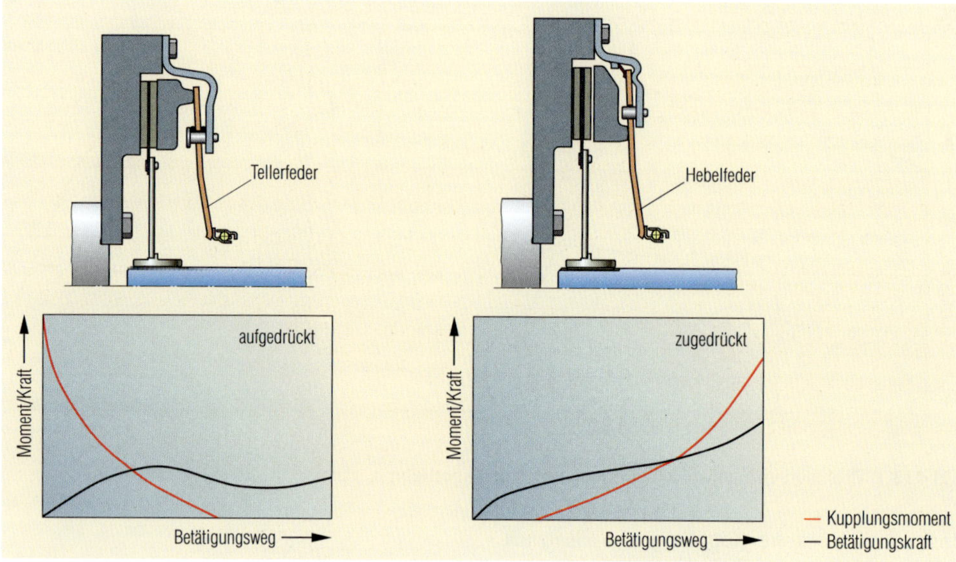

Bild 434.1 Funktion einer „aufgedrückten" gegenüber einer „zugedrückten" Kupplung.

Bei der zugedrückten Ausführung wird die Tellerfeder als Hebelfeder bezeichnet, da sie als Hebel zur Übertragung der Einrückkraft auf die Anpressplatte dient.

Bei Fahrzuständen, die eine hohe Drehmomentübertragung erfordern, sind die Betätigungskräfte bei der zugedrückten Ausführung so hoch, dass sie nicht mehr von der Lagerung der Kurbelwelle aufgenommen werden können. Daher werden die Kupplungen nicht wie herkömmlich mit der Schwungscheibe verschraubt, sondern auf einer der beiden Getriebewellen gelagert.

Kardangelenk:
Kreuzgelenk,
s. S. 446 f.;
nach G. Cardano
(1501 – 1576)

Hierbei gibt es zwei Möglichkeiten (Bild 434.2):

- Beim außenliegenden Dämpfer wird ein Torsionsdämpfersystem an die Kurbelwelle geschraubt. Die Drehmomentübertragung erfolgt über eine Mitnehmerverzahnung, welche außerdem eine axiale Toleranz zwischen Motor- und Getriebewelle ermöglicht.
- Bei der kardanischen Kopplung sind die Torsionsdämpfer in die beiden Kupplungsscheiben integriert. Die Übertragung des Drehmoments erfolgt über ein Kardangelenk, das aus elastischen Federelementen gebildet wird, welche ebenfalls eine axiale Toleranz zwischen Motor- und Getriebewelle ermöglichen.

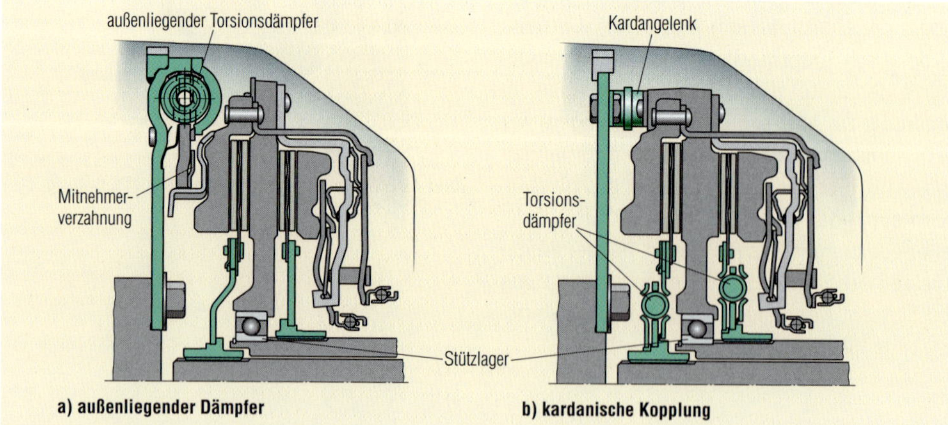

Bild 434.2 Befestigungsmöglichkeiten zugedrückter Kupplungen.

9.3.9 Schmierstoffe für Getriebe und Lager

Schmierstoffe für Schaltgetriebe müssen die gleichen Anforderungen erfüllen wie Motoröl. Als Viskositätsbereich kommen folgende Werte infrage:
- normale Getriebe: SAE 75W-90 oder 80W-90,
- Hypoidantriebe: SAE 75W bis 85W-140.

Bei Auswahl nach den API-Leistungsklassen gibt es die Gruppen GL1 bis GL5 sowie MT-1 für unsynchronisierte Nkw-Getriebe (Tabelle 435.1).

ATF-Öle. Automatikgetriebe benötigen besondere Öle, weil sie zusätzliche Eigenschaften erfüllen müssen:
- gute Wärmeabfuhr,
- Übernahme von Schaltfunktionen in hydraulischen Schaltungen,
- Dichtungsverträglichkeit,
- hohe Alterungsbeständigkeit mit dem Ziel einer Dauerfüllung (muss nie ausgetauscht werden).

Es gibt keine allgemeine Norm, sondern nur Herstellernormen. Jeder ATF-Ölhersteller weist spezielle Freigaben der Getriebehersteller aus.

ATF: Automatic-Transmission-Fluids (engl.) = Automatikgetriebeflüssigkeiten (d. h. -öle)

Hypoidantrieb → S. 436

API-Klasse	MIL-Spezifikation	Einsatzart/Einsatzbedingungen	Firmenvorschriften (Beispiele)
GL1	—	gering belastete Schaltgetriebe	Volvo-Nkw
GL2	—	Industrie-/Schneckengetriebe	
GL3	—	normal belastete Schaltgetriebe	Fiat
GL4	MIL-L-2105	hochbelastete Schaltgetriebe, gering belastete Hypoidgetriebe	MAN 341 MB Blatt 235.1
GL5	MIL-L-2105 B MIL-L-2105 C MIL-L-2105 D	hochbelastete Hypoidgetriebe, Schaltgetriebe wenn vorgeschrieben/zugelassen	MAN 342 MB Blatt 235.0
MT-1	MIL-PRF-2105 E	unsynchronisierte Schaltgetriebe in amerikanischen Nkw	Eaton, Fuller

Tabelle 435.1 Leistungsklassen für Getriebeöle.

9.4 Achs-, Ausgleichs- und Verteilergetriebe

Der Achsantrieb besteht aus zwei Getrieben, die häufig in einem Gehäuse untergebracht sind. Dies sind das Achsgetriebe und das Ausgleichsgetriebe, auch als Differenzial bezeichnet. Bei Allradfahrzeugen wird zusätzlich ein Verteilergetriebe zur Verteilung des Drehmoments auf die Achsen benötigt.

9.4.1 Achsgetriebe

Das Achsgetriebe sitzt im Kraftfluss zwischen Wechselgetriebe und Ausgleichsgetriebe und hat dort folgende Aufgaben:
- bei Fahrzeugen mit längs eingebautem Motor muss der Kraftfluss um 90 ° umgelenkt werden,
- das vom Wechselgetriebe abgegebene Drehmoment wird auf das an den Antriebsrädern erforderliche Drehmoment erhöht,
- die vom Wechselgetriebe abgegebene Drehzahl wird auf die an den Antriebsrädern erforderliche Drehzahl herabgesetzt.

Diese Aufgaben werden von Kegelrad- und Stirnrad-Achsgetrieben übernommen.

hypoid: von gr. hypo = unter, darunter

Kegelrad-Achsgetriebe

Das Kegelrad-Achsgetriebe besteht aus Antriebskegelrad und Tellerrad. Sie können nicht versetzte oder versetzte Achsen (Hypoidantrieb) haben (Bild 436.1).

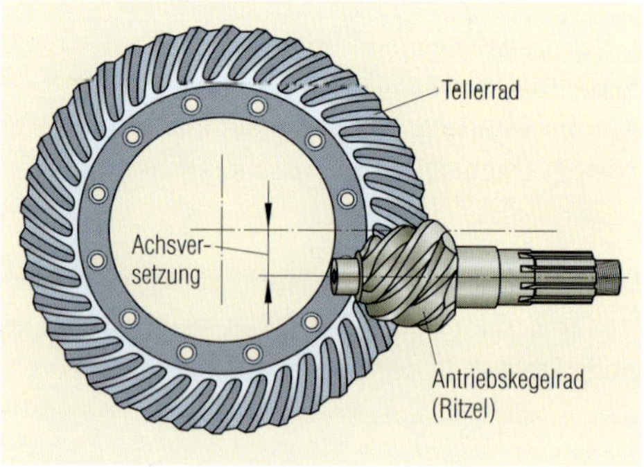

Bild 436.1 Hypoidantrieb.

Fahrzeuge mit quer eingebautem Motor → Bild 404.1

Hypoidantrieb. Die achsversetzte Anordnung der Zahnräder beim Hypoidantrieb hat zur Folge, dass das Antriebskegelrad größer und das Tellerrad kleiner gebaut werden kann. Auch ist eine größere Anzahl von Zahnrädern gleichzeitig miteinander im Eingriff. Dadurch ergeben sich im Betrieb eine größere Laufruhe und höhere Belastbarkeit bei kleineren Abmessungen. Das versetzte Antriebskegelrad ermöglicht außerdem bei Fahrzeugen mit Frontmotor und Heckantrieb eine tiefer liegende Längswelle. Dies gestattet einen flacheren Wellentunnel und einen tieferen Schwerpunkt des Fahrzeugs.

Allerdings erfordert der Hypoidantrieb wegen der größeren Zahnflankendrücke zwischen Antriebskegelrad und Tellerrad die Verwendung von besonders druckfestem Hypoidöl.

Verzahnungsarten. Es werden zwei Verzahnungsarten verwendet (Bild 436.2). Die Klingelnberg-Verzahnung besitzt über die gesamte Zahnlänge die gleiche Zahnhöhe. Die Form der Zahnflanken wird durch eine Spirale gebildet, dadurch ist der Zahnrücken immer gleich breit. Bei der Gleason-Verzahnung ist die Zahnhöhe am Außendurchmesser größer als am Innendurchmesser. Die Zahnflanken sind Teil eines Kreisbogens, wodurch die Zahnrücken von außen nach innen schmaler werden.

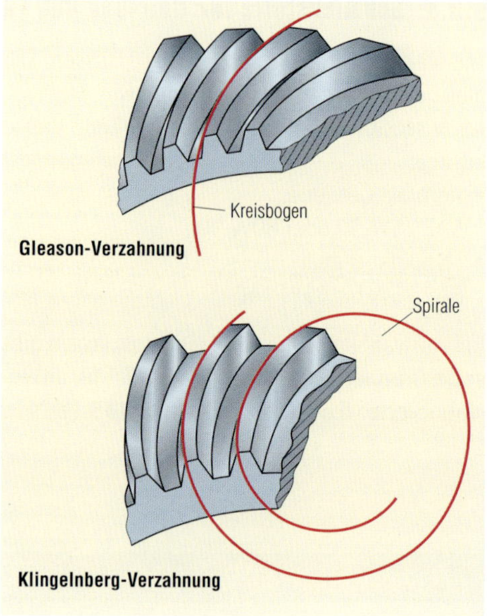

Bild 436.2 Verzahnungsarten.

Stirnrad-Achsgetriebe

Bei Fahrzeugen mit quer eingebautem Motor werden Stirnrad-Achsgetriebe mit schräg verzahnten Stirnrädern eingesetzt. Wechselgetriebe und Achsgetriebe sind in einem gemeinsamen Gehäuse untergebracht. Stirnrad-Achsgetriebe sind kostengünstiger in Herstellung und Wartung.

9.4.2 Ausgleichsgetriebe

Zum Ausgleich von Drehzahlunterschieden der Antriebsräder und zur Drehmomentverteilung auf diese werden Ausgleichsgetriebe (Differenziale) benötigt.

Querdifferenziale werden zwischen den Rädern einer Achse angeordnet. Längs- oder Mittendifferenziale sind bei allradgetriebenen Fahrzeugen zwischen Vorder- und Hinterachsen erforderlich.

Aufgaben

Drehzahlausgleich. Bei Kurvenfahrt legen die kurvenäußeren Räder einen größeren Weg zurück als die kurveninneren. Auch bei unebener Fahrbahn kommt es zu Drehzahlunterschieden zwischen den Rädern. Was bei den nicht angetriebenen, frei mitlaufenden Rädern kein Problem darstellt, führt bei den Antriebsrädern zu Verspannungen des Antriebsstrangs. Das schneller drehende Rad rutscht bei einem starren Antrieb auf der Fahrbahn durch, was zu verminderter Bodenhaftung führt. Daher ist ein Ausgleich der Drehzahlunterschiede an den Antriebsrädern notwendig.

Drehmomentverteilung. Das Drehmoment muss so auf die Antriebsräder verteilt werden, dass eine möglichst gute Traktion erzielt wird. Im normalen Ausgleichsgetriebe ohne Ausgleichssperre erhalten beide Antriebsräder das gleiche Drehmoment, wobei die Größe dieses Drehmoments durch das Rad mit der geringeren Bodenhaftung bestimmt wird.

Kegelrad-Ausgleichsgetriebe

Aufbau. Das Tellerrad des Achsgetriebes ist mit dem Ausgleichsgehäuse (Differenzialkorb) verschraubt. Somit dreht sich das Ausgleichsgehäuse immer mit der gleichen Drehzahl wie das Tellerrad (Bild 437.1).

Die Achsen der Ausgleichskegelräder sind im Ausgleichsgehäuse gelagert und drehen sich ständig mit dem Gehäuse mit. Die Verzahnungen der Ausgleichsräder befinden sich mit den Verzahnungen der Achskegelräder in ständigem Eingriff und treiben diese an. An den Achskegelrädern sind die Achswellen befestigt.

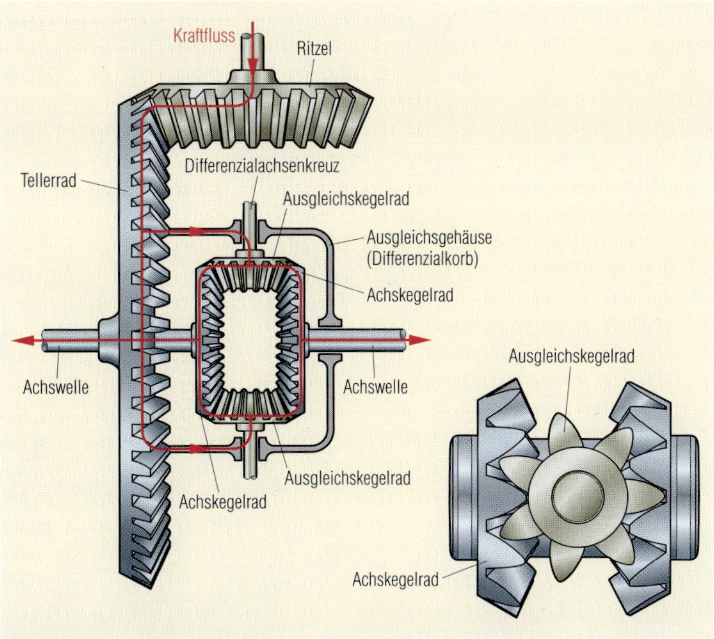

Bild 437.1 Kegelrad-Ausgleichsgetriebe: Aufbau und Kraftfluss.

Wirkungsweise. Bei Geradeausfahrt drehen beide Achskegelräder mit der gleichen Drehzahl wie das Tellerrad. Die Ausgleichskegelräder drehen sich daher nicht um sich selbst, kreisen aber mit dem Ausgleichsgehäuse mit Tellerrad-Drehzahl und treiben die Achskegelräder an.

Bei Kurvenfahrt müssen die beiden Achskegelräder unterschiedlich schnell drehen. Dies wird dadurch möglich, dass sie sich auf den Ausgleichskegelrädern abwälzen. Sie kreisen nun nicht mehr nur mit dem Gehäuse, sondern drehen sich zusätzlich. Das kurveninnere Rad dreht um den Betrag langsamer, um den das kurvenäußere schneller läuft (Tabelle 437.1).

Traktion:
Zugkraft; Antrieb. Ermöglicht die Übertragung des Antriebsmoments vom Rad auf die Fahrbahn.

	Tellerrad und Ausgleichsgehäuse	linkes Achskegelrad	rechtes Achskegelrad	Ausgleichskegelräder
Geradeausfahrt	100 min^{-1}	100 min^{-1}	100 min^{-1}	stehen still
Linkskurve*	100 min^{-1}	175 min^{-1}	125 min^{-1}	rotieren
Rechtskurve*	100 min^{-1}	125 min^{-1}	75 min^{-1}	rotieren
Rechtes Rad dreht durch	100 min^{-1}	0 min^{-1}	200 min^{-1}	rotieren

* Die Drehzahlen der Achskegelräder variieren in Abhängigkeit vom Kurvenradius.

Tabelle 437.1 Drehzahlverhältnisse in einem Ausgleichsgetriebe.

Segment	Korrektur am Antriebskegelrad	Korrektur am Tellerrad
A1/B1	Tragbild gut	
A2/B2	weg von der Tellerradachse	zur evtl. Korrektur des Zahnflankenspiels hin zur Kegelradachse
A3/B3	zur evtl. Korrektur des Zahnflankenspiels hin zur Tellerradachse	weg von der Kegelradachse
A4/B4	hin zur Tellerradachse	zur evtl. Korrektur des Zahnflankenspiels weg von der Kegelradachse
A5/B5	zur evtl. Korrektur des Zahnflankenspiels weg von der Tellerradachse	hin zur Kegelradachse
A6/B6	zur Korrektur des Zahnflankenspiels Tellerrad verschieben	

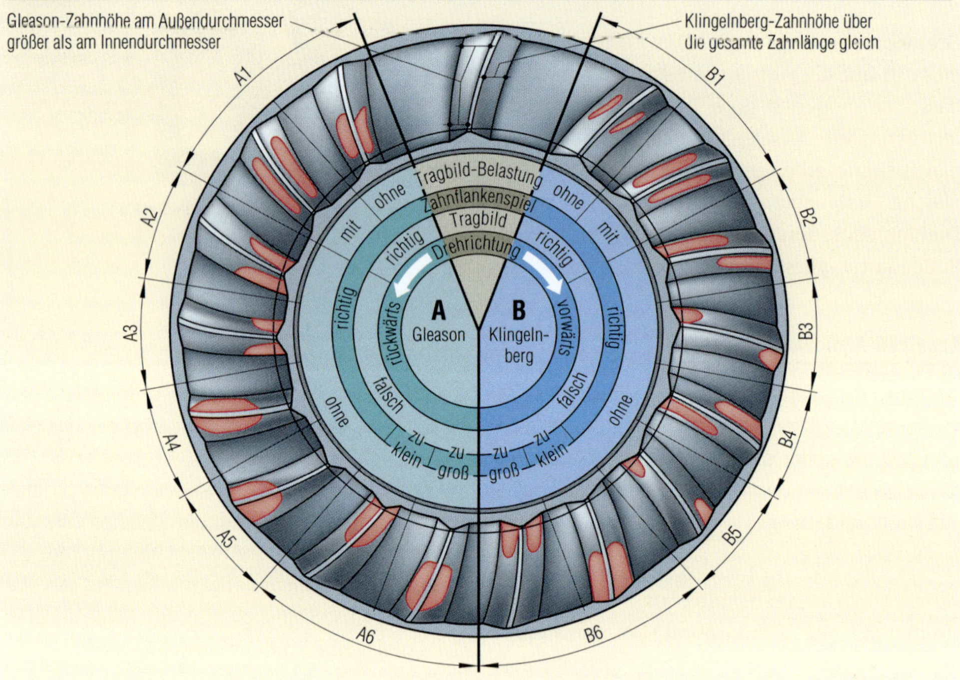

Bild 438.1 Tragbilder am Tellerrad (Gleason- und Klingelnberg-Verzahnung).

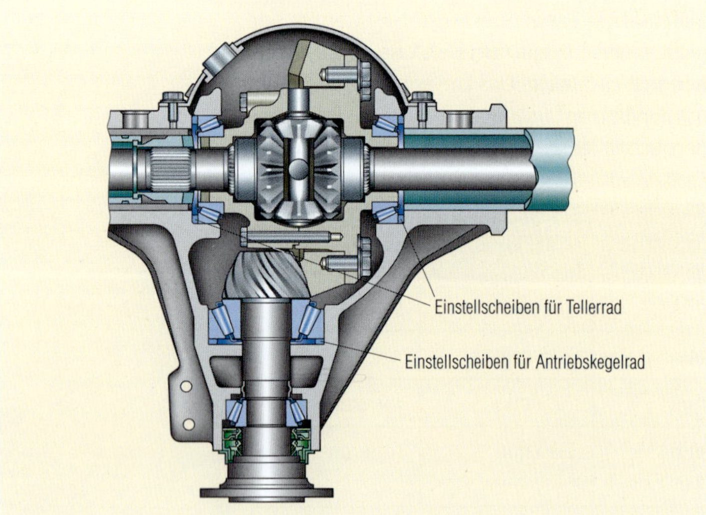

Bild 438.2 Einstellscheiben zur Lagekorrektur an Teller- und Kegelrad.

Antriebskegelrad und Tellerrad eines Kegelrad-Ausgleichsgetriebes müssen immer paarweise ausgetauscht werden.

Kegel- und Tellerrad werden exakt zueinander positioniert, damit das Getriebe ruhig und verschleißfrei läuft. Abweichungen von der richtigen Einstellung können Sie am Tragbild der Zahnradpaarung feststellen. Dazu werden die Zähne des Tellerrades im eingebauten Zustand beidseitig mit Tuschierfarbe bestrichen. Anschließend wird das Tellerrad abgebremst und dabei mit dem Kegelrad in beide Richtungen mehrfach gedreht. Das entstandene Tragbild gibt Ihnen Aufschluss über eventuelle Fehleinstellungen (Bild 438.1). Kegelrad und Tellerrad können Sie durch Einlegen von Einstellscheiben axial verschieben (Bild 438.2).

9.4.3 Ausgleichssperren

Bei Ausgleichsgetrieben ohne Ausgleichssperren übertragen beide Antriebsräder das gleiche Drehmoment. Steht ein Rad aber beispielsweise auf Eis, kann hier fast kein Drehmoment übertragen werden. Somit ist auch das Drehmoment am anderen Antriebsrad sehr gering. Dies führt dazu, dass das zweite Antriebsrad stillsteht, während das Rad, welches auf Eis steht, durchrutscht. Es findet kein Vortrieb mehr statt, da hierfür nicht genügend Vortriebskraft auf die Straße übertragen wird.

Ausgleichssperren ermöglichen daher einen Drehmomentunterschied an den Antriebsrädern um einen möglichst guten Vortrieb bei ungünstigen Fahrbahnbedingungen zu erhalten. Man unterscheidet schaltbare und selbsttätig schaltende Ausgleichssperren.

Sperrwert. Der Sperrwert S der Ausgleichssperre gibt an, wie viel Prozent Drehmomentunterschied zwischen den Antriebsrädern, bezogen auf das am Tellerrad anliegende Lastmoment, möglich ist.

$$\text{Sperrwert } S = \left(\frac{\text{Drehmomentunterschied}}{\text{Lastmoment}}\right) \cdot 100\,\%$$

Beispiel:
Lastmoment = 1200 Nm,
Drehmoment am Rad mit guter Bodenhaftung = 900 Nm,
Drehmoment am Rad mit schlechter Bodenhaftung = 300 Nm

$$S = \left(\frac{900\text{ Nm} - 300\text{ Nm}}{1200\text{ Nm}}\right) \cdot 100\,\%$$

Sperrwert $S = 50\,\%$

Schaltbare Ausgleichssperren

Schaltbare Ausgleichssperren sind formschlüssige Sperren, die dafür sorgen, dass kein Drehzahlausgleich mehr zwischen den Antriebsrädern möglich ist. Dazu wird über eine Schiebemuffe eine Achswelle drehfest mit dem Ausgleichsgehäuse verbunden (Bild 439.1). Durch die Verblockung können sich die Ausgleichskegelräder nicht mehr auf den Achskegelrädern abwälzen.

Diese Ausgleichssperren haben einen Sperrwert von 100 %. Selbst wenn an einem Rad wegen schlechter Bodenhaftung überhaupt kein Drehmoment übertragen werden kann, wird das gesamte am Tellerrad anliegende Lastmoment über das andere Rad übertragen. So ist es möglich, auch im unwegsamen Gelände ohne durchrutschende Antriebsräder voranzukommen. Sobald das Fahrzeug wieder auf normalem Untergrund fährt, muss die Ausgleichssperre gelöst werden, da sonst Verspannungen im Antriebsstrang auftreten.

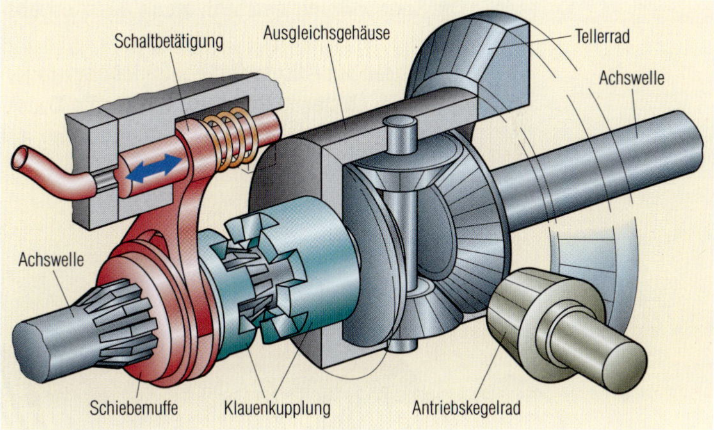

Bild 439.1 Differenzialsperre.

Selbsttätig schaltende Ausgleichssperren

Selbsttätig schaltende Ausgleichssperren sind kraftschlüssig arbeitende Sperren, die durch begrenzten Schlupf Sperrwerte kleiner als 100 % ermöglichen. Da sie sich je nach Fahrsituation automatisch zu- und abschalten, besteht die Gefahr von Verspannungen im Antriebsstrang und des daraus resultierenden Fahrverhaltens nicht mehr. Sie werden bei zweiradgetriebenen Fahrzeugen als Quersperre und bei Allradantrieben als Längssperre eingesetzt.

Man unterscheidet:
- Ausgleichssperre mit Reibkupplung,
- Visco-Kupplung,
- Torsen-Differenzial,
- automatisches Sperrdifferenzial (ASD),
- elektronische Differenzialsperre (EDS),
- Haldex-Kupplung.

Quersperre: Anordnung der Ausgleichssperre zwischen den Rädern einer Achse.

Längssperre: Anordnung der Ausgleichssperre zwischen Vorder- und Hinterachse.

Ausgleichssperre mit Reibkupplung (Bild 440.1). Im Aufbau ähnelt sie einem herkömmlichen Ausgleichsgetriebe. Die Achsen der Ausgleichskegelräder sind aber nicht direkt im Ausgleichsgehäuse gelagert, sondern werden durch Keilflächen in zwei Druckringen geführt. Die Druckringe sind über Mitnehmer axial verschiebbar, aber drehfest im Ausgleichsgehäuse gelagert. Zwischen ihren Stirnflächen und dem Ausgleichsgehäuse sind zwei Lamellenkupplungen angeordnet. Ihre Innenlamellen sitzen auf den Achskegelrädern und ihre Außenlamellen im Ausgleichsgehäuse.

Die Sperrwirkung entsteht, wenn das Antriebsdrehmoment von den beiden Druckringen auf die Achsen der Ausgleichskegelräder übertragen wird. Wegen der Keilflächen werden die Druckringe auseinander geschoben und drücken auf die Lamellenkupplungen.

Bei gleicher Bodenhaftung an den Antriebsrädern wird das Lastmoment, welches am Tellerrad anliegt, vom Ausgleichsgehäuse über die Druckringe zu einem kleinen Teil über die Lamellenkupplungen und zum größeren Teil über die Ausgleichskegelräder zu den Achskegelrädern übertragen (Bild 441.1).

Dreht ein Rad wegen unterschiedlicher Bodenhaftung durch, entsteht an der zu diesem Rad gehörenden Lamellenkupplung ein Reibungsmoment, weil Innen- und Außenlamellen durchrutschen (Bild 441.1). Dieses Reibungsmoment wird über das Ausgleichsgehäuse zum langsamer laufenden Rad übertragen. Hier wird es zum normalen Drehmoment hinzuaddiert.

Der Sperrwert wird durch die Wahl des Winkels α an den Keilflächen und durch die Anzahl der Kupplungslamellen beeinflusst.

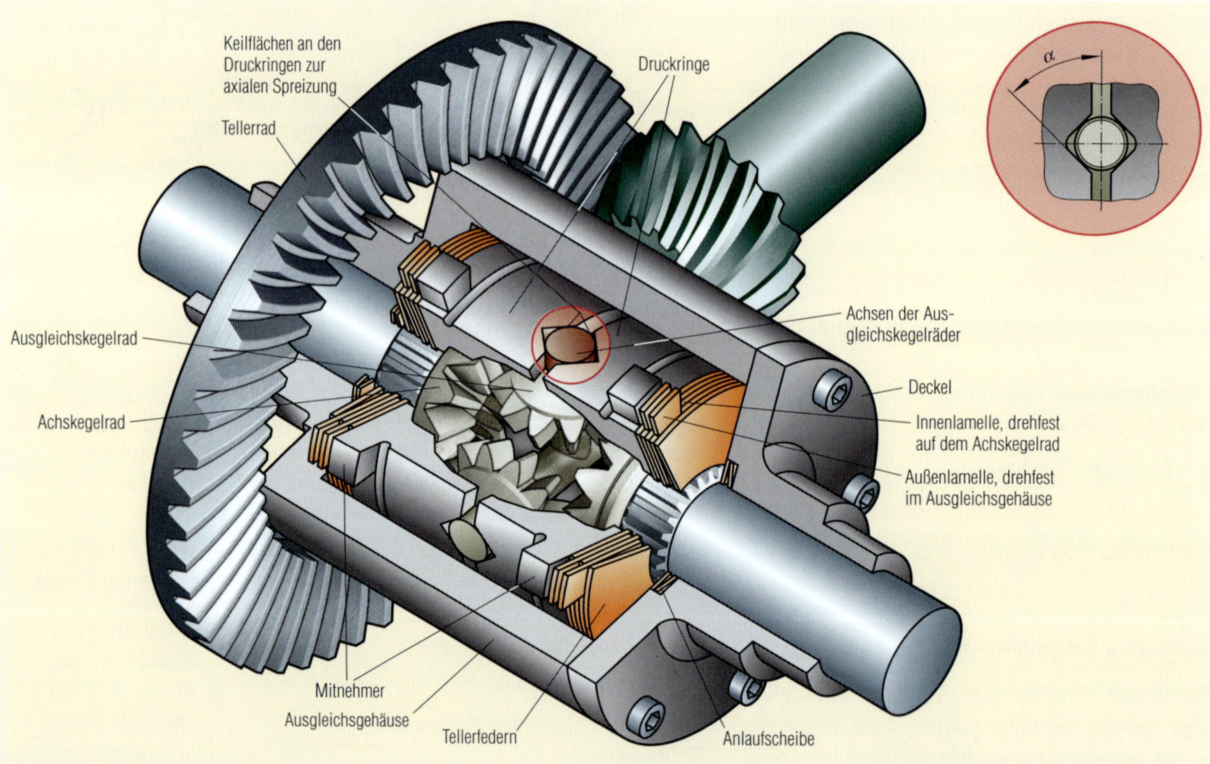

Bild 440.1 Ausgleichssperre mit Reibkupplung.

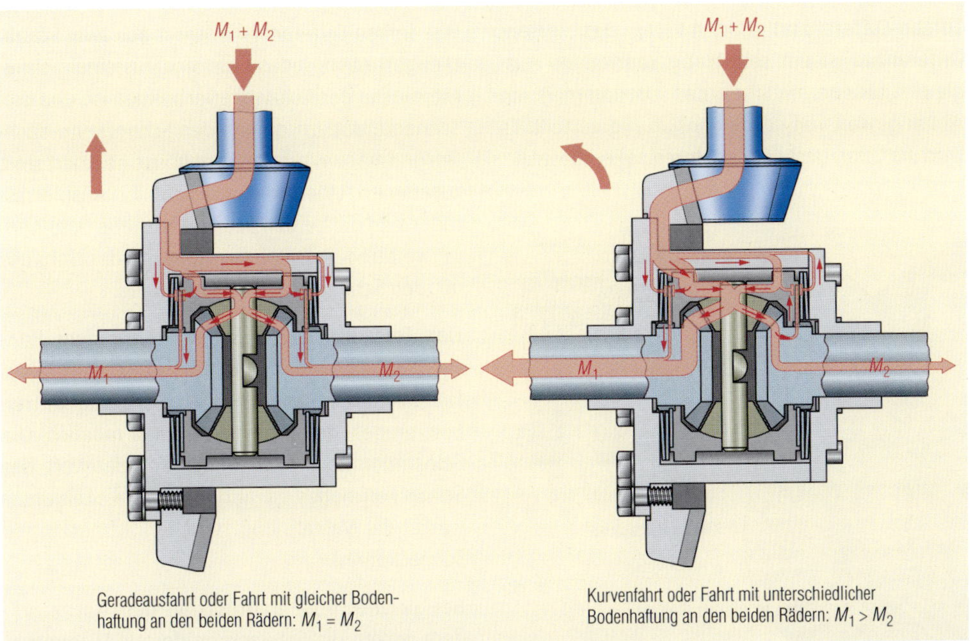

Bild 441.1 Drehmomentfluss an der Ausgleichssperre mit Reibkupplung.

Visco-Kupplung (Bild 441.2). Die Visco-Kupplung ist eine verschleißfrei arbeitende Flüssigkeits-Scherkupplung. Sie arbeitet sehr weich und ruckfrei und kann Schwingungen im Antriebsstrang wirksam dämpfen. Visco-Kupplungen können zusätzlich zu einem Ausgleichsgetriebe als Quersperre oder bei Allradfahrzeugen als Längssperre eingesetzt werden.

Das Gehäuse der Visco-Kupplung ist mit einer Silicon-Flüssigkeit gefüllt und nach außen vollständig abgedichtet. Die gelochten Außenlamellen greifen in die Verzahnung des Gehäuses, die radial geschlitzten Innenlamellen in die Verzahnung der Nabe.

Kommt es zu Drehzahlunterschieden zwischen Nabe und Gehäuse, wird die Siliconflüssigkeit durch die Abscherung zwischen Innen- und Außenlamellen erwärmt. Dies führt zu einem Druckanstieg im Gehäuse und zu einer verstärkten Sperrwirkung zwischen Innen- und Außenlamellen. Der Sperrwert ist in Abhängigkeit von der Drehzahldifferenz völlig variabel.

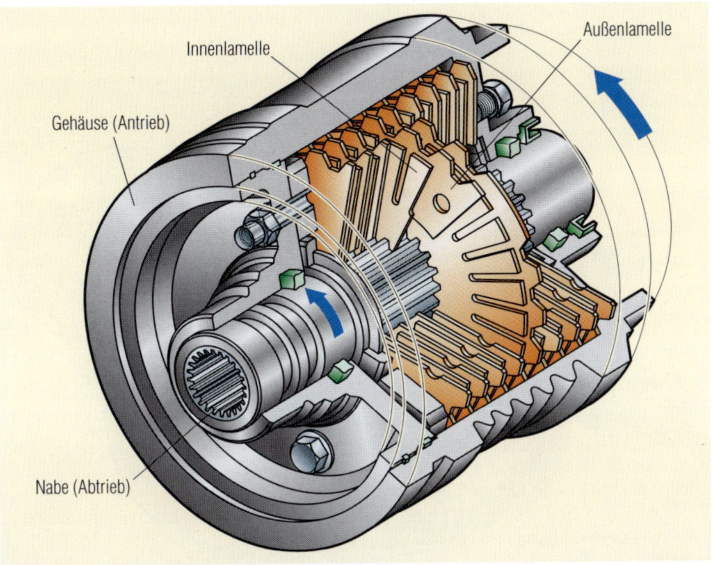

Bild 441.2 Visco-Kupplung.

Torsen: Kunstwort aus torque sensing = drehmomentfühlend

Torsen-Differenzial (Bild 442.1). Das Torsen-Differenzial ist ein selbsttätig sperrendes Ausgleichsgetriebe, welches das Drehmoment in Abhängigkeit von der Bodenhaftung verteilt. Es wird als Quer- und Längsdifferenzial eingesetzt.

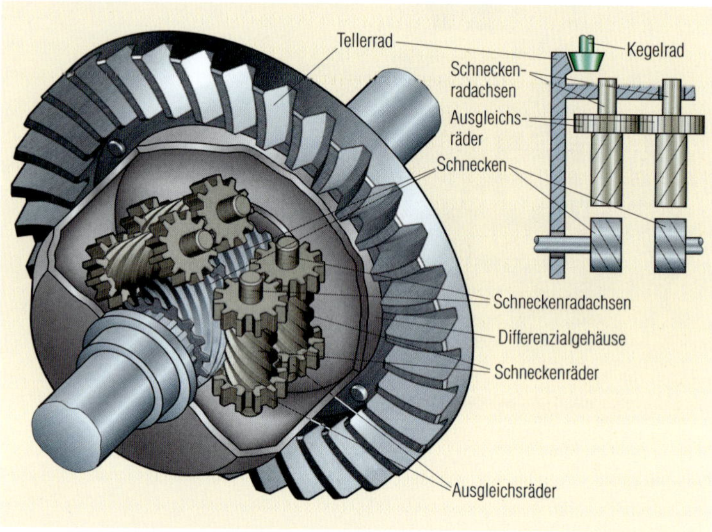

Bild 442.1 Torsen-Differenzial.

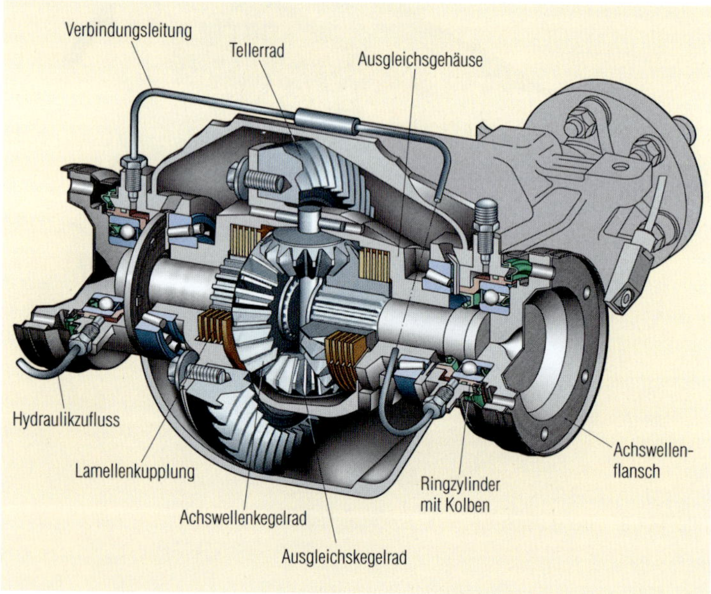

Bild 442.2 Automatisches Sperrdifferenzial.

ABS → S. 543 ff.

Das Torsen-Differenzial besteht aus zwei Schneckengetrieben. Jedes setzt sich aus einer Schnecke, die mit der Achswelle verbunden ist, und drei Schneckenrädern, die auf den Schneckenradachsen drehbar im Ausgleichsgehäuse gelagert sind, zusammen. Über die insgesamt 12 Ausgleichsräder sind die beiden Schneckentriebe miteinander verbunden. Das Tellerrad treibt das Gehäuse mit den Schneckenradachsen an.

Das Torsen-Differenzial beruht auf dem Prinzip der Selbsthemmung des Schneckentriebes. Die Schnecke kann das Schneckenrad antreiben, umgekehrt ist dies aber nicht möglich. Die Selbsthemmung und somit der Sperrwert des Schneckentriebes ist abhängig vom Steigungswinkel der Verzahnung zwischen Schnecke und Schneckenrad.

Bei gleicher Bodenhaftung an den Antriebsrädern wirken die Schneckenräder als Mitnehmer, treiben dadurch die Schnecken an und drehen sich selbst nicht. Jede Achswelle erhält das gleiche Drehmoment.

Bei unterschiedlicher Bodenhaftung oder Kurvenfahrt dreht ein Antriebsrad schneller als das andere. Dadurch drehen sich die Schneckenräder und damit auch die Ausgleichsräder. Die Schneckenräder der Seite mit der geringeren Bodenhaftung (Rad dreht durch) stützen sich dabei über die Ausgleichsräder auf den Schneckenrädern der Seite mit der besseren Bodenhaftung ab. Dadurch erhält diese Seite ein höheres Drehmoment.

Automatisches Sperrdifferenzial (ASD) (Bild 442.2). Im automatischen Sperrdifferenzial wird ein selbsttätig sperrendes Ausgleichsgetriebe mit Reibkupplung durch einen Hydraulikteil ergänzt, der es ermöglicht, das Differenzial bei bestimmten Fahrzuständen schnell 100% zu sperren. Das ASD lässt sich zusammen mit einem ABS verwenden ohne dessen Funktion zu beeinträchtigen. Die Sensoren des ABS werden für das ASD verwendet.

Das ASD besteht aus einer Ölpumpe zur Erzeugung des Öldrucks, einem Druckspeicher, Magnetventilen, einem Steuergerät, Raddrehzahlsensoren und dem Ringzylinder im Ausgleichsgetriebe zur Betätigung der Sperre.

Sobald die Raddrehzahlsensoren dem Steuergerät bei Fahrgeschwindigkeiten unter 30 km/h eine Drehzahldifferenz zwischen den Antriebsrädern bzw. zwischen Antriebsrädern und den nicht angetriebenen Rädern von mehr als 2 km/h melden, werden die Magnetventile geschaltet und der Ringkolben durch Öldruck betätigt. Dadurch werden die Lamellenkupplungen zusammengepresst und das Ausgleichsgetriebe sperrt.

Im Schubbetrieb, bei arbeitendem ABS, bei Fahrgeschwindigkeiten über 30 km/h oder bei betätigter Bremse wird das ASD deaktiviert.

Elektronische Differenzialsperre (EDS). Die elektronische Differenzialsperre erweitert ein bestehendes ABS. Es nutzt und erweitert dessen Komponenten um die Traktion bei ungünstigen Fahrbahnverhältnissen zu verbessern.

Ein Steuergerät erfasst Drehzahlunterschiede der Antriebsräder, die über die Drehzahlsensoren des ABS gemeldet werden. Bei einer Differenzdrehzahl von ca. 110 min^{-1} wird das schneller drehende Rad über die ABS-Hydraulikeinheit abgebremst, bis es annähernd die gleiche Drehzahl wie das langsamer drehende Rad hat. Es entsteht ein Stützmoment, welches die Wirkung einer herkömmlichen Ausgleichssperre hat, sodass am Rad mit der besseren Bodenhaftung ein höheres Drehmoment anliegt.

Die EDS arbeitet bis zu einer Geschwindigkeit von 40 km/h uneingeschränkt, darüber hinaus wird die Sperrwirkung gleitend reduziert, ohne dass der Fahrer etwas davon bemerkt. Sie ist auch bei Rückwärtsfahrt wirksam, bei Kurvenfahrt spricht das System aber nicht an.

Haldex-Kupplung. Die Haldex-Kupplung wird bei allradgetriebenen Fahrzeugen zur Drehmomentverteilung zwischen den beiden Achsen eingesetzt. Sie sitzt am Hinterachsgetriebe und wird von der Kardanwelle angetrieben (Bild 443.1). Bei durchdrehenden Vorderrädern sperrt die Haldex-Kupplung den Drehzahlausgleich zwischen Vorder- und Hinterachse und verteilt das Drehmoment an die beiden Achsen. Ihr Sperrwert kann dazu je nach Fahrsituation von der Steuerelektronik zwischen 0% und 100% eingestellt werden.

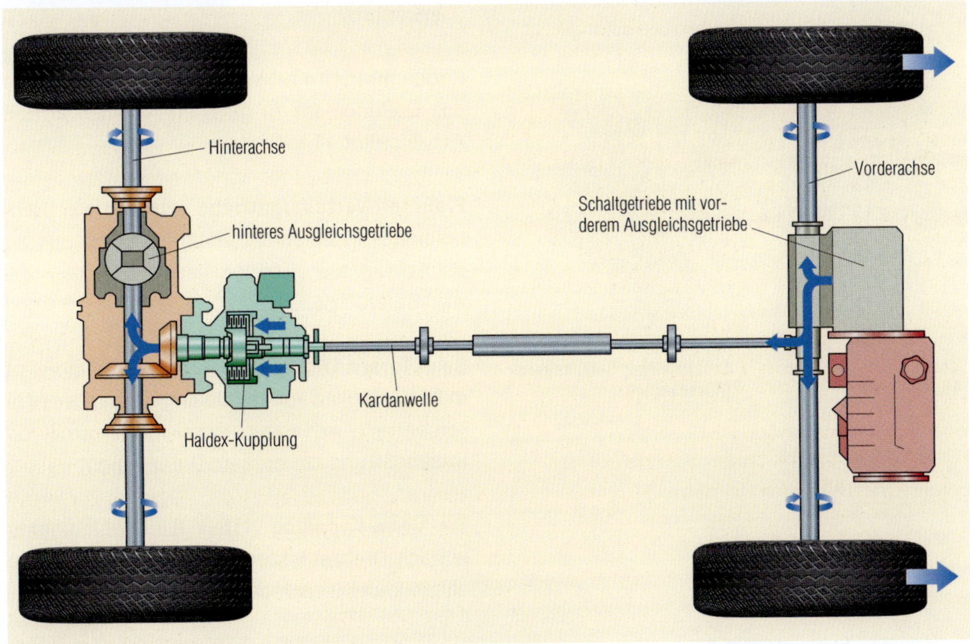

Bild 443.1 Anordnung der Haldex-Kupplung im Antriebsstrang.

Bild 444.1 zeigt den prinzipiellen Aufbau der Haldex-Kupplung. Im dichten Gehäuse ist eine Lamellenkupplung im Ölbad untergebracht. Die Innenlamellen sind mit der Ausgangswelle verzahnt, die Außenlamellen mit dem von der Eingangswelle angetriebenen Gehäuse. Zusammen mit dem Gehäuse drehen sich Hubkolben und Arbeitskolben, die Hubscheibe rotiert mit der Ausgangswelle.

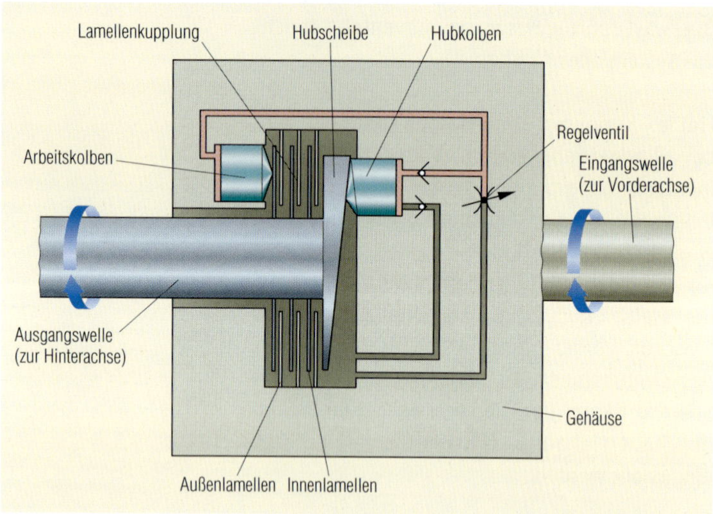

Bild 444.1 Vereinfachter Aufbau der Haldex-Kupplung (Hubkolben betätigt).

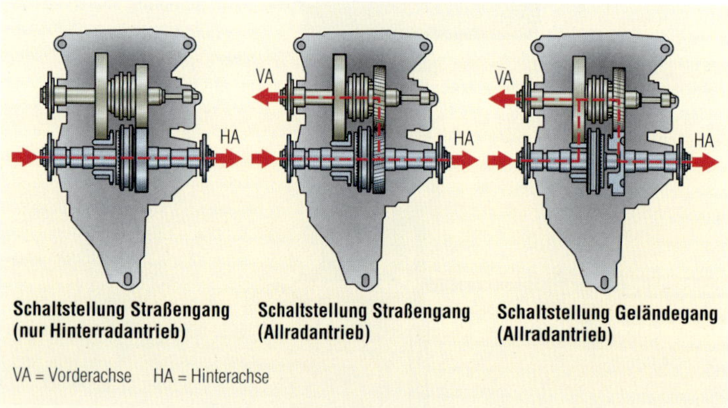

Bild 444.2 Stirnrad-Verteilergetriebe mit zusätzlicher Übersetzung.

Drehen die Räder einer Achse durch, verdrehen sich Hubscheibe und Gehäuse gegeneinander, sodass der Hubkolben betätigt wird. Der dadurch aufgebaute Öldruck betätigt den Arbeitskolben, welcher gegen das Lamellenpaket drückt. Die Verbindung zwischen Eingangs- und Ausgangswelle ist hergestellt. Der Öldruck wird über das Regelventil eingestellt. Je nach Anforderung kann dadurch der Sperrwert der Haldex-Kupplung verändert werden.

9.4.4 Verteilergetriebe

Bei Fahrzeugen mit mehreren angetriebenen Achsen wird zwischen Wechselgetriebe und den Achsen ein Verteilergetriebe zum Antrieb der Achs- und Ausgleichsgetriebe eingebaut.

Je nach Ausführung erfüllen die Verteilergetriebe folgende Aufgaben:

- Drehmomentverteilung auf die angetriebenen Achsen,
- Drehzahlausgleich bzw. Sperrung des Drehzahlausgleichs zwischen den angetriebenen Achsen bei permanentem Allradantrieb,
- Übersetzungsbereich des Wechselgetriebes erweitern.

Kegel- und Stirnrad-Verteilergetriebe verteilen das Drehmoment zu gleichen Anteilen an die Achsen (Bild 444.2).

Planeten-Verteilergetriebe verteilen die Drehmomente in einem bestimmten Verhältnis an die Achsen, z. B. 65 % zur Hinterachse und 35 % zur Vorderachse.

Beim **Torsen-Differenzial** wird das Drehmoment in Abhängigkeit von der Bodenhaftung der Achsen verteilt, wobei die Achse mit der größeren Bodenhaftung das größere Drehmoment erhält.

Die **Visco-Kupplung** verteilt die Drehmomente je nach Drehzahlunterschied an den Achsen in einem laufend veränderlichen Verhältnis.

Die **Haldex-Kupplung** hat gegenüber der Visco-Kupplung den Vorteil, durch den Einsatz von Elektronik neben dem Schlupf weitere fahrdynamische Zustände (z. B. Kurvenfahrt, Schub- und Zugbetrieb) zu berücksichtigen.

9.5 Gelenkwellen und Gelenke

Um das Drehmoment vom Getriebeausgang auf den Achsantrieb und auf die Antriebsräder zu übertragen, werden Gelenkwellen benötigt. Die Wellen zwischen Achsantrieb und Rädern werden auch als Achswellen bezeichnet, die Welle zwischen Getriebe und Achsantrieb heißt auch Längs- oder Kardanwelle. Alle Gelenkwellen bestehen aus einer Profilwelle und meistens zwei Gelenken (Bild 445.1).

Profilwellen sind aus Stahlprofilen, z. B. Rohren, hergestellt.

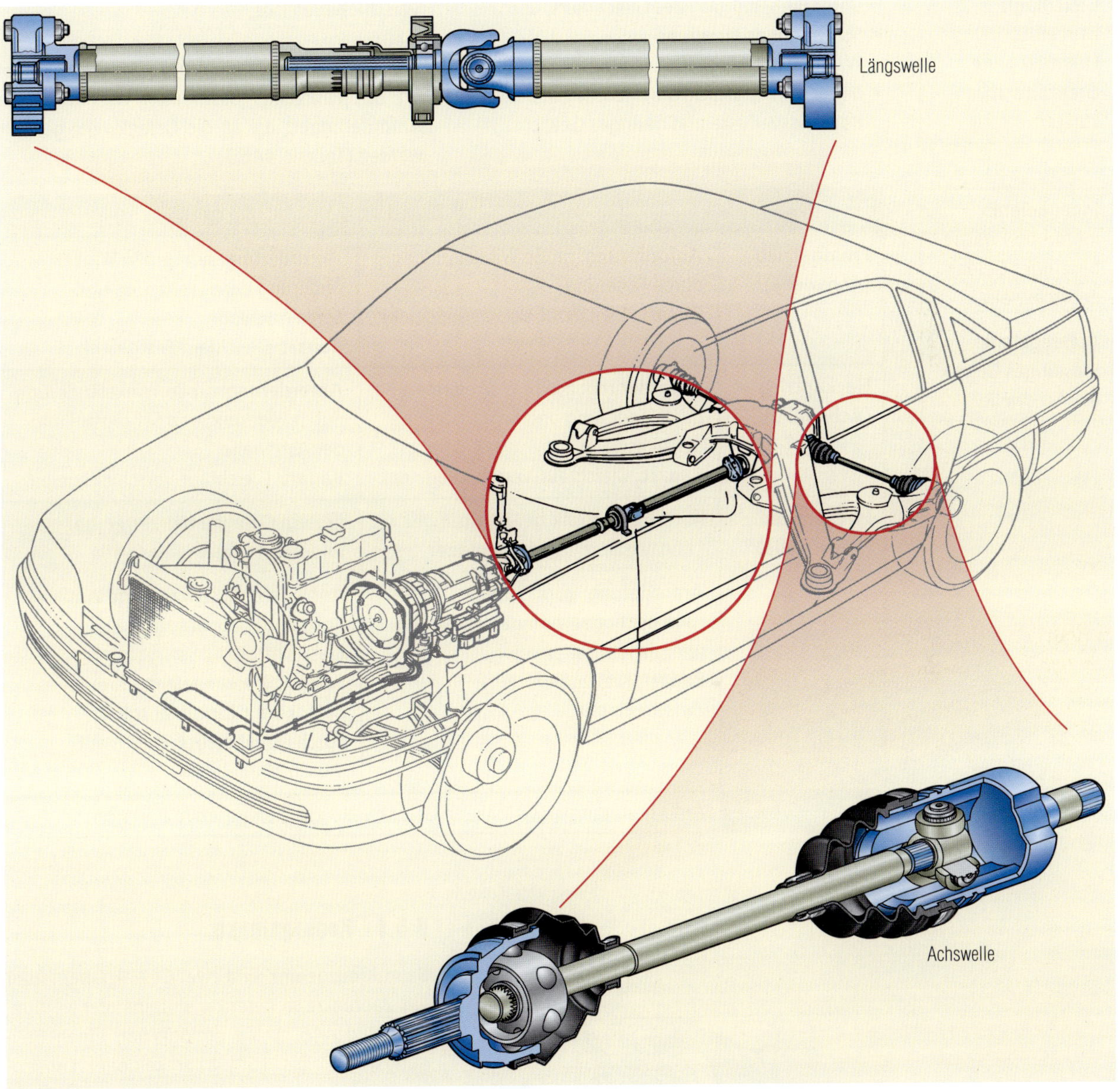

Bild 445.1 Anordnung der Gelenkwellen im Antriebsstrang.

homokinetisch (gr.) = gleichbewegend

Gleichlauf: Lauf eines Drehteils ohne Drehzahlschwankungen.

Die Aufgaben und Anforderungen an Gelenkwellen sind:

- Übertragung des Drehmoments von der Motor-/Getriebeeinheit zu den Antriebsrädern,
- Ausgleich von Längen- und Winkeländerungen beim Einfedern und beim Lenkeinschlag unter Beibehaltung des Gleichlaufs,
- Schwingungsdämpfung,
- Wartungsfreiheit,
- hoher Wirkungsgrad durch niedrige Reibungsverluste und geringes Gewicht.

Diese Forderungen werden durch die Nutzung unterschiedlicher Gelenke in den Gelenkwellen erfüllt. Gleichlauf erreicht man durch die Verwendung von homokinetischen oder Gleichlaufgelenken. Wird lediglich eine Winkeländerung gefordert, werden Festgelenke eingesetzt. Für einen zusätzlichen Längenausgleich gibt es Verschiebegelenke.

Die Einbaulage der Gelenkwelle und die Antriebsart des Fahrzeugs bestimmen wesentlich die Anforderungen, die an die Gelenkwelle gestellt werden (Tabelle 446.1).

Innengelenk: motor- bzw. getriebeseitiges Gelenk der Achswelle.

Außengelenk: radseitiges Gelenk der Achswelle.

	Innengelenk	Außengelenk
Frontantrieb (Achswelle)	**Anforderung:** große Winkeländerung durch Federung **Bauart:** Gleichlauf-Verschiebegelenk	**Anforderung:** sehr große Winkeländerung durch Federung und Lenkeinschlag **Bauart:** Gleichlauf-Festgelenk
Heckantrieb (Achswelle)	**Anforderung:** große Winkeländerung durch Federung und Schrägstellung der Achswelle **Bauart:** Gleichlauf-Verschiebegelenk	**Anforderung:** große Winkeländerung durch Federung und Schrägstellung der Achswelle **Bauart:** Gleichlauf-Verschiebegelenk
Heckantrieb (Längswelle)	**mittleres Gelenk bei zweiteiliger Längswelle mit Zwischenlager**	**äußere Gelenke bei einteiliger und zweiteiliger Längswelle**
	Anforderung: geringe Winkeländerung bei bogenförmiger Verlegung über das Zwischenlager **Bauart:** Kreuzgelenk mit Zwischenlager	**Anforderung:** sehr geringe Winkel- und Längenänderung durch Elastizitäten **Bauart:** Trockengelenke, Kreuzgelenke mit Längenausgleich durch Schiebestück, Gleichlauf-Verschiebegelenke

Tabelle 446.1 Anforderungen an Gelenke in Gelenkwellen und eingesetzte Bauarten.

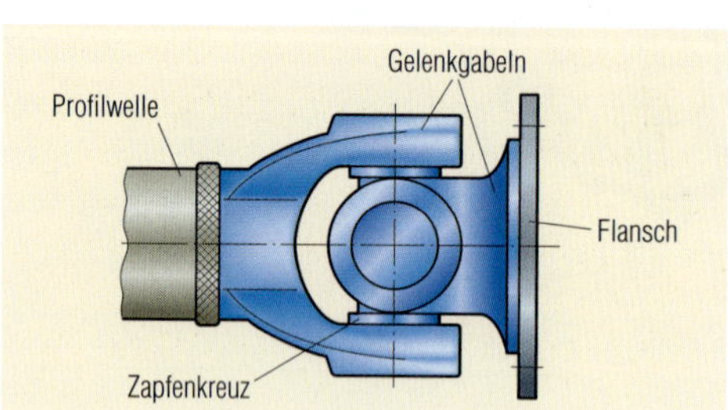

Bild 446.1 Kreuzgelenk.

9.5.1 Kreuzgelenke

Beim Kreuzgelenk sind zwei Gelenkgabeln über ein Zapfenkreuz gelenkig miteinander verbunden (Bild 446.1). Sie ermöglichen einen Beugungswinkel bis 15 °, aber keinerlei Längenausgleich.

Ein Nachteil der Kreuzgelenke besteht in der ungleichförmigen Drehbewegung der Abtriebsseite bei einer Beugung des Kreuzgelenks. Da die Ungleichförmigkeit mit dem Beugungswinkel zunimmt, ist dies bei kleineren Winkeln (< 3 °)

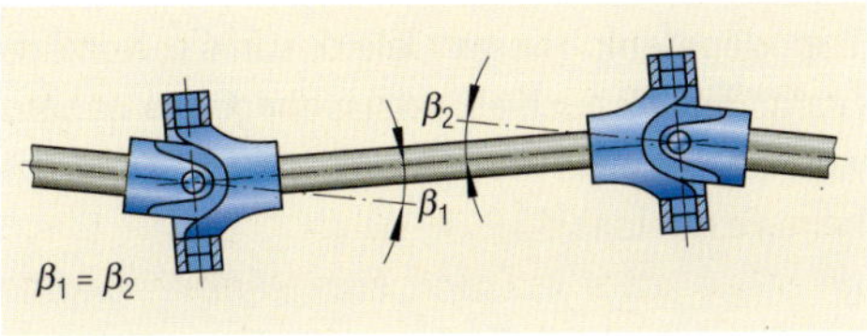

Bild 447.1 Anordnung von zwei gebeugten Kreuzgelenken.

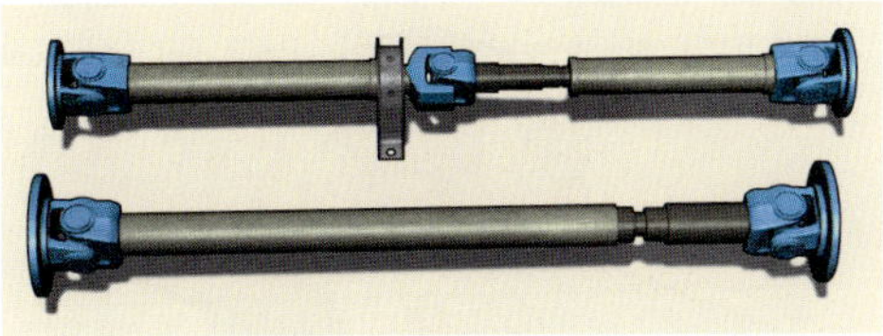

Bild 447.2 Einteilige und zweiteilige Längswellen mit Kreuzgelenken.

unerheblich (z. B. beim mittleren Kreuzgelenk in zweiteiligen Längswellen). Bei größeren Beugungswinkeln kann dies aber nur vermieden werden, indem zwei Kreuzgelenke nacheinander angeordnet werden. Dabei ist darauf zu achten, dass die beiden Gelenke in einer parallelen Ebene liegen und die beiden Beugungswinkel β_1 und β_2 gleich groß sind (Bild 447.1).

Die 1898 erstmals in einem Pkw eingebaute Längswelle mit Kreuzgelenken wurde auch als Kardanwelle bekannt. Die Kardanwelle wird als einteilige oder zweiteilige Längswelle gebaut (Bild 447.2). Ein Schiebestück ermöglicht den Längenausgleich, die Kreuzgelenke die Winkeländerung (Bild 447.3).

Die zweiteilige Längswelle ist mit einem Zwischenlager und einem zusätzlichen Kreuzgelenk ausgestattet (Bild 447.4). Dies ermöglicht die Überwindung großer Abstände zwischen An- und Abtrieb ohne starke Vibrationen und damit auch ohne lästige Geräusche. Auch die Bruchgefahr durch Vibrationen nimmt erheblich ab.

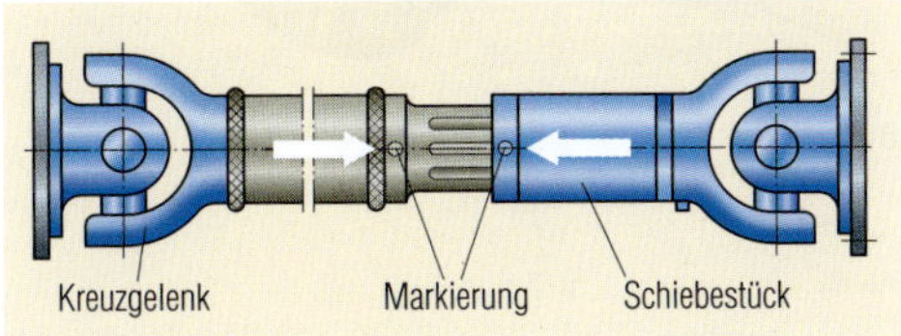

Bild 447.3 Kardanwelle mit zwei Kreuzgelenken und Schiebestück.

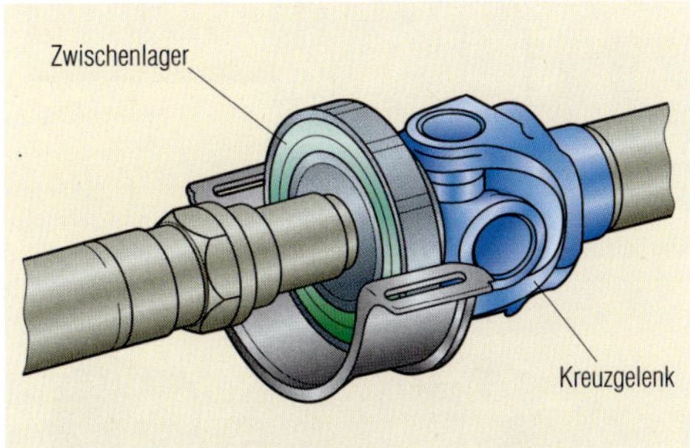

Bild 447.4 Zwischenlager und Kreuzgelenk.

9.5.2 Gleichlauf-Festgelenke

Kugelgelenk. Bei den Festgelenken haben sich Kugelgelenke durchgesetzt (Bild 447.5). Sie bestehen aus der Nabe, welche die Verbindung zur Profilwelle herstellt, dem Kugelkäfig zur Fixierung der Kugeln, dem glockenförmigen Außenteil mit gewölbten Kugellaufbahnen und den Kugeln zur formschlüssigen Drehmomentübertragung. Kugel-Festgelenke erlauben Beugungswinkel bis 47 ° ohne Längenausgleich.

Doppelgelenk. Zwei Kreuzgelenke, die zu einem Gelenk vereinigt sind, bezeichnet man als Doppelgelenk. Es ermöglicht einen großen Beugungswinkel bis 50 ° ohne Drehzahlschwankungen.

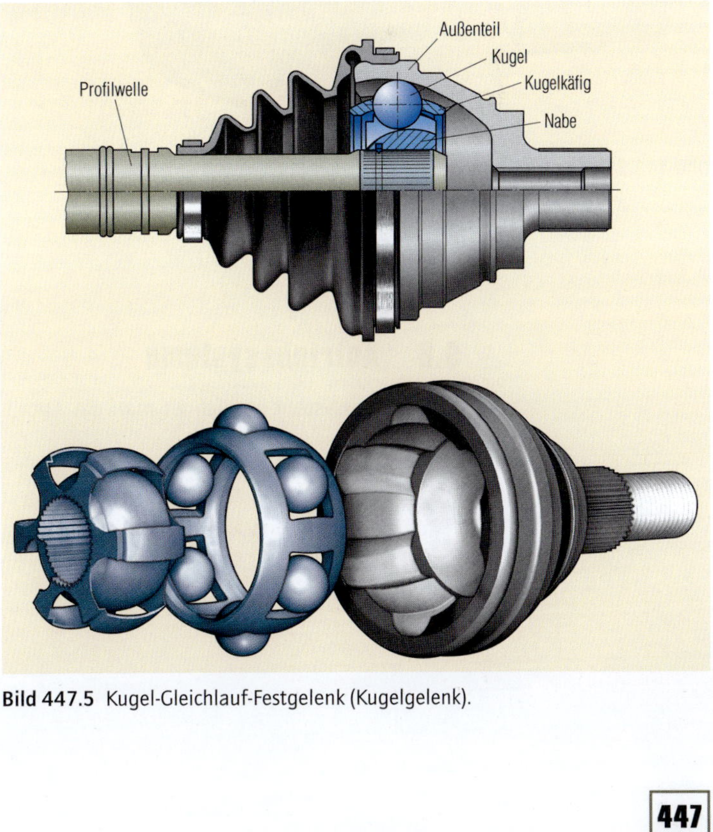

Bild 447.5 Kugel-Gleichlauf-Festgelenk (Kugelgelenk).

Tripode (gr.): Dreifuß, Dreibein

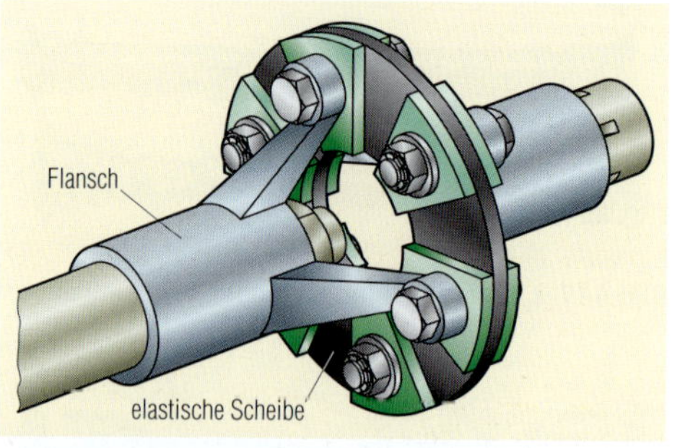

Bild 448.1 Trockengelenke.

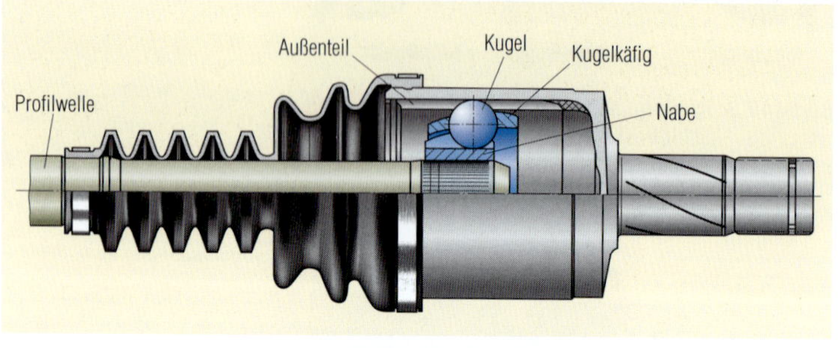

Bild 448.2 Kugel-Gleichlauf-Verschiebegelenk (Topfgelenk).

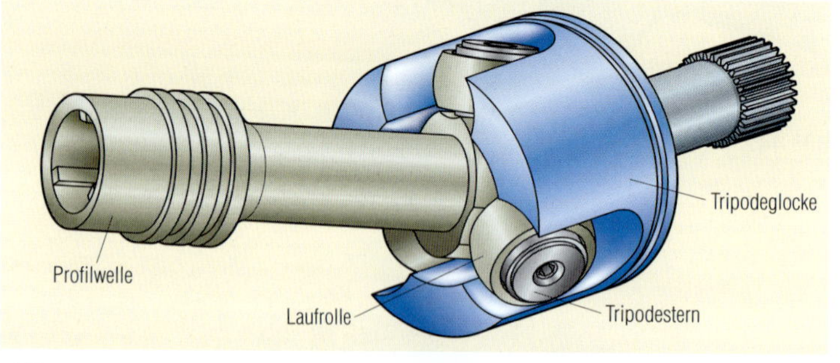

Bild 448.3 Tripodegelenk als Verschiebegelenk.

Tripodegelenk. Dieses Gelenk kann sowohl als Festgelenk als auch als Verschiebegelenk gebaut werden. Der maximale Beugungswinkel beträgt beim Festgelenk 45 °.

Trockengelenke bestehen aus Flanschen, die über elastische Elemente miteinander verbunden sind (Bild 448.1). Durch diese Elastizität werden Schwingungen im Antriebsstrang gedämpft. Sie werden z. B. als Zwischenlager bei zweiteiligen Längswellen eingesetzt. Trockengelenke erlauben Beugewinkel bis 5 ° und einen sehr kleinen Längenausgleich bis 1,5 mm. Sie werden als Hardyscheiben (mit in Gummi einvulkanisiertem Gewebe als elastischem Element) oder Silentbloc-Gelenke (mit Gummikörpern als elastischem Element) ausgeführt.

9.5.3 Gleichlauf-Verschiebegelenke

Kugelgelenke werden auch als Topfgelenke bezeichnet (Bild 448.2). Im Gegensatz zum Kugel-Festgelenk laufen die Kugeln hier in geraden Bahnen. Dadurch ermöglichen diese Gelenke nicht nur Beugewinkel bis zu 22 °, sondern auch einen Längenausgleich bis zu 45 mm.

Das Tripodegelenk besteht aus einem Tripodestern mit drei Zapfen, auf denen sich jeweils eine nadelgelagerte Laufrolle befindet (Bild 448.3). Diese laufen sehr leicht in den Bahnen der Tripodeglocke und ermöglichen einen Beugewinkel bis 26 ° sowie einen Längenausgleich bis 55 mm.

9.6 Antriebssysteme

Als Antriebssystem bezeichnet man die Anordnung von

- Motor,
- Getriebe,
- angetriebenen Achsen

und deren Zusammenwirken während des Fahrbetriebs. Man unterscheidet Hinterradantrieb (Hinterachse angetrieben), Vorderradantrieb (Vorderachse angetrieben) und Allradantrieb (Hinter- und Vorderachse angetrieben) und deren Varianten.

9.6.1 Anforderungen an Antriebssysteme

Anforderungen an Antriebssysteme

- **hohe Fahrsicherheit**
  - gute Richtungsstabilität
  - beherrschbares Kurvenverhalten
  - sicheres Lenkverhalten
  - zuverlässiges Bremsverhalten
- **hoher Fahrkomfort**
  - gutes Federungsverhalten
  - gute Geräuschisolation
- **gute Traktion**
  - zügige Beschleunigung
  - gute Steigfähigkeit
  - geringe Aquaplaningneigung
- **geringe Masse und gute Beladungsmöglichkeit**
  - geringes Leergewicht
  - hohe Zuladung
  - große Anhängelast
  - hohe Dachlast
- **Wirtschaftlichkeit**
  - niedriger Kaufpreis
  - Reparaturfreundlichkeit
  - günstiger Kraftstoffverbrauch

Das Antriebssystem beeinflusst vor allem die Richtungsstabilität, das Kurven-, Lenk- und Bremsverhalten eines Fahrzeugs:

- unter dem Einfluss von Bodenunebenheiten und Störkräften (z. B. Seitenwind) bleibt das Fahrzeug kursstabil,
- bei Kurvenfahrt erkennt der Fahrer rechtzeitig einen kritischen Fahrzustand und das Fahrzeug bleibt dabei gut beherrschbar,
- das Fahrzeug reagiert zielgenau und feinfühlig auf die Wünsche des Fahrers bei Lenkeinschlag,
- beim Bremsen auf der Geraden und in Kurven bleibt das Fahrzeug spurstabil und beherrschbar.

9.6.2 Grundbegriffe

Schräglaufwinkel α. Reifen übertragen nur dann eine seitlich am Fahrzeug angreifende Störkraft (z. B. Seitenwind), wenn sie schräg zur Fahrtrichtung abrollen. Das Fahrzeug fährt dabei ohne Lenkeinschlag in eine neue Fahrtrichtung. Es entsteht ein Schlupf quer zur Radebene. Der Winkel zwischen Radebene und neuer Fahrtrichtung heißt Schräglaufwinkel α (Bild 449.1). Je größer die Seitenkraft (starker Wind), desto größer wird auch der Schräglaufwinkel.

Schlupf → S. 503

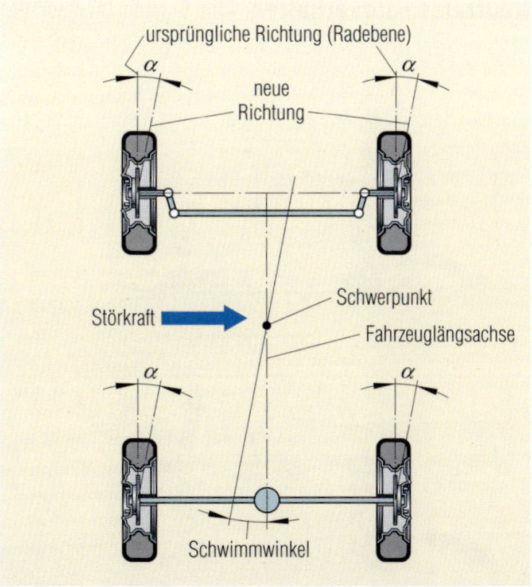

Bild 449.1 Schräglaufwinkel α und Schwimmwinkel.

Dies gilt auch bei Kurvenfahrt. Hierbei entspricht die Fliehkraft des Fahrzeugs der Seitenkraft. Das Fahrzeug beschreibt einen größeren Kurvenradius, als es der Fahrer mit dem Lenkeinschlag vorgibt. Je schneller die Kurve gefahren wird (größere Fliehkraft), desto stärker müssen die Räder eingeschlagen werden, der Schräglaufwinkel wird größer. Der hierbei entstehende Querschlupf darf einen vom Reifen abhängigen Wert nicht überschreiten, da sonst das Fahrzeug aus der Kurve ausbricht und nicht mehr beherrschbar ist.

Der Schwimmwinkel ist der Winkel zwischen der Fahrtrichtung des Fahrzeugs und dessen Längsachse (Bild 449.1).

Untersteuern (Bild 450.1). Ist bei Kurvenfahrt der Schräglaufwinkel vorne größer als hinten, ergibt sich ein untersteuerndes Fahrverhalten. Das Fahrzeug schiebt über die Vorderachse zur Kurvenaußenseite, es muss durch stärkeren Lenkeinschlag in die Kurve gezwungen werden.

Querbeschleunigung:

$a_y = \frac{v_2}{R}$

(v_2 = Fahrzeuggeschwindigkeit, R = Kurvenradius)

Lastwechsel: Wechsel von Beschleunigen (Gasgeben) zu Schiebebetrieb (Gaswegnehmen) und umgekehrt.

Das Kurvenverhalten sollte leicht untersteuernd sein, damit der Fahrer bei zunehmender Querbeschleunigung das Lenkrad weiter in Kurvenrichtung drehen muss. Dadurch kommt es zu einem leichten Abbremsen des Fahrzeugs. Der Fahrer kann gleichzeitig den kritischen Fahrzustand erkennen und die Fahrgeschwindigkeit reduzieren. Meist bleibt das Fahrzeug beherrschbar. Bei Lastwechsel soll das Fahrzeug leicht in die Kurve einlenken.

Übersteuern (Bild 450.1). Ist bei Kurvenfahrt der Schräglaufwinkel hinten größer als vorne, ergibt sich ein übersteuerndes Fahrverhalten. Das Heck des Fahrzeugs schiebt zur Kurvenaußenseite, es muss gegengelenkt werden. Dies ist für ungeschulte Fahrer nur schwer zu beherrschen.

Neutrales Fahrverhalten. Die Schräglaufwinkel an Vorder- und Hinterachse sind gleich groß.

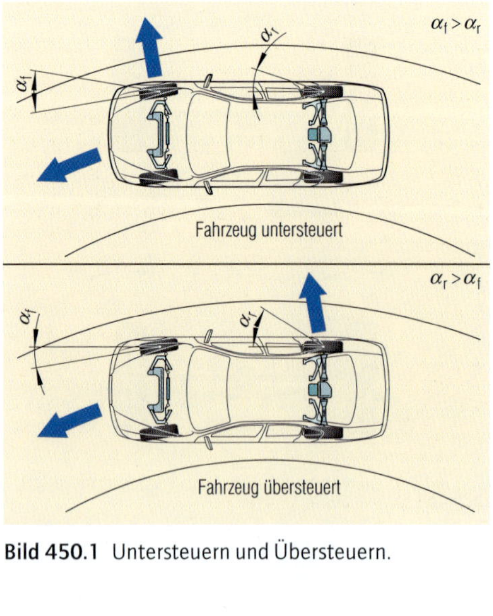

Bild 450.1 Untersteuern und Übersteuern.

9.6.3 Hinterradantrieb

Standardbauweise (Bild 450.2). Motor und Getriebe befinden sich über bzw. hinter der Vorderachse, die Hinterräder werden über eine Längswelle angetrieben. Da der Motorraum viel Platz für große Motoren bietet, findet sich diese Bauweise vor allem in der Fahrzeugoberklasse.

Weitere Eigenschaften sind:

- gute Achslastverteilung bei voll geladenem Fahrzeug (angetriebene Achse hoch belastet, Tabelle 451.1),
- der Motor bildet einen Teil der Knautschzone,
- gute Kühlung des Motors,
- labiles Fahrverhalten (das Fahrzeug wird geschoben, Bild 450.3), welches durch spezielle Achskonstruktionen ausgeglichen werden muss,
- ungünstige Achslastverteilung bei Besetzung mit zwei Personen (angetriebene Achse gering belastet, Tabelle 451.1),
- Längswelle und Längswellentunnel engen Fahrgastraum ein.

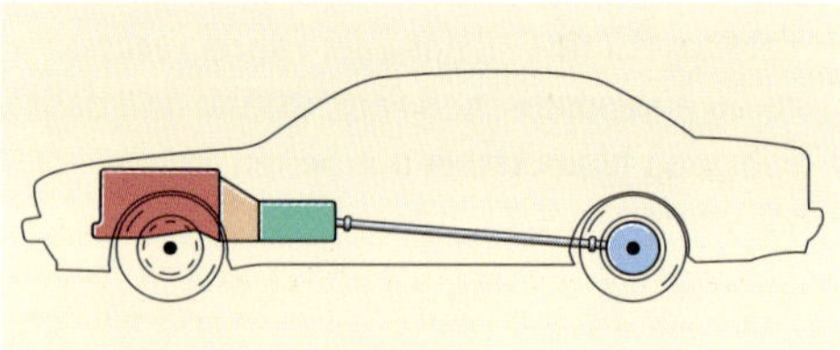

Bild 450.2 Standardbauweise.

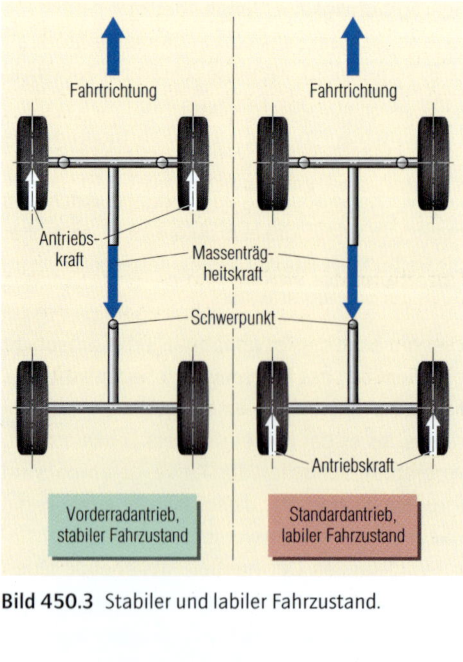

Bild 450.3 Stabiler und labiler Fahrzustand.

Achslastverteilung bei …	Standardbauweise		Heckmotorantrieb		Vorderradantrieb	
	vorn	hinten	vorn	hinten	vorn	hinten
Fahrzeug leer	50%	50%	40%	60%	61%	39%
2 Personen vorn	50%	50%	42%	58%	60%	40%
5 Personen und Gepäck	44%	56%	41%	59%	49%	51%

Tabelle 451.1 Mittlere Achslastverteilungen einiger Antriebsarten.

Transaxle-Bauweise. Hier liegt der Motor vorne, das Getriebe und gelegentlich auch die Kupplung an der Hinterachse. Dies verbessert die Achslastverteilung, wodurch sich ein neutrales Fahrverhalten ergibt.

Mittelmotorantrieb (Bild 451.1). Motor, Wechsel- und Ausgleichsgetriebe bilden einen Block, der sich vor der Hinterachse im Heck des Fahrzeugs befindet. Der Mittelmotorantrieb wird wegen seiner Merkmale fast ausschließlich bei zweisitzigen Sportwagen angewendet:

- günstige Achslastverteilung und daher gute Traktion (ähnlich dem Heckmotorantrieb in Tabelle 451.1),
- kurzer Kraftfluss,
- nur geringer Nutzraum,
- schlechte Motorkühlung,
- aufwändige Schaltungsbetätigung.

Heckmotorantrieb (Bild 451.2). Der Block aus Motor, Ausgleichs- und Wechselgetriebe ist hinter der Hinterachse im Heck des Fahrzeugs untergebracht. Dieser Antrieb besitzt ähnliche Eigenschaften wie der Mittelmotorantrieb, lässt im Innenraum aber mehr Platz. Darüber hinaus neigen die Fahrzeuge zum Übersteuern in Kurven und sind empfindlich gegen Seitenwind. Diese Antriebsart ist Standard bei Omnibussen.

Unterflurmotorantrieb. Motor und Getriebe befinden sich unter dem Fahrzeugboden, wo sie gut von unten erreichbar sind. Die Einbaulage ergibt außerdem eine günstige Achslastverteilung und eine gute Raumausnutzung.

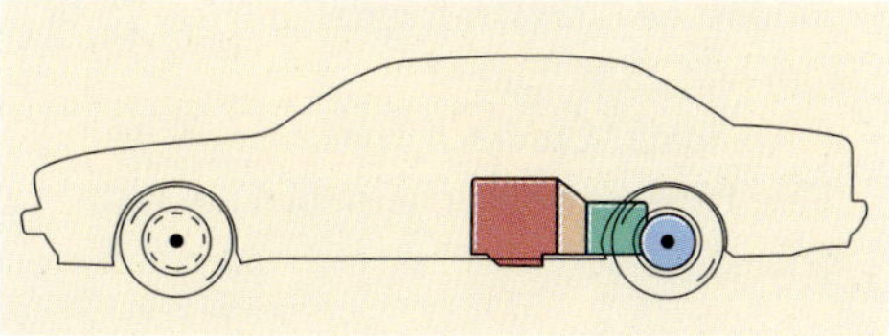

Bild 451.1 Mittelmotorantrieb.

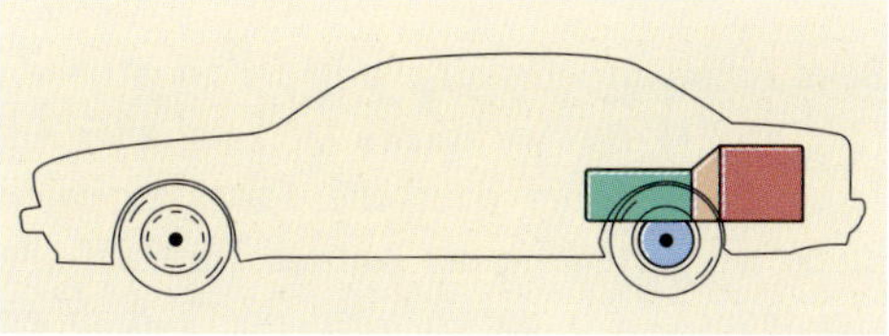

Bild 451.2 Heckmotorantrieb.

9.6.4 Vorderradantrieb

Motor, Ausgleichs- und Wechselgetriebe bilden einen kompakten Block, der vor, über oder hinter der angetriebenen Vorderachse liegt. Diese Antriebseinheit kann längs oder quer eingebaut sein, wobei der Motor nicht immer neben, sondern auch über den Getrieben angeordnet ist (Bild 451.3).

Die kompakte Bauweise ermöglicht auch bei kleinen Fahrzeugen einen großen Fahrgast- und Gepäckraum. Tank und Reserverad können im Heckbereich des Fahrzeugs untergebracht werden. Daher ist dieses Antriebssystem bei der Mehrzahl der Pkws bis 2 Liter Hubraum zu finden.

Bild 451.3 Vorderradantrieb.

Kräfte am Kamm'schen Kreis → S. 503

Kraftschlussgrenze: maximal übertragbare Kraft zwischen Reifen und Fahrbahn, abhängig von Reifen- und Belagbeschaffenheit.

Selbststeuerung: Der Fahrer muss nicht in den Steuervorgang des Allradsystems eingreifen.

Weitere Merkmale des Vorderradantriebes sind:
- gute Traktion bei normaler Beladung, da die Hauptlast auf der angetriebenen Vorderachse liegt (Tabelle 451.1),
- stabiles Fahrverhalten (das Fahrzeug wird gezogen, Bild 450.3),
- untersteuerndes Fahrverhalten,
- unempfindlich gegen Seitenwind,
- kurze Kraftflusswege,
- höhere Lenkkräfte,
- ungünstige Bremskraftverteilung (ca. 75 % vorn und 25 % hinten),
- aufwändige Vorderachskonstruktion, weil diese Räder sowohl angetrieben als auch gelenkt werden.

9.6.5 Allradantrieb

Beim Allradantrieb sind alle Räder angetrieben (Bild 452.1). Das wichtigste Merkmal aller Allradsysteme ist der deutliche Traktionsgewinn durch die Verteilung der Antriebskraft auf alle vier Räder. Dies bringt vor allem bei Fahrbahnen mit geringer Griffigkeit Vorteile. Aber auch bei Kurvenfahrt ist der Allradantrieb günstig, da das Fahrzeug beim Beschleunigen in Kurven nicht so rasch ausbricht.

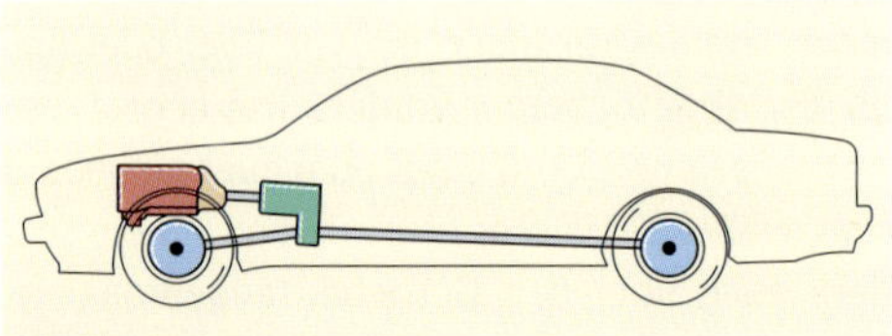

Bild 452.1 Allradantrieb.

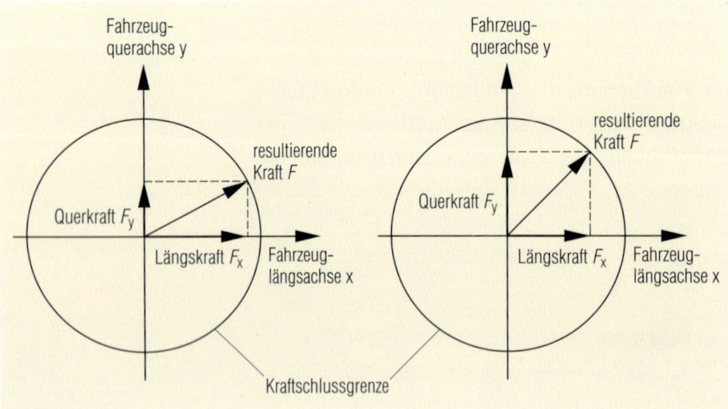

Bild 452.2 Kamm'scher Kreis.

Dies lässt sich mithilfe des Kamm'schen Kreises verdeutlichen (Bild 452.2). Treten am Rad Längs- und Querkräfte gleichzeitig auf (z. B. beim Bremsen oder Beschleunigen in der Kurve), so ergibt sich durch deren vektorielle Addition eine resultierende Kraft. Wird diese Resultierende größer als die Kraftschlussgrenze, rutscht das Fahrzeug. Bei geringerer Antriebskraft bleibt bei gleicher Kraftschlussgrenze eine größere Reserve zur Übertragung von Seitenkräften.

Ein Allradsystem für den normalen Straßeneinsatz erfordert:
- geringe Masse,
- Selbststeuerung,
- ABS-Tauglichkeit,
- einen hohen Wirkungsgrad.

Auf unbefestigten Straßen müssen Allradsysteme höheren Anforderungen gerecht werden:
- Übertragung hoher Drehmomente,
- Tauglichkeit zum Langsamfahren,
- sperrbares Ausgleichsgetriebe.

Man unterscheidet zwei Bauarten von Allradantrieben:
- den permanenten Allradantrieb und
- den zuschaltbaren Allradantrieb.

Beim permanenten Allradantrieb werden alle vier Räder ständig angetrieben. Dazu ist ein Verteilergetriebe erforderlich, welches das Antriebsmoment auf die beiden Achsen verteilt. Zusätzlich ist ein zentrales Ausgleichsgetriebe (Mittendifferenzial) notwendig, welches die Drehzahlunterschiede zwischen den beiden Achsen ausgleicht. Diese Ausgleichsgetriebe werden z. T. mit Ausgleichssperren versehen. Häufig übernimmt ein Bauteil alle Funktionen (z. B. Visco-Kupplung, Torsen-Differenzial, Haldex-Kupplung).

Beim zuschaltbaren Allradantrieb ist eine Achse immer mit dem Motor verbunden, die zweite Achse kann automatisch oder manuell über ein Verteilergetriebe zugeschaltet werden. Auch hier gibt es Versionen mit und ohne Mittendifferenzial und Ausgleichssperre. Bei fehlendem Ausgleichsgetriebe können Verspannungen im Antriebsstrang auftreten.

Der permanente Allradantrieb wird bei Pkws und zunehmend auch bei leichten Geländewagen eingesetzt. Nur bei Fahrzeugen für schweren Geländeeinsatz ist zuschaltbarer Allradantrieb üblich.

Die Verteilung der Antriebsmomente auf die Achsen richtet sich nach den konstruktiv bedingten Achslasten und auch nach der Auslegung des Herstellers.

Nachteile des Allradantriebs sind seine hohen Kosten, das höhere Gewicht, der höhere Kraftstoffverbrauch und der größere Platzbedarf für die Antriebsteile.

9.7 Alternative Systeme

9.7.1 Elektroantrieb

Fahrzeuge mit Elektroantrieb werden von Elektromotoren angetrieben, die ihre Antriebsenergie aus mitgeführten Batterien beziehen. Diese Fahrzeuge zeichnen sich durch drei wesentliche Punkte aus:

- Sie sind besonders bei niedrigen Geschwindigkeiten sehr geräuscharm,
- es entstehen während des Betriebes keine Schadstoffe,
- die Elektromotoren haben einen sehr hohen Wirkungsgrad.

Demgegenüber besteht jedoch der Nachteil, dass die Fahrleistung durch den Energiespeicher begrenzt wird. Auch ist die Reichweite dieser Fahrzeuge wegen der geringen Energiedichte der Batterien deutlich niedriger als bei Verbrennungsmotoren. Daher ist der Anteil der elektrobetriebenen Straßenfahrzeuge sehr gering.

Elektrofahrzeuge haben, da sie einen umweltfreundlichen Verkehr gewährleisten, eine positive Langzeitperspektive. Die Automobilindustrie beschäftigt sich mit der Entwicklung von Stadtfahrzeugen mit einer Reichweite von 100 bis 200 km.

Antriebskomponenten. Bild 453.1 zeigt das Blockschaltbild eines Elektrofahrzeuges. Es werden Drehstrommotoren eingesetzt, die gegenüber Gleichstrommotoren höhere Wirkungsgrade haben. Die Drehzahlen reichen bis 20 000 min^{-1}. Daher ist bei heutigen Fahrzeugen meistens ein Getriebe mit einstufiger Untersetzung eingebaut.

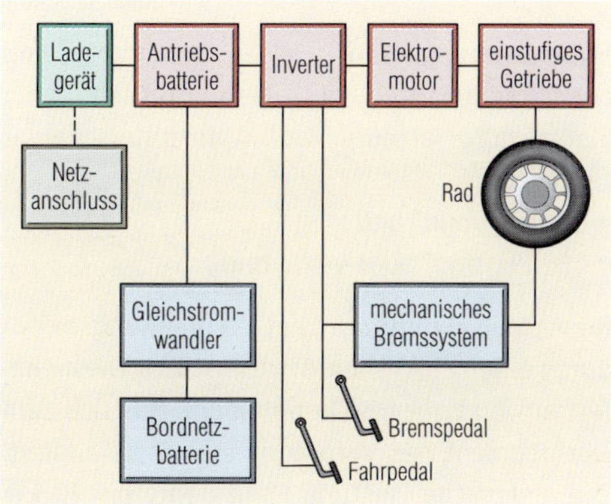

Bild 453.1 Elektrofahrzeug (Blockschaltbild).

Der Inverter ist das Bindeglied zwischen der Antriebsbatterie und dem Elektromotor. Er wandelt die Gleichspannung der Antriebsbatterie in die für den Betrieb des Elektromotors notwendige Wechselspannung um. Zudem steuert er den Antriebsmotor entsprechend dem Fahrerwunsch (beschleunigen, verzögern, vorwärts, rückwärts) und sorgt für die Rückspeisung von Bremsenergie in die Antriebsbatterie.

Inverter:
Umformer,
Umwandler

Als Antriebsbatterie werden Nickel-Batterie-Systeme eingesetzt. Zukünftig ist der Übergang auf Lithium-Batterie-Systeme geplant. Maßgebend für die Batterie-Systeme sind u. a. die hohe Energiedichte und die hohe Zyklenfestigkeit.

Mit den mitgeführten Bordladegeräten wird die Antriebsbatterie im Allgemeinen nachts aufgeladen. Dabei wird aus einer Haushaltssteckdose Strom entnommen und über einen Umformer der Antriebsbatterie zugeführt.

9.7.2 Hybridsystem

Hybrid (gr.-lat.): Mischform, Verbindung, Kreuzung

Hybridfahrzeuge haben mindestens zwei verschiedene Energiewandler und zwei verschiedene Energiespeicher. Als Energiewandler haben sich der Verbrennungsmotor und der Elektromotor durchgesetzt; Energiespeicher sind demzufolge Kraftstoff(tank) und Batterie.

Mit dem Einsatz von Hybridfahrzeugen werden drei Ziele verfolgt:

- Kraftstoffeinsparung,
- Reduzierung der Schadstoffemission, wobei örtlich sogar emissionsfrei gefahren werden kann,
- Erhöhung der Fahrleistung.

Hybridisierungsgrad. Dieser bestimmt, welcher Energieanteil des Gesamtantriebs vom Elektromotor erzeugt wird. Man unterscheidet zwischen

- „Mild-Hybrid" und
- „Full-Hybrid" oder Vollhybrid.

Beim „Mild-Hybrid" wird der Verbrennungsmotor durch einen Elektromotor unterstützt. Dieser liefert ein zusätzliches Drehmoment, das sich zum Drehmoment des Verbrennungsmotors addiert. Die elektrische Leistung kann dabei bis 20 kW betragen.

Ein „Full-Hybrid"-Fahrzeug kann über längere Strecken allein mit dem elektrischen Antrieb fahren. Dabei dreht sich der Verbrennungsmotor nicht mit.

Fahrzustände. Durch die Hybridsteuerung wird das Zusammenwirken von Verbrennungsmotor und Elektromotor festgelegt (Tabelle 454.1).

Zusätzlich verfügen Hybridfahrzeuge über eine Start-/Stopp-Funktion. Dabei wird durch das Motorsteuergerät festgestellt, ob das Fahrzeug steht. Wenn dies anhand mehrerer Sensorsignale erkannt wird, schaltet der Motor ab. Zum Starten muss die Kupplung betätigt werden. Der Starter erhält dann vom Motorsteuergerät ein Signal, der Motor wird wieder gestartet und ist sofort betriebsbereit.

Bei diesem System ersetzt ein stärkerer Starter den konventionellen Starter. Die Starterbatterie muss wegen der vermehrten Startvorgänge zyklenfest sein und der Ladezustand wird ständig durch einen Batteriesensor überwacht.

Wegen der Kraftstoffersparnis und des dadurch reduzierten CO_2-Ausstoßes wird dieses Start-/Stopp-System vermehrt auch in Fahrzeugen mit konventionellem Antrieb eingesetzt.

Antriebsvarianten. Hybridantriebe lassen sich in drei Gruppen einteilen:

- serieller Hybridantrieb,
- paralleler Hybridantrieb,
- leistungsverzweigter Hybridantrieb.

to boost (engl.) = erhöhen, verstärken

rekuperativ (lat.): im Sinne von „rückgewinnen"

Fahrzustände	Beschreibung
hybridisches Fahren	Sowohl Verbrennungsmotor als auch Elektromotor erzeugen Antriebsleistung.
rein elektrisches Fahren	Der Antrieb erfolgt nur über den Elektromotor – der Verbrennungsmotor wird abgekoppelt oder dreht sich nicht mit (Kraftstoffersparnis).
Boosten	Verbrennungsmotor und Elektromotor geben das maximale Drehmoment ab.
Generatorbetrieb	Der elektrische Energiespeicher wird aufgeladen, das Fahrzeug wird nur durch den Verbrennungsmotor angetrieben.
regeneratives (rekuperatives) Bremsen	Der Elektromotor wirkt wie ein Generator und wandelt die kinetische Energie des Fahrzeugs in elektrische Energie um, die im Energiespeicher (Batterie) gespeichert wird.

Tabelle 454.1 Fahrzustände beim Hybridantrieb.

Beim seriellen Hybridantrieb (Bild 455.1) erfolgt der Radantrieb immer elektrisch. Die elektrische Energie wird vom Verbrennungsmotor über einen Generator erzeugt. Der Verbrennungsmotor kann im effizientesten Betriebsbereich arbeiten (niedrige Schadstoffemissionen, geringer Kraftstoffverbrauch), solange die erforderliche elektrische Energie ausreichend erzeugt wird. Überschüssige Energie wird an die Batterie abgegeben und gespeichert.

Beim parallelen Hybridantrieb können Verbrennungsmotor und Elektromotor parallel die Räder antreiben (Bild 455.2). Der Antrieb erfolgt entweder nur vom Verbrennungsmotor, nur vom Elektromotor oder auch durch beide. Es wird nur ein Elektromotor eingesetzt, der sowohl als Antriebsmotor als auch als Generator betrieben werden kann. Durch die direkte Verbindung von Verbrennungsmotor und Elektromotor besteht keine Möglichkeit, den Motor im optimalen Betriebsbereich laufen zu lassen.

Beim leistungsverzweigten Hybridantrieb wird die Leistung des Verbrennungsmotors durch ein Planetengetriebe auf zwei Pfade aufgeteilt (Bild 455.3). Auf dem rein mechanischen Pfad überträgt das Planetengetriebe die Kraft direkt auf die Antriebsräder. Über dieses Getriebe wird auch der Generator angetrieben. Die erzeugte elektrische Energie wird der Batterie und dem direkt auf der Antriebswelle sitzenden Elektromotor zugeführt. Dieser erzeugt zusammen mit dem Verbrennungsmotor die erforderliche Antriebsleistung für die Räder.

Elektroantrieb. Für Mild- und Full-Hybrid-Antriebe sind zwei Bordnetze erforderlich. Die hohe Antriebsleistung erfordert eine große elektrische Leistung, die mit 12-V-Batterien nicht bereitgestellt werden kann. Daher ist zusätzlich ein sogenanntes Hochvolt-Bordnetz für Spannungen bis 750 V erforderlich. Parallel dazu ist zur Versorgung der 12-V-Verbraucher das Standard-Bordnetz vorhanden.

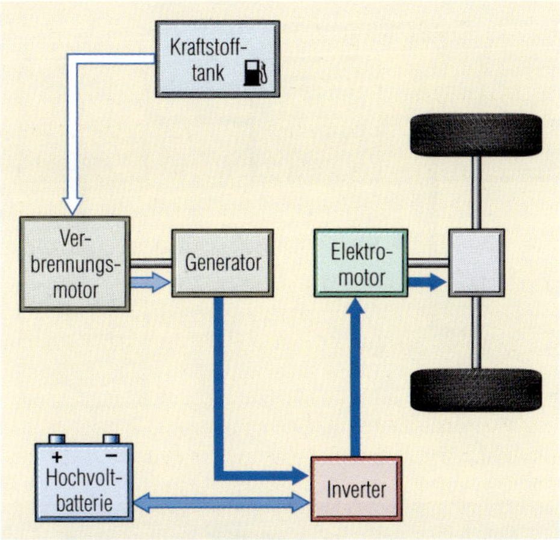

Bild 455.1 Serieller Hybridantrieb.

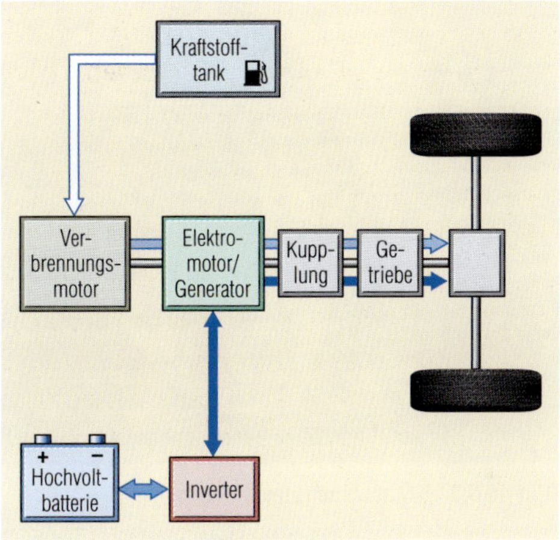

Bild 455.2 Paralleler Hybridantrieb.

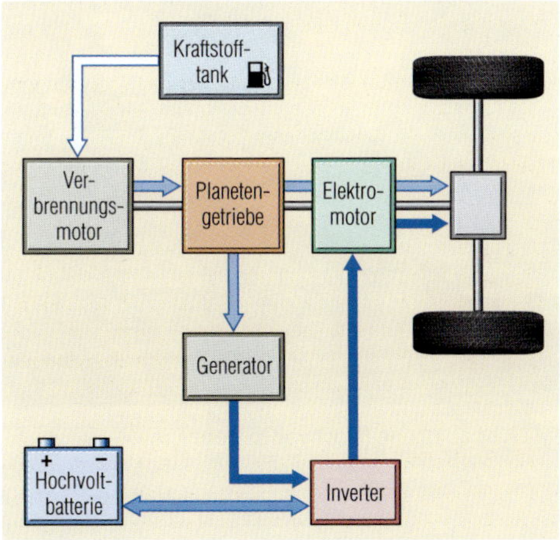

Bild 455.3 Leistungsverzweigter Hybridantrieb.

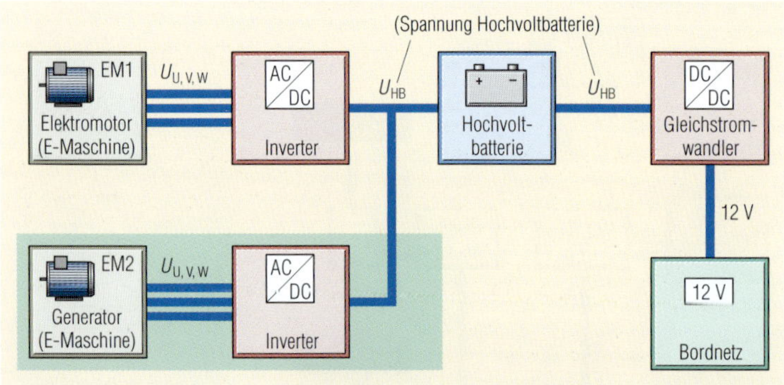

Bild 456.1 Elektroantrieb Vollhybrid.

AC: Alternating Current (engl.) = Wechselstrom

DC: Direct Current (engl.) = Gleichstrom

Bild 456.2 E-Maschine (Elektromotor).

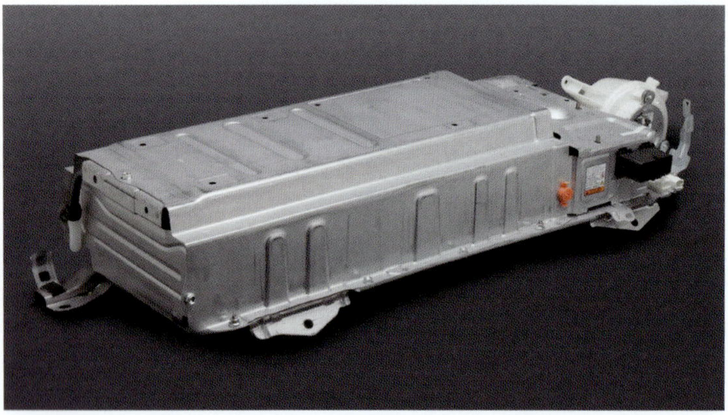

Bild 456.3 Nickel-Metallhydrid-Hybridbatterie (Hochvoltbatterie).

Bild 456.1 zeigt die wesentlichen Komponenten des Elektroantriebs für ein Vollhybrid-Fahrzeug:
- Elektromotor/Generator,
- Inverter,
- Hochvoltbatterie,
- Gleichstromwandler.

Der Elektromotor kann sowohl als Motor als auch als Generator eingesetzt werden. Er wird daher auch als E-Maschine bezeichnet. Verbaut werden Drehstromsynchronmotoren (Bild 456.2). Die maximalen Spannungswerte werden durch die Hochvoltbatterie bestimmt; die Leistung kann bis 60 kW betragen.

Der Inverter formt nicht nur Gleichstrom aus der Batterie in Wechselstrom zum Antreiben des Drehstromsynchronmotors um, sondern regelt auch die Drehzahl der E-Maschine. Wird eine zweite E-Maschine als Generator eingesetzt, dann wandelt der Inverter den erzeugten Drehstrom in Gleichstrom zum Laden der Hochvoltbatterie um.

Die Hochvoltbatterie speist den Elektromotor und dient zur Pufferung der elektrischen Energie bei der Bremsenergierückgewinnung. Meist werden Nickel-Metallhydrid-Batterien eingesetzt, die eine hohe Energiedichte und ein verhältnismäßig geringes Gewicht aufweisen (Bild 456.3). Es wird jedoch intensiv an der Verbesserung von Lithium-Ionen-Akkus gearbeitet, um diese auch in Kraftfahrzeugen einsetzen zu können.

Die Gesamtspannung einer Hochvoltbatterie kann mehrere 100 V betragen. Daher sind beim Arbeiten an diesem System besondere Sicherheitsmaßnahmen zu beachten. So müssen Kfz-Mechatroniker eine zusätzliche Ausbildung absolvieren, um Arbeiten an Bordnetzen über 48 V durchführen zu dürfen. Zudem muss die Hochvoltbatterie vor Beginn der Arbeiten vom System getrennt werden (Sicherheitsstecker). Dabei sind die Angaben der Fahrzeughersteller zu beachten.

Gleichstromwandler. Die der Hochvoltbatterie entnommene Leistung wird im Gleichstromwandler (DC/DC-Wandler) in eine 12-V-Spannung für das normale Bordnetz umgewandelt. Der DC/DC-Wandler ist oft in das Gehäuse des Inverters integriert und nutzt so dessen Kühlsystem.

9.7.3 Brennstoffzellen

Aufbau der Brennstoffzelle (fuel cell). Brennstoffzellen bestehen aus zwei Elektroden (Gas-Diffusions-Elektroden; Anode und Kathode), die ähnlich wie bei einer Batterie durch einen Elektrolyt getrennt sind. An der Anode wird Wasserstoff (Brennstoff) und an der Kathode Sauerstoff zugeführt. Wasserstoff zersetzt sich in positiv geladene Protonen und negativ geladene Elektronen. Die Protonen wandern durch die Membrane (PEM) und gelangen zur Kathode (Bild 457.1). Die Elektronen sammeln sich an der Anode. Werden die Elektroden jetzt außerhalb der Zelle elektrisch verbunden, fließt ein Strom. Bei diesem Prozess entsteht Wasserdampf; es fallen keine umweltschädlichen Emissionen an.

Um die für die technische Anwendung erforderliche Spannung zu erreichen, werden Einzelzellen hintereinander geschaltet und zu sog. Stacks (Stapeln) verbunden.

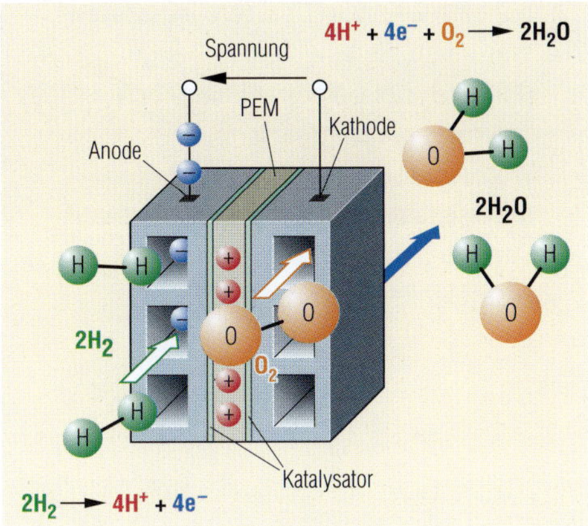

Bild 457.1 Aufbau einer Brennstoffzelle.

Komponenten. Der Wasserstoff ist in Tanks gespeichert und bis zu 700 bar verdichtet. Die Menge und der Druck des gespeicherten Wasserstoffs bestimmen die Fahrzeugreichweite mit einer Tankfüllung. Der zur elektrochemischen Reaktion erforderliche Sauerstoff wird aus der Umgebungsluft entnommen. Bei der chemischen Reaktion in den Brennstoffzellen entsteht Wärme, die über zusätzliche Kühler abgeführt werden muss (Bild 457.2).

Die erzeugte Gleichspannung wird über eine Leistungselektronik an den Antriebsmotor weitergeleitet.

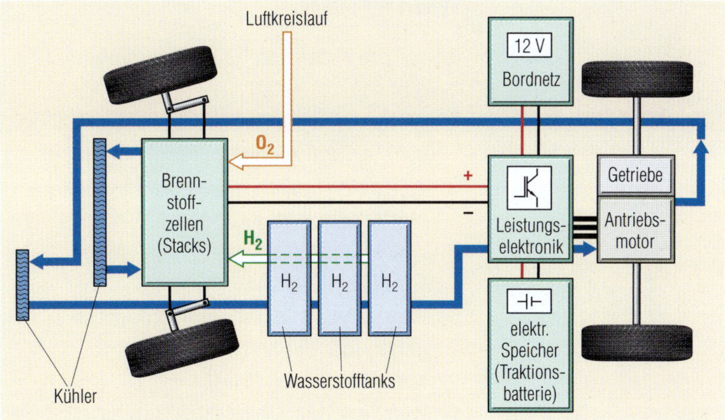

Bild 457.2 Brennstoffzellen-Fahrzeug (Schema).

Aufgrund der hohen Leistung für den Elektroantrieb (bis 100 kW) ist eine Spannung bis zu 450 V erforderlich, die von der Traktionsbatterie (Antriebsbatterie) bereitgestellt wird. Zusätzlich gibt es ein 12-V-Bordnetz für die elektrischen Verbraucher wie bei konventionellen Fahrzeugen.

fuel cell (engl.) = Brennstoffzelle;
PEM: Proton Exchange Membran (engl.) = Membrane, die für Protonen durchlässig ist;
stacks (engl.) = Stapel

Fahrbetrieb. Beim Startvorgang wird die elektrische Energie aus der 12-V-Bordnetzbatterie und aus der Traktionsbatterie genutzt. Das Steuergerät für die Brennstoffzellen regelt die „Vorkonditionierung" der Brennstoffzellen, damit diese möglichst schnell in der Lage sind, elektrische Energie abzugeben. In der Zwischenzeit wird das Traktionsbordnetz alleine aus der Traktionsbatterie gespeist und das Fahrzeug fährt an.

Während der Fahrt variiert die erforderliche elektrische Leistung in Abhängigkeit von Fahrgeschwindigkeit, Steigungen oder Gefällen und anderen Fahrwiderständen. Über das Brennstoffzellen-Steuergerät werden Gasversorgung und Kühlung der Brennstoffzelle geregelt, damit diese immer im optimalen Betriebsbereich arbeitet. Kurzfristige Leistungsspitzen zum Anfahren oder Beschleunigen werden wieder von der Traktionsbatterie abgedeckt. Das Brennstoffzellensystem würde auf diese kurzzeitig erforderliche Leistung nur mit Verzögerung reagieren.

Beim Bremsen des Fahrzeugs kann der Antriebsmotor als Generator betrieben werden. Dies ermöglicht die Rückgewinnung der Bremsenergie, die in elektrische Energie umgewandelt und in der Traktionsbatterie gespeichert wird.

Zur Wiederholung

1. Welche Arten von Reibungskupplungen gibt es?
2. Warum wird im Pkw-Bereich überwiegend die Membranfederkupplung eingesetzt?
3. Welche Aufgaben haben die Tangentialblattfedern in der Kupplung?
4. Wie verläuft der Kraftfluss im eingekuppelten Zustand?
5. Welche Vorteile hat die hydraulische gegenüber der mechanischen Kupplungsbetätigung?
6. Welche Aufgaben hat die Kupplungsscheibe und mithilfe welcher Einrichtungen werden diese erfüllt?
7. Welche Eigenschaften müssen Kupplungsbeläge haben und welche Werkstoffe werden daher eingesetzt?
8. Auf welchem Funktionsprinzip basiert die selbsteinstellende Kupplung?
9. Welche Hauptstörungen können in einer Kupplung auftreten und welche Ursachen gibt es für diese Störungen?
10. Warum werden Wechselgetriebe auch als Kennungswandler bezeichnet?
11. Werden in Ihrer Werkstatt Fahrzeuge mit gleichachsigen oder mit ungleichachsigen Getrieben repariert? Wie kann man dies erkennen?
12. Beschreiben Sie die Funktionsweise der Sperrsynchronisierung System Borg-Warner.
13. Welches ist der Vorteil der Mehrkonus-Synchronisiereinrichtungen?
14. Wie wirken sich der zusätzliche Einbau einer Vorschaltgruppe und einer Nachschaltgruppe auf den Übersetzungsbereich des verwendeten Getriebes aus?
15. Welche Aufgaben haben Achsgetriebe und Ausgleichsgetriebe im Achsantrieb?
16. Erklären Sie den prinzipiellen Unterschied zwischen hydrodynamischer Kupplung und hydrodynamischem Drehmomentwandler.
17. Welche Phasen durchläuft der hydrodynamische Drehmomentwandler während der Beschleunigung?
18. Welche Bedeutung hat der Kupplungspunkt für die Wandlerüberbrückungskupplung?
19. Warum werden in der Praxis nur drei Übersetzungsmöglichkeiten des einfachen Planetenradsatzes genutzt und wie erreicht man trotzdem Automatikgetriebe mit einer höheren Zahl von Übersetzungsstufen?
20. Warum müssen die beiden Beugungswinkel β_1 und β_2 bei Gelenkwellen mit zwei Kreuzgelenken gleich groß sein?
21. Welches ist der konstruktive Hauptunterschied zwischen Kugel-Gleichlauf-Verschiebegelenken und Kugel-Gleichlauf-Festgelenken?

Zur Vertiefung

1. Schlagen Sie in Ihrer Werkstatt-Literatur nach, welche Kupplungsbauart, Kupplungsbetätigung, Kupplungsscheibe und Kupplungsbeläge bei dem neuesten Fahrzeugmodell verwendet werden. Nutzen Sie dazu auch zeichnerische Darstellungen und Bauteile aus dem Ersatzteillager.
2. Haben Sie bereits ein Fahrzeug mit einem elektronischen Kupplungssystem repariert? Wenn ja: Welche Funktionen werden bei diesem Typ automatisiert? Schlagen Sie auch in Werbeprospekten und Weiterbildungsliteratur nach.

3. Welches Spezialwerkzeug ist bei der Kupplungsmontage in Ihrer Werkstatt vorgeschrieben?
4. Informieren Sie sich mithilfe von Getriebezeichnungen, ob es noch Wechselgetriebe mit unsynchronisierten Gängen oder mit geradverzahnten Stirnrädern gibt. Was stellen Sie fest?
5. Worin liegt der Unterschied zwischen der einfachen Synchronisierung und der Sperrsynchronisierung?
6. Informieren Sie sich in einem Reparaturleitfaden über einen Fehlersuchplan für Getriebegeräusche. Welche Ursachen werden dort genannt?
7. Welche Gründe sprechen für die Verwendung eines automatisierten Schaltgetriebes (ASG) anstatt eines vollautomatischen Getriebes? Warum werden aus Komfortgründen in hochpreisigen Limousinen trotzdem überwiegend Vollautomaten eingebaut?
8. Welche Arten von Planetenradsätzen kommen in den vollautomatischen Getrieben der von Ihnen reparierten Fahrzeuge vor? Schlagen Sie in der Werkstattliteratur nach.
9. Welche Schaltglieder werden beim Rückschalten vom 4. Gang in den 3. Gang des Wilson-Getriebes nach Tabelle 420.1 zu- bzw. abgeschaltet? Suchen Sie in Ihrer Werkstattliteratur eine ähnliche Tabelle wie Tabelle 420.1 und werten Sie diese ebenso aus.
10. Wie beeinflussen Modulierdruck und Reglerdruck die Schaltvorgänge in einer hydraulischen Getriebesteuerung?
11. Welche zusätzlichen Parameter können bei einer elektro-hydraulischen Getriebesteuerung im Gegensatz zu einer rein hydraulischen Steuerung berücksichtigt werden? Welche dieser Funktionen werden in Ihnen bekannten Fahrzeugen realisiert? Nutzen Sie Handbücher und Prospekte.
12. Welche Ventile im hydraulischen Schaltgerät einer elektro-hydraulischen Getriebesteuerung werden von der EGS angesteuert und welche Aufgabe haben sie?
13. Weshalb ist ein Stufenlosgetriebe einem gestuften Getriebe prinzipiell überlegen? Befragen Sie in Ihrem Betrieb die Verkaufsabteilung, warum die Nachfrage nach Stufenlosgetrieben trotzdem nur gering ist.
14. Warum ist das Abschleppen eines Fahrzeugs mit Automatikgetriebe nur nach Maßgabe des Herstellers erlaubt?
15. Warum werden Ausgleichssperren mit Reibkupplung mit Sperrwerten unter 100 % gebaut?
16. Vergleichen und skizzieren Sie den Kraftfluss vom Wechselgetriebe zu den Antriebsrädern bei Fahrzeugen mit normalem Antrieb und mit Allradantrieb in einem Blockschaltbild.
17. Kennen Sie Fahrzeuge mit permanentem Allradantrieb? Welche Ausgleichssperren zwischen Vorder- und Hinterachse werden hier verwendet?
18. Welche Vorteile ergeben sich durch den Einsatz der Elektronik bei selbsttätig schaltenden Ausgleichssperren?
19. Welche Fehleinstellungen können am Tragbild eines Kegelrad-Ausgleichsgetriebes festgestellt werden?
20. Wodurch entstehen die Winkel- und Längenänderungen, die durch Gelenkwellen ausgeglichen werden müssen?
21. Warum werden Gleichlauf-Festgelenke bei frontgetriebenen Fahrzeugen als Außengelenk und Gleichlauf-Verschiebegelenke als Innengelenk eingesetzt?
22. Welcher Zusammenhang besteht zwischen Schräglaufwinkel und Fahrverhalten eines Fahrzeugs? Fertigen Sie eine Skizze an und erklären Sie diese.
23. Wie beeinflussen die Lage von Motor und angetriebener Achse das Fahrverhalten eines Fahrzeugs?
24. Warum ist untersteuerndes Fahrverhalten vom ungeübten Fahrer besser zu beherrschen?
25. Warum ist übersteuerndes Fahrverhalten bei sportlichen Fahrzeugen gewünscht?

26. Fallbeispiel:
Sie bringen Ihr Dieselfahrzeug nach 30 000 km Fahrleistung zur Inspektion. Für die Dauer des Werkstattaufenthaltes erhalten Sie denselben Modelltyp als Ersatzfahrzeug. Dieses ist jedoch mit einem Ottomotor ausgestattet, beide Fahrzeuge haben eine ähnliche Leistung:

Ersatzfahrzeug	Kundenfahrzeug
Ottomotor 1595 cm³	Dieselmotor 1896 cm³
Max. Leistung 75 kW bei 5600 1/min	Max. Leistung 74 kW bei 4000 1/min
Max. Drehmoment 148 Nm bei 3800 1/min	Max. Drehmoment 250 Nm bei 1900 1/min

Während der Fahrt wundern Sie sich über das leicht zu tretende Kupplungspedal am Ersatzfahrzeug; an Ihrem Auto geht das nur mit einem sehr viel höheren Kraftaufwand. Daraufhin rufen Sie den Annahmemeister an und schildern ihm Ihre Erfahrung. Sie bitten darum, dass zusätzlich zur Inspektion auch das hydraulische Kupplungssystem geprüft wird, denn schließlich befindet sich das Fahrzeug noch in der Gewährleistungsfrist.

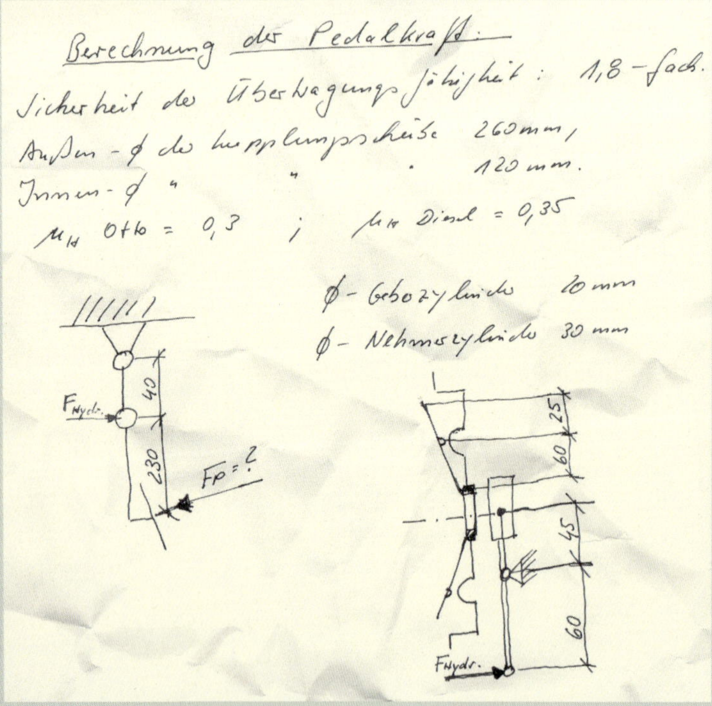

Bild 460.1 Skizze Kupplungssystem.

Als Sie Ihr Fahrzeug abholen erfahren Sie, dass das Kupplungssystem einwandfrei arbeitet. Ursache für die höhere Pedalkraft sei die Ausstattung mit Dieselmotor. Da Sie ungläubig schauen, errechnet Ihnen der Meister mit dem Taschenrechner die notwendige Pedalkraft für beide Fahrzeuge anhand der technischen Daten. Er weist Ihnen nach, dass die Pedalkraft F_p am Ersatzfahrzeug ca. 110 N, an Ihrem Dieselfahrzeug ca. 160 N betragen muss.

a) Am Abend finden Sie in Ihrer Hosentasche einen Zettel (Bild 460.1) mit den technischen Daten und Skizzen des Kupplungssystems, die Ihnen der Meister aufgeschrieben hat. Sie möchten in Ruhe die Rechnungen nachvollziehen. Weisen Sie mathematisch nach, dass die angegebenen Werte zur errechneten Pedalkraft stimmen.
b) Ein Kumpel verfolgt Ihre Bemühungen und möchte gerne wissen, was mit dem Faktor 1,8 für die Sicherheit der Übertragungsfähigkeit gemeint ist. Erklären Sie es ihm.
c) Die Haftreibungszahl μ_H des Belages der Kupplungsscheibe vom Ottomotor beträgt 0,30, vom Dieselmotor 0,35. Erläutern Sie, was diese Angabe bedeutet.
d) Sie ermitteln unterschiedliche Werte bei der Flächenpressung p für beide Kupplungsausführungen. Welche Auswirkung hat die errechnete Flächenpressung auf den Verschleiß der Kupplungsscheibe?
e) Ihr Kumpel möchte wissen, warum beide Kupplungssysteme nahezu identisch ausgeführt sind (Ausnahme: Kupplungsbelag), obwohl dadurch die Kupplung am Fahrzeug mit Dieselmotor erheblich schwerer zu betätigen ist. Was antworten Sie?

10P Instandhalten von Fahrwerks- und Bremssystemen

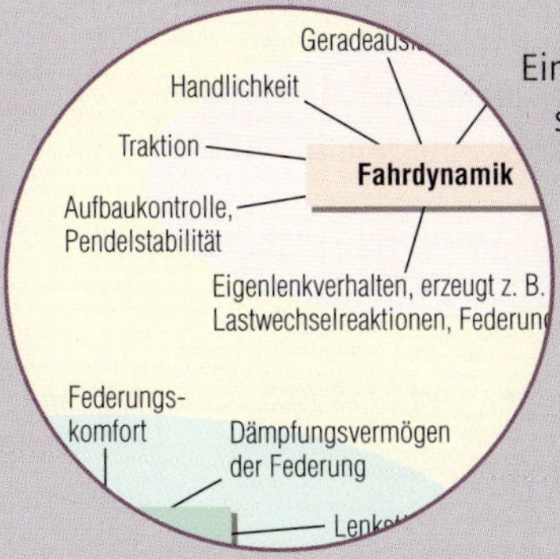

Ein Fahrwerk muss Insassen und Ladung sicher und komfortabel transportieren. Außerdem muss die Kraft des Motors auf die Fahrbahn übertragen und das Fahrzeug abgebremst werden. Hier erfahren Sie, wie das funktioniert.

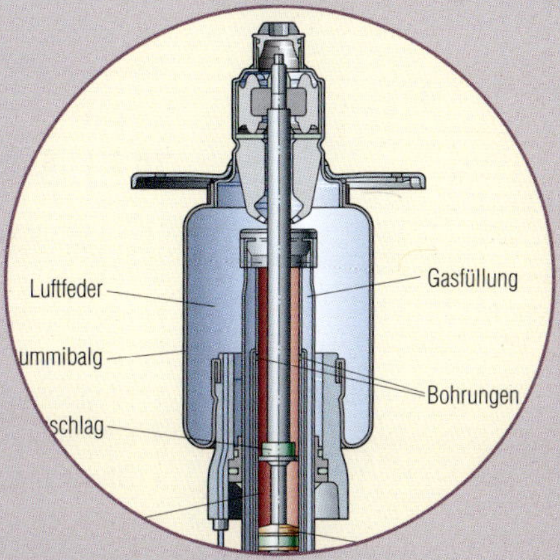

Zur Verbesserung von Fahrdynamik und Komfort steigen die Ansprüche an Federung und Dämpfung. Sie erfahren, was es neben dem Bewährten an Neuerungen gibt.

Das wichtigste Bindeglied zwischen Fahrzeug und Fahrbahn ist der Reifen. Aber neben der reinen Funktionalität bleibt immer noch Platz fürs Design am Rad.

Sie erwerben grundlegendes Wissen über hydraulische Bremssysteme und sind in der Lage, diese Systeme verantwortungsvoll zu warten.

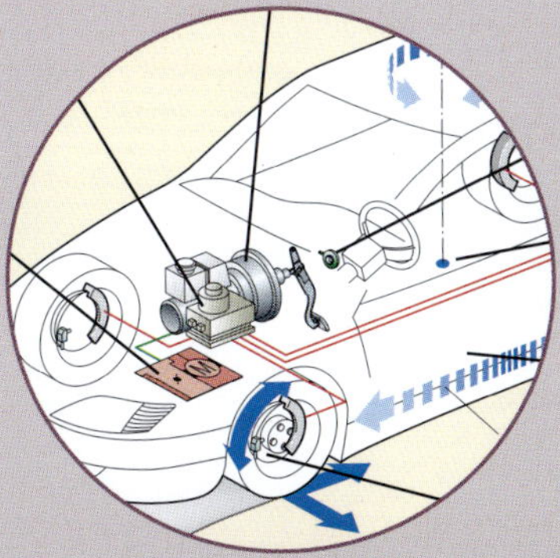

Auf den folgenden Seiten lesen Sie Grundlegendes über Fahrsicherheitssysteme.

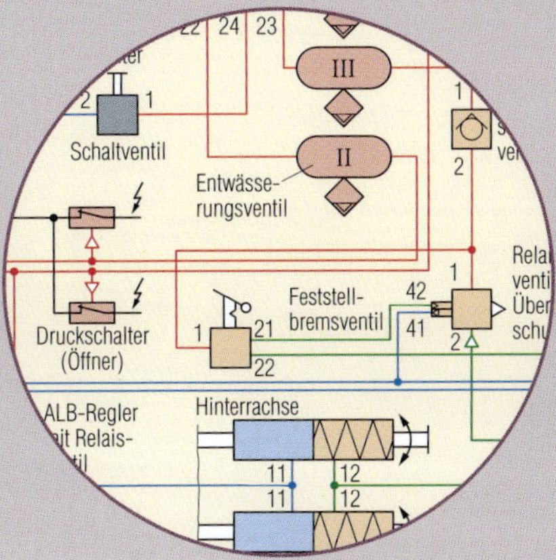

Nach dem Durcharbeiten sind Fremdkraftbremsanlagen kein Fremdwort mehr für Sie.

10.1 Fahrwerkssystem

Die Unfallstatistiken der letzten Jahre zeigen, dass ungefähr ein Drittel aller Unfälle mit Todesfolge passieren, weil das Fahrzeug (bei Unachtsamkeit des Lenkers, bei überhöhter Geschwindigkeit oder schlechten Straßenverhältnissen) von der Fahrbahn abkommt. Die Wahrscheinlichkeit, dass das Fahrzeug in der Spur bleibt ist größer, je besser und sicherer das Fahrwerk funktioniert.

10.1.1 Anforderungen an das Fahrwerk

Das fahrdynamische Verhalten eines Fahrzeugs beurteilt man einerseits durch die subjektiven Eindrücke des Fahrers und andererseits über das objektive Fahrverhalten ohne Fahrereinfluss aus vorgegebenen genormten Fahrmanövern:

- stationäre Kreisfahrt,
- Übergangsverhalten,
- Geradeauslaufverhalten,
- Lastwechsel bei Kreisfahrt,
- Bremsen in der Kurve,
- Seitenwindempfindlichkeit.

Das Fahrwerk stellt die Verbindung zwischen dem Fahrzeug – samt Insassen und Gepäck (Ladung) – und der Fahrbahn her. Mit Ausnahme der Massenkräfte und der aerodynamischen Einflüsse werden alle äußeren Kräfte und Momente in das Fahrzeug über die Kontaktfläche Fahrbahn/Reifen eingeleitet (Bild 462.1).

eintauchen = einfedern; **ausheben** = ausfedern.

Die Aufgaben des Fahrwerks sind daher vielseitig:

- Dem Fahrer eine sichere und komfortable Fahrzeugführung ermöglichen.
- Das Fahrzeug bewegen und anhalten.
- Das Fahrzeug beim Fahren stets in der Spur halten.
- Die Fahrzeugmasse tragen (abstützen), federn und ihre Schwingungen dämpfen.
- Die von der Fahrbahn kommenden Schwingungen und Geräusche dämpfen und isolieren.
- Die externen Störgrößen wie z. B. Wind kompensieren.
- Das Antriebsmoment auf die Fahrbahn bringen.
- Die Räder lagern, führen, lenken und bremsen.

Zusammengefasst resultieren daraus die beiden Hauptanforderungen an das Fahrwerk:

- hoher Fahrkomfort und
- hohe Fahrsicherheit.

Fahrkomfort. Fahrbahnunebenheiten sollten für den Fahrer möglichst gar nicht spürbar sein. Dazu müssen die Räder vor allem vertikal (großer vertikaler Federweg) aber auch horizontal ausweichen können. Auch beim Bremsen bzw. Anfahren soll der Aufbau weder eintauchen noch ausheben.

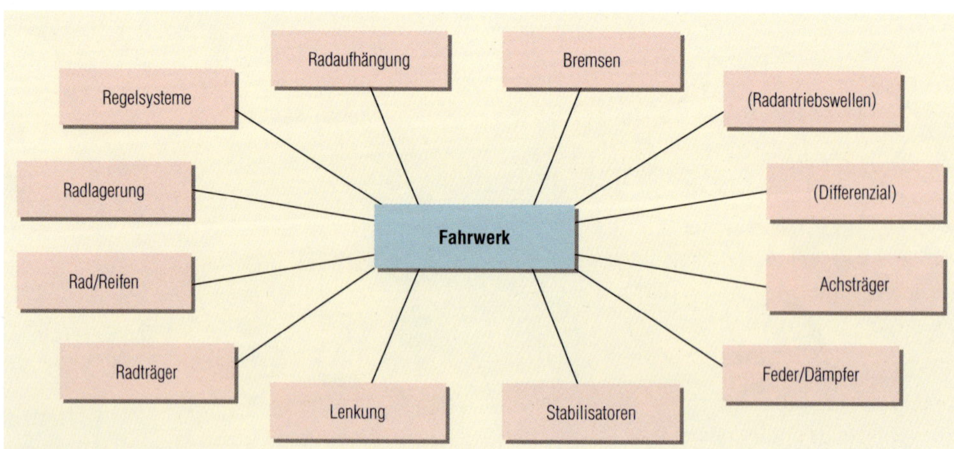

Bild 462.1 Fahrwerkssystem.

Fahrsicherheit. Hoher Fahrkomfort darf niemals zu unbeabsichtigten Radbewegungen führen, denn die Räder müssen stets eine definierte Stellung zur Fahrbahn haben. Nur dann sind sie in der Lage, die erforderlichen Seitenkräfte zu übertragen. Da die Bewegungen von Rädern (Ein- und Ausfedern) und Fahrzeugaufbau (Wanken, Nicken; Bild 463.2) nicht zu vermeiden sind, werden diese gezielt genutzt, um die Radseitenkraft mit aufzubauen. Das Ziel jeder Fahrwerkskonstruktion ist es, den Gegensatz zwischen hoher Fahrsicherheit und hohem Fahrkomfort aufzulösen. Dazu müssen vor allem die ungefederten Massen der Radaufhängung möglichst gering sein und die Räder müssen voneinander unabhängig Bewegungen ausführen können.

Weitere Anforderungen an das Fahrwerk sind leichte Fahrbedienung, geringes Fahrwerksgewicht und geringe Herstellungs-/Wartungskosten, sowie eine hohe Fahrwerkszuverlässigkeit und Robustheit. Beurteilungsmerkmale des Fahrwerks im Hinblick auf Fahrsicherheit, Fahrkomfort und Fahrdynamik zeigt Bild 463.1. Diese Beurteilungsmerkmale sind maßgebliche Kriterien bei der Veränderung von Fahrwerken (bzw. Fahrwerkssystemen). Auch können hiermit Auswirkungen auf das abweichende Fahrverhalten eines veränderten Fahrwerkssystems erklärt werden. So kann z. B. durch das Tieferlegen des Fahrwerks u. U. auch die Lage der Momentanpole und damit das Eigenlenkverhalten des Fahrzeugs beeinflusst werden.

Radaufhängung →S. 473 ff.

Momentanpole →S. 464

Schlupf →S. 503

Lenkstößigkeit →S. 468

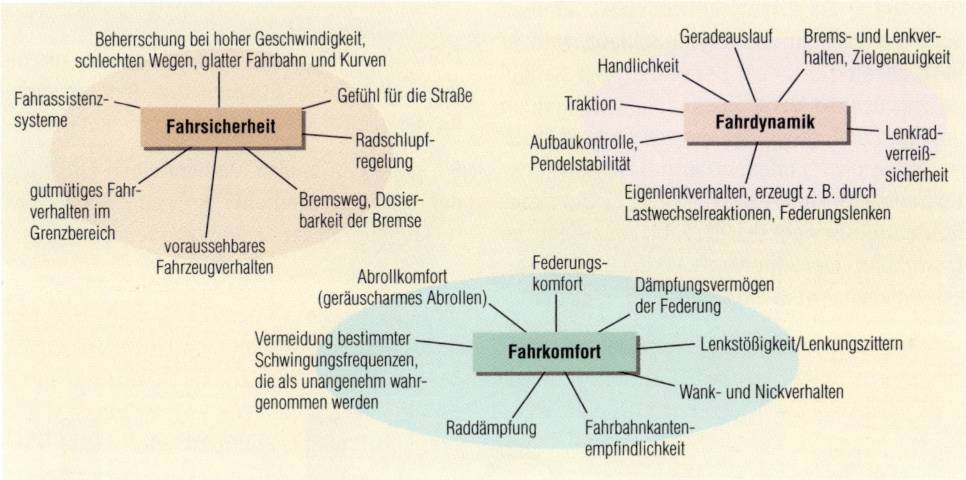

Bild 463.1 Mögliche Beurteilungsmerkmale eines Fahrwerks.

10.1.2 Bewegungen des Gesamtfahrzeugs

Die sechs Bewegungsmöglichkeiten (Freiheitsgrade) des Gesamtfahrzeugs werden in drei gradlinige und drei drehende unterschieden und mithilfe eines dreidimensionalen Bezugssystems beschrieben (Bild 463.2). Die tatsächliche Fahrzeugbewegung ergibt sich aus einer Kombination aller möglichen Bewegungen.

Analog zu den Bezugsachsen (Raumachsen) eines Fahrzeugs unterscheidet man bei der Fahrdynamik in Längs-, Quer- und Vertikaldynamik.

Freiheitsgrade →S. 482

geradlinig = linear = translatorisch; drehend = rotatorisch.

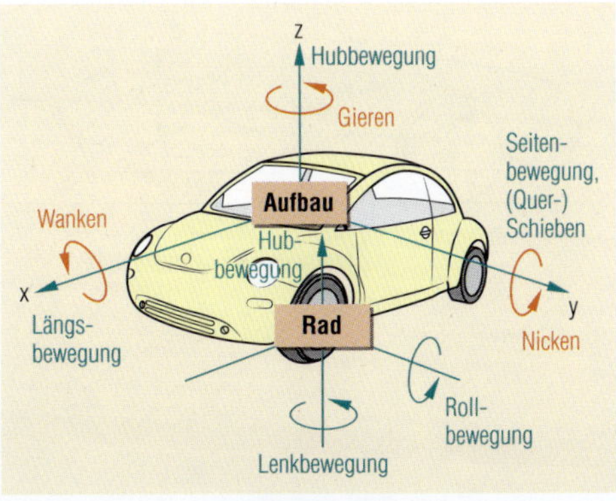

Bild 463.2 Fahrzeugkoordinatensystem (Bewegungsmöglichkeiten eines Fahrzeugs).

Kinematik: Lehre der (mechanischen) Bewegungen ohne Berücksichtigung von Kräften.

Radkinematik: Bewegungsmöglichkeiten eines Rades in Richtung aller Raumachsen.

Sturz → S. 466

Bo: von body (engl.) = Karosserie

Fahrdynamikregelsysteme benötigen Messwerte, die von Sensoren an den entsprechenden Achsen bereitgestellt werden:

- Giergeschwindigkeit,
- Quer- und Längsbeschleunigung,
- Längsverzögerung,
- Schwimm- und Wankwinkel,
- Lenkradwinkel,
- zusätzlich die Geschwindigkeit.

Insgesamt ergibt sich die Qualität von Fahrdynamikregelsystemen aus der Wechselwirkung zwischen Fahrwerk, Reifen und Fahrbahn.

Radpol *P* und Rollzentrum *Ro*. Beim Ein- und Ausfedern beschreibt jedes Rad einen Kreisbogen um einen Drehpunkt, den sogenannten Radpol *P* (Bild 464.1). Da sich dieser Drehpunkt während der Radbewegung ständig verschiebt, wird er auch als Momentanpol bezeichnet. Der Radpol ist von der Art der Radaufhängung abhängig und bestimmt neben der Spurweiten- und Sturzänderung beim Einfedern auch das Wank- oder Rollzentrum *Ro* der Achse (Bild 464.1). Um dieses Rollzentrum bewegt sich der Fahrzeugaufbau bei Einwirkung einer Seitenkraft. Vorder- und Hinterachse haben jeweils ein eigenes Rollzentrum.

Wank- oder Rollachse. Wenn am Schwerpunkt des Fahrzeugs Seitenkräfte angreifen, neigt sich der gesamte Fahrzeugaufbau nicht um einen Drehpunkt, sondern um eine Drehachse, die sogenannte Wank- oder Rollachse (Bild 464.1). Die Achse hat eine leichte Neigung nach vorne bis max. 6 ° und entsteht durch die Verbindungslinie der beiden Rollzentren an Vorder- und Hinterachse. Da sich die Achse bei Bewegungen des Aufbaus und bei Beladung ebenfalls ständig verschiebt, bezeichnet man sie auch als Momentanachse. Die Radkinematik muss so ausgelegt werden, dass sich die Wankachsenneigung mit zunehmender Beladung nicht allzu stark verändert. Dies könnte sonst zu starken Radlastschwankungen führen, die wiederum das Eigenlenkverhalten des Fahrzeugs beeinflussen.

Die Nickachse ist die Momentanachse, um die der Aufbau beim Bremsen bzw. Beschleunigen nickt.

Ein nahe den beiden Momentanachsen liegender Aufbauschwerpunkt *Bo* kann Wank- bzw. Nicktendenzen verhindern oder reduzieren.

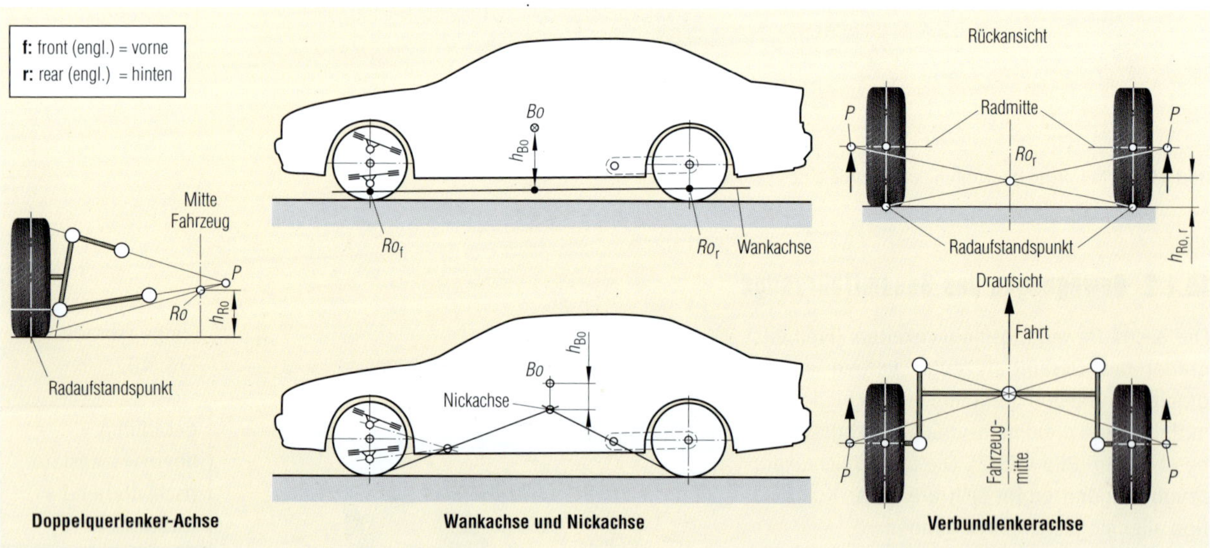

Bild 464.1 Momentanpole und -achsen.

10.1.3 Kenngrößen des Fahrwerks (Fahrwerksgeometrie)

Die Fahrwerksgeometrie bestimmt die Radstellung im Verhältnis zum Gesamtfahrzeug und untereinander. Die richtigen Einstellungen sind u. a. Voraussetzung für

- einwandfreien Geradeauslauf,
- gute Haftung der Reifen bei Kurvenfahrt,
- geringer Reifenverschleiß,
- korrektes Bremsverhalten.

Durch die Stellung der Räder wird auch das Fahrverhalten bei Kurvenfahrt erheblich beeinflusst.

Zur Bestimmung der Achseinstellwerte werden Bezugsgrößen benötigt (Bilder 465.1 und 465.2).

Die Radmittelebene (Bild 465.1) ist die zur Raddrehachse senkrechte Mittelebene des Reifens.

Der Radaufstandspunkt (Bild 465.1) ist der Schnittpunkt der Radmittelebene mit der Drehachse auf der Fahrbahnebene.

Geometrische Fahrachse. Die Hinterachse ist die spurgebende Achse des Fahrzeugs. Deshalb beziehen sich alle Messungen der Vorderräder auf die geometrische Fahrachse. Sie ist die Winkelhalbierende des Gesamtvorspurwinkels der Hinterachse (Bild 465.1). Sie wird auch als Fahrachswinkel bezeichnet, d. h. die Abweichung einer Mittelsenkrechten auf der Hinterachse zur Fahrzeuglängsmittelebene (Bild 465.2).

Die Fahrzeuglängsmittelebene (Symmetrieachse, Bild 465.2) ist eine feste Ebene im Fahrzeug, die senkrecht zur Fahrbahn steht und durch die Mitte der Spurweite der Vorder- und Hinterachse geht.

Achseinstellwerte bzw. Messgrößen sind:

- Radstand,
- Spurweite,
- Sturz,
- Spreizung,
- Lenkrollhalbmesser (oder -radius),
- Spur,
- Nachlauf,
- Spurdifferenzwinkel.

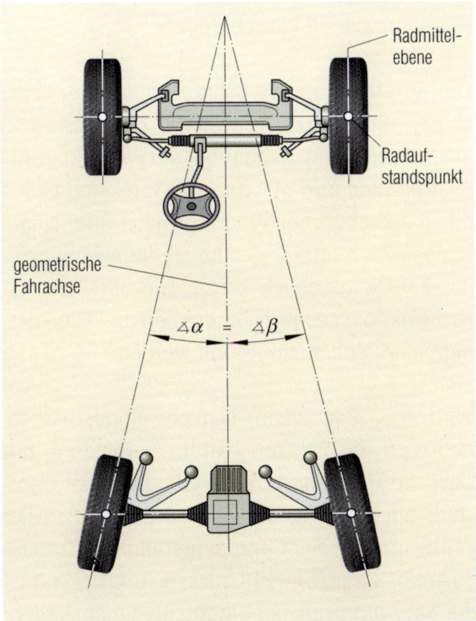

Bild 465.1 Geometrische Fahrachse als spurgebende Achse des Fahrzeugs.

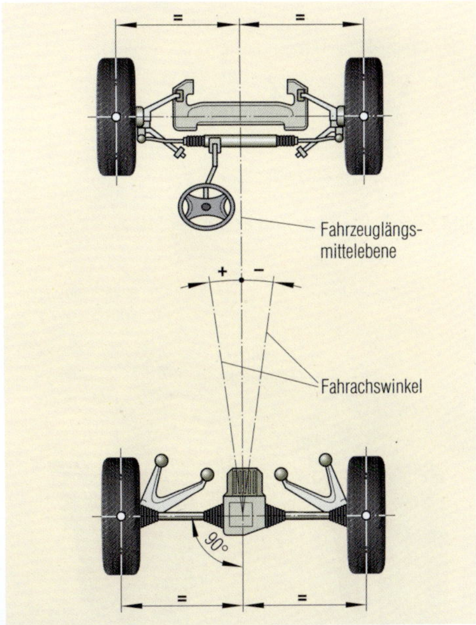

Bild 465.2 Abweichen der Fahrachswinkel von der Fahrzeuglängsmittelebene.

Radaufstandsfläche → Bild 467.2

Der Radstand (Bild 466.1) ist der Abstand von der Mitte der Vorderachse bis zur Mitte der Hinterachse. Große Radstände erhöhen den Fahrkomfort und vergrößern den nutzbaren Innenraum. Kurze Radstände erleichtern das Befahren enger Kurven.

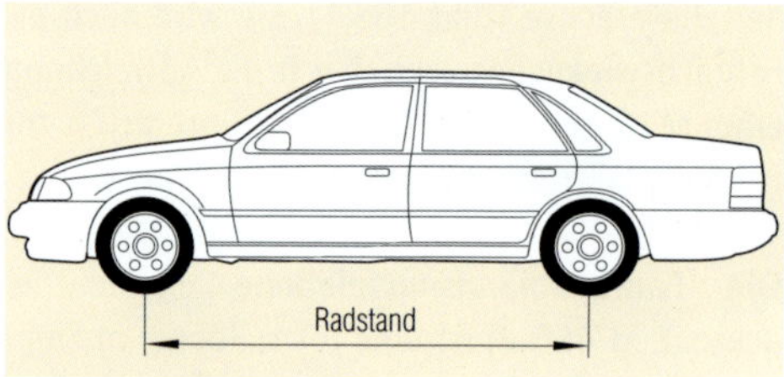

Bild 466.1 Radstand.

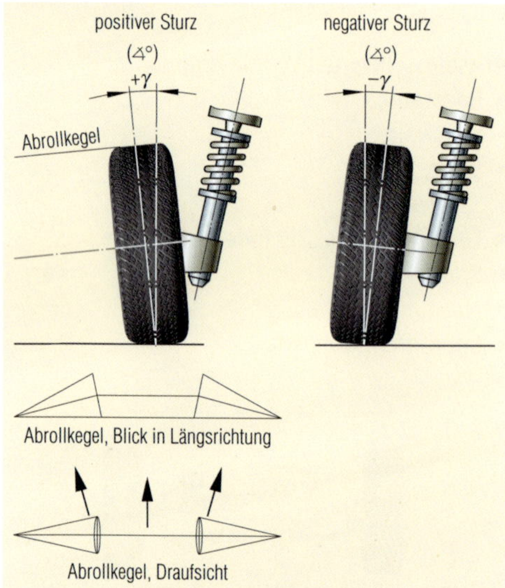

Bild 466.2 Positiver und negativer Sturz.

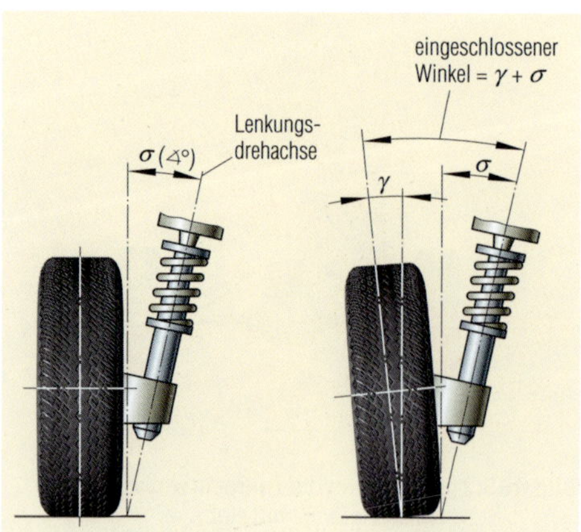

Bild 466.3 Spreizung.

Die Spurweite ist das Maß von Reifenmitte zu Reifenmitte einer Achse. Bei Zwillingsbereifung wird von Mitte Zwillingsrad zu Mitte Zwillingsrad gemessen. Eine große Spurweite erlaubt höhere Kurvengeschwindigkeiten. Aus Radstand und Spurweite errechnet sich die Radaufstandsfläche.

Der Sturz ist der Winkel zwischen der Radmittelebene und einer Senkrechten zur Fahrbahnebene (Bild 466.2). Stehen die Räder bei Betrachtung von vorn oder hinten gesehen auf der Fahrbahn enger zusammen als oben, spricht man von positivem Sturz (Plus-Sturz). Stehen die Räder auf der Fahrbahn weiter auseinander, haben die Räder einen negativen Sturz (Minus-Sturz).

Sturzkräfte drücken das Rad, bedingt durch den Abrollkegel des Rades, ständig gegen das Radlager. Gleichzeitig verlagern sie die Belastung vom schwächeren äußeren Radlager auf das stärkere innere Radlager (Bremsradlager).

Negativer Sturz erhöht die Seitenführungskraft, stabilisiert dadurch den Geradeauslauf und ermöglicht höhere Kurvengeschwindigkeiten. Allerdings nimmt der Verschleiß an der Innenseite der Lauffläche zu. Weiterhin wird die Flatterneigung der Räder verringert.

Die Spreizung ist die Schrägstellung der Lenkachse, auch als Lenkungsdreh- oder Schwenkachse bezeichnet, gegenüber der Fahrbahnsenkrechten (Bild 466.3). Sturz und Spreizung bilden einen gemeinsamen Winkel (sogenannter eingeschlossener Winkel), der bei Federbewegungen des Fahrzeugs gleich bleibt. Die Spreizung ist konstruktionsbedingt vorgegeben und kann deshalb häufig nicht eingestellt werden.

Wird das Rad beim Lenken eingeschlagen, hebt sich das Fahrzeug an. In Verbindung mit Gewichtskraft und Lenkrollhalbmesser entsteht ein Moment, das für das Rückstellen der Lenkung in die Geradeausstellung (stabiler Zustand) sorgt (Gewichtsrückstellung). Somit ist die Spreizung nur bei eingeschlagenen Rädern wirksam. Gleichzeitig kann aber auch der Reifen eine unterstützende Rückstellwirkung beim Loslassen des Lenkrades erzeugen. Durch den Schräglaufwinkel des Reifens bei Kurvenfahrt wird ein elastisches Rückstellmoment erzeugt (Reifenrückstellung).

Der Lenkrollhalbmesser (auch Lenkrollradius) ist der Abstand zwischen der Radmittelebene und dem Punkt, an dem die Verlängerung der Schwenkachse die Fahrbahn schneidet (Bild 467.1). Der Lenkrollhalbmesser kann positiv, negativ oder null sein. Durch die Konstruktion ergibt er sich aus Sturz, Spreizung und Einpresstiefe der Felge und ist nicht messbar, kann jedoch verändert werden. Er verringert die Lenkkräfte durch das Abrollen des Rades beim Einschlagen und verbessert den Geradeauslauf.

Positiver Lenkrollhalbmesser (Bild 467.2). Die von vorne am Rad angreifenden Bremskräfte ziehen das Rad nach außen, die Antriebskräfte ziehen es nach innen. Dies muss durch Einstellen der Spur ausgeglichen werden. Das Fahrzeug zieht schief, wenn beim Bremsen, bedingt durch unterschiedliche Reifen und/oder Fahrbahnbeschaffenheit (μ_{Split}) oder durch eine bestimmte Bremskreisaufteilung, unterschiedliche Bremskräfte auftreten. Dann zieht ein Rad bedingt durch das Lenkmoment stärker nach außen als das andere. Zusätzlich wird dieser fahrdynamisch negative Effekt verstärkt, weil die unterschiedlichen Reibungskräfte an den Rädern ein Giermoment am Fahrzeug hervorrufen.

Negativer Lenkrollhalbmesser (Bild 467.2). Die von vorne am Rad angreifenden Bremskräfte ziehen das Rad nach innen, die Antriebskräfte ziehen es nach außen. Auch hier entsteht bei unterschiedlichen Bremskräften an den Vorderrädern ein Giermoment um die Hochachse des Fahrzeugs. Dies wird aber ganz oder teilweise kompensiert, da das Rad mit der stärkeren Bremskraft stärker nach innen (entgegen dem Giermoment) gezogen wird. Die Schleudergefahr wird geringer.

Lenkrollhalbmesser null. Hier dreht das Rad auf der Stelle und rollt nicht ab. Das vergrößert einerseits die Lenkkräfte im Stand, verhindert aber andererseits die Übertragung von Störkräften auf die Lenkung und durch den ABS-Einsatz bedingte Schwingungen.

Störkrafthebelarm. Dieser kann sich, wie der Lenkrollradius, bei unterschiedlichen Reifenbreiten und durch Spurverbreiterungen ändern (Bild 467.3). Man unterscheidet einen

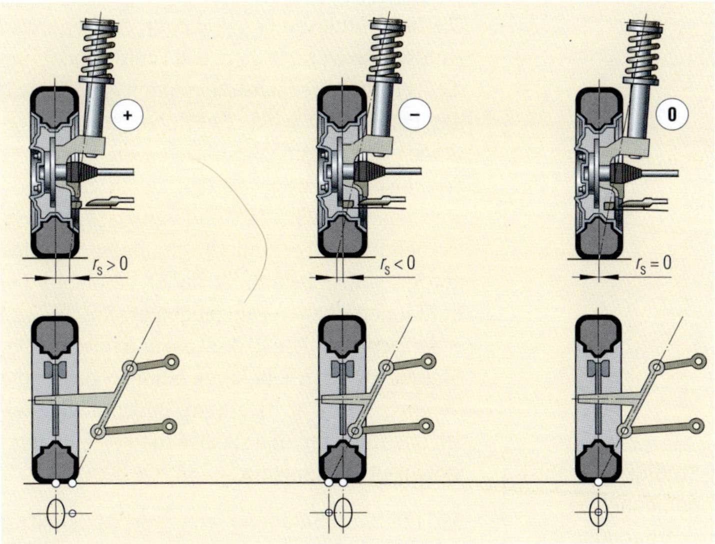

Bild 467.1 Lenkrollhalbmesser.

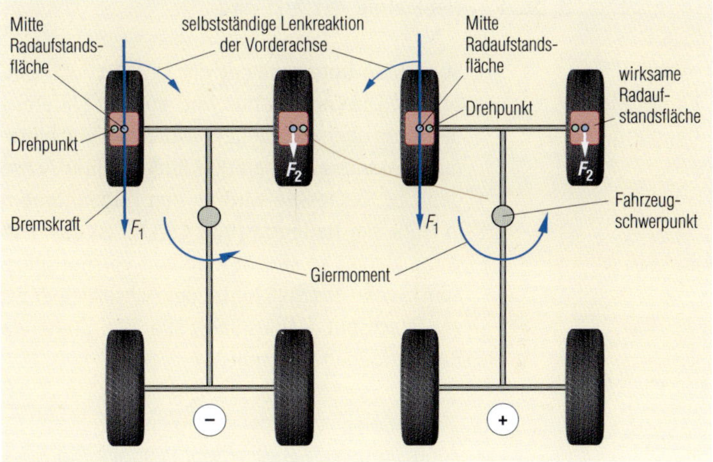

Bild 467.2 Wirkung des negativen und positiven Lenkrollhalbmessers.

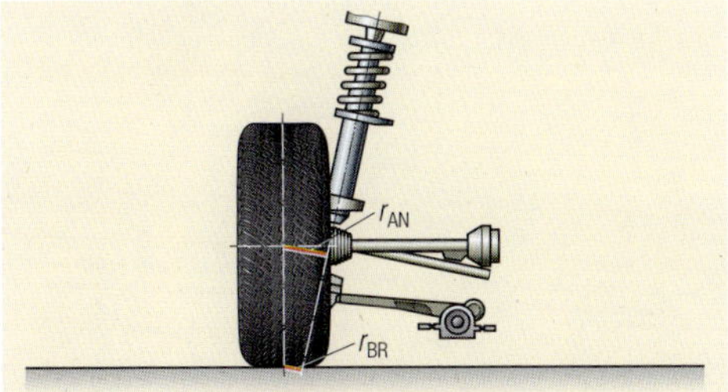

Bild 467.3 Störkrafthebelarm beim Bremsen und beim Antreiben.

- Störkrafthebelarm beim Bremsen r_{BR} (der senkrechte Abstand vom Radaufstandspunkt zur Lenkungsdrehachse) und einen
- Störkrafthebelarm beim Antreiben r_{AN} (der senkrechte Abstand vom Radmittelpunkt zur Lenkungsdrehachse).

μ_{Split}: Reibungszahl ist auf der linken und rechten Seite des Fahrzeugs unterschiedlich

Giermoment: Drehmoment um die Hochachse (siehe auch Giermomentsensor)

Stößigkeit: Wahrnehmung von Fahrbahnunebenheiten in der Lenkung.

Einzelradaufhängung → S. 477

Die beim Bremsen und Anfahren entstehenden Längskräfte verursachen ein Drehmoment um die Lenkungsdrehachse, das dann störend auf das Lenksystem wirkt. Bei Kurvenfahrt auftretende Antriebsmomentdifferenzen zwischen den beiden Rädern werden durch den Störkrafthebelarm verstärkt und verursachen Lenkmomente und Lenkradschwingungen. Ein kleiner Störkrafthebelarm ist daher besonders bei frontangetriebenen Fahrzeugen erwünscht, weil er Antriebseinflüsse in der Lenkung unterdrückt. Größere Störkrafthebelarme erhöhen zudem die Neigung breiterer Bereifung, Bodenunebenheiten nachzulaufen und sie erzeugen eine größere Stößigkeit der Lenkung.

Bei breiterer Bereifung erzeugen außermittig angreifende Kräfte in der Reifenaufstandsfläche Drehmomente, deren Wirkung durch größere Hebelarme verstärkt wird.

Spur. Man unterscheidet die Gesamt- und Einzelspur. Die Gesamtspur wird aus der Differenz des – von oben gesehenen – vorderen und hinteren Abstands zwischen den Rädern einer Achse gebildet. Gemessen wird an den Felgenhörnern in Höhe der Radmitte (Bild 468.1). Ist das Maß vorne kleiner, so spricht man von Vorspur (Plus-Spur), wenn das Maß hinter der Achse kleiner ist, von Nachspur (Minus-Spur). Parallel stehende Räder ergeben Spur null.

Beachten Sie: Nur bei richtig eingestellter Spur stehen die Räder beim Fahren parallel. Das Radlagerspiel und das Flattern der Räder werden unterdrückt und die Reifen radieren nicht.

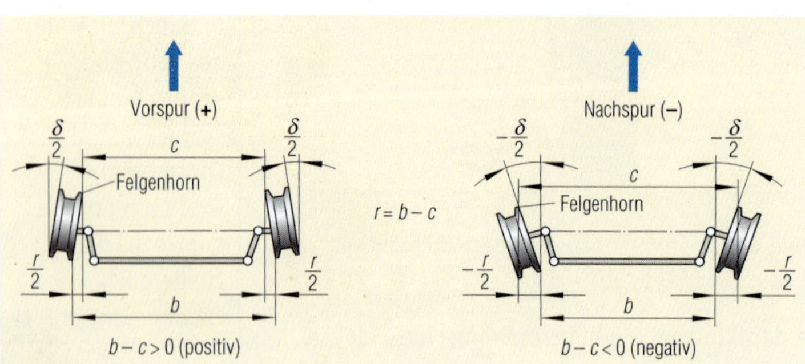

Bild 468.1 Vorspur und Nachspur.

Spur und Sturz stehen in einem Zusammenhang: positiver Sturz erzeugt eine Nachspur, negativer Sturz eine Vorspur.

Bei der elektronischen Fahrwerksvermessung wird die Spur in Winkelminuten (∢') gemessen, dadurch muss der Wert nicht mehr auf den Felgendurchmesser bezogen werden.

Beim Fahren wirken auf die Räder große Kräfte und in Kombination mit dem Lenkrollhalbmesser, der elastischen Verspannung der Fahrwerksteile und dem Radlagerspiel kommt es zu Spurveränderungen. Dieses würde ein Radieren der Reifen bewirken. Gleichzeitig würde das Radlagerspiel ein Flattern der Räder begünstigen. Je nach Antriebsart stellt sich zudem beim Fahren eine spezifische Spur ein: Angetriebene Räder ziehen in die Vorspur, geschobene Räder werden in eine Nachspur gedrückt. Damit die Räder während der Geradeausfahrt parallel stehen, stellt man eine achs- bzw. antriebspezifische Spur ein.

Bei den meisten Einzelradaufhängungen entstehen beim Ein- und Ausfedern Spurweiten- und/oder Sturzänderungen (Bild 469.1). Spuränderungen können durch verschiedene Neigungen der Spurstangen bei Radhub hervorgerufen werden. Dieser Fehler wirkt sich störend auf den Schräglaufwinkel bei Kurvenfahrt und damit auf die übertragbaren Seitenkräfte aus. Ein Fehlerausgleich ist bei der Fahrwerksvermessung möglich u. a.

- durch die herstellervorgeschriebene Beladung oder
- die Messung einer Vorspurkurve oder
- die Erfassung eines bestimmten Höhenpunktes am Fahrzeug nach Herstellervorschrift.

Unter der Vorspurkurve (Spurkonstante) versteht man die Erfassung der veränderten Spurwerte, bedingt durch das Ein- und Ausfedern an der Vorderachse in einem definiert angehobenen Zustand.

Nachlauf. Wird die Lenkungsdrehachse in Längsrichtung des Fahrzeugs schräg gestellt, ergibt sich ein Abstand zwischen dem Berührpunkt der verlängerten Lenkachse mit der Fahrbahn (Spurpunkt) und der Mitte der Radaufstandsfläche (Bild 469.2). Dieser Abstand bildet einen

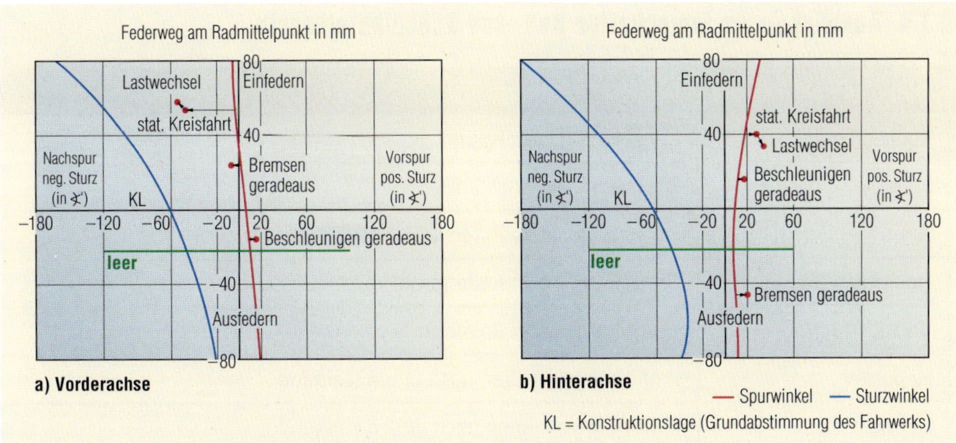

Bild 469.1 Spur- und Sturzänderung beim Ein- und Ausfedern.

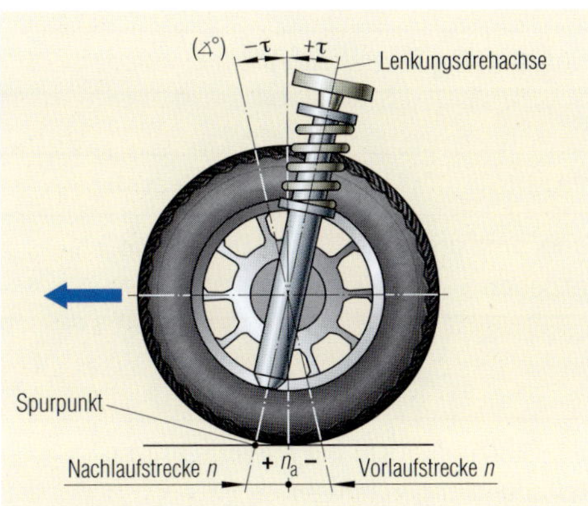

Bild 469.2 Nachlauf.

Hebelarm, an dem das Rad gezogen wird (Teewageneffekt). Das Rad folgt der Fahrtrichtung des Fahrzeugs. Dadurch wird ein Flattern der Räder vermindert, die Räder stellen sich nach der Kurvenfahrt zurück und der Geradeauslauf wird stabilisiert. Der Nachlaufwinkel erzeugt beim kurvenäußeren eingeschlagenen Rad einen negativen Sturz, der die Seitenkraftübertragung begünstigt.

Spur, Sturz, Spreizung, Lenkrollhalbmesser und Nachlauf hängen voneinander ab. Sie müssen deshalb so aufeinander abgestimmt sein, dass

- ein guter Geradeauslauf und geringer Reifenverschleiß erzielt wird,
- das Spiel in Radführung, Radlagerung und Lenkung unterdrückt wird,
- das Eigenlenken positiv beeinflusst wird.

Der Spurdifferenzwinkel ist der Winkel, um den das kurveninnere Rad stärker einschlägt als das kurvenäußere Rad (Bild 469.3) Erzeugt wird dieser Spurdifferenzwinkel bei der Achsschenkellenkung durch den Aufbau des Lenkgestänges als Lenktrapez bei Starrachsen oder als Lenkviereck oder Lenkdreieck bei Einzelradaufhängung. Der Winkel selbst ist eine statische Größe ohne Einbeziehung des Schräglaufwinkels, von der das Fahrzeug aber im Fahrbetrieb bis zur Parallelstellung der Räder abweicht. Die Messung erfolgt bei einem Einschlagwinkel des kurveninneren Rades von bis zu 20 °.

Spurdifferenzwinkel = Lenkdifferenzwinkel

Achsschenkellenkung → S. 513

Wenn der Spurdifferenzwinkel bei linkem und rechtem Einschlag gleich ist, so ist dies ein Indiz für ein intaktes Lenkdreieck, -viereck oder Lenktrapez.

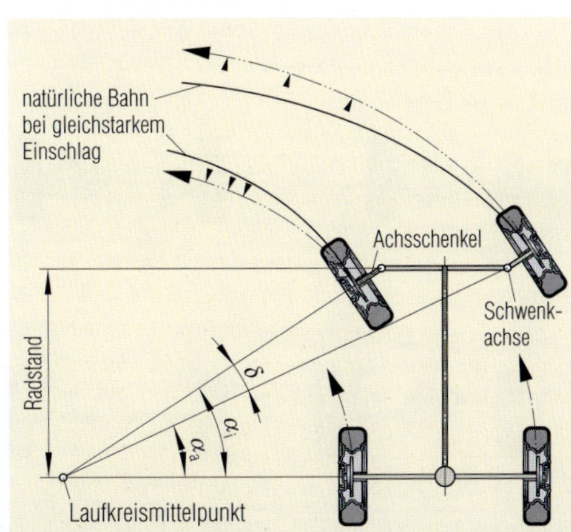

Bild 469.3 Spurdifferenzwinkel.

Negativer Nachlauf = Vorlauf

10.1.4 Auswirkungen fehlerhafter Rad- und Achseinstellwerte

Messgröße	mögliche Fehlstellung	Fehlerauswirkung
Fahrachswinkel	ungleich null	Dackellauf (Dackelspur)
	negativ	Fahrzeug lenkt nach links
	positiv	Fahrzeug lenkt nach rechts
Spur	Nachspur zu groß	Gratbildungen im Reifenprofil von innen, schwammiges Fahrverhalten
	Vorspur zu groß	Gratbildungen im Reifenprofil von außen, nervöser Geradeauslauf
Sturz	zu positiv	Profiltiefe von außen nach innen steigend
	zu negativ	Profiltiefe von innen nach außen steigend
Spur und Sturz	verstellt	Sägezahnabrieb bis zur Mitte der Reifenauflauffläche
Spreizung	zu groß	hohe Lenk- und Haltekräfte
	zu gering	schlechte Lenkrückstellung, anfällig für Reifenfehler
	rechts/links	anfällig für Schiefziehen
Nachlauf	zu groß	hohe Lenk- und Rückstellkräfte
	zu gering	schlechte Lenkrückstellung, anfällig für Reifenfehler, empfindlich gegen Seitenwind, Schiefziehen
	links/rechts unterschiedlich	Schiefziehen
Spurdifferenzwinkel	zu klein/zu groß	erhöhter Reifenverschleiß, Fahrzeug bricht bei Kurvenfahrt aus, schlechte Lenkradrückstellung in engen Kurven
Radversatz, Achsversatz, Seitenversatz, Radstanddifferenz, Spurweitendifferenz		Fahrzeugverhalten bei Kurvenfahrt links bzw. rechts unterschiedlich, Eigenlenken des Fahrzeugs (Bild 470.1)

Tabelle 470.1 Auswirkungen fehlerhafter Rad- und Achseinstellwerte.

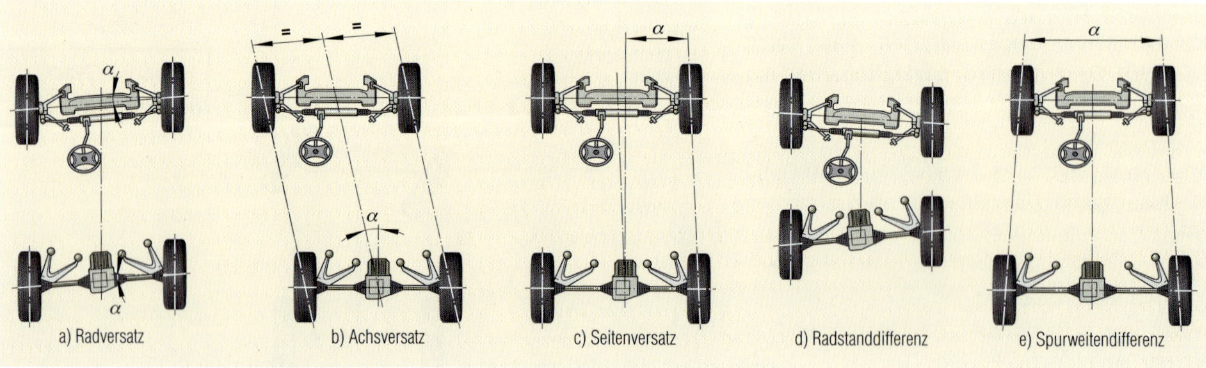

Bild 470.1 Zusätzliche Messgrößen bei der Fahrwerksvermessung.

10.1.5 Fahrwerksvermessung

Zeigen die Reifen ein anormales Verschleißbild, zieht das Fahrzeug zu einer Seite oder wurden Arbeiten am Fahrwerk durchgeführt, so ist eine Überprüfung der rad- bzw. achsgeometrischen Daten am Fahrzeug notwendig. Hierbei werden die Ist-Werte mit den Soll-Werten des Herstellers verglichen.

Damit exakte und reproduzierbare Ergebnisse bei der Fahrwerksvermessung (Achsvermessung) erzielt werden, sind vor jeder Vermessung bestimmte Messvoraussetzungen zu erfüllen. Diese werden von den Herstellern der Vermessungsgeräte und den Fahrzeugherstellern vorgegeben. Dies schließt auch eine gewissenhafte Vorinspektion des Fahrwerks sowie das Fahrwerk betreffende Karosserieabschnitte auf Beschädigung und Verschleiß mit ein.

Die Entwicklung immer besserer Fahrwerke mit zusätzlichen Kinematik-Einstellpunkten verursacht immer engere Toleranzvorgaben bei der Fahrwerksvermessung und -einstellung. Die Messgenauigkeit moderner elektronischer Systeme liegt bei ± 1 Winkelminute. Es werden Achsvermessungsanlagen mit bis zu acht Messwertaufnehmern (Sensoren) eingesetzt (Bild 471.1), die die gesamte Fahrwerksgeometrie erfassen und ein geschlossenes 360°-Messfeld bilden (Tabelle 471.1). Dabei ist es unerheblich, ob die Sensoren am Fahrzeug befestigt oder stationär um das Fahrzeug verteilt sind.

Berührungsloses und vollautomatisches Vermessen hat viele Vorteile:

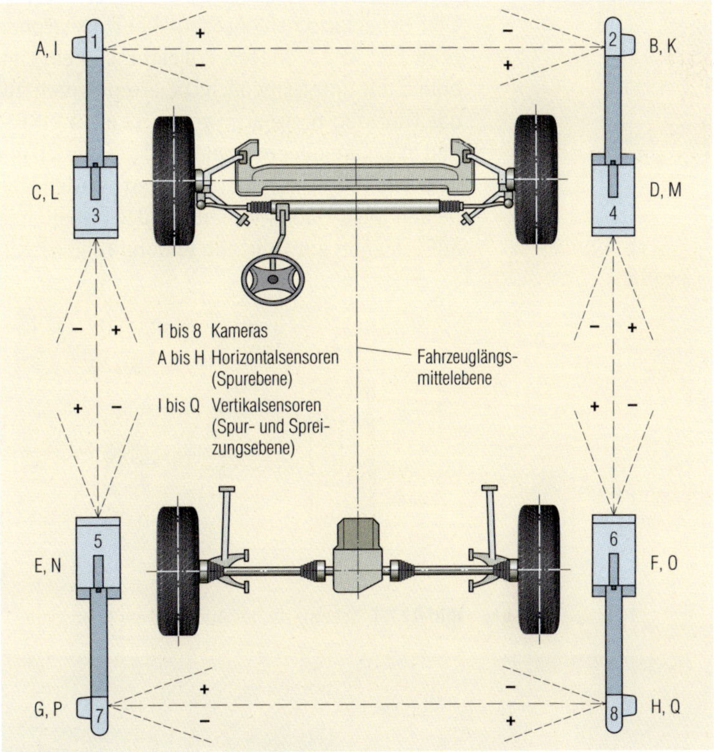

Bild 471.1 Aufbau des Messsystems.

- Kundenfahrzeuge werden nicht durch unsachgemäßes Auf- und Abrüsten herkömmlicher Spannvorrichtungen beschädigt.
- Messfehler und schiefstehende Lenkräder durch ungenaue Spannhaltermontage sowie Bedienfehler bei der Rundlaufkorrektur (Felgenschlagkompensation) werden vermieden.
- Die Zeit für die reine Achsvermessung wird drastisch reduziert und kann so normaler Bestandteil bei der Fahrzeugannahme und bei Prüfchecks werden.

Felgenschlagkompensation:
Seitenschlag einer Felge wird elektronisch erfasst und für die Vermessung von Spur und Sturz ausgeglichen (Kompensation = Ausgleich)

Messungen an der Vorderachse	Messungen an der Hinterachse	zusätzliche Messungen
Spur (Einzel- und Gesamtspur, bezogen auf die geometrische Fahrachse sowohl normal als auch angehoben = Vorspurkurve) Sturz (bei Fahrt geradeaus oder Spur null) Radversatz, bezogen auf das linke Vorderrad Nachlauf, Spreizung und Spurdifferenzwinkel (gemeinsam ermittelt in gerätespezifischen Messungen)	Spur (Einzel- und Gesamtspur, bezogen auf die Längsmittelebene des Fahrzeugs = Symmetrieachse) Fahrachswinkel Sturz	maximaler Radlenkwinkel (Vorder- und Hinterachse) Radversatz hinten Radstanddifferenz Seitenversatz (rechts und links) Spurweitendifferenz Achsversatz

Tabelle 471.1 Messmöglichkeiten einer modernen Achsvermessungsanlage.

Den schematischen Aufbau einer Messsonde zeigt Bild 472.1. Mittels Projektor wird ein Linienbild mit unterschiedlich codierten Farben auf das Fahrzeug projiziert, von der Kamera erfasst und in ein dreidimensionales Bild umgesetzt, mit dem alle relevanten Daten erfasst werden. Die beiden Messsonden fahren auf der Hebebühne auf Schienen am Fahrzeug entlang (Bild 472.2)

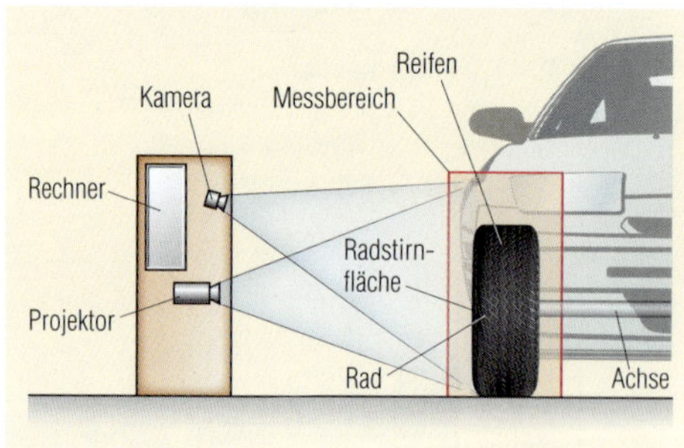

Bild 472.1 Schematischer Aufbau einer Messsonde.

Bild 472.2 Berührungslose Fahrwerksvermessung.

und führen die Messungen neben einer automatischen Felgenschlagkompensation durch. Zusammen mit einer entsprechenden Scherenhebebühne gewährleistet dieses Messsystem eine Messwertreproduzierbarkeit im Bereich von fünf Winkelminuten. Zudem entfallen durch die winkelgenaue Erfassung der Hebedrehspindel an der Hebebühne lästige Justierarbeiten.

Bei der Nutzfahrzeugvermessung werden Geräte mit anderen Messmethoden (mechanische, laserbasierende optische und optisch-mechanische Systeme) eingesetzt.

Bei der menügesteuerten Messung werden die Fahrwerksdaten von den Messwertaufnehmern und Messsonden zum Computer übermittelt. Über einen Soll-Ist-Vergleich werden nicht nur die Daten überprüft, sondern gleichzeitig eine Optimierung z. B. bezüglich eines verstellten Fahrachswinkels (Bild 465.2) vorgenommen. Die verarbeiteten Daten werden auf einem Bildschirm mittels Zeiger oder Balken grafisch aufbereitet und können ausgedruckt werden. Zusätzlich können auf dem Computer Einstellhilfsgrafiken und Bilder abgerufen werden.

Die hohe Genauigkeit moderner computerunterstützter Achsvermessungsanlagen und die hohe Fertigungsgenauigkeit der Fahrzeuge erfordern eine gewissenhafte Arbeitsvorbereitung und genaue Durchführung der Vermessung und Einstellung entsprechend den Vorschriften und der vorgegebenen Messroutine. Dies schließt das Speichern der Messdaten vor und nach der Vermessung mit ein, damit man dem Kunden die Arbeiten am Fahrwerk (Vorher-Nachher) dokumentieren kann.

Werkstattpraxis

- Schließen Sie mögliche Fehlerquellen an der Achsvermessungsanlage durch regelmäßiges Justieren bzw. Kalibrieren aus (Updates).
- Achten Sie auf eine regelmäßige Wartung der Vermessungshebebühne (Prüfbuch).
- Archivieren Sie die Messwertprotokolle für spätere Reklamationen und notieren Sie spezielle Vermessungen, die von der Norm abweichen.

- Je besser die Vorinspektion eines Fahrzeugs ist (dies schließt auch evtl. vorhandene Unfallschäden sowie die Betrachtung der „alten" Reifen mit ein), umso besser der Erfolg der Achsvermessung. Indizien für vorhandene Unfallschäden lassen sich mit den Werten aus Bild 470.1 ermitteln.
- Beachten Sie die von der Achsvermessungsanlage vorgegebene Messroutine.
- Ermitteln Sie den korrekten Höhenstand bzw. belasten Sie das Fahrzeug genau nach der Vorschrift des Fahrzeugherstellers. Benutzen Sie einen Spurdrücker.
- Arbeiten an Lenkrädern mit Airbag dürfen nur autorisierte (geprüfte) Personen durchführen.
- Sollte im Rahmen der Achsvermessung ein Austausch von Schrauben vorgeschrieben sein, so sind unbedingt neue Schrauben zu verwenden.
- Lässt sich das Einstellen nur durch ein „Vermitteln" erreichen, so ist das Optimum der Werte anzustreben.
- Auch unter Zeitdruck ist eine korrekte Vermessung und Einstellung möglich. Vermeiden Sie Routinefehler und Abkürzungen im Messablauf.

10.2 Radaufhängungen

- Radaufhängungen
  - Einzelradaufhängungen
    - Doppelquerlenkerachse
    - Radführende Feder- und Dämpferbeine (Mc-Pherson-Federbein)
    - Schräglenkerachse
    - Längslenkerachse
    - Mehrlenkerachse
  - halbstarre Achsen
    - Verbundlenkerachse
  - Starrachsen
    - Deichselachse

Während der Fahrt werden ständig Kräfte vom Fahrzeug auf die Fahrbahn übertragen und von der Fahrbahn in das Fahrwerk eingeleitet (Bild 473.1) Den Kraftfluss vom Reifen auf der Fahrbahn über das Radlager und den Radträger in die Radaufhängung und die dabei entstehenden Kräfte sowie das entstehende Kippmoment zeigt Bild 474.1. Diese Kräfte müssen von der Radaufhängung aufgenommen werden.

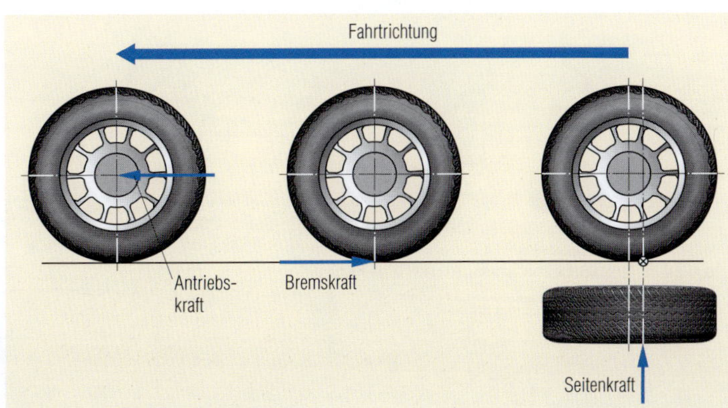

Bild 473.1 Kräfte am Rad.

Kippmoment:
$M_{rdyn} = F_y \cdot r_{dyn}$

Achsträger = Fahrschemel = Hilfsrahmen

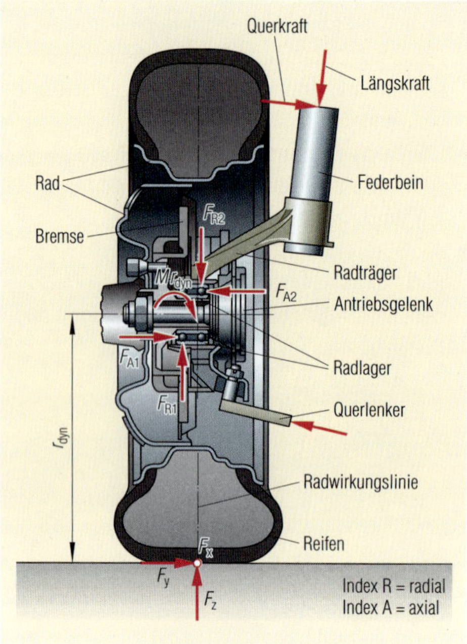

Bild 474.1 Lastübertragung vom Reifen auf der Fahrbahn in die Radaufhängung.

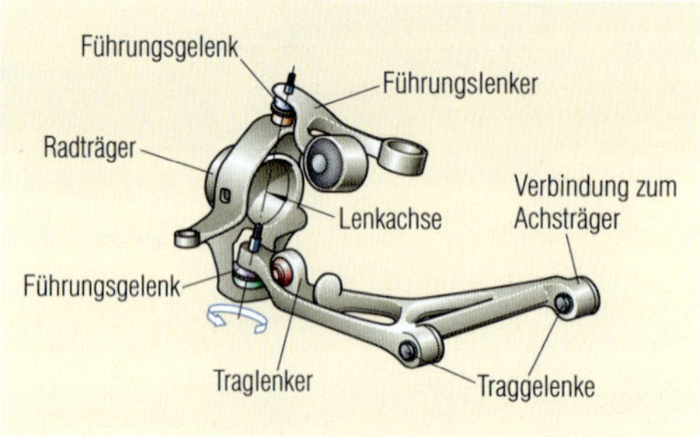

Bild 474.2 Führungs- und Traglenker sowie Gelenke an einer gelenkten Doppel-Querlenker-Vorderachsaufhängung.

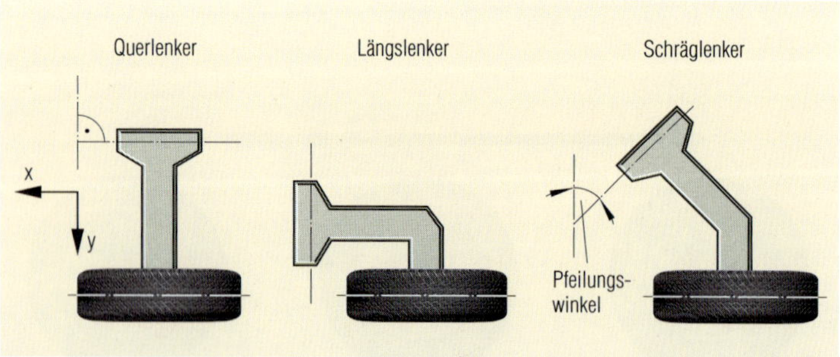

Bild 474.3 Lenkerbezeichnungen nach der Lage.

Zur Radaufhängung gehören:
- Radträger,
- Radlager,
- Feder, Zusatzfeder und
- Dämpfer,

sowie die Elemente der Radführung:
- Lenker,
- Kugelgelenke,
- Gummilager und
- Achsträger, an dem die Lenker aufbauseitig angebunden sind.

Während bei Personenkraftwagen an der Vorderachse fast ausschließlich Einzelradaufhängungen verbaut werden, hängt es an der Hinterachse davon ab, ob sie angetrieben wird (Einzelradaufhängung) oder nicht (halbstarre Achse). Die Bedeutung der Starrachse als angetriebene Hinterachse nimmt immer mehr ab.

10.2.1 Bauteile von Radaufhängungen

Lenker und Gelenke verbinden den Radträger mit dem Aufbau und tragen so zur Radführung bei (Bild 474.2).

Lenker. Als Lenker bezeichnet man die meist starren Verbindungen der Gelenke. Sie funktionieren als ein- oder zweiseitige Hebel. Lenker übernehmen nicht nur eine radführende (Radführungslenker), sondern häufig noch eine aufbautragende Aufgabe (Traglenker), indem Feder- und Stabilisator- bzw. Dämpfungskräfte übertragen werden. Ergänzt werden die Lenker durch Hilfslenker, die zwei Lenker untereinander verbinden, sowie durch Stabilisatorlenker und Spurstangen/Spurlenker.

Eine weitere Bezeichnungsmöglichkeit bei Lenkern ist, sie nach ihrer Lage im Fahrzeug zu benennen (Bild 474.3).

Werden an den Lenkern Einstellarbeiten ausgeführt, so bildet die Funktion den Namen, wie Sturzlenker oder Spurlenker. Auch kann die Form des Lenkers (z.B. Schwertlenker) namentlich berücksichtigt werden.

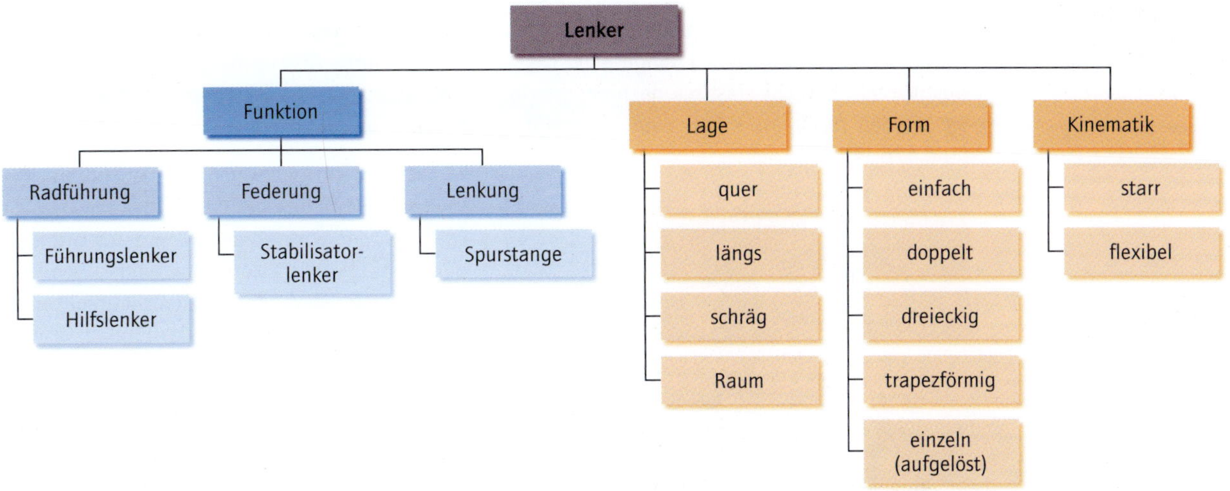

Tabelle 475.1 zeigt die kinematischen Besonderheiten der jeweiligen Lenkertypen. Die Veränderungen der Werte von Radstand, Spurweite, Sturz und Spur sind zwar meist nur gering, haben jedoch wesentlichen Einfluss auf das Fahrverhalten und den Reifenverschleiß (vgl. auch Bild 469.1).

Lenkerlagerungen. Lenker werden mit dem Aufbau bzw. Achsträger fast ausschließlich über Gummilager verbunden (Bild 476.2), um die Geräusche und Schwingungen zu isolieren bzw. zu dämpfen. Diese bestehen aus einer Gummibuchse, die zwischen einem äußeren Ring und einem inneren Rohr eingepresst ist. Sie lassen sich in alle Richtungen elastisch verdrehen, was eine nachgiebige – elastokinematisch gewünschte – Lagerung der Lenker erlaubt (Hülsenlager; Bild 475.1). Ersetzt man den Gummi durch eine Flüssigkeit, so spricht man von hydraulisch dämpfenden Buchsen (Hydrolager).

Die elastokinematische Auslegung der Radaufhängung beeinflusst nicht nur den Fahrkomfort, sondern verbessert auch das Fahrverhalten, indem Kenngrößen wie Spur, Sturz, Brems- und Antriebsnickausgleich etc. durch die Federraten der Gummilagerung beeinflusst werden. Umgekehrt muss mit einer Verschlechterung der Fahreigenschaften bei Verhärtung und Verschleiß gerechnet werden. Dies ist bei der Achsvermessung zu berücksichtigen.

Das endgültige Festschrauben von Lenkern führen Sie erst dann durch, wenn das Fahrzeug wieder auf den Rädern steht, da es sonst durch verspannten Einbau der Gummigelenke zu einem vorzeitigen Ausfall kommen kann. Gummigelenke in Lenkern lassen sich nur begrenzt erneuern!

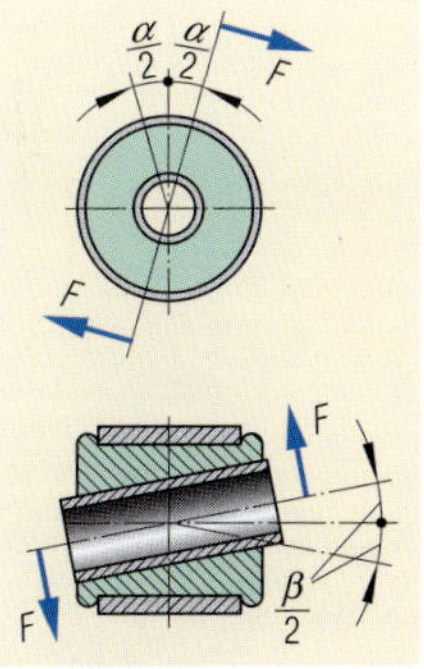

Bild 475.1
Hülsenlager mit möglichen Verdrehwinkeln.

Bewegung des Aufbaus beeinflusst	Lenkerart			
	Längslenker	**Querlenker**	**Schräglenker**	**Mehrlenker**
Radstand	ja	nein	ja	ja
Spurweite	nein	ja	ja	ja
Sturz	nein	ja	ja	ja
Spur	nein	evtl.	ja	ja

Tabelle 475.1 Kinematische Besonderheiten der Lenkerarten.

Neben den elastischen Lagerungen werden auch Führungs- und Traggelenke eingesetzt. Diese Gelenke dürfen nicht elastisch nachgiebig sein. Sie werden meist als Kugelgelenk ausgeführt (Bild 476.1).

Achten Sie auf Beschädigungen des Dichtungsbalges am Kugelgelenk. Ist er beschädigt, so führt dies zu vorzeitigem Verschleiß und Ausfall.

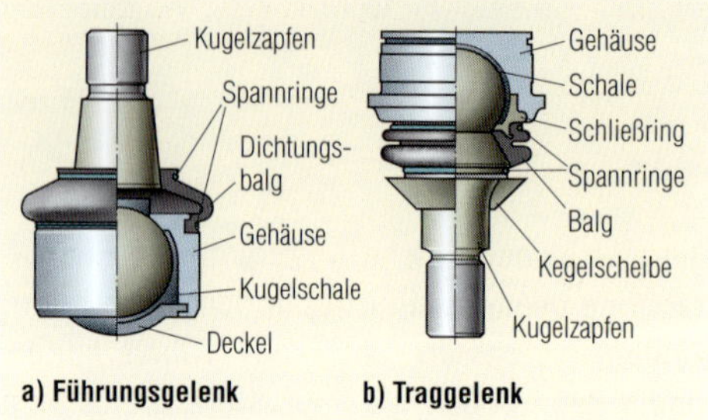

Bild 476.1 Aufbau von Kugelgelenken.

Der Achsträger dient zur Aufnahme der Radkräfte (Bild 476.2). Er ersetzt mehr oder weniger das Verbindungsgehäuse der starren Achsen. Bei quer eingebauten Motoren übernimmt das Antriebsaggregat die stabilisierende Funktion. Weitere Bezeichnungen des Achsträgers sind Achs- oder Fahrschemel, Integral- oder Hilfsrahmen.

Starrachsen → S. 481

Je nachdem, ob an der Vorder- oder Hinterachse verbaut, übernimmt der Achsträger alles was zu Fahrwerk und Antrieb gehört und aus Gründen der Montage-, Karosseriebelastungs-, Komfort- und Steifigkeitsanforderungen nicht unmittelbar am Aufbau befestigt werden darf. Ziel ist, so viele Fahrwerkskomponenten wie möglich auf den Achsträger zu montieren und zu justieren, um damit die komplett vormontierte Achse mit dem Antriebsaggregat als Modul mit zwei bis sechs Schrauben am Aufbau befestigen zu können.

Bei der Achsvermessung wird die Einstellung häufig nur noch durch das Verschieben des gelösten Achsträgers vorgenommen. Ein radweises Einstellen entfällt. Die Werte beider Seiten werden lediglich vermittelt.

Sind bei der Achsvermessung zum Einstellen die Achsträgerbefestigungsschrauben (Dehnschrauben) gelöst worden, müssen Sie diese durch neue ersetzen.

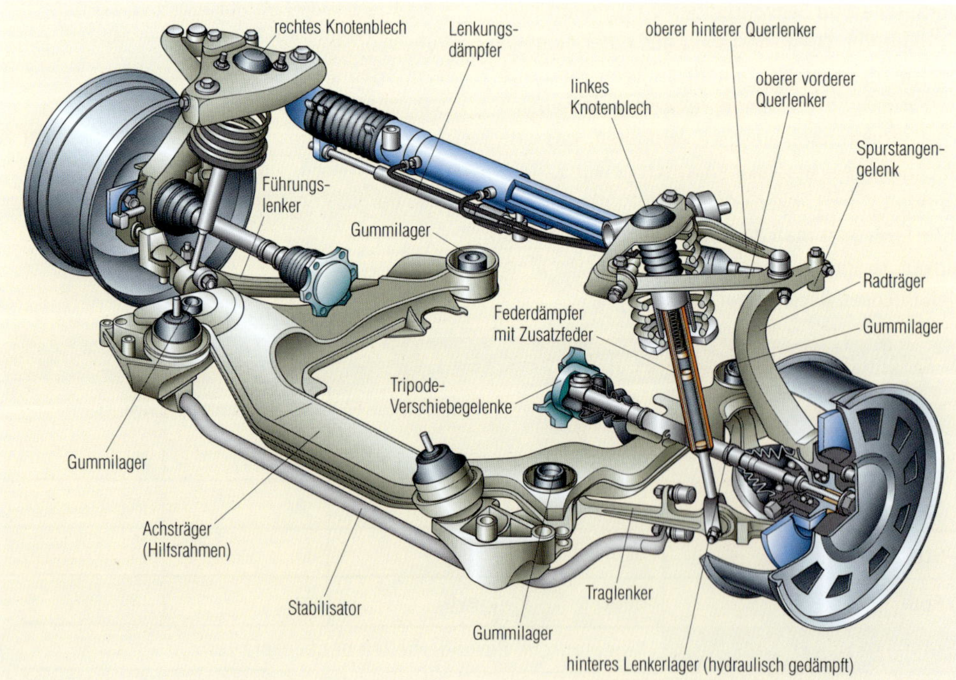

Bild 476.2 Mehrlenker-Radaufhängung und Achsträger einer angetriebenen Vorderachse.

Panhardstab und Wattgestänge. Der Panhardstab dient zur Abstützung der Seitenkraft bei Starrachsen. Bei Federbewegungen kommt es aber zu einem seitlichen Versatz der Achse. Dies kann durch den Einbau eines Wattgestänges verhindert werden. Beim Ein- und Ausfedern dreht sich hier lediglich die Schwinge um den Befestigungspunkt am Achskörper (Bild 477.1). Wattgestänge gibt es auch bei Einzelradaufhängungen.

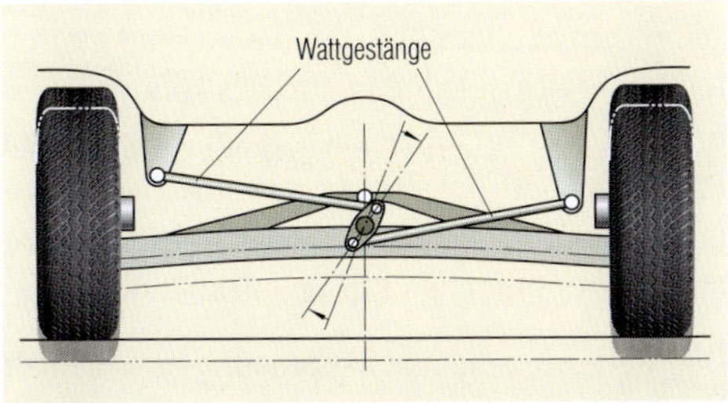

Bild 477.1 Wattgestänge.

10.2.2 Einzelradaufhängung

Bei der Einzelradaufhängung beeinflussen sich die Räder bei Wechselbelastung nicht gegenseitig. Dadurch ist auch bei unebener Fahrbahn immer ein guter Straßenkontakt möglich. Ein weiterer Vorteil ist die geringe ungefederte Masse. Allerdings ergeben sich beim Ein- und Ausfedern und beim Kurvenfahren Änderungen der Radgeometrie. Dies kann zu schwer beherrschbarem Fahrverhalten und zu erhöhtem Reifenverschleiß führen. Aufwändigere Mehrlenkerkonstruktionen gleichen dies aus, verursachen aber höhere Kosten.

Es gibt konstruktiv viele mögliche Einzelradaufhängungen an Vorder- und Hinterachse, von denen einige stellvertretend auf den folgenden Seiten vorgestellt werden.

Doppelquerlenker-Achse. Zwei Querlenker sind übereinander angeordnet. Je nach Länge und Anordnung der beiden Lenker lässt sich die Änderung von Radeinstellwerten beim Ein- und Ausfedern beeinflussen. So ist z. B. der obere Lenker meistens kürzer ausgeführt als der untere, sodass sich beim Ein- und Ausfedern bei Kurvenfahrt ein negativer Sturz einstellt, der die Seitenführungskraft erhöht. Zur Erhöhung der Festigkeit können die beiden übereinander liegenden Querlenker als Dreieckslenker ausgeführt werden (Bild 477.2).

Längslenkerachse (Kurbelachse). Die Radführung wird auf jeder Fahrzeugseite von einem in Längsrichtung angeordneten Lenker übernommen (Bild 477.3). Der Raum sparende Aufbau ermöglicht es, Kraftstoffbehälter und Reserverad zwischen den beiden Lenkern unterzubringen. Bei Längslenkerachsen wird beim Ein- und Ausfedern lediglich der Radstand beeinflusst. Allerdings ändert sich in Kurven der Radsturz entsprechend der Aufbauneigung (nicht erwünschter positiver Sturz am kurvenäußeren Rad vermindert die Seitenführungskraft).

Bild 477.2 Doppelquerlenker-Achse mit Dreieckslenkern.

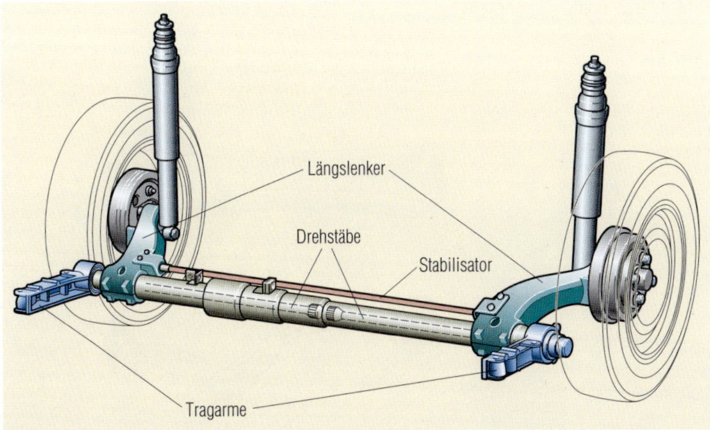

Bild 477.3 Längslenkerachse mit Drehstabfederung.

Schräglenkerachse. Bei dieser Ausführung ist die Drehachse des Dreieckslenkers sowohl horizontal geneigt (Dachwinkel β, Bild 478.1) als auch schräg zur Querachse des Fahrzeugs angeordnet (Pfeilungswinkel α, Bild 478.1). Durch geeignete Wahl dieser beiden Winkel kann die Radkinematik fast beliebig beeinflusst werden (gewünschte Änderung von Sturz und Spur beim Einfedern, Höhe der Momentanpole). Wegen ihres einfachen Aufbaus und ihrer Eignung für den Antrieb sind Schräglenkerachsen bei angetriebenen Hinterachsen weit verbreitet (Bild 478.2).

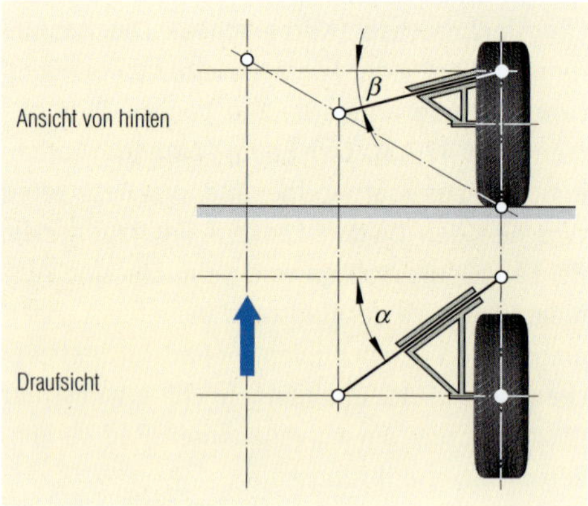

Bild 478.1 Lenkeranordnung bei der Schräglenkerachse.

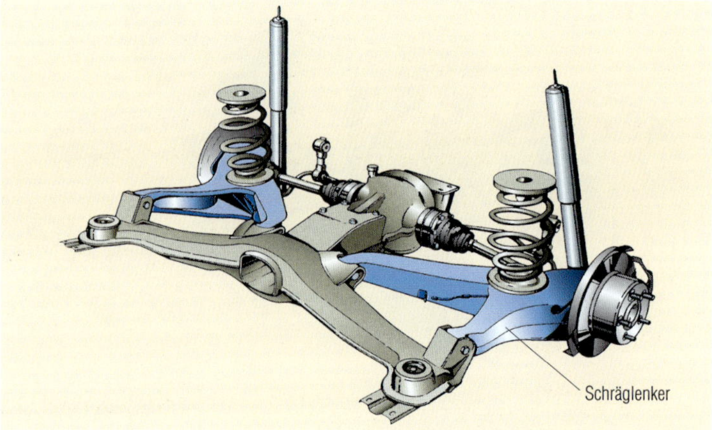

Bild 478.2 Schräglenkerachse.

Mehrlenkerachse. Hier werden bis zu fünf einzelne Lenker eingesetzt, um die am Rad angreifenden Kräfte aufzunehmen. Dies können Quer- und Längslenker, aber auch räumlich zwischen Radträger und Achsträger verteilte Zweipunkt- und Dreipunkt-Lenker (Bild 478.3) sein, um die am Rad angreifenden Kräfte aufzunehmen.

Die nahezu beliebige Anordnung der Lenker lässt einen großen Gestaltungsspielraum bei der Auslegung der Radaufhängung zu. So kann man ein Optimum an kinematischen Eigenschaften erreichen:

- günstiger Vorspur- und Sturzverlauf,
- geringe ungefederte Massen,
- gute Anfahr- und Bremsabstützung bis hin zu einer
- aktiven Unterstützung durch die Reduzierung von Übersteuerungstendenzen,
- gezielte Auslegung der kinematischen und elastokinematischen Eigenschaften ohne Kompromisse,
- geringe Anbindungskräfte zum Aufbau hin.

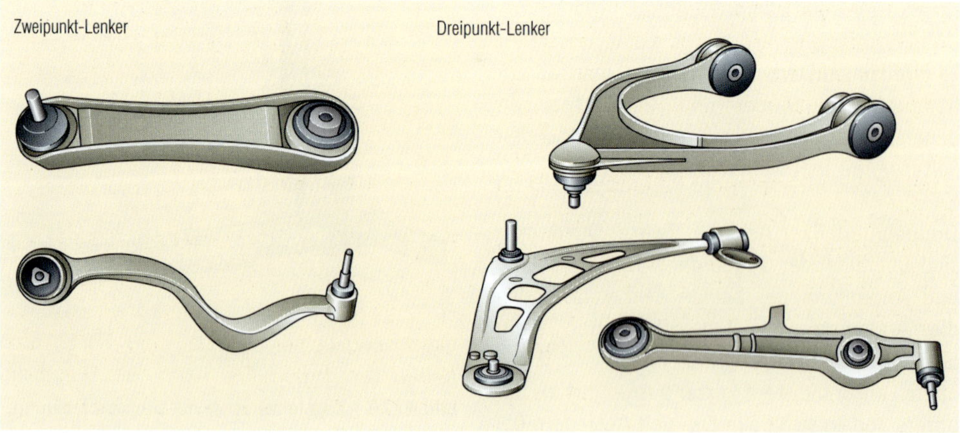

Bild 478.3 Zwei- und Dreipunkt-Lenker.

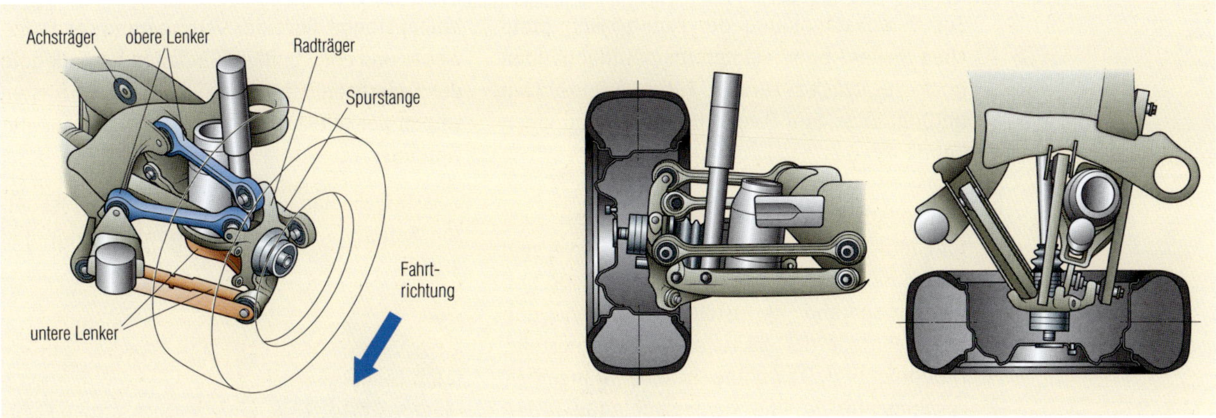

Bild 479.1 Räumliche Anordnung der fünf Lenker an einer Hinterachse.

Die elastokinematische Auslegung bietet durch die vielen sich gegenseitig beeinflussenden Gummilager die Möglichkeit, unter allen äußeren Lasten stabilisierende Lenkwinkel zu erzeugen. Außerdem können störende Antriebs-, Brems- und Unwuchtkräfte auf die Lenkung an der angetriebenen Vorderachse vermindert werden. Diesen Vorteilen steht als Nachteil der hohe Bauaufwand mit den vielen Lenkern, Gelenken und Gummilagern entgegen (Bild 479.1). Bei Veränderungen an Fünflenker-Radaufhängungen sollte die hohe Nebenfederrate (u.a. durch die Gummilager) beachtet werden.

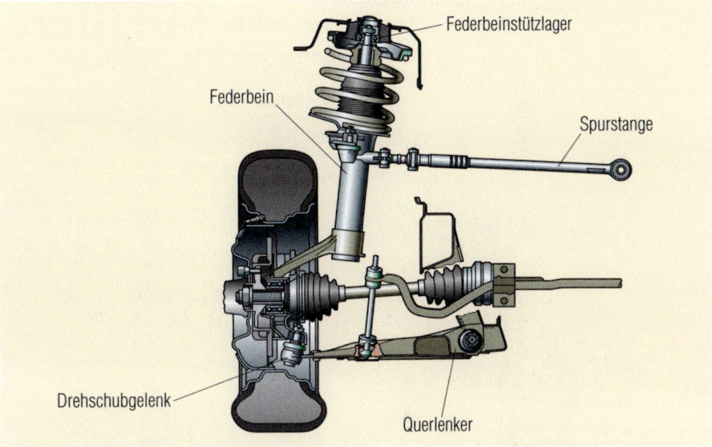

Bild 479.2 McPherson-Achse.

Federbein-Einzelradaufhängungen. Feder- oder Dämpferbeinaufhängungen gelten als eigenständige Aufhängungsart. Das Drehschubgelenk lässt sowohl translatorische als auch rotatorische Bewegungen einer Achse zu und wird gleichzeitig als stehender Dämpfer benutzt (Bild 479.2). Das Dämpferrohr wird fest mit dem Radträger verbunden und die Kolbenstange drehbar am Aufbau befestigt.

Damit gehen die Aufbaukräfte über Kolbenstange-Kolben-Dämpferrohr-Radträger direkt an die Räder. Da auf den Dämpfer zusätzliche Radführungskräfte wirken, muss die Kolbenstange vergrößert werden. Verbreitet ist diese Aufhängungsart wegen ihrer einfachen und platzsparenden Bauweise bei Pkw und auch bei leichten Lkw.

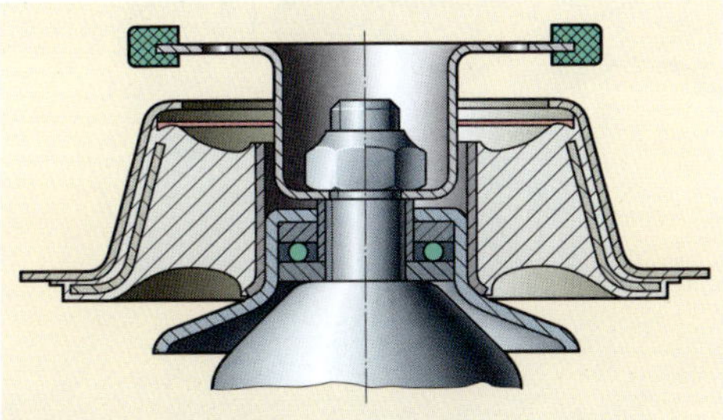

Bild 479.3 Federbeinstützlager.

Nebenfederrate: Jedes Gummilager trägt zur Federung bei, daher erzeugen alle zusammen eine „Zweitfederung“.

Man spricht von einem Federbein (McPherson-Federbein; Bild 479.2), wenn der Dämpfer den Freiraum in der Schraubenfeder ausnutzt und gleichzeitig die beiden Enden der Feder abstützt (unten am Federteller, oben am Federbeinstützlager; Bild 479.3). Ist die Feder nicht auf dem Dämpfer montiert, spricht man von einem Dämpferbein.

Federbeinstützlager = Domlager

Zur Vervollständigung der Aufhängung brauchen Feder- oder Dämpferbeinaufhängungen noch zusätzliche Lenker: Führungslenker am unteren Ende zum Führen des Rades und einen Spurlenker.

Die Federbeinaufhängungen eignen sich auch für Hinterachsen mit und ohne Antrieb. Sie sind wegen der einfachen Lenker kostengünstig und gewichtssparend herzustellen. Sie benötigen wenig Platz in der Breite, da sie Führungsteile, Federung und Dämpfung in einer Baueinheit zusammenfassen und sie lassen lange Federwege zu. Als Nachteil sind sie empfindlich gegen Reifenunförmigkeiten und -unwucht, die Übertragung von Fahrbahngeräuschen und die verschleißfördernde erhöhte Reibung an der Kolbenstange. Bei einer Verringerung des Federweges und der damit verbundenen Veränderung der Federkennlinie muss zudem der Radkasten wegen der direkt eingeleiteten Kräfte verstärkt werden.

Wie stark die Radaufhängungen von der McPherson-Aufhängung dominiert werden, zeigt Bild 480.1.

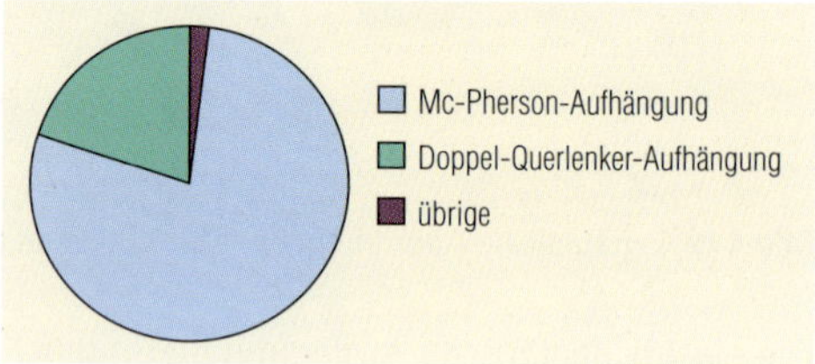

Bild 480.1 Verbreitung von Radaufhängungen.

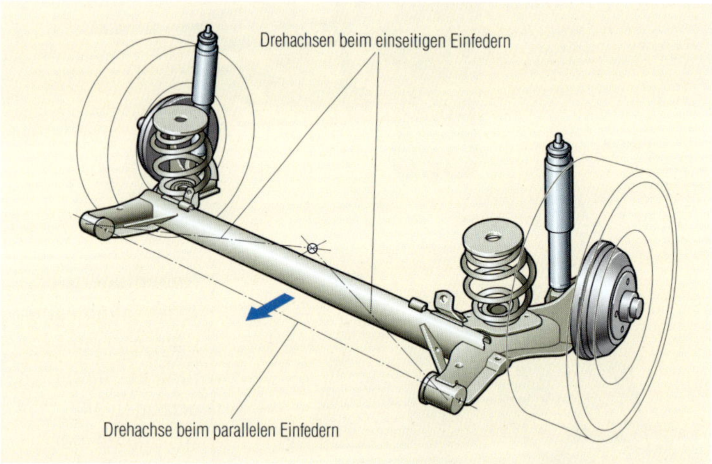

Bild 480.2 Verbundlenkerachse.

10.2.3 Halbstarrachsen

Halbstarrachsen bewirken eine mechanische Kopplung der beiden Räder. Es sind jedoch durch gezielte elastische Verformung des Verbindungselements Relativbewegungen möglich.

Verbundlenkerachse. Die beiden Radträger sind auf den Längslenkern befestigt, die wiederum in Querrichtung mit einem Träger fest miteinander verbunden sind (Bild 480.2). Der Träger benötigt ein biegesteifes Profil, muss aber gleichzeitig torsionsweich sein, um neben der Funktion eines Stabilisators auch das eingeschränkte unabhängige Einfedern der beiden Räder zu ermöglichen. Die Verbundlenkerachse ist leicht und erfordert nur einen geringen Bauaufwand. Sie ist besonders im Kleinwagensegment verbaut. Ungeeignet ist sie für angetriebene Achsen und für hohe Achslasten. Die Übersteuerungstendenz muss mit spurkorrigierenden Lagern ausgeglichen werden.

10.2.4 Starrachsen

Wenn die beiden Räder über einen quer liegenden Achskörper fest miteinander verbunden sind und sich dadurch gegenseitig beeinflussen, spricht man von Starrachsen (Bild 481.1). Starrachsen werden als Vorderachsen bei Pkw und SUV nur vereinzelt eingesetzt, um die beste Geländegängigkeit zu erreichen. Häufiger werden sie als angetriebene Hinterachse bei schweren Fahrzeugen (SUV, Transporter, Leicht-Lkw und Lkw) mit geringem Komfortanspruch verwendet. Im Nutzfahrzeugbereich stellt das große Gewicht dieser Bauart kein Problem dar, da ihre ungefederte Masse im Vergleich zur Masse des Aufbaus gering ist. Hier zählen die Robustheit und hohe Belastbarkeit. Beim Pkw reduziert man die Masse an der Hinterachse durch das Befestigen des Differenzials am Aufbau. Eigenschaften der Starrachsen sind:

- Einfachheit, Wirtschaftlichkeit, kostengünstige Integration des Hinterachsdifferenzials,
- flache Bauweise, d. h. breite Ladefläche bei nicht angetriebener Achse,
- hohe Verschränkungsfähigkeit im Gelände (Vorder- und Hinterachse sind gegensätzlich geneigt),
- keine Spurweiten-, Spur- und Sturzänderungen beim Federn und bei Kurvenfahrt,
- gegenseitige Beeinflussung der Räder (Trampeln, reduzierte Anfederwilligkeit des Einzelrades),
- Vorspur und Sturz können nicht gezielt über anliegende Radkräfte (Elastokinematik) oder Einfederbewegung und damit nicht fahrsituationsabhängig positiv beeinflusst werden.

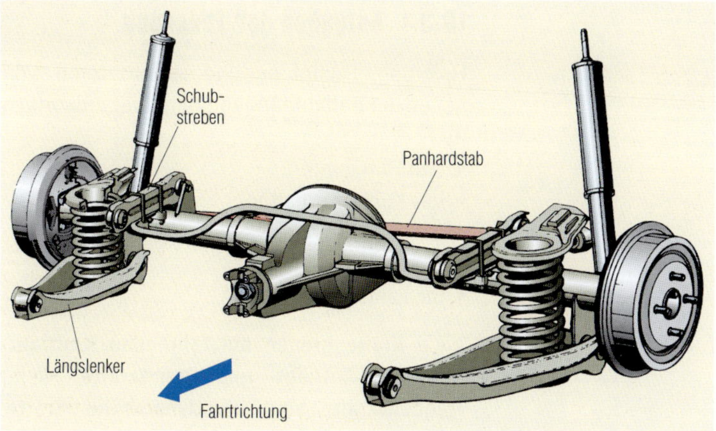

Bild 481.1 Starrachse.

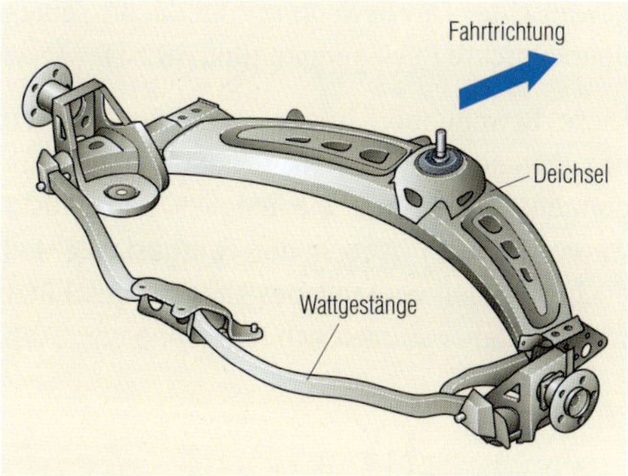

Bild 481.2 Deichselachse mit Wattgestänge.

SUV (engl.) = Sport-Utility-Vehicle

Mögliche Bauarten von Starrachsen:

- Starrachsen mit Längsblattfederführung (angetrieben/nicht angetrieben),
- Starrachsen mit Längs- und Querlenker (angetrieben/nicht angetrieben),
- Starrachsen mit Zentralgelenk- und Querlenkerführung (Deichselachse, nicht angetrieben; Bild 481.2).

Längsblattfederführung → Bild 484.3

10.3 Federung und Dämpfung

10.3.1 Aufgaben der Federung

Federung, Dämpfung und Stabilisatoren sind neben der Radaufhängung hauptverantwortlich für

- den Fahrkomfort,
- das Kurvenverhalten,
- die Bewegungen des Aufbaus,
- die Betriebssicherheit,
- die Fahrsicherheit.

Viele Kräfte greifen am fahrenden Kraftfahrzeug an: Antriebs- und Bremskräfte, Flieh-, Trägheitskräfte und aerodynamische Kräfte. Auch Unebenheiten auf der Fahrbahn wirken auf die Federung. Dadurch wird die eigentlich gewünschte Fahrbewegung überlagert durch unerwünschte Bewegungen (Bild 482.1).

Eigenfrequenz: gleiche Frequenz, mit der die Masse schwingt.

Schwingungsweite: Amplitude

Diese Bewegungen führen zu Stößen und zu unangenehmen Hub-, Nick- und Wankschwingungen, die so weit wie möglich unterdrückt werden müssen. Neben der Fahrgastzelle soll auch eventuell vorhandenes Ladegut geschützt werden. Daher stützen sich Karosserie oder Aufbau über Federn und Dämpfer auf den Bauteilen der Radaufhängung ab.

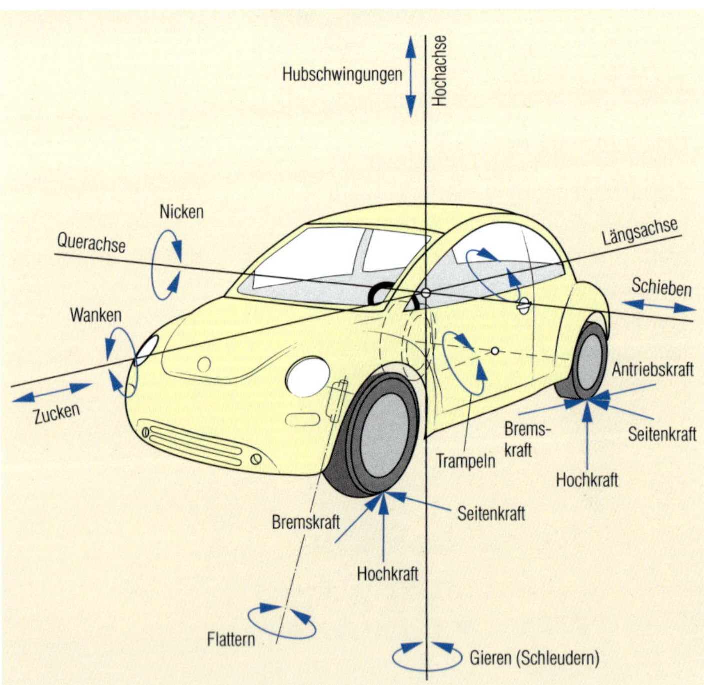

Bild 482.1 Schwingungen und Bewegungen am Fahrzeug (Freiheitsgrade).

Als wesentlicher Beitrag zur Fahrsicherheit sollen Federung und Dämpfung für eine möglichst gleichbleibende Bodenhaftung der Räder sorgen. Darüber hinaus tragen sie zum Fahrverhalten des Fahrzeugs bei.

Hauptanforderungen an das Federungs- und Dämpfungssystem sind:

- geringe Radlastschwankungen,
- geringe Nick- und Wankwinkel und
- geringe Aufbaubeschleunigungen.

Zum Verständnis von Federung und Dämpfung gehören einige grundlegende Begriffe.

10.3.2 Grundlegendes zur Federung

Schwingungen. Wird eine frei schwingende ungedämpfte Masse an einer Feder durch eine Kraft aus ihrer Ruhelage ausgelenkt (Bild 482.2), so entsteht in der Feder eine Rückstellkraft, die die Masse zurückschwingen lässt. Dabei bewegt sich die Masse jedoch über ihre Ruhelage hinaus, sodass eine neuerliche Rückstellkraft entsteht. Dieser Vorgang wiederholt sich so lange, bis die durch die Auslenkungskraft zugeführte Schwingungsenergie durch äußere und innere Reibung vollständig in Wärme umgewandelt ist (Eigendämpfung). Es kommt dagegen zum Aufschaukeln, wenn eine Masse mit der Eigenfrequenz erneut angeregt wird. Dieser Vorgang wird Resonanz genannt.

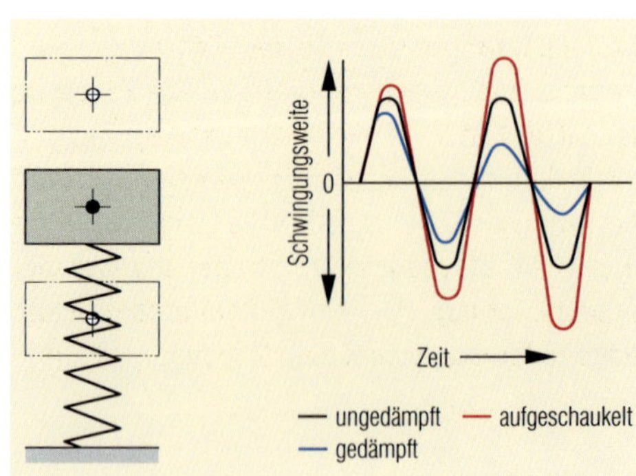

Bild 482.2 Schwingungen.

Durch die Federung wird das Fahrzeug zu einem schwingungsfähigen System mit einer Eigenfrequenz, die beeinflusst wird durch
- die Bauart und die Kennlinien von Federung und Dämpfung,
- die Massen des Fahrzeugs,
- die Federrate der Bereifung.

Grundsätzlich gilt folgender Zusammenhang: Bei einer weichen Feder bewirkt eine große Masse eine niedrige Frequenz und einen großen Federweg. Ist die Feder hart und die Masse klein, so stellt sich eine hohe Frequenz mit einem kleinen Federweg ein.

Federkennlinien. Die Federeigenschaften lassen sich auch durch die Federkennlinie (Federcharakteristik, Bild 483.1) ausdrücken. Den Zusammenhang zwischen der Belastung und der daraus entstehenden Einfederung einer Feder gibt die Federkennlinie an. Drei Kennlinienverläufe lassen sich unterscheiden:
- Die lineare Kennlinie besagt, dass die Federkraft gleichmäßig über den ganzen Federweg anwächst (geringe Steigung = weiche Feder, große Steigung = harte Feder).
- Bei progressiver Kennlinie wird die Feder mit steigender Belastung härter, d. h. einem gleich bleibendem Wegzuwachs ist ein immer größer werdender Kraftzuwachs zugeordnet.
- Degressiv ist eine Feder, deren Federkraft mit wachsender Einfederung immer weniger ansteigt (z. B. bei Schwingungsdämpfern).

Die Kennlinie einer Feder oder einer Kombination aus mehreren Einzelfedern kann sich aus diesen drei Kennlinien zusammensetzen.

Das Federungssystem eines Fahrzeugs wird ergänzt durch die Bereifung und die Federung der Sitze. Erst eine einwandfreie Abstimmung von Federung und Schwingungsdämpfung ergibt die optimalen Federungs- und Fahreigenschaften eines Kraftfahrzeuges. Denn wegen mangelnder Eigendämpfung des Fahrzeugaufbaues muss jedes Federungssystem eine Schwingungsdämpfung haben. Dadurch werden unerwünschte Schwingungen wie Wanken und Nicken und bestimmte Schwingungsbereiche, die zu körperlichen Beeinträchtigungen führen können, beseitigt. Bei Kraftfahrzeugen unterscheidet man ungefederte und gefederte Massen (Bild 483.2).

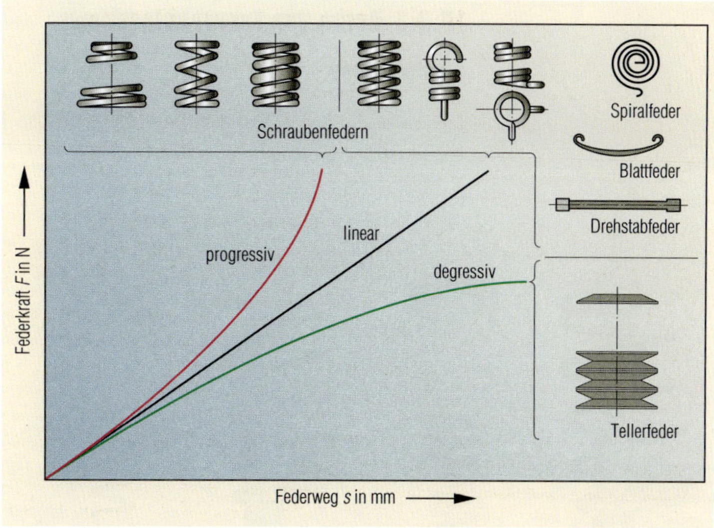

Bild 483.1 Prinzipielle Kennlinienverläufe und zugeordnete Federarten.

Ungefederte Massen sollen möglichst klein sein, damit ihr Einfluss auf das Schwingungsverhalten des Aufbaus gering bleibt. Die Frequenz beträgt etwa 10 Hz bis 1 Hz. Je größer die gefederte Masse, desto weniger gerät sie durch angreifende Kräfte in Schwingungen. Die Frequenz beträgt etwa 1 Hz bis 1,8 Hz.

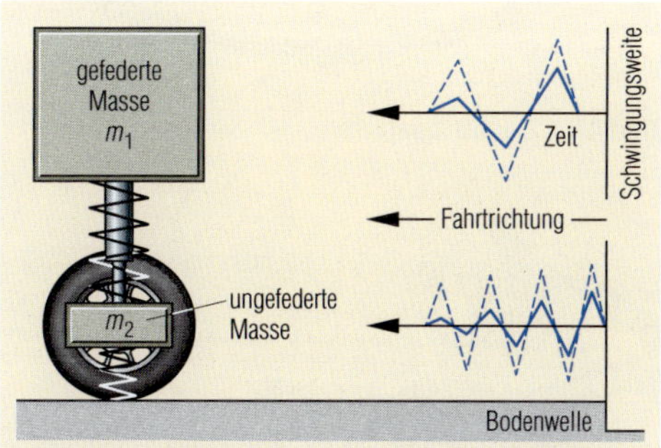

Bild 483.2 Zweimassenmodell der Fahrzeugfederung.

10.3.3 Arten der Fahrzeugfederung

Stahlfederung

Die Stahlfederung ist die Standardfederungsart bei Kraftfahrzeugen.

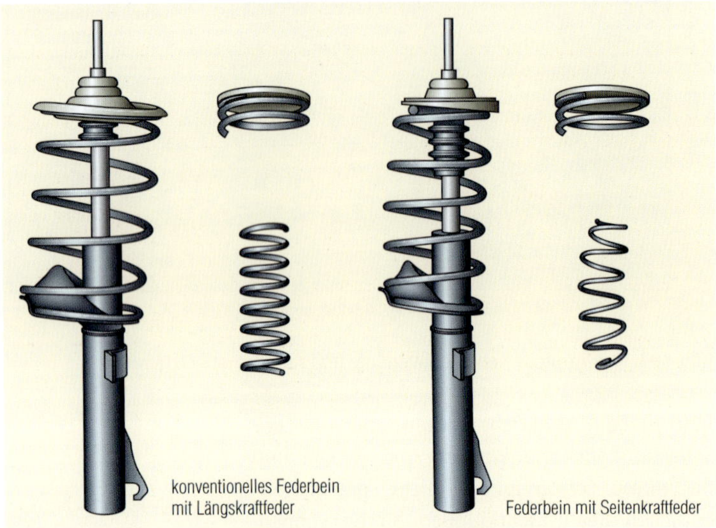

Bild 484.1 Schraubenfedern.

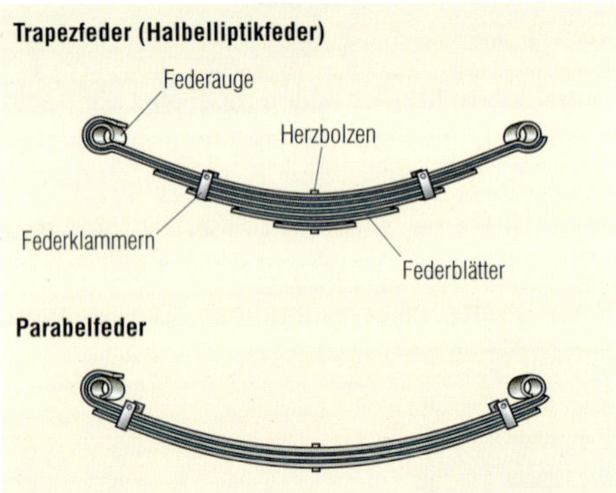

Bild 484.2 Blattfederarten.

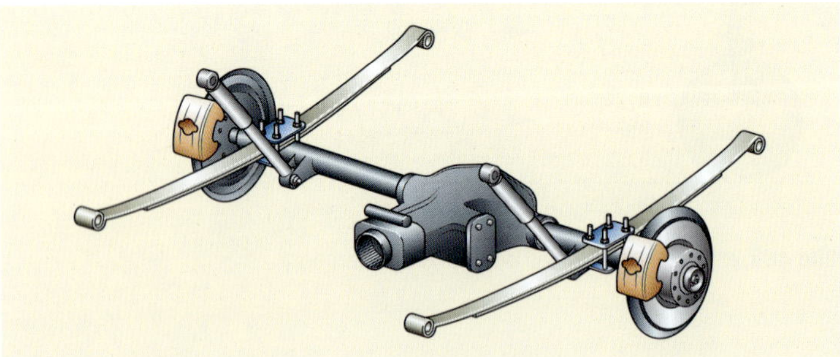

Bild 484.3 Blattfedergeführte starre Hinterachse bei einem Lieferfahrzeug.

Schraubenfedern (z. B. aus SiCrV-legierten Federstählen) sind das häufigste Federelement beim Pkw (Tabelle 485.1, Bild 484.1). Sie müssen gegen Druck und Verdrehen unempfindlich sein. Stahlfedern sind oberflächengehärtet und deshalb sehr kerbempfindlich.

Schraubenfedern haben normalerweise eine lineare Kennlinie um größere Zuladung bei ausreichendem Komfort im unbeladenen Zustand zu ermöglichen. Sie besitzen keine Eigendämpfung.

Sind geringere Bauhöhen erwünscht, müssen Schraubenfedern mit progressiver Kennlinie eingebaut oder nachgerüstet werden. Die Gestaltung schraubenförmiger Achsfedern hängt im Wesentlichen von der Achskonstruktion ab. Sie wird unter anderem von der Art der Lasteinleitung und den vorhandenen Bewegungsräumen bestimmt sowie von der Ausbildung der Federenden (Bild 484.1).

Schraubenfedern können keine Radführung übernehmen und keine Radkräfte übertragen.

Blattfedern sind Biegefedern aus Federstahl, die als Längs- oder selten als Querfedern eingebaut werden. Je nach Belastung gibt es ein oder mehrlagige Blattfedern (Bild 484.2).

Je nach Ausbildung der Federenden bezeichnet man sie als Dreieck-, Trapez- oder Rechteckfedern. Rechteckfedern mit am Ende abnehmender Federdicke nennt man Parabelfedern. Sind alle Federlagen einer Blattfeder über den gesamten Federweg an der Federung beteiligt, ergibt sich eine lineare Kennlinie. Ansonsten ist die Federkennlinie progressiv. Durch Reibung zwischen den Federblättern werden die Schwingungen gedämpft (Eigendämpfung).

Im Gegensatz zur Schraubenfeder kann die Blattfeder auch die Achs- und Radführung übernehmen und Antriebs-, Brems- und Seitenführungskräfte übertragen (Bild 484.3). Sie benötigt wegen niedriger Bauhöhe und kleiner Federwege nur wenig Einbauhöhe.

Skizze	Merkmal	Kennlinie	Charakteristik
zylindrische Form			
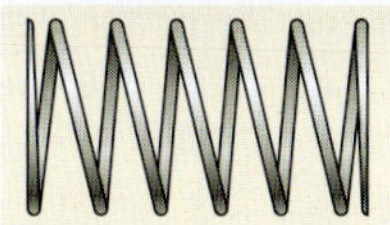	Steigung und Drahtdurchmesser konstant	linear	z. B. weich: kleiner Drahtdurchmesser, großer Federinnendurchmesser, hohe Anzahl Windungen
	veränderliche Steigung	progressiv	z. B. hart: großer Drahtdurchmesser, kleiner Federinnendurchmesser, geringe Anzahl Windungen, geringe Steigung = weich, große Steigung = hart
	unterschiedlicher Drahtdurchmesser	progressiv	z. B. weich durch geringere Drahtdurchmesser an den Enden
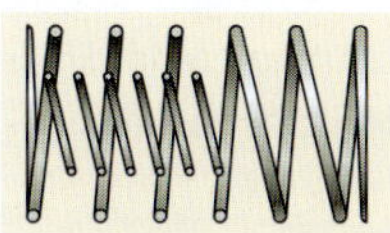	mit integrierter Zusatzfeder oder paralleler Feder	linear gestuft (progressiv)	Bei zunehmender Belastung erzeugt die Zusatzfeder die notwendige Härte
Kegelform			
	konische Wicklung	progressiv	Federwindungen berühren sich beim Einfedern nicht.
Tonnenform			
	veränderliche Steigung, unterschiedlicher Wicklungs- und Drahtdurchmesser	progressiv	Tonnenfedern (Miniblockfedern) legen sich bei Belastung ineinander und erlauben trotz großer Federwege eine niedrige Bauhöhe (Bild 478.2).

Tabelle 485.1 Bauformen von Schraubenfedern.

Drehstabfeder. Bei der Drehstabfeder wird ein Stahlstab auf Torsion beansprucht. Die Drehstäbe können im Fahrzeug in Längs- und in Querrichtung angeordnet sein (Bild 485.1). Federstäbe haben einen runden oder rechteckigen Querschnitt. Mehrere Federstäbe können zu einem Paket zusammengebündelt werden. Die Drehstabfeder (Torsionsfeder) hat eine lineare Kennlinie. Sie übernimmt die Radführung und überträgt Antriebs-, Brems- und Seitenführungskräfte. Drehstabfedern lassen sich verstellen.

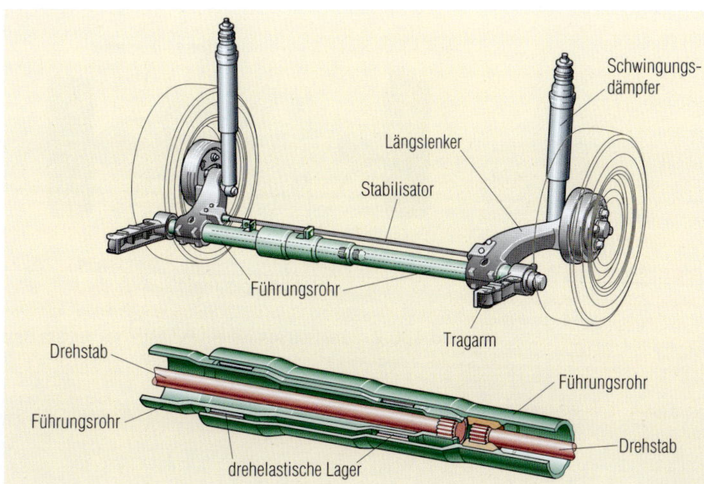

Bild 485.1 Drehstabfederung.

Fahrzeugstabilisatoren sind im Wesentlichen U-förmig gebogene Federstäbe (Bild 486.1). Sie werden sowohl an Vorder- als auch an Hinterachsen eingesetzt und liegen quer zur Fahrtrichtung. Die Abstimmung der Stabilisatoren auf das jeweilige Fahrwerk hat erheblichen Einfluss auf die Wankmomentverteilung an Vorder- und Hinterachse und beeinflusst damit das Kurvenverhalten des Fahrzeugs. Z. B. können bei einer Kurvenfahrt die Radlastdifferenzen verringert werden. Stabilisatoren wirken der Roll- oder Wankneigung und dem Gieren des Fahrzeugaufbaus entgegen und können, wenn die Federrate verstellbar ist, als aktives Element zur Fahrdynamikregelung benutzt werden.

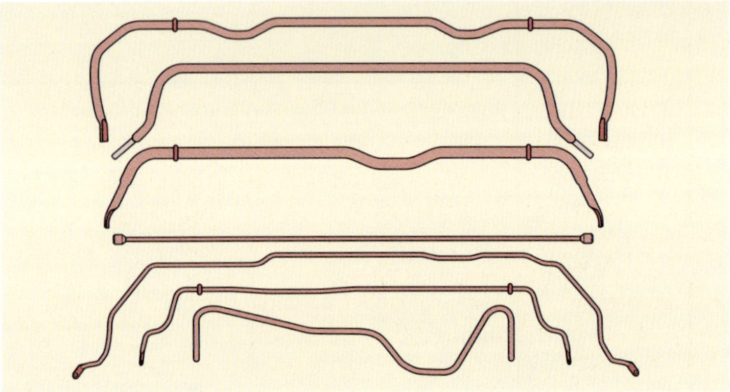

Bild 486.1 Pkw-Stabilisatoren.

Bei Geradeausfahrt auf ebener Fahrbahn oder beim Überfahren einer beidseitig gleichen Bodenwelle wird der Stabilisator praktisch nicht beansprucht (Bild 486.2). Federn jedoch bei Kurvenfahrt die Räder unterschiedlich ein bzw. aus, so wird der Stabilisator verdrillt. Dadurch erfolgt eine Kraftübertragung von der einen Fahrwerkshälfte auf die andere und die Fahrgastzelle wird zusätzlich zur Achsfederkraft wieder aufgerichtet (Rückstellmoment auf die Wankachse). Bei Anregung nur eines Rades tritt eine einseitige Verhärtung der Radfederung ein.

Verbundlenkerachsen, Luftfederungen und aktive Fahrwerke sowie eine rasch reagierende Hydropneumatik benötigen keine Stabilisatoren.

Sind bei einem Fahrzeugstabilisator die Schutzlackierung oder die Ummantelung verschlissen, müssen Sie ihn austauschen. Gleichzeitig sind die Aufhängungsgummis zu erneuern.

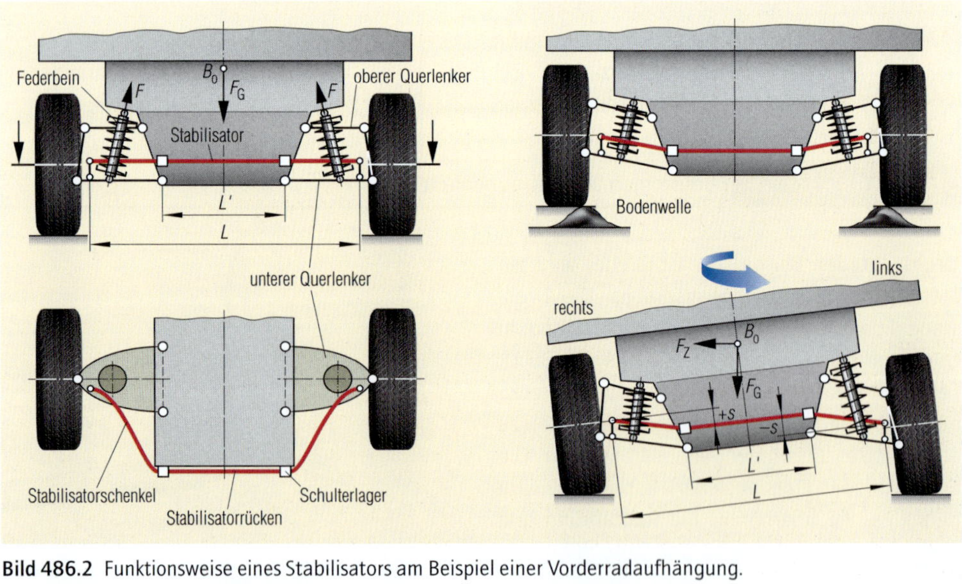

Bild 486.2 Funktionsweise eines Stabilisators am Beispiel einer Vorderradaufhängung.

Gasfederung

Bei der Gasfederung wird das elastische Verhalten eines eingeschlossenen Gasvolumens (Luft oder Stickstoff) ausgenutzt. Man unterscheidet Gasfederungen mit veränderlicher Gasmenge (reine Luftfederung) und gleich bleibender Gasmenge (hydropneumatische Federung).

Die Luftfeder wird im Nutzfahrzeugbereich eingesetzt (Bild 487.1). Wegen des technischen Aufwands und der Kosten wird sie bei Personenwagen nur ab der oberen Mittelklasse eingebaut (Bild 487.2). Ein Kompressor liefert die notwendige Druckluft für die Federelemente (Roll- oder Faltenbalg, Bild 487.3).

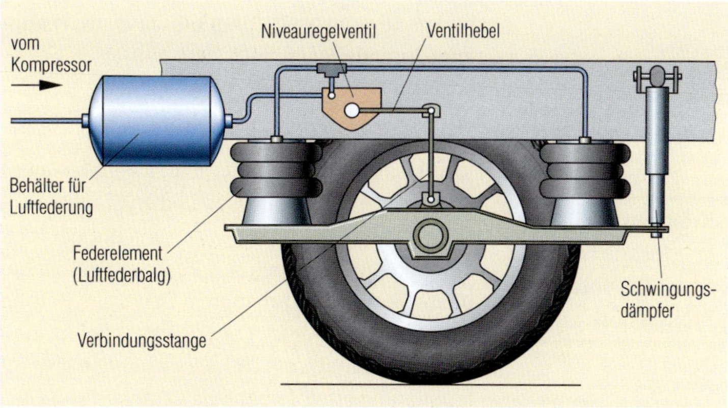

Bild 487.1 Luftfederung (Lkw).

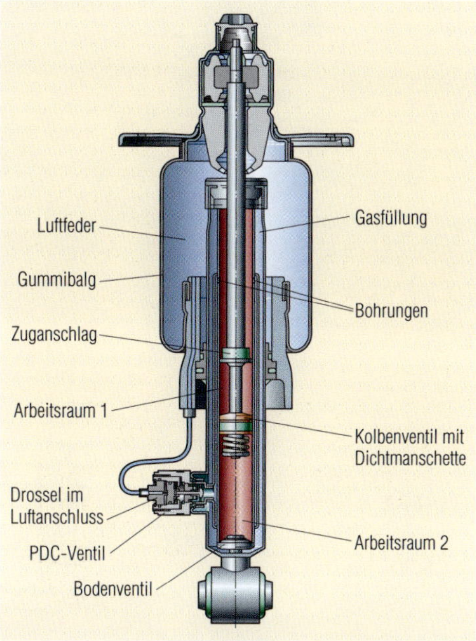

Bild 487.2 Luftfeder-Dämpfer-Einheit (Pkw).

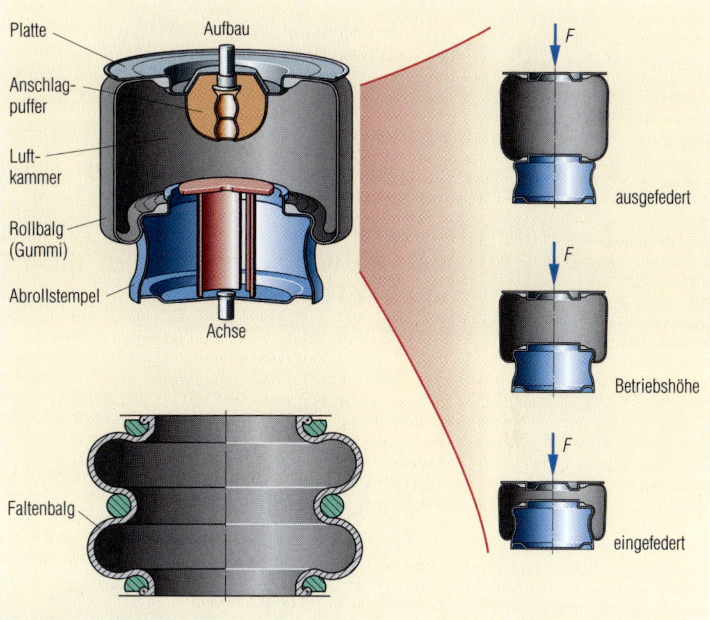

Bild 487.3 Roll- und Faltenbalg.

PDC → S. 570

Die Druckversorgung bei Luftfederungen besteht aus Kompressor, Druckspeicher und Regelventilen mit mechanisch-pneumatischer oder elektronischer Steuerung. Die Gasmenge (Luftmenge) wird je nach Beladung (Fahrzeugniveau) bzw. Fahrdynamik von Sensoren erfasst und von einer Regelelektronik beeinflusst. So erreicht man eine konstante Höhe des Aufbaus über der Fahrbahn und einen konstanten Federweg. Gleichbleibende Federungseigenschaften und niedrige Schwingungsfrequenz erhöhen den Komfort dieser progressiven Federungsart.

Wegen der geringen Eigendämpfung ist eine Schwingungsdämpfung erforderlich und häufig integriert (Bild 485.1). Mit zusätzlichen elektronischen Sensoren und Regelelementen erhält man eine geschwindigkeitsabhängige Niveauregulierung. Außerdem bieten Luftfedern eine Korrektur der Aufbauneigung bis hin zum aktiven Fahrwerk.

aktives Fahrwerk → S. 493

Kriechen:
langfristige Formänderung unter Krafteinfluss.

Die hydropneumatische Feder ist eine Gasfeder mit hydraulischer Kraftübertragung und hydraulischer Niveauregulierung. Sie wird als Haupt- oder Zusatzfeder verbaut (Bild 488.1).

Diese Federungsart arbeitet mit einer im Federelement fest eingeschlossenen konstanten Stickstoffgasmenge. Im kugelförmigen Federelement trennt eine Membrane Gas und Hydrauliköl. Im Hydraulikzylinder befinden sich ein mit der Radaufhängung gekoppelter Kolben und der eingebaute Schwingungsdämpfer. Den zum Betrieb notwendigen Öldruck (ca. 170 bar) liefert eine Hochdruckpumpe mit Druckspeicher. Die Niveauregulierung erfolgt über eine veränderliche Flüssigkeitssäule im Federelement. Die Niveauregelventile sind meist am Fahrzeugaufbau befestigt und werden von der Radaufhängung mechanisch wegabhängig gesteuert.

Durch manuelles Betätigen kann die Bodenfreiheit der Karosserie zusätzlich verändert werden. Auch eine geschwindigkeitsabhängige Steuerung sowie eine Aufbaustabilisierung sind möglich. Nachteilig ist, dass mit höherer Zuladung das Gasvolumen stärker komprimiert wird und dadurch die Federhärte zunimmt.

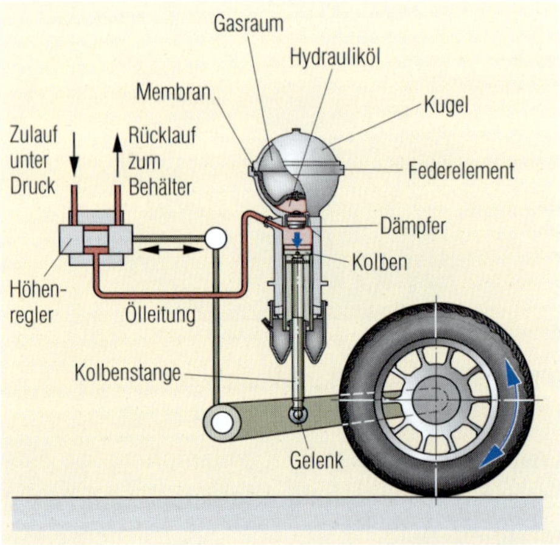

Bild 488.1 Hydropneumatische Federung.

Gummifederung

Gummifedern werden vorwiegend als Zusatzfedern und/oder als Endanschläge eingesetzt (Bild 488.2). Die Federkennlinie ist progressiv; die Feder hat eine hohe Eigendämpfung.

Weitere Eigenschaften: hohe Elastizität, Geräuschdämpfung, Aufnahme von Radkräften, kleiner Federweg, hohe Frequenz, Kriechen, empfindlich gegen Alterung, hohe Temperaturen und Chemikalien.

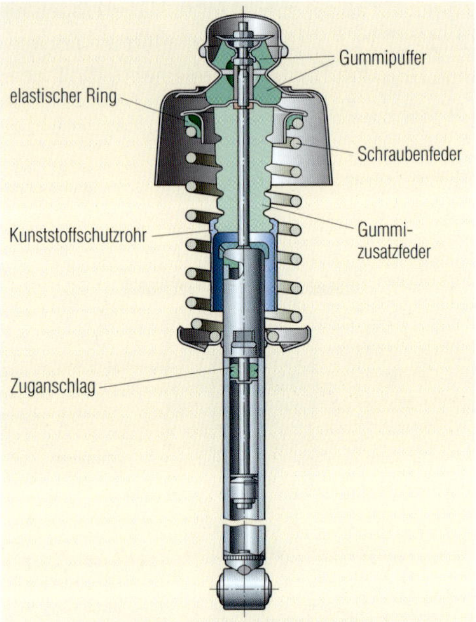

Bild 488.2 Integrierte Gummifederung in einer Feder-Dämpfer-Einheit.

In der Längsachse verbogene Schraubenfedern („krumme Federn") sind nicht defekt, sondern werden zur Verbesserung der Seitenkrafteinleitung eingebaut. Achten Sie beim Austausch auf die entsprechende Kennzeichnung.

Beachten Sie, dass herkömmliche Mehrblattfedern gewartet werden müssen, dagegen sind alle anderen Federn nahezu wartungsfrei.

Wenn Sie Stahlfedern untersuchen, achten Sie bei der Sichtprüfung verstärkt auf Beschädigungen an der Oberfläche. Denn Kerben können zu Dauerschwingbrüchen führen, die dann Teile der Feder abbrechen lassen. Diese können im ungünstigsten Fall (Schraubenfeder) den Reifen aufschlitzen. Blattfedern ohne Kunststoffzwischenlage warten Sie regelmäßig (Abschmieren der beweglichen Elemente), weil sonst die Federwirkung stark nachlässt und eine hohe unerwünschte Dämpfung eintritt.

Luftfederbälge untersuchen Sie auf Risse und Durchlässigkeiten. Dazu gehören auch Kontrollen auf Beschädigungen, die durch unsachgemäßes Anheben entstehen. Beseitigen Sie regelmäßig das Kondenswasser aus einer Luftfederanlage, wenn dies nicht vom System automatisch erledigt wird. Achten Sie auch auf vom Hersteller vorgeschriebene Frostschutzmaßnahmen.

Hydropneumatische Federungen untersuchen Sie auf Undichtigkeiten, korrekt eingestellte Steuerungen und auf korrekten Füllstand im Vorratsbehälter.

Denken Sie bitte an die erhöhte Unfallgefahr bei Arbeiten an Luftfederanlagen oder hydropneumatischen Federungen durch Quetschgefahr. Stützen Sie den Aufbau dementsprechend ab. Machen Sie vorhandene Druckspeicher drucklos.

Um Fehler bei der Fahrdynamik auszuschließen, unterziehen Sie alle gummigelagerten Federungs- und Radaufhängungsteile einer sehr gründlichen Untersuchung auf Alterung, Verschleiß und Spiel. Fehlerhafte Teile sind sofort auszutauschen, denn nur so ist bei einer Achsvermessung ein exaktes, reproduzierbares Ergebnis zu gewährleisten.

Achten Sie auf korrekte Einhaltung der UVV beim Ein- und Ausbau von Schraubenfedern. Sie sollten nur zugelassenes, intaktes Werkzeug verwenden. Beim Zusammenbau ersetzen Sie alle fehlerhaften Teile und beachten den lagerichtigen Einbau aller Teile. Vorher haben Sie die Federaufnahme(n) gereinigt und festigkeitsmindernde Korrosionsschäden ausgeschlossen.

Haben Sie bei Ihren Arbeiten Bauteile, die die Fahrwerksgeometrie beeinflussen, in ihrer Einbaulage verändert oder verschoben und/oder Lenkungsteile demontiert, so muss das Fahrwerk anschließend neu vermessen und ggf. eingestellt werden. Der Einbau von nicht serienmäßigen „Fahrwerken" (Fahrwerksteilen bzw. Fahrwerkskomponenten) erfordert von Ihnen die genaue Beachtung der Herstellerhinweise sowie der Richtlinien der jeweiligen ABE.

Um Mängel an Federung und Dämpfung zu lokalisieren, helfen Ihnen folgende Indizien:

- Geräusche beim Ein- und Ausfedern, wenn Hindernisse überfahren werden,
- hängender Fahrzeugaufbau,
- Schiefziehen des Fahrzeugs bei korrekter Fahrzeuggeometrie oder eine verschlechterte Feder- oder Dämpferwirkung.

Nach einer genauen Kontrolle und anschließender Reparatur/Austausch der defekten Teile können Sie sicher sein, dem Kunden ein bezüglich Fahrsicherheit und Fahrkomfort intaktes Fahrzeug zurück zu geben.

10.3.4 Aufgabe und Prinzip der hydraulischen Schwingungsdämpfung

Reibungsarm reagierende Federungssysteme reagieren sensibel auf Fahrbahnunebenheiten und Lastwechsel, sie werden dadurch zu Schwingungen angeregt. Unterbleibt die Schwingungsdämpfung, hat dies Auswirkungen auf den Fahrkomfort und die Fahrsicherheit:

- Belastung der Fahrzeuginsassen durch kurze Schwingungen oder durch langes Nachschwingen des Fahrzeugaufbaus,
- Verringerung der Bodenhaftung der Räder bis hin zum völligen Verlust der Bodenhaftung (keine Spurhaltung, Bremswegverlängerung, Aquaplaning),
- Lenkungsflattern,
- Überbelastung und Verschleiß von Fahrzeugteilen.

Schwingungsdämpfung ist immer ein Kompromiss zwischen harter Sicherheitsdämpfung und weicher Komfortdämpfung. Der Schwingungsdämpfer (Stoßdämpfer) wandelt unerwünschte Bewegungsenergie in Wärme um.

Dämpfung und Federung eines Fahrwerks dürfen nicht isoliert betrachtet werden. Im Fahrbetrieb beeinflussen sie sich gegenseitig (Bild 490.1).

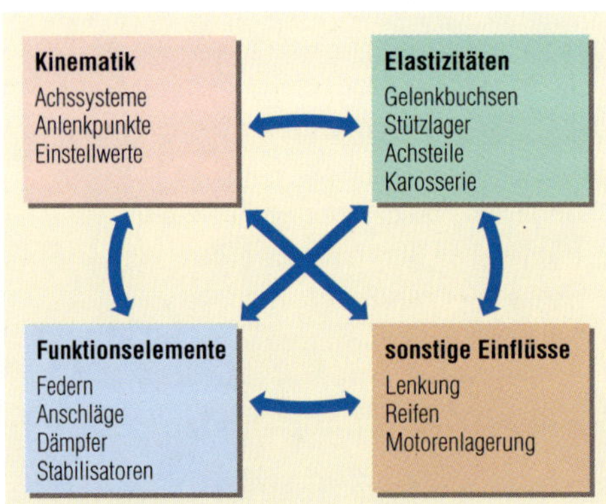

Bild 490.1 Gegenseitige Beeinflussung der Fahrwerksparameter.

So beansprucht z. B. ein Reifen mit geringem Höhen/Breiten-Verhältnis und entsprechend geringer Eigenfederung im Zusammenwirken mit einer entsprechend harten Feder/Dämpfer-Kombination die Gelenkbuchsen und damit die Karosserie eines Fahrzeugs. Dies führt zu Veränderungen der Einstellwerte, was wiederum Einfluss auf das Fahrverhalten des Fahrzeugs hat.

Schwingungsdämpfer werden nicht nur im Fahrwerk eingesetzt, sondern auch als Fahrerhausdämpfung, Sitzdämpfung, Lenkungsdämpfung und als Pralldämpfer für Stoßstangen.

Hydraulische Teleskop-Schwingungsdämpfer bestehen aus einem Zylinder und einem Kolben mit Kolbenstange (Bild 491.1). Eine Seite ist mit der Karosserie, die andere mit der Radaufhängung verbunden, sodass sich der Kolben bei den Federbewegungen im ölgefüllten Zylinder mitbewegt. Da sich die Flüssigkeit fast nicht zusammenpressen lässt, muss der Kolben über Bohrungen und Ventile verfügen.

Die eigentliche Dämpfungskraft entsteht durch den Strömungswiderstand des bewegten Öls an den Drosselstellen des Kolbens (bzw. Bodenventils). Ein Schwingungsdämpfer benötigt einen Volumenausgleich für die eintretende Kolbenstange bzw. für die temperaturbedingte Volumenvergrößerung des Öls. Je nach Bauart befindet sich der Ausgleichsraum im Schwingungsdämpfer (Einrohrdämpfer) oder – durch Bodenventile getrennt – in einem zweiten Rohr um den eigentlichen Dämpfer (Zweirohrdämpfer).

10.3.5 Schwingungsdämpferarten

Nach dem Aufbau und dem statischen Gasdruck unterscheidet man:

- drucklose Zweirohr-Schwingungsdämpfer,
- Zweirohr-Schwingungsdämpfer mit Niedergasdruck,
- Einrohr-Schwingungsdämpfer mit Hochdruckgas.

Drucklose Zweirohr-Schwingungsdämpfer. Durch die Kolbenbewegung findet ein Austausch von Dämpfungsflüssigkeit in den Arbeitsräumen ober- und unterhalb des Kolbens statt (Bild 491.1).

Druckstufe: Die Ölmenge, die dem in den Arbeitszylinder eintauchenden Kolbenstangenvolumen entspricht, wird durch das Druckventil im Boden in den Reserveraum verdrängt. Dabei wird die Dämpfungskraft der Druckstufe in Abstimmung mit dem Kolbendruckventil erzeugt. Der Öldruck ist in der Druckstufe ober- und unterhalb des Kolbens gleich groß.

Zugstufe: Die Ölmenge des austauchenden Kolbenstangenvolumens wird durch Ansaugen aus dem Reserveraum ersetzt. Gleichzeitig erzeugt die den Kolben durchströmende Ölmenge im Zugventil des Kolbens die Dämpfungskraft.

Das Dämpferverhältnis beträgt bei fast allen Schwingungsdämpfern Druckstufe zu Zugstufe 1 : 3. Lenkungsdämpfer sind funktionsbedingt 1 : 1 ausgelegt.

Die drucklose Gasfüllung über der Ölfüllung im Reserveraum kann dazu führen, dass das Dämpferöl schäumt (Nachlassen der Dämpferwirkung). Dies kann durch eine Niedergasdruckfüllung (ca. 3 bar bis 5 bar) im Reserveraum verhindert werden.

Einrohr-Schwingungsdämpfer („Gasdruckdämpfer") haben einen statischen Gasdruck von 15 bar bis 35 bar (Bild 491.1). Durch den Trennkolben werden Öl und Gas voneinander getrennt. Der Trennkolben folgt genau den Bewegungen des Ölspiegels im Zylinderrohr. Durch die absolute Öl- und Gasdichtigkeit kann diese Dämpferart unabhängig von der Lage eingebaut werden.

Druckstufe = Einfederweg

Der Arbeitszylinder ist in einen Öl-(Arbeits-)raum und einen Gas-(Ausgleichs-)raum unterteilt. Der Gasraum hat die Aufgabe, das hubabhängige Kolbenstangenvolumen sowie das temperaturabhängige Ölvolumen auszugleichen und die Dampfblasenbildung bei höheren Temperaturen zu unterdrücken.

Zugstufe = Ausfederweg

In der Druckstufe strömt die Dämpfungsflüssigkeit durch das Druckventil des Kolbens. Der Volumenausgleich erfolgt durch das Zusammendrücken des Gasvolumens. In der Zugstufe strömt die Dämpfungsflüssigkeit durch das Zugventil. Die entsprechende Ausdehnung des Gasvolumens sorgt für den Volumenausgleich.

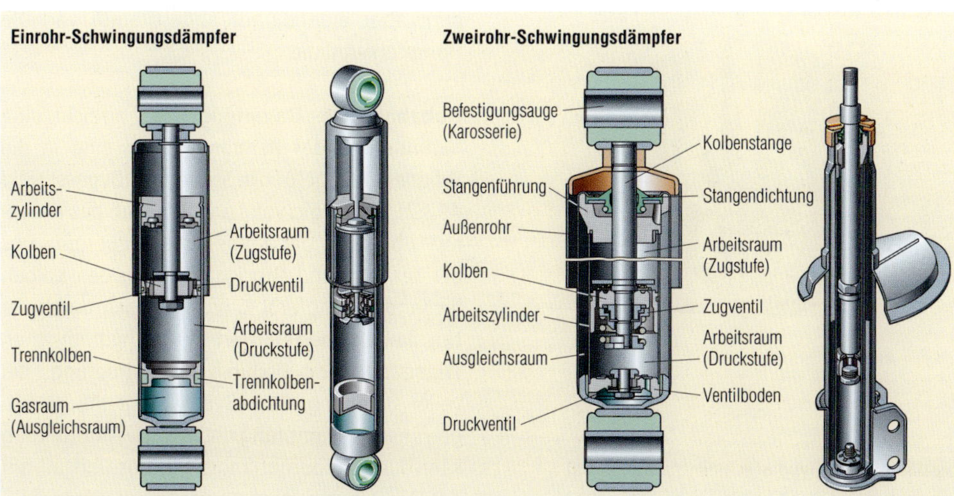

Bild 491.1 Einrohr- und Zweirohr-Schwingungsdämpfer.

10.3.6 Federdämpfer

Ein Federdämpfer fasst alle für die Federung und Dämpfung erforderlichen Teile zusammen und bildet so eine Einheit (Bild 488.2).

Übernimmt dieses System zusätzlich Aufgaben der Radführung, so bezeichnet man dieses als Feder- oder Dämpferbein (Bild 479.2) Alle Bauteile sind dann wegen der höheren Belastungen (Seitenkraft) verstärkt ausgeführt. Zur Verringerung der Reibungskräfte sind Dämpferkolben und Kolbenstangenführung beschichtet oder mit reibungsarmen Gleitbuchsen versehen. Die verchromte Kolbenstange reduziert die Reibung ebenfalls und ist so besser gegen Korrosion geschützt. Außerdem greifen bauliche Maßnahmen gegen zu hohe Seitenkräfte, beispielhaft sei hier die Desachsierung der Schraubenfeder (Schraubenfeder und Dämpfer fluchten nicht) genannt (Bild 484.1).

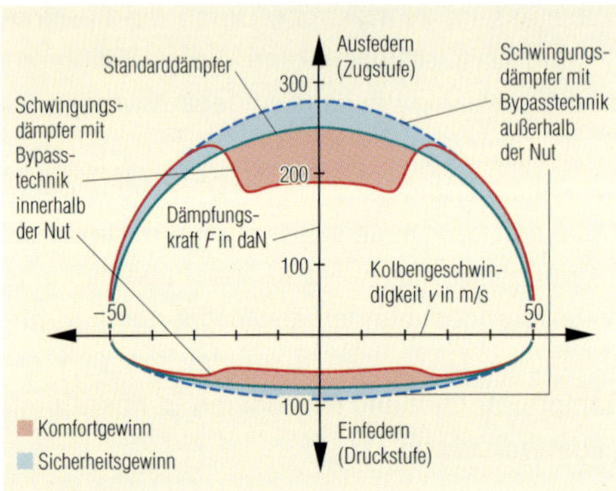

Bild 492.1 Dämpferkennlinien.

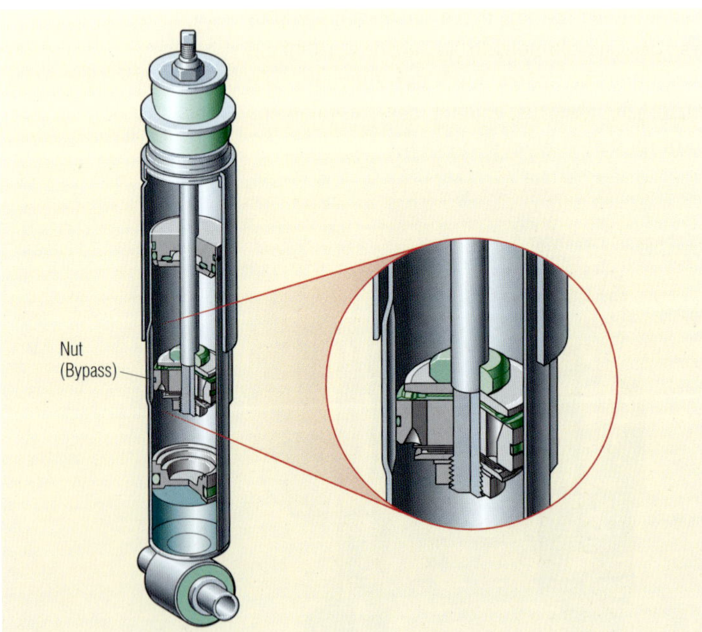

Bild 492.2 Einrohr-Schwingungsdämpfer mit Bypasstechnik (hubabhängig).

10.3.7 Zusatzfunktionen im Dämpfer

Zug- und Druckanschläge. Durch die Zug- und Druckanschläge (mechanisch oder hydraulisch) wird der Hub eines Schwingungsdämpfers eingeschränkt und gleichzeitig die Bewegung der Achse begrenzt. Die Zug- und Druckanschläge sollen möglichst weich erfolgen, wenn es bei hoher Last zu ungewöhnlich starken Anregungen – zum Beispiel das Durchfahren eines Schlagloches – kommt.

Starkes Verkürzen des Federweges ohne entsprechende Berücksichtigung bei der Dämpfung kann zur Zerstörung der Anschläge und damit zur Zerstörung der Dämpfer führen!

Alle bisher beschriebenen Schwingungsdämpfer haben eine über den gesamten Arbeitsbereich festliegende Kennlinie (Standarddämpfer; Bild 492.1). Sie ist nur von der Kolbengeschwindigkeit abhängig und ein Kompromiss zwischen Fahrkomfort und Fahrsicherheit. Unterschiedliche Beladungs- und Fahrsituationen erfordern aber eine darauf abgestimmte variable Dämpferkennlinie.

Hubabhängige Dämpfung. Man erreicht eine Veränderung der Kennlinie durch eine in die Zylinderwand geformte Steuernut (Bypass) (Bild 492.2). Abhängig von Lage und Hub des Dämpfers überfährt der Kolben die Steuernut. Das bei der Zug- und Druckstufe durch den Kolben fließende Dämpferöl kann zusätzlich durch die Nut fließen und reduziert so den hydraulischen Widerstand und dadurch die Dämpfung. Bei voller Beladung ohne Bypass liegt die höhere gewünschte Dämpfung an. Je nach Anforderung kann durch Steuernutlänge, -position und -anzahl das Dämpfungsverhalten angepasst werden.

Amplitudenselektive Dämpfung. Diese macht sich den höherfrequenten Anteil der Schwingungen zunutze, die bei Radhüben bis ca. 5 mm auftreten. Das Ventilsystem im Dämpferkolben (Bild 493.1) dämpft die ersten Millimeter einer Bewegung geringer, um durch größere, schnellere Bewegungen bei Überschreitung eines Grenzmaßes auf das notwendige Dämpfungsmaß anzusteigen.

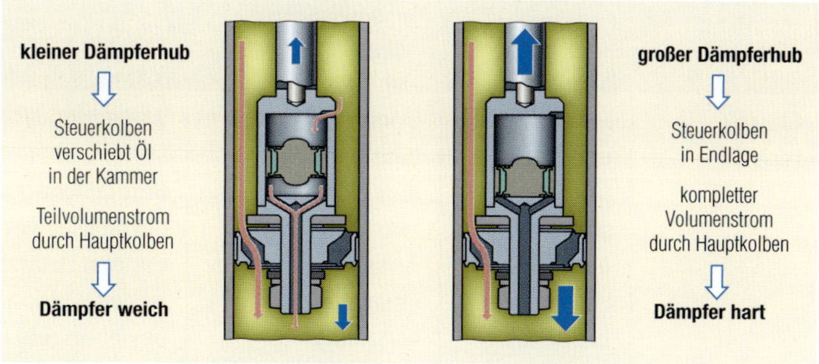

Bild 493.1 Funktionsweise der amplitudenselektiven Dämpfung.

10.3.8 Adaptive und halbaktive (semiaktive) Dämpfung und Federung

Die Bandbreite der verbauten Dämpfungssysteme im Automobilbau reicht vom passiven System über handgeschaltete elektronisch-geregelte Dämpfungssysteme oder schnelle elektromagnetische Systeme bis zu stufenlosen Systemen mit proportional wirkenden Dämpferventilen. Der Übergang zum aktiven Fahrwerk (Dämpfung und Federung) wird dadurch immer fließender und die Abgrenzung schwierig.

Will man den Kompromiss zwischen Fahrkomfort und Fahrsicherheit aufheben, führt dies automatisch zu einer variablen, sich laufend ändernden Dämpfung, die sich sowohl verschiedenen Achslasten als auch unterschiedlichen Fahrzuständen und -strecken anpassen kann. Mit den Zusatzfunktionen im Dämpfer ergibt sich ein fließender Übergang zu den sich anpassenden (adaptiven) Systemen.

Adaptive Systeme können, wie am Beispiel der Dämpfer mit Zusatzfunktionen beschrieben, nur zwischen verschiedenen Kennlinien wählen. Außerdem wird die Anpassung eindeutig durch die Zug- oder Druckbewegung vorgegeben. Unterstützt wird die Adaption durch eine mögliche Beeinflussung der Federungseigenschaften (z.B. verstellbare Luftfederung und Hydropneumatik). Mit einem wenn auch nur geringen Energieaufwand – es sind nur Magnetventile zu betätigen – wird eine Verstellung im System vorgenommen. Die Stellgröße stammt aus Weg- und Beschleunigungssignalen der Karosserie (Aufbau). Bisher wurden Systeme, die dies umsetzen, als „aktive Fahrwerke" bezeichnet.

Als vollaktive Systeme werden heute Systeme bezeichnet, bei denen die Stellkraft für Federung und Dämpfung ausschließlich von außen durch Hydraulik eingebracht wird (Bild 493.2). Die Krafteinleitung durch die Einfederbewegung des Rades bleibt unberücksichtigt. Daraus ergibt sich die Einteilung der verschiedenen Systeme in Tabelle 494.1.

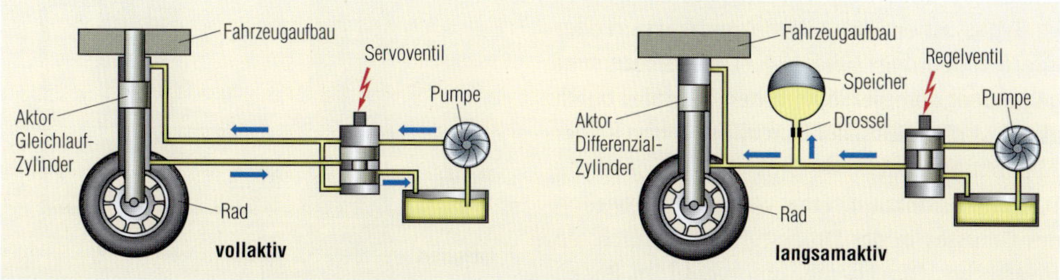

Bild 493.2 Unterscheidung von vollaktiven und langsamaktiven Systemen.

Bezeichnung des Systems	passives System	adaptives System	semiaktives System	langsamaktives System	vollaktives System
Charakteristik	Federungs- und Dämpfungseigenschaften unveränderlich; gleichbleibende Kennlinie	Dämpferkennlinie begrenzt kontinuierlich oder zwischen einer Anzahl von Kennlinien stufenlos verstellbar	Wie adaptives System, aber Berücksichtigung der Achsbewegungen zusätzlich zu den Aufbaubewegungen; schnelles Umschalten zwischen verschiedenen Kennlinien	System ergänzt herkömmliche Feder und Dämpferelemente durch aktives Stellglied (hydraulisch oder pneumatisch betätigt)	Unabhängige Regelung der Kraft zwischen Aufbau und Rad (hohe Energiezufuhr für die Stellkraft erforderlich)
Anpassung an	—	Fahrzeugmasse Fahrgeschwindigkeit Fahrbahnzustand Fahrsituation (begrenzt)	Fahrzeugmasse Fahrgeschwindigkeit Fahrbahnzustand Fahrsituation	Fahrzeugmasse Fahrgeschwindigkeit Fahrbahnzustand Fahrsituation; Ausgleich niederfrequenter Wank-, Nick- und Hubbewegungen	Fahrzeugmasse Fahrgeschwindigkeit Fahrbahnzustand Fahrsituation; Ausgleich aller Wank-, Nick- und Hubbewegungen
Anpassung (zeitlich)	—	langsam	sehr schnell	schnell	sehr schnell
Stellzeit der Aktoren	—	1 s bis zu 25 ms (schnelles System)	< 10 ms	> 0,3 s	< 10 ms
Beispiele	herkömmliche Fahrwerke	MB ADS/ADS II Citroen Hydractiv BMW EDC-K CDC z. B. bei Audi, Opel, VW	CDC mit „Skyhook"-Regelung (Lancia Thesis, VW Phaeton/Touareg, Volvo S60R)	Wankstabilisierung: Mercedes-Benz ABC, BMW Dynamic Drive, Citroen Activa AFS	Lotus Active Suspension

Tabelle 494.1 Dämpfungs- und Federungssysteme.

CDC: Continous damping control (engl.) = kontinuierliche Dämpfungskontrolle

Proportionalventil: kontinuierlich verstellbares Hydraulikventil

Adaptives System: CDC-System. Dieses System findet man zunehmend auch in der unteren Mittelklasse. Grundprinzip ist ein Zweirohr-Dämpfer. Im Bypass ist ein Proportionalventil extern oder intern angeordnet (Bild 494.1), dies übernimmt gegenüber dem herkömmlichen Dämpfer durch aktive Veränderung der Durchflussmenge (in der Abbildung: verstellbare Drossel) die zusätzliche Dämpfungsfunktion. Eine weitere Begrenzung des Ölflusses in der Druckstufe kann durch ein zusätzliches Druckbegrenzungsventil im Boden erfolgen.

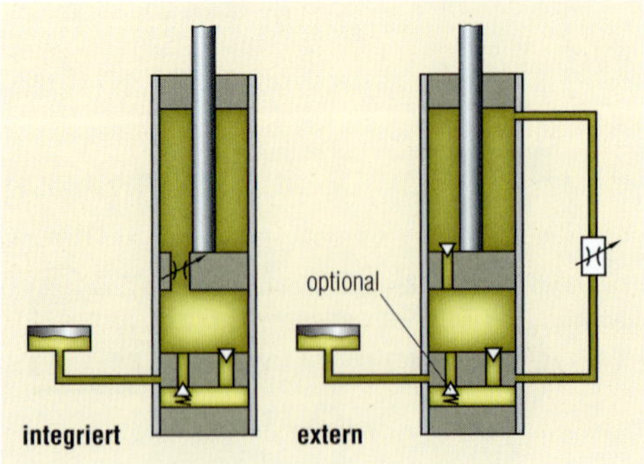

Bild 494.1 Prinzipdarstellung CDC-Dämpfer.

Adaptives System: Viskositätsbeeinflussung des Dämpferöls. Die Viskosität/Konsistenz der Dämpferflüssigkeit und damit die Dämpfungswirkung beim Ein- und Ausfedern lässt sich auch durch ein elektrisches oder elektromagnetisches Feld beeinflussen (Bild 495.1). Für diese Anpassung muss der Dämpfer mit einer rheologischen Flüssigkeit gefüllt sein.

Semiaktives System. Ein langsamaktives System (z. B. ARS oder ABC) kann alle Aufbaubewegungen und Radlastschwankungen beseitigen, während ein semiaktives System diese nur begrenzend oder verzögernd beeinflussen kann.

Für die Anpassung von Dämpfung und Federung sind nicht nur die sensorischen Signale an Vorder- und Hinterachse und Aufbau aufzunehmen und einem Steuergerät zuzuführen, sondern es muss auch festgelegt werden, wann und wie die Aktoren beeinflussend eingreifen sollen. Hierbei unterscheidet man hauptsächlich zwei Regelstrategien:

- die Schwellwert- und
- die Skyhook-Regelung.

Bei der Schwellwertregelung erfolgt die sensorische Erfassung von Fahr- und Fahrbahnzustand. Daraus resultiert eine Anpassung der Dämpferraten nach einer vorher festgelegten Regelstrategie, hauptsächlich zur Steigerung des Fahrkomforts. Das System kann erweitert werden durch die Erfassung des geschwindigkeitsabhängigen Lenkwinkels, der Querbeschleunigung und des Bremsdruckes. Dies führt zur Verringerung von Wank- und Nickbewegungen und zur Steigerung der Fahrsicherheit durch Dämpferverhärtung.

Mit der Skyhook-Regelung geht man noch einen Schritt weiter: man entkoppelt den Fahrzeugaufbau von der Straßenanregung. Störungen, die zu Schwingungen führen können, werden weitestgehend unterdrückt. Zugleich erreicht man eine zusätzliche Raddämpfung. Der Stoßdämpfer ist bei dieser Regelstrategie gegenüber der herkömmlichen Befestigung zwischen Aufbau und Rad virtuell zwischen Himmel (sky) und einem dort befestigten Haken (hook) und dem Aufbau befestigt. Je nach Hebe- und Senkbewegung des Aufbaus werden Zug- und Druckstufendämpfung erhöht oder außer Funktion gesetzt. Außerdem ist das System in der Lage, schnell zwischen verschiedenen Dämpfungskennlinien hin und her zu schalten, was den Fahrzeugaufbau ebenfalls stabilisieren kann. Zur Erfassung verlässlicher Daten muss diese Regelung über zusätzliche Aufbau- und Radsensoren verfügen.

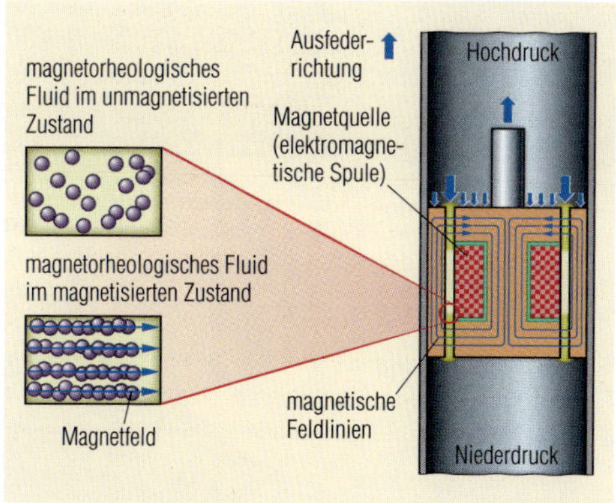

Bild 495.1 Prinzip der magnetorheologischen Dämpfung.

Federungen

Wie bei der Dämpfung unterscheidet man bei den Federungen zwischen adaptiven und aktiven Systemen. Bekannt ist bei den adaptiven Systemen das Heben und Senken des Aufbaus während der Fahrt, um den Luftwiderstand zu verringern oder die Bodenfreiheit zu erhöhen. Ermöglicht wird dies bei der Luftfederung durch Zupumpen und Ablassen von Luft, durch das Hinzufügen eines hydropneumatischen Elements an eine konventionelle Feder-Dämpfer-Kombination oder durch niveauregulierende Dämpfersysteme (sogenannte Selbstpumper).

Bei selbstaufpumpenden Schwingungsdämpfern erfolgt der Niveauausgleich durch eine als Ölpumpe wirkende Kolbenstange. Durch Aufbauschwingungen erhöht sich der Innendruck und der Schwingungsdämpfer fährt auseinander.

rheologische Flüssigkeit: Suspensionen von magnetisch polarisierbaren Teilchen in einer Trägerflüssigkeit

ARS: Aktive Wankstabilisierung (active roll stabilisation)

ABC: Aktive Federung (active body control)

skyhook (engl.): „Himmelshaken"

Das hydropneumatische Federungssystem verfügt systembedingt über eine Niveauregulierung, Höhenverstellung sowie eine Anpassung von Federung und Dämpfung. Das System passt sich geschwindigkeitsabhängig dem Fahrverhalten des Fahrers an. Es berücksichtigt individuelle Komfortansprüche und kann nach Sensormeldung auf bedrohliche Fahrsituationen reagieren (Bild 496.1).

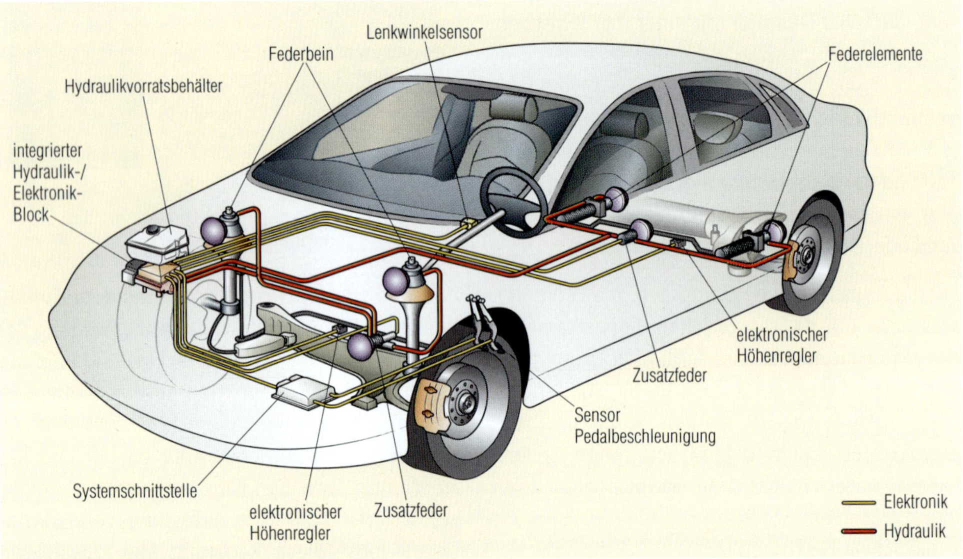

Bild 496.1 Hydroaktives Fahrwerkssystem.

10.3.9 „Aktive Fahrwerke“ (langsamaktives System)

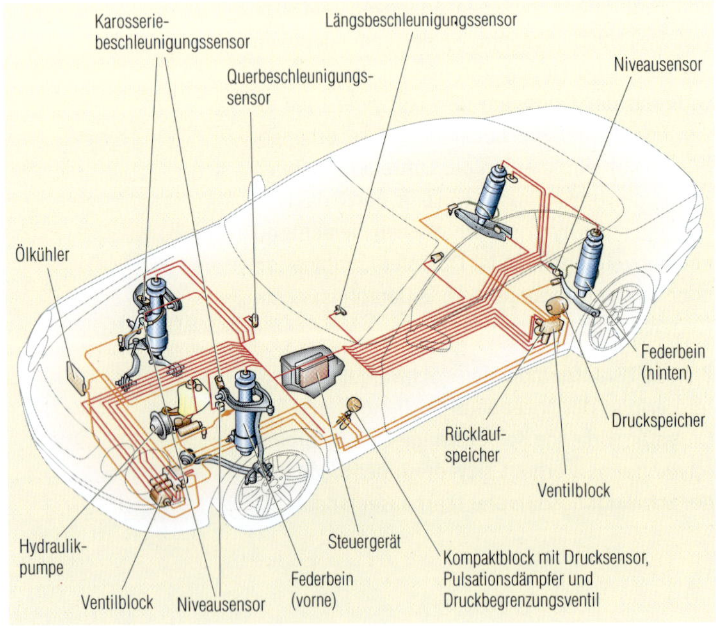

Bild 496.2 ABC-Federungs- und Dämpfungssystem.

Das vollaktive System befindet sich noch im Entwicklungsstadium, da der benötigte Energieverbrauch von 7 bis 20 kW zu hoch ist. Bis zu seiner Serienreife gibt es das langsamaktive Fahrwerk, es optimiert Fahrkomfort und Fahrsicherheit (ABC). Es heißt langsamaktives System, weil der Fahrzeugaufbau mit einem aktiven Federungssystem beeinflusst wird, die Räder aber weiterhin mit passiven Elementen gefedert und gedämpft werden. Der gesamte statische und dynamische Traganteil wird von den vier an den Rädern angeordneten Federbeinen übernommen (Bild 496.2). In jedem Federbein ist ein dynamisch verstellbarer Hydraulikzylinder in Reihe zu einer Schraubenfeder und parallel zu einem Schwingungsdämpfer angebracht. Die Zylinder erzeugen durch die Verschiebung Kräfte, die den Radbewegungen entgegenwirken. Dieses elektro-hydraulische System ermöglicht eine variable manuelle, geschwindigkeitsabhängige sowie die automatische Niveauregulierung. Dies schließt eine aktive Stabilisierung aller Aufbaubewegungen um die Raumachsen mit ein, sodass Nicken, Wanken und Heben unterdrückt werden. Ein aktives Neigen in der Kurve unterbleibt aus Sicherheitsgründen. Ein weiterer Fahrsicherheitsgewinn entsteht durch die Reduzierung der dynamischen Radlastschwankungen und durch das Einstellen eines neutralen bis untersteuernden Eigenlenkverhaltens. Eine eher „sportliche" Fahrweise wird durch Ausschalten bzw. „Einstellen" erreicht. Der systembedingte Wegfall des Stabilisators steigert den Abrollkomfort zusätzlich.

Andere Hersteller erzielen durch elektrisches oder hydraulisches Verstellen des Stabilisators ebenfalls eine „Aktivierung" des Fahrwerks, z. B. bei der Wankstabilisierung.

Schwingungsdämpfer sind wartungsfrei. Durch die Dauerbelastung lassen sie aber langsam in ihrer Wirkung nach. Durch eine Sichtprüfung auf Undichtigkeiten, Beschädigungen und Verschleißspuren sowie die Beurteilung des Fahrverhaltens bei einer Probefahrt können Sie feststellen, ob ein Schwingungsdämpfer defekt ist.

Die Wippmethode führt zu keiner qualifizierten Aussage. Eine Beurteilung der verbleibenden Wirkung der Schwingungsdämpfer ist objektiv nur im ausgebauten Zustand oder auf rechnergesteuerten Prüfanlagen möglich. Alle anderen Beurteilungsmethoden sind mehr oder weniger fehlerbehaftet.

Auf Schwingungsdämpferdefekte weisen Polter- und Klappergeräusche sowie Auswaschungen auf der Reifenlauffläche hin.

Tauschen Sie die passenden Schwingungsdämpfer immer achsweise aus. Achten Sie dabei auf die richtige Einbaulage. Beschädigte Teile sind auszuwechseln. Beim Einbau darf die Kolbenstange nicht beschädigt werden.

Schraubverbindungen sind unbedingt mit den vorgeschriebenen Drehmomenten anzuziehen.

Bei Austausch von Federbeinen bzw. bei der Montage an Lenkungsteilen ist eine anschließende Fahrzeugvermessung zwingend erforderlich. Berücksichtigen Sie veränderte Bremseinstellungen bei Veränderungen am Fahrwerk.

Schwingungsdämpfer müssen umweltgerecht entsorgt werden (Schwingungsdämpfer mit Gasfüllung müssen drucklos sein).

10.4 Räder und Reifen

10.4.1 Anforderungen an Räder

Das Rad ist Träger- und Befestigungselement für den elastischen Reifen. So behält er auch unter Belastung seine annähernd kreisrunde Form. Zudem verhindert die Felge, dass der Reifen bei der Einwirkung von Seitenkräften ausweicht. Das Rad muss daher formstabil sein, trotzdem aber noch so elastisch, dass es kleinere Schläge auffangen kann ohne sich bleibend zu verformen. Als Teil der ungefederten Massen sollte das Radgewicht möglichst gering sein. Die Masse sollte gleichmäßig um die Radmitte verteilt sein, um Unwucht zu vermeiden.

Die Räder haben folgende Aufgaben:
- das Fahrzeuggewicht tragen und Kräfte aufnehmen, die durch das Fahren verursacht werden,
- die Antriebs-, Brems- und Seitenkräfte übertragen,
- dem Reifen einen sicheren und luftdichten Halt geben,
- die im Reifen und beim Bremsen entstehende Wärme abführen.

Unwucht:
ungleichmäßige Masseverteilung auf dem Umfang eines Rades.

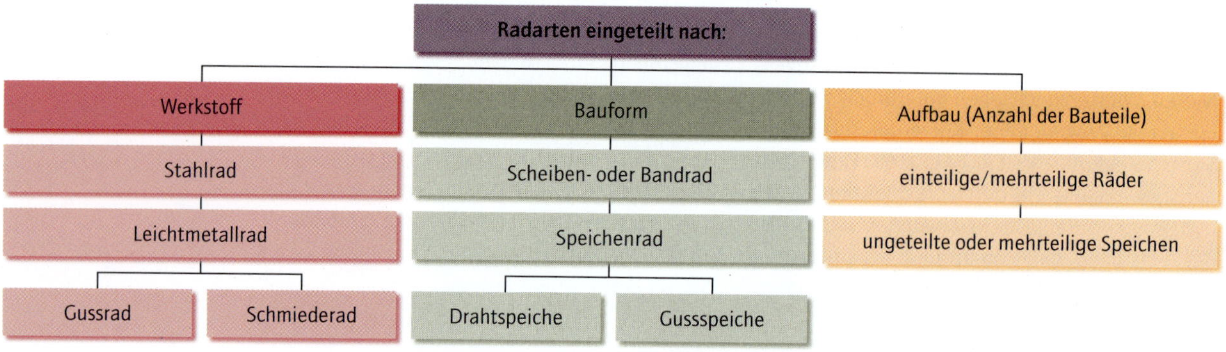

10.4.2 Radaufbau

Fahrzeugräder aus Stahl bestehen im Allgemeinen aus Radscheibe (Radschüssel) und Felge (Bild 498.1). „Komplettrad" ist der Begriff für das komplette Rad aus Reifen, Rad und Ventil.

In der Praxis werden die Begriffe Felge und Rad oft miteinander verwechselt. Die Felge dient zur Aufnahme des Reifens, die Radschüssel verbindet die Felge mit der Nabe, und das Rad stellt den gesamten Körper dar, bestehend aus Felge und Schüssel.

Vorsicht beim Umgang mit magnesiumhaltigen Rädern; Magnesium ist gesundheitsgefährdend!

Werkstoff. Stahlräder werden aus Stahlblech (Bandstahl) durch verschiedene Umformverfahren hergestellt (z. B. S 235, DP600, HR60). Leichtmetallräder werden entweder gegossen (z. B. G-AlSi 10 Mg), geschmiedet (AlMgSi 1 F32) oder aus Leichtmetallband wie Stahlräder hergestellt.

Bauform. Scheiben- und Bandräder bestehen aus Radschüssel und Felge (Bild 498.2). Beide Teile sind miteinander verschweißt. Die Schüssel ist zur besseren Bremsbelüftung mit Löchern versehen. In der Schüssel befinden sich auf einem Lochkreis die Bolzenlöcher für die Befestigung und die mit geringer Toleranz versehene Mittenzentrierung. Bei echten Speichenrädern ist die Felge durch Drahtspeichen mit der Radnabe verbunden und wird meistens mit einem Zentralverschluss am Fahrzeug befestigt.

Wegen ihres Aussehens bezeichnet man einige Leichtmetallräder auch als Gussspeichenräder. Ansonsten erfolgt die Unterscheidung nach Form, Gliederung, Funktion und Anzahl der Speichen.

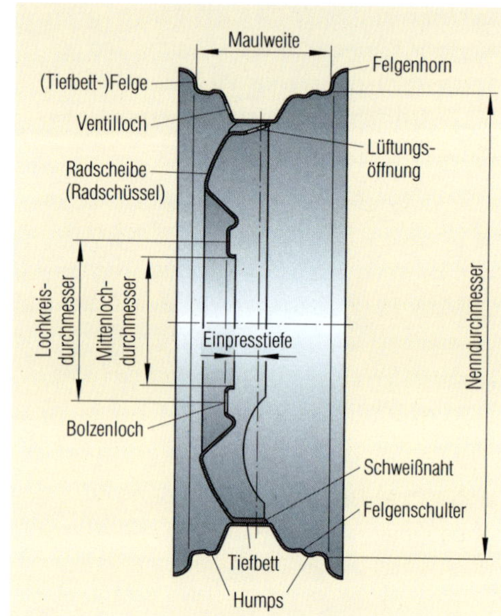

Bild 498.1 Aufbau eines Pkw-Stahlrades.

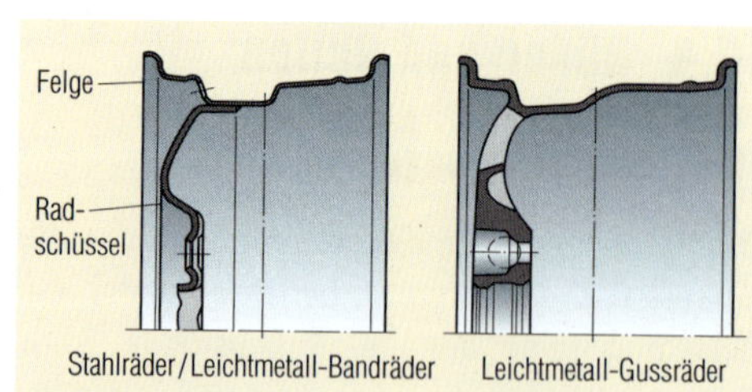

Bild 498.2 Bauformen von Pkw-Rädern.

Aufbau. Bei einteiligen (ungeteilten) Rädern sind Felge und Schüssel aus einem Teil gegossen, geschmiedet oder zusammengeschweißt. Dagegen werden bei mehrteiligen Pkw-Rädern (Bild 499.1) Schüssel und Felge bzw. Felgenhälften zusammengeschraubt.

Bild 499.1 Mehrteilige Pkw-Räder.

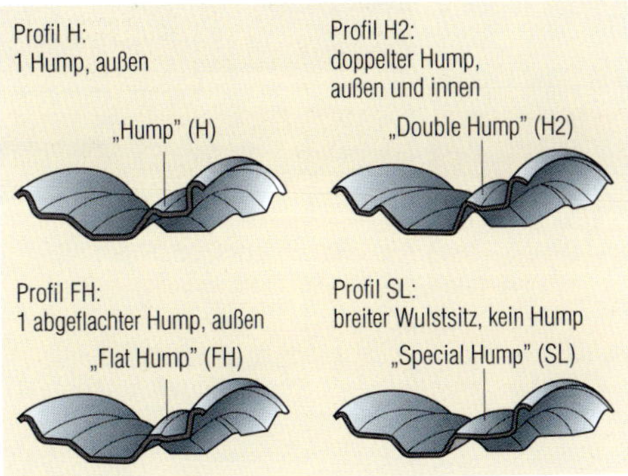

Bild 499.2 Humpausführungen bei Pkw-Felgen.

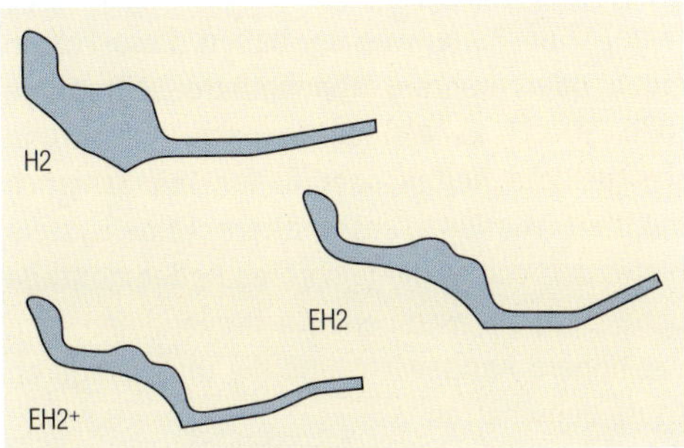

Bild 499.3 Humpquerschnitte.

Tiefbettfelgen haben für Pkw eine Schulterneigung von 5 ° (Schrägschulter) und für Nkw eine Schulterneigung von 15 ° (Steilschulter).

Das Tiefbett ist zur Montage des Reifens notwendig. Ein in der Mitte liegendes Tiefbett kennzeichnet symmetrische Felgen für Zweiräder. Pkw-Felgen hingegen haben ein unsymmetrisches Tiefbett, damit der Einbauraum für die Radbremse größer wird.

Die Montage schlauchloser Reifen auf Tiefbettfelgen ist Standard. Pkw-Felgen (Sicherheitsfelgen) müssen dazu zusätzlich außen mit einer umlaufenden Erhöhung (Hump) auf der Felgenschulter versehen sein (Bild 499.2), die ein Abrutschen der Reifenwulst in das Tiefbett verhindert (Luftverlust).

Für Reifen mit Notlaufeigenschaften werden die Felgen mit einer speziellen Felgenkontur im Schulter- und im Tiefbettbereich ausgestattet, denn der Reifen darf bei 0 bar Fülldruck und 0,5 g Querbeschleunigung nicht von der Felge springen. Bild 499.3 zeigt die Veränderungen der Felgenkontur für diese Reifen von der normalen H2-Felge über die EH2-Felge zur heute üblichen $EH2^+$-Felge.

Auf der EH^+-Felge darf auch ein Normalreifen montiert werden.

Bei Nkw-Felgen sorgt die 15 °-Steilschulter (Bild 499.4) sowohl für den luftdichten Abschluss als auch für den sicheren Halt des Reifens durch Festkeilen auf der Felge. Immer häufiger sorgt ein Hump auf der Außenseite für zusätzliche Sicherheit.

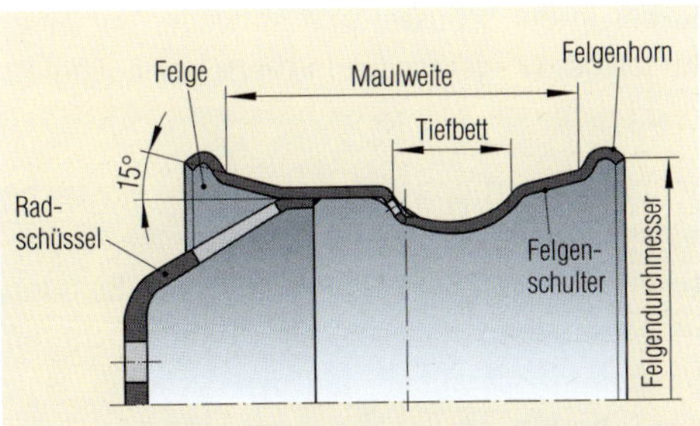

Bild 499.4 Steilschulterfelge (Nkw).

Hump (engl.): Höcker, Erhöhung

EH = extended hump (engl.); extended = erweitert

g = Erdbeschleunigung ~ 9,81 m/s²

Felgensysteme

- ungeteilte (einteilige) Felgen
  - Tiefbettfelgen
    - Tiefbettfelgen (Pkw)
    - Steilschulterfelgen (Nkw)
- mehrgeteilte (mehrteilige) Felgen (Nkw)
  - Flachbettfelgen/Halbtiefbettfelgen
    - Grundfelgen mit abnehmbarem Ring oder Ringen (ringgeteilt)
  - Flachbettfelgen
    - segmentgeteilte Felgen (Trilexfelgen) (umfangsgeteilt)

Flachbettfelgen sind geteilte Nkw-Felgen mit einer Schulterneigung von 5 ° (Schrägschulterfelge). Zum Reifenwechsel haben diese Felgen einen oder mehrere abnehmbare Seitenringe (Bild 500.1) Es können je nach Ausführung schlauchlose Reifen oder Reifen mit Schlauch montiert werden. Dieses ältere Felgensystem bietet den Vorteil der leichteren Reifenmontage ohne Spezialmaschinen. Nachteile dabei sind das höhere Radgewicht und die ungünstigeren Laufeigenschaften.

Im Nutzfahrzeugbereich dominieren die einteiligen Räder mit Steilschulter. Vorteile dieser Räder sind die hohe Sicherheit, das geringere Gewicht, besonders bei Leichtmetallrädern, die geringere Wartung und der bessere Fahrkomfort.

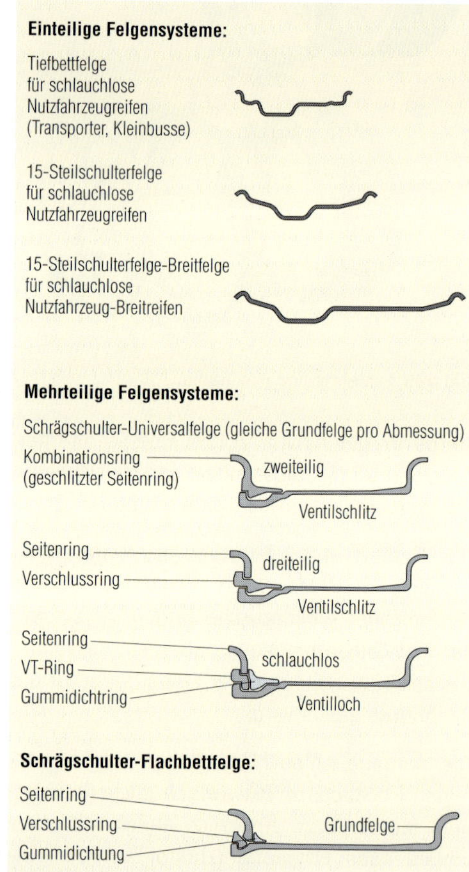

Bild 500.1 Felgensysteme (Nkw).

Radbefestigung. Aufgabe der Radbefestigung ist die feste, sichere und zentrische Verbindung zwischen Rad und Radnabe. Die Radschüssel wird mit der Radnabe verschraubt, dabei soll der Anlageteil der Schüssel, der Spiegel, gleichmäßig an der Flanschnabe anliegen. Die Befestigungslöcher in der Schüssel sind entweder mit einer Kugel- oder Kegelansenkung versehen oder glatt und zylindrisch.

Je nach Bauart des Rades sorgen die elastische Vorspannung der Schüssel, elastische Druckteller unter der Befestigung und/oder Reibung in Verbindung mit elastisch vorgespannten Radbolzen/-schrauben für den sicheren Halt am Fahrzeug. Maßgeblich unterstützt wird die Befestigung durch die Selbsthemmung des Feingewindes. Die Zentrierung des Rades erfolgt beim Pkw meist über eine Mittenzentrierung, beim Nkw über eine Bolzen-, Mitten- oder Mischzentrierung.

Da sich während der Fahrt die Schraubverbindung der Radbefestigung setzt, ist ein Nachziehen der Befestigungselemente nach ca. 20 – 50 km Fahrstrecke unerlässlich. Achten Sie bei der Radbefestigung (Pkw) darauf, dass mindestens sechs Gewindegänge tragen.

10.4.3 Radbezeichnungen

Die Kennzeichnung der Räder im Schüsselspiegel und/oder auf der Felge setzt sich u. a. zusammen aus Angaben zur Felgenbezeichnung, zu Radanschlussmaßen und zusätzlichen Angaben (bei Nkw).

Nachfolgend das Beispiel für ein Pkw-Rad:

6 J x 15 H2 ET 37

- ET 37 – Einpresstiefe in mm
- H2 – Angabe über die Humpform und die Anzahl der Humps
- 15 – Felgendurchmesser in Zoll
- x – einteilige Felge (Tiefbettfelge)
- J – Felgenhornausführung (Form und Höhe)
- 6 – Maulweite in Zoll

Symmetrische Felgen sind durch ein „S" in der Felgenbezeichnung gekennzeichnet. Zusätzliche Radanschlussmaße sind Lochkreis (LK)- und Mittenlochdurchmesser (ML) sowie Lochzahl (LZ).

Die Einpresstiefe (Bild 501.1) ist das Maß von Felgenmitte bis zur inneren Anlagefläche der Radschüssel. Sie kann positiv, null oder negativ sein.

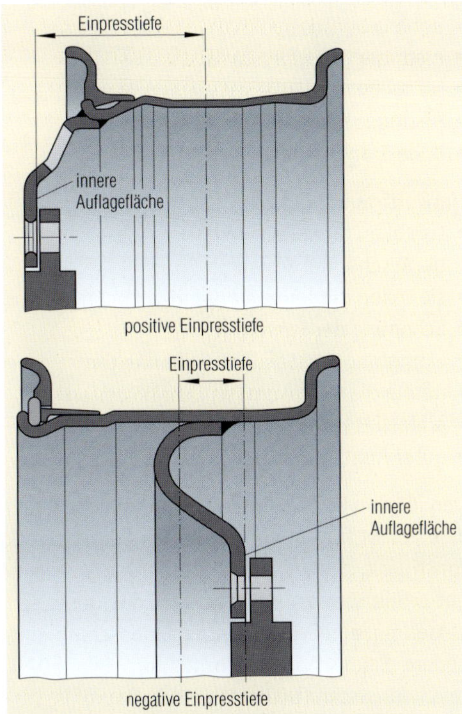

Bild 501.1 Positive und negative Einpresstiefe.

Ein Rad mit einem „breiten Tiefbett" (ugs.) ist technisch gesehen ein Rad mit einer großen negativen Einpresstiefe.

Zusätzliche (freiwillige) Angaben des Herstellers auf dem Rad können das Fertigungsdatum, die herstellerspezifische Nummerierung und die KBA-Nummer sein.

KBA: Kraftfahrtbundesamt

10.4.4 Anforderungen an Reifen

Reifen sorgen in hohem Maße für die aktive Sicherheit (Fahrsicherheit). Sie stellen den Kontakt zwischen Fahrzeug und Fahrbahn her. Außer der Radlast, die sie über die eingeschlossene Luft zu tragen haben, müssen Reifen alle Kräfte (Antriebs-, Brems- und Seitenkräfte) übertragen, die auf das Fahrzeug wirken oder von diesem erzeugt werden. Die Hauptforderungen an Reifen sind im Folgenden aufgeführt.

Aktive Sicherheit:
- maximale Fahrsicherheit auf allen Fahrbahnbelägen und -zuständen,
- sicherer Sitz des Reifens auf der Felge in jeder Situation,
- ausreichende Belastbarkeit bei höheren Geschwindigkeiten,
- Unempfindlichkeit gegen Beschädigungen,
- Notlaufeigenschaften.

eingeschlossene Luft: tragendes Element eines Reifens

Wirtschaftlichkeit:
- hohe Abriebfestigkeit,
- hohe Lebensdauer,
- niedriger Rollwiderstand,
- sie sollen runderneuert werden können (Lkw),
- niedriges Eigengewicht,
- hohe Tragfähigkeit.

Umweltfreundlichkeit:
- sie sollen recycelbar sein,
- geräuscharmer Ablauf,
- sie sollen runderneuert werden können,
- Schonung der Fahrbahn,
- Dämpfung von Straßenunebenheiten,
- geräuscharmes Abrollen (Abrollkomfort),
- einfaches Handling,
- guter Rundlauf.

Schräglaufwinkel: Winkel zwischen Reifenbewegungsrichtung und Reifenlängsachse.

Handling: hier in der Bedeutung von „Lenken ohne großen Kraftaufwand".

Den idealen Reifen gibt es bis heute nicht. Es sei denn, er ist für einen bestimmten Einsatzzweck konstruiert. Sollen alle Anforderungen gleich gut erfüllt werden, so zeigt sich, dass jede Verbesserung einer bestimmten Eigenschaft eine andere Eigenschaft beeinträchtigt. Bild 502.1 zeigt durchschnittliche Eigenschaftsprofile verschiedener Pkw-Reifen im Vergleich.

Kräfte greifen am Reifen längs oder seitlich an. Beschleunigen und Verzögern (Bremsen) erzeugen Längskräfte. Die Kraftübertragung findet mit Reibschluss statt und hängt ab von den Reibungsparametern Fahrbahn und Reifen (Gummi). Hauptsächlich zwei Reibungsvorgänge machen dies möglich: die Adhäsionsreibung und eine Reibung, die auf Verzahnungskräften beruht. Die sich daraus ergebende Reibungszahl wird außerdem noch von der Struktur der Reifenlauffläche, dem Kontaktdruck, der Gleitgeschwindigkeit (Schlupf) und der Temperatur beeinflusst.

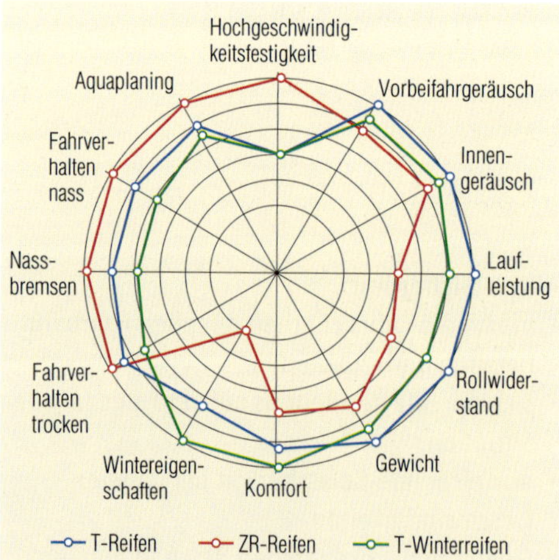

Bild 502.1 Eigenschaftsprofile von Pkw-Reifen.

Seitenkräfte entstehen bei Kurvenfahrt oder Seitenwind. Ein Reifen kann nur Seitenkräfte übertragen, weil er elastisch ist und bei Kurvenfahrt unter einem Schräglaufwinkel abrollt.

Die Räder müssen dadurch bei Kurvenfahrt etwas mehr eingeschlagen werden, als es der tatsächliche Kurvenverlauf vorgibt. Bild 502.2 zeigt die nierenförmig verformte Aufstandsfläche eines schräg rollenden Reifens, auf den eine Seitenkraft wirkt, und das daraus entstehende Rückstellmoment in Fahrtrichtung. Dabei wird die Seitenkraft um die Nachlaufstrecke versetzt.

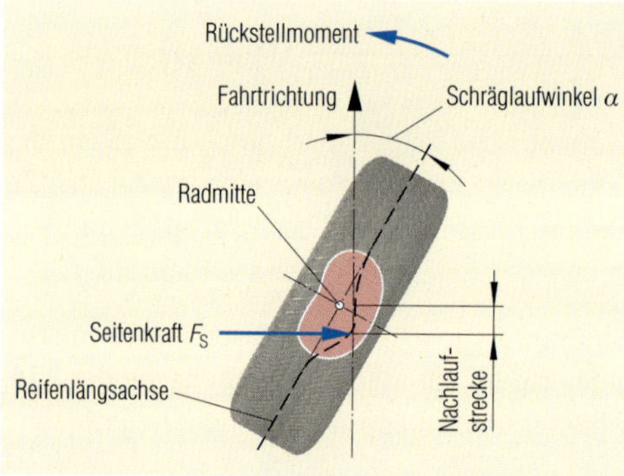

Bild 502.2 Reifenschräglaufwinkel bei Kurvenfahrt.

Wie beim Fahren Längs- und Querkräfte übertragen werden, z. B. bei beschleunigter Kurvenfahrt oder beim Bremsen in der Kurve, lässt sich anschaulich am Kamm'schen Kreis (Bild 503.1) verdeutlichen. Der Radius des Kreises wird durch die maximale Reibungskraft abhängig von der Reibungszahl und der Normalkraft (dynamisches Radgewicht) bestimmt. Die resultierende Kraft F_R aus Längs- und Seitenkraft muss innerhalb des Kreises bleiben, damit der Reifen genug Haftung hat; liegt sie außerhalb der Haftgrenze, so gleitet der Reifen.

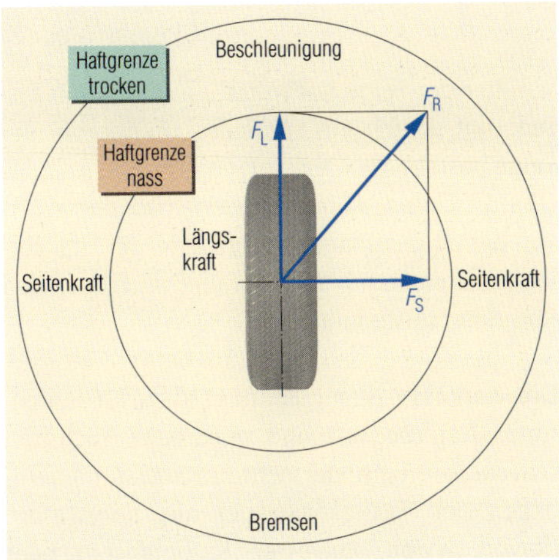

Bild 503.1 Kräfte am Kamm'schen Kreis.

Mit zunehmenden Kräften, die vom Rad auf die Fahrbahn übertragen werden müssen, beginnt der Reifen mehr und mehr zu radieren. Es kommt zu Schlupf.

Im Extremfall, bei haltlos durchdrehenden oder völlig blockierten Rädern, herrscht 100 % Schlupf (Gleitreibung). Ein Reifen überträgt selbst dann noch Kräfte auf die Fahrbahn. Die größten Kräfte hingegen kann ein Reifen in der Regel bei Schlupfwerten zwischen 10 % und 30 % übertragen (Haftreibung). Den Zusammenhang zwischen Reibungszahl und Reifenschlupf zeigt Bild 503.2.

Bei einer Vollbremsung mit blockierten Rädern gehen die Seitenführungskräfte gegen Null, was automatisch zum Verlust der Lenkbarkeit und reduzierter Fahrstabilität führt.

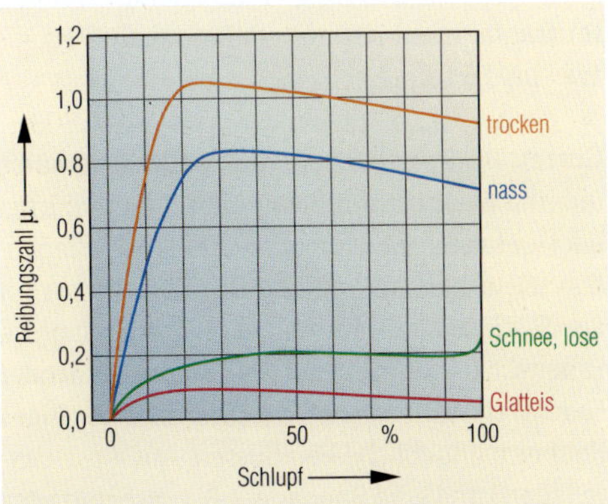

Bild 503.2 Reibungszahl und Reifenschlupf.

Weitere Abhängigkeiten der Reibungszahl verdeutlichen Bild 503.3 und Bild 503.4.

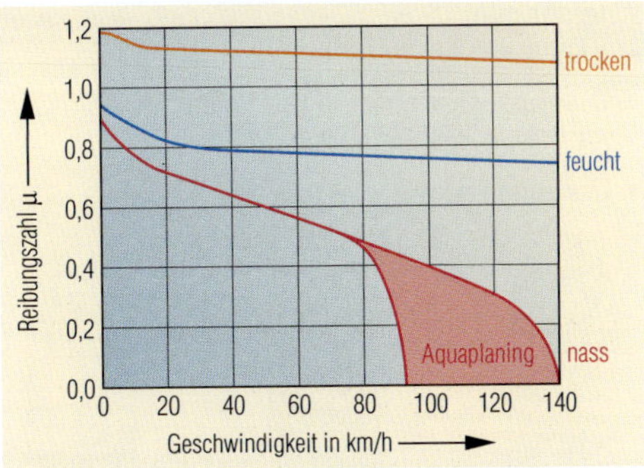

Bild 503.3 Reibungszahl und Geschwindigkeit.

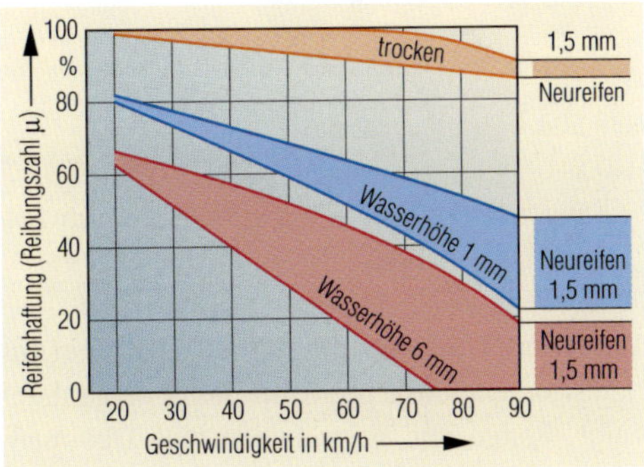

Bild 503.4 Reifenhaftung bei unterschiedlicher Wasserhöhe und Profiltiefe.

Beginnt ein Reifen auf dem Wasserfilm der Straße aufzuschwimmen, so spricht man von Aquaplaning. Vor der Reifenaufstandsfläche bildet sich ein Wasserkeil, der durch das Profil (Rillen) abgeleitet werden muss. Haftung erfährt der Reifen bei diesem Fahrzustand nur durch die Verzahnungskräfte. Erst wenn das Wasser verdrängt ist, greifen wieder die Adhäsionskräfte.

Bei Winterreifen dagegen sorgen nur die Adhäsionskräfte des Reifens unterstützt durch die speziellen Gummimischungen und die hohe Zahl von Profillammellen für ausreichende Haftung auf der Straße.

Aquaplaning: Aufschwimmen des Reifens bei Nässe.

Schlupf (Reifen): Relativbewegung zwischen Fahrzeuggeschwindigkeit und Reifen-Umfangsgeschwindigkeit.

10.4.5 Reifenaufbau und Reifenbauarten

Nach der Bauart eines Reifens (Bild 504.1) unterscheidet man
- Radialreifen,
- Diagonal-Gürtelreifen (auch Semigürtelreifen oder engl. Bias Belted) und
- Diagonalreifen.

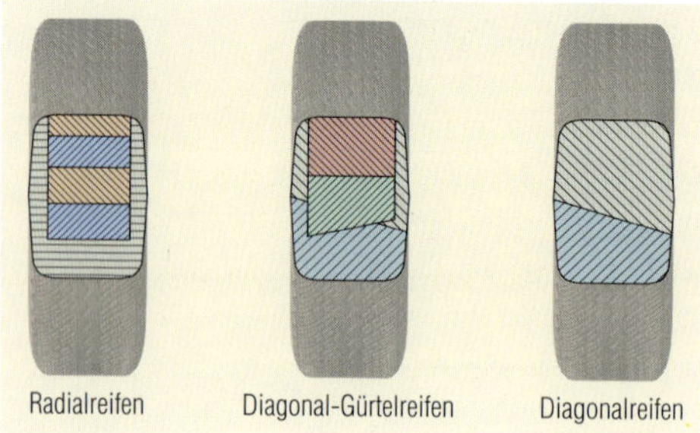

Bild 504.1 Reifenbauarten.

Die wesentlichsten Reifenbauteile sind im Folgenden beschrieben.

Wulst mit Wulstkern (Bild 504.2). Er sorgt für den sicheren (luftdichten) Sitz des Reifen auf der Felge. Reifen und Felge bilden eine Übermaßpassung zur Kraftübertragung mit Reibschluss von der Schüssel über Felge und Reifen auf die Fahrbahn. Bei Montage und Demontage von Pkw-Reifen ermöglicht die Elastizität der Draht- oder Karbonfaserringe zusammen mit der Montagepaste, dass der Wulst über den Felgenhump einer Sicherheitsfelge rutscht. Bei Lkw-Reifen kann der Wulstring auf der Steil- bzw. Schrägschulter der Felge hochrutschen und erhält festen Halt. Durch ein spezielles Humpprofil der Felge besteht aber auch hier die Möglichkeit des Überrutschens. Aufgenommen wird der Wulst von der umgeschlagenen Karkasse, der Umkehrlage. Der entstehende Hohlraum wird durch den Kernreiter ausgefüllt.

Cordfaden: ein aus mehreren Zwirnsfäden hergestellter Faden

Lagenzahl: auch ply-rating (PR); wurde durch den Last-Index (Load Index) ersetzt

Zenitlinie: gedachte umlaufende Linie auf der Laufflächenmitte.

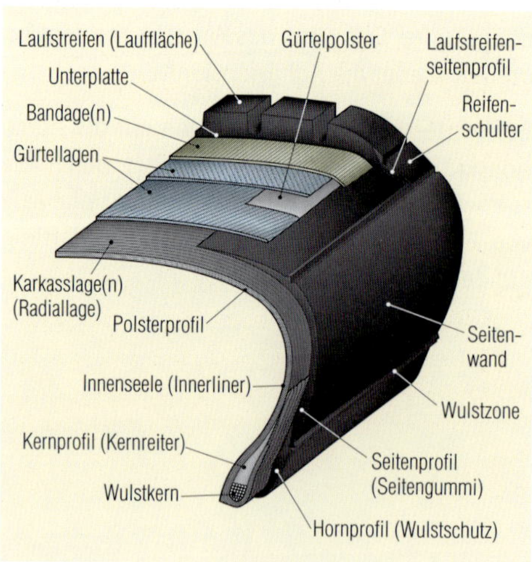

Bild 504.2 Aufbau eines Radialreifens.

Die Karkasse ist mitverantwortlich für Reifenform, Tragfähigkeit und maximale Höchstgeschwindikeit. Eine oder mehrere Karkassenlage(n) bilden den Festigkeitsträger aus Kunstfasern (Rayon, Nylon, Polyester, Karbonfasern oder Stahl). Das Cordgewebe ist in Gummi eingebettet und hat auf der Innenseite eine luftdichte Gummischicht zur Abdichtung (Innenseele).

Der Verlauf der Cordfäden von Wulst zu Wulst bestimmt die Reifenbauart (Bild 504.1):
- Diagonalreifen haben einen schrägen Verlauf der Cordfäden,
- Radialreifen besitzen eine Anordnung in radialer Richtung, also im rechten Winkel (88 ° bis 90 °) zur Laufrichtung bzw. zur Zenitlinie.

Eine Mischbauweise (Motorradreifen) entsteht durch das Auflegen von Gürtellagen auf eine Diagonalkarkasse.

Die Karkasse des Radialreifens besteht aus einer Lage; bei erhöhter Tragfähigkeit wird die Umkehrlage bis in den Schulterbereich hochgezogen und es entsteht so eine zweite Lage. Je nach verwendetem Fadenmaterial und geforderter Tragfähigkeit besteht ein Diagonalreifen aus zwei bis 16 Lagen.

Gürtel. Im Zwischenbau wird auf die Karkasse unterhalb der Lauffläche ein Gürtel (geschnitten oder gefaltet) aus diagonal zueinander liegenden „Gewebelagen" gelegt. Der Gürtel sorgt für die Festigkeit der Lauffläche. Unterschiedliche Fadenwinkel (Winkel zur Zenitlinie) und/oder Fadenwerkstoffe können die Eigenschaften eines Reifens maßgeblich beeinflussen. Auf diese Gürtellagen kann eine Bandage, z. B. zum Schutz des Unterbaus oder zum Geradehalten der Lauffläche bei hoher Geschwindigkeit, aufgebracht werden.

Der Laufstreifen trägt das Profil des Reifens. Das Profil setzt sich aus Profilblöcken und Profilrillen zusammen.

Viele Faktoren beeinflussen die Profilgestaltung (Profildesign) eines Reifens: z. B. Tragfähigkeit, Höchstgeschwindigkeit, Lärmpegel, jahreszeitlicher Einsatz (Sommer-, Winter- und Ganzjahresreifen), sowie Montierposition (z. B. angetriebene/nichtangetriebene Achse, Lenkachse/Laufachse, rechte/linke Seite), Fahrzeugart und Einsatzbedingungen. Die spezifischen Einsatzmöglichkeiten der Reifen werden auf der Seitenwand entsprechend gekennzeichnet. Mögliche Laufflächengestaltungen für Pkw-Reifen zeigt Bild 505.1.

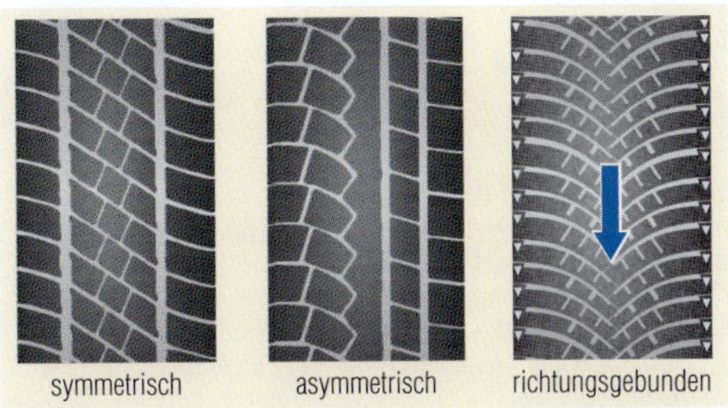

Bild 505.1 Laufflächengestaltungen für Pkw-Reifen.

Die Seitenwand (Reifenflanke) schützt die Karkasse und beeinflusst die Fahreigenschaften und den Komfort. Bei Reifen mit Notlaufeigenschaften wird sie konstruktiv verstärkt. Außerdem trägt sie die Seitenwandbeschriftung.

Je nach Verbauort und Anforderung werden in Reifen verschiedene Gummi- bzw. Kautschukmischungen eingesetzt. So kann z. B. allein die Lauffläche aus bis zu vier unterschiedlichen Mischungen bestehen.

Ventile. Über Ventile (Bild 505.2) werden die Reifen mit Luft befüllt, um den gewünschten Innendruck zu erhalten. Es gibt sie in unterschiedlichen Ausführungen für schlauchlose Reifen und für Schlauchreifen. Das Gummiventil für schlauchlose Reifen wird in die Felge eingezogen. Es dichtet durch die Gummivorspannung ab. Schraubventile werden in der Felge festgeschraubt (Leichtmetallräder bzw. Nkw-Räder). Das Ventil für Schlauchreifen ist auf den Schlauch aufvulkanisiert. Lange Ventile müssen gegen Flattern abgestützt werden. Dies geschieht durch Radkappen oder durch Haltebügel.

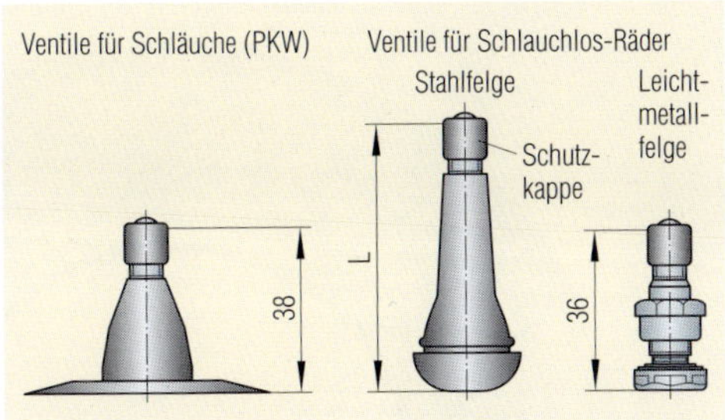

Bild 505.2 Ventile (Pkw).

Schlauch. Felgen, die nicht über Sicherheitshumps verfügen sowie Reifen mit der Aufschrift „tubetype" müssen grundsätzlich mit einem Schlauch montiert werden. Die Schläuche müssen auf die entsprechende Felgenart abgestimmt sein. Zudem wird in das Felgenbett ein Gummischutzband eingelegt. Dringt ein Fremdkörper ein, verlieren Reifen mit Schlauch schnell die eingeschlossene Luft. Daher werden sie immer mehr durch schlauchlose Reifen ersetzt.

Bereifungsstandard. Heutiger Standard ist der Radialreifen. Vorteile sind

- der geringe Rollwiderstand, deshalb geringerer Abrieb und Kraftstoffersparnis,
- die bessere Seitenführung,
- die geringere Walkarbeit und Erwärmung sowie
- ein weicheres Federungsverhalten bei höheren Geschwindigkeiten (abhängig vom Höhen-/Breiten-Verhältnis).

10.4.6 Reifenbezeichnung

Die technischen Daten von Reifen entsprechen grundsätzlich den internationalen Normen nach ETRTO. Zusätzliche Angaben, z. B. weitere Reifengrößen und -ausführungen, entsprechen DIN- bzw. WdK-Leitlinien.

Vorschriften über die Montage von Reifen und Rädern am Fahrzeug sind den entsprechenden Paragrafen der StVZO zu entnehmen. Die Reifenbezeichnung (Bild 506.1) besteht aus Reifenkennung, Betriebskennung, evtl. Zusatzkennung.

Profilblöcke: bilden das Profil-Positiv;

Profilrillen: bilden das Profil-Negativ;

Profillamellen: Einschnitte in den Profilstollen.

tubetype: Reifen mit Schlauch

tubeless: schlauchloser Reifen

Reifenfülldruck: der Überdruck der im kalten Reifen eingeschlossenen Luft.

ECE: Economic Commission for Europe (s. Bild 506.1)

ETRTO: The European Tyre and Rim Technical Organisation

DIN: Deutsches Institut für Normung

WdK: Wirtschaftsverband der deutschen Kautschukindustrie

Für Europa gültig:

1. Größenbezeichnung (185/65 R 15 87T)
   185 = Reifen-Nennbreite in mm
   65 = Verhältnis von Reifen-Querschnittshöhe zu Reifenbreite in Prozent
   R = Radial-Bauweise
   15 = Felgendurchmesser-Bezeichnung in Zoll
   87 = Tragfähigkeits-Index (Load Index) für 545 kg
   T = Geschwindigkeits-Index (Speed-Index) für maximal 190 km/h
2. Hersteller (Handelsname)
3. Profilbezeichnung
4. Radial-Bauweise (Radialer Fadenverlauf in der Karkasse)
5. Kennzeichnung für schlauchlose Reifen
6. Hinweis für die besondere Eignung für den Wintereinsatz. Winterreifen werden überwiegend mit „M&S" oder „M+S" oder ähnlichen Abkürzungen gekennzeichnet. Es sind allerdings nicht alle Reifen echte Winterreifen. Um eine Differenzierung zu ermöglichen, tragen moderne Winterreifen das aus den USA stammende sogenannte „Schneeflocken"-Symbol mit drei Bergspitzen. Diese zusätzliche Reifenkennzeichnung ist besonders relevant für die seit November 2010 geltende Gesetzgebung (StVO § 2 Abs. 3a: „Bei Glatteis, Schneeglätte, Schneematsch, Eis- oder Reifglätte darf ein Kraftfahrzeug nur mit Reifen gefahren werden, welche die in Anhang II Nummer 2.2 der Richtlinie 92/93 EWG … beschriebenen Eigenschaften erfüllen …")
7. Herstelldatum, hier 10. Produktionswoche 2009; früher 129 ◄ = Herstellungsdatum 12. Produktionswoche, 9 ◄ Produktionsjahr = 1999 (ohne ◄ = 1989)
8. E = Genehmigungszeichen. Reifen erfüllt die europäischen Richtlinien von ECE-R30. Zulassungsnummer gemäß ECE-R30. 2 = Land, in dem die Prüfung durchgeführt wurde (2 = Frankreich). Wichtig: Seit dem Produktionsdatum 1.10.98 (40. Woche 98, entspricht DOT Nummer 4098) ist diese Kennzeichnung der Reifenflanke in Europa Pflicht. An einem Fahrzeug dürfen demzufolge keine Reifen montiert sein, die, sofern nach dem 1.10.98 produziert, dieses Prüfzeichen nicht aufweisen. Im Rahmen der Hauptuntersuchung („TÜV") würde das als „schwerer Mangel" am Fahrzeug eingestuft. Das Prüfzeichen „e" ist der Beleg für die Einhaltung der von der Europäischen Union erlassenen Richtlinien. Ab Oktober 2009 müssen Reifen neue Geräuschgrenzwerte einhalten, deshalb werden diejenigen Reifen, die diesen Anforderungen entsprechen – das ist die Richtlinie ECE-R117 – mit einem „S" gekennzeichnet (Sound), das auf der Reifenflanke im Anschluss an die Genehmigungsnummer zu sehen sein muss. Dies gilt für Sommer-, Winter-, und Ganzjahresreifen.
9. Herstellungsland (in Deutschland hergestellt)
10. Interner Profilcode des Herstellers

Für Nord-Amerika zusätzlich erforderlich:

11. DOT-Zeichen. Der Reifen erfüllt die Richtlinien der amerikanischen Verkehrsbehörden (Department of Transportation)
12. DOT-Code. Identifizierungs-Nummer für Herstellwerk, Reifengröße und Reifenausführung
13. Angaben der für Nordamerika gültigen maximal zulässigen Last und des dort zulässigen maximalen Luftdruckes
14. Anzahl und Material der Lagen in der Laufflächenmitte (Gürtel- und Schutzlagen) und in der Seitenwand (Karkasse)
15. Hinweis für die Position der 6 Verschleissanzeiger.(Tread Wear Indicator) Höhe 1,6 mm
16. Relative Lebenserwartung (Abriebfestigkeit) bezogen auf einen US-spezifischen Standardtest. 180 = 180 %
17. Bewertung des Nassbremsvermögens (A, B oder C) nach US-spezifischem Test
18. Bewertung der Temperaturfestigkeit bei höheren Geschwindigkeiten (A, B oder C) nach US-spezifischem Test
19. Safety Warning. Sicherheits-Hinweis für Gebrauch und Montage des Reifens

Bild 506.1 Seitenwandkennzeichnung eines Pkw-Reifens.

Beispielhaft an einem Nutzfahrzeugreifen:

295/80 R 22,5	149/145 L	(146/143 M)
Reifenkennung	Betriebskennung	Zusatzkennung

Reifenkennung (Reifengröße):

- Reifennennbreite in mm oder Zoll (endet bei Motorradreifen mit einer 0),
- Querschnittsverhältnis (Höhen-/Breiten-Verhältnis) in %,
- Code für die Reifenbauart (R = radialer Aufbau, „—" oder D für diagonalen Aufbau),
- Felgendurchmesser oder Reifeninnendurchmesser in Zoll oder mm.

LI: Load Indices (engl.) = Last Indizes (Indizes = Plural von Index)

LI	max. Reifentragfähigkeit in kg	LI	max. Reifentragfähigkeit in kg	LI	max. Reifentragfähigkeit in kg
80	450	90	600	100	800
81	462	91	615	101	825
82	475	92	630	102	850
83	487	93	650	103	875
84	500	94	670	104	900
85	515	95	690	105	925
86	530	96	710	106	950
87	545	97	730	107	975
88	560	98	750	108	1000
89	580	99	775	109	1030

Tabelle 507.1 Last-Indizes (Auszug).

Betriebskennung (Nennkennung):

- Last-Index oder Tragfähigkeitskennzahl (Einzel- oder Zwillingsbereifung),
- Geschwindigkeits-Index oder Geschwindigkeitskennbuchstabe.

Zusatzkennung:

- verminderter Last-Index bei erhöhtem Geschwindigkeits-Index.

Jedem Last-Index ist eine Reifentragfähigkeit in kg zugeordnet (Tabelle 507.1).

Bei Nkw-Reifen wird die Tragfähigkeit für Einzel- und für Zwillingsbereifung angegeben. Jedem Geschwindigkeitsindex ist eine zulässige Höchstgeschwindigkeit in km/h zugeordnet.

Konstruktionsmaße (Außendurchmesser, Querschnittsmaße usw.) und Reifenbetriebsmaße (max. Reifenbreite, statischer und dynamischer Reifenhalbmesser, Abrollumfang usw.) können den technischen Handbüchern der Reifenhersteller bzw. der ETRTO entnommen werden.

Reifen mit einem Höhen-/Breiten-Verhältnis ≤ 45 % und einem Geschwindigkeitsindex ≥ V (240 km/h) werden als Ultra-High-Performance-Reifen (UHP) bezeichnet.

Auf jedem Reifen, der für den US-amerikanischen Markt zugelassen ist, muss ein Sicherheitshinweis (Safety Warning) stehen, dieser Hinweis gilt aber grundsätzlich (Bild 507.1).

Reifenbindung. Seit 2000 ist die Bindung an bestimmte Reifenfabrikate, die in den Fahrzeugpapieren standen, bei Pkw aufgehoben. Gleichwohl lassen einige Pkw-Hersteller ihre Erstausrüstungsreifen als fahrzeugspezifisches Produkt auf der Reifenseitenwand kennzeichnen (Tabelle 508.1).

SAFETY WARNING	Sicherheits-Hinweis für Gebrauch und Montage eines Reifens
SERIOUS INJURY MAY RESULT FROM:	Schwere Verletzungen können das Ergebnis sein von:
• TIRE FAILURE DUE TO UNDERINFLATION / OVERLOADING – FOLLOW OWNER´S MANUAL OR TIRE PLACARD IN VEHICLE • EXPLOSION OF TIRE / RIM ASSEMBLY DUE TO IMPROPER MOUNTING – NEVER EXCEED XX PSI (XX KPa) TO SEAT BEADS – INFLATE TO RECOMMENDED PRESSURE – MOUNT ONLY ON XX INCH DIAMETER RIMS – ONLY SPECIALLY TRAINED PERSONS SHOULD MOUNT TIRES	• Reifenschäden, hervorgerufen durch zu geringen Reifendruck oder Überladung (Überlastung). Befolgen Sie die Hinweise bzgl. Reifendruck bei den verschiedenen Beladungszuständen in der Bedienungsanleitung oder auf dem Fahrzeugaufkleber. • Eine Explosion einer Rad-Reifen-Kombination kann durch eine unsachgemäße Montage entstehen. Der Springdruck sollte den angegebenen Wert nicht übersteigen. Reifen- und Felgendurchmesser müssen übereinstimmen. Nur Fachleute sollten Reifen montieren.

Bild 507.1 Sicherheitshinweis auf einem Reifen.

Abkürzung	Bedeutung/Zuordnung
AO	**A**udi **O**riginal
R01	Audi R8 (R01)
B	**B**entley
J	**J**aguar
MO	**M**ercedes **O**riginal
N...	Porsche
Tabelle 508.1	Herstellerspezifische Angaben auf Reifen.

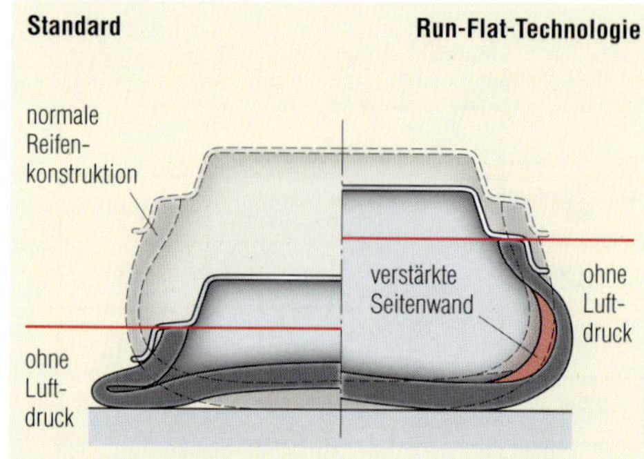

Bild 508.1 Vergleich Standardreifen und Reifen mit Notlaufeigenschaften.

Notlaufsysteme. Reifenkonstruktionen werden ständig weiterentwickelt. Grundsätzliche Veränderungen des bestehenden Rad-Reifen-Systems haben sich bisher aber nicht durchsetzen können. Der Zwang, z. B. leichtere Fahrzeuge mit geringerem hinteren Überhang zu bauen, führt zur Einsparung des Ersatzrades. Deshalb benötigt ein luftleeres Rad Notlaufeigenschaften, z. B. durch die Verwendung von Pannensprays, durch den Einbau von Stützringen verschiedener Bauarten und/oder durch die Verstärkung der Seitenwand mit geändertem Wulstaufbau in Kombination mit einem veränderten Felgenaufbau. Einen Vergleich zwischen Standardreifen und Reifen mit Notlaufeigenschaften (selbsttragende Reifen mit Notlaufeigenschaften) zeigt Bild 508.1. Gebräuchlich ist die Bezeichnung Run-Flat-Reifen, jedoch verwenden sowohl Reifen- als auch Fahrzeughersteller eigene Bezeichnungen (Tabelle 508.2). Reifen dieser Bauart dürfen nur mit Reifendruckkontrollsystem (RDKS) betrieben werden, damit während der Fahrt ein druckloser Reifen akustisch und visuell als Reifendruckverlustwarnung gemeldet werden kann.

Abkürzung	Erklärung	wird so bezeichnet von
RFT	Run-Flat-Tyre (engl.) = Notlaufreifen	Bridgestone
SSR	Self-Supporting-Run-Flat-Tyre (engl.) = selbstabstützender Notlaufreifen	Continental
EMT	Extended-Mobility-Technology (engl.) erweiterte (ausgedehnte) Mobilitätstechnologie	Goodyear
RunOnFlat (ROF)	(engl.) Weiterfahren mit luftleeren Reifen	Goodyear/Dunlop
ZP oder SST	Zero-Pressure (engl.) kein Druck = „luftleerer" Reifen Self-Supporting-Tyre	Michelin
HRS	Hankook-Run-Flat-System	Hankook
Run-Flat oder eurofori @		Pirelli
RSC	Run-Flat-System-Component	Audi, BMW, VW
MOE oder MOExtended	Mercedes Original Extended	Mercedes-Benz
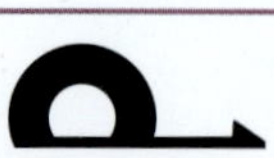 F hinter der Bauartbezeichnung des Reifens	„Schneckensymbol" nach ISO	z. B. 235/45 RF 17 XL 97W ContiSportContact SSR
Tabelle 508.2	Bezeichnungen für Reifen mit Notlaufeigenschaften.	

Im Pannenfall muss der Fahrer bei allen Reifen mit Notlaufeigenschaften die reduzierte Höchstgeschwindigkeit und die maximale Laufleistung unbedingt beachten.

Fahrzeuge, die serienmäßig mit Reifen mit Notlaufeigenschaften ausgerüstet sind, können auch mit Standardreifen bereift werden. Es muss dabei aber u. U. eine fahrdynamische Verschlechterung einkalkuliert werden, da die Fahrzeugfederung wegen der härteren Reifenflanke der Run-Flat-Reifen weicher ausgelegt ist.

Reifendruckkontrollsysteme. Durch die hohe Zuverlässigkeit moderner Rad-Reifen-Systeme wird die regelmäßige Luftdruckkontrolle oft unterlassen. Sicherheit, Lebensdauer und Wirtschaftlichkeit von Reifen sind nur dann gesichert, wenn sie mit dem vorgeschriebenen Luftdruck gefahren werden. Zur permanenten Ermittlung des Reifendrucks gibt es grundsätzlich verschiedene Verfahren (Bild 509.1):

- direkt messende Systeme ermitteln die Druck- und Temperaturwerte der Luft in den Reifen und stellen die Ergebnisse einer Auswertelektronik im Fahrzeug zur Verfügung;
- indirekt messende Systeme nutzen vorhandene Informationen aus ABS- und/oder Fahrdynamik-Systemen, um die Änderung des Reifendrucks zu berechnen.

Beide Systeme sind sehr unterschiedlich in der Handhabung. Während das direkte System vom Fahrer nicht beachtet werden muss, ist das indirekt messende Reifendruck-Kontrollsystem nach jeder Montage eines Reifens und nach jedem Befüllvorgang jeweils individuell zu kalibrieren.

Füllgas/Stickstoff. Normale Luft entweicht allmählich durch die Innenschicht des Reifens und am Übergang von der Felge zum Reifen nach außen, es ist also normal, dass Reifen Luft verlieren. Der Druckverlust durch Diffusion kann bei intakten Reifen innerhalb eines Jahres bis zu 30% betragen. Eine Alternative zu herkömmlichen Luftbefüllungen ist Stickstoff, ein ungiftiges, nicht brennbares Gas. Damit erzielt man eine sauerstoffarme und reaktionsträge Füllung. Infolgedessen werden Oxidationserscheinungen an der Felge und im Reifeninneren vermindert und der Druckverlust durch Diffusion wird reduziert. Außerdem wirkt der Stickstoff brandhemmend. Der Reifendruck bleibt länger stabil, häufigere Kontrollen entfallen. Weitere Vorteile sind geringerer Reifenverschleiß und höhere Kilometerleistung, hohe Kurvensicherheit und optimale Bremswege.

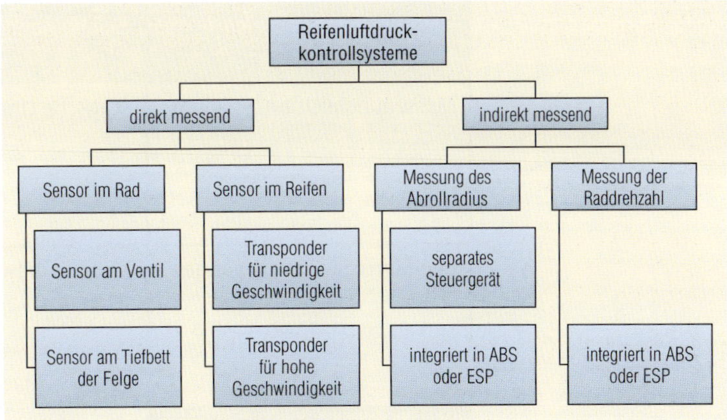

Bild 509.1 Messvarianten von Reifendruckkontrollsystemen.

Reifenfehler. Es ist fertigungstechnisch kaum möglich, einen geometrisch exakt kreisrunden Reifen zu fertigen, dessen Schwerpunkt genau in der Mitte liegt. Deshalb treten beim Reifen im Wesentlichen die in Tabelle 510.1 genannten Ungleichförmigkeiten auf.

Weitere Ungleichförmigkeiten entstehen durch Kraftschwankungen und statische Seitenkräfte (Bild 509.2). Die Beseitigung der Unwuchten erfolgt an einer stationären Auswuchtmaschine und eventuell zusätzlich am Fahrzeug. Größe und Lage der zu befestigenden Auswuchtgewichte werden angezeigt. Die Wuchtgewichte werden entweder durch Anklemmen und/oder Ankleben befestigt. Position und Größe der Auswuchtgewichte werden sowohl durch die Unwucht als auch durch die Art der Wuchtung bestimmt.

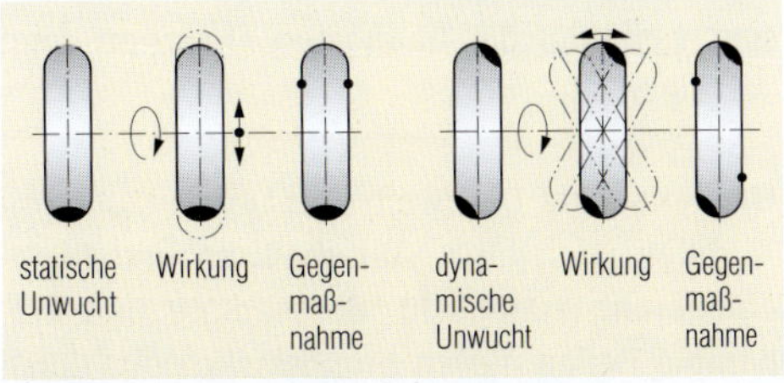

Bild 509.2 Statische und dynamische Unwucht, ihre Auswirkung und ihre Beseitigung.

Diffusion (lat.) = Ausbreitung, Durchdringung (Wanderung von gasförmigen Molekülen durch das feste Gummi)

Art der Reifenungleichförmigkeit	Erscheinungsform	Werkstattkorrekturmöglichkeiten
Massenungleichförmigkeiten	statische Unwucht	statisches Auswuchten in einer Ebene
	dynamische Unwucht	dynamisches Auswuchten in zwei Ebenen
geometrische Abweichungen	Rundlaufabweichungen (Höhenschlag)	Matchen
	Planlaufabweichungen (Seitenschlag)	keine

Tabelle 510.1 Reifenungleichförmigkeiten.

matchen von to match (engl.) = zusammenpassen, anpassen

Die Beseitigung eines Höhenschlages erfolgt durch Matchen. Dabei wird der Reifen so auf der Felge gedreht, dass die höchste Stelle des Reifens (HP-R) und die tiefste Stelle der Felge (TB-F) zusammenkommen (Bild 510.1). Moderne Auswuchtmaschinen können weitere Optimierungsmöglichkeiten der Rad-Reifen-Kombination zur Herstellung bester Laufruhe vorschlagen.

Mischbereifung: Radial- und Diagonalreifen (Ausnahme: Notrad), Sommer- und Winterreifen, sowie Reifen mit stark unterschiedlichem Profil

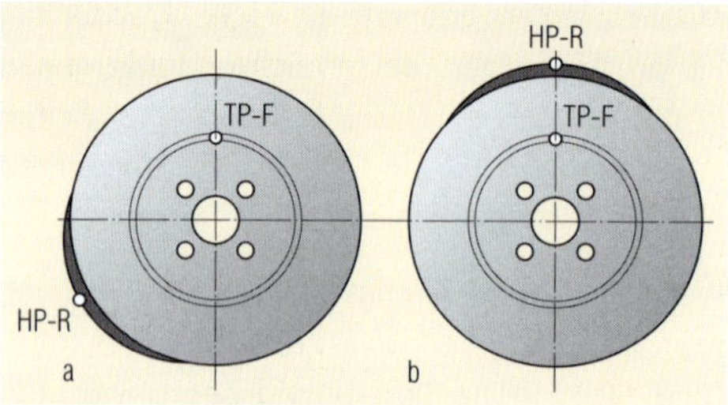

Bild 510.1 Prinzip des Matchens.

Reifenverschleiß. Normaler Reifenverschleiß ist aufgrund der Reibung (Schlupf) zwischen Reifen und Fahrbahn unvermeidlich. Anomaler Reifenverschleiß tritt dann auf, wenn Fehler an Rad und/oder Reifen bzw. am Fahrwerk vorliegen.

Reifenschäden. Die Ursachen für Reifenschäden sind vielfältig, die häufigsten Ursachen zeigt Tabelle 511.1.

Umweltschutz. Die Zweit- oder Drittnutzung von Altreifen wird durch Aufarbeitung und Runderneuerung ermöglicht. Beschädigte und irreparable Reifen dürfen grundsätzlich nur durch zertifizierte Betriebe entsorgt werden. Nur entsprechend gekennzeichnete Reifen dürfen nachgeschnitten werden.

regroovable (engl.): nachschneidbar

Montage. Bei der Montage von Reifen bzw. Rädern sind folgende gesetzliche Vorschriften der StVZO einzuhalten:

- Am Fahrzeug dürfen nur die vom Hersteller freigegebenen Reifen bzw. Räder montiert werden. Eine Missachtung führt automatisch zum Erlöschen der Allgemeinen Betriebserlaubnis (ABE).
- An einem Fahrzeug dürfen nur Reifen gleicher Bauart montiert werden. Der Betrieb eines Fahrzeugs mit Mischbereifung ist verboten. Empfehlenswert ist die Verwendung des gleichen Profils auf einer Achse.
- Die Profiltiefe eines Reifens darf im Hauptprofil 1,6 mm nicht unterschreiten (StVZO § 36). Maßgeblich sind die im Profil eingebauten Indikatoren. Dies ist eine Mindestanforderung; schon weit vor dem Erreichen dieser Profiltiefe stößt der Reifen fahrdynamisch an seine Grenzen.
- Nur bei der Montage von Winterreifen darf der vorgeschriebene Geschwindigkeitsindex der Bereifung unterschritten werden. Dann muss ein Aufkleber mit der max. zulässigen Geschwindigkeit im Sichtfeld des Fahrers befestigt werden. Weitere Ausnahmen bzgl. Last- und Geschwindigkeitsindizes sind den entsprechenden Vorschriften zu entnehmen.
- Es sollten wegen der besseren Seitenführung immer die Reifen mit dem besseren Profil an der Hinterachse montiert werden.
- Bei asymmetrischer Lauffläche und/oder Laufrichtungsbindung ist die Anbauposition genau zu beachten (z. B. „side facing inwards" heißt, diese Reifenseite muss bei der Montage am Fahrzeug nach innen zeigen).

Ursache	Folgen	Abhilfe
Fahren mit zu geringem Luftdruck/ Überladen des Reifens	• erhöhter Rollwiderstand • Überhitzung des Reifens • Ablösung der Lauffläche mit oder ohne Gürtel • Zerstörung des Reifens	• regelmäßige Kontrolle des Luftdruckes im Reifen • Montage eines Reifenluftdruck-Kontrollsystems
Äußere Beschädigungen durch: • Überfahren von Bordsteinen und anderen Hindernissen • Nägel, Gegenstände, etc. • Hochdruckreiniger • Kontakt mit Kraftstoff und Öl	• Zerstörte Karkassenfäden (Beulenbildung an der Seitenwand) • Durchschlagschäden in Gürtel und Unterbau • schleichender Luftverlust • Eindringen von Feuchtigkeit (Korrosion im Reifen) • Zerstörung des Reifens	• kein Überfahren von Bordsteinen im spitzen Winkel • bei schleichendem Luftverlust die Ursache feststellen und beseitigen (Reifenreparatur) • Einhalten eines Mindestabstandes bei Reinigung unter Hochdruck • Prüfen der Verwendungsfähigkeit
Beschädigungen bei der Montage durch: • falsche und ungeeignete Montagemaschinen und Werkzeuge • unsachgemäße Montage durch falsche Werkzeug- und Maschinenhandhabung • unzureichende Montagekenntnisse • falsche Zuordnung von Reifen und Rädern • kalte bzw. nicht richtig vorgeheizte UHP- und Run-Flat-Reifen	• Wulstbruch • Gummischäden im Wulstbereich • Dehnungen im Karkassenbereich, Schäden an der luftdichten Innenschicht • Stauchung der Gürtelkante • Räder- bzw. Felgenbeschädigung	• Schulung von Mitarbeitern • sachgerechtes Spannen der Räder • richtiges Zuordnen von Rädern und Reifen • Verwendung der richtigen Montagepaste • Einhalten des maximalen Springdruckes • Beachtung der entsprechenden Montage/Demontageanleitung für UHP- und Run-Flat-Reifen • Verwendung von Geräten, die dem „wdk-Leitfaden zur Prüfung von Reifentechnik" entsprechen • Beachtung der wdk-Empfehlung zur Erwärmung kalter Reifen (Mindestmontagetemperatur 15 °C)
Überalterung: • Reifenalter • Ozoneinwirkung • Stehschäden	• Reifenzerstörung durch Platzen und Ablösungen	• Sofern nicht durch den Gesetzgeber das Reifenalter auf 6 Jahre beschränkt ist, sollte ein Reifen nicht länger als 10 Jahre verwendet werden. • Reifen an sog. Standfahrzeugen altern schneller, deshalb sollte die Funktionsfähigkeit vor jedem Einsatz geprüft werden.

Tabelle 511.1 Ursachen und Folgen von Reifenschäden.

- Reifen sollten nur auf einwandfreien, maßhaltigen, rostfreien und unbeschädigten Felgen aufgezogen werden.
- Beim Aufziehen neuer Reifen sollten, sofern nicht Schraubventile verbaut sind, neue Gummiventile und Schläuche verwendet werden.
- Die Montage muss sorgfältig und professionell durchgeführt werden. Die Elektronik der Reifendruckkontrollsysteme darf bei der Montage nicht beschädigt werden.
- Gebrauchte Schläuche sollten nicht wieder verwendet werden.
- Eine „Reifenreparatur" durch Einlegen eines Schlauches darf nicht stattfinden.

10.5 Lenkung

Die Lenkung soll den Drehwinkel des Lenkrads, den der Fahrer ausführt, in einen Lenkwinkel der Räder umsetzen. Da die Betätigungskraft am Lenkrad 250 N nicht überschreiten darf, ist eine Übersetzung zwischen Lenkrad und Rädern erforderlich. Trotz dieser Lenkübersetzung muss das Lenken direkt und sicher sein. Allerdings geben die Fahrwerksbauteile geringfügig elastisch nach und bewirken so, dass die Lenkung leicht verzögert anspricht (Lenkwinkelsprung, Bild 512.1).

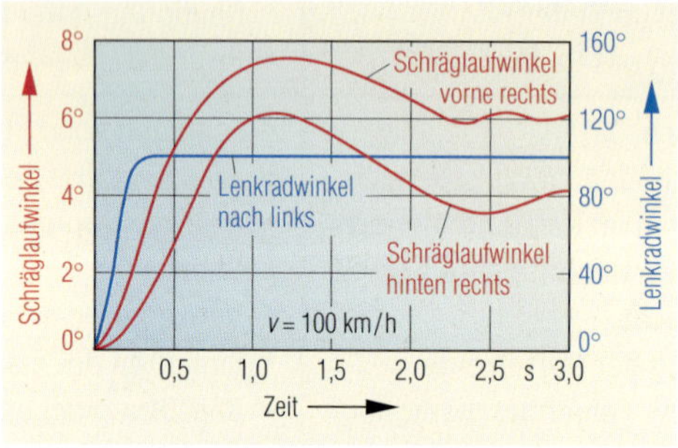

Bild 512.1 Ansprechen der Lenkung (untersteuerndes Fahrverhalten).

Anforderungen an die Lenkung:

- dem Fahrer über das Lenkmoment und den Lenkraddrehwinkel möglichst viele Informationen über die Fahrbahn und den Fahrzustand vermitteln,
- Radbewegungen, die durch Ein- und Ausfedern entstehen, dürfen den Lenkwinkel nicht beeinflussen,
- das Lenkrad nach einem Richtungswechsel selbsttätig in die Geradeausstellung zurückdrehen,
- Stöße (z. B. durch Unebenheiten der Fahrbahn) nur in geringem Maß an das Lenkrad weitergeben (Stoßdämpfung),
- den Reifenverschleiß bei Kurvenfahrt so gering wie möglich halten,
- möglichst kleiner Wendekreis des Fahrzeugs,
- Lenkungsteile dürfen bei einem Unfall nicht in den Fahrgastraum eindringen und den Fahrer verletzen,
- bei Aufprall mit dem Kopf darf das Lenkrad den Fahrer nicht verletzen.

Wendekreis: Kreisbogen, den die vordersten Fahrzeugteile bei maximalem Lenkeinschlag beschreiben.

10.5.1 Lenkgeometrie

Lenkungsarten

Damit kein Rad beim Durchfahren einer Kurve radiert, müssen alle Räder Kreisbögen um einen gemeinsamen Mittelpunkt beschreiben. Bei geringer Geschwindigkeit rollen die Räder bei Kurvenfahrt schräglaufwinkelfrei und damit seitenkraftfrei ab, wenn die Verlängerungen aller Raddrehachsen sich in einem Punkt, dem Kurvenmittelpunkt, schneiden (Ackermann-Bedingung; vgl. Bild 469.3).

Im Gegensatz zu dieser statischen Lenkauslegung geht die dynamische Lenkauslegung von einer höheren Fahrgeschwindigkeit aus. Dabei treten bei der Kurvenfahrt Schräglaufwinkel auf, aus denen die zur Abstützung der Fliehkraft erforderlichen Reifenseitenkräfte resultieren. Der Kurvenmittelpunkt ist jetzt die Verlängerung der Senkrechten auf allen Rädern. Der Kurvenmittelpunkt liegt nicht mehr auf der Verlängerung der Hinterachse, sondern wandert weiter nach vorne (Bild 512.2). Bei dynamischer Lenkauslegung weicht man von der Ackermann-Bedingung ab, indem die Räder eher parallel eingeschlagen werden als mit größerem Nachlauf. Nur so kann der gewünschte höhere Schräglaufwinkel der kurvenäußeren Räder mit höherer Seitenkraft aufgebaut werden. Bei größeren Lenkeinschlägen über 20 ° (Rangierbetrieb) nähert man sich wieder der Ackermann-Bedingung.

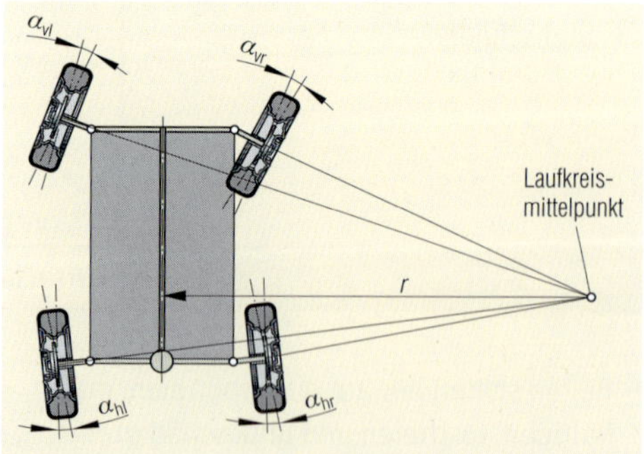

Bild 512.2 Zusammenhang zwischen Radlenk-, Schräglaufwinkeln und Lage des Kurvenmittelpunktes.

Es gibt drei Arten von Lenkungen, die das ermöglichen (Bild 513.1).

Drehschemellenkung. Die Lenkwinkel entstehen durch Schwenken der gesamten Vorderachse (Bild 513.1a). Mit zunehmendem Lenkwinkel verringert sich die stützende Spurweite, d. h. die Radaufstandsfläche verringert sich und die Kippstabilität nimmt ab. Die Drehschemellenkung wird überwiegend bei mehrachsigen Anhängern verwendet.

Achsschenkellenkung. Die Vorderräder drehen jeweils um eine eigene Lenkachse (Bild 513.1b und Bild 513.2). Kurvenäußeres und kurveninneres Rad müssen unterschiedlich stark eingeschlagen werden, um ein Radieren zu verhindern (Spurdifferenzwinkel). Die Synchronisierung der Lenkbewegung erfolgt über ein verbindendes Gestänge (Lenkgestänge). Der bauliche Aufwand ist hier größer.

Knicklenkung. Die beiden Achsen werden gegeneinander in einen bestimmten Winkel gebracht (Bild 513.1c). Diese Bauart wird vor allem bei Arbeitsmaschinen verwendet.

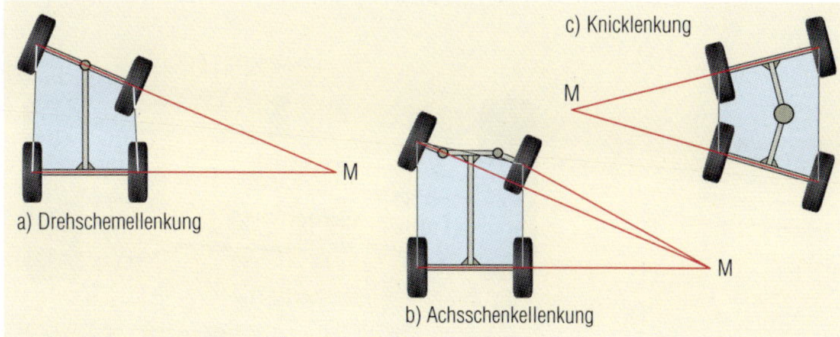

Bild 513.1 Lenkungsarten.

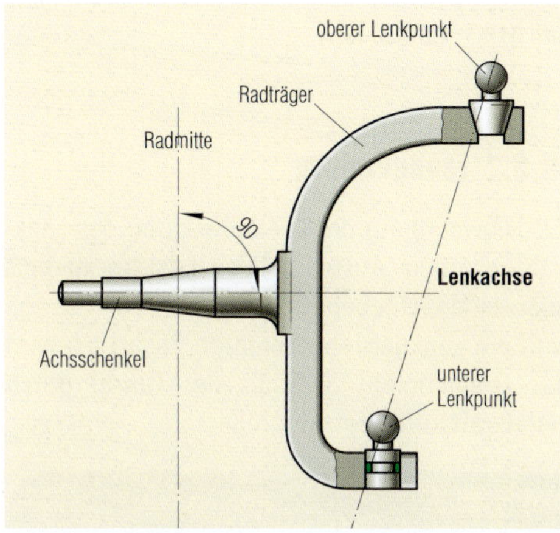

Bild 513.2 Lenkachse.

Lenkgestänge

Um bei der Achsschenkellenkung die beiden Achsschenkel mit dem jeweils richtigen Winkel einlenken zu lassen, ist ein Lenkgestänge notwendig. Dieses kann als Lenktrapez, Lenkviereck oder Lenkdreieck ausgeführt sein.

An **Starrachsen** können nur Lenkgetriebe mit Drehbewegung in Verbindung mit einem Lenktrapez eingesetzt werden. In seiner einfachsten Ausführung besteht das Lenktrapez aus zwei Spurstangenhebeln und einer Spurstange (Bild 513.3).

Lenkgetriebe → S. 514

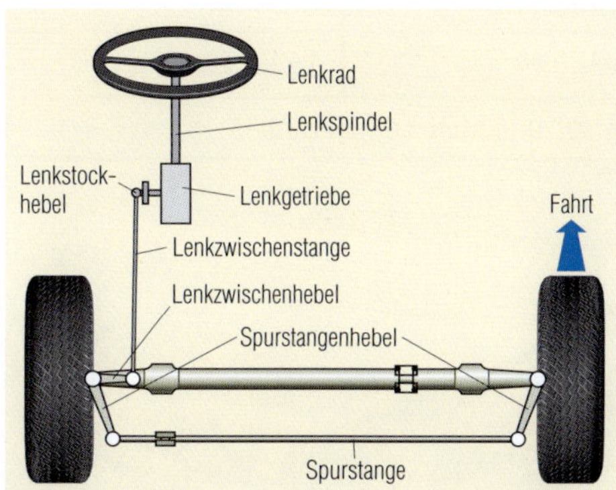

Bild 513.3 Lenktrapez.

Einzelradaufhängungen erfordern ein Lenkviereck (bei Lenkgetrieben mit Drehbewegung, Bild 513.4) oder ein Lenkdreieck (bei Lenkgetrieben mit Schiebebewegung, d. h. Zahnstangenlenkungen, Bild 514.1). Die Spurstange muss geteilt sein, damit die Lenkbewegung nicht von der Kinematik beim Ein- und Ausfedern beeinflusst werden kann (Bild 514.2).

Das Übersetzungsverhältnis im Lenkgestänge, d. h. das Verhältnis zwischen Radlenkwinkel und Lenkgetriebe-Ausgangswinkel, beträgt beim Pkw in der Regel 1,0 bis 1,3. Um Schwingungen der Räder zu dämpfen, unterstützt häufig ein hydraulischer Lenkungsdämpfer das Lenkgestänge.

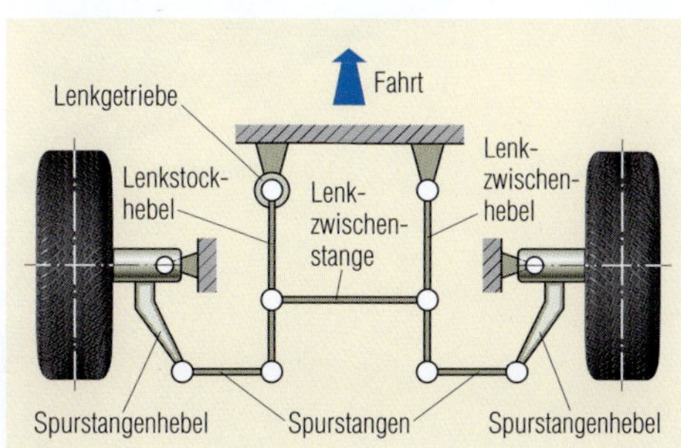

Bild 513.4 Lenkviereck.

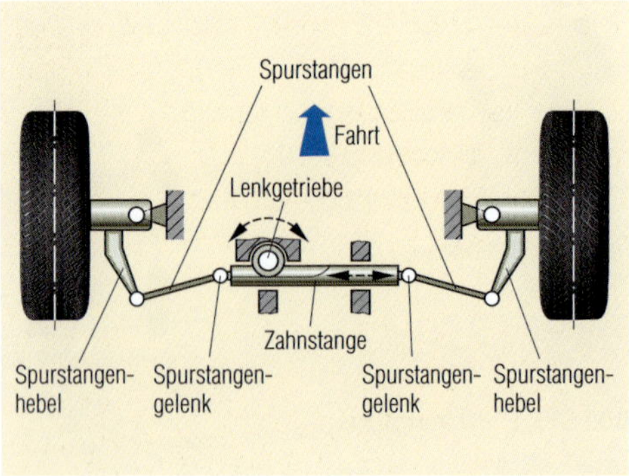

Bild 514.1 Lenkdreieck.

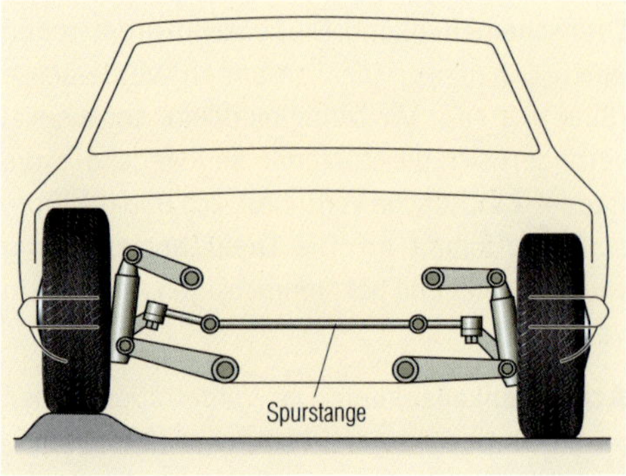

Bild 514.2 Geteilte Spurstange.

10.5.2 Lenkgetriebe

Zur Umwandlung der Drehbewegung des Lenkrads in einen Ausschlag des Lenkstockhebels oder eine Schiebebewegung der Zahnstange wird ein Lenkgetriebe benötigt. Zusätzlich wird das Drehmoment, welches der Fahrer durch Handkraft aufbringt, vergrößert.

	Lenkung ohne Hilfskraftlenkung	Lenkung mit Hilfskraftlenkung
Pkw	19 bis 25	15 bis 21
Lkw	22 bis 33	16 bis 22

Tabelle 514.1 Übersetzungen im Lenkgetriebe.

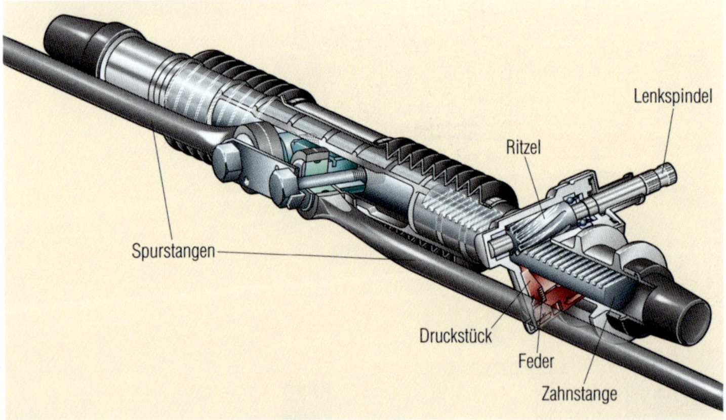

Bild 514.3 Zahnstangenlenkung.

In Kraftfahrzeugen finden sich im Wesentlichen zwei Arten von Lenkgetrieben:
- Lenkgetriebe mit Schiebebewegung (Zahnstangenlenkung),
- Lenkgetriebe mit Drehbewegung (Kugelumlauf- oder Schneckenrollenlenkung).

Zahnstangenlenkung. Wegen seiner Vorzüge ist die Zahnstangenlenkung am weitesten verbreitet:
- einfacher und preisgünstiger Aufbau,
- leichtgängig und mit gutem Wirkungsgrad,
- benötigt wenig Platz; Lenkgestängeteile können entfallen,
- leichte Rückstellung.

Allerdings führt die leichte Rückstellung auch zu einer größeren Stoßempfindlichkeit.

Aufbau (Bild 514.3). Auf der Lenkspindel sitzt ein schrägverzahntes Ritzel, das das Lenkmoment auf eine Zahnstange überträgt. Die Zahnstange wird über ein Druckstück federnd an das Ritzel gedrückt, sodass freies Spiel gewährleistet ist. Die Zahnstange bildet einen Teil der geteilten Spurstange. Sie wird vom Ritzel bei Drehung an der Lenkspindel axial verschoben.

Durch die Geometrie bedingt nimmt in Lenkdreiecken bei größerem Lenkeinschlag die Übersetzung ab. Dies führt gerade beim Rangieren zu großen Lenkkräften. Deshalb baut man Zahnstangenlenkungen mit veränderlicher Übersetzung. Diese erreicht man durch variable Zahnteilung der Zahnstange (Bild 515.1).

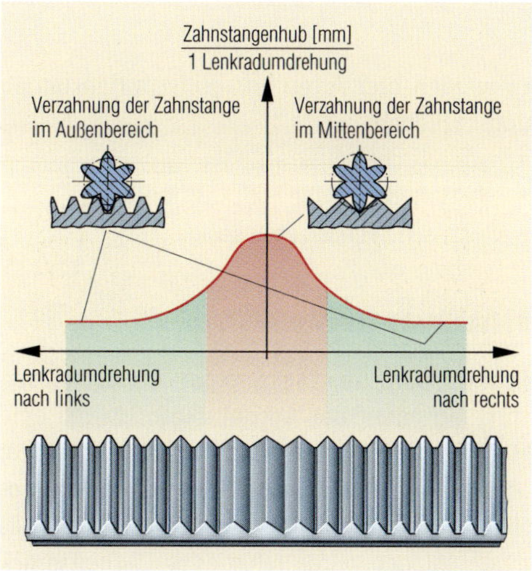

Bild 515.1 Zahnstangenlenkung mit veränderlicher Übersetzung.

Kugelumlauflenkungen können bei Starrachsen verwendet werden. Sie haben eine geringe innere Reibung, können große Kräfte übertragen und ermöglichen große Radlenkwinkel. Wegen ihrer aufwändigen Konstruktion sind sie allerdings teuer.

Im Rundgewinde der Lenkschraube laufen Kugeln, die beim Drehen der Lenkspindel die Lenkmutter verschieben und somit das Zahnsegment und die Lenkwelle verdrehen (Bild 515.2).

Schneckenrollenlenkungen sind bei kleineren Abmessungen ähnlich leichtgängig wie Kugelumlauflenkungen und ermöglichen einen großen Radlenkwinkel. Die Schnecke verdreht über eine Lenkrolle die Lenkrollenwelle, an der der Lenkstockhebel befestigt ist (Bild 515.3).

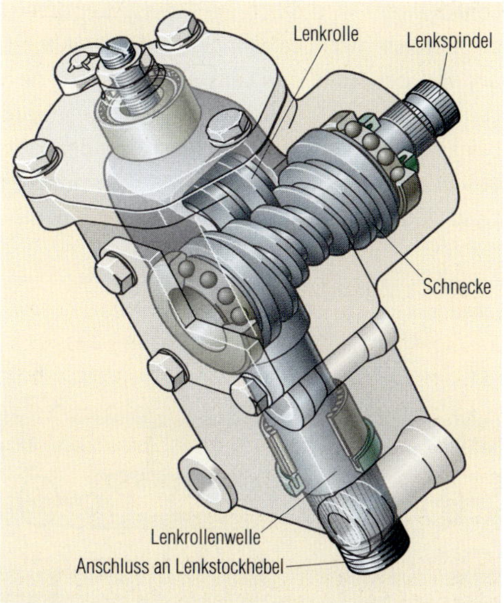

Bild 515.3 Schneckenrollenlenkung.

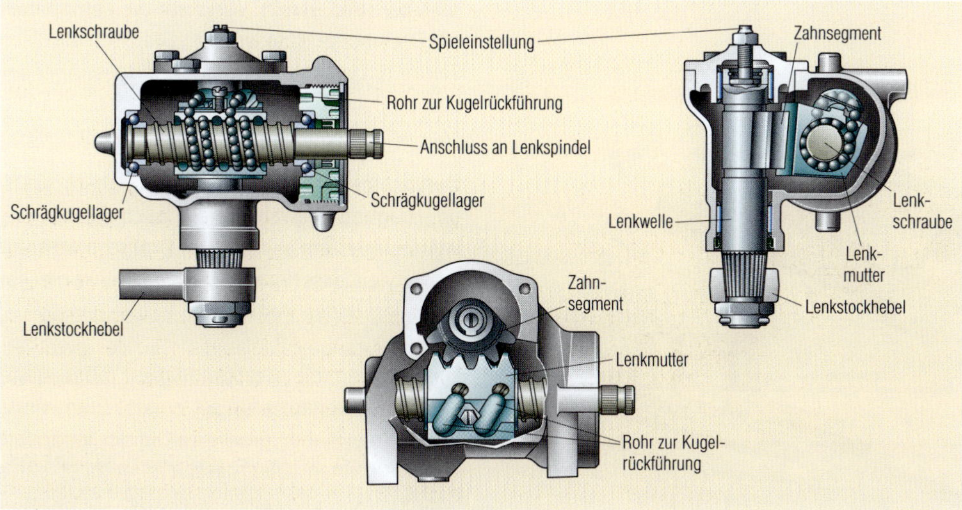

Bild 515.2 Kugelumlauflenkung.

10.5.3 Hilfskraftlenkungen

Zur Unterstützung des Fahrers werden Hilfskraftlenkungen eingesetzt, die den Kraftaufwand beim Lenken begrenzen.

Funktionsprinzip. Das vom Fahrer aufgebrachte Lenkmoment wird durch ein Messsystem (meist im Bereich der Lenkspindel) erfasst. Abhängig von der Höhe des Lenkmoments wird dem Lenksystem eine Unterstützungskraft zugeführt. Die Lenkunterstützung kann auch von der Fahrgeschwindigkeit abhängen, d.h. bei höheren Geschwindigkeiten kann sie reduziert werden.

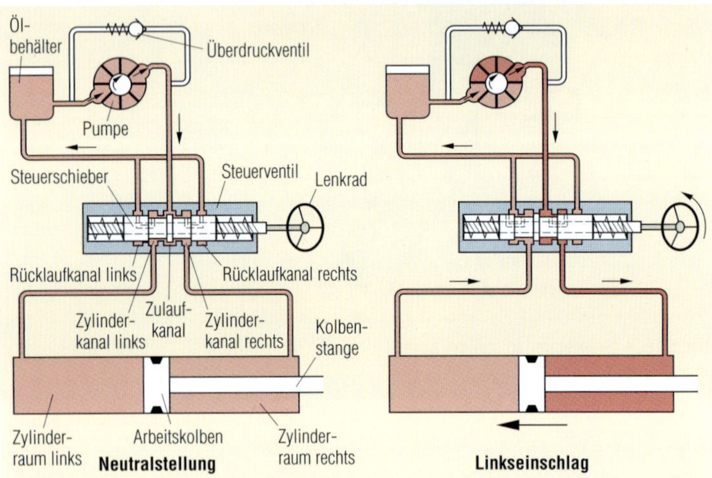

Bild 516.1 Hydraulische Hilfskraftlenkung.

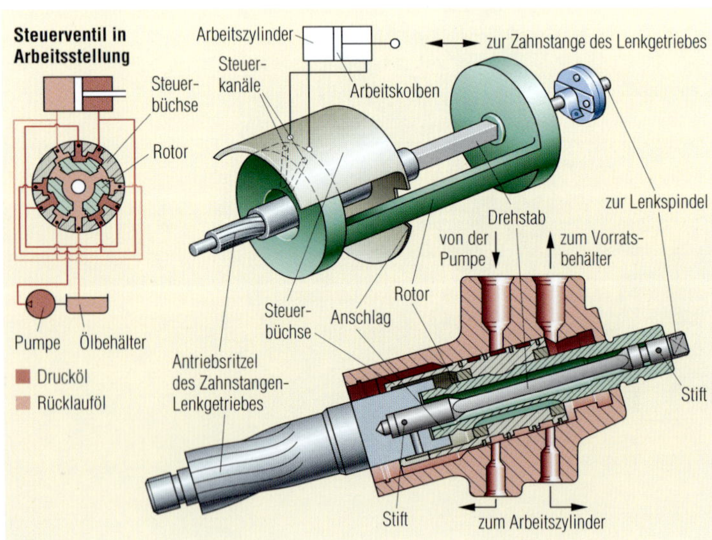

Bild 516.2 Drehschieberventil.

Es werden drei Arten von Hilfskraftlenkungen unterschieden:

- hydraulische Hilfskraftlenkung,
- elektrohydraulische Hilfskraftlenkung,
- elektrische Hilfskraftlenkung.

Hydraulische Hilfskraftlenkung

Funktionsprinzip. Die Energie zur Lenkunterstützung liefert der Antriebsmotor. Durch eine Hochdruckpumpe wird Hydrauliköl aus einem Vorratsbehälter zu einem Steuerventil gepumpt (Bild 516.1). Je nachdem, ob rechts oder links eingeschlagen wurde, leitet es den Arbeitsdruck an die Seiten eines Arbeitskolbens. Dieser unterstützt die Bewegung der Zahnstange oder der Lenkmutter. Nach dem Druckabbau gelangt das Hydrauliköl zurück in den Vorratsbehälter.

Ist bei vollem Lenkeinschlag der Arbeitskolben in eine Richtung voll ausgefahren, wird der Druck – um Schäden zu vermeiden – über ein Überdruckventil abgebaut. Dies erkennt man an einem zischenden Geräusch.

Drehschieberventil. In der Praxis wird im Steuerventil kein Steuerschieber (Bild 516.1) verschoben, sondern das Steuerventil ist ein Drehschieber (Bild 516.2). Wirkt auf die Lenkspindel ein Drehmoment, so wird der Drehstab elastisch verdreht. Dadurch wird der Rotor gegenüber der Steuerbüchse verdreht und gibt die Steuerkanäle zum Arbeitszylinder frei bzw. verschließt diese.

Durch einen Anschlag wird die sichere Kraftübertragung gewährleistet, auch wenn das Hydrauliksystem ausfällt. Der Drehstab verdreht sich so weit, dass Rotor und Steuerbüchse mechanisch verbunden werden.

Um eine an die Geschwindigkeit angepasste Lenkkraftunterstützung zu ermöglichen, muss der von der Pumpe gelieferte Öldruck verändert werden können. Dies geschieht mithilfe eines Steuergeräts und eines elektrisch betätigten Ventils. Dieses regelt den von der Pumpe geförderten Ölstrom und lässt ihn zum Vorratsbehälter zurück- oder zum Arbeitszylinder hinfließen.

Elektrohydraulische Hilfskraftlenkung

Die Ölpumpe zum Aufbau des Drucks im Leitungssystem wird nicht vom Fahrzeugmotor sondern elektrisch angetrieben (Bild 517.1). Dadurch ist es möglich, die Pumpe näher an das hydraulisch unterstützte Lenkgetriebe zu platzieren und Leitungen zu sparen. Weitere Vorteile sind:

- die Ölfördermenge kann elektronisch über ein Steuergerät geregelt werden, indem die Fördermenge reduziert wird (Lenkkraftunterstützung in Abhängigkeit von der Geschwindigkeit),
- die Lenkkraftunterstützung ist auch bei Motorstillstand gewährleistet,
- wegen der nicht ständig mitlaufenden Pumpe kann der Energieverbrauch gesenkt werden,
- die Lenkcharakteristik kann über die Steuerelektronik je nach Fahrzeug eingestellt werden.

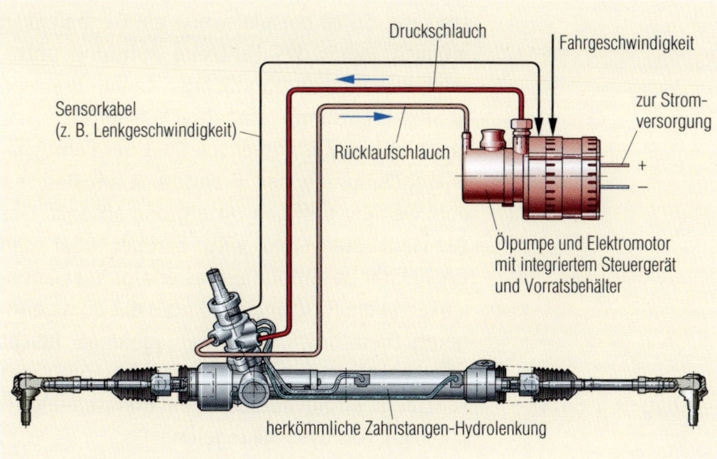

Bild 517.1 Elektrohydraulische Hilfskraftlenkung.

Aktivlenkung

Eine weitere Komfort- und Sicherheitssteigerung beim Lenken lässt sich erreichen, indem nicht nur die Lenkkraftunterstützung sondern auch die Lenkübersetzung der Fahrsituation angepasst wird.

Grundprinzip. Eine direkte und damit schnell reagierende Lenkung erfordert eine kleine Lenkübersetzung. Dies ist beim Rangieren vorteilhaft, da nur kleine Lenkradwinkel zum Ein- und Ausparken benötigt werden. Allerdings sind bei einer kleinen Übersetzung die Lenkkräfte sehr groß, der Einsatz einer Lenkunterstützung ist erforderlich. Bei schneller Fahrt kann zwar die Hilfskraft entfallen, aber die Lenkung müsste indirekter sein, um beispielsweise ein „Verreißen" des Fahrzeugs bei schneller Fahrt zu vermeiden. Optimal wäre daher eine Lenkung mit kleiner Übersetzung bei langsamer und großer Übersetzung bei schneller Fahrt und zusätzlich einer variablen Lenkkraftunterstützung.

Funktion. Die Veränderung der Lenkkraftunterstützung erfolgt hydraulisch oder elektrisch; die Veränderung der Lenkübersetzung erfolgt mechanisch mittels einer Differenzwinkeleinheit (Bild 517.2), die zwischen Lenkrad und Zahnstangenritzel eingefügt wird.

In der Differenzwinkeleinheit ergibt ein gestufter Planet bei stehendem Planetenträger die Übersetzung zwischen Lenkrad und Lenkritzel i = 0,76. Wird während des Lenkens der Planetenträger mithilfe eines Elektromotors über einen Schneckentrieb gedreht, ändert sich diese Grundübersetzung. Wird der Planetenträger gegensinnig mit dem Lenkrad gedreht, wird die Übersetzung verringert (direkte Lenkung für niedrige Geschwindigkeit), bei gleichsinnigem Drehen ergibt sich eine größere Übersetzung (indirekte Lenkung für hohe Geschwindigkeit).

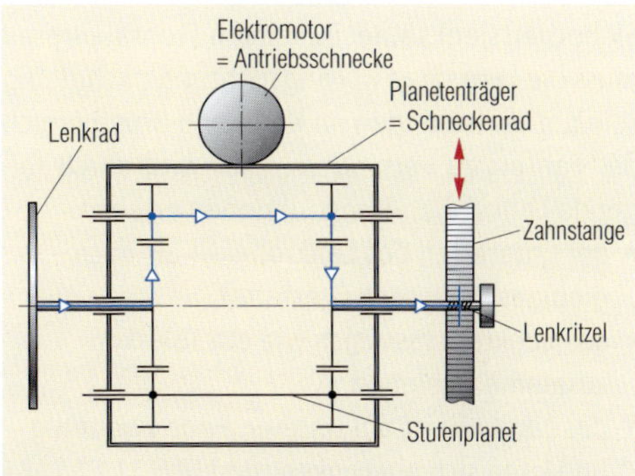

Bild 517.2 Differenzwinkeleinheit.

Gierratenregelung. Die Aktivlenkung ermöglicht darüber hinaus einen aktiven Eingriff in die Lenkung. So ist beispielsweise ein Gegenlenken möglich, wenn das Fahrzeug aufgrund unterschiedlichen Fahrbahnbelags beim Bremsen (µ-Split-Bremsung) auszubrechen droht. Dies geschieht im Zusammenspiel mit der Fahrdynamikregelung, die den Bremsdruck am Rad mit dem weniger griffigen Untergrund absenkt. Das Aktivlenkungssystem wird darüber über den CAN-Datenbus informiert; es erfolgt ein Gegenlenken in die Richtung des Rades mit dem geringeren Bremsdruck (Gierratenregelung). Reicht der Lenkeingriff nicht zur Stabilisierung des Fahrzeugs, erfolgt zusätzlich ein Bremseneingriff durch die Fahrdynamikregelung.

Airbag → S. 641 ff.

elektrisch verstellbare Lenksäule → S. 623

Notlauf. Zwei Drehwinkelsensoren am Elektromotor und am Zahnstangenritzel überprüfen laufend die Funktion der Differenzwinkeleinheit. Kommt es zu unplausiblen Signalen, arbeitet die Lenkung rein mechanisch. Dies ermöglicht eine mechanische Blockierung, welche stromlos geschaltet wird und damit den Schneckentrieb der Differenzwinkeleinheit arretiert.

10.5.4 Lenksäule

Die Lenksäule besteht aus einem mit der Karosserie verschraubten Mantelrohr und einem Lenkrohr. Das Lenkrohr leitet das am Lenkrad erzeugte Lenkmoment zum Lenkgetriebe. Außerdem verbindet die Lenksäule das Lenkrad und den Lenkstockschalter mit dem Aufbau.

Sicherheitslenksäule. Bei einem Frontalaufprall muss die Lenksäule in Längsrichtung nachgiebig sein um Verletzungen im Kopf- und Brustbereich des Fahrers zu verhindern. Dies wird durch folgende Lenksäulen-Konstruktionen erreicht:

- der untere Teil des Lenkrohrs ist als nachgiebiges Wellenrohr gestaltet,
- das Lenkrohr lässt sich wie ein Teleskop zusammenschieben,
- das Lenkrohr ist am unteren Ende zweiteilig und kann sich ausklinken (Bild 518.1),
- im Lenkrohr befinden sich zwei Kreuzgelenke in Z-Form, die parallel versetzt sind.

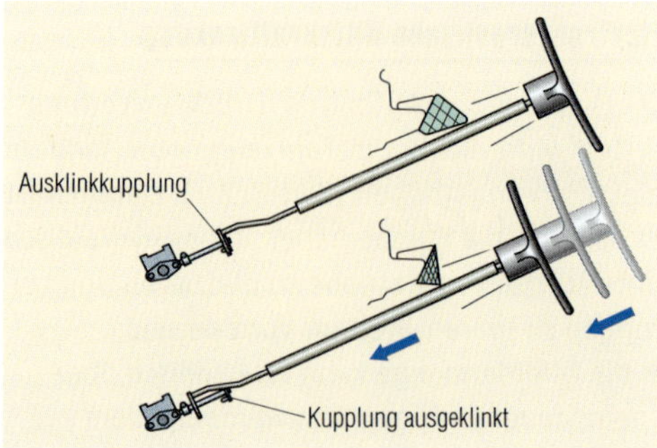

Bild 518.1 Sicherheitslenksäule.

Unter normalen Fahrbedingungen darf aber das Lenkrohr auch bei höchsten Belastungen nicht nachgeben. Außerdem darf die Funktion des Airbags nicht beeinträchtigt werden.

Verstellbare Lenksäulen bieten dem Fahrer hohen Komfort und eine gute ergonomische Anpassung. Die Lage des Lenkrades lässt sich in Hochrichtung, Längsrichtung und im Neigungswinkel verstellen. Zum Teil geschieht dies mithilfe eines Elektromotors.

10.5.5 Allradlenkung

Bei der Pkw-Allradlenkung sind alle vier Räder des Fahrzeugs lenkbar. Allerdings ist der Lenkeinschlag der Hinterräder beschränkt (ca. 3 ° bis 4 °). Dazu können die Räder gleichsinnig (höhere Fahrgeschwindigkeit ≥ 60 km/h) oder gegensinnig (niedrigere Fahrgeschwindigkeiten) zu den Vorderrädern gelenkt werden (Bild 519.1). Ein elektrischer Stellmotor betätigt dazu eine Spurstange an der Hinterachse.

Vorteile der Allradlenkung sind:

- leichter zu manövrieren bei niedrigen Geschwindigkeiten,
- erhöhte Fahrsicherheit bei höheren Fahrgeschwindigkeiten durch größere Seitenkräfte.

In geringerem Umfang erzeugen auch selbststeuernde Hinterachsaufhängungen den letztgenannten Effekt.

Eine weitere Möglichkeit bieten die für den Antriebsstrang entwickelten speziellen Differenzial- und Verteilergetriebe. Diese erzeugen erhöhte Seitenkräfte durch ein geregeltes Giermoment mittels genau dosierter Radumfangskräfte.

Allradlenkungen ohne Fahrdynamikregelung für Nutzfahrzeuge, Busse und Kranfahrzeuge erfüllen eher die Ackermann-Bedingung. Hier steht die Wendigkeit beim Rangieren an erster Stelle sowie geringeres Radieren bei der Bereifung.

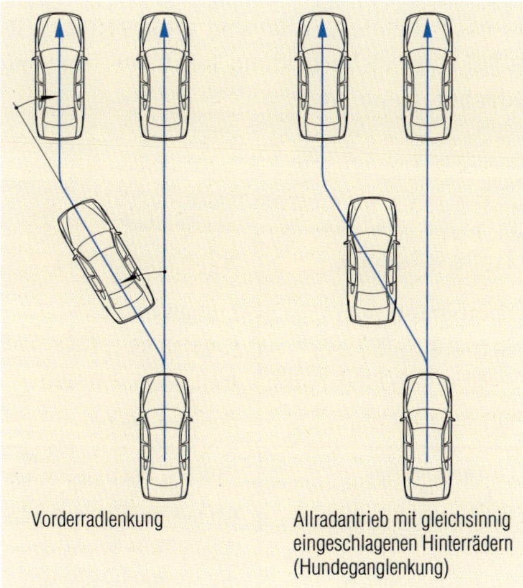

Bild 519.1 Allradlenkung.

10.6 Mechanische Bremssysteme

10.6.1 Einsatzbereiche

Rein mechanische Bremssysteme werden eingesetzt bei:

- Kraftwagen (Feststellbremse),
- Anhängerfahrzeugen (Betriebs- und Feststellbremse),
- Krafträdern mit geringem Hubraum (Betriebsbremse).

Kennzeichnend für mechanische Bremssysteme ist ein geringer Wirkungsgrad bei der Kraftübertragung. Ein großer Teil der zugeführten Energie geht an Umlenkungen, Seilführungen und Aufhängungen in Form von Reibung verloren. Damit große Kräfte in der Bremse erzeugt werden können, müssen meist lange Wege an der Betätigungseinrichtung zurückgelegt werden. Die Verstärkung in der Bremse wird mithilfe von Hebelübersetzungen erreicht.

Die mechanischen Übertragungsmittel (Seile und Gestänge) verlaufen meist ungeschützt entlang der Karosserie. Sie sind Nässe, Schmutz und gegebenfalls auch Frost verstärkt ausgesetzt und müssen daher regelmäßig geschmiert und gewartet werden.

10.6.2 Feststellbremse im Pkw

Das stehende Fahrzeug muss mit der Feststellbremse gegen Wegrollen gesichert sein (Bild 519.2). Die Feststellbremse wirkt gleichmäßig auf die Räder der Hinterachse. Die Kraftübertragung erfolgt vom Hand- bzw. Fußbremshebel mechanisch auf die Spannvorrichtung in der Bremse.

Ein **langer Betätigungsweg** am Handbremshebel bedingt nur einen **kurzen Arbeitsweg** in der Bremse.

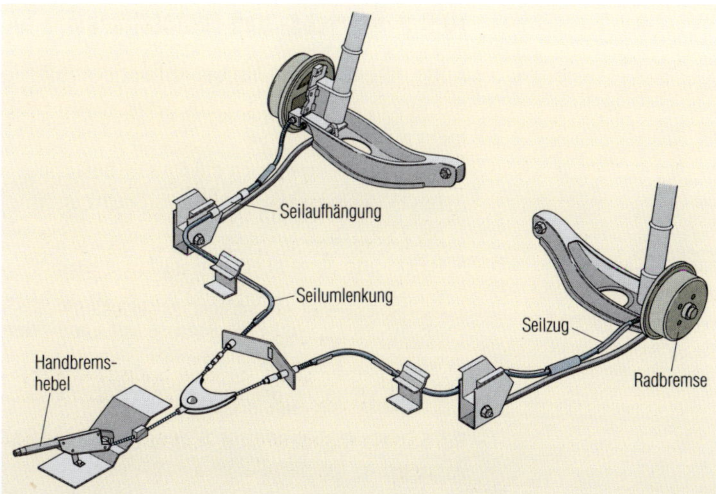

Bild 519.2 Prinzipieller Aufbau einer Feststellbremse (Pkw).

Feststellbremse
→ S. 538

Je nach Bremsenausführung arbeitet die Feststellbremse in Verbindung mit einer Trommel- oder Scheibenbremse.

Bei Fahrzeugen mit Scheibenbremsen an der Hinterachse ist der Einbau der Feststellbremse mit einem wesentlich höheren konstruktiven Aufwand verbunden.

Kombination der Feststellbremse mit einer ...

	Trommelbremse	Scheibenbremse	Scheibenbremse	Scheibenbremse
Art der Ausführung	Kombination der Betriebs- und Feststellbremse innerhalb der Bremstrommel.	Einbau einer zusätzlichen Feststellbremse an der Bremsscheibe.	Einbau einer Bremsscheibe mit ausgebildeter Trommel.	Einbau einer Feststellbremse, die in das Hydrauliksystem integriert ist.
Funktionsbeschreibung	Unterhalb des hydraulischen Radbremszylinders wird eine zusätzliche mechanische Spannvorrichtung auf der Bremsträgerplatte montiert.	Auf die Bremsscheibe wirkt ein zusätzliches Belagpaar. Es wird durch mechanische Betätigung der separaten Bremszange bewegt.	Im Bereich der Radaufnahme bildet die Bremsscheibe eine Art Trommel aus. Darin befindet sich eine einfach aufgebaute und mechanisch betätigte Feststellbremse.	Der hydraulisch betätigte Kolben der Betriebsbremse wird zusätzlich auf seiner Rückseite mechanisch betätigt.
Abbildung	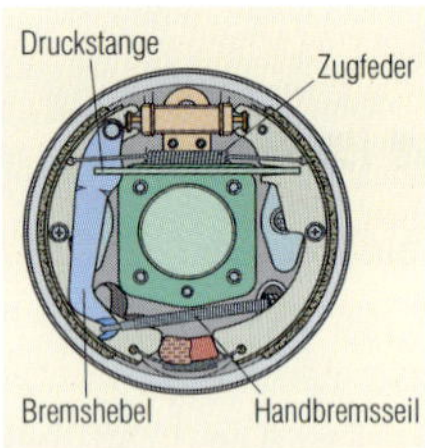	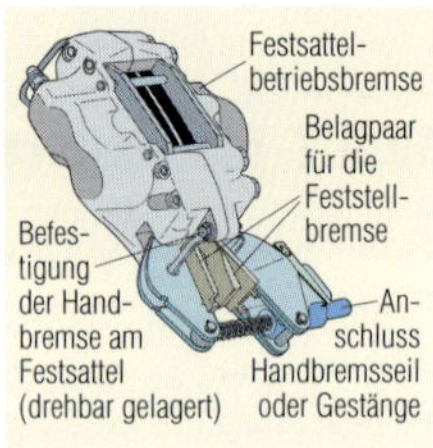	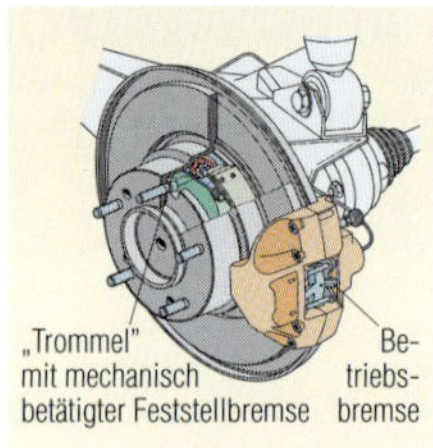	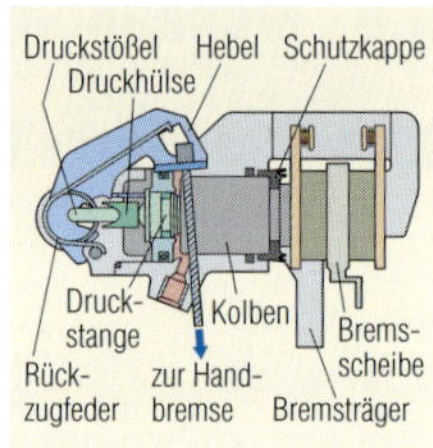

Tabelle 520.1 Ausführungen der Feststellbremse in Kombination mit Trommel- und Scheibenbremsen.

10.6.3 Betriebs- und Feststellbremse an Anhängefahrzeugen

Auflaufbremsen sind nur bei Anhängern zulässig mit einem zulässigen Gesamtgewicht von nicht mehr als

- 8,00 t und einer durch die Bauart bestimmten Höchstgeschwindigkeit von nicht mehr als 25 km/h,
- 8,00 t und einer durch die Bauart bestimmten Höchstgeschwindigkeit von nicht mehr als 40 km/h, wenn die Bremse auf alle Räder wirkt,
- 3,50 t, wenn die Bremse auf alle Räder wirkt.

Bei Sattelanhängern sind Auflaufbremsen nicht zulässig.

Die Auflaufbremse funktioniert nach einem einfachen mechanischen Prinzip (Bild 521.1). Wird das Zugfahrzeug abgebremst, hat der Anhänger das Bestreben auf den Zugwagen aufzulaufen. Diese Auflaufkraft wird über ein Gestänge- und Hebelsystem auf die Anhängerbremse übertragen und der Anhänger wird abgebremst. Die erzeugte Bremskraft ist direkt abhängig von der Auflaufkraft. Damit bei geringer Geschwindigkeitsänderung des Zugwagens (z. B. Gangwechsel) die Anhängerbremse nicht anspricht, muss die Auflaufkraft größer sein als die Vorspannkraft der eingebauten Druckfeder. Bei Rückwärtsfahrten mit dem Anhänger muss die Auflaufbremse außer Betrieb sein.

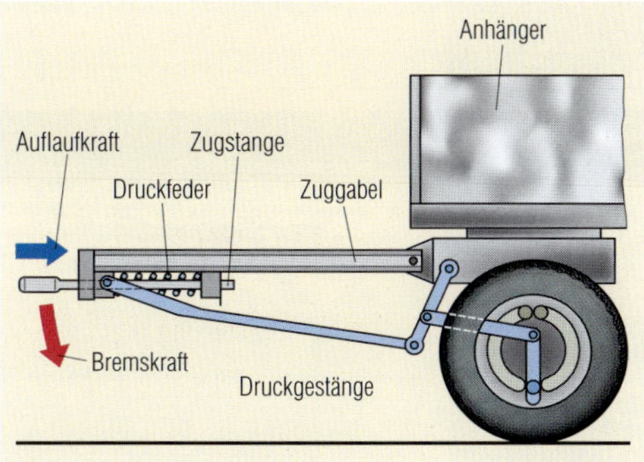

Bild 521.1 Auflaufbremse.

Die Auflaufbremse kann gleichzeitig als Feststellbremse benutzt werden. Es sind zwei verschiedene Ausführungen möglich:

Fallbremse. Bei Abstellen oder Abreißen des Anhängers fällt die Zuggabel durch ihr Eigengewicht nach unten. Sie betätigt dabei das Bremsgestänge.

Seilbremse. Am Bremsgestänge des Anhängers ist ein Stahlseil befestigt. Sein Ende wird mit der Anhängervorrichtung des Zugfahrzeuges verbunden. Sollte der Anhänger abreißen, löst das Verbindungsseil die Bremse des Anhängers aus, bevor es selber abreißt. Beim Abstellen des Hängers wird die Bremse durch Ziehen eines Hebels oder durch Drehen an einer Handkurbel betätigt.

10.7 Hydraulische Bremssysteme

10.7.1 Anforderungen an die Bremsanlage

Bei der Entwicklung einer leistungsstarken und unter allen Bedingungen zuverlässigen Bremsanlage stehen drei Ziele im Vordergrund:

1. Optimierung der Funktion und Zuverlässigkeit der technischen Komponenten,
2. Entwicklung von Systemen, die Schwächen des Fahrers (z. B. schnelles, aber zu zaghaftes Betätigen der Bremse bei Vollbremsung → Bremsassistent) und negative äußere Einflüsse (z. B. nasse und schmierige Fahrbahn → ABS) ausgleichen,
3. ein angemessener Preisrahmen für die Entwicklungs- und Produktionskosten der Bremsanlage in einem Fahrzeug.

Die technischen Einflüsse sind weitest gehend unveränderlich, die menschlichen und äußeren Einflüsse stark situationsabhängig.

In den Kraftfluss einer hydraulischen Bremsanlage werden oftmals mechanische und pneumatische Kraftübertragungssysteme integriert (Bild 521.2).

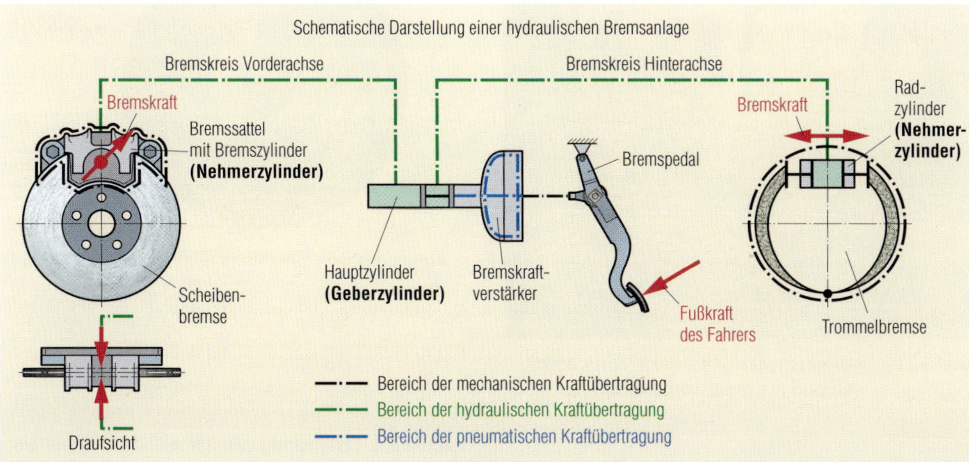

Bild 521.2 Schematische Darstellung einer hydraulischen Bremsanlage.

Länge des Bremsweges

menschliche Einflüsse	technische Einflüsse	äußere Einflüsse
Reaktionszeit	Aufbau der Bremsanlage	Fahrbahnzustand
fahrerisches „Können"	Funktion und Wartung der Bremsanlage/Fahrwerk	Witterung
physischer Zustand des Fahrers	Fahrzeugbereifung	Beladung des Fahrzeugs
	Betriebstemperatur der Bremse	

10.7.2 Allgemeine physikalische Grundlagen

$$E_K = \frac{m \cdot v^2}{2}$$

E_K = kinetische Energie,
m = Fahrzeugmasse in kg,
v = Geschwindigkeit in m/s

$$F_B \cdot s = \frac{m \cdot v^2}{2}$$

F_B = Gesamtbremskraft in N,
s = Bremsweg in m

Kinetische Energie. Ein Fahrzeug, das sich mit der Geschwindigkeit v bewegt, besitzt die Bewegungsenergie (kinetische Energie) E_K.

Während des Bremsvorganges bis zum Stillstand des Fahrzeuges muss die Bewegungsenergie vollständig in Wärmeenergie umgewandelt werden (Bild 522.1). Für die Umwandlung benötigt das Fahrzeug den Bremsweg s.

Bild 522.1 Wärmeentwicklung einer Bremsscheibe während des Bremsvorganges.

Zur Abbremsung des Fahrzeugs wird die Haftreibung zwischen Reifen und Fahrbahn ausgenutzt. Die Bremskraft an allen vier Rädern ergibt die Gesamtbremskraft F_B des Fahrzeugs. Die Bremskraft am Reifenumfang wird durch die Bremskraft in der Radbremse erzeugt. Beide Kräfte erzeugen ein Drehmoment am Rad, die Beträge der Drehmomente stehen im Gleichgewicht (Bild 522.2).

Wird das Moment aus (F_{BT} oder F_{BS}) $\cdot r_w$ größer als das Moment aus $F_{BR} \cdot r_{dyn}$, blockiert das Rad. Dabei können keine Seitenkräfte erzeugt werden, sodass das Fahrzeug nicht in der Spur bleibt und für den Fahrer schwer zu beherrschen ist. In den meisten Fällen wird sich der Bremsweg verlängern.

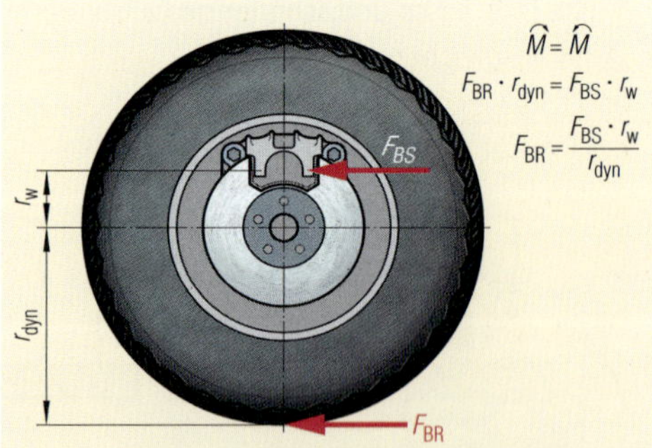

r_{dyn} = dynamisch wirksamer Reifenhalbmesser in mm
r_w = wirksamer Reibungshalbmesser in mm
(r_w Trommel = Innenhalbmesser der Bremstrommel,
r_w Scheibe = Abstand Achsmittelpunkt bis etwa Mitte Bremsbelag)
F_{BR} = Bremskraft am Reifen in N
F_{BS}/F_{BT} = Bremskraft an der Scheibe/Trommel in N

Bild 522.2 Darstellung der Kräfte und Momente am Rad beim Bremsvorgang.

Bei hydraulischen Bremsanlagen wird die Bremskraft an der Trommel oder Scheibe meist durch das Zusammenwirken von vier Teilsystemen erzeugt (Tabelle 523.1).

Hydraulische Kraftübertragung. Sie beruht auf dem Pascal'schen Gesetz.

Während des Bremsvorganges wird die Fußkraft auf den Kolben des Hauptzylinders (Geberzylinder) übertragen. Seine Kolbenfläche erzeugt einen Flüssigkeitsdruck im geschlossenen Leitungssystem, der sich gleichmäßig ausbreitet. Dieser Druck wirkt dann auf alle Kolben der Radzylinder (Nehmerzylinder) in der Trommel- oder Scheibenbremse, die die jeweilige Spannkraft an der Bremse erzeugen. Die zur Druckübertragung eingesetzte Bremsflüssigkeit ist praktisch inkompressibel, obwohl von ihr kurzzeitig Drücke von annähernd 200 bar aufgenommen werden müssen.

Aus den Beschreibungen lassen sich die Vorteile hydraulischer Bremsen ableiten:

- hohe Leitungsdrücke können einfach übertragen werden,
- geringe Abmessungen der hydraulischen Bauelemente,
- nur kleine Leerwege müssen überbrückt werden, weil sich die Bremsflüssigkeit nicht komprimieren lässt (man spricht von kleinen „Lüftspielen"),
- rascher Druckanstieg führt zu schnellem Ansprechen der Bremse,
- die Bremsanlage ist über einen langen Zeitraum wartungsfrei.

Gesetz von Pascal: Der Druck im Innern einer ruhenden Flüssigkeit ist an allen Stellen gleich (hydrostatischer Druck).

inkompressibel (lat.): nicht zusammenpressbar

	Teilsystem 1	Teilsystem 2	Teilsystem 3	Teilsystem 4
	Hebelsystem am Bremspedal	**Unterdruck-Bremskraftverstärker**	**Hauptzylinder/ Radzylinder**	**Reibungskraft an der Trommel oder Scheibe**
Art der Kraftübertragung in den Teilsystemen	mechanisch	pneumatisch	hydraulisch	mechanisch
Aufgabe des jeweiligen Teilsystems	Kraftverstärkung	Kraftverstärkung	Kraftübertragung und -verstärkung	Umwandlung der Bewegungsenergie in Wärmeenergie
bildliche Darstellung der Kraftübertragung in den jeweiligen Teilsystemen	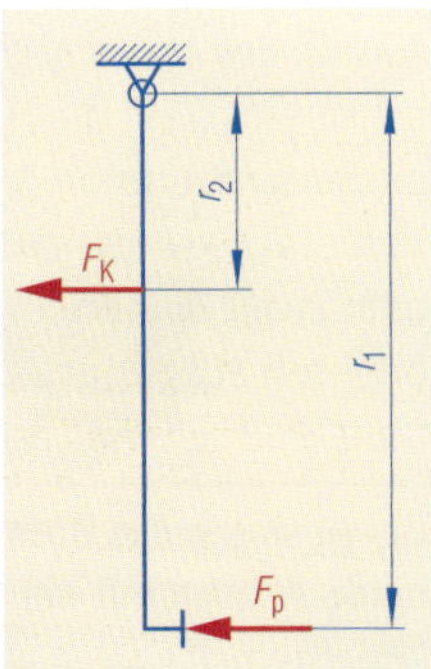	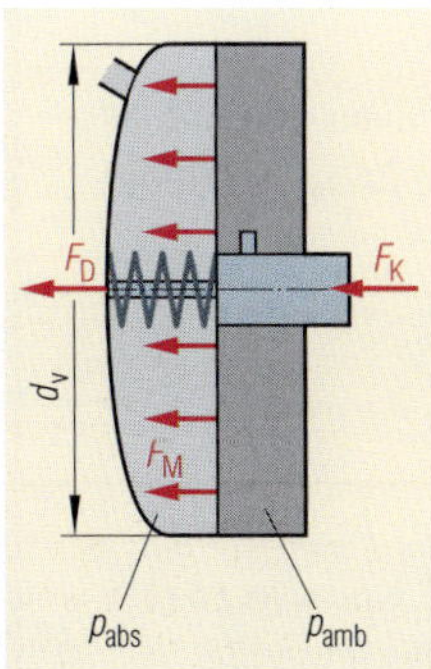	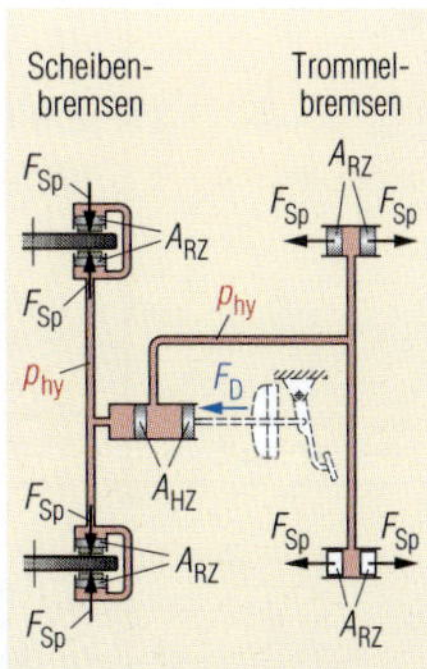	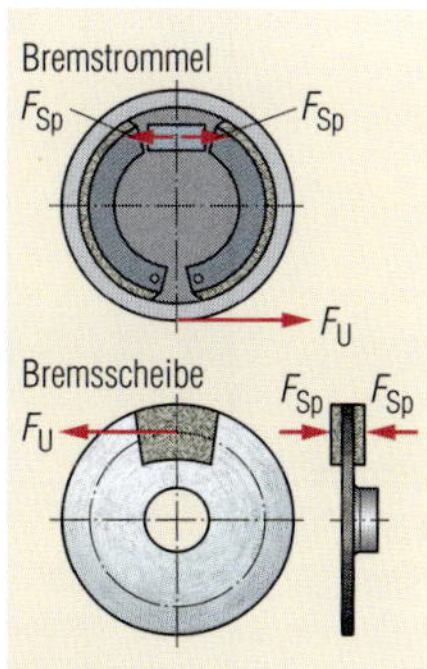

Tabelle 523.1 Darstellung des Kraftverlaufs in den Teilsystemen eines hydraulischen Bremssystems.

Bremskreisaufteilung der Zweikreisbremsanlage nach DIN 74 000			
Kurz-zeichen	**bildliche Darstellung unter Angabe der Fahrtrichtung**	**Beschreibung der Aufteilung**	**Vor- bzw. Nachteile der Aufteilung**
II	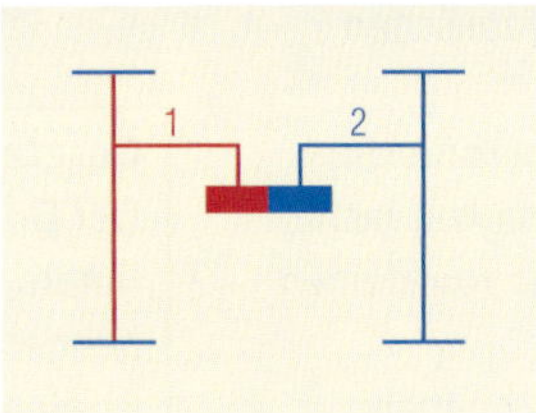	„Schwarz-weiß-Aufteilung" 1. Kreis: Vorderachse (VA) 2. Kreis: Hinterachse (HA) Bremskraftverteilung: VA ca. 70 % HA ca. 30 %	• Bei Ausfall eines Kreises besteht noch gute Bremswirkung. • Bei Verwendung eines gestuften Tandem-Hauptzylinders sind bei Ausfall des Vorderachsenbremskreises kaum erhöhte Pedalkräfte zum Abbremsen der Hinterachse notwendig. • preiswerte und einfache Lösung.
X	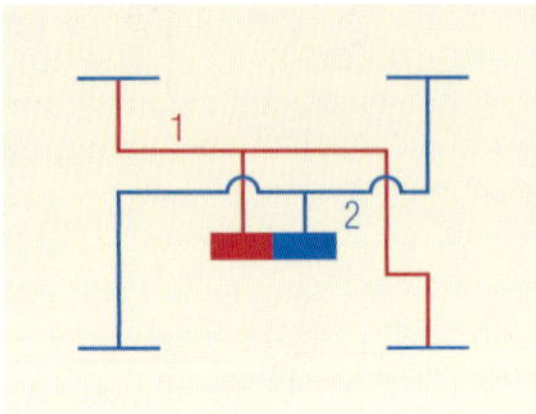	„Diagonal-Aufteilung" 1. und 2. Kreis: Jeweils ein Vorderrad mit dem diagonal gegenüberliegenden Hinterrad Bremskraftverteilung: VA und HA je ca. 50 %	• Bei Ausfall eines Kreises bremsen immer ein Vorderrad und das gegenüberliegende Hinterrad. • Blockieren die Räder des intakten Kreises, kann dies zu einem Drehmoment um die Hochachse des Fahrzeugs führen (Giermoment). • Die Anordnung benötigt einen negativen Lenkrollradius an den Vorderrädern.
LL	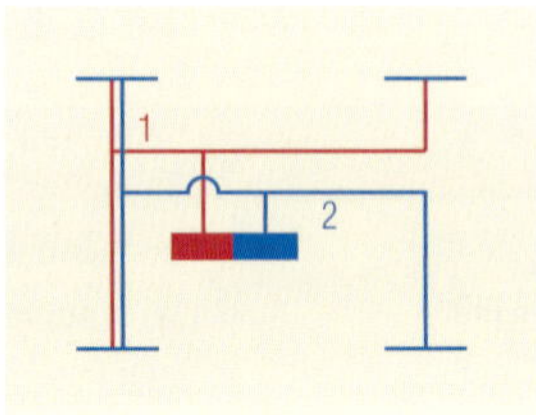	„Dreieck-Aufteilung" 1. und 2. Kreis: Zwei gegenüberliegende Radzylinder der VA sind mit einem Radzylinder der HA verbunden. Bremskraftverteilung: VA und HA je ca. 50 %	• Bei Ausfall eines Kreises werden immer beide Vorderräder mit halber Bremskraft und ein Hinterrad gebremst. • Ähnlich der X-Aufteilung führt auch hier der Ausfall eines Kreises zu unterschiedlichen Bremskräften an den Fahrzeugseiten. • Die Vorderachse muss mit einer Vierkolbenfestsattel- oder Zweikolbenschwimmsattelbremse ausgestattet sein. • teure Lösung.
HI	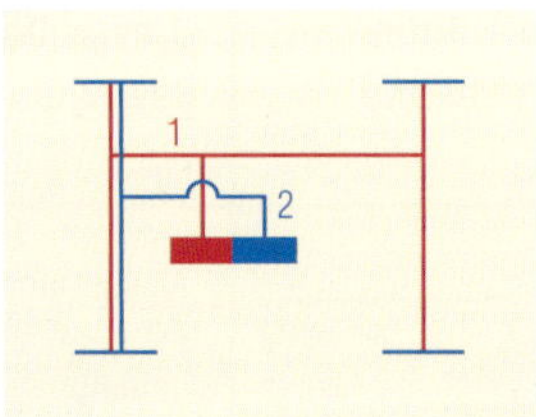	„Vier-Zwei-Aufteilung" 1. Kreis: Zwei gegenüberliegende Radzylinder der VA und beide Radzylinder der HA 2. Kreis: Zwei gegenüberliegende Radzylinder der VA	• Ausfall des 2. Bremskreises: Nur halbe Vorderachs- und Hinterachsbremskraft, Hinterräder neigen zum Überbremsen, Fahrstabilität geht verloren. • Ausfall des 1. Bremskreises: Nur halbe Vorderachsbremskraft, die Hinterräder übernehmen die Seitenführung. • Vorderachse muss mit Vierzylinderfestsattel- oder Zweizylinderschwimmrahmen-Scheibenbremsen ausgestattet sein. • teure und seltene Lösung.
HH	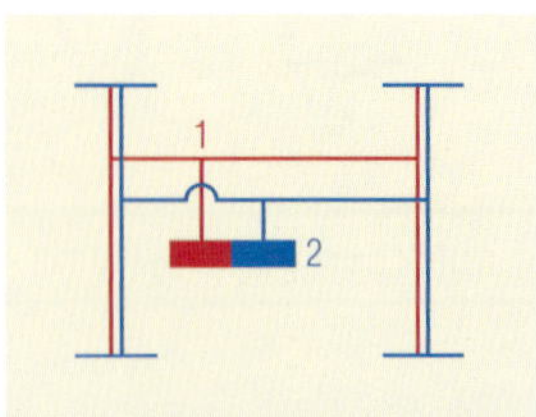	„Vier-Vier-Aufteilung" 1. und 2. Kreis: Je zwei gegenüberliegende Radzylinder der Vorderachse und zwei gegenüberliegende Radzylinder der Hinterachse	• Bei Ausfall eines Bremskreises werden beide Achsen mit der Hälfte der Bremskraft abgebremst. • Alle Räder müssen mit einer Vierzylinderfestsattel- oder Zweizylinderschwimmrahmen-Scheibenbremse ausgestattet sein. • teure und seltene Lösung.

Tabelle 524.1 Bremskreisaufteilungen der Zweikreisbremsanlage.

10.7.3 Bremskreisaufteilung

Im Fahrzeugbereich sind Zweikreis-Bremsanlagen vorgeschrieben. Sie sorgen für die notwendige Sicherheit gegen Ausfälle im Hydrauliksystem, da beide Kreise vollständig voneinander getrennt arbeiten. Jeder Kreis muss für sich eine ausreichende Hilfsbremswirkung aufweisen. Dabei können die beiden Bremskreise sehr unterschiedlich auf die einzelnen Radbremsen aufgeteilt sein. Mögliche Bremskreisaufteilungen schreibt die DIN 74000 vor (Tabelle 524.1).

10.7.4 Funktionsgruppen der hydraulischen Bremsanlage

Hauptzylinder

Gesetzlich vorgeschrieben sind zwei voneinander unabhängige Bremskreise. Daher benötigt die Zweikreis-Bremsanlage einen Tandem-Hauptzylinder. In seinem Gehäuse befinden sich zwei hintereinander angeordnete Druckräume. Auf die Kolben beider Räume wirkt die Kolbenstangenkraft. Aufgaben des Hauptzylinders:

- wandelt Fußkraft in hydraulischen Druck,
- ermöglicht einen dosierbaren Druckaufbau in beiden Kreisen,
- sorgt nach Beendigung des Bremsvorganges für ein schnelles Lösen der Bremse,
- ermöglicht einen Volumenausgleich der Bremsflüssigkeit bei Temperaturveränderung,
- sorgt für den Zufluss fehlender Bremsflüssigkeit bei Bremsbelagverschleiß,
- hält in Lösestellung einen hydraulischen Vordruck von 0,1 bis 1 bar im Leitungssystem (bei Trommelbremsen),
- sorgt für vollständigen Druckabbau im Leitungssystem (bei Scheibenbremsen).

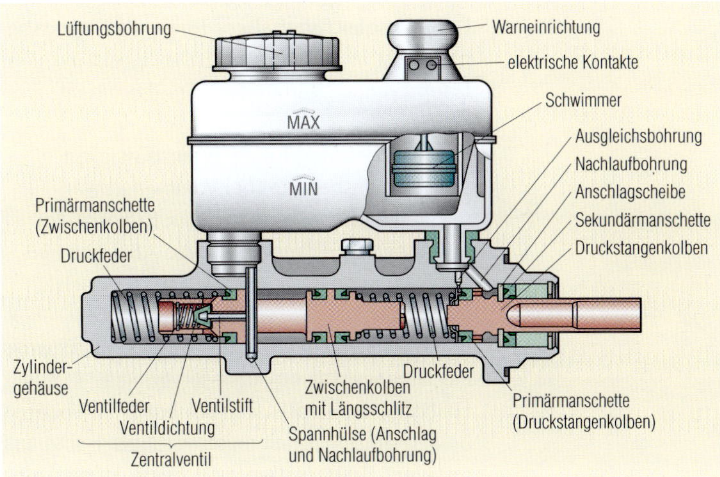

Bild 525.1 Tandem-Hauptzylinder mit Zentralventil.

Tandem-Hauptzylinder mit Zentralventil (Bild 525.1). Der eingeleitete Bremsvorgang verschiebt den Druckstangenkolben nach links. Zwei Manschetten (Primär- und Sekundärmanschette) dichten den Kolben zur Zylinderwand hin ab. Eine Füllscheibe verhindert dabei das Eindrücken der Primärmanschette in die Füllbohrung und somit eine Beschädigung. Hat die Primärmanschette die Ausgleichsbohrung überfahren, ist der Druckraum des Kolbens abgedichtet. Zunächst baut sich ein geringer Druck auf, der den Zwischenkolben ebenfalls nach links verschiebt. Der Zwischenkolben ist geschlitzt. Der vordere Abschluss des Schlitzes ist zu einer Bohrung ausgearbeitet, in der das Zentralventil sitzt. Die Spannhülse geht durch den Längsschlitz des Kolbens. Sie führt den Zylinder und bildet den vorderen und hinteren Anschlag. Beim Bremsvorgang bewegt sich der Ventilstift vom Anschlag der Spannhülse weg. Das Zentralventil schließt durch die Ventilfeder. Der Zwischenkolben dichtet den Kolbenringraum ebenfalls am vorderen und hinteren Ende durch seine Primär- und Trennmanschette ab. Beide Druckräume sind jetzt geschlossen. Der erforderliche Bremsdruck wird aufgebaut.

Beim Loslassen des Bremspedals werden der Zwischenkolben und der Druckstangenkolben durch die Druckkraft ihrer Federn und der Flüssigkeit in ihre Ausgangsstellung bewegt. Dabei stößt der Ventilstift gegen die Spannhülse. Das Zentralventil öffnet gegen die geringe Federkraft. Druck und Volumen gleichen sich aus. Dabei dient die Spannhülse gleichzeitig als Nachlaufbohrung. Der Zwischenkolben legt sich an die Spannhülse an. Im Druckstangenkolben-Bremskreis erfolgt der Druck- und Volumenausgleich über die Ausgleichs- und Nachlaufbohrung. Der Kolben fährt gegen die Anschlagscheibe.

Bei Ausfall eines Bremskreises ist sichergestellt, dass das Fahrzeug mit dem noch intakten Bremskreis bis zum Stillstand abgebremst werden kann. Der Bremsweg verlängert sich jedoch. Bei Ausfall des Druckstangenkolben-Bremskreises (Bild 562.1) schiebt sich der Druckstangenkolben auf den Zwischenkolben, der direkt betätigt wird. Liegt ein Defekt im Zwischenkolben-Bremskreis vor, verschiebt der Bremsdruck des vorderen Kreises den Zwischenkolben bis zu seinem Anschlag. Der Bremsdruck im Druckstangenkolben-Bremskreis baut sich vollständig auf.

Der Ausgleichsbehälter (Bremsflüssigkeitsbehälter) ist in den meisten Fällen direkt mit dem Hauptzylinder verbunden. Er übernimmt zwei Aufgaben:
- Vorratsbehälter für die Bremsflüssigkeit,
- Ausgleichsbehälter bei Volumenschwankungen (durch Verschleiß der Bremsbeläge, Temperaturdifferenzen sowie ABS- und ESP-Regelungen im Bremsvorgang).

Innerhalb des Behälters besitzt jeder Bremskreis ein eigenes Flüssigkeitsreservoir (ca. 1/3 der Füllhöhe), da beide Kammern nur in den oberen beiden Dritteln miteinander verbunden sind. Bei intaktem Bremssystem sind beide Flüssigkeitsstände gleich. Fällt ein Kreis mit Flüssigkeitsverlust aus, bleibt in der Kammer des anderen Kreises eine ausreichende Restmenge. Meist ist der Ausgleichsbehälter mit einer Warneinrichtung bei zu niedrigem Bremsflüssigkeitsstand ausgestattet. Ein Schwimmer schließt bei Unterschreiten des Mindest-Flüssigkeitsstandes über den Schwimmerkontakt den Stromkreis der Warneinrichtung. Eine Warnlampe in der Armaturentafel signalisiert dem Fahrer den zu niedrigen Stand. Der obenliegende Verschluss des Ausgleichsbehälters ist mit einer Belüftungsbohrung versehen, damit Volumenschwankungen nicht zu Überdruck (positiv oder negativ) im Behälter führen.

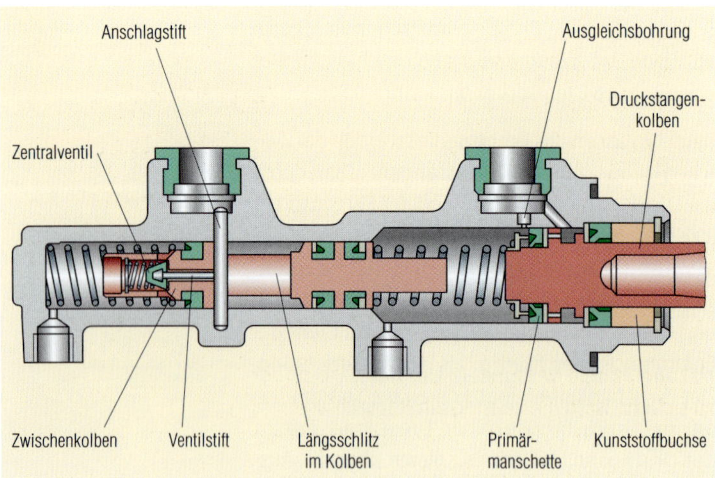

Bild 526.1 Gestufter Tandem-Hauptzylinder mit Zentralventil.

Die Wartungsfreiheit des Hauptzylinders und die zunehmende Komplexität der Innenteile haben dazu geführt, dass defekte Hauptzylinder nicht mehr repariert, sondern nur noch komplett ausgetauscht werden.

Vorwiegend ältere Bauarten von Hauptzylindern besitzen statt eines Zentralventils eine Ausgleichsbohrung. Diese Baureihen sind nicht für Fahrzeuge mit Antiblockiersystem geeignet. Regelvorgänge des ABS können die Primärmanschette durch häufiges und schnelles Überfahren der Ausgleichsbohrung beschädigen.

Bei Bremsanlagen mit Trommelbremsen werden die zugehörigen Bremsleitungen meist durch das Bodenventil unter Vordruck gehalten. Für die Betätigung von Scheibenbremsen kann das oben genannte Bodenventil nicht eingebaut werden. Diese Aufgabe übernimmt ein Spezialbodenventil, welches einen restlosen Druckabbau ermöglicht. Alternativ zu den Bodenventilen können Vordruckventile verbaut werden, die bei kombinierten Bremsanlagen (Scheibe/Trommel) außerhalb des Hauptzylinders in die Bremsleitung eingebaut werden.

Gestufter Tandem-Hauptzylinder (Bild 526.1). Dieser Zylinder wurde speziell für eine II-Bremskreisaufteilung entwickelt. Er berücksichtigt, dass bei dieser Aufteilung an der Vorderachse eine wesentlich höhere Bremskraft wirken muss als an der Hinterachse.

Die Zylinderdurchmesser sind gestuft, d.h. sie haben unterschiedliche Durchmesser. Der Durchmesser des Zwischenkolbens, der auf den Hinterachsbremskreis wirkt, ist kleiner als der des Druckstangenkolbens. Bei intakter Bremsanlage herrscht beim Bremsen in beiden Kreisen der gleiche Druck. Der größere Durchmesser im Vorderachsbremskreis bewirkt, dass mehr Flüssigkeitsvolumen verschoben wird. Die Bremsen sprechen schneller an. Fällt durch Druckverlust der Vorderachsbremskreis aus, wird der Druckstangenkolben beim Bremsen auf den Zwischenkolben aufgeschoben. Die Kolbenstangenkraft wirkt jetzt direkt auf ihn, der Pedalweg wird länger. Im Hinterachsbremskreis entsteht durch den kleineren Durchmesser ein höherer Druck, der eine ausreichende Bremswirkung an den Hinterachsbremsen erzeugt.

Tandem-Hauptzylinder mit gefesselter Kolbenfeder (Bild 527.1). Als Besonderheit ist in den Druckstangenkolben eine Verbindungsschraube eingedreht. Sie hält über die Anschlaghülse die vorgespannte Kolbenfeder fest (gefesselt). Zwischen dem Druck- und dem Zwischenkolben besteht eine nahezu „starre" Verbindung. Beim Betätigen der Bremse werden durch die Vorspannung der Feder beide Kolben gleichzeitig verschoben und verschließen sehr schnell die jeweilige Ausgleichsbohrung. Schon nach einem kurzen Pedalweg baut sich der Bremsdruck auf, die Bremse spricht schnell an. Erst mit steigendem Bremsdruck wird der Zwischenkolben nicht mehr durch die Kolbenfeder bewegt, sondern durch den Druck der Bremsflüssigkeit.

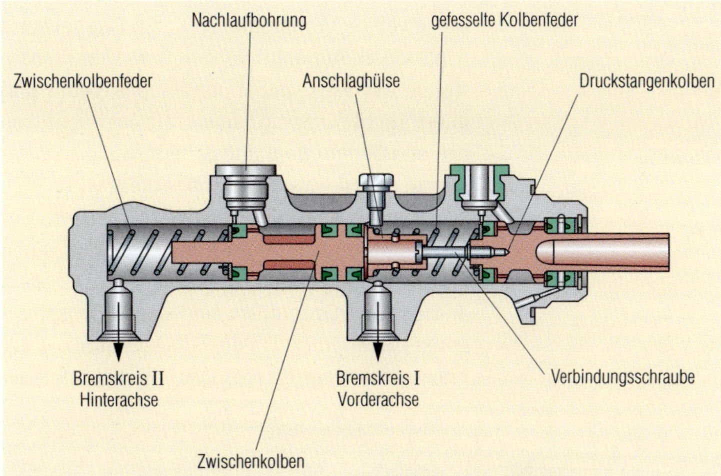

Bild 527.1 Tandem-Hauptzylinder mit gefesselter Kolbenfeder.

Bremskraftverstärker

Bremskraftverstärker erzeugen eine Hilfskraft, die die Pedalkraft beim Bremsvorgang unterstützt. Bremskraftverstärker werden zwischen Pedalgestänge und Hauptzylinder eingebaut. Fällt die unterstützende Kraft aus, ist dies für die Funktion der Bremse bedeutungslos. Der Fahrer muss allerdings eine erhöhte Pedalkraft aufbringen.

Unterdruck-Bremskraftverstärker (Bild 527.2). Bei Fahrzeugen mit Otto-Motor wird der Unterdruck unmittelbar dem Ansaugrohr entnommen. Dieselmotoren besitzen eine vom Motor angetriebene Vakuumpumpe.

Das Verstärkergehäuse ist in eine Unterdruck- und eine Arbeitskammer unterteilt. Der Arbeitskolben mit der umlaufenden Rollmembran trennt beide Kammern und dichtet sie gegeneinander ab. Die Unterdruckkammer ist über die Unterdruckleitung mit dem Motor oder der Vakuumpumpe verbunden. Um den Unterdruck zu sichern, ist in die Leitung ein Rückschlagventil eingebaut. Die Arbeitskammer kann sowohl mit der Außenluft als auch mit der Unterdruckkammer verbunden werden.

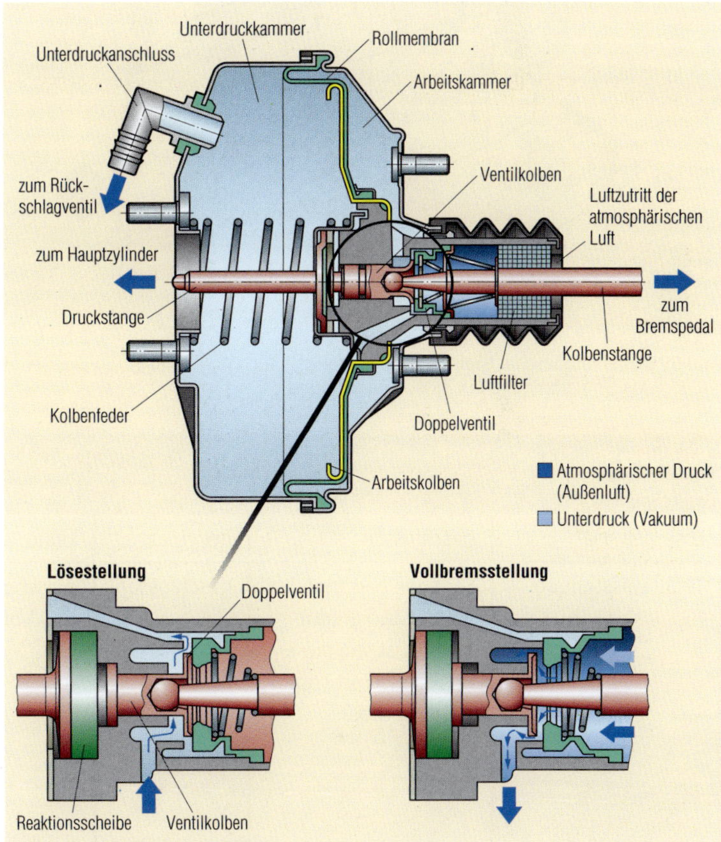

Bild 527.2 Unterdruck-Bremskraftverstärker.

Die jeweilige Verbindung stellt ein Doppelventil (Unterdruck-Außenluftventil) her. Die Kolbenstange am Bremspedal steuert das Ventil und überträgt gleichzeitig seine Kraft über Ventilkolben und Gummi-Reaktionsscheibe auf die Druckstange des Hauptzylinders. Auf diese wirkt auch der Arbeitskolben mit seiner Verstärkerkraft. Der Bremskraftverstärker gewinnt seine Kraft durch Ausnutzung der Druckdifferenz zwischen dem anliegenden Unterdruck und dem atmosphärischen Außendruck. Da die Druckdifferenz in der Praxis sehr klein ist (ca. 0,2 bar) benötigt der Arbeitskolben eine entsprechend große Fläche. Zur weiteren Vergrößerung der Kolbenfläche können auch zwei Vakuum- und Arbeitskammern mit den entsprechenden Membrantellern paarweise hintereinander angeordnet sein (Bild 529.1).

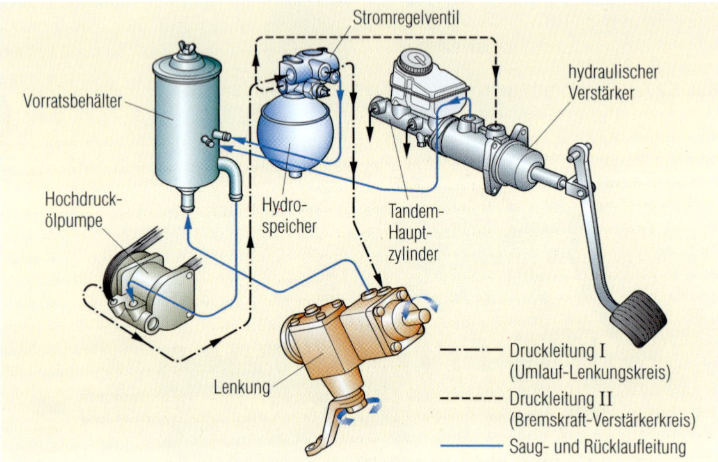

Bild 528.1 Hydraulischer Bremskraftverstärker (in Verbindung mit einer Servolenkung).

In der Lösestellung drückt die Kolbenfeder den Arbeitskolben in seine Grundstellung. Beiderseits des Arbeitskolbens herrscht der gleiche Druck. Mögliche Stellungen des Bremskraftverstärkers und die damit verbundenen Funktionen der Bauteile stellt Tabelle 528.1 dar.

Hydraulischer Bremskraftverstärker (Bild 528.1). Er kann relativ kostengünstig in Fahrzeuge mit serienmäßiger Servolenkung oder in Kombination mit anderen hydraulischen Systemen eingebaut werden.

Von der Hochdruckölpumpe fließt die Hydraulikflüssigkeit zu einem Stromregelventil. Hier teilt sich die Druckleitung in zwei Kreise, dem umlaufenden Lenkungskreis und dem Bremskraftverstärkerkreis. Bei Bedarf muss der Bremskraftverstärker schnell und unabhängig vom Zustand der Lenkung ansprechen. Aus diesem Grunde ist in sein Leitungssystem zusätzlich ein Hydrospeicher eingebaut. Vom hydraulischen Verstärker strömt das Öl drucklos zum Vorratsbehälter zurück.

Stellung des Bremskraftverstärkers	Außenluftventil	Unterdruckventil	Druckdifferenz zwischen beiden Kammern	Kraftunterstützung
Lösestellung	geschlossen	geöffnet	keine	keine
Teilbremsstellung	So lange geöffnet, bis die Verstärkerkraft so groß ist wie die Reaktionskraft vom Hauptzylinder.	geschlossen	zwischen Lösestellung und Vollbremsung	zwischen Lösestellung und Vollbremsung Nach Unterbrechung der Außenluftzufuhr ist die Bereitschaftsstellung erreicht, d. h. die Kraftunterstützung bleibt so lange unverändert, bis eine Veränderung des Pedaldruckes eine Vergrößerung oder Verkleinerung der Druckdifferenz bewirkt.
Vollbremsstellung	ständig geöffnet	geschlossen	max. Druckdifferenz	größte Unterstützung

Tabelle 528.1 Ventilstellung, Druckdifferenz und Kraftentwicklung für unterschiedliche Stellungen des Bremskraftverstärkers.

Pneumatischer Bremskraftverstärker mit integriertem elektronischem Bremsassistenten (Bild 529.1). Bei einer Vollbremsung greift dieses elektronisch gesteuerte System unter bestimmten Bedingungen selbstständig in die Bremsanlage ein um den Bremsweg weiter zu verkürzen. Der Entwicklung des Bremsassistenten gehen Erkenntnisse aus Untersuchungen voraus, dass Fahrer in Gefahrensituationen zwar schnell, aber zu zaghaft auf das Bremspedal treten. Hierdurch verlängert sich der Bremsweg unnötig. Der Bremsassistent erkennt anhand bestimmter Kennwerte (Parameter), ob der Fahrer eine Vollbremsung erzeugen möchte. Informationen darüber liefert der Membranwegsensor, der die Betätigungsgeschwindigkeit des Bremspedals erfasst. Ist in dieser Situation der Pedaldruck durch den Fahrer zu gering, greift der Assistent in den Bremsverlauf ein.

In seiner Funktion ähnelt dieser Typ einem rein pneumatisch ausgeführten Bremskraftverstärker mit zwei hintereinanderliegenden Verstärkerbereichen. Jeder Bereich besteht aus einer Arbeits- und einer Vakuumkammer, die durch einen Membranteller voneinander getrennt sind. Im unbetätigten Zustand herrscht in beiden Kammern jedes Verstärkerbereiches der gleiche Unterdruck.

Bei Betätigung der Bremse werden die beiden Arbeitskammern über ein mechanisches Steuerventil belüftet. Das Ventil ist mit dem Bremspedalgestänge gekoppelt. Die eingesteuerte Druckdifferenz an den Membranen ergibt die Verstärkungskraft. Ihre Stärke ist somit unmittelbar an die Fußkraft gekoppelt. Die maximale Verstärkung ist erreicht, wenn beide Arbeitskammern den Druck der Atmosphäre aufweisen.

Für die Steuerung des Bremsassistenten ist ein zusätzliches Proportional-Magnetventil notwendig. Es belüftet die hintere Kammer schlagartig, damit sich die maximal mögliche Druckdifferenz einstellt und somit die größtmögliche Verstärkungskraft erzeugt wird. Nach dem Lösen der Bremse wird das Magnetventil durch den Löseschalter ausgeschaltet.

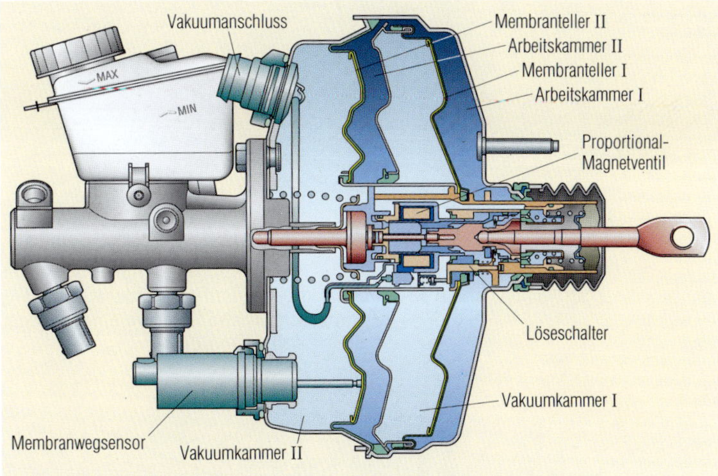

Bild 529.1 Bremskraftverstärker mit integriertem elektronischen Bremsassistenten.

Bremskraftübertragung

Bremskräfte werden durch Bremsleitungen (Verlegung entlang starrer Fahrzeugteile) und Bremsschlauchleitungen (Verlegung entlang beweglicher Karosserieteile) übertragen. Sie haben folgende gemeinsame Anforderungen zu erfüllen:

- Druckübertragung ohne wesentliche Verluste,
- Korrosionsbeständigkeit,
- Unempfindlichkeit gegen Steinschlag und andere mechanische Beschädigungen,
- Unempfindlichkeit gegen hohe und niedrige Temperaturen.

Damit sich die Bremsflüssigkeit im Leitungssystem nicht zu stark erwärmt, sollten Bremsleitungen und -schläuche möglichst weit entfernt von der Abgasanlage verlegt werden.

Bremskraftverteilung

In vielen Fahrzeugen arbeiten Systeme zur Bremskraftverteilung. Sie sorgen dafür, dass bei einem Bremsvorgang unter allen Bedingungen zuerst die Vorderräder blockieren, damit die Hinterräder weiterhin die Seitenführungskräfte übertragen können. Die Fahrstabilität bleibt erhalten, die Lenkfähigkeit geht allerdings verloren. Je nachdem wie viel geladen und wie verteilt wird, entstehen unterschiedliche Achslasten in einem Fahrzeug. Systeme zur Bremskraftverteilung passen die Bremskraft an die jeweilige Achslast an.

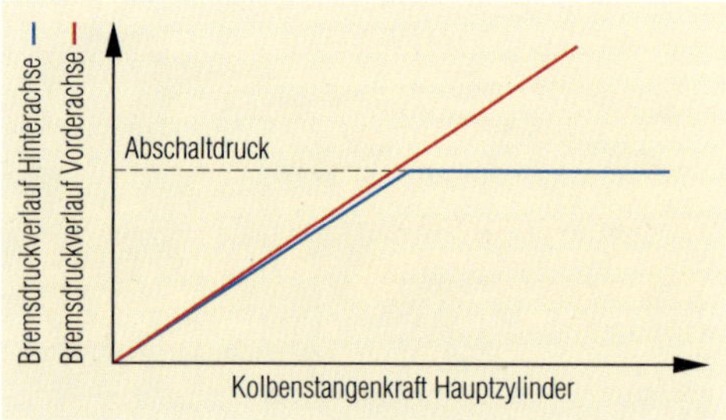

Bild 530.1 Bremsdruckverlauf der Vorderachs- und Hinterachsbremsanlage mit eingebautem Bremskraftbegrenzer.

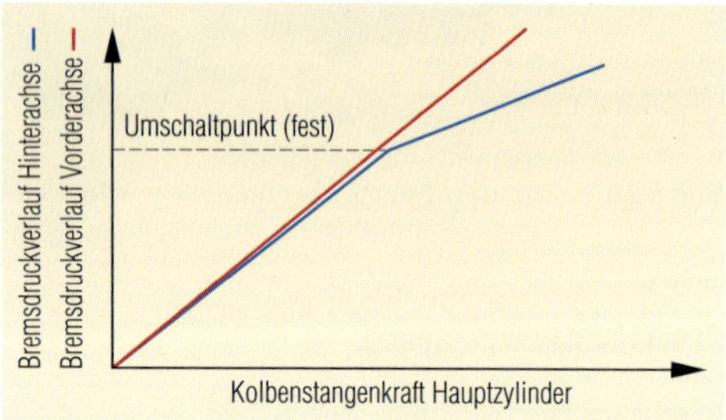

Bild 530.2 Bremsdruckverlauf der Vorderachs- und Hinterachsbremsanlage bei einem Regler mit festem Umschaltpunkt.

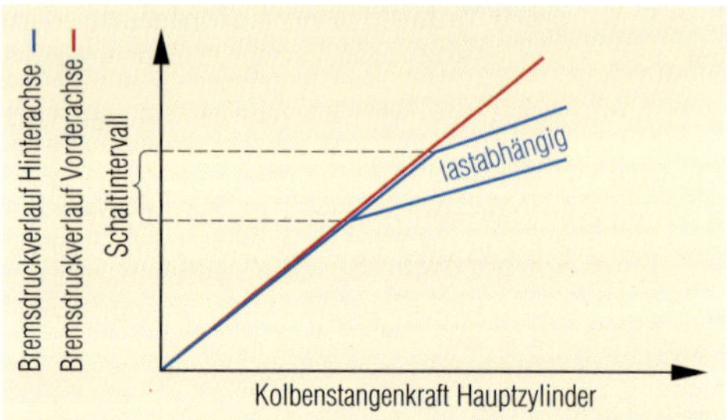

Bild 530.3 Bremsdruckverlauf der Vorderachs- und Hinterachsbremsanlage mit einem lastabhängigen Bremskraftregler.

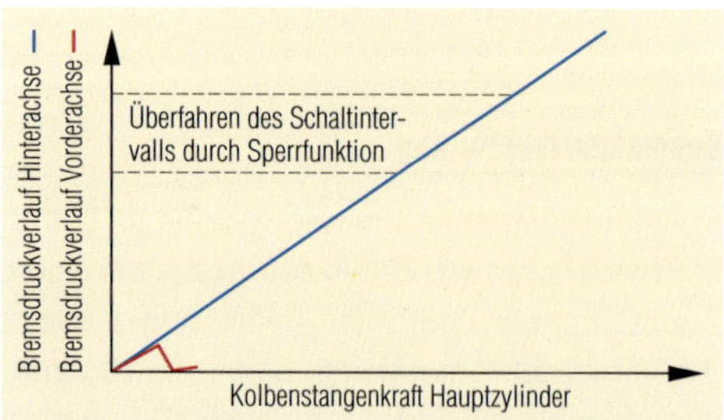

Bild 530.4 Bremsdruckverlauf der Hinterachsbremsanlage bei Ausfall der Vorderachsbremse.

Allen Systemen ist gemeinsam, dass der Bremsdruck der Hinterradbremsen begrenzt wird, während den Vorderrädern die volle Bremskraft zugeteilt wird. Bremskraftverteiler werden zwischen dem Hauptzylinder und den Radzylindern der Hinterachse eingebaut.

- Bei der Inspektion müssen Bremsleitungen und -schläuche optisch überprüft werden. Ersetzen Sie diese im Zweifelsfall.
- Verlegen Sie Bremsleitungen und -schläuche spannungsfrei und mit ausreichend großen Biegeradien.
- Beachten Sie: Über alte Bremsschläuche nimmt die Bremsflüssigkeit mehr Wasser auf.

Bremskraftbegrenzer (Druckbegrenzer). Sie begrenzen den Höchstdruck im Hinterachskreis. Bis zum Erreichen des fest eingestellten Abschaltdruckes ist der Bremsdruck im Vorder- und Hinterachskreis gleich hoch. Steigt der Druck über den Abschaltdruck an, schließt das Ventil im Bremskraftbegrenzer. Der Druck in den Radzylindern der Hinterachse bleibt konstant (Bild 530.1).

Bremskraftregler. Sie mindern den weiteren Druckanstieg im Hinterachsbremskreis nach Erreichen eines bestimmten Druckes (Umschaltpunkt). Ist die Steuerung des Umschaltpunktes nur vom Bremsdruck abhängig, liegt ein Regler mit festem Umschaltpunkt vor (Bild 530.2).

Bei einem automatisch lastabhängigen Bremskraftregler erfolgt die Steuerung des Umschaltpunktes in Abhängigkeit von dem jeweiligen Beladungszustand (statische Regelung) oder von der Achslastverlagerung beim Verzögern (dynamische Regelung; Bild 530.3).

Wird der Bremskraftregler zusätzlich mit einer hydraulischen Sperre versehen, erhalten die Hinterräder den vollen Bremsdruck bei Ausfall der Vorderradbremse (Bild 530.4).

Trommelbremse

Hauptsächlich geringe Produktionskosten sind der Grund, dass Trommelbremsen noch vereinzelt in preiswerten Personen- und Lastkraftwagen eingebaut werden. Weitere Vorteile sind:

- Platz sparender Einbau in der Radnabe möglich,
- gleichzeitige Nutzung als Betriebs- und Feststellbremse möglich,
- Bauteile sind vor äußeren Einflüssen weitgehend geschützt.

Den Vorteilen stehen aber gravierende Nachteile gegenüber:

- schlechte Wärmeabfuhr führt zu nachlassender Bremsleistung,
- umfangreiche Wartungsarbeiten verursachen hohe Betriebskosten,
- Abrieb der Bremsbeläge sammelt sich in der Trommel an.

Aufbau und Funktion (Bild 531.1). Mit den Außenseiten der beiden Bremsbacken sind die Bremsbeläge fest verbunden (geklebt, genietet). Während des Bremsvorganges werden die zwei gegenüberliegenden Bremsbacken gegen die drehende Trommel gepresst. Diese Aufgabe übernimmt der zweiseitig wirkende hydraulische Radzylinder.

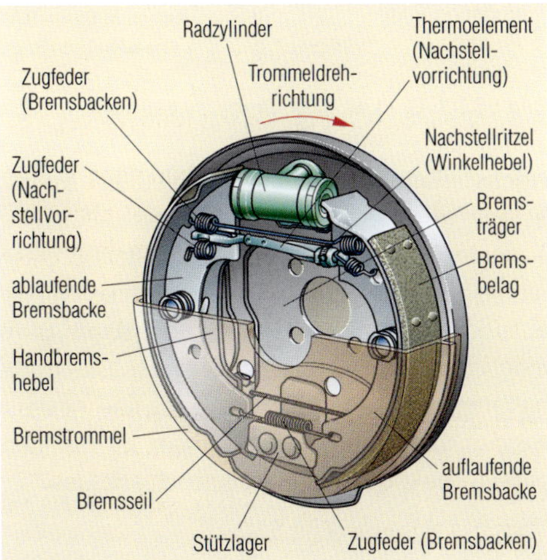

Bild 531.1 Prinzipieller Aufbau einer Pkw-Trommelbremse (rechtes Hinterrad).

Bei Druckluftbremsanlagen sorgt meist ein S-förmiger Nocken für den Anpressvorgang. Er wird von einem außerhalb der Trommel liegenden Bremszylinder verdreht.

Die Bremsbacken stützen sich mit ihrem unteren Ende am Stützlager ab, welches mit dem Bremsträger verbunden ist. Zum Lösen der Bremse ziehen die obere und untere Zugfeder die Bremsbacken zurück. Die Feststellbremse wird mechanisch über einen Seilzug ausgelöst, der am unteren Ende des Handbremshebels eingehakt ist. Der Handbremshebel ist oben in der ablaufenden Bremsbacke drehend gelagert und wirkt auf die Nachstellvorrichtung. Bei Betätigung der Feststellbremse zieht der Seilzug den Handbremshebel unten nach rechts. Dabei drückt der obere Teil des Hebels über die Nachstellvorrichtung die rechte Bremsbacke gegen die Trommel, bis diese anliegt. Zur Betätigung der linken Bremsbacke stützt sich der Hebel an der Nachstellvorrichtung ab. Alle Bauteile sind auf der Bremsträgerplatte befestigt. Sie ist fest mit der Radaufhängung verbunden. Die Radnabe stellt die Verbindung zur Bremstrommel und dem Rad her.

Bremskrafterzeugung (Bild 531.2). Zwischen dem Bremsbelag und der sich drehenden Trommel wird die Reibungskraft F_R erzeugt. Ihre Höhe ist abhängig von

- der Spannkraft F_{SP} und
- der Gleitreibungszahl μ_{GS}.

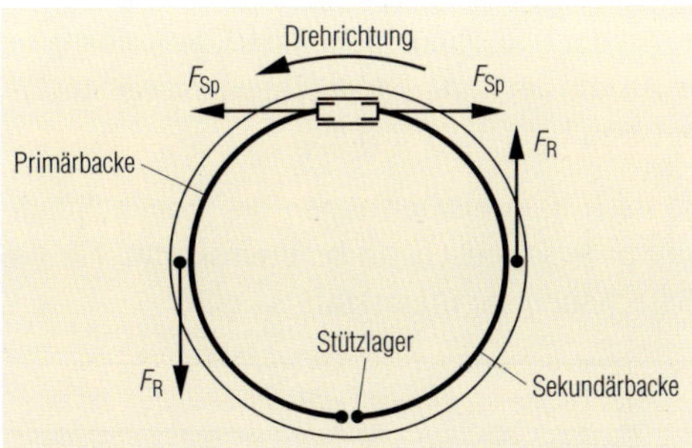

Bild 531.2 Bremskrafterzeugung in der Trommelbremse.

μ_{GS} ist abhängig von der Werkstoffpaarung und der Oberflächenbeschaffenheit.

Bremsfading: Schwund der Bremskraft (von engl. to fade = nachlassen, schwächer werden)

Beim Bremsvorgang liegen die Bremsbacken an der Trommel an. Die Backenoberfläche reibt an der Innenseite der Trommel und versucht diese abzubremsen. Die Trommel versucht die Bremsbacken in Drehrichtung mitzunehmen. Es entsteht die Reibungskraft F_R. Diese versucht, die Bremsbacken um das Stützlager (Drehpunkt) zu drehen. Es entsteht beiderseits ein rechtsdrehendes Moment $M_R = F_R \cdot r_R$ (Bild 532.1).

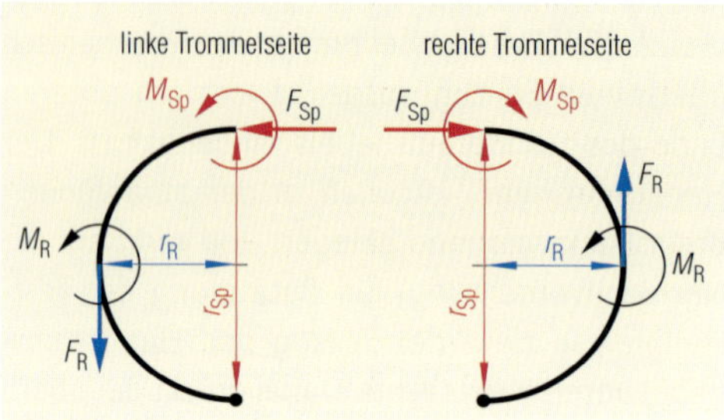

Bild 532.1 Entstehung der Drehmomente während des Bremsvorganges.

Auch die Spannkraft erzeugt auf beiden Belagseiten ein Moment $M_{SP} = F_{SP} \cdot r_{SP}$. Ihre Drehrichtungen sind jedoch unterschiedlich. Linksseitig sind beide Momente gleich drehend und addieren sich in ihrer Wirkung. Die Reibungskraft verstärkt sich. In diesem Fall spricht man von einer auflaufenden (Primär-)Backe. Rechtsseitig sind beide Momente entgegengerichtet. Die Reibungskraft schwächt sich selbst. Es handelt sich um eine ablaufende (Sekundär-)Backe.

Bauarten. Trommelbremsen unterscheiden sich in ihrer Bauweise durch:
- Art der Radzylinder (Ein- oder Zweikolben),
- Anzahl der Radzylinder (ein oder zwei Stück),
- Gestaltung der Stützlager.

Je nach Bauweise erzeugen die Trommelbremsen unterschiedlich starke Bremskräfte. Für die Berechnung der Bremskraft F_{BT} gilt:

$$F_{BT} = F_{SP} \cdot C$$

Der Buchstabe „C" gibt den Bremsenkennwert an. Er wird auch als innere Übersetzung der Trommel bezeichnet.

In diesem Wert sind berücksichtigt:
- die Höhe der auftretenden Selbstverstärkung in der Trommel,
- die Gleitreibungszahl,
- die Bauart der Bremse.

Der Wert der Gleitreibungszahl μ_{GS} ist stark temperaturabhängig, das heißt mit zunehmender Temperatur der Bremse sinkt der Reibungswert zwischen Belag und Trommel. Da die Selbstverstärkung der Trommelbremse eine Folge der Reibung ist, nimmt auch die Verstärkungskraft stark ab. Die entsprechenden Veränderungen sind in dem Diagramm Bild 532.2 abzulesen. Den Verlust der Bremskraft mit zunehmender Erwärmung bezeichnet man als Bremsfading.

Tabelle 533.1 gibt eine Übersicht über die Bauarten.

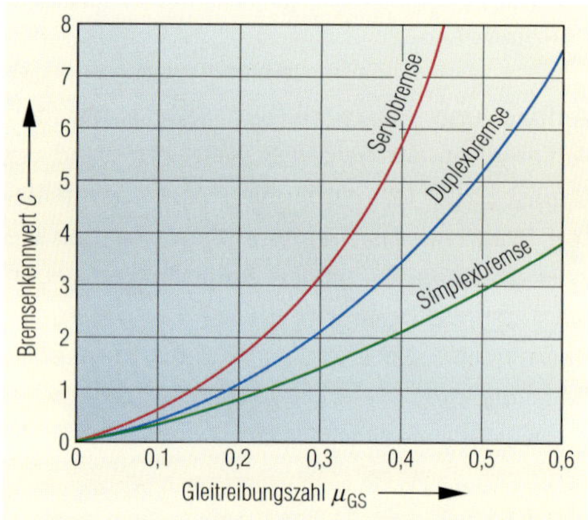

Bild 532.2 Diagramm für Bremsenkennwerte.

Nachstellung. Durch den Verschleiß der Bremsbeläge wird der Abstand zwischen Belag und Trommel größer. Das Lüftspiel der Bremse nimmt zu. Daher dauert es länger, bis die Bremse anspricht und die maximale Bremskraft kann möglicherweise nicht erzielt werden. Die Trommelbremse muss deshalb rechtzeitig nachgestellt werden. Dies kann manuell (meist im Rahmen einer Inspektion) oder automatisch erfolgen.

Simplex-Bremse	Duplex-Bremse	Duo-Duplex-Bremse	Servo-Bremse	Duo-Servo-Bremse
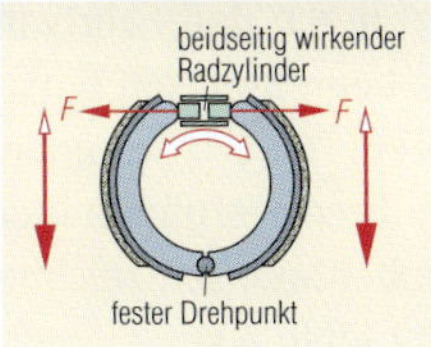	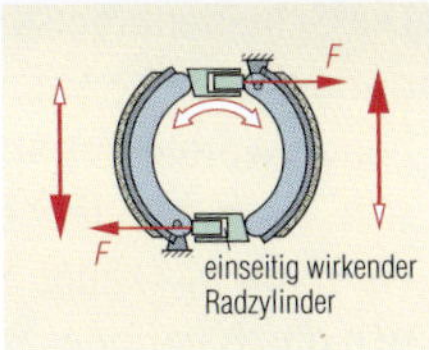	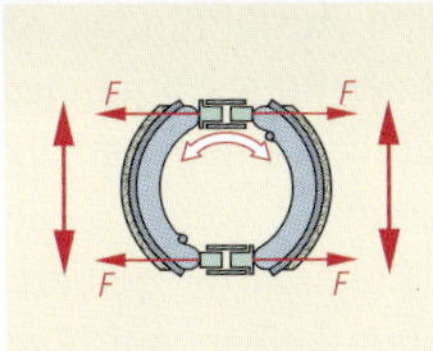	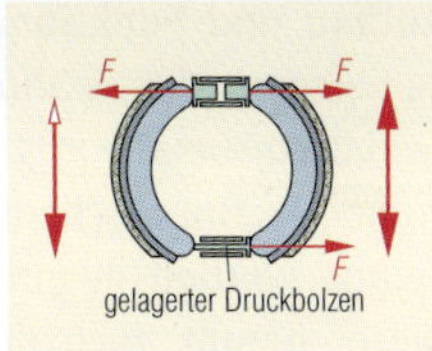	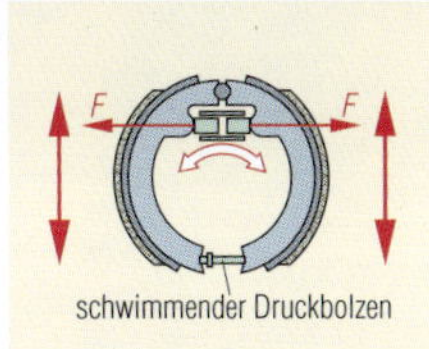
• ein doppelt wirkender Radzylinder • eine auflaufende und eine ablaufende Bremsbacke Richtung und qualitative Größe der Bremskraft an der Bremsbacke	• zwei einseitig wirkende Radzylinder • beim Vorwärtsfahren zwei auflaufende Bremsbacken • beim Rückwärtsfahren zwei ablaufende Backen	• zwei doppelt wirkende Radzylinder • zwei auflaufende Bremsbacken beim Vorwärts- und Rückwärtsfahren	• ein doppelt wirkender Radzylinder • Bremsbacken sind über einen gelagerten Druckbolzen verbunden • beim Vorwärtsfahren zwei auflaufende Bremsbacken • beim Rückwärtsfahren eine auflaufende und eine ablaufende Bremsbacke	• ein doppelt wirkender Radzylinder • Bremsbacken sind über einen schwimmenden Druckbolzen miteinander verbunden • beim Vorwärts- und Rückwärtsfahren zwei auflaufende Bremsbacken

Tabelle 533.1 Bauarten von Trommelbremsen mit Beschreibung ihrer Funktion.

Manuelle Nachstellvorrichtungen:

- Nachstellung durch Verdrehen von zwei Exzentern auf der Bremsträgerplatte. Dadurch werden die Bremsbacken im unbetätigten Zustand näher an die Trommelinnenseite geschoben. Die Exzenter können von der Außenseite der Bremsträgerplatte aus eingestellt werden.
- Nachstellvorrichtung am Radzylinder. Mit einem Schraubendreher können von außen durch eine Öffnung am Bremsträger die Ritzel am Radzylinder verdreht werden, die oberen Auflagepunkte der Bremsbacken gehen nach außen.
- Nachstellvorrichtung am unteren Stützlager. Mit einem Schraubendreher kann von außen durch eine Öffnung am Bremsträger das Ritzel am Stützlager verdreht werden. Dadurch werden zwei Nachstellmuttern aus dem Stützlager herausgedreht, an dem sich die Bremsbacken am unteren Drehpunkt abstützen. Beide Bremsbacken wandern nach außen, das Lüftspiel wird kleiner.

Automatische Nachstellvorrichtungen werden verstärkt eingesetzt, weil sie das Lüftspiel zwischen Bremsbacken und -trommel jederzeit konstant halten. Prinzipielle Funktion: Beim Betätigen der Betriebsbremsanlage drücken die Kolben des Radzylinders die Bremsbacken mit den Belägen gegen die Trommel. Die an den Backen befestigten Zugfedern ziehen die Nachstellvorrichtung auseinander, innerhalb der Vorrichtung entsteht ein Zwischenraum. Immer wenn der Zwischenraum eine bestimmte Länge erreicht hat, wird automatisch durch ein Feder-Hebelsystem der Zahnkranz eines Nachstellritzels verdreht, wodurch eine Stellschraube aus der Nachstellvorrichtung herausgedreht wird. Die Nachstellvorrichtung verlängert sich, das Lüftspiel wird korrigiert.

Zusätzlich kann ein Thermoelement mit Bimetallstreifen verbaut sein (Bild 531.1). Es verhindert bei Temperaturen über ca. 80 °C eine automatische Nachstellung (z. B. lange Talfahrt mit häufiger Bremsbetätigung). Unter solchen Fahrsituationen dehnt sich die Bremstrommel extrem aus, das Erwärmungsspiel wird größer als das vorgesehene Lüftspiel.

Scheibenbremse

Aufbau und Funktion. Allen Ausführungen ist gemeinsam, dass während des Bremsvorganges zwei Bremsbeläge in axialer Richtung gegen die drehende Bremsscheibe gedrückt werden. Die Beläge werden in einem Bremssattel geführt. Dieser nimmt auch die Bremskolben auf. Der Bremssattel ist mit der Radaufhängung verschraubt. Unterschiede in der Bauart ergeben sich durch die Anzahl der Kolben und durch den Aufbau des Sattels.

Bremssattel
→ S. 535 ff.

Vorteile der Scheibenbremse:
- gute Dosierbarkeit,
- selten unterschiedliche Bremskräfte an einer Achse,
- geringes Bremsfading aufgrund guter Kühlung,
- geringer Wartungsaufwand,
- selbsttätige Nachstellung des Lüftspiels,
- gleiche Bremswirkung beim Vorwärts- und Rückwärtsfahren.

Nachteile der Scheibenbremse:
- hohe Anpresskräfte (keine Selbstverstärkung),
- starker Belagverschleiß,
- Bauteile sind äußeren Einflüssen ausgesetzt,
- Einbau einer Feststellbremse sehr aufwändig.

Bremskrafterzeugung. Die Bremsbeläge erzeugen beiderseits der Bremsscheibe Reibungskräfte (Bild 534.1). Nach dem Reibungsgesetz gilt:

$$F_{BS} = 2 \cdot F_{Sp} \cdot \mu_{GS}$$

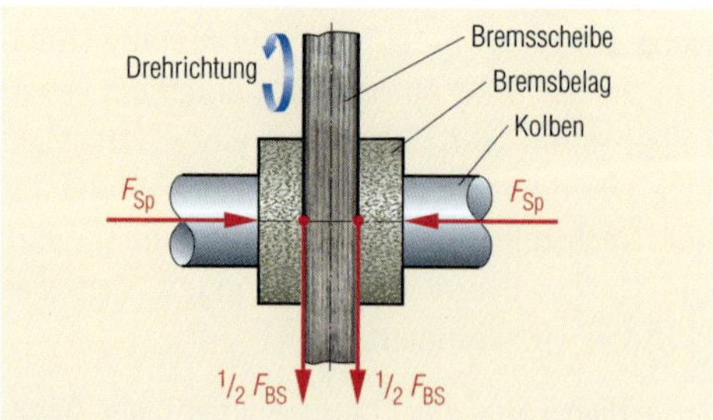

Bild 534.1 Bremskrafterzeugung an der Scheibenbremse.

Die Scheibenbremse wird durch den Fahrtwind gut gekühlt. Sie kann die beim Bremsen entstehende Wärme gut abführen. Dadurch verändert sich auch bei längeren Bremsvorgängen der Wert von μ_{GS} kaum. Scheibenbremsen zeichnen sich durch geringes Bremsfading aus.

Scheibenwerkstoffe. In den meisten Fällen wird Gusseisen in den Qualitäten GG 15 bis GG 25 mit den Legierungsbestandteilen Chrom und Molybdän gewählt. Dieser Werkstoff besitzt eine hohe Verschleißfestigkeit und verringert die Gefahr von Wärmerissen, wenn die Scheibe beim Bremsen hoch belastet wird. Zudem leiten Gusseisenwerkstoffe die Bremswärme gut ab und dämpfen Schwingungen.

Werden Bremsscheiben besonders hohen Beanspruchungen ausgesetzt, müssen sie zur besseren Wärmeabfuhr mit radialen Hohlräumen versehen sein (innenbelüftete Scheibenbremse).

Bremsscheiben aus keramischen Werkstoffen (Bild 534.2) werden in kleinen Stückzahlen in Sport- und Hochleistungsserienfahrzeugen eingebaut. Die Bremsscheiben bestehen aus carbonfaserverstärktem Siliciumoxid. Durch den hohen Fertigungsaufwand sind diese Scheiben wesentlich teurer, bieten gegenüber einer Gusseisen-Bremsscheibe aber folgende Vorteile:
- geringeres Gewicht (ca. 50 % leichter),
- höhere Verschleissfestigkeit (Lebensdauer ca. 300 000 km),
- Verringerung der ungefederten Masse, dadurch Verbesserung der Fahrsicherheit,
- hohe Temperaturbeständigkeit,
- hohe Korrosionsbeständigkeit, dadurch keine Kontakthaftung oder festrostende Bremsbeläge.

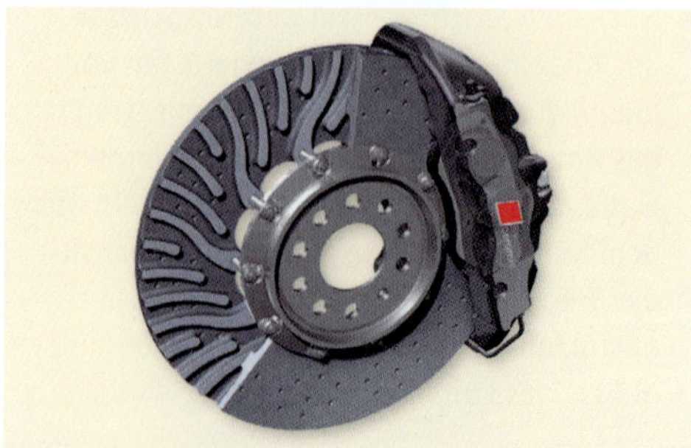

Bild 534.2 Innenbelüftete Keramik-Bremsscheibe.

Bremsbelag-Verschleißanzeige (Bild 535.1). Der Anzeigengeber wird in den Belag eingesetzt und nutzt sich zusammen mit diesem ab. Im Fühlerkopf ist eine elektrische Kabelschleife integriert. Wird diese durch die Abnutzung frei, baut sich bei betätigter Bremse ein Stromkreis über die Bremsscheibe auf. Eine optische Anzeige in der Instrumententafel signalisiert, dass die Verschleißgrenze erreicht ist.

Bauarten. Scheibenbremsen unterscheiden sich durch den Aufbau des Bremssattels. Sie werden als

- Festsattel-
- Schwimmrahmensattel- oder
- Faustsattelbremsen ausgeführt.

Festsattelbremsen (Bild 535.2) werden vorzugsweise an der Vorderachse schwerer Pkw mit Heckantrieb verbaut, da bei diesen Fahrzeugen ausreichend Einbauraum an der Vorderachse zur Verfügung steht. Festsättel bestehen aus einem Gehäuse, in dem zu beiden Seiten der Scheibenreibfläche die Bremszylinder angeordnet sind. Das feststehende Gehäuse besteht aus zwei Hälften, die axial miteinander verschraubt sind. Beim Bremsen wird jeder Bremsbelag von einem Kolben gegen die Bremsscheibe gedrückt. Es gibt Zwei- und Vierzylindersättel. Letzterer wird meist zweikreisig angeschlossen. Dabei sind jeweils zwei gegenüberliegende Kolben hydraulisch zusammengefasst.

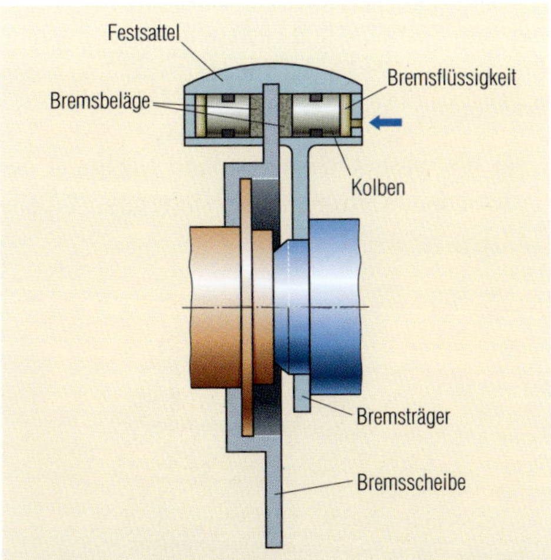

Bild 535.2 Festsattelbremse.

Beim Schwimmrahmensattel (Bild 535.3) befindet sich der Kolben nur auf einer Seite des Sattels. Hierdurch kann die Bremsscheibe axial tiefer in die Felgenschüssel verbaut werden, das heißt zur Felgenaußenseite hin verlagert. So lässt sich ein negativer Lenkrollradius leichter umsetzen.

Der anliegende Bremsdruck wirkt auf den Bremskolben und verschiebt diesen gegen die Bremsscheibe. Sobald der Kolben seine Endlage erreicht hat, stützt sich die Bremsflüssigkeit auf der Kolbenrückseite und an der Zylinderwand ab und verschiebt den Zylinder in die entgegengesetzte Richtung. Dieser ist mit dem schwimmend gelagerten Rahmen gekoppelt, der die Spannkraft auf den zweiten Bremsbelag überträgt. Der Rahmen verschiebt sich, bis beide Beläge an der Scheibe anliegen.

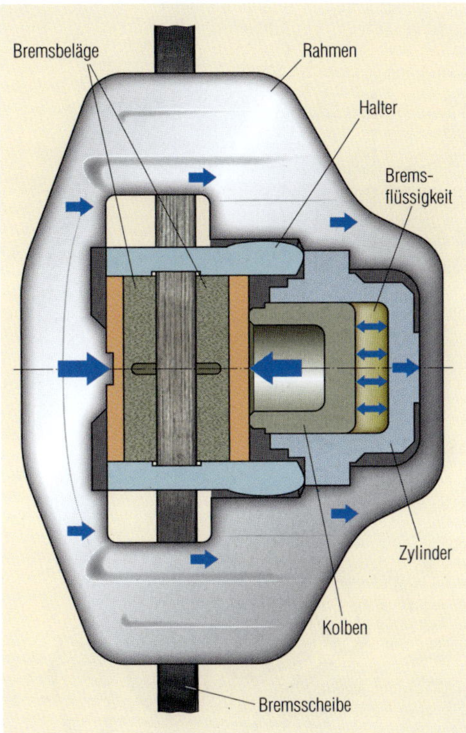

Bild 535.3 Schwimmrahmensattelbremse.

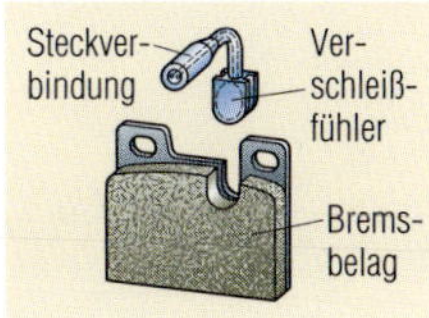

Bild 535.1
Bremsbelag-Verschleiß-
anzeige

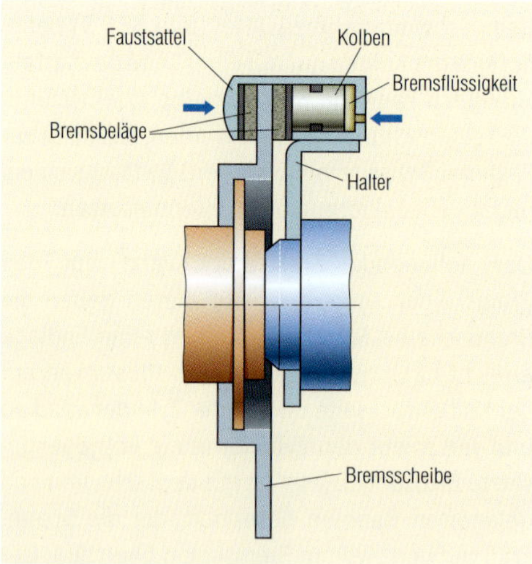

Bild 536.1 Faustsattelbremse.

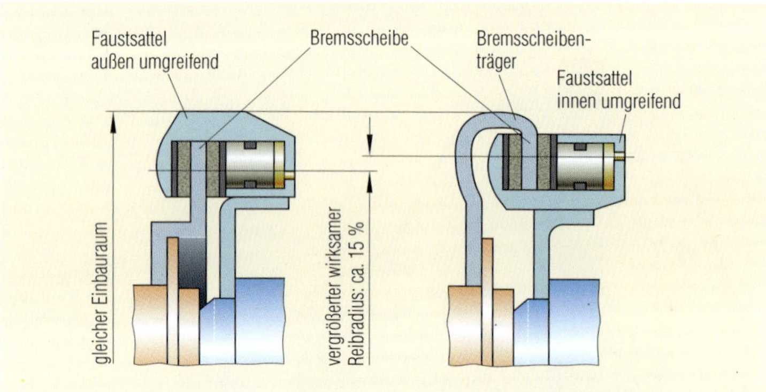

Bild 536.2 Vergleich Faustsattel außen- und innen umgreifend.

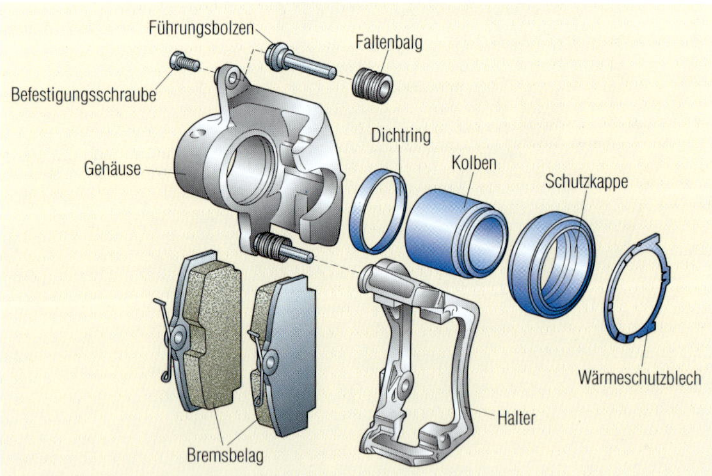

Bild 536.3 Einzelteile einer Faustsattelbremse.

Faustsättel (Bild 536.1) bieten die gleichen Einbauvorteile und funktionieren ähnlich wie die Schwimmrahmensättel. Die Bremse ist jedoch stabiler ausgeführt. Sie besteht aus nur zwei Hauptbauteilen, nämlich dem Halter und dem kompletten Gehäuse. Dieses umgreift wie eine Faust (Faustsattel) die Bremsscheibe. Es überträgt die Spannkräfte auf die andere Belagseite.

Bei der Ausführung des Sattels unterscheidet man zwischen außen umgreifenden und innen umgreifenden Sätteln. Wesentlicher Vorteil eines innen umgreifenden Faustsattels ist die Vergrößerung des wirksamen Reibhalbmessers um ca. 15 %. Es wird bei gleicher Bremskraft eine entsprechende Erhöhung des Bremsmoments erreicht (Bild 536.2).

Bei der Faustsattelbremse gleitet das meist einteilige Gehäuse auf zwei „Armen" eines mit der Radführung fest verschraubten Halters. Die Führung des Gehäuses durch den Halter ist auf unterschiedliche Arten möglich:

- durch eine Zahnführung,
- durch eine Bolzenführung,
- durch eine Bolzenführung mit aufklappbarem Sattel und
- durch eine kombinierte Bolzen- und Zahnführung.

Bild 536.3 zeigt die Einzelteile einer Faustsattelbremse mit Bolzenführung und aufklappbarem Faustsattel.

Kombinierte Faustsättel vereinen die Funktionen von Betriebs- und Feststellbremse in einem Bremssattel. Die Feststellbremse wird über einen Bowdenzug aktiviert.

Über die wesentlichen Vor- und Nachteile der verschiedenen Sattelbauarten informiert Tabelle 537.1.

Sattelbauart	Vorteile	Nachteile
Festsattel	• gleichmäßige Abnutzung der Bremsbeläge • gleichmäßige Bremswirkung • unempfindlich gegen Schmutz	• großer Bauraum notwendig • optimierte Kühlung der Bremse notwendig • hohes Gewicht
Schwimm-rahmensattel	• geringer Einbauraum notwendig • große Belagflächen möglich • gute Kühlung durch offenen Belagschacht	• hohe Quietschneigung • ungleichmäßiger Verschleiß
Faustsattel (außen umgreifend)	• einfache Demontage bei Belagwechsel • gute thermische Verhältnisse • massives Gehäuse • geringer Einbauraum notwendig	• ungleichmäßiger Verschleiß bei auftretender Korrosion in den Führungselementen
Faustsattel (innen umgreifend)	• Einbau großer Bremsscheiben möglich • großer Bremsreibradius	• erhöhter konstruktiver Aufwand • teuer • hohes Gewicht
kombinierter Faustsattel	• kompakte Baueinheit von Betriebs- und Feststellbremse	• aufwändige Konstruktion

Tabelle 537.1 Vergleich von Bremssattelbauarten.

Einhaltung des Lüftspiels (Bild 537.1). Die Rückstellung des Kolbens und die Selbstnachstellung der Bremse erfolgt durch einen Gummidichtring im Bremssattel. Er dichtet den Kolben zum Gehäuse hin ab. Sein Innendurchmesser ist geringfügig kleiner als der Kolbendurchmesser. Bei jeder Ausfahrbewegung des Kolbens wird der Dichtring elastisch vorgespannt. Wird die Bremse gelöst, baut sich zunächst der Bremsdruck vollständig über den Hauptzylinder ab. Die Vorspannkraft des Dichtrings reicht aus, den Kolben von der Bremsscheibe zurückzuziehen. Dadurch stellt sich ein Lüftspiel von ca. 0,15 mm ein. Um den Belagverschleiß auszugleichen, rutscht der Kolben während des Bremsvorganges geringfügig unter dem Dichtring hindurch.

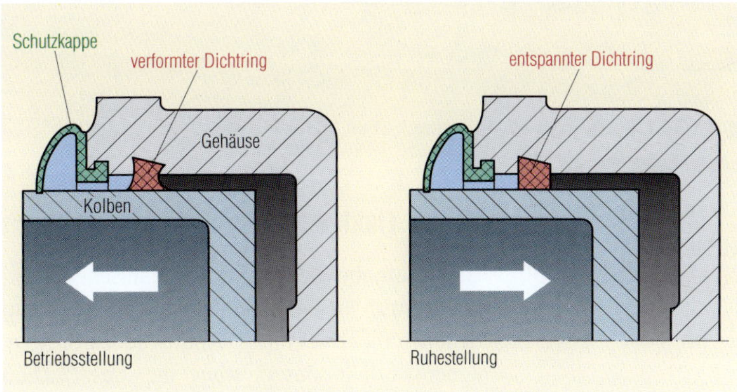

Bild 537.1 Einhaltung des Lüftspiels durch Vorspannung des Dichtringes.

10.7.5 Elektrohydraulische Bremse

Die elektrohydraulische Bremse hat den Vorteil, dass der notwendige Bremsdruck nicht durch die Fußkraft des Fahrers erzeugt werden muss (Bild 538.1). Dies übernimmt ein Hydroaggregat, das elektronisch gesteuert wird. Ein Druckspeicher erlaubt im Notfall einen sehr schnellen Bremsdruckaufbau. Zudem ist die Bremsdruckregelung im Vergleich zu einer hydraulischen Bremsanlage sehr viel feinfühliger und dynamischer. Folgende Einzelkomponenten bauen die Steuerkette der elektrohydraulischen Bremse auf:

Pedalmodul (Signaleingabe). Es besteht aus einer Pedalplatte, mit der jeweils ein Weg- und Drucksensor verbunden sind. Diese ermitteln den Bremswunsch des Fahrers und leiten ihn an das Steuergerät weiter. (Der in das Modul integrierte Hauptzylinder mit Vorratsbehälter wird nur bei Systemausfall benötigt.)

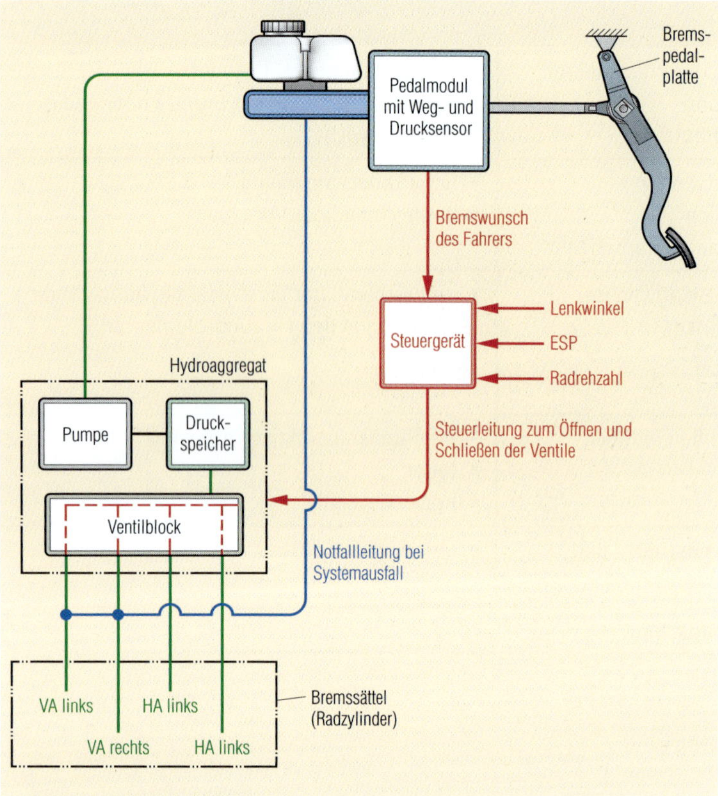

Bild 538.1 Aufbau der elektrohydraulischen Bremse.

ESP: Elektronisches Stabilitätsprogramm (Fahrdynamik-Regelung) → S. 553 ff.

Steuergerät (Signalverarbeitung). Es verarbeitet den Bremswunsch des Fahrers. Zusätzlich werden Informationen zur Fahrsituation aus anderen Steuergeräten, z. B. dem ESP, bezogen und berücksichtigt. Aus diesen Informationen wird individuell für jedes Rad der Bremsdruck ermittelt.

Elektrohydraulisches Hydroaggregat (Signalausgabe). Es besteht aus Pumpe, Speicher und Ventilblock. Die Pumpe erzeugt den benötigten Bremsdruck und lädt den Druckspeicher. Die stromgesteuerten Ventile des Ventilblocks werden über das Steuergerät angesprochen. Beim Öffnen wird der hydraulische Druck aus dem Speicher zu den Bremssätteln geleitet.

Damit der Fahrer das notwendige „Pedalgefühl" erhält, bewegt er mit seiner Fußkraft die Pedalplatte gegen eine Feder und den hydraulischen Druck im Hauptbremszylinder. Hierüber kann bei Systemausfall die Vorderradbremse hydraulisch betätigt werden.

10.7.6 Elektromechanische Feststellbremse

Hauptaufgabe der elektromechanischen Feststellbremse ist es, ein stehendes Fahrzeug gegen unbeabsichtigtes Wegrollen zu sichern. Zudem erfüllt das System die gesetzlichen Bestimmungen nach einem zweiten, unabhängigen Bremssystem im Fahrzeug. Dass ein elektronisches System eingebaut ist, lässt sich am fehlenden Handbremshebel erkennen. Mit der elektronischen Parkbremse können zusätzliche Sicherheits- und Komfortfunktionen verknüpft werden.

Zurzeit werden zwei grundlegend unterschiedlich aufgebaute Feststellbremssysteme in der Serienfertigung eingesetzt:

- mit elektromechanischer Stelleinheit;
- mit direkt auf die Hinterräder wirkendem Elektromotor.

Feststellbremse mit elektromechanischer Stelleinheit. Die Feststellbremse wird mithilfe der elektromechanischen Stelleinheit ausgelöst, die über die beiden Bowdenzüge auf die Duo-Servo-Trommelbremsen der Hinterachse wirkt (Bild 539.1).

Wird der Parkbremstaster betätigt, dreht der Elektromotor der Stelleinheit über das zwischengeschaltete Getriebe eine Spindel. Hiermit verbunden sind über einen Waagebalken die beiden Seilumlenkscheiben mit den beiden Seilzügen. Bewegt sich der Waagebalken beim Festziehen der Bremse auf der Spindel, drehen sich die Seilscheiben nach innen und betätigen die Seilzüge, die dann die Duo-Servo-Trommelbremse anziehen. Die Feststellkraft wird über die auf der Spindel angebrachte Schlingfeder gehalten. Ist die Feststellposition erreicht, bewirkt die Zugkraft in den Seilen, dass sich die Spindel ein kleines Stück zurückdreht. Hierdurch werden die ersten Windungen der Schlingfeder nach außen gespreizt und die Feder stützt sich gegen das umgebende Gehäuse ab. Die Spindel wird somit mechanisch in Position gehalten.

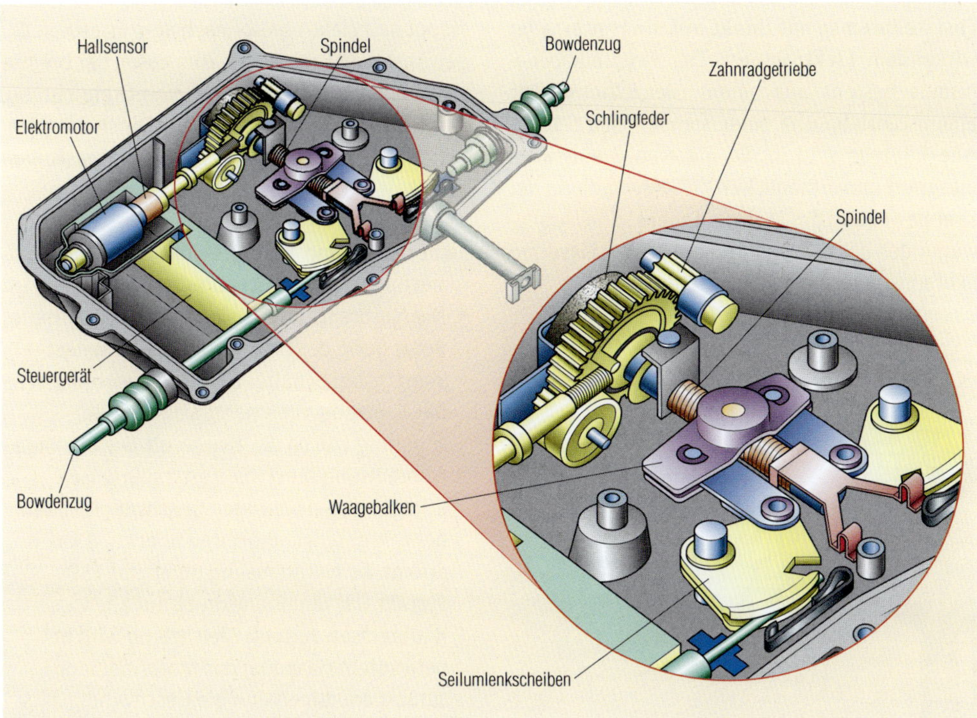

Bild 539.1 Elektromechanische Stelleinheit einer Parkbremse.

Beim Lösen der Bremse dreht der Elektromotor die Spindel in die andere Richtung. Über Waagebalken und Seilscheiben werden die Seilzüge zurück gezogen und die Feststellbremse löst sich. Die Rückstellkraft in der Trommel wird durch dort verbaute Rückstellfedern unterstützt.

Um Korrosion an den Bremstrommeln, Belägen und Führungen zu vermeiden, führt das System ca. alle 1000 km eine vom Fahrer unbemerkte Eigenbremsung mit ca. 20% der maximalen Stellkraft durch.

Fällt die Parkbremssteuerung aus, kann die Trommelbremse mithilfe des Bordwerkzeuges manuell entriegelt werden.

Je nach Fahrzeugtyp lässt sich nach einem Stromausfall und gelöster Parkbremse das Fahrzeug nicht bewegen, da die Parksperre des Automatikgetriebes noch aktiviert ist. In einem solchen Fall müssen Sie die Notbetätigung des Automatikgetriebes lösen.

Eine mögliche Einbindung der elektromechanischen Parkbremse in die Fahrzeugelektronik und in das Gesamtsystem der Bremsanlage verdeutlicht Bild 539.2.

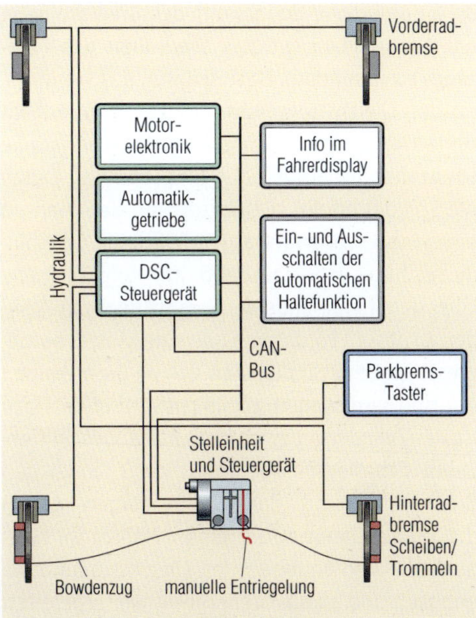

Bild 539.2 Einbindung einer elektromechanischen Parkbremse im Fahrzeug.

DSC: Dynamic Stability Control (engl.) = dynamische Stabilitätskontrolle

Feststellbremse mit direkt auf die Hinterräder wirkendem Elektromotor. Der Feststellmechanismus besteht aus einem Gleichstrommotor, einem Getriebe und einer Spindel (Bild 540.1). Alle Bauteile sind in die hinteren Bremssättel integriert und ermöglichen die Umwandlung der Drehbewegung des Motors in sehr kleine Hubbewegungen des Kolbens. Parkbremse und Hydraulikbremse bilden eine kompakte Einheit.

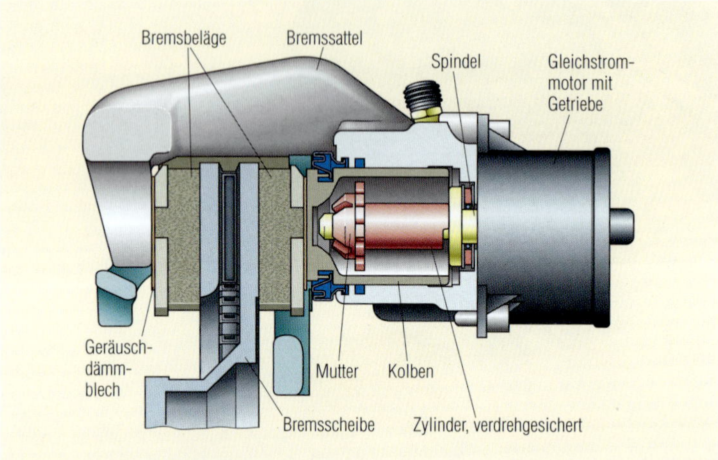

Bild 540.1 Parkbremse mit direkt auf die Hinterräder wirkendem Motor.

Beim Abstellen des Fahrzeugs betätigt der Fahrer den Bremsschalter. Ein Steuergerät in Verbindung mit einem Neigungswinkelsensor ermittelt die erforderliche Spannkraft des Bremskolbens, um ein unbeabsichtigtes Wegrollen des Fahrzeugs zu verhindern. Dazu schaltet das Steuergerät den Gleichstrommotor ein. Dieser überträgt seine Drehbewegung über ein Getriebe (starke Drehzahlreduzierung) auf eine Spindel. Durch die Spindel erfolgt die Umsetzung der Dreh- in eine Hubbewegung. Das vordere Ende der Spindel reicht bis in den ausgehöhlten Kolben hinein. Über dem freien Ende der Spindel liegt ein Zylinder, an dessen vorderem Ende eine Mutter aufgepresst ist. Der Zylinder kann sich im Bremskolben hin- und herbewegen, aber nicht verdrehen. Dazu ist der Zylinder an zwei Stellen plangeschliffen. Dreht sich die Spindel, drückt der Zylinder den Bremskolben mit den Bremsbelägen gegen die Bremsscheibe. Über einen Hallsensor werden die Umdrehungen des Gleichstrommotors ermittelt und an das Steuergerät weitergeleitet. Dieses berechnet den Hubweg des Kolbens und stoppt den Elektromotor nach dem Erreichen der gewünschten Bremskraft. Zum Lösen der Bremse verändert der Elektromotor seine Drehrichtung, der Bremskolben wird entlastet. Durch die Rückverformung des Dichtrings wird der Bremskolben zurück bewegt.

Sicherheits- und Komfortfunktionen der elektromechanischen Feststellbremse:

- Die Notbremsfunktion wird durch dauerhafte Betätigung des Bremsschalters ausgelöst. Solange der Schalter betätigt wird, bremst das Fahrzeug mit einer maximalen Verzögerung von ca. 5 – 8 m/s^2 ab. Die alleinige Abbremsung durch die Feststellbremse erfolgt nur bei niedrigen Geschwindigkeiten, bei Fahrgeschwindigkeiten über ca. 8 km/h erfolgt die Notbremsung durch das ESP-System, das den Bremsdruck auf alle vier Radbremsen verteilt. Gleichzeitig wird bei betätigtem Gaspedal das Motormoment zurückgenommen und die Geschwindigkeitsregelanlage ausgeschaltet.
- Bremsbelagverschleißkontrolle. Über die Ermittlung des Anstellweges des Bremskolbens kann das Steuergerät die Bremsbelagdicke der hinteren Beläge ermitteln und den notwendigen Wechsel anzeigen.
- Die Berganfahrhilfe unterstützt das Anfahren an Steigungen. Das Fahrzeug wird festgebremst und erst gelöst, wenn der Fahrer das Gaspedal betätigt. Somit wird das Zurückrollen am Berg verhindert.
- Die Auto-Stopp-Funktion erkennt in Verbindung mit dem automatischen Getriebe selbstständig, ob das Fahrzeug während eines Stopps festgehalten werden muss, um die Kriechwirkung des Getriebes zu verhindern. Die Betätigung des Gaspedals löst die Bremse.

Beim Wechsel der Bremsbeläge ist abhängig vom Fahrzeugtyp oftmals ein geeignetes Diagnosegerät notwendig, welches den Zylinder in die Grundstellung fährt, bevor der Bremskolben zurückgedrückt werden kann. In anderen Fällen müssen Sie nach Austausch der Bremsbeläge bzw. Bremsscheiben eine Grundeinstellung vornehmen.

Sie können die Funktion der elektromechanischen Feststellbremse nur auf einem Rollenprüfstand prüfen. Durch das schnelle Ansprechen der Bremse kann das Fahrzeug u. U. aus den Prüfrollen herausspringen. Beachten Sie unbedingt die Hinweise der Fahrzeughersteller.

10.7.7 Kraftradbremse

Technisch besonders schwierig ist es, die optimale Bremskraftverteilung zwischen der Vorderrad- und der Hinterradbremse in allen Fahrsituationen sicherzustellen. Dies hat im Wesentlichen zwei Ursachen:

- Beim Bremsen greift die Verzögerungskraft im Schwerpunkt an. Um die Achslastverschiebung gering zu halten, sind eine tiefe Schwerpunktlage und ein langer Radstand wünschenswert. Beim Kraftrad ist die Höhe des Schwerpunktes bezogen auf den Radstand ungefähr doppelt so hoch wie beim Kraftwagen. Somit wird beim Bremsen das Vorderrad sehr stark belastet, das Hinterrad dagegen entlastet. In Extremsituationen kann dies zum Abheben des Hinterrades führen.
- Bezogen auf die Fahrzeugmasse zeichnet sich das Kraftrad durch einen hohen Anteil variabler Zuladungsmöglichkeiten aus. Das Fahren mit einer zweiten Person oder das Mitführen von Reisegepäck verändert prozentual die Gesamtmasse des Zweirades stärker als beim Kraftwagen.

Beide Gründe lassen eine konstant vorgegebene Bremskraftverteilung nicht zu. Die einfachste und häufigste Lösung ist die Verteilung der Bremskraft durch den Fahrer. Er betätigt die Vorderradbremse über den Handbremshebel, die Hinterradbremse über den Fußhebel. In der Regel sind Krafträder an beiden Achsen mit Scheibenbremsen ausgestattet. Leistungsstarke Räder besitzen vorne zwei Bremsscheiben. Ein wesentlicher Beitrag zur Fahrsicherheit ist die Ausstattung der Bremsanlage mit einem Antiblockiersystem. Es verhindert das Überbremsen (Blockieren) eines Rades. Gerade bei sportlicher Fahrweise kann hierdurch die Fahrstabilität erhalten werden.

Die zurzeit aufwändigste Kraftradbremsanlage arbeitet mit der Kombination von drei Regelsystemen, um optimales Brems- und Fahrverhalten zu garantieren:

- CBS → regelt die Bremskraftverteilung zwischen Vorder- und Hinterradbremse,
- ABS → verhindert das Blockieren eines Rades,
- TCS → verhindert das Durchdrehen des Antriebsrades beim Beschleunigen.

CBS: Combined Brake System

ABS: Antiblockiersystem → S. 543

TCS: Traction Control System

Das CBS-System ist ein kraftradspezifisches Regelsystem. Die Regelvorgänge laufen servomechanisch ab, elektronische Komponenten werden nicht benötigt. Die Betätigung der Bremse über Hand- und/oder Fußhebel ist möglich (Bilder 542.1 und 542.2).

Handbremse. Der eingeleitete Bremsdruck wirkt auf die beiden äußeren Kolben beider Vorderrad-Bremsscheiben. Die Auswirkung des Bremsdruckes auf das Bremsverhalten des Kraftrades wird von einem mechanischen Gestänge erfasst. Hierüber wird ein entsprechender Teil der Bremskraft auf den Sekundärkreis-Hauptzylinder übertragen. Der abgeleitete Druck wirkt über das Proportional-Steuerventil auf die beiden äußeren Kolben der Hinterradbremse. Das Ventil regelt die Bremskraftverteilung in voreingestellten Stufen.

Fußbremse. Es werden der mittlere Kolben der Hinterradbremse und beide mittleren Kolben der Vorderradbremse angesprochen.

10.7.8 Arbeiten an der Bremsanlage

Eine Funktionsbeeinträchtigung oder schlimmstenfalls der Ausfall der Bremsanlage stellt eine große Gefahr für die Fahrzeuginsassen und den Straßenverkehr dar. Deshalb müssen Sie Arbeiten an der Bremsanlage immer äußerst sorgfältig und gewissenhaft durchführen.

Auch der Fahrzeughalter muss sich von der Verkehrssicherheit seiner Bremsanlage überzeugen. Störungen müssen umgehend behoben werden.

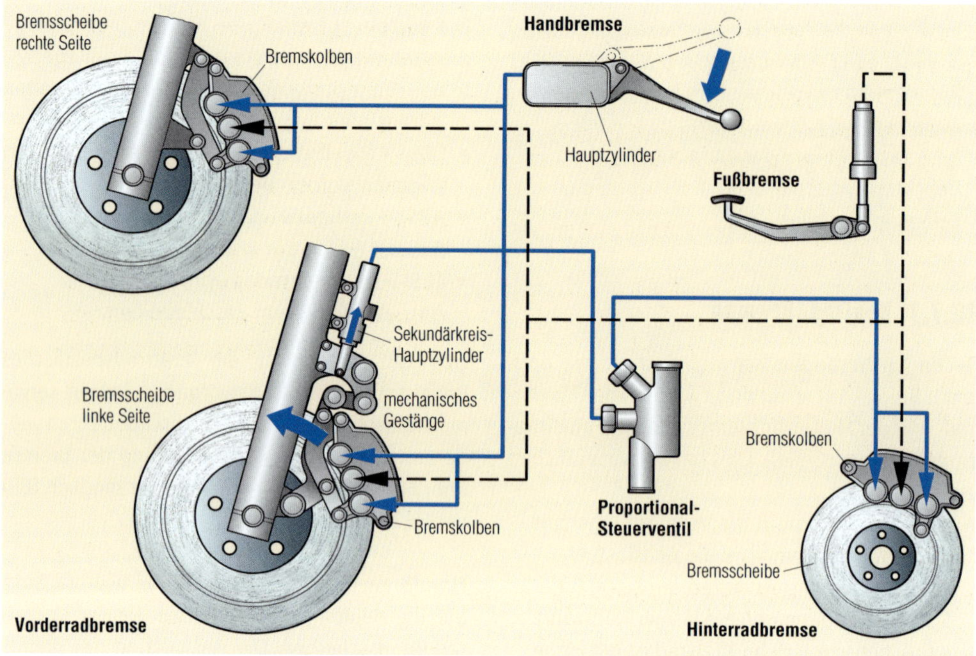

Bild 542.1 Kraftrad: Bremsen mit der Hand.

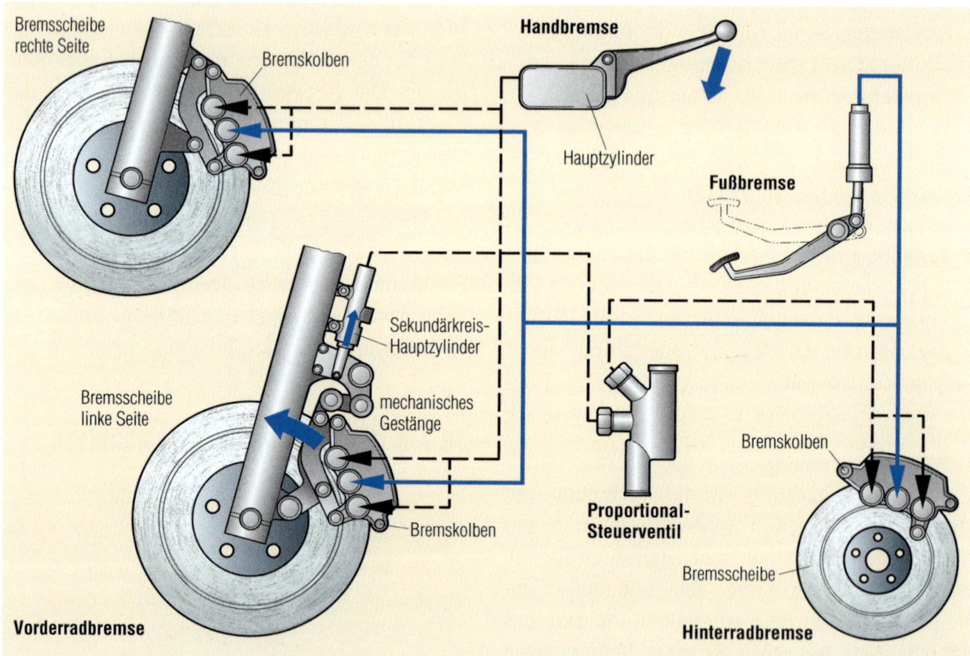

Bild 542.2 Kraftrad: Bremsen mit dem Fuß.

Fahrzeugspezifische Wartungs- und Reparaturarbeiten sind unbedingt nach Herstellervorgaben durchzuführen. Allgemein ist zu beachten:

- regelmäßige Sichtprüfung auf Dichtigkeit und Korrosion der hydraulischen Anschlüsse und Leitungen,
- Kontrolle des Bremsflüssigkeitsstandes im Ausgleichsbehälter,
- bei Austausch der Bremsbeläge niemals den abgebauten Bremssattel am Bremsschlauch aufhängen,
- Bremsbeläge immer achsweise erneuern,
- Trommel und Scheibe auf Abnutzung, Riefen und Seitenschlag untersuchen,
- Trommelbremsen ohne Selbstnachstellung regelmäßig von Hand nachstellen,
- regelmäßige Funktionsprüfung: Bremspedal längere Zeit im Stand betätigen und feststellen, ob sich der Pedalweg verlängert,
- Entlüftungsarbeiten an der Bremsanlage sollten mithilfe eines Füll- und Entlüftergerätes durchgeführt werden. Das manuelle Entlüften mit zwei Personen durch „Pumpen" wird von einzelnen Fahrzeugherstellern (speziell bei ABS-Bremsanlagen) verboten.

10.8 Fahrsicherheitssysteme

Die Fahrsicherheitssysteme verhindern

- beim Bremsen das Blockieren der Räder (Anti-Blockier-System),
- beim Anfahren und Beschleunigen das Durchdrehen der Räder (Antriebsschlupf-Regelung),
- im Schiebebetrieb bei der Gaswegnahme einen zu hohen Bremsschlupf der Antriebsräder (Motorschleppmoment-Regelung),
- das Schleudern des Fahrzeuges (Fahrdynamik-Regelung),
- in Notsituationen eine zu geringe Ausnutzung der möglichen Bremskraft (Brems-Assistent)

und halten die Räder stets im optimalen, stabilen Schlupfbereich, unabhängig vom Fahrbahnzustand (Bild 543.1).

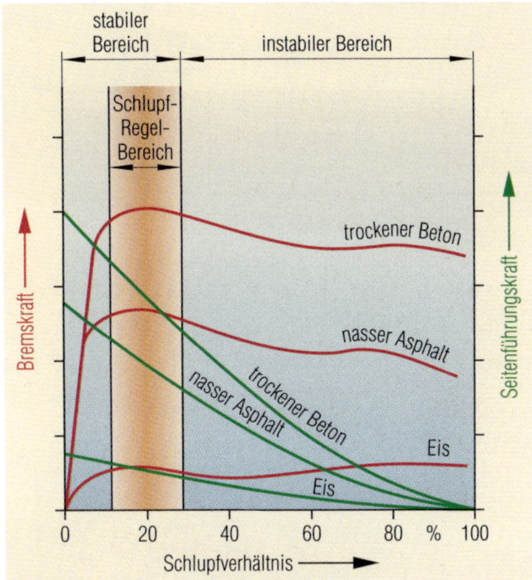

Bild 543.1 Schlupf-Regelbereich der Fahrsicherheitssysteme.

Die Fahrsicherheitssysteme können aber die Grenzen der Fahrphysik nicht aufheben.

10.8.1 Anti-Blockier-System (ABS)

Das ABS regelt bei einer Vollbremsung den Bremsdruck so, dass kein Rad blockiert, die Lenkfähigkeit erhalten bleibt und der kürzest mögliche Bremsweg erzielt wird. Die wichtigsten Eingangssignale für das ABS-Steuergerät liefern die Raddrehzahlfühler (Bild 543.2).

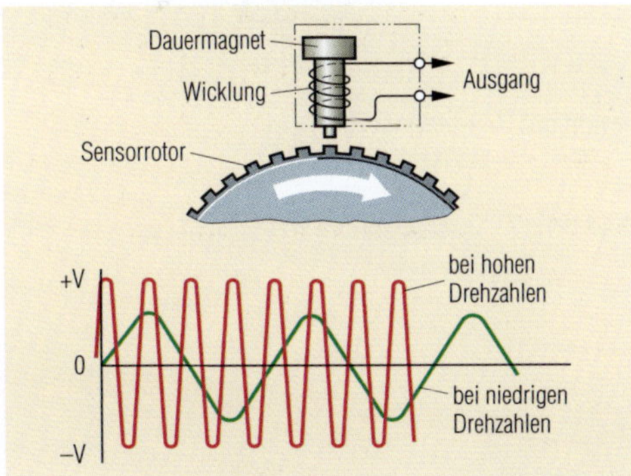

Bild 543.2 Raddrehzahlfühler.

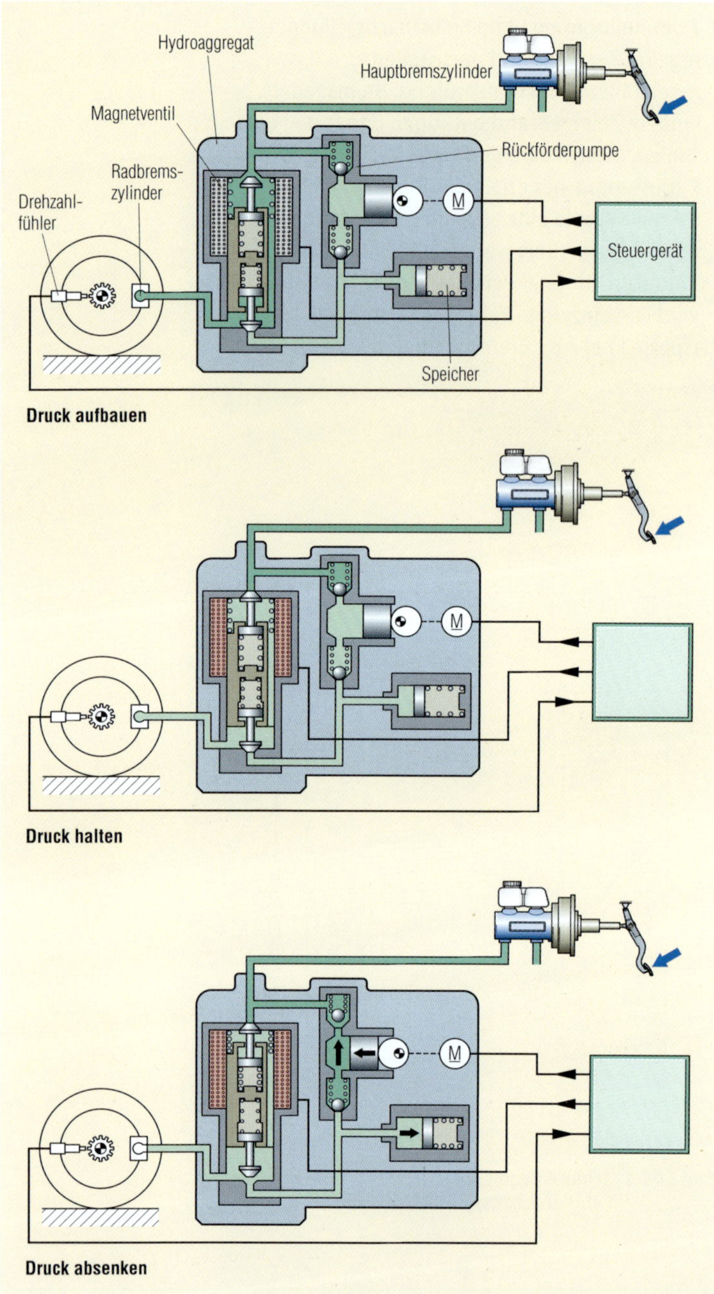

Bild 544.1 Bremsdruckmodulation mit 3/3-Magnetventilen.

Durch die Drehung eines mit der Radnabe verbundenen Impulsrades wird in der Wicklung des Drehzahlfühlers eine sinusförmige Wechselspannung erzeugt. Die Frequenz der Wechselspannung ist direkt proportional zur Drehgeschwindigkeit des Rades. Somit erkennt das Steuergerät die absolute Drehzahl sowie Drehzahländerungen. Zusätzlich errechnet das Steuergerät aus allen Raddrehzahlsignalen die sogenannte Referenzgeschwindigkeit, die annähernd der Fahrzeuggeschwindigkeit entspricht. Sind die Drehzahländerungen an einem oder mehreren Rädern so groß, dass die Gefahr des Blockierens eines oder mehrerer Räder besteht, werden in einem Hydroaggregat zur Regelung des Bremsdruckes die entsprechenden Magnetventile angesteuert. Die einzelnen Phasen der Bremsdruckregelung sind

- Druck aufbauen,
- Druck halten und
- Druck abbauen,

die bis zu 15-mal pro Sekunde ablaufen können.

Erfolgt die Bremsdruckregelung für jedes Rad einzeln, spricht man von einem 4-Kanal-System. Werden nur die Vorderräder einzeln und die Hinterräder gemeinsam geregelt, handelt es sich um ein 3-Kanal-System. Dabei bestimmt das Hinterrad mit der geringsten Bodenhaftung den gemeinsamen Bremsdruck (select-low-Prinzip). 2-Kanal-Systeme, bei denen jeweils ein Vorderrad und das diagonal gegenüberliegende Hinterrad gemeinsam geregelt werden, werden nur selten (bei Kleinwagen) eingebaut.

Für die Bremsdruckregelung im Hydroaggregat gibt es Systeme mit 3/3-Magnetventilen und mit 2/2-Magnetventilen.

ABS mit 3 / 3-Magnetventilen

Druck aufbauen. Bei der Bremsdruckmodulation mit 3/3-Magnetventilen (3 Anschlüsse/3 Stellungen) ist das Magnetventil in der Ruhelage stromlos. Der durch den Fahrer erzeugte Bremsdruck kann ungehindert auf den Radbremszylinder wirken. Der Druck wird aufgebaut (Bild 544.1).

Druck halten. Erkennt das Steuergerät eine zu große Radverzögerung im Vergleich zur Referenzgeschwindigkeit, wird das Magnetventil zuerst mit der Hälfte des Maximalstromes (= 2,5 A) beaufschlagt. Dadurch verschließt es den Zulauf vom Hauptbremszylinder. Der Druck im Radbremszylinder kann nicht weiter steigen und wird gehalten (Bild 544.1).

Druck abbauen. Nimmt die Raddrehzahl nicht wieder zu bzw. sinkt weiter, wird das Magnetventil mit dem Maximalstrom (= 5 A) erregt. Dadurch wird der Rücklauf freigegeben und der Druck im Radbremszylinder kann sich über den Speicher abbauen (Bild 544.1).

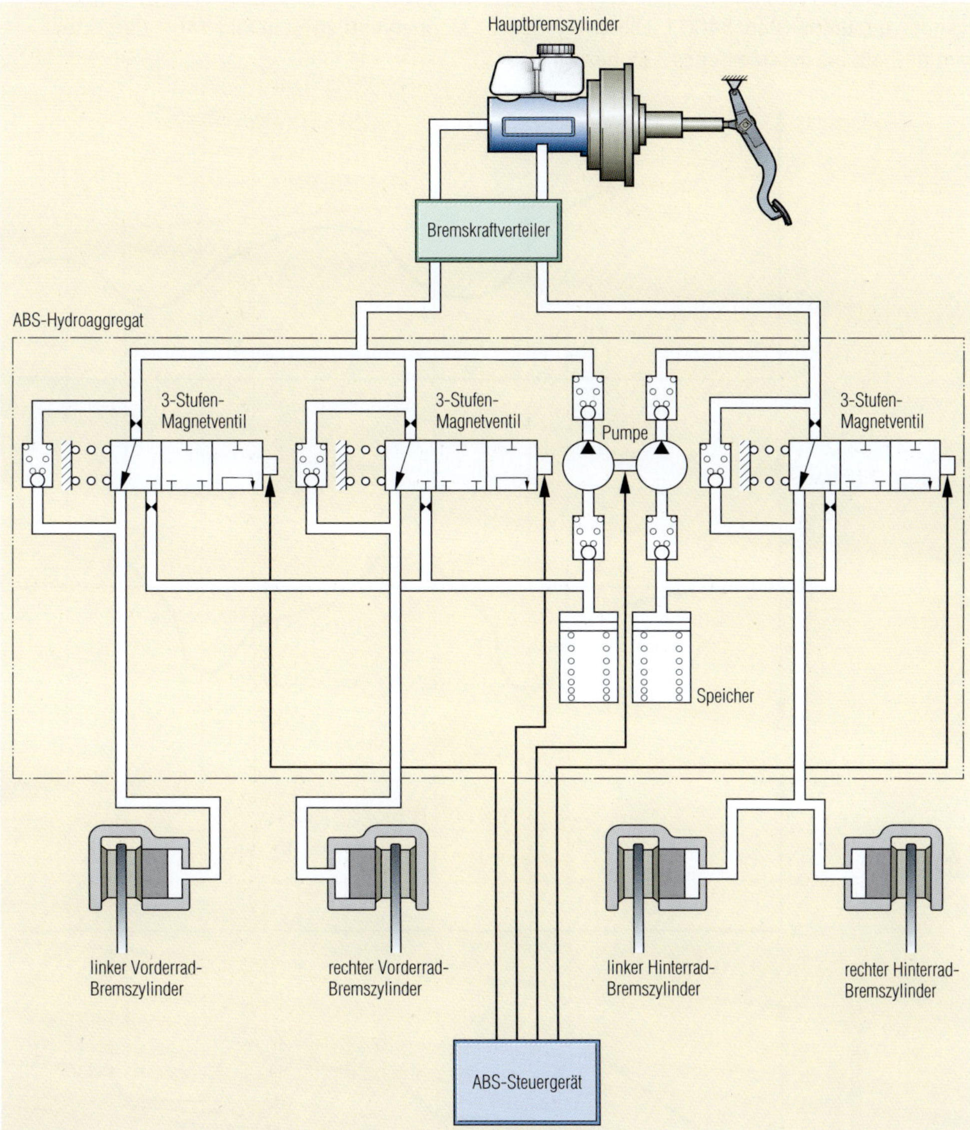

Bild 545.1 Systemübersicht eines 3-Kanal-Systems mit 3/3-Magnetventilen.

Wenn das Rad die Referenzgeschwindigkeit beinahe wieder erreicht hat, schaltet das Steuergerät das Magnetventil wieder stromlos und der Druck kann sich wieder aufbauen. Damit der Bremsdruck im Hauptbremszylinder bei einer ABS-Regelung nicht verloren geht und der Druck sich über den Speicher immer abbauen kann, wird durch die Rückförderpumpe die Bremsflüssigkeit vom Speicher in den Zulauf vom Hauptbremszylinder gepumpt (Bild 545.1). Dieses System wird deshalb als geschlossenes ABS bezeichnet.

Durch diesen Vorgang, der durch ein leichtes Pulsieren am Bremspedal bemerkbar ist, erkennt der Fahrer eine ABS-Regelung.

Ausfall des ABS. Die Magnetventile bleiben stromlos. Somit steht die normale Funktion der Bremsanlage ohne ABS zur Verfügung. Dem Fahrer wird dies durch eine Warnlampe angezeigt. Ein möglicher Ablauf einer ABS-Regelung mit 3/3-Magnetventilen ist in Bild 546.1 dargestellt.

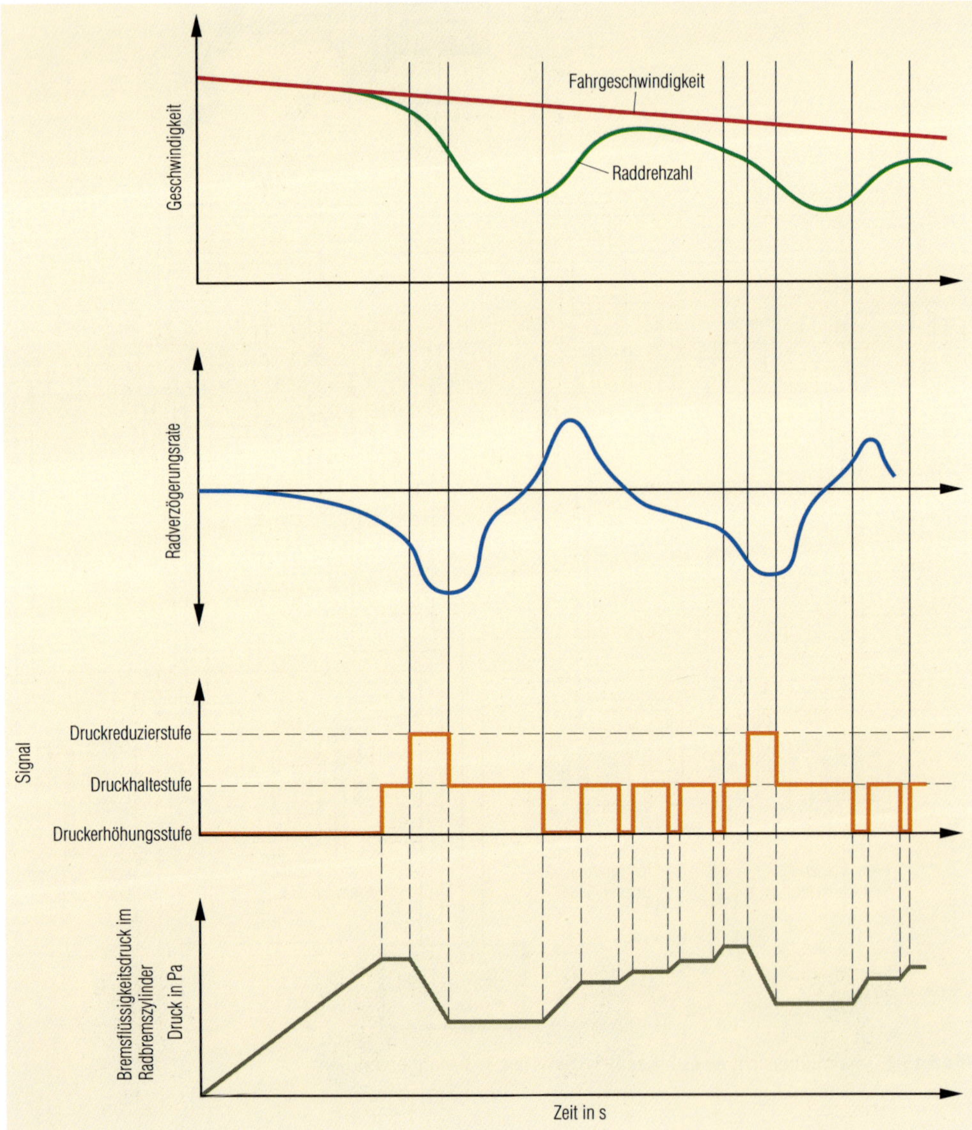

Bild 546.1 Ablauf einer ABS-Regelung mit 3/3-Magnetventilen.

ABS mit 2 / 2-Magnetventilen

Beim ABS mit 2/2-Magnetventilen besitzt im Hydroaggregat jeder Kanal ein Ein- und Auslassventil. Stromlos sind die Einlassventile geöffnet, die Auslassventile geschlossen. Der durch den Fahrer erzeugte Bremsdruck kann auf die Radbremszylinder wirken. Zum Druck halten wird bei einer ABS-Regelung zuerst das Einlassventil bestromt und damit geschlossen. Zum Druck abbauen wird das Auslassventil ebenfalls bestromt und dadurch geöffnet. Zum Druck aufbauen werden die Ventile wieder stromlos, d.h. Einlass offen, Auslass geschlossen. Der Pumpenmotor fördert auch bei diesem System bei einer ABS-Regelung die Bremsflüssigkeit aus dem Ausgleichsbehälter (Speicher) über die Ausgleichskammer zurück in den Zulauf vom Hauptbremszylinder (geschlossenes ABS, Bild 547.1)

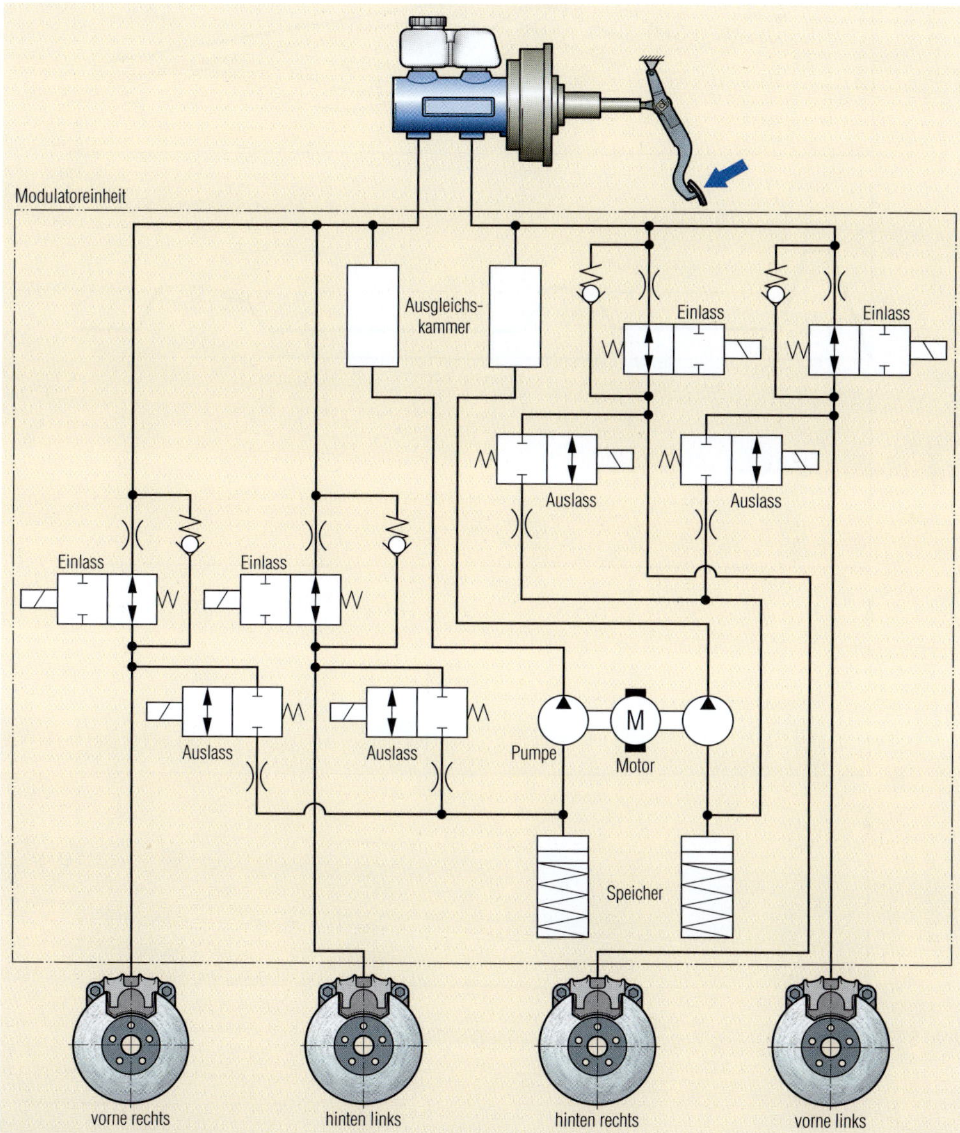

Bild 547.1 Systemübersicht eines 4-Kanal-Systems mit 2/2-Magnetventilen.

Ein möglicher Ablauf einer ABS-Regelung mit 2/2-Magnetventilen ist in Bild 548.1 dargestellt.

Der Hydraulikkreislauf des ABS in Bild 549.1 wird als offenes System bezeichnet, weil die Bremsflüssigkeit beim Abbauen des Druckes drucklos in den Bremsflüssigkeitsbehälter entweicht. Wird über den Bremswegschalter bei einer ABS-Regelung ein zu hoher Pedalweg erkannt, schaltet das Steuergerät den Pumpenmotor ein. Dieser pumpt dann die Bremsflüssigkeit mit hohem Druck wieder in den jeweiligen Bremskreis zurück, wodurch auch das Bremspedal wieder zurückgedrückt wird.

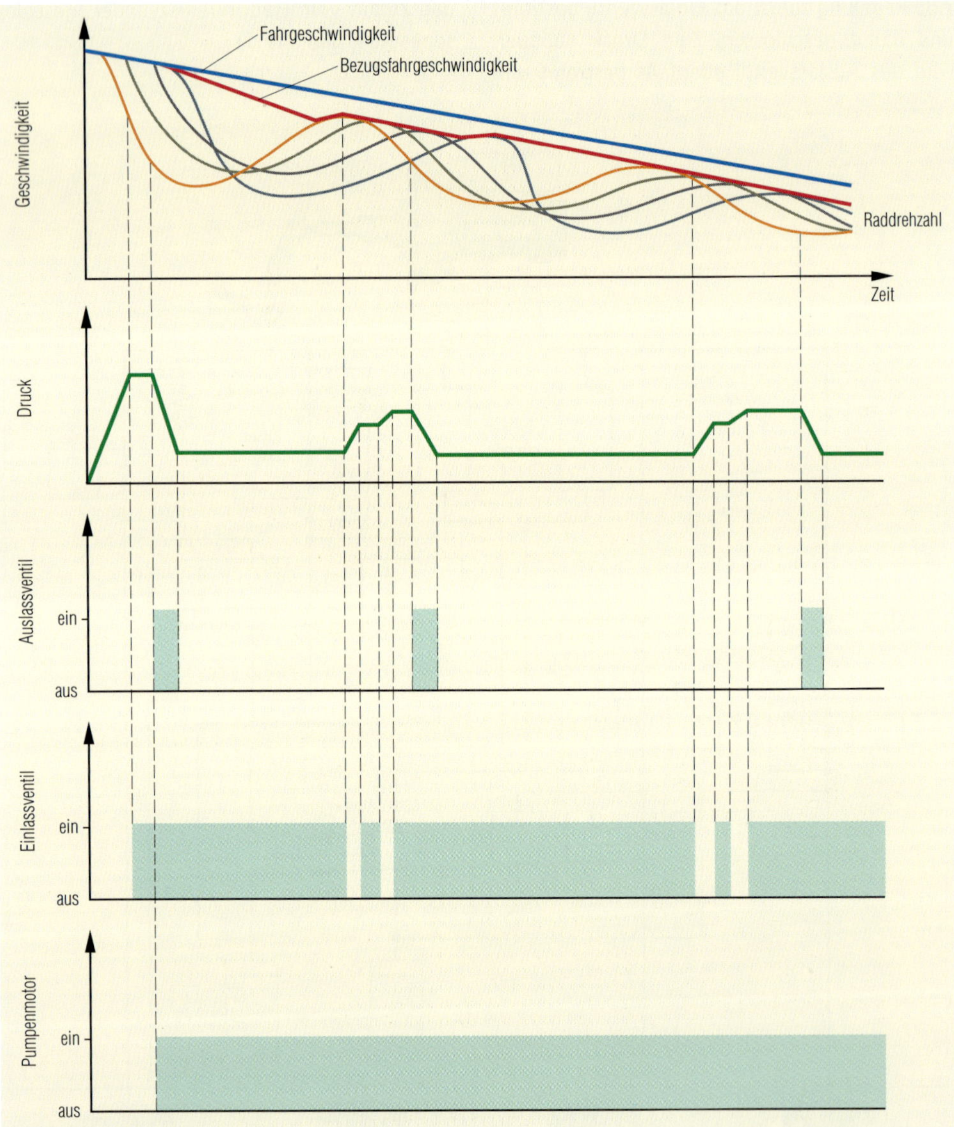

Bild 548.1 Ablauf einer ABS-Regelung mit 2/2-Magnetventilen.

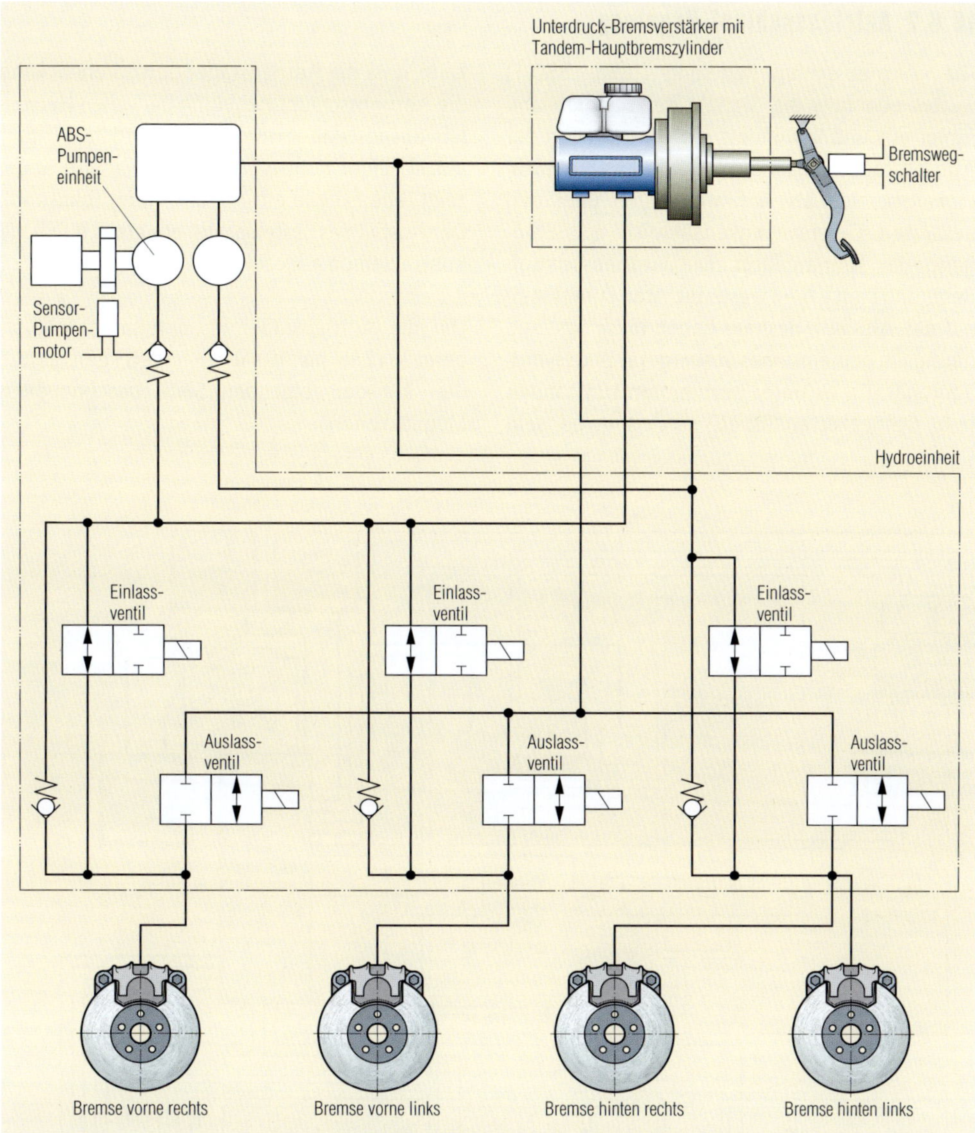

Bild 549.1 Systemübersicht eines offenen 3-Kanal-Systems.

Elektronische Bremskraftverteilung

Die Komponenten des ABS können auch für eine elektronische Bremskraftverteilung verwendet werden. Die Ventile können dazu wie bei einer ABS-Regelung angesteuert werden, ohne dass Blockiergefahr eines Rades besteht. Dadurch erreicht man selbst bei leichteren Bremsvorgängen elektronisch eine exakte Anpassung der Bremskraftverteilung (ohne mechanische Bremskraftregelung oder Druckminderventile) auf die verschiedenen Beladungs- und Belastungszustände des Fahrzeuges. Dies ist besonders beim Bremsen in Kurven für ein höchstmögliches Maß an Fahrstabilität und Seitenführungskräften vorteilhaft. Bei Blockiergefahr eines Rades und damit notwendiger ABS-Regelung endet der Arbeitsbereich der elektronischen Bremskraftverteilung.

10.8.2 Antriebsschlupf-Regelung

Die Antriebsschlupf-Regelung (Bild 550.1) wertet ebenfalls die Signale der Raddrehzahlfühler aus und verhindert ein Durchdrehen der Antriebsräder. Dies dient im unteren Geschwindigkeitsbereich als Anfahrhilfe und über den gesamten Geschwindigkeitsbereich zur Erhöhung der Fahrstabilität. Die Antriebsschlupf-Regelung baut in den wesentlichsten Funktionen auf das ABS auf; deshalb haben diese Systeme häufig ein gemeinsames Steuergerät und Hydroaggregat. Da es unter bestimmten Umständen (z. B. Schneekettenbetrieb usw.) sinnvoll sein kann, dass die Antriebsräder durchdrehen, kann die Antriebsschlupf-Regelung bei vielen Herstellern ausgeschaltet werden. Dies wird dem Fahrer mittels einer Kontrolllampe (permanent) angezeigt, ebenso wie ein Regelvorgang (blinkend). Der Ausfall des Systems wird ebenfalls durch die Kontrolllampe angezeigt.

Um die Antriebsräder im optimalen Schlupfbereich (2 % bis 10 %) zu halten, gibt es die drei auf der folgenden Seite beschriebenen Möglichkeiten.

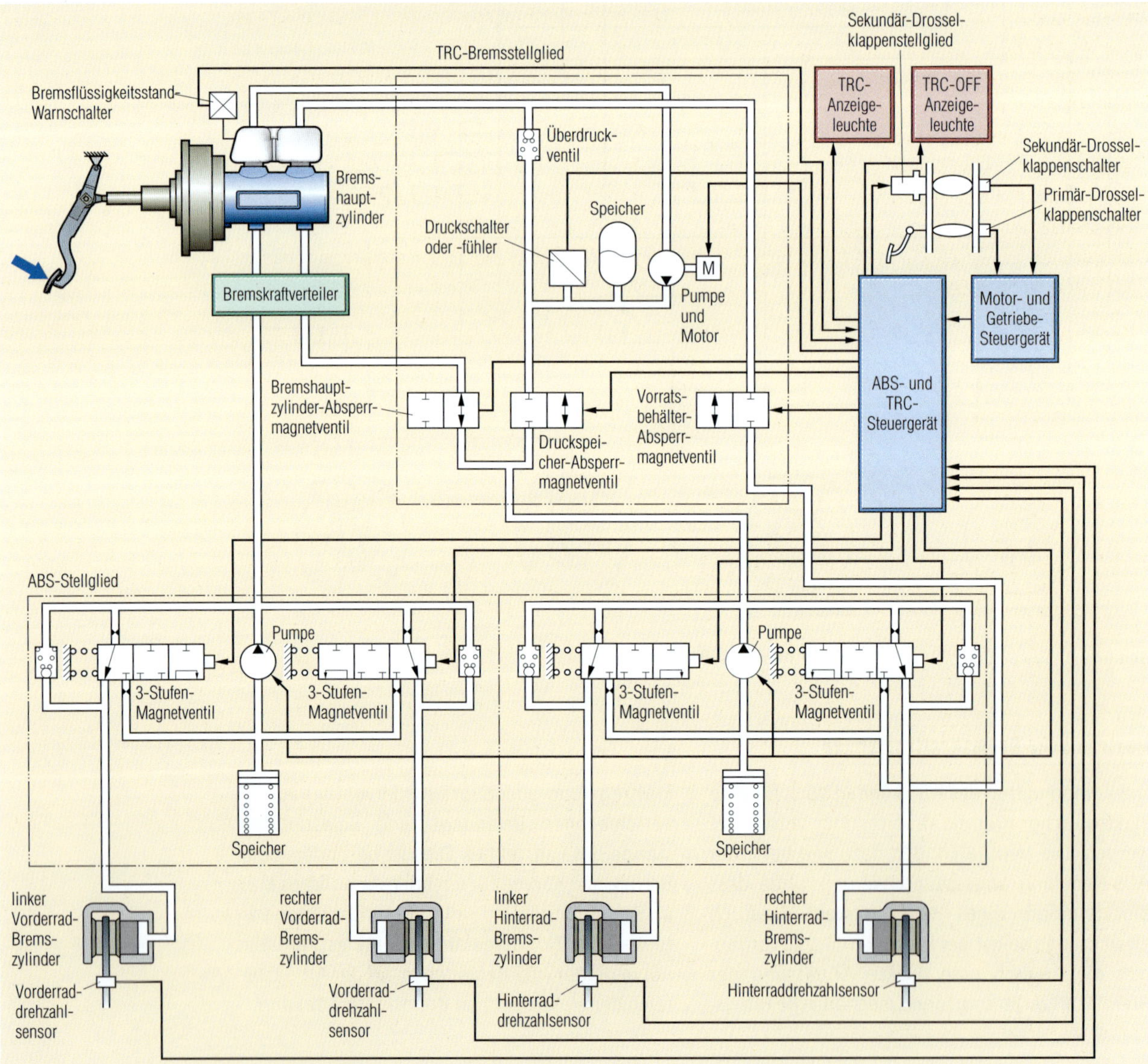

Bild 550.1 Systemübersicht Antriebsschlupf-Regelung mit 3/3-Magnetventilen.

Zündwinkelrücknahme, Zünd- und Einspritzausblendung. Bei Benzinmotoren lässt sich die Motorleistung schnell reduzieren, indem der Zündwinkel in Richtung spät verstellt wird. Wenn dies nicht ausreicht, kann auch die Zündung sowie gleichzeitig die Einspritzung ausgeblendet werden. Bei Dieselmotoren wird analog zuerst der Spritzbeginn verstellt und anschließend die Einspritzmenge reduziert. Dies wird durch ein Signal vom Steuergerät der Antriebsschlupf-Regelung zum Motorsteuergerät ausgelöst. Der Datenaustausch erfolgt meistens auf dem Bussystem des Antriebsstranges.

Drosselklappeneingriff. Um die Motorleistung weiter zu reduzieren, wird entgegen dem Fahrerwunsch der Öffnungswinkel der Drosselklappe verringert. Dies kann durch

- eine zweite Drosselklappe, die sich vor der eigentlichen Drosselklappe befindet oder
- durch eine über eine Feder mechanisch vom Bowdenzug entkoppelte Drosselklappe oder
- im Rahmen der elektronischen Motorleistungsregelung (E-Gas)

verwirklicht werden. In allen Fällen wird die entsprechende Drosselklappe durch einen eigenen Stellmotor betätigt. Der Stellmotor kann (je nach System) direkt durch das Steuergerät der Antriebsschlupf-Regelung, aber auch durch das Motorsteuergerät bzw. die elektronische Motorleistungsregelung angesteuert werden.

Bremseneingriff. Die schnellste und wirkungsvollste Regelmaßnahme ist der Bremseneingriff, bei dem das durchdrehende Rad (evtl. auch beide Antriebsräder) über den entsprechenden Radbremszylinder abgebremst wird.

Das Hydroaggregat des ABS wird dafür bei einem System mit 2/2-Magnetventilen um zwei Magnetventile erweitert (Bild 551.1). Das Absperr- oder Lademagnetventil, das stromlos geschlossen ist und erst bei einer Antriebsschlupf-Regelung mit Strom versorgt und geöffnet wird, ermöglicht der selbst ansaugenden Rückförderpumpe das Ansaugen der Bremsflüssigkeit aus dem Hauptbremszylinder. Durch das Umschaltmagnetventil (stromlos offen), das bei einem Bremseneingriff

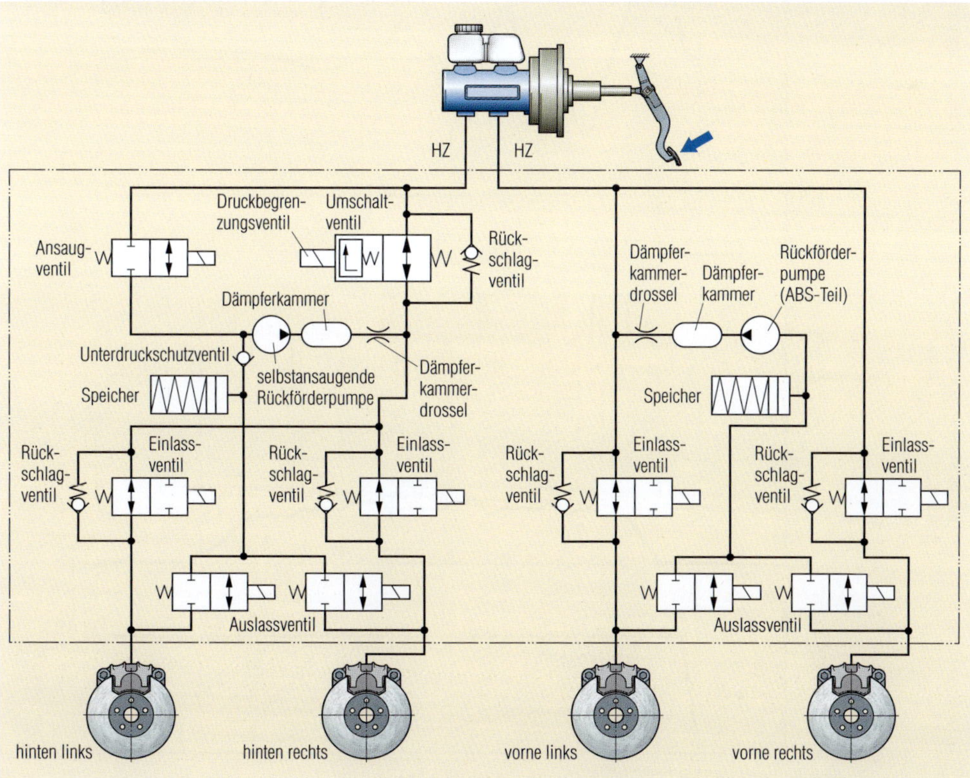

Bild 551.1 Systemübersicht einer Antriebsschlupf-Regelung mit 2/2-Magnetventilen.

geschlossen wird, und durch die laufende Rückförderpumpe baut sich im Bremskreis der erforderliche Bremsdruck auf. Dieser wirkt auf den Radbremszylinder des durchdrehenden Rades. Bei dem Rad, das nicht abgebremst werden soll, wird das Einlassmagnetventil geschlossen.

Betätigt der Fahrer während einer Antriebsschlupf-Regelung die Bremse, werden alle Magnetventile sofort stromlos, kehren in ihre Ruheposition zurück und die normale Funktion der Bremsanlage ist gewährleistet. Dies gilt auch für die Bremsdruckmodulation (Druck aufbauen, halten, abbauen) mit 3/3-Magnetventilen im Hydroaggregat (Bild 550.1) und extra Druckerzeugung mit zusätzlicher Pumpe und eigenem sogenannten Bremsstellglied. Den Ablauf einer Regelung aus Bild 550.1 mit Bremseneingriff zeigt Bild 552.1.

Die Antriebsschlupf-Regelung arbeitet nach verschiedenen programmierten Regelstrategien, die je nach Erfordernissen (Geschwindigkeit, Haftung usw.) ausgewählt werden. Erkannt werden können je nach System auch zusätzliche für die Fahrstabilität kritische Situationen wie Aquaplaning oder auch Kurvenfahrten usw. Entsprechende Regelmaßnahmen können dann

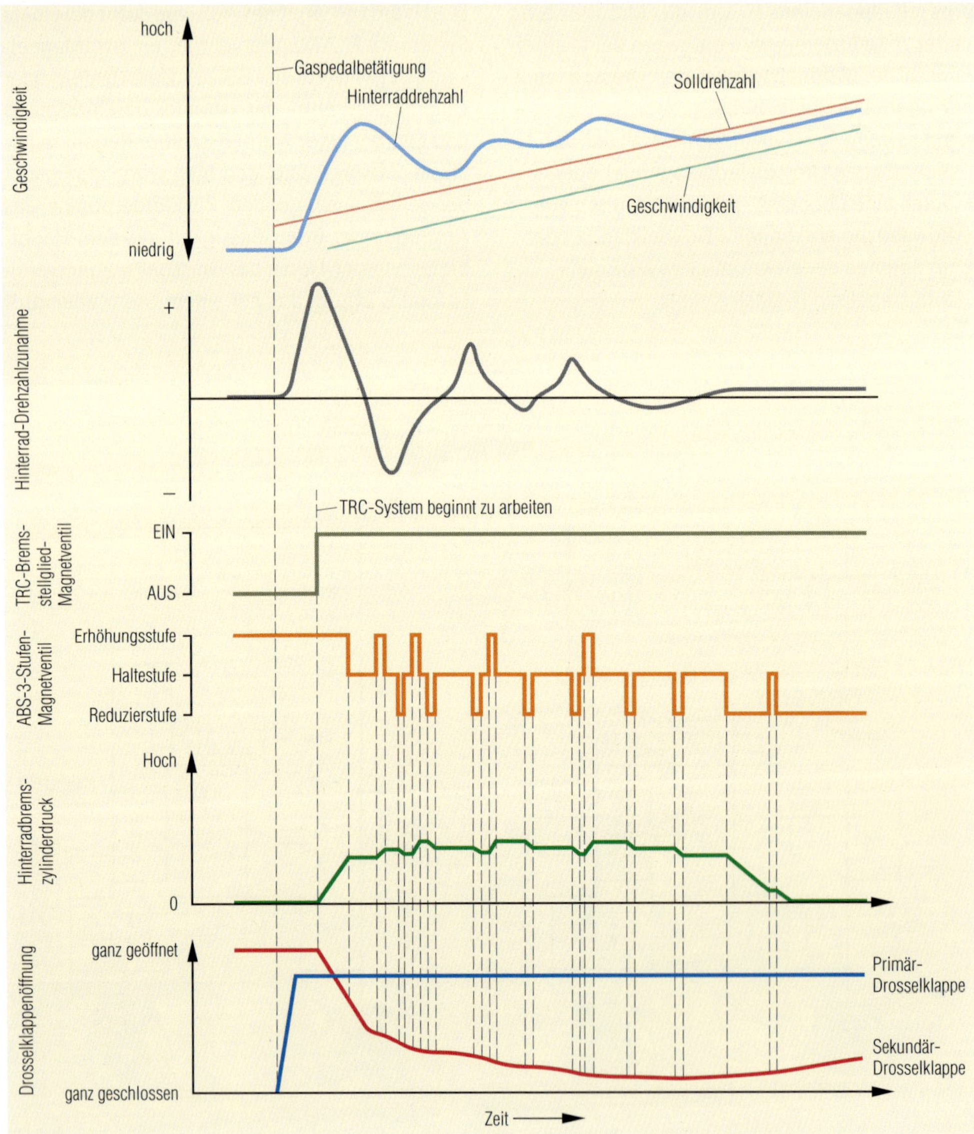

Bild 552.1 Möglicher Ablauf einer Antriebsschlupf-Regelung.

ergriffen werden. Die Verwendung der am Markt befindlichen Systeme ist sehr unterschiedlich und nicht alle Hersteller nutzen alle drei Möglichkeiten des Systemeingriffes.

Motorschleppmoment-Regelung. Häufig kombiniert mit der Antriebsschlupf-Regelung ist eine Motorschleppmoment-Regelung. Beim Gaswegnehmen kann es durch das Motorbremsmoment zu einem erhöhten Schlupf kommen, wodurch die Fahrzeugstabilität ebenfalls gefährdet sein könnte. Über die Raddrehzahlfühler erkennt das Steuergerät den erhöhten Schlupf. Durch ein Signal bzw. Datentelegramm zum Motorsteuergerät werden die Drosselklappe oder der Leerlaufsteller geöffnet und dadurch die Motordrehzahl etwas erhöht. Dadurch verringert sich das Motorbremsmoment.

10.8.3 Fahrdynamik-Regelung (ESP)

Aufbauend auf das ABS und die Antriebsschlupf-Regelung sorgt die Fahrdynamik-Regelung für ein stabilisiertes Fahrverhalten bei kritischen Fahrzuständen – unabhängig davon, ob die Bremse oder das Gaspedal oder keines von beiden betätigt wird. Vor allem bei

- schnellen Ausweichmanövern,
- Panikreaktionen,
- unter- bzw. übersteuerndem Fahrzeug und eventuell
- wechselnden Fahrbahnreibungszahlen

hilft die Fahrdynamik-Regelung durch radindividuelles Bremsen und durch Eingriffe in die Motorsteuerung. Während das ABS und die Antriebsschlupf-Regelung überwiegend in die Längsdynamik des Fahrzeuges eingreifen, muss die Fahrdynamik-Regelung zusätzlich das Fahrzeug um seine Hochachse stabilisieren. Hierbei spricht man auch von einer Giermomentregelung (Bild 553.1).

Die Fahrdynamik-Regelung hat zusammen mit dem ABS und der Antriebsschlupf-Regelung ein gemeinsames Steuergerät und ein Hydroaggregat. Als Eingangssignale werden neben den Raddrehzahlfühlern noch zusätzlich die Signale von einem Lenkradwinkelsensor, Drehratensensor (Gierrate) und einem Querbeschleunigungssensor sowie Informationen (Motordrehmoment usw.) von der Motorsteuerung verarbeitet. Zur

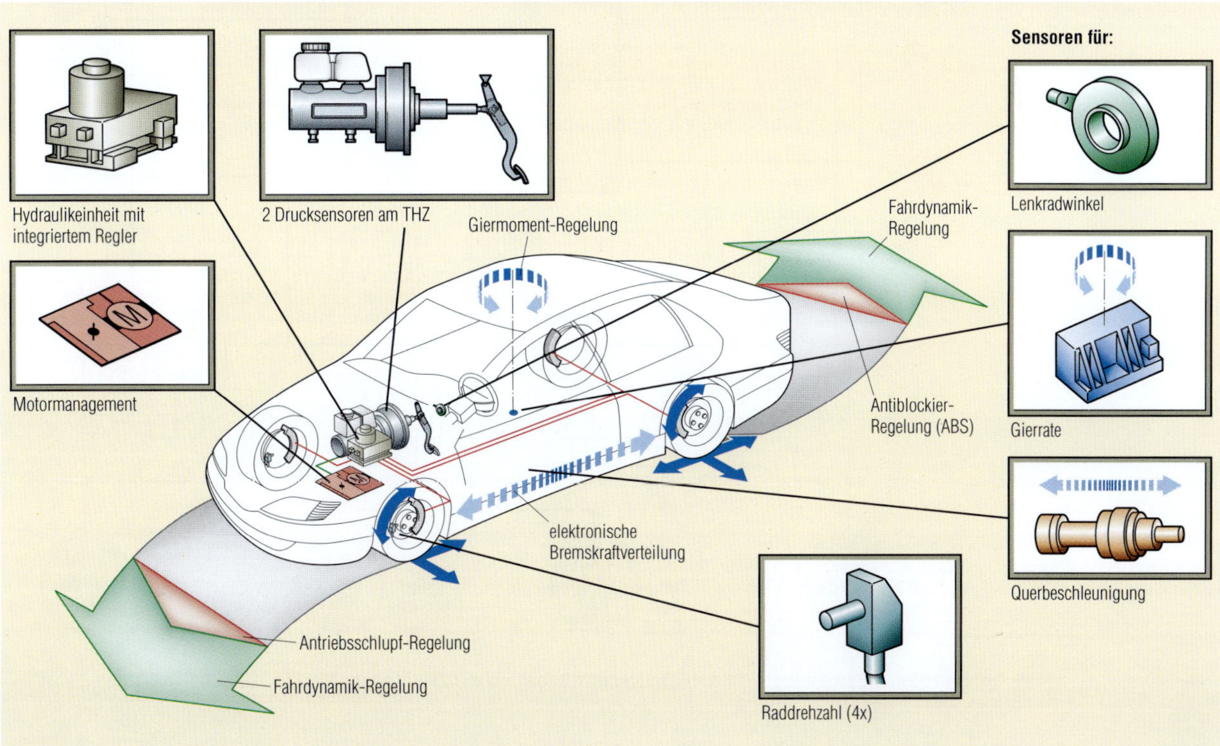

Bild 553.1 Aufgabe und Komponenten der Fahrdynamik-Regelung.

Funktionsüberwachung dienen außerdem noch zwei Drucksensoren am Hauptbremszylinder oder ein Vordrucksensor, eventuell ein Bremsflüssigkeitsniveauschalter und das Signal des Bremslichtschalters. Funktionsausfälle werden dem Fahrer durch eine Kontrolllampe (permanent) angezeigt; Regeleingriffe durch die blinkende Kontrolllampe.

Ausgangsseitig nutzt die Fahrdynamik-Regelung die gleichen Strategien zur Motorleistungsreduzierung wie die Antriebsschlupf-Regelung (Zündwinkelrücknahme, Zünd- und Einspritzausblendung, Drosselklappeneingriff, Bremseneingriff). Der Hydraulikkreis im Hydroaggregat ist um ein weiteres Absperr-/Lademagnetventil und Umschaltmagnetventil für den Bremskreis der nicht angetriebenen Achse erweitert (Bild 554.1).

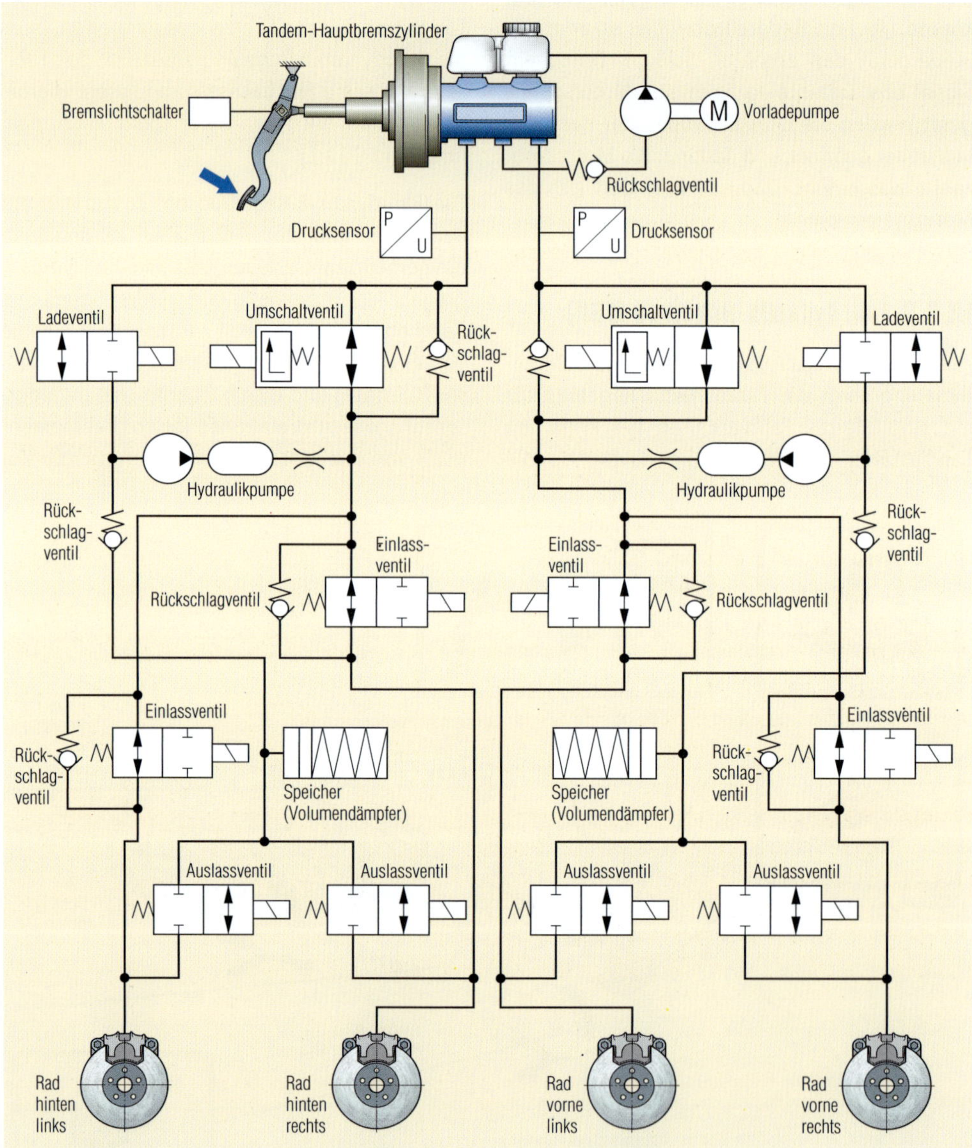

Bild 554.1 Systemübersicht der Fahrdynamik-Regelung mit 2/2-Magnetventilen.

Bei einem Bremseneingriff werden das Umschalt- und das Lademagnetventil des entsprechenden Bremskreises bestromt und damit geschlossen (Umschaltmagnetventil) bzw. geöffnet (Lademagnetventil). Gleichzeitig werden die Vorlade- und die Rückförderpumpe angesteuert und der dabei entstehende Druck kann über das offene Einlassventil (Auslassventil geschlossen) auf den Radbremszylinder (z. B. vorne links) wirken. Damit der Bremsdruck nicht unerwünscht auf die anderen Radbremszylinder wirken kann, wird im gleichen Bremskreis das andere Einlassventil (z. B. vorne rechts) geschlossen und das Auslassventil sicherheitshalber geöffnet. Im anderen Bremskreis (z. B. für hinten) wird das Umschaltmagnetventil geschlossen. Der Bremseneingriff bei der Fahrdynamik-Regelung besteht aus den Phasen Druck aufbauen, Druck halten und Druck reduzieren. Über die Signale der Raddrehzahlsensoren wird überwacht, dass beim Bremseneingriff kein blockierendes Rad erzeugt wird bzw. dieses sich im optimalen Schlupfbereich befindet. Wenn notwendig, können bei einer Regelung auch mehrere Räder gleichzeitig abgebremst werden. Der notwendige Bremseneingriff ist in Bild 555.1 am Beispiel eines übersteuernden und eines untersteuernden Fahrzeuges verdeutlicht.

Beim Übersteuern (Fahrzeug bricht mit dem Heck aus) wird das kurvenäußere Vorderrad stark, das kurvenäußere Hinterrad leicht abgebremst. Beim Untersteuern (Fahrzeug schiebt über die Vorderräder geradeaus) wird das kurveninnere Vorderrad leicht, das kurveninnere Hinterrad stark abgebremst.

Bremsassistent-Funktion. Dafür gibt es zwei Möglichkeiten. Ist die Funktion direkt im Steuergerät der Fahrdynamik-Regelung integriert, erfolgt die Erkennung der Notbremsung über die Drucksensoren (schneller Druckanstieg) am Hauptbremszylinder (Bild 554.1). Zur Bremskraftunterstützung wird die Vorladepumpe eingeschaltet. Besitzt die Bremsassistent-Funktion ein eigenes Steuergerät, wird ein im Bremskraftverstärker untergebrachtes Magnetventil geschaltet, wodurch die Arbeitskammer belüftet wird und die volle Bremskraftunterstützung erzeugt wird (Bild 555.2). Die Erkennung der Notbremsung erfolgt über einen Wegsensor, der die Pedal- bzw. Membranbewegung erfasst.

Bremsassistent
→ S. 529

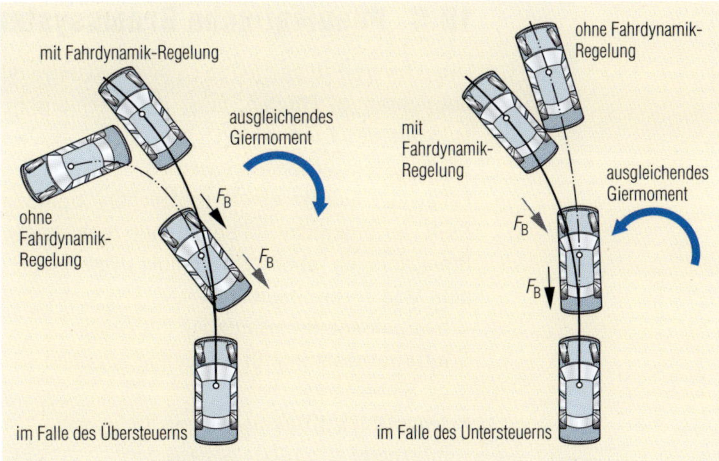

Bild 555.1 Giermoment-Regelung bei übersteuerndem und untersteuerndem Fahrzeug.

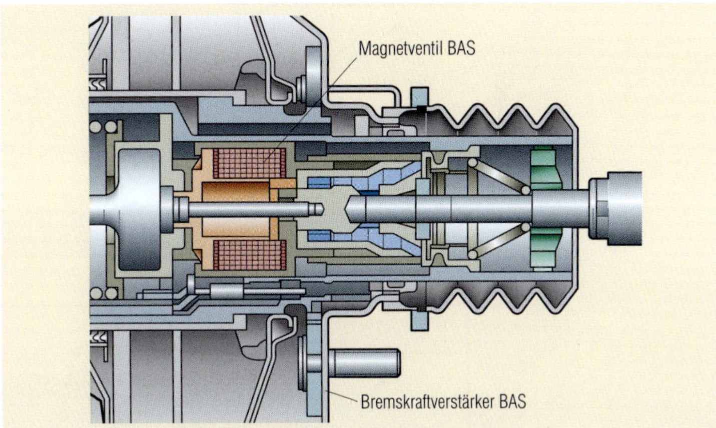

Bild 555.2 Bremskraftverstärker mit Bremsassistent-Magnetventil.

10.9 Pneumatische Bremssysteme (Fremdkraftbremsanlagen)

Um schwere Fahrzeuge (ab ca. 8 t) wirkungsvoll abbremsen zu können, muss die mechanische Fußkraft des Fahrers durch ein pneumatisches Bremssystem unterstützt werden. Da in diesen Fällen der Einsatz einer zusätzlichen „fremden Kraft" erforderlich ist, bezeichnet man solche Bremsanlagen auch als Fremdkraftbremsanlagen. Man unterscheidet:

- hydraulische Bremsanlagen mit Druckluftunterstützung für Fahrzeuge zwischen ca. 8 und 15 t,
- reine Druckluftbremsanlagen für Schwerfahrzeuge ab ca. 16 t.

Gesetzlich vorgeschrieben ist für beide Ausführungen ein Zweikreissystem. Damit wird die Betriebssicherheit des Fahrzeuges erhöht. Die Fremdkraftbremsanlage arbeitet mit einem Betriebsdruck von 8 bar bis 10 bar. Bei Bedarf lassen sich an das Luftdrucknetz eine Reihe von Nebenaggregaten anschließen wie z. B. eine Reifenfülleinrichtung, eine Luftfederung oder ein pneumatischer Türöffner.

10.9.1 Funktionsdarstellung der Fremdkraftbremse

Zur einheitlichen und übersichtlichen Darstellung der Bremsschaltpläne verwendet man genormte grafische Symbole (DIN ISO 74 253; Bild 556.1).

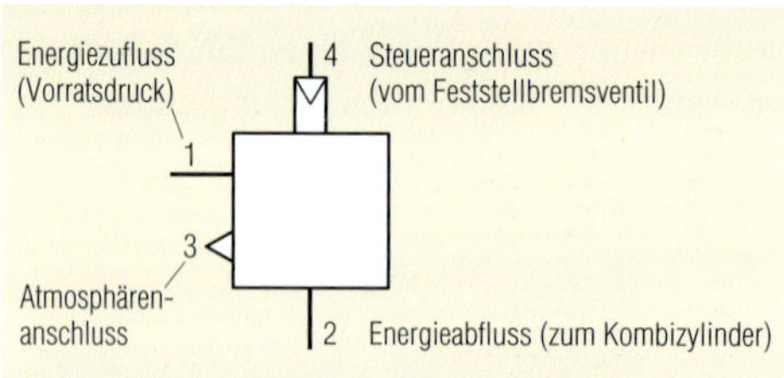

Bild 556.1 Druckregler mit Anschlusskennzeichnung.

Bei mehreren gleichartigen Anschlüssen an einem Bauteil muss eine zweite Ziffer angeben werden. Das Mehrkreisschutzventil z. B. besitzt vier gleichartige Energieabflüsse (21, 22, 23 und 24). Die Bedeutung der verschiedenen Geräteanschlussziffern werden in Tabelle 556.1 erläutert.

Eine Ausnahme dieser Systematik bilden die genormten zweistelligen Zahlen am Luftkompressor. Sie haben eine eigene Bedeutung:

81 = Schmierölzufluss, 82 = Schmierölabfluss
91 = Kühlwasserzufluss, 92 = Kühlwasserabfluss

Anschlussziffer	Bedeutung	Anschlussziffer	Bedeutung
0	Ansauganschluss	5, 6	frei
1	Energiezufluss	7	Frostschutzmittelanschluss
2	Energieabfluss (nicht zur Atmosphäre)	8	Schmierölanschluss (Luftkompressor)
3	Atmosphärenanschluss	9	Kühlwasseranschluss
4	Steueranschluss		

Tabelle 556.1 Bedeutung der verschiedenen Geräteanschlussziffern.

10.9.2 Teilbremssysteme der Fremdkraftbremsanlage

Die Fremdkraftbremsanlage besteht aus drei gesetzlich vorgeschriebenen Teilbremssystemen (Tabelle 557.1). Kraftomnibusse mit einem zulässigen Gesamtgewicht von mehr als 5,5 t sowie andere Kraftfahrzeuge mit einem zulässigen Gesamtgewicht von mehr als 9 t müssen nach den bestehenden Vorschriften außer mit den Bremsen noch mit einer Dauerbremse ausgerüstet sein. Als Dauerbremse gelten Motorbremsen oder in der Bremswirkung gleichartige Einrichtungen.

Betriebsbremsanlage	Hilfsbremsanlage	Feststellbremsanlage	Dauerbremsanlage (Sondervorschrift)
Abstufbare Bremsanlage, die bei normalem Fahrbetrieb benutzt wird.	Abstufbare Bremsanlage, die bei Störung oder Ausfall der Betriebsbremsanlage eingesetzt werden kann.	Bremsanlage, die das abgestellte Fahrzeug auch bei geneigter Fahrbahn festhalten muss. Am Kraftfahrzeug muss die Feststellbremse so ausgelegt sein, dass sie das Abrollen des Fahrzeugs auf der größten befahrbaren Steigung verhindert. Am Anhänger muss die Feststellbremse so ausgelegt sein, dass sie das Abrollen des vollbelasteten Anhängers auch bei Steigung/Gefälle von 18 % verhindert.	• Einrichtung zur anhaltenden Verringerung der Geschwindigkeit, damit die Betriebsbremse bei längeren Talfahrten nicht zu stark beansprucht wird. • keine Abbremsung bis zum Stillstand möglich.

Tabelle 557.1 Teilbremssysteme und ihre Aufgaben.

10.9.3 Hydraulische Bremskraftanlage mit Druckluftunterstützung

Die Bremsanlage besteht aus
- Energieversorgungsteil (Drucklufterzeugung),
- zweikreisigem hydraulischem Betriebsbremssystem,
- Feststellbremssystem,
- Hilfsbremssystem (nach Bauart mechanisch oder pneumatisch ausgeführt).

Funktionsbeschreibung. Der Kompressor erzeugt die Druckluft, die über einen Druckregler zum Zweikreis-Schutzventil geleitet wird. Von dort gelangt sie in zwei Luftbehälter, wo sie gespeichert wird. Aus diesen beiden Vorratskreisen wird der Bremskraftverstärker mit Druckluft versorgt. Die Höhe des Vorratsdruckes kann am Doppelmessgerät abgelesen werden. Zu niedriger Druck wird durch eine Warnlampe angezeigt.

Durch Niedertreten des Fußbremspedals wird der Tandem-Hauptzylinder mechanisch betätigt. In Abhängigkeit von der aufgebrachten Fußkraft und dem Pedalweg strömt eine entsprechend dosierte Druckluftmenge aus den Vorratsbehältern in den Bremskraftverstärker. Diese verstärkt die Pedalkraft des Fahrers. Die Folge ist eine Erhöhung des hydraulischen Druckes im Bremskreis. Die Spannkraft in den Radzylindern nimmt zu.

Bei Ausfall eines Betriebsbremskreises kann über den Tandem-Hauptzylinder der noch intakte Kreis weiterbenutzt werden. Dabei erhöht sich der Pedalweg an der Fußbremse.

Bei Ausfall eines Druckluftkreises bleibt die volle Bremskraft erhalten. Dafür sorgt der doppelte Druckluftanschluss am Bremsgerät. Sollte die unterstützende Druckluft völlig fehlen, muss der Fahrer eine erheblich größere Fußkraft aufbringen um das Fahrzeug abzubremsen. Die Feststellbremsanlage kann in diesem Fall als Hilfsbremsanlage genutzt werden.

Die im Bild 558.1 dargestellte Bremsanlage wird auch in anderen Ausführungen angeboten. Statt der dargestellten mechanischen Feststellbremsanlage ist auch eine gestängelose Ausführung möglich. Diese wird über ein Feststell- und Hilfsbremsventil pneumatisch gesteuert (Bild 558.2). Sie wirkt auf einen eingebauten Federspeicher in der Hinterachsbremse.

Zusätzlich kann ein Anhängersteuerventil mit den zugehörigen Kupplungsköpfen für eine druckluftbetätigte Zweileitungs-Anhängerbremse vorhanden sein.

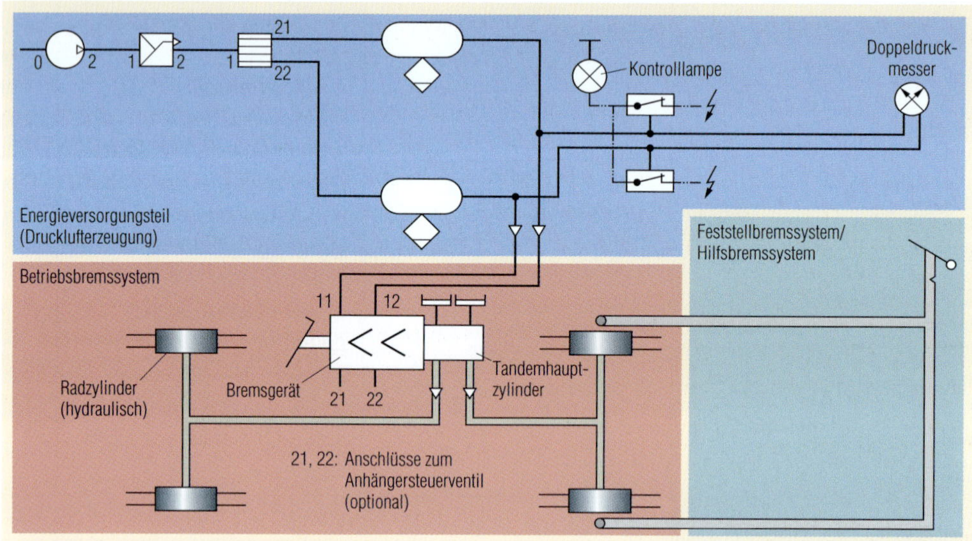

Bild 558.1 Druckluftunterstützte hydraulische Bremsanlage mit mechanischer Feststell- und Hilfsbremsanlage.

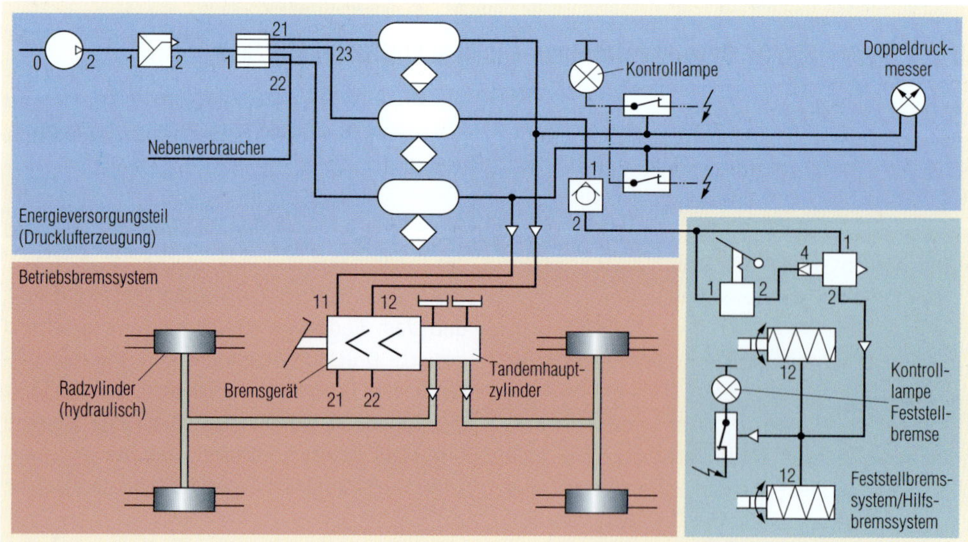

Bild 558.2 Druckluftunterstützte hydraulische Bremsanlage mit pneumatischer Feststell- und Hilfsbremsanlage.

10.10 Gesetzliche Bestimmungen zur Bremsanlage

Für Bremsanlagen von Kraftfahrzeugen, die in der Bundesrepublik Deutschland zugelassen werden, gelten strenge Bau-, Prüf- und Wartungsvorschriften. Dabei handelt es sich sowohl um nationale als auch um europäische Vorschriften. Die wichtigsten Regelungen beschreiben:

- die Straßenverkehrszulassungsordnung (StVZO, § 29, § 41, § 42),
- die Richtlinien des Rates der Europäischen Union (RREG 71/320 EWG),
- die Regelungen der europäischen Wirtschaftskommision (ECE-R 13),
- DIN-Normen (z. B. DIN 74 234, Ausführungen von Bremsrohren),
- die Verordnung über den Betrieb von Kraftfahrunternehmen im Personenverkehr (BOKraft).

10.10.1 Vorschriften für die Auslegung und Untersuchung der Bremsanlage

Die Straßenverkehrszulassungsordnung schreibt für die einzelnen Fahrzeugklassen Mindestwerte für die Abbremsung vor. Abhängig vom Jahr der Erstzulassung des Fahrzeuges gelten zum Teil abweichende Werte. Dabei darf eine maximale Betätigungskraft an der Bremseinrichtung nicht überschritten werden. Eine regelmäßige Überprüfung der Werte erfolgt auf einem Bremsprüfstand (Bild 560.1).

Die Mindestabbremsung z ist das prozentuale Verhältnis der „Gesamtbremskraft zur statischen Fahrzeuggewichtskraft":

$$z = \frac{F_B \cdot 100}{F_G}$$

F_B = Summe der Bremskräfte an allen Rädern in N

F_G = Gesamtgewichtskraft in N

Die regelmäßige Untersuchung der Verkehrssicherheit ist für Kraftfahrzeuge und Anhänger durch den Paragrafen § 29 StVZO vorgeschrieben.

Der Fahrzeughalter ist für die Einhaltung der Termine verantwortlich und trägt die Kosten für die Untersuchung. Man unterscheidet zwischen der Hauptuntersuchung (HU) und der Sicherheitsprüfung (SP). Bei der Sicherheitsprüfung werden die Bauteile des Fahrgestells und des Fahrwerks einer umfassenden Sicht-, Wirkungs- und Funktionsprüfung unterzogen, z. B. Bremse, Reifen und Lenkung. Die zeitlichen Abstände der Untersuchungen sind für die jeweiligen Fahrzeugklassen geregelt.

Hauptuntersuchung → S. 649 ff.

Die Regelung für die Durchführung der Sicherheitsprüfung ist seit 1. Dezember 1999 in Kraft. Eine bestandene Sicherheitsprüfung wird durch eine Prüfmarke nachgewiesen. Sie wird auf dem Sicherheitsprüfschild angebracht, welches sich am Fahrzeugheck hinten links befindet. Die Prüfmarke der bestandenen Hauptuntersuchung wird auf das hintere Kennzeichen geklebt.

10.10.2 Überprüfung der Mindestabbremsung

Für die Überprüfung werden meist Rollenbremsprüfstände eingesetzt (Bild 560.1). Sie bestehen aus zwei gleichen Rollensätzen, die eine achsweise Bremsprüfung ermöglichen. In einem Rollensatz werden zwei durch eine Kette verbundene Rollen über einen Elektromotor angetrieben. Die Antriebsrollen drehen das zu prüfende Rad. Bei Betätigung der Bremse wirkt die Bremskraft (Umfangskraft) der Drehbewegung der Antriebsrollen entgegen. Die auf die Antriebsrollen wirkende Bremskraft wird erfasst, angezeigt oder protokolliert. Eine dritte Rolle (Tastrolle) im Rollensatz schaltet den Prüfstand und die Blockiereinrichtung automatisch ein.

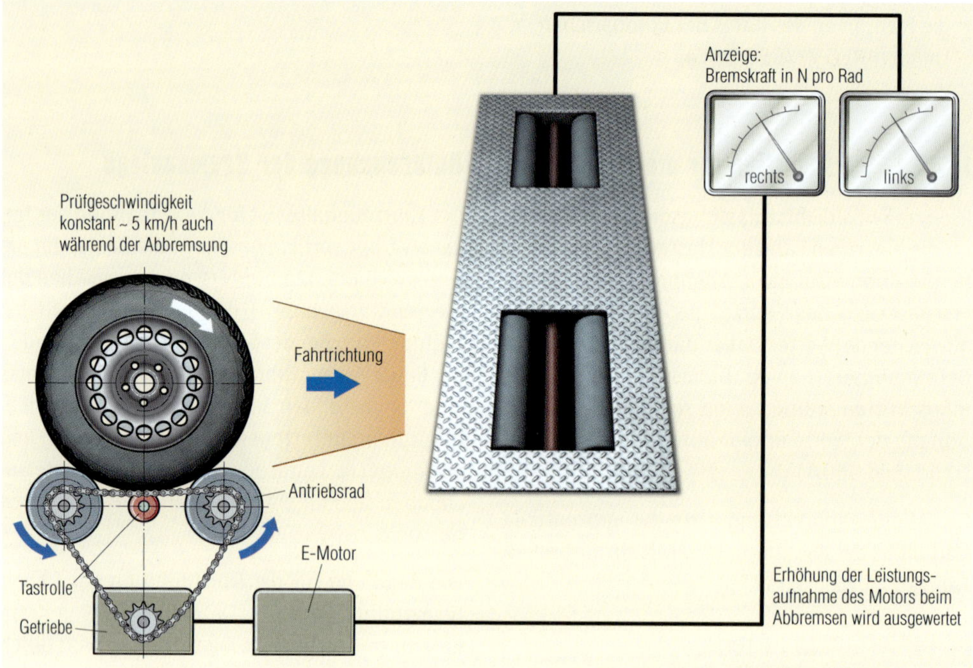

Bild 560.1 Rollenbremsprüfstand.

Zur Wiederholung

1. Lassen sich die beiden Forderungen nach Fahrkomfort und Fahrsicherheit in einem Fahrwerk optimal verwirklichen? Begründen Sie Ihre Antwort!
2. Warum verringert die Lage des Fahrzeugschwerpunktes nahe an der Momentanachse die Neigung zu Wanken und Nicken?
3. Welche einzelnen Abhängigkeiten lassen sich von den Radeinstellwerten ableiten und welche Konsequenzen ergeben sich daraus für die Reihenfolge der Einstellarbeiten?
4. Beschreiben Sie die fahrdynamischen Auswirkungen von Spur- und/oder Sturzänderungen durch Ein- und Ausfedern.
5. Erstellen Sie einen Katalog aller vorbereitenden Arbeiten zur Achsvermessung.
6. Warum ist eine gewissenhafte Vorinspektion des Fahrzeugs vor der Achsvermessung absolut notwendig?
7. Warum ist bei Mehrlenkerachsen die Veränderung sämtlicher Radstellungsgrößen beim Einfedern von Vorteil?
8. Welchen Vorteil bringt der Verbau von Achsträgern im modernen Pkw-Fahrzeugbau?
9. Zur Befestigung von Achsträgern benutzt man Dehnschrauben. Warum müssen diese nach einmaligem Gebrauch ausgetauscht werden und was ist beim Festziehen dieser Schrauben zu beachten?
10. Warum muss die Kolbenstange des Dämpfers bei einer Federbeinachse im Durchmesser größer sein?
11. Welche Vorteile hat die Einzelradaufhängung gegenüber der Starrachse?
12. Welche Aufgaben hat die Federung an einem Fahrzeug?
13. Beschreiben und erklären Sie das Gesamtsystem einer Fahrzeugfederung.
14. Was versteht man unter der Eigendämpfung einer Feder?
15. a) Welche Bauteile eines Fahrzeugs gehören zu der gefederten und welche zu der ungefederten Masse?
    b) Warum soll die ungefederte Masse möglichst klein sein?
16. Erläutern Sie den Unterschied zwischen linearer und progressiver Federung.
17. Wie erreicht man bei Schraubenfedern eine progressive Federkennlinie?
18. Vergleichen Sie eine herkömmliche Blattfeder mit einer Parabelfeder.
19. Erläutern Sie Aufgabe und Wirkungsweise eines Stabilisators.
20. Begründen Sie, warum der Stoßdämpfer richtigerweise Schwingungsdämpfer heißen muss.
21. Beschreiben und begründen Sie die Auswirkungen nachlassender Schwingungsdämpfer auf Fahrkomfort und Fahrsicherheit (Fahrdynamikregelung und Bremsen).
22. Wie entsteht die Dämpfungswirkung in einem Schwingungsdämpfer?
23. Vergleichen Sie Aufbau und Wirkungsweise von Zwei- und Einrohr-Schwingungsdämpfern und nennen Sie deren Vor- und Nachteile.
24. Erläutern Sie die Problematik einer optimalen Fahrwerksabstimmung bzgl. Federung und Dämpfung.
25. Erläutern Sie, warum eine Schwingungsdämpferprüfung im eingebauten Zustand so problematisch ist.
26. a) Was versteht man unter adaptiver Dämpfung?
    b) Begründen Sie die Notwendigkeit einer adaptiven Dämpfung im Pkw.
    c) Was unterscheidet ein adaptives System von einem langsamaktiven System?
27. Aus welchen einzelnen Bauteilen besteht ein „Komplettrad“? Nennen Sie die jeweiligen Aufgaben.
28. Beschreiben Sie die Reifenmontage bei den verschiedenen Felgenarten.
29. Erläutern Sie die Funktion einer Sicherheitsschulter (Hump).
30. Erläutern Sie folgende Radbezeichnungen:
    a) 9J x 19 H2 ET 20 LK 135/5 und
    b) 8.25 x 19,5 ML 221 LZ 8 LK 275 144/143 M.
31. Beschreiben Sie die verschiedenen Möglichkeiten, mit der das Lösen des Rades während der Fahrt verhindert wird.
32. Welcher Zusammenhang besteht zwischen Luftvolumen, Reifendruck und Tragfähigkeit eines Reifens?

33. Warum gibt es keinen idealen Reifen? Erläutern Sie die Zielkonflikte an ausgewählten Beispielen.
34. a) Begründen Sie den Ventilwechsel bei einer Neubereifung.
    b) Welche Hinweise sollten einem Kunden nach einer Neubereifung gegeben werden?
35. Erstellen Sie einen Ablaufplan zur Räder- und Reifenumrüstung.
36. Was versteht man unter Aquaplaning? (Problematisieren Sie die gesetzlich vorgeschriebene Mindestprofiltiefe.)
37. Wodurch ist die Laufleistung eines Reifen begrenzt?
38. Begründen Sie, warum an der Hinterachse eines Fahrzeugs immer Reifen mit ausreichender Profiltiefe montiert sein müssen.
39. Erläutern Sie den Unterschied zwischen einem normalen und einem Run-Flat-Reifen. Warum muss bei Verwendung dieser Reifen ein Reifendruckkontrollsystem eingebaut sein?
40. Wodurch entsteht der Rollwiderstand eines Reifens?
41. Unterscheiden Sie die beiden Unwuchtarten und ihre Beseitigung.
42. a) Wie lautet die Ackermann'sche Lenkbedingung?
    b) Welcher Zusammenhang besteht zwischen Lenkdreieck, Lenkviereck, Lenktrapez und dem Spurdifferenzwinkel?
    c) Warum unterscheidet man zwischen statischer und dynamischer Lenkungsauslegung?
43. a) Begründen Sie die Notwendigkeit einer mehrteiligen Spurstange bei Einzelradaufhängungen.
    b) Welchen Einfluss auf die Spurwerte haben die Spurstangen beim Ein- und Ausfedern?
    c) Einige Fahrzeughersteller schreiben eine Höhenstandsmessung, Normbeladung oder Messung einer Vorspurkurve (Spurkonstante) bei der Achsvermessung vor. Stellen Sie den Zusammenhang zu Aufgabe a) dar.
44. Welche Hauptaufgabe hat die Hilfskraftlenkung (Servolenkung)?
45. Warum benötigt die hydraulische Hilfskraftlenkung einen Anschlag? – Was würde ohne den Anschlag bei Ausfall der Hydraulikunterstützung passieren?
46. Beschreiben Sie den prinzipiellen Aufbau einer hydraulischen Bremsanlage.
47. Vergleichen Sie die Zunahme der kinetischen Energie eines Kraftfahrzeuges bei
    a) Verdoppelung der Geschwindigkeit und
    b) Verdoppelung der Fahrzeugmasse.
48. Begründen Sie, warum bei einer „Schwarz-Weiß-Bremskraftaufteilung" meist ein gestufter Tandem-Hauptzylinder eingebaut wird.
49. Bild 562.1 zeigt einen Tandem-Hauptzylinder mit defektem Druckstangenkolben-Bremskreis.
    a) Erklären Sie den Druckaufbau für den intakten Zwischenkolben-Bremskreis.

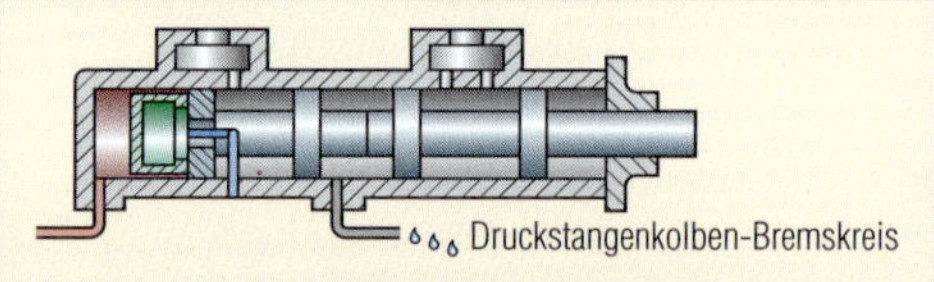

Bild 562.1 Tandem-Hauptzylinder mit defektem Druckstangenkolben-Bremskreis.

    b) Erklären Sie in Anlehnung an Bild 562.1 den Druckaufbau im Druckstangenkolben-Brennkreis bei defektem Zwischenkolben-Bremskreis.
50. Unterscheiden Sie das Regelverhalten von Bremskraftbegrenzer und Bremskraftregler.
51. Erläutern Sie die Funktion der Kraftverstärkung und -abschwächung bei einer Trommelbremse.
52. Wie hält die Scheibenbremse ihr Lüftspiel selbstständig?
53. Was sind die Unterschiede und Gemeinsamkeiten eines 3-Kanal- und einer 4-Kanal-ABS?
54. Erläutern Sie die Phasen der Bremsdruckmodulation bei einer ABS-Regelung.
55. Beschreiben Sie die Bremsdruckmodulation bei einem System mit 3/3-Magnetventilen und mit 2/2-Magnetventilen.
56. Welche Möglichkeiten des Eingriffs hat eine Antriebsschlupfregelung?
57. Welche Funktionen bietet die Fahrdynamik-Regelung?
58. Wozu dient der Bremsassistent und welche verschiedenen Möglichkeiten gibt es?

Zur Vertiefung

1. Welche genormten Fahrmanöver unternimmt man zur objektiven Beurteilung des Fahrverhaltens?
2. Warum können Radlastschwankungen das Eigenlenkverhalten eines Fahrzeugs beeinflussen?
3. Wie verändern sich Sturz- und Spreizungswinkel beim Ein- und Ausfedern, wenn man sie in der Summe betrachtet (eingeschlossener Winkel)?
4. Beschreiben Sie die Folgen:
   a) von Verschleiß und unterlassenen Justierarbeiten an der Messhebebühne,
   b) von nicht erfolgten Kalibrierarbeiten an der Achsvermessungsanlage.
5. Fertigen Sie eine einfache Zeichnung an, aus der ersichtlich wird, dass es bei der Doppelquerlenkerachse mit kürzerem oberen Querlenker beim Ein- und Ausfedern einen negativen Sturz am Rad gibt.
6. a) Warum erhalten die Gummilagerungen in der Radaufhängung eine immer größere Bedeutung?
   b) Stellen Sie den Zusammenhang zwischen der elastokinematischen Auslegung der Fahrwerkslagerung und einer Fünf-Lenker-Radaufhängung her.
7. Welche besondere Eigenschaft hat ein Schwertlenker?
8. Beschreiben Sie die Arbeit eines Luftfederventils.
9. Skizzieren Sie eine Reihen- und eine Parallelschaltung bei einer Schraubenfeder.
10. Beschreiben und begründen Sie die umweltgerechte Schwingungsdämpferentsorgung.
11. Erstellen Sie eine Prinzipskizze des ABC-Systems.
12. Warum verzichtet man beim ABC oder Dynamic-Drive auf ein aktives Neigen des Aufbaus bei Kurvenfahrt?
13. „Leichtmetallräder verringern die ungefederten Massen!" Bewerten Sie diese Aussage.
14. Welche Probleme entstehen beim Richten von Rädern?
15. Mit welchen fahrdynamischen Auswirkungen muss ein Fahrer rechnen, wenn er Räder zusammen mit einer Spurverbreiterung oder mit einer anderen als der vorgeschriebenen Einpresstiefe montiert?
16. Auf der Reifenseitenwand stehen viele Angaben und Informationen. Entschlüsseln Sie diese Angaben an verschiedenen Pkw- und Lkw-Reifen in der Werkstatt.
17. Erläutern Sie einem Kunden das Entstehen von Reifenverschleiß. Sie sollten bei Ihrer Begründung den Schlupf mit einschließen.
18. a) Zeichnen und vergleichen Sie die Radaufstandsflächen einer Drehschemel- und einer Achsschenkellenkung bei Geradeausstellung und im eingeschlagenen Zustand.
    b) Welche Schlussfolgerungen ziehen Sie aus dem Vergleich der Standsicherheit von Fahrzeugen?
19. Vergleichen Sie die Funktion der Pkw-Allradlenkung mit „selbstlenkenden" Hinterachsen und momentengesteuerten Differenzial- und Verteilergetrieben.
20. Was ist ein Parklenkassistent?
21. Welchen Vorteil hat der negative Lenkrollradius an der Vorderachse bei einer X-Bremskreisaufteilung?
22. Die wirksame Druckdifferenz in einem Bremskraftverstärker beträgt 0,18 bar. Wie groß muss der Durchmesser des Arbeitskolbens sein, um eine Kraft von 885 N zu erreichen?
23. Folgende Daten sind gegeben:

	Kraftrad	Pkw
Leergewicht	230 kg	1570 kg
Gewicht des Fahrers	85 kg	85 kg
Zuladung (Urlaub)	125 kg	335 kg

    Berechnen Sie für Kraftrad und Pkw die prozentuale Gewichtszunahme (bezogen auf das Leergewicht) durch den Fahrer und das Urlaubsgepäck. Welche Auswirkung haben die Ergebnisse auf das Bremsverhalten beider Fahrzeuge?
24. Wodurch unterscheiden sich beim ABS offene und geschlossene Systeme?
25. Überlegen Sie sich verschiedene Situationen, bei denen eine elektronische Bremskraftverteilung sinnvoll ist.

26. Welche Magnetventile im Hydraulikkreislauf von Bild 550.1 müssen für einen Bremseneingriff bestromt werden, wenn das Rad hinten links durchdreht?
27. Erklären Sie mit den Beispielen in Bild 555.1 den Regeleingriff der Fahrdynamikregelung. Welche Magnetventile in Bild 554.1 werden dabei geschaltet und wie baut sich der Bremsdruck auf?
28. Informieren Sie sich in Ihrem Tabellenbuch oder mithilfe des Internets über den Inhalt der wichtigsten Vorschriften zur Bremsanlage.
29. Berechnen Sie die Mindestabbremsung der Betriebsbremsanlage eines Fahrzeuges der Klasse M1 und vergleichen Sie das Ergebnis mit den gesetzlichen Vorgaben. Fahrzeugmasse 1350 kg, Bremskraft an der Vorderachse 3810 N und an der Hinterachse 2540 N.
30. Fallbeispiel:
Eine Kundin kommt in die Werkstatt, weil während der Fahrt im Armaturenbrett dauernd eine Kontrolllampe aufleuchtet. Sie begleiten den Meister und die Kundin zum Fahrzeug.
    a) Nachdem die Zündung eingeschaltet ist, leuchten die Kontrollleuchten auf. Welche Bedeutung haben sie und welche müsste dauerhaft leuchten, wenn der Belag verschlissen ist?

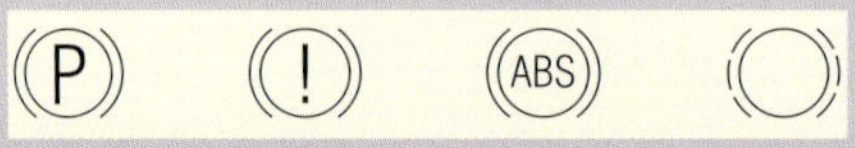

    b) Bei manchen Fahrzeugen gibt es nur die Kontrollleuchte „Feststellbremse", obwohl damit mehrere Funktionen abgedeckt sind. Welche Fehlfunktionen im Bremssystem kommen als Ursache für das Aufleuchten dieser Kombileuchte infrage?
    c) Nachdem Sie das Fahrzeug auf die Hebebühne gefahren haben, beginnen Sie mit einer Sichtkontrolle. Die Stärke des inneren Belages können Sie nicht erkennen, der äußere Belag an beiden Vorderrädern ist noch ca. 8 mm dick. Kann man daraus schließen, dass die übrigen Bremsbeläge noch nicht verschlissen sind?
    d) Zur weiteren Kontrolle demontieren Sie die Vorderräder und stellen fest, dass der innere Belag auf der linken Seite keine erkennbare Belagstärke mehr hat; der entsprechende Belag der rechten Seite ist noch ca. 5 mm dick. Welche Gründe könnten für diesen einseitigen Verschleiß verantwortlich sein?
    e) Sie bekommen den Auftrag, das Fahrzeug für die Arbeiten vorzubereiten. Welche Ersatzteile sind grundsätzlich notwendig, um den Fehler zu beheben?
    f) Dem Reparaturleitfaden können Sie die notwendigen Arbeitsschritte für die Reparatur entnehmen. Welche Sicherheitshinweise bei Arbeiten an hydraulischen Bremssystemen sind zu beachten?
    g) Welche vorbereitenden Maßnahmen sind notwendig?
    h) Welche Regeln gelten beim Umgang mit Bremsflüssigkeit?
    i) Für welche Bauteile der hydraulischen Bremsanlage gilt ein Reparaturverbot?
    j) Was muss an der Bremsscheibe geprüft werden? Beschreiben Sie den Prüfvorgang. Ermitteln Sie zusätzlich die Grenzen der Wiederverwendbarkeit der Bremsscheibe.
    k) Welche abschließenden Arbeiten müssen nach erfolgter Montage durchgeführt werden, bevor das Fahrzeug wieder bewegt werden darf? Erstellen Sie eine tabellarische Zusammenfassung.
    l) Beim Versuch, nach erfolgter Reparatur Bremsdruck aufzubauen bemerken Sie, dass sich das Bremspedal weich durchtreten lässt. Welche Arbeit haben Sie vergessen?
    m) Vor der Probefahrt erfolgt eine Funktionsprüfung auf dem Bremsenprüfstand. Sie erhalten von Ihrem Meister folgende Prüfwerte: $F_G = 9000$ N, $F_B = 7000$ N. Berechnen Sie den Wert für die Abbremsung und bewerten Sie das Ergebnis.
    n) Welche abschließenden Arbeiten sollen vor der Probefahrt durchgeführt werden? Stellen Sie diese zusammen.
    o) Bei der Probefahrt sollen die neuen Beläge eingebremst werden. Was versteht man darunter?
    p) Sie erläutern der Kundin bei der Übergabe des Fahrzeuges die durchgeführten Arbeiten. Was raten Sie ihr bezüglich der Bremswirkung der neuen Beläge?

11P Nachrüsten und Inbetriebnehmen von Zusatzsystemen

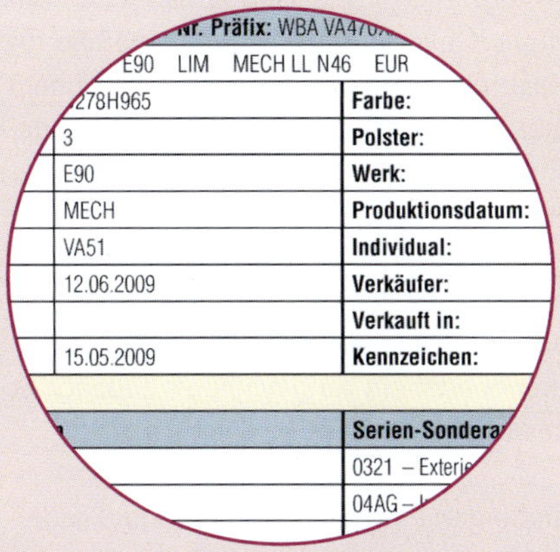

Eine Nachrüstung kann einfach sein und anschließend gut funktionieren oder viel Zeit in Anspruch nehmen und viele Funktionseinschränkungen aufweisen. Lesen Sie hier nach, was man wissen muss, damit alles gut klappt.

Sie können eine Anhängerkupplung nachrüsten und dem Kunden wichtige Details erklären.

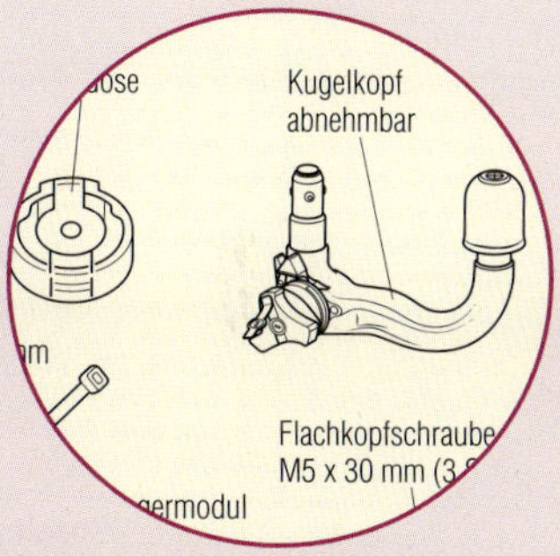

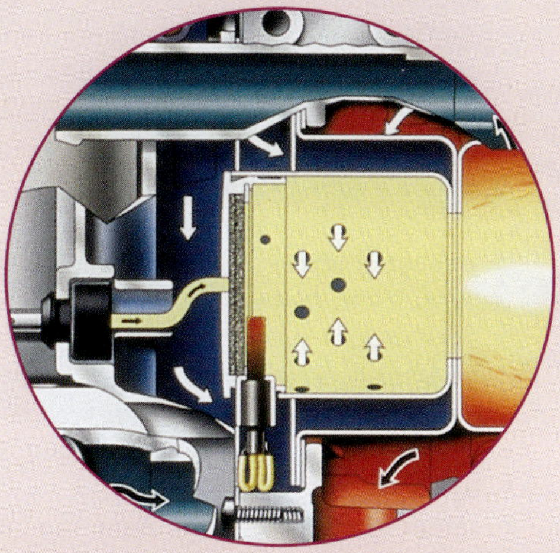

Welche Arten von Zusatzheizungssystemen gibt es? Wie funktionieren sie genau? Welche Sicherheits- und gesetzlichen Vorschriften müssen Sie beim Einbau beachten? Dies alles erfahren Sie auf den nächsten Seiten.

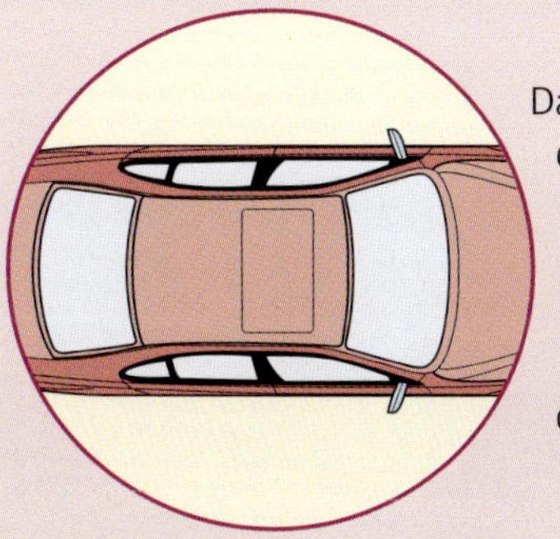

Damit Sie einem Kunden die Funktionen von Einpark- und Rückfahrhilfen erklären können, sollten Sie die entsprechenden Seiten durcharbeiten.

Sie gewinnen eine Übersicht über Navigationssysteme und Telefonfunktionen sowie die verschiedenen Nachrüstmöglichkeiten. Es werden Beispiele der gemeinsamen Vernetzung sowie der aktuelle Stand der Telematik aufgezeigt.

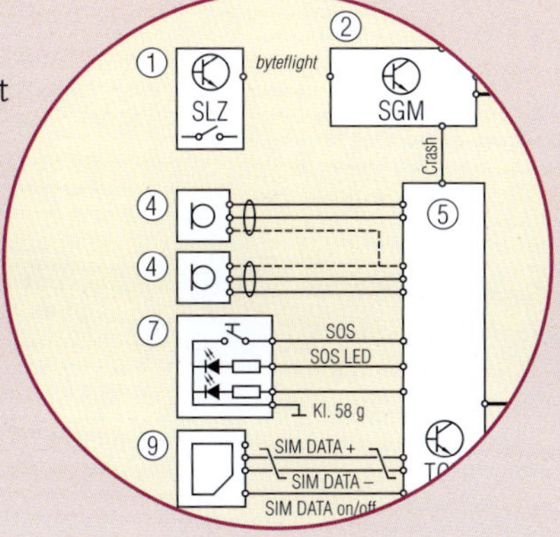

11.1 Allgemeine Vorgehensweise

Veränderungen an Fahrzeugen werden vorgenommen oder Zubehör wird nachgerüstet, weil der Kunde es wünscht oder um dem Fahrzeug bessere Verkaufschancen zu geben. Einige Kfz-Betriebe betreiben dies aktiv, da sie es als zusätzliches, profitables Geschäftsfeld entdeckt haben. Für Veränderungen und Nachrüstungen muss man aber spezielle Kenntnisse besitzen.

Vorüberlegungen:

- Welche verschiedenen Arten von Zusatzsystemen mit welchen Vor- und Nachteilen gibt es?
- Beeinflusst die Nachrüstung die Fahrzeugelektronik/-technik? In welchem Ausmaß?
- Ist ein Eintrag in die Fahrzeugpapiere oder eine Vorführung beim TÜV erforderlich, erlischt die ABE, usw.?
- Was muss bei der Kalkulation der Nachrüst- und Einbaukosten berücksichtigt werden?

Sonderausstattungsgleiches Zubehör ist in der Regel problemlos nachzurüsten, da es diese Ausstattung auch ab Werk vom Hersteller gibt und Einbau, Funktion und Haltbarkeit erprobt sind. Eine Nachrüstung ist teurer als der Einbau ab Werk. Meist gibt es dafür Einbau- und Reparaturanleitungen sowie festgelegte Einbauzeiten. Soweit notwendig, ist der Nachrüstsatz in die Diagnose integriert.

Vom Fahrzeughersteller angebotenes Sonderzubehör. Einbau, Funktion und fahrzeugspezifische Integration sowie Haltbarkeit sind vom Fahrzeughersteller erprobt. Häufig sind alle für eine Nachrüstung benötigten Teile zu einem fahrzeugspezifischen Einbausatz zusammengefügt. Einbauanleitungen und festgelegte Einbauzeiten liegen vor. Diagnoseintegration oder Reparaturanleitungen sind nur teilweise verfügbar. Oft handelt es sich um eine günstigere Nachrüstmöglichkeit als das sonderausstattungsgleiche Zubehör oder ein vergleichbares Zubehör ist ab Serie nicht verfügbar.

Nachrüstungen aus dem Zubehörhandel liegen meist als fahrzeugunspezifischer Einbausatz mit allgemein gehaltener Einbauanleitung vor. Einbauzeiten beruhen auf ungefähren Angaben. Reparaturanleitungen und eine Einbindung in die Fahrzeugdiagnose sind möglicherweise nicht vorhanden. Die fahrzeugspezifische Integration (Modell, Typ und Ausstattung) wurde nicht getestet. Nachrüstungen aus dem Zubehörhandel sind meist die günstigste Alternative.

Einbauzeiten. Die bei Nachrüstungen angegebenen Einbauzeiten gelten für geschultes Personal und bei mehrmaliger gleicher Arbeit, d. h. bei einmaliger Nachrüstung eines Zubehörs wird meist eine deutlich höhere Einbauzeit benötigt. Für die Kalkulation einer Nachrüstung mit Einbau ist dies zu berücksichtigen bzw. eine Mischkalkulation vorzunehmen, wenn man höhere Nachrüststückzahlen erwartet.

11.1.1 Kundengespräch / Bedarfsermittlung

Bevor man mit einer Nachrüstung beginnt, sind in einem ausführlichen Kundengespräch die Erwartungen an das System und die tatsächlichen Funktionen abzugleichen. Dazu muss man das jeweilige System mit allen Vor- und Nachteilen gut kennen.

Beispiele:

- Bei einem Breitreifen geht es nicht nur um dessen Optik, sondern auch um eine evtl. notwendige Eintragung in die Fahrzeugpapiere, ein verändertes Fahrverhalten und um einen höheren Kraftstoffverbrauch.
- Bei einer Standheizungsnachrüstung geht es z. B. um deren Bedienung mit den entsprechenden Vor- und Nachteilen, d. h. Einschalten über eine Standardprogrammierung, per Fernbedienung oder durch einen Telefonanruf.
- Bei der Nachrüstung eines Navigationssystems könnte unter Umständen die Telefonfreisprecheinrichtung nicht mehr uneingeschränkt funktionieren, deren Bedienung sich verändern oder bestimmte Funktionen gesperrt sein.

Gerade bei elektronischen Nachrüstungen kann sich eine Inkompatibilität verschiedener Steuergeräte und Systeme ergeben. Mithilfe der herstellerspezifischen Informationsquellen (Teilekatalog, Reparaturanleitung, Diagnoseunterlagen usw.) muss man deshalb genau abklären, ob eine bestimmte Nachrüstung fahrzeugspezifisch zulässig und technisch möglich ist. „Fahrzeugspezifisch" bedeutet in diesem Zusammenhang: am besten mit der Fahrgestellnummer, dem Baustand, der entsprechenden Ausstattung und evtl. bereits vorgenommenen Veränderungen abgleichen (Bild 567.1).

Telefon → S. 583

Fahrzeug: VA12345	**Fahrgestell-Nr. Präfix:** WBA VA470XX		
Beschreibung	318I E90 LIM MECH LL N46 EUR		
Motor Nr.:	B278H965	**Farbe:**	A34M Arktis metallic
Modellreihe:	3	**Polster:**	ALAT Stoff Fluid Anthrazit
Entwicklungsreihe:	E90	**Werk:**	50 LEIPZIG
Schaltung:	MECH	**Produktionsdatum:**	09.05.2009
Modell Typ:	VA51	**Individual:**	—
Verkaufsdatum:	12.06.2009	**Verkäufer:**	
Zulassungsdatum:		**Verkauft in:**	DE
Gewährleistungsbeginn:	15.05.2009	**Kennzeichen:**	—

Bestellte Sonderausstattungen	**Serien-Sonderausstattungen**
0240 – Lederlenkrad	0321 – Exterieurumfänge in Wagenfarbe
0249 – Multifunktion für Lenkrad	04AG – Interieurleisten Titan matt
0320 – Modellschriftzug (Wegfall)	0548 – Kilometertacho
0403 – Glasdach, elektrisch	0851 – Sprachversion Deutsch
0423 – Fußmatten in Velours	
0428 – Warndreieck	
0465 – Durchladesystem	
0494 – Sitzheizung für Fahrer und Beifahrer	
0507 – Park Distance Control (PDC)	
0520 – Nebelscheinwerfer	
0534 – Klimaautomatik	
08SP – COP-Steuerung	
0863 – Service Kontakt-Flyer Europa	
0879 – Deutsch / Betriebsanleitung / Serviceheft	

Bild 567.1 Ausstattungsliste eines Fahrzeuges.

11.1.2 Vorbereitung

Bevor man mit einer Nachrüstung beginnt bzw. bevor man sie anbietet, müssen einige Voraussetzungen erfüllt sein. Sowohl das Wissen und Können als auch die richtigen Werkzeuge – evtl. auch Spezialwerkzeuge – müssen vorhanden sein. Benötigt man für die Nachrüstung einen Diagnose-/Testcomputer, um das System zu aktivieren bzw. frei zu schalten? Benötigt man eine bestimmte Software oder ein entsprechendes Update? Kann man den Kunden richtig beraten, ist man darauf vorbereitet? Hat man alle Unterlagen, um das richtige Zubehör/den Einbausatz zu bestellen?

Nach der Bestellung und Lieferung des Nachrüstsatzes muss man als erstes den Teilesatz auf Richtigkeit und anhand der Teileübersicht auf Vollständigkeit prüfen. Das benötigte Werkzeug sollte anhand der Einbauanleitung geprüft und bereitgelegt werden. Die Einbauanleitung sollte vor Beginn der Arbeiten einmal vollständig durchgelesen werden. Auch um Ablagemöglichkeiten für ausgebaute Teile während der Nachrüstung sollte man sich vor Beginn der Arbeiten kümmern.

11.2 Anhängerkupplung nachrüsten

Selbst für ein häufig nachgerüstetes Zubehör wie eine Anhängerkupplung ist ein ausführliches Kundengespräch zur Bedarfsermittlung und Beratung notwendig:

Einparkhilfe → S. 578 f.

Warum, wie oft und zu welchem Zweck benötigt der Kunde eine Anhängerkupplung? Ist sein Fahrzeug dafür geeignet (Zuglast, Spoiler, ...)? Soll es ein universaler Nachrüstsatz aus dem freien Handel oder ein fahrzeugspezifischer Einbausatz sein? Mit feststehender oder abnehmbarer Kugelstange? Bei bestimmten Fahrzeugen und Herstellern sind klappbare oder vollelektrisch ausfahrende Anhängerkupplungen verfügbar. Muss die Fahrzeugelektronik für die Nachrüstung evtl. neu programmiert werden?

11.2.1 Einbau der Anhängerkupplung

Im Beispiel (Bild 567.1) hat sich der Kunde für die Nachrüstung einer Anhängerkupplung mit abnehmbarer Kugelstange entschieden.

Mit dem herstellerspezifischen Nachrüstsatz beträgt die Einbauzeit ca. vier Stunden. Eine Eintragung in die Fahrzeugpapiere ist in dem gewählten Beispiel nicht notwendig, da eine Typgenehmigung besteht. Es müssen aber die Bestimmungen und Hinweise der Einbauanleitung beachtet werden.

Vor Beginn der Arbeiten muss das Fahrzeug mit dem Diagnosecomputer auf den neuesten Programmstand gebracht werden. Nach Beenden der Nachrüstung muss dies durch eine erneute Programmierung/Codierung in den Fahrzeugprogrammen abgelegt werden, um die Vernetzung der Systeme (hier Funktion der Einparkhilfe) nicht zu stören.

> Bei allen Nachrüstungen sollten Sie vor Beginn der Arbeiten immer zuerst den Fehlerspeicher auslesen und gespeicherte Fehler beheben.

Nach der Überprüfung des Einbausatzes (Bild 569.1), der Programmierung und evtl. Abarbeitung gespeicherter Fehler ist als erstes die Spannungsversorgung des Fahrzeuges durch Abklemmen des Minuspols der Batterie zu unterbrechen.

Anschließend werden die Stoßfängerverkleidung und der Träger der Stoßfängerverkleidung demontiert, die Boden- und Radhausverkleidung rechts herausgenommen und im Weiteren auf der rechten Seite von hinten nach vorne die Rücksitze und -lehnen, die Einstiegabdeckleisten, die B- und A-Säulenverkleidung sowie das Handschuhfach und die Instrumententafelverkleidung unten rechts entfernt. Damit ist das Fahrzeug zur mechanischen Montage der

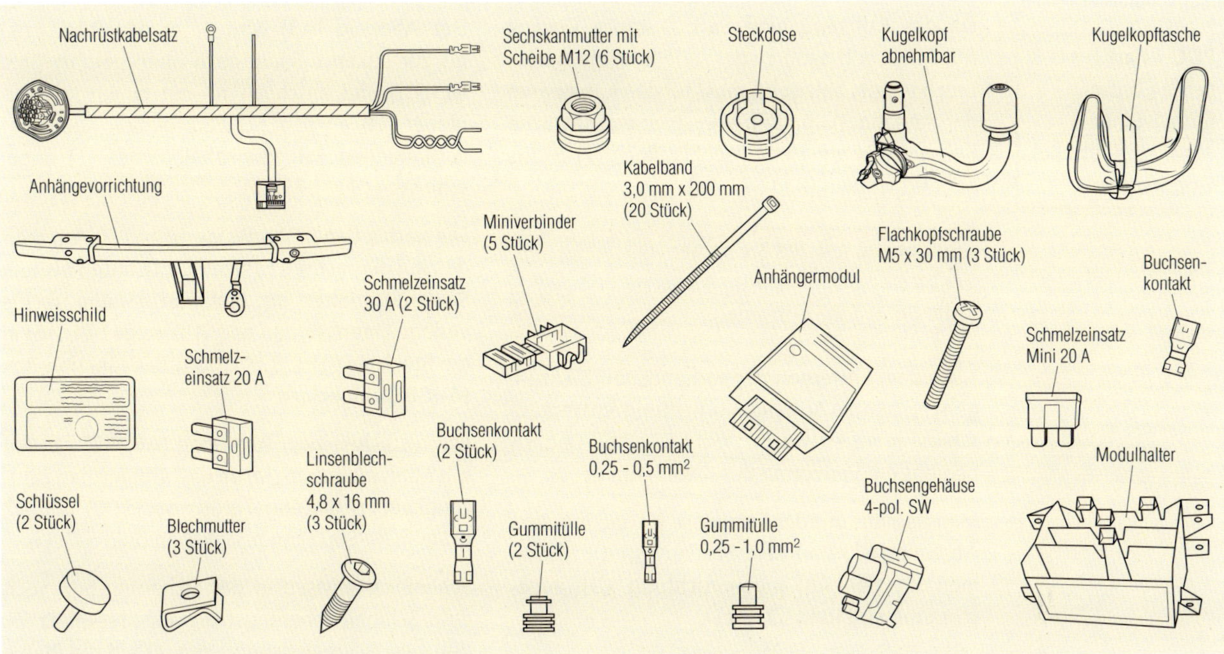

Bild 569.1 Inhalt Einbausatz/Teileübersicht für die Nachrüstung einer Anhängerkupplung.

Anhängevorrichtung und Verlegung der elektrischen Anschlüsse (Bild 569.2) vorbereitet. Bild 569.3 zeigt zusätzlich den Kabelbaum mit der Anschlussübersicht.

Die Bilder 569.2 und 569.3 geben einen Überblick für den geübten „Nachrüster". Im Folgenden sehen Sie jedoch beispielhaft die Beschreibung der Nachrüstung im Detail, die aber nur für das ausgewählte Fahrzeug gilt.

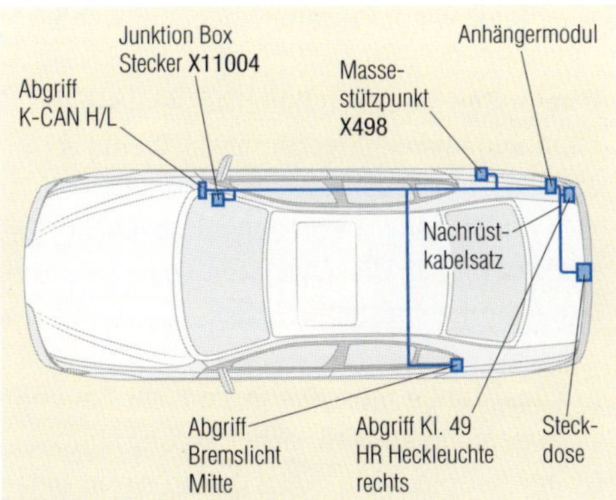

Bild 569.2 Anhängerkupplung; Einbau und Verlegeschema.

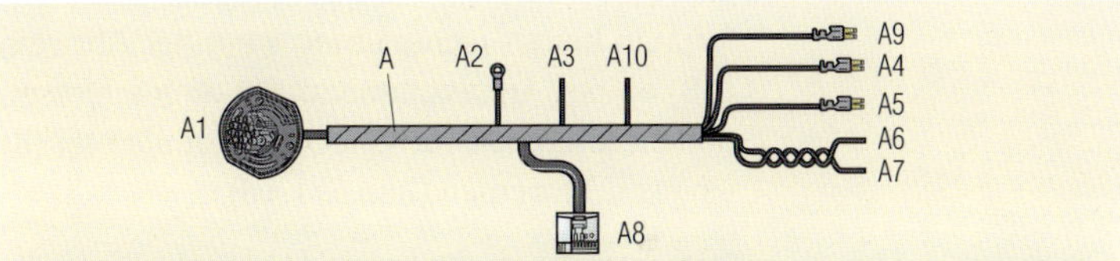

Position	Bezeichnung	Signal	Kabelfarbe/ Querschnitt	Anschlussort im Fahrzeug	Kurzbez./ Steckplatz
A	Nachrüstkabelsatz	---	---	---	---
A1	Buchsengehäuse 13-pol. SW	---	---	An der Steckdose **F**	X 630
A2	Ringöse M6	Kl.31	BR 2,50 mm²	Am Massestützpunkt, im Gepäckraum rechts	X498
A3	Leitung offen	Kl.54M	SW/GE 0,35 mm²	Mit Miniverbinder **M** am Kabel SW/GE des Fahrzeugkabelbaums, rechts oberhalb Massestützpunkt X498	---
A4	Buchsenkontakt	Kl.30	RT/BL 2,50 mm²	An Junktion Box A4010	X11008 PIN 1
A5	Buchsenkontakt	Kl.30	RT/VI 2,50 mm²	An Junktion Box **A4010**	X11004 PIN 5
A6	Leitung offen	K-CAN H	OR/GN 0,35 mm²	Hinter Sicherungshalter mit Miniverbinder **M** am Kabel OR/GN des Fahrzeugkabelbaums	X15001
A7	Leitung offen	K-CAN L	GN 0,35 mm²	Hinter Sicherungshalter mit Miniverbinder **M** am Kabel GN des Fahrzeugkabelbaums	X15002
A8	Buchsengehäuse 16-pol. SW	---	---	Am Anhägermodul **O**	X609
A9	Buchsenkontakt	Kl.30	RT/GE 2,50 mm²	An Junktion Box **A4010**	X11009 PIN 1
A10	Leitung offen	Kl.49HR	BL/BR 0,35 mm²	Mit Miniverbinder **M** am Kabel BL/BR des Fahrzeugkabelbaums, Heckleuchte rechts	X318

Bild 569.3 Anschlussübersicht Kabelbaum.

PDC = Park Distance Control (engl.): Einpark-Abstand-Kontrolle; Einparkhilfe

Da das Fahrzeug eine Park Distance Control (PDC) hat und dadurch der serienmäßige Durchbruch bereits belegt ist, muss für den Kabelbaum der Anhängerkupplung zuerst eine zusätzliche Bohrung (2) am Heckabschlussblech (1) rechts gebohrt werden (Bild 571.1 a).

Bohrungen müssen Sie immer vollständig entgraten und sorgfältig konservieren sowie **alle** Bohrspäne entfernen.

Nach dem Entfernen der vorhandenen Dichtungen (1) kann die Anhängevorrichtung am Heckabschluss montiert werden (Bild 571.1 b). Danach beginnt die Verlegung des Kabelbaumes.

Man beginnt mit der Steckdose (F), die mit dem Abzweig (A1) und dem Stecker (X630) zusammen an der Anhängevorrichtung (D) angeschraubt wird (Bild 571.1 c).

Anschließend wird der Kabelbaum durch das Loch im Heckabschlussblech nach innen geführt. Nach dem Zurückklappen der Dämmmatte (1) im Kofferraum hinten rechts unten kann der Abzweig (A8) an das Anhängermodul (O) angeschlossen und dieses in den vorhandenen Modulhalter (R) eingesteckt werden (Bild 571.1 d).

Der restliche Kabelbaum (A) wird durch die Öffnung (1) der Dämmmatte hindurchgeführt und der nächste Abzweig (A2) am Massestützpunkt (X498) angeschraubt. Die verbliebenen Abzweige (A3 – A7, A9) werden auf der rechten Seite des Fahrzeuges nach vorne verlegt (Bild 571.1 e).

Achten Sie bei allen Nachrüstungen immer darauf, dass die Kabel/Leitungen bei der Verlegung nicht geknickt, eingeklemmt oder sonstwie beschädigt und mit Kabelbindern ausreichend befestigt werden.

Der Abzweig (A10) wird zur rechten Heckleuchte verlegt und mit dem Miniverbinder (M) nahe des Steckers (X318) an das blau/braune Kabel angeschlossen (Bild 571.1 f).

Der Abzweig (A3) wird unter den Rücksitzen bis zur linken C-Säule nach oben geführt (Bild 571.1 g) und anschließend mit einem Miniverbinder (M) an dem schwarz/gelben Kabel des vorhandenen Fahrzeugkabelbaumes (1) angeschlossen (Bild 571.1 h).

Die verbliebenen Abzweige (A4 – A7, A9) werden auf der rechten Fahrzeugseite unten bis zum Sicherungshalter im Beifahrerfußraum rechts verlegt. Dann werden zwei Abzweige (A4, A5) in die Stecker (X 11008, X 11004) der Junktion Box (A4010) eingeclipst.

Die restlichen zwei Abzweige (A6, A7) werden mit Miniverbindern (M) an die farbgleichen Fahrzeugkabel (A6 orange/grün an X 15001 und A7 grün an X 15002) angeschlossen (Bild 571.1 i).

Schließlich müssen in der Sicherungsbox noch eine Schmelzsicherung (AE) auf Steckplatz 71 und zwei Schmelzsicherungen (L) auf die Plätze 54 und 81 eingesteckt werden (Bild 571.1 j).

Zum Schluss wird auf der Batterieabdeckung (1) ein Hinweisschild (J) aufgeklebt (Bild 571.1 k).

Nachdem alle Kabel und Steckverbindungen angeschlossen sind, kann die Fahrzeugbatterie wieder angeklemmt werden. Danach muss die Nachrüstung mit dem Diagnosecomputer noch codiert werden und evtl. durch die Nachrüstung eingespeicherte Fehler gelöscht werden.

Anschließend kann das Fahrzeug in umgekehrter Reihenfolge wieder zusammengebaut werden.

Überprüfen Sie die Funktion der Anhängerkupplung und der Steckdose vollständig vor dem Zusammenbau. Alle durch das Abklemmen der Batterie verlorengegangenen Einstellungen (z. B. Uhrzeit, Datum) müssen neu und richtig eingestellt werden.

Die Kugelstange muss, wenn sie nicht benötigt und abgenommen wird, sicher aufbewahrt werden. Im Beispiel (Bild 571.1 l) wird sie in einer Kugelstangentasche (H) verstaut und mit einem Spannband an einer Verzurröse (1) befestigt.

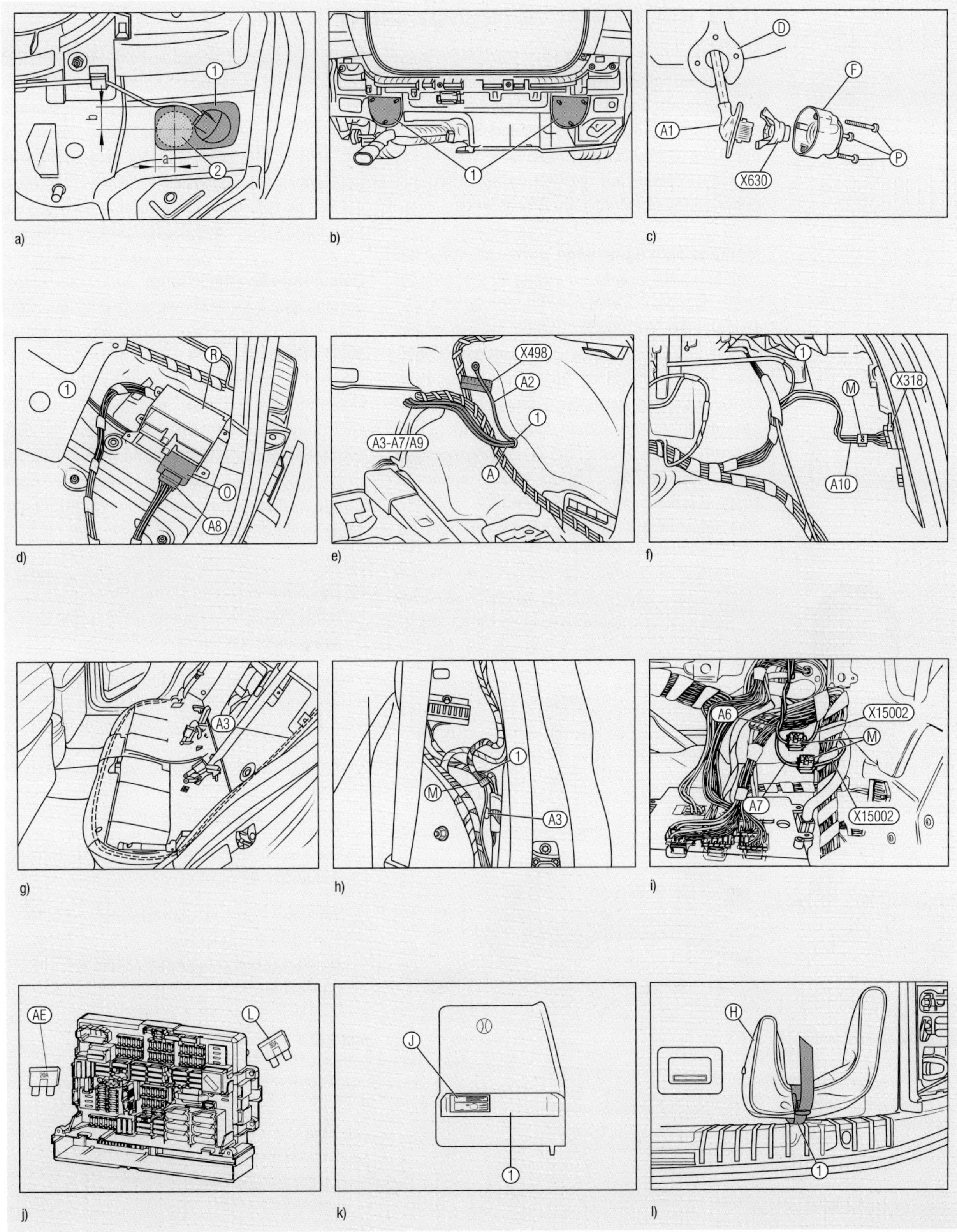

Bild 571.1 Einbauanleitung.

11.2.2 Inbetriebnahme und Funktionserklärung

Nach Beendigung der Nachrüstarbeiten muss der Kunde bei der Abholung unbedingt in die Handhabung der Anhängerkupplung mit der abnehmbaren Kugelstange eingewiesen werden. Dies beinhaltet eine praktische Vorführung und den Hinweis auf die Betriebsanleitung, die dem Kunden persönlich überreicht wird.

Montage der Kugelstange. Bei der Montage der abnehmbaren Kugelstange (Bild 572.1) müssen zuerst eventuell vorhandene Blenden und Abdeckungen am Stoßfänger und der Kugelstangenaufnahme entfernt werden. Dann wird die Kugelstange ggf. vorgespannt. Dazu muss das Handrad einige Millimeter herausgezogen und im Uhrzeigersinn bis zum Anschlag gedreht werden, bis das rote Feld gegenüber der weißen Markierung auf der Kugelstange liegt. Im so vorgespannten Zustand schiebt man die Kugelstange kräftig in die Kugelstangenaufnahme, bis die Verriegelung hörbar einrastet. Das grüne Feld muss nun dem weißen Punkt gegenüber liegen. Zusätzlich muss der feste Sitz der Kugelstange durch Rütteln überprüft werden. In diesem Zustand lässt sich das Schloss absperren und der Schlüssel abziehen. Zum Schluss muss die Schlossabdeckung auf das Schloss gedrückt werden, um dieses vor Verschmutzungen und Feuchtigkeit zu schützen.

Demontage der Kugelstange. Zuerst das Schloss aufschließen und die Kugelstange mit einer Hand festhalten. Anschließend das Handrad einige Millimeter herausziehen und im Uhrzeigersinn bis zum Anschlag drehen. Im so wieder vorgespannten Zustand lässt sich die Kugelstange nach unten wegnehmen. Danach sind die evtl. vorhandenen Abdeckungen und Blenden wieder zu befestigen. Die nicht mehr benötigte Kugelstange wird im Kofferraum an der vorgesehenen Stelle sicher befestigt.

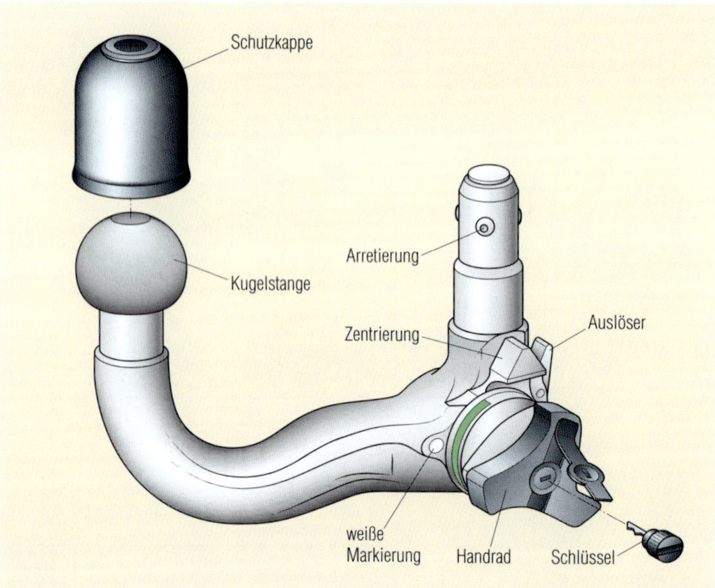

Bild 572.1 Abnehmbare Kugelstange; Details.

- Das Montieren und Demontieren muss immer leicht mit Handkraft ohne Werkzeuge möglich sein.
- An der gesamten Anhängevorrichtung dürfen keine Veränderungen oder Reparaturen vorgenommen werden.
- Nach jeder Montage der Kugelstange bzw. vor jeder Fahrt mit Anhänger muss die Verriegelung überprüft werden.
- Die Kugelstange nie bei angekuppeltem Anhänger demontieren.
- Vor jeder Fahrt ist die ordnungsgemäße Funktion der gesamten Beleuchtungsanlage des Anhängers zu überprüfen.

Bild 572.2 Hinweise für den Kunden.

11.3 Zusatzheizungssystem

11.3.1 Informationen für eine qualifizierte Kundenberatung

Eine Standheizung bietet einen angenehm temperierten Innenraum bereits beim Einsteigen und vor der Inbetriebnahme des Fahrzeugmotors. Sie kann außerdem vereiste bzw. beschlagene Fahrzeugscheiben bereits vor der Fahrt abtauen. Die Standheizung erhöht damit die Sicherheit.

Doch gerade bei der Nachrüstung einer Standheizung muss man sich gut vorbereiten, um den Kunden bestmöglich zu beraten. Eine Nachrüstung dauert meist abhängig vom Fahrzeug mehrere Stunden bis zu zwei Tagen und ist damit mit nicht unerheblichen Kosten verbunden.

Auch für die Nachrüstung einer Standheizung gibt es unterschiedliche Nachrüstsätze. Im Folgenden werden nur die im Pkw-Bereich genutzten Wasserheizungen betrachtet. Wegen der Komplexität ist in der Regel zu einem fahrzeugspezifischen Einbausatz mit detaillierter Einbauanleitung zu raten. Außerdem gibt es Inline-, Bypass- und sogenannte Komforteinbau-Systeme.

Inline-Nachrüstung. Die Standheizung wird im Kühlmittelkreislauf in Reihe mit dem Fahrzeugmotor und dem Wärmetauscher des Fahrzeuges eingebaut (Bild 573.1).

Bei dieser Einbauvariante wird der gesamte Kühlmittelkreislauf einschließlich des Motors erwärmt. Dadurch werden beim anschließenden Starten des Motors der Kraftstoffverbrauch und damit die Schadstoffemissionen verringert und der Motor erreicht schneller seine Betriebstemperatur. Allerdings verlangt diese Anbindung eine längere Heizphase für eine angenehme Innenraumerwärmung und Scheibenentfrostung. Durch diese längere Heizphase im Vergleich zu einer Bypass-Anbindung wird die Fahrzeugbatterie stärker belastet.

Bypass-Anbindung. Es wird nur das Kühlmittel im Wärmetauscher und in den dazugehörigen Leitungen erwärmt (Bild 573.2). Dadurch ist eine deutlich schnellere Erwärmung des Innenraumes mit entsprechender Scheibenentfrostung möglich. Beim anschließenden Starten des nicht erwärmten Fahrzeugmotors wird durch ein Umschaltventil der Bypass-Betrieb so lange aufrechterhalten, bis der Motor im Fahrbetrieb seine Betriebstemperatur erreicht hat.

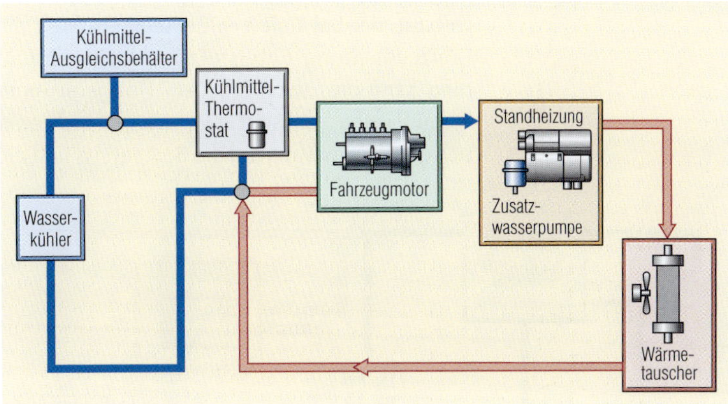

Bild 573.1 Standheizungsnachrüstung „Inline".

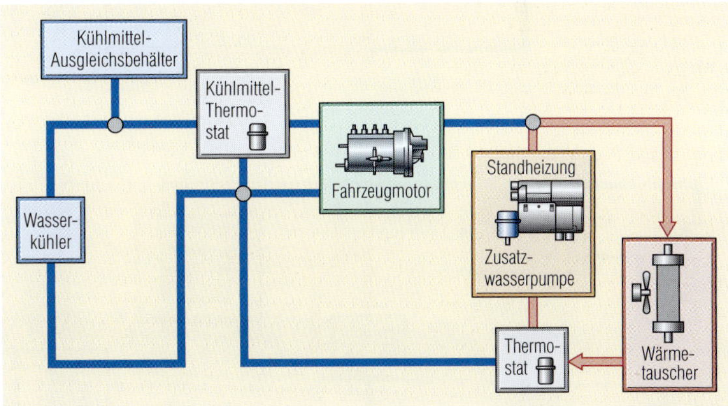

Bild 573.2 Bypass-Anbindung der Standheizung.

Komforteinbau-System. Eine Kombination von Inline- und Bypass-Anbindung bietet das Komforteinbau-System. Bei diesem wird zuerst der Innenraum beheizt (Bild 574.1 a). Ab ca. 75 °C öffnet ein Thermostat und gibt den Wasserkreislauf zur zusätzlichen Motorerwärmung frei (Bild 574.1 b). Das Komforteinbau-System ist die aufwändigste Standheizungsnachrüstung, da zusätzliche Leitungen, ein Rückschlagventil und ein Thermostat benötigt werden.

Umrüstung eines kraftstoffbetriebenen Zuheizers. Bei Fahrzeugen mit Dieselmotor und Direkteinspritzung, die effizient mit dem Kraftstoff umgehen, ist häufig ein sogenannter Zuheizer verbaut, der bei tiefen Außentemperaturen die Fahrzeugheizung unterstützt. Je nach Ausführung kann dies auch mit dem Heizgerät einer Standheizung realisiert sein. Dann beschränkt sich die Nachrüstung auf die Bedienteile und die Steuerung sowie die Änderung der Fahrzeugprogrammierung. Dies kann eine kostengünstige Standheizungsnachrüstung ergeben.

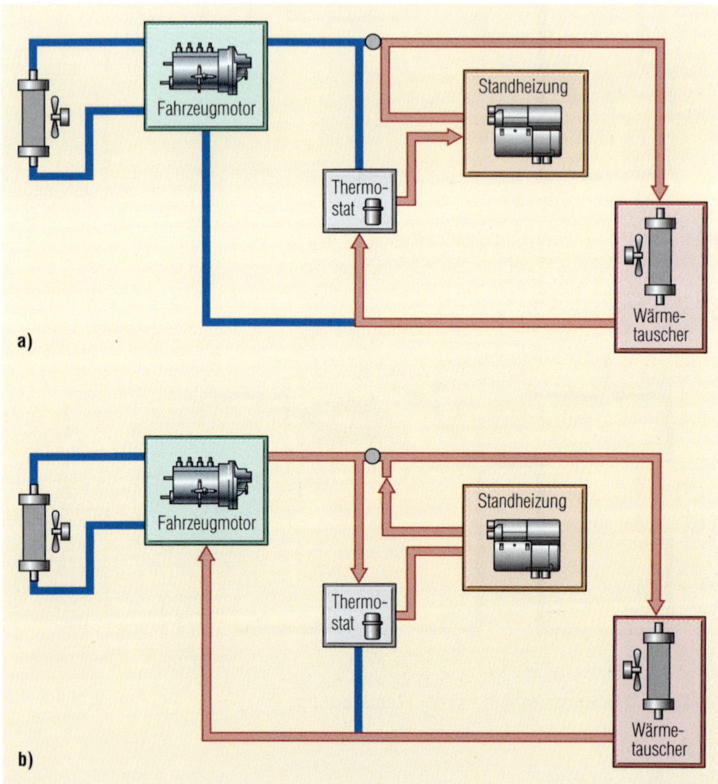

Bild 574.1 Wasserkreislauf im Komforteinbausatz:
a) Innenraumbeheizung, b) zusätzliche Motorerwärmung.

Kundenberatung. Für eine qualifizierte Kundenberatung ist das Fahrprofil des Kunden zu erfragen, da die Fahrzeugbatterie durch den Standheizungsbetrieb nicht unerheblich belastet wird. Als Faustregel gilt: Zeit des Standheizungsbetriebes = notwendige anschließende Fahrzeit zum Wiederaufladen der Batterie.

Deshalb empfiehlt es sich bei der Nachrüstung einer Standheizung die verbaute Fahrzeugbatterie durch eine stärkere Batterie zu ersetzen.

Außerdem ist der Kunde darauf hinzuweisen, dass eine Standheizung in geschlossenen Räumen wie Garagen und Werkstätten oder in der Nähe von Tankstellen oder Tankanlagen nicht betrieben werden darf.

Die Standheizung kann eingeschaltet werden über

- eine vorgewählte Zeit,
- eine Fernbedienung oder
- ein Telefon.

Die Multifunktionsuhr zum Aktivieren der Standheizung und das Vorwählen einer Einschaltzeit ist die preisgünstigste Möglichkeit. Dies ist ausreichend, wenn der Kunde sein Fahrzeug immer zur gleichen Zeit benötigt oder Alternativen nicht möglich sind.

Die Fernbedienung bietet sich an, wenn der Kunde unregelmäßige Zeiten hat, aber die Aktivierung der Standheizung rechtzeitig vornehmen kann, bevor er das Fahrzeug benötigt. Das Fahrzeug muss in Reichweite der Fernbedienung stehen.

Telefon. Die Standheizung kann über Telefonanrufe bedient werden. Dies ist die komfortabelste Möglichkeit. Wenn das Fahrzeug mit dem entsprechenden Telefonsteuergerät häufig in Gegenden mit schlechter Telefonnetzabdeckung bewegt wird, ist diese aber nicht zu empfehlen.

11.3.2 Funktion des Heizgerätes

Das in den Kühlwasserkreislauf eingebundene Heizgerät (Bild 575.1) wird über eine eigene Dosierpumpe mit Kraftstoff aus dem Kraftstofftank des Fahrzeuges versorgt. Je nach Fahrzeug (Benzin/Diesel/Gas) gibt es deshalb geringfügig unterschiedliche Heizgeräte. Die durch die Verbrennung des Kraftstoffes im Inneren des Heizgerätes erzeugte Wärme wird an das Kühlmittel abgegeben. Eine eigene Wasserpumpe im Heizgerät sorgt dafür, dass das Kühlmittel des Fahrzeuges das Heizgerät durchströmt.

Nach dem Einschalten der Standheizung wird zuerst die Wasserpumpe aktiviert. Anschließend wird der Glühstift vorgeglüht. Erst dann erfolgt die Kraftstoffförderung und Dosierung und damit der Beginn der Verbrennung. Nun setzt das Frischluftgebläse ein. Die Verbrennung wird durch einen Flammfühler ständig überwacht. Der Glühstift wird bei einer stabilen Flamme zeitgesteuert abgeschaltet.

Sicherheitseinrichtungen. Zündet die Flamme innerhalb von 90 Sekunden nach dem Beginn der Kraftstoffförderung nicht, wird der Start einmal wiederholt. Erfolgt erneut keine Zündung, geht das Standheizungssystem in eine Störabschaltung. Dies gilt auch für das Erlöschen der Flamme während des Betriebes. Eine Störabschaltung des Heizgerätes erfolgt auch bei einer Überhitzung, Unter- bzw. Überspannung, defektem Glühstift, Kraftstoffmangel und Defekten bei der Drehzahl des Gebläsemotors.

Die Störabschaltung kann nach der Beseitigung der Ursachen durch kurzes Aus- und Wiedereinschalten der Standheizung aufgehoben werden. Nach zweimaligem Wiederauftreten der Störabschaltung oder sicherheitsrelevanten Mängeln erfolgt eine Störverriegelung.

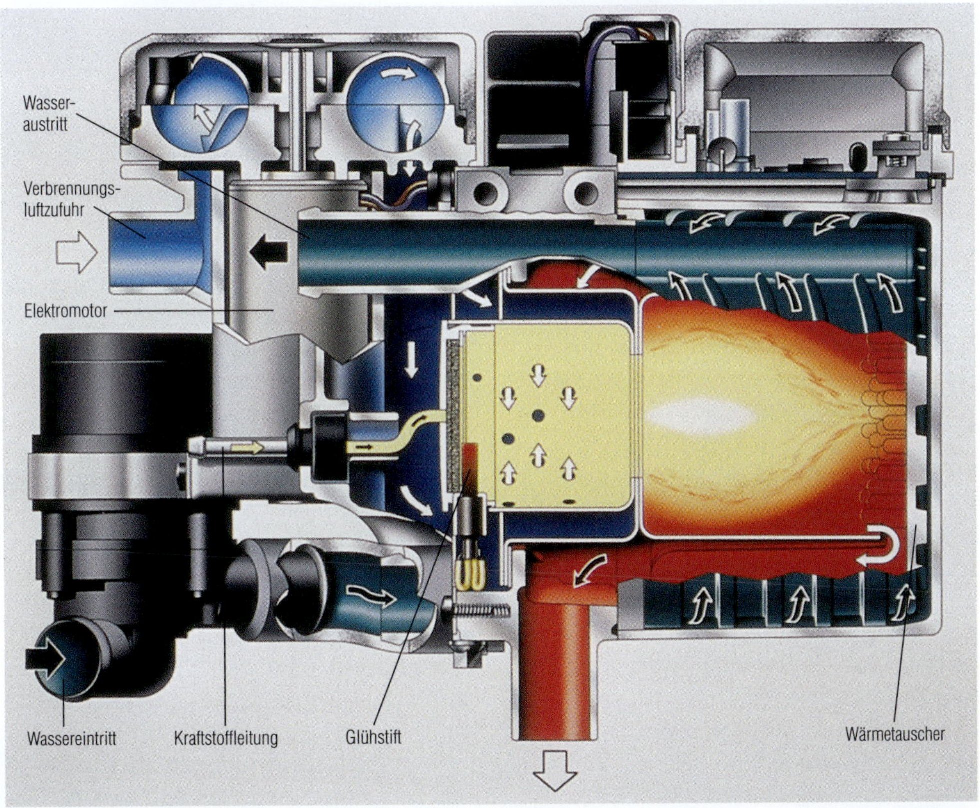

Bild 575.1 Heizgerät (Schnittbild).

11.3.3 Hinweise für die Nachrüstung

Bei der Nachrüstung einer Standheizung gibt es viele Vorschriften und Hinweise, die beachtet werden müssen; die wichtigsten sind im Folgenden ausgeführt. Grundsätzlich wird das Heizgerät mit der Wasserpumpe im Motorraum verbaut.

Gesetzliche Vorschriften:
- Es dürfen nur Standheizungsgeräte mit einer „Allgemeinen Bauartgenehmigung" mit amtlichem Prüfzeichen auf dem Typschild verbaut werden.
- Der Einbau darf nur von geschultem Personal und nach der Einbauanweisung vorgenommen werden.
- Die Nachrüstung muss durch den Hersteller bei der Typprüfung nach § 20 StVZO oder der Einzelprüfung nach § 21 StVZO überprüft werden.
- Falls o. g. Typprüfungen nicht vorliegen, muss der Einbau nach § 19 StVZO begutachtet werden.
- Das Jahr der ersten Inbetriebnahme muss auf dem Typschild dauerhaft eingetragen werden.
- Ein Hinweisschild („Vor dem Tanken Heizgerät abstellen") muss an geeigneter Stelle nahe dem Kraftstoff-Einfüllstutzen angebracht werden.
- Das Heizgerät, kraftstoffführende Leitungen und die Abgasleitungen dürfen nicht im Fahrzeuginneren verbaut werden.
- Die Verbrennungsluft muss aus dem Freien angesaugt werden; Abgasleitungen sind so zu verlegen, dass keine Abgase in den Fahrzeuginnenraum eindringen.

Brennstoffversorgung. Die Montage der Kraftstoffleitungen hat mit der größten Sorgfalt zu erfolgen. Sie müssen einen ausreichenden Abstand zu heißen Fahrzeugteilen haben (z. B. der Abgasführung), gegen mechanische Beschädigungen geschützt sein und sicher befestigt werden. Dabei dürfen Motorbewegungen oder sonstige Fahrzeugverwindungen die Haltbarkeit nicht beeinflussen. Bei Undichtigkeiten darf sich abtropfender Kraftstoff an heißen Teilen oder elektrischen Verbindungen nicht entzünden. Grundsätzlich darf die Förderung des Kraftstoffes nicht durch Schwerkraft oder Überdruck erfolgen, d. h. keine Kraftstoffentnahme an unter Druck stehenden Kraftstoffleitungen oder nach (hinter) der fahrzeugeigenen Kraftstoffpumpe. Deshalb sollten die Kraftstoffleitungen ab der Dosierpumpe bis zum Heizgerät stetig steigend verlegt werden. In den meisten Fällen wird ein separater Tankanschluss verwendet.

Kraftstoffschläuche immer nur mit einem scharfen Messer ablängen, damit die Schnittstellen nicht eingedrückt und gratfrei sind. Montieren Sie Verbindungen von Kraftstoffleitungen mit einem Kraftstoffschlauch immer auf Stoß, um Blasenbildung im Kraftstoff zu verhindern.

Verbrennungsluft- und Abgasführung. Die Verlegung des Verbrennungsluftschlauches und der Abgasführung muss so erfolgen, dass die Öffnungen immer frei sind, sich nicht durch Schmutz und Schnee zusetzen können, nicht gegen den Fahrtwind gerichtet sind und leicht fallend montiert werden, damit Kondenswasser ablaufen kann.

Außerdem dürfen ausströmende Abgase nicht wieder als Verbrennungsluft angesaugt werden. Da das Abgasrohr im Betrieb sehr heiß wird, ist auf ausreichenden Abstand zu wärmeempfindlichen Teilen zu achten.

Kühlwasserkreislauf. Das Heizgerät und die Wasserpumpe müssen grundsätzlich immer unter dem minimalen Kühlwasserspiegel des Fahrzeuges eingebaut werden. Dadurch können sich das Heizgerät und die Wasserpumpe selbst entlüften und die Gefahr einer Überhitzung wird verringert. Die Einbindung des Heizgerätes mit der Wasserpumpe in den Kühlkreislauf des Fahrzeuges erfolgt in der Regel in den Wasservorlaufschlauch vom Fahrzeugmotor zum Wärmetauscher. Bei der Verlegung der Wasserschläuche ist auf genügend großen Abstand zu heißen Fahrzeugteilen, aber auch zu temperaturempfindlichen Teilen zu achten. Die Wasserschläuche sind knick- und scheuerfrei zu verlegen. Die Schlauchverbindungen müssen dicht sein. Vor dem endgültigen Anschluss an den Kühlkreislauf sollten die Schläuche bereits mit Kühlmittel befüllt werden.

Elektrische Anschlüsse. Auch bei der Standheizungsnachrüstung gilt für die elektrischen Leitungen und Anschlüsse:

- nicht knicken oder einklemmen,
- Isolation nicht beschädigen,
- Anschlüsse schmutz- und wasserdicht verlegen bzw. entsprechende Vorsorge treffen,
- nicht benötigte Leitungsenden isolieren,
- ausreichend große Leitungsquerschnitte verwenden und
- bei der Verlegung der Leitungen auf die elektromagnetische Verträglichkeit achten.

Bild 577.1 zeigt den Schaltplan der gewählten Standheizungsnachrüstung.

Das eigentliche Standheizungsaggregat mit Brennermotor, Glühstift, Überhitzungsfühler, Flammfühler, Temperaturfühler und Steuergerät wird über zwei Stecker mit der Fahrzeugelektrik verbunden. Dadurch wird die Spannungsversorgung mit den entsprechenden Sicherungsmaßnahmen sichergestellt und das Fahrzeuggebläse sowie die Wasserpumpe und die Brennstoffdosierpumpe werden angesteuert.

Erste Inbetriebnahme. Nach dem vollständigen Einbau, dem sorgfältigen Entlüften des Kühlmittelkreislaufes und der Kraftstoffversorgung sowie dem Zusammenstecken aller elektrischen Anschlüsse muss die Standheizung durch die einbauende Werkstatt erstmalig in Betrieb genommen werden.

Vergessen Sie nicht, den Temperaturregler auf warm zu stellen! Vor der ersten Inbetriebnahme muss eine entsprechende Fahrzeug-Neuprogrammierung durchgeführt werden.

Während des Erstbetriebes müssen sämtliche Leitungen, Schläuche, Anschlüsse, Verbindungen und die Richtung des ausströmenden Abgases genau überprüft werden. Sollte dabei eine Störung auftreten, ist unmittelbar eine Fehlersuche notwendig.

Nach zwei Betriebsstunden sollten alle Schlauchschellen nochmals nachgezogen werden.

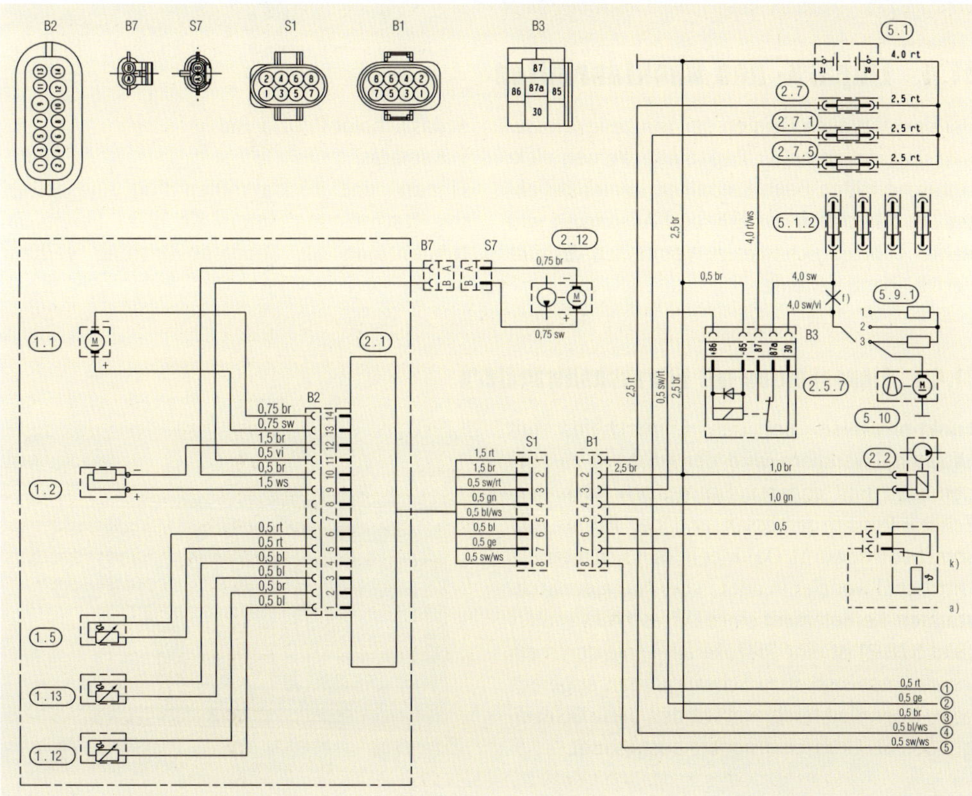

Bild 577.1 Standheizung (Schaltplan).

11.3.4 Diagnose

Bei der Diagnose einer defekten Standheizung zieht man, wie sonst auch, zuerst die einfachen Ursachen in Betracht. Eine zu geringe Batteriespannung, geknickte oder verstopfte Leitungen der Kraftstoffzufuhr, eine zu geringe Kraftstoffmenge im Fahrzeugtank und defekte Sicherungen sind die häufigsten Fehler. Erst im zweiten Schritt benötigt man einen Diagnosecomputer/-tester. Bei serien- oder sonderausstattungsgleichen Nachrüstungen kann die Diagnose über die Diagnosesysteme des Fahrzeugherstellers erfolgen. Ansonsten benötigt man einen Computer mit der Diagnosesoftware des Heizgeräteherstellers und den dazugehörenden PC-Diagnoseadapter (Bild 578.1).

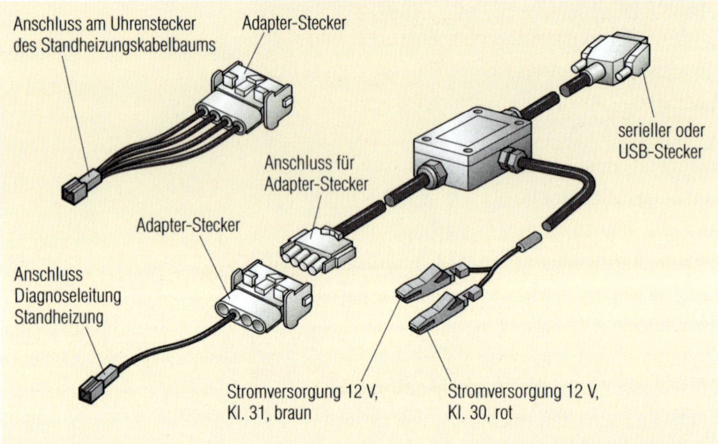

Bild 578.1 Diagnoseadapter.

Damit lassen sich der Fehlerspeicher auslesen, verschiedene Funktionen ansteuern und die Störverriegelung aufheben.

Die Störverriegelung kann nach der Beseitigung der Ursache auch manuell aufgehoben werden. Dazu müssen Sie erst die Standheizung einschalten, innerhalb 30 s die Stromversorgung unterbrechen, anschließend die Standheizung wieder ausschalten und einige Minuten warten. Nach dem Wiederherstellen der Stromversorgung ist die Störverriegelung aufgehoben.

11.4 Einpark- und Rückfahrhilfen

Bei den aktuellen Formen der Fahrzeugkarosserien und wegen enger Parkräume werden elektronische Hilfen beim Einparken immer beliebter. Sie erleichtern das Ein- und Ausparken und helfen Fahrzeugschäden zu vermeiden. Es gibt verschiedene Systeme:

- das Echolot-Prinzip und
- Kameras.

Einpark- und Rückfahrhilfen sind eine attraktive Nachrüstung, sofern sie nicht bereits im Neufahrzeug als Sonderausstattung verbaut wurden.

11.4.1 Einparkhilfen mit Ultraschallwandlern

Funktionsweise. Bei den Einparkhilfen mit Ultraschallwandlern wird der Abstand zu Hindernissen und anderen Fahrzeugen nach dem Echolot-Prinzip gemessen und der Fahrer entsprechend gewarnt. Dafür befinden sich mehrere Ultraschallwandler in oder in der Nähe der Stoßstangen. Kernelement eines Ultraschallwandlers (Bild 578.2) ist eine Piezokeramik, die durch ein kurzes Impulspaket zu Schwingungen angeregt wird. Über die Membrane werden diese Schwingungen als Ultraschallsignale ausgesandt.

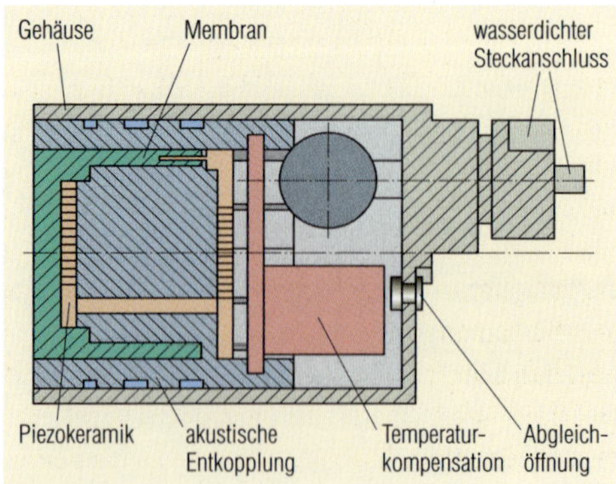

Bild 578.2 Innerer Aufbau eines Ultraschallwandlers.

Nach dem Abklingen der (Sende-)Schwingungen ist der Ultraschallwandler wieder empfangsbereit für die zurückkehrenden (Echo-)Wellen. Diese regen nun ihrerseits über die Membrane die Piezokeramik zu Schwingungen an. Dadurch werden wieder Stromimpulse erzeugt. Das Steuergerät wertet die Echolaufzeit aus und berechnet daraus die Entfernung zum Hindernis. Bild 579.1 zeigt das Ansteuerungs- und Auswertungsprinzip grafisch. Die Ausschwingzeit und Ausschwingimpulse werden vom Steuergerät zusätzlich für die Funktionskontrolle der Ultraschallwandler verwendet.

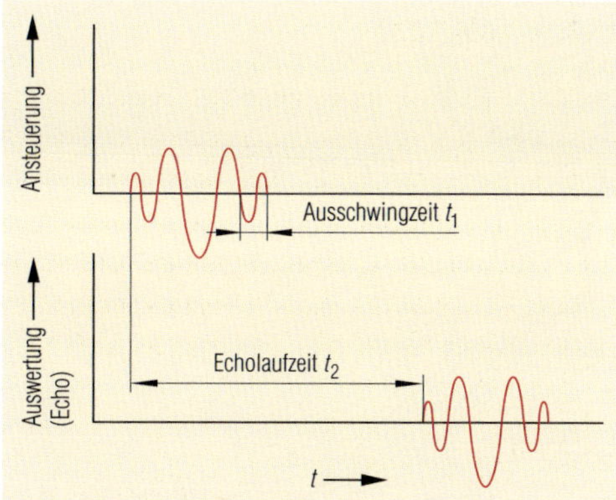

Bild 579.1 Ultraschallwandler: Ansteuerungs- und Auswertungsprinzip.

Die Abstandswarnung erfolgt immer akustisch durch sich verringernde Tonpausen zwischen den Warntönen. Ab ca. 20 bis 30 cm Abstand wird ein Dauerton ausgegeben. Bei manchen Systemen wird die Abstandswarnung zusätzlich optisch durch LEDs bzw. auf einem Bildschirm angezeigt (Bild 579.2).

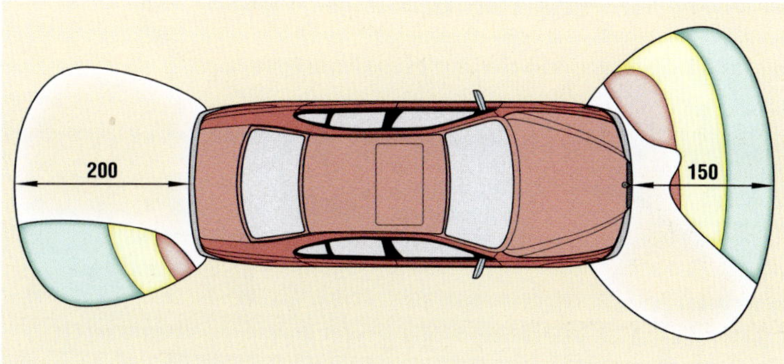

Bild 579.2 Optische Abstandswarnung.

Eingeschaltet wird die elektronische Abstandsmessung immer durch das Einlegen des Rückwärtsganges. Ausgeschaltet wird sie beim Überschreiten einer bestimmten Geschwindigkeit oder bei Zündung aus. Einige Systeme besitzen zusätzlich einen Taster/Schalter zum Ein-/Ausschalten.

Denken Sie daran: Funktionsstörungen können neben anderen Ursachen auch durch starke Verschmutzungen, Eis oder Schnee auf der Membrane eines Ultraschallwandlers hervorgerufen werden.

Allgemeiner Hinweis. Elektronische Einparkhilfen entbinden den Fahrer grundsätzlich nicht von seiner Sorgfaltspflicht; er muss die entsprechende Verkehrssituation selbst überblicken können. Dies gilt insbesondere, wenn die Erkennung von Objekten an die Grenzen der physikalischen Ultraschallmessung stößt, z. B. bei Schneehaufen, spitzen Hindernissen oder sehr dünnem Draht.

Verschiedene Nachrüstsysteme. Bei den meisten Systemen befinden sich vier Ultraschallwandler am Fahrzeugheck. Es gibt aber auch elektronische Einparkhilfen mit bis zu sechs Ultraschallwandlern für hinten und sechs für vorne.

Das einfachste und preiswerteste System in der Nachrüstung sind zwei an einem speziellen Kennzeichenträger befestigte Ultraschallwandler (Bild 579.3).

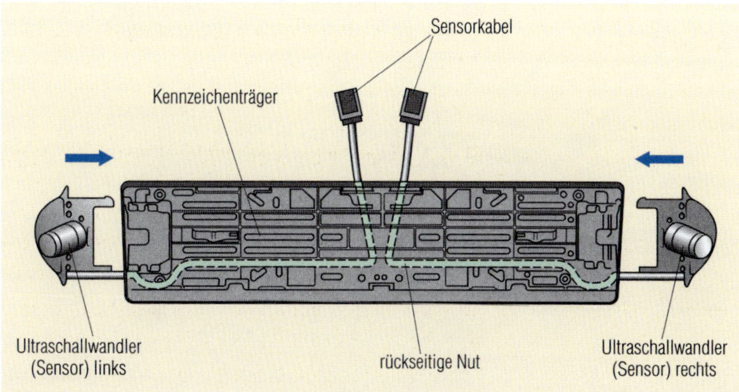

Bild 579.3 Kennzeichenträger mit Ultraschallwandlern.

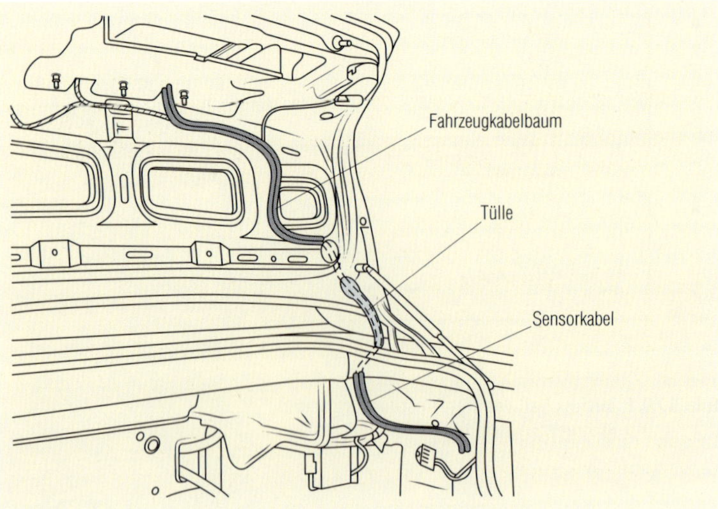

Bild 580.1 Verlegung des Kabelbaumes durch den Kofferraum.

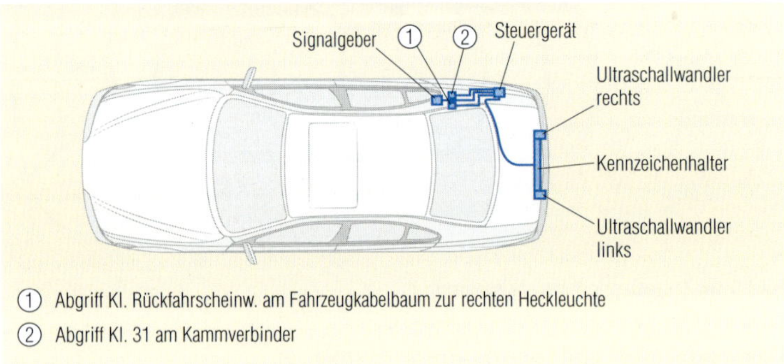

Bild 580.2 Übersicht der Einbauorte.

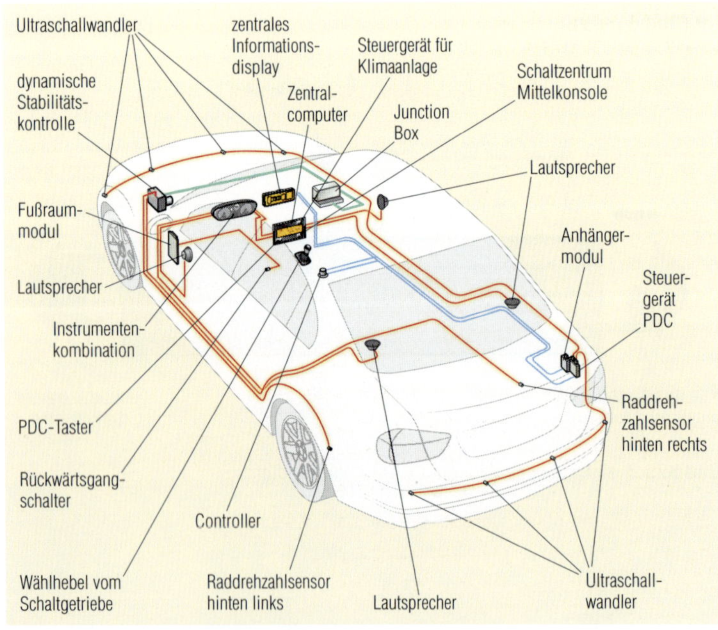

Bild 580.3 Je vier Ultraschallwandler vorne und hinten.

Die Kabel zu den zwei Ultraschallwandlern werden hinter dem Kennzeichenträger verlegt und durch ein ebenfalls hinter dem Kennzeichenträger in die Heckklappe gebohrtes Loch in den Kofferraum geführt. Dann werden die Kabel an dem bereits vorhandenen Fahrzeugkabelbaum entlang (Bild 580.1) bis zum Fahrzeuginnenraum verlegt. Bild 580.2 zeigt die vollständige Ansicht der Kabelbaumverlegung und den Einbauort des Steuergerätes und des Signalgebers. Der elektrische Anschluss zur Aktivierung des Systems erfolgt über das Kabel des Rückfahrscheinwerfers.

Die etwas aufwändigere Variante einer sonderausstattungsgleichen PDC-Nachrüstung besitzt vier Ultraschallwandler im Stoßfänger hinten. Dabei sind die Ultraschallwandler im Stoßfänger, der bei dieser Nachrüstungsart gewechselt werden muss, genau positioniert. Die Verlegung des Kabelbaumes erfolgt wie bei der Erstausrüstung im Werk.

Das aufwändigste, genaueste und teuerste System mit je vier Ultraschallwandlern in den Stoßfängern vorne und hinten zeigt Bild 580.3. Die Warnung vor Hindernissen erfolgt bei diesem System akustisch und optisch über das zentrale Informationsdisplay. Die Nachrüstung eines solchen Komplettsystems erfolgt aus Kostengründen eher selten.

11.4.2 Rückfahrkamera

Eine Alternative bzw. eine Ergänzung zu den Echolotsystemen bieten Kamerasysteme. Kameras gibt es für den Heck-, Front- und Seitenbereich. Am häufigsten ist eine Kamera im Heckbereich an der Griffleiste, dem Kennzeichenhalter oder sonstigen Anbauteilen als Rückfahrkamera installiert (Bild 581.1).

Aktiviert wird die Kamera über das Einlegen des Rückwärtsganges. Das Ein- und Ausschalten über einen Taster bzw. Schalter ist ebenfalls möglich. Das über die Kamera erfasste Bild wird auf einem Bildschirm angezeigt. Für die Nachrüstung ist deshalb wichtig, ob das Fahrzeug bereits einen Bildschirm oder ein Anzeigedisplay hat und das System integrierbar ist. Alternativ muss überlegt werden, ob es als separates System mit einem eigenen Bildschirm nachgerüstet werden kann. Der Bildschirm wird dann im Sichtbereich des Fahrers angeordnet.

Die Kabelverlegung bei der Nachrüstung erfolgt immer vom Kameraeinbauort über den Rückfahrscheinwerfer (wo das Signal abgegriffen wird) an den Seitenschwellern entlang bis zum Bildschirm in der Mittelkonsole (Bild 581.2).

Bei einfacher, nicht in die Fahrzeugsysteme integrierter Rückfahrkamera dauert die Nachrüstung ca. 2 bis 4 Stunden. Bei komplexeren und in die Fahrzeugfunktionen integrierten Systemen sind nach dem Einbau eine neue Fahrzeugprogrammierung und eine Justierung der Kamera notwendig. Dadurch sind dann beispielsweise entsprechend dem Lenkradeinschlag die Anzeige von Fahrspurhilfslinien oder Wendekreislinien möglich (Bild 581.3).

Eine spezielle optische Hervorhebung von erkannten Hindernissen oder ein Kamerazoom, z. B. auf die Anhängerkupplung, ist bei diesen Systemen ebenfalls möglich.

Bild 581.3 Hilfslinien für die Fahrspur beim Einparken.

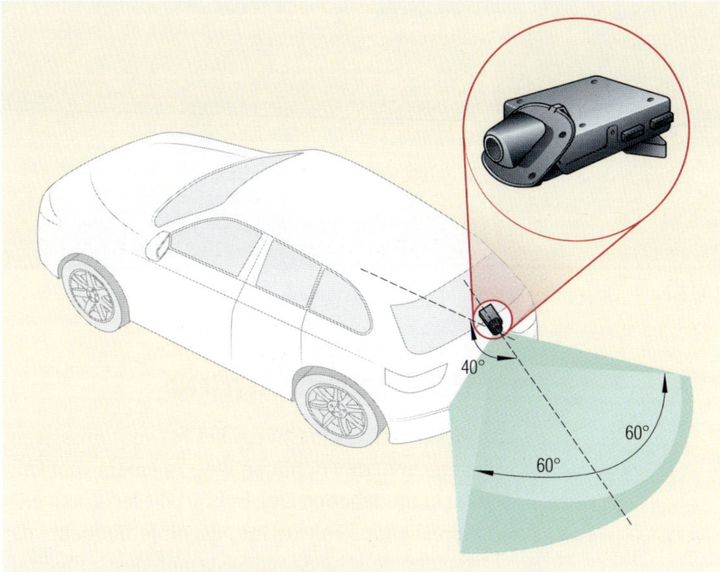

Bild 581.1 Einbauort Rückfahrkamera mit Erfassungsbereich.

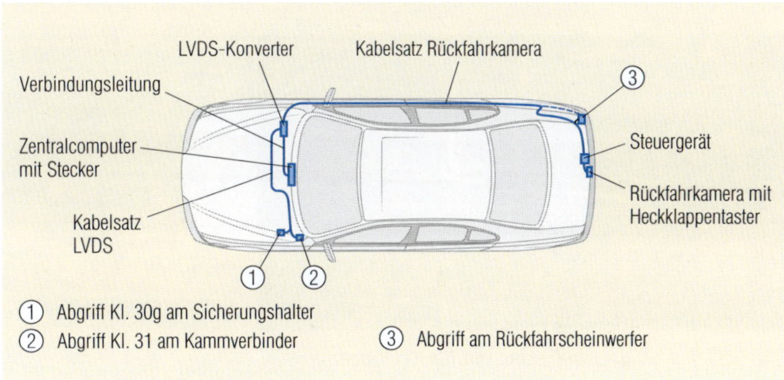

Bild 581.2 Einbauorte und Kabelverlegung Rückfahrkamera (LVDS = Low Voltage Differential Signalling (engl.): Schnittstellen-Standard für Hochgeschwindigkeits-Datenübertragung).

11.5 Fahrerinformationssysteme

Zu den Fahrerinformationssystemen gehören neben den bekannten Anzeigen (Tachometer, Drehzahlmesser, Tankanzeige usw.) und den Kontrolllampen (Öldruck, Generator, Fernlicht, Airbag usw.) im Kombiinstrument auch verschiedene weitergehende Kontrollfunktionsanzeigen (Überwachung von Glühlampen, Flüssigkeitsständen, Türen/Klappen offen usw.) und Bordcomputer (Außentemperatur, Verbrauch usw.).

Aber hauptsächlich bezeichnet man alle Elemente der Audio-, Informations- und Kommunikationselektronik (Radio, Telefon, Navigationssystem usw.) als Fahrerinformationssysteme (Bild 582.1). Gerade bei diesen Systemen hat sich in den letzten Jahren ein enormer Anstieg von einfachen Einbauten bis zu vollständigen Nachrüstungen ergeben.

Bild 582.1 Überblick Fahrerinformationssysteme.

11.5.1 Navigationssysteme

Funktionsbeschreibung. Ein Navigationssystem berechnet den richtigen Weg zu einem vom Fahrer eingegebenen Ziel. Es führt diesen durch entsprechende Fahrtrichtungsempfehlungen, die bei den verschiedenen Systemen durch Pfeildarstellungen, Sprachausgabe und mit einer zusätzlichen Routenkarte erfolgen (Bild 582.2).

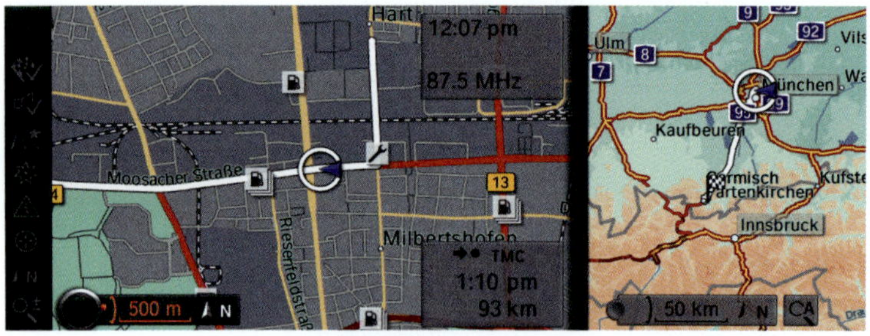

Bild 582.2 Navigationssystem mit Routenkarte.

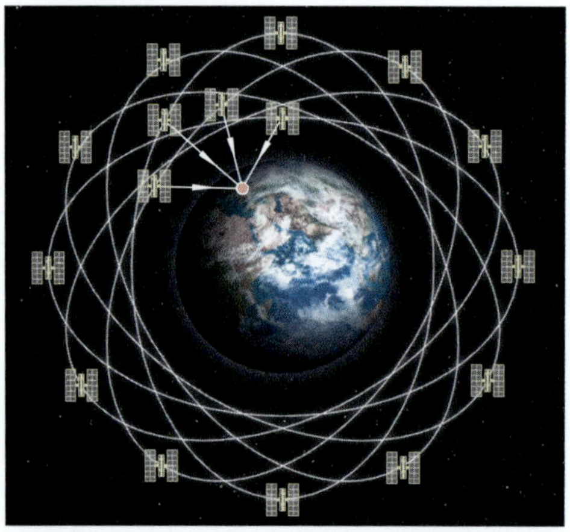

Bild 582.3 Umlaufbahnen der GPS-Satelliten.

Global Positioning System (GPS). Die Fahrtroute kann nur berechnet werden, wenn die eigene Position bekannt ist. Dies geschieht mithilfe des Global Positioning Systems (GPS). Dabei handelt es sich um 24 Satelliten, die in 20 200 km Höhe die Erde in sechs Bahnebenen umkreisen und in gleichen Zeitabständen Identifikations-, Positions- und Zeitsignale senden (Bild 582.3).

Da immer mehrere Satelliten gleichzeitig über die GPS-Antenne empfangen werden, kann daraus die Position auf ca. 10 Meter genau berechnet werden.

Mit den Daten der Eigenposition und dem eingegebenen Ziel wird vom Navigationsrechner die Fahrtroute berechnet. Dabei bedient sich der Rechner einer DVD oder CD-ROM, auf der die digitalisierten Straßenkarten mit vielen zusätzlichen Informationen abgespeichert sind. Bei den aktuellen Systemen sind die Daten direkt im Fahrzeug auf einer Festplatte abgespeichert. Weitere Eingangssignale sind das Geschwindigkeits-/Wegstreckensignal und für Richtungsänderungen das Signal eines Drehratensensors (Gyrometer, bzw. G-Sensor), der im Navigationsrechner integriert ist. Für die Zielführung und Fahrtrichtungsempfehlungen werden die Eingangssignale ständig mit den gespeicherten Daten des digitalen Straßenplanes abgeglichen (sogenanntes Map-Matching) und kleine Abweichungen der aktuellen Position korrigiert.

Wenn der Navigationsrechner oder Teile des Systems gewechselt wurden, aber auch wenn andere Reifen-/Rädergrößen montiert werden, kann eine Kalibrierung des Systems notwendig sein. Führen Sie diese exakt nach Herstellerangaben aus.

Die Software des Navigationsrechners und die Navigationsdaten müssen kompatibel sein.

Der Datenstand von Navigationssystemen altert jährlich um ca. 10 %, wodurch es immer häufiger zu Fehlern in der Routenführung kommt. Empfehlen Sie deshalb dem Kunden eine regelmäßige Aktualisierung.

Verschiedene Navigationssysteme. Die aktuell verfügbaren Systeme reichen von im Handy integrierter Navigation, PDAs mit Navigationsfunktion, mobilen Stand-alone- bzw. Plug&Play-Geräten über im Radio integrierte Navigations- und Telefonfunktionen bis zu vollständig im Fahrzeug integrierten Infotainmentsystemen.

In der Nachrüstung durchgesetzt haben sich die Systeme, die über Halter oder Saugnäpfe im Sichtbereich des Fahrers befestigt und über den Zigarettenanzünder mit Strom versorgt werden. Bei im Radio integriertem Navigationssystem muss das vorhandene Radiogerät ausgetauscht werden. Bei diesen Systemen sind alle Navigationskomponenten, auch die GPS-Antenne, in den jeweiligen Geräten integriert. Die als Sonderausstattung angebotenen, vollständig im Fahrzeug integrierten Infotainmentsysteme sind als Nachrüstung bedeutungslos, da sie zu aufwändig und damit zu teuer ist.

11.5.2 Telefon

Grundlagen. Voraussetzung für das Funktionieren eines Mobiltelefons ist immer eine Funkverbindung mit einer Funkfeststation bzw. Basisstation, die ihrerseits mit anderen Basisstationen oder dem Festnetz verbunden ist. Grundlage für die aktuelle Mobilfunktechnologie ist GSM.

Beim GSM werden Sprache und Daten digital übertragen. In Europa wird mit 900 Megahertz (D-Netz) bzw. mit 1800 Megahertz (E-Netz) gesendet. Das GSM-Netz ist als zellulares Netzwerk aufgebaut, in dessen Mittelpunkt immer eine Basisstation liegt, die eine bestimmte Anzahl von Verbindungen gleichzeitig abwickeln kann.

Durch den zellularen Aufbau können gleiche Frequenzen in größeren Zellabständen wieder verwendet werden. Da die Funkwellen sich kreisförmig ausbreiten, überlappen die einzelnen Zellen. Wenn man während der Fahrt an die (Funk-) Grenze einer Zelle gelangt, wird man automatisch an eine benachbarte Zelle übergeben. Dies nennt man Handover. Ein fehlgeschlagener Handover führt zu einem abrupten Gesprächsabbruch.

Dies kann in der Praxis z. B. durch Abschattungen (Berge, Hügel, Gebäude), Witterungseinflüsse und eine Netzüberlastung oder auch eine zu geringe Sende- und Empfangsleistung hervorgerufen werden.

Oft führt man unnötigerweise eine Fehlersuche durch, weil die natürlichen Funktionseinschränkungen bzw. physikalischen Grenzen des Mobiltelefons nicht berücksichtigt werden. Deshalb sollten Sie Reklamationen immer genau hinterfragen und dem Kunden evtl. entsprechende Erklärungen zur Funktion und deren Grenzen geben.

Einfache Nachrüstvariante. Eine universelle, einfache und damit auch preisgünstige Telefonnachrüstung zeigt Bild 583.1.

Das Mobiltelefon wird in eine Halterung gesteckt, die an der Mittelkonsole befestigt ist. Die Bedienung und Nutzung der verschiedenen Telefonfunktionen erfolgt weiterhin direkt über das Telefon. Nur die Freisprechfunktion wird über einen Lautsprecher und ein zusätzliches Mikrofon realisiert, die über einen einfachen Kabelbaum mit den Telefonanschlüssen an der Halterung verbunden sind. Das Mobiltelefon kann mit dem Freisprechsteuergerät auch über Bluetooth verbunden werden. Damit ist bei Kraftfahrzeugen mit entsprechender Ausrüstung und Programmierung eine einfache Einbindung in die vorhandenen Infotainmentsysteme möglich, z. B. mit Radiostummschaltung oder Anzeige des Telefonbuches im Radio- oder Fahrzeugdisplay.

PDA = personal digital assistant (engl.): persönlicher, digitaler Gehilfe/Assistent (Kleinstcomputer)

stand-alone (engl.): allein stehend, einzeln

plug&play (engl.): einstecken und spielen (sofort betriebsbereit sein)

Infotainment (engl.): Kunstwort aus information und entertainment (Unterhaltung)

GSM = Global System for Mobile Communication (engl.): Weltumfassendes System für mobile Kommunikation

Handover (engl.) = Übergabe

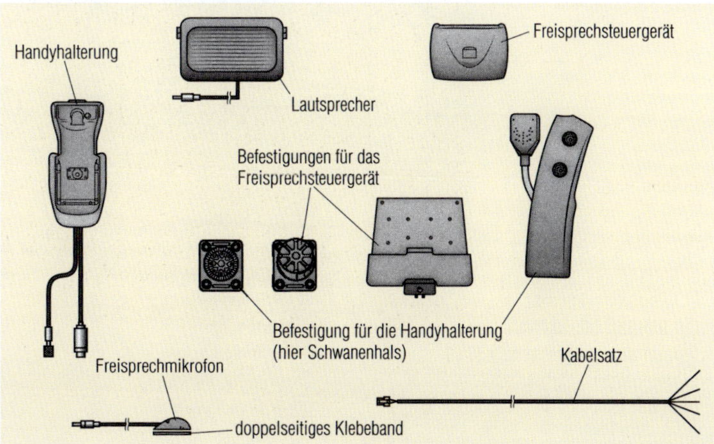

Bild 583.1 Einzelteile einer universellen Telefonnachrüstung.

Telematik: Kunstwort aus Telekommunikation und Informatik

Bussysteme → S. 591 ff.

Integriertes Telefon mit Bluetooth. Eine vollständige Integration des Telefons in die Fahrerinformationssysteme ist erst mit dem in Bild 584.1 gezeigten System möglich.

Es bietet vielfältige Möglichkeiten und Funktionen:

- Die Bedienung des Telefons kann über das Telefon selbst, ein Multifunktionslenkrad, einen zentralen Kontroller oder per Spracheingabe erfolgen.
- Die möglichen Funktionen werden in einem großen Farbdisplay angezeigt.
- Bei einer Airbagauslösung erfolgt ein automatischer Notruf. Ein manueller, selbst ausgelöster Notruf ist ebenfalls möglich.
- Zu Zielen, die im Navigationssystem ausgewählt wurden, kann zusätzlich eine Telefonverbindung aufgebaut werden.
- Telefonisch übertragene Daten können in die Zielführung der Navigation übernommen werden.

Provider („Versorger"): Anbieter von Dienstleistungen im Kommunikationsbereich (Internet, Telekommunikation u. a.)

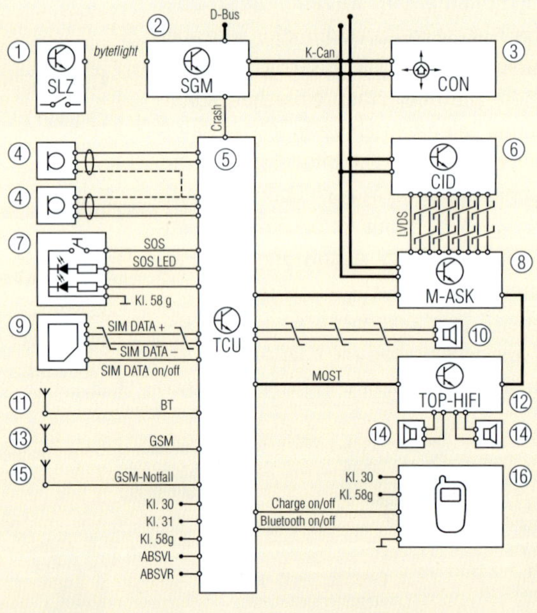

① Schaltzentrum Lenksäule (SZL)
② Sicherheits- und Gateway-Modul (SGM)
③ zentraler Kontroller (CON)
④ Freisprechmikrofone
⑤ Telefonsteuergerät (TCU)
⑥ zentrale Informationsanzeige (CID)
⑦ Notruftaster
⑧ Multi-Audio-System-Controller (M-ASK)
⑨ SIM-Kartenleser
⑩ Notfall-Lautsprecher
⑪ Bluetooth-Antenne
⑫ HiFi-Verstärker
⑬ GSM-Antenne
⑭ Frontlautsprecher
⑮ GSM-Notfallantenne
⑯ Telefonaufnahme

Bild 584.1 Telefonintegration mit Bluetooth (Systemschaltplan).

11.5.3 Telematik

Unter dem Begriff Telematik versteht man einen Informations-/Datenaustausch vom und zum Kraftfahrzeug und dessen Weiterverarbeitung. Voraussetzung dafür ist die Vernetzung der Audio-, Informations- und Kommunikationselektronik im Fahrzeug über ein Bussystem und die entsprechende Programmierung der Systeme.

Die aktuellen Telematikfunktionen kann man einteilen in

- die Verkehrstelematik,
- den passiven oder aktiven Notruf,
- Onlinedienste mit Internet-Zugang und
- fahrzeugspezifische Telematikanwendungen.

Verkehrstelematik. Übertragen werden können Meldungen zu Staus, Baustellen, Straßensperrungen usw. entweder über Rundfunk (UKW) durch RDS/TMC (Radio-Data-System/Traffic-Message-Channel) oder über das Telefon durch Service-Provider, die meist kostenpflichtig sind. Das Navigationssystem berechnet unter Berücksichtigung der Meldungen eine neue Fahrtroute, worüber der Fahrer informiert wird. Dies wird auch als dynamische Zielführung bezeichnet. Verschiedene Systeme können auch die Meldungen selektieren, die für den eigenen Standort und die weitere Fahrtroute wichtig sind.

Notruf. Bei Pannen oder Unfällen können vom Fahrzeug Positionsdaten des eigenen Standorts über das Telefon zu einer Notrufzentrale oder einem Service-Provider übertragen werden. Dies kann aktiv durch den Fahrer ausgelöst werden oder auch automatisch bei einem Unfall, wenn z. B. mindestens ein Airbag aktiviert wurde.

Onlinedienste. Es gibt sowohl internetbasierte Onlinedienste über Herstellerportale, bei denen die Informationen erst fahrzeugspezifisch aufbereitet werden, als auch einen direkten Internetzugang. Allerdings sind durch die maximal mögliche Datenübertragungsrate, die Größe des Bildschirmes, Schriftgröße usw. deutliche Grenzen im Vergleich mit dem Heimcomputer gesetzt. Sinnvoll sind deshalb Beschränkungen auf fahrzeug- und reisespezifische Notwendigkeiten (Bild 585.1).

Fahrzeugspezifische Telematikanwendungen. Möglich sind eine telefonische Übermittlung des Servicebedarfs, eine telefonische Diagnose, eine Programmierung über das Telefon und die telefonische Aktivierung der Standheizung. Bei der telefonischen Übermittlung des Servicebedarfs werden die im Fahrzeug ermittelten Wartungs- und Verschleißdaten sowie eventuell in elektronischen Systemen gespeicherte Fehler über einen Service-Provider an den zuständigen Händler übertragen. Bei der telefonischen Diagnose kann der Pannen- und Bereitschaftsdienst des Herstellers direkt auf die Fahrzeugsysteme zugreifen und, falls notwendig, sogar eine Programmierung über das Telefon durchführen. Die telefonische Aktivierung der Standheizung ist ebenfalls eine Telematikanwendung.

Bild 585.1 Menü für Onlinedienste.

Zur Wiederholung

1. Erklären Sie einem Kunden die Funktionen und Sicherheitshinweise einer Anhängerkupplung.
2. Erläutern Sie die gesetzlichen Vorschriften bei Zusatzheizungssystemen und begründen Sie diese.
3. Was ist eine Störabschaltung und was eine Störverriegelung?
4. Wie funktioniert ein Ultraschallwandler?
5. Bei welchen Witterungsbedingungen kann es zu Fehlfunktionen der Einparkhilfen kommen?
6. Welche Eingangssignale benötigt ein Navigationssystem?
7. Was versteht man unter einer dynamischen Zielführung?
8. Was ist eine Bluetooth-Verbindung?
9. Was bezeichnet man als Telematik?

Zur Vertiefung

1. Erstellen Sie eine Liste aller durchgeführten Nachrüstungen in Ihrem Ausbildungsbetrieb in den letzten sechs Monaten.
2. Diskutieren Sie mit Ihren Kollegen die Erfahrungen mit den einzelnen Nachrüstungen. Was hat geklappt, wo lagen die Probleme, was hätten Sie anders machen müssen, was haben Sie daraus gelernt?
3. Welche unterschiedlichen Navigationssysteme kennen Sie? Welche Vor- und Nachteile haben diese jeweils?
4. Was kann ein Dualbandhandy, wofür benötigt man ein Triplebandhandy?
5. Suchen Sie im Internet nach aktuellen Telematiksystemen. Was können diese und wo liegen die Grenzen ihrer Funktionalität?
6. Welche Erweiterungen/Anwendungen der Telematik können Sie sich zukünftig vorstellen?
7. Fallbeispiel:
   Der Kunde hat einen original BMW-Feuerlöscher im Zubehörverkauf erworben und möchte diesen nun in seinem Fahrzeug montiert haben. Dazu muss ein Haltewinkel zur Aufnahme des Löschers am Fahrersitz nachgerüstet werden. Sie erhalten den Auftrag diese Arbeit an einem BMW X5 (Baureihe E70) durchzuführen. Auf dem Werkstattauftrag ist vermerkt, dass der Kunde „wartet".

   Die Nachrüstung des Haltewinkels an diesem Fahrzeugtyp führen Sie zum ersten Mal durch. Daher sind Sie mit der Arbeitsdurchführung nicht vertraut und studieren zunächst die Herstellerunterlagen mit den fahrzeugspezifischen Einbauhinweisen (Bild 586.1), bevor Sie den Nachrüstsatz aus dem Teilelager holen.

Einbauanleitung: Nachrüstung Haltewinkel für Feuerlöscher

BMW 7er-Reihe (E38 und E65), 5er-Reihe (E39 und E60), X5 (E70) und X6 (E71)

1. Teileübersicht:

Legende	Anzahl	Bauteil
A	1	Haltewinkel
B	2	Distanzbuchse
C	2	Sechskantschraube M6x16
D	2	Sechskantschraube M6x20
E	4	Beilagscheibe M6

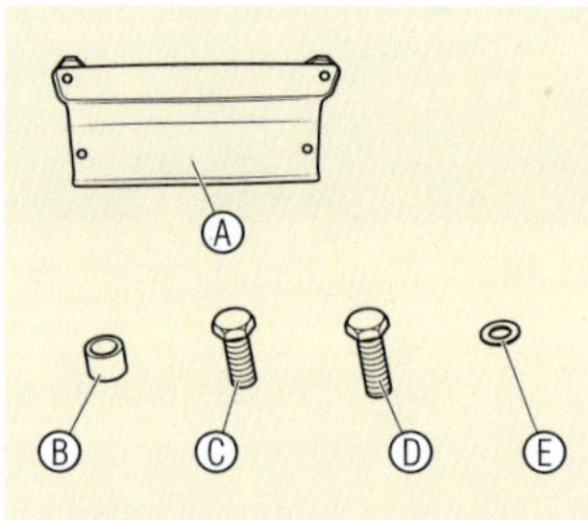

2. Einbau des Halters:
Sitzbezug an den Blechöffnungen (2) einschneiden und an den Verschraubungspunkten (1) durchstechen. Haltewinkel A mit den Anschweißmuttern (3) durch den aufgeschnittenen Sitzbezug und die Blechöffnungen (2) führen.

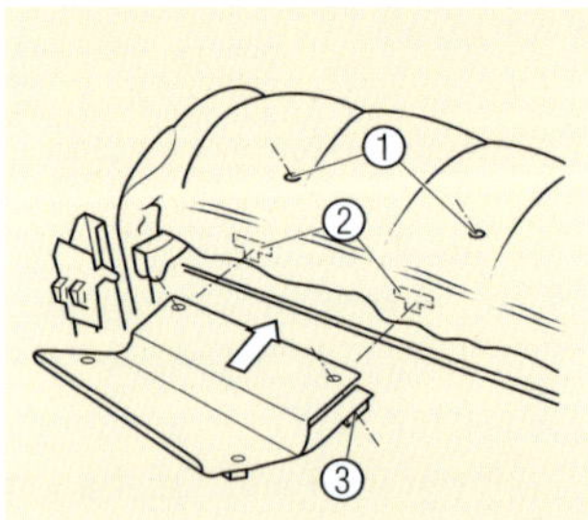

3. Haltewinkel A wie dargestellt mit Sechskantschrauben D und Beilagscheiben E anschrauben. Distanzbuchsen B entfallen für alle E60, E65, E70 und E71.

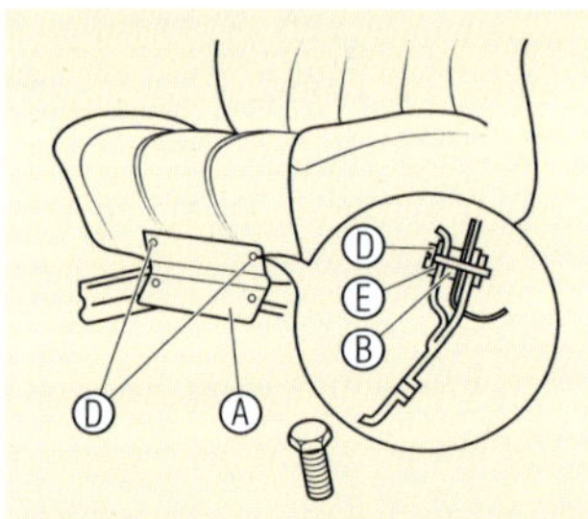

4. Spannband (1) zwischen Feuerlöscherhalter (2) und Haltewinkel A positionieren. Fixierzapfen des Spannbandes (1) in das Loch des Feuerlöscherhalters (2) einstecken. Feuerlöscherhalter (2) mit Sechskantschrauben C und Beilagenscheiben E am Haltewinkel A anschrauben. Feuerlöscher in Feuerlöscherhalter einsetzen und Spannband (1) schließen. Aufkleber „Feuerlöscher" aus dem Lieferumfang nach Kundenrücksprache an geeigneter Stelle anbringen.

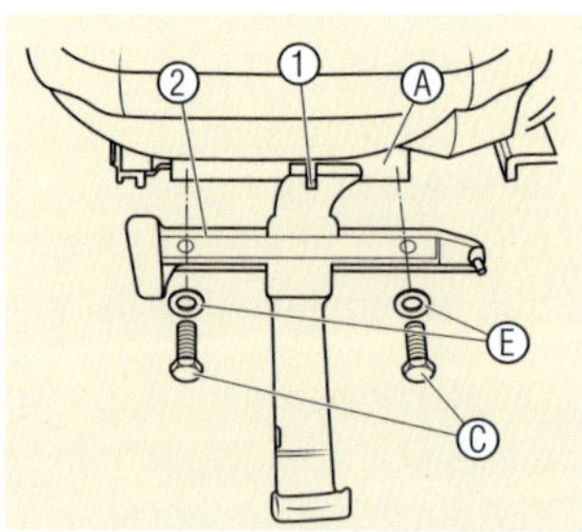

Bild 586.1 Einbauanleitung.

a) Sie begeben sich zum Parkplatz, um das Fahrzeug in die Werkstatt zu fahren. An dem Fahrzeug steht der Kunde, der offensichtlich schon längere Zeit auf die Ausführung seines Auftrages wartet.
   - Geben Sie einen möglichen Dialog wieder, der sich so zwischen dem Kunden und Ihnen zur Begrüßung abgespielt haben könnte (schriftlich oder ggf. als Rollenspiel).
   - Beschreiben Sie Ihre Tätigkeiten, die Sie vom Aufschließen des Fahrzeugs bis zur Fahrt in die Werkstatthalle durchführen müssen.

b) Der Kunde möchte Ihnen in die Halle folgen, um die auszuführenden Arbeiten zu beobachten. Schildern Sie, wie Ihr Unternehmen auf einen solchen Wunsch normalerweise reagiert.

c) Vor Arbeitsbeginn legen Sie sich das benötigte Werkzeug und die benötigten Teile des Zubehörsatzes zurecht. Benennen Sie die ausgewählten Teile bzw. Werkzeuge.

d) Das Kundenfahrzeug ist mit einem teilelektrischen Basissitz ausgestattet.
   - Informieren Sie sich, was in diesem Zusammenhang „teilelektrisch" besagt.
   - In welche Position müssen Sie den Fahrersitz bringen und was müssen Sie hierbei beachten?

e) Die Sitze des Kundenfahrzeugs sind mit hellem Leder bezogen. Beschreiben Sie Ihre Vorgehensweise bei der Anbringung des Haltewinkels.

f) Formulieren Sie mit eigenen Worten den Einbau des Feuerlöschhalters und des Feuerlöschers.

g) Abschließend müssen Sie den Aufkleber „Feuerlöscher" nach Absprache mit dem Kunden an geeigneter Stelle anbringen. Beraten Sie den Kunden, wo Ihrer Meinung nach geeignete Stellen sein könnten bzw. welche Stellen Sie als ungeeignet oder sogar verbotswidrig ansehen.

h) Weisen Sie den Kunden in die Handhabung des Feuerlöschers ein (schriftlich oder ggf. als Rollenspiel).

i) Sie haben Ihre Arbeiten zum Einbau des Halters mit Feuerlöscher abgeschlossen. Erläutern Sie Ihre abschließenden Tätigkeiten bis zur Übergabe des Fahrzeugs an den Kunden.

12P Prüfen und Instandsetzen von vernetzten Systemen

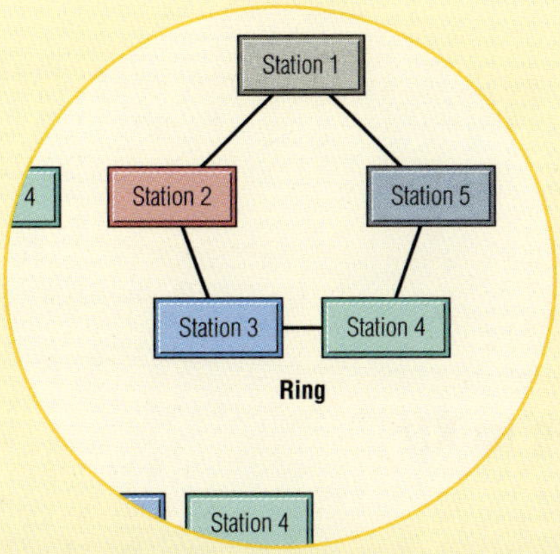

Das Wichtigste über Bits und Bytes und Busstrukturen können Sie hier nachschlagen – als Grundlage für die aktuellen Bussysteme.

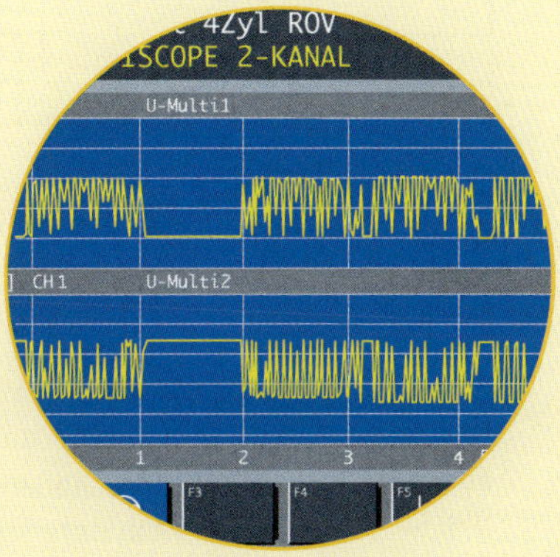

CAN und LIN sind Busstandards in jeder Fahrzeugklasse. Was die Abkürzungen bedeuten und wie die Systeme funktionieren lesen Sie auf den folgenden Seiten.

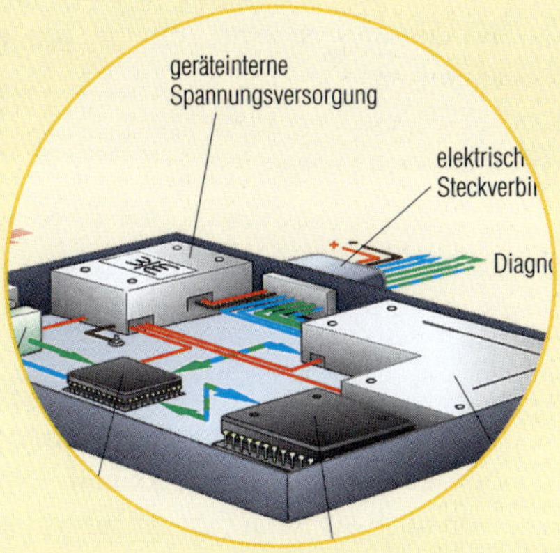

Sie lernen die wichtigsten Grundlagen über optische Datenbussysteme kennen. Auch MOST wird kein Fremdwort mehr sein.

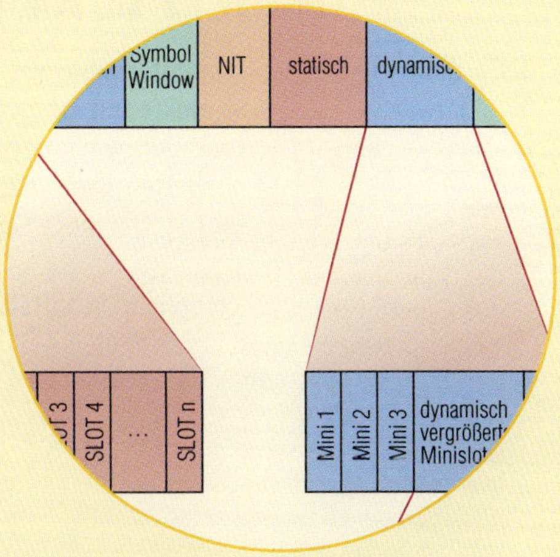

Der Star der Bussysteme – FlexRay. Nach dem Durcharbeiten können Sie mitreden, was ein FlexRay-Bus kann und wie er funktioniert.

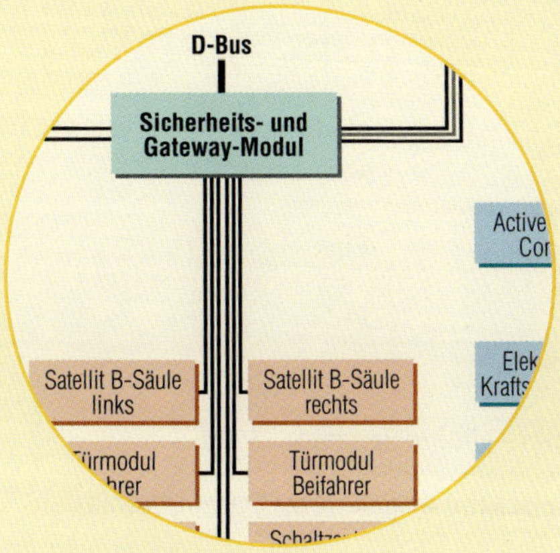

Busstrukturpläne lesen, übertragene Signale zuordnen, mit vernetzten Systemen arbeiten … hier setzen Sie die Theorie in die Praxis um.

Mittlerweile sind in fast allen Kraftfahrzeugen die verschiedenen elektronischen Systeme miteinander vernetzt. Deshalb muss man für eine fundierte Fehlersuche und Diagnose mit anschließender fachgerechter Instandsetzung

- die Grundlagen der Datenverarbeitung und
- die Kommunikationsstrukturen der Bussysteme sowie
- die verschiedenen Arten der Datenübermittlung kennen.

Das Wissen darum, welche Signale von welchen Steuergeräten auf welches Bussystem gesetzt werden und welches System diese Daten nutzt, ist für eine fundierte Fehlersuche ebenfalls oft unerlässlich.

12.1 Grundlagen der Datenverarbeitung im Kfz

12.1.1 Daten als Grundlage der Verarbeitung

Daten sind aus einzelnen Zeichen (Datenelementen) aufgebaute Informationen, die von Menschen und/oder Maschinen erkannt werden. Man unterscheidet:

- Nummerische Datenelemente: 2, 7, 9 usw.
- Alphabetische Datenelenmente: A, b, d, x usw.
- Grafische Datenelemente: +, #, →, usw.

In dieser Form kann ein Computer die Datenelemente nicht verarbeiten. Er muss sie zunächst in eine für ihn les- und verarbeitbare Form umwandeln. Das Ergebnis dieser Umwandlung (Codierung) ist eine Abfolge von elektrischen Impulsen.

12.1.2 Bit, Byte, Megabyte und „mehr"

BIT = **b**inary dig**it** (engl.): zweiwertiges Zeichen

Computer sind aus sehr vielen elektronischen Stromkreisen aufgebaut, wobei ein einzelner Kreis nur zwei unterschiedliche Schaltstellungen aufweisen kann, nämlich Ein und Aus (Tabelle 588.1). Um diese Schaltstellungen darzustellen, wird das duale Zahlensystem verwendet, das mit den Ziffern 0 und 1 auskommt. Dieses System wird auch als Binär-System bezeichnet. Die hieraus abgeleitete kleinste Informationseinheit der Datenverarbeitung nennt man 1 Bit.

mögliche Schaltstellung	Stromkreis geöffnet	Stromkreis geschlossen
	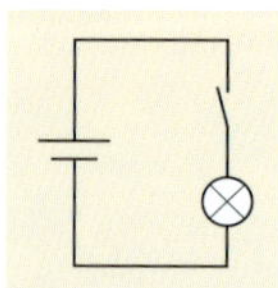	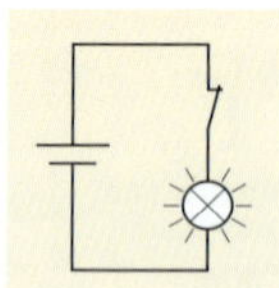
Schaltzustand	**Aus**	**Ein**
Stromfluss	nein	ja
zugewiesene Binärzahl	**0**	**1**
verarbeitbare Informationsmenge	2 darstellbare Zeichen = **1 Bit**	

Tabelle 588.1 Schaltzustände eines einfachen Stromkreises mit abgeleiteter Dateninformation.

Mit einer größeren Anzahl parallel geschalteter Bits lassen sich gleichzeitig größere Informationsmengen verarbeiten. 2 Bits können schon $2^2 = 4$ Schaltzustände einnehmen (binär 00, 01, 10, 11) und damit vier unterschiedliche Informationen weiterleiten. Für 8 Bits steigt die Kombinationsmöglichkeit auf $2^8 = 256$ Informationen. Den Zusammenschluss von 8 Bits bezeichnet man als 1 Byte. Die Kombinationsmöglichkeiten eines Bytes reichen aus um alle in einer Sprache bekannten Buchstaben, Ziffern, Rechenoperationen, Sonderzeichen und Grundbefehle unterscheiden und verarbeiten zu können.

Leistungsfähige Computer sind so aufgebaut, dass sie mehrere Bytes gleichzeitig ansprechen und somit 2, 4 oder mehr Datenelemente verarbeiten können. Ein 32-Bit-Rechner verarbeitet 4 Byte gleichzeitig.

Computer können riesige Datenmengen verarbeiten. Um diese in überschaubaren Zahlenwerten anzugeben, gibt es für Speichermedien Mengeneinheiten, die auf der Einheit Byte aufbauen (Tabelle 589.1).

Mengeneinheit	Abkürzung	mathematischer Bezug	entsprechende Byte-Menge
1 Kilobyte	KB/Kbyte	2^{10} Byte	1024
1 Megabyte	MB/Mbyte	2^{10} KB	ca. 1,05 Millionen
1 Gigabyte	GB/Gbyte	2^{10} MB	ca. 1,07 Milliarden
1 Terabyte	TB/Tbyte	2^{10} GB	ca. 1,1 Billionen

Tabelle 589.1 Maßeinheiten in der Datenverarbeitung.

KB/KByte: Die Schreibweise eines „großen K" hat sich entgegen der üblichen Schreibweise (Abk. für Kilo = k) durchgesetzt.

12.1.3 Zahlensysteme

Das duale Zahlensystem bildet die Grundlage der Datenverarbeitung. Es benötigt für die Darstellung eines einzelnen Datenelementes immer eine achtstellige Ziffernfolge (8 Bit), was das Schreiben von Programmen sehr unübersichtlich und umständlich macht. Deshalb wurde das Hexadezimalsystem eingeführt.

Es verwendet die Ziffern 0 bis 9 und die Buchstaben A bis F, also 16 unterschiedliche Zeichen. 4 Bits werden zu einem Zeichen zusammengefasst: $2^0 + 2^1 + 2^2 + 2^3 = 15$. Mit einem Byte können also zwei Hexadezimalzahlen dargestellt werden (Tabelle 589.2).

Hexa (griech.): sechs

Hexadezimalsystem: „16er-System"

Zahlensystem	Dezimalsystem	Dualsystem	Hexadezimalsystem
Basis	10	2	16
Ziffernvorrat	0 1 2 3 4 5 6 7 8 9	0 1	0 1 2 3 4 5 6 7 8 9 $A_{(10)}$ $B_{(11)}$ $C_{(12)}$ $D_{(13)}$ $E_{(14)}$ $F_{(15)}$
Stellenwert Ist gleich (=)	… 10^2 10^1 10^0 100 10 1	2^7 2^6 2^5 2^4 2^3 2^2 2^1 2^0 128 64 32 16 8 4 2 1	… 16^2 16^1 16^0 256 16 1
Beispielzahl	2 4 8	1 1 1 1 1 0 0 0	F 8
Berechnung im Dezimalsystem	… 100 10 1 x x x 2 4 8 = = = 200 + 40 + 8 **Summe:** 248	128 64 32 16 8 4 2 1 x x x x x x x x 1 1 1 1 1 0 0 0 = = = = = = = = 128 + 64 + 32 + 16 + 8 + 0 + 0 + 0 **Summe:** 248	256 16 1 x x x 0 15 8 = = = 0 + 240 + 8 **Summe:** 248

Tabelle 589.2 Vergleich der Zahlensysteme; Umrechnung in das Dezimalsystem.

12.1.4 Programme

Mithilfe von Bits und Bytes, elektronischen Schaltelementen des Steuergerätes und Zahlensystemen werden Anweisungen zur Verarbeitung und Lösung der verschiedenen Aufgaben der Steuergeräte erstellt. Die Gesamtheit der Anweisungen nennt man Programm, die sogenannte Software. Ähnlich wie bei Computern unterscheidet man eine Systemsoftware und eine Anwendersoftware.

Programmierung, Codieren → S. 615

Die Systemsoftware (Betriebssystem) beinhaltet alle Systemprogramme, die zum Betrieb des Steuergerätes bzw. Computers notwendig sind. Die Anwendersoftware dient dem Benutzer/Anwender zur Bearbeitung bzw. Verarbeitung verschiedener Aufgaben und Eingaben.

Bei den verschiedenen im Kraftfahrzeug verwendeten Steuergeräten sind die Programme in der Regel bereits fest installiert. Bei Fehlfunktionen der Steuergeräte oder Fehlern in den Programmen kann unter Umständen ein geänderter Programm- oder Datenstand notwendig werden.

Das Aufspielen einer neuen Software nennt man Programmierung, das Aufrufen eines speziellen, bereits gespeicherten Programmstandes Codieren.

12.2 Von der Systemvernetzung zu den Bussystemen

Durch den wachsenden Anteil von elektronischen Systemen in Kraftfahrzeugen wurden deren Fahrsicherheit, Leistungsvermögen, Wirtschaftlichkeit und Komfort ständig verbessert. Viele elektronische Systeme wären ohne einen umfangreichen Datenaustausch untereinander kaum denkbar, bzw. sie könnten den gewünschten Funktionsumfang nicht bieten.

Die Steuergeräte waren zunächst selbstständig und unabhängig von anderen Systemen und nur für eine eng umgrenzte Aufgabe zuständig (z. B. Zündauslösung der kontaktlos gesteuerten Zündung). In einem zweiten Schritt wurden Informationen/Signale von anderen Systemen genutzt (z. B. Drehzahl-Signal von der Zündung für die elektronische Einspritzung). Der nächste Schritt war die gegenseitige Beeinflussung mehrerer Steuergeräte untereinander bei bestimmten Regelungen (Bild 590.1).

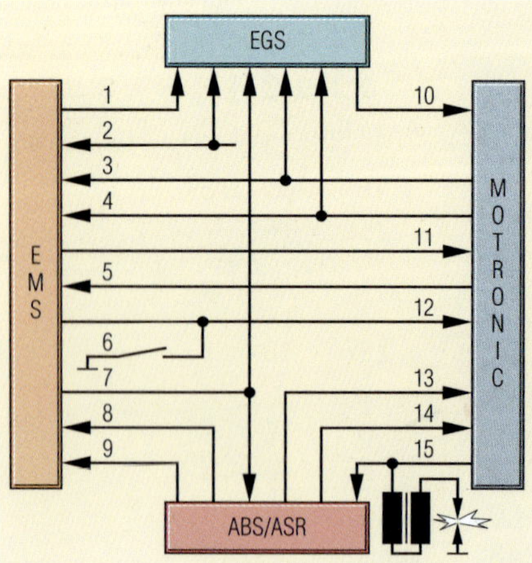

Schnittstellenübersicht EGS-Steuergerät (elektrohydraulische Getriebesteuerung), EMS-Steuergerät, ABS/ASR-Steuergerät, Motronic-Steuergerät
1 Kickdown
2 Fahr-/Programmstellungen
3 Zündzeitpunkt
4 Einspritzzeit
5 Motortemperatur
6 Bremslicht-/Fahrpedalschalter
7 Drosselklappenvorgabe
8/9 Drosselklappenreduzierung/-erhöhung
10 Motoreingriff
11 Volllastkontakt
12 Leerlaufkontakt (Schubabschaltung)
13 Leerlaufdrehzahlanhebung (keine Schubabschaltung)
14 Zündungsausblendung
15 Zündung Primärstrom

Bild 590.1 Konventionelle Steuergerätekopplung.

Dies bedeutete bereits einen sehr hohen Verdrahtungsaufwand, denn die einzelnen Systeme mussten für jedes Signal eigene Leitungen haben. Mittlerweile kann die gesamte Kabellänge aller verbauten Leitungen in einem Fahrzeug der gehobenen Klasse ca. 3000 m betragen. Dabei musste auch auf den zur Verfügung stehenden Platz, auf die Störeinstrahlung und Störabstrahlung sowie die Ausfallsicherheit der gesamten Leitungen und Stecker Rücksicht genommen werden.

In der frühen Phase der Systemvernetzung waren die verschiedenen einzelnen Systeme lediglich miteinander verbunden, aber nicht wirklich gesamtheitlich vernetzt. Die weitere Systemintegration machte es jedoch notwendig, neue Wege des Datenaustausches zu suchen. Die elektronische Datenverarbeitung hatte das

Problem der Verbindung/Vernetzung mehrerer Rechner bereits gelöst. Man bediente sich sogenannter Bussysteme. Als Bus bezeichnet man die Verbindungsleitungen innerhalb eines Rechners bzw. zwischen mehreren Rechnern, auf denen Impulse/Informationen (Daten) übertragen werden. Die in der Datenverarbeitung verwendeten Bussysteme konnten nicht direkt auf den Kfz-Bereich übertragen, jedoch durch intensive Weiterentwicklung von diesen abgeleitet werden. Durch die Vernetzung der elektronischen Systeme mit einem oder mehreren Datenbussen ergeben sich die im Schaubild dargestellten Vorteile.

Vorteile der Vernetzung elektronischer Systeme

weniger Kabel und Leitungen
- Gewichtsreduzierung
- höhere Ausfallsicherheit durch weniger Stecker und Verbindungspunkte
- einfachere konstruktive Verlegung bei der Montage und bei der Diagnose
- Kostenreduzierung
- geringere EMV-Problematik

neue Möglichkeiten des Systemverbundes
- mögliches Funktionspotenzial besser genutzt
- gegenseitig verbundene Regelstrategien
- Sensoren werden mehrfach genutzt
- flexibler bei Software-Änderungen
- keine Kleinsteuergeräte, sondern Integration in bestehende Systeme

verbesserte Diagnosemöglichkeiten
- gegenseitige Überwachung des Systems und des Datenaustausches
- höhere Systemintegration

Entlastung der Rechnerkapazitäten, da keine doppelte Umwandlung analoger Signale in digitale Signale und wieder zurück notwendig ist. Der Datenaustausch über Bussysteme erfolgt digital.

EMV:
elektromagnetische Verträglichkeit

12.3 Busstrukturen und -systeme

Die verschiedenen Anforderungen an ein Bussystem ergeben sich durch
- die unterschiedlichen Datenmengen, die zu übertragen sind,
- die notwendige Datenübertragungsrate (ugs. häufig auch als Übertragungsgeschwindigkeit bzw. als high und low speed bezeichnet),
- die Prioritäten von Daten oder Steuergeräten, die einzuhalten sind und
- die Maßnahmen, die für die Datensicherung und Fehlererkennung getroffen werden müssen.

Die höchsten Anforderungen an ein Bussystem stellt der Datenaustausch zwischen den Steuergeräten des Antriebsstranges, die geringsten der Datenaustausch bei der Karosserie- und Komfortelektronik. Bussysteme können nach der Busstruktur (Bild 591.1), der Übertragungsgeschwindigkeit und dem Übertragungsweg eingeteilt werden.

high speed (engl.): hohe Geschwindigkeit; **low speed:** niedrige Geschwindigkeit

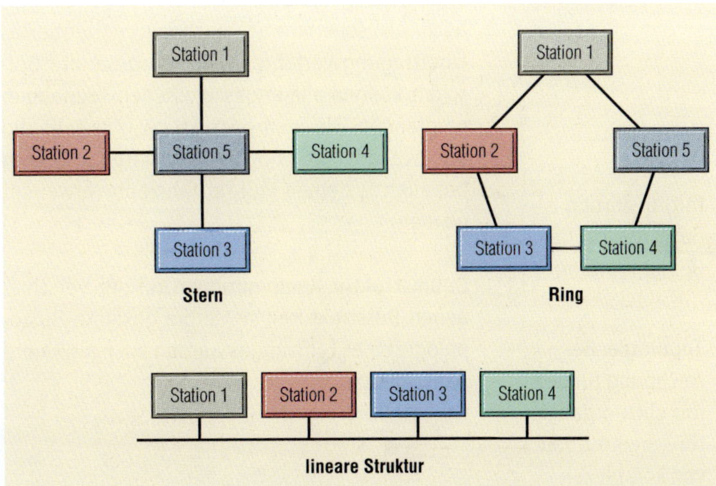

Bild 591.1 Prinzipielle Busstrukturen.

Baud: Einheit aus der Nachrichtentechnik; nach Jean Baudot, franz. Fernmeldeingenieur, 1845–1903.

seriell = hintereinander in geordneter Reihenfolge/Serie

Sternstruktur. Hierbei sind mehrere Teilnehmer sternförmig über eigene Leitungen mit einer übergeordneten, koordinierenden Zentrale (auch als Netzknoten oder Master bezeichnet) verbunden. Die angeschlossenen Einheiten (auch als Satelliten oder Slaves bezeichnet) werden von dem Zentralsteuergerät direkt adressiert. Die Sternstruktur wird überwiegend zwischen Steuergeräten, Modulen und Stellgliedern der Karosserie-/Komfortelektronik verwendet. Bei einem Ausfall der Zentraleinheit sind keine Datenübertragungen mehr möglich.

Ringnetz oder Ringleitung. Sie verbindet alle Teilnehmer ringförmig und eine ausgesandte Nachricht kann vom Sender nach deren Durchlauf wieder empfangen werden. Die Ringleitung wird in der Datenverarbeitung bei höchsten Anforderungen an die Datensicherheit und/oder die Übertragungsgeschwindigkeit verwendet. Im Kraftfahrzeugbereich wird die Ringleitung wegen der hohen Datenrate bei den Kommunikations- und Infotainmentsystemen eingesetzt.

Linien- oder Reihenleitung. Bei der linearen Struktur werden alle Stationen (auch Knoten oder Master genannt) in einer einfachen Reihung an eine Leitung angeschlossen. Dabei sind viele Teilnehmer möglich. Durch eine entsprechende Programmierung muss sichergestellt werden, dass nicht zwei oder mehrere Stationen gleichzeitig eine oder mehrere Informationen senden können. Die übertragenen Daten werden botschaftsbezogen adressiert. Man bezeichnet dies auch als sogenanntes nachrichtenorientiertes Übertragungsverfahren. Eine ausgesandte Botschaft können alle angeschlossenen Teilnehmer empfangen. Die lineare Struktur wird sehr häufig angewendet; sie kann für den Datenaustausch bei allen Systemen im Kraftfahrzeug verwendet werden.

Initialisierung (lat.): Auslösung; Beginn, Anfang

Topologie: Bezeichnung für den räumlich-organisatorischen Aufbau von komplexen Systemen.

Baumstruktur. Kombinationen aus den verschiedenen Busstrukturen sowie die gesamte Bustopologie eines Fahrzeuges werden auch als Baumstruktur bezeichnet.

Die Übertragungsrate stellt neben der Busstruktur ein wesentliches Unterscheidungsmerkmal der Bussysteme dar. Als Messgröße verwendet man die Anzahl der Bits, die pro Sekunde übertragen werden können (BPS). Die Einheit für die Schrittgeschwindigkeit der Übertragungsrate ist das Baud (Bd), das auch einem Bit pro Sekunde entspricht. Die Übertragungsgeschwindigkeit und die Baudrate sind bei den im Kraftfahrzeug eingesetzten Bussystemen identisch, da die Datenübertragung seriell auf einer Datenleitung erfolgt. Im Gegensatz dazu steht die im Computerbereich übliche parallele Datenübertragung, bei der z. B. ein Byte gleichzeitig parallel über mindestens 8 Leitungen übertragen wird. Bei diesem Beispiel entspricht die mögliche Datenübertragungsrate der achtfachen Baudrate.

Die Übertragungsraten liegen in der Regel zwischen 9600 BPS (Niedergeschwindigkeitsbus für die Karosserie-/Komfortelektronik oder die Diagnose) und bis zu 1 Mio. BPS (Hochgeschwindigkeitsbus für die Antriebselektronik). Bei der Ringleitung über Lichtwellenleiter im Multimediabereich werden bis zu 22,5 MBit/s übertragen.

Übertragungswege. Die Datenübertragung geschieht überwiegend über Kupferdrahtleitungen. Es gibt aber auch Bussysteme, die die Daten über Lichtwellenleiter oder Funk übertragen.

Übertragungsverfahren. Beim nachrichtenorientierten Übertragungsverfahren steht die Nachricht im Vordergrund. Jeder Busteilnehmer kann die Informationen empfangen und nutzt die ihn betreffenden Nachrichten. Beim adressorientierten Übertragungsverfahren wird die Information an einen bestimmten Empfänger adressiert.

Signalinitialisierung. Der Beginn bzw. die Auslösung einer Datenübertragung kann ereignis- oder zeitgesteuert sein. Wenn ein Ereignis (Signal, Pegeländerung, Nachricht usw.) eine Datenübertragung auslöst, bezeichnet man diese als ereignisgesteuert; bei der zeitgesteuerten Datenübertragung erfolgt diese in festgelegten Zeiträumen.

Einen Überblick über die verschiedenen Bussysteme zeigt die Tabelle 593.1.

Name	CAN Controller Area Network Class A	CAN Class B	CAN Class C	LIN Local Interconnect Network	D2B optical	MOST Media Oriented Systems Transport	Byteflight	Bluetooth	FlexRay
Übertragungsrate max.	10 kBit/s	125 kBit/s	1 Mbit/s	20 kBit/s	5,65 Mbit/s	22,5 Mbit/s	10 Mbit/s	1Mbit/s	10 Mbit/s
Teilnehmer max.	35	35	35	16	k. A.	k. A.	k. A.	vier bis acht	k. A.
erster Serieneinsatz			1991	1994	1998	2001	2001	2002	2006
Anwendung im Kfz	Diagnose, Karosserie, Komfort	Diagnose, Karosserie, Komfort	Antriebsstrang	Subsysteme Karosserie/ Komfort	Infotainment	Infotainment	Passives Rückhaltesystem	Telefon	Antriebsstrang, Fahrwerksregelung
Übertragungsweg	Kupferdrahtleitung	Kupferdrahtleitung	Kupferdrahtleitung	Kupferdrahtleitung	Lichtwellenleiter	Lichtwellenleiter	Lichtwellenleiter	Funk	Kupferdrahtleitung
Struktur	Linie	Linie	Linie	Linie/Stern	Ring	Ring	Stern	Stern	Linie/Stern
Bemerkungen	wird nicht mehr verbaut	ISO 11519-2	ISO 11898		Vorläufer von MOST, wird nicht mehr verbaut		wird nicht mehr verbaut	zurzeit noch verschiedene Standards und Baustufen	FlexRay-Konsortium; Zusammenschluss vieler Firmen
Übertragungsverfahren	nachrichtenorientiert	nachrichtenorientiert	nachrichtenorientiert	adressorientiert	adressorientiert	adressorientiert	nachrichtenorientiert	adressorientiert	adress- und nachrichtenorientiert
Signalinitialisierung	ereignisgesteuert	ereignisgesteuert	ereignisgesteuert	ereignisgesteuert	ereignisgesteuert	ereignisgesteuert	zeit- und ereignisgesteuert	ereignisgesteuert	zeit- und ereignisgesteuert

Tabelle 593.1 Verschiedene Datenbussysteme.

Gateway (engl.): „Torweg"; im technischen Sinn Netzübergang, Schnittstelle

Gateway. Bei der Verwendung verschiedener Bussysteme mit unterschiedlichen Übertragungsgeschwindigkeiten und/oder Übertragungswegen benötigt man als „Übersetzer" ein sogenanntes Gateway. Als Gateway bezeichnet man einen Rechner, der Daten aus einem Netz in ein anderes Netz umsetzen kann.

12.4 Controller Area Network (CAN)

12.4.1 Signalaufprägung und Kommunikationsablauf beim CAN-Bussystem

CAN: Controller Area Network

Bei den CAN-Bussystemen werden die Daten über Kupferdrahtleitungen übertragen. Die Datenübertragung erfolgt seriell und bidirektional (die Daten können in zwei Richtungen gesendet werden). Deshalb genügt eine (Bus-) Leitung. Eine zweite Leitung dient der Kompensation der elektrischen und magnetischen Felder zur Verringerung der Störausstrahlung bei der Datenübertragung.

Die Daten bestehen aus high- und low-Signalen (hohe bzw. niedrige Spannung), die in schneller Abfolge übertragen werden und durch jede Pegeländerung (Spannungsveränderung) eine Störausstrahlung – einem Sender vergleichbar – bewirken. Außerdem wird durch den damit verbundenen Stromfluss ein magnetisches Feld aufgebaut. Um die Störausstrahlung zu verringern, ordnet man deshalb einer Signalleitung eine zweite Signalleitung zu, die eine entgegengesetzte Stromflussrichtung und Pegeländerung besitzt. In Bild 594.1 sind mehrere Signalpegel zur Kompensation der elektrischen Feldkomponente dargestellt. Im Kraftfahrzeug sind die Signalverläufe a) und b) durch die fehlende negative Bordnetzspannung nicht möglich. Die Signalverläufe c) und d) bewirken jedoch das gleiche Ergebnis, da sich nicht die Summen der Spannungspotenziale aufheben müssen, sondern nur die Summen der Spannungsänderung. Die zwei Signalleitungen werden häufig mit „high" bzw. „low" bezeichnet.

Twisted pair (engl.): zwei verdrehte, verflochtene Kabel

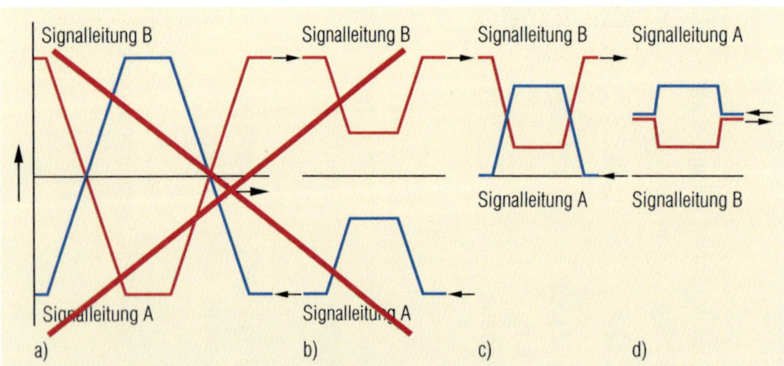

Bild 594.1 Kompensation der elektrischen Feldkomponente durch verschiedene Signalpegel.

Bei einem Bussystem mit niedriger Datenübertragungsrate wird in der Regel der Signalverlauf c) verwendet, bei hoher Datenübertragungsrate der Signalverlauf d). Eine dritte Leitung als Leitungsabschirmung verringert die Störeinstrahlung. Die Signalleitungen sind zur Verringerung der Störein- und -ausstrahlung meistens verdrillt (twisted-pair-Kabel).

Die verschiedenen Bussysteme können also mit einer, zwei oder drei Leitungen ausgeführt sein. Bei hohen Übertragungsgeschwindigkeiten und hohen Anforderungen an die Datensicherheit (z. B. Antriebselektronik) ergänzt man die Daten-/Signalleitung um eine Kompensationsleitung und eine Leitungsabschirmung. Für die Datenübertragung in der Komfortelektronik (niedrige Übertragungsgeschwindigkeit, geringe Anforderungen an die Datensicherheit) ist eine Leitung, nämlich die Signalleitung, ausreichend.

Mithilfe der Prinzipschaltung in Bild 595.1 kann die Signalaufprägung auf das Bussystem erklärt werden. Die Transmitterausgänge der Steuergeräte sind in der Prinzipdarstellung als Schalter (im Ruhezustand geöffnet) mit einer in Reihe geschalteten Diode gezeichnet.

Die Ruhespannung zwischen den Signalleitungen ist abhängig von den verschiedenen Busabschlüssen. Der Bus befindet sich im rezessiven Zustand. In den dominanten Zustand wechselt der Bus, wenn zwei „Schalter" eines Steuergerätes geschlossen werden und die Signalleitung mit der höheren Spannung gegen Masse gezogen wird und der anderen Signalleitung eine gleich groß, entgegengesetzte Spannung aufgeprägt wird. Durch ein entsprechendes Öffnen und Schließen der Schalter werden die Daten übertragen. Entsprechend dem Buszustand spricht man von dominanten und rezessiven Bits. Die Signalaufprägung bei einer Eindrahtleitung geschieht analog, aber nur auf einer Leitung mit einem „Schalter".

Beim CAN-Bus mit niedriger Datenübertragungsrate beträgt die Ruhespannung (rezessiver Pegel) bei der CAN-high-Leitung 0 Volt und bei der CAN-low-Leitung 5 Volt. Im dominanten Zustand wechselt CAN-high auf ca. 3,6 Volt und CAN-low auf ca. 1,4 Volt (vgl. Bild 594.1 c).

Beim CAN-Bus mit hoher Datenübertragungsrate (CAN CLASS C) liegen im rezessiven Zustand sowohl CAN-high als auch CAN-low bei ca. 2,5 Volt. Im dominanten Zustand wechselt CAN-high auf ca. 3,5 Volt und CAN-low auf ca. 1,5 Volt (vgl. Bild 594.1 d).

Die auf dem Bussystem übertragenen Daten können von jedem daran angeschlossenen Steuergerät empfangen und überprüft werden. Die Steuergeräte übenehmen aber nur die benötigten Daten (Bild 595.2).

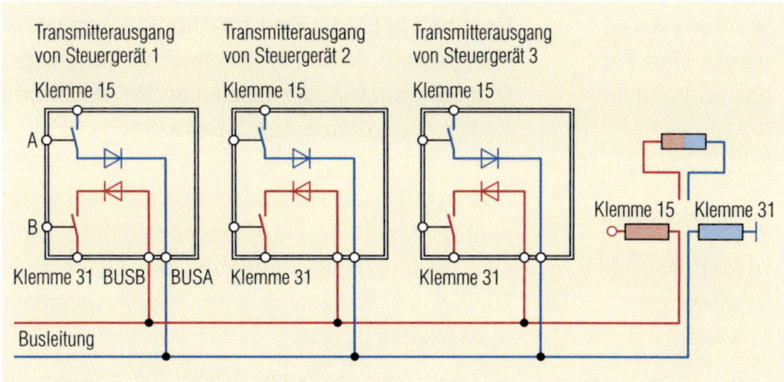

Bild 595.1 Prinzipschaltung der Transmitterausgänge und des Busabschlusses.

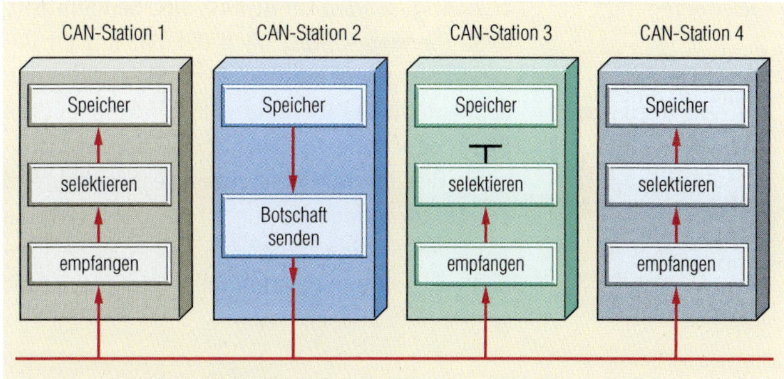

Bild 595.2 Akzeptanzprüfung.

Damit die Steuergeräte die übertragenen Daten und deren Zuordnung erkennen sowie zur Funktionsüberwachung und -steuerung, haben die Daten ein festgelegtes Format, den sogenannten Datenrahmen (Data frame, Bild 595.3). Dieser besteht beim CAN-Bus aus

- Startsignal (Start of Frame),
- Zuordnungsfeld (Arbitration Field),
- Kontrollfeld (Control Field),
- Datenfeld (Data Field),
- Rahmensicherungsfeld (CRC Field),
- Bestätigungsfeld (Ack Field),
- Endsignal (End of Frame).

Transmitter (lat.): Übermittler, Übersender

dominant (lat.): beherrschend, überdeckend

rezessiv (lat.): zurückweichend, sich zurückziehend

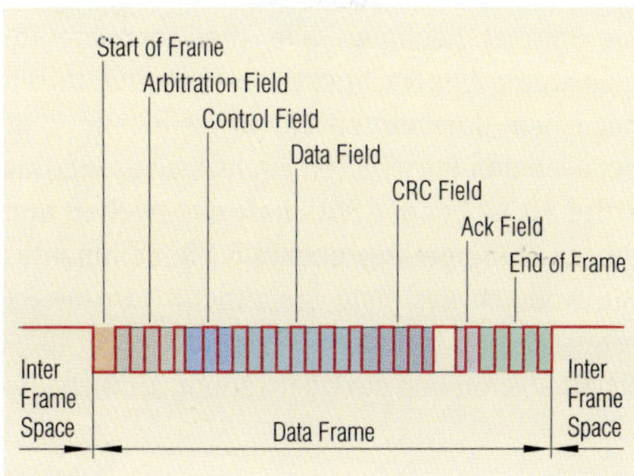

Bild 595.3 Datenformat des CAN-Busses.

Start of frame (engl.): Start des (Daten-)rahmens

arbitration (engl.): Schiedsspruch, Entscheidung

to identify (engl.): ausweisen, erkennen

Multi-Master: Alle Steuergeräte sind gleichberechtigt.

remote (engl.): entfernt, mittelbar, indirekt

Der Start of Frame wird am Anfang einer Datenübertragung durch ein dominantes Bit gesetzt. Dadurch werden alle Steuergeräte synchronisiert, d. h. in „Gleichklang" gebracht.

Das Arbitration Field setzt sich aus dem sogenannten Identifier und einem Kontrollbit zusammen, wodurch die Zuordnung der Daten (z. B. Zündwinkel, Außentemperatur, Geschwindigkeit usw.) festgelegt wird.

Da dieses Bussystem nach dem „Multi-Master-Prinzip" arbeitet und jede Station am Bus gleichberechtigt senden kann, muss eine Sendereihenfolge (Sendepriorität) nach der Wichtigkeit der Daten festgelegt werden. Dies geschieht durch den Aufbau des Identifiers. Je mehr dominante Bits er besitzt, desto höher ist die Priorität. Dominante Bits überschreiben rezessive Bits. Während der Übertragung des Identifiers überprüft die sendende Station laufend, ob sie noch senden darf oder ob eine Station mit höherer Priorität sendet (Bild 596.1).

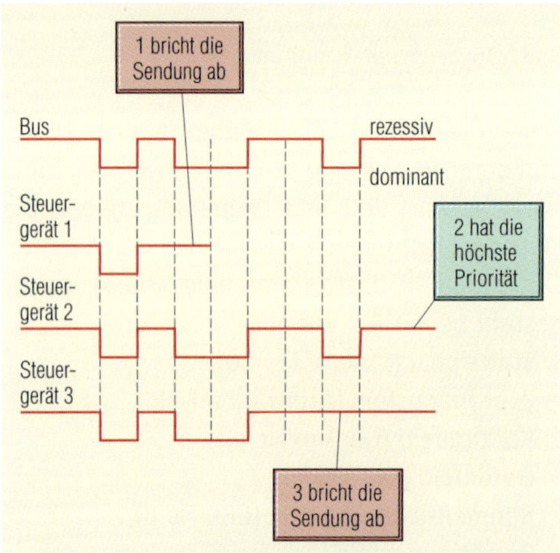

Bild 596.1 Sendepriorisierung durch den Identifier.

Im Beispiel beginnen alle drei Steuergeräte gleichzeitig eine Nachricht zu senden und starten mit einem dominanten Bit. Anschließend folgt bei allen drei Botschaften ein rezessives Bit. Das dritte Bit ist bei der Botschaft des zweiten und dritten Steuergerätes ebenfalls ein dominantes Bit, wodurch das erste Steuergerät (drittes Bit rezessiv) eine niedrigere Priorität seiner Botschaft erkennt und die Übertragung abbricht. Im weiteren Verlauf folgen zwei rezessive Bits, bis das nächste dominante Bit des zweiten Steuergerätes auch das dritte Steuergerät zum Abbruch der Datenübertragung bringt. Das zweite Steuergerät kann seine Botschaft übertragen. Nach dem Empfang der höherwertigen Botschaft können die anderen Steuergeräte es erneut versuchen. Durch das Kontrollbit wird erkannt, ob der Sender ein Data Frame sendet oder von einer anderen Station Daten abruft (Remote Frame).

Im Control Field ist die Größe des folgenden Datenfeldes abgelegt.

Im Data Field wird die eigentliche Information übertragen. Die Länge des Datenfeldes kann zwischen 0 und 8 Byte betragen.

Als Beispiel dazu kann man sich die Übertragung des Drosselklappenwinkels näher betrachten. Die Übertragung des Drosselklappenwinkels geschieht im 8-Bit-Format und damit können $2^8 = 256$ verschiedene Drosselklappenwinkel dargestellt werden:

00000000 = Drosselklappe geschlossen
00000001 = Drosselklappe 0,4 Grad geöffnet
00000010 = Drosselklappe 0,8 Grad geöffnet
00000011 = Drosselklappe 1,2 Grad geöffnet
00000100 = Drosselklappe 1,6 Grad geöffnet
usw. bis
11111111 = Drosselklappe vollständig geöffnet

Das CRC Field wird zur Erkennung von Störungen während der Datenübertragung verwendet.

Im Ack Field wird der fehlerfreie Empfang durch alle Empfänger bestätigt.

Der End of Frame markiert das Ende der Botschaft; er besteht aus sieben rezessiven Bits.

Der Inter Frame Space wird durch weitere drei rezessive Bits als Abgrenzung zwischen den einzelnen Botschaften gesetzt, bevor die nächste Botschaft wieder mit dem Start of Frame beginnt.

Die Länge der Botschaften beträgt maximal 130 Bits, wodurch keine lange Wartezeit für die Übertragung der nächsten Botschaft entsteht.

CRC: cyclic redundancy check (engl.) = zyklisches Kontrollverfahren

to acknowledge (engl.): anerkennen, bestätigen

End of Frame (engl.): Ende des (Daten-)rahmens

Inter Frame Space (engl.): Platz zwischen den (Daten-)rahmen

Neben dem normalen Datenformat (Data frame) gibt es beim CAN noch weitere Datenformate:

Durch den **Remote Frame** können von einem Steuergerät auch Daten abgefragt werden, die es zur Berechnung benötigt, die aber schon länger nicht mehr gesendet wurden.

Der Error Frame wird gesendet, wenn mindestens ein Steuergerät eine fehlerhafte Datenübertragung festgestellt hat. Er besteht aus 6 dominanten Bits, die jede Übertragung überlagern und somit eindeutig von allen erkannt werden.

Der Overload Frame kann durch ein Steuergerät gesetzt werden, wenn es die gerade gesendeten Daten noch nicht verarbeiten konnte. Damit wird eine neue Datenübertragung um die Dauer des Overload Frames verzögert.

Bild 597.1 zeigt die reale Datenübertragung auf einem CAN-Bus, die mit dem Oszilloskop sichtbar gemacht werden kann.

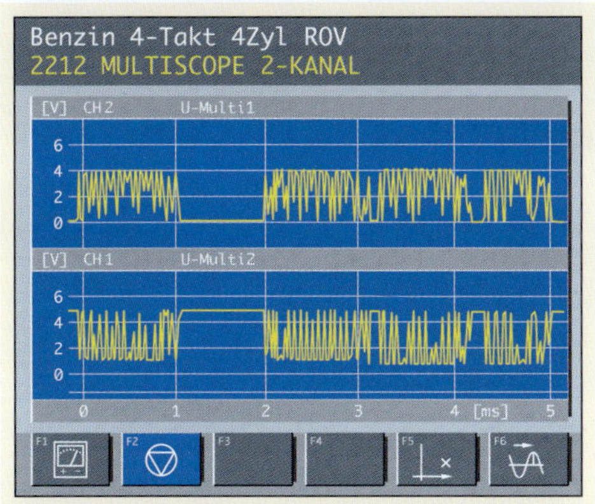

Bild 597.1 Oszilloskopdarstellung einer CAN-Bus-Datenübertragung.

12.4.2 Diagnose von CAN-Bussystemen

Da beim CAN-Bus alle Steuergeräte miteinander verbunden sind, empfängt und kontrolliert jedes Steuergerät die gesamten Datenübertragungen. Somit wird ein defektes Steuergerät oder eine fehlerhafte Kommunikation in der Regel erkannt und im Fehlerspeicher mindestens eines Steuergerätes abgelegt.

Grundsätzlich kann man drei mögliche Fehlerursachen unterscheiden:

- Fehler in der Software/Kommunikation,
- Defekte in den Übertragungsleitungen
- Defekte, die durch einzelne Steuergeräte verursacht werden.

Fehler bei der Datenübertragung werden durch mehrere businterne Kontrolleinrichtungen und das Busprotokoll normalerweise vermieden bzw. sicher erkannt und im Fehlerspeicher abgelegt. Bei herstellerseitigen Softwarefehlern muss eine neue Fahrzeugprogrammierung durchgeführt werden.

Zur genauen Überprüfung und Aufzeichnung der Datenübertragungen gibt es auch sogenannte CAN-Analyser, die in das bestehende CAN-Bussystem eingebunden werden. Der CAN-Analyser und die entsprechenden Auswertungen werden von den Herstellern zur Verfügung gestellt.

Defekte in den Übertragungsleitungen. Es können folgende Fehler, die auch in einer ISO-Fehlertabelle gelistet sind, auftreten:

- Fehler 1: Unterbrechung CAN-Low (Bild 597.2),
- Fehler 2: Unterbrechung CAN-High (Bild 598.1),
- Fehler 3: Kurzschluss CAN-Low gegen Batterie Plus (Bild 598.2),
- Fehler 4: Kurzschluss CAN-High gegen Masse (Bild 598.3),
- Fehler 5: Kurzschluss CAN-Low gegen Masse (Bild 598.4),
- Fehler 6: Kurzschluss CAN-High gegen Batterie Plus (Bild 598.5),
- Fehler 7: Kurzschluss zwischen CAN-High und CAN-Low (Bild 598.6),
- Fehler 8: Fehlender Abschlusswiderstand,
- Fehler 9: CAN-High und CAN-Low-Leitungen vertauscht.

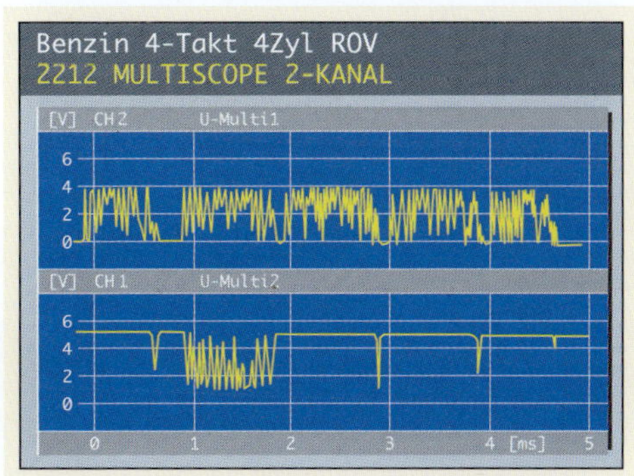

Bild 597.2 Unterbrechung der CAN-Low-Leitung; Fehler 1.

Remote Frame (engl.): mittelbarer, indirekter (Daten-) rahmen

Error Frame (engl.): Fehler-(Daten-)rahmen

Overload Frame (engl.): Überlastungs- (Daten-) rahmen

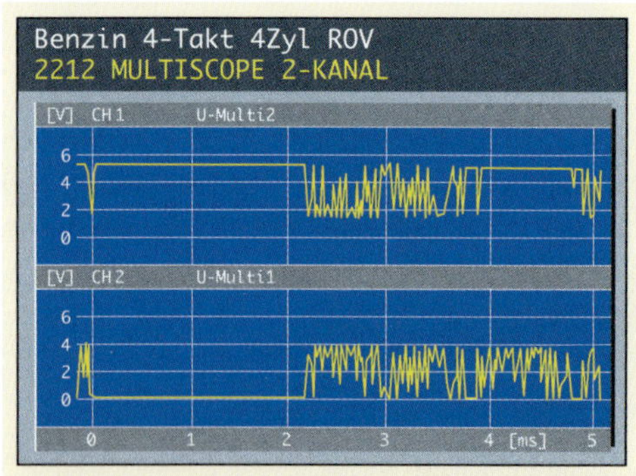

Bild 598.1 Unterbrechung der CAN-High-Leitung; Fehler 2.

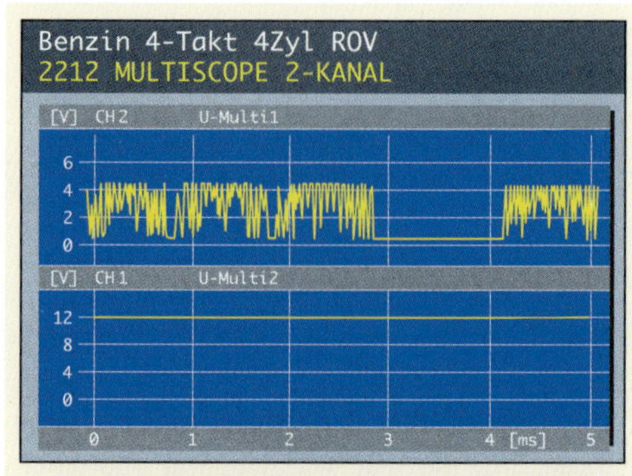

Bild 598.2 Plus-Schluss an der CAN-Low-Leitung; Fehler 3.

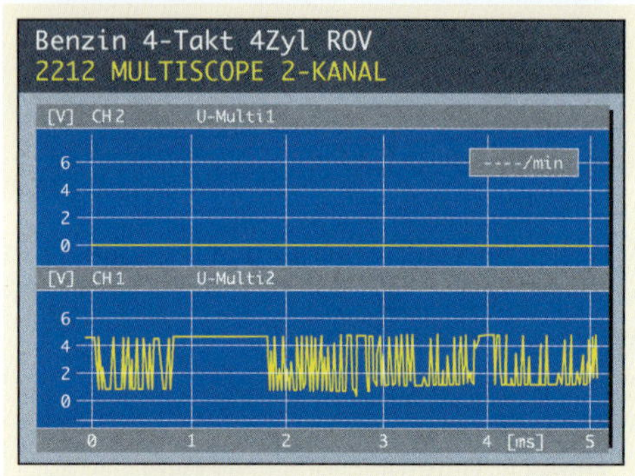

Bild 598.3 Masse-Schluss von CAN-High; Fehler 4.

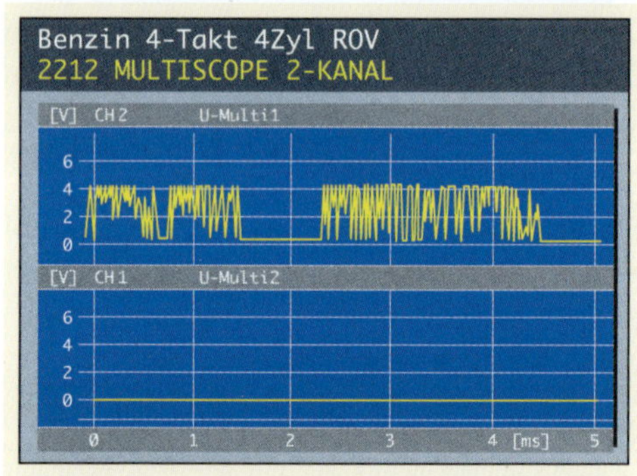

Bild 598.4 Masse-Schluss an der CAN-Low-Leitung; Fehler 5.

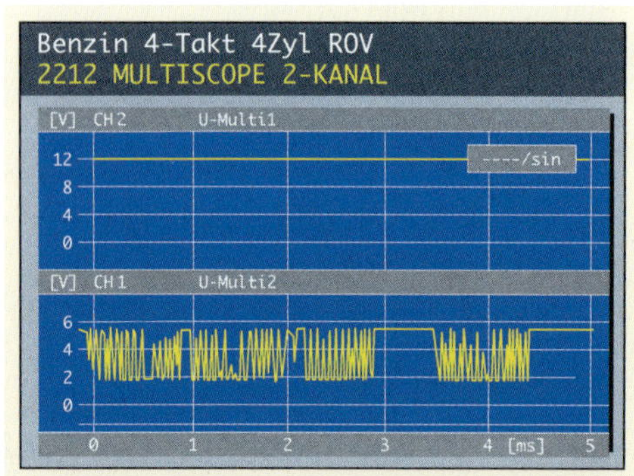

Bild 598.5 Plus-Schluss an der CAN-High-Leitung; Fehler 6.

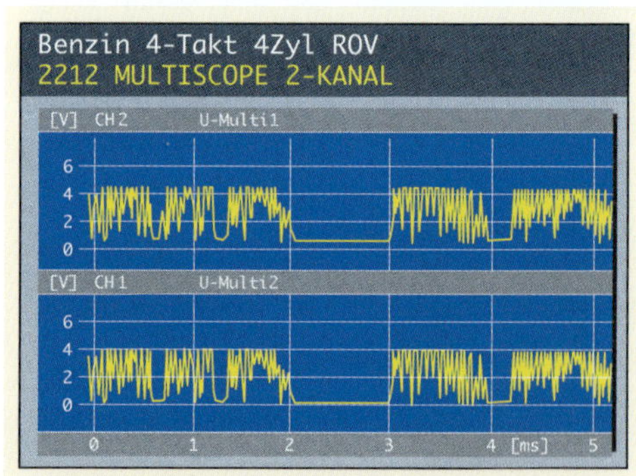

Bild 598.6 Schluss zwischen CAN-High und CAN-Low; Fehler 7.

Mithilfe eines Oszilloskops, dem Busstrukturplan des Fahrzeuges und indem man die vernetzten Steuergeräte nacheinander absteckt, kann der Fehler sicher eingegrenzt werden.

Verwenden Sie am besten einen herstellerspezifischen Prüfadapter (Bild 599.1) zum festen Anschluss der Oszilloskopleitungen. Datenübertragungsleitungen dürfen Sie auf keinen Fall anstechen. Stellen Sie das Oszilloskop so ein, dass CAN-High und CAN-Low übereinander angezeigt werden können.

Einzelne defekte Steuergeräte können entweder komplett defekt sein, dann sind keine Funktionen mehr vorhanden, oder sie stören die Kommunikation im Systemverbund. Wenn ein Steuergerät die Datenübertragungen ständig stört, wird dies durch die CAN-Software erkannt und das entsprechende Steuergerät stellt nach festgelegten Stufen seine Kommunikation schließlich ein. Beides wird durch die Diagnosesoftware bei einer Fehlerspeicherabfrage erkannt.

Bild 599.2 zeigt beispielhaft das Bildschirmbild eines Diagnosetesters, wenn ein einzelnes Steuergerät defekt ist und auf eine Diagnoseabfrage nicht antwortet. Alle Steuergeräte aus einer fahrgestellnummernspezifischen Soll-Konfiguration werden dabei abgefragt und die Steuergeräte, die antworten, damit verglichen. Daraus ergibt sich die Ist-Konfiguration.

Eine weitere Diagnosemöglichkeit bildet die sogenannte CAN-Timeout-Datenbasis, bei der alle Kommunikationsabläufe ausgewertet werden. Daraus wird die Wahrscheinlichkeit errechnet, mit der die Steuergeräte nicht mehr auf dem CAN-Bus senden (Bild 599.3). Dies gibt lediglich eine Fehlerwahrscheinlichkeit an, die durch weitere Diagnosen abgesichert werden muss.

Die Ursache für ein nicht mehr sendendes Steuergerät kann auch eine unterbrochene Leitung oder ein Steckerfehler sein. Senden mehrere Steuergeräte nicht mehr, können Sie den Fehler eventuell über die dargestellten Verbindungen im Busstrukturplan eingrenzen. Vergleichen Sie dabei die Anordnung und Verbindungen der Steuergeräte im Busstrukturplan mit den „echten" Gegebenheiten im Kraftfahrzeug.

Buswecker. Eine weitere mögliche Fehlerursache eines einzelnen Steuergerätes sind Buswecker, die zur Batterieentladung führen.

Einige Steuergeräte, speziell der Sicherheits- und Komfortelektronik, müssen auch bei ausgeschalteter Zündung und verriegeltem Fahrzeug im Stand-by-Modus gehalten werden, damit man z. B. das Fahrzeug mit der Fernbedienung öffnen kann.

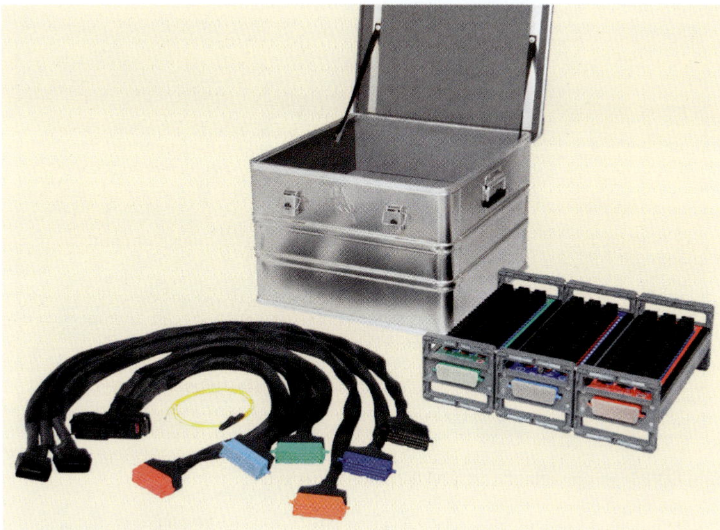

Bild 599.1 Prüfadapter.

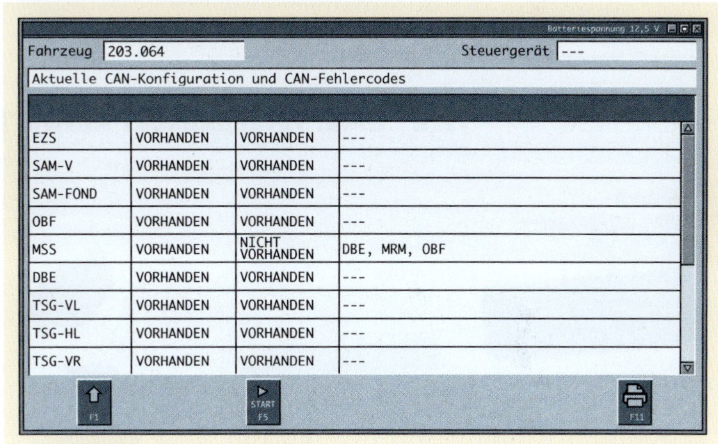

EZS	VORHANDEN	VORHANDEN	---
SAM-V	VORHANDEN	VORHANDEN	---
SAM-FOND	VORHANDEN	VORHANDEN	---
OBF	VORHANDEN	VORHANDEN	---
MSS	VORHANDEN	NICHT VORHANDEN	DBE, MRM, OBF
DBE	VORHANDEN	VORHANDEN	---
TSG-VL	VORHANDEN	VORHANDEN	---
TSG-HL	VORHANDEN	VORHANDEN	---
TSG-VR	VORHANDEN	VORHANDEN	---

Bild 599.2 CAN-Soll-Ist-Konfiguration.

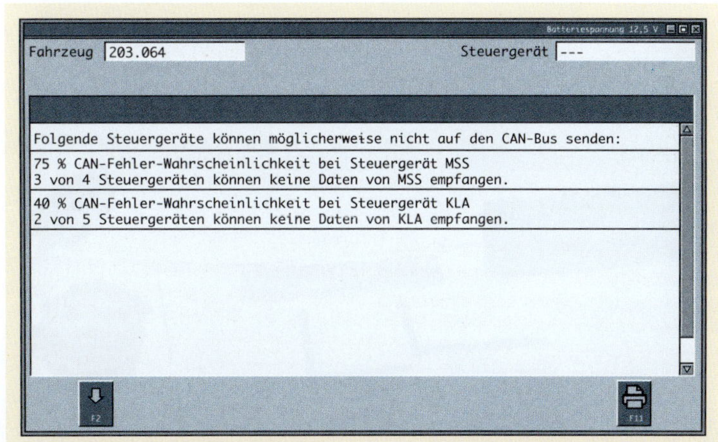

Bild 599.3 Auswertung CAN-Fehlercodes (Timeout (engl.) = Auszeit).

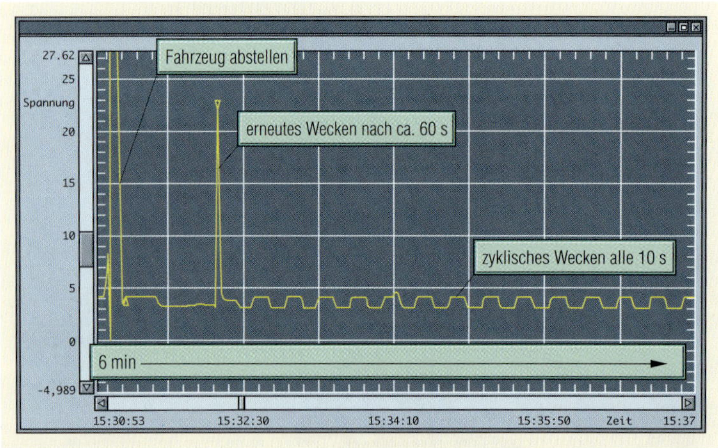

Bild 600.1 Stromverlauf durch zyklischen Buswecker.

Um den Ruhestrom niedrig zu halten, werden die Steuergeräte in den Sleep-Modus (engl. = Schlafmodus) versetzt. Dies geschieht über spezielle CAN-Bus-Botschaften in einer festgelegten Reihenfolge und bestimmten zeitlichen Abständen. Beim Eintreten bestimmter Signale, z. B. Türkontakt oder Funksignal, werden die Steuergeräte am CAN-Bus über Wake-up-Signale (engl. = aufwachen, aufwecken) wieder eingeschaltet.

Bild 600.1 zeigt einen Stromverlauf im Fehlerfall, d. h. durch einen zyklischen Buswecker.

Derjenige Verursacher, der das „Einschlafen" der Steuergeräte am entsprechenden CAN-Bus verhindert, kann durch einzelnes (nacheinander erfolgendes) Abstecken der Steuergeräte gefunden werden.

LIN = Local Interconnect Network (engl.): lokales Verbindungsnetzwerk

12.5 Local Interconnect Network (LIN)

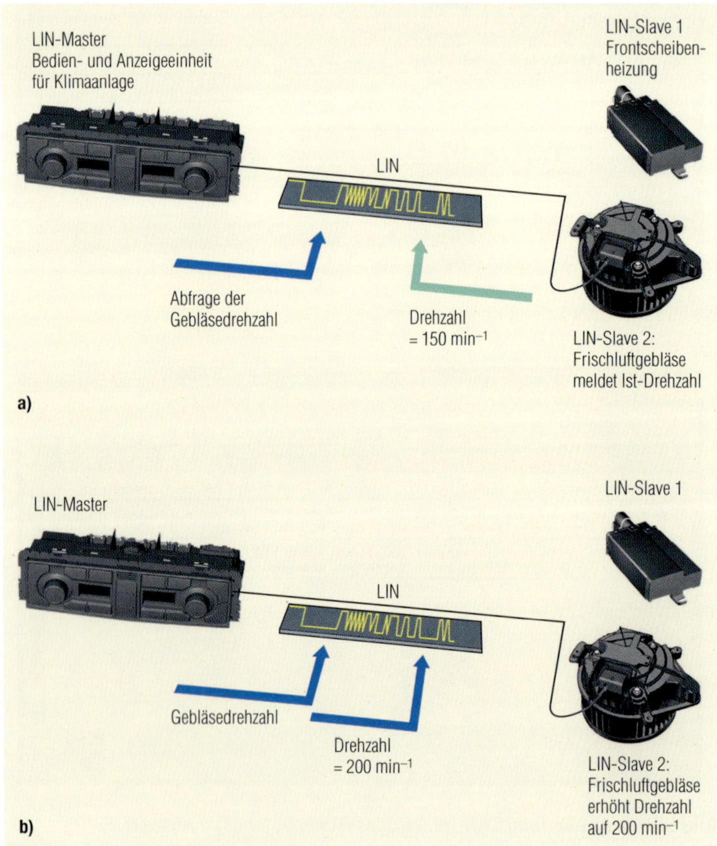

Bild 600.2 Kommunikationsablauf im LIN-Bus für Gebläsedrehzahländerung.

Der LIN-Bus ist eine preiswerte und einfache Alternative für lokale, eng begrenzte Vernetzungen von Systemen der Karosserie- und Komfortelektronik.

Aufbau und Funktion. Ein LIN-Bus arbeitet immer nach dem Master-und-Slave-Prinzip. Ein Steuergerät (Master) steuert untergeordnete Steuergeräte (Slaves), die in Stellmotoren oder Sensoren integriert sind, oder ruft Daten von dort ab. Beim LIN-Bus besitzt jeder Slave eine eigene Adresse. Die gesamte Kommunikation wird über das Master-Steuergerät ausgelöst, das wiederum Teil eines anderen Bussystems ist.

Im Gegensatz zum CAN-Bus stellen Sie bei der Überprüfung der LIN-Bus-Kommunikation das Oszilloskop auf einen 12-Volt-Spannungspegel ein.

Das Master-Steuergerät sendet nach einer Synchronisationspause einen Header, durch den alle LIN-Bus-Teilnehmer auf den gleichen Takt gebracht werden.

Der Header beginnt mit der Synchronisationsbegrenzung, es folgen ein weiteres Synchronisationsfeld und der Identifier, der hier auch die Adresse des Slaves enthält. Nach dem Header folgt das Response-Feld, das aus der Antwort eines Slaves oder der Anweisung des Masters an einen Slave bestehen kann.

In Bild 600.2a ist der Header die Abfrage der Gebläsedrehzahl durch den Master und das Response-Feld ist die Antwort des Slaves (LIN-Slave 2).

In Bild 600.2b sendet der Master den Header und das Response-Feld mit der Anweisung an den Slave (in diesem Beispiel ebenfalls LIN-Slave 2).

Beim LIN-Bus hört jeder Teilnehmer die gesamte Datenübertragung mit, akzeptiert und antwortet auf die Daten aber nur, wenn die eigene Adresse erkannt wurde. Fehler in der Datenübertragung sowie Systemausfälle bzw. Defekte einzelner Slaves werden im Fehlerspeicher der Mastereinheit abgelegt. Die gesamte Diagnose erfolgt über die Mastereinheit.

Fehlerursachen. Wenn von der Mastereinheit über einen bestimmten Zeitraum kein Signal von einem Slave empfangen wird, sind folgende Ursachen möglich:

- Unterbrechung oder Kurzschluss in der Datenleitung zwischen Master und Slave,
- defekte oder unzureichende Spannungsversorgung,
- Ausfall, Defekt des Slaves,
- (bei einem Ersatz) falsche Variante des Slaves oder des Masters.

Wenn das Signal bzw. die Datenübertragungen zwischen Master und Slave unplausibel sind, können folgende Ursachen vorliegen:

- Softwareproblem durch falsche Varianten (bei einem Ersatz) oder falsche/unvollständige neue Programmierung,
- Störungen durch elektromagnetische Einflüsse (Störsender oder falsche Leitungsverlegung),
- Widerstandsänderungen auf der Datenleitung/Stecker durch Feuchtigkeit, Kontaktkorrosion oder sonstige Verschmutzungen.

Ist das System komplett ausgefallen und ist keine Fehlerspeicherabfrage möglich, suchen Sie den Fehler im Umfeld des Master-Steuergerätes.

Bei einer Überprüfung der Datenübertragung durch ein Oszilloskop muss evtl. durch eine Eingabe (z. B. Änderung der Gebläsedrehzahl) erst eine Datenübertragung ausgelöst werden.

Header von engl. head = Kopf: Vorspann, Kopfdaten

response (engl.): Antwort

master/slave (engl.): Herr/Sklave

12.6 Optische Datenbussysteme

12.6.1 Signalübertragung über Lichtwellenleiter

Induktivität und die dadurch entstehende Trägheit der Spannungsänderungen begrenzen die über Kupferdrahtleitungen möglichen Übertragungsgeschwindigkeiten. Deshalb führten steigende Anforderungen an die Geschwindigkeit der Datenübertragung und der zu übertragenden Datenmengen, speziell bei den Infotainmentanwendungen, zur Entwicklung optischer Datenbussysteme.

Die Datenübertragung mit Lichtimpulsen über Lichtwellenleiter ist fast verzögerungsfrei und sehr schnell. Außerdem treten keine elektromagnetischen Störungen auf.

Die Lichtimpulse werden durch eine Leuchtdiode im Steuergerät erzeugt und durch eine Fotodiode empfangen (MOST-Steuergerät; Bild 602.1). Bei den Lichtimpulsen handelt es sich um sichtbares rotes Licht mit einer Wellenlänge von 650 nm (Nanometer).

Die Datenübertragung erfolgt seriell, aber nicht mehr bidirektional. Die Daten werden beim MOST-Bus in einem Ring in einer Richtung übertragen. Jedes Steuergerät hat somit einen Signaleingang und einen Signalausgang. Ein Steuergerät im Verbund hat die Masterfunktion (Head Unit) und steuert die Datenübertragung. Die Head Unit kann zusätzlich auch das Gateway zu anderen Bussystemen sein.

MOST-Bus → S. 603

Head Unit (engl.): Haupt-(Kopf-) Einheit

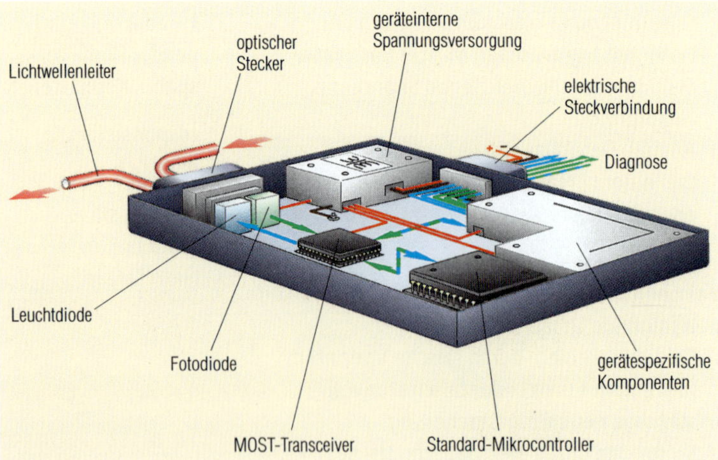

Bild 602.1 MOST-Steuergerät.

Byteflight → S. 606

Bei der Sternstruktur (Byteflight) benötigt man für jede Richtung eine Leitung, d. h. das Mastersteuergerät (Netzknoten) besitzt für jeden Satelliten einen Ein- und einen Ausgang.

Eine besondere Bedeutung bei der optischen Datenübertragung haben die Lichtwellenleiter und deren Verbindungen.

Dämpfung: hier Abschwächung des Lichtes durch Verschmutzung

Weil bei den Steckverbindungen und Stirnflächen Lichtverluste durch Dämpfung entstehen können, verwendet man spezielle Steckverbindungen (Bild 602.2).

Die Lichtwellenleiter bestehen aus Kunststoff (Polymer) mit einem lichtleitenden Kern und einer Reflektorschicht (Bild 602.3). Lichtwellenleiter werden zum Schutz in Wellrohren verlegt.

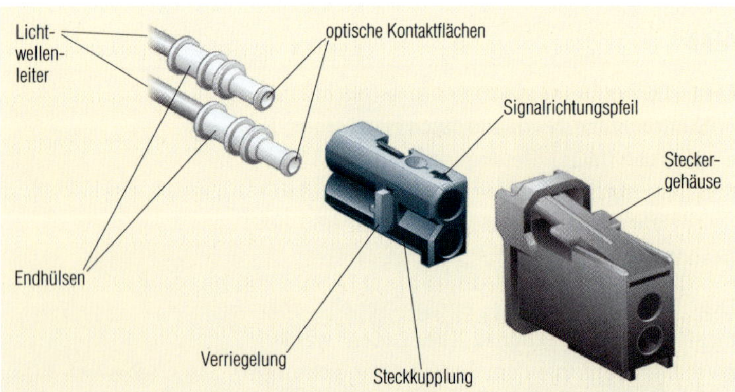

Bild 602.2 Steckverbindung eines Lichtwellenleiters.

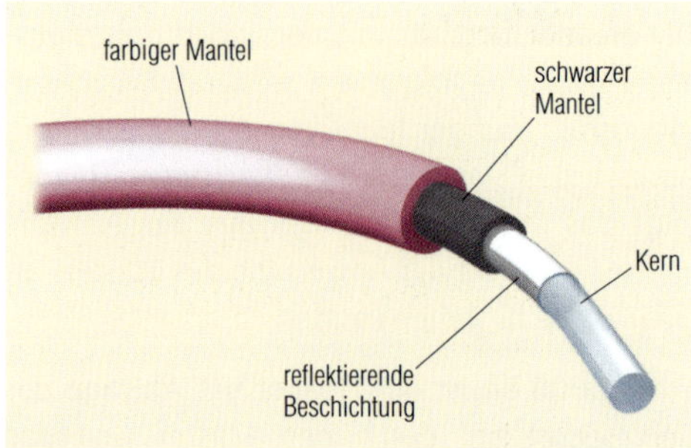

Bild 602.3 Aufbau eines Lichtwellenleiters.

Im Umgang mit Lichtwellenleitern sind einige Dinge zu beachten (Bild 602.4). Die Lichtwellenleiter dürfen

- nicht zu stark gebogen werden (a),
- keinen thermischen und chemischen Belastungen ausgesetzt werden,
- an den Stirnflächen nicht verschmutzt oder verkratzt werden (b),
- mechanisch nicht belastet werden (c).

Zusätzlich müssen Sie immer auf den richtigen Sitz und die richtige Verriegelung der Stecker achten. Die Stirnflächen müssen außerdem bei Reparaturen absolut rechtwinklig zum Leiter geschnitten werden.

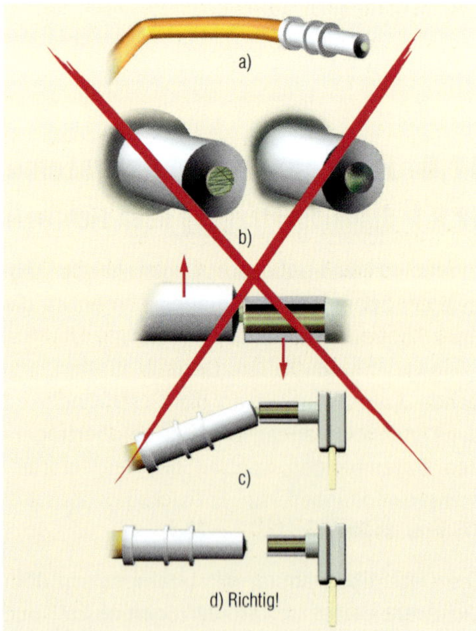

Bild 602.4 Umgang mit Lichtwellenleitern.

12.6.2 MOST-Bus

Der MOST-Bus verbindet die Infotainment-Steuergeräte ringförmig über Lichtwellenleiter (Bild 603.1). Es werden sowohl Steuerdaten als auch Audio- und Videosignale übertragen. Über den MOST-Bus können folgende Steuergeräte/Funktionen verknüpft sein:

- Radio mit Kassette, CD- oder MP3-Player,
- CD-Wechsler,
- Telefon mit Freisprecheinrichtung,
- Sprachsteuerung, Sprachbediensystem,
- Navigation mit dynamischer Routenführung,
- TV-DVD-Betrieb,
- Internetzugang und Telematikdienste.

Die Daten können mit einer Taktfrequenz von 44,1 kHz übertragen werden, mit der auch die digitalen Video- und Audiogeräte arbeiten, da die Schrittgeschwindigkeit des MOST-Busses ein Vielfaches davon ist. Dadurch ist eine synchrone Echtzeitübertragung ohne Zwischenspeicherung möglich. Der MOST-Bus besitzt ein nachrichtenorientiertes Übertragungsverfahren, d.h. eine Nachricht kann auch beim MOST-Bus von mehreren Teilnehmern verarbeitet werden.

Ein Mastersteuergerät koordiniert die verschiedenen Funktionen. Es ist häufig auch die zentrale Bedien- und Anzeigeeinheit. Beim MOST-Bus wird folgendes Botschaftsformat verwendet (Bild 603.2):

- Anfangsfeld: Beginn des Frames,
- Abgrenzungsfeld: Trennung von Anfangs- und Datenfeld,
- Datenfeld: enthält die eigentlichen Daten,
- Kontrollbytes: für die Adresse des Senders und Empfängers sowie einfache Steuerbefehle,
- Statusfeld: zusätzliche Statusinformationen für den Empfänger der Nachricht,
- Paritätsfeld: für Prüfbit und Erkennung unvollständiger und fehlerhafter Frames.

12.6.3 Diagnose MOST-Bus

Beim MOST-Bus kann aufgrund der Ringstruktur der Ausfall eines Steuergerätes, eines Lichtwellenleiters oder einer Steckverbindung zum Totalausfall des gesamten Systems oder zumindest zu einer erheblich gestörten Funktion führen. Da jedoch alle Steuergeräte einen Fehlerspeicher besitzen und der MOST-Bus über ein Gateway mit anderen Bussystemen verbunden ist, kann mit einem Diagnosetester die Fehlerursache eindeutig ermittelt werden.

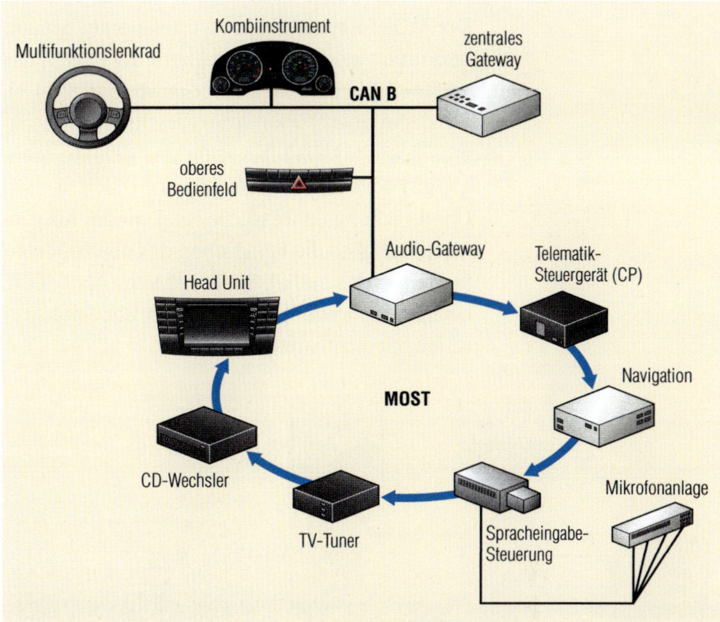

Bild 603.1 MOST-Bussystem der Fahrerinformationssysteme.

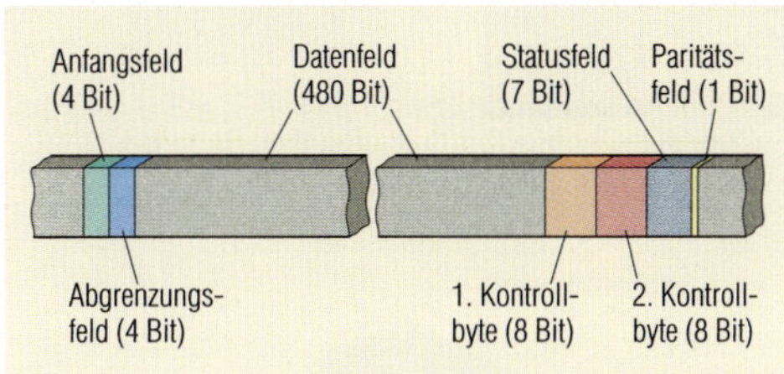

Bild 603.2 Botschaftsformat beim MOST-Bus.

MOST = Media Oriented Systems Transport (engl.): Transport medienorientierter Systeme

Infotainment: Kunstwort aus Information und entertainment (engl. = Unterhaltung)

Mögliche Fehlerursachen sind:

- Lichtwellenleiter geknickt, gequetscht oder unterbrochen,
- Stecker locker, abgesteckt oder hohe Dämpfung an der Übergangsstelle,
- Sendediode oder Empfangsdiode defekt,
- mangelhafte Spannungsversorgung,
- Steuergeräte haben interne Fehler oder auch Programmfehler und
- evtl. nur eine Abschaltung durch Überhitzung.

Für die Diagnose und Eingrenzung der Fehlerursache gibt es die sogenannte Ringbruchdiagnose und die Verwendung eines Lichtwellenleiterkopplers (auch als MOST-Repeater bezeichnet).

Repeater (engl.): Wiederholender, Übertrager

Der MOST-Repeater wird anstelle eines Steuergerätes angeschlossen und überbrückt damit das vermeintlich defekte Steuergerät (Bild 604.1). Durch die Überbrückung der verschiedenen Steuergeräte am MOST-Bus kann das defekte Steuergerät lokalisiert werden, wenn nach dessen Überbrückung der restliche Ring wieder funktioniert. Lediglich die Funktionen des überbrückten Steuergerätes stehen nicht zur Verfügung. Eine Überbrückung der Head Unit bzw. des Gateways ist jedoch nicht sinnvoll.

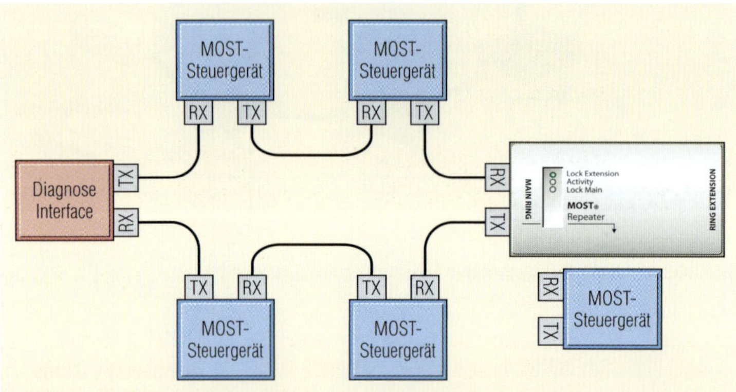

Bild 604.1 Lichtwellenleiterkoppler zur MOST-Bus-Diagnose.

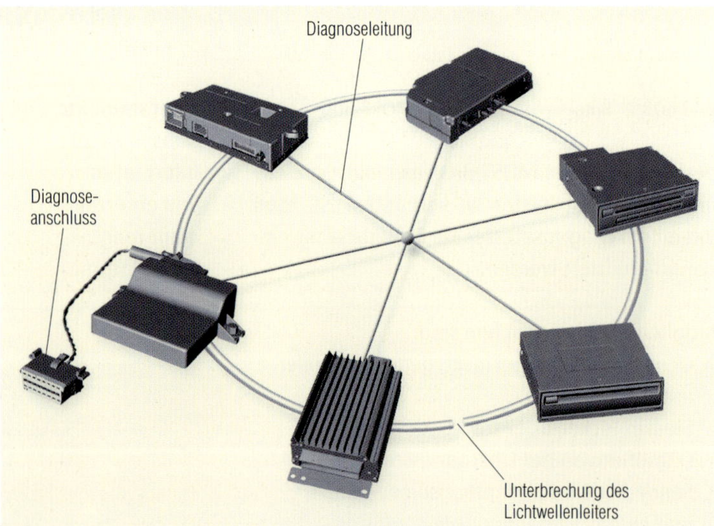

Bild 604.2 Ringbruchdiagnose mit Diagnoseleitung.

Ringbruchdiagnose. Für die immer über einen Diagnosetester geführte Ringbruchdiagnose gibt es zwei Möglichkeiten. Häufig sind die Steuergeräte am MOST-Bus zusätzlich mit einer sternförmigen Diagnosebusleitung verbunden (Bild 604.2). Angeregt durch einen Tester wird über das Gateway die Ringbruchdiagnose eingeleitet. Dabei sendet das erste Steuergerät einen Lichtimpuls zum zweiten Steuergerät usw. Über die Diagnosebusleitung meldet daraufhin jedes Steuergerät seine Spannungsversorgung und den Erhalt des Lichtimpulses vom vorhergehenden Steuergerät. Damit kann das defekte Steuergerät bzw. die defekte Verbindungsleitung eindeutig identifiziert werden.

Bei der Ringbruchdiagnose ohne zusätzliche Diagnoseleitung wird zuerst die Spannungsversorgung aller Steuergeräte am MOST-Bus unterbrochen. Dadurch wird nach dem Wiederherstellen der Spannungsversorgung die Ringbruchdiagnose eingeleitet. Alle Steuergeräte senden einen Lichtimpuls zum nächsten Steuergerät. Das Steuergerät, das keinen Lichtimpuls empfängt, trägt dies im Fehlerspeicher ein. Der Fehler muss in der Verbindung von diesem Steuergerät zum vorhergehenden liegen.

Testergeführte MOST-Bus-Diagnose. Begonnen wird mit einer allgemeinen Fehlerspeicherabfrage über alle im Fahrzeug verbauten Systeme (Bild 605.1).

Anschließend erfolgt der Wechsel in den entsprechenden Prüfplan (Bild 605.2) mit der Bewertung der gespeicherten Fehlerspeichereinträge (605.3), den daraus ermittelten Fehlern (605.4) und deren möglichen Fehlerursachen (605.5). Zum Schluss wird die Vorgehensweise zur Beseitigung der Fehler empfohlen (605.6). Als Unterstützung und Hilfe werden zusätzlich der entsprechende Stromlaufplan und weitergehende Erklärungen gezeigt.

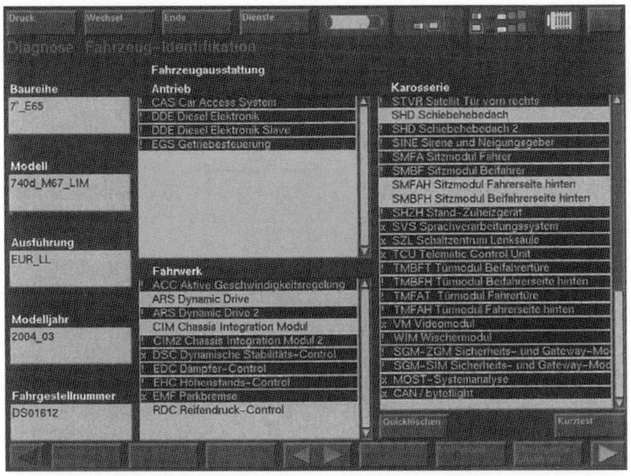

Bild 605.1 Fehlerspeicherabfrage.

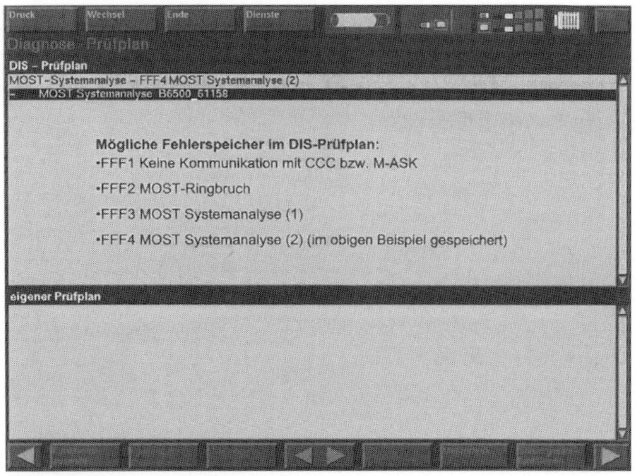

Bild 605.2 Diagnose-Prüfplan.

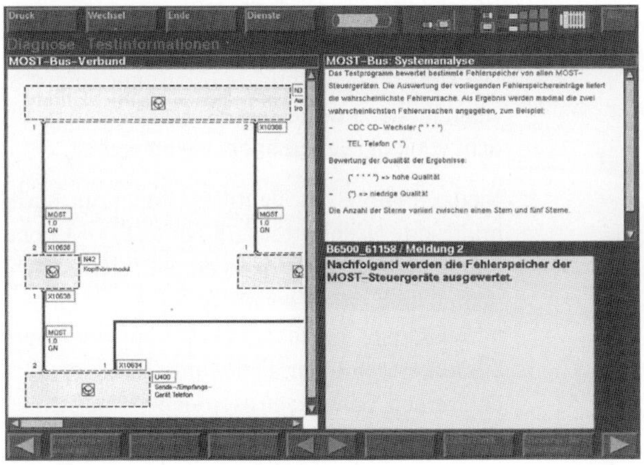

Bild 605.3 Analyse Fehlerspeicher.

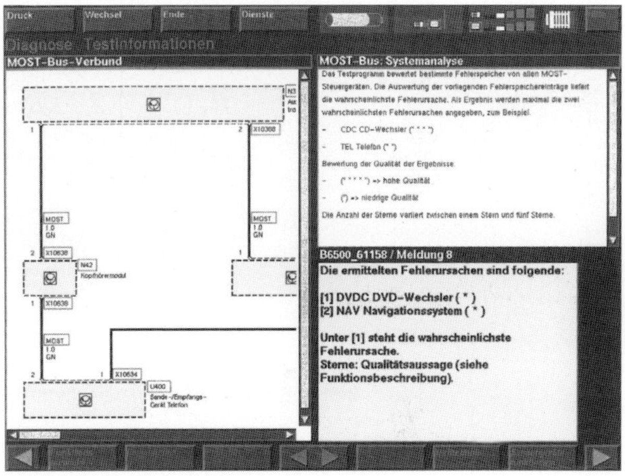

Bild 605.4 Ermittelte Fehler.

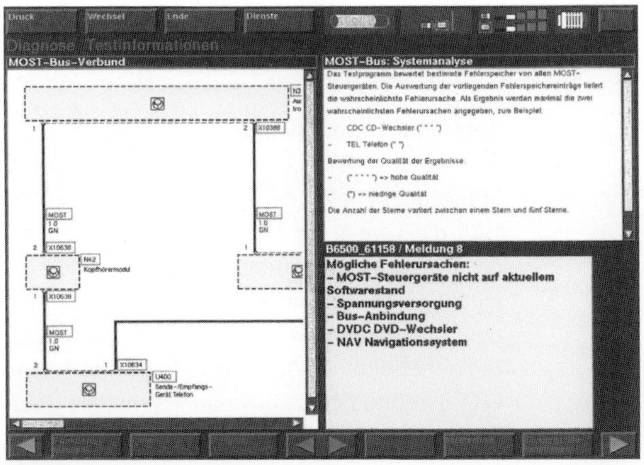

Bild 605.5 Mögliche Fehlerursachen.

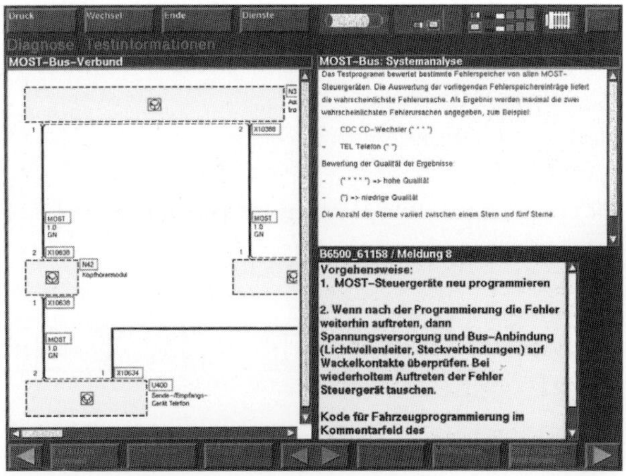

Bild 605.6 Vorgehensweise Fehlerbeseitigung.

flight (engl.): Flug

SYNC-Master: zentrale Synchronisierungseinheit, die Synchronisationsimpulse aussendet

slot (engl.): Schlitz, Spalte

12.6.4 Byteflight

Byteflight ist ein optisches Datenbussystem, das die verschiedenen Komponenten sternförmig miteinander verbindet (Bild 606.1). Es wird für passive Sicherheitssysteme verwendet.

Die Datenübertragung kann sowohl zeitgesteuert als auch ereignisgesteuert sein. Basis für die Datenübertragung sind regelmäßige Synchronisierungspulse, die alle 250 Mikrosekunden von einem SYNC-Master in der Zentraleinheit erzeugt werden (Bild 606.2). Nach dem Synchronisierungspuls starten alle Teilnehmer sogenannte Slotzähler von 1 bis 255.

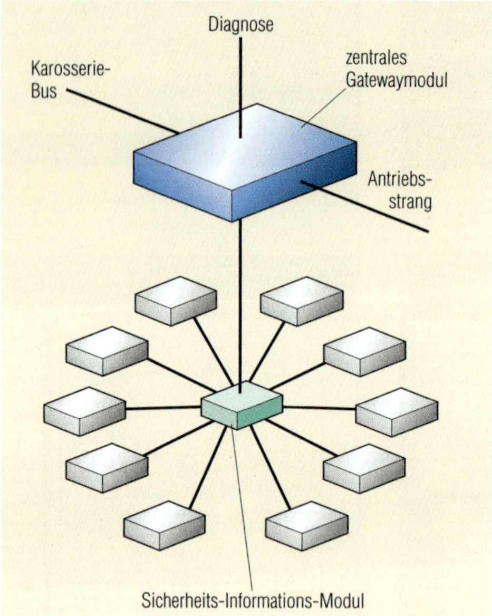

Bild 606.1 Sternstruktur beim Byteflight.

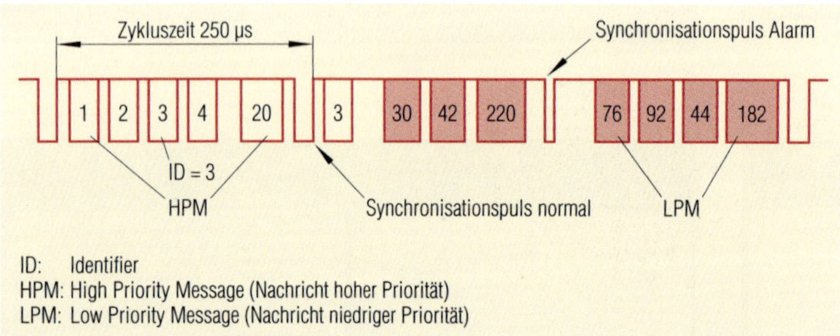

Bild 606.2 Zeitgesteuerte, priorisierte Datenübertragung beim Byteflight.

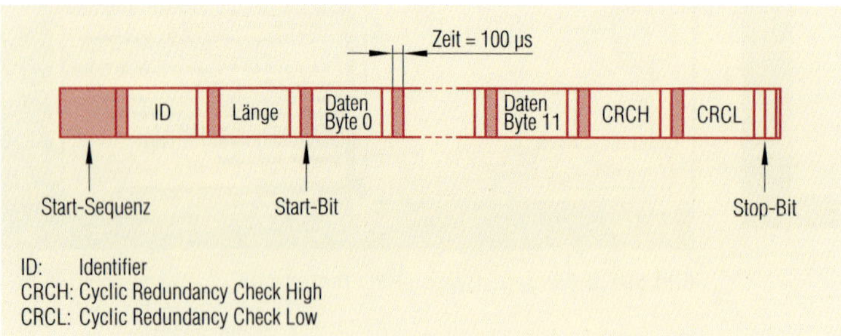

Bild 606.3 Byteflight-Datentelegramm.

Die Nachrichten sind durch Identifier ebenfalls von 1 bis 255 codiert und damit priorisiert.

Erreichen die Slotzähler den Wert eines Identifiers, zu dem es eine Sendeanforderung gibt, wird an dieser Stelle die entsprechende Nachricht übertragen. Nach dem Ende der Nachricht wird weitergezählt.

Die Slots für die Datenübertragung sind gerade so groß, wie es die jeweilige Nachricht erfordert. Die Slots ohne Nachrichten sind sehr kurz, d. h. wenn an der entsprechenden Stelle keine Nachricht vorliegt, wird „schnell" weitergezählt.

Niedrige Werte des Identifiers stehen für hochpriorisierte Nachrichten (z. B. Sensordaten), hohe Werte des Identifiers für niederpriorisierte Nachrichten (z. B. Statusmeldungen oder Diagnosemitteilungen). Ein Identifier darf nur von einem Steuergerät und nur einmal pro Zyklus verwendet werden. Damit kann es zu keinen Überschneidungen bei der Datenübertragung kommen.

Der Byteflight-Bus kann (z. B. bei einem Unfall) auch in den Alarmzustand versetzt werden. Dafür wird der Synchronisierungspuls zeitlich halbiert, die Datenübertragung läuft jedoch nach den gleichen Regeln ab.

Byteflight-Datentelegramm. Bild 606.3 zeigt den Aufbau der Nachrichten. Nach der 6-Bit-Startsequenz folgt der Identifier. Anschließend wird die Länge der Nachricht, d. h. die Anzahl der Datenbytes übertragen. Danach folgen die eigentlichen Nachrichten, wobei jedes Datenbyte durch ein Start- und Stoppbit vom nächsten abgetrennt ist. Am Schluss folgen noch zwei CRC-Bytes und mit zwei Stoppbits wird die Übertragung beendet.

Bei Fehlern in der Datenübertragung werden die Daten im nächsten Zyklus übertragen und es erfolgt ein Eintrag im Fehlerspeicher.

12.7 Bluetooth

Bei der Bluetooth-Technologie handelt es sich um ein Kurzstrecken-Funksystem, also ein drahtloses Datenbussystem. Es wird sowohl in der Computertechnik als auch im Mobilfunkbereich eingesetzt (Bild 607.1).

Mit einer Sendeleistung von 1 mW werden über eine kurze Antenne im 2,45 GHz-Frequenzbereich die Daten übertragen. Die Reichweite beträgt 10 m.

Das System besteht immer aus einem Master, der die Verbindungen aufbaut und die Sendereihenfolge festlegt. Jedes Gerät besitzt eine Adresse. Bei der erstmaligen Inbetriebnahme müssen alle über Bluetooth verbundenen Geräte zuerst gekoppelt werden. Dies wird auch als Bonding bezeichnet.

Bei der Bluetooth-Technik gibt es verschiedene Standards und innerhalb dieser unterschiedliche Profile. Deshalb sind nicht alle bluetooth-fähigen Geräte immer miteinander kompatibel.

Die aktuellen fahrzeugbezogenen Unterlagen der Hersteller informieren über die Kompatibilität der verschiedenen Geräte.

In der Nähe einer Bluetooth-Antenne sollten sich keine leitenden oder abschirmenden Gegenstände befinden, da diese die Übertragung stören können.

to bond (engl.) = fesseln, gefangen nehmen

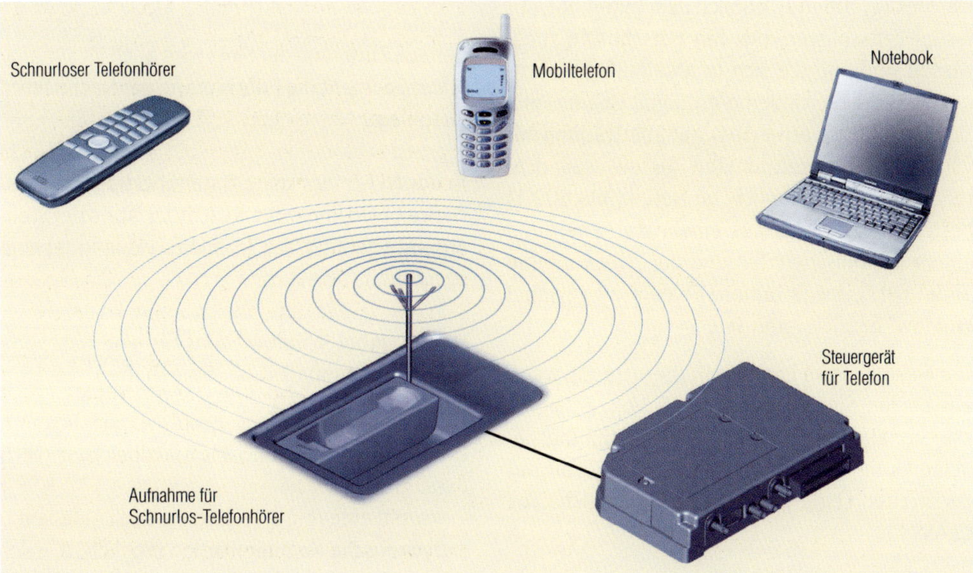

Bild 607.1 Bluetooth-Vernetzung.

12.8 FlexRay

flex (engl.): beugen, biegen; aber auch die Bezeichnung für ein (Anschluss-, Verlängerungs-) Kabel

ray (engl.): Strahlen, Strahlen aussenden

Das aktuellste Datenbussystem im Kraftfahrzeug ist der FlexRay.

Der FlexRay-Bus ist eine gemeinsame Entwicklung des FlexRay-Konsortiums, das ursprünglich von vier Firmen (BMW, Daimler, Motorola, Philips) gegründet wurde und dem sich mittlerweile mehr als 50 Partnerfirmen angeschlossen haben.

Die Anforderungen an die FlexRay-Entwicklung waren:

- eine hohe Datenübertragungsrate,
- eine echtzeitfähige Datenübertragung,
- eine anpassungsfähige Auslegung der Topologie (Stern-, Linienstruktur und Mischformen daraus sind möglich) und
- eine zuverlässige Datenübertragung mit hoher Ausfallsicherheit.

Der FlexRay arbeitet, ähnlich dem Byteflight, mit festen Zeitschlitzen, die den Botschaften zugewiesen sind und die sich in regelmäßigen, festgelegten Zyklen wiederholen. Somit ist eine kollisionsfreie und priorisierte Datenübertragung mit vorhersagbaren Zeitpunkten für die Nachrichtenübermittlung möglich. Im Detail (Bild 609.1) besteht jeder Zyklus aus einem statischen und einem dynamischen Teil und der „Network Idle Time" (NIT), sowie optional einem als „Symbol Window" bezeichneten Teil.

NIT = Network Idle Time: Netzwerkzeit ohne Verkehr, von idle (engl.) = untätig sein

Der FlexRay ist im Leerlauf (Ruhezustand), wenn auf beiden Signalleitungen 2,5 Volt anliegen. Die Signale werden durch eine Spannungspegeländerung auf 1,5 Volt bzw. auf 3,5 Volt auf der zweiten Leitung übertragen (vgl. auch CAN CLASS C).

Im „statischen Segment" sind jedem Steuergerät mindestens ein oder auch mehrere genau festgelegte Slots (Zeitspalten) zugeordnet, in denen es senden darf. Alle statischen Zeitspalten haben die gleiche Länge und die darin gesendeten Nachrichten sind immer gleich lang. Jede Nachricht beginnt mit der Nummer des Slots. Damit ist genau vorgesehen, wann welche Nachricht übertragen werden kann. Es kann keine wichtige Nachricht übergangen werden.

Das „dynamische Segment" besteht ebenfalls aus einer Vielzahl von Zeitspalten. Die Zeitspalten, in denen keine Nachricht übertagen wird, sind jedoch deutlich kürzer als im statischen Teil. Nur wenn eine Nachricht gesendet wird, wird der Slot auf die Länge der Nachricht ausgedehnt. Jede Nachricht beginnt auch im dynamischen Segment mit der Nummer des Slots. Durch die genaue Zuteilung der Slots wird auch im dynamischen Segment die Priorisierung der Nachrichten festgelegt.

In der NIT findet keine Datenübertragung statt. Die Zeit wird immer zur Synchronisation der Steuergeräte genutzt, d. h. in jedem Zyklus findet eine Synchronisation statt.

Das „Symbol Window" wird für eine netzwerkinterne Kommunikation freigehalten. Es wird häufig weggelassen.

Das FlexRay-Protokoll ist so flexibel konzipiert, dass

- sowohl eine rein statische als auch eine rein dynamische Kommunikation möglich ist,
- unterschiedliche Datenübertragungsraten möglich sind und sogar
- unterschiedliche Datenübertragungen auf den zwei Datenleitungen möglich wären.

Da der Hersteller die genauen Details festlegen kann, müssen Sie für eine Fehlersuche immer die hersteller- und fahrzeugspezifischen Unterlagen verwenden.

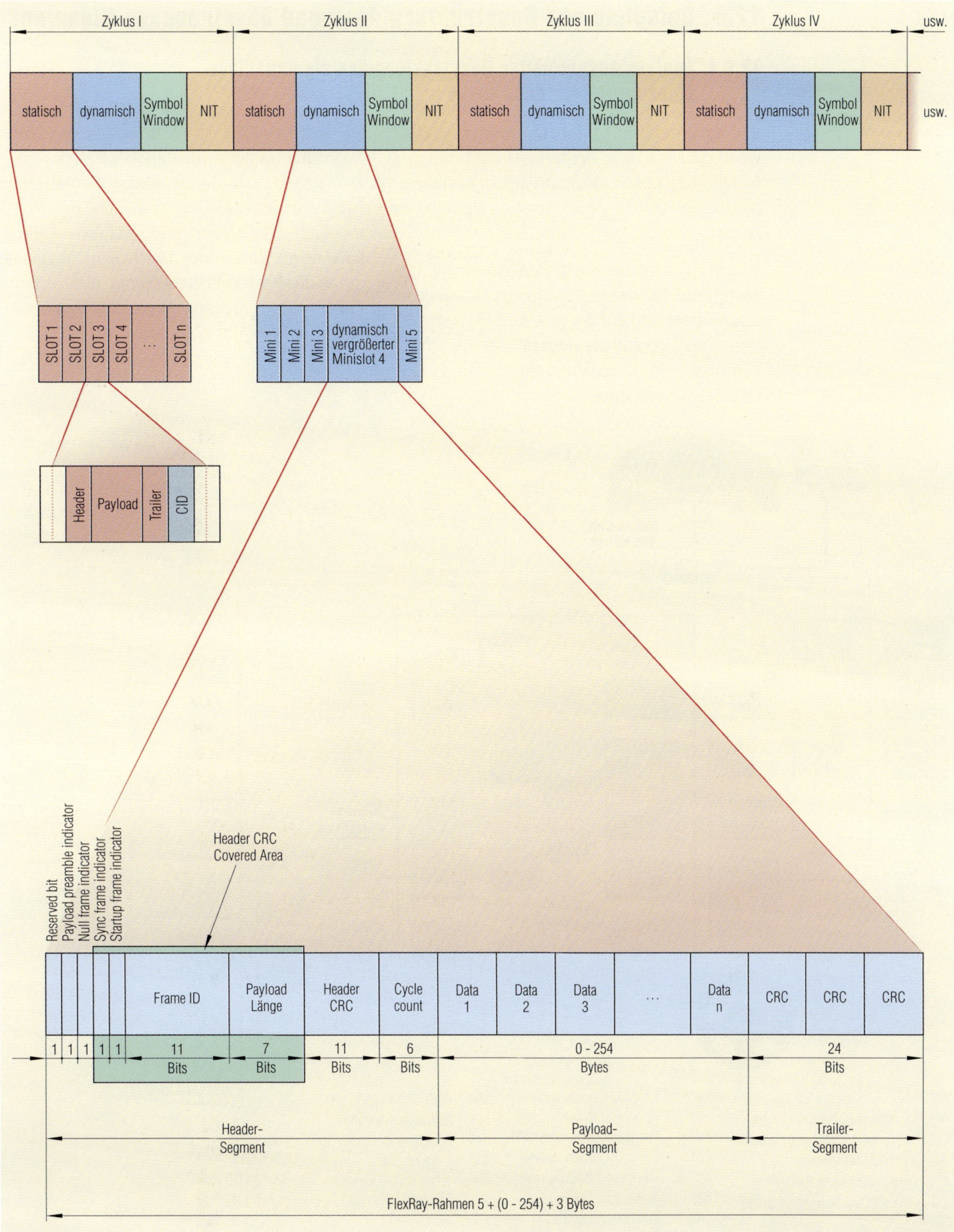

Bild 609.1 FlexRay-Bus (Aufbau).

12.9 Beispiele von Busstrukturplänen und übertragenen Signalen

12.9.1 Analyse ausgewählter Busstrukturpläne als Grundlage einer gezielten Fehlersuche

Bei einer schwierigeren Fehlersuche, speziell wenn die Ursache in der Vernetzung bzw. einer fehlerhaften Kommunikation liegt, ist es notwendig die Busstruktur zu kennen und sie lesen zu können.

Bild 610.1 zeigt die Busstruktur eines voll ausgestatteten Fahrzeuges der oberen Mittelklasse. Das zentrale Element der gesamten Busarchitektur ist das Gateway-Steuergerät, das alle einzelnen Bussysteme koppelt und den übergreifenden Datenaustausch steuert.

Der Antriebs-CAN ist ein Bussystem mit hoher Datenübertragungsrate (ugs. Hochgeschwindigkeitsbus); er verbindet das Motor-, Getriebe- und Fahrdynamiksteuergerät sowie die Fahrwerksregelung. Außerdem sind adaptive Fahrgeschwindigkeitsregelung, Leuchtweitenregelung, automatische Fahrlichtsteuerung, elektronische Parkbremse, Airbagsystem und der Lenkwinkelsensor Teil des Antriebs-CAN.

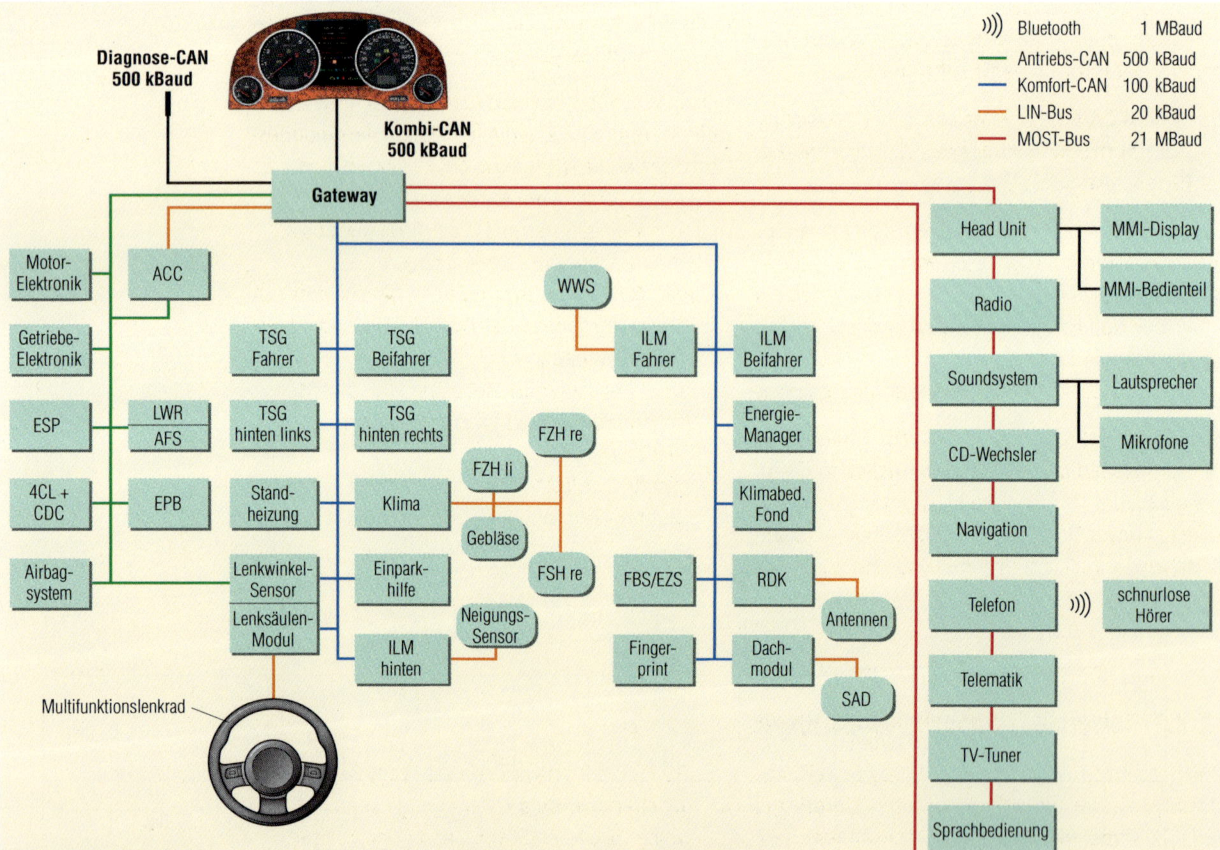

ACC Adaptive Cruise Control
AFS automatische Fahrlichtsteuerung
CDC kontinuierliche Dämpferkraftregelung
4CL 4-Corner-Luftfederung
EPB Elektromechanische Parkbremse
ESP Elektronisches Stabilitätsprogramm
FBS/EZS Fahrberechtigungssystem/elektronisches Zündschloss
FSH re Frontscheibenheizung rechts
FZH li Fondraum-Zuheizung links
FZH re Fondraum-Zuheizung rechts
ILM intelligentes Lastmodul
LWR Leuchtweitenregelung
MMI Multi Media Interface
RDK Reifendruckkontrolle
SAD Schiebeausstelldach
TSG Türsteuergerät
WWS Wisch-Wasch-Sensor (Regen-/Lichtsensor)

Bild 610.1 Busstrukturplan eines vollausgestatteten Fahrzeuges (Audi).

Beim Komfort-CAN handelt es sich um ein Bussystem mit niedrigen Datenübertragungsraten (ugs. Niedergeschwindigkeitsbus), der die Karosserie- und Komfortsysteme miteinander verbindet. Dies sind beispielsweise die Türsteuergeräte mit den Zentralverriegelungs-, Fensterheber- und Spiegelverstellfunktionen, die Standheizung und die Klimaautomatik. Die Signale des Lenkwinkelsensors werden sowohl über den Komfort-CAN als auch über den Antriebs-CAN genutzt.

LIN-Bus-Systeme sind Subsysteme der Karosserie- und Komfortelektronik.

Der MOST-Bus regelt die Kommunikation der gesamten Unterhaltungs- und Informationselektronik, der sogenannten Infotainment-Elektronik.

Über Bluetooth ist dabei der schnurlose Bedienhörer mit dem Telefonsteuergerät verbunden, das Teil der Infotainment-Elektronik ist.

Der Kombi-CAN als Hochgeschwindigkeitsbus ist für die Übertragung sämtlicher anzeigerelevanter Daten zuständig.

Beim Diagnose-CAN handelt es sich um einen Hochgeschwindigkeitsbus, wodurch die Datenübertragungszeiten sowohl bei der Diagnose als auch bei der Programmierung und Codierung gegenüber einem hier meist üblichen Niedergeschwindigkeitsbus deutlich verringert werden.

Bei dem Busstrukturplan in Bild 612.1 handelt es sich grundsätzlich um einen ähnlichen Aufbau, lediglich die Infotainmentsysteme sind über einen konventionellen Hochgeschwindigkeitsbus (CAN-Infotainment) miteinander vernetzt.

Dieses Beispiel zeigt, wie Bussysteme auch in der unteren Mittelklasse genutzt werden.

Beim Busstrukturplan in Bild 612.2 bildet das zentrale Sicherheits- und Gatewaymodul ebenfalls die Verbindung der einzelnen Bussysteme, d.h. des Hochgeschwindigkeitsbusses PT-CAN für den Antriebsstrang, des Niedergeschwindigkeitsbusses K-CAN für die Karosserie- und Komfortelektronik und des MOST-Busses für die Infotainmentsysteme. Das Mastersteuergerät des MOST-Busses ist dabei der Multi-Audiosystem-Controller.

Als Besonderheit ist das Sicherheits- und Gatewaymodul nicht nur der Netzknoten für die verschiedenen Bussysteme, sondern es dient gleichzeitig auch als Mastersteuergerät für den sternförmig vernetzten Byteflight-Bus der passiven Sicherheitssysteme.

Das System besitzt noch einige Subbussysteme, die in Bild 612.2 lediglich durch Verbindungspunkte angedeutet sind. Im Einzelnen sind dies beispielsweise Subbussysteme

- vom Motorsteuergerät zum Batteriesensor und zur Generatorsteuerung,
- von der Diebstahlwarnanlage (DWA) zum Innenraumschutz, der DWA-Sirene und dem Neigungsgeber,
- vom Klimaanlagen-Steuergerät zu den Stellmotoren der verschiedenen Klappen und dem Gebläsemotor,
- vom Kurvenlicht-Steuergerät zu den Stellmotoren.

12.9.2 Beispiele für übertragene Signale

Zur fundierten Fehlersuche gehört im Weiteren das Wissen um die ausgetauschten Daten und Signale. Dabei gibt es zwei Betrachtungsweisen:

- Welches Signal wird von welchem Steuergerät auf welches Bussystem gesetzt und welche weiteren Steuergeräte verarbeiten es?
- Welche Ein- und Ausgangsdaten werden von den verschiedenen Steuergeräten verarbeitet?

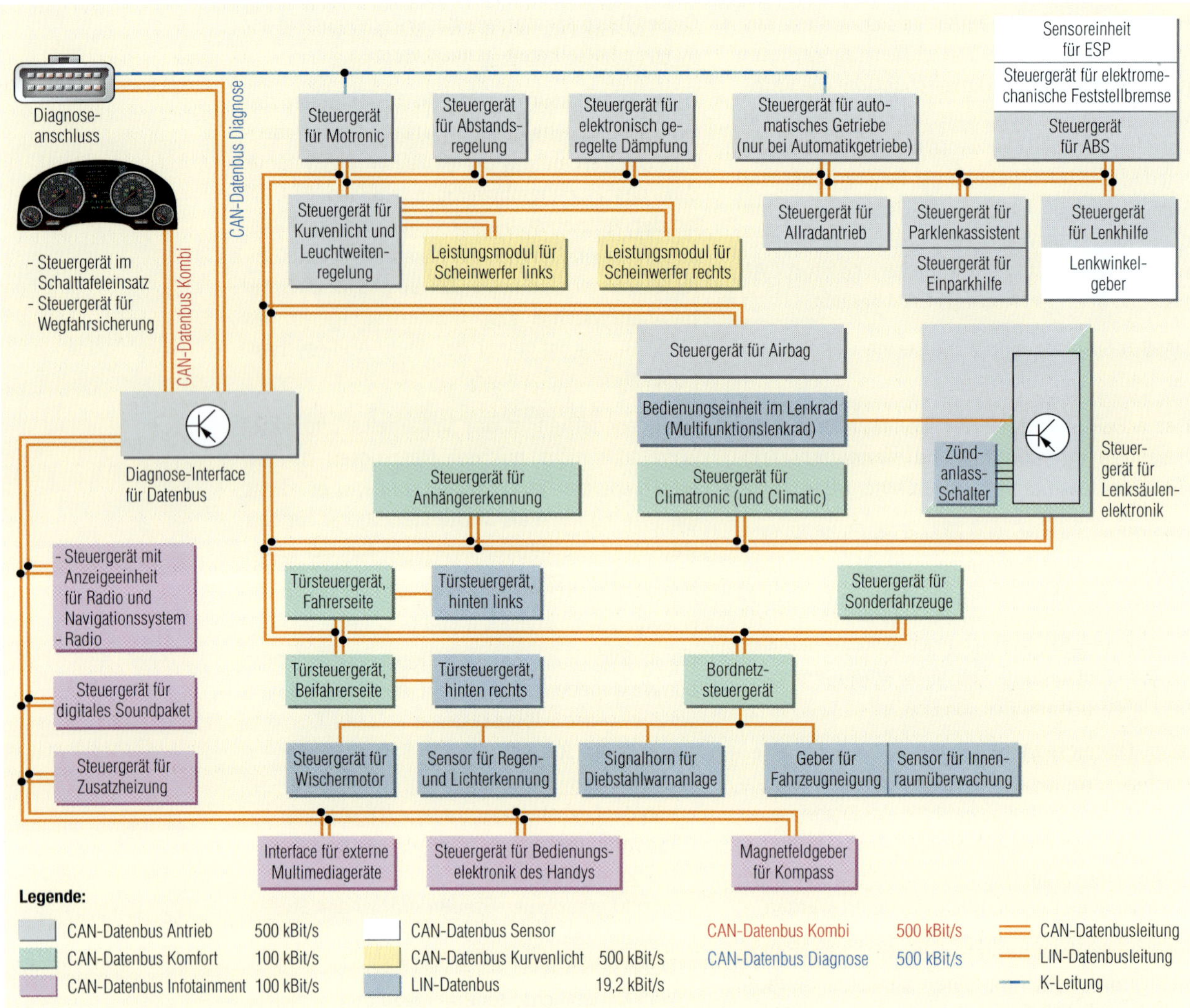

Bild 612.1 Busstrukturplan Golf VI.

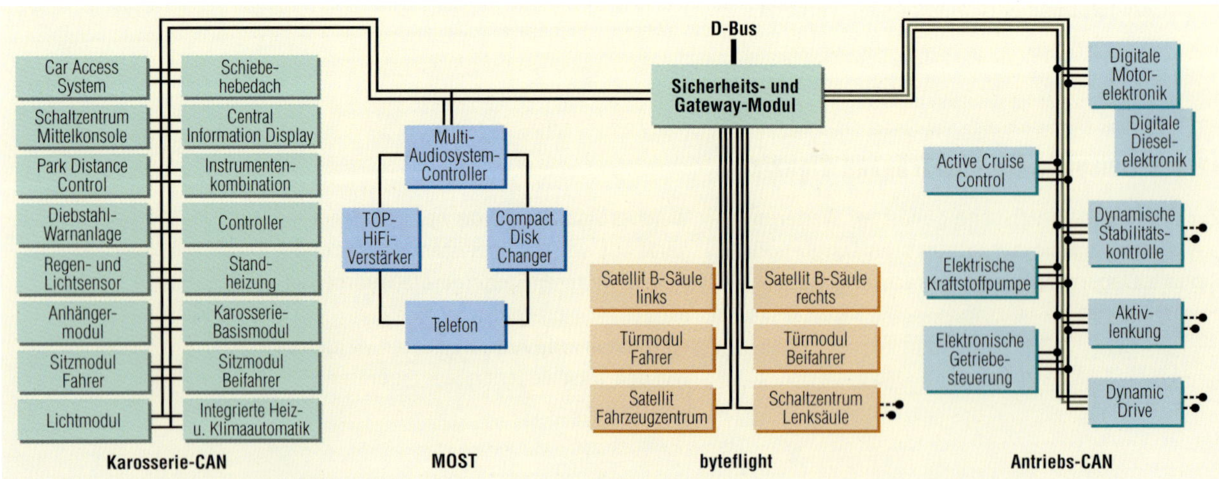

Bild 612.2 Busstrukturplan 5er BMW.

Betrachtung der Signale

Geschwindigkeit. Über die Raddrehzahlsensoren erfasst das Bremsen- bzw. Fahrdynamiksteuergerät die Fahrzeuggeschwindigkeit, die es für die eigene Funktion benötigt. Gleichzeitig setzt es das Geschwindigkeitssignal zyklisch immer wieder auch auf das Bussystem des Antriebsstranges. Dort wird es vom Motorsteuergerät, dem Getriebesteuergerät, der (adaptiven) Fahrgeschwindigkeitsregelung und der Lenkunterstützung empfangen und weiter verwendet.

Über ein Gateway wird die Information über die Geschwindigkeit auch auf den Karosserie- und Komfortbus übertragen. Dort wird sie z. B. von der Klimaautomatik, der Einparkhilfe usw. genutzt. Außerdem wird das Geschwindigkeitssignal auf den Bus der Infotainmentsysteme übertragen und dort z. B. für die geschwindigkeitsabhängige Lautstärkenanhebung, das Navigationssystem usw. verarbeitet. Schließlich muss die Geschwindigkeit noch im Kombiinstrument angezeigt und für die Berechnung der Wegstrecke, des Servicebedarfes usw. verwendet werden.

Die Motordrehzahl wird vom Motorsteuergerät zyklisch auf das Bussystem des Antriebsstranges übertragen. Dann wird sie von der Getriebesteuerung, dem Bremsen- bzw. Fahrdynamiksteuergerät und der Lenkhilfe gelesen und verarbeitet. Das Motordrehzahlsignal wird über das Gateway auf den Karosserie- und Komfortbus übertragen und dort z. B. von der Klimaautomatik für die Kompressorregelung benötigt. Außerdem werden einige stromintensive Komfortfunktionen (z. B. Sitzheizung) häufig erst bei laufendem Motor freigegeben, d. h. nach Empfang der entsprechenden Motordrehzahl. Die Übertragung auf das Kombiinstrument zur Anzeige und für evtl. Berechnungen ist ebenfalls notwendig.

Die Motortemperatur wird ebenfalls vom Motorsteuergerät auf das Bussystem des Antriebsstranges gebracht. Bei der Getriebesteuerung werden dadurch z. B. spezielle Warmlaufprogramme gestartet. Über das Gateway wird das Signal auf den Karosserie- und Komfortbus übertragen und z. B. für die Kompressorregelung der Klimaautomatik verarbeitet. Auch die Motortemperatur wird im Kombiinstrument angezeigt.

Betrachtung des Getriebesteuergerätes (automatische Getriebesteuerung)

- Das Geschwindigkeitssignal vom Bremsen- bzw. Fahrdynamiksteuergerät beeinflusst wesentlich die Schaltkennlinien.
- Auch die Motordrehzahl vom Motorsteuergerät ist ein bestimmender Faktor für die Schaltkennlinien.
- Die Motortemperatur vom Motorsteuergerät führt ebenfalls zu Anpassungen der Schaltkennlinien.
- Der Drosselklappenwinkel vom Motorsteuergerät und die Veränderung des Drosselklappenwinkels gehen in die Berechnung der Schaltkennlinien ein.
- Ebenso kann die Außentemperatur von der Klimaautomatik bei manchen Systemen die Schaltkennlinien verändern.
- Die Querbeschleunigungsinformation vom Fahrdynamiksteuergerät kann im Grenzbereich zu Schaltverboten führen.
- Das Bremssignal vom Bremsen- bzw. Fahrdynamiksteuergerät kann das Hochschalten verhindern.
- Vom Getriebesteuergerät wird eine Botschaft für das Motorsteuergerät auf den Bus gesetzt, um das Drehmoment während des Schaltvorganges zu reduzieren.

Betrachtung des Motorsteuergerätes

- Die Drehmomentreduzierung vom Getriebesteuergerät beeinflusst die Zünd- und Einspritzsteuerung.
- Von der Fahrstabilitätsregelung kann ebenfalls die Anforderung zur Reduzierung des Drehmoments kommen.
- Auch die Anforderung einer Drehzahlerhöhung bei einer Motorschleppmomentregelung kann von der Fahrstabilitätsregelung ausgelöst werden.
- Das Kompressorlastmoment von der Klimaautomatik führt zur Anpassung der Motordrehzahl und Einspritzmenge bei eingeschaltetem Klimakompressor.
- Das Geschwindigkeitssignal vom Bremsensteuergerät kann der Abregelung der Höchstgeschwindigkeit dienen oder bei einer in der Motorsteuerung integrierten Fahrgeschwindigkeitsregelung als Ist-Signal für

die Regelung. Es kann aber bei maximaler Beschleunigung und bestimmten Geschwindigkeitsgrenzen daraus auch ein Ausgangssignal zur kurzfristigen Abschaltung des Klimaanlagenkompressors gebildet werden.

- Bei einer integrierten Fahrgeschwindigkeitsregelung können alle Stellsignale sowie z. B. der Bremslichtschalter über die Bussysteme übertragen werden.
- Bei einem Unfall kann das Signal des Crashsensors von den pyrotechnischen Rückhaltesystemen zur Abschaltung der Zündung, der Einspritzung und der Kraftstoffförderung führen.

Bei einer Fehlersuche kann es sinnvoll sein, ähnlich wie bei den genannten Beispielen das Problem bzw. die Fehlerursache einzugrenzen. Dazu müssen Sie die Busstruktur, die verteilten Funktionen, die Botschaften/Signale usw. des Fahrzeuges gut kennen.

12.10 Arbeiten an vernetzten Systemen

12.10.1 Diagnose von vernetzten Systemen

Durch die fortgeschrittene Systemvernetzung und den Datenaustausch sind verschiedene Systemfunktionen oftmals nicht mehr genau einem Steuergerät zuzuordnen. Aus einer hardwarebasierten „Einzel-Funktion" ist mittlerweile eine softwarebasierte verteilte „Funktionslandschaft" entstanden. Das heißt für Fehlersuche und Diagnose, dass Fehlfunktionen eines Teilsystems auch durch Fehler eines anderen Systems, durch Übertragungsfehler oder fehlerhafte Eingangssignale an anderer Stelle verursacht werden können. Deshalb sind eine gezielte, logisch fundierte und exakte Vorgehensweise sowie das Wissen um Systemzusammenhänge gerade bei den vernetzten Systemen sehr wichtig. Beispielsweise kann ein fehlendes Motordrehzahlsignal die Ursache für eine nicht funktionierende Sitzheizung sein, oder ein defektes Gateway der Grund für einen unrunden Motorlauf bei eingeschalteter Klimaanlage.

Die Fehlersuche an vernetzten Systemen kann durch die in Lernfeld 4 ausführlich beschriebenen Diagnosestrategien unterstützt werden. Hierzu zählen u. a.:

- eine möglichst detaillierte Erfassung der Kundenbeanstandung,
- die Abfrage des Fehlerspeichers,
- eine Sichtprüfung im Umfeld des zu diagnostizierenden Systems,
- den Rückgriff auf technische Informationen des Herstellers und
- eventuell die technische Beratung durch den Hersteller.

Achten Sie während einer Diagnose auf eine ausreichende und stabile Spannungsversorgung des Fahrzeuges und schließen Sie ein geeignetes Batterieladegerät an. Die Eigenschaften des Ladegerätes (Leistung, Oberwelligkeit, Diode gegen Spannungsspitzen) bzw. ein bestimmtes Ladegerät wird von vielen Kraftfahrzeugherstellern vorgeschrieben. Dies gilt auch für die Programmierung, Codierung und Personalisierung.

12.10.2 Programmieren, Codieren, Personalisieren

Nach einer Fehlersuche, einer Nach- oder Umrüstung, einem Steuergerätetausch oder bei einem Softwarefehler kann das Aufspielen einer neuen/geänderten Software notwendig werden. Das Fahrzeug oder einzelne Steuergeräte müssen also neu programmiert oder codiert werden.

Programmieren. Hierbei wird über einen Diagnosecomputer/-tester ein neues Programm bzw. ein neuer Datenstand in ein Steuergerät übertragen. Bei der Programmierung unterscheidet man die Einkanal- und die Mehrkanalprogrammierung.

Bei der Einkanalprogrammierung, z. B. über die OBD-Steckdose oder den fahrzeugindividuellen Diagnosestecker, werden alle Daten über einen Anschluss übertragen.

Bei der Mehrkanalprogrammierung werden zusätzlich über z. B. eine MOST-Verbindung die Daten in das Fahrzeug übermittelt (Bilder 615.1 und 615.2). Dabei unterscheidet man die sequenzielle und die parallele Mehrkanalprogrammierung.

Bei der sequenziellen Mehrkanalprogrammierung werden die Daten hintereinander fortlaufend übertragen, aber abwechselnd zwischen den Kanälen. Bei der parallelen Mehrkanalprogrammierung erfolgt die Datenübertragung gleichzeitig über beide Kanäle. Dies bringt eine erhebliche Reduzierung der Programmierzeit.

Codieren bedeutet, dass bestimmte bereits geladene Kennfelder oder Kennlinien, Länderausführungen, Fahrzeugausstattungen usw. aktiviert werden.

> Alle Steuergeräte eines Fahrzeuges müssen einen kompatiblen Software- und Codierdatenstand besitzen, da sonst einzelne oder alle Funktionen gestört sein könnten.

Personalisieren bzw. Individualisieren. Es werden kundenindividuelle Einstellungen (z. B. Tippblinken, Tagfahrlicht, Verriegelungseinstellungen usw.) an elektronischen Systemen gespeichert. Kann dies nicht direkt über die Fahrzeugbedienung vorgenommen werden, geschieht es über einen Diagnosecomputer/-tester.

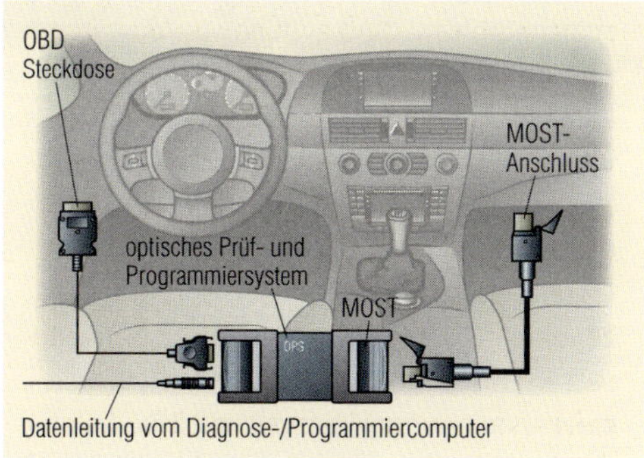

Bild 615.1 Anschlüsse im Fahrzeug für Mehrkanalprogrammierung.

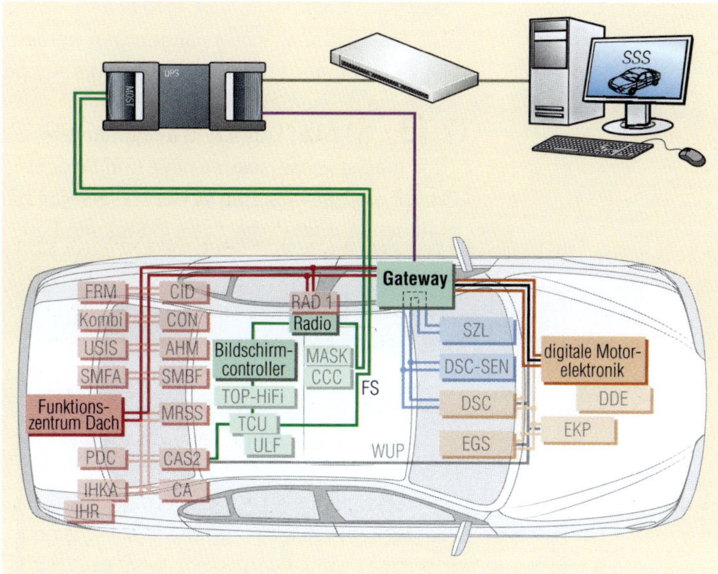

Bild 615.2 Datenfluss im Fahrzeug bei der Mehrkanalprogrammierung.

> Bei bestimmten Fahrzeugen bzw. bei einzelnen Steuergeräten innerhalb eines Fahrzeugs kann die Anzahl der möglichen Programmierungen oder Codierungen begrenzt sein. Deshalb sollten Sie eine neue Programmierung/Codierung nur nach genauer Prüfung vornehmen.

kompatibel: verträglich, zueinander passend

Beachten Sie die Voraussetzungen, Vorarbeiten und Hinweise beim Programmieren, Codieren und Personalisieren auf der folgenden Seite.

- Das Fahrzeug muss fehlerfrei sein, d. h. vor jeder Programmierung müssen eine Fehlerspeicherabfrage und evtl. notwendige Reparaturen durchgeführt werden.
- Das Fahrzeug muss eine ausreichende Batteriespannung (> 13 Volt) besitzen. Deshalb sollten Sie immer gleichzeitig ein geeignetes Batterieladegerät anschließen. Dazu gibt es in der Regel von den Kraftfahrzeugherstellern genaue Vorschriften. Grundsätzlich muss das Ladegerät eine hohe Leistung, eine geringe Oberwelligkeit und eine Diode gegen Spannungsspitzen beim An- und Abklemmen haben.
- Motor und Zündung müssen ausgeschaltet sein.
- Die Feststellbremse muss angezogen werden bzw. elektromechanische/elektrohydraulische Systeme müssen aktiviert werden.
- Im Getriebe darf kein Gang eingelegt sein, d. h. mechanische, sequenzielle und Doppelkupplungsgetriebe sind in Neutralstellung zu bringen; Automatikgetriebe in Stellung P.

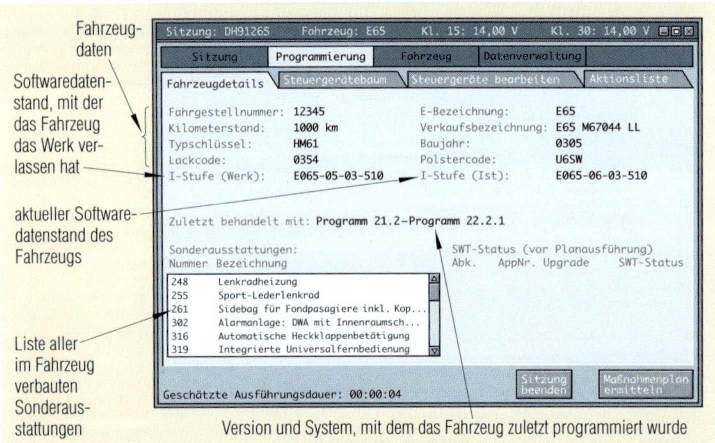

Bild 616.1 Fahrzeug- und Steuergerätedaten auslesen.

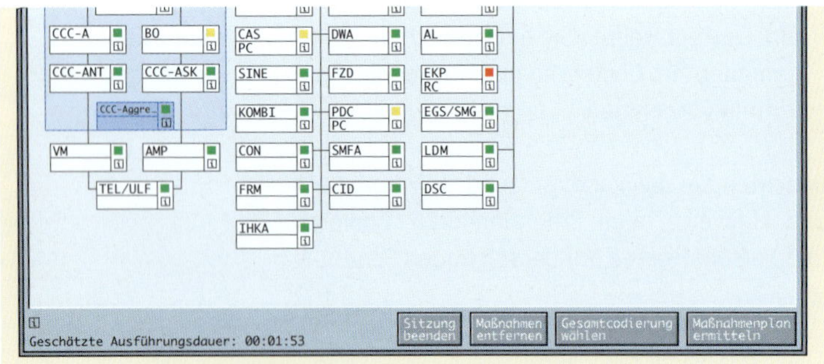

Bild 616.2 Anzeige des Maßnahmenplanes.

- Alle elektrischen Verbraucher müssen ausgeschaltet werden. Dabei ist speziell auf automatische Steuerungen wie Regensensor, Wisch-Wasch-Funktionen, Fahrlichtsteuerungen usw. zu achten.
- Während einer Programmierung darf keine Änderung des Fahrzeugzustandes erfolgen z. B. durch Öffnen/Schließen einer Tür, einen Klemmenwechsel oder Einschalten eines Verbrauchers. Dies führt in der Regel zu einem Programmierabbruch, wodurch die Programmierung im geringsten Fall nochmals gestartet werden muss. Es könnte auch ein Steuergerätetausch notwendig werden.
- Neue Programm- oder Codierdatenstände können zu Funktions- oder Bedienungsänderungen führen, die der Kunde wahrnimmt. Der Kunde muss darüber vor Beginn der Programmierung/Codierung/Individualisierung informiert werden.
- Kundenspezifische Einstellungen oder Daten (z. B. beim Telefon und bei der Navigation) können verloren gehen. Adaptionen werden in der Regel ebenfalls gelöscht.
- Eine feste Verbindung zwischen Programmiersystem und Fahrzeug über Kabel ist bei einer Programmierung/Codierung einer Funkverbindung vorzuziehen.

Ablauf einer Programmierung. Nach dem Anschließen des Diagnose- bzw. Programmiersystems erfolgt grundsätzlich zuerst eine Identifizierung des Fahrzeugs und der verbauten Steuergeräte (Bild 616.1). Dazu gehören der genaue Fahrzeugtyp, die Motorisierung, die Fahrgestellnummer, die verbauten Steuergeräte (Soll/Ist) und deren Softwarestand.

Erst dann wählt man die notwendigen Arbeiten aus. Im gezeigten Beispiel bedeutet das, einen Maßnahmenplan zu erstellen. Das Test- und Programmiersystem hilft dabei, indem es eine Auswahlliste möglicher Arbeiten (Umrüstungen, Nachrüstungen, Steuergerätetausch, Softwareupdate usw.) zur Verfügung stellt und anschließend anzeigt, bei welchen Steuergeräten welche Aktionen notwendig sind (Bild 616.2). Danach kann korrigierend eingegriffen werden. Nun wird die Abarbeitung des Maßnahmenplanes gestartet und die notwendigen Programmier- und Codierarbeiten werden in einem Prozessschritt durchgeführt.

Am Bildschirm wird der Programmierfortschritt gezeigt. Nach jedem einzelnen Steuergerät erfolgt eine Rückmeldung, ob die Programmierung/Codierung erfolgreich war (Bild 617.1). Nach Beendigung der Arbeiten wird ein Abschlussbericht ausgegeben (Bild 617.2).

Den Abschlussbericht sollten Sie immer abspeichern oder ausdrucken und in der Fahrzeugakte ablegen.

Abschließende Servicearbeiten. Nach einer Fahrzeugprogrammierung/-codierung müssen in der Regel verschiedene Funktionen neu initialisiert oder adaptiert werden, z. B.:

- Endstellungen der Fensterheber und des Schiebedaches,
- Nullabgleich des Lenkwinkelsensors,
- Kalibrierung verschiedener Neigungssensoren,
- kundenspezifische Einstellungen.

Abschließend wird eine längere Probefahrt zum Erlernen der neuen Adaptionswerte durchgeführt.

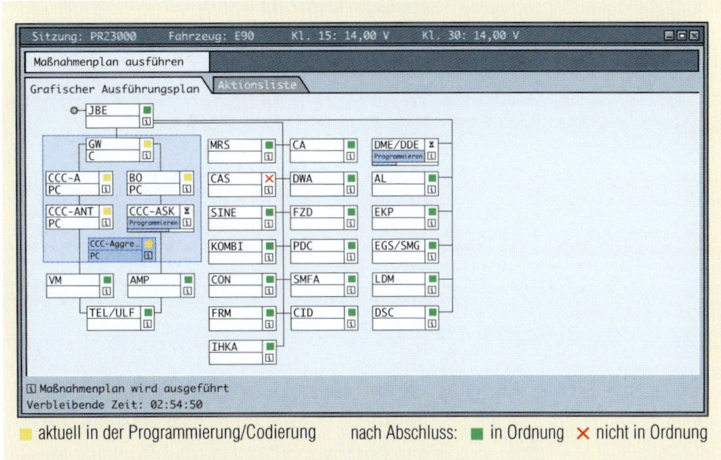

Bild 617.1 Anzeige der laufenden Programmierung.

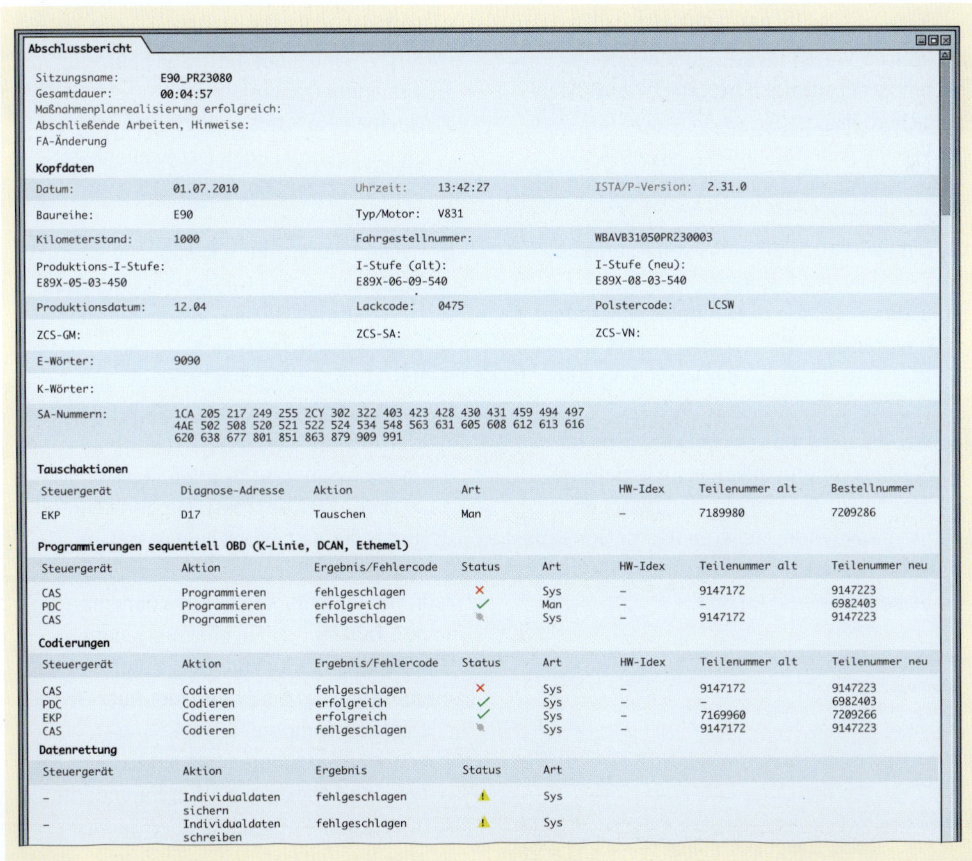

Abschlussbericht

Sitzungsname: E90_PR23080
Gesamtdauer: 00:04:57
Maßnahmenplanrealisierung erfolgreich:
Abschließende Arbeiten, Hinweise:
FA-Änderung

Kopfdaten

Datum:	01.07.2010	Uhrzeit:	13:42:27	ISTA/P-Version:	2.31.0
Baureihe:	E90	Typ/Motor:	V831		
Kilometerstand:	1000	Fahrgestellnummer:		WBAVB31050PR230003	
Produktions-I-Stufe: E89X-05-03-450		I-Stufe (alt): E89X-06-09-540		I-Stufe (neu): E89X-08-03-540	
Produktionsdatum:	12.04	Lackcode:	0475	Polstercode:	LCSW
ZCS-GM:		ZCS-SA:		ZCS-VN:	
E-Wörter:	9090				
K-Wörter:					
SA-Nummern:	1CA 205 217 249 255 2CY 302 322 403 423 428 430 431 459 494 497 4AE 502 508 520 521 522 524 534 548 563 631 605 608 612 613 616 620 638 677 801 851 863 879 909 991				

Tauschaktionen

Steuergerät	Diagnose-Adresse	Aktion	Art	HW-Index	Teilenummer alt	Bestellnummer
EKP	D17	Tauschen	Man	–	7189980	7209286

Programmierungen sequentiell OBD (K-Linie, DCAN, Ethernet)

Steuergerät	Aktion	Ergebnis/Fehlercode	Status	Art	HW-Index	Teilenummer alt	Teilenummer neu
CAS	Programmieren	fehlgeschlagen	✗	Sys	–	9147172	9147223
PDC	Programmieren	erfolgreich	✓	Man	–	–	6982403
CAS	Programmieren	fehlgeschlagen	✗	Sys	–	9147172	9147223

Codierungen

Steuergerät	Aktion	Ergebnis/Fehlercode	Status	Art	HW-Index	Teilenummer alt	Teilenummer neu
CAS	Codieren	fehlgeschlagen	✗	Sys	–	9147172	9147223
PDC	Codieren	erfolgreich	✓	Sys	–	–	6982403
EKP	Codieren	erfolgreich	✓	Sys	–	7169960	7209266
CAS	Codieren	fehlgeschlagen	✗	Sys	–	9147172	9147223

Datenrettung

Steuergerät	Aktion	Ergebnis	Status	Art
–	Individualdaten sichern	fehlgeschlagen	⚠	Sys
–	Individualdaten schreiben	fehlgeschlagen	⚠	Sys

Bild 617.2 Abschlussbericht.

Zur Wiederholung

1. Wie viele Byte hat: ein KB, ein MB, ein GB?
2. Stellen Sie die Zahl 503 als Dual- und als Hexadezimalzahl dar.
3. Welche grundsätzlichen Busstrukturen gibt es?
4. Worin besteht der Unterschied zwischen Bd und BPS?
5. Erklären Sie bitte den Begriff „elektromagnetische Verträglichkeit".
6. Erläutern Sie die Begriffe dominantes Bit und rezessives Bit.
7. Wie läuft die Sendepriorisierung beim CAN-Bus ab?
8. Was versteht man unter einem Buswecker?
9. Welche elektrischen Komponenten, Steuergeräte oder elektronischen Systeme nutzen das Geschwindigkeitssignal (Motortemperatur, Motordrehzahl, ...)?
10. Welche Daten/Informationen werden zwischen den Steuergeräten der Antriebselektronik ausgetauscht? Erläutern Sie auch jeweils die Betriebszustände.
11. Welche Vorteile bietet ein Bussystem mit zwei Leitungen bezüglich der Ausfallsicherheit?
12. Welche Arbeiten müssen Sie als Vorbereitung einer Programmierung/Codierung erledigen?
13. Mit welchen Spannungswerten arbeiten CAN, LIN und FlexRay?
14. Erklären Sie, wie eine Ringbruchdiagnose funktioniert.
15. Was müssen Sie bei der Verlegung von Lichtwellenleitern beachten?
16. Was versteht man unter Dämpfung im Zusammenhang mit Lichtwellenleitern?
17. Worin liegt der Unterschied zwischen programmieren, codieren und personalisieren? Erklären Sie die Begriffe anhand von Beispielen.

Zur Vertiefung

1. Was bedeutet es, wenn ca. 3000 m Kabel in einem Fahrzeug verlegt sind?
2. Komplexe Bussysteme mit einem hohen Vernetzungsgrad kennzeichnen die Entwicklung in der Automobilindustrie. Haben Sie in Ihrer beruflichen Praxis schon Nachteile dieser Entwicklung erfahren? Berichten Sie bitte darüber.
3. Versuchen Sie herauszufinden, woher der Name Bluetooth stammt. Es ist eine interessante Geschichte!
4. Warum dürfen Sie Datenübertragungsleitungen eines CAN-Busses auf keinen Fall trennen (abziehen)?
5. Nehmen Sie einen Busstrukturplan von einem aktuellen Fahrzeug und verfolgen Sie die Übertragungswege verschiedener Signale (Geschwindigkeitssignal, Motordrehzahl, Temperatur, Lastsignal usw.). Erläutern Sie diesen Busstrukturplan Ihrem Banknachbarn oder einem Kollegen.
6. Stellen Sie die Signale der verschiedenen Bussysteme eines aktuellen Fahrzeugtyps auf einem Oszilloskop dar.
7. Nach einem Karosserieschaden müssen Sie den gebrochenen Lichtwellenleiter instand setzen. Beschreiben Sie Ihre Vorgehensweise.
8. Recherchieren Sie zu FlexRay im Internet. Erstellen Sie eine Gliederung und einen ca. 1-seitigen Bericht, in dem Sie FlexRay systematisch darstellen.
9. Besorgen Sie sich den Busstrukturplan eines Fahrzeuges aus der Werkstatt. Vergleichen Sie diesen Busstrukturplan mit den im Buch abgedruckten: wo liegen Unterschiede? Welche Überlegungen könnten hinter diesen Unterschieden stehen?
10. Nennen Sie Beispiele aus Ihrem beruflichen Umfeld, welche Funktionen an den Fahrzeugen Sie personalisieren bzw. individualisieren können. Erfolgt dies über die Fahrzeugbedienung oder über einen Diagnosecomputer?
11. Erstellen Sie für einen konkreten Fahrzeugtyp eine Checkliste zur Programmierung, die auch alle abschließenden Servicearbeiten umfasst.

13P Diagnostizieren und Instandsetzen von Karosserie-, Komfort- und Sicherheitssystemen

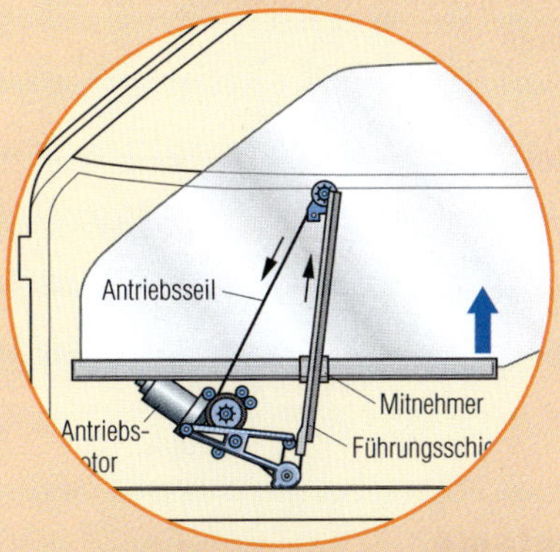

Sie lernen auch einfache Karosserie- und Komfortsysteme kennen, die sich in allen Autoklassen durchgesetzt haben.

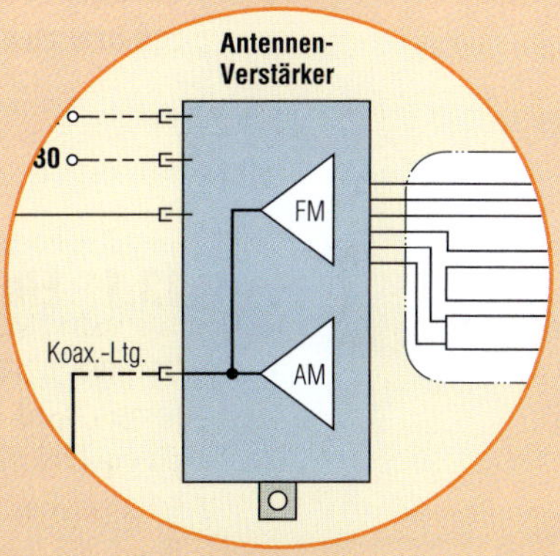

Diebstahlsicherung und Komfortbedienung verbinden – wie das funktioniert, können Sie auf den folgenden Seiten nachlesen.

Komfort und Sicherheit während des Fahrens – z. B. durch eine Fahrgeschwindigkeitsregelung und ein Head-up-Display. Sie können nach dem Durcharbeiten fundiert mitreden.

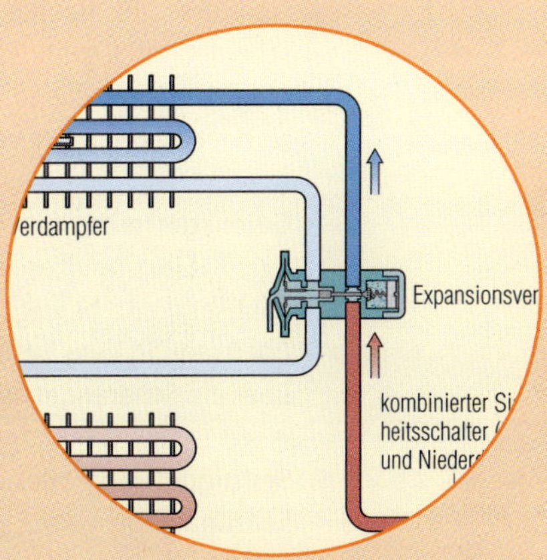

Die Grundlagen einer Heizungs- und Klimaregelung werden Ihnen vorgestellt, sodass Sie auch auf diesem Gebiet Bescheid wissen und beispielsweise Kunden beraten können.

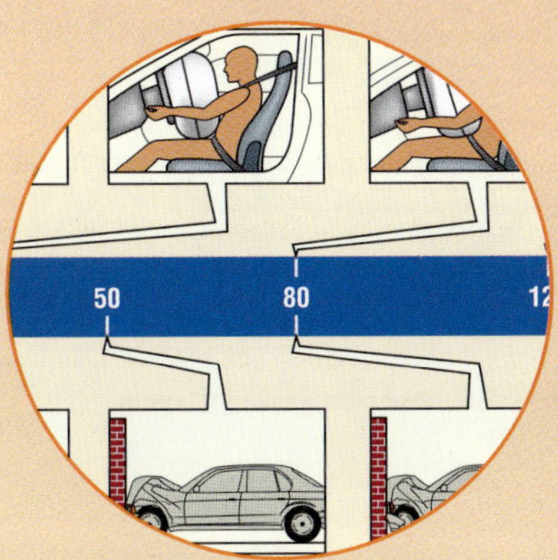

Airbags – am besten, man benötigt sie nie. Aber funktionieren müssen sie immer. Das Wissen um Aufbau, Funktion und Sicherheitsvorschriften ist „lebenswichtig".

Die elektrischen bzw. elektronischen Karosserie-, Komfort- und Sicherheitssysteme haben das Fahren und die Bedienung von Fahrzeugen angenehmer und leichter gemacht und die aktive und passive Sicherheit gesteigert.

Aber bei Tausenden von Leitungen, Steckern, Schaltern, Sensoren, Schaltkreisen usw. kann es auch einmal ein defektes Teil geben. Die Kunst einer guten Diagnose und anschließenden Instandsetzung bedeutet, genau dieses defekte Teil in möglichst kurzer Zeit und mit möglichst geringem Aufwand zu finden und instand zu setzen bzw. zu ersetzen.

Für die Fehlersuche ist wichtig, das EVA-Prinzip (Eingabe, Verarbeitung, Ausgabe) zu beachten und die genaue Funktion im Detail zu kennen. Die Kundenaussage ist die Grundlage der Fehlersuche. Manchmal muss man dem Kunden „nur" die Funktion oder die „richtige" Bedienung erklären oder die gewünschte Funktion freischalten bzw. codieren.

13.1 Einfache Karosserie- und Komfortsysteme

Bei den einfachen Karosserie- und Komfortsystemen wird die mechanische Bedienung durch einen Elektromotor ersetzt. Das Ein- und Ausschalten der Stromversorgung des Motors erfolgt durch die Betätigung eines Schalters.

13.1.1 Elektrische Fensterheber

Eines der ältesten und am weitesten verbreiteten Komfortsysteme ist das Öffnen und Schließen der Seitenfenster durch einen Gleichstrom-Elektromotor mit Rechts-/Linkslauf. Dabei unterscheidet man grundsätzlich zwei verschiedene Möglichkeiten, die je nach dem zur Verfügung stehenden Bauraum verwendet werden.

Gelenkgetriebe. Ein Gelenkgetriebe wird von einem Elektromotor über ein Stirnrad und ein Zahnsegment bewegt (Bild 620.1). Die Kraftübertragung zum Öffnen und Schließen erfolgt über ein Scherengetriebe.

Seilzuggetriebe. Hier wird das Fenster über eine Seilzuganlage vom Elektromotor betätigt (Bild 620.2).

Durch ein Schneckenradgetriebe kann eine große Untersetzung und damit ein großes Drehmoment erzeugt werden.

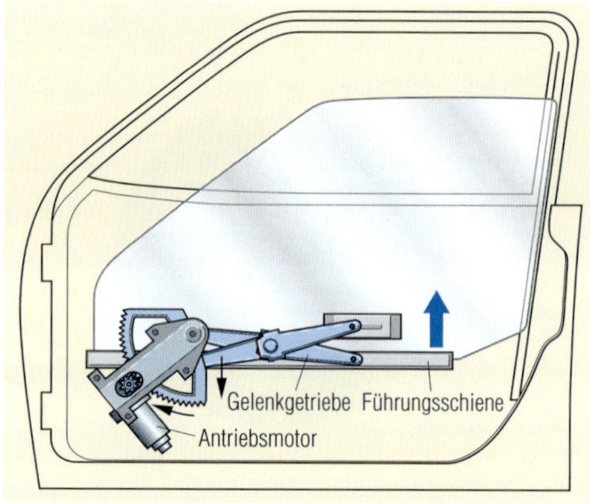

Bild 620.1 Fensterheber mit Gelenkgetriebe.

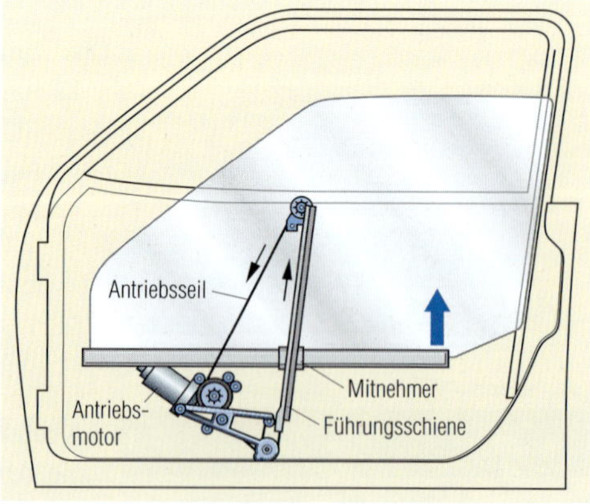

Bild 620.2 Fensterheber mit Seilzuggetriebe.

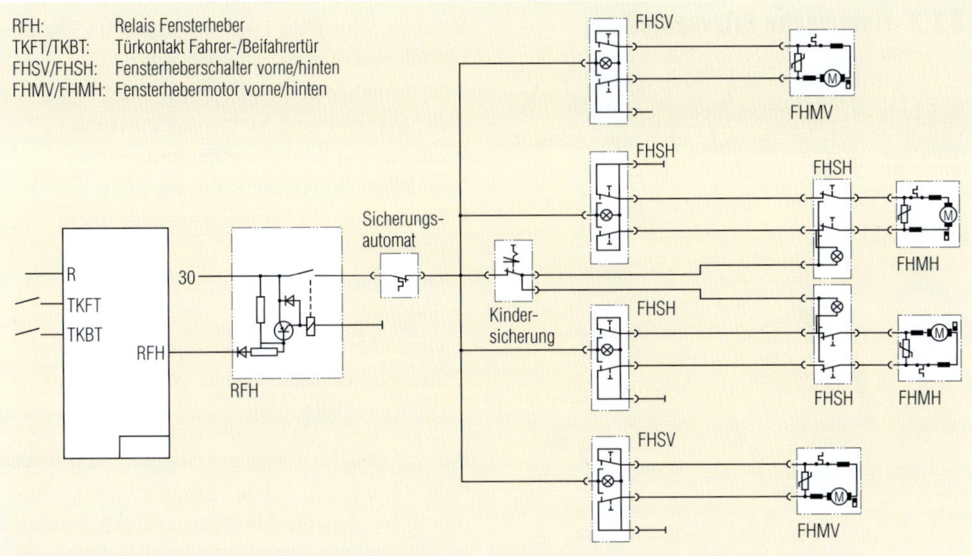

Bild 621.1 Schaltplan elektrischer Fensterheber mit direkter Ansteuerung der Elektromotoren.

Einklemmschutz. Dieser ist nach § 30 StVZO bei allen elektrischen Fenster- und Dachantrieben vorgeschrieben. Er muss zwischen 4 und 20 mm wirken. Der Einklemmschutz kann über die Erkennung einer erhöhten Stromaufnahme bzw. die Erkennung einer Drehzahländerung oder eine Kontaktleiste am Fensterrahmen sichergestellt werden.

Der Schaltpan in Bild 621.1 zeigt die einfache, direkte Ansteuerung der elektrischen Fensterheber über ein Relais ohne die Anbindung an ein Bussystem.

Als Einklemmschutz wirkt ein thermischer Sicherungsautomat, der die Spannungsversorgung bei einer zu hohen Stromaufnahme unterbricht und nach kurzer Zeit wieder freigibt.

Bei vielen elektrischen Fensterhebern stehen nach einer Unterbrechung der Spannungsversorgung oder dem Austausch einzelner Komponenten die vollständigen Funktionen erst wieder nach einer Initialisierung, d. h. einem „Anlernen" der Endpositionen, zur Verfügung.

13.1.2 Elektrische Dachantriebe

Schiebe-, Hebe- und Faltdächer bzw. Verdecke werden oft elektrisch betätigt. Dabei kann der Antrieb elektromechanisch über biegsame Wellen oder elektrohydraulisch (Bild 621.2) erfolgen.

Auch bei den Dachantrieben ist ein Einklemmschutz vorgesehen. Die elektrischen Dachantriebe sind häufig mit anderen Systemen vernetzt und bieten dadurch zusätzliche Komfort- und Sicherheitsmerkmale:

- vorwählbare Positionssteuerung,
- automatisches Schließen bei Regen oder beim Erkennen einer Unfallgefahr,
- öffnen und schließen zusammen mit der Zentralverriegelung,
- Beeinflussung der Klimaregelung in Abhängigkeit vom Öffnungszustand des Daches.

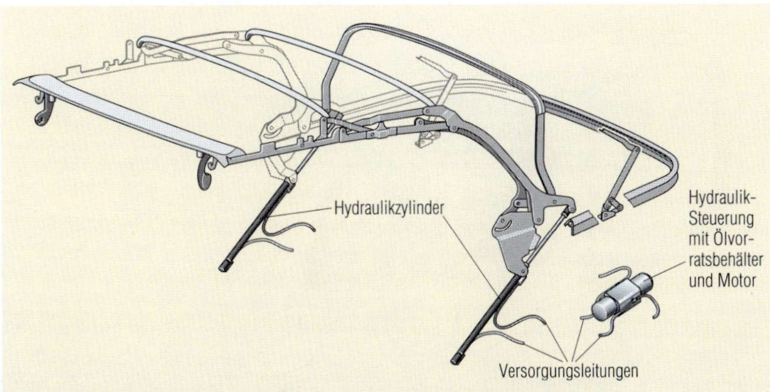

Bild 621.2 Elektrohydraulische Steuerung eines Faltdaches.

13.1.3 Elektrische Sitzverstellung

Bei der elektrischen Verstellung des Fahrer- und des Beifahrersitzes sowie evtl. der hinteren Sitze handelt es sich um eine komfortable Ausstattungsmöglichkeit, die überwiegend in Fahrzeugen der Ober- und Mittelklasse eingebaut ist (Bild 622.1).

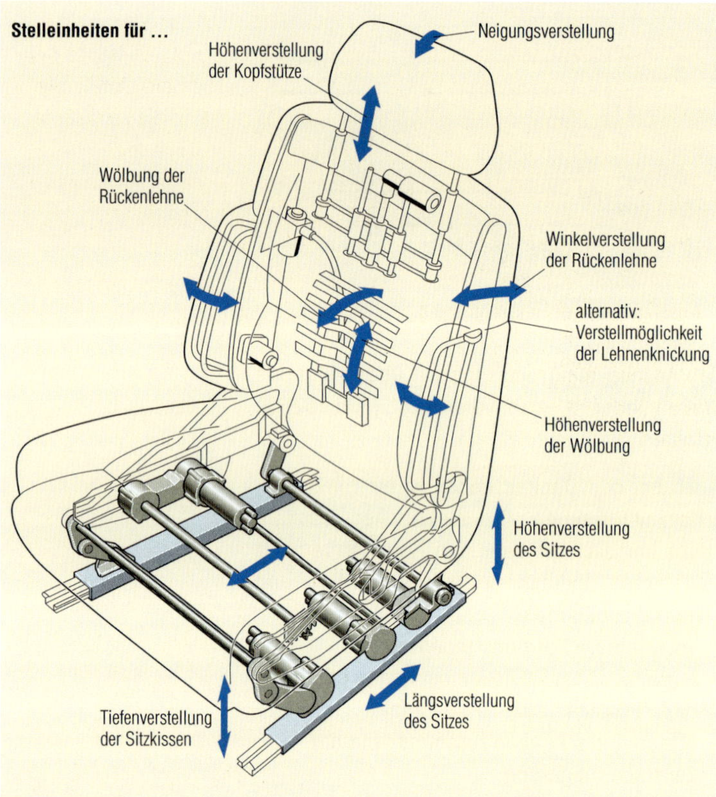

Bild 622.1 Elektromechanische Sitzverstellung, Verstellmöglichkeiten.

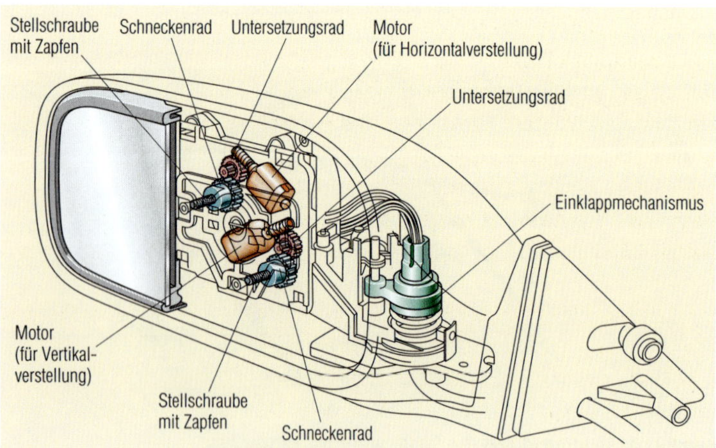

Bild 622.2 Elektrisch verstellbarer Außenspiegel.

Viele verschiedene Elektromotoren im Sitz bieten folgende Verstellmöglichkeiten:

- Sitzhöhenverstellung vorne/hinten,
- Längsverstellung nach vorne und hinten,
- Einstellung der Lehnenneigung und -knickung (im oberen Drittel),
- Einstellung der Lordosen-/Lendenstütze (Höhe/Wölbung),
- Verstellung der Kopfstützenhöhe und -neigung,
- Verstellung der Seitenwangen der Lehnen,
- Sitztiefenverstellung bzw. Verstellung der Oberschenkelauflage.

Die Schalter für die Sitzverstellung sind in der Ruhestellung mit Masse verbunden. Nach Betätigung werden die Gleichstrom-Elektromotoren mit Rechts-/Linkslauf unter Strom in einer bestimmten Richtung angesteuert. Die Sitzverstellung erfolgt dann über Getriebe und Wellen.

Wenn die Sitzverstellung eine Speicherfunktion besitzt, erfolgt die Lagerückmeldung durch Potenziometer oder Hallsensoren an ein Steuergerät, das auch die Betätigung der Schalter auswertet und die Elektromotoren dann richtig ansteuert.

13.1.4 Elektrische Spiegelverstellung

Die manuelle Einstellung der Außenspiegel, besonders auf der Beifahrerseite, ist von der Fahrerseite aus sehr umständlich. Deshalb haben viele Fahrzeuge elektrisch verstellbare Außenspiegel. Das Spiegelglas wird dabei von zwei kleinen Gleichstrom-Elektromotoren mit Rechts-/Linkslauf verstellt. Die Drehbewegung der Motoren wird über Schneckenräder und Stellschrauben auf die horizontale und vertikale Verstellung des Spiegelglases umgesetzt. Die Stromversorgung erfolgt über den Außenspiegelschalter (Bild 622.2).

Besitzt die elektrische Spiegelverstellung eine Speicherfunktion (meist gemeinsam mit der elektrischen Sitzverstellung) erfolgt die Lagerückmeldung über Potenziometer.

13.1.5 Elektrische Lenkradverstellung

Durch die Verstellung der Lenksäule sowohl in der Länge als auch in der Neigung/Höhe kann die Lenkradposition entsprechend der Sitzposition des Fahrers optimal eingestellt werden. Die komfortabelste Lösung stellt auch hier die elektrische Verstellung über Gleichstrom-Elektromotoren mit Rechts-/Linkslauf dar, die über selbsthemmende Getriebe die Funktionen umsetzen (Bild 623.1).

Die Elektromotoren werden direkt durch den Verstellschalter bzw. indirekt mit einer Speicherfunktion über das Steuergerät angesteuert. Die Lagerückmeldung erfolgt durch Potenziometer.

Selbsthemmende Getriebe sind notwendig, da bei einem Unfall alle auf die Lenksäule wirkenden Kräfte abgefangen werden müssen.

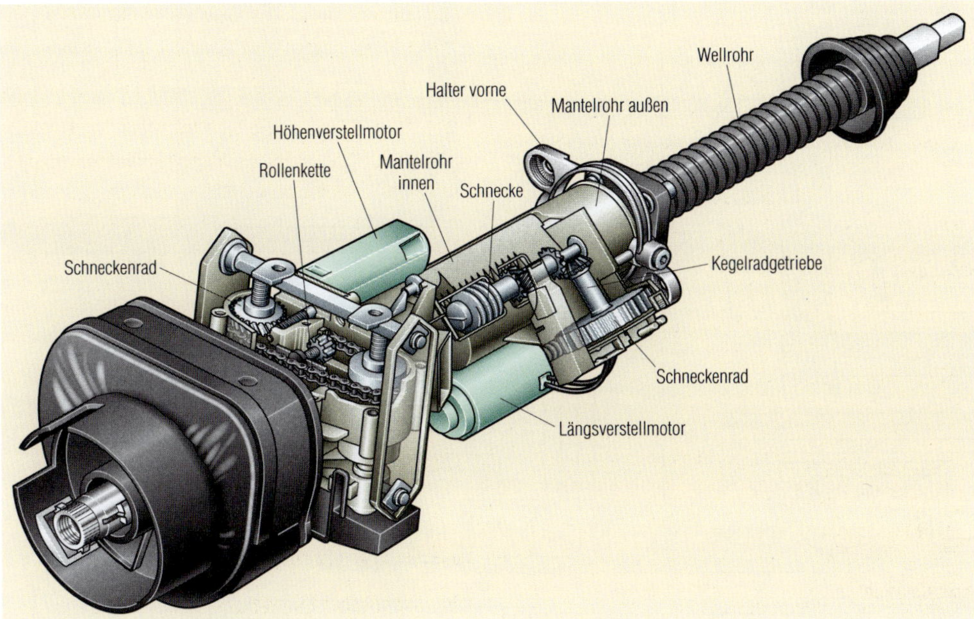

Bild 623.1 Elektrische Lenksäulenverstellung.

13.1.6 Verstellmöglichkeiten mit Speicherfunktion

Die elektrische Sitz-, Spiegel- und Lenkradverstellung besitzt meist eine Speicherfunktion. Eine mögliche Vernetzung der einzelnen Komponenten zeigt Bild 624.1.

Das System besteht in diesem Beispiel aus mehreren Modulen in der Fahrertür, Beifahrertür und unter den Sitzen sowie aus einem zentralen Grundmodul. Der Datenaustausch zwischen den Modulen erfolgt über ein Bussystem. Die verschiedenen Schalter und Verstellmotoren sind direkt an das jeweilige Modul angekoppelt.

Dieses System bietet durch den Memoryschalter drei verschiedene Speicherplätze. Die Sitz-, Spiegel- und Lenkradpositionen können so optimal auf den jeweiligen Fahrer eingestellt, gespeichert und abgerufen werden. Aus Sicherheitsgründen kann dies nur bei stehendem Fahrzeug ausgeführt werden. Weitere Funktionen sind ein Neigen des Beifahreraußenspiegels beim Einlegen des Rückwärtsganges (als Einparkhilfe) und ein Hochschwenken des Lenkrades beim Ausschalten der Zündung (als Ein- und Ausstiegshilfe).

Die gespeicherten Positionen können auch auf verschiedene Funkfernbedienungen bezogen sein. Dadurch stellen sich dem jeweiligen Schlüssel (Fahrer) entsprechend beim Entriegeln des Fahrzeuges automatisch die gespeicherten Positionen für Sitz, Spiegel und Lenkrad ein.

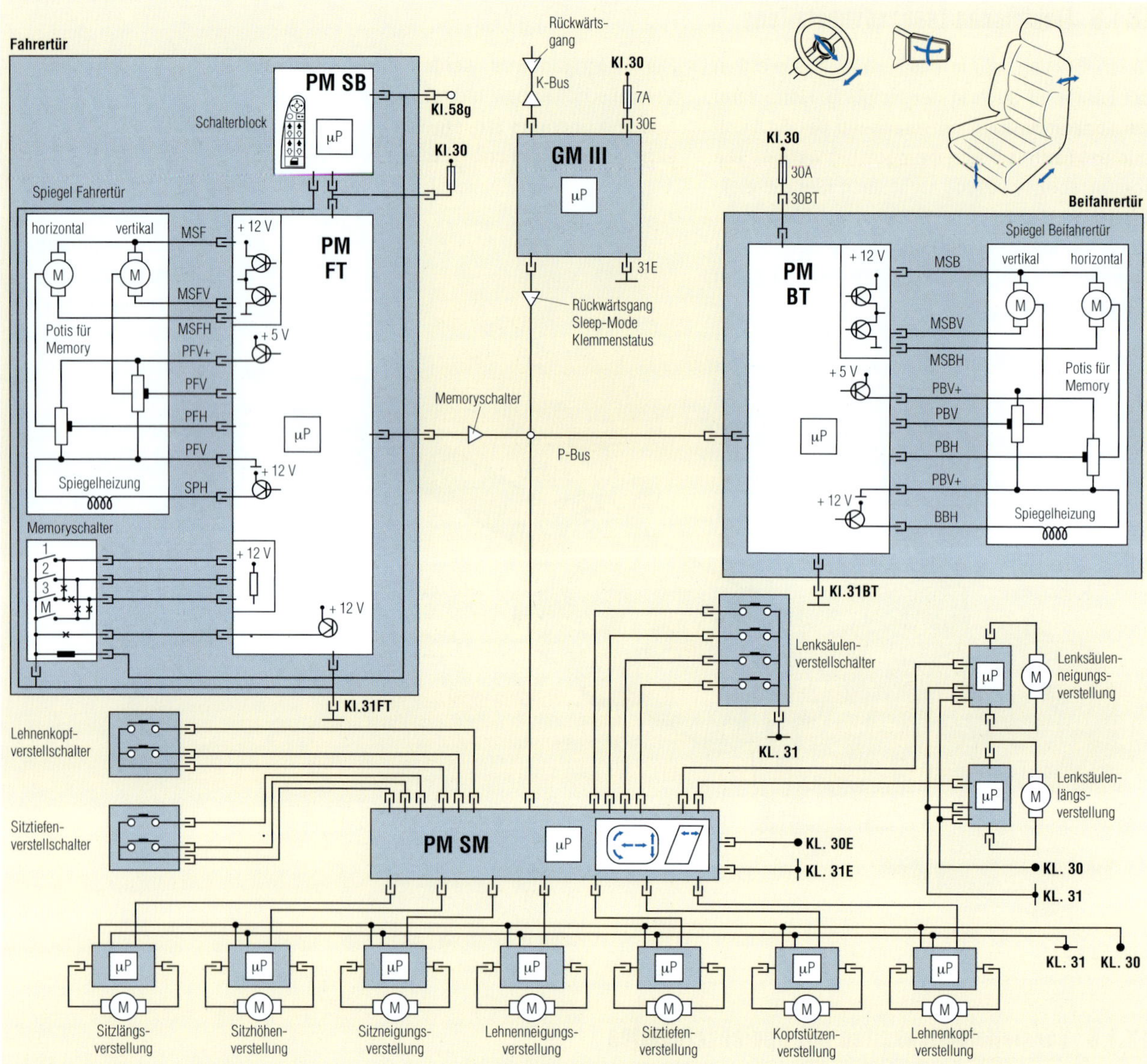

GM III: Grundmodul (3. Generation)

K-Bus: Karosserie-Bus
P-Bus: Peripherie-Bus

PM SB: Peripheriemodul Spiegelbetätigung
PM FT: Peripheriemodul Fahrertür
PM BT: Peripheriemodul Beifahrertür
PM SM: Peripheriemodul Sitzmemory

MSF: Motor Sitzverstellung Fahrer
MSB: Motor Sitzverstellung Beifahrer
MSFV: Motor Sitzverstellung Fahrer vertikal
MSBV: Motor Sitzverstellung Beifahrer vertikal
MSFH: Motor Sitzverstellung Fahrer horizontal
MSBH: Motor Sitzverstellung Beifahrer horizontal

31FT: Masse Fahrertür
31BT: Masse Beifahrertür

PFV: Potenziometer Fahrer vertikal
PBV: Potenziometer Beifahrer vertikal
PFH: Potenziometer Fahrer horizontal
PBH: Potenziometer Beifahrer horizontal

SPH: Spiegelheizung (Fahrerseite)
BBH: Spiegelheizung (Beifahrerseite)

Bild 624.1 Funktionsschaltplan Sitz-, Spiegel-, Lenkradverstellung.

13.2 Wegfahrsperre

13.2.1 Einführung des qualifizierten Diebstahlschutzes

Veranlasst durch den enormen Anstieg von Fahrzeugdiebstählen zwangen die Versicherungen die Fahrzeughersteller zur Einführung eines „qualifizierten Diebstahlschutzes". Darunter ist eine „selbstschärfende, elektronisch codierte Wegfahrsicherung mit Eingriff in eine betriebsrelevante Steuereinheit" (Versicherungsbedingungen) zu verstehen (Bild 625.1). Seit 1995 ist diese für Kraftfahrzeuge in der Erstausrüstung vorgeschrieben.

Durchgesetzt hat sich überwiegend die Lösung mit einem Transponder im Fahrzeugschlüssel. Aber auch andere Möglichkeiten werden in der Serienausstattung einiger Fahrzeugtypen angewendet. Die anfangs für eine Nachrüstung angebotenen Systeme, bei denen betriebsrelevante Stromkreise durch Relais unterbrochen wurden, sind heute nur noch vereinzelt in älteren Fahrzeugen zu finden.

Zusätzliche mechanische Maßnahmen (verstärkte Schließzylinder, Abschirmbleche usw.) sowie hohe Sicherheitsauflagen und eine genaue Dokumentation bei Bestellung und Lieferung von Bauteilen der Wegfahrsperre haben ebenso zu einer Abnahme der Fahrzeugdiebstähle beigetragen.

Transponder:
Kunstwort aus
transmitter (engl.)
= Sender und
responder (engl.)
= Antwortgeber

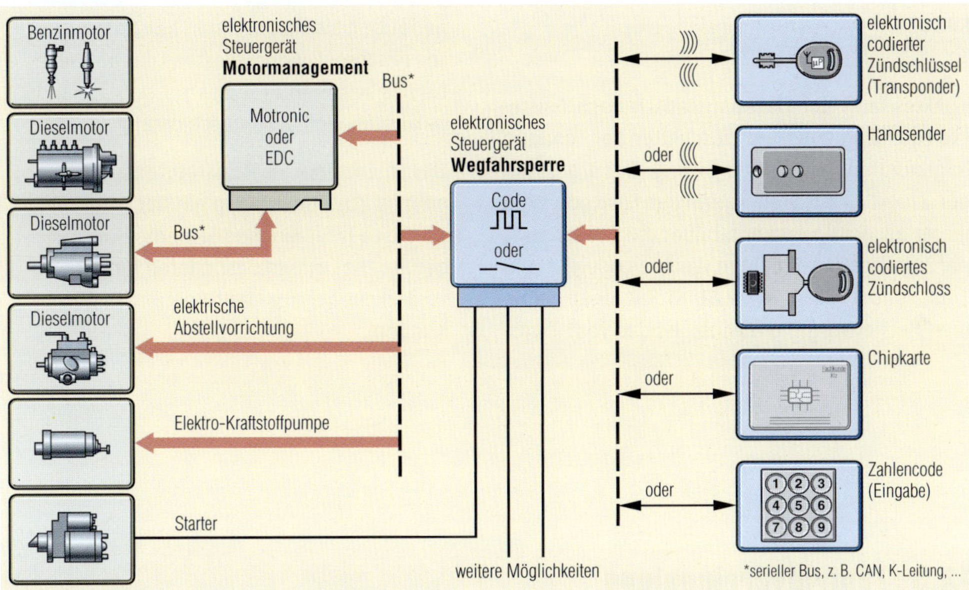

Bild 625.1 Systemübersicht der verschiedenen Wegfahrsperren.

13.2.2 Wegfahrsperre mit Transponder

Bei dem im Zündschlüssel integrierten Transponder handelt es sich um einen Mikrochip, der mit einem Festcode programmiert ist und einen freien Speicherplatz (EEPROM) für einen Wechselcode hat.

Weiterer Bestandteil des Systems ist eine Ringantenne (Lesespule) am Zündanlassschloss, über die die Daten vom Transponder gelesen werden. Gleichzeitig wird dabei der Transponder induktiv mit Energie versorgt. Das Steuergerät der Wegfahrsperre wertet die Informationen aus und gibt das entsprechende Motorsteuergerät bei gültigem Code frei.

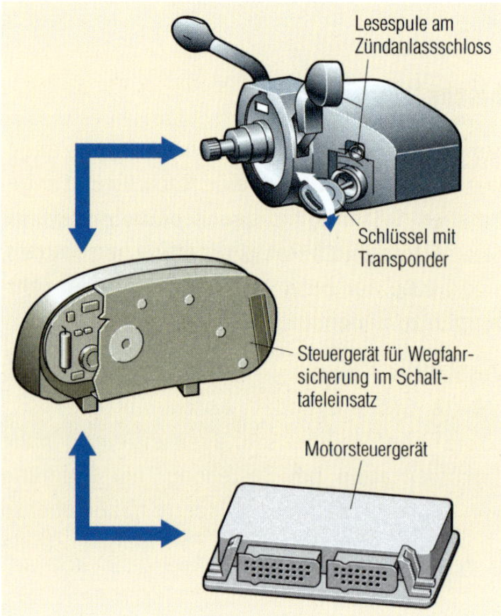

Bild 626.1 Systemzusammenhang einer Wegfahrsperre.

Konkret läuft der Datenaustausch nach Einstecken des Schlüssels und Einschalten der Zündung folgendermaßen ab (Bild 626.1): Der Transponder schickt an das Steuergerät den Festcode. Wird dieser als richtig erkannt, bildet das Steuergerät per Zufallsgenerator einen Wechselcode, der zum Transponder geschickt wird und dort einen geheimen Rechenvorgang auslöst. Ist das vom Transponder daraufhin ermittelte Ergebnis gleich mit dem im Steuergerät ermittelten Ergebnis, wird der Fahrzeugschlüssel als berechtigt anerkannt. Im Anschluss daran tauschen das Steuergerät der Wegfahrsperre und das Motorsteuergerät ebenfalls einen Wechselcode aus und das Fahrzeug kann bei Übereinstimmung gestartet werden. Die verschiedenen Datenübertragungen dauern nur einige Millisekunden, sodass der Fahrzeugnutzer keine Startverzögerung bemerkt. Da für den Wechselcode 10^{23} Kombinationen möglich sind und auch der Rechenvorgang geheim ist, ist ein Kopieren des Fahrzeugschlüssels bzw. Manipulationen durch Scannen praktisch nicht möglich.

Wenn Sie Komponenten oder das Steuergerät der Wegfahrsperre wechseln müssen, benötigen Sie immer einen herstellerspezifischen Diagnosetester. Dies gilt auch für das systeminterne Sperren von abhanden gekommenen Fahrzeugschlüsseln.

Dokumentieren Sie Reparaturen an Teilen oder im Zusammenhang mit der Wegfahrsperre zu Ihrer eigenen Sicherheit immer genau. Dies gilt im Besonderen für z. B. zusätzliche Schlüsselanforderungen durch Kunden.

13.3 Zentralverriegelung

Durch die Zentralverriegelung können gleichzeitig alle Fahrzeugtüren, die Heckklappe/Kofferraum und die Tankklappe von nur einer Bedienstelle aus entriegelt, verriegelt und gesichert werden. Die Betätigung der Zentralverriegelung kann über das Schließsystem der Fahrertür, aber je nach Fahrzeugtyp auch über das der Beifahrertür, der Heckklappe, durch einen Schalter im Fahrgastraum oder über eine Fernbedienung erfolgen. Die Stellelemente der Zentralverriegelung werden elektro-pneumatisch oder direkt durch Elektromotoren betätigt.

Die Zentralverriegelung kann auch mit anderen Systemen der Karosserie-/Komfortelektronik zusammengefasst sein und Zusatzfunktionen ermöglichen, z. B.:

- das Komfortöffnen, -schließen der Fenster und des Schiebedachs,
- die Funktion der Innenlichtsteuerung oder
- der Diebstahlwarnanlage.

13.3.1 Elektropneumatische Zentralverriegelung

Durch Mikroschalter (Wechsler) in den Schlössern bzw. einem Schalter im Fahrgastraum oder über ein Signal der Fernbedienung erhält die Steuereinheit die Impulse zum Entriegeln/Verriegeln. Dadurch läuft eine Bidruckpumpe an, die einen Unter- bzw. Überdruck erzeugt, der über Druckluftleitungen auf die Stellelemente wirkt (Bild 627.1).

Die Bidruckpumpe ist eine doppelt wirkende Flügelzellenpumpe, bei der durch Umpolung im Steuergerät die Saug- zur Druckseite werden kann und umgekehrt. Der so erzeugte Unter-/Überdruck wirkt auf die Membrane in der Unter-/Überdruckkammer des Stellelementes, wodurch die Zug- und Druckstange betätigt wird. Diese überträgt ihrerseits über ein Gestänge die Kraft auf das jeweilige Schloss. Ein in der Steuereinheit integrierter Druckschalter schaltet die Bidruckpumpe bei Erreichen eines Über-/Unterdruckes von ca. 0,5 bar ab.

Safespule. Da bei dieser Zentralverriegelung ein unbefugtes Öffnen einer Tür über die Sicherungsknöpfe ursprünglich relativ leicht möglich war, wurde sie durch elektromechanisch wirkende Safespulen mit einem Verriegelungsstift ergänzt. Bei einem Diebstahlversuch wird über den Mikroschalter im Stellelement ein Plussignal zur Steuereinheit geschaltet. Dadurch werden die Safespulen mit Strom versorgt und das entstehende Magnetfeld schiebt die Verriegelungsstifte in die Aussparung der Zug- und Druckstangen (= mechanisch blockiert). Gleichzeitig läuft auch die Bidruckpumpe an und wirkt der unbefugten Öffnung entgegen.

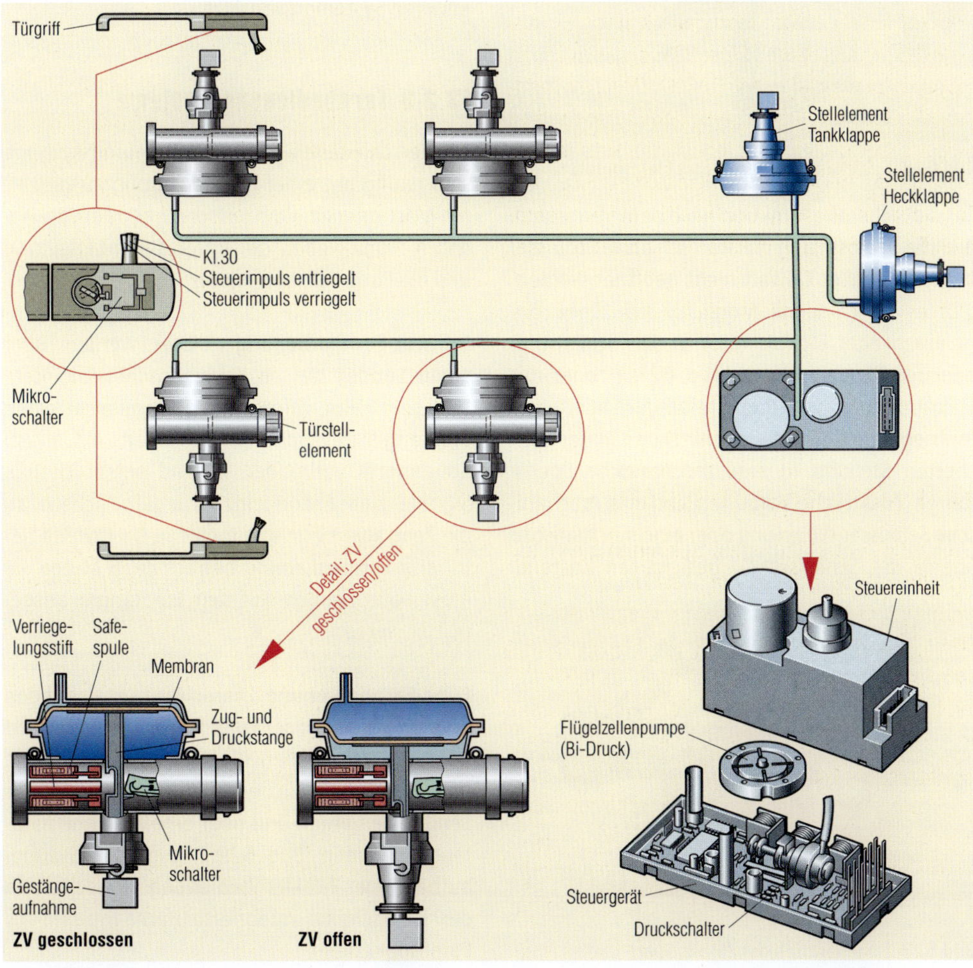

Bild 627.1 Zentralverriegelung mit pneumatischen Stellelementen.

13.3.2 Elektrische Zentralverriegelung

Bei der elektrischen Zentralverriegelung werden die verschiedenen Stellelemente direkt durch kleine Gleichstrom-Elektromotoren mit Untersetzungsgetriebe betätigt (Bild 628.1). Die zeitgeschaltete Stromversorgung erfolgt direkt durch das Steuergerät. Abhängig von der Stromflussrichtung drehen sich die Elektromotoren links- bzw. rechtsläufig und entriegeln oder verriegeln das jeweilige Schloss. Die Zentralverriegelungsfunktion wird durch eine Fernbedienung oder entsprechende Mikroschalter ausgelöst. Diese können in der Schlossmechanik oder in den Stellmotoren integriert sein.

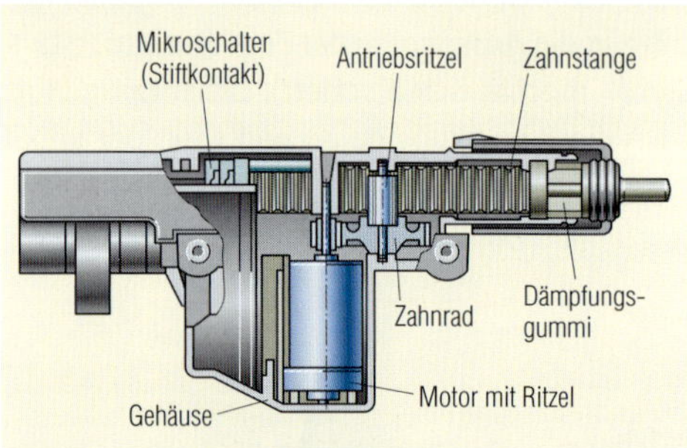

Bild 628.1 Stellantrieb der ZV mit Elektromotor.

Für die Sicherungsfunktion nach dem Verriegeln, d. h. das Schloss kann mechanisch ohne Schlüssel auch mit großer Gewalt nicht geöffnet werden, gibt es verschiedene Möglichkeiten. Entweder ist ein zweiter Elektromotor in den Stellantrieben der Türen verbaut (Bild 628.2) oder der Elektromotor kann drei Stellungen ansteuern (entriegelt, verriegelt, gesichert) und in der gesicherten Stellung in eine mechanische Sperre fahren. Zusätzliche Varianten sind eine mechanische Schlossentkopplung oder eine mechanische Sperre des Schlosses im gesicherten Zustand.

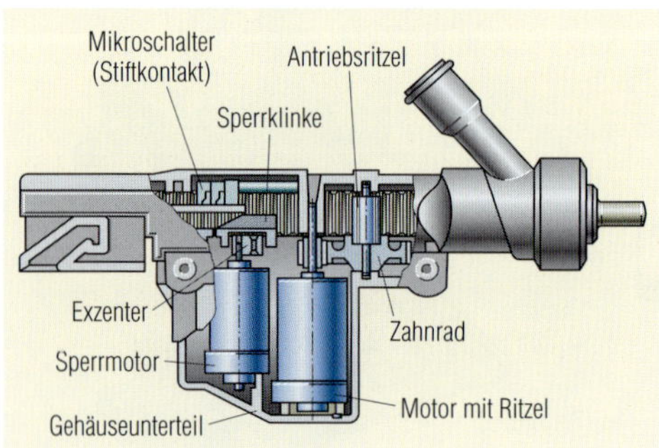

Bild 628.2 Stellantrieb der ZV mit Sperr- und Elektromotor.

Bei allen Varianten ist sichergestellt, dass eine mechanische Notentriegelung bei einem Batterieausfall zumindest über das Schloss der Fahrertür mit dem Fahrzeugschlüssel möglich ist.

Bild 629.1 zeigt den Systemaufbau einer Zentralverriegelung, die in einem Grundmodul integriert ist. Die Sicherungsfunktion wird durch einen zweiten Motor im Stellelement realisiert. Anstelle von Mikroschaltern werden Hallsensoren verwendet, die keinem mechanischen Verschleiß unterliegen und eine bessere Langzeitfunktion gewährleisten.

In dem Grundmodul sind neben der Zentralverriegelung auch die Innenlichtsteuerung, die Diebstahlwarnanlage, die Fernbedienung, die Fensterhebersteuerung, die Scheibenwischerfunktionen (inkl. Regensensor und Scheinwerferreinigung) und eine Verbraucherabschaltung zusammengefasst. Über ein Bussystem ist es mit anderen Systemen vernetzt.

13.3.3 Fernbedienungssysteme

Die verschiedenen Zentralverriegelungssysteme sind häufig mit einer Fernbedienung ausgestattet. Man unterscheidet entsprechend der verwendeten Signalwellen die Infrarot-Fernbedienung und die Funk-Fernbedienung.

Infrarot-Fernbedienung. Dabei werden über einen Sender, der im Fahrzeugschlüssel integriert sein kann, Infrarotwellensignale an einen Empfänger gesendet, der seinerseits mit einem Steuergerät verbunden ist und entsprechende Signale zum Entriegeln/Verriegeln/Sichern an die Zentralverriegelung gibt. Die Reichweite der Infrarot-Fernbedienung beträgt ca. 6 Meter. Sie muss beim Senden auf den Empfänger ausgerichtet werden.

Funk-Fernbedienung. Dieses Ausrichten auf den Empfänger ist bei der Funk-Fernbedienung nicht nötig, da Funkwellen eine größere Reichweite haben, unempfindlicher auf die Ausrichtung des Senders reagieren und über eine Antenne empfangen werden. Bild 629.2 zeigt den Systemaufbau einer Funkfernbedienung, bei der die in der Heckscheibe integrierte Radioantenne als Empfänger dient.

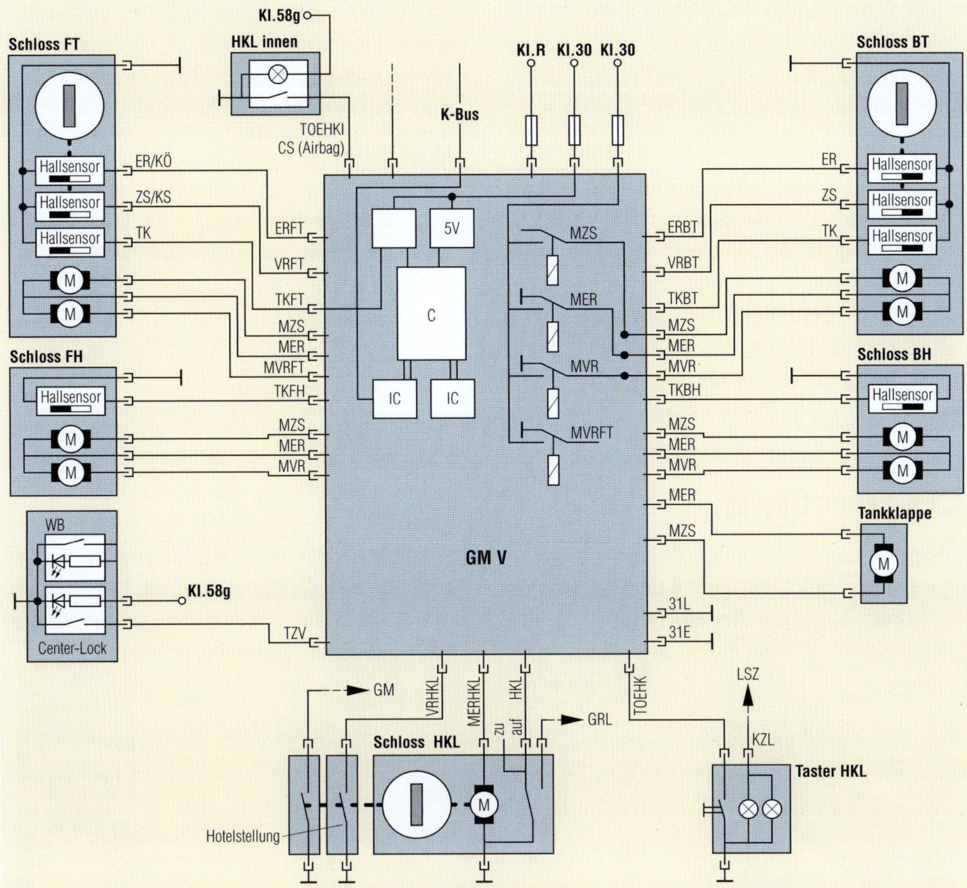

HKL:	Heckklappe	ERFT / ERBT:	Entriegeln Fahrer- / Beifahrertür	MZS:	Motor zentral sichern
FT / BT:	Fahrer-/Beifahrertür	VRFT / VRBT:	Verriegeln Fahrer- / Beifahrertür	MER:	Motor entriegeln
FH / BH:	FT / BT hinten	ER / KÖ:	Entriegeln / Komfortöffnen	MVR:	Motor verriegeln
WB:	Warnblinkschalter	ZS / KS:	Zentralsichern / Komfortschließen	TOEHK:	Taster öffnen Heckklappe
GRL:	Gepäckraumleuchte	TK:	Türkontakt	GM V:	Grundmodul (5. Generation)
KZL:	Kennzeichenleuchte	TKFT / TKBT:	Türkontakt Fahrer- / Beifahrertür	CS:	Crashsensor
LSZ:	Licht-Schaltzentrum				

Bild 629.1 Schaltbild Zentralverriegelung.

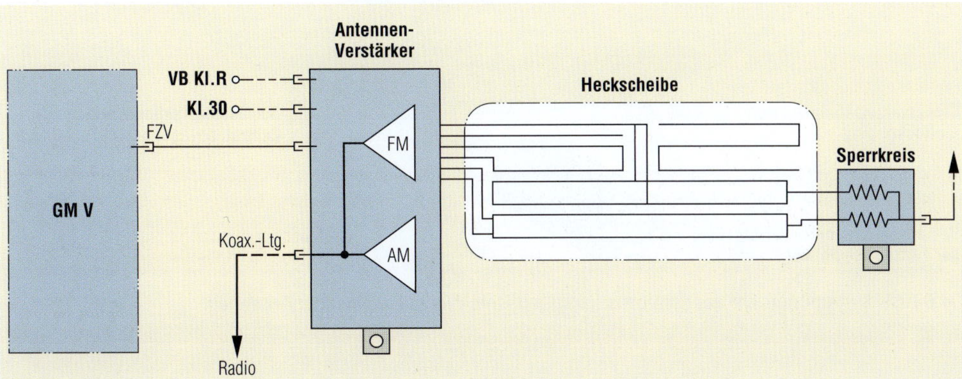

Bild 629.2 Funk-Fernbedienungsempfang über die Heckscheibe.

Bei der Funkfernbedienung können die Signale wie bei der Wegfahrsperre durch verschiedene Codes verschlüsselt werden, wodurch ein unbefugtes Abhören und Kopieren der Signale nicht möglich ist.

Der Sender der Fernbedienung muss mit Strom versorgt werden; dies geschieht häufig durch kleine im Sender installierte Knopfzellenbatterien. Mittlerweile gibt es im Fahrzeugschlüssel integrierte wiederaufladbare Akkus, die induktiv über die Ringantenne der Wegfahrsperre am Zündschloss geladen werden.

Kann die Zentralverriegelung über die Fernbedienung nur noch geöffnet, aber nicht mehr geschlossen werden, weist dies auf eine fast leere Batterie (bzw. Akku) hin.

Muss die Batterie getauscht werden, sollte der Batteriewechsel weniger als eine Minute dauern, damit die gespeicherten Daten nicht verloren gehen und keine neue Initialisierung notwendig ist.

13.3.4 Komfortzugang

keyless go, keyless entry (engl.) = schlüsselloser Zugang/Eintritt

advanced key (engl.) = fortschrittlicher, weiterentwickelter Schlüssel

Der Komfortzugang ermöglicht den Fahrzeugzugang (Entriegeln/Verriegeln) und das Starten des Motors ohne die direkte Betätigung des Fahrzeugschlüssels oder einer Fernbedienung. Es handelt sich um eine Erweiterung der Zentralverriegelung und Wegfahrsicherung. Der Komfortzugang wird häufig auch als keyless go, keyless entry oder advanced key bezeichnet.

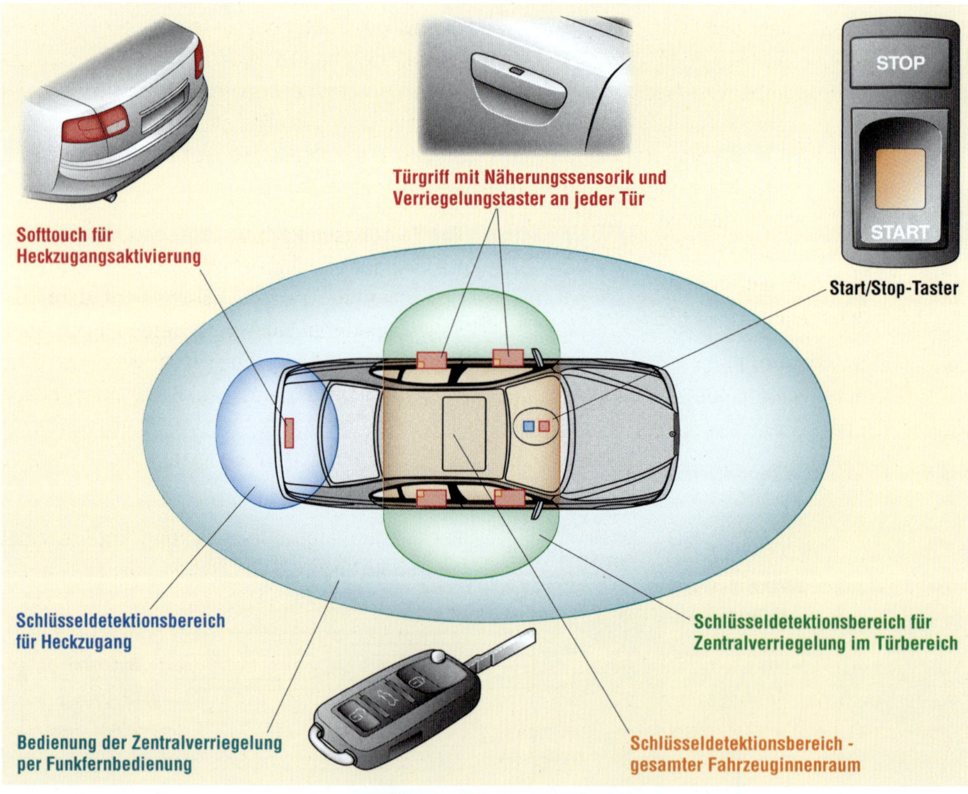

Detektionsbereich → S. 634

Bild 630.1 Systemübersicht des Komfortzugangs mit Detektionsbereichen der Antennen.

Die Berechtigung des Nutzers wird durch induktive Codeabfragen über verschiedene Antennen erkannt (Bild 630.1). Dazu muss der Nutzer den Fahrzeugschlüssel oder eine spezielle Chipkarte bei sich tragen. Neben der Berechtigung erkennt das System über die verschiedenen Antennen auch die Position des Nutzers (am/im Fahrzeug), wodurch bestimmte Funktionen freigegeben werden.

In allen Türaußengriffen befindet sich neben der Antenne auch ein kapazitiver Sensor. Dieser ändert seine Kapazität, sobald sich eine Hand dem Türgriff nähert bzw. berührt. Dadurch werden die induktiven Codeabfragen gestartet. Ein Verriegelungstaster ist ebenfalls Bestandteil von jedem Türgriff.

Die gegenüber herkömmlichen Systemen abweichenden Bedienungen und Funktionen können beim Kunden eventuell den Eindruck hinterlassen, dass einige Systeme nicht richtig funktionieren. Vor einer Fehlersuche sollten Sie das Wissen und die Nutzungsgewohnheiten des Kunden höflich und diskret abfragen.

13.4 Diebstahlwarnanlage

Eine Diebstahlwarnanlage (DWA) soll den Diebstahl eines Fahrzeuges bzw. von Bauteilen und Gegenständen, die sich im Fahrzeug befinden, durch optischen und akustischen Alarm erschweren. Dabei können durch eine DWA alle Türen, die Motorhaube und Heckklappe, Fahrzeugbewegungen, der gesamte Innenraum, die Fahrzeugräder, sowie Manipulationen an der Fahrzeugbatterie, dem Signalhorn und der Zündung überwacht werden. Das System darf jedoch keinen Fehlalarm auslösen, z. B. bei Karosseriebewegungen durch vorbeifahrende Fahrzeuge oder Windböen, einer Fliege im Innenraum usw.

Bei einem unbefugten Eingriff erfolgt der akustische Alarm (30 s) durch unterbrochene Schallsignale (Hupen) über das Fahrzeugsignalhorn oder ein zusätzliches Signalhorn. Der optische Alarm erfolgt durch Blinksignale der Fahrtrichtungsanzeiger (max. 5 min) oder Blinken des Abblendlichtes (30 s) und evtl. die eingeschaltete Innenraumbeleuchtung. Die Alarmsignale sind abhängig von Ländervorschriften.

Ein- und ausgeschaltet wird die Diebstahlwarnanlage durch das Schließsystem, meist in Verbindung mit der Zentralverriegelung und/oder der Fernbedienung. Angezeigt wird der Zustand der DWA durch eine gut sichtbare LED, die bei „geschärfter" Anlage blinkt.

Überwachungsfunktion der DWA (Bild 632.1). Die Fahrzeugtüren, die Motorhaube und die Heckklappe werden über die Türkontaktschalter, bzw. Mikroschalter oder seltener über Hallsensoren überwacht, die auch für die Innenraumbeleuchtung und Zentralverriegelung verwendet werden. Durch zusätzliche Mikroschalter können auch Audiogeräte oder das Handschuhfach abgesichert sein.

Ein Neigungsgeber bzw. Lagesensor stellt einen Rad- und Abschleppschutz dar. Die Ausgangslage und Abweichungen bei Lageveränderungen von festgelegten Sollwerten werden durch einen integrierten Mikroprozessor ausgewertet und dem DWA-Steuergerät gemeldet. Die Funktion des Neigungsgebers kann auch ausgeschaltet werden, z. B. für Duplexgaragen, Autoreisezüge usw.

Bei der Innenraumüberwachung unterscheidet man einen Infrarot-, Ultraschall- oder Funkinnenraumschutz. Die von einem Sender ausgehenden Wellen (Infrarot, Ultraschall oder Funk) werden vom Innenraum reflektiert und von einem Empfänger ausgewertet (Bild 632.2). Dadurch werden Bewegungen im Innenraum oder das Einschlagen von Scheiben erkannt und über die DWA Alarm ausgelöst. Die Innenraumüberwachung kann ebenfalls – meist zusammen mit dem Neigungsgeber – ausgeschaltet werden, wenn z. B. Tiere im Fahrzeug bleiben.

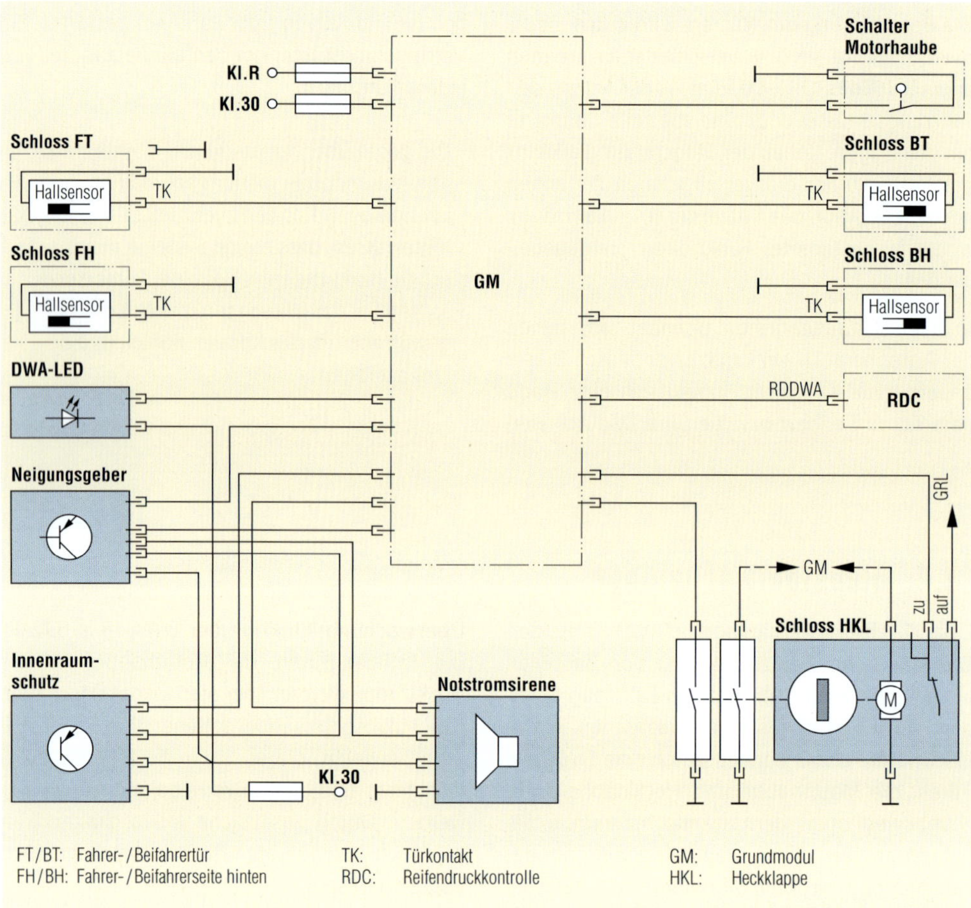

Bild 632.1 Schaltbild einer Diebstahlwarnanlage.

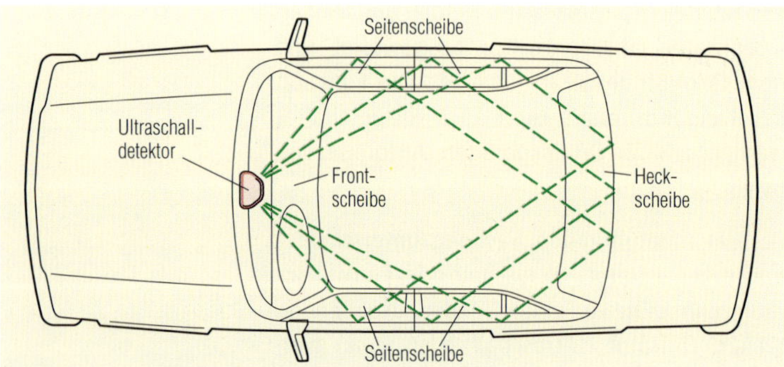

Bild 632.2 Ultraschallfeld im Fahrzeuginnenraum.

Ein gewisser Innenraumschutz kann auch über Glasbruchsensoren erreicht werden. Dabei befinden sich in den Seitenscheiben Leiterschleifen. Bei der Heckscheibe bedient man sich der Drähte der Heckscheibenheizung. Unterbrechungen der Leiterschleifen bzw. Heizdrähte durch Einschlagen der Scheiben führen zu einer Alarmauslösung.

Die Überwachungsfunktion der DWA kann auch eine Reifendruckkontrolle beinhalten. Sensoren in den Rädern melden über Funkwellen den Reifendruck. Dadurch kann ein plötzlicher Druckverlust durch Luftablassen oder Reifenstechen erkannt werden und zu einer Alarmauslösung führen.

13.5 Fahrgeschwindigkeitsregelung

13.5.1 Konventionelle Fahrgeschwindigkeitsregelung

Die Fahrgeschwindigkeitsregelung (Tempomat) hält automatisch, ohne Eingriffe des Fahrers, eine gewählte Geschwindigkeit. Ein Steuergerät vergleicht dazu stets die eingestellte (Wunsch-) Geschwindigkeit (Soll) mit der aktuell gefahrenen Geschwindigkeit (Ist). Bei Abweichungen wird die Ist-Geschwindigkeit über Stellelemente entsprechend nachgeregelt.

Die Geschwindigkeit kann über einen Lenkstockhebel/Bedienschalter oder über Tasten in einem Multifunktionslenkrad gewählt und eingestellt werden. Die Bedienmöglichkeiten sind:
- übernehmen/setzen der aktuellen Geschwindigkeit,
- beschleunigen/verzögern der aktuellen Geschwindigkeit,
- erhöhen/verringern der Wunschgeschwindigkeit,
- wiederaufrufen/aktivieren einer eingestellten Geschwindigkeit und
- abschalten der Fahrgeschwindigkeitsregelung.

Die Fahrgeschwindigkeitsregelung kann ein eigenständiges System sein oder sie ist in anderen Steuergeräten oder Systemen untergebracht. Bei aktuellen Fahrzeugen mit Dieselmotor ist die Funktion der Fahrgeschwindigkeitsregelung immer in der elektronischen Motorsteuerung integriert. Die Fahrgeschwindigkeit wird dabei über die Einspritzmenge geregelt.

Bei Fahrzeugen mit Ottomotor, die über eine elektronische Drosselklappenbetätigung (E-Gas) verfügen, ist die Fahrgeschwindigkeitsregelung ebenfalls in der elektronischen Motorsteuerung integriert. Die Fahrgeschwindigkeit wird dabei über die elektronische Drosselklappenbetätigung geregelt.

Bei allen anderen Fahrzeugen benötigt die Fahrgeschwindigkeitsregelung ein eigenes Stellelement. Dieses betätigt die Drosselklappe über einen Elektromotor und Seilzug bzw. Gestänge oder – selten – pneumatisch.

Bild 633.1 zeigt den Aufbau eines Drosselklappenstellelements mit Elektromotor. Dieser wird direkt vom Steuergerät mit Strom versorgt und damit die Stellung des Betätigungsarmes entsprechend geregelt. Die Position des Stellmotors wird durch ein Potenziometer erfasst und zurückgemeldet.

Die elektromagnetische Sicherheitskupplung im Stellmotor wird nur bei aktiver Fahrgeschwindigkeitsregelung vom Steuergerät mit Strom versorgt. Bei Fehlfunktionen, aber auch beim Ausschalten der Fahrgeschwindigkeitsregelung, wird damit die Drosselklappe vom Stellmotor entkoppelt – schneller, als der Stellmotor zurückgefahren werden könnte. Die Fahrgeschwindigkeitsregelung wird auch bei Betätigung der Bremse, der Kupplung und des Wählhebels ausgeschaltet.

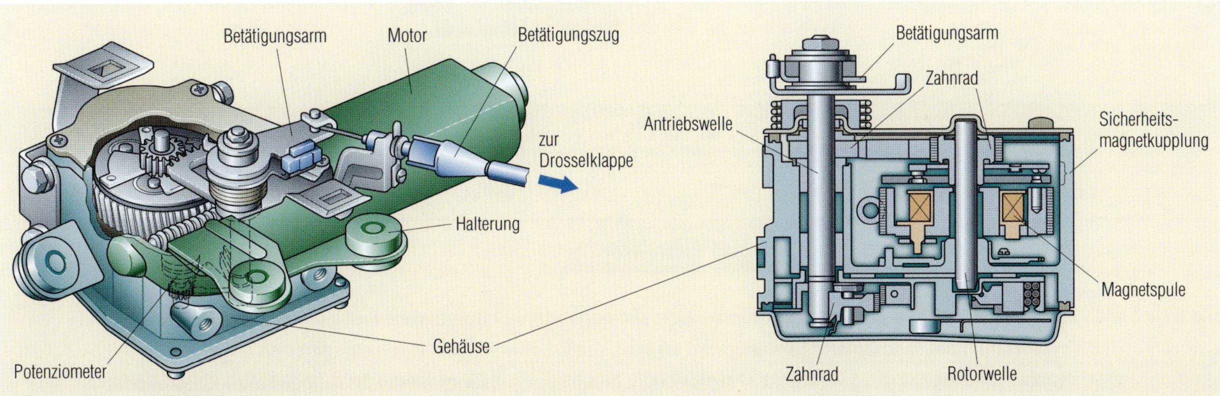

Bild 633.1 Drosselklappenstellelement.

13.5.2 Adaptive Fahrgeschwindigkeitsregelung

ACC: Adaptive Cruise Control (engl.) = angepasste Fahrgeschwindigkeit

detection (engl.) = Entdeckung, Aufdeckung, Nachweis

Die adaptive Fahrgeschwindigkeitsregelung ist die Erweiterung der konventionellen Fahrgeschwindigkeitsregelung um eine Abstandsregelung. Durch einen Radarsensor (ACC-Sensor, Bild 634.1), in dem sich auch die Regelelektronik befindet, werden Sichtweite und Abstand zu einem vorausfahrenden Fahrzeug erfasst und – wenn nötig – die gefahrene Geschwindigkeit und der notwendige Abstand angepasst.

Befindet sich im sogenannten Detektionsbereich des Radarsensors kein vorausfahrendes Fahrzeug, wird die gewählte Geschwindigkeit gehalten (Bild 634.2a). Durch die adaptive Fahrgeschwindigkeitsregelung kann das Fahrzeug bei Bedarf selbsttätig beschleunigt oder verzögert werden. (Bild 634.2b und c).

Dies ist nur im Zusammenspiel mehrerer Systeme möglich. Die adaptive Fahrgeschwindigkeitsregelung ist dazu mit der Motorsteuerung (mit E-Gas) sowie dem Fahrdynamik- und Getriebesteuergerät vernetzt.

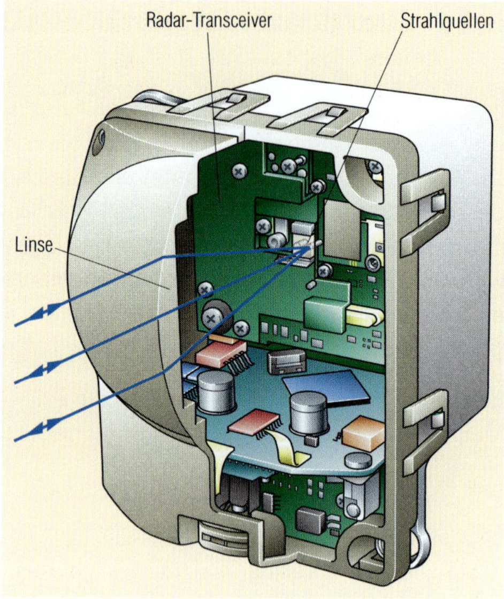

Bild 634.1 ACC-Sensor.

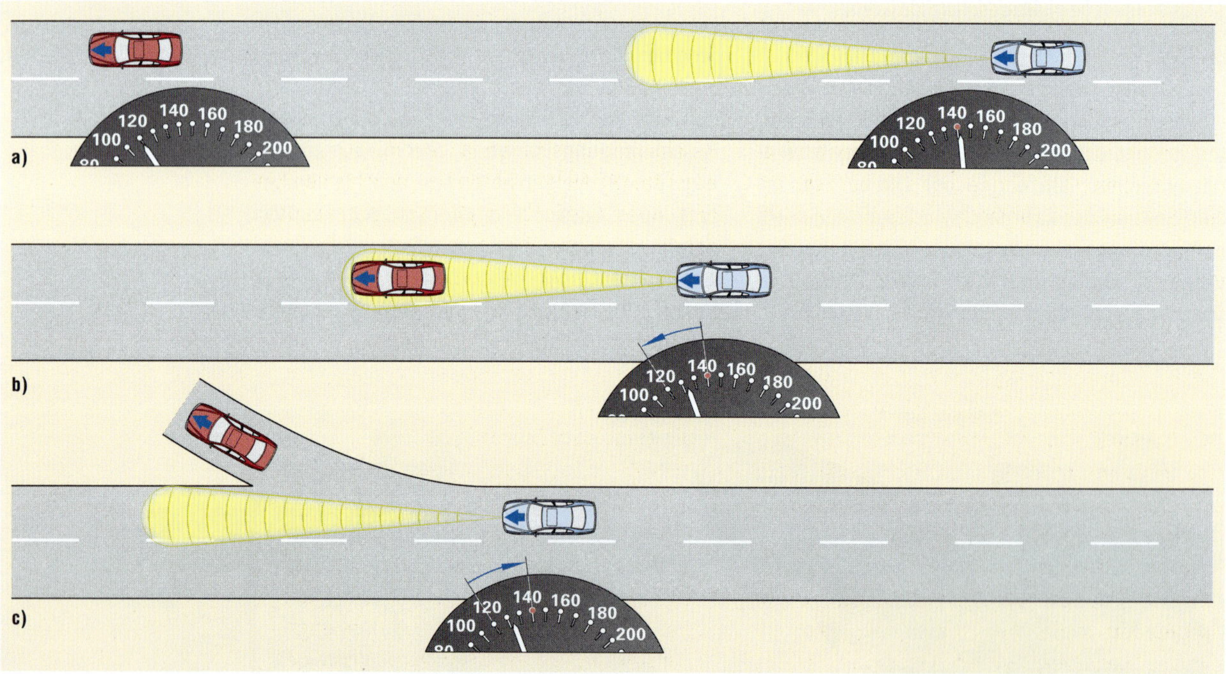

Bild 634.2 a) Es befindet sich kein Fahrzeug im Detektionsbereich. Die gewählte Geschwindigkeit wird gehalten.
b) Ein vorausfahrendes, langsameres Fahrzeug wird erkannt. Die Geschwindigkeit wird verringert und angepasst.
c) Das vorausfahrende Fahrzeug verlässt die Fahrspur oder beschleunigt. Es wird wieder bis zur gewählten Geschwindigkeit beschleunigt und diese anschließend gehalten.

Die Bedienung erfolgt über einen Lenkstockhebel oder die Tasten eines Multifunktionslenkrades. Zusätzlich kann der gewünschte Abstand über ein Rändelrad oder Tasten eingestellt werden. Er liegt immer über dem gesetzlich vorgeschriebenen Mindestabstand.

Die adaptive Fahrgeschwindigkeitsregelung besitzt wegen der sehr hohen Anforderungen an die Systemsicherheit eine ausgereifte Überwachungselektronik. Auftretende Fehler werden immer erkannt und im Fehlerspeicher abgelegt. Je nach Bedeutung für die Funktions- und Verkehrssicherheit wird die adaptive Fahrgeschwindigkeitsregelung entweder sofort abgeschaltet, nach einer Bremsung abgeschaltet oder uneingeschränkt fortgeführt.

Eine Besonderheit der adaptiven Fahrgeschwindigkeitsregelung ist, dass nach Zündung aus/ein die Funktion wieder uneingeschränkt verfügbar ist, wenn der erkannte Fehler momentan nicht vorhanden ist. Lediglich bei einem verstellten Radarsensor muss nach der Einstellung die Funktion erst wieder durch einen Diagnosecomputer freigeschaltet werden.

Einstellung des Radarsensors. Die richtige Einstellung ist eine fundamentale Voraussetzung für die korrekte Funktion des Systems. Die Einstellung muss vorgenommen werden nach einem Tausch des Sensors/Steuergerätes, bei Veränderungen der Einstellung oder Tausch von Komponenten am Fahrwerk und natürlich nach einem Unfall. Die Einstellung des ACC-Sensors erfolgt ähnlich der Scheinwerfereinstellung durch zwei Stellschrauben und wird horizontal parallel zur Fahrachse und vertikal mit einer Neigung von einem Grad justiert.

13.5.3 Adaptive Fahrgeschwindigkeitsregelung mit „stop and go"-Funktion

Eine Erweiterung bzw. Weiterentwicklung der adaptiven Fahrgeschwindigkeitsregelung ist die adaptive Fahrgeschwindigkeitsregelung mit „stop and go"-Funktion. Dabei kann die Wunschgeschwindigkeit ebenfalls zwischen ca. 30 und 180 km/h eingestellt werden. Die Fahrgeschwindigkeitsregelung erfolgt jedoch z. B. bei Stau bis zum Stillstand des Fahrzeuges und mit anschließendem wieder selbsttätigem Anfahren. Die dafür notwendige Systemvernetzung zeigt Bild 636.1.

Die adaptive Fahrgeschwindigkeitsregelung muss für die „stop and go"-Funktion neben dem ACC-Sensor (1) für den Fernbereich um zwei weitere Radarsensoren für den Nahbereich (2/3) ergänzt werden. Wegen der erhöhten Anforderungen an Funktion, Sicherheit, Rechnerleistung und Datenaustausch erfolgt die Regelung (Erfassung der Eingangssignale, Berechnungen und Steuerung der Ausgangssignale) über ein eigenes Steuergerät (4). Im Steuergerät bilden die Wünsche/Eingaben des Fahrers über das Schaltzentrum Lenksäule (5) die Grundlage für die Regelung. Die Rückmeldungen erhält der Fahrer über die verschiedenen Anzeigen im Kombiinstrument (6). Über das Steuergerät der Fahrdynamikregelung (7) erfolgt der Bremseneingriff zur Verzögerung des Fahrzeuges. Die Kommunikation verläuft dabei in beide Richtungen, ebenso wie bei den Geschwindigkeits- und Beschleunigungsvorgaben an die Antriebsteuergeräte (8). Neben diesen hauptsächlichen Ein- und Ausgangssignalen benötigt die adaptive Fahrgeschwindigkeitsregelung mit „stop and go"-Funktion noch weitere Ein- und Ausgangssignale (9):

- den Klemmenstatus, z. B. „Motor läuft",
- den Lenkwinkel zur Vorausberechnung der Fahrspur,
- die eingelegte Fahrstufe,
- die GPS-Position und Navigationsdaten für die Erkennung des Straßentyps bzw. einzelner Straßenabschnitte,
- den Fahrertürkontakt, den Gurtschlosskontakt und das Signal der Sitzbelegungserkennung (falls der Fahrer während eines Regelungsvorgangs mit Fahrzeugstillstand aussteigen würde, erhielte er über die Warnblinkanlage und Hupe eine Warnung; die Regelung würde abgeschaltet werden und damit ein automatisches Anfahren unterbunden).

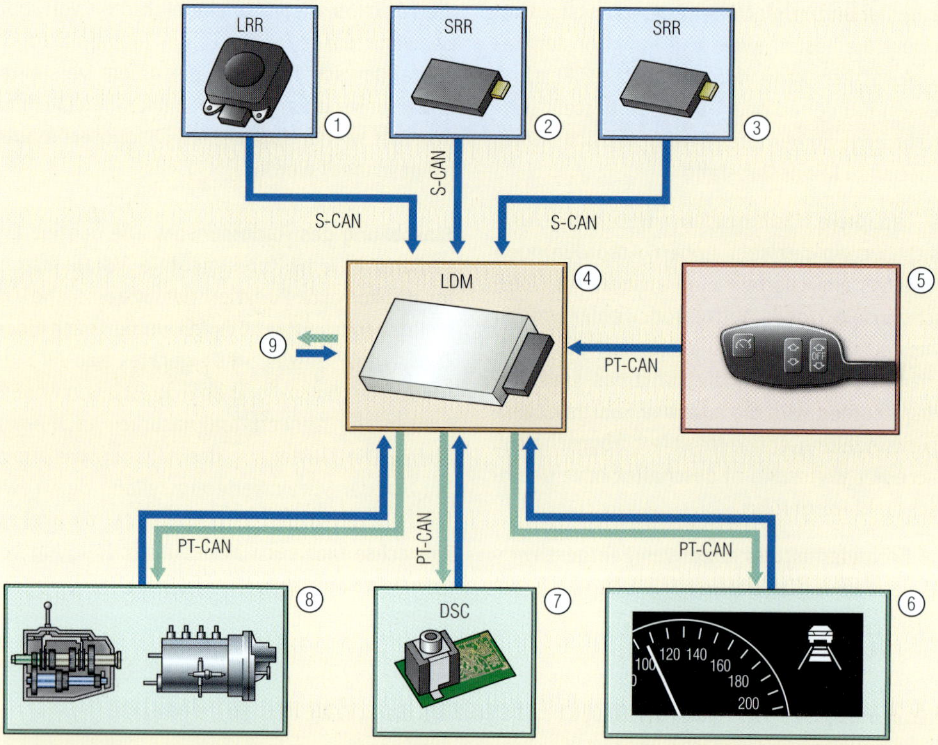

1. LRR, long range radar, Fernbereichssensor (Erfassungswinkel zur Fahrzeugachse horizontal +/– 8°; vertikal ca. 4°; Reichweite bis ca. 150 m)
2./3. SRR, short range radar, Nahbereichssensor (Erfassungswinkel zur Fahrzeugachse horizontal +/– 40°; vertikal ca. 20°; Reichweite bis ca. 20 m)
4. LDM, Längsdynamikmodul, Steuergerät der adaptiven Fahrgeschwindigkeitsregelung mit „stop and go"-Funktion
5. Bedienhebel, der über das Schaltzentrum an der Lenksäule vernetzt ist
6. Instrumentenkombination
7. DSC-Modul, Steuergerät Fahrdynamikregelung
8. Motor und Getriebesteuerung
9. weitere Ein- und Ausgangssignale

Bild 636.1 Systemvernetzung der adaptiven Fahrgeschwindigkeitsregelung mit „stop and go"-Funktion.

Wichtige Hinweise zu Funktion und Funktionseinschränkungen:

- Stehende Hindernisse, wie Straßenschilder, Bäume oder auch Fahrzeuge, die sich seit der Erfassung durch die Radarsensoren nicht bewegten, werden für die Berechnungen zur Regelung ausgeschlossen.
- Nach einem längeren Stillstand des Fahrzeuges während einer Regelung muss das „Wiederanfahren" erst durch den Fahrer quittiert werden.
- Das System kann nicht aktiviert werden im Stillstand, bei einer Bremsung oder während einer aktiven Fahrdynamikregelung.
- Anfahren mit beispielsweise einem schweren Anhänger an einer starken Steigung oder eine Notbremsung mit voller Verzögerung liegen außerhalb des definierten Betriebsbereiches. Dies wird dem Kunden angezeigt.
- Störungen durch fremde Radarquellen führen zur Abschaltung des Systems und es erfolgt ein Fehlerspeichereintrag.

Starker Regen, Schmutz, Schnee oder Eis können die Funktion der adaptiven Fahrgeschwindigkeitsregelung stören und führen im Extremfall zu einer Abschaltung der Regelung. Dies wird dem Kunden angezeigt, es erfolgt jedoch kein Fehlerspeichereintrag.

Bei einer Fehlersuche sollten Sie wegen der starken Vernetzung mit anderen Systemen auch diese prüfen. Der Kunde muss ebenfalls detailliert befragt werden.

13.6 Head-up-Display

Durch das Head-up-Display können ausgewählte Informationen aus den Fahrerinformationssystemen direkt in das Sichtfeld des Fahrers projiziert werden (Bild 637.1).

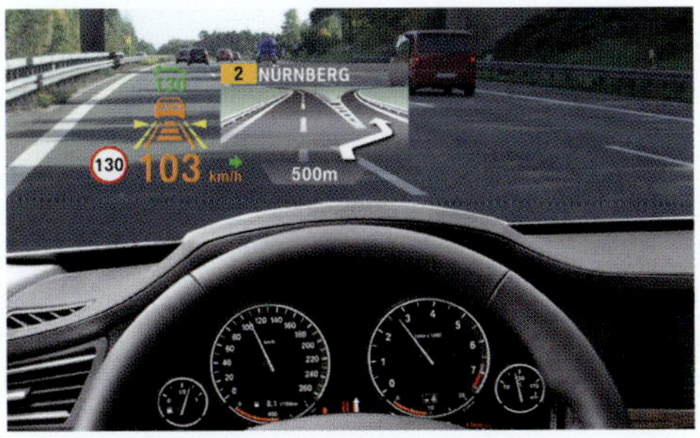

Bild 637.1 Anzeige des Head-up-Displays.

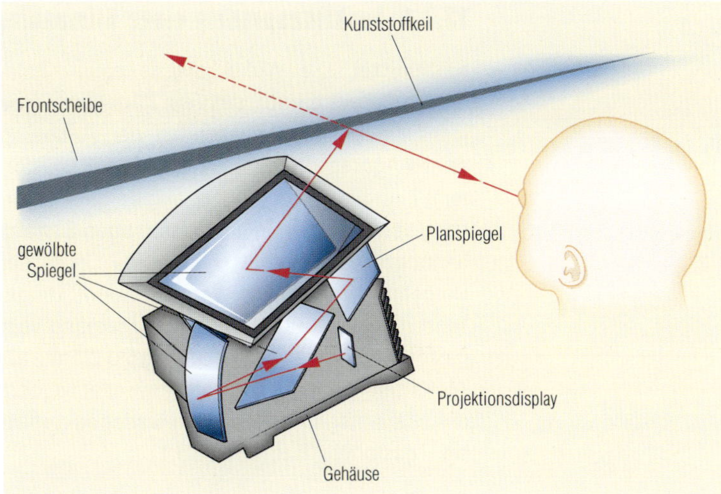

Bild 637.2 Aufbau des Head-up-Displays.

Im Einzelnen sind dies:
- die Ist-Geschwindigkeit,
- Geschwindigkeitsbegrenzungen,
- Richtungshinweise des Navigationssystems,
- Statusmeldungen der Fahrgeschwindigkeitsregelung,
- Funktionsstörungen aus der Fahrzeugüberwachung,
- Warnungen bei Verlassen der Fahrspur.

Ähnlich einem Projektor werden die in einem TFT-Projektionsdisplay erzeugten Abbildungen über mehrere Spiegel auf die Frontscheibe projiziert (Bild 637.2). Die nur für den Fahrer sichtbare Darstellung ist ca. 20 cm auf 10 cm groß und erscheint ca. 2,20 m vom Auge entfernt auf der Fahrbahn frei schwebend. Helligkeitsunterschiede (Tag, Nacht, Sonne, Regen) werden durch die Signale des Regen- und Lichtsensors automatisch angepasst. Die gewünschte Helligkeit kann auch manuell durch den Fahrer verändert werden.

Beachten Sie bei einem Frontscheibenaustausch: Es können nur spezielle Frontscheiben verwendet werden, die einen Kunststoffkeil zwischen innerer und äußerer Glasscheibe haben (Bild 637.2). Ansonsten könnte es zu unerwünschten Spiegelungen kommen. Außerdem muss das Projektionsdisplay mit einer speziellen Lehre exakt ausgerichtet werden, damit keine Bildverzerrungen auftreten.

Fehler oder Bildverzerrungen können auch auftreten, wenn sich der Kopf des Fahrers nicht innerhalb eines bestimmten Bewegungsraumes (Eyebox) befindet.

Head-up (engl.) = Kopf hoch

TFT: Thin Film Transistor (engl.) = Dünnschichttransistor (auf dem Flüssigkristallbildschirme basieren)

13.7 Heizungs- und Klimaregelung

Mithilfe der Heizungs- und Klimaregelung soll im Fahrgastinnenraum eine gewählte Temperatur schnell erreicht und konstant gehalten werden. Die angesaugte Außenluft muss dazu aufgeheizt oder abgekühlt werden und die Verteilung der Luft soll eine angenehme Temperaturschichtung ergeben (warme Füße, kühler Kopf). Außerdem soll die Luft gereinigt und die Luftfeuchtigkeit verringert werden.

Die Heiz- und Klimaregelung verarbeitet dazu mehrere Eingangssignale und kann ausgangsseitig verschiedene Stellmotoren für die Luftverteilung, zwei Wasserventile für die Heizung, den Klimakompressor für die Kühlung und das Gebläse ansteuern.

13.7.1 Funktionsprinzip einer Klimaanlage

Kältemittel. Die Wirkungsweise einer Klimaanlage beruht darauf, dass ein Kältemittel (wie jedes chemische Element) bei der Änderung seines Aggregatzustandes (fest, flüssig, gasförmig) Energie aufnimmt bzw. abgibt. Beim Übergang vom flüssigen in den gasförmigen Zustand benötigt das Kältemittel Energie, die es der Umgebung in Form von Wärme entzieht. Umgekehrt gibt das Kältemittel beim Übergang vom gasförmigen in den flüssigen Zustand Wärme ab. Als Kältemittel muss ein Stoff verwendet werden, der einen möglichst niedrigen Siedepunkt (flüssig – gasförmig) hat (Bild 638.1).

Der Siedepunkt kann durch Druckeinwirkung verändert werden; gleichzeitig findet eine Erwärmung statt. Das verwendete Kältemittel R 134a (Tetrafluorethan) hat seinen Siedepunkt bei ca. – 26 °C bei atmosphärischem Druck. Bei 15 bar Überdruck liegt der Siedepunkt bereits bei ca. 55 °C.

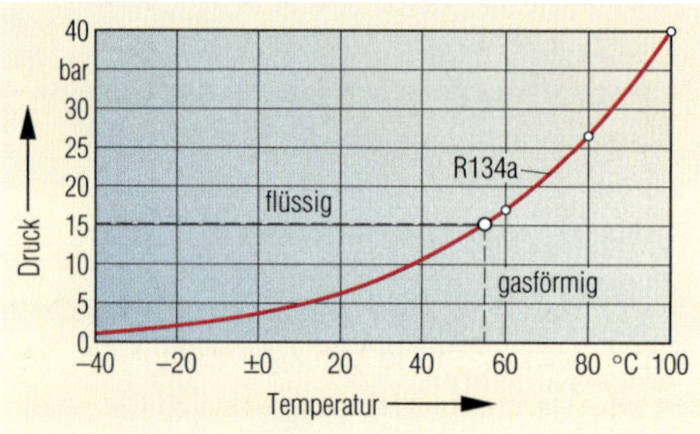

Bild 638.1 Siedepunktkurve R 134a.

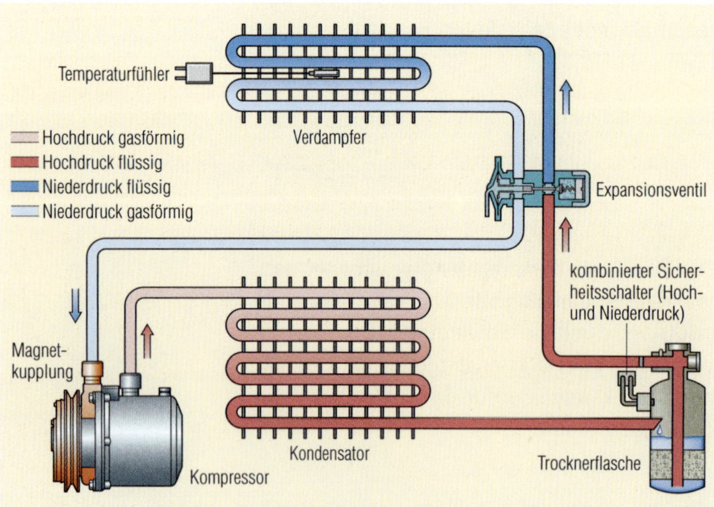

Bild 638.2 Kältemittelkreislauf in einer Klimaanlage.

Kältemittelkreislauf (Bild 638.2). Der vom Motor über eine Magnetkupplung angetriebene Kompressor saugt das gasförmige Kältemittel an und verdichtet es auf ca. 15 bar. Die Temperatur des unter Druck stehenden Kältemitteldampfes steigt dabei auf ca. 70 °C an. Durch den Kondensator kann es diese erhöhte Temperatur an die Umgebungsluft abgeben. Beim Abkühlen wird das unter Druck stehende Kältemittel flüssig, da der Siedepunkt bei einem Druck von 15 bar bei ca. 55 °C liegt. Das flüssige Kältemittel gelangt in die Trocknerflasche/den Kältemittelsammler, wo es durch Filter gereinigt und ihm Wasser entzogen wird. Beim Überschreiten des Öffnungsdruckes kann das Kältemittel durch das Expansionsventil aus der Hochdruckseite in den Niederdruckbereich gelangen. Dabei sinkt der Siedepunkt durch den geringeren Druck ab und das flüssige Kältemittel wird gasförmig. Im Verdampfer entzieht es der Umgebungsluft dabei Wärme und die durch das Gebläse an den Kühlrippen des Verdampfers vorbeigeleitete Außenluft wird abgekühlt. Die Feuchtigkeit der Außenluft kondensiert durch die Abkühlung am Verdampfer, wodurch die Luftfeuchtigkeit verringert wird und in der Feuchtigkeit gebundene Schmutzpartikel ausgeschieden werden. Das Kondenswasser wird über Abläufe ins Freie geleitet.

Ein Absinken der Temperatur am Verdampfer unter 2 °C würde zur Vereisung führen. Um dies zu verhindern, ist am Verdampfer ein Temperaturfühler angebracht, durch dessen Signal das Steuergerät die Magnetkupplung am Kompressor trennt und damit den Kreislauf unterbricht. Mit dem Kältemittel ist gleichzeitig ein Kälteöl zur Schmierung des Kompressors und des Expansionsventils im Umlauf. Aus Sicherheitsgründen kann die Stromversorgung der Magnetkupplung zusätzlich durch einen Nieder- und einen Hochdruckschalter unterbrochen werden. Bei eventuellen Defekten (z. B. Expansionsventil öffnet nicht) schützt der Hochdruckschalter das System vor zu hohen Drücken. Der Niederdruckschalter unterbricht die Magnetkupplung bei Unterschreiten einer unteren Druckschwelle, da man dann von einer Undichtigkeit ausgeht. Dies würde durch zu geringen Kältemittelumlauf (und dem damit umlaufenden Schmieröl) eine mangelhafte Schmierung bedeuten.

Volumengeregelter Taumelscheibenkompressor (Bild 639.1). Statt der Magnetkupplung am Kompressor, die nach Bedarf ein- und ausgeschaltet wird, verwendet man immer häufiger einen volumengeregelten (Taumelscheiben-) Kompressor. Bei neueren Kompressoren, bei denen die Fördermenge zwischen 0 % und 100 % regelbar ist, kann die Magnetkupplung entfallen.

Die im Anstellwinkel veränderliche Taumelscheibe stellt den notwendigen Förderhub der Kolben ein, abhängig von der Druckdifferenz zwischen Verdichtungs- und Kurbelraum. Der Druck im Kurbelraum wird durch das Hauptregelventil und das Zusatzregelventil geregelt. Die Ansteuerung erfolgt durch ein Steuergerät.

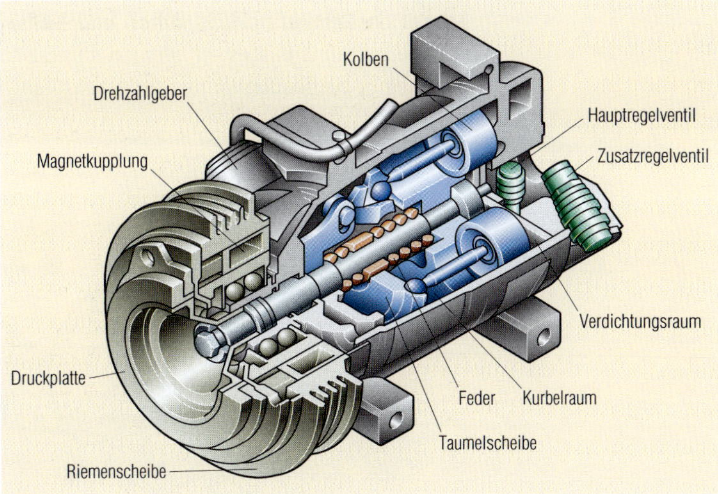

Bild 639.1 Volumengeregelter Taumelscheibenkompressor.

13.7.2 Ein- und Ausgangssignale und Funktionen der Heizungs- und Klimaregelung

Für die bestmögliche, automatische Klimatisierung des Fahrgastinnenraumes muss das Steuergerät mehrere Umfeldbedingungen und die Temperaturwünsche des Fahrers/Beifahrers erfassen. Mögliche Eingangssignale sind

- die durch Drehpotenziometer, Schalter oder digital eingestellte Wunschtemperatur,
- die über mehrere NTC-Sensoren gemessene Außen-, Innenraum-, Verdampfer- und Wärmetauschertemperatur,
- die über einen Solarsensor erfasste Sonneneinstrahlung,
- bestimmte Programm-, Luftverteilungswähltasten und Gebläseeinstellungen und
- die Motordrehzahl und die Fahrgeschwindigkeit.

Das Steuergerät berechnet daraus unter Berücksichtigung bestimmter programmierter Korrekturfaktoren (z. B. Kälteabstrahlung der Scheiben) die Ansteuerung der Stellelemente. Je nach Automatisierungsgrad werden angesteuert:

- bis zu 20 Stellelemente an den verschiedenen Luftklappen für die Luftverteilung,
- ein oder zwei Wasserventile am Wärmetauscher zur Steuerung des Kühlmitteldurchlaufs,
- der Klimakompressor,
- das Gebläse für den Luftdurchsatz,
- die Heckscheibenheizung und
- eine Standheizung und Standlüftung.

Der in Bild 639.2 dargestellte Funktionsplan zeigt schematisch die Luftverteilung einer wasserseitig geregelten Heizungs- und Klimaanlage,

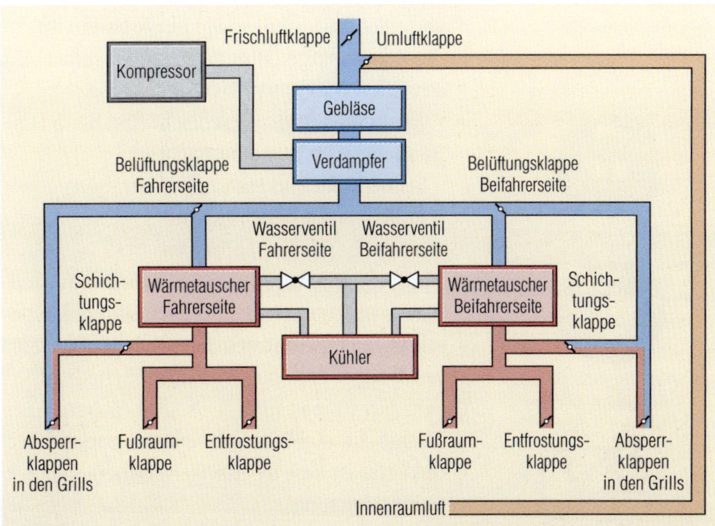

Bild 639.2 Schematische Luftverteilung einer Heizungs- und Klimaregelung.

bei der die Temperatur für Fahrer- und Beifahrerseite getrennt eingestellt werden kann. Bild 640.1 zeigt die dazugehörige Schnittzeichnung

Bei vielen Heizungs- und Klimaaggregaten ist ein Innenraum-/Mikrofilter oder Aktivkohlefilter vorgeschaltet, durch den Staub, Pollen usw. und/oder Schadgase abgeschieden werden können. Manche dieser Systeme besitzen eine sensorgesteuerte, automatische Umluftfunktion.

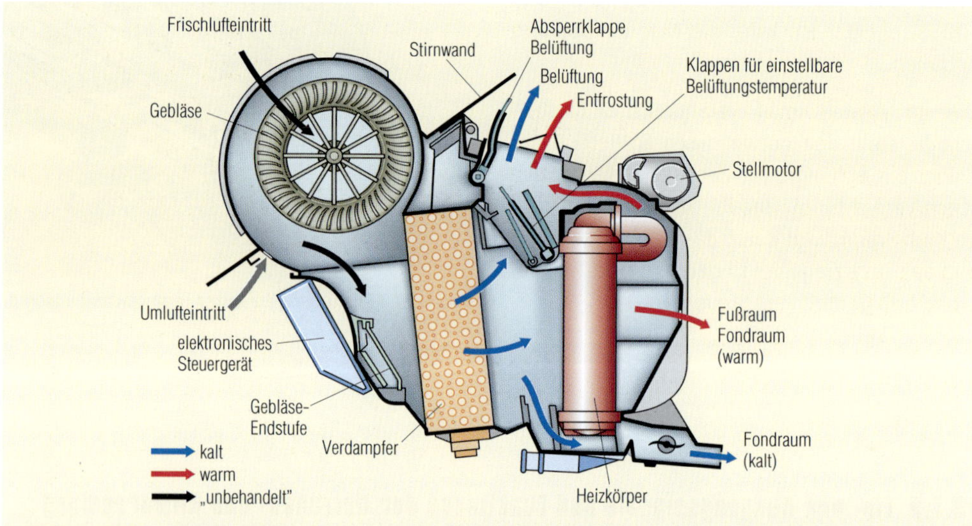

Bild 640.1 Heizungs-Klima-Aggregat.

13.7.3 Wartung der Klimaanlage

- Kältemittel darf nicht ins Freie entweichen, deshalb immer mit den passenden Servicegeräten zum Evakuieren und Befüllen arbeiten.
- Ersatzteile von Klimaanlagen trocken und verschlossen lagern sowie bei Arbeiten an der Klimaanlage Öffnungen immer sofort verschließen (Kältemittel ist hygroskopisch).
- Allgemeine Sicherheitsvorschriften beim Umgang mit Kältemitteln beachten:
  – Schutzbrille und Handschuhe tragen,
  – Rauchverbot beachten und
  – nicht über Gruben arbeiten.
- Die vorgeschalteten Filter von Heizungs- und Klimaaggregaten müssen nach Herstellervorschrift in bestimmten Intervallen gewechselt werden, bei hohem Staubanfall, Schadstoffkonzentrationen usw. auch öfter. Sicheres Zeichen für einen verunreinigten, zugesetzten Filter ist eine deutliche Abnahme der Gebläseleistung.
- Über mehrere Jahre sinkt die Leistung einer Klimaanlage. Evakuieren, spülen und Neubefüllung der Anlage mit der vorgeschriebenen Füllmenge erhöht die Leistung der Klimaanlage meist wieder erheblich.
- Um auch kleinste Undichtigkeiten aufzuspüren, kann man sich eines speziellen Lecksuchgerätes bedienen, das auf Kältemittel reagiert.
- Evakuieren, befüllen und bedienen Sie ein Klimaanlagenservicegerät nur nach intensiver Einweisung.
- Durch Kondenswasser, Staub und sonstige Verunreinigungen auf dem Verdampfer können sich mit der Zeit unangenehme Gerüche bilden. Für diesen Fall gibt es Reinigungssysteme; der Verdampfer wird zuerst mit einer Desinfektionslösung eingesprüht und anschließend abgespült.

Da eine regelmäßige Überprüfung und Reinigung der Klimaanlage (Evakuieren, befüllen, Verdampfer reinigen) in keinem Wartungsplan vorgesehen ist, können Sie dies als zusätzlichen Service anbieten (Zusatzgeschäft). Für den Kunden ergibt sich ein nachvollziehbarer Zusatznutzen.

13.8 Pyrotechnische Rückhaltesysteme

pyro (griech.): Feuer, Hitze

Pyrotechnik: Bezeichnung für Herstellung und prakt. Anwendung von sprengstoffhaltigen Erzeugnissen.

13.8.1 Airbag

Der Airbag ist ein passives Sicherheitssystem. Es besteht aus (Bild 641.1):

- einem elektronischen Auslöse(Steuer-)gerät mit integriertem Beschleunigungsaufnehmer (Stoßsensor), einem Kondensator (als Energiereserve bei Unterbrechung der Spannungsversorgung infolge eines Unfalls) und einem Spannungswandler,
- einem aufblasbaren Nylon-Luftsack (Fahrerairbag) bzw. mehreren Luftsäcken (je nach Anzahl der verbauten Airbags),
- je einem Gasgenerator mit Zündpille pro Luftsack zur Befüllung,
- einer Kontrolllampe zur Systemüberwachung.

Darüber hinaus können je nach System bzw. Hersteller

- zusätzliche ausgelagerte Sensoren (Beschleunigungsaufnehmer) zur sicheren Crash-Erkennung für die Front- und Seitenairbags sowie
- eine Wickelfeder (Spiralkabel) zur sicheren Kontaktübertragung von der Lenksäule zum Lenkrad

verwendet werden.

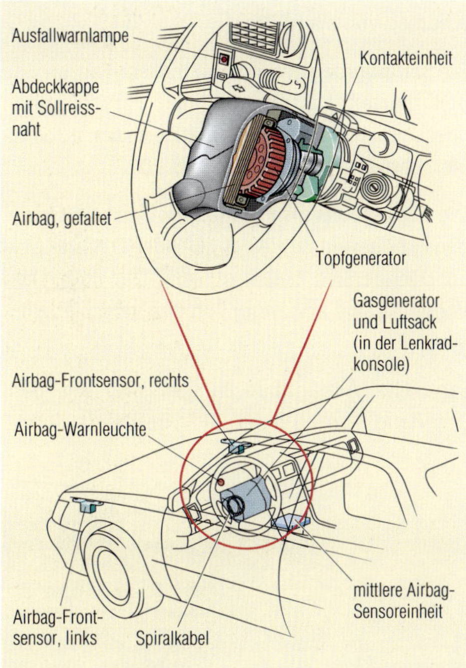

Bild 641.1 Komponenten eines Fahrerairbagsystems.

Manche Airbagsysteme besitzen auch eine Sitzbelegungserkennung, wodurch eine unnötige Airbagauslösung bei nicht besetzten Sitzplätzen verhindert wird. Bei der Sitzbelegungserkennung handelt es sich um eine Matte, die mit Drucksensoren und einer Auswertungselektronik bestückt ist und die unter den Sitzbezügen untergebracht ist (Bild 641.2).

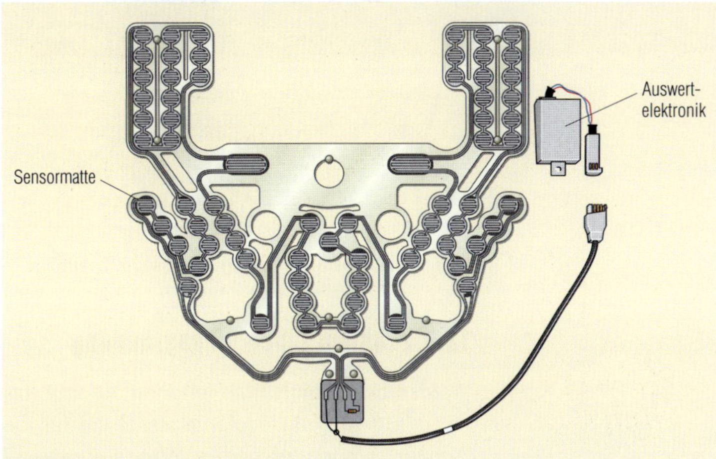

Bild 641.2 Sitzbelegungserkennung.

Bei einigen Systemen können auch durch in den Gurtschlössern integrierte Kontakte, die ebenfalls mit dem Airbagsteuergerät verbunden sind, die Auslöseschwellen – abhängig davon, ob der Gurt angelegt ist – variiert werden.

Die pyrotechnischen Gurtstraffer bzw. Gurtschlossstrammer gehören ebenfalls zu den passiven Rückhaltesystemen, die durch das gemeinsame (Airbag-)Steuergerät ausgelöst werden.

In einem Fahrzeug können bis zu zehn verschiedene Airbags sowie bis zu fünf Gurtstraffer verbaut sein (Bild 642.1). Je nach Notwendigkeit werden die einzelnen Airbags und Gurtstraffer durch das zentral angeordnete Steuergerät aktiviert.

Gurtstraffer, Gurtschlossstrammer → S. 644

Der Fahrerairbag befindet sich unter der Prallplatte im Lenkrad und hat je nach Fahrzeugtyp und Hersteller ein Volumen von 30 l bis 80 l.

Der Beifahrerairbag ist in der Armaturentafel unter einer Abdeckung integriert und hat ein Volumen von bis zu 150 l.

Die Seitenairbags vorne und hinten (Fahrer- und Beifahrerseite) können in den Fahrzeugtüren oder seitlich in den Sitzen platziert sein. Ihr Volumen beträgt zwischen 10 l und 20 l.

Die Kopfairbags als Ergänzung zu den Seitenairbags können in der A-, B-, C- oder D-Säule bzw. im Dachbereich befestigt sein. Die möglichen Volumina sind abhängig von den verschiedenen Systemen.

Sämtliche Airbagabdeckungen sind mit dem Schriftzug „Airbag" oder „SRS" gekennzeichnet.

SRS: supplemental restraint system (engl.) = zusätzliches Rückhaltesystem

Alle Airbagsysteme verfügen über eine Eigendiagnose und einen Fehlerspeicher. Nach Herstellen der Spannungsversorgung (Zündung ein) leuchtet während der Systemüberprüfung eine Kontrolllampe. Erlischt diese nach einigen Sekunden, ist das System funktionsbereit.

Die Auslöseschwellen für Airbags sind in Europa entsprechend der bestehenden Gurtanlegepflicht ausgelegt. Die beste Schutzwirkung wird zusammen mit dem angelegten Dreipunkt-Sicherheitsgurt erreicht. Das Airbagsystem kann daher unter keinen Umständen das Anlegen des Sicherheitsgurtes ersetzen.

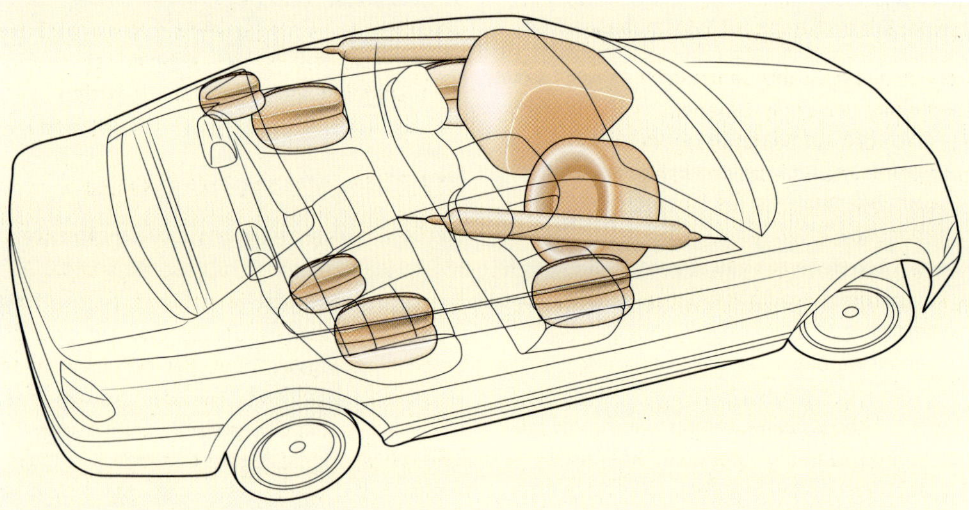

Bild 642.1 Ausrüstung eines Pkw mit zehn Airbags.

13.8.2 Ablauf einer Airbagzündung

Werden bei einem Unfall mit Frontaufprall (bis ca. ± 30 ° zur Fahrzeuglängsachse) die für die Airbagauslösung definierten Verzögerungswerte überschritten, lösen Fahrerairbag und – soweit vorhanden – der Beifahrerairbag aus.

Die Auslösung des Fahrerairbags läuft wie folgt ab (Bild 643.1):

- Ca. 10 Millisekunden nach dem Aufprall wird das Fahrzeug bereits stark verzögert, die Auslöseschwelle ist überschritten und der Airbag wird gezündet.
- Nach ca. 20 Millisekunden beginnt sich der Airbag zu entfalten, der Körper des Fahrers bewegt sich bereits leicht nach vorne.
- Nach ca. 30 Millisekunden ist der Airbag voll entfaltet. Die Vorwärtsbewegung des Fahrers wird noch durch den sich dehnenden Sicherheitsgurt verzögert.
- Nach ca. 80 Millisekunden tauchen der Kopf und Oberkörper des Fahrers in den gefüllten Airbag. Durch die Öffnungsschlitze auf der vom Fahrer abgewandten Rückseite kann das Gas wieder entweichen, wodurch ein weiteres „sanftes" Auffangen des Fahrers erreicht wird.
- Nach ca. 120 Millisekunden ist der Airbag beinahe wieder entleert, der Körper des Fahrers fällt in den Sitz zurück.

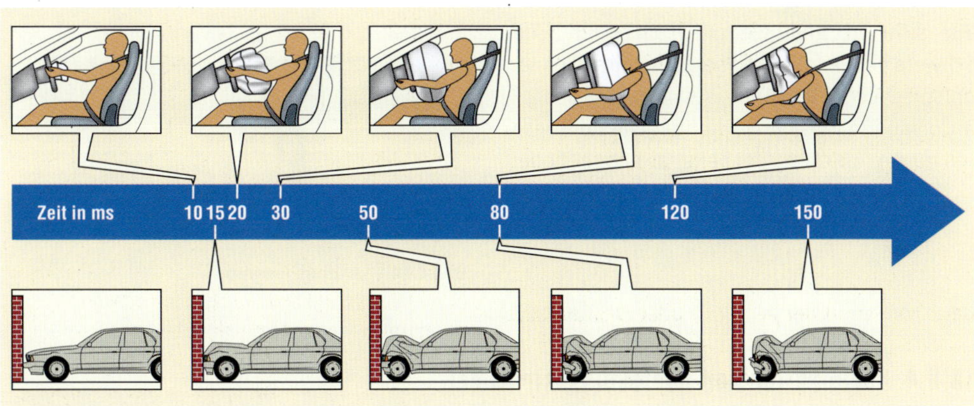

Bild 643.1 Zeitlicher Ablauf einer Airbagauslösung.

Die angegebenen Zeitwerte variieren je nach Fahrzeug, Deformationsverhalten, Aufprallgeschwindigkeit, Airbagtyp und Einbaulage.

Bei einem Unfall mit Seitenaufprall und Überschreitung der entsprechenden Verzögerungswerte werden der Seitenairbag, der dem Anstoß zugewandt ist und – falls vorhanden – der Kopfairbag bzw. Windowbag ausgelöst. Dadurch sollen Verletzungen durch den Aufprall auf die Tür/Seitenscheibe verringert werden, aber auch eine rechtzeitige Beschleunigung/Bewegung des Insassen in Stoßrichtung erfolgen. Da bei einem Seitenaufprall fast kein Deformationsweg vorhanden ist, wird nach nur ca. 3 bis 5 Millisekunden der Airbag gezündet. Nach ca. 15 bis 20 Millisekunden ist der Seitenairbag positioniert, aufgeblasen und voll funktionsfähig.

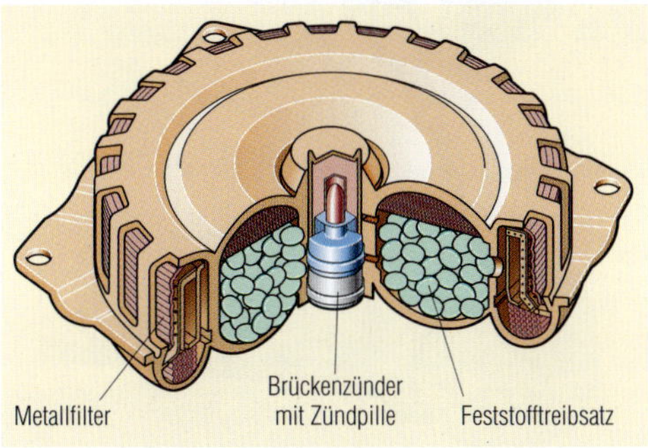

Bild 643.2 Schnittzeichnung eines (Topf-)Gasgenerators.

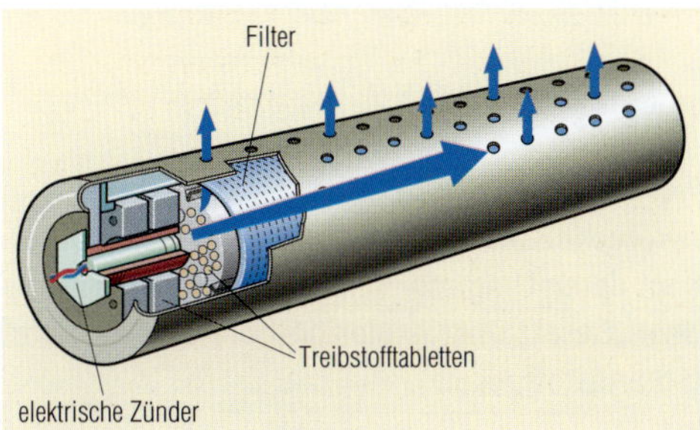

Bild 643.3 Rohrgasgenerator.

13.8.3 Bauteile und ihre Funktion

Das meist zentral im Inneren der Karosserie befestigte Steuergerät überwacht ständig alle Funktionen und sich selbst. Dies gilt auch für die Signale der im Steuergerät integrierten Beschleunigungssensoren. Bei entsprechenden Verzögerungswerten (Unfall) gibt das Steuergerät einen Zündimpuls an den bzw. die entsprechenden Airbags. Die Übertragung des Zündimpulses geschieht beim Fahrerairbag sehr häufig über eine Wickelfeder (Spiralkabel). Durch den Zündimpuls wird im Gasgenerator mittels einer Zündpille der Festtreibstoff (Natriumacid NaN_3) entzündet. Das dabei entstehende Treibgas wird durch einen Metallfilter gereinigt, abgekühlt und befüllt den Luftsack.

Als Gasgeneratoren werden für den Fahrer- und Beifahrerairbag meist Topfgasgeneratoren (Bild 643.2) verwendet. Alternativ gibt es für den Beifahrerairbag auch einen Rohrgasgenerator (Bild 643.3).

Für den Seitenairbag wird oft ein Kaltgasgenerator verwendet (Bild 644.1). Der Kaltgasgenerator ist ein mit bis zu 200 bar befüllter Druckgasbehälter, der durch eine Zündeinheit geöffnet wird. Das ausströmende Gas (Stickstoff) entfaltet und befüllt den Luftsack.

Zur sicheren und schnellen Erkennung der Schwere des Unfalls (und so auch dem Erkennen entsprechender Verzögerungswerte) werden z. T. ausgelagerte Sensoren verwendet. Die Stoßsensoren für die Auslösung der Seitenairbags befinden sich meist sehr nahe an den Seitenschwellern.

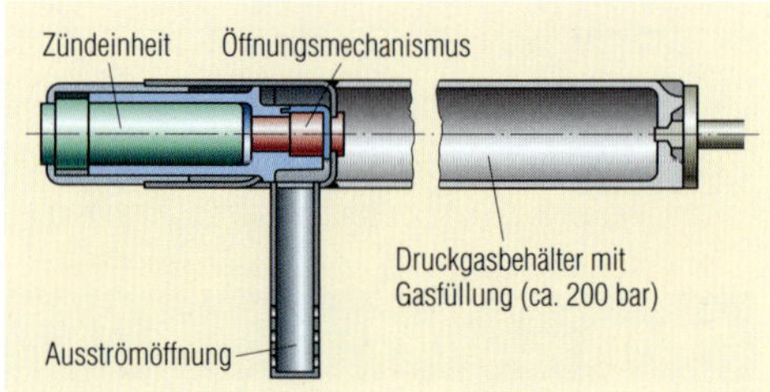

Bild 644.1 Kaltgasgenerator.

13.8.4 Gurtstraffer und Gurtschlossstrammer

Der angelegte Sicherheitsgurt soll bei einem Unfall u. a. dafür sorgen, dass der Insasse möglichst früh an der Fahrzeugverzögerung teilnimmt und damit Spitzenbelastungen verringert werden. Da in der Praxis der Gurt nicht immer eng anliegt und straff gezogen ist, ergibt sich eine sogenannte Gurtlose. Um die Gurtlose bei einem Unfall zu verringern und den Gurt zu straffen, gibt es prinzipiell zwei Möglichkeiten:

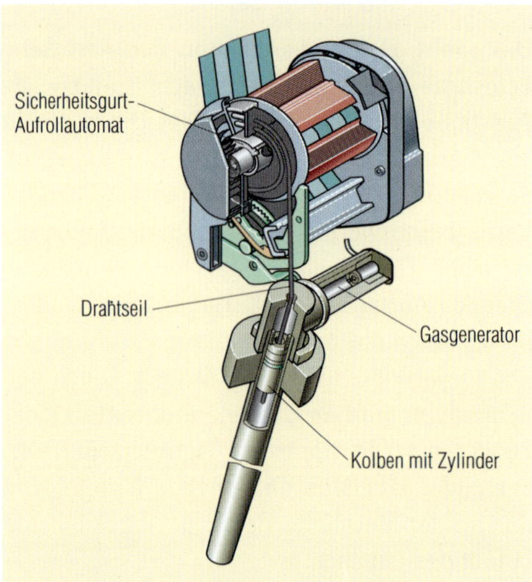

Bild 644.2 Pyrotechnischer Gurtstraffer.

- man kann die Gurtaufrollautomatik benutzen, um den Gurt zu straffen (Bild 644.2) oder
- das Gurtschloss zurückziehen (Bild 644.3) und damit den Gurt straffen.

Bei beiden Systemen wird bei der Auslösung durch die „Explosion" ein Kolben in einem Zylinder bewegt. Ein am Kolben befestigtes Drahtseil versetzt den Aufrollautomaten in Bewegung bzw. zieht das Gurtschloss zurück. Bei beiden Systemen wird anschließend ein Einrastmechanismus aktiv.

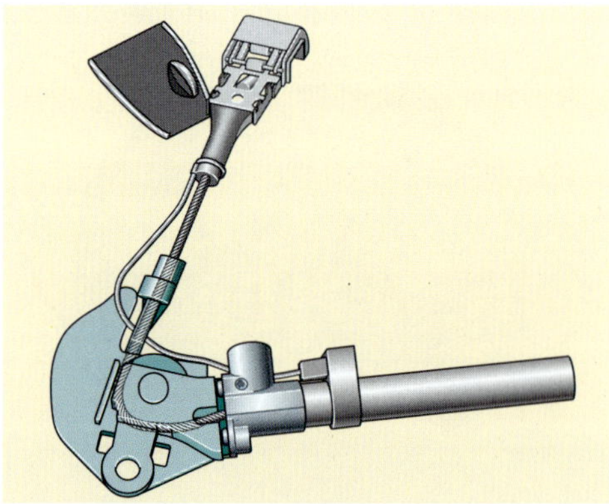

Bild 644.3 Pyrotechnischer Gurtschlossstrammer mit Gurtschlosserkennung.

13.8.5 Systemüberprüfung und Sicherheitshinweise

Die Überwachungselektronik zeigt über die Kontrolllampe, ob das Airbagsystem u. U. teilweise oder vollständig nicht funktionsbereit ist. In diesem Fall ist immer der Fehlerspeicher auszulesen und die entsprechenden Bauteile müssen ersetzt werden. Da es sich bei allen Airbagsystemen um pyrotechnische Gegenstände handelt, unterliegt deren Umgang, Beförderung und Lagerung dem „Gesetz über explosionsgefährliche Stoffe" (Sprengstoffgesetz).

13.8.6 Werkstattpaxis

Alle Arbeiten an Airbags dürfen ausschließlich von Personen mit einem Sachkundenachweis im Umgang mit Airbags und Gurtstraffern im Kfz (Befähigungsschein nach § 20 SprengG „Umgang mit pyrotechnischen Gegenständen für technische Zwecke", Airbagschein) durchgeführt werden.

Eine Entschärfung ist nur durch das Zünden/Sprengen möglich und darf vor Ort nur im Rahmen einer nach § 7 SprengG erlaubten Tätigkeit erfolgen. Bei der Entschärfung muss ein Mindestabstand von 10 Metern eingehalten werden.

Auch wenn die Fahrzeugbatterie abgeklemmt wurde, kann ein Airbag unkontrolliert zünden, wenn noch Restspannung im System vorhanden ist. Bei Schweißarbeiten am Fahrzeug müssen daher die Airbags elektrisch vom System getrennt werden.

Temperaturen über 100 °C (auch kurzzeitig) unbedingt vermeiden, ebenso offenes Feuer oder Funken.

Beim Wiederherstellen der Spannungsversorgung darf sich niemand im Fahrzeug befinden.

Beschädigte, heruntergefallene oder gebrauchte Systembauteile dürfen nicht mehr verwendet werden. Pyrotechnische Bauteile dürfen nicht unbeaufsichtigt herumliegen.

Zur Wiederholung

1. Erklären Sie einem Laien, was man unter einem qualifizierten Diebstahlschutz versteht.
2. Was ist ein Transponder und welche Funktion hat er?
3. Welche verschiedenen Arten von Zentralverriegelungen gibt es und worin bestehen die Unterschiede?
4. Was kann durch eine Diebstahlwarnanlage überwacht werden und wie?
5. Skizzieren Sie den Kältemittelkreislauf einer Klimaanlage und erklären Sie deren Funktionsweise.
6. Wozu benötigt man beim Klimaanlagenkreislauf einen Nieder-/Hochdruckschalter?
7. Welche Eingangssignale sind bei der Heizungs- und Klimaregelung wichtig?
8. Wie funktioniert ein Airbag?
9. Welche Arten von Gasgeneratoren gibt es?
10. Welche Funktion hat eine Sitzbelegungserkennung?
11. Was ist der Unterschied zwischen einem Gurtstraffer und einem Gurtschlossstrammer?
12. Stellen Sie ein Merkblatt mit Sicherheitsvorschriften beim Umgang mit pyrotechnischen Gegenständen zusammen und begründen Sie diese.

Zur Vertiefung

1. Warum befindet sich im Sommer unter einem stehenden Fahrzeug mit laufender Klimaanlage eine Wasserpfütze?
2. Ein Freund zeigt Ihnen einen Pkw mit einem Frontschaden und wundert sich, dass die Airbags nicht ausgelöst haben. Sie aber wissen, dass der Fahrer unverletzt blieb.
   Was antworten Sie ihm?
3. Wie viele Elektromotoren sind in Ihrem eigenen Fahrzeug (bzw. dem Fahrzeug der Eltern) verbaut?
4. Erklären Sie einem Kunden die Fahrgeschwindigkeitsregelung mit „Stop and Go"-Funktion. Welche Sicherheitsfunktionen sind darin integriert und wo liegen die Grenzen des Systems?
5. Fallbeispiel:
   (Hinweis: Sie können ein Rollenspiel zwischen Kunde und Werkstattfachmann durchführen und nach einigen Beratungspunkten die Rollen wechseln.)
   Der Werkstattmeister spricht Sie an und berichtet vom Anruf eines Verkäufers aus der Neuwagenabteilung. Dieser hat um schnelle Hilfe eines „Fachmannes" gebeten, um einem anwesenden Neuwageninteressenten einige technische Fragen zu beantworten. Er selber sei in einem Verkaufs-

gespräch und sein Kollege leider erkrankt. Da Sie kurz vor Ihrer Abschlussprüfung stehen und über das notwendige Fachwissen verfügen müssten, sollen Sie diese Aufgabe mit Erlaubnis des Werkstattmeisters übernehmen.
Im Verkaufsraum stellt Ihnen der Verkäufer den Neuwagenkunden vor. Dieser erklärt, dass er während der Vorbereitung auf den Autokauf auf eine umfangreiche Sammlung möglicher Sonderausstattungen gestoßen sei. Da sein finanzieller Rahmen begrenzt sei, muss er aus vielen interessanten Sonderausstattungen auswählen. Dabei sollen Sie ihm durch Ihren sachkundigen Rat helfen.

a) Der ausgewählte Fahrzeugtyp kann gegen Aufpreis auch mit ESP ausgestattet werden. Erläutern Sie den Vorteil des Systems.
b) Dem Kunden ist nicht klar, was Sie mit der Anmerkung „... Stabilisierung ist nur innerhalb der physikalischen Grenzen möglich" meinen. Was sagen Sie dem Kunden?
c) Sie haben erklärt, dass ESP in das Bremssystem eingreift. Der Kunde weiß, dass dies auch das Antiblockiersystem und die Antriebsschlupfregelung machen. Erläutern Sie dem Kunden die unterschiedlichen Regelaufgaben der drei Systeme und die damit verbundenen notwendigen Eingriffe in das Bremssystem.
d) Sie haben den Kunden von ESP überzeugt. Der Aufpreis für dieses Sicherheitsfeature erscheint dem Kunden mit 798 Euro jedoch unangemessen hoch. Er möchte deshalb genau wissen, welche zusätzlichen Messwerte durch das Regelsystem erfasst werden müssen und wie diese miteinander arbeiten, damit das Fahrzeug stets dem Richtungswunsch des Fahrers folgt.
e) In Ihrer Beschreibung erwähnten Sie die notwendigen Messungen des Lenkradwinkels, der Querbeschleunigung und der Gierrate. Der Kunde fragt, wie der Lenkradwinkel technisch erfasst wird und was der Begriff Gierrate bedeutet. Erläutern Sie beides. Der Vollständigkeit halber erklären Sie auch die Messung der Querbeschleunigung.
f) Im weiteren Gesprächsverlauf zeigt sich der Kunde erfreut, dass das Fahrzeug serienmäßig über 6 Airbags verfügt. Da er als junger Vater sein Baby gerne in einem Reboardsystem auf dem Beifahrersitz transportiert, fragt er, wie er den Beifahrerairbag vorübergehend abschalten kann. Welche technischen Möglichkeiten sind Ihnen bekannt, den Airbag abzuschalten?
g) Sie wissen, dass im Fall einer Deaktivierung über das Steuergerät eine Verpflichtungserklärung ausgefüllt werden muss. Besorgen Sie sich eine solche Verpflichtungserklärung und führen Sie eine Kundenaufklärung zu den in der Verpflichtungserklärung genannten Punkten nach Deaktivierung des Beifahrerairbags durch.
h) Für seine vielen Fahrten im Berufsverkehr möchte der Kunde das neue Fahrzeug wieder mit einem automatischen Getriebe ausstatten. Dazu bietet der Fahrzeughersteller im Ausstattungsbereich „Getriebe" zwei unterschiedliche Ausführungen an, ein automatisiertes Getriebe und ein Automatik-Getriebe. Unter einem automatisierten Getriebe kann sich der Kunde nichts vorstellen. Erläutern Sie ihm den prinzipiellen Aufbau.
i) Nachdem Sie den Aufbau des Getriebes erklärt haben, möchte der Kunde etwas über die Bedienung erfahren. Sie haben ihm zuvor von „drei wählbaren Schaltprogrammen" berichtet. Der Kunde fragt nach den Unterschieden zwischen den Schaltprogrammen. Außerdem möchte er wissen, ob ein Schaltprogramm wählbar ist, in dem das Getriebe die Gangwahl völlig automatisch vornehmen kann, wodurch der Bedienungskomfort mit einem Automatik-Getriebe vergleichbar sei.
j) Der Kunde ist überrascht, da Ihrer Beschreibung nach das automatisierte Getriebe sehr viel mehr Wahlmöglichkeiten zulässt als das Automatik-Getriebe und dabei deutlich preiswerter ist. Sie werden gefragt, ob es einen gravierenden Nachteil des automatisierten Getriebes gibt. Was antworten Sie?
k) Dass die von Ihnen beschriebenen Nachteile durch den Einbau eines Doppelkupplungsgetriebes theoretisch abgestellt werden könnten, erzählen Sie nur beiläufig. Durch Ihre Aussage haben Sie den Kunden neugierig gemacht, nun müssen Sie den Aufbau des Doppelkupplungsgetriebes näher erklären.

Zum Schluss des Gespräches bedankt sich der Kunde für die fachkundige Beratung. Auch der Neuwagenverkäufer ist von Ihrem Fachwissen begeistert.

14P Durchführen von Service- und Instandsetzungsarbeiten für eine gesetzliche Untersuchung

ichs-Gesetzbl

№ 26.

Gesetz über den Verkehr mit Kraftfahrzeugen. S. 437.

8.) Gesetz über den Verkehr mit Kraftfahrzeugen. Vom 3. Mai 1909.

Wilhelm, von Gottes Gnaden Deutscher Kaiser, von Preußen ꝛc.

n im Namen des Reichs, nach erfolgter Zustimmung des Bu Reichstags, was folgt:

I. Verkehrsvorschriften.

§ 1.

zeuge, die auf öffentlichen Wegen oder Plätzen in müssen von der zuständigen Behörde zum Verkeh zeuge im Sinne dieses Gesetzes gelten W kraft bewegt werden, ohne an Bah

Sie lernen die wichtigsten rechtlichen Vorschriften kennen, die man in der Werkstatt parat haben muss.

Wo darf die Hauptuntersuchung durchgeführt werden und wer darf sie durchführen? Nach welchen Merkmalen wird geprüft und in welchem Umfang? – Auch diese Fragen können Sie nach dem Durcharbeiten beantworten.

Das positive Ergebnis einer Hauptuntersuchung: die Prüfplakette. Sie erfahren, wann sie zugeteilt wird und haben damit eine gute Grundlage für qualifizierte Kundengespräche.

Sie lesen auf den folgenden Seiten ausführlich über die Prüfpunkte und können ein Auto dadurch optimal auf die Hauptuntersuchung vorbereiten.

Unter welchen Bedingungen Änderungen an Fahrzeugen erlaubt sind und was bei nicht erlaubten Änderungen passiert – auch zu diesem Themenkreis erhalten Sie nützliche Informationen.

14.1 Rechtliche Grundlagen

Straßenverkehrsgesetz StVG. Der Straßenverkehr erfordert Regeln, damit Ordnung und Sicherheit auf den Straßen gewährleistet sind.

Dies wurde schon früh erkannt und so wurde bereits 1909 das Gesetz über den Verkehr mit Kraftfahrzeugen eingeführt (Bild 648.1). Zweck war, durch den Kfz-Verkehr verursachte Schäden von der Allgemeinheit abzuwenden. Neben entsprechenden Haftpflichtregelungen enthielt das Gesetz bereits einige Verkehrsvorschriften.

Nach zahlreichen Änderungen erhielt es 1952 die heute noch geltende Bezeichnung „Straßenverkehrsgesetz“. Die wichtigste Vorschrift hat sich in rund 100 Jahren nur unwesentlich verändert: „Kraftfahrzeuge und ihre Anhänger, die auf öffentlichen Straßen in Betrieb gesetzt werden sollen, müssen von der zuständigen Behörde zum Verkehr zugelassen sein ...“

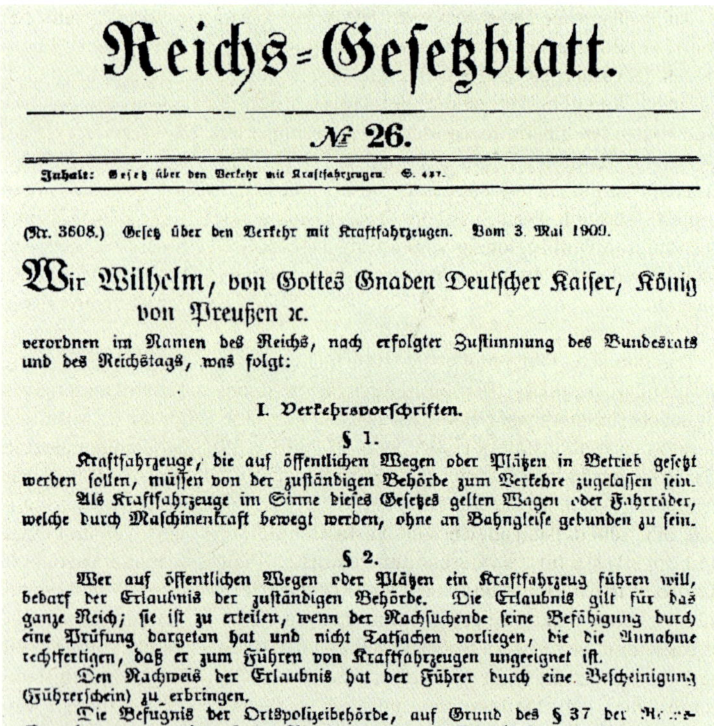

Reichs-Gesetzblatt.

№ 26.

Inhalt: Gesetz über den Verkehr mit Kraftfahrzeugen. S. 437.

(Nr. 3608.) Gesetz über den Verkehr mit Kraftfahrzeugen. Vom 3. Mai 1909.

Wir Wilhelm, von Gottes Gnaden Deutscher Kaiser, König von Preußen ꝛc.

verordnen im Namen des Reichs, nach erfolgter Zustimmung des Bundesrats und des Reichstags, was folgt:

I. Verkehrsvorschriften.

§ 1.

Kraftfahrzeuge, die auf öffentlichen Wegen oder Plätzen in Betrieb gesetzt werden sollen, müssen von der zuständigen Behörde zum Verkehre zugelassen sein.

Als Kraftfahrzeuge im Sinne dieses Gesetzes gelten Wagen oder Fahrräder, welche durch Maschinenkraft bewegt werden, ohne an Bahngleise gebunden zu sein.

§ 2.

Wer auf öffentlichen Wegen oder Plätzen ein Kraftfahrzeug führen will, bedarf der Erlaubnis der zuständigen Behörde. Die Erlaubnis gilt für das ganze Reich; sie ist zu erteilen, wenn der Nachsuchende seine Befähigung durch eine Prüfung dargetan hat und nicht Tatsachen vorliegen, die die Annahme rechtfertigen, daß er zum Führen von Kraftfahrzeugen ungeeignet ist.

Den Nachweis der Erlaubnis hat der Führer durch eine Bescheinigung (Führerschein) zu erbringen.

Die Befugnis der Ortspolizeibehörde, auf Grund des § 37 der Reichs-Gewerbeordnung weitergehende Anordnungen zu treffen, bleibt unberührt.

§ 3.

Wer zum Zwecke der Ablegung der Prüfung (§ 2 Abs. 1 Satz 2) sich in der Führung von Kraftfahrzeugen übt, muß dabei auf öffentlichen Wegen oder Plätzen von einer mit dem Führerschein versehenen, durch die zuständige Behörde

Reichs-Gesetzbl. 1909. 71

Ausgegeben zu Berlin den 12. Mai 1909.

Bild 648.1 Vorläufer des StVG von 1909.

Verordnung über die Zulassung von Fahrzeugen im Straßenverkehr StVZO. Aufgrund des 1909 eingeführten Straßenverkehrsgesetzes wurde 1910 die „Verordnung über den Verkehr mit Kraftfahrzeugen“ erlassen. Diese enthielt Anforderungen für Bremsen, Lenkung und Beleuchtung der Fahrzeuge. Unter anderem waren bereits eine Einrichtung gegen unbefugte Benutzung, ein Rückwärtsgang und eine Hupe vorgeschrieben.

Im Jahre 1937 ersetzte die Straßenverkehrs-Zulassungs-Ordnung (StVZO) die „Verordnung über den Verkehr mit Kraftfahrzeugen“.

Neuere Verordnungen. In den letzten Jahren wurden verschiedene Abschnitte der StVZO neu gefasst und ausgegliedert. So entstanden die

- Fahrerlaubnis-Verordnung FeV (gültig seit 01.01.1999),
- Fahrzeug-Zulassungsverordnung FZV (gültig seit 01.03.2007),
- Fahrzeuggenehmigungsverordnung FGV für Neufahrzeuge (gültig seit 29.04.2009).
- Als zusätzliche Verordnung ist die Fahrzeug-Betriebs-Verordnung FBV geplant.

Nach Inkrafttreten dieser letzten Verordnung besteht eine „abgespeckte“ StVZO, die nur noch für Altfahrzeuge Geltung haben wird.

Die gesetzlichen Regelungen für die Hauptuntersuchung von Fahrzeugen sind jedoch noch in der StVZO festgelegt. Im § 29 „Untersuchung der Kraftfahrzeuge und Anhänger“ heißt es: „Halter von zulassungspflichtigen Fahrzeugen ... haben ihre Fahrzeuge auf ihre Kosten ... in regelmäßigen Zeitabständen untersuchen zu lassen.“

Straßenverkehrsordnung StVO. Hauptaufgabe der StVO war und ist die „Unfallverhütung“ im öffentlichen Straßenverkehr. Sie umfasst im Wesentlichen die allgemeinen Verkehrsregeln, Zeichen- und Verkehrseinrichtungen sowie Bußgeldvorschriften. Aufgrund der starken Wandlungen des Straßenverkehrs ist die StVO häufigen Änderungen unterworfen.

Die StVO wird auch das „Grundgesetz des Straßenverkehrs“ genannt.

Bußgeldkatalog-Verordnung BKatV. Verstöße gegen die gesetzlichen Vorschriften der Straßenverkehrs-Zulassungs-Ordnung und der Straßenverkehrsordnung werden als sogenannte Ordnungswidrigkeiten bezeichnet. Bedeutende und häufige Verstöße sind in der Bußgeldkatalog-Verordnung BKatV aufgelistet. Den einzelnen Tatbeständen sind hier die juristischen Folgen wie Bußgeld, Punkte im Verkehrszentralregister oder auch ein Fahrverbot zugeordnet.

Verstöße gegen den § 29 StVZO werden mit einem Bußgeld und in schweren Fällen sogar mit Punkten geahndet (Tabelle 649.1).

Richtlinie 96/96/EG. Diese Richtlinie entspricht § 29 StVZO auf internationaler Ebene. Sie gilt für alle Staaten der Europäischen Union (EU) und legt fest, dass in jedem Mitgliedsstaat für Kraftfahrzeuge und Anhänger eine regelmäßige technische Überwachung durchgeführt werden muss. Zudem sind die Zeitabstände der Untersuchungen und die Prüfpunkte vorgegeben. Diese Richtlinie enthält Mindestvorschriften und jeder Mitgliedsstaat kann zusätzliche Untersuchungen und Prüfpunkte national vorschreiben.

Ziel ist eine weitgehende Vereinheitlichung wegen des zunehmenden grenzüberschreitenden Verkehrs innerhalb der EU. Für alle Prüfpunkte soll festgelegt werden, wie und in welchem Unfang zu prüfen ist und wie die Ergebnisse zu bewerten sind. Bisher wurde dieses Ziel nur in den Bereichen Bremsen- und Abgasprüfung erreicht.

Tatbestand	Bußgeld und Punkte (Stand 01.02.2009)	
Vorführtermin überschritten • mehr als 2 bis zu 4 Monaten • mehr als 4 bis zu 8 Monaten • mehr als 8 Monate	 15 € 25 € 40 €	 2 Punkte
Fahrzeug zur Nachprüfung nicht rechtzeitig vorgeführt	15 €	
gültige Prüfplakette/Prüfmarke nicht vorhanden	40 €	1 Punkt

Tabelle 649.1 Regelwidrigkeiten und rechtliche Folgen.

14.2 Hauptuntersuchung für Personenkraftwagen

14.2.1 Rahmenbedingungen

Untersuchungspflichtige Fahrzeuge. Dies sind gemäß § 29 StVZO in der Regel alle Kraftfahrzeuge und Anhänger mit einem amtlichen Kennzeichen mit schwarzer oder grüner Schrift. Fahrzeuge mit „grünem Kennzeichen" sind von der Kfz-Steuer befreit. Weiterhin müssen die Fahrzeuge für den öffentlichen Straßenverkehr zugelassen und daher mit einer Stempelplakette der Zulassungsstelle versehen sein (Bild 649.1).

Bild 649.1 Stempelplakette der Zulassungsstelle.

Ausgenommen von dieser Regelung sind Fahrzeuge mit rotem Kennzeichen (Überführungskennzeichen) oder Kurzkennzeichen sowie Fahrzeuge der Bundeswehr und der Bundespolizei.

Berechtigte Personen für die Untersuchung. Die gesetzlichen Untersuchungen stellen eine hoheitliche Aufgabe dar, die in der Regel von Beschäftigten des öffentlichen Dienstes wahrgenommen wird. Hiervon kann abgewichen werden durch die Beleihung, bei der Hoheitsrechte auf Privatpersonen mit entsprechender Qualifizierung oder auf Institutionen übertragen werden.

Hauptuntersuchungen dürfen durchgeführt werden von:

- amtlich anerkannten Sachverständigen (aaS),
- amtlich anerkannten Prüfern (aaP),
- Prüfingenieuren (PI) einer amtlich anerkannten Überwachungsorganisation.

Im Gegensatz zur Abgasuntersuchung darf die Hauptuntersuchung nicht von fachlich qualifiziertem Werkstattpersonal einer Kfz-Werkstätte durchgeführt werden.

Untersuchungsstellen. Die Untersuchungen für Kraftfahrzeuge und Anhänger können gemäß Anlage VIIId StVZO durchführt werden

- von Technischen Prüfstellen,
- von Prüfstellen amtlich anerkannter Überwachungsorganisationen,
- von Werkstätten des Betreibers eines Fuhrparks für die eigenen Fahrzeuge (Prüfplätze) und
- von Kraftfahrzeugwerkstätten (Prüfstützpunkte).

Alle Untersuchungsprüfstellen müssen eine gesetzlich vorgeschriebene Ausstattung aufweisen.

Bei den Technischen Prüfstellen sind die amtlich anerkannten Sachverständigen oder Prüfer (aaSoP) beschäftigt. Neben den Hauptuntersuchungen werden hier die Begutachtung und Genehmigung von Einzelfahrzeugen und Fahrzeugteilen sowie die Fahrerlaubnisprüfung durchgeführt. In nahezu allen alten Bundesländern ist der TÜV mit der Unterhaltung und Führung der Technischen Prüfstellen beauftragt. In den neuen Bundesländern wurde diese Aufgabe dem Dekra übertragen.

Prüfstellen amtlich anerkannter Überwachungsorganisationen für die Durchführung der HU und AU gibt es in verschiedenen Bundesländern. Bekannte Überwachungsorganisationen sind GTÜ und KÜS. Ebenso treten der TÜV in den neuen Bundesländern und der Dekra in den alten Bundesländern als amtlich anerkannte Überwachungsorganisation auf (Bild 650.1).

Technischer Überwachungsverein

Deutscher Kraftfahrzeug-Überwachungsverein

Kraftfahrzeug-Überwachungsorganisation freiberuflicher Kraftfahrzeug-Sachverständiger

Gesellschaft für Technische Überwachung

Bild 650.1 Überwachungsinstitutionen.

An Prüfstützpunkten und an Prüfplätzen kann sowohl der aaSoP als auch der PI einer amtlich anerkannten Überwachungsorganisation die Hauptuntersuchung durchführen.

Untersuchungsfristen. Der Zeitpunkt für die nächste Hauptuntersuchung ist ersichtlich durch die aufgeklebte Plakette auf dem hinteren Kennzeichen (Bild 650.2).

HU-Plakette, Durchmesser 35 mm, auf hinterem Kennzeichen aufgeklebt

Zeitpunkt der Hauptuntersuchung	Farbe der Plakette
2010	braun
2011	rosa
2012	grün
2013	orange
2014	blau
2015	gelb
2016	*braun*

Bild 650.2 HU-Prüfplakette.

In der Mitte der Plakette sind jeweils die beiden letzten Ziffern der Jahreszahl der nächsten HU angegeben. Die am Rand der Plakette angegebenen Zahlen sind die Monatszahlen. Die oberste Zahl weist auf den Durchführungsmonat der nächsten HU hin.

Die Plakette zeigt immer zwischen den Zahlen 1 und 11 eine schwarze Markierung. Dadurch soll die Lesbarkeit für den Termin der nächsten Untersuchung erhöht werden.

Die Farbe der Prüfplakette weist ebenfalls auf das Jahr der nächsten Hauptuntersuchung hin. Die Farben sind standardisiert und die Zuteilung zu den einzelnen Jahren wird systematisch fortgeschrieben.

Die Zeitabstände zwischen den Prüfungen sind abhängig von der Fahrzeugart, vom Alter des Fahrzeugs und von der zulässigen Gesamtmasse (Tabelle 651.1).

Fahrzeugart	erste Untersuchung	folgende Untersuchungen
Pkw	• nach 36 Monaten	• alle 24 Monate
Motorräder	• nach 24 Monaten	• alle 24 Monate
Wohnmobile • bis 3,5 t • über 3,5 bis 7,5 t • über 7,5 t	 • nach 36 Monaten • nach 24 Monaten • nach 12 Monaten	 • alle 24 Monate • alle 24 Monate bis zum 6. Jahr, dann alle 12 Monate • alle 12 Monate
Anhänger (incl. Wohnanhänger) • bis 750 kg oder ungebremst • über 750 kg bis 3,5 t • über 3,5 t bis 10 t	 • nach 36 Monaten • nach 24 Monaten • nach 12 Monaten	 • alle 24 Monate • alle 24 Monate • alle 12 Monate
Gewichtsangaben: technisch zulässige Gesamtmasse		

Tabelle 651.1 Zeitabstände für die Hauptuntersuchung.

14.2.2 Fahrzeugüberprüfung

Umfang der Untersuchung. Bei der Hauptuntersuchung werden die in der Anlage VIIIa der StVZO festgelegten Fahrzeugkomponenten und -systeme geprüft. Sie gilt für Krafträder, Personen- und Nutzkraftwagen sowie für Anhängefahrzeuge und Fahrzeugkombinationen. Im Mittelpunkt stehen

- die Verkehrssicherheit,
- ein optimales Abgas- und Geräuschverhalten sowie
- die Sicherheit aller Verkehrsteilnehmer (Bild 651.1).

Aufgrund des Zustandes oder des Alters des Fahrzeugs können zusätzliche Prüfungen durchgeführt werden. Dies gilt auch, wenn unzulässige technische Änderungen am Fahrzeug, an Bauteilen oder Systemen vermutet werden.

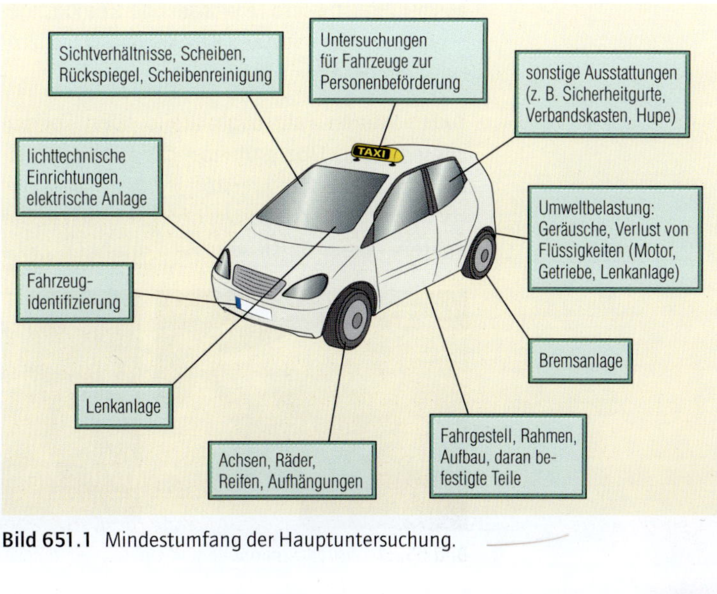

Bild 651.1 Mindestumfang der Hauptuntersuchung.

Bereich	Prüfmerkmale
In welchem **Zustand** befindet sich das Bauteil?	• Beschädigung, Verformung, Korrosion, Alterung, Verschmutzung • übermäßiger Verschleiß, übermäßiges Spiel • sachgemäße Befestigung und Montage, scheuerfreie Verlegung elektrischer Leitungen • Freigängigkeit, Schwergängigkeit
Wird die **Funktion** noch (richtig) erfüllt?	• Elektrik: kein Kurzschluss, keine Unterbrechung • Hydraulik: Durchgang, Dichtheit • Mechanik: Bauteilfestigkeit, Gängigkeit
Ist die **Ausführung** des Bauteils/Systems vorschriftsmäßig?	Abgleich Soll- und Ist-Daten: • Angaben in der Zulassungsbescheinigung mit Fahrzeugkennzeichen, Fahrzeug-Ident.-Nr, Fabrikschild, Bereifung, Räder usw. • Veränderungen am Fahrzeug (Anhängerkupplung, sonstige Anbauten, Verbreiterung, Tieferlegung)
Erfüllt das Bauteil die gewünschte **Wirkung**?	• Einhaltung der Abgasgrenzwerte • Einhaltung der gesetzlich vorgegebenen Geräuschemission

Tabelle 652.1 Prüfmerkmale.

Durchführung der Prüfung. Bei einer Hauptuntersuchung werden Zustand und Funktion, Ausführung und Wirkung der Fahrzeugkomponenten und -systeme beurteilt (Tabelle 652.1).

Die Beurteilung wird durch visuelle und manuelle Prüfungen und/oder messtechnische Untersuchungen durchgeführt (Bild 652.1).

Eine „innere Untersuchung" der Bauteile wird nicht vorgenommen, da die Bauteile nicht „zerlegt" werden dürfen. So können beispielsweise die Bremsbelagstärken einer Hinterradbremse nicht geprüft werden, die als Trommelbremse ausgeführt ist. Diese Montage- und Demontagearbeiten sind nur von den Kfz-Werkstätten durchzuführen (Handwerksrecht).

Zudem dürfen Fahrzeugbauteile oder -komponenten bei der Überprüfung nicht durch übermäßige Krafteinwirkung zerstört werden. Allerdings können durch Korrosion bereits geschädigte Bauteile allein durch visuelle Prüfungen nicht eindeutig beurteilt werden. Daher sind entsprechende manuelle Prüfungen mit geeigneten Werkzeugen erforderlich, um zu einer eindeutigen Beurteilung über die Verkehrssicherheit zu kommen.

Beurteilung der Mängel. Werden bei der Überprüfung der Fahrzeugkomponenten und -systeme Mängel festgestellt, so müssen diese klassifiziert werden. Der Gesetzgeber unterscheidet drei Mängelklassen, die durch die denkbare Verkehrsgefährdung bestimmt werden. Diese sind in der sogenannten HU-Richtlinie festgelegt (Tabelle 653.1).

Hat das Fahrzeug mehrere Mängel, richtet sich die Gesamtbeurteilung nach dem schwersten Mangel. Bei mehreren Mängeln derselben Klasse besteht die Gefahr, dass sich durch das Zusammenwirken der verschiedenen Mängel die Auswirkungen verstärken. Daher kann das Fahrzeug in die höhere Mängelklasse eingestuft werden.

Bild 652.1 Visuelle, manuelle und elektronische Prüfung.

Bewertungsstufen	Beschreibung der Mängel	Maßnahmen	Zuteilung der neuen Prüfplakette
ohne Mängel (OM)	keine erkennbaren Mängel		ja
geringe Mängel (GM)	kurzzeitige Abweichungen von Vorschriften/Richtlinien; zum Zeitpunkt der Feststellung ist eine Verkehrsgefährdung kurzfristig nicht zu erwarten	Mängel müssen unverzüglich behoben werden, eine Nachprüfung ist nicht erforderlich	ja
erhebliche Mängel (EM)	bestehende Abweichung von Vorschriften/Richtlinien; eine Verkehrsgefährdung ist zu erwarten	Mängel müssen unverzüglich behoben werden, eine Nachprüfung ist erforderlich.	nein
verkehrsunsicher (VU)	Mängel bewirken eine unmittelbare Verkehrsgefährdung	das Fahrzeug darf nicht mehr im öffentlichen Verkehr fahren, die vorhandene Prüfplakette wird entfernt	nein

Tabelle 653.1 Bewertungsstufen der Mängel.

14.2.3 Ergebnis der Prüfung

Untersuchungsbericht. Bei jeder Hauptuntersuchung wird ein Prüfbericht erstellt und dem Fahrzeughalter ausgehändigt. Der Inhalt des Prüfberichts ist in Anlage VIII der StVZO festgelegt. Die in Bild 654.1 dargestellten Informationen müssen enthalten sein.

Der wichtigste Punkt für den Fahrzeugbesitzer ist das Ergebnis der Hauptuntersuchung. Hier ist vermerkt, in welche Mängelklasse das Fahrzeug eingestuft wurde.

Zuteilung der Plakette. Nur Fahrzeuge ohne Mängel erhalten eine neue Prüfplakette (Tabelle 653.1).

In § 29 StVZO ist geregelt, dass auch bei geringen Mängeln die neue Prüfplakette zugeteilt werden kann. Der Gesetzgeber fordert jedoch, dass die vorhandenen Mängel unverzüglich behoben werden. Dies befreit von einer erneuten Vorführung des Fahrzeugs zur Nachprüfung.

Werden bei der Hauptuntersuchung erhebliche Mängel festgestellt oder sind die Mängel so schwerwiegend, dass das Fahrzeug verkehrsunsicher ist, darf keine Plakette zugeteilt werden. In beiden Fällen ist eine Nachprüfung (NP) erforderlich.

Behebung der Mängel. Erhält das Fahrzeug bei der HU keine neue Prüfplakette, müssen die Mängel unverzüglich beseitig werden. Die erforderliche Nachprüfung muss gemäß den Bestimmungen des § 29 StVZO innerhalb eines Monats nach der Hauptuntersuchung erfolgen.

Stellt man bei der Nachuntersuchung fest, dass alle Mängel behoben sind, wird die neue Prüfplakette zugeteilt.

Sind jedoch nicht alle Mängel (einschließlich der geringen Mängel) behoben oder werden nochmals zusätzliche Mängel festgestellt, darf die Prüfplakette wiederum nicht zugeteilt werden und eine weitere Nachprüfung ist fällig.

Bei allen Nachprüfungen muss der Fahrzeugbesitzer immer den Untersuchungsbericht der letzten Hauptuntersuchung vorlegen. Ist dies nicht möglich, z. B. wegen Verlust durch Unachtsamkeit, wird eine komplette Hauptuntersuchung durchgeführt. Dies ist auch dann der Fall, wenn das Fahrzeug später als einen Monat nach dem Tag der Hauptuntersuchung wieder vorgeführt wird.

TÜV SÜD Auto Service GmbH
Zeppelinstraße 5, 96052 Bamberg
Telefon 0951 94411-0
Prüfort: 9999000029

Name, Anschrift der prüfenden Stelle

TÜV SÜD

TÜ-V1234

Bericht-Nr.:	**4386028456**
Datum:	**06.05.2009**

Fahrzeugdaten

HERBERT MUSTERMANN
MUSTERSTRAßE 7
D-99999 MUSTERSTADT

Klasse:	FZ.Z.PERS.BEF.B. 8 SPL.	M1
Aufbau:	KOMBILIMOUSINE	AC
Hersteller:	OPEL	0035
Typ:	A-H/SW	AAY00001
Emissionsschl:	EURO 4	0462
Fz-Id.Nr.:	**W0L0XCFAH50999123**	
EZ/km:	MAI 2006/78899	L. Unters.: -
TÜV Entgelt:	51,90 EUR (berechtigt nicht zum Vorsteuerabzug)	

Untersuchungsart

Hauptuntersuchung § 29 StVZO

Termin der nächsten Hauptuntersuchung

Entscheidung über die Zuteilung der Plakette

Ergebnis: erhebliche Mängel	**Wiedervorführung NP §29**	**Prüfplakette nicht zugeteilt**

Ergebnis der Hauptuntersuchung

Sehr verehrte Kundin, sehr geehrter Kunde,

unser Sachverständiger hat an Ihrem Fahrzeug Mängel festgestellt. Die Abweichungen von den Vorschriften können zu einer Verkehrsgefährdung führen:

- Betriebsbremse hinten: Wirkung einseitig 10300
- Feststellbremse: Wirkung nicht ausreichend 10700
- Feststellbremse: einseitig 10800
- Bremsschlauch vorne rechts: undicht 12204
- Schub-/Spurstangenkopf: rechts ausgeschlagen 21005
- Trag-/Führungsgelenk vorne rechts: ausgeschlagen 50108

festgestellte Mängel

Die Plakette konnte nicht zugeteilt werden.
Bitte lassen Sie die Mängel umgehend beheben und kommen Sie anschließend zur Nachprüfung.
Bitte beachten Sie auch die Informationen auf der Rückseite.

Ihr Betreuer, Herr Rainer

Messwerte:

Bremsentest (Werte in daN)		links	rechts
Betriebsbremse	1. Achse	240	220
Betriebsbremse	2. Achse	110	200
Feststellbremse		50	170

Bremswerte, soweit möglich

Hinweise:

nachgewiesene Abgasuntersuchung

- **Untersuchung des Abgasverhaltens am 29.04.2009 durch anerkannte Kfz-Werkstätte, Kontrollnummer BY-2-02-00001.**

Wir danken für Ihren Auftrag und wünschen Ihnen weiterhin gute Fahrt. TÜV im Internet: www.tuev-sued.de

TÜV SÜD - Mehr Sicherheit. Mehr Wert.

Ihr mobiler TÜV Service

TÜV SÜD Auto Service GmbH

TÜV®

• TÜV SÜD • Mehr Sicherheit. Mehr Wert.

Bild 654.1 Untersuchungsbericht.

14.2.4 Elektronische Fahrzeugsysteme

Sicherheitsrelevante Fahrzeugeinrichtungen mit elektronischen Komponenten sind bei Kraftfahrzeugen inzwischen Standard. Die Wirksamkeit dieser Systeme ist abhängig von der einwandfreien Funktion der elektronischen Steuergeräte, Sensoren, Aktoren sowie der elektrischen Kontakte und Leitungen.

Dieser technischen Entwicklung trägt man bei der Hauptuntersuchung Rechnung. Alle sicherheitsrelevanten elektronischen Fahrzeugbauteile bei nach dem 1. April 2006 zugelassenen Fahrzeugen werden ebenfalls bei der Hauptuntersuchung geprüft:

- Bremsanlage,
- Lenkanlage,
- aktive lichttechnische Einrichtungen,
- Sicherheitsgurte oder andere Rückhaltesysteme,
- Airbags,
- dynamischer Überrollschutz,
- Geschwindigkeitsbegrenzer,
- fahrdynamische Regelsysteme mit Eingriff in die Bremsanlage.

Dabei werden die Komponenten der elektronisch geregelten Fahrzeugsysteme auf

- Systemmanipulation,
- Verschleiß,
- Ausbau oder Umbau und auf
- Systemfehler geprüft.

Untersucht werden zunächst Einbau und Funktionsweise der Systeme. Beim ABS wird beispielweise geprüft, ob alle Sensoren sachgemäß verbaut und unbeschädigt sind, ob die Kontrollleuchte erlischt oder definiert aufleuchtet.

Nächster Schritt ist die Untersuchung über die OBD-Schnittstelle.

14.3 Prüfpunkte bei den Service- und Instandsetzungsarbeiten

14.3.1 Fahrzeugidentifizierung

Es muss überprüft werden, ob die vorgelegten Fahrzeugdokumente mit dem Fahrzeug tatsächlich übereinstimmen (Tabelle 655.1).

14.3.2 Fahrzeuginnenraum

Im Fahrzeuginnenraum dürfen sich keine Teile befinden, die zu Verletzungen oder Gefährdungen der Fahrzeuginsassen führen können (Tabelle 656.1).

Komponenten	Prüfpunkte
■ Fahrzeugdokumente	• Zulassungsbescheinigung Teil I bzw. Fahrzeugschein vorhanden • Angaben in den Fahrzeugdokumenten stimmen mit den tatsächlichen Verhältnissen überein
■ Typschild	• vorhanden, sicher befestigt, gut lesbar • Fahrzeug-Ident.-Nr. vorhanden, gut lesbar (am vorderen Teil der rechten Seite des Fahrzeugrahmens), vollständig (17 Stellen)
■ Ausnahmegenehmigungen bei Fahrzeugänderungen	• Teilegutachten, ABE und andere Genehmigungen vorhanden • stimmen mit den Fahrzeugänderungen überein

Tabelle 655.1 Prüfpunkte Fahrzeugidentifizierung.

Komponenten	Prüfpunkte
■ Brems- und Kupplungspedal	• Pedallagerungen nicht ausgeschlagen • Pedalplatte rutschsicher (Gummiauflage oder Riffelung nicht beschädigt)
■ Feststellbremse	• sicheres Einrasten des Betätigungshebels oder des -pedals
■ Lenkrad	• Lenkrad fest mit der Lenksäule verbunden, kein axiales Spiel • maximal ein 2 bis 5 Finger breites Spiel („toter Gang") am Lenkradumfang, abhängig von der Lenkradgröße • Lenkrad nicht serienmäßig: Ausführung genehmigt durch ABE bzw. EG-Typgenehmigung
■ Lenksäule	• Lenksäule fest montiert, Gelenke spielfrei • keine Geräusche bei Lenkbewegungen
■ Hupe	• Funktion ist gegeben (gleichbleibender Grundton) • verboten: Sirenen sowie Einrichtungen, die Melodien spielen oder sonstige Töne
■ Heizgebläse	• Heizgebläse funktioniert
■ Waschanlage, Front-/Heckscheibenwischer	• Waschanlage funktioniert, Waschdüsen nicht verstopft, richtig eingestellt • Wischfeld ohne Schlieren und Wasserreste, Wischerblatt „rattert" nicht
■ Rückspiegel	• fest, unbeschädigt und verstellbar
■ Kontrollleuchten im Armaturenbrett	• Aufleuchten und Erlöschen gemäß der Systemfunktion • entsprechende Warnleuchten an, wenn Beifahrerairbag, ABS o. ESP deaktiviert sind
■ Sicherheitsgurte, Rückhaltesysteme	• vorhanden; Gurtschlösser, -bänder, -schnallen nicht beschädigt • vorschriftsmäßig montiert • die Sperrautomatik funktioniert einwandfrei (prüfen durch ruckartiges Ziehen), eine ausreichende Vorspannung ist vorhanden, Gurt rollt automatisch wieder ein
■ Wegfahrsperre (Lenkschloss)	• Zündschlüssel kann erst nach Abstellen des Motors abgezogen werden, Sperrbolzen für Lenkradverriegelung rastet ein • Blockierung der Lenkung wird aufgehoben, bevor der Motor startet
■ gefährdende Fahrzeugteile innen	• Betätigungseinrichtungen (Schalter, Hebel) dürfen den Fahrer nicht behindern bzw. Fahrzeuginsassen nicht verletzen; keine gebrochenen Betätigungshebel • nachträglich eingebaute Teile sind nicht scharfkantig und ragen nicht in den Fußraum der Vordersitze hinein und sind nicht vor den Knien der Fahrzeuginsassen angebracht
■ Sitze	• Sitze, Lehnen und die Befestigung mit Arretierung sind nicht beschädigt, bieten sicheren Halt • selbsttätige Verriegelung in normaler Fahrstellung für klappbare Sitze und Rückenlehnen vorhanden, hinter denen sich weitere Sitze befinden
■ Sichtverhältnisse	• Frontscheibe (Verbundsicherheitsglas): keine Beschädigungen (Kratzer, Sprünge) im Sichtbereich (Scheibenwischerfeld) • Seitenscheiben, Heckscheiben, Dachscheiben: ohne Beschädigung • keine Kennzeichnungen in den Scheiben durch Ätzen, Sandstrahlen, Gravieren oder Laserstrahlen
■ Geschwindigkeitsschild	• vorhanden bei M&S-Reifen bei verringerter Maximalgeschwindigkeit

Tabelle 656.1 Prüfpunkte Fahrzeuginnenraum.

14.3.3 Fahrzeug von außen

Es ist der Zustand der gesamten Karosserie, Leuchten und Scheinwerfer sowie weiterer Anbauteile zu begutachten. Neben Korrosion, Beschädigungen und Verschleiß sind Befestigung und sachgerechte Montage zu prüfen. Zudem sind Schlösser und Verriegelungen der Türen und Hauben zu beurteilen (Tabelle 657.1).

Komponenten	Prüfpunkte
■ amtliche Kennzeichen vorne und hinten	• fest montiert, unbeschädigt, Beschriftung eindeutig lesbar • Stempelplakette der Zulassungsstelle unbeschädigt
■ Fahrzeug steht gerade	• Reifendruck gemäß Vorgaben • kein Federbruch
■ Tieferlegung	• Nachweis über ordnungsgemäßen Ein- oder Anbau vorhanden • kein Fahrbahnkontakt von Brems- und Kraftstoffleitungen, Kraftstoffbehälter sowie anderer sicherheitsrelevanter Bauteile
■ Spurverbreiterung	• Nachweis über ordnungsgemäßen Ein- oder Anbau vorhanden • kein Kontakt der Reifen und Räder mit Karosserie
■ Anbau Spoiler	• Nachweis über ordnungsgemäßen Ein- oder Anbau vorhanden • Befestigung sicher, fest und vibrationsfrei
■ Karosserie	• keine Deformationen und Beschädigungen, die eine Gefährdung darstellen • keine Korrosion an tragenden Bauteilen • alle Teile fest, keine losen Teile
■ Anbauteile	• fest montiert, keine spitzen Ecken und Kanten
■ Türen/Hauben/Griffe, Schlösser, Scharniere	• Türscharniere sind leichtgängig, ohne Spiel, kein erkennbarer Verschleiß • Verriegelungseinrichtung und Schlösser funktionieren, ein unbeabsichtigtes Öffnen ist nicht möglich • zusätzlicher Fanghaken bei Motorhauben vorhanden
■ Beleuchtung Fahrzeugfront und Fahrzeugheck	• alle Lampen leuchten, kein Flackern; Lichtstärke der einzelnen Lampen der jeweiligen Beleuchtung ist gleich • Scheinwerfer serienmäßig: Ausführung mit EG- und/oder ECE-Genehmigungszeichen • Gläser und Gehäuse unbeschädigt, Reflektoren fest, unbeschädigt und nicht oxidiert
■ Blinkleuchten, Warnblinkanlage	• alle Leuchten in Funktion; Frequenz: 90 ± 30 Impulse pro Minute; blinken mit gleicher Phase; gelbes Licht
■ Abblendlicht, Fernlicht, Nebelleuchten	• Neigung, Seitenrichtung und Leuchtstärke richtig • Position der Nebelleuchten zulässig; Schaltung der Nebelleuchten vorschriftsmäßig (bei Nachrüstung)

Tabelle 657.1 Prüfpunkte Fahrzeug von außen.

14.3.4 Motorraum

Bei diesem Prüfpunkt wird der Zustand der Bauteile der Brems- und Lenkungsanlage kontrolliert. Es wird geprüft, ob durch Leckage Flüssigkeiten austreten, die schließlich zum Ausfall der Brems- und Lenkanlage oder zu einem Defekt am Motor führen können (Tabelle 658.1).

14.3.5 Fahrzeug von unten

Lenkung, Vorder- und Hinterachsen, Reifen und Räder sowie die Bauteile der Bremsanlage sind maßgebend für Fahrsicherheit und Fahrkomfort. Durch Korrosion, Verschleiß, unzulässiges Spiel oder Schwergängigkeit sowie mechanische Beschädigungen dürfen Zustand und Funktion dieser Bauteile nicht beeinträchtigt werden. Kraftstoff- und Bremsleitungen sowie die Abgasanlage müssen dicht sein (Tabelle 659.1).

Komponenten	Prüfpunkte
■ Bremskraftverstärker, Hauptzylinder, Bremsflüssigkeitsbehälter	• keine Korrosion, Beschädigung an Hauptzylinder und Unterdruckverstärker • Nachlaufbehälter: Verschraubung und elektrische Kontakte unbeschädigt, Bremsflüssigkeitsstand ausreichend • alle Bauteile sind dicht, keine Leckagestellen erkennbar
■ Bremsleitungen	• keine Korrosion an Leitungen und Verschraubungen • keine erkennbare Leckage • sachgemäße Verlegung
■ Lenkhilfe (elektrohydraulische Lenkung)	• Schlauchleitungen und Verschraubungen sind dicht • Lenkhilfe ist ordnungsgemäß verlegt und fixiert • Lenkgetriebe, Lenkzylinder, Servo-Zylinder, Öldruckpumpe, Vorratsbehälter mit Deckel sind unbeschädigt und dicht • Keilriemen ohne Verschleißmerkmale
■ Hydraulikflüssigkeit für Lenkung	• Hydraulikölstand ist ausreichend • kein Ölverlust erkennbar
■ elektrische Leitungen	• Massebänder fest, Kontaktstellen nicht oxidiert; Anschlüsse und Kabelverschraubungen (Starter, Generator) fest • Sicherungskästen und Kabeleinführungen schmutz- und wassergeschützt, Isolierung gegen Feuchtigkeit für Verteilerkappe, Zündkerze, Zündspule unbeschädigt
■ Starterbatterie	• Batterie unbeschädigt, fest montiert • Polanschlüsse fest, Polkappenabdeckung vorhanden
■ Motoröl	• Ölstand ist ausreichend • kein Ölverlust am Motor erkennbar
■ Kühlflüssigkeit	• Kühlflüssigkeitsstand und Frostschutz ausreichend • kein Verlust an Kühlflüssigkeit erkennbar

Tabelle 658.1 Prüfpunkte Motorraum.

Komponenten	Prüfpunkte
■ Lenkanschlag	• gelenkte Räder dürfen nicht an Fahrzeugteilen schleifen
■ Lenkgelenke (Spurstangen-endstücke, Axialgelenke)	• fester Sitz am Radträger und am Lenkgetriebe (kein Kippen, kein Höhenspiel) • Gummibalg ohne Beschädigung, fester Sitz, Federspannringe vorhanden
■ Spurstange, Spurstangenhebel	• keine Korrosion, ohne Beschädigung/Verformung • bei Lenkeinschlag keine Berührung mit anderen Fahrzeugteilen (keine blanken Stellen)
■ Radstellung	• kein auffälliger Verschleiß an allen vier Rädern erkennbar
■ Reifen	• Reifenkennung und Betriebskennung gemäß den Fahrzeugpapieren • Profiltiefe mindestens 1,6 mm, gleichmäßige Abnutzung, Laufrichtung stimmt • keine Beschädigungen im Wulst-, Flanken- und Profilbereich
■ Felgen	• keine Beschädigung, keine Korrosion, • Ventil ohne Beschädigung, Ventilkappe vorhanden • alle Radmuttern vorhanden
■ Räder	• Rad leicht drehbar; keine Geräusche beim Drehen (Hinweis auf defektes Radlager, schleifende Bremsen)
■ Achskörper VA, HA (Hilfs-rahmen, Aggregateträger)	• nicht beschädigt, verbogen, korrodiert, geschweißt • sachgemäße Befestigung an der Karosserie
■ Lenker- und Lenker-lagerung (an Karosserie bzw. Achskörper)	• Lenker nicht verbogen, angerissen, korrodiert • Lenkerlagerungen sachgemäß befestigt, Gummibuchse nicht ausgeschlagen (kein Spiel)
■ Traggelenk, Führungsgelenk	• sachgemäße Befestigung, fest verschraubt, kein unzulässiges Radial- und Höhenspiel • unbeschädigter Dichtungsbalg
■ Radträger (Schwenklager)	• Schwenkbewegung der Räder nicht schwergängig
■ Radlager VA und HA	• Radlagerspiel nicht unzulässig groß (keine Kippbewegung des Rades), nicht schwergängig oder fest (Lager läuft heiß)
■ Stabilisator, Koppelstange (Pendelstütze) VA, HA	• nicht verbogen oder gebrochen, nicht korrodiert • Lagerung mit Karosserie fest verschraubt, Gummibuchsen nicht ausgeschlagen, Kugel-/Gummigelenke nicht ausgeschlagen
■ Federbein VA	• Befestigung sachgemäß (Klemmverbindung zu Radträger) • Federn nicht gebrochen, keine Risse erkennbar • Feder- und Dämpferwirkung ausreichend
■ Stoßdämpfer HA	• Stoßdämpfer dicht, keine auffälligen Beschädigungen oder Verschleißspuren • Dämpferwirkung ausreichend • Lagerbuchsen nicht ausgeschlagen
■ Federn HA	• nicht gebrochen, keine Risse erkennbar, nicht korrodiert
■ Türschweller, Bodenwanne, Querverstrebungen, Kraft-anlenkpunkte für Achsen, Lenkung, Motor, Getriebe	• keine Korrosion erkennbar • Unterbodenschutz haftet noch vollständig, keine Loslösung • keine mechanischen Beschädigungen, keine Beulen oder Knicke (evtl. durch unsachgemäße Reparatur)

Tabelle 659.1 Prüfpunkte Fahrzeug von unten. ▶

Komponenten	Prüfpunkte
■ Achswellen, Gelenkwellen, Zwischenwellen	• Faltenbälge ohne Beschädigung, dicht • keine Geräusche bei langsamer Fahrt und bei voll eingeschlagenen Vorderrädern • kein spürbares Verdrehspiel in den Achswellen
■ Längswellen (Kardanwellen), Zwischenlager	• keine Beschädigung, nicht korrodiert • Zwischenlager sachgemäß verschraubt, kein Verschleiß erkennbar • kein spürbares Verdrehspiel in den Kardanwellen
■ Reserveradbefestigung (außen am Fahrzeug)	• keine mechanische Beschädigung der Halterungen, keine Korrosion • Ersatzrad ist durch zwei voneinander unabhängige Befestigungen gegen Verlieren gesichert • nachträglich am Fahrzeugäußeren angebrachte Halterungen für das Reserverad (Wohnmobile) in der Zulassungsbescheinigung eingetragen
■ Bremsleitungen und Bremsleitungsverschraubungen	• sachgemäß verlegt und befestigt • keine Korrosion • keine Leckage erkennbar
■ Bremsschläuche und Verschraubungen	• sachgemäß verlegt und befestigt, keine zu engen Radien, keine Verdrehungen oder Knickstellen, keine Scheuerstellen am Bremsschlauch erkennbar • dicht, keine aufgequollenen Verdickungen, Oberfläche nicht porös oder rissig
■ Handbremsseil mit Anbauteilen	• sachgemäße Verlegung und Befestigung, Bremsseile schleifen nicht an Fahrzeugteilen, Seile mit aufgesplissenen Drähten müssen erneuert werden • Gummibälge an Bowdenzügen und Durchführungen sind vorhanden und nicht beschädigt
■ Bremskraftregler	• keine feuchten Stellen (Bremsflüssigkeit) erkennbar • keine Beschädigung an Faltenbälgen, Hebeln, Federn erkennbar
■ Bremsscheiben	• zulässige Dicke nicht unterschritten • keine Riefen, keine Risse, nicht gebrochen, Bremsflächen an Scheibenbremsen sind parallel verschlissen
■ Bremsbelag Scheibenbremse	• Belagstärke ausreichend, Abnutzung zwischen linker/rechter Fahrzeugseite sowie den beiden Belägen einer Seite nahezu gleichmäßig • Bremsbelag bei unbetätigter Bremse beweglich
■ Bremszylinder, Bremssattel	• keine feuchten Stellen erkennbar (Bremsflüssigkeit) • Staubmanschetten unbeschädigt, sachgemäß befestigt • Bremssattel ist sachgemäß am Radträger befestigt
■ Bremstrommel, Bremsbelag, Radzylinder	• keine Korrosion, keine Risse • Belagdicke ausreichend (erkennbar durch Schauloch in der Bremsankerplatte) • keine feuchten Stellen an Bremstrommel und Bremsankerplatte erkennbar (Anmerkung: In Zweifelsfällen ist die Bremstrommel zu demontieren)
■ Abgasanlage	• alle Teile vorhanden, unbeschädigt, vollständig dicht, richtig befestigt • keine durch Korrosion gelösten Außenbleche, aufgeplatzte Bördelungen, keine anderen stark korrodierten Stellen
■ Kraftstoffleitung, -schläuche	• keine Korrosion, nicht beschädigt, nicht geknickt • vollständig dicht

Tabelle 659.1 (Fortsetzung) Prüfpunkte Fahrzeug von unten.

14.3.6 Bremsenprüfung am Rollenprüfstand

Dabei werden die Bremskräfte und die Schwankungen der Bremskräfte der Räder einer Achse überprüft. Zudem ist erkennbar, ob die Bremsen vor und nach der Betätigung lösen (Tabelle 661.1).

14.3.7 Überprüfung mit Diagnosetester und AU-Prüfgeräten

Hier werden die verbauten elektronischen Systeme vollständig und selbstständig geprüft. Besonders wichtig sind die Komponenten der elektronischen Systeme für die Fahrsicherheit und das Abgasverhalten.

Komponenten	Prüfpunkte
■ Rollwiderstand (gelöste Bremse)	• beim Anfahren der Prüfstandrollen („Einpendeln") keine größeren oder pendelnden Ausschläge am Anzeigemanometer erkennbar
■ Betriebsbremse Achse 1 und Achse 2	• Bremswirkung der Räder an Achse 1 und Achse 2 ist ausreichend – Abbremsung $z \geq 50\,\%$ • Räder an Achse 1 und Räder an Achse 2 bremsen gleichmäßig, nicht einseitig – im oberen Prüfbereich dürfen die Bremskräfte nicht mehr als 25 % auseinander liegen, bezogen auf den höheren Messwert • Bremspedalweg hat ausreichende Wegreserve bis zum Anschlag
■ Feststellbremse	• Bremswirkung der Feststellbremse ausreichend – Abbremsung $z \geq 16\,\%$ • Räder der Feststellbremse bremsen gleichmäßig, nicht einseitig – im oberen Prüfbereich dürfen die Bremskräfte nicht mehr als 50 % auseinander liegen, bezogen auf den höheren Messwert • Hebelweg maximal 5 Rasten

Tabelle 661.1 Prüfpunkte am Rollenprüfstand.

14.3.8 Probefahrt

Die Probefahrt dient dazu, mögliche Mängel am Fahrzeug zu erkennen, die nur im Fahrbetrieb auf der Straße auftreten. Dies sind vorwiegend Mängel am Motor, im Antriebsstrang oder am Fahrwerk mit Lenkung und Bremse. Die Dauer der Probefahrt sollte eine Fahrstrecke von 3 bis 6 km umfassen (Tabelle 661.2).

Komponenten	Prüfpunkte
■ Lenkung	• Lenkrad steht bei Geradeausfahrt in richtiger Stellung • kein Flattern, keine Vibrationen • Lenkung leichtgängig
■ Motor	• keine außergewöhnliche Rauchentwicklung im Motorleerlauf • keine außergewöhnlichen Geräusche • Motorleistung vorhanden
■ Kupplung, Getriebe	• leichtgängig, ohne erkennbare Mängel, keine außergewöhnlichen Geräusche
■ Bremse	• kein Flattern des Lenkrads beim Bremsen • ABS-Funktion vorhanden
■ Instrumente	• Kontroll- und Warnleuchten erlöschen nach dem Motorstart bzw. nach Fahrbeginn

Tabelle 661.2 Prüfpunkte Probefahrt.

14.3.9 Mängelschwerpunkte an Fahrzeugen

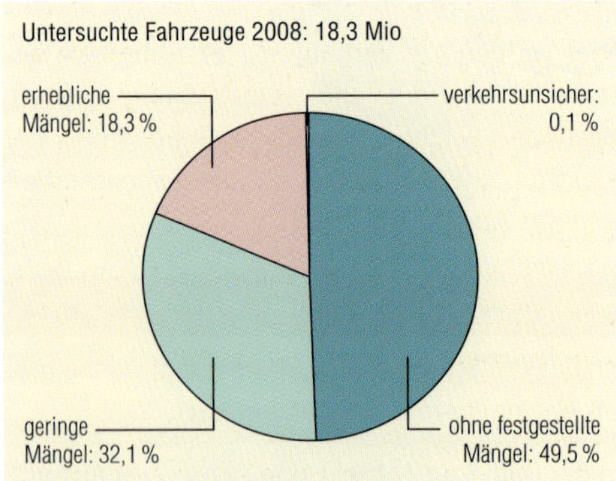

Bild 662.1 Mängeleinstufung bei HU von Pkw im Jahr 2008.

Das Kraftfahrtbundesamt sammelt alle Informationen über durchgeführte Hauptuntersuchungen und deren Ergebnisse. 2008 wurden in der Bundesrepublik Deutschlad über 18 Millionen Personenkraftwagen untersucht. Die Auswertungen der Daten unterstreichen die Bedeutung der gesetzlich vorgeschriebenen Hauptuntersuchung (Bild 662.1).

Häufig vorkommende Mängel zeigt Bild 662.2. Die in der Darstellung fehlenden Fahrzeugkomponenten und -systeme haben selbst bei Fahrzeugen, die 9 Jahre und älter sind, nur einen geringen Anteil.

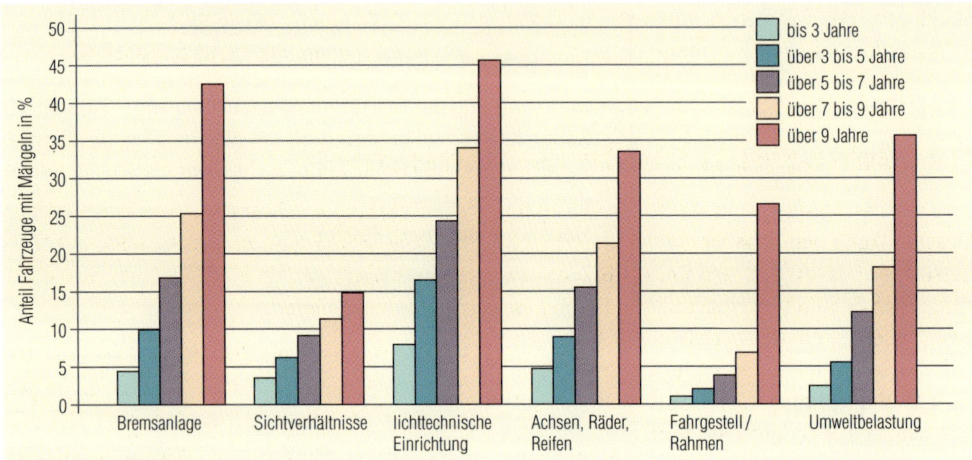

Bild 662.2 Häufigste Mängel.

14.4 Änderungen an Fahrzeugen

Hier wird nur der Bereich des Fahrzeugtunings betrachtet, d. h. die individuelle Veränderung des Fahrzeugs. Die häufigsten Fahrzeugänderungen sind der Austausch von Reifen sowie die nachträgliche Montage von Front- oder Heckspoiler, Veränderungen am Fahrwerk, die Erhöhung der Motorleistung sowie der Austausch der Schalldämpferanlage.

Bei Beschaffung und Einbau dieser Umbauteile muss immer die Sicherheit im Mittelpunkt stehen, zudem müssen die gesetzlichen Regelungen eingehalten werden. Nur mit Fachkenntnissen kann beurteilt werden, welche Qualitätsmerkmale die Umbauteile aufweisen müssen und welche erforderlichen rechtlichen Maßnahmen während und nach der Fahrzeugänderung vorgeschrieben sind.

14.4.1 Betriebserlaubnis des Fahrzeugs

Ein Fahrzeug darf nur auf öffentlichen Straßen fahren, wenn die Betriebserlaubnis erteilt wurde. Dies ist der Fall, wenn bei der Fahrzeugzulassung die Zulassungsbescheinigung I und II mit dem amtlichen Fahrzeugkennzeichen, versehen mit der Stempelplakette, ausgehändigt wird.

Eine Betriebserlaubnis ist die Bestätigung, dass das Fahrzeug nationalen und internationalen Vorschriften entspricht. Für Fahrzeuge, die in großen Stückzahlen in Serie produziert werden, wird durch das KBA die Allgemeine Betriebserlaubnis erteilt. Diese ist zu unterscheiden von der Betriebserlaubnis für Einzelfahrzeuge.

Die Betriebserlaubnis bleibt bis zur endgültigen Stilllegung des Fahrzeugs wirksam. Sie kann jedoch erlöschen, wenn Änderungen am Fahrzeug durchgeführt werden. Dabei ist maßgebend, welche Umbauteile bei der Fahrzeugänderung verwendet werden (Bild 663.1).

Die Veränderung des Fahrzeugs entsteht durch Neugestaltung von Fahrzeugteilen, Austausch von Fahrzeugteilen sowie durch An- oder Einbau neuer Teile. Zur Fahrzeugänderung gehört auch, wenn Teile aus dem Fahrzeug ausgebaut oder vom Fahrzeug abgebaut werden.

Fahrzeugänderung mit Teilen, die ohne Einschränkung verwendbar sind	Fahrzeugänderung mit Teilen, für die eine Genehmigung vorhanden ist	Fahrzeugänderung mit Teilen, für die keine Genehmigung vorhanden ist
⇨ Betriebserlaubnis erlischt nicht		⇨ Betriebserlaubnis erlischt

Bild 663.1 Gültigkeit der Betriebserlaubnis bei Fahrzeugänderungen.

14.4.2 Änderungen ohne Erlöschen der Betriebserlaubnis

Dies sind Änderungen mit Bauteilen, die ohne Einschränkung verwendbar sind. Eine Beeinflussung auf das Abgas- und Geräuschverhalten sowie eine Gefährdung ist bei diesen Teilen ausgeschlossen. Sie haben meistens nur eine optische Wirkung. Beispiel: Blende für das Endrohr der Schalldämpferanlage, wobei der Auslassquerschnitt nicht beeinflusst wird.

Bauteile mit Teilegutachten. Im Teilegutachten sind der Verwendungsbereich der Fahrzeugbauteile (Fahrzeughersteller und -typ), technische Informationen zu den Bauteilen (Funktion, Werkstoff, Kennzeichnung) und wichtige Hinweise zur Umrüstung angegeben. Zudem sind Angaben zur Kombinierbarkeit mit anderen Fahrzeugänderungen sowie Auflagen für den Teilehersteller und Fahrzeughalter enthalten. Die neuen Fahrzeugteile haben keine standardisierte Kennzeichnung. Beispiel: Sonderfahrwerksfederungen zur Tieferlegung des Aufbaus werden mit einem Teilegutachten angeboten (Bild 663.2).

Allgemeine Bauartgenehmigung (ABG). Diese wird für Fahrzeugteile vergeben, die definierte Anforderungen erfüllen müssen hinsichtlich Werkstoff, Gestaltung, Funktion und Fertigung. Diese Bauteile können dann unbeschränkt für alle Fahrzeuge verwendet werden. So werden beispielsweise Folien zur Aufbringung auf Fahrzeugscheiben mit einer Allgemeinen Bauartgenehmigung geliefert.

Das Prüfzeichen auf dem Bauteil besteht aus einer Wellenlinie mit drei Perioden. Es folgen ein oder zwei Kennbuchstaben, eine Nummer und, soweit erforderlich, zusätzliche Zeichen. Das neue Bauteil muss so montiert werden, dass das Wellenlinien-Kennzeichen leicht erkennbar ist. Bauteile, für die eine Allgemeine Bauartgenehmigung vergeben werden kann, sind in der Fahrzeugteileverordnung (FzTV) festgelegt.

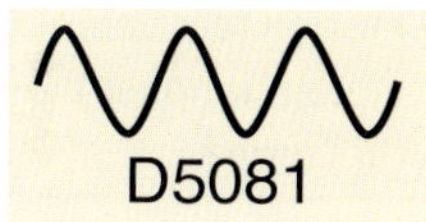

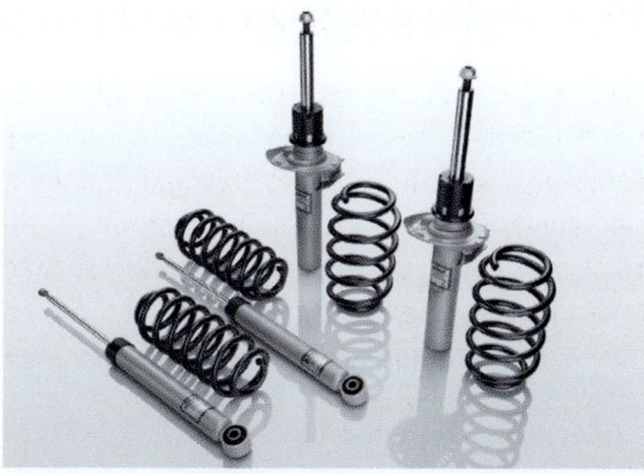

Bild 663.2 Sonderfahrwerksfedern werden mit Teilegutachten angeboten.

KBA45569

E1

1 = Deutschland
2 = Frankreich
3 = Italien
4 = Niederlande
usw.
(weltweit)

ECE = Economic Commission for Europe (engl.): Wirtschaftskommission (der Vereinten Nationen) für Europa

e1

1 = Deutschland
2 = Frankreich
3 = Italien
4 = Niederlande
usw.
(europaweit)

Allgemeine Betriebserlaubnis für Fahrzeugteile (ABE). Wie für Fahrzeuge, kann auch für Fahrzeugteile eine Allgemeine Betriebserlaubnis erteilt werden. Diese Teile werden in großen Stückzahlen produziert und der Hersteller muss auf jedem Fahrzeugteil ein vorgeschriebenes Typzeichen aufbringen. Dieses besteht aus den Buchstaben „KBA" und der Genehmigungsnummer. Sehr häufig gibt es für Sonderräder eine ABE.

Die mitgelieferte ABE umfasst alle Informationen, die für den Einbau, den Betrieb und die Kombination mit anderen Fahrzeugänderungen erforderlich sind.

Die Allgemeine Bauartgenehmigung (ABG) und die Allgemeine Betriebserlaubnis (ABE) sind nationale Teilegenehmigungen, die nach und nach durch internationale Teilegenehmigungen abgelöst werden. Daher sind Fahrzeugbauteile mit diesen Prüfzeichen nur noch selten zu finden.

Teile mit EU-Bauartgenehmigung und ECE-Genehmigung. Diese beiden internationalen Teilegenehmigungen gelten in Staaten, die dem EU-Rechtskreis bzw. dem ECE-Rechtskreis angehören. Die Erteilung dieser Genehmigungen erfolgt nach den internationalen Vorschriften, die in EU-Richtlinien oder ECE-Regelungen festgelegt sind.

Das entsprechende Kennzeichen für eine EU-Bauartgenehmigung besteht aus einem Rechteck, in dessen Innerem sich der Buchstabe „e" und die Kennzahl des Mitgliedsstaates befindet, der die Genehmigung erteilt hat. Dieses Kennzeichen ist meistens auf dem Typenschild des neuen Bauteils aufgedruckt.

Beispiel: Standheizungen zum Nachrüsten haben häufig eine EU-Bauartgenehmigung. Das Genehmigungskennzeichen ist auf dem Typenschild aufgedruckt.

Die mitgelieferte Bescheinigung bestätigt die Bauartgenehmigung und enthält Informationen zum Hersteller des Bauteils, zur Bauteilbezeichnung sowie Merkmale zur Bauteilidentifizierung.

Ist auf dem Bauteil ein großes „E" in einem Kreis erkennbar, weist dies auf eine ECE-Typgenehmigung hin. Diese Genehmigung wird von allen Staaten anerkannt, die dem ECE-Rechtskreis angehören. Das Genehmigungszeichen enthält eine Kennziffer für den Staat, der die Genehmigung erteilt hat, außerdem eine Genehmigungsnummer. Beispiel: Nachrüstscheinwerfer.

Änderungsabnahme. Dabei wird der Einbau, Umbau oder Anbau der neuen Fahrzeugteile durch einen aaSoP oder PI geprüft. Die in den mitgelieferten Genehmigungen genannten Informationen müssen mit den zugehörigen Teilen und dem entsprechenden Fahrzeugtyp übereinstimmen. Eine komplette Überprüfung des Fahrzeugs findet nicht statt.

Ob eine Abnahme der Fahrzeugänderung erforderlich ist, hängt von der Art der Bauteilgenehmigung ab (Tabelle 664.1). Ein Hinweis darauf steht meist auch in den mitgelieferten Papieren.

Die Änderungsabnahme muss unverzüglich nach der Fahrzeugänderung durchgeführt werden. Dies kann durch einen aaSoP in der Technischen Prüfstelle oder durch den PI in einer Werkstatt erfolgen. Geschieht dies nicht, erlischt die Betriebserlaubnis des Fahrzeugs. Dann dürfen nur noch die Fahrten durchgeführt werden, die in unmittelbarem Zusammenhang mit der Wiedererlangung der Betriebserlaubnis stehen.

Teilegenehmigung	Änderungsabnahme
Teilegutachten	immer erforderlich
Allgemeine Bauartgenehmigung, Allgemeine Betriebserlaubnis	erforderlich, wenn im Gutachten genannt
EU-Bauartgenehmigung, ECE-Typgenehmigung	nicht erforderlich

Tabelle 664.1 Erforderliche Änderungsabnahmen.

Dokumentation und Nachweis. Eine sofortige Änderung der Fahrzeugpapiere nach der Änderung oder dem Umbau ist nur dann erforderlich, wenn die Änderung für die Kraftfahrzeugsteuer, für die Versicherung oder für die Fahrerlaubnis relevant ist (Tabelle 665.1).

In den meisten Fällen kann die Änderung zu einem späteren Zeitpunkt (z. B. beim Besitzerwechsel) erfolgen. Bei Änderungen mit Fahrzeugteilen, für die eine EU-Bauartgenehmigung und ECE-Genehmigung vorliegt, ist eine Änderung nicht erforderlich.

Der Fahrzeugführer muss bei Verkehrskontrollen nachweisen können, dass die vorhandenen Fahrzeugänderungen den gesetzlichen Regelungen entsprechen.

Dazu müssen folgende Unterlagen immer im Fahrzeug mitgeführt werden:
- Teilegutachten und Änderungsabnahme oder/und die
- Allgemeine Betriebserlaubnis (ABE) oder/ und die
- Allgemeine Bauartgenehmigung (ABG).

Bei Bauteilen mit EU- bzw. ECE-Typgenehmigung ist nicht vorgeschrieben, dass die jeweiligen Genehmigungen mitzuführen sind. Da aber aus der Teilekennzeichnung alleine nicht auf den Verwendungsbereich, die Einhaltung von Einschränkungen und auf den sachgemäßen Einbau geschlossen werden kann, ist es sinnvoll, die entsprechenden Typgenehmigungen ebenfalls im Fahrzeug mitzuführen.

Angaben in den Teilegenehmigungen	Bedeutung
„unverzügliche Berichtigung"	sofortige Berichtigung, Änderung muss eingetragen sein
„erforderliche, aber zurückgestellte Berichtigung"	Kopie oder Abdruck der Dokumente ist mitzuführen, Berichtigung der Zulassungsbescheinigung bei nächster Befassung der Zulassungsbehörde mit den Fahrzeugdokumenten
„nicht vorgeschrieben, aber mögliche Berichtigung"	keine Berichtigung erforderlich, Kopie oder Abdruck der Dokumente ist mitzuführen

Tabelle 665.1 Berichtigung und Mitführung der Dokumente.

14.4.3 Änderungen mit Erlöschen der Betriebserlaubnis

Teile ohne Teilegenehmigung. Beim Einbau, Umbau oder auch bei Änderung von Fahrzeugteilen ohne Teilegenehmigung erlischt die Betriebserlaubnis wenn
- die Fahrzeugart verändert wird,
- andere Verkehrsteilnehmer gefährdet werden oder
- das Abgas- oder Geräuschverhalten des Fahrzeugs verschlechtert wird.

Die Änderung der Fahrzeugart bezieht sich im Wesentlichen auf Änderungen des Fahrzeugaufbaus, des Gesamtgewichts und auf die Anzahl der Sitzplätze.

Eine Gefährdung von Verkehrsteilnehmern ist zu erwarten, wenn Teile im Fahrzeug geändert werden, die für die Verkehrssicherheit maßgebend sind. Dies sind vor allem Teile des Insassenschutzes, Teile der Bremsanlage, der Lenkung, der Bereifung, des Fahrwerks und an den tragenden Teilen des Fahrzeugs.

Unzulässig ist auch jede Veränderung, die zu einer Verschlechterung des Abgas- und Geräuschverhaltens führt. Dies sind Änderungen an der Motorelektronik, der Gemischaufbereitung, die Verwendung geänderter Motorteile wie Kolben oder Nockenwelle, Einbau einer geänderten Luftfilteranlage sowie die Änderungen an der Motoraufladung und Zündanlage.

Kombination von Änderungen. Werden am Fahrzeug mehrere Änderungen mit genehmigten Bauteilen vorgenommen, kann die Betriebserlaubnis ebenfalls erlöschen. Diese Änderungen können sich gegenseitig so beeinflussen, dass eine Gefährdung der Verkehrsteilnehmer entsteht oder sich das Abgas- und Geräuschverhalten verschlechtert. So können beispielsweise die Veränderung der Spur, eine Tieferlegung mit Einbau geänderter Stoßdämpfer und die Änderung der Räder und Reifen das Fahrverhalten und die -stabilität des Fahrzeugs wesentlich beeinflussen (Tabelle 666.1). Bei diesen Änderungen muss ein amtlich anerkannter Sachverständiger das Fahrzeug begutachten. Zeigen sich bei der Überprüfung keine negativen Auswirkungen, wird die Betriebserlaubnis erteilt.

Sind mögliche Änderungskombinationen in den Teilegenehmigungen beschrieben und werden diese Vorgaben eingehalten, bleibt die Betriebserlaubnis jedoch bestehen.

Betriebserlaubnis für Einzelfahrzeuge (EBE). Bei diesen Fahrzeugen muss durch eine Begutachtung geprüft werden, ob die Änderungen gegen geltende nationale und internationale Vorschriften verstoßen. Dies darf ausschließlich von einem amtlich anerkannten Sachverständigen (aaS) an der Technischen Prüfstelle geprüft werden. Dieser führt in der Regel über den Umfang einer Änderungsabnahme hinausgehende Prüfungen durch, z.B. Fahrversuche, Labor- und Festigkeitsprüfungen, Geräuschmessungen. Bestehen nach dieser Begutachtung keine technischen Bedenken gegen die Teilnahme am Straßenverkehr, erhält der Besitzer für dieses Fahrzeug eine Betriebserlaubnis für Einzelfahrzeuge.

Anhand dieses Gutachtens erstellt die Zulassungsstelle neue Fahrzeugpapiere, in die die technischen Daten aus dem Gutachten übernommen werden. Eine EBE ist auch bei der Einzelanfertigung von Fahrzeugen oder bei in Kleinserie produzierten Fahrzeugen erforderlich.

Änderungen an diesen Komponenten können sich gegenseitig beeinflussen …	Dadurch kann die Betriebserlaubnis erlöschen wegen …
Räder, Reifen, Spurverbreiterung, Sturzänderung, Federn/Stoßdämpfer zur Tieferlegung, Abgasanlage, Lenkrad	… zu erwartender Gefährdung von Verkehrsteilnehmern
Räder, Reifen, Abgasanlage, Änderungen am Motor, Luftfilter	… Verschlechterung des Abgas- und Geräuschverhaltens
Umbau Pkw in Lkw oder umgekehrt, Umbau Pkw oder Lkw in Wohnmobil u. a.	… Änderung der genehmigten Fahrzeugart

Tabelle 666.1 Gegenseitige Beeinflussung von Änderungen am Fahrzeug.

Zur Wiederholung

Der Kunde bringt sein Fahrzeug (Mercedes ML320, 160 kW, zul. Gesamtgewicht 1990 kg) zur fälligen Hauptuntersuchung in die Werkstatt. Das Fahrzeug ist mit einer Anhängerkupplung zum Ziehen eines Anhängers mit einem zulässigen Gesamtgewicht von 2800 kg ausgestattet.

1. Die Hauptuntersuchung ist gesetzlich vorgeschrieben. In welcher Verordnung und in welchem Paragrafen kann dies nachgelesen werden?
2. Wer darf die Hauptuntersuchungen durchführen und welche Überwachungsinstitutionen gibt es dafür? Welche besondere Stellung nehmen TÜV und Dekra ein?
3. In welchen Zeitabständen muss bei diesem Fahrzeug eine Hauptuntersuchung durchgeführt werden?
4. Der Kunde möchte wissen, welche Zeitabstände für den Anhänger gelten. Nennen Sie die Untersuchungsfristen.
5. Bevor die Hauptuntersuchung durchgeführt wird, soll das Fahrzeug „durchgecheckt" werden. Was muss zunächst geprüft werden?
6. Bei geöffneter Motorhaube erfolgt eine Sichtprüfung des Motors. Welche Baugruppen und Komponenten sind dabei vorrangig zu prüfen?
7. Welche wichtigen Fahrzeugmerkmale und Komponenten sind bei der anschließenden Begutachtung des Fahrzeugs von außen zu prüfen?
8. Der Scheinwerfer vorne rechts ist zu tief eingestellt. Am Scheinwerfer ist die Zahl „1,2 %" angegeben. Welche Bedeutung hat diese Angabe und was ist bei der Neueinstellung zu beachten?
9. Notieren Sie Bauteile und Komponenten, die im Fahrzeuginnenraum zu prüfen sind.
10. Das Fahrzeug wird schließlich noch von unten geprüft. Welche Baugruppen und Fahrzeugkomponenten müssen dabei begutachtet werden?
11. Am Bremsenprüfstand werden folgende Bremskräfte gemessen:
    Vorderachse: links 3500 N, rechts 3200 N,
    Hinterachse: links 2400 N, rechts 2700 N
    Feststellbremse: links 1700 N,
    rechts 2300 N
    Bestimmen Sie die Abbremsung der Betriebsbremse und der Festellbremse sowie die prozentualen Abweichungen der Bremskräfte. Werden die gesetzlich vorgeschriebenen Werte erreicht?
12. An welchen Fahrzeugbaugruppen treten am häufigsten Mängel auf? Erstellen Sie dazu eine Ranking-Liste für Fahrzeuge, die zehn Jahre alt sind. Vergleichen Sie diese Werte mit Fahrzeugen, die sechs Jahre alt sind. Was stellen Sie fest?
13. Am Fahrzeug wurden neue Aluminiumfelgen montiert, die Spur verbreitert sowie eine Standheizung nachgerüstet.
    a) Welche Genehmigungen müssen bei diesen Teilen mitgeliefert werden?
    b) Welche Kennzeichen sind an den Teilen erkennbar?
    c) Ist für jede dieser Änderungen eine Änderungsabnahme erforderlich?
    d) Welche Genehmigungen müssen im Fahrzeug immer mitgeführt werden?

Zur Vertiefung

1. Welche Vorteile hat ein Kunde, wenn der jährliche Fahrzeugservice gemeinsam mit der Hauptuntersuchung durchgeführt wird?
2. Ein Kunde war mit seinem Fahrzeug zur Hauptuntersuchung an der Technischen Prüfstelle. Sein Fahrzeug hat erhebliche Mängel und es wurde keine neue Plakette zugeteilt.
   In der Servicewerkstatt sollen die fälligen Reparaturen durchgeführt werden.
   a) Welcher Termin ist zu beachten?
   b) Müssen alle Mängel behoben werden?
   c) Welche Unterlagen sind bei der weiteren Hauptuntersuchung vorzulegen?

Abkürzungen und (englische) Fachbegriffe

Abkürzung, Begriff	Übersetzung, sinngemäße Übertragung
A ABC, active body control	aktive Fahrwerkskontrolle (aktive Federung)
ABS	Anti-Blockier-System
ACC, adaptive cruise control	adaptive Fahrgeschwindigkeitsregelung
ACEA, Association des Constructeurs Européens d'Automobiles	europäischer Verband der Automobilhersteller
Acknowledge	Anerkennung, Bestätigung
Additive	Zusätze (in Kraftstoffen oder Ölen)
Advanced key	weiterentwickelter Schlüssel, Komfortzugang zum Fahrzeug
ADSL, Asymmetric Digital Subscriber Line	asymmetrische (= Informationsaustausch in einer Richtung schneller) digitale Anschlussleitung
AGR	Abgasrückführung
Airbag	(aufblasbarer) Luftsack, passive Sicherheit für Kfz-Insassen
Akkumulator	wiederaufladbare Batterie
ANSI, American National Standards Institute	Amerikanisches Institut für nationale Standards (Normung)
API, American Petroleum Institute	Amerikanisches Erdölinstitut
Aquaplaning	Aufschwimmen des Reifens auf einem Wasserfilm (z. B. bei nasser Fahrbahn durch hohe Fahrgeschwindigkeit)
Arbitration (Field)	Entscheidung (-sfeld)
ARS, Active Roll Stabilisation	aktive Wankstabilisierung
ASG	automatisierte Schaltgetriebe
ASCII, American Standard Code for Information Interchange	Amerikanischer Standardcode für Informationsaustausch
ASD	automatisches Sperrdifferenzial
Assembler, (to assemble)	Zusammenfügen, -bauen; maschinenorientierte Programmiersprache
ATF, Automatic Transmission Fluids	Automatikgetriebeöle
AU	Abgasuntersuchung
B Bias belted	Diagonal-Gürtelreifen
Bit, Binary Digit	kleinste Informationseinheit mit den Werten 1 und 0
Blow-by	Gasdurchtritt bei undichten Brennräumen
Body	(amerikanisch für) Karosserie
Bremsfading	Bremsschwund, -verlust, Nachlassen der Bremswirkung
Bypass	Parallelleitung, -strecke, Umleitung
Byte	Zusammenfassung von 8 Bit, dadurch können 256 Zeichen dargestellt werden
Byteflight	Kunstwort aus Byte und Flight (engl. Flug); optisches Datenbussystem

Abkürzung, Begriff	Übersetzung, sinngemäße Übertragung
CAN, Controller Area Network	ein Bussystem in Kfz
CARB-Stecker (California Air Recources Board)	Diagnosestecker für abgasrelevante Baugruppen (benannt nach kalifornischen Abgasnormen)
Catch-Tank	Tank(-teil) der immer geflutet ist, Schwalltopf
CBS, Combined Brake System	Kombi-Bremssystem; regelt die Bremskraftverteilung
CDC, Continous Damping Control	kontinuierliche Dämpfungskontrolle
CIH, Camshaft in Head	Nockenwelle im Zylinderkopf eingelassen
Closed-Deck	geschlossene Gestaltung der Zylinderblockoberseite
CMOS-Transistor, complementary MOS	siehe → MOS
CoC, Certification of Conformity	EU-Übereinstimmungsbescheinigung; Fahrzeugpapiere
codieren, decodieren	verschlüsseln, entschlüsseln
Common-Rail	gemeinsames Verteilerrohr
Cracken, (to crack)	brechen, zerbrechen, aufspalten (von Molekülen bei der Erdölraffinierung)
Crash	Zusammenprall, Zusammenbruch
Crawler	Kriechgang
CRC, Cyclic Redundancy Check	zyklische Redundanzprüfung für Fehlerkorrekturverfahren
CT	Cetanzahl (Maßzahl für die Zündwilligkeit von Dieselkraftstoff)
CVT, Continuous Variable Transmission	stufenloses Übersetzungsgetriebe
Data-Frame	Datenrahmen
DE	Dreiachs-Ellipsoid-Reflektor
DIN	Deutsches Institut für Normung
DOHC, Double Overhead Camshaft	doppelte obenliegende Nockenwelle
Dongle	Kopierschutzstecker
DOS, Disk Operation System	Disketten-(Platten-)Betriebssystem
DOT, Department of Transportation	US-amerikanisches Verkehrsministerium
Downsizing	Effizienzsteigerung durch Verkleinerung
DSC, Dynamic Stability Control	dynamische Stabilitätskontrolle
DSL, Digital Subscriber Line	digitale Anschlussleitung
DWA	Diebstahlwarnanlage
E-Gas	elektronisches Gaspedal
ECE, Economic Commission Europe	UN-Wirtschaftskommission für Europa
EDC, Electronic Diesel Control	elektronische Dieselregelung
EDS	elektronische Differenzialsperre
Emission	Aussenden, Absondern von … (z. B. Umweltgiften)
EH, extended Hump	erweiterter Hump (siehe dort)
ELAB	elektromagnetisches Abschaltventil
EMV	elektromagnetische Verträglichkeit
EN	Normen der europäischen Union
EOBD	europäische On Board Diagnose (s. dort)

Abkürzung, Begriff	Übersetzung, sinngemäße Übertragung
ESP	elektronisches Stabilitätsprogramm; Fahrdynamikregelung
ETRTO, European Tyre and Rim Technical Organisation	Europäische Organisation zur Erfassung von Reifen und Felgen
EVA-Prinzip	Eingabe – Verarbeitung – Ausgabe (in der Datenverarbeitung)
extreme pressure	Höchstdruck
F FBV	Fahrzeug-Betriebs-Verordnung
FET	Feldeffekttransistor
FeV	Fahrerlaubnis-Verordnung
FGV	Fahrzeuggenehmigungsverordnung
FIN	Fahrzeugidentifizierungsnummer
FlexRay	Kunstwort aus flexibel und ray (engl. Strahlen); Datenbussystem
Fuel-Cell	Brennstoffzelle
FWD, Four Wheel Drive	Vierradantrieb
FZV	Fahrzeug-Zulassungsverordnung
G Gateway	Verbindungsstelle zwischen zwei grundsätzlich verschiedenen Netzwerken
GPS, Global Positioning System	weltweites satellitengestütztes Ortungssystem
GRAFCET, Functionnel de Commande Etape Transition	Darstellung der Steuerungsfunktion mit Schritten und Weiterschaltbedingungen
GSM, Global System for Mobile Communication	weltumfassendes System für mobile Kommunikation
H HA	Hinterachse
Handling, (to handle)	Handhabung, wie etwas gehandhabt wird
Handover	Übergabe
HC, Hydrogen Carbons	(unverbrannte) Kohlenwasserstoffe
Head Unit	Haupt-(Kopf-)Einheit
HS	Schnellarbeitsstahl (auch Hochleistungs-schnellarbeitsstahl genannt)
HTHS-Viskosität, High Temperature High Speed-V.	Viskositätsangabe für Öle für hohe Geschwindigkeiten und Drehzahlen
HU	Hauptuntersuchung
Hump	Höcker, Buckel (in einer Felge)
Hybrid-Auto, -Schaltung, -Technik	hybrid (gr.): zusammengesetzt, gemischt, gekreuzt
I IC, integrated circuit	integrierter Schaltkreis
IGR	intelligente Generatorregelung
Immission	Einwirkung (z. B. von Umweltgiften auf Lebewesen)
Infotainment	Kunstwort aus Information und Entertainment (Unterhaltung)
Injektion	Einspritzung
Input, Output	Eingang, Ausgang (-sgrößen)
Interface	Schnittstelle
IP, Internet Protocol	Internetprotokoll
ISDN, Integrated Service Digital Network	digitales Netz für integrierte Dienste
ISO	International Organisation for Standardisation (Internationale Gesellschaft für Normung)

Abkürzung, Begriff	Übersetzung, sinngemäße Übertragung	
Jetronic (Kunstwort)	elektronische Benzineinspritzung	J
just in time	„genau zum benötigten Zeitpunkt"; Produktionsvorgehen, das Lagerhaltung minimiert und Vorprodukte so bestellt, dass sie sofort verarbeitet werden	
KBA	Kraftfahrtbundesamt	K
KD	Kundendienst (häufig benutzte Abkürzung im Werkstattalltag)	
KTL	kathodische Tauchlackierung	
LAN, Local Area Network	lokales Netzwerk	L
LCD, Liquid Crystal Display	Flüssigkristallanzeige	
LDA	ladedruckabhängiger Volllastanschlag	
LDR, Light Dependent Resistor	lichtabhängiger Widerstand	
LED, Light Emitting Diode	Licht aussendende Diode	
LI, Load Index	Lastzahlindex	
LIN, Local Interconnect Network	lokales Verbindungsnetzwerk (Bussystem)	
LRD, Load-Responses-Drive-Funktion LRS, Load-Responses-Start-Funktion	Regelungen bei Multifunktionsreglern (Spannungsreglern)	
Map Matching	Planabgleich, Vergleich mit vorgegebenen Daten	M
Matchen, (to match)	Unwuchtausgleich eines Teils durch ein zweites Teil, z. B. Rad und Reifen	
MDR, Magnetical Dependent Resistor	vom Magnetismus abhängiger Widerstand	
Mikrofiche	Folie mit stark verkleinerten Abbildungen für Lesegeräte, Mikrofilm	
MIL, Malfunction Indicator Light	Störungsanzeigelicht (bei EOBD)	
MNS, Metal Nitrid Semiconductor	Siliciumnitridhalbleiter	
Modem (Kunstwort aus Modulator und Demodulator)	Signalumsetzer für die Datenübertragung	
MOS, Metal Oxide Semiconductor	Metalloxidhalbleiter	
MOST-Bus, Media Oriented Systems Transport	Transport medienorientierter Systeme (Bussystem)	
MOZ	Motoroktanzahl	
Multi-Master	gleichberechtigte Funktionen (z. B. bei Steuergeräten)	
Multipoint Injektion	Mehrpunkt-(Einzel-)Einspritzung	
NORA	nicht organisationsgebundene, rabattbegünstigte Abnehmer; z. B. Fremdwerkstätten	N
NIT, Network Idle Time	Netzwerkzeit ohne Verkehr (engl. idle = untätig sein)	
NTC, Negative Temperature Coeffizient	Widerstand, der mit steigender Temperatur sinkenden Widerstand aufweist	
OBD, On Board Diagnose	Feststellung von Fehlern im elektronischen Motormanagement im Kfz	O
OHC, Overhead Camshaft	obenliegende Nockenwelle	
OHV, Overhead Valves	hängende Ventile	
O.L., Overload	Überlastung, Überladung	
Open-Deck	offene Gestaltung der Zylinderblockoberseite	
OT	oberer Totpunkt	

	Abkürzung, Begriff	Übersetzung, sinngemäße Übertragung
P	PCU, Pump Control Unit	Pumpensteuergerät
	PDA, Personal Digital Assistant	persönlicher digitaler Gehilfe/Assistent; Kleinstcomputer
	PES	Poly-Ellipsoid-Scheinwerfer
	PDC, Park Distance Control	EinparkAbstandKontrolle; Einparkhilfe
	PDE	Pumpe-Düse-Element (-Einheit)
	PEM, Proton Exchange Membrane	Membrane, die für Protonen (Wasserstoffionen) durchlässig ist
	plug and play	einstecken und spielen (sofort betriebsbereit sein)
	Ply-rating (PR)	Lagen in einem Gürtelreifen (Gewebeeinbau)
	Provider	Anbieter von Dienstleistungen im Kommunikationsbereich (Internet, Telekommunikation u. a.)
	PTC, Positive Temperature Coeffizient	Widerstand, der mit steigender Temperatur ansteigt
	PVD, Physical Vapor Deposition	(physikalische) Abscheidung aus der Dampfphase
R	RAM, Random Access Memory	flüchtiger Schreib-, Lesespeicher, Arbeitsspeicher
	RDKS	elektronisches Reifendruckkontrollsystem
	RDS, Radio Data System	Übertragungssytem von Daten per Radio
	Readinesscode	Bereitschaftscode
	Recycling	Wiederverwenden, -verwerten, weiterverwenden
	regroovable	nachschneidbar (bei Reifen)
	Rekuperation	Rückgewinnung sonst verloren gehender Energie (z. B. beim Bremsen)
	Remote (Control)	entfernt, mittelbar, Fernbedienung
	Repeater	Wiederholender, Übertrager
	Research-OZ	Prüf-(Untersuchungs-)Oktanzahl
	Retarder	Verzögerer
	ROM, Read Only Memory	Festwertspeicher
	ROZ, Research Oktanzahl	Prüf-(Untersuchungs-)Oktanzahl
	Run flat	Notlaufeigenschaften von Reifen
S	SAC, Self Adjusting Clutch	selbsteinstellende Kupplung
	SAE, Society of Automotive Engineers	Vereinigung amerikanischer Automobil-Ingenieure
	SCR, selective catalytic reduction	selektive (ausgewählte) katalytische Reduktion (No_x-Reduktion bei Diesel-Katalysator)
	SI, Speed Index	Geschwindigkeitsindex
	Side facing inwards	(nach innen zeigende) Reifenseite
	Singlepoint	Einpunkt-(Einzel-)Einspritzung
	Splitter	trennt Telefonsignale (Sprache) von DSL-Signalen (Daten)
	SRS, Supplement Restraint System	zusätzliches Sicherheits-Rückhaltesystem
	SST, self supporting tire	selbst abstützende Reifen
	stack	Stapel

Abkürzung, Begriff	Übersetzung, sinngemäße Übertragung	
StVZO	Straßenverkehrs-Zulassungs-Ordnung	
SV, Side Valves	seitlich angeordnete Ventile, seiten-(unten-) gesteuert	
SYNC-Master	zentrale Synchronisierungseinheit, die Synchronisationsimpulse aussendet	
TCP, Transmission Control Protocol	Übertragungsprotokoll des Internets	T
TCS, Traction Control System	Antriebskontrollsystem	
Telematik	Kunstwort aus Telekommunikation und Informatik	
TFT, Thin Film Transistor	Dünnschichttransistor (auf dem Flüssigkristallbildschirme basieren)	
THZ	Tandemhauptzylinder	
TMC, Traffic Message Channel	Verkehrsnachrichtenkanal	
Torsen (Kunstwort aus: Torque sensing)	drehmomentfühlend	
Touch-Screen	Bildschirm mit Berührungseingabe	
Traction	Antriebskraftübertragung (wörtlich: ziehen)	
Transceiver (Kunstwort aus Transmitter = Messumformer und Receiver)	Baueinheit aus Sender und Empfänger	
Transponder (Kunstwort aus Transmitter und Responder = Antwortgeber)	Baugruppe, die einen Code nach Abfrage bestätigt	
Tube-type	mit Schlauch ausgerüsteter Reifen	
tubeless	schlauchlos (bei Reifen)	
TWI, Treat Wear Indicator	Reifenabnutzungskennzahl	
Twisted pair	zwei verdrehte, verdrillte Kabel	
Upside-Down (Gabel)	das Unterste zu oberst; beim Kraftrad Wechsel des Trag- und Gleitrohrs von oben nach unten	U
URL, Uniform Recource Locator	(genaue) Internetadresse, z. B. www.handwerk-technik.de	
USB, Universal Serial Bus	serielle Datenleitung (für Mehrfachanschluss)	
UT	unterer Totpunkt	
Utilities	„Nützlichkeiten", kleine Hilfsprogramme z.B. zum Beheben von Fehlern	
VA	Vorderachse	V
Valvetronic (Kunstwort aus Valve und electronical)	elektronisch gesteuerte Ventile; voll variabler Ventiltrieb	
VDR, Voltage Dependent Resistor	spannungsabhängiger Widerstand	
VI	Viskositätsindex	
Viskosität	Zähflüssigkeit, Dickflüssigkeit; Kenngröße für die innere Reibung einer Flüssigkeit	
VTG, Variable Transmission Gear(-box)	Automatikgetriebe	
VTG, variable Turbinengeometrie	beim Abgasturbolader	
WAN, Wide Area Network	(welt-)weites Netzwerk	W
Wash-Coat-Schicht	(im übertragenen Sinn:) beim Katalysator zerklüftete Außenseite der Keramik als Träger der katalytisch aktiven Schicht	
Wastegate	Abgasventil	
WUC, warm up cycles	Aufwärmzyklen (bei EOBD)	
ZMS	Zweimassenschwungrad	Z

Sachwortverzeichnis

Bildquellen

Seite 13 unten adpic Bildagentur, 53121 Bonn
16.1 Volkswagen AG, 38440 Wolfsburg
17.1 Thomas Blumhagen, 34128 Kassel
19.1 Hazet-Werk, 42804 Remscheid
20.2 Robert Bosch GmbH, 76225 Karlsruhe
25.1 Fotolia 16535837 (Luftbildfotograf)
46.2 Bernd Winkler, 34376 Immenhausen
50.1 Mann+Hummel GmbH, 71631 Ludwigsburg
51.1 Thomas Blumhagen, 34128 Kassel
52.1 Friedrich Kneip, 54568 Gerolstein
56.1 Mann+Hummel GmbH, 71631 Ludwigsburg
58.1 Friedrich Kneip, 54568 Gerolstein
61.1 Globus Infografik GmbH, 20148 Hamburg
75.1 Fotolia 16027069 (Maksim Toome)
84.1 Christof Braun, Dortmund
85.3, 85.4, 86.1 Friedrich Kneip, 54568 Gerolstein
90.3 Rahsol Dremotec Richard Abr. Herder, 42659 Solingen
91.1 Robert Bosch GmbH, 70771 Leinfelden-Echterdingen
91.2 Friedrich Kneip, 54568 Gerolstein
91.3 DAKO Werk Dowidat KG, 42897 Remscheid
91.4 KNIPEX Werk, Gustav Putsch KG, 42349 Wuppertal
105.1, 106.1 Werner Hayen, Hamburg
109.1, 109.3 Reiner Haffer, Dautphetal
168.1 BMW AG, 80788 München
204.1, 220.1 Robert Bosch GmbH, 76225 Karlsruhe
251.2 LuK GmbH & Co. KG , Schaeffler Gruppe, 77815 Bühl
277.1 Friedrich Kneip, 54568 Gerolstein
456.2 Robert Bosch GmbH, 76225 Karlsruhe
461.4 Fotolia 16173582 (eyeami)
456.3 Toyota Deutschland GmbH, 50420 Köln
472.2 ATT Automotive Testing Technologies GmbH, 77694 Kehl-Auenheim
499.1 RH-Alurad GmbH, 57439 Attendorn
534.2 AUDI AG, 85045 Ingolstadt
575.1 Webasto AG, 82131 Stockdorf
599.1 Volkswagen AG, 38436 Wolfsburg
636.1 BMW AG, 80788 München
652.1 Dipl.-Ing. J. Wuttke, 58332 Schwelm (Foto: Arno Kowalewski)
663.2 Heinrich Eibach GmbH, 57413 Finnentrop

Bildmaterial folgender Unternehmen diente als Anregung für die Zeichnungen:

Adam Opel AG, 65423 Rüsselsheim
Aral AG, 44789 Bochum
Audi AG, 85045 Ingolstadt
Behr GmbH & Co, 70469 Stuttgart
Beissbarth GmbH, 80993 München
Blackhawk SA, F – 67100 Strassbourg
BMW Bayerische Motoren Werke AG, 80788 München
Continental AG, 30165 Hannover
Continental Teves AG & Co, 60488 Frankfurt/Main
Daimler AG, 70546 Stuttgart
Deutsche Renault AG, 50321 Brühl
Deutz AG, 51057 Köln
Dr.-Ing. h.c. F. Porsche AG, 70435 Stuttgart
Dunlop GmbH, 63450 Hanau
Eberspächer GmbH & Co KG, 73730 Esslingen
Filterwerk Mann+Hummel GmbH, 71631 Ludwigsburg
GETRAG Getriebe- und Zahnradfabrik Hermann Hagenmeyer GmbH & Cie KG, 74199 Untergruppenbach
GKN Löbro GmbH, 63073 Offenbach/Main
Haldex Traction AB, Landskrona (Schweden)
Honda Deutschland GmbH, 63069 Offenbach
ITT Automotive Europe GmbH & Co KG, 60489 Frankfurt/Main
Kleber Reifen AG, 76185 Karlsruhe
Kolbenschmidt Pierburg AG, 41460 Neuss
LuK GmbH & Co, 77815 Bühl/Baden
MAHLE GmbH, 70376 Stuttgart
Mannesmann Sachs AG, 97424 Schweinfurt
Michelin Kronprinz GmbH, 42697 Solingen
Peugeot Deutschland GmbH, 66119 Saarbrücken
Robert Bosch GmbH, 70469 Stuttgart
Rover Deutschland GmbH, 41468 Neuss
Salzgitter AG, 38239 Salzgitter
Shell & Dea Oil GmbH, 22284 Hamburg
Topham Vergasertechnik GmbH, 32351 Stemwede-Dielingen
Toyota Deutschland GmbH, 50420 Köln
Volkswagen AG, 38440 Wolfsburg
WABCO Westinghouse GmbH & Co, 30453 Hannover
ZF Friedrichshafen AG, 88038 Friedrichshafen
ZF Getriebe GmbH, 66117 Saarbrücken
ZF Lenksysteme GmbH, 73527 Schwäbisch Gmünd